U0335068

机械加工常用标准便查手册

（第二版）

陈宏钧　主编

中国质检出版社
中国标准出版社
北　京

内 容 提 要

本书第二版修订工作取材以基础、标准、规范、实用为原则，并根据作者多年生产一线的经验，进一步合理完善图书结构，做到层次清楚，语言简炼，图表为主，方便使用。本书分为5章，包括：常用技术标准及应用；金属切削机床的型号与技术参数；机械零件；常用材料及热处理；机械加工工艺标准及应用。进一步突出了以工艺为主线的内容，如工艺工作基础、工艺设计、工艺装备设计、工艺管理及工艺纪律等，并按照现行国家标准和行业标准对原手册所引用的技术标准进行了全面细致地梳理和更新。

本书适用于机械行业工程技术人员、工艺设计和工艺管理人员技师、高级技术工人及工科院校相关专业的师生使用。

图书在版编目(CIP)数据

机械加工常用标准便查手册/陈宏钧主编.—2版.—北京：中国标准出版社，2016.1

ISBN 978-7-5066-7977-0

Ⅰ.①机… Ⅱ.①陈…Ⅲ.①机械加工—标准—技术手册 Ⅳ.①TG-65

中国版本图书馆CIP数据核字(2015)第177306号

中国质检出版社
中国标准出版社 出版发行

北京市朝阳区和平里西街甲2号(100029)

北京市西城区三里河北街16号(100045)

网址：www.spc.net.cn

总编室：(010)68533533 发行中心：(010)51780238

读者服务部：(010)68523946

中国标准出版社秦皇岛印刷厂印刷

各地新华书店经销

*

开本 880×1230 1/16 印张 50.75 字数 2002 千字

2016年1月第二版 2016年1月第四次印刷

*

定价 138.00 元

前言

《机械加工常用标准便查手册》一书自2006年出版发行以来，深受广大读者厚爱和支持。为了更好地适应机械工业不断发展和工艺水平不断提高以及国家标准和行业标准不断修订的需要，我们决定对本手册进行全面地修订，这次修订工作的重点有：

1）更新和充实内容，这次修订工作是在原书总体结构和内容设置的基础上，结合读者反馈的意见和建议。对手册编写内容作了较大调整和增删，进一步突出了以工艺工作为主线的新内容，如：工艺工作基础、工艺设计、工艺装备设计、工艺管理及工艺纪律等，为企业贯标提供了方便。

2）按现行国家标准和行业标准对原手册中所采用的技术标准进行了全面的核实和更新。

3）这次修订工作取材以基础、标准、规范、实用为原则，并结合作者长期工作在生产一线的实践经验，进一步合理完善全书结构，做到层次清楚，语言简炼，图表为主，更便于读者使用。

修订后的《机械加工常用标准便查手册》一书共分5章，主要内容包括：常用技术标准及应用；金属切削机床的型号与技术参数；机械零件；常用材料及热处理和机械加工工艺工作标准及应用等。

本手册第二版由陈宏钧主编，参加编写的人员有王学汉、李凤友、单立红、洪二芹、陈环宇、洪寿兰等。

由于我们水平有限，在编写中难免有不妥和错误之处，真诚希望广大读者批评指正。

编　者

2015年07月

目 录

第1章 常用技术标准及应用

第 2 章 金属切削机床的型号与技术参数

第3章 机械零件

第4章　常用材料及热处理

第5章　机械加工工艺标准及应用

第1章

常用技术标准及应用

1.1 法定计量单位及其换算

1.1.1 国际单位制(SI)(GB 3100—1993)

1.1.1.1 国际单位制的基本单位(表 1-1-1)

1.1.1.2 国际单位制中具有专门名称和符号的导出单位(表 1-1-2)

表 1-1-1 国际单位制的基本单位

量的名称	单位名称	单位符号	量的名称	单位名称	单位符号
长　度	米	m	热力学温度	开[尔文]	K
质　量	千克(公斤)	kg	物质的量	摩[尔]	mol
时　间	秒	s	发光强度	坎[德拉]	cd
电　流	安[培]	A			

注:1. 圆括号中的名称,是它前面的名称的同义词,下同。
2. 无方括号的量的名称与单位名称均为全称。方括号中的字,在不致引起混淆、误解的情况下,可以省略。去掉方括号中的字即为其名称的简称。下同。
3. 本标准所称的符号,除特殊指明外,均指我国法定计量单位中所规定的符号以及国际符号,下同。
4. 在人民生活和贸易中,质量习惯称之为重量。

表 1-1-2 国际单位制中具有专门名称和符号的导出单位

量的名称	SI 导出单位		
	名　称	符　号	用 SI 基本单位和 SI 导出单位表示
[平面]角	弧度	rad	1 rad=1 m/m=1
立体角	球面度	sr	1 sr=1 m^2/m^2=1
频率	赫[兹]	Hz	1 Hz=1 s^{-1}
力	牛[顿]	N	1 N=1 kg·m/s^2
压力,压强,应力	帕[斯卡]	Pa	1 Pa=1 N/m^2
能[量],功,热量	焦[耳]	J	1 J=1 N·m
功率,辐[射能]通量	瓦[特]	W	1 W=1 J/s
电荷[量]	库[仑]	C	1 C=1 A·s
电压,电动势,电位(电势)	伏[特]	V	1 V=1 W/A
电容	法[拉]	F	1 F=1 C/V
电阻	欧[姆]	Ω	1 Ω=1 V/A
电导	西[门子]	S	1 S=1 $Ω^{-1}$或 1 A/V
磁通[量]	韦[伯]	Wb	1 Wb=1 V·s
磁通[量]密度,磁感应强度	特[斯拉]	T	1 T=1 Wb/m^2
电感	亨[利]	H	1 H=1 Wb/A
摄氏温度	摄氏度	℃	1 ℃=1 K
光通量	流[明]	lm	1 lm=1 cd·sr
[光]照度	勒[克斯]	lx	1 lx=1 lm/m^2

1.1.1.3 国际单位制词头(表 1-1-3)

表 1-1-3 国际单位制词头

因数	词头名称	符号	因数	词头名称	符号	因数	词头名称	符号
10^{24}	尧[它]	Y	10^{3}	千	k	10^{-9}	纳[诺]	n
10^{21}	泽[它]	Z	10^{2}	百	h	10^{-12}	皮[可]	p
10^{18}	艾[可萨]	E	10^{1}	十	da	10^{-15}	飞[母托]	f
10^{15}	拍[它]	P	10^{-1}	分	d	10^{-18}	阿[托]	a
10^{12}	太[拉]	T	10^{-2}	厘	c	10^{-21}	仄[普托]	z
10^{9}	吉[咖]	G	10^{-3}	毫	m	10^{-24}	幺[科托]	y
10^{6}	兆	M	10^{-6}	微	μ			

1.1.1.4 可与国际单位制单位并用的我国法定非国际单位制计量单位(表 1-1-4)

表 1-1-4 我国选定的非国际单位制单位

量的名称	单位名称	单位符号	与 SI 单位的关系
时间	分 [小]时 日(天)	min h d	1 min=60 s 1 h=60 min=3 600 s 1 d=24 h=86 400 s
[平面]角	[角]秒 [角]分 度	″ ′ °	1″=(π/648 000) rad (π为圆周率) 1′=60″=(π/10 800)rad 1°=60′=(π/180)rad
旋转速度	转每分	r/min	1 r/min=(1/60)s^{-1}
长度	海里	n mile	1n mile=1 852 m(只用于航程)
速度	节	kn	1 kn =1 n mile/h =(1 852/3 600)m/s (只用于航行)
质量	吨 原子质量单位	t u	1 t=10^3 kg 1 u≈1.660 540×10^{-27} kg
体积	升	L(l)	1 L=1 dm^3=10^{-3} m^3
能	电子伏	eV	1 eV≈1.602 177×10^{-19} J
级差	分贝	dB	
线密度	特[克斯]	tex	1 tex=10^{-6} kg/m=1 g/km
面积	公顷	hm^2	1 hm^2=10^4 m^2

注:1. 公顷的国际通用符号为 ha。

2. 升的符号中,小写字母 l 为备用符号。

1.1.2 常用法定计量单位与非法定计量单位的换算(表 1-1-5)

表 1-1-5 常用法定计量单位与非法定计量单位的换算

物理量名称	法定计量单位		非法定计量单位		单位换算
	单位名称	单位符号	单位名称	单位符号	
长度	米 海里	m n mile	公里 费密 埃 英尺 英寸 英里 密耳	 Å ft in mile mil	1 公里=10^3 m 1 费密=1 fm=10^{-15} m 1 Å=0.1 nm=10^{-10} m 1 ft=0.304 8 m 1 in=0.025 4 m 1 mile=1 609.344 m 1 mil=25.4×10^{-6} m
面积	平方米 公顷	m^2 hm^2	公亩 平方英尺 平方英寸 平方英里	a ft^2 in^2 $mile^2$	1 a=10^2 m^2 1 ft^2=0.092 903 0 m^2 1 in^2=6.451 6×10^{-4} m^2 1 $mile^2$=2.589 99×10^6 m^2

续表 1-1-5

物理量名称	法定计量单位		非法定计量单位		单位换算
	单位名称	单位符号	单位名称	单位符号	
体积、容积	立方米	m^3	立方英尺	ft^3	$1\ ft^3=0.028\ 316\ 8\ m^3$
	升	L(l)	立方英寸	in^3	$1\ in^3=1.638\ 71\times10^{-5}\ m^3$
			英加仑	UKgal	$1\ UKgal=4.546\ 09\ dm^3$
			美加仑	USgal	$1\ USgal=3.785\ 41\ dm^3$
质量	千克(公斤)	kg	磅	lb	1 lb=0.453 592 37 kg
	吨	t	英担(英)	cwt(UK)	1 cwt=50.802 3 kg
	原子质量	u	英吨(长吨)	ton	1 ton=1 016.05 kg
	单位		美吨(短吨)	sh ton	1 sh ton=907.185 kg
			盎司	oz	1 oz=28.349 5 g
			格令	gr,gn	1 gr=0.064 798 91 g
			夸特	qr,qtr	1 qr=12.700 6 kg
			[米制]克拉		1 [米制]克拉$=2\times10^{-4}$ kg
热力学温度	开[尔文]	K			表示温度差和温度间隔时：
	摄氏度	℃			1℃=1 K
					$1°F=1°R=\frac{5}{9}\ K$
					表示温度的数值时：$\frac{t}{℃}=\frac{T}{K}-273.15$
			华氏度	°F	$\frac{t_F}{°F}=\frac{9}{5}\frac{t}{℃}+32=\frac{9}{5}\frac{T}{K}-459.67$
			兰氏度	°R	$\frac{t_R}{°R}=\frac{9}{5}\frac{T}{K}=\frac{9}{5}\frac{t}{℃}+491.67$
力	牛[顿]	N	达因	dyn	$1\ dyn=10^{-5}\ N$
			千克力	kgf	1 kgf=9.806 65 N
			磅力	lbf	1 lbf=4.448 22 N
			吨力	tf	$1\ tf=9.806\ 65\times10^3\ N$
压力,压强,应力	帕[斯卡]	Pa	巴	bar	$1\ bar=10^5\ Pa$
			千克力每平方厘米	kgf/cm^2	$1\ kgf/cm^2=0.098\ 066\ 5\ MPa$
			毫米水柱	mmH_2O	$1\ mmH_2O=9.806\ 65\ Pa$
			毫米汞柱	mmHg	1 mmHg=133.322 Pa
			托	Torr	1 Torr=133.322 Pa
			工程大气压	at	1 at =98 066.5 Pa=98.066 5 kPa
			标准大气压	atm	1 atm =101 325 Pa=101.325 kPa
			磅力每平方英尺	lbf/ft^2	$1\ lbf/ft^2=47.880\ 3\ Pa$
			磅力每平方英寸	lbf/in^2	$1\ lbf/in^2=6\ 894.76\ Pa=6.894\ 76\ kPa$
速度	米每秒	m/s	英尺每秒	ft/s	1 ft/s=0.304 8 m/s
	节	kn	英寸每秒	in/s	1 in/s=0.025 4 m/s
			英里每[小]时	mile/h	1 mile/h=0.447 04 m/s
	千米每小时	km/h			1 km/h=0.277 778 m/s
	米每分	m/min			1 m/min=0.016 666 7 m/s
加速度	米每二次方秒	m/s^2	标准重力加速度	gn	$1\ gn=9.806\ 65\ m/s^2$
			英尺每二次方秒	$1ft/s^2$	$1\ ft/s^2=0.304\ 8\ m/s^2$
			伽	Gal	$1\ Gal=10^{-2}\ m/s^2$
密度	千克每立方米	kg/m^3	磅每立方英尺	lb/ft^3	$1\ lb/ft^3=16.018\ 5\ kg/m^3$
			磅每立方英寸	lb/in^3	$1\ lb/in^3=27\ 679.9\ kg/m^3$
力矩	牛[顿]米	N·m	千克力米	kgf·m	1 kgf·m=9.806 65 N·m
			磅力英尺	lbf·ft	1 lbf·ft=1.355 82 N·m
			磅力英寸	lbf·in	1 lbf·in=0.112 985 N·m

1.1.3 常用单位换算(表 1-1-6～表 1-1-16)

表 1-1-6 长度单位换算

米(m)	厘米(cm)	毫米(mm)	英寸(in)	英尺(ft)	码(yd)	市尺
1	10^2	10^3	39.37	3.281	1.094	3
10^{-2}	1	10	0.394	3.281×10^{-2}	1.094×10^{-2}	3×10^{-2}
10^{-3}	0.1	1	3.937×10^{-2}	3.281×10^{-3}	1.094×10^{-3}	3×10^{-3}
2.54×10^{-2}	2.54	25.4	1	8.333×10^{-2}	2.778×10^{-2}	7.62×10^{-2}
0.305	30.48	3.048×10^2	12	1	0.333	0.914
0.914	91.44	9.14×10^2	36	3	1	2.743
0.333	33.333	3.333×10^2	13.123	1.094	0.365	1

表 1-1-7 面积单位换算

米²(m^2)	厘米²(cm^2)	毫米²(mm^2)	英寸²(in^2)	英尺²(ft^2)	码²(yd^2)	市尺²
1	10^4	10^6	1.550×10^3	10.764	1.196	9
10^{-4}	1	10^2	0.155	1.076×10^{-3}	1.196×10^{-4}	9×10^{-4}
10^{-6}	10^{-2}	1	1.55×10^{-3}	1.076×10^{-5}	1.196×10^{-6}	9×10^{-6}
6.452×10^{-4}	6.452	6.452×10^2	1	6.944×10^{-3}	7.617×10^{-4}	5.801×10^{-3}
9.290×10^{-2}	9.290×10^2	9.290×10^4	1.44×10^2	1	0.111	0.836
0.836	8 361.3	0.836×10^6	1 296	9	1	7.524
0.111	1.111×10^3	1.111×10^5	1.722×10^2	1.196	0.133	1

表 1-1-8 体积单位换算

米³ (m^3)	升 (L)	厘米³ (cm^3)	英寸³ (in^3)	英尺³ (ft^3)	美加仑 (USgal)	英加仑 (UKgal)
1	10^3	10^6	6.102×10^4	35.315	2.642×10^2	2.200×10^2
10^{-3}	1	10^3	61.024	3.532×10^{-2}	0.264	0.220
10^{-6}	10^{-3}	1	6.102×10^{-2}	3.532×10^{-5}	2.642×10^{-4}	2.200×10^{-4}
1.639×10^{-5}	1.639×10^{-2}	16.387	1	5.787×10^{-4}	4.329×10^{-3}	3.605×10^{-3}
2.832×10^{-2}	28.317	2.832×10^4	1.728×10^3	1	7.481	6.229
3.785×10^{-3}	3.785	3.785×10^3	2.310×10^2	0.134	1	0.833
4.546×10^{-3}	4.546	4.546×10^3	2.775×10^2	0.161	1.201	1

表 1-1-9 质量单位换算

千克 (kg)	克 (g)	毫克 (mg)	吨 (t)	英吨 (ton)	美吨 (Sh ton)	磅 (lb)
1 000	10^6	10^9	1	0.984 2	1.102 3	2 204.6
1	1 000	10^6	0.001	9.842×10^{-4}	$1.102\ 3\times10^{-3}$	2.204 6
0.001	1	1 000	10^{-6}	9.842×10^{-7}	$1.102\ 3\times10^{-6}$	$2.204\ 6\times10^{-3}$
1 016.05	1.016×10^6	1.016×10^9	1.016 1	1	1.12	2 240
907.19	9.072×10^5	9.072×10^8	0.907 2	0.892 9	1	2 000
0.453 6	453.59	4.536×10^5	4.536×10^{-4}	4.465×10^{-4}	5.0×10^{-4}	1

注：1 千克即 1 公斤，英吨又名长吨(Long Ton)，美吨又名短吨(Short Ton)。

表 1-1-10 力单位换算

牛顿 (N)	千克力 (kgf)	克力 (gf)	达因 (dyn)	磅力 (lbf)	磅达 (pdl)
1	0.102	1.02×10^2	10^5	0.224 8	7.233
9.806 65	1	10^3	$9.806\ 65\times10^5$	2.204 6	70.93
10^{-5}	1.02×10^{-5}	1.02×10^{-3}	1	2.248×10^{-6}	7.233×10^{-5}
4.448	0.453 6	4.536×10^2	4.448×10^5	1	32.174
0.138 3	1.41×10^{-2}	1.41×10^{-5}	1.383×10^4	3.108×10^{-2}	1

表 1-1-11　压力单位换算

工程大气压 (at)	标准大气压 (atm)	千克力/毫米² (kgf/mm^2)	毫米水柱 (mmH_2O)	毫米汞柱 (mmHg)	牛顿/米² (N/m^2)
1	0.967 8	0.01	10^4	735.6	98 067
1.033	1	1.033×10^{-2}	10 332	760	101 325
100	96.78	1	10^6	73 556	9.807×10^6
0.000 1	9.678×10^{-5}	1.0×10^{-6}	1	0.073 6	9.807
0.001 36	0.001 32	1.36×10^{-5}	13.6	1	133.32
1.02×10^{-5}	0.99×10^{-5}	1.02×10^{-7}	0.102	0.007 5	1

表 1-1-12　功率单位换算

瓦 (W)	千瓦 (kW)	[米制]马力 (法 ch,CV;德 PS)	英马力 (hp)	千克力·米/秒 (kgf·m/s)	英尺·磅力/秒 (ft·lbf/s)	千卡/秒 (kcal/s)
1	10^{-3}	1.36×10^{-3}	1.341×10^{-3}	0.102	0.737 6	2.39×10^{-4}
1 000	1	1.36	1.341	102	737.6	0.239
735.5	0.735 5	1	0.986 3	75	542.5	0.175 7
745.7	0.745 7	1.014	1	76.04	550	0.178 1
9.807	9.807×10^{-3}	1.333×10^{-4}	1.315×10^{-4}	1	7.233	2.342×10^{-3}
1.356	1.356×10^{-3}	1.843×10^{-3}	1.82×10^{-3}	0.138 3	1	3.24×10^{-4}
4 186.8	4.187	5.692	5.614	426.935	3 083	1

表 1-1-13　温度换算

摄氏度(℃)	华氏度(℉)	兰氏①度(°R)	开尔文(K)
℃	$\frac{9}{5}$℃+32	$\frac{9}{5}$℃+491.67	℃+273.15②
$\frac{5}{9}$(℉−32)	℉	℉+459.67	$\frac{5}{9}$(℉+459.67)
$\frac{5}{9}$(°R−491.67)	°R−459.67	°R	$\frac{5}{9}$°R
K−273.15②	$\frac{5}{9}$K−459.67	$\frac{9}{5}$K	K

① 原文是 Rankine,故也叫兰金度。

② 摄氏温度的标定是以水的冰点为一个参照点作为 0 ℃,相对于开尔文温度上的 273.15 K。开尔文温度的标定是以水的三相点为一个参照点作为 273.15 K,相对于摄氏 0.01 ℃(即水的三相点高于水的冰点 0.01 ℃)。

表 1-1-14　热导率单位换算

瓦/(米·K) [W/(m·K)]	千卡/(米·时·℃) [kcal/(m·h·℃)]	卡/(厘米·秒·℃) [cal/(cm·s·℃)]	焦耳/(厘米·秒·℃) [J/(cm·s·℃)]	英热单位/(英尺·时·℉) [Btu/(ft·h·℉)]
1.16	1	0.002 78	0.011 6	0.672
418.68	360	1	4.186 8	242
1	0.859 8	0.002 39	0.01	0.578
100	85.98	0.239	1	57.8
1.73	1.49	0.004 13	0.017 3	1

注:法定计量单位为瓦[特]每米开[尔文],单位符号为 W/(m·K)。

表 1-1-15　速度单位换算

米/秒 (m/s)	千米/时 (km/h)	英尺/秒 (ft/s)
1	3.600	3.281
0.278	1	0.911
0.305	1.097	1

表 1-1-16　角速度单位换算

弧度/秒 (rad/s)	转/分 (r/min)	转/秒 (r/s)
1	9.554	0.159
0.105	1	0.017
6.283	60	1

1.2 产品几何技术规范

1.2.1 极限与配合(GB/T 1800.1~2—2009)

1.2.1.1 术语和定义

(1) 轴

通常指工件的圆柱形外尺寸要素,也包括非圆柱形外尺寸要素(由二平行平面或切面形成的被包容面)。

基准轴 在基轴制配合中选作基准的轴。对本标准极限与配合制,即上极限偏差为零的轴。

(2) 孔

通常指工件的圆柱形内尺寸要素,也包括非圆柱形内尺寸要素(由二平行平面或切面形成的包容面)。

基准孔 在基孔制配合中选作基准的孔。对本标准极限与配合制,即下极限偏差为零的孔。

(3) 尺寸

以特定单位表示线性尺寸值的数值。

1) 公称尺寸。由图样规范确定的理想形状要素的尺寸,见图 1-2-1(公称尺寸可以是一个整数或一个小数值,例如 32、15、8.75、0.5……)通过它应用上、下极限偏差可以计算出极限尺寸。

2) 极限尺寸。尺寸要素允许尺寸的两个极端。

3) 上极限尺寸。尺寸要素允许的最大尺寸见图 1-2-1(旧标准上极限尺寸被称为最大极限尺寸)。

4) 下极限尺寸。尺寸要素允许的最小尺寸见图 1-2-1(旧标准下极限尺寸被称为最小极限尺寸)。

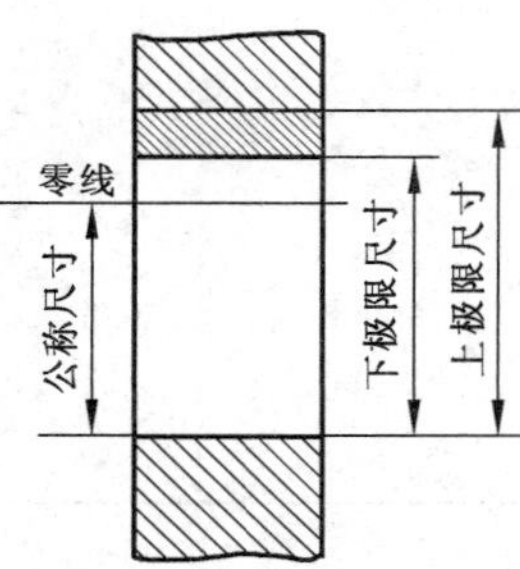

图 1-2-1 公称尺寸、上极限尺寸和下极限尺寸

(4) 极限制

经标准化的公差与偏差制度

(5) 零线

在极限与配合图解中,零线是表示公称尺寸的一条直线,以其为基准确定偏差和公差。通常零线沿水平方向绘制、正偏差位于其上、负偏差位于其下见图 1-2-2。

(6) 偏差

某一尺寸减其公称尺寸所得的代数差。

1) 极限偏差。上极限偏差和下极限偏差。轴的上、下极限偏差代号用小写字母 es、ei;孔的上、下极限偏差代号用大写字母 ES、EI 表示。

2) 上极限偏差。上极限尺寸减其基本尺寸所得的代数差。

3) 下极限偏差。下极限尺寸减其基本尺寸所得的代数差。

4) 基本偏差。在本标准极限与配合制中,确定公差带相对零线位置的那个极限偏差(它可以是上极限偏差或下极限偏差,一般为靠近零线的那个偏差为基本偏差)。

(7) 尺寸公差(简称公差)

上极限尺寸减下极限尺寸之差,或上极限偏差减下极限偏差之差。它是允许尺寸的变动量(尺寸公差是一个没有符号的绝对值)。

1) 标准公差(IT)。本标准极限与配合制中,所规定的任一公差(字母 IT 为"国际公差"的符号)。

2) 标准公差等级。本标准极限与配合制中,同一公差等级(例如 IT7)对所有基本尺寸的一组公差被认为具有同等精确程度。

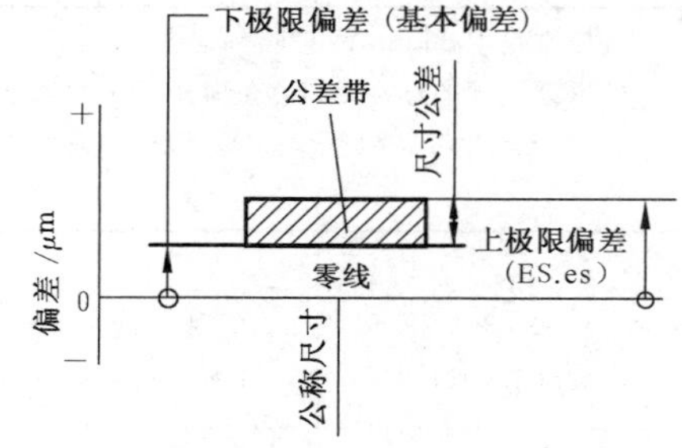

图 1-2-2 公差带图解

3) 公差带。在公差带图解中,由代表上极限偏差和下极限偏差或上极限尺寸和下极限尺寸的两条直线所限定的一个区域。它是由公差大小和其相对零线的位置如基本偏差来确定,见图 1-2-2。

4) 标准公差因子(i,I)。在本标准极限与配合制中,用以确定标准公差的基本单位,该因子是基本尺寸的函数(标准公差因子 i 用于基本尺寸至 500 mm;标准公差因子 I 用于基本尺寸大于 500 mm)。

(8) 间隙

孔的尺寸减去相配合轴的尺寸之差为正值,见图 1-2-3。

1) 最小间隙。在间隙配合中,孔的下极限尺寸减轴的上极限尺寸之差,见图 1-2-4。

2) 最大间隙。在间隙配合或过渡配合中,孔的上极限尺寸减轴的下极限尺寸之差,见图 1-2-4 和图 1-2-5。

(9) 过盈

孔的尺寸减去相配合的轴的尺寸之差为负值,见图 1-2-6。

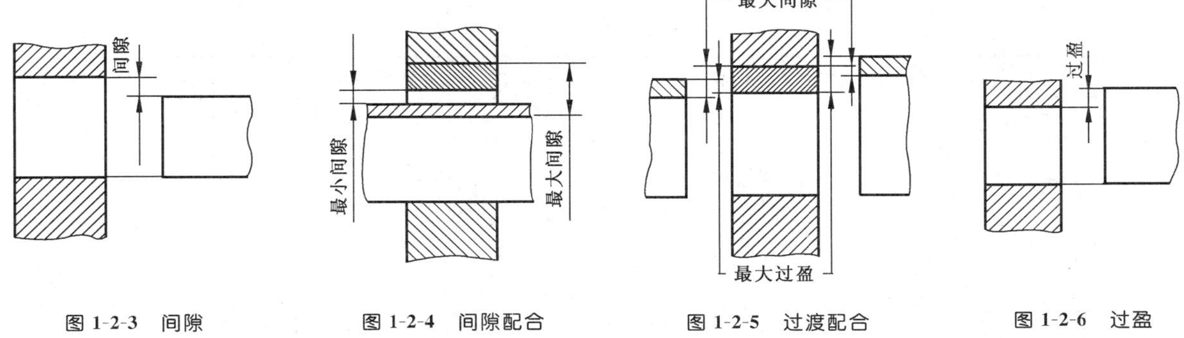

图 1-2-3　间隙　　图 1-2-4　间隙配合　　图 1-2-5　过渡配合　　图 1-2-6　过盈

1）最小过盈。在过盈配合中，孔的上极限尺寸减轴的下极限尺寸之差，见图 1-2-7。

2）最大过盈。在过盈配合或过渡配合中，孔的下极限尺寸减轴的上极限尺寸之差，见图 1-2-7。

（10）配合

公称尺寸相同的，相互结合的孔和轴公差带之间的关系。

1）间隙配合。具有间隙（包括最小间隙等于零）的配合。此时，孔的公差带在轴的公差带之上，见图 1-2-8。

图 1-2-7　过盈配合　　图 1-2-8　间隙配合的示意图

2）过盈配合。具有过盈（包括最小过盈等于零）的配合。此时，孔的公差带在轴的公差带之下，见图 1-2-9。

3）过渡配合。可能具有间隙或过盈时配合。此时，孔的公差带与轴的公差带相互交叠，见图 1-2-10。

4）配合公差。组成配合的孔、轴公差之和。它是允许间隙或过盈的变动量（配合公差是一个没有符号的绝对值）。

图 1-2-9　过盈配合的示意图　　图 1-2-10　过渡配合的示意图

（11）配合制

同一极限制的孔和轴组成配合的一种制度。

1）基轴制配合。基本偏差为一定的轴的公差带，与不同基本偏差的孔的公差带形成各种配合的一种制度。对本标准极限与配合制，是轴的上极限尺寸与公称尺寸相等、轴的上极限偏差为零的一种配合制，见图 1-2-11。

2）基孔制配合。基本偏差为一定的孔的公差带，与不同基本偏差的轴的公差带形成各种配合的一种制度。对本标准极限与配合制，是孔的下极限尺寸与公称尺寸相等、孔的下极限偏差为零的一种配合制，见图 1-2-12。

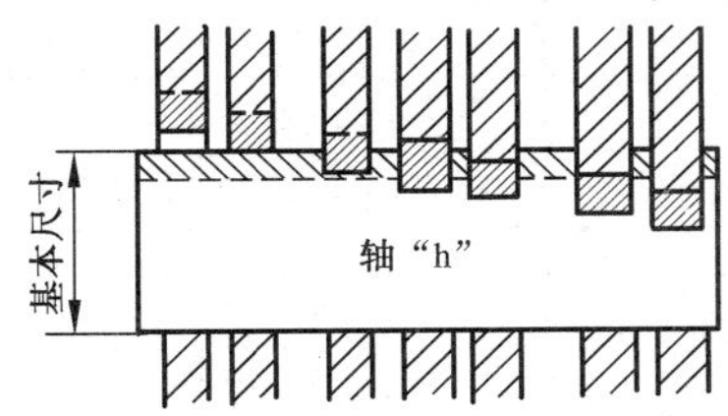

注：1. 水平实线代表孔或轴的基本偏差。
2. 虚线代表另一极限，表示孔和轴之间可能的不同组合与它们的公差等级有关。

图 1-2-11　基轴制配合

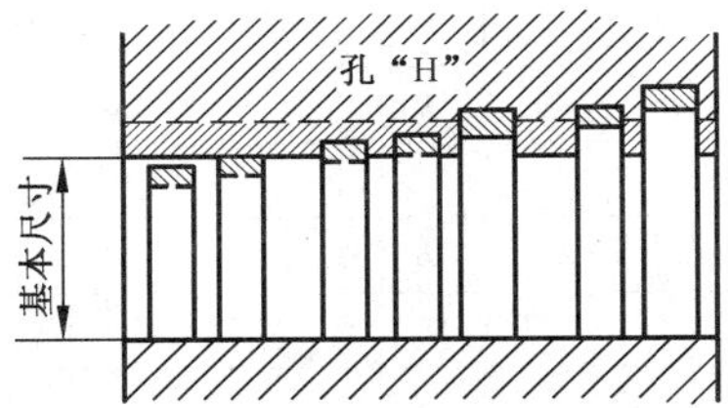

注：1. 水平实线代表孔或轴的基本偏差。
2. 虚线代表另一极限，表示孔和轴之间可能的不同组合与它们的公差等级有关。

图 1-2-12　基孔制配合

1.2.1.2 基本规定

（1）公称尺寸分段（表 1-2-1）

表 1-2-1 公称尺寸分段 （mm）

主段落		中间段落		主段落		中间段落		主段落		中间段落		主段落		中间段落	
大于	至	大于	至	大于	至	大于	至	大于	至	大于	至	大于	至	大于	至
—	3			80	120	80	100	315	400	315	355	1 000	1 250	1 000	1 120
3	6					100	120			355	400			1 120	1 250
6	10			120	180	120	140	400	500	400	450	1 250	1 600	1 250	1 400
10	18	10	14			140	160			450	500			1 400	1 600
		14	18			160	180	500	630	500	560	1 600	2 000	1 600	1 800
18	30	18	24	180	250	180	200			560	630			1 800	2 000
		24	30			200	225	630	800	630	710	2 000	2 500	2 000	2 240
30	50	30	40			225	250			710	800			2 240	2 500
		40	50	250	315	250	280	800	1 000	800	900	2 500	3 150	2 500	2 800
50	80	50	65			280	315			900	1 000			2 800	3 150
		65	80												

（2）标准公差的等级、代号及数值

标准公差分 20 级，即：IT01、IT0、IT1 至 IT18。IT 表示标准公差，公差的等级代号用阿拉伯数字表示。从 IT01 至 IT18 等级依次降低，当其与代表基本偏差的字母一起组成公差带时，省略"IT"字母，如：h7，各级标准公差的数值规定见表 1-2-2。

表 1-2-2 标准公差数值

公称尺寸/mm		公差等级																			
		IT01	IT0	IT1	IT2	IT3	IT4	IT5	IT6	IT7	IT8	IT9	IT10	IT11	IT12	IT13	IT14	IT15	IT16	IT17	IT18
大于	至	μm													mm						
—	3	0.3	0.5	0.8	1.2	2	3	4	6	10	14	25	40	60	0.10	0.14	0.25	0.40	0.60	1.0	1.4
3	6	0.4	0.6	1	1.5	2.5	4	5	8	12	18	30	48	75	0.12	0.18	0.30	0.48	0.75	1.2	1.8
6	10	0.4	0.6	1	1.5	2.5	4	6	9	15	22	36	58	90	0.15	0.22	0.36	0.58	0.90	1.5	2.2
10	18	0.5	0.8	1.2	2	3	5	8	11	18	27	43	70	110	0.18	0.27	0.43	0.70	1.10	1.8	2.7
18	30	0.6	1	1.5	2.5	4	6	9	13	21	33	52	84	130	0.21	0.33	0.52	0.84	1.30	2.1	3.3
30	50	0.6	1	1.5	2.5	4	7	11	16	25	39	62	100	160	0.25	0.39	0.62	1.00	1.60	2.5	3.9
50	80	0.8	1.2	2	3	5	8	13	19	30	46	74	120	190	0.30	0.46	0.74	1.20	1.90	3.0	4.6
80	120	1	1.5	2.5	4	6	10	15	22	35	54	87	140	220	0.35	0.54	0.87	1.40	2.20	3.5	5.4
120	180	1.2	2	3.5	5	8	12	18	25	40	63	100	160	250	0.40	0.63	1.00	1.60	2.50	4.0	6.3
180	250	2	3	4.5	7	10	14	20	29	46	72	115	185	290	0.46	0.72	1.15	1.85	2.90	4.6	7.2
250	315	2.5	4	6	8	12	16	23	32	52	81	130	210	320	0.52	0.81	1.30	2.10	3.20	5.2	8.1
315	400	3	5	7	9	13	18	25	36	57	89	140	230	360	0.57	0.89	1.40	2.30	3.60	5.7	8.9
400	500	4	6	8	10	15	20	27	40	63	97	155	250	400	0.63	0.97	1.55	2.50	4.00	6.3	9.7
500	630	4.5	6	9	11	16	22	32	44	70	110	175	280	440	0.70	1.10	1.75	2.8	4.4	7.0	11.0
630	800	5	7	10	13	18	25	36	50	80	125	200	320	500	0.80	1.25	2.00	3.2	5.0	8.0	12.5
800	1 000	5.5	8	11	15	21	28	40	56	90	140	230	360	560	0.90	1.40	2.30	3.6	5.6	9.0	14.0
1 000	1 250	6.5	9	13	18	24	33	47	66	105	165	260	420	660	1.05	1.65	2.60	4.2	6.6	10.5	16.5
1 250	1 600	8	11	15	21	29	39	55	78	125	195	310	500	780	1.25	1.95	3.10	5.0	7.8	12.5	19.5
1 600	2 000	9	13	18	25	35	46	65	92	150	230	370	600	920	1.50	2.30	3.70	6.0	9.2	15.0	23.0
2 000	2 500	11	15	22	30	41	55	78	110	175	280	440	700	1 100	1.75	2.80	4.40	7.0	11.0	17.5	28.0
2 500	3 150	13	18	26	36	50	68	96	135	210	330	540	860	1 350	2.10	3.30	5.40	8.6	13.5	21.0	33.0

注：1. 公称尺寸小于或等于 1 mm 时，无 IT14 至 IT18。

2. 公称尺寸大于 500 mm 的 IT1 至 IT15 的标准公差数值为试行的。

在 GB/T 1800.1—2009 前言中，虽然删去了标准公差等级 IT01 和 IT0。为满足使用者的需要，允许在有关资料中给出。本册中仍保留了这两个级别。

(3) 基本偏差的代号

基本偏差的代号用拉丁字母表示，大写的为孔，小写的为轴，各 28 个。

孔：A，B，C，CD，D，E，EF，F，FG，G，H，J，JS，K，M，N，P，R，S，T，U，V，X，Y，Z，ZA，ZB，ZC。

轴：a，b，c，cd，d，e，ef，f，fg，g，h，j，js，k，m，n，p，r，s，t，u，v，x，y， z，za，zb，zc。

其中，H 代表基准孔，h 代表基准轴(图 1-2-13)。

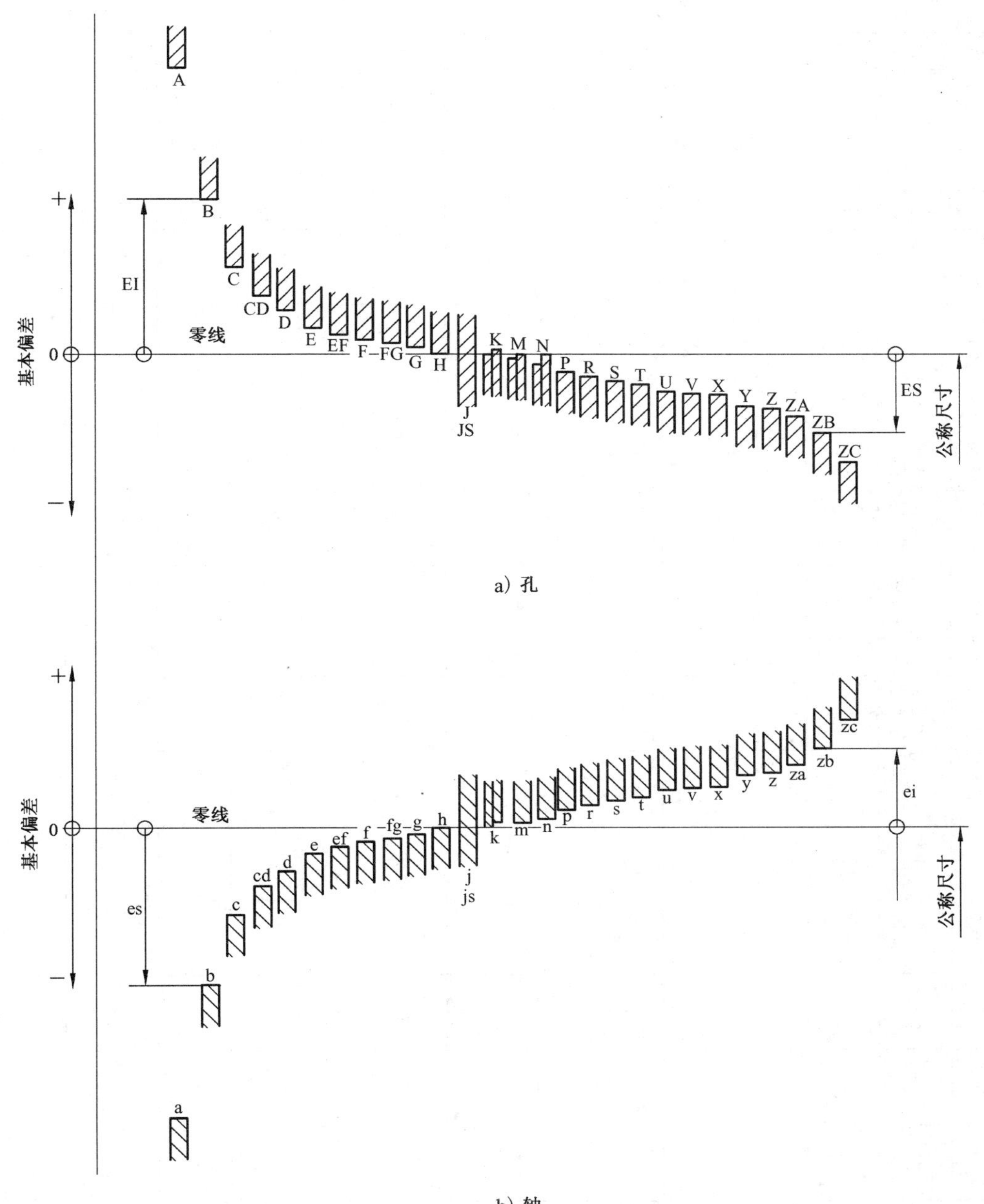

图 1-2-13　基本偏差系列示意图

(4) 偏差代号

偏差代号规定如下：孔的上极限偏差 ES，孔的下极限偏差 EI；轴的上极限偏差 es；轴的下极限偏差 ei。

(5) 轴的极限偏差

轴的基本偏差从 a 到 h 为上偏差；从 j 到 zc 为下偏差。

轴的基本偏差数值见表 1-2-3 和表 1-2-4。

表 1-2-3　轴的基本偏差数值表(一)　　(μm)

基本偏差		上极限偏差(es)												下极限偏差(ei)		
		a	b	c	cd	d	e	ef	f	fg	g	h	js	j		
公称尺寸/mm		公差等级														
大于	至	所有等级												5、6	7	8
—	3	−270	−140	−60	−34	−20	−14	−10	−6	−4	−2	0	偏差=±IT/2	−2	−4	−6
3	6	−270	−140	−70	−46	−30	−20	−14	−10	−6	−4	0		−2	−4	—
6	10	−280	−150	−80	−56	−40	−25	−18	−13	−8	−5	0		−2	−5	—
10	14	−290	−150	−95	—	−50	−32	—	−16	—	−6	0		−3	−6	—
14	18															
18	24	−300	−160	−110	—	−65	−40	—	−20	—	−7	0		−4	−8	—
24	30															
30	40	−310	−170	−120	—	−80	−50	—	−25	—	−9	0		−5	−10	—
40	50	−320	−180	−130												
50	65	−340	−190	−140	—	−100	−60	—	−30	—	−10	0		−7	−12	—
65	80	−360	−200	−150												
80	100	−380	−220	−170	—	−120	−72	—	−36	—	−12	0		−9	−15	—
100	120	−410	−240	−180												
120	140	−460	−260	−200	—	−145	−85	—	−43	—	−14	0		−11	−18	—
140	160	−520	−280	−210												
160	180	−580	−310	−230												
180	200	−660	−340	−240	—	−170	−100	—	−50	—	−15	0		−13	−21	—
200	225	−740	−380	−260												
225	250	−820	−420	−280												
250	280	−920	−480	−300	—	−190	−110	—	−56	—	−17	0		−16	−26	—
280	315	−1 050	−540	−330												
315	355	−1 200	−600	−360	—	−210	−125	—	−62	—	−18	0		−18	−28	—
355	400	−1 350	−680	−400												
400	450	−1 500	−760	−440	—	−230	−135	—	−68	—	−20	0		−20	−32	—
450	500	−1 650	−840	−480												
500	560					−260	−145		−76		−22	0				
560	630															
630	710					−290	−160		−80		−24	0				
710	800															
800	900					−320	−170		−86		−26	0				
900	1 000															
1 000	1 120					−350	−195		−98		−28	0				
1 120	1 250															
1 250	1 400					−390	−220		−110		−30	0				
1 400	1 600															
1 600	1 800					−430	−240		−120		−32	0				
1 800	2 000															
2 000	2 240					−480	−260		−130		−34	0				
2 240	2 500															
2 500	2 800					−520	−290		−145		−38	0				
2 800	3 150															

表 1-2-4 轴的基本偏差数值表(二) (μm)

基本偏差		下极限偏差(ei)															
		k		m	n	p	r	s	t	u	v	x	y	z	za	zb	zc
公称尺寸/mm		公差等级															
大于	至	4至7	≤3 >7	所有等级													
—	3	0	0	+2	+4	+6	+10	+14	—	+18		+20	—	+26	+32	+40	+60
3	6	+1	0	+4	+8	+12	+15	+19	—	+23	—	+28	—	+35	+42	+50	+80
6	10	+1	0	+6	+10	+15	+19	+23	—	+28	—	+34	—	+42	+52	+67	+97
10	14	+1	0	+7	+12	+18	+23	+28	—	+33	—	+40	—	+50	+64	+90	+130
14	18										+39	+45	—	+60	+77	+108	+150
18	24	+2	0	+8	+15	+22	+28	+35	—	+41	+47	+54	+63	+73	+98	+136	+188
24	30								+41	+48	+55	+64	+75	+88	+118	+160	+218
30	40	+2	0	+9	+17	+26	+34	+43	+48	+60	+68	+80	+94	+112	+148	+200	+274
40	50								+54	+70	+81	+97	+114	+136	+180	+242	+325
50	65	+2	0	+11	+20	+32	+41	+53	+66	+87	+102	+122	+144	+172	+226	+300	+405
65	80						+43	+59	+75	+102	+120	+146	+174	+210	+274	+360	+480
80	100	+3	0	+13	+23	+37	+51	+71	+91	+124	+146	+178	+214	+258	+335	+445	+585
100	120						+54	+79	+104	+144	+172	+210	+254	+310	+400	+525	+690
120	140	+3	0	+15	+27	+43	+63	+92	+122	+170	+202	+248	+300	+365	+470	+620	+800
140	160						+65	+100	+134	+190	+228	+280	+340	+415	+535	+700	+900
160	180						+68	+108	+146	+210	+252	+310	+380	+465	+600	+780	+1 000
180	200	+4	0	+17	+31	+50	+77	+122	+166	+236	+284	+350	+425	+520	+670	+880	+1 150
200	225						+80	+130	+180	+258	+310	+385	+470	+575	+740	+960	+1 250
225	250						+84	+140	+196	+284	+340	+425	+520	+640	+820	+1 050	+1 350
250	280	+4	0	+20	+34	+56	+94	+158	+218	+315	+385	+475	+580	+710	+920	+1 200	+1 550
280	315						+98	+170	+240	+350	+425	+525	+650	+790	+1 000	+1 300	+1 700
315	355	+4	0	+21	+37	+62	+108	+190	+268	+390	+475	+590	+730	+900	+1 150	+1 500	+1 900
355	400						+114	+208	+294	+435	+530	+660	+820	+1 000	+1 300	+1 650	+2 100
400	450	+5	0	+23	+40	+68	+126	+232	+330	+490	+595	+740	+920	+1 100	+1 450	+1 850	+2 400
450	500						+132	+252	+360	+540	+660	+820	+1 000	+1 250	+1 600	+2 100	+2 600
500	560	0	0	+44	+78	+150	+280	+400	+600								
560	630					+155	+310	+450	+660								
630	710	0	0	+50	+88	+175	+340	+500	+740								
710	800					+185	+380	+560	+840								
800	900	0	0	+56	+100	+210	+430	+620	+940								
900	1000					+220	+470	+680	+1 050								
1 000	1 120	0	0	+66	+120	+250	+520	+780	+1 150								
1 120	1 250					+260	+580	+840	+1 300								
1 250	1 400	0	0	+78	+140	+300	+640	+960	+1 450								
1 400	1 600					+330	+720	+1 050	+1 600								
1 600	1 800	0	0	+92	+170	+370	+820	+1 200	+1 850								
1 800	2 000					+400	+920	+1 350	+2 000								

续表 1-2-4 (μm)

基本偏差		下极限偏差(ei)															
		k		m	n	p	r	s	t	u	v	x	y	z	za	zb	zc
公称尺寸/mm		公差等级															
大于	至	4至7	≤3 >7	所有等级													
2 000	2 240	0	0	+110	+195	+440	+1 000	+1 500	+2 300								
2 240	2 500					+460	+1 100	+1 650	+2 500								
2 500	2 800	0	0	+135	+240	+550	+1 250	+1 900	+2 900								
2 800	3 150					+580	+1 400	+2 100	+3 200								

注：1. 公称尺寸小于 1 mm 时，各级的 a 和 b 均不采用。

2. js 的数值，对 IT7 至 IT11，若 IT 的数值(μm)为奇数，则取 js=$\pm\frac{IT-1}{2}$。

轴的另一个偏差(下极限偏差或上极限偏差)。根据轴的基本偏差和标准公差，按以下代数式计算：

$$ei=es-IT \text{ 或 } es=ei+IT$$

(6) 孔的极限偏差

孔的基本偏差从 A 到 H 为下极限偏差；从 J 至 ZC 为上极限偏差。

孔的基本偏差数值见表 1-2-5。

表 1-2-5　孔的基本偏差数值表 (μm)

基本偏差		下极限偏差(EI)												上极限偏差(ES)								
		A	B	C	CD	D	E	EF	F	FG	G	H	JS	J			K		M		N	
公称尺寸/mm		公差等级																				
大于	至	所有等级												6	7	8	≤8	>8	≤8	>8	≤8	>8
	3	+270	+140	+60	+34	+20	+14	+10	+6	+4	+2	0		+2	+4	+6	0	0	−2	−2	−4	−4
3	6	+270	+140	+70	+46	+30	+20	+14	+10	+6	+4	0		+5	+6	+10	−1+Δ	—	−4+Δ	−4	−8+Δ	0
6	10	+280	+150	+80	+56	+40	+25	+18	+13	+8	+5	0		+5	+8	+12	−1+Δ	—	−6+Δ	−6	−10+Δ	0
10	14	+290	+150	+95	—	+50	+32	—	+16	—	+6	0		+6	+10	+15	−1+Δ	—	−7+Δ	−7	−12+Δ	0
14	18																					
18	24	+300	+160	+110	—	+65	+40	—	+20	—	+7	0		+8	+12	+20	−2+Δ	—	−8+Δ	−8	−15+Δ	0
24	30																					
30	40	+310	+170	+120	—	+80	+50	—	+25	—	+9	0		+10	+14	+24	−2+Δ	—	−9+Δ	−9	−17+Δ	0
40	50	+320	+180	+130																		
50	65	+340	+190	+140	—	+100	+60	—	+30	—	+10	0		+13	+18	+28	−2+Δ	—	−11+Δ	−11	−20+Δ	0
65	80	+360	+200	+150																		
80	100	+380	+220	+170	—	+120	+72	—	+36	—	+12	0		+16	+22	+34	−3+Δ	—	−13+Δ	−13	−23+Δ	0
100	120	+410	+240	+180																		
120	140	+460	+260	+200									偏差=$\pm\frac{IT}{2}$									
140	160	+520	+280	+210	—	+145	+85	—	+43	—	+14	0		+18	+26	+41	−3+Δ	—	−15+Δ	−15	−27+Δ	0
160	180	+580	+310	+230																		
180	200	+660	+340	+240																		
200	225	+740	+380	+260	—	+170	+100	—	+50	—	+50	0		+22	+30	+47	−4+Δ	—	−17+Δ	−17	−31+Δ	0
225	250	+820	+420	+280																		

续表 1-2-5 (μm)

基本偏差		下极限偏差(EI)												上极限偏差(ES)								
		A	B	C	CD	D	E	EF	F	FG	G	H	JS	J			K		M		N	
公称尺寸/mm		公差等级																				
大于	至	所有等级												6	7	8	≤8	>8	≤8	>8	≤8	>8
250	280	+920	+480	+300	—	+190	+110	—	+56	—	+17	0		+25	+36	+55	−4+Δ	—	−20+Δ	−20	−34+Δ	0
280	315	+1 050	+540	+330																		
315	355	+1 200	+600	+360	—	+210	+125	—	+62	—	+18	0		+29	+39	+60	−4+Δ	—	−21+Δ	−21	−37+Δ	0
355	400	+1 350	+680	+400																		
400	450	+1 500	+760	+440	—	+230	+135	—	+68	—	+20	0		+33	+43	+66	−5+Δ	—	−23+Δ	−23	−40+Δ	0
450	500	+1 650	+840	+480																		
500	560					+260	+145		+76		+22	0					0		−26		−44	
560	630																					
630	710					+290	+160		+80		+24	0					0		−30		−50	
710	800																					
800	900					+320	+170		+86		+26	0	偏差= $\pm\frac{IT}{2}$				0		−34		−56	
900	1 000																					
1 000	1 120					+350	+195		+98		+28	0					0		−40		−66	
1 120	1 250																					
1 250	1 400					+390	+220		+110		+30	0					0		−48		−78	
1 400	1 600																					
1 600	1 800					+430	+240		+120		+32	0					0		−58		−92	
1 800	2 000																					
2 000	2 240					+480	+260		+130		+34	0					0		−68		−110	
2 240	2 500																					
2 500	2 800					+520	+290		+145		+38	0					0		−76		−135	
2 800	3 150																					

基本偏差		上极限偏差(ES)													Δ值					
		P至ZC	P	R	S	T	U	V	X	Y	Z	ZA	ZB	ZC						
公称尺寸/mm		公差等级																		
大于	至	≤7	>7												3	4	5	6	7	8
—	3	在大于7级的相应数值上增加一个Δ值	−6	−10	−14	—	−18	—	−20	—	−26	−32	−40	−60	0					
3	6		−12	−15	−19	—	−23	—	−28	—	−35	−42	−50	−80	1	1.5	1	3	4	6
6	10		−15	−19	−23	—	−28	—	−34	—	−42	−52	−67	−97	1	1.5	2	3	6	7
10	14		−18	−23	−28	—	−33	—	−40	—	−50	−64	−90	−130	1	2	3	3	7	9
14	18							−39	−45	—	−60	−77	−108	−150						
18	24		−22	−28	−35	—	−41	−47	−54	−63	−73	−98	−136	−188	1.5	2	3	4	8	12
24	30					−41	−48	−55	−64	−75	−88	−118	−160	−218						
30	40		−26	−34	−43	−48	−60	−68	−80	−94	−112	−148	−200	−274	1.5	3	4	5	9	14
40	50					−54	−70	−81	−97	−114	−136	−180	−242	−325						
50	65		32	−41	−53	−66	−87	−102	−122	−144	−172	−226	−300	−405	2	3	5	6	11	16
65	80			−43	−59	−75	−102	−120	−146	−174	−210	−274	−360	−480						
80	100		−37	−51	−71	−91	−124	−146	−178	−214	−258	−335	−445	−585	2	4	5	7	13	19
100	120			−54	−79	−104	−144	−172	−210	−254	−310	−400	−525	−690						

续表 1-2-5 (μm)

基本偏差		上极限偏差(ES)													Δ值					
		P至ZC	P	R	S	T	U	V	X	Y	Z	ZA	ZB	ZC						
公称尺寸/mm		公差等级																		
大于	至	≤7	>7												3	4	5	6	7	8
120	140	在大于7级的相应数值上增加一个Δ值	−43	−63	−92	−122	−170	−202	−248	−300	−365	−470	−620	−800						
140	160			−65	−100	−134	−190	−228	−280	−340	−415	−535	−700	−900	3	4	6	7	15	23
160	180			−68	−108	−146	−210	−252	−310	−380	−465	−600	−780	−1 000						
180	200		−50	−77	−122	−166	−236	−284	−350	−425	−520	−670	−880	−1 150						
200	225			−80	−130	−180	−258	−310	−385	−470	−575	−740	−960	−1 250	3	4	6	9	17	26
225	250			−84	−140	−196	−284	−340	−425	−520	−640	−820	−1 050	−1 350						
250	280		−56	−94	−158	−218	−315	−385	−475	−580	−710	−920	−1 200	−1 550	4	4	7	9	20	29
280	315			−98	−170	−240	−350	−425	−525	−650	−790	−1 000	−1 300	−1 700						
315	355		−62	−108	−190	−268	−390	−475	−590	−730	−900	−1 150	−1 500	−1 900	4	5	7	11	21	32
355	400			−114	−208	−294	−435	−530	−660	−820	−1 000	−1 300	−1 650	−2 100						
400	450		−68	−126	−232	−330	−490	−595	−740	−920	−1 100	−1 450	−1 850	−2 400	5	5	7	13	23	34
450	500			−132	−252	−360	−540	−660	−820	−1 000	−1 250	−1 600	−2 100	−2 600						
500	560		−78	−150	−280	−400	−600													
560	630			−155	−310	−450	−660													
630	710		−88	−175	−340	−500	−740													
710	800			−185	−380	−560	−840													
800	900		−100	−210	−430	−620	−940													
900	1 000			−220	−470	−680	−1 050													
1 000	1 120		−120	−250	−520	−780	−1 150													
1 120	1 250			−260	−580	−840	−1 300													
1 250	1 400		−140	−300	−640	−960	−1 450													
1 400	1 600			−330	−720	−1 050	−1 600													
1 600	1 800		−170	−370	−820	−1 200	−1 850													
1 800	2 000			−400	−920	−1 350	−2 000													
2 000	2 240		−195	−440	−1 000	−1 500	−2 300													
2 240	2 500			−460	−1 100	−1 650	−2 500													
2 500	2 800		−240	−550	−1 250	−1 900	−2 900													
2 800	3 150			−580	−1 400	−2 100	−3 200													

注：1. 公称尺寸小于 1 mm 时，各级的 A 和 B 及大于 8 级的 N 均不采用。

2. JS 的数值，对 IT7 至 IT11，若 IT 的数值(μm)为奇数，则取 $JS=\pm\frac{IT-1}{2}$。

3. 特殊情况，当基本尺寸大于 250～315 mm 时，M6 的 ES 等于−9 μm(不等于−11 μm)。

4. 对小于或等于 IT8 的 K、M、N 和小于或等于 IT7 的 P 至 ZC，所需 Δ 值从表内右侧栏选取。例如：大于 6～10 mm 的 P6，Δ=3 μm，所以 ES=(−15+3)μm=−12 μm。

孔的另一个偏差(上极限偏差或下极限偏差)，根据孔的基本偏差和标准公差，按以下代数式计算：

$$ES=EI+IT \text{ 或 } EI=ES-IT$$

(7) 公差带代号

孔、轴公差带代号用基本偏差代号与公差等级代号组成。例如：H8、F8、K7、P7 等为孔的公差带代号；h7、f7、k6、p6 等为轴的公差带代号。其表示方法可以用下列示例之一：

孔：$\phi50H8$，$\phi50^{+0.039}_{0}$，$\phi50H8\left(^{+0.039}_{0}\right)$；

轴：$\phi50f7$，$\phi50^{-0.025}_{-0.050}$，$\phi50f7\left(^{-0.025}_{-0.050}\right)$。

(8) 基准制

标准规定有基孔制和基轴制。在一般情况下，优先采用基孔制。如有特殊需要，允许将任一孔、轴公差带组成配合。

(9) 配合代号

用孔、轴公差带的组合表示，写成分数形式，分子为孔的公差带，分母为轴的公差带。例如：H8/f7 或$\frac{H8}{f7}$。其表示方法可用以下示例之一：

ϕ50H8/f7 或 ϕ50 $\frac{H8}{f7}$；10H7/n6 或 10 $\frac{H7}{n6}$。

(10) 配合分类

标准的配合有三类，即间隙配合、过渡配合和过盈配合。属于哪一类配合取决于孔、轴公差带的相互关系。

基孔制(基轴制)中，a 到 h(A 到 H)用于间隙配合；j 到 zc(J 到 ZC)用于过渡配合和过盈配合。

(11) 公差带及配合的选用原则

孔、轴公差带及配合，首先采用优先公差带及优先配合，其次采用常用公差带及常用配合，再次采用一般用途公差带。必要时，可按标准所规定的标准公差与基本偏差组成孔、轴公差带及配合。

1.2.1.3 孔、轴的极限偏差与配合(GB/T 1801—2009)

(1) 孔的常用和优先公差带(尺寸≤500 mm)(图 1-2-14)

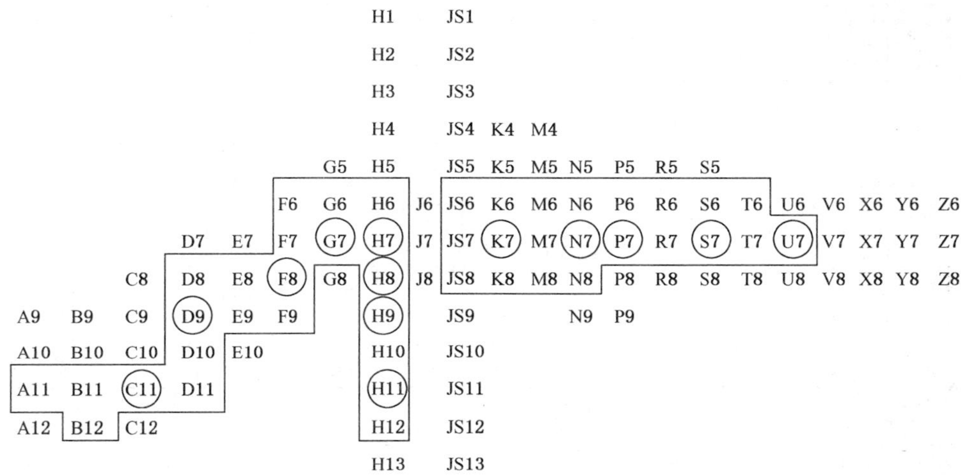

注：1. 孔的一般公差带，共 105 个(包括常用和优先)。

2. 带方框的为常用公差带，共 44 个(包括优先)。

3. 带圆圈中的为优先公差带，共 13 个。

图 1-2-14 孔常用和优先公差带

(2) 轴的常用和优先公差带(尺寸≤500 mm)(图 1-2-15)

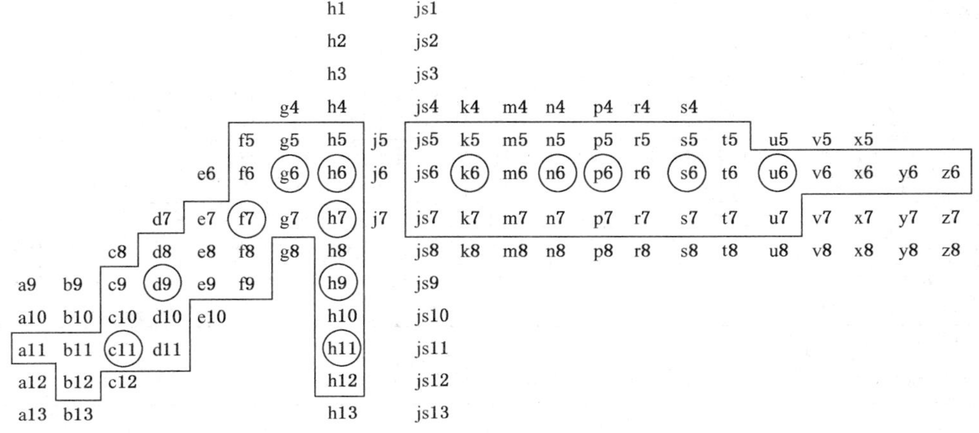

注：1. 轴的一般公差带，共 116 个(包括常用和优先)。

2. 带方框的为常用公差带，共 59 个(包括优先)。

3. 带圆圈中的为优先公差带，共 13 个。

图 1-2-15 轴常用和优先公差带

(3) 孔、轴的极限偏差数值(表 1-2-6～表 1-2-23)

表 1-2-6 孔 A、B 和 C 的极限偏差 (μm)

公称尺寸/mm		A				B				C				
大于	至	9	10	11	12	9	10	11	12	8	9	10	11	12
—	3	+295 +270	+310 +270	+330 +270	+370 +270	+165 +140	+180 +140	+200 +140	+240 +140	+74 +60	+85 +60	+100 +60	+120 +60	+160 +60
3	6	+300 +270	+318 +270	+345 +270	+390 +270	+170 +140	+188 +140	+215 +140	+260 +140	+88 +70	+100 +70	+118 +70	+145 +70	+190 +70
6	10	+316 +280	+338 +280	+370 +280	+430 +280	+186 +150	+208 +150	+240 +150	+300 +150	+102 +80	+116 +80	+138 +80	+170 +80	+230 +80
10	18	+333 +290	+360 +290	+400 +290	+470 +290	+193 +150	+220 +150	+260 +150	+330 +150	+122 +95	+138 +95	+165 +95	+205 +95	+275 +95
18	30	+352 +300	+384 +300	+430 +300	+510 +300	+212 +160	+244 +160	+290 +160	+370 +160	+143 +110	+162 +110	+194 +110	+240 +110	+320 +110
30	40	+372 +310	+410 +310	+470 +310	+560 +310	+232 +170	+270 +170	+330 +170	+420 +170	+159 +120	+182 +120	+220 +120	+280 +120	+370 +120
40	50	+382 +320	+420 +320	+480 +320	+570 +320	+242 +180	+280 +180	+340 +180	+430 +180	+169 +130	+192 +130	+230 +130	+290 +130	+380 +130
50	65	+414 +340	+460 +340	+530 +340	+640 +340	+264 +190	+310 +190	+380 +190	+490 +190	+186 +140	+214 +140	+260 +140	+330 +140	+440 +140
65	80	+434 +360	+480 +360	+550 +360	+660 +360	+274 +200	+320 +200	+390 +200	+500 +200	+196 +150	+224 +150	+270 +150	+340 +150	+450 +150
80	100	+457 +380	+520 +380	+600 +380	+730 +380	+307 +220	+360 +220	+440 +220	+570 +220	+224 +170	+257 +170	+310 +170	+390 +170	+520 +170
100	120	+497 +410	+550 +410	+630 +410	+760 +410	+327 +240	+380 +240	+460 +240	+590 +240	+234 +180	+267 +180	+320 +180	+400 +180	+530 +180
120	140	+560 +460	+620 +460	+710 +460	+860 +460	+360 +260	+420 +260	+510 +260	+660 +260	+263 +200	+300 +200	+360 +200	+450 +200	+600 +200
140	160	+620 +520	+680 +520	+770 +520	+920 +520	+380 +280	+440 +280	+530 +280	+680 +280	+273 +210	+310 +210	+370 +210	+460 +210	+610 +210
160	180	+680 +580	+740 +580	+830 +580	+960 +580	+410 +310	+470 +310	+560 +310	+710 +310	+293 +230	+330 +230	+390 +230	+480 +230	+530 +230
180	200	+775 +660	+845 +660	+960 +660	+1 120 +660	+455 +340	+525 +340	+630 +340	+800 +340	+312 +240	+355 +240	+425 +240	+530 +240	+700 +240
200	225	+855 +740	+925 +740	+1 030 +740	+1 200 +740	+495 +380	+565 +380	+670 +380	+840 +380	+332 +260	+375 +260	+445 +260	+550 +260	+720 +260
225	250	+935 +820	+1 005 +820	+1 110 +820	+1 280 +820	+535 +420	+605 +420	+710 +420	+880 +420	+352 +280	+395 +280	+465 +280	+570 +280	+740 +280
250	280	+1 050 +920	+1 130 +920	+1 240 +920	+1 440 +920	+610 +480	+690 +480	+800 +480	+1 000 +480	+381 +300	+430 +300	+510 +300	+620 +300	+820 +300
280	315	+1 180 +1 050	+1 260 +1 050	+1 370 +1 050	+1 570 +1 050	+670 +540	+750 +540	+860 +540	+1 060 +540	+411 +330	+460 +330	+540 +330	+650 +330	+850 +330
315	355	+1 340 +1 200	+1 430 +1 200	+1 560 +1 200	+1 770 +1 200	+740 +600	+830 +600	+960 +600	+1 170 +600	+449 +360	+500 +360	+590 +360	+720 +360	+930 +360
355	400	+1 490 +1 350	+1 580 +1 350	+1 710 +1 350	+1 920 +1 350	+820 +680	+910 +680	+1 040 +680	+1 250 +680	+489 +400	+540 +400	+630 +400	+760 +400	+970 +400
400	450	+1 655 +1 500	+1 750 +1 500	+1 900 +1 500	+2 130 +1 500	+915 +760	+1 010 +760	+1 160 +760	+1 390 +760	+537 +440	+595 +440	+690 +440	+840 +440	+1 070 +440
450	500	+1 805 +1 650	+1 900 +1 650	+2 050 +1 650	+2 280 +1 650	+995 +840	+1 090 +840	+1 240 +840	+1 470 +840	+577 +480	+635 +480	+730 +480	+880 +480	+1 110 +480

注：公称尺寸小于 1 mm 时，各级的 A 和 B 均不采用。

表 1-2-7 孔 D、E、F 和 G 的极限偏差 (μm)

公称尺寸/mm		D					E				F				G			
大于	至	7	8	9	10	11	7	8	9	10	6	7	8	9	5	6	7	8
—	3	+30 +20	+34 +20	+45 +20	+60 +20	+80 +20	+24 +14	+28 +14	+39 +14	+54 +14	+12 +6	+16 +6	+20 +6	+31 +6	+6 +2	+8 +2	+12 +2	+16 +2

续表 1-2-7 (μm)

公称尺寸/mm		D					E				F				G			
大于	至	7	8	9	10	11	7	8	9	10	6	7	8	9	5	6	7	8
3	6	+42 +30	+48 +30	+60 +30	+78 +30	+105 +30	+32 +20	+38 +20	+50 +20	+68 +20	+18 +10	+22 +10	+28 +10	+40 +10	+9 +4	+12 +4	+16 +4	+22 +4
6	10	+55 +40	+62 +40	+76 +40	+98 +40	+130 +40	+40 +25	+47 +25	+61 +25	+83 +25	+22 +13	+28 +13	+35 +13	+49 +13	+11 +5	+14 +5	+20 +5	+27 +5
10	18	+68 +50	+77 +50	+93 +50	+120 +50	+160 +50	+50 +32	+59 +32	+75 +32	+102 +32	+27 +16	+34 +16	+43 +16	+59 +16	+14 +6	+17 +6	+24 +6	+33 +6
18	30	+86 +65	+98 +65	+117 +65	+149 +65	+196 +65	+61 +40	+73 +40	+92 +40	+124 +40	+33 +20	+41 +20	+53 +20	+72 +20	+16 +7	+20 +7	+28 +7	+40 +7
30	50	+105 +80	+119 +80	+142 +80	+180 +80	+240 +80	+75 +50	+89 +50	+112 +50	+150 +50	+41 +25	+50 +25	+64 +25	+87 +25	+20 +9	+25 +9	+34 +9	+48 +9
50	80	+130 +100	+146 +100	+174 +100	+220 +100	+290 +100	+90 +60	+106 +60	+134 +60	+180 +60	+49 +30	+60 +30	+76 +30	+104 +30	+23 +10	+29 +10	+40 +10	+56 +10
80	120	+155 +120	+174 +120	+207 +120	+260 +120	+340 +120	+107 +72	+125 +72	+159 +72	+212 +72	+58 +36	+71 +36	+90 +36	+123 +36	+27 +12	+34 +12	+47 +12	+66 +12
120	180	+185 +145	+208 +145	+245 +145	+305 +145	+395 +145	+125 +85	+148 +85	+185 +85	+245 +85	+68 +43	+83 +43	+106 +43	+143 +43	+32 +14	+39 +14	+54 +14	+77 +14
180	250	+216 +170	+242 +170	+285 +170	+355 +170	+460 +170	+146 +100	+172 +100	+215 +100	+285 +100	+79 +50	+96 +50	+122 +50	+165 +50	+35 +15	+44 +15	+61 +15	+87 +15
250	315	+242 +190	+271 +190	+320 +190	+400 +190	+510 +190	+162 +110	+191 +110	+240 +110	+320 +110	+88 +56	+108 +56	+137 +56	+186 +56	+40 +17	+49 +17	+89 +17	+98 +17
315	400	+267 +210	+299 +210	+350 +210	+440 +210	+570 +210	+182 +125	+214 +125	+265 +125	+365 +125	+98 +62	+119 +62	+151 +62	+202 +62	+43 +18	+54 +18	+75 +18	+107 +18
400	500	+293 +230	+327 +230	+385 +230	+480 +230	+630 +230	+198 +135	+232 +135	+290 +135	+385 +135	+108 +68	+131 +68	+165 +68	+223 +68	+47 +20	+60 +20	+83 +20	+117 +20

表 1-2-8 孔 H 的极限偏差

公称尺寸/mm		H												
		1	2	3	4	5	6	7	8	9	10	11	12	13
大于	至	偏差												
		μm											mm	
—	3	+0.8 0	+1.2 0	+2 0	+3 0	+4 0	+6 0	+10 0	+14 0	+25 0	+40 0	+60 0	+0.1 0	+0.14 0
3	6	+1 0	+1.5 0	+2.5 0	+4 0	+5 0	+8 0	+12 0	+18 0	+30 0	+48 0	+75 0	+0.12 0	+0.18 0
6	10	+1 0	+1.5 0	+2.5 0	+4 0	+6 0	+9 0	+15 0	+22 0	+36 0	+58 0	+90 0	+0.15 0	+0.22 0
10	18	+1.2 0	+2 0	+3 0	+5 0	+8 0	+11 0	+18 0	+27 0	+43 0	+70 0	+110 0	+0.18 0	+0.27 0
18	30	+1.5 0	+2.5 0	+4 0	+6 0	+9 0	+13 0	+21 0	+33 0	+52 0	+84 0	+130 0	+0.21 0	+0.33 0
30	50	+1.5 0	+2.5 0	+4 0	+7 0	+11 0	+16 0	+25 0	+39 0	+62 0	+100 0	+160 0	+0.25 0	+0.39 0
50	80	+2 0	+3 0	+5 0	+8 0	+13 0	+19 0	+30 0	+46 0	+74 0	+120 0	+190 0	+0.3 0	+0.46 0
80	120	+2.5 0	+4 0	+6 0	+10 0	+15 0	+22 0	+35 0	+54 0	+87 0	+140 0	+220 0	+0.35 0	+0.54 0
120	180	+3.5 0	+5 0	+8 0	+12 0	+18 0	+25 0	+40 0	+63 0	+100 0	+160 0	+250 0	+0.4 0	+0.63 0
180	250	+4.5 0	+7 0	+10 0	+14 0	+20 0	+29 0	+46 0	+72 0	+115 0	+185 0	+290 0	+0.46 0	+0.72 0
250	315	+6 0	+8 0	+12 0	+16 0	+23 0	+32 0	+52 0	+81 0	+130 0	+210 0	+320 0	+0.52 0	+0.81 0
315	400	+7 0	+9 0	+13 0	+18 0	+25 0	+36 0	+57 0	+89 0	+140 0	+230 0	+360 0	+0.57 0	+0.89 0
400	500	+8 0	+10 0	+15 0	+20 0	+27 0	+40 0	+63 0	+97 0	+155 0	+250 0	+400 0	+0.63 0	+0.97 0

表 1-2-9 孔 JS 的极限偏差

公称尺寸/mm		JS												
		1	2	3	4	5	6	7	8	9	10	11	12	13
大于	至	偏差												
		μm											mm	
—	3	±0.4	±0.6	±1	±1.5	±2	±3	±5	±7	±12	±20	±30	±0.05	±0.07
3	6	±0.5	±0.75	±1.25	±2	±2.5	±4	±6	±9	±15	±24	±37	±0.06	±0.09
6	10	±0.5	±0.75	±1.25	±2	±3	±4.5	±7	±11	±18	±29	±45	±0.075	±0.11
10	18	±0.6	±1	±1.5	±2.5	±4	±5.5	±9	±13	±21	±36	±56	±0.09	±0.135
18	30	±0.75	±1.25	±2	±3	±4.5	±6.5	±10	±16	±28	±42	±65	±0.106	±0.165
30	50	±0.75	±1.25	±2	±3.5	±5.5	±8	±12	±19	±31	±50	±80	±0.125	±0.195
50	80	±1	±1.5	±2.5	±4	±6.5	±9.5	±15	±23	±37	±60	±96	±0.15	±0.23
80	120	±1.25	±2	±3	±5	±7.5	±11	±17	±27	±43	±70	±110	±0.175	±0.27
120	180	±1.75	±2.5	±4	±6	±9	±12.5	±20	±31	±50	±80	±125	±0.2	±0.315
180	250	±2.25	±3.5	±5	±7	±10	±14.5	±23	±36	±57	±92	±145	±0.23	±0.36
250	315	±3	±4	±6	±8	±11.5	±16	±26	±40	±65	±106	±160	±0.28	±0.406
315	400	±3.5	±4.5	±6.5	±9	±12.5	±18	±28	±44	±70	±115	±180	±0.286	±0.445
400	500	±4	±5	±7.5	±10	±13.5	±20	±31	±48	±77	±125	±200	±0.315	±0.486

注：为避免相同值的重复，表列值以"±X"给出，可为 ES=+X、EI=−X，例如 $^{+0.23}_{-0.23}$ mm。

表 1-2-10 孔 J、K 和 M 的极限偏差 (μm)

公称尺寸/mm		J			K					M				
大于	至	6	7	8	4	5	6	7	8	4	5	6	7	8
—	3	+2 −4	+4 −6	+6 −8	0 −3	0 −4	0 −6	0 −10	0 −14	−2 −5	−2 −6	−2 −8	−2 −12	−2 −16
3	6	+5 −3	±6	+10 −8	+0.5 −3.5	0 −5	+2 −6	+3 −9	+5 −13	−2.5 −6.5	−3 −8	−1 −9	0 −12	+2 −16
6	10	+5 −4	+8 −7	+12 −10	+0.5 −3.5	+1 −5	+2 −7	+5 −10	+6 −16	−4.5 −8.5	−4 −10	−3 −12	0 −15	+1 −21
10	18	+6 −5	+10 −8	+15 −12	+1 −4	+2 −6	+2 −9	+6 −12	+8 −19	−5 −10	−4 −12	−4 −15	0 −18	+2 −25
18	30	+8 −5	+12 −9	+20 −13	0 −6	+1 −8	+2 −11	+6 −15	+10 −23	−6 −12	−5 −14	−4 −17	0 −21	+4 −29
30	50	+10 −6	+14 −11	+24 −15	+1 −6	+2 −9	+3 −13	+7 −18	+12 −27	−6 −13	−5 −16	−4 −20	0 −25	+5 −34
50	80	+13 −6	+18 −12	+28 −18		+3 −10	+4 −15	+9 −21	+14 −32		−6 −19	−5 −24	0 −30	+5 −41
80	120	+16 −6	+22 −13	+34 −20		+2 −13	+4 −18	+10 −25	+16 −38		−8 −23	−6 −28	0 −35	+6 −48
120	180	+18 −7	+26 −14	+41 −22		+3 −15	+4 −21	+12 −28	+20 −43		−9 −27	−8 −33	0 −40	+8 −56
180	250	+22 −7	+30 −16	+47 −25		+2 −18	+5 −24	+13 −33	+22 −50		−11 −31	−8 −37	0 −46	+9 −83
250	315	+25 −7	+36 −16	+55 −26		+3 −20	+5 −27	+16 −36	+25 −56		−13 −36	−9 −41	0 −52	+9 −72
315	400	+29 −7	+39 −18	+60 −29		+3 −22	+7 −29	+17 −40	+28 −61		−14 −39	−10 −46	0 −57	+11 −78
400	500	+33 −7	+43 −20	+66 −31		+2 −25	+8 −32	+18 −45	+29 −68		−16 −43	−10 −50	0 −63	+11 −86

注：公称尺寸大于 3 至 6 mm 的 J7 的偏差值与对应尺寸段的 JS7 等值。

表 1-2-11　孔 N 和 P 的极限偏差　　(μm)

公称尺寸/mm		N					P				
大于	至	5	6	7	8	9	5	6	7	8	9
—	3	−4 −8	−4 −10	−4 −14	−4 −18	−4 −29	−6 −10	−6 −12	−6 −16	−6 −20	−6 −31
3	6	−7 −12	−5 −13	−4 −16	−2 −20	0 −30	−11 −16	−9 −17	−8 −20	−12 −30	−12 −42
6	10	−8 −14	−7 −16	−4 −19	−3 −25	0 −36	−13 −19	−12 −21	−9 −24	−15 −37	−15 −51
10	18	−9 −17	−9 −20	−5 −23	−3 −30	0 −43	−15 −23	−15 −26	−11 −29	−18 −45	−18 −61
18	30	−12 −21	−11 −24	−7 −28	−3 −36	0 −52	−19 −28	−18 −31	−14 −35	−22 −55	−22 −74
30	50	−13 −24	−12 −28	−8 −33	−3 −42	0 −62	−22 −33	−21 −37	−17 −42	−26 −65	−26 −88
50	80	−15 −28	−14 −33	−9 −38	−4 −50	0 −74	−27 −40	−26 −45	−21 −51	−32 −78	−32 −106
80	120	−18 −33	−16 −38	−10 −45	−4 −58	0 −87	−32 −47	−30 −52	−24 −59	−37 −91	−37 −124
120	180	−21 −39	−20 −45	−12 −52	−4 −67	0 −100	−37 −55	−36 −61	−28 −68	−43 −106	−43 −143
180	250	−25 −45	−22 −51	−14 −80	−5 −77	0 −115	−44 −64	−41 −70	−33 −79	−50 −122	−50 −165
250	315	−27 −50	−25 −57	−14 −66	−5 −86	0 −130	−49 −72	−47 −79	−36 −88	−56 −137	−56 −186
315	400	−30 −55	−26 −62	−16 −73	−5 −94	0 −140	−55 −80	−51 −87	−41 −98	−62 −151	−62 −202
400	500	−33 −60	−27 −87	−17 −80	−6 −103	0 −155	−61 −88	−55 −95	−45 −108	−68 −165	−68 −223

注：公差带 N9 只用于大于 1 mm 的公称尺寸。

表 1-2-12　孔 R、S、T 和 U 的极限偏差　　(μm)

公称尺寸/mm		R				S				T			U		
大于	至	5	6	7	8	5	6	7	8	6	7	8	6	7	8
—	3	−10 −14	−10 −16	−10 −20	−10 −24	−14 −18	−14 −20	−14 −24	−14 −28				−18 −24	−18 −28	−18 −32
3	6	−14 −19	−12 −20	−11 −23	−15 −33	−18 −23	−16 −24	−15 −27	−19 −37				−20 −28	−19 −31	−23 −41
6	10	−17 −23	−16 −25	−13 −28	−19 −41	−21 −27	−20 −29	−17 −32	−23 −45				−25 −34	−22 −37	−28 −50
10	18	−20 −28	−20 −31	−16 −34	−23 −50	−25 −33	−25 −36	−21 −39	−28 −55				−30 −41	−26 −44	−33 −60
18	24	−25 −34	−24 −37	−20 −41	−28 −61	−32 −41	−31 −44	−27 −48	−35 −68				−37 −50	−33 −54	−41 −74
24	30									−37 −50	−33 −54	−41 −74	−44 −57	−40 −61	−48 −81
30	40	−30 −41	−29 −45	−25 −50	−34 −73	−39 −50	−38 −54	−34 −59	−43 −82	−43 −59	−39 −64	−48 −87	−55 −71	−51 −78	−60 −99
40	50									−49 −85	−45 −70	−54 −93	−65 −81	−61 −85	−70 −109
50	65	−36 −49	−35 −54	−30 −60	−41 −87	−48 −61	−47 −66	−42 −72	−53 −99	−60 −79	−55 −85	−66 −112	−81 −100	−76 −106	−87 −133
65	80	−38 −51	−37 −58	−32 −62	−43 −89	−54 −67	−53 −72	−48 −78	−59 −105	−69 −88	−64 −94	−75 −121	−96 −115	−91 −121	−102 −148
80	100	−46 −61	−44 −66	−38 −73	−51 −105	−66 −81	−64 −86	−58 −93	−71 −125	−84 −106	−78 −113	−91 −145	−117 −139	−111 −146	−124 −178

续表 1-2-12 (μm)

公称尺寸/mm		R				S				T			U		
大于	至	5	6	7	8	5	6	7	8	6	7	8	6	7	8
100	120	−49 −64	−47 −69	−41 −76	−54 −108	−74 −89	−72 −94	−86 −101	−79 −133	−97 −119	−91 −126	−104 −158	−137 −159	−131 −166	−144 −198
120	140	−57 −75	−56 −81	−48 −88	−63 −126	−86 −104	−85 −110	−77 −117	−92 −155	−115 −140	−107 −147	−122 −185	−163 −188	−155 −196	−170 −233
140	160	−59 −77	−58 −83	−50 −90	−65 −128	−94 −112	−93 −118	−85 −125	−100 −163	−127 −152	−119 −159	−134 −197	−183 −206	−175 −215	−190 −253
160	180	−62 −80	−61 −86	−53 −93	−68 −131	−102 −120	−101 −126	−93 −133	−108 −171	−139 −164	−131 −171	−146 −209	−203 −228	−196 −235	−210 −273
180	200	−71 −91	−68 −97	−60 −106	−77 −149	−116 −136	−113 −142	−105 −151	−122 −194	−157 −186	−149 −196	−166 −238	−227 −258	−219 −265	−236 −308
200	225	−74 −94	−71 −100	−63 −109	−80 −152	−124 −144	−121 −150	−113 −159	−130 −202	−171 −200	−163 −209	−180 −252	−249 −278	−241 −287	−258 −330
225	250	−78 −98	−75 −104	−67 −113	−84 −156	−134 −154	−131 −160	−123 −169	−140 −212	−187 −216	−179 −225	−196 −268	−275 −304	−267 −313	−284 −368
250	280	−87 −110	−85 −117	−74 −126	−94 −175	−151 −174	−149 −181	−138 −190	−158 −239	−209 −241	−198 −250	−218 −299	−306 −338	−295 −347	−315 −396
280	315	−91 −114	−89 −121	−78 −130	−98 −179	−163 −186	−161 −193	−150 −202	−170 −251	−231 −263	−220 −272	−240 −321	−341 −373	−330 −382	−350 −431
315	355	−101 −126	−97 −133	−87 −144	−108 −197	−183 −208	−179 −215	−169 −226	−190 −279	−257 −293	−247 −304	−268 −357	−379 −415	−389 −426	−390 −479
355	400	−107 −132	−103 −139	−93 −150	−114 −203	−201 −226	−197 −233	−187 −244	−208 −297	−283 −319	−273 −330	−294 −383	−424 −480	−414 −471	−436 −524
400	450	−119 −146	−113 −153	−103 −166	−126 −223	−225 −252	−219 −259	−209 −272	−232 −329	−317 −367	−307 −370	−330 −427	−477 −517	−467 −530	−490 −587
450	500	−125 −152	−119 −159	−109 −172	−132 −229	−245 −272	−239 −279	−229 −292	−252 −349	−347 −387	−337 −400	−360 −457	−527 −567	−517 −580	−540 −637

表 1-2-13 孔 V、X、Y 和 Z 的极限偏差 (μm)

公称尺寸/mm		V			X			Y			Z		
大于	至	6	7	8	6	7	8	6	7	8	6	7	8
—	3				−20 −26	−20 −30	−20 −34				−26 −32	−26 −36	−26 −40
3	6				−25 −33	−24 −36	−28 −46				−32 −40	−31 −43	−35 −53
6	10				−31 −40	−28 −43	−34 −56				−39 −48	−36 −51	−42 −64
10	14				−37 −48	−33 −51	−40 −67				−47 −58	−43 −61	−50 −77
14	18	−36 −47	−32 −50	−39 −66	−42 −53	−38 −56	−45 −72				−57 −68	−53 −71	−60 −87
18	24	−43 −56	−39 −60	−47 −80	−50 −63	−46 −67	−54 −87	−59 −72	−55 −76	−63 −96	−69 −82	−65 −86	−73 −106
24	30	−51 −64	−47 −68	−55 −88	−60 −73	−56 −77	−64 −97	−71 −84	−67 −88	−75 −108	−84 −97	−80 −101	−88 −121
30	40	−63 −79	−59 −84	−68 −107	−75 −91	−71 −96	−80 −119	−89 −105	−86 −110	−94 −133	−107 −123	−103 −128	−112 −151
40	50	−76 −92	−72 −97	−81 −120	−92 −108	−88 −113	−97 −136	−109 −125	−105 −130	−114 −153	−131 −147	−127 −152	−136 −175
50	65	−96 −115	−91 −121	−102 −148	−116 −135	−111 −141	−122 −168	−138 −157	−133 −163	−144 −190		−181 −191	−172 −218
65	80	−114 −133	−109 −139	−120 −166	−140 −159	−136 −165	−146 −192	−168 −187	−163 −193	−174 −220		−199 −229	−210 −258
80	100	−139 −161	−133 −168	−146 −200	−171 −193	−166 −200	−178 −232	−207 −229	−201 −236	−214 −268		−245 −280	−258 −312

续表 1-2-13　　(μm)

公称尺寸/mm		V			X			Y			Z		
大于	至	6	7	8	6	7	8	6	7	8	6	7	8
100	120	−165 −187	−159 −194	−172 −226	−203 −225	−197 −232	−210 −264	−247 −268	−241 −276	−254 −308		−297 −332	−310 −364
120	140	−195 −220	−187 −227	−202 −265	−241 −268	−233 −273	−248 −311	−293 −318	−285 −325	−300 −363		−360 −390	−365 −428
140	160	−221 −246	−213 −253	−228 −291	−273 −298	−265 −305	−280 −343	−333 −358	−325 −365	−340 −403		−400 −440	−415 −478
160	180	−245 −270	−237 −277	−252 −315	−303 −328	−295 −335	−310 −373	−373 −398	−365 −405	−380 −443		−450 −490	−465 −528
180	200	−275 −304	−267 −313	−284 −356	−341 −370	−333 −379	−350 −422	−416 −445	−408 −454	−425 −497		−503 −549	−520 −592
200	225	−301 −330	−293 −339	−310 −382	−376 −405	−368 −414	−385 −457	−461 −490	−453 −499	−470 −542		−558 −604	−575 −647
225	250	−331 −360	−323 −369	−340 −412	−416 −445	−408 −454	−425 −497	−511 −540	−503 −549	−520 −582		−623 −669	−640 −712
250	280	−376 −408	−365 −417	−385 −466	−466 −498	−455 −507	−475 −556	−571 −603	−560 −612	−580 −661		−690 −742	−710 −791
280	315	−416 −448	−405 −457	−425 −506	−516 −548	−505 −557	−525 −606	−641 −673	−630 −682	−650 −731		−770 −822	−790 −871
315	355	−484 −500	−454 −511	−475 −564	−579 −615	−569 −626	−590 −679	−719 −755	−709 −766	−730 −819		−879 −936	−900 −989
355	400	−519 −555	−509 −566	−530 −619	−649 −685	−639 −696	−660 −749	−809 −845	−799 −856	−820 −909		−979 −1 036	−1 000 −1 089
400	450	−582 −622	−572 −635	−595 −692	−727 −767	−717 −780	−740 −837	−907 −947	−897 −960	−920 −1 017		−1 077 −1 140	−1 100 −1 197
450	500	−647 −687	−637 −700	−660 −757	−807 −847	−797 −860	−820 −917	−987 −1 027	−977 −1 040	−1 000 −1 097		−1 227 −1 290	−1 250 −1 347

注：1. 公称尺寸至 14 mm 的 V6 至 V8 的偏差值未列入表内，建议以 X6 至 X8 代替，如非要 V6 至 V8，则可按 GB/T 1800.1 计算。

2. 公称尺寸至 18 mm 的 Y6 至 Y8 的偏差值未列入表内，建议以 Z6 至 Z8 代替，如非要 Y6 至 Y8，则可按 GB/T 1800.1 计算。

表 1-2-14　轴 a、b 和 c 的极限偏差　　(μm)

公称尺寸/mm		a				b				c			
大于	至	9	10	11	12	9	10	11	12	8	9	10	11
—	3	−270 −295	−270 −310	−270 −330	−270 −370	−140 −165	−140 −180	−140 −200	−140 −240	−60 −74	−60 −85	−60 −100	−60 −120
3	6	−270 −300	−270 −318	−270 −345	−270 −390	−140 −170	−140 −188	−140 −215	−140 −260	−70 −88	−70 −100	−70 −118	−70 −145
6	10	−280 −316	−290 −338	−280 −370	−280 −430	−150 −186	−150 −208	−150 −240	−150 −300	−80 −102	−80 −116	−80 −138	−80 −170
10	18	−290 −333	−290 −360	−290 −400	−290 −470	−150 −193	−150 −220	−150 −260	−150 −330	−95 −122	−95 −138	−95 −165	−95 −205
18	30	−300 −352	−300 −384	−300 −430	−300 −510	−160 −212	−160 −244	−160 −290	−160 −370	−110 −143	−110 −162	−110 −194	−110 −240
30	40	−310 −372	−310 −410	−310 −470	−310 −560	−170 −232	−170 −270	−170 −330	−170 −420	−120 −159	−120 −182	−120 −220	120 −280
40	50	−320 −382	−320 −420	−320 −480	−320 −570	−180 −242	−180 −280	−180 −340	−180 −430	−130 −169	−130 −192	−130 −230	−130 −290
50	65	−340 −414	−340 −460	−340 −530	−340 −640	−190 −264	−190 −310	−190 −380	−190 −490	−140 −186	−140 −214	−140 −260	−140 −330
65	80	−360 −434	−360 −480	−360 −550	−360 −660	−200 −274	−200 −320	−200 −390	−200 −500	−150 −196	−150 −224	−150 −270	−150 −340
80	100	−380 −467	−380 −520	−380 −600	−380 −730	−220 −307	−220 −360	−220 −440	−220 −570	−170 −224	−170 −257	−170 −310	−170 −390
100	120	−410 −497	−410 −550	−410 −630	−410 −760	−240 −327	−240 −380	−240 −460	−240 −590	−180 −234	−180 −257	−180 −320	−180 −400

续表 1-2-14 (μm)

公称尺寸/mm		a				b				c			
大于	至	9	10	11	12	9	10	11	12	8	9	10	11
120	140	−460 −560	−460 −620	−460 −710	−460 −860	−260 −360	−260 −420	−260 −510	−260 −660	−200 −263	−200 −300	−200 −360	−200 −450
140	160	−520 −620	−520 −680	−520 −770	−520 −920	−280 −380	−280 −440	−280 −530	−280 −680	−210 −273	−210 −310	−210 −370	−210 −460
160	180	−580 −680	−580 −740	−580 −830	−580 −980	−310 −410	−310 −470	−310 −560	−310 −710	−230 −293	−230 −330	−230 −390	−230 −480
180	200	−660 −775	−660 −845	−660 −950	−660 −1 120	−340 −455	−340 −525	−340 −630	−340 −800	−240 −312	−240 −355	−240 −425	−240 −530
200	225	−740 −855	−740 −925	−740 −1 030	−740 −1 200	−380 −495	−380 −565	−380 −670	−380 −840	−260 −332	−260 −375	−260 −445	−260 −550
225	250	−820 −935	−820 −1 005	−820 −1 110	−820 −1 280	−420 −535	−420 −605	−420 −710	−420 −880	−280 −352	−280 −395	−280 −465	−280 −570
250	280	−920 −1 050	−920 −1 130	−920 −1 240	−920 −1 440	−480 −610	−480 −690	−480 −800	−480 −1 000	−300 −381	−300 −430	−300 −510	−300 −620
280	315	−1 050 −1 180	−1 050 −1 260	−1 050 −1 370	−1 050 −1 570	−540 −670	−540 −750	−540 −860	−540 −1 060	−330 −411	−330 −460	−330 −540	−330 −650
315	355	−1 200 −1 340	−1 200 −1 430	−1 200 −1 560	−1 200 −1 770	−600 −740	−600 −830	−600 −960	−600 −1 170	−360 −449	−360 −500	−360 −590	−360 −720
355	400	−1 350 −1 490	−1 350 −1 580	−1 350 −1 710	−1 350 −1 920	−680 −820	−680 −910	−680 −1 040	−680 −1 250	−400 −489	−400 −540	−400 −630	−400 −760
400	450	−1 500 −1 655	−1 500 −1 750	−1 500 −1 900	−1 500 −2 130	−760 −915	−760 −1 010	−760 −1 160	−760 −1 390	−440 −537	−440 −596	−440 −690	−440 −840
450	500	−1 650 −1 805	−1 650 −1 900	−1 650 −2 050	−1 650 −2 280	−840 −995	−840 −1 090	−840 −1 240	−840 −1 470	−480 −577	−480 −635	−480 −730	−480 −880

注：公称尺寸小于 1 mm 时，各级的 a 和 b 均不采用。

表 1-2-15 轴 d 和 e 的极限偏差 (μm)

公称尺寸/mm		d					e				
大于	至	7	8	9	10	11	6	7	8	9	10
—	3	−20 −30	−20 −34	−20 −45	−20 −60	−20 −80	−14 −20	−14 −24	−14 −28	−14 −39	−14 −54
3	6	−30 −42	−30 −48	−30 −60	−30 −78	−30 −105	−20 −28	−20 −32	−20 −38	−20 −50	−20 −68
6	10	−40 −55	−40 −62	−40 −76	−40 −98	−40 −130	−25 −34	−25 −40	−25 −47	−25 −61	−25 −83
10	18	−50 −68	−50 −77	−50 −93	−50 −120	−50 −160	−32 −43	−32 −50	−32 −59	−32 −75	−32 −102
18	30	−65 −86	−65 −98	−65 −117	−65 −149	−65 −195	−40 −53	−40 −61	−40 −73	−40 −92	−40 −124
30	50	−80 −105	−80 −119	−80 −142	−80 −180	−80 −240	−50 −66	−50 −75	−50 −89	−50 −112	−50 −150
50	80	−100 −130	−100 −146	−100 −174	−100 −220	−100 −290	−60 −79	−60 −90	−60 −106	−60 −134	−60 −180
80	120	−120 −155	−120 −174	−120 −207	−120 −260	−120 −340	−72 −94	−72 −107	−72 −126	−72 −159	−72 −212
120	180	−145 −185	−145 −208	−145 −245	−145 −305	−145 −395	−85 −110	−85 −125	−85 −148	−85 −185	−85 −245
180	250	−170 −216	−170 −242	−170 −285	−170 −355	−170 −460	−100 −129	−100 −146	−100 −172	−100 −215	−100 −285
250	315	−190 −242	−190 −271	−190 −320	−190 −400	−190 −510	−110 −142	−110 −162	−110 −191	−110 −240	−110 −320
315	400	−210 −267	−210 −299	−210 −350	−210 −440	−210 −570	−125 −161	−125 −182	−125 −214	−125 −265	−125 −355
400	500	−230 −293	−230 −327	−230 −385	−230 −480	−230 −630	−135 −175	−135 −198	−135 −232	−135 −290	−135 −385

表 1-2-16 轴 f 和 g 的极限偏差 (μm)

公称尺寸/mm		f					g				
大于	至	5	6	7	8	9	4	5	6	7	8
—	3	−6 −10	−6 −12	−6 −16	−6 −20	−6 −31	−2 −5	−2 −6	−2 −8	−2 −12	−2 −16
3	6	−10 −15	−10 −18	−10 −22	−10 −28	−10 −40	−4 −8	−4 −9	−4 −12	−4 −16	−4 −22
6	10	−13 −19	−13 −22	−13 −28	−13 −35	−13 −49	−5 −9	−5 −11	−5 −14	−5 −20	−5 −27
10	18	−16 −24	−16 −27	−16 −34	−16 −43	−16 −59	−6 −11	−6 −14	−6 −17	−6 −24	−6 −33
18	30	−20 −29	−20 −33	−20 −41	−20 −53	−20 −72	−7 −13	−7 −16	−7 −20	−7 −28	−7 −40
30	50	−25 −36	−25 −41	−25 −50	−25 −64	−25 −87	−9 −16	−9 −20	−9 −25	−9 −34	−9 −48
50	80	−30 −43	−30 −49	−30 −60	−30 −76	−30 −104	−10 −18	−10 −23	−10 −29	−10 −40	−10 −56
80	120	−36 −51	−36 −58	−36 −71	−36 −90	−36 −123	−12 −22	−12 −27	−12 −34	−12 −47	−12 −66
120	180	−43 −61	−43 −68	−43 −83	−43 −106	−43 −143	−14 −26	−14 −32	−14 −39	−14 −54	−14 −77
180	250	−50 −70	−50 −79	−50 −96	−50 −122	−50 −165	−15 −29	−15 −35	−15 −44	−15 −61	−15 −87
250	315	−56 −79	−56 −88	−56 −108	−56 −137	−56 −186	−17 −33	−17 −40	−17 −49	−17 −69	−17 −98
315	400	−62 −87	−62 −98	−62 −119	−62 −151	−62 −202	−18 −36	−18 −43	−18 −54	−18 −75	−18 −107
400	500	−68 −95	−68 −108	−68 −131	−68 −165	−68 −223	−20 −40	−20 −47	−20 −60	−20 −83	−20 −117

表 1-2-17 轴 h 的极限偏差

公称尺寸/mm		h												
		1	2	3	4	5	6	7	8	9	10	11	12	13
大于	至	偏差												
		μm											mm	
—	3	0 −0.8	0 −1.2	0 −2	0 −3	0 −4	0 −6	0 −10	0 −14	0 −25	0 −40	0 −60	0 −0.1	0 −0.14
3	6	0 −1	0 −1.5	0 −2.5	0 −4	0 −5	0 −8	0 −12	0 −18	0 −30	0 −48	0 −75	0 −0.12	0 −0.18
6	10	0 −1	0 −1.5	0 −2.5	0 −4	0 −6	0 −9	0 −15	0 −22	0 −36	0 −58	0 −90	0 −0.15	0 −0.22
10	18	0 −1.2	0 −2	0 −3	0 −5	0 −8	0 −11	0 −18	0 −27	0 −43	0 −70	0 −110	0 −0.18	0 −0.27
18	30	0 −1.5	0 −2.5	0 −4	0 −6	0 −9	0 −13	0 −21	0 −33	0 −52	0 −84	0 −130	0 −0.21	0 −0.33
30	50	0 −1.5	0 −2.5	0 −4	0 −7	0 −11	0 −16	0 −25	0 −39	0 −62	0 −100	0 −160	0 −0.25	0 −0.39
50	80	0 −2	0 −3	0 −5	0 −8	0 −13	0 −19	0 −30	0 −45	0 −74	0 −120	0 −190	0 −0.3	0 −0.46
80	120	0 −2.5	0 −4	0 −6	0 −10	0 −15	0 −22	0 −35	0 −54	0 −87	0 −140	0 −220	0 −0.35	0 −0.54
120	180	0 −3.5	0 −5	0 −8	0 −12	0 −18	0 −25	0 −40	0 −63	0 −100	0 −160	0 −250	0 −0.4	0 −0.63
180	250	0 −4.5	0 −7	0 −10	0 −14	0 −20	0 −29	0 −46	0 −72	0 −115	0 −185	0 −290	0 −0.46	0 −0.72

续表 1-2-17

公称尺寸/mm		h												
		1	2	3	4	5	6	7	8	9	10	11	12	13
大于	至	偏差												
		μm											mm	
250	315	0 −6	0 −8	0 −12	0 −16	0 −23	0 −32	0 −52	0 −81	0 −130	0 −210	0 −320	0 −0.52	0 −0.81
315	400	0 −7	0 −9	0 −13	0 −18	0 −25	0 −36	0 −57	0 −89	0 −140	0 −230	0 360	0 −0.57	0 −0.89
400	500	0 −8	0 −10	0 −15	0 −20	0 −27	0 −40	0 −63	0 −97	0 −155	0 −250	0 −400	0 −0.63	0 −0.97

表 1-2-18 轴 js 的极限偏差

公称尺寸/mm		js												
		1	2	3	4	5	6	7	8	9	10	11	12	13
大于	至	偏差												
		μm											mm	
—	3	±0.4	±0.6	±1	±1.5	±2	±3	±5	±7	±12	±20	±30	±0.05	±0.07
3	6	±0.5	±0.75	±1.25	±2	±2.5	±4	±6	±9	±15	±24	±37	±0.06	±0.09
6	10	±0.5	±0.75	±1.25	±2	±3	±4.5	±7	±11	±18	±29	+45	±0.075	±0.11
10	18	±0.6	±1	+1.5	±2.5	±4	±5.5	±9	±13	±21	±35	±55	±0.09	±0.135
18	30	±0.75	±1.25	±2	±3	±4.5	±6.5	±10	±16	±26	±42	±65	±0.105	±0.165
30	50	±0.75	±1.25	±2	±3.5	±5.5	±8	±12	±19	±31	±50	±80	±0.125	±0.195
50	80	±1	±1.5	±2.5	±4	±6.5	±9.5	±15	±23	±37	±60	±95	±0.15	±0.23
80	120	±1.25	±2	±3	±5	±7.5	±11	±17	±27	±43	±70	±110	±0.175	±0.27
120	180	±1.75	±2.5	±4	±6	±9	±12.5	±20	±31	±50	±80	±125	±0.2	±0.315
180	250	±2.25	±3.5	±5	±7	±10	±14.5	±23	±36	±57	±92	±145	±0.23	±0.36
250	315	±3	±4	±6	±8	±11.5	±16	±26	±40	±65	±105	±160	±0.26	±0.405
315	400	±3.5	±4.5	±6.5	±9	±12.5	±18	±28	±44	±70	±115	±180	±0.285	±0.445
400	500	±4	±5	±7.5	±10	±13.5	±20	±31	±48	±77	±125	±200	±0.315	±0.485

注：为避免相同值的重复，表列值以“±x”给出，可为 es＝＋x、ei＝－x，例如$^{+0.23}_{-0.23}$ mm。

表 1-2-19 轴 j、k 和 m 的极限偏差 （μm）

公称尺寸/mm		j			k					m				
大于	至	5	6	7	4	5	6	7	8	4	5	6	7	8
—	3	±2	+4 −2	+6 −4	+3 0	+4 0	+6 0	+10 0	+14 0	+5 +2	+6 +2	+8 +2	+12 +2	+16 +2
3	6	+3 −2	+6 −2	+8 −4	+5 +1	+6 +1	+9 +1	+13 +1	+18 0	+8 +4	+9 +4	+12 +4	+16 +4	+22 +4
6	10	+4 −2	+7 −2	+10 −5	+5 −1	+7 +1	+10 +1	+16 +1	+22 0	+10 +6	+12 +6	+15 +6	+21 +6	+28 +6
10	18	+5 −3	+8 −3	+12 −6	+6 +1	+9 +1	+12 +1	+19 +1	+27 0	+12 +7	+15 +7	+18 +7	+25 +7	+34 +7
18	30	+5 −4	+9 −4	+13 −8	+8 +2	+11 +2	+15 +2	+23 +2	+33 0	+14 +8	+17 +8	+21 +8	+29 +8	+41 +8
30	50	+6 −5	+11 −5	+15 −10	+9 +2	+13 +2	+18 +2	+27 +2	+39 0	+16 +9	+20 +9	+25 +9	+34 +9	+48 +9
50	80	+6 −7	+12 −7	+18 −12	+10 +2	+15 +2	+21 +2	+32 +2	+46 0	+19 +11	+24 +11	+30 +11	+41 +11	

续表 1-2-19 (μm)

公称尺寸/mm		j			k					m				
大于	至	5	6	7	4	5	6	7	8	4	5	6	7	8
80	120	+6 −9	+13 −9	+20 −15	+13 +3	+18 +3	+25 +3	+38 +3	+54 0	+23 +13	+28 +13	+35 +13	+48 +13	
120	180	+7 −11	+14 −11	+22 −18	+15 +3	+21 +3	+28 +3	+43 +3	+63 0	+27 +15	+33 +15	+40 +15	+55 +15	
180	250	+7 −13	+16 −13	+25 −21	+18 +4	+24 +4	+33 +4	+50 +4	+72 0	+31 +17	+37 +17	+46 +17	+63 +17	
250	315	+7 −16	±16	±26	+20 +4	+27 +4	+36 +4	+56 +4	+81 0	+36 +20	+43 +20	+52 +20	+72 +20	
315	400	+7 −18	±18	+29 −28	+22 +4	+29 +4	+40 +4	+61 +4	+89 0	+39 +21	+46 +21	+57 +21	+78 +21	
400	500	+7 −20	±20	+31 −32	+25 +5	+32 +5	+45 +5	+68 +5	+97 0	+43 +23	+50 +23	+63 +23	+86 +23	

注：j5、j6 和 j7 的某些极限值与 js5、js6 和 js7 一样，用“±x”表示。

表 1-2-20　轴 n 和 p 的极限偏差 (μm)

公称尺寸/mm		n					p				
大于	至	4	5	6	7	8	4	5	6	7	8
—	3	+7 +4	+8 +4	+10 +4	+14 +4	+18 +4	+9 +6	+10 +6	+12 +6	+16 +6	+20 +6
3	6	+12 +8	+13 +8	+16 +8	+20 +8	+26 +8	+16 +12	+17 +12	+20 +12	+24 +12	+30 +12
6	10	+14 +10	+16 +10	+19 +10	+25 +10	+32 +10	+19 +15	+21 +15	+24 +15	+30 +15	+37 +15
10	18	+17 +12	+20 +12	+23 +12	+30 +12	+39 +12	+23 +18	+26 +18	+29 +18	+36 +18	+45 +18
18	30	+21 +15	+24 +15	+28 +15	+36 +15	+48 +15	+28 +22	+31 +22	+35 +22	+43 +22	+55 +22
30	50	+24 +17	+28 +17	+33 +17	+42 +17	+56 +17	+33 +26	+37 +26	+42 +26	+51 +26	+65 +26
50	80	+28 +20	+33 +20	+39 +20	+50 +20		+40 +32	+45 +32	+51 +32	+62 +32	+78 +32
80	120	+33 +23	+38 +23	+45 +23	+58 +23		+47 +37	+52 +37	+59 +37	+72 +37	+91 +37
120	180	+39 +27	+45 +27	+52 +27	+67 +27		+55 +43	+61 +43	+68 +43	+83 +43	+106 +43
180	250	+45 +31	+51 +31	+60 +31	+77 +31		+64 +50	+70 +50	+79 +50	+96 +50	+122 +50
250	315	+50 +34	+57 +34	+66 +34	+86 +34		+72 +56	+79 +56	+88 +56	+108 +56	+137 +56
315	400	+55 +37	+62 +37	+73 +37	+94 +37		+80 +62	+87 +62	+98 +62	+119 +62	+151 +62
400	500	+60 +40	+67 +40	+80 +40	+103 +40		+88 +68	+95 +68	+108 +68	+131 +68	+165 +68

表 1-2-21　轴 r 和 s 的极限偏差 (μm)

公称尺寸/mm		r					s				
大于	至	4	5	6	7	8	4	5	6	7	8
—	3	+13 +10	+14 +10	+16 +10	+20 +10	+24 +10	+17 +14	+18 +14	+20 +14	+24 +14	+28 +14
3	6	+19 +15	+20 +15	+23 +15	+27 +15	+33 +15	+23 +19	+24 +19	+27 +19	+31 +19	+37 +19
6	10	+23 +19	+25 +19	+28 +19	+34 +19	+41 +19	+27 +23	+29 +23	+32 +23	+38 +23	+45 +23

续表 1-2-21 (μm)

公称尺寸/mm		r					s				
大于	至	4	5	6	7	8	4	5	6	7	8
10	18	+28 +23	+31 +23	+34 +23	+41 +23	+50 +23	+33 +28	+36 +28	+39 +28	+46 +28	+55 +28
18	30	+34 +28	+37 +28	+41 +28	+49 +28	+61 +28	+41 +35	+44 +35	+48 +35	+56 +35	+68 +35
30	50	+41 +34	+45 +34	+50 +34	+59 +34	+73 +34	+50 +43	+54 +43	+59 +43	+68 +43	+82 +43
50	65	+49 +41	+54 +41	+60 +41	+71 +41	+87 +41	+61 +53	+66 +53	+72 +53	+83 +53	+99 +53
65	80	+51 +43	+56 +43	+62 +43	+73 +43	+89 +43	+67 +59	+72 +59	+78 +59	+89 +59	+105 +59
80	100	+61 +51	+66 +51	+73 +51	+86 +51	+105 +51	+81 +71	+86 +71	+93 +71	+106 +71	+125 +71
100	120	+64 +54	+69 +54	+76 +54	+89 +54	+108 +54	+89 +79	+94 +79	+101 +79	+114 +79	+133 +79
120	140	+75 +63	+81 +63	+88 +63	+103 +63	+126 +63	+104 +92	+110 +92	+117 +92	+132 +92	+155 +92
140	160	+77 +65	+83 +65	+90 +65	+105 +65	+128 +65	+112 +100	+118 +100	+125 +100	+140 +100	+163 +100
160	180	+80 +68	+86 +68	+93 +68	+106 +68	+131 +68	+120 +108	+126 +108	+133 +108	+148 +108	+171 +108
180	200	+91 +77	+97 +77	+106 +77	+123 +77	+149 +77	+136 +122	+142 +122	+151 +122	+168 +122	+194 +122
200	225	+94 +80	+100 +80	+109 +80	+126 +80	+152 +80	+144 +130	+150 +130	+159 +130	+176 +130	+202 +130
225	250	+98 +84	+104 +84	+113 +84	+130 +84	+156 +84	+154 +140	+160 +140	+169 +140	+186 +140	+212 +140
250	280	+110 +94	+117 +94	+126 +94	+146 +94	+175 +94	+174 +158	+181 +158	+190 +158	+210 +158	+239 +158
280	315	+114 +98	+121 +98	+130 +98	+150 +98	+179 +98	+186 +170	+193 +170	+202 +170	+222 +170	+251 +170
315	355	+126 +108	+133 +108	+144 +108	+165 +108	+197 +108	+208 +190	+215 +190	+226 +190	+247 +190	+279 +190
355	400	+132 +114	+139 +114	+150 +114	+171 +114	+203 +114	+226 +208	+233 +208	+244 +208	+265 +208	+297 +208
400	450	+146 +126	+153 +126	+166 +126	+189 +126	+223 +126	+252 +232	+259 +232	+272 +232	+295 +232	+329 +232
450	500	+152 +132	+159 +132	+172 +132	+195 +132	+229 +132	+272 +252	+279 +252	+292 +252	+315 +252	+349 +252

表 1-2-22 轴 t、u 和 v 的极限偏差 (μm)

公称尺寸/mm		t				u				v			
大于	至	5	6	7	8	5	6	7	8	5	6	7	8
—	3					+22 +18	+24 +18	+28 +18	+32 +18				
3	6					+28 +23	+31 +23	+35 +23	+41 +23				
6	10					+34 +28	+37 +28	+43 +28	+50 +28				
10	14					+41 +33	+44 +33	+51 +33	+60 +33	+47 +39	+50 +39	+57 +39	+65 +39
14	18												
18	24					+50 +41	+54 +41	+62 +41	+74 +41	+56 +47	+60 +47	+68 +47	+80 +47

续表 1-2-22 (μm)

公称尺寸/mm		t				u				v			
大于	至	5	6	7	8	5	6	7	8	5	6	7	8
24	30	+50 +41	+54 +41	+62 +41	+74 +41	+57 +48	+61 +48	+69 +48	+81 +48	+64 +55	+68 +55	+76 +55	+88 +55
30	40	+59 +48	+64 +48	+73 +48	+87 +48	+71 +60	+76 +60	+85 +60	+99 +60	+79 +68	+84 +68	+93 +68	+107 +68
40	50	+65 +54	+70 +54	+79 +54	+93 +54	+81 +70	+86 +70	+95 +70	+109 +70	+92 +81	+99 +81	+106 +81	+120 +81
50	65	+79 +66	+85 +66	+96 +66	+112 +66	+100 +87	+106 +87	+117 +87	+133 +87	+115 +102	+121 +102	+132 +102	+148 +102
65	80	+88 +75	+94 +75	+105 +75	+121 +75	+115 +102	+121 +102	+132 +102	+148 +102	+133 +120	+139 +120	+150 +120	+166 +120
80	100	+106 +91	+113 +91	+126 +91	+145 +91	+139 +124	+146 +124	+159 +124	+178 +124	+161 +146	+168 +146	+181 +146	+200 +146
100	120	+119 +104	+126 +104	+139 +104	+158 +104	+159 +144	+166 +144	+179 +144	+198 +144	+187 +172	+194 +172	+207 +172	+226 +172
120	140	+140 +122	+147 +122	+162 +122	+186 +122	+188 +170	+195 +170	+210 +170	+233 +170	+220 +202	+227 +202	+242 +202	+265 +202
140	160	+152 +134	+159 +134	+174 +134	+197 +134	+208 +190	+215 +190	+230 +190	+253 +190	+246 +228	+253 +228	+268 +228	+291 +228
160	180	+164 +146	+171 +146	+186 +146	+209 +146	+228 +210	+235 +210	+250 +210	+273 +210	+270 +252	+277 +252	+292 +252	+315 +252
180	200	+186 +166	+195 +166	+212 +166	+238 +166	+256 +236	+265 +236	+282 +236	+308 +236	+304 +284	+313 +284	+330 +284	+356 +284
200	225	+200 +180	+209 +180	+226 +180	+252 +180	+278 +258	+287 +258	+304 +258	+330 +258	+330 +310	+339 +310	+356 +310	+382 +310
225	250	+216 +196	+225 +196	+242 +196	+268 +196	+304 +284	+313 +284	+330 +284	+356 +284	+360 +340	+369 +340	+386 +340	+412 +340
250	280	+241 +218	+250 +218	+270 +218	+299 +218	+338 +315	+347 +315	+367 +315	+396 +315	+408 +385	+417 +385	+437 +385	+466 +385
280	315	+263 +240	+272 +240	+292 +240	+321 +240	+373 +350	+382 +350	+402 +350	+431 +350	+448 +425	+457 +425	+477 +425	+506 +425
315	355	+293 +268	+304 +268	+325 +268	+357 +268	+415 +390	+426 +390	+447 +390	+479 +390	+500 +475	+511 +475	+532 +475	+564 +475
355	400	+319 +294	+330 +294	+351 +294	+383 +294	+460 +435	+471 +435	+492 +435	+524 +435	+555 +530	+566 +530	+587 +530	+619 +530
400	450	+357 +330	+370 +330	+393 +330	+427 +330	+517 +490	+530 +490	+553 +490	+587 +490	+622 +595	+635 +595	+658 +595	+692 +595
450	500	+387 +360	+400 +360	+423 +360	+457 +360	+567 +540	+580 +540	+603 +540	+637 +540	+687 +660	+700 +660	+723 +660	+757 +660

注：1. 公称尺寸至 24 mm 的 t5 至 t8 的偏差值未列入表内，建议以 u5 至 u8 代替。如非要 t5 至 t8，则可按 GB/T 1800.1 计算。

2. 公称尺寸至 14 mm 的 v5 至 v8 的偏差值未列入表内，建议以 x5 至 x8 代替。如非要 v5 至 v8，则可按 GB/T 1800.1 计算。

表 1-2-23 轴 x、y 和 z 的极限偏差 (μm)

公称尺寸/mm		x				y			z		
大于	至	5	6	7	8	6	7	8	6	7	8
—	3	+24 +20	+26 +20	+30 +20	+34 +20				+32 +26	+36 +26	+40 +26
3	6	+33 +28	+36 +28	+40 +28	+46 +28				+43 +35	+47 +35	+53 +35
6	10	+40 +34	+43 +34	+49 +34	+56 +34				+51 +42	+57 +42	+64 +42

续表 1-2-23 (μm)

公称尺寸/mm		x				y			z		
大于	至	5	6	7	8	6	7	8	6	7	8
10	14	+48 +40	+51 +40	+58 +40	+67 +40				+61 +50	+68 +50	+77 +50
14	18	+53 +45	+56 +45	+63 +45	+72 +45				+71 +60	+78 +60	+87 +60
18	24	+63 +54	+67 +54	+75 +54	+87 +54	+76 +63	+84 +63	+96 +63	+86 +73	+94 +73	+106 +73
24	30	+73 +64	+77 +64	+85 +64	+97 +64	+88 +75	+96 +75	+108 +75	+101 +88	+109 +88	+121 +88
30	40	+91 +80	+96 +80	+105 +80	+119 +80	+110 +94	+119 +94	+133 +94	+128 +112	+137 +112	+151 +112
40	50	+108 +97	+113 +97	+122 +97	+136 +97	+130 +114	+139 +114	+153 +114	+152 +136	+161 +136	+175 +136
50	65	+135 +122	+141 +122	+152 +122	+168 +122	+163 +144	+174 +144	+190 +144	+191 +172	+202 +172	+218 +172
65	80	+159 +146	+165 +146	+176 +146	+192 +146	+193 +174	+204 +174	+220 +174	+229 +210	+240 +210	+258 +210
80	100	+193 +178	+200 +178	+213 +178	+232 +178	+236 +214	+249 +214	+268 +214	+280 +258	+293 +258	+312 +258
100	120	+225 +210	+232 +210	+245 +210	+264 +210	+276 +254	+289 +254	+308 +254	+332 +310	+345 +310	+364 +310
120	140	+266 +248	+273 +248	+288 +248	+311 +248	+325 +300	+340 +300	+363 +300	+390 +365	+405 +365	+428 +365
140	160	+298 +280	+305 +280	+320 +280	+343 +280	+365 +340	+380 +340	+403 +340	+440 +415	+455 +415	+478 +415
160	180	+328 +310	+335 +310	+350 +310	+373 +310	+405 +380	+420 +380	+443 +380	+490 +465	+505 +465	+528 +465
180	200	+370 +350	+379 +350	+396 +350	+422 +350	+464 +425	+471 +425	+497 +425	+549 +520	+566 +520	+592 +520
200	225	+405 +385	+414 +385	+431 +385	+457 +385	+499 +470	+516 +470	+542 +470	+604 +575	+621 +575	+647 +575
225	250	+445 +425	+454 +425	+471 +425	+497 +425	+549 +520	+586 +520	+592 +520	+669 +640	+686 +640	+712 +640
250	280	+498 +475	+507 +475	+527 +475	+556 +475	+612 +580	+632 +580	+651 +580	+742 +710	+762 +710	+791 +710
280	315	+548 +525	+557 +525	+577 +525	+606 +525	+682 +650	+702 +650	+731 +650	+822 +790	+842 +790	+871 +790
315	355	+615 +590	+626 +590	+647 +590	+679 +590	+766 +730	+787 +730	+819 +730	+936 +900	+957 +900	+989 +900
355	400	+685 +660	+696 +660	+717 +660	+749 +660	+856 +820	+877 +820	+909 +820	+1 036 +1 000	+1 057 +1 000	+1 089 +1 000
400	450	+767 +740	+780 +740	+803 +740	+837 +740	+960 +920	+983 +920	+1 017 +920	+1 140 +1 100	+1 163 +1 100	+1 197 +1 100
450	500	+847 +820	+860 +820	+883 +820	+917 +820	+1 040 +1 000	+1 063 +1 000	+1 097 +1 000	+1 290 +1 250	+1 313 +1 250	+1 347 +1 250

注：公称尺寸至 18 mm 的 y6 至 y10 的偏差值未列入表内，建议以 z6 至 z10 代替，如非要 y6 至 y10，则可按GB/T 1800.1算。

(4) 基孔制与基轴制优先、常用配合

1) 基孔制优先、常用配合见表 1-2-24。

表 1-2-24 基孔制优先、常用配合

基准孔	轴																				
	a	b	c	d	e	f	g	h	js	k	m	n	p	r	s	t	u	v	x	y	z
	间隙配合								过渡配合			过盈配合									
H6						H6/f5	H6/g5	H6/h5	H6/js5	H6/k5	H6/m5	H6/n5	H6/p5	H6/r5	H6/s5	H6/t5					
H7						H7/f6	◤H7/g6	◤H7/h6	H7/js6	◤H7/k6	H7/m6	◤H7/n6	◤H7/p6	H7/r6	◤H7/s6	H7/t6	◤H7/u6	H7/v6	H7/x6	H7/y6	H7/z6
H8					H8/e7	◤H8/f7	H8/g7	◤H8/h7	H8/js7	H8/k7	H8/m7	H8/n7	H8/p7	H8/r7	H8/s7	H8/t7	H8/u7				
				H8/d8	H8/e8	H8/f8		H8/h8													
H9			H9/c9	◤H9/d9	H9/e9	H9/f9		◤H9/h6													
H10			H10/c10	H10/d10				H10/h10													
H11	H11/a11	H11/b11	◤H11/c11	H11/d11				◤H11/h11													
H12		H12/b12						H12/h12													

注：1. $\frac{H6}{n5}$、$\frac{H7}{p6}$在基本尺寸小于或等于 3 mm 和$\frac{H8}{r7}$在小于或等于 100 mm 时，为过渡配合。

2. 标注◤的配合为优先配合。

2) 基轴制优先、常用配合见表 1-2-25。

表 1-2-25 基轴制优先、常用配合

基准轴	孔																				
	A	B	C	D	E	F	G	H	JS	K	M	N	P	R	S	T	U	V	X	Y	Z
	间隙配合								过渡配合			过盈配合									
h5						F6/h5	G6/h5	H6/h5	JS6/h5	K6/h5	M6/h5	N6/h5	P6/h5	R6/h5	S6/h5	T6/h5					
h6						F7/h6	◤G7/h6	◤H7/h6	JS7/h6	◤K7/h6	M7/h6	◤N7/h6	◤P7/h6	R7/h6	◤S7/h6	T7/h6	◤U7/h6				
h7					E8/h7	◤F8/h7		◤H8/h7	JS8/h7	K8/h7	M8/h7	N8/h7									
h8				D8/h8	E8/h8	F8/h8		H8/h8													
h9				◤D9/h9	E9/h9	F9/h9		◤H9/h9													
h10				D10/h10				H10/h10													
h11	A11/h11	B11/h11	◤C11/h11	D11/h11				◤H11/h11													
h12		B12/h12						H12/h12													

注：标注◤的配合为优先配合。

3）基孔制与基轴制（公称尺寸至 500 mm）的优先、常用配合的极限间隙或极限过盈见表 1-2-26。

表 1-2-26 基孔制与基轴制（公称尺寸至 500 mm）的优先、常用配合的极限间隙或极限过盈 （单位：μm）

基孔制		H6/f5	H6/g5	H6/h5	H7/f6	H7/g6	H7/h6	H8/e7	H8/f7	H8/g7	H8/h7	H8/d8	H8/e8	H8/f8	H8/h8	H9/c9	H9/d9
基轴制		F6/h5	G6/h5	H6/h5	F7/h6	G7/h6	H7/h6	E8/h7	F8/h7		H8/h7	D8/h8	E8/h8	F8/h8	H8/h8		D9/h9
公称尺寸/mm		间隙配合															
大于	至																
—	3	+16 +6	+12 +2	+10 0	+22 +6	+18 +2	+16 0	+38 +14	+30 +6	+26 +2	+24 0	+48 +20	+42 +14	+34 +6	+28 0	+110 +60	+70 +20
3	6	+23 +10	+17 +4	+13 0	+30 +10	+24 +4	+20 0	+50 +20	+40 +10	+34 +4	+30 0	+66 +30	+56 +20	+46 +10	+36 0	+130 +70	+90 +30
6	10	+28 +13	+20 +5	+15 0	±37 +13	+29 +5	+24 0	+62 +25	+50 +13	+42 +5	+37 0	+84 +40	+69 +25	+57 +13	+44 0	+152 +80	+112 +40
10	14	+35 +16	+25 +6	+19 0	+45 +16	+35 +6	+29 0	+77 +32	+61 +16	+51 +6	+45 0	+104 +50	+86 +32	+70 +16	+54 0	+181 +95	+136 +50
14	18																
18	24	+42 +20	+29 +7	+22 0	+54 +20	+41 +7	+34 0	+94 +40	+74 +20	+61 +7	+54 0	+131 +65	+106 +40	+86 +20	+66 0	+214 +110	+169 +65
24	30																
30	40	+52 +25	+36 +9	+27 0	+66 +25	+50 +9	+41 0	+114 +50	+89 +25	+73 +9	+64 0	+158 +80	+128 +50	+103 +25	+78 0	+244 +120	+204 +80
40	50															+254 +130	
50	65	+62 +30	+42 +10	+32 0	+79 +30	+59 +10	+49 0	+136 +60	+106 +30	+86 +10	+76 0	+192 +100	+152 +60	+122 +30	+92 0	+288 +140	+248 +100
65	80															+298 +150	
80	100	+73 +36	+49 +12	+37 0	+93 +36	+69 +12	+57 0	+161 +72	+125 +36	+101 +12	+89 0	+228 +120	+180 +72	+144 +36	+108 0	+344 +170	+294 +120
100	120															+354 +180	
120	140	+86 +13	+57 +14	+43 0	+108 +43	+79 +14	+65 0	+188 +85	+146 +43	+117 +14	+103 0	+271 +145	+211 +85	+169 +43	+126 0	+400 +200	+345 +145
140	160															+410 +210	
160	180															+430 +230	
180	200	+99 +50	+64 +15	+49 0	+125 +50	+90 +15	+75 0	+218 +100	+168 +50	+133 +15	+118 0	+314 +170	+244 +100	+194 +50	+144 0	+470 +240	+400 +170
200	225															+490 +260	
225	250															+510 +280	
250	280	+111 +56	+72 +17	+55 0	+140 +56	+101 +17	+84 0	+243 +110	+189 +56	+150 +17	+133 0	+352 +190	+272 +110	+218 +56	+162 0	+560 +300	+450 +190
280	315															+590 +330	
315	355	+123 +62	+79 +18	+61 0	+155 +62	+111 +18	+93 0	+271 +125	+208 +62	+164 +18	+146 0	+388 +210	+303 +125	+240 +62	+178 0	+640 +360	+490 +210
355	400															+680 +400	
400	450	+135 +68	+87 +20	+67 0	+171 +68	+123 +20	+103 0	+295 +135	+228 +68	+180 +20	+160 0	+424 +230	+329 +135	+262 +68	+194 0	+750 +440	+540 +230
450	500															+790 +480	

续表 1-2-26

基孔制		H9/e9	H9/f9	H9/h9	H10/c10	H10/d10	H10/h10	H11/a11	H11/b11	H11/c11	H11/d11	H11/h11	H12/b12	H12/h12	H6/js5	
基轴制		E9/h9	F9/h9	H9/h9		D10/h10	H10/h10	A11/h11	B11/h11	C11/h11	D11/h11	H11/h11	B12/h12	H12/h12		JS6/h5
公称尺寸/mm		间隙配合													过渡配合	
大于	至															
—	3	+64 +14	+56 +6	+50 0	+140 +60	+100 +20	+80 0	+390 +270	+260 +140	+180 +60	+140 +20	+120 0	+340 +140	+200 0	+8 −2	+7 −3
3	6	+80 +20	+70 +10	+60 0	+166 +70	+126 +30	+96 0	+420 +270	+290 +140	+220 +70	+180 +30	+150 0	+380 +140	+240 0	+10.5 −2.5	+9 −4
6	10	+97 +25	+85 +13	+72 0	+196 +80	+156 +40	+116 0	+460 +280	+330 +150	+260 +80	+220 +40	+180 0	+450 +150	+300 0	+12 −3	+10.5 −4.5
10	14	+118 +32	+102 +16	+86 0	+235 +95	+190 +50	+140 0	+510 +290	+370 +150	+315 +95	+270 +50	+220 0	+510 +150	+360 0	+15 −4	+13.5 −5.5
14	18															
18	24	+144 +40	+124 +20	+104 0	+278 +110	+233 +65	+168 0	+560 +300	+420 +160	+370 +110	+325 +65	+260 0	+580 +160	+420 0	−17.5 −4.5	+15.5 −6.5
24	30															
30	40	+174 +50	+149 +25	+124 0	+320 +120	+280 +80	+200 0	+630 +310	+490 +170	+440 +120	+400 +80	+320 0	+670 +170	+500 0	+21.5 −5.5	+19 −8
40	50				+330 +130			+640 +320	+500 +180	+450 +130			+680 +180			
50	65	+208 +60	+178 +30	+148 0	+380 +140	+340 +100	+240 0	+720 +340	+570 +190	+520 +140	+480 +100	+380 0	+790 +190	+600 0	+25.5 −6.5	+22.5 −9.5
65	80				+390 +150			+740 +360	+580 +200	+530 +150			+800 +200			
80	100	+246 +72	+210 +36	+174 0	+450 +170	+400 +120	+280 0	+820 +380	+660 +220	+610 +170	+560 +120	+440 0	+920 +220	+700 0	+29.5 −7.5	+26 −11
100	120				+460 +180			+850 +410	+680 +240	+620 +180			+940 +240			
120	140	+285 +85	+243 +43	+200 0	+520 +200	+465 +145	+320 0	+960 +460	+760 +260	+700 +200	+645 +145	+500 0	+1 060 +260	+800 0	+34 −9	+30.5 −12.5
140	160				+530 +210			+1 020 +520	+780 +280	+710 +210			+1 080 +280			
160	180				+550 +230			+1 080 +580	+810 +310	+730 +230			+1 110 +310			
180	220	+330 +100	+280 +50	+230 0	+610 +240	+540 +170	+370 0	+1 240 +660	+920 +340	+820 +240	+750 +170	+580 0	+1 260 +340	+920 0	+39 −10	+34.5 −14.5
200	225				+630 +260			+1 320 +740	+960 +380	+840 +260			+1 300 +380			
225	250				+650 +280			+1 400 +820	+1 000 +420	+860 +280			+1 340 +420			
250	280	+370 +110	+316 +56	+260 0	+720 +300	+610 +190	+420 0	+1 560 +920	+1 120 +480	+940 +300	+830 +190	+650 0	+1 520 +480	+1 040 0	+43.5 −11.5	+39 −16
280	315				+750 +330			+1 690 +1 050	+1 180 +540	+970 +330			+1 580 +540			
315	355	+405 +125	+342 +62	+280 0	+820 +360	+670 +210	+460 0	+1 920 +1 200	+1 320 +600	+1 080 +360	+930 +210	+720 0	+1 740 +600	+1 140 0	+48.5 −12.5	+43 −18
355	400				+860 +400			+2 070 +1 350	+1 400 +680	+1 120 +400			+1 820 +680			
400	450	+445 +135	+378 +68	+310 0	+940 +440	+730 +230	+500 0	+2 300 +1 500	+1 560 +760	+1 240 +440	+1 030 +230	+800 0	+2 020 +760	+1 260 0	+53.5 −13.5	+47 −20
450	500				+980 +480			+2 450 +1 650	+1 640 +840	+1 280 +480			+2 100 +840			

续表 1-2-26

基孔制		H6/k5		H6/m5		H7/js6		H7/k6		H7/m6		H7/n6		H8/js7		H8/k7	
基轴制			K6/h5		M6/h5		JS7/h6		K7/h6		M7/h6		N7/h6		JS8/h7		K8/h7
公称尺寸/mm		过渡配合															
大于	至																
—	3	+6 −4	+4 −6	+4 −6	+2 −8	+13 −3	+11 −5	+10 −6	+6 −10	±8	+4 −12	+6 −10	+2 −14	+19 −5	+17 −7	+14 −10	+10 −14
3	6	+7 −6		+4 −9		+16 −4	+14 −6	+11 −9		+8 −12		+4 −16		+24 −6	+21 −9	+17 −13	
6	10	+8 −7		+3 −12		+19.5 −4.5	+16 −7	+14 −10		+9 −15		+5 −19		+29 −7	+26 −11	+21 −16	
10	14	+10 −9		+4 −15		+23.5 −5.5	+20 −9	+17 −12		+11 −18		+6 +23		+36 −9	+31 −13	+26 −19	
14	18																
18	24	±11		+5 −17		+27.5 −6.5	+23 −10	+91 −15		+13 −21		+6 −28		+43 −10	+37 −16	+31 −23	
24	30																
30	40	+14 −13		+7 −20		+33 −8	+28 −12	+23 −18		+16 −25		+8 −33		+51 −12	+44 −19	+37 −27	
40	50																
50	65	+17 −15		+8 −24		+39.5 −9.5	+34 −15	+28 −21		+19 −30		+10 −39		+61 −15	+53 −23	+44 −32	
65	80																
80	100	+19 −18		+9 −28		+46 −11	+39 −17	+32 −25		+22 −35		+12 −45		+71 −17	+62 −27	+51 −38	
100	120																
120	140	+22 −21		+10 −33		+52.5 −12.5	+45 −20	+37 −28		+25 −40		+13 −52		+83 −20	+71 −31	+60 −43	
140	160																
160	180																
180	200	+25 −24		+12 −37		+60.5 −14.5	+52 −23	+42 −33		+29 −46		+15 −60		+95 −23	+82 −36	+68 −50	
200	225																
225	250																
250	280	+28 −27		+12 −43	+14 −41	+68 −16	+58 −26	+48 −36		+32 −52		+18 −66		+107 −26	+92 −40	+77 −56	
280	315																
315	355	+32 −29		+15 −46		+75 −18	+64 −28	+53 −40		+36 −57		+20 −73		+117 −28	+101 −44	+85 −61	
355	400																
400	450	+35 −32		+17 −50		+83 −20	+71 −31	+58 −45		+40 −63		+23 −80		+128 −31	+111 −48	+92 −68	
450	500																

续表 1-2-26

基孔制		$\frac{H8}{m7}$		$\frac{H8}{n7}$		$\frac{H8}{p7}$	$\frac{H6}{n5}$		$\frac{H6}{p5}$		$\frac{H6}{r5}$		$\frac{H6}{s5}$		$\frac{H6}{t5}$	$\frac{H7}{p6}$	
基轴制			$\frac{M8}{h7}$		$\frac{N8}{h7}$			$\frac{N6}{h5}$		$\frac{P6}{h5}$		$\frac{R6}{h5}$		$\frac{S6}{h5}$	$\frac{T6}{h5}$		$\frac{P7}{h6}$
公称尺寸/mm		过渡配合					过盈配合										
大于	至																
—	3	+12 −12	+8 −16	+10 −14	+6 −18	+8 −16	+2 −8	0 −10	0 −10	−2 −12	−4 −14	−6 −16	−8 −18	−10 −20	—	+4 −12	0 −16
3	6	+14 −16		+10 −20		+6 −24	0 −13		−4 −17		−7 −20		−11 −24		—	0 −20	
6	10	+16 −21		+12 −25		+7 −30	−1 −16		−6 −21		−10 −25		−14 −29		—	0 −24	
10	14	+20 −25		+15 −30		+9 −36	−1 −20		−7 −26		−12 −31		−17 −36		—	0 −29	
14	18																
18	24	+25 −29		+18 −36		+11 −43	−2 −24		−9 −31		−15 −37		−22 −44			−1 −35	
24	30														−28 −50		
30	40	+30 −34		+22 −42		+13 −51	−1 −28		−10 −37		−18 −45		−27 −54		−32 −59	−1 −42	
45	50														−38 −65		
50	65	+35 −41		+26 −50		+14 −62	−1 −33		−13 −45		−22 −54		−34 −66		−47 −79	−2 −51	
65	80										−24 −56		−40 −72		−56 −88		
80	100	+41 −48		+31 −58		+17 −72	−1 −38		−15 −52		−29 −66		−49 −86		−69 −106	−2 −59	
100	120										−32 −69		−57 −94		−82 −119		
120	140	+48 −55		+36 −67		+20 −83	−2 −45		−18 −61		−38 −81		−67 −110		−97 −140	−3 −68	
140	160										−40 −83		−75 −118		−109 −152		
160	180										−43 −86		−83 −126		−121 −164		
180	200	+55 −63		+41 −77		+22 −96	−2 −51		−21 −70		−48 −97		−93 −142		−137 −186	−4 −79	
200	225										−51 −100		−101 −150		−151 −200		
225	250										−55 −104		−111 −160		−167 −216		
250	280	+61 −72		+47 −86		+25 −108	−2 −57		−24 −79		−62 −117		−126 −181		−186 −241	−4 −88	
280	315										−66 −121		−138 −193		−208 −263		
315	355	+68 −78		+52 −94		+27 −119	−1 −62		−26 −87		−72 −133		−154 −215		−232 −293	−5 −98	
355	400										−78 −139		−172 −233		−258 −319		
400	450	+74 −86		+57 −103		+29 −131	0 −67		−28 −95		−86 −153		−192 −259		−290 −357	−5 −108	
450	500										−92 −159		−212 −279		−320 −387		

续表 1-2-26

基孔制		H7/r6		◤H7/s6		H7/t6	◤H7/u6		H7/v6	H7/x6	H7/y6	H7/z6	H8/r7	H8/s7	H8/t7	H8/u7
基轴制			R7/h6		◤S7/h6	T7/h6		◤U7/h6								
公称尺寸/mm		过盈配合														
大于	至															
—	3	0 −16	−4 −20	−4 −20	−8 −24	—	−8 −24	−12 −28	—	−10 −26	—	−16 −32	+4 −20	0 −24	—	−4 −28
3	6	−3 −23		−7 −27		—	−11 −31		—	−16 −36		−23 −43	+3 −27	−1 −31	—	−5 −35
6	10	−4 −28		−8 −32		—	−13 −37		—	−19 −43	—	−27 −51	+3 −34	−1 −38	—	−6 −43
10	14	−5 −34		−10 −39		—	−15 −44		—	−22 −51	—	−32 −61	+4 −41	−1 −46	—	−6 −51
14	18								−21 −50	−27 −56	—	−42 −71				
18	24	−7 −41		−14 −48		—	−20 −54		−26 −60	−33 −67	−42 −76	−52 −86	+5 −49	−2 −56	—	−8 −62
24	30					−20 −54	−27 −61		−34 −68	−43 −77	−54 −88	−67 −101			−8 −62	−15 −69
30	40	−9 −50		−18 −59		−23 −64	−35 −76		−43 −84	−55 −96	−69 −110	−87 −128	+5 −59	−4 −68	−9 −73	−21 −85
40	50					−29 −70	−45 −86		−56 −97	−72 −113	−89 −130	−111 −152			−15 −79	−31 −95
50	65	−11 −60		−23 −72		−36 −85	−57 −106		−72 −121	−92 −141	−114 −163	−142 −191	+5 −71	−7 −83	−20 −96	−41 −117
65	80	−13 −62		−29 −78		−45 −94	−72 −121		−90 −139	−116 −165	−144 −193	−180 −229	+3 −73	−13 −89	−29 −105	−56 −132
80	100	−16 −73		−36 −93		−56 −113	−89 −146		−111 −168	−143 −200	−179 −236	−223 −280	+3 −86	−17 −106	−37 −126	−70 −159
100	120	−19 −76		−44 −101		−69 −126	−109 −166		−137 −194	−175 −232	−219 −276	−275 −332	0 −89	−25 −114	−50 −139	−90 −179
120	140	−23 −88		−52 −117		−82 −147	−130 −195		−162 −227	−208 −273	−260 −325	−325 −390	0 −103	−29 −132	−59 −162	−107 −210
140	160	−25 −90		−60 −125		−94 −159	−150 −215		−188 −253	−240 −305	−300 −365	−375 −440	−2 −105	−37 −140	−71 −174	−127 −230
160	180	−28 −93		−68 −133		−106 −171	−170 −235		−212 −277	−270 −335	−340 −405	−425 −490	−5 −108	−45 −148	−83 −186	−147 −250
180	200	−31 −106		−76 −151		−120 −195	−190 −265		−238 −313	−304 −379	−379 −454	−474 −549	−5 −123	−50 −168	−94 −212	−164 −282
200	225	−34 −109		−84 −159		−134 −209	−212 −287		−264 −339	−339 −414	−424 −499	−529 −604	−8 −126	−58 −176	−108 −226	−186 −304
225	250	−38 −113		−94 −169		−150 −225	−238 −313		−294 −369	−379 −454	−474 −549	−594 −669	−12 −130	−68 −186	−124 −242	−212 −330
250	280	−42 −126		−106 −190		−166 −250	−263 −347		−333 −417	−423 −507	−528 −612	−658 −742	−13 −146	−77 −210	−137 −270	−234 −367
280	315	−46 −130		−118 −202		−188 −272	−298 −382		−373 −457	−473 −557	−598 −682	−738 −822	−17 −150	−89 −222	−159 −292	−269 −402
315	355	−51 −144		−133 −226		−211 −304	−333 −426		−418 −511	−533 −626	−673 −766	−843 −936	−19 −165	−101 −247	−179 −325	−301 −447
355	400	−57 −150		−151 −244		−237 −330	−378 −471		−473 −566	−603 −696	−763 −856	−943 −1 036	−25 −171	−119 −265	−205 −351	−346 −492
400	450	−63 −166		−169 −272		−267 −370	−427 −530		−532 −635	−677 −780	−857 −960	−1 037 −1 140	−29 −189	−135 −295	−233 −393	−393 −553
450	500	−69 −172		−189 −292		−297 −400	−477 −580		−597 −700	−757 −860	−937 −1 040	−1 187 −1 290	−35 −195	−155 −315	−263 −423	−443 −603

注：1. 表中"＋"值为间隙量"－"值为过盈量。

2. 标注◤的配合为优先配合。

3. $\frac{H8}{r7}$在小于或等于 100 mm 时，为过渡配合。

4. $\frac{H6}{n5}$、$\frac{H7}{p6}$在基本尺寸小于或等于 3 mm 时，为过渡配合。

4）优先配合选用说明见表 1-2-27。

表 1-2-27　优先配合选用说明

优先配合		说　明
基孔制	基轴制	
$\frac{H11}{c11}$	$\frac{C11}{h11}$	间隙非常大，用于很松的、转动很慢的动配合；要求大公差与大间隙的外露组件；要求装配方便的很松的配合
$\frac{H9}{d9}$	$\frac{D9}{h9}$	间隙很大的自由转动配合，用于精度非主要要求时，或有大的温度变动、高转速或大的轴颈压力时
$\frac{H8}{f7}$	$\frac{F8}{h7}$	间隙不大的转动配合，用于中等转速与中等轴颈压力的精确转动；也用于装配较易的中等定位配合
$\frac{H7}{g6}$	$\frac{G7}{h6}$	间隙很小的滑动配合，用于不希望自由转动，但可自由移动和滑动并精密定位时；也可用于要求明确的定位配合
$\frac{H7}{h6}$ $\frac{H8}{h7}$ $\frac{H9}{h9}$ $\frac{H11}{h11}$	$\frac{H7}{h6}$ $\frac{H8}{h7}$ $\frac{H9}{h9}$ $\frac{H11}{h11}$	均为间隙定位配合，零件可自由装拆，而工作时一般相对静止不动。在最大实体条件下的间隙为零，在最小实体条件下的间隙由公差等级决定
$\frac{H7}{k6}$	$\frac{K7}{h6}$	过渡配合，用于精密定位
$\frac{H7}{n6}$	$\frac{N7}{h6}$	过渡配合，允许有较大过盈的更精密定位
$\frac{H7}{p6}$	$\frac{P7}{h6}$	过盈定位配合，即小过盈配合，用于定位精度特别重要时，能以最好的定位精度达到部件的刚性及对中的性能要求，而对内孔承受压力无特殊要求，不依靠配合的紧固性传递摩擦负荷
$\frac{H7}{s6}$	$\frac{S7}{h6}$	中等压入配合，适用于一般钢件；或用于薄壁件的冷缩配合，用于铸铁件可得到最紧的配合
$\frac{H7}{u6}$	$\frac{U7}{h6}$	压入配合，适用于可以受高压力的零件或不宜承受大压入力的冷缩配合

5）各种配合特性及应用见表 1-2-28。

表 1-2-28　各种配合特性及应用

配合	基本偏差	配合特性及应用
间隙配合	a、b	可得到特别大的间隙，应用很少
	c	可得到很大的间隙，一般适用于缓慢、松弛的间隙配合。用于工作条件较差（如农业机械），受力变形，或为了便于装配，而必须保证有较大的间隙时，推荐配合为 H11/c11；其较高等级的配合，如 H8/c7 适用于轴在高温工作的紧密间隙配合，例如内燃机排气阀和导管
	d	配合一般用于 IT7～11 级，适用于松的转动配合，如密封盖、滑轮、空转带轮等与轴的配合。也适用于大直径滑动轴承配合，如汽轮机、球磨机、轧辊成形和重型弯曲机以及其他重型机械中的一些滑动支承
	e	多用于 IT7、8、9 级，通常适用要求有明显间隙，易于转动的支承配合，如大跨距支承、多支点支承等配合。高等级的 e 轴适用于大的、高速、重载支承，如涡轮发电机、大电动机的支承及内燃机主要轴承、凸轮轴支承、摇臂支承等配合
	f	多用于 IT6、7、8 级的一般转动配合。当温度影响不大时，被广泛用于普通润滑油（或润滑脂）润滑的支承，如齿轮箱、小电动机、泵等的转轴与滑动支承的配合
	g	配合间隙很小，制造成本高，除很轻载荷的精密装置外，不推荐用于转动配合。多用于 IT5、IT6、IT7 级，最适合不回转的精密间隙配合，也用于插销等定位配合。如精密连杆轴承、活塞及滑阀、连杆销等
	h	多用 IT4～IT11 级。广泛用于无相对转动的零件，作为一般的定位配合。若没有温度、变形影响，也用于精密间隙配合

续表 1-2-28

配合	基本偏差	配合特性及应用
过渡配合	js	为完全对称偏差(±IT/2),平均起来,为稍有间隙的配合,多用于IT4～IT7级,要求间隙比h轴小,并允许略有过盈的定位配合。如联轴器,可用手或木锤装配
	k	平均起来没有间隙的配合,适用IT4～IT7级。推荐用于稍有过盈的定位配合。例如为了消除振动用的定位配合。一般用木锤装配
	m	平均起来具有不大过盈的过渡配合。适用IT4～IT7级,一般可用木锤装配,但在最大过盈时,要求相当的压入力
	n	平均过盈比m轴稍大,很少得到间隙,适用IT4～IT7级,用锤或压力机装配,通常推荐用于紧密的组件配合。H6/n5配合时为过盈配合
过盈配合	p	与H6或H7配合时是过盈配合,与H8孔配合时则为过渡配合。对非铁类零件,为较轻的压入配合,当需要时易于拆卸。对钢、铸铁或铜、钢组件装配是标准压入配合
	r	对铁类零件为中等打入配合,对非铁类零件,为轻打入的配合,当需要时可以拆卸。与H8孔配合,直径在100 mm以上时为过盈配合,直径小时为过渡配合
	s	用于钢和铁制零件的永久性和半永久装配,可产生相当大的结合力。当用弹性材料,如轻合金时,配合性质与铁类零件的p轴相当。例如套环压装在轴上、阀座等配合。尺寸较大时,为了避免损伤配合表面,需用热胀或冷缩法装配
	t、u v、x y、z	过盈量依次增大,一般不推荐

1.2.1.4 一般公差

未注公差的线性和角度尺寸的公差(GB/T 1804—2000)规定了未注出公差的线性和角度尺寸的一般公差的公差等级和极限偏差数值,适用于金属切削加工的尺寸,也适用于一般的冲压加工的尺寸。非金属材料和其他工艺方法加工的尺寸可参照采用。

(1) 线性尺寸的极限偏差数值(表1-2-29)

表 1-2-29 线性尺寸的极限偏差数值 (mm)

公差等级	尺寸分段							
	0.5～3	>3～6	>6～30	>30～120	>120～400	>400～1 000	>1 000～2 000	>2 000～4 000
精密 f	±0.05	±0.05	±0.1	±0.15	±0.2	±0.3	±0.5	—
中等 m	±0.1	±0.1	±0.2	±0.3	±0.5	±0.8	±1.2	±2
粗糙 c	±0.2	±0.3	±0.5	±0.8	±1.2	±2	±3	±4
最粗 v	—	±0.5	±1	±1.5	±2.5	±4	±6	±8

(2) 倒圆半径与倒角高度尺寸的极限偏差数值(表1-2-30)

表 1-2-30 倒圆半径与倒角高度尺寸的极限偏差数值 (mm)

公差等级	尺寸分段				公差等级	尺寸分段			
	0.5～3	>3～6	>6～30	>30		0.5～3	>3～6	>6～30	>30
精密 f 中等 m	±0.2	±0.5	±1	±2	粗糙 c 最粗 v	±0.4	±1	±2	±4

(3) 角度尺寸的极限偏差数值(表1-2-31)

表 1-2-31 角度尺寸的极限偏差数值

公差等级	长度/mm					公差等级	长度/mm				
	≤10	>10～50	>50～120	>120～400	>400		≤10	>10～50	>50～120	>120～400	>400
精密 f 中等 m	±1°	±30′	±20′	±10′	5′	粗糙 c	±1°30′	±1°	±30′	±15′	±10′
						最粗 v	±3°	±2°	±1°	±30′	±20′

(4) 一般公差的图样表示法 若采用GB/T 1804规定的一般公差,应在图样标题栏附近或技术要求、技术文件(如企业标准)中注出标准号及公差等级代号。例如选用中等级时,标注为:

GB/T 1804—m

1.2.2 工件几何公差的标注和方法(GB/T 1182—2008)

本标准规定了工件几何公差(形状、方向、位置和跳动公差)标注的基本要求和方法。适用于工件的几何公差标注。

1.2.2.1 符号

几何公差的几何特征、符号和附加符号见表 1-2-32、表 1-2-33。

表 1-2-32 几何特征符号

公差类型	几何特征	符号	有无基准	公差类型	几何特征	符号	有无基准
形状公差	直线度	⏤	无	方向公差	面轮廓度	⌓	有
	平面度	⏥	无	位置公差	位置度	⌖	有或无
	圆度	○	无		同心度（用于中心点）	◎	有
	圆柱度	⌭	无				
	线轮廓度	⌒	无		同轴度（用于轴线）	◎	有
	面轮廓度	⌓	无		对称度	⌯	有
方向公差	平行度	∥	有		线轮廓度	⌒	有
	垂直度	⊥	有		面轮廓度	⌓	有
	倾斜度	∠	有	跳动公差	圆跳动	↗	有
	线轮廓度	⌒	有		全跳动	⌰	有

表 1-2-33 附加符号

说明	符号
被测要素	
基准要素	A A
基准目标	ϕ2 / A1
理论正确尺寸	50
延伸公差带	Ⓟ
最大实体要求	Ⓜ
最小实体要求	Ⓛ

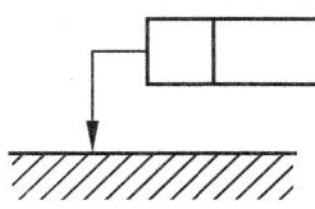

说明	符号
自由状态条件（非刚性零件）	Ⓕ
全周（轮廓）	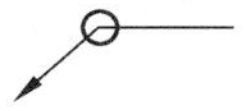
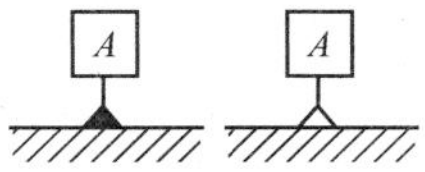 包容要求	Ⓔ
公共公差带	CZ
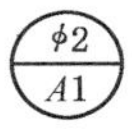 小径	LD
大径	MD
中径、节径	PD
线素	LE
不凸起	NC
任意横截面	ACS

注：1. GB/T 1182—1996 中规定的基准符号为 Ⓐ。

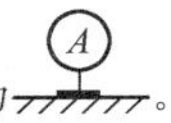

2. 如需标注可逆要求，可采用符号Ⓡ，见 GB/T 16671。

1.2.2.2 用公差框格标注几何公差的基本要求（表 1-2-34）

表 1-2-34 用公差框格标注几何公差的基本要求

标注方法及要求	图示
框格中的内容从左到右顺序填写 第一格填写公差符号 第二格填写公差值及有关符号，如公差带是圆形或圆柱形的则在公差值前加注 ϕ，如是球形则加注 $S\phi$ 第三格及以后填写基准代号	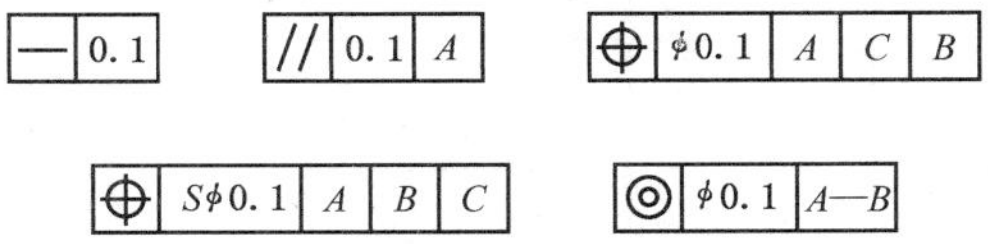 ⏤ | 0.1　　∥ | 0.1 | A　　⌖ | ϕ0.1 | A | C | B ⌖ | Sϕ0.1 | A | B | C　　◎ | ϕ0.1 | A—B
当某项公差应用于几个相同要素时，应在公差框格的上方被测要素的尺寸之前注明要素的个数，并在两者之间加上符号“×”	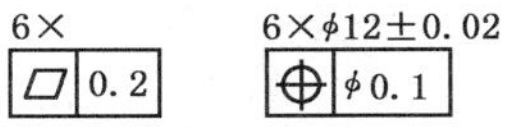 6× ⏥ | 0.2　　6×ϕ12±0.02 ⌖ | ϕ0.1
如果需要限制被测要素在公差带内的形状，应在公差框格的下方注明	 ⏥ | 0.1 NC
如果需要就某个要素给出几种几何特征的公差，可将一个公差框格放在另一个的下面	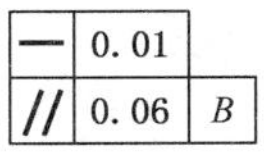 ⏤ | 0.01 ∥ | 0.06 | B

1.2.2.3 标注方法(表 1-2-35)

表 1-2-35 标注方法

名称	图示	说明
被测要素	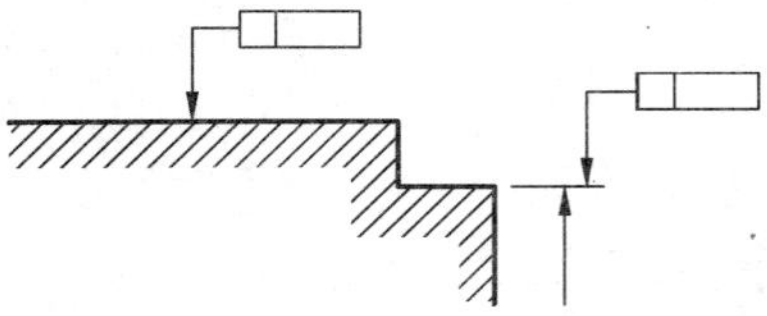 a) 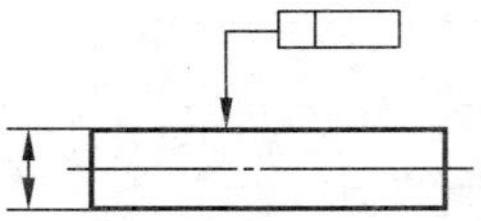 b) 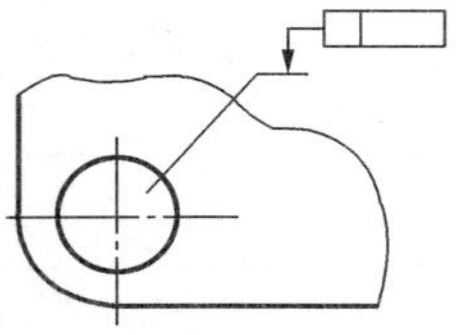 c) 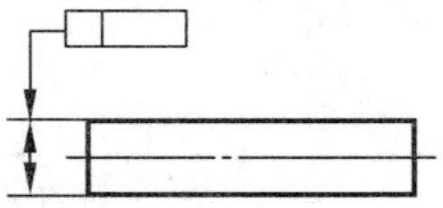 d) 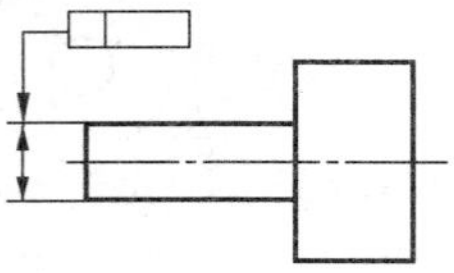 e) 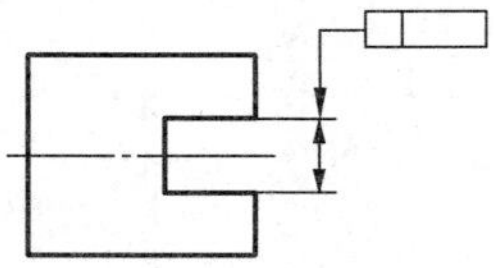 f)	用带箭头的指引线将框格与被测要素相连,按以下方式标注: 当公差涉及轮廓线或表面时(图 a 和图 b),将箭头置于要素的轮廓线或轮廓线的延长线上(但必须与尺寸线明显地分开) 当指向实际表面时(图 c),箭头可置于带点的参考线上,该点指在实际表面上 当公差涉及轴线、中心平面或由带尺寸要素确定的点时,则带箭头的指引线应与尺寸线的延长线重合(图 d、图 e 和图 f)
公差带	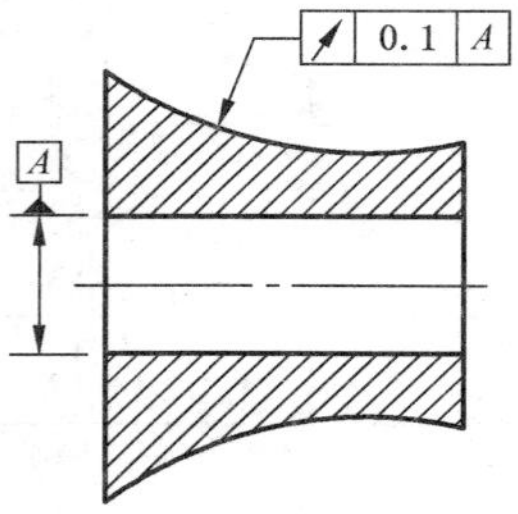 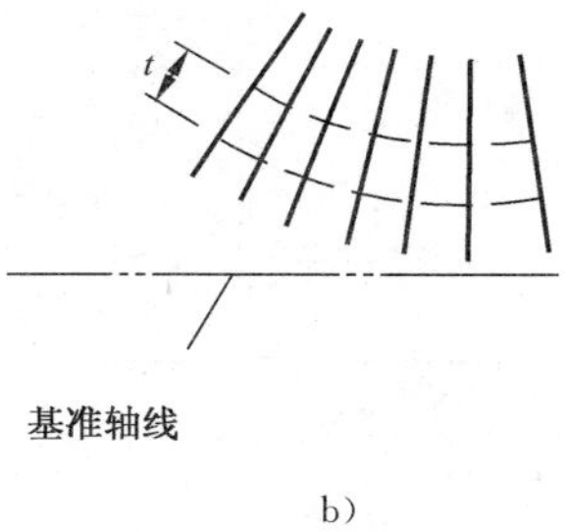 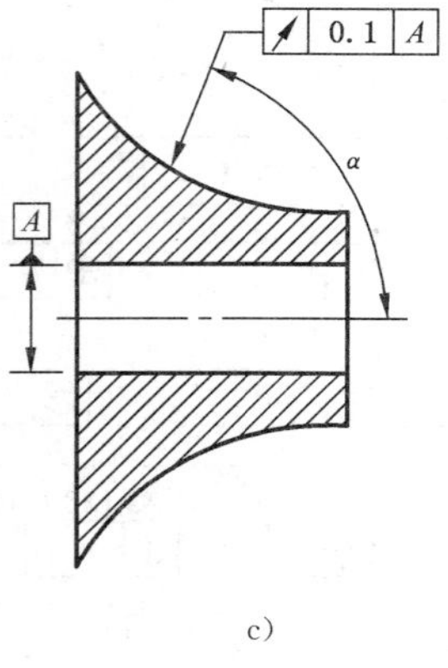 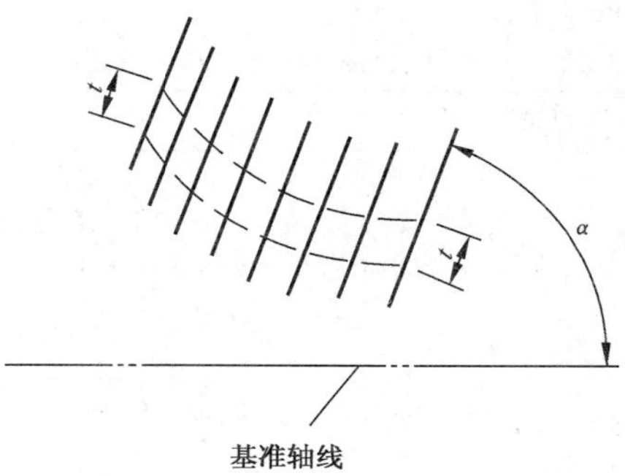 0.1 A A a) t 基准轴线 b) 0.1 A A α c) t α 基准轴线 d)	公差带的宽度方向为被测要素的法向(图 a 和图 b)。另有说明时除外(图 c 和图 d) 圆度公差带的宽度应在垂直于公称轴线的平面内确定 注:图 c 中的角度 α(即使它等于 90°)必须注出

续表 1-2-35

名称	图示	说明
公差带	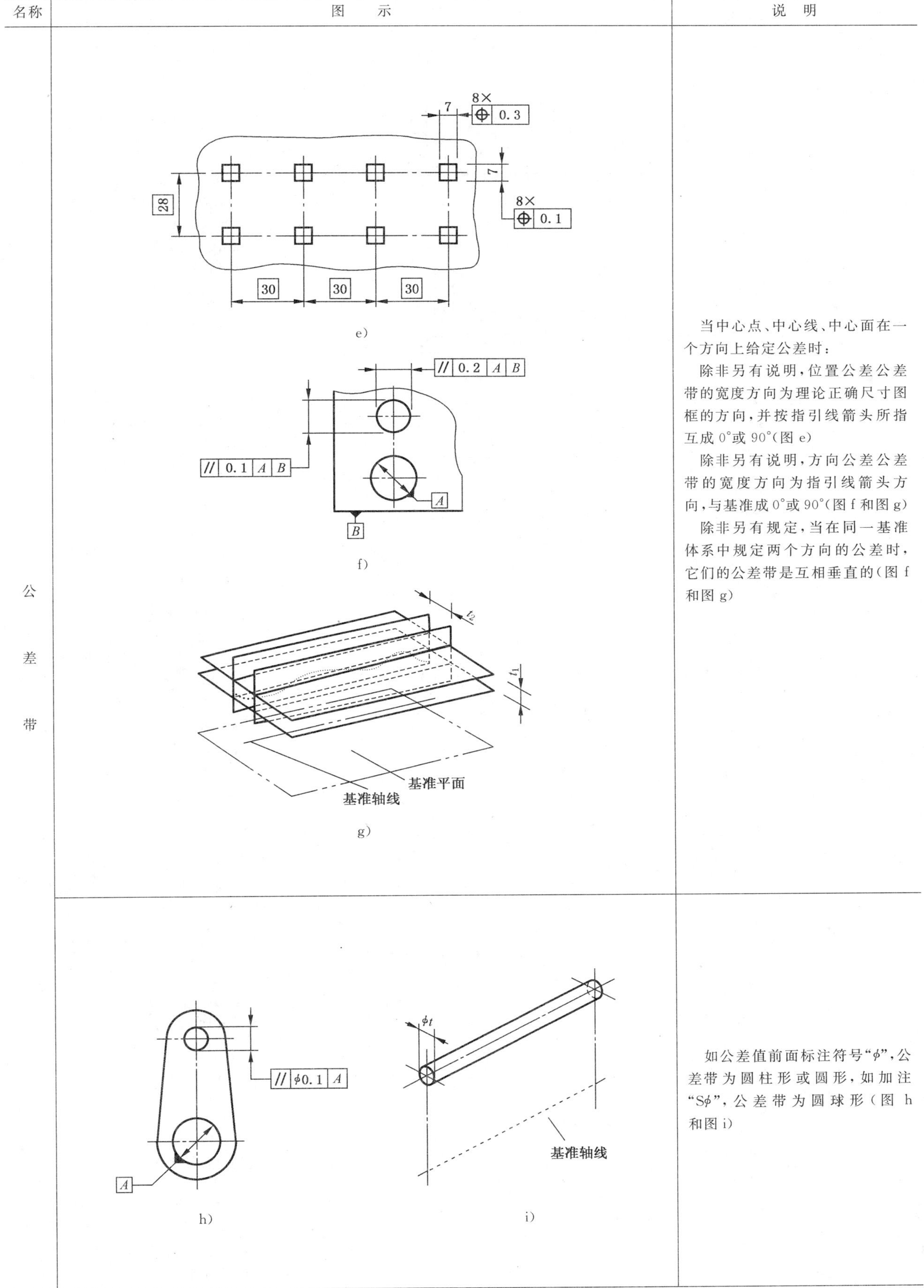e) f) g)	当中心点、中心线、中心面在一个方向上给定公差时： 除非另有说明，位置公差公差带的宽度方向为理论正确尺寸图框的方向，并按指引线箭头所指互成0°或90°(图 e) 除非另有说明，方向公差公差带的宽度方向为指引线箭头方向，与基准成0°或90°(图 f 和图 g) 除非另有规定，当在同一基准体系中规定两个方向的公差时，它们的公差带是互相垂直的(图 f 和图 g)
	h)　　i)	如公差值前面标注符号“ϕ”，公差带为圆柱形或圆形，如加注“Sϕ”，公差带为圆球形(图 h 和图 i)

续表 1-2-35

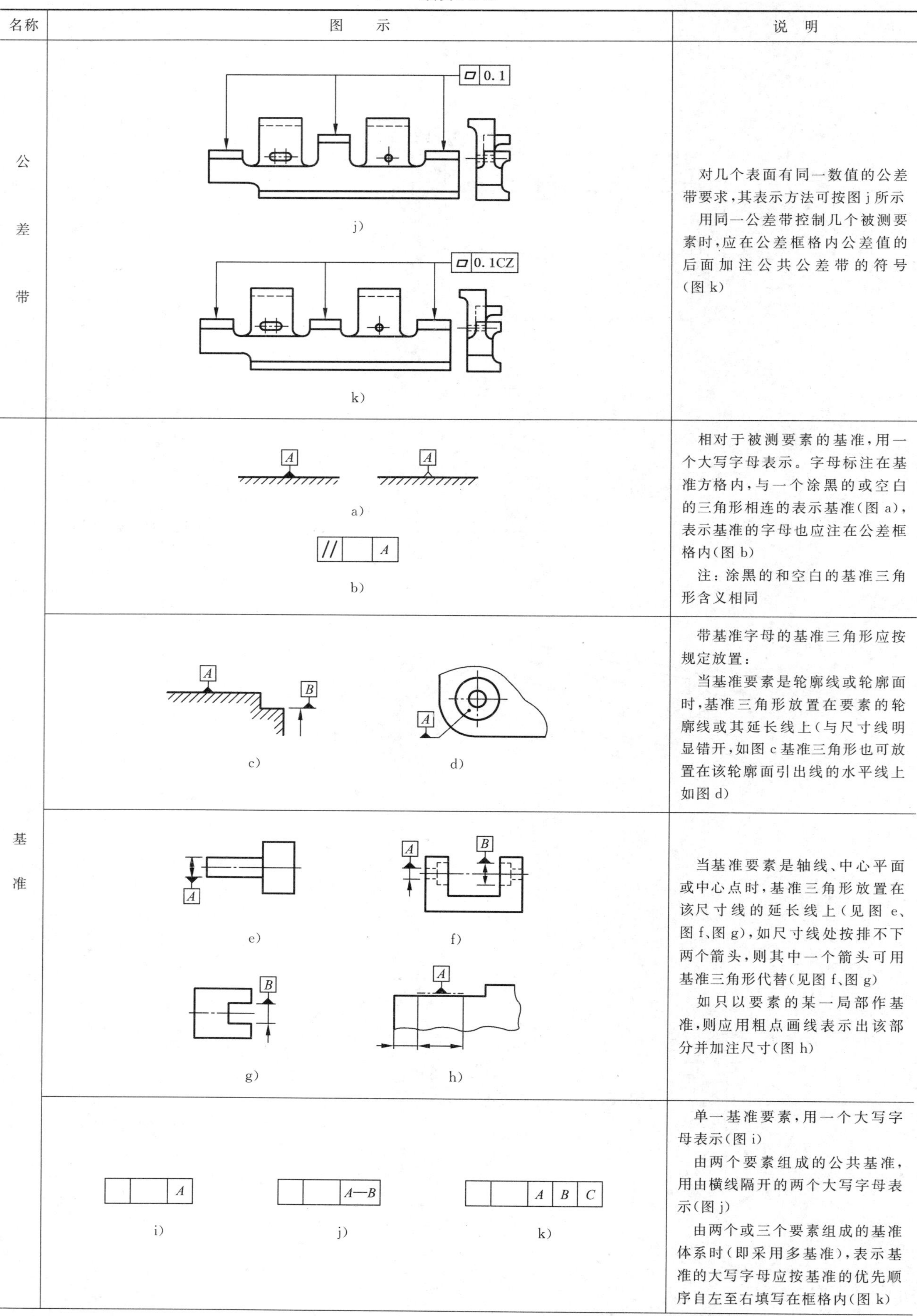

名称	图示	说明
公差带	j) k)	对几个表面有同一数值的公差带要求，其表示方法可按图 j 所示 用同一公差带控制几个被测要素时，应在公差框格内公差值的后面加注公共公差带的符号(图 k)
基准	a) b)	相对于被测要素的基准，用一个大写字母表示。字母标注在基准方格内，与一个涂黑的或空白的三角形相连的表示基准(图 a)，表示基准的字母也应注在公差框格内(图 b) 注：涂黑的和空白的基准三角形含义相同
	c) d)	带基准字母的基准三角形应按规定放置： 当基准要素是轮廓线或轮廓面时，基准三角形放置在要素的轮廓线或其延长线上(与尺寸线明显错开，如图 c 基准三角形也可放置在该轮廓面引出线的水平线上如图 d)
	e) f) g) h)	当基准要素是轴线、中心平面或中心点时，基准三角形放置在该尺寸线的延长线上(见图 e、图 f、图 g)，如尺寸线处按排不下两个箭头，则其中一个箭头可用基准三角形代替(见图 f、图 g) 如只以要素的某一局部作基准，则应用粗点画线表示出该部分并加注尺寸(图 h)
	i) j) k)	单一基准要素，用一个大写字母表示(图 i) 由两个要素组成的公共基准，用由横线隔开的两个大写字母表示(图 j) 由两个或三个要素组成的基准体系时(即采用多基准)，表示基准的大写字母应按基准的优先顺序自左至右填写在框格内(图 k)

续表 1-2-35

名称	图示	说明
附加标记	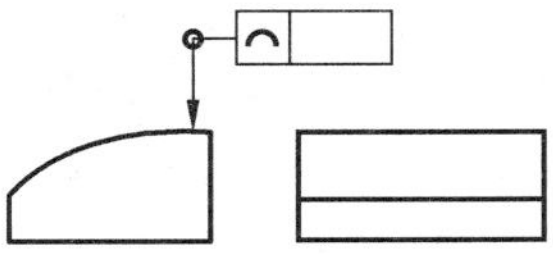 a) 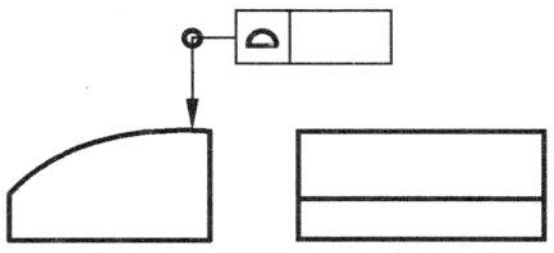 b)	如轮廓度公差适用于横截面内的整个外轮廓线或整个外轮廓面时，应采用“全周”符号表示(图 a、图 b) 注：“全周”符号，只包括由轮廓和公差所表示的各个表面
	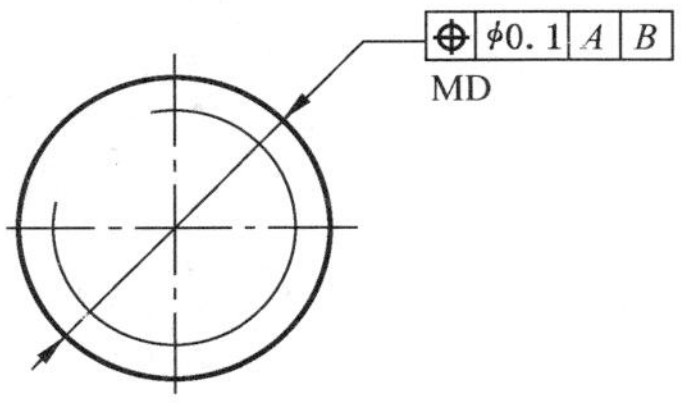 ⌖ ϕ0.1 A B MD A LD c) d)	在一般情况下，螺纹的轴线作为被测要素或基准要素均为中径轴线，如果用大径轴线则用“MD”表示，采用小径轴线用“LD”表示(图 c、图 d) 齿轮和花键轴线作为被测要素或基准要素时，节径轴线用“PD”表示，大径轴线用“MD”表示，小径轴线用“LD”表示
理论正确尺寸	8×ϕ15—H7 ⌖ ϕ0.1 A B B 30 20 15 30 30 30 A ∠ 0.1 A 60° A a) 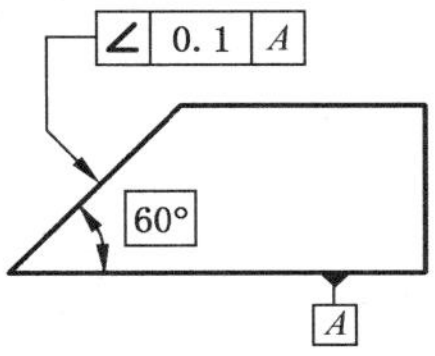 b)	对于要素的位置度、轮廓度或倾斜度，其尺寸由不带公差的理论正确位置、轮廓或角度确定，这种尺寸称“理论正确尺寸” 理论正确尺寸应围以框格，零件实际尺寸仅是由在公差框格中位置度、轮廓度或倾斜度公差来限定(图 a 和图 b)
限定性规定	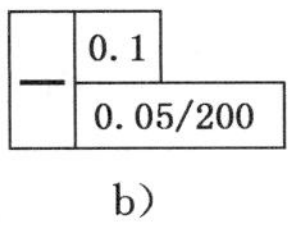 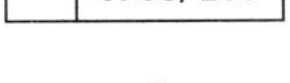 — 0.05/200 a) — 0.1 0.05/200 b)	如对同一要素的公差值在全部被测要素内的任一部分有进一步的限制时，该限制部分(长度或面积)的公差值要求应放在公差值的后面，用斜线相隔(图 a)，如标注的是两项或两项以上的公差，可以直接放在表示全部被测要素公差要求的框格下面(图 b)
	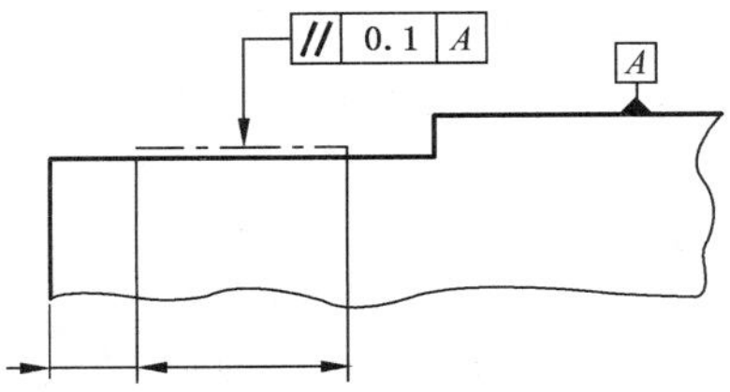 // 0.1 A A ▱ 0.02 c) 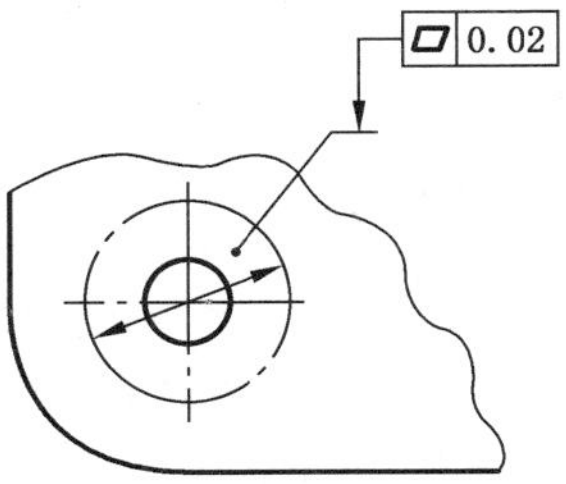 d)	如仅要求要素某一部分的公差值，则用粗点划线表示其范围，并加注尺寸(图 c、图 d) 如仅要求要素的某一部分作为基准，则该部分应用粗点划线表示并加注尺寸参见本表“基准”一项的图 h

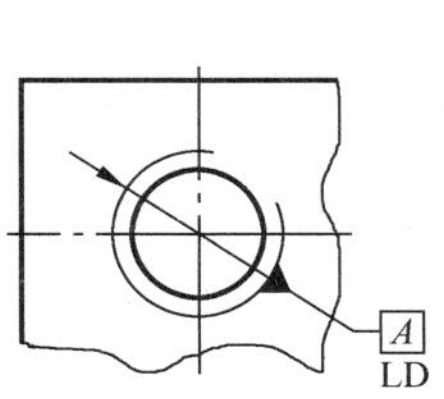

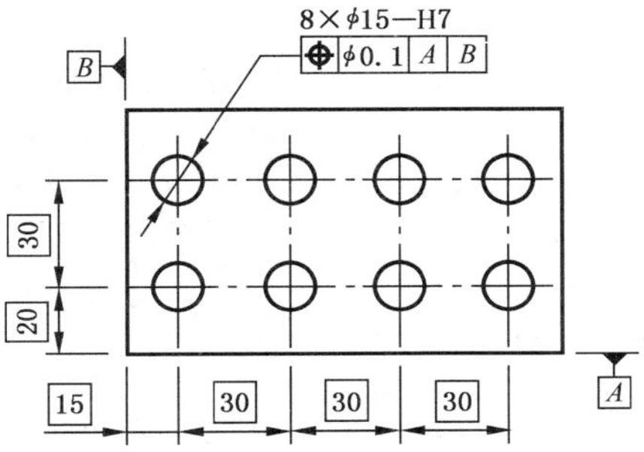

续表 1-2-35

名称	图 示	说 明
延伸公差带	8×φ25—H7 ⊕ φ0.1Ⓟ B A Ⓟ60 A B φ225	延伸公差带用附加符号Ⓟ表示详见 GB/T 17773
最大实体要求	⊕ φ0.04Ⓜ A a) ⊕ φ0.04 AⓂ b) ⊕ φ0.04Ⓜ AⓂ c)	最大实体要求用附加符号Ⓜ表示。该符号可根据需要单独或同时标注在相应公差值或基准字母的后面，或同时置于两者后面(图a、图b、图c)
最小实体要求	⊕ φ0.5Ⓛ A a) ⊕ φ0.5 AⓁ b) ⊕ φ0.5Ⓛ AⓁ c)	最小实体要求用附加符号Ⓛ表示，该符号可根据需要单独或同时标注在相应公差值或基准字母的后面，或同时置于两者后面(图a、图b、图c)
自由状态下的要求	○ 2.8Ⓕ a) ○ 0.025 / 0.3Ⓕ b)	对于非刚性零件的自由状态条件用符号Ⓕ表示，该符号置于给出的公差值后面(图a、图b)

注：各附加符号Ⓟ、Ⓜ、Ⓛ、Ⓕ和CZ，可同时用于同一个公差框格中，例如：

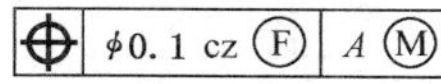

1.2.2.4 图样上标注公差值的规定(GB/T 1184—1996)

(1) 规定提出了下列项目的公差值或数系表

1) 直线度、平面度。

2) 圆度、圆柱度。

3) 平行度、垂直度、倾斜度。

4) 同轴度、对称度、圆跳动和全跳动。

5) 位置度数系。

GB/T 1182—1996 附录B提出的公差值，是以零件和量具在标准温度(20 ℃)下测量为准。

(2) 公差值的选用原则

1) 根据零件的功能要求，并考虑加工的经济性和零件的结构、刚性等情况，按表中数系确定要素的公差值，并考虑下列情况。

① 在同一要素上给出的形状公差值应小于位置公差值。如平行的两个表面，其平面度公差值应小于平行度公差值。

② 圆柱形零件的形状公差值(轴线的直线度除外)，一般情况下应小于其尺寸公差值。

③ 平行度公差值应小于其相应的距离公差值。

2) 对于下列情况，考虑到加工的难易程度和除主参数外其他参数的影响，在满足零件功能的要求下，适当降低1～2级选用。

① 孔相对于轴。

② 细长比较大的轴或孔。

③ 距离较大的轴或孔。

④ 宽度较大(一般大于 1/2 长度)的零件表面。

⑤ 线对线和线对面相对于面对面的平行度。

⑥ 线对线和线对面相对于面对面的垂直度。

1.2.2.5 公差值表

(1) 直线度、平面度公差值及应用示例(表 1-2-36、表 1-2-37)

表 1-2-36 直线度、平面度公差值

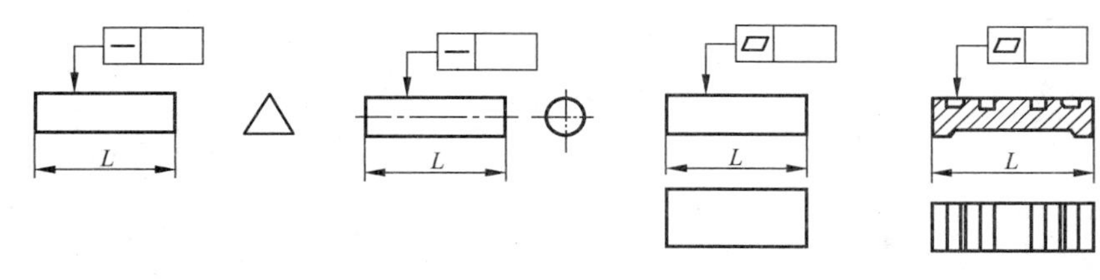

主参数 L/mm	公差等级											
	1	2	3	4	5	6	7	8	9	10	11	12
	公差值/μm											
≤10	0.2	0.4	0.8	1.2	2	3	5	8	12	20	30	60
>10～16	0.25	0.5	1	1.5	2.5	4	6	10	15	25	40	80
>16～25	0.3	0.6	1.2	2	3	5	8	12	20	30	50	100
>25～40	0.4	0.8	1.5	2.5	4	6	10	15	25	40	60	120
>40～63	0.5	1	2	3	5	8	12	20	30	50	80	150
>63～100	0.6	1.2	2.5	4	6	10	15	25	40	60	100	200
>100～160	0.8	1.5	3	5	8	12	20	30	50	80	120	250
>160～250	1	2	4	6	10	15	25	40	60	100	150	300
>250～400	1.2	2.5	5	8	12	20	30	50	80	120	200	400
>400～630	1.5	3	6	10	15	25	40	60	100	150	250	500
>630～1 000	2	4	8	12	20	30	50	80	120	200	300	600
>1 000～1 600	2.5	5	10	15	25	40	60	100	150	250	400	800
>1 600～2 500	3	6	12	20	30	50	80	120	200	300	500	1 000
>2 500～4 000	4	8	15	25	40	60	100	150	250	400	600	1 200
>4 000～6 300	5	10	20	30	50	80	120	200	300	500	800	1 500
>6 300～10 000	6	12	25	40	60	100	150	250	400	600	1 000	2 000

表 1-2-37 直线度、平面度应用示例

公差等级	应用示例	公差等级	应用示例
1、2	用于精密量具、测量仪器和精度要求极高的精密机械零件,如高精度量规、样板平尺、工具显微镜等精密测量仪器的导轨面、喷油嘴针阀体端面、油泵柱塞套端面等高精度零件	6	用于普通机床导轨面,如卧式车床、龙门刨床、滚齿机、自动车床等的床身导轨、立柱导轨,滚齿机、卧式镗床、铣床的工作台及机床主轴箱导轨,柴油机体结合面等
3	用于 0 级及 1 级宽平尺的工作面、1 级样板平尺的工作面,测量仪器圆弧导轨、仪器测杆等	7	用于 2 级平板,0.02 mm 游标卡尺尺身,机床主轴箱体,摇臂钻床底座工作台,镗床工作台,液压泵盖等
4	用于量具、测量仪器和高精度机床的导轨,如 0 级平板,测量仪器的 V 形导轨、高精度平面磨床的 V 形和滚动导轨、轴承磨床床身导轨、液压阀芯等	8	用于机床传动箱体,交换齿轮箱体,车床溜板箱体,主轴箱体,柴油机气缸体,连杆分离面,缸盖结合面,汽车发动机缸盖,曲轴箱体,减速器壳体等
5	用于 1 级平板,2 级宽平尺,平面磨床的纵导轨、垂直导轨、立柱导轨及工作台,液压龙门刨床和转塔车床床身的导轨,柴油机进、排气门导杆等	9、10	用于 3 级平板,车床交换齿轮架,缸盖结合面,阀体表面等
		11、12	用于易变形的薄片、薄壳零件表面,支架等要求不高的结合面

（2）圆度、圆柱度公差值及应用示例（表 1-2-38、表 1-2-39）

表 1-2-38　圆度、圆柱度公差值

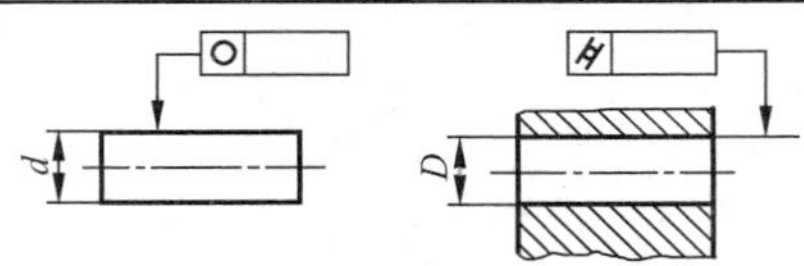

主参数 $d(D)$/mm	公差等级												
	0	1	2	3	4	5	6	7	8	9	10	11	12
	公差值/μm												
≤3	0.1	0.2	0.3	0.5	0.8	1.2	2	3	4	6	10	14	25
>3～6	0.1	0.2	0.4	0.6	1	1.5	2.5	4	5	8	12	18	30
>6～10	0.12	0.25	0.4	0.6	1	1.5	2.5	4	6	9	15	22	36
>10～18	0.15	0.25	0.5	0.8	1.2	2	3	5	8	11	18	27	43
>18～30	0.2	0.3	0.6	1	1.5	2.5	4	6	9	13	21	33	52
>30～50	0.25	0.4	0.6	1	1.5	2.5	4	7	11	16	25	39	62
>50～80	0.3	0.5	0.8	1.2	2	3	5	8	13	19	30	46	74
>80～120	0.4	0.6	1	1.5	2.5	4	6	10	15	22	35	54	87
>120～180	0.6	1	1.2	2	3.5	5	8	12	18	25	40	63	100
>180～250	0.8	1.2	2	3	4.5	7	10	14	20	29	46	72	115
>250～315	1.0	1.6	2.5	4	6	8	12	16	23	32	52	81	130
>315～400	1.2	2	3	5	7	9	13	18	25	36	57	89	140
>400～500	1.5	2.5	4	6	8	10	15	20	27	40	63	97	155

表 1-2-39　圆度、圆柱度应用示例

公差等级	应用示例
1	高精度量仪主轴，高精度机床主轴，滚动轴承的滚珠、滚柱等
2	精密量仪主轴、外套、阀套，高压油泵柱塞及套，高速柴油机汽门，精密机床主轴轴颈，高精度微型轴承内、外圈等
3	小工具显微镜套管外圈，高精度外圆磨床主轴，喷油嘴针阀体，高精度微型轴承内、外圈等
4	精密机床主轴轴孔，较精密机床主轴，高压阀门活塞、活塞销、阀体孔；小工具显微镜顶尖，高压油泵柱塞，与较高精度滚动轴承配合的轴等
5	一般量仪主轴、测杆外圆，陀螺仪轴颈，一般机床主轴，较精密机床主轴箱孔，柴油机、汽油机活塞及活塞销孔，铣床动力头，轴承箱座孔等
6	仪表端盖外圈，一般机床主轴及箱孔，汽车发动机凸轮轴，纺机锭子，通用减速器轴颈，高速船用柴油机曲轴，拖拉机曲轴轴颈等
7	大功率低速柴油机曲轴、活塞、活塞销、连杆、汽缸，高速柴油机箱体孔，千斤顶压力油缸活塞，液压传动系统分配机构，机车传动轴，水泵轴颈等
8	低速发动机、减速器，大功率曲轴轴颈，压汽机连杆，拖拉机汽缸体、活塞、炼胶机、印刷机传动系统，内燃机曲轴，柴油机机体、凸轮轴等
9	空气压缩机缸体，液压传动系统，通用机械杠杆与拉杆用套筒销子，拖拉机活塞环、套筒孔等
10	印染机布辊，铰车、起重机、起重机滑动轴承轴颈等

（3）平行度、垂直度、倾斜度公差值及应用示例（表 1-2-40、表 1-2-41）

表 1-2-40　平行度、垂直度、倾斜度公差值

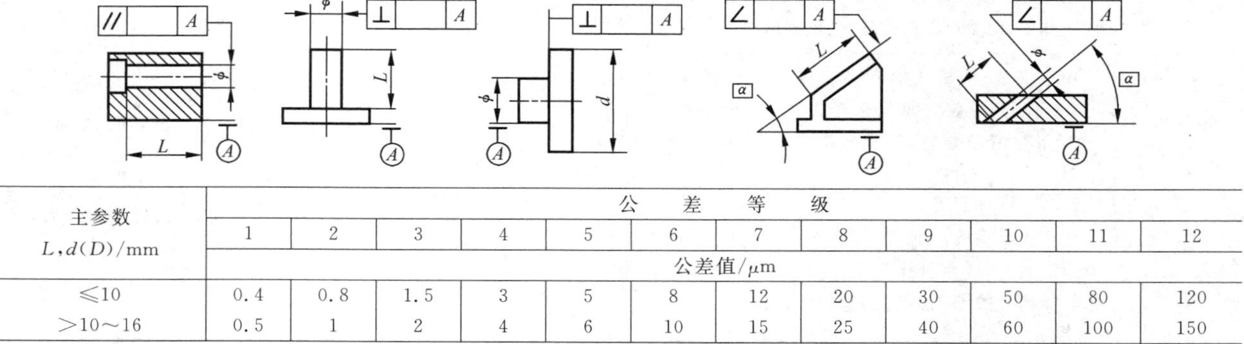

主参数 $L,d(D)$/mm	公差等级											
	1	2	3	4	5	6	7	8	9	10	11	12
	公差值/μm											
≤10	0.4	0.8	1.5	3	5	8	12	20	30	50	80	120
>10～16	0.5	1	2	4	6	10	15	25	40	60	100	150

续表 1-2-40

主参数 $L,d(D)$/mm	公差等级											
	1	2	3	4	5	6	7	8	9	10	11	12
	公差值/μm											
>16～25	0.6	1.2	2.5	5	8	12	20	30	50	80	120	200
>25～40	0.8	1.5	3	6	10	15	25	40	60	100	150	250
>40～63	1	2	4	8	12	20	30	50	80	120	200	300
>63～100	1.2	2.5	5	10	15	25	40	60	100	150	250	400
>100～160	1.5	3	6	12	20	30	50	80	120	200	300	500
>160～250	2	4	8	15	25	40	60	100	150	250	400	600
>250～400	2.5	5	10	20	30	50	80	120	200	300	500	800
>400～630	3	6	12	25	40	60	100	150	250	400	600	1 000
>630～1 000	4	8	15	30	50	80	120	200	300	500	800	1 200
>1 000～1 600	5	10	20	40	60	100	150	250	400	600	1 000	1 500
>1 600～2 500	6	12	25	50	80	120	200	300	500	800	1 200	2 000
>2 500～4 000	8	15	30	60	100	150	250	400	600	1 000	1 500	2 500
>4 000～6 300	10	20	40	80	120	200	300	500	800	1 200	2 000	3 000
>6 300～10 000	12	25	50	100	150	250	400	600	1 000	1 500	2 500	4 000

表 1-2-41 平行度、垂直度、倾斜度应用示例

公差等级	应用示例	
	平行度	垂直度和倾斜度
1	高精度机床、测量仪器以及量具等主要基准面和工作面	
2, 3	精密机床、测量仪器、量具、模具的基准面和工作面 精密机床重要箱体主轴孔对基准面的要求	精密机床导轨，普通机床主要导轨，机床主轴轴向定位面，精密机床主轴肩端面，滚动轴承座圈端面，齿轮测量仪的心轴，光学分度头的心轴，涡轮轴端面，精密刀具、量具的基准面和工作面
4, 5	普通机床、测量仪器、量具、模具的基准面和工作面，高精度轴承座圈、端盖、挡圈的端面 机床主轴孔对基准面的要求，重要轴承孔对基准面的要求，主轴箱体重要孔间要求，一般减速器壳体孔，齿轮泵的轴孔端面等	普通机床导轨，精密机床重要零件，机床重要支承面，发动机轴和离合器的凸缘，气缸的支承端面，装C、D级轴承的箱体的凸肩，液压传动轴瓦的端面量具量仪的重要端面
6, 7, 8	一般机床零件的工作面或基准面，压力机和锻锤的工作面，中等精度钻模的工作面，一般刀、量、模具，机床一般轴承孔对基准面的要求，床头箱一般孔间要求，变速器箱孔，主轴花键对定心直径，重型机械轴承盖的端面，卷扬机、手动传动装置中的传动轴，气缸轴线等	低精度机床主要基准面和工作面，回转工作台端面，一般导轨，主轴箱体孔，刀架、砂轮架及工作台回转中心，机床轴肩，气缸配合面对其轴线，活塞销孔对活塞中心线，装轴承端面对轴承壳体孔的轴线等
9, 10	低精度零件，重型机械滚动轴承端盖，柴油发动机和煤气发动机的曲轴孔、轴颈等	花键轴轴肩端面，传送带运输机法兰盘等端面对轴心线，手动卷扬机及传动装置中轴承端面，减速器壳体平面等
11, 12	零件的非工作面，卷扬机、运输机上用以装减速器的平面等	农业机械齿轮端面等

(4) 同轴度、对称度、圆跳动和全跳动公差值及应用示例(表 1-2-42、表 1-2-43)

表 1-2-42 同轴度、对称度、圆跳动和全跳动公差值

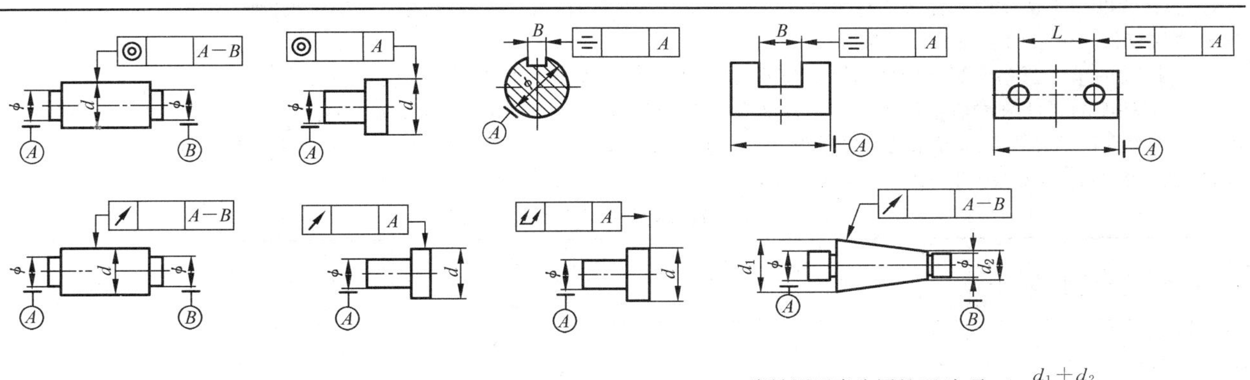

当被测要素为圆锥面时，取 $d=\frac{d_1+d_2}{2}$

续表 1-2-42

主参数 $d(D)$,B,L/mm	公差等级											
	1	2	3	4	5	6	7	8	9	10	11	12
	公差值/μm											
≤1	0.4	0.6	1.0	1.5	2.5	4	6	10	15	25	40	60
>1~3	0.4	0.6	1.0	1.5	2.5	4	6	10	20	40	60	120
>3~6	0.5	0.8	1.2	2	3	5	8	12	25	50	80	150
>6~10	0.6	1	1.5	2.5	4	6	10	15	30	60	100	200
>10~18	0.8	1.2	2	3	5	8	12	20	40	80	120	250
>18~30	1	1.5	2.5	4	6	10	15	25	50	100	150	300
>30~50	1.2	2	3	5	8	12	20	30	60	120	200	400
>50~120	1.5	2.5	4	6	10	15	25	40	80	150	250	500
>120~250	2	3	5	8	12	20	30	50	100	200	300	600
>250~500	2.5	4	6	10	15	25	40	60	120	250	400	800
>500~800	3	5	8	12	20	30	50	80	150	300	500	1 000
>800~1 250	4	6	10	15	25	40	60	100	200	400	600	1 200
>1 250~2 000	5	8	12	20	30	50	80	120	250	500	800	1 500
>2 000~3 150	6	10	15	25	40	60	100	150	300	600	1 000	2 000
>3 150~5 000	8	12	20	30	50	80	120	200	400	800	1 200	2 500
>5 000~8 000	10	15	25	40	60	100	150	250	500	1 000	1 500	3 000
>8 000~10 000	12	20	30	50	80	120	200	300	600	1 200	2 000	4 000

表 1-2-43 同轴度、对称度、圆跳动、全跳动应用示例

公差等级	应用示例	公差等级	应用示例
1、2、3、4	用于同轴度或旋转精度要求很高，一般需按尺寸公差IT5或高于IT5级制造的零件。如1、2级用于精密测量仪器的主轴和顶尖，柴油机喷油嘴针阀等；3、4级用于机床主轴轴颈，砂轮轴轴颈，汽轮机主轴，测量仪器的小齿轮轴，高精度滚动轴承内、外圈等	8、9、10	用于一般精度要求，按尺寸公差IT9或IT10级制造的零件。如8级精度用于拖拉机发动机分配轴轴颈；9级精度用于齿轮轴的配合面，水泵叶轮，离心泵，精梳机；10级精度用于摩托车活塞，印染机吊布辊，内燃机活塞环底径对活塞中心等
5、6、7	用于精度要求比较高，一般需按尺寸公差IT6或IT7级制造的零件。如5级精度常用在机床轴颈，测量仪器的测量杆，汽轮机主轴，柱塞泵转子，高精度滚动轴承外圈，一般精度滚动轴承内圈；7级精度用于内燃机曲轴，凸轮轴轴颈，水泵轴，齿轮轴，汽车后桥输出轴，电机转子，滚动轴承内圈等	11、12	用于无特殊要求，一般按尺寸公差IT12级制造的零件

(5) 位置度数系(表 1-2-44)

表 1-2-44 位置度数系 (μm)

1	1.2	1.5	2	2.5	3	4	5	6	8
1×10^n	1.2×10^n	1.5×10^n	2×10^n	2.5×10^n	3×10^n	4×10^n	5×10^n	6×10^n	8×10^n

注：n 为正整数。

1.2.2.6 形位公差未注公差值(GB/T 1184—1996)

(1) 形状公差的未注公差值

1) 直线度和平面度的未注公差值见表 1-2-45。选择公差值时，对于直线度应按其相应线的长度选择；对于平面应按其表面的较长一侧或圆表面的直径选择。

2) 圆度的未注公差值等于标准的直径公差值，但不能大于表 1-2-48 中圆跳动的未注公差值。

3) 圆柱度的未注公差值不做规定。圆柱度误差由三个部分组成：圆度、直线度和相对素线的平行度误差，而其中每一项误差均由它们的注出公差或未注公差控制。如因功能要求，圆柱度应小于圆度、直线度和平行度的未注公差的综合结果，应在被测要素上按 GB/T 1184—1996 的规定注出圆柱度公差值，或采用包容要求。

表 1-2-45 直线度和平面度的未注公差值 (mm)

公差等级	基本长度范围					
	≤10	>10~30	>30~100	>100~300	>300~1 000	>1 000~3 000
H	0.02	0.05	0.1	0.2	0.3	0.4
K	0.05	0.1	0.2	0.4	0.6	0.8
L	0.1	0.2	0.4	0.8	1.2	1.6

(2) 位置公差的未注公差值

1) 平行度的未注公差值等于给出的尺寸公差值，或直线度和平面度未注公差值中的相应公差值取较大者。应取两要素中的较长者作为基准；若两要素的长度相等，则可选任一要素为基准。

2) 垂直度的未注公差值，见表1-2-46取形成直角的两边中较长的一边作为基准，较短的一边作为被测要素；若边的长度相等则可取其中的任意一边为基准。

表1-2-46 垂直度的未注公差值 (mm)

公差等级	基本长度范围			
	≤100	>100~300	>300~1 000	>1 000~3 000
H	0.2	0.3	0.4	0.5
K	0.4	0.6	0.8	1
L	0.6	1	1.5	2

3) 对称度的未注公差值，见表1-2-47，应取两要素中较长者作为基准，较短者作为被测要素；若两要素长度相等则可选任一要素为基准。

表1-2-47 对称度的未注公差值 (mm)

公差等级	基本长度范围			
	≤100	>100~300	>300~1 000	>1 000~3 000
H	0.5			
K	0.6		0.8	1
L	0.6	1	1.5	2

4) 同轴度的未注公差值未作规定。在极限状况下，同轴度的未注公差值与圆跳动的未注公差值相等。

5) 圆跳动(径向、端面和斜向)的未注公差值见表1-2-48。对于圆跳动未注公差值，应以设计和工艺给出的支承面作为基准，否则应取两要素中较长的一个作为基准；若两要素的长度相等，则可选任一要素为基准。

表1-2-48 圆跳动的未注公差值 (mm)

公差等级	H	K	L
圆跳动公差值	0.1	0.2	0.5

1.2.3 表面结构

1.2.3.1 基本术语新旧标准的对照(表1-2-49)

表1-2-49 基本术语新旧标准的对照

本标准基本术语	GB/T 3050—1983	GB/T 3050—2009	本标准基本术语	GB/T 3050—1983	GB/T 3050—2009
取样长度	l	lp、lw、lr①	轮廓谷深	y_v	Zv
评定长度	l_n	ln	轮廓单元高度		Zt
纵坐标值	y	$Z(x)$	轮廓单元宽度		Xs
局部斜率		$\frac{dZ}{dX}$	在水平截面高度c位置上轮廓的实体材料长度	η_p	$Ml(c)$
轮廓峰高	y_p	Zp			

① 给定的三种不同轮廓的取样长度。

1.2.3.2 表面结构的参数新旧标准的对照(表1-2-50)

表1-2-50 表面结构的参数新旧标准的对照

参数(GB/T 3050—2009)	GB/T 3050—1983	GB/T 3050—2009	在测量范围内	
			评定长度 ln	取样长度
最大轮廓峰高	R_p	Rp		√
最大轮廓谷深	R_m	Rv		√
轮廓最大高度	R_y	Rz		√
轮廓单元的平均高度	R_c	Rc		√
轮廓总高度	—	Rt	√	
评定轮廓的算术平均偏差	R_a	Ra		√
评定轮廓的均方根偏差	R_q	Rq		√

续表 1-2-50

参数(GB/T 3050—2009)	GB/T 3050—1983	GB/T 3050—2009	在测量范围内	
			评定长度 *ln*	取样长度
评定轮廓的偏斜度	S_k	*Rsk*		√
评定轮廓的陡度	—	*Rku*		√
轮廓单元的平均宽度	S_m	*Rsm*		√
评定轮廓的均方根斜率	Δ_q	$R\Delta q$		
轮廓支承长度率	—	*Rmr*(*c*)	√	
轮廓水平截面高度	—	$R\delta c$	√	
相对支承长度率	t_p	*Rmr*	√	
十点高度	R_z	—		

注：1. √符号表示在测量范围内，现采用的评定长度和取样长度。

2. 表中取样长度是 *lr*、*lw* 和 *lp*，分别对应于 *R*、*W* 和 *P* 参数。*lp*=*ln*。

3. 在规定的三个轮廓参数中，表中只列出了粗糙度轮廓参数。例如：三个参数分别为：*Pa*(原始轮廓)、*Ra*(粗糙度轮廓)、*Wa*(波纹度轮廓)。

1.2.3.3 评定表面结构的参数及数值系列

标准 GB/T 1031—2009 采用中线制(轮廓法)评定表面粗糙度。

表面粗糙度的参数从轮廓的算术平均偏差 *Ra*，轮廓的最大高度 *Rz* 两项中选择。在幅度参数(峰和谷)常用的参数值范围 *Ra* 为 0.025～6.3 μm，*Rz* 为 0.1～25 μm，推荐优先选用 *Ra*。

(1) 轮廓的算术平均偏差 *Ra* 的系列值

轮廓的算术平均偏差，指在取样长度内纵坐标值的算术平均值，代号为 *Ra*，其系列值见表 1-2-51。

表 1-2-51 轮廓的算术平均偏差 *Ra* 的系列值(GB/T 1031—2009) (μm)

系列值	补充系列值	系列值	补充系列值	系列值	补充系列值	系列值	补充系列值
	0.008						
	0.010						
0.012			0.125		1.25	12.5	
	0.016		0.160	1.60			16.0
	0.020	0.20			2.0		20
0.025			0.25		2.5	25	
	0.032		0.32	3.2			32
	0.040	0.40			4.0		40
0.050			0.50		5.0	50	
	0.063		0.63	6.3			63
	0.080	0.80			8.0		80
0.100			1.00		10.0	100	

(2) 轮廓的最大高度 *Rz* 的系列值

轮廓的最大高度，是指在取样长度内，最大的轮廓峰高 *Rp* 与最大的轮廓谷深 *Rv* 之和的高度，代号为 *Rz*，其系列值见表 1-2-52。

表 1-2-52 轮廓的最大高度 *Rz* 的系列值(GB/T 1031—2009) (μm)

系列值	补充系列值	系列值	补充系列值	系列值	补充系列值	系列值	补充系列值
			0.25		4.0		80
			0.32		5.0	100	
		0.40		6.3			125
0.25					8.0		160
	0.032		0.50		10.0	200	
	0.040	0.80	0.63	12.5			250
0.050					16.0		320
	0.063		1.00		20	400	
	0.080		1.25	25			500
0.100		1.60			32		630
	0.125		2.0		40	800	
	0.160		2.5	50			1 000
0.20		3.2			63		1 250
						1 600	

(3) 取样长度(lr)

取样长度是指用于判别被评定轮廓不规则特征的 X 轴上的长度,代号为 lr。

为了在测量范围内较好反映粗糙度的实际情况,标准规定取样长度按表面粗糙程度选取相应的数值,在取样长度范围内,一般至少包括 5 个的轮廓峰和轮廓谷。规定和选择取样长度目的是为限制和削弱其他几何形状误差,尤其是表面波度对测量结果的影响。

取样长度的数值见表 1-2-53。

表 1-2-53 取样长度的数值系列(lr) (mm)

lr	0.08	0.25	0.8	2.5	8	25

(4) 评定长度(ln)

评定长度是指用于判别被评定轮廓的 x 轴上方向的长度,代号为 ln。它可以包含一个或几个取样长度。

为了较充分和客观地反映被测表面的粗糙度,须连续取几个取样长度的平均值作为测量结果。国标规定,$ln=5lr$ 为默认值。选取评定长度的目的是为了减小被测表面上表面粗糙度的不均匀性的影响。

取样长度与幅度参数之间有一定的联系,一般情况下,在测量 Ra,Rz 时推荐按表 1-2-54 选取对应的取样长度值。

表 1-2-54 取样长度(lr)和评定长度(ln)的数值 (mm)

Ra/μm	Rz/μm	lr	$ln(ln=5lr)$	Ra/μm	Rz/μm	lr	$ln(ln=5lr)$
>(0.008)~0.02	>(0.025)~0.1	0.08	0.4	>2~10	>10~50	2.5	12.5
>0.02~0.1	>0.1~0.5	0.25	1.25	>10~80	>50~200	8	40
>0.1~2	>0.5~10	0.8	4				

1.2.3.4 表面粗糙度符号、代号及标注(GB/T 131—2006)

(1) 表面粗糙度的符号(表 1-2-55)

表 1-2-55 表面粗糙度的符号

符号类型		符 号	意 义
基本图形符号			仅用于简化代号标注,没有补充说明时不能单独使用
扩展图形符号	要求去除材料的图形符号	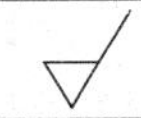	在基本图形符号上加一短横,表示指定表面是用去除材料的方法获得,如通过机械加工获得的表面
	不去除材料的图形符号	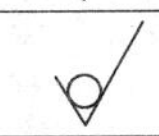	在基本图形符号上加一个圆圈,表示指定表面是用不去材料方法获得
完整图形符号	允许任何工艺	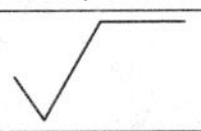	当要求标注表面粗糙度特征的补充信息时,应在的图形的长边上加一横线
	去除材料	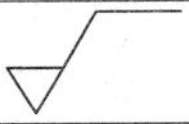	
	不去除材料	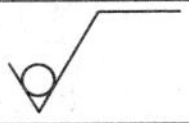	
工件轮廓各表面的图形符号		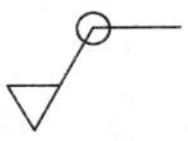	当在图样某个视图上构成封闭轮廓的各表面有相同的表面粗糙度要求时,应在完整图形符号上加一圆圈,标注在图样中工件的封闭轮廓线上。如果标注会引起歧义时,各表面应分别标注

(2) 表面粗糙度代号

在表面粗糙度符号的规定位置上,注出表面粗糙度数值及相关的规定项目后就形成了表面粗糙度代号。表面粗糙度数值及其相关的规定在符号中注写的规定见表 1-2-56。

表 1-2-56 表面粗糙度代号标注方法

图 示	标注方法说明
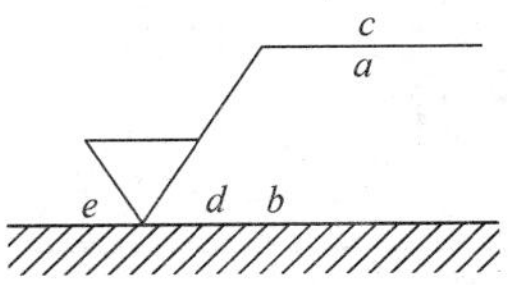 c a e d b	位置 a 注写表面粗糙度的单一要求:标注表面粗糙度参数代号、极限值和取样长度。为了避免误解,在参数代号和极限值间应插入空格。取样长度后应有一斜线"/",之后是表面粗糙度参数符号,最后是数值,如:−0.8/Rz6.3 位置 a 和 b 注写两个或多个表面粗糙度要求:在位置 a 注写一个表面粗糙度要求,方法同(a)。在位置 b 注写第二个表面粗糙度要求。如果要注写第三个或更多个表面粗糙度要求,图形符号应在垂直方向扩大,以空出足够的空间。扩大图形符号时,a 和 b 的位置随之上移 位置 c 注写加工方法:注写加工方法、表面处理、涂层或其他加工工艺要求等。如车、磨、镀等加工表面 位置 d 注写表面纹理和方向:注写所要求的表面纹理和纹理的方向,如"="、"X"、"M" 位置 e 注写加工余量:注写所要求的加工余量,以 mm 为单位给出数值

(3) 表面粗糙度评定参数的标注

表面粗糙度评定参数必须注出参数代号和相应数值，数值的单位均为μm(微米)，数值的判断规则有两种：

1) 16%规则，是所有表面粗糙度要求默认规则。

2) 最大规则，应用于表面粗糙度要求时，则参数代号中应加上"max"。

当图样上标注参数的最大值(max)或(和)最小值(min)时，表示参数中所有的实测值均不得超过规定值。当图样上采用参数的上限值(用U表示)(或、和)下限值(用L表示)时(表中未标注max或min的)，表示参数的实测值中允许少于总数的16%的实测值超过规定值。具体标注示例及意义见表1-2-57。

表 1-2-57 表面粗糙度代号的标注示例及意义

符号	含义/解释	符号	含义/解释
Rz 0.4	表示不允许去除材料，单向上限值，粗糙度的最大高度0.4μm，评定长度为5个取样长度(默认)，"16%规则"(默认)	车 Rz3.2	零件的加工表面的粗糙度要求由指定的加工方法获得时，用文字标注在符号上边的横线上
Rzmax 0.2	表示去除材料，单向上限值，粗糙度最大高度的最大值0.2μm，评定长度为5个取样长度(默认)，"最大规则"(默认)	Fe/Ep·Ni15pCr0.3r Rz0.8	在符合的横线上面可注写镀(涂)覆或其他表面处理要求。镀覆后达到的参数值这些要求也可在图样的技术要求中说明
-0.8/Ra3.2	表示去除材料，单向上限值，取样长度0.8μm，算术平均偏差3.2μm，评定长度包含3个取样长度，"16%规则"(默认)	铣 Ra 0.8 $Rz1$ 3.2 ⊥	需要控制表面加工纹理方向时，可在完整符号的右下角加注加工纹理方向符号
U Ramax 3.2 L Ra 0.8	表示不允许去除材料，双向极限值，上限值：算术平均偏差3.2μm，评定长度为5个取样长度(默认)，"最大规则"，下限值：算术平均偏差0.8μm，评定长度为5个取样长度(默认)，"16%规则"(默认)	3	在同一图样中，有多道加工工序的表面可标注加工余量时，加工余量标注在完整符号的左下方，单位为mm

注：评定长度的(ln)的标注：

若所标注的参数代号没有"max"，表明采用的有关标准中默认的评定长度。

若不存在默认的评定长度时，参数代号中应标注取样长度的个数，如Ra3，Rz3，RSm3……(要求评定长度为3个取样长度)。

(4) 常见的加工纹理方向(表1-2-58)

表 1-2-58 常见的加工纹理方向

符号	说明	示意图	符号	说明	示意图
=	纹理平行于视图所在的投影面	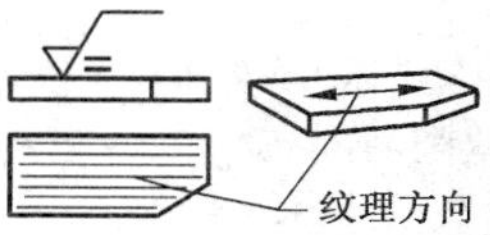 纹理方向	C	纹理呈近似同心圆且圆心与表面中心相关	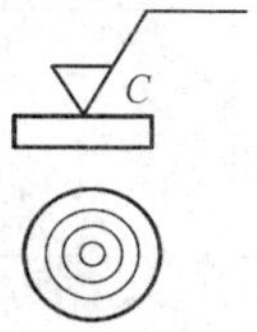 C
⊥	纹理垂直于视图所在的投影面	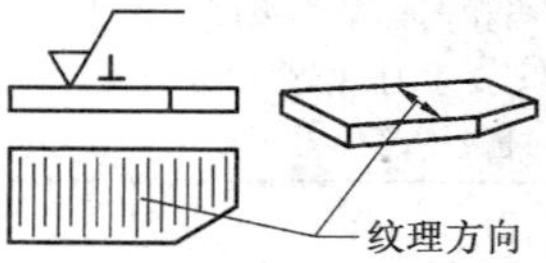 纹理方向	R	纹理呈近似的放射状与表面圆心相关	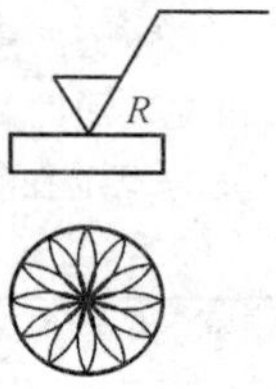 R
×	纹理呈两斜向交叉且与视图所在的投影面相交	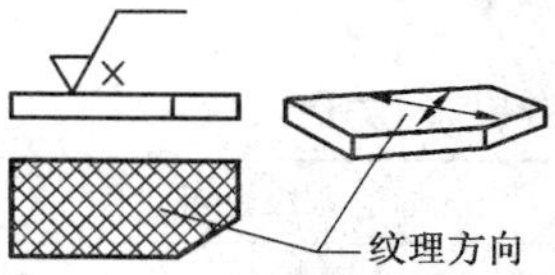 纹理方向			
M	纹理呈多方向	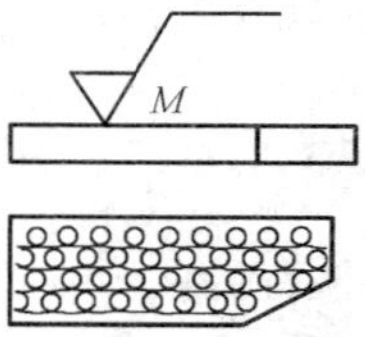 M	P	纹理呈微粒、凸起，无方向	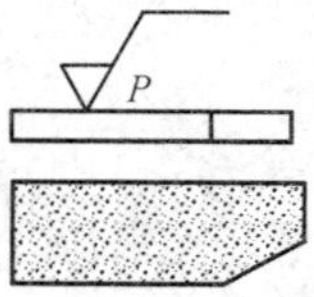 P

注：如果表面纹理不能清楚地用这些符号表示，必要时，可以在图样上加注说明。

（5）表面粗糙度标注方法新旧标准对照（表 1-2-59）

表 1-2-59　表面粗糙度标注方法新旧标准对照

GB/T 131—1983	GB/T 131—1993	GB/T 131—2006	说明主要问题的示例
1.6	1.6　1.6	*Ra* 1.6	*Ra* 只采用“16%规则”
*Ry*3.2	*Ry*3.2　*Ry*3.2	*Rz* 3.2	除了 *Ra*“16%规则”的参数
—	1.6 max	*Ra* max 1.6	“最大规则”
1.6 0.8	1.6 0.8	-0.8/*Ra* 1.6	*Ra* 加取样长度
*Ry*3.2 0.8	*Ry*3.2 0.8	-0.8/*Rz* 6.3	除 *Ra* 外其他参数及取样长度
1.6 *Ry*6.3	1.6 *Ry*6.3	*Ra* 1.6 *Rz* 6.3	*Ra* 及其他参数
—	*Ry*3.2	*Rz*3 6.3	评定长度中的取样长度个数如果不是 5，则要注明个数（此例表示比例取样长度个数为 3）
—	—	L *Rz* 1.6	下限值
3.2 1.6	3.2 1.6	U *Ra* 3.2 L *Rz* 1.6	上、下限值

1.2.3.5　表面粗糙度代号在图样上的标注方法

表面粗糙度要求对每一表面一般只标注一次，并尽可能注在相应的尺寸及其公差的同一视图上。除非另有说明，所标注的表面粗糙度要求是对完工零件表面的要求。

（1）表面粗糙度在图样上标注方法示例（表 1-2-60）

表 1-2-60　表面粗糙度在图样上标注方法示例

图　　示	标注方法说明
Ra 0.8　*Rz* 12.5　*Rz* 3.2　*Rp* 1.6	表面粗糙度的注写和读取方向与尺寸的注写和读取方向一致
Rz 12.5　*Rz* 6.3　*Ra* 1.6　*Ra* 1.6　*Rz* 12.5　*Rz* 6.3	表面粗糙度要求可标注在轮廓线上，其符号应从材料外指向并接触表面。必要时，表面粗糙度符号也可用带箭头或黑点的指引线引出标注

续表 1-2-60

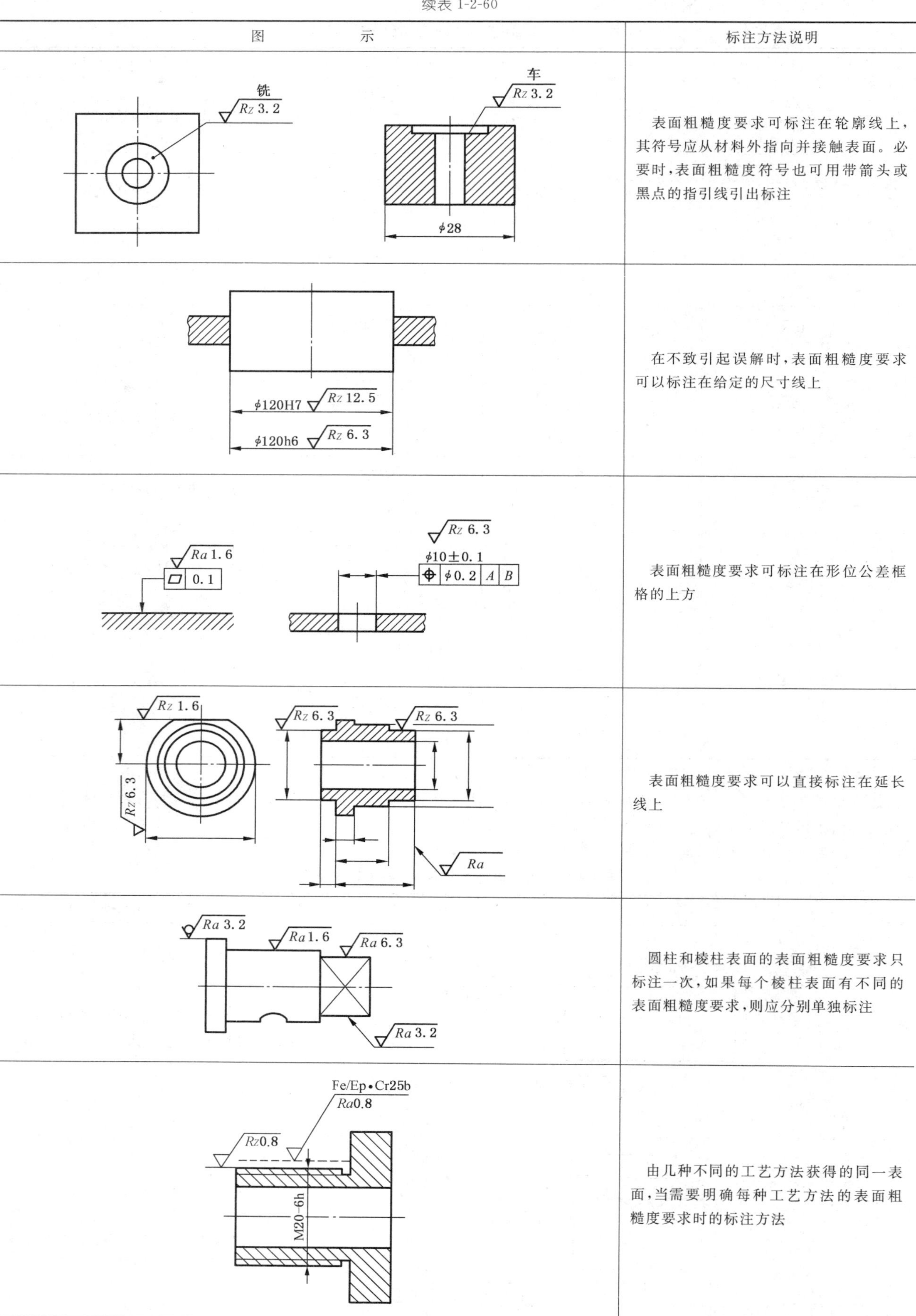

图示	标注方法说明
	表面粗糙度要求可标注在轮廓线上，其符号应从材料外指向并接触表面。必要时，表面粗糙度符号也可用带箭头或黑点的指引线引出标注
	在不致引起误解时，表面粗糙度要求可以标注在给定的尺寸线上
	表面粗糙度要求可标注在形位公差框格的上方
	表面粗糙度要求可以直接标注在延长线上
	圆柱和棱柱表面的表面粗糙度要求只标注一次，如果每个棱柱表面有不同的表面粗糙度要求，则应分别单独标注
	由几种不同的工艺方法获得的同一表面，当需要明确每种工艺方法的表面粗糙度要求时的标注方法

（2）表面粗糙度简化标注方法示例（表 1-2-61）

表 1-2-61　表面粗糙度简化标注方法示例

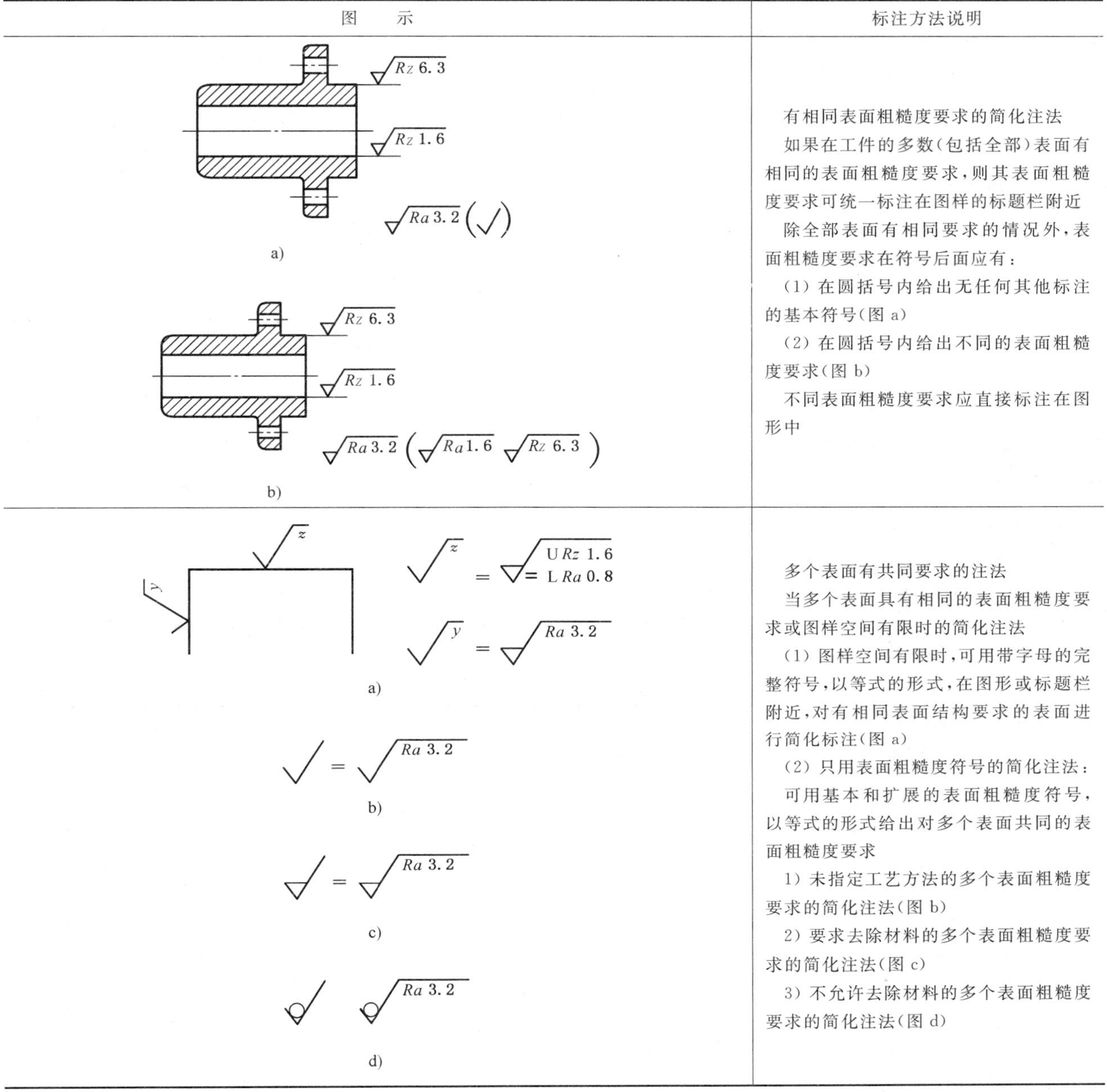

图　　示	标注方法说明
Rz 6.3　Rz 1.6　Ra 3.2 (√) a) Rz 6.3　Rz 1.6　Ra 3.2 (Ra1.6　Rz 6.3) b)	有相同表面粗糙度要求的简化注法 如果在工件的多数（包括全部）表面有相同的表面粗糙度要求，则其表面粗糙度要求可统一标注在图样的标题栏附近 除全部表面有相同要求的情况外，表面粗糙度要求在符号后面应有： （1）在圆括号内给出无任何其他标注的基本符号（图 a） （2）在圆括号内给出不同的表面粗糙度要求（图 b） 不同表面粗糙度要求应直接标注在图形中
z　y　z = U Rz 1.6 L Ra 0.8　y = Ra 3.2 a) = Ra 3.2 b) = Ra 3.2 c) Ra 3.2 d)	多个表面有共同要求的注法 当多个表面具有相同的表面粗糙度要求或图样空间有限时的简化注法 （1）图样空间有限时，可用带字母的完整符号，以等式的形式，在图形或标题栏附近，对有相同表面结构要求的表面进行简化标注（图 a） （2）只用表面粗糙度符号的简化注法：可用基本和扩展的表面粗糙度符号，以等式的形式给出对多个表面共同的表面粗糙度要求 1）未指定工艺方法的多个表面粗糙度要求的简化注法（图 b） 2）要求去除材料的多个表面粗糙度要求的简化注法（图 c） 3）不允许去除材料的多个表面粗糙度要求的简化注法（图 d）

1.2.3.6　各级表面粗糙度的表面特征及应用举例（表 1-2-62）

表 1-2-62　各级表面粗糙度的表面特征及应用举例

表面特征		$Ra/\mu m$	$Rz/\mu m$	应用举例
粗糙表面	可见刀痕	>20～40	>80～160	半成品粗加工过的表面，非配合的加工表面，如轴端面、倒角、钻孔、齿轮和带轮侧面、键槽底面、垫圈接触面等
	微见刀痕	>10～20	>40～80	
半光表面	微见加工痕迹	>5～10	>20～40	轴上不安装轴承或齿轮处的非配合表面、紧固件的自由装配表面、轴和孔的退刀槽等
	微辩加工痕迹	>2.5～5	>10～20	半精加工表面，箱体、支架、端盖、套筒等和其他零件结合而无配合要求的表面，需要发蓝的表面等
	看不清加工痕迹	>1.25～2.5	>6.3～10	接近于精加工表面、箱体上安装轴承的镗孔表面、齿轮的工作面

续表 1-2-62

表面特征		Ra/μm	Rz/μm	应用举例
光表面	可辩加工痕迹方向	>0.63～1.25	>3.2～6.3	圆柱销、圆锥销，与滚动轴承配合的表面，普通车床导轨面，内、外花键定心表面等
	微辩加工痕迹方向	>0.32～0.63	>1.6～3.2	要求配合性质稳定的配合表面，工作时受交变应力的重要零件，较高精华车床的导轨面
	不可辩加工痕迹方向	>0.16～0.32	>0.8～1.6	精密机床主轴锥孔，顶尖圆锥面，发动机曲轴、凸轮轴工作表面，高精度齿轮齿面
极光表面	暗光泽面	>0.08～0.16	>0.4～0.8	精度机床主轴颈表面、一般量规工作表面、气缸套内表面、活塞销表面等
	亮光泽面	>0.04～0.08	>0.2～0.4	精度机床主轴颈表面、滚动轴承的滚动体、高压油泵中柱塞和柱塞套配合的表面
	镜状光泽面	>0.01～0.04	>0.05～0.2	
	镜面	≤0.01	≤0.05	高精度量仪、量块的工作表面，光学仪器中的金属镜面

1.3 机械制图

1.3.1 基本规定

1.3.1.1 图纸幅面和格式(GB/T 14689—2008)

(1) 图纸幅面尺寸

绘制技术图样时，应优先选用所规定的基本幅面。必要时，允许采用加长幅面，这些幅面的尺寸是由基本幅面的短边成整数倍增加后所得出的幅面。见表 1-3-1。

表 1-3-1 图纸幅面尺寸 (mm)

(1) 优先选用基本幅面					
幅面代号	A0	A1	A2	A3	A4
B×L	841×1 189	594×841	420×594	297×420	210×297
(2) 必要时，也允许选用加长幅面					
幅面代号	A3×3	A3×4	A4×3	A4×4	A4×5
B×L	420×891	420×1 189	297×630	297×841	297×1 051
幅面代号	A0×2	A0×3	A1×3	A1×4	A2×3
B×L	1 189×1 682	1 189×2 523	841×1 783	841×2 378	594×1 261
幅面代号	A2×4	A2×5	A3×5	A3×6	A3×7
B×L	594×1 682	594×2 102	420×1 486	420×1 783	420×2 080
幅面代号	A4×6	A4×7	A4×8	A4×9	
B×L	297×1 261	297×1 471	297×1 682	297×1 892	

(2)图框格式及尺寸

在图纸上必须用粗实线画出图框，其格式分为不留装订边和留存装订边两种，但同一产品的图样只能采用一种格式。图框格式及尺寸见表 1-3-2。

表 1-3-2 图框格式及尺寸 (mm)

需要留装订边的图纸格式	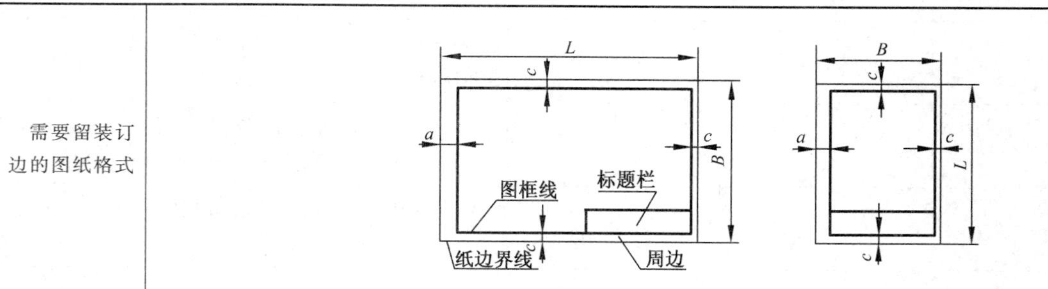

续表 1-3-2

不需要留装订边的图纸格式	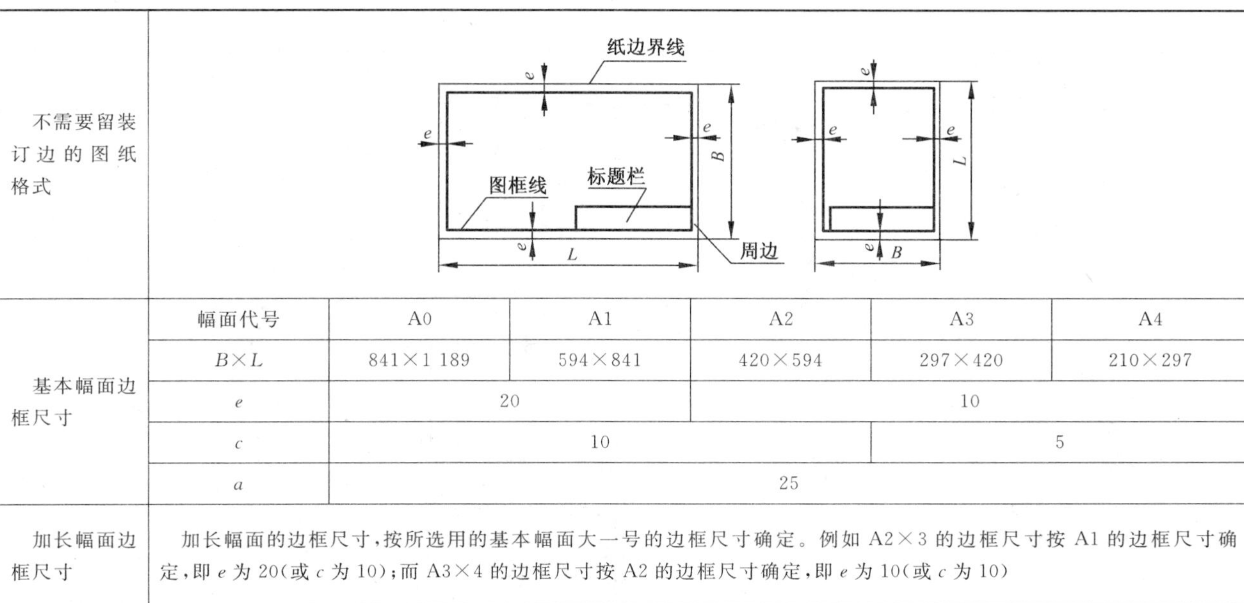				
基本幅面边框尺寸	幅面代号	A0	A1	A2	A3	A4
	$B\times L$	841×1 189	594×841	420×594	297×420	210×297
	e	20		10		
	c	10			5	
	a	25				
加长幅面边框尺寸	加长幅面的边框尺寸，按所选用的基本幅面大一号的边框尺寸确定。例如 A2×3 的边框尺寸按 A1 的边框尺寸确定，即 e 为 20(或 c 为 10)；而 A3×4 的边框尺寸按 A2 的边框尺寸确定，即 e 为 10(或 c 为 10)					

1.3.1.2 标题栏和明细栏(GB/T 10609.1—2008～10609.2—2009)

(1) 标题栏方位(表 1-3-3)

表 1-3-3 标题栏方位

标题栏方位规定	举　　例
每张图纸上都必须画出标题栏，标题栏的位置应位于图纸的右下角	标题栏　标题栏
标题栏的长边置于水平方向并与图纸的长边平行时，则构成 X 型图纸	纸边界线 e B L 图框线 标题栏 周边 c a 纸边界线 周边
标题栏的长边与图纸的长边垂直时，则构成 Y 型图纸。在此情况下看图方向与看标题栏的方向一致	e L B c a

续表 1-3-3

标题栏方位规定	举　　例
为了利用预先印制的图纸，允许以下情况： 1）将 X 型图纸的短边置于水平位置使用 2）将 Y 型图纸的长边置于水平位置使用	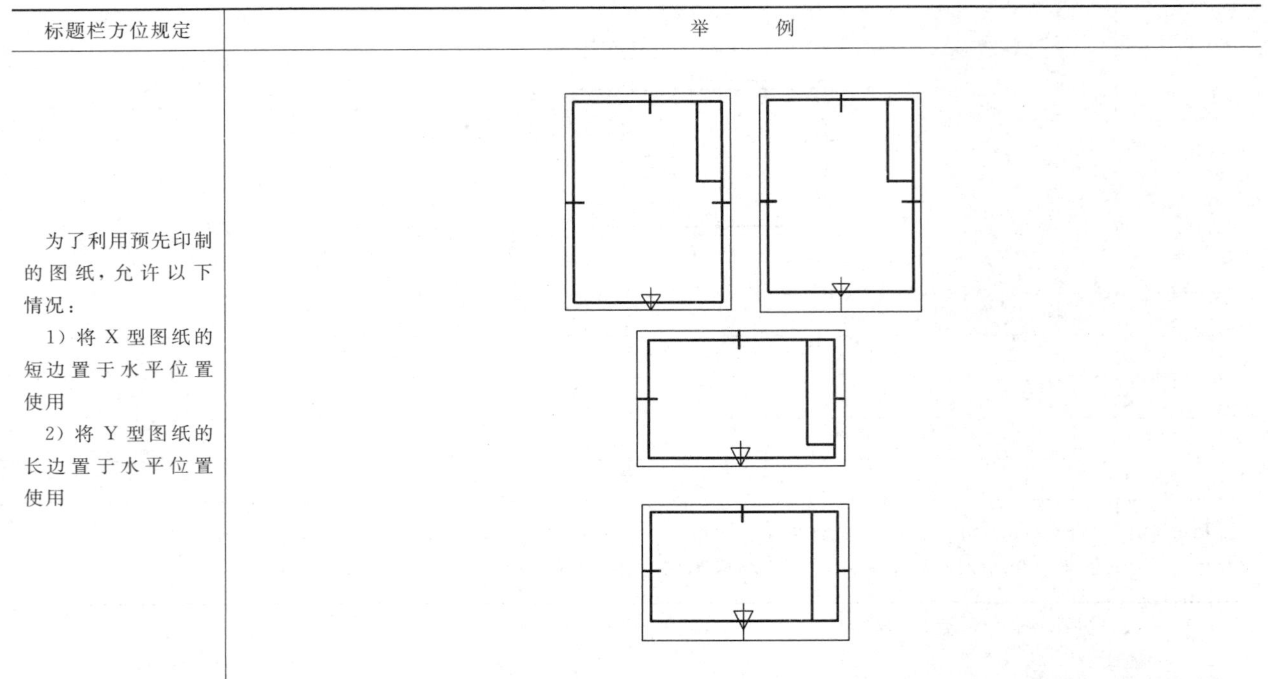

（2）标题栏（见表 1-3-4）

（3）明细栏（见表 1-3-5）

表 1-3-4　标题栏

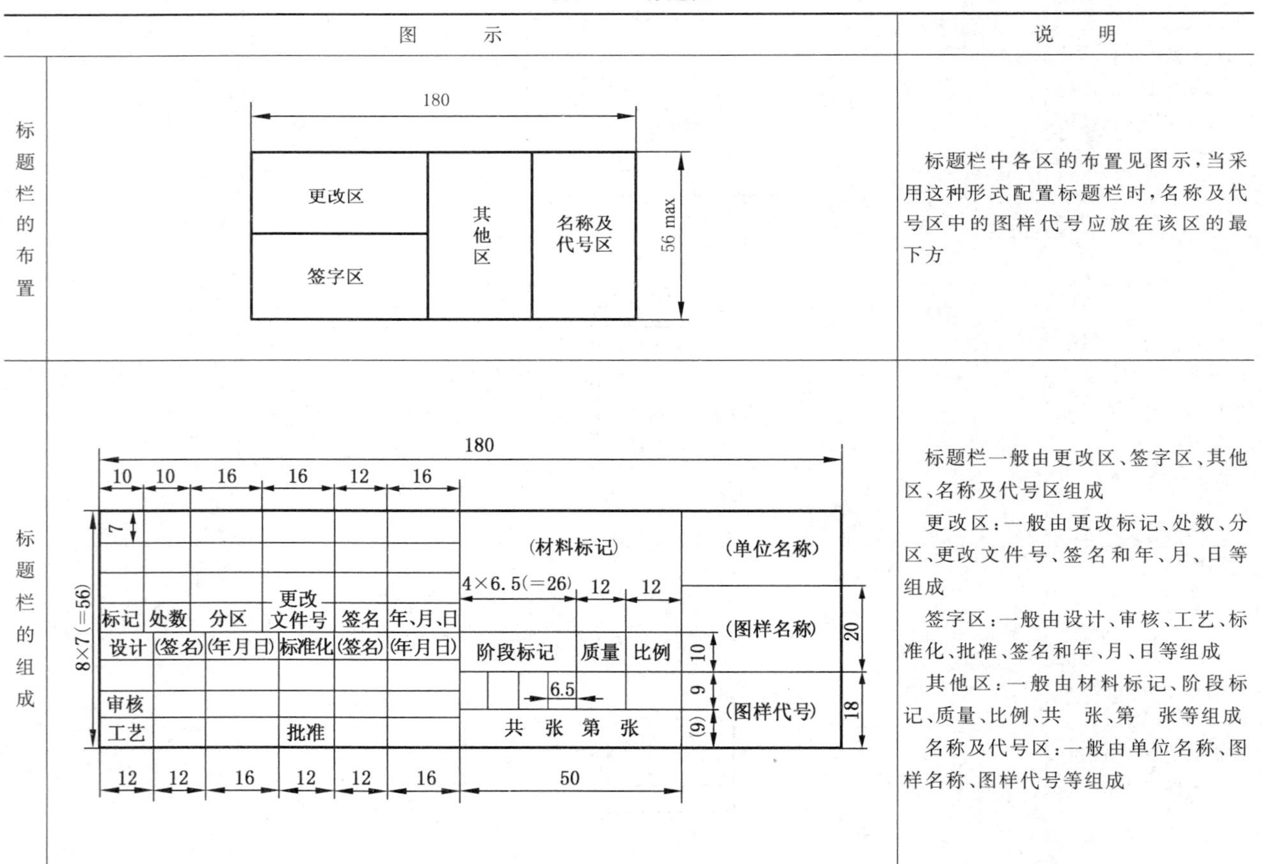

	图　　示	说　　明
标题栏的布置	（见上图）	标题栏中各区的布置见图示，当采用这种形式配置标题栏时，名称及代号区中的图样代号应放在该区的最下方
标题栏的组成	（见上图）	标题栏一般由更改区、签字区、其他区、名称及代号区组成 更改区：一般由更改标记、处数、分区、更改文件号、签名和年、月、日等组成 签字区：一般由设计、审核、工艺、标准化、批准、签名和年、月、日等组成 其他区：一般由材料标记、阶段标记、质量、比例、共　张、第　张等组成 名称及代号区：一般由单位名称、图样名称、图样代号等组成

表 1-3-5　明细栏

图　　示	说　　明
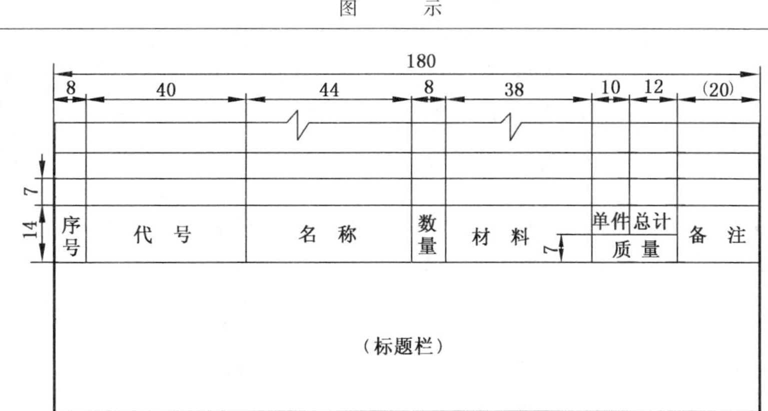	明细栏一般配置在装配图中标题栏的上方，按由下而上的顺序填写，其格数可根据需要而定。当由下而上延伸位置不够时，可紧靠在标题栏的左边自下而上延续 明细栏一般由序号、代号、名称、数量、材料、重量(单件、总计)、分区、备注等组成，也可按实际情况增加或减少 当装配图中不能在标题栏的上方配置明细栏时，可作为装配图的续页按A4幅单独给出。其顺序应是由上而下延伸。还可连续加页
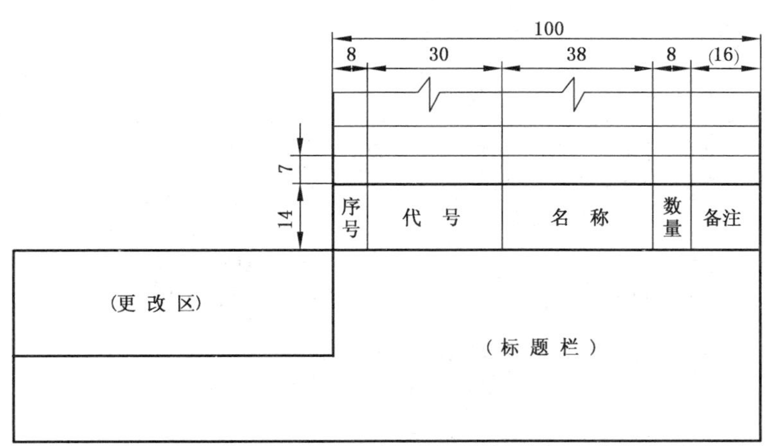	

1.3.1.3　比例(GB/T 14690—1993)

(1) 术语

1) 比例　图中图形与其实物相应要素的线性尺寸之比。

2) 原值比例　比值为1的比例，即1∶1。

3) 放大比例　比值大于1的比例，如2∶1等。

4) 缩小比例　比值小于1的比例，如1∶2等。

(2) 比例系列

需要按比例绘制图样时，可从表1-3-6"优先选择系列"一栏中选用。其次也可在"允许选择系列"一栏中选用。

表 1-3-6　比例系列

	种　　类	比　　例
优先采用比例	原值比例	1∶1
	放大比例	5∶1　2∶1　5×10^n∶1　2×10^n∶1　1×10^n∶1
	缩小比例	1∶2　1∶5　1∶10　1∶2×10^n　1∶5×10^n　1∶1×10^n
允许采用比例	放大比例	4∶1　2.5∶1　4×10^n∶1　2.5×10^n∶1
	缩小比例	1∶1.5　1∶2.5　1∶3　1∶4　1∶6 1∶1.5×10^n　1∶2.5×10^n　1∶3×10^n　1∶4×10^n　1∶6×10^n

注：n为正整数

(3) 标注方法

1) 比例的符号应以"∶"表示。比例的表示方法如1∶1、1∶5、2∶1等。

2) 绘制同一机件的各个视图时，应尽可能采用相同的比例，以利于绘图和看图。

3) 比例一般应标注在标题栏中的比例栏内。必要时，可在视图名称下方或右侧标注比例，如：

$\frac{A向}{1:2}$　$\frac{B-B}{2:1}$　$\frac{I}{5:1}$　D向 2∶1

1.3.1.4 字体(GB/T 14691—1993)

(1) 基本要求

1) 在图样中书写的汉字、数字和字母，都必须做到“字体工整、笔画清楚、间隔均匀、排列整齐”。

2) 字体高度(用 h 表示)的公称尺寸系列为：1.8 mm、2.5 mm、3.5 mm、5 mm、7 mm、10 mm、14 mm、20 mm。如需要书写更大的字，其字体高度应按$\sqrt{2}$的比率递增。字体高度代表字体的号数。

3) 汉字应写成长仿宋体字，并应采用国家正式公布的简化字。汉字的高度 h 不应小于 3.5 mm，其字宽一般为 $h/\sqrt{2}$。只使用直体。

书写长仿宋体字的要领是：横平竖直、注意起落、结构匀称、填满方格。初学者应打格子书写。首先应从总体上分析字形及结构，以便书写时布局恰当，一般部首所占的位置要小一些。书写时，笔画应一笔写成，不要勾描。另外，由于字型特征不同，切忌一律追求满格，对笔画少的字尤应注意，如“月”字不可写得与格子同宽；“工”字不要写得与格子同高；“图”字不能写得与格子同大。

4) 字母和数字分 A 型和 B 型。A 型字体的笔画宽度(d)为字高(h)的 1/14，B 型字体的笔画宽度(d)为字高(h)的 1/10。在同一图样上，只允许选用一种型式的字体。

5) 字母和数字可写成斜体和直体。斜体字字头向右倾斜，与水平基准线成 75°。

6) 用作指数、分数、极限偏差、注脚等的数字及字母，一般应采用小一号的字体。

(2) 字体示例(表 1-3-7)

表 1-3-7 字体示例

长仿宋体汉字示例	10 号字	字体工整 笔画清楚 间隔均匀 排列整齐
	7 号字	横平竖直注意起落结构均匀填满方格
	5 号字	技术制图机械电子汽车航空船舶土木建筑矿山 井坑港口纺织服装
	3.5 号字	螺纹齿轮端子接线飞行指导驾驶舱位挖填施工引水通风闸阀坝棉麻化纤
拉丁字母A型字体	大写斜体	*ABCDEFGHIJKLMNOPQRS TUVWXYZ*
	小写斜体	*abcdefghijklmnopqrstuvwxyz*
	大写直体	ABCDEFGHIJKLMNOPQRST UVWXYZ
	小写直体	abcdefghijklmnopqrstuvwxyz
拉丁字母B型字体	大写斜体	*ABCDEFGHIJKLMNOP QRSTUVWXYZ*
	小写斜体	*abcdefghijklmnopqrstuvw xyz*

续表 1-3-7

拉丁字母 B 型字体	大写直体	ABCDEFGHIJKLMNOPQ RSTUVWXYZ
	小写直体	abcdefghijklmnopqrstuvwxyz
希腊字母 A 型字体	大写斜体	*ΑΒΓΔΕΖΗΘΙΚΛΜΝΞΟ* *ΠΡΣΤΥΦΧΨΩ*
	小写斜体	*αβγδεζηθϑικλμνξοπρστυ* *φφχψω*
	大写直体	ΑΒΓΔΕΖΗΘΙΚΛΜΝΞΟΠ ΡΣΤΥΦΧΨΩ
	小写直体	αβγδεζηθϑικλμνξοπρστυ φφχψω
希腊字母 B 型字体	大写斜体	*ΑΒΓΔΕΖΗΘΙΚΛΜ* *ΝΞΟΠΡΣΤΥΦΧΨΩ*
	小写斜体	*αβγδεζηθϑικλμνξοπ* *ρστυφφχψω*
	大写直体	ΑΒΓΔΕΖΗΘΙΚΛΜΝ ΞΟΠΡΣΤΥΦΧΨΩ
	小写直体	αβγδεζηθϑικλμνξοπ ρστυφφχψω
阿拉伯数字 A 型字体	斜体	*0123456789*
	直体	0123456789
阿拉伯数字 B 型字体	斜体	*0123456789*
	直体	0123456789

续表 1-3-7

罗马数字 A 型字体	斜体	*Ⅰ Ⅱ Ⅲ Ⅳ Ⅴ Ⅵ Ⅶ Ⅷ Ⅸ Ⅹ*
	直体	Ⅰ Ⅱ Ⅲ Ⅳ Ⅴ Ⅵ Ⅶ Ⅷ Ⅸ Ⅹ
罗马数字 B 型字体	斜体	*Ⅰ Ⅱ Ⅲ Ⅳ Ⅴ Ⅵ Ⅶ Ⅷ Ⅸ Ⅹ*
	直体	Ⅰ Ⅱ Ⅲ Ⅳ Ⅴ Ⅵ Ⅶ Ⅷ Ⅸ Ⅹ
综合应用示例		10^3 S^{-1} D_1 T_d $\phi20^{+0.010}_{-0.023}$ $7^{\circ}{}^{+1^{\circ}}_{-2^{\circ}}$ $\frac{3}{5}$ l/mm m/kg 460r/min 220V 5MΩ 380kPa 10Js5(±0.003) M24-6h $\phi25\frac{H6}{m5}$ $\frac{II}{2:1}$ $\frac{A}{5:1}$ 6.3 R8 5% 3.50

1.3.1.5 图线(GB/T 17450—1998)(GB/T 4457.4—2002)

所有图线的宽度，应按图样的类型、尺寸、比例和缩微复制的要求在下列数系中选择(该数系的公比为 $1:\sqrt{2}$)：0.13 mm、0.18 mm、0.25 mm、0.35 mm、0.5 mm⊖、0.7 mm⊜、1 mm、1.4 mm、2 mm。由于图样复制中存在的困难，应尽可能避免采用线宽 0.18 mm 以下的图线。

技术制图中图线分粗线、中粗线、细线三种，它们的宽度比率为 4∶2∶1。在机械图样中采用粗、细两种线宽、它们之间的比率为 2∶1。

在技术制图中的基本线型(表 1-3-8)。

在机械制图中的线型及应用(表 1-3-9)。

表 1-3-8 技术制图中的基本线型

代码 No.	名 称	基 本 线 型
01	实线	
02	虚线	
03	间隔画线	
04	点画线	
05	双点画线	
06	三点画线	
07	点线	
08	长画短画线	
09	长画双短画线	
10	画点线	
11	双画单点线	

⊖⊜为优先采用的图线宽度。

续表 1-3-8

代码 No.	名　称	基　本　线　型
12	画双点线	
13	双画双点线	
14	画三点线	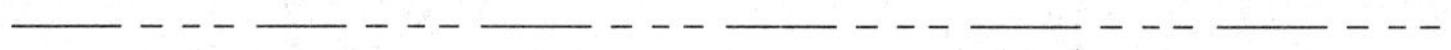
15	双画三点线	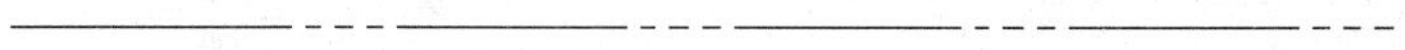

基本线型的变形

基本线型的变形	名　　称
	规则波浪连续线
	规则螺旋连续线
	规则锯齿连续线
	波浪线(徒手连续线)

注：仅包括了 No.01 基本线型的变形，No.02～15 可用同样的方法变形表示。

表 1-3-9　机械制图中的线型及应用

图线名称	线　型	代码№	宽度	一　般　应　用
细实线		01.1	细	.1　过渡线 .2　尺寸线 .3　尺寸界线 .4　指引线和基准线 .5　剖面线 .6　重合断面的轮廓线 .7　短中心线 .8　螺纹牙底线 .9　尺寸线的起止线 .10　表示平面的对角线 .11　零件成形前的弯折线 .12　范围线及分界线 .13　重复要素表示线，例如：齿轮的齿根线 .14　锥形结构的基面表示线 .15　叠片结构位置线，例如：变压器叠钢片 .16　辅助线 .17　不连续同一表面连线 .18　成规律分布的相同要素连线 .19　投射线 .20　网格线
波浪线				.21　断裂处边界线；视图和剖视图的分界线[①]
双折线	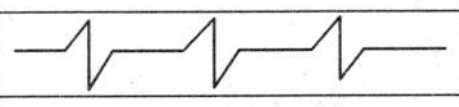			.22　断裂处边界线；视图和剖视图的分界线[①]
粗实线		01.2	粗	.1　可见棱边线 .2　可见轮廓线 .3　相贯线 .4　螺纹牙顶线 .5　螺纹长度终止线 .6　齿顶线(圆) .7　表格图、流程图中的主要表示线 .8　系统结构线(金属结构工程) .9　模样分型线 .10　剖切符号用线

续表 1-3-9

图线名称	线　型	代码No	宽度	一　般　应　用
细虚线	------------------	02.1	细	.1　不可见棱边线 .2　不可见轮廓线
粗虚线	— — — — — —	02.2	粗	.1　允许表面处理的表示线，例如：热处理
细点画线	————— - —————	04.1	细	.1　轴线 .2　对称中心线 .3　分度圆(线) .4　孔系分布的中心线 .5　剖切线
粗点画线	————— - —————	04.2	粗	限定范围表示线
细双点画线	————— - - —————	05.1	细	.1　相邻辅助零件的轮廓线 .2　可动零件处于极限位置时的轮廓线 .3　重心线 .4　成形前轮廓线 .5　剖切面前的结构轮廓线 .6　轨迹线 .7　毛坯图中制成品的轮廓线 .8　特定区域线 .9　延伸公差带表示线 .10　工艺用结构的轮廓线 .11　中断线

① 在一张图样上一般采用一种线型，即采用波浪线或双折线。

图线的应用示例(图 1-3-1)

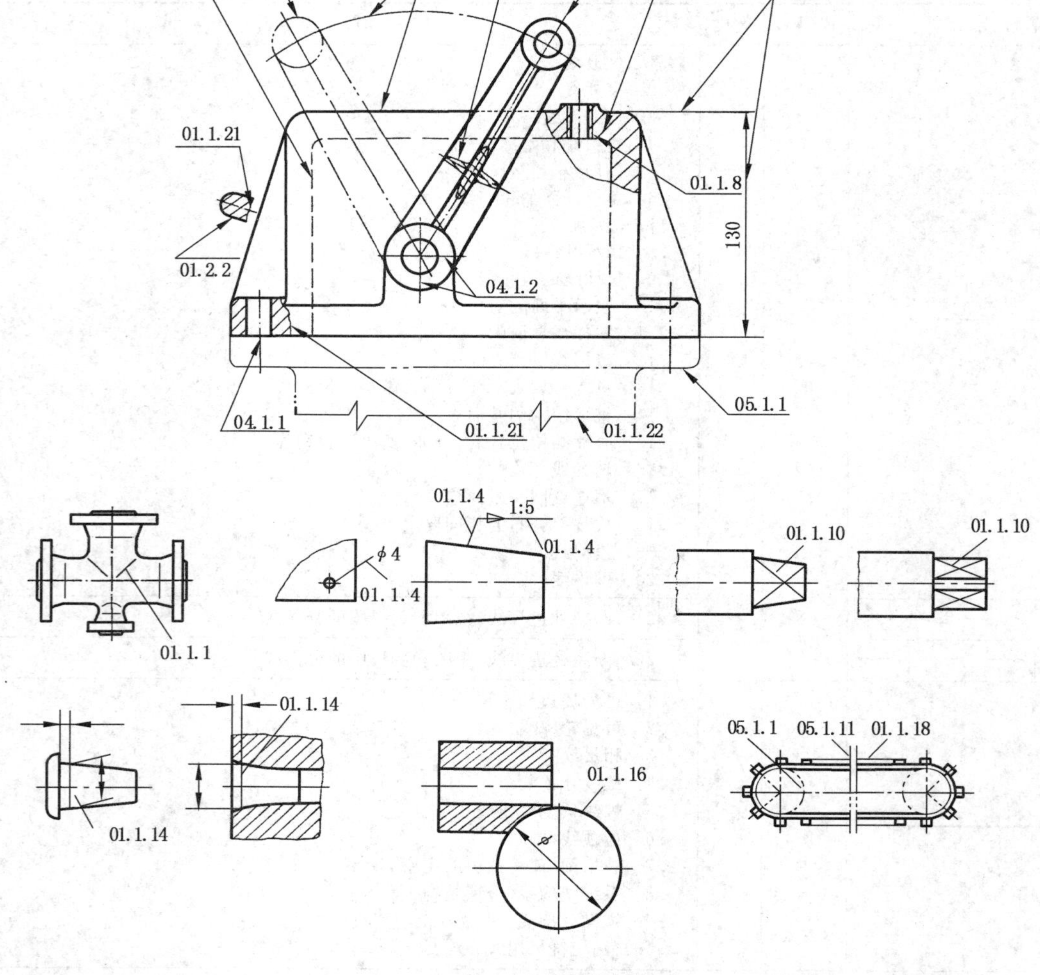

图 1-3-1　图线应用示例

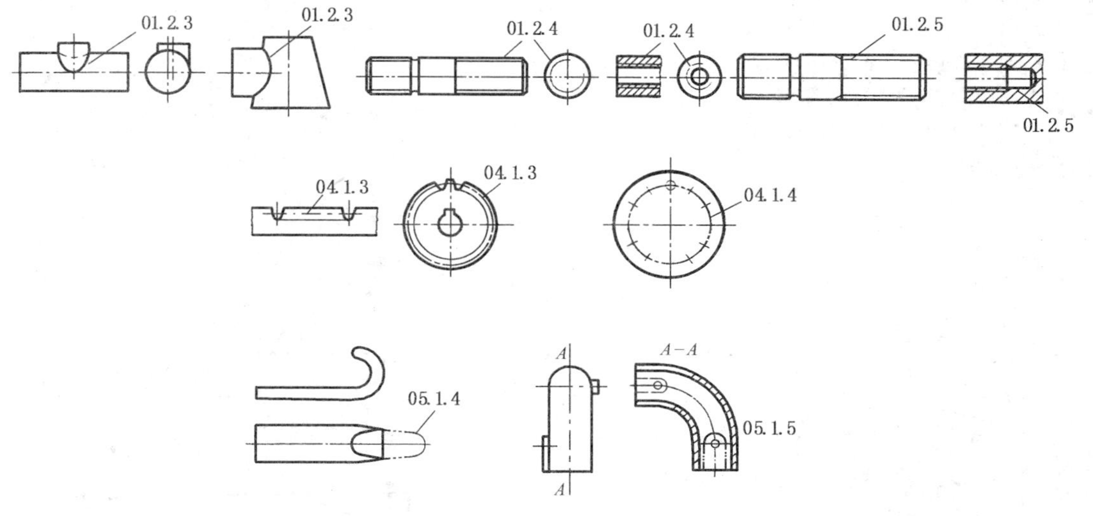

续图 1-3-1

1.3.1.6 剖面符号(表 1-3-10)

表 1-3-10　剖面符号

金属材料(已有规定剖面符号者除外)			木质胶合板(不分层数)	
线圈绕组元件			基础周围的泥土	
转子、电枢、变压器和电抗器等的叠钢片			混凝土	
非金属材料(已有规定剖面符号者除外)			钢筋混凝土	
型砂、填砂、粉末冶金、砂轮、陶瓷刀片、硬质合金刀片等			砖	
玻璃及供观察用的其他透明材料			格网(筛网、过滤网等)	
木材	纵剖面		液体	
	横剖面			

注：1. 剖面符号仅表示材料的类别,材料的名称和代号必须另行注明。

2. 叠钢片的剖面线方向,应与束装中叠钢片的方向一致。

3. 液面用细实线绘制。

1.3.2 图样画法(GB/T 4458.1—2002)

1.3.2.1 视图

(1) 基本视图名称及其投影方向的规定

机件向基本投影面投影所得的视图称为基本视图。基本投影面规定为正六面体的六个面,各投影面的展开方法见图 1-3-2。

其基本视图名称及其投影方向规定见图 1-3-3。

主视图——由前向后投影所得的视图(A 视图)

俯视图——由上向下投影所得的视图(B 视图)
左视图——由左向右投影所得的视图(C 视图)
右视图——由右向左投影所得的视图(D 视图)
仰视图——由下向上投影所得的视图(E 视图)
后视图——由后向前投影所得的视图(F 视图)

(2) 视图的类型(表 1-3-11)

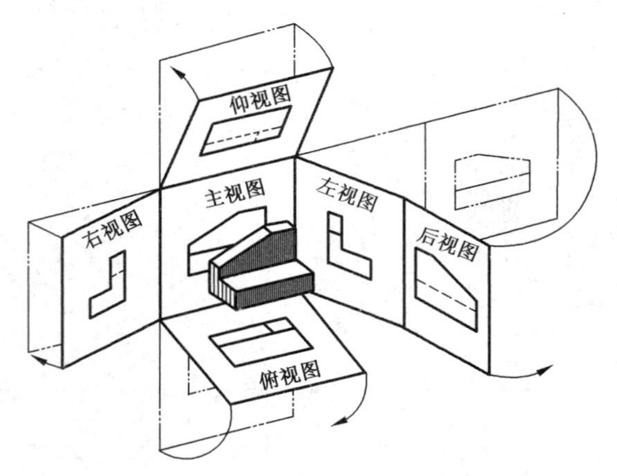

图 1-3-2 六个基本投影面的展开

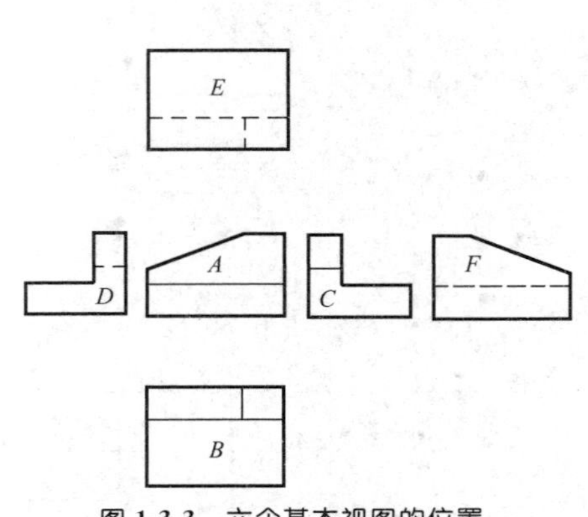

图 1-3-3 六个基本视图的位置

表 1-3-11 视图的类型

类型	说　明	图　示
基本视图	在同一张图纸内按右图配置视图时,一律不标注视图的名称	(仰视图) (右视图) (主视图) (左视图) (后视图) (俯视图)
向视图	如不按"基本视图"配制视图时,应在视图的上方标出视图的名称"X 向",并在相应的视图附近用箭头指明投影方向,并注上同样的字母	A B C
局部视图	局部视图是将物体的某一部分向基本投影面投射所得的视图。其特点是局部视图的断裂边界应以波浪线表示,当表示的局部结构是完整的,且外轮廓线又成封闭时,波浪线可省略不画 局部视图可按基本视图的配置形式配置(图 a)	A a)

续表 1-3-11

类型	说明	图示
局部视图	局部视图可按向视图的配置形式配置(图 b) 对称零件或构件可以对称中心线为界,只画出一半视图或四分之一视图(图 c)	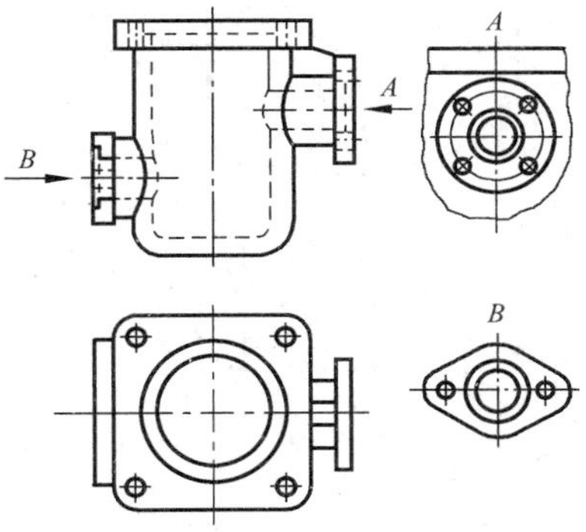 A A B B b) 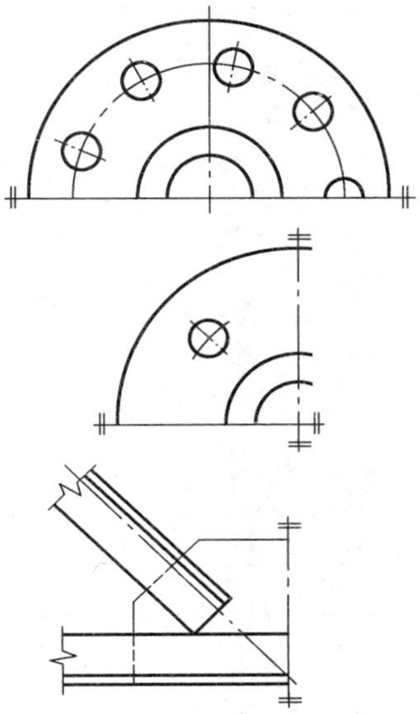 c)
斜视图	斜视图是机件向不平行于基本投影面的平面投射所得的视图(图 a) 斜视图通常按向视图的配置形式配置并标注(图 b) 必要时,允许将斜视图旋转配置,表示该图名称的大写拉丁字母应靠近旋转符号的箭头端,也允许将旋转角度标注在字母之后(图 c) 假想将机件的倾斜部分旋转到与某一选定的基本投影面平行后再向该投影面投影所得的视图(图 d)	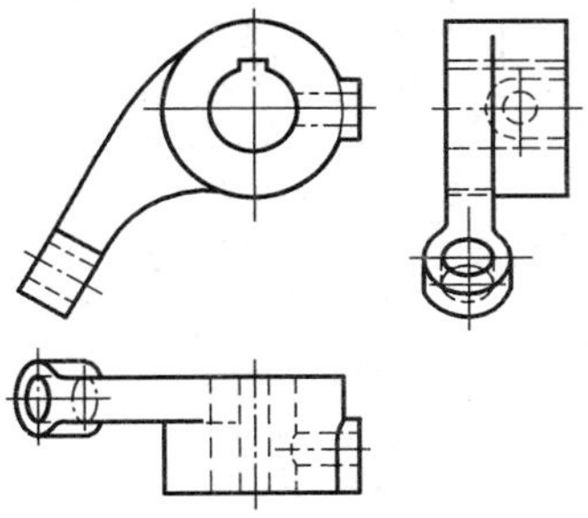 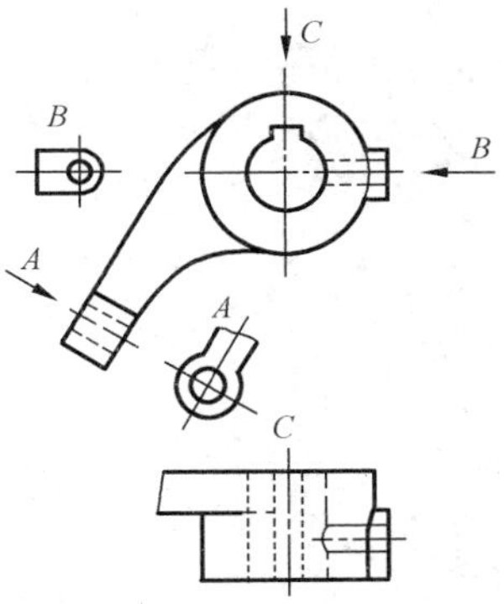 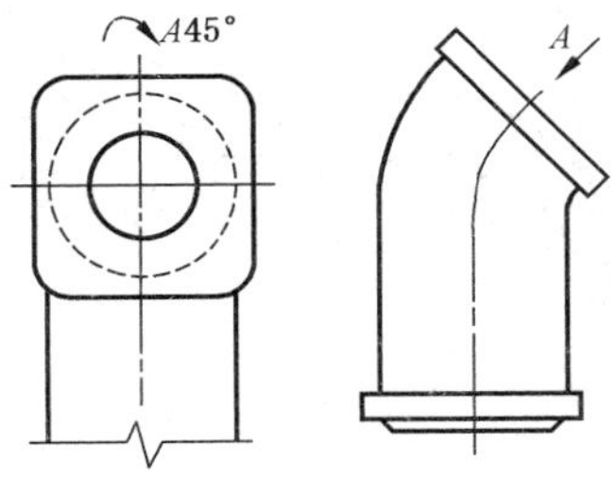 C B B A A C a) b) A45° A c) 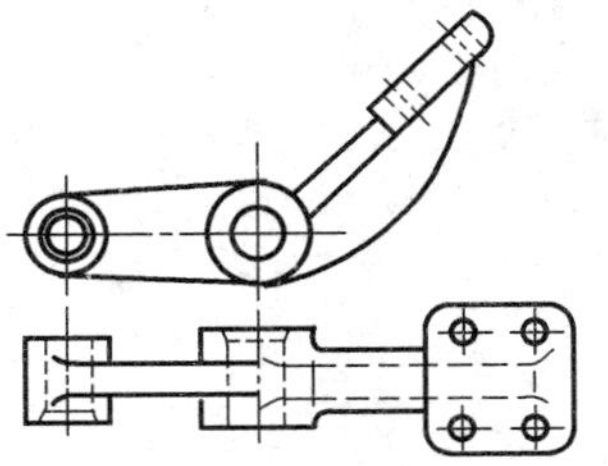 d)

注:表中“X 向”中的“X”为大写拉丁字母的代号。

1.3.2.2 剖视

(1) 剖视图

假想用剖切面剖开机件，将处在观察者和剖切面之间的部分移去，而将其余部分向投影面投影所得的图形。剖视图的类型见表 1-3-12。

表 1-3-12 剖视图的类型

类型	说明	图示
全剖视图	用剖切平面完全地剖开机件所得的剖视图	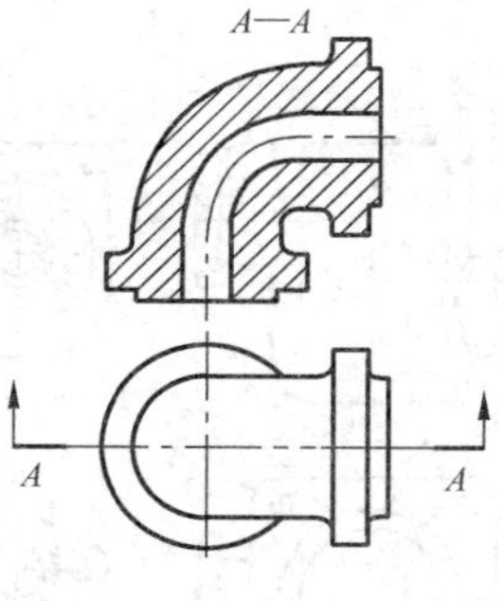 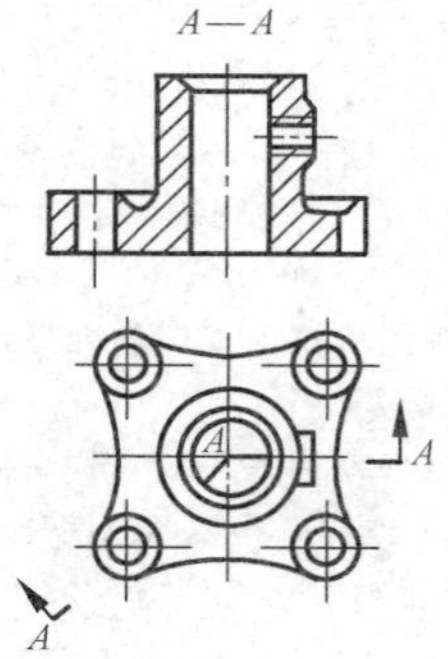 A—A A A a) A—A A A b)
半剖视图	当机件具有对称平面时，在垂直于对称平面的投影面上投影所得的图形，可以对称中心线为界，一半画成剖视，另一半画成视图(图 a) 机件的形状接近于对称，且不对称部分已另有图形表达的清楚时，也可以画成半剖视(图 b)	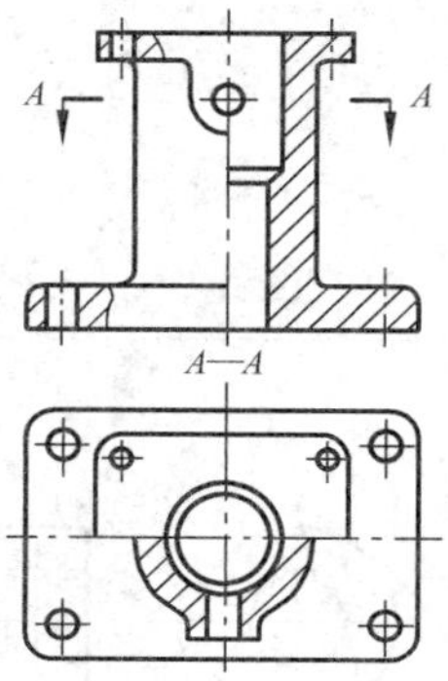 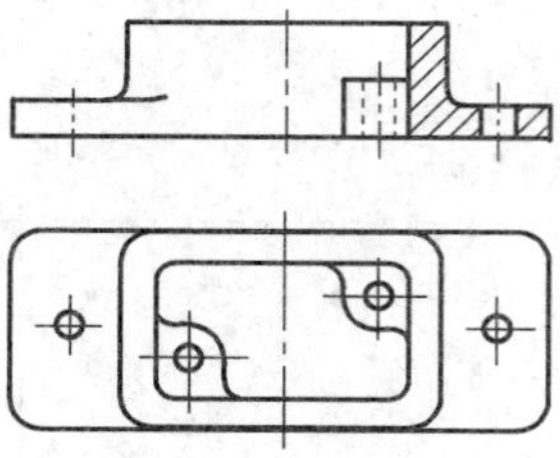 A A A—A a) b)
局部剖视图	用剖切平面局部地剖开机件所得的剖视图(图 a) 局部剖视图用波浪线分界，波浪线不应和图样上其他图线重合 当被剖结构为回转体时，允许将该结构的中心线作为局部剖视与视图的分界线(图 b)	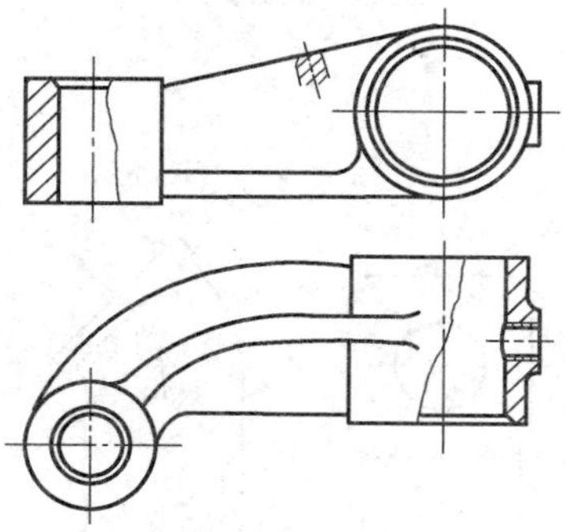 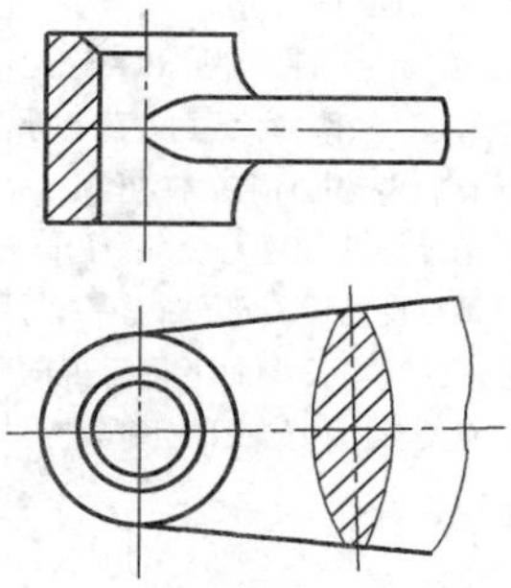 a) b)

(2) 剖切面

剖切面的类型见表 1-3-13 各种剖切面均适用于画剖视图。

表 1-3-13 剖切面的类型

类型	说明	图示
单一剖切面	一般用平面剖切机件(图 a),也可用柱面剖切机件。采用柱面剖切机件时,剖视图应按展开绘制(图 b 中的$B—B$)	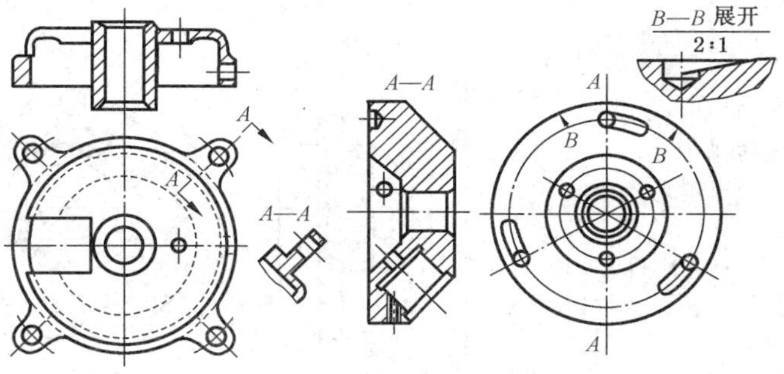 A—A　B—B 展开 2:1　A　B　a)　b)
旋转剖	用两相交的剖切平面(交线垂直于某一基本投影面)剖开机件的方法称为旋转剖(图 a) 采用这种方法画剖视图时,先假想按剖切位置剖开机件,然后将被剖切平面剖开的结构及其有关部分旋转到与选定的投影面平行再进行投影。在剖切平面后的其他结构一般仍按原来位置投影(图 b 中的油孔) 当剖切后产生不完整要素时,应将此部分按不剖绘制(图 c 中的臂)	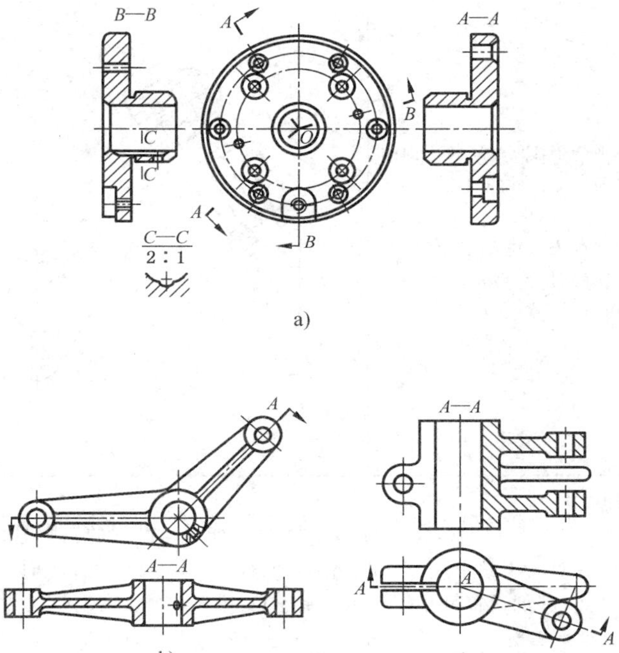 B—B　A—A　C—C 2:1　a)　A—A　b)　c)
阶梯剖	用几个平行的剖切平面剖开机件的方法称为阶梯剖(图 a) 采用这种方法画剖视图时,在图形内不应出现不完整的要素,仅当两个要素在图形上具有公共对称中心线或轴线时,可以各画一半,此时应以对称中心线或轴线为界(图 b)	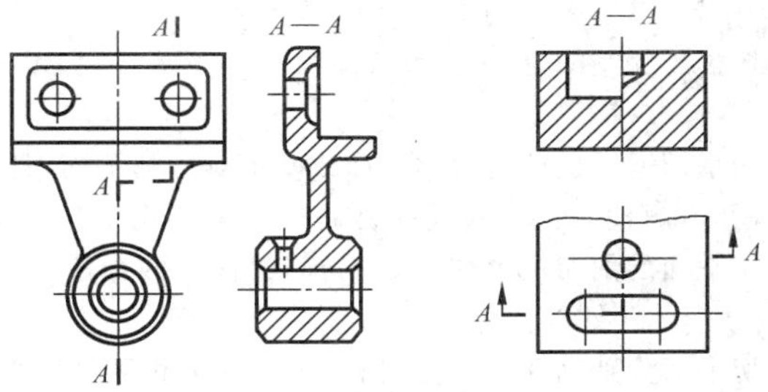 A—A　A　a)　A—A　b)

续表 1-3-13

类型	说　明	图　示
复合剖	除旋转、阶梯剖以外，用组合的剖切平面剖开机件的方法称为复合剖(图 a) 采用这种方法画剖视图时，可采用展开画法，此时应标注“X—X 展开”(图 b)	a)　b)
斜剖	用不平行于任何基本投影面的剖切平面剖开机件的方法称斜剖(图 a) 采用这种方法画剖视图时，在不引起误解时，允许将图形旋转(图 b 中 A—A ↶)	a)　b)

(3) 剖切符号

剖切符号(线宽 1～1.5b，断开的粗实线)尽可能不与图形的轮廓线相交，在它的起、迄和转折处用相同的字母标出，但当转折处地位有限又不致引起误解时允许省略标注(表 1-3-13“旋转剖”一栏图 b 和“阶梯剖”一栏图 b)。两组或两组以上相交的剖切平面，其剖切符号相交处用大写字母“O”标注(表 1-3-13“旋转剖”一栏图 a)。

(4) 剖视图的配置

基本视图配置的规定(表 1-3-11)同样适用于剖视图。剖视图也可以按投影关系配置在与剖切符号相对应的位置，必要时允许配置在其他适当位置(表 1-3-13)。

(5) 剖切位置与剖视图的标注

1) 一般应在剖视图的上方用字母标出剖视图的名称“X—X”。在相应的视图上用剖切符号表示剖切位置，用箭头表示投影方向，并注上同样字母(表 1-3-13“旋转剖”一栏图 a)。

2) 当剖视图按投影关系配置，中间又没有其他图形隔开时，可省略箭头(表 1-3-13“阶梯剖”一栏图 a)。

3) 当单一剖切平面通过机件的对称平面或基本对称的平面，且剖视图按投影关系配置，中间又没有其他图形隔开时，可省略标注(表 1-3-12“半剖视图”一栏图 a)。

4) 当第一剖切平面的剖切位置明显时，局部剖视图的标注可省略(表 1-3-12“局部剖视图”一栏图 a、图 b)。

5) 用几个剖切平面分别剖开机件，得到的剖视图为相同的图形时，可按图 1-3-4 的形式标注。

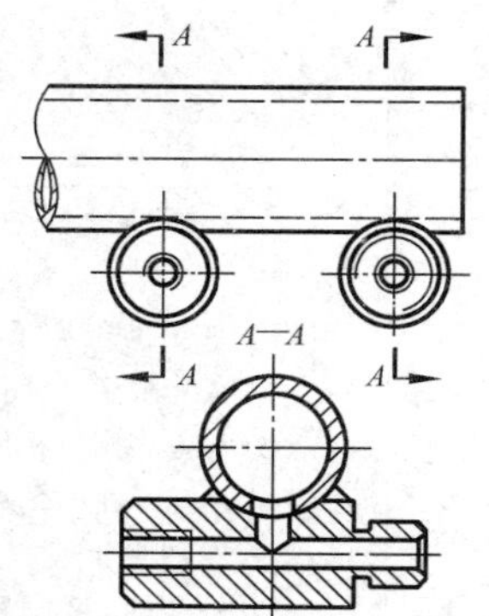

图 1-3-4　用几个剖切平面分别剖开机件

6）用一个公共剖切平面剖开机件，按不同方向投影得到的两个剖视图，应按图 1-3-5 的形式标注。

7）可将投影方向一致的几个对称图形各取一半（或四分之一）合并成一个图形。此时应在剖视图附近标出相应的剖视图名称“X—X”（图 1-3-6）。

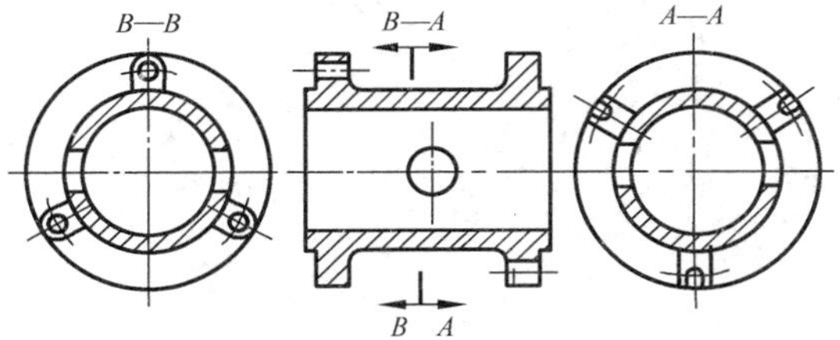

图 1-3-5 用一个共公剖切平面剖开机件

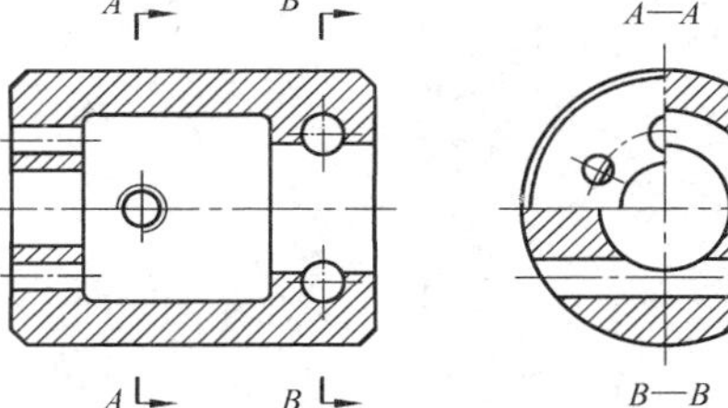

图 1-3-6 几个对称图形合并一个图形的剖视图

1.3.2.3 断面图

假想用剖切平面将机件的某处切断，仅画出剖切面与机件接触部分的图形称断面图。

断面图可分为移出断面图和重合断面图（表 1-3-14）

表 1-3-14 剖面图

类型	图例	说明
移出断面图		移出断面图的轮廓线用粗实线绘制 移出断面图应尽量配置在剖切符号或剖切平面迹线的延长线上。剖切平面迹线是剖切平面与投影的交线，用细点画线表示
		当断面图的图形对称时也可画在视图的中断处
	E A A B B C D C—C A—A B—B C D—D E向 D	必要时可将移出断面图配置在其他适当的位置。在不致引起误解时，允许将图形旋转
		由两个或多个相交的剖切平面剖切得出的移出断面图，中间一般应断开
	A A—A A 正确	当剖切平面通过回转面形成的孔或凹坑的轴线时，这些结构按剖视绘制

续表 1-3-14

类型	图例	说明
移出断面图	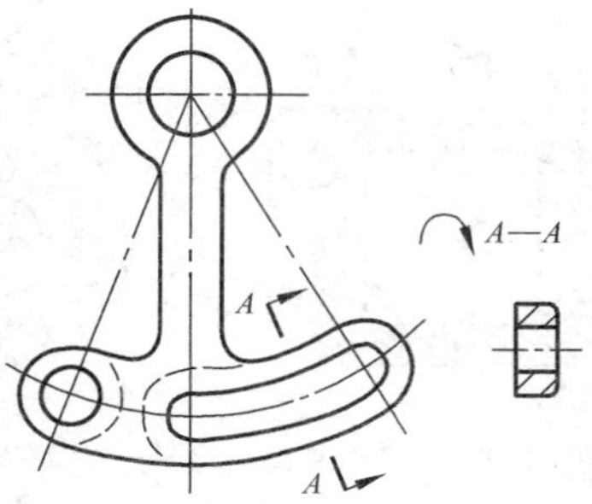 A—A	当剖切平面通过非圆孔时，会导致出现完全分离的两个剖面时，则这些结构应按剖视绘制
重合断面图	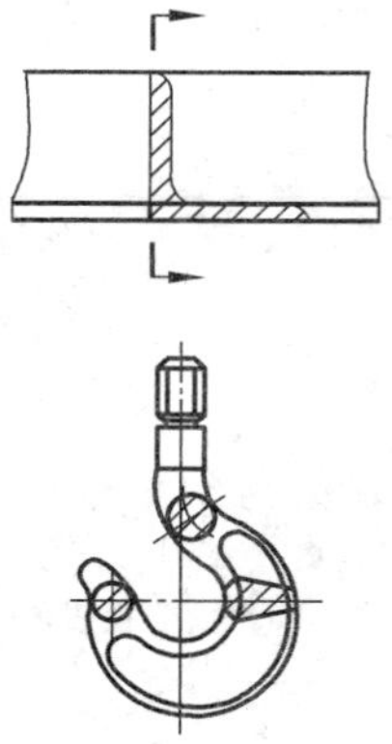	重合断面图的图形应画在视图内，断面图轮廓线用细实线绘制。当视图的轮廓线与重合断面图的图线重叠时，视图中的轮廓线应连续画出，不可间断

1.3.2.4 局部放大图

将机件的部分结构，用大于原图形所采用的比例画出的图形称为局部放大图。

局部放大图可画成视图、剖视图、断面图，它与被放大部分的表达方式无关。局部放大图应尽量配置在被放大部位的附近。

局部放大图的画法及标注(表 1-3-15)。

表 1-3-15 局部放大图的画法及标注

图例	说明
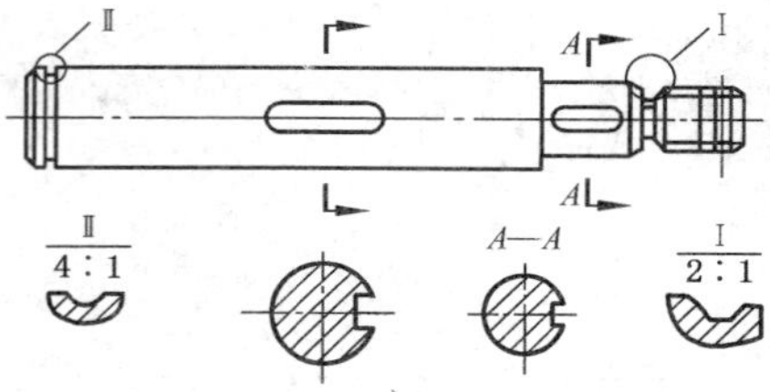 Ⅱ 4:1　A—A　Ⅰ 2:1 a)	绘制局部放大图时，除螺纹牙型、齿轮和链轮的齿形外，应用细实线圈出被放大的部位。当同一机件上有几个被放大的部分时，必须用罗马数字依次标明被放大的部位，并在局部放大图的上方标出相应的罗马数字和所用的比例
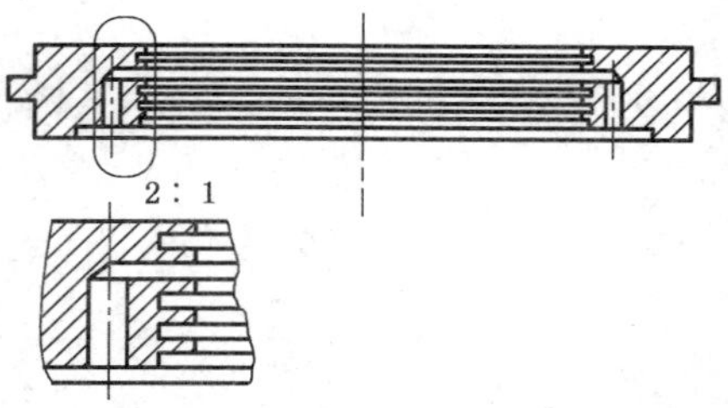 2:1	当机件上被放大的部分仅一个时，在局部放大图的上方只需注明所采用的比例
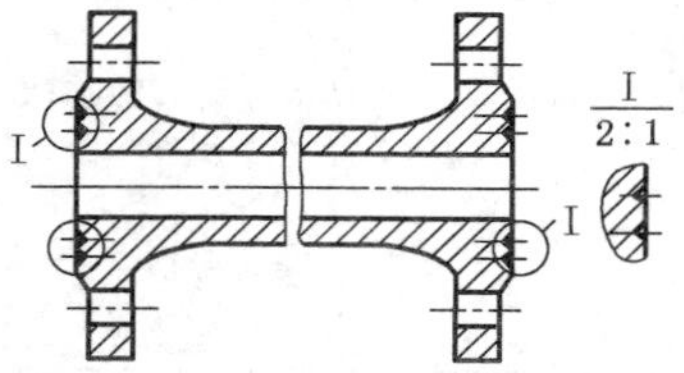 Ⅰ 2:1	同一机件上不同部位的局部放大图，当图形相同或对称时，只需画出一个

续表 1-3-15

图　　例	说　　明
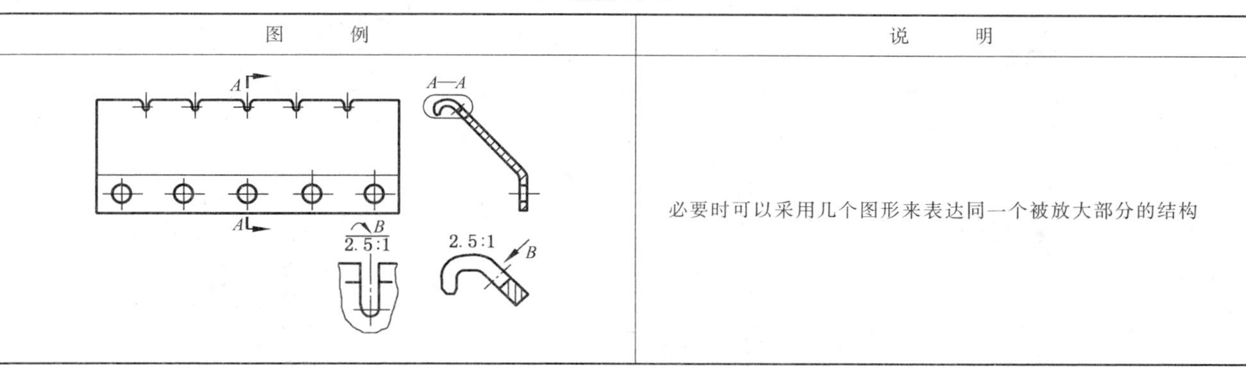	必要时可以采用几个图形来表达同一个被放大部分的结构

1.3.2.5　简化画法

（1）基本要求（表 1-3-16）

表 1-3-16　简化画法的基本要求

图　　例	说　　明
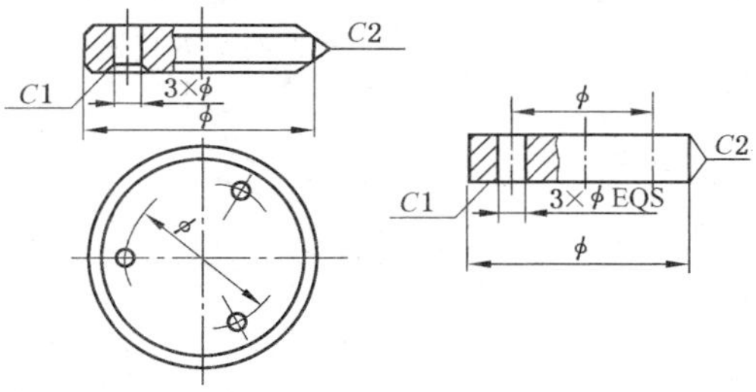 C2　C1　3×ϕ　ϕ　ϕ 简化前 ϕ　C2　C1　3×ϕ EQS　ϕ 简化后	应避免不必要的视图和剖视图
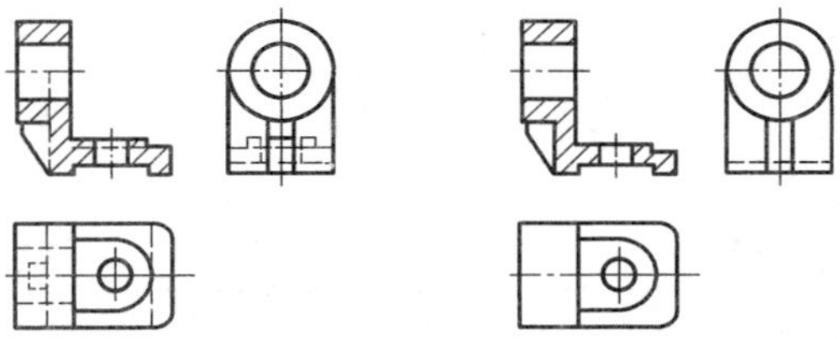 简化前　简化后	在不致引起误解时，应避免使用虚线表示不可见结构
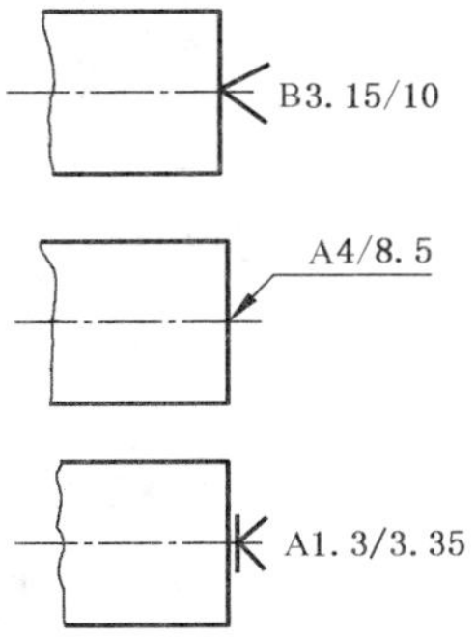 B3. 15/10 A4/8. 5 A1. 3/3. 35	尽可能使用有关标准中规定的符号表达设计要求
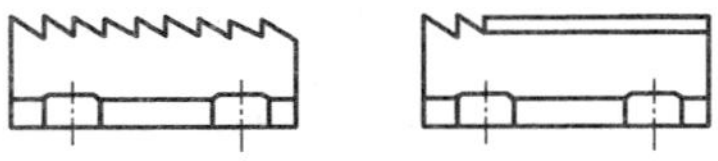 简化前　简化后	尽可能减少相同结构要素的重复绘制

（2）特定简化画法（表 1-3-17）

表 1-3-17 特定简化画法

类型	图例	说明
左右手件画法	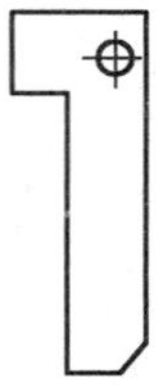 零件1(LH) 零件2(RH)	对于左右手零件和装配件，允许仅画出其中一件，另一件则用文字说明，其中“LH”为左件，“RH”为右件
放大部位在原视图中的简化	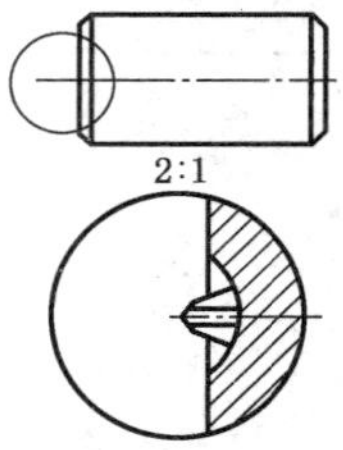 2:1	在局部放大图表达完整的前提下，允许在原视图中简化被放大部位的图形
剖中剖画法	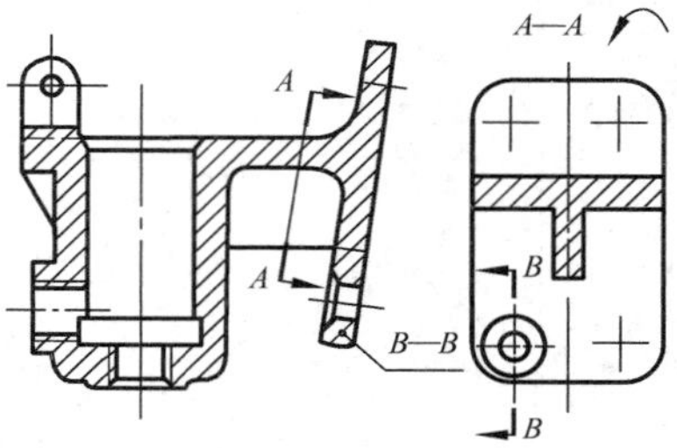 A—A A A B B B—B	在剖视图的剖面中可再作一次局部剖视。采用这种方法表达时，两个剖面区域的剖面线应同方向、同间隔、但要相互错开，并用引出线标注其名称
较长件画法	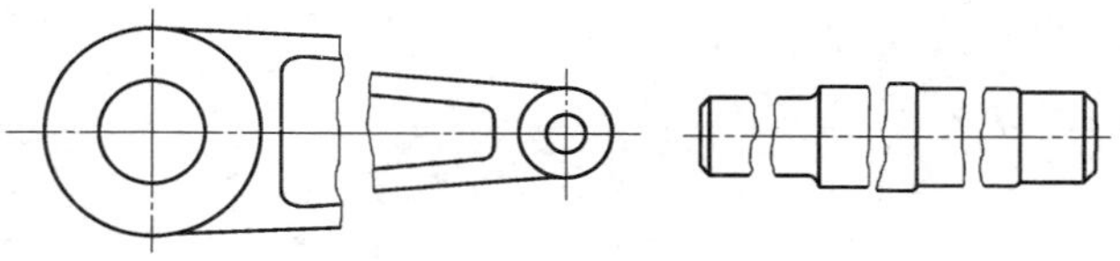 a) b)	较长的机件（轴、杆、型材、连杆等）沿长度方向的形状一致或按一定规律变化时，可断开后缩短绘制
复杂曲面剖面图的画法	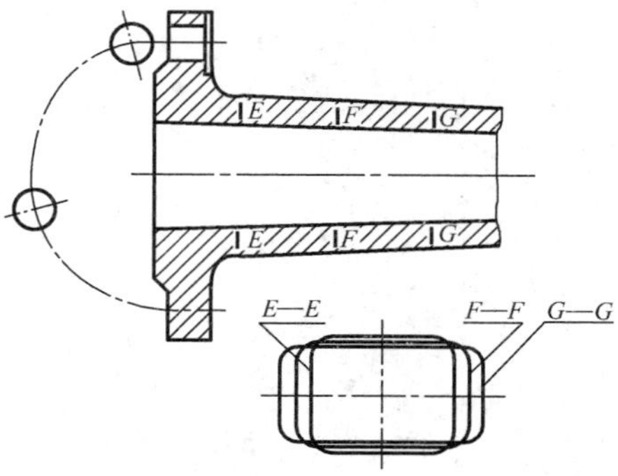 E F G E F G E—E F—F G—G	用一系列断面表示机件上较复杂的曲面时，可只画出剖面轮廓，并可配置在同一个位置上

续表 1-3-17

类型	图　　例	说　　明
拆卸画法	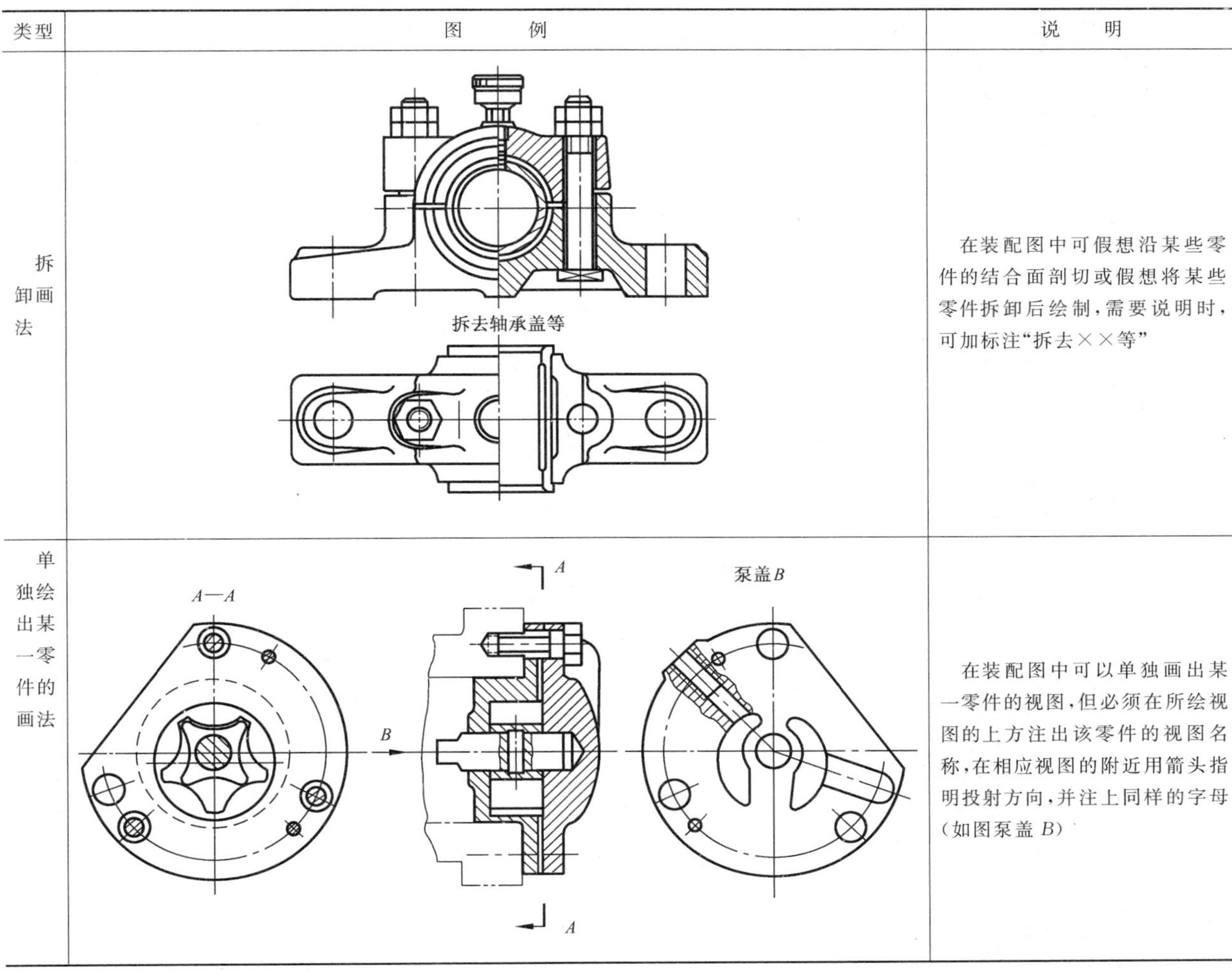	在装配图中可假想沿某些零件的结合面剖切或假想将某些零件拆卸后绘制，需要说明时，可加标注“拆去××等”
单独绘出某一零件的画法		在装配图中可以单独画出某一零件的视图，但必须在所绘视图的上方注出该零件的视图名称，在相应视图的附近用箭头指明投射方向，并注上同样的字母（如图泵盖 B）

（3）对称画法（表 1-3-18）

表 1-3-18　对称画法

类　型	图　　例	说　　明
对称结构画法		零件上对称结构的局部视图，可按图例中所示的简化方法绘制
对称件画法		在不致引起误解时，对于对称机件的视图可只画一半或四分之一，并在对称中心线的两端画出两条与其垂直的平行细实线
基本对称画法	仅左侧有二孔	基本对称件也可按对称零件的方式绘制，但应对其中不对称的部分加注说明

(4) 剖切平面前、后结构及剖面符号简化画法(表 1-3-19)

表 1-3-19　剖切平面前、后结构及剖面符号简化画法

类　型	图　　例	说　　明
剖切平面前的结构的画法	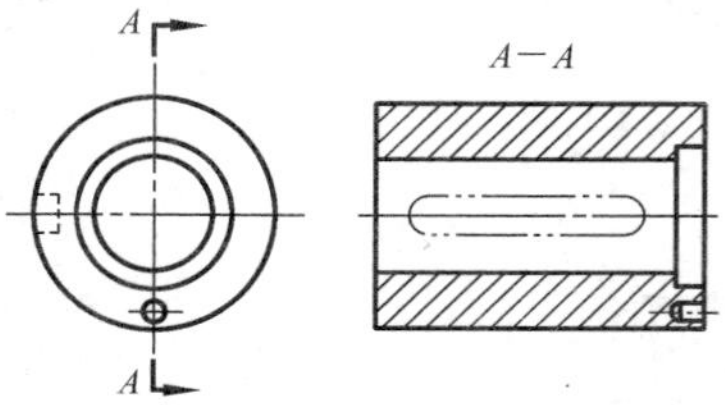 A A—A A	在需要表示位于剖切平面前的结构时,这些结构按假想投影的轮廓线绘制(双点画线)
剖切平面后的结构省略画法	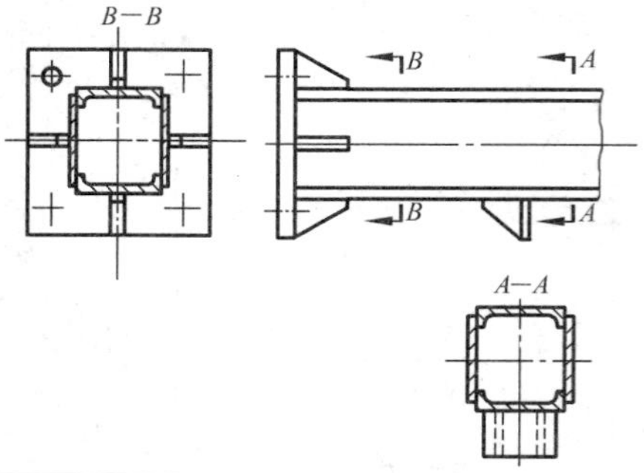 B—B B A B A A—A	在不致引起误解时,剖切平面后不需表达的部分允许省略不画(如 A—A)
省略剖面符号的画法	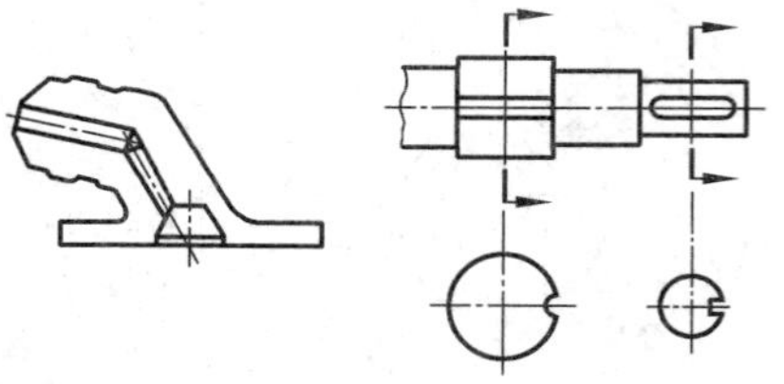 a) b)	在不引起误解时,剖面符号可以省略

(5) 轮廓画法(表 1-3-20)

表 1-3-20　轮廓画法

类　型	图　　例	说　　明
简化轮廓画法	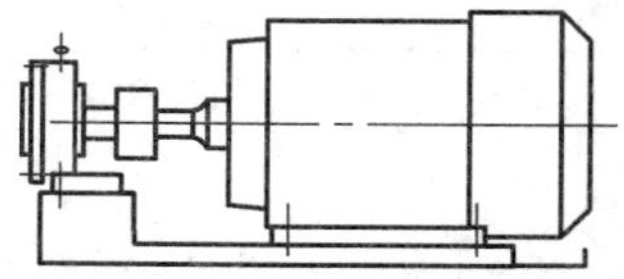	在能够清楚表达产品特征和装配关系的条件下,装配图可仅画出其简化后的轮廓(如图中电动机、联轴器等)
不剖画法	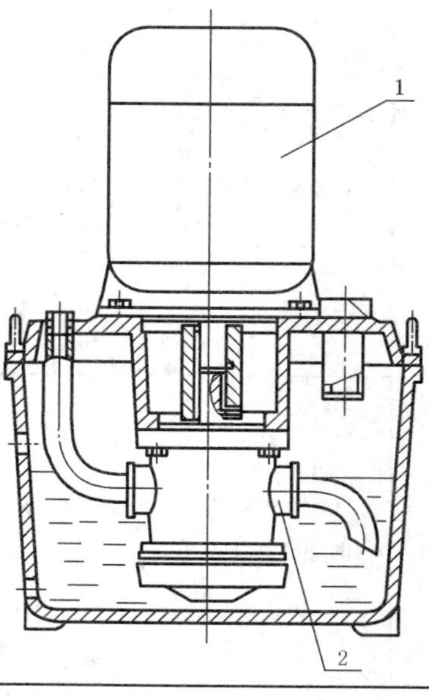 1 2	在装配图中,当剖切平面通过的某些部件为标准产品或该部件已由其他图形表示清楚时,可按不剖绘制

(6) 相同、成组结构或要素的画法(表 1-3-21)

表 1-3-21 相同、成组结构或要素的画法

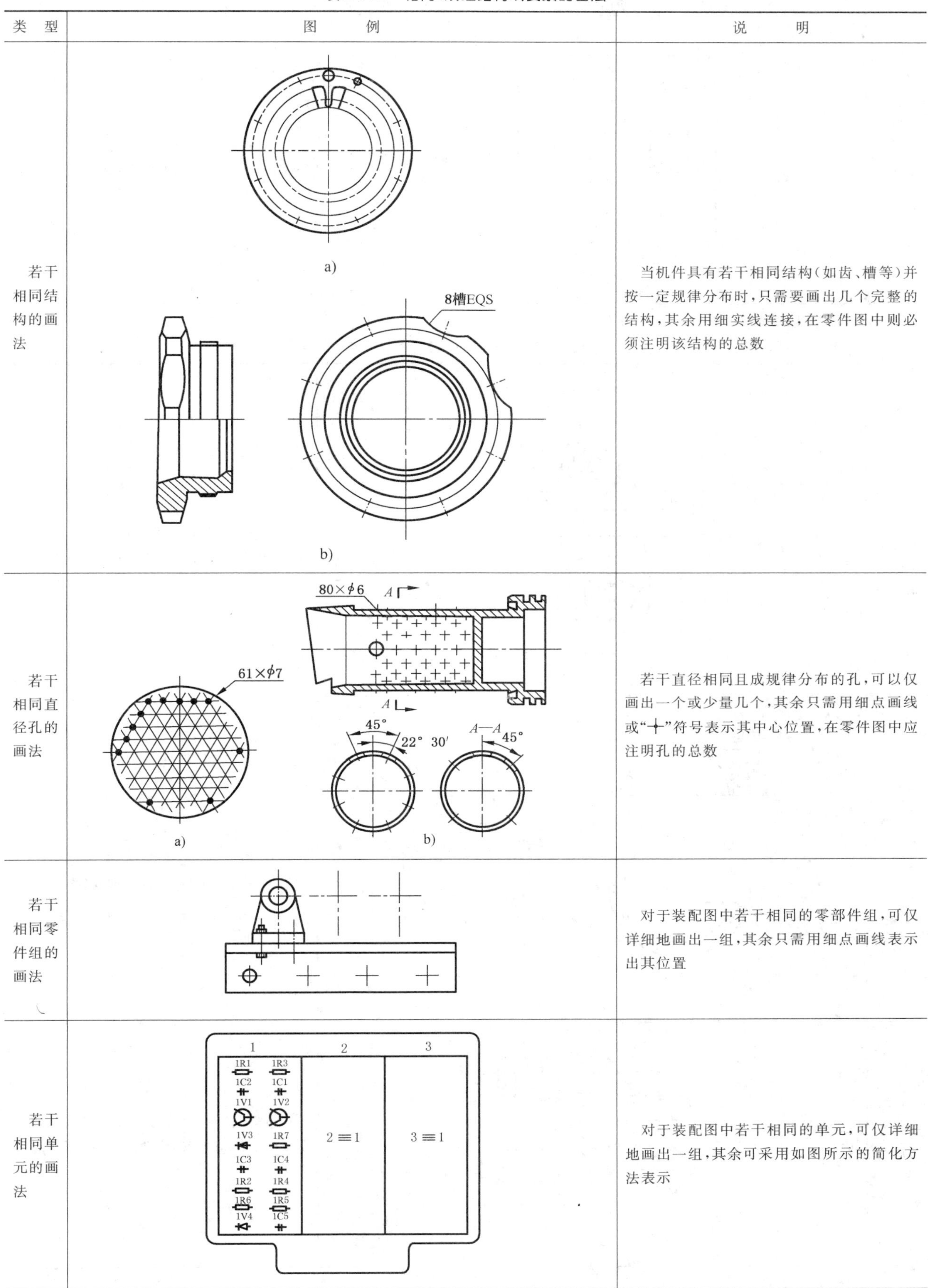

类型	图例	说明
若干相同结构的画法	a) b)	当机件具有若干相同结构(如齿、槽等)并按一定规律分布时,只需要画出几个完整的结构,其余用细实线连接,在零件图中则必须注明该结构的总数
若干相同直径孔的画法	a) b)	若干直径相同且成规律分布的孔,可以仅画出一个或少量几个,其余只需用细点画线或"+"符号表示其中心位置,在零件图中应注明孔的总数
若干相同零件组的画法		对于装配图中若干相同的零部件组,可仅详细地画出一组,其余只需用细点画线表示出其位置
若干相同单元的画法		对于装配图中若干相同的单元,可仅详细地画出一组,其余可采用如图所示的简化方法表示

续表 1-3-21

类　型	图　　例	说　　明
成组的重复要素的画法	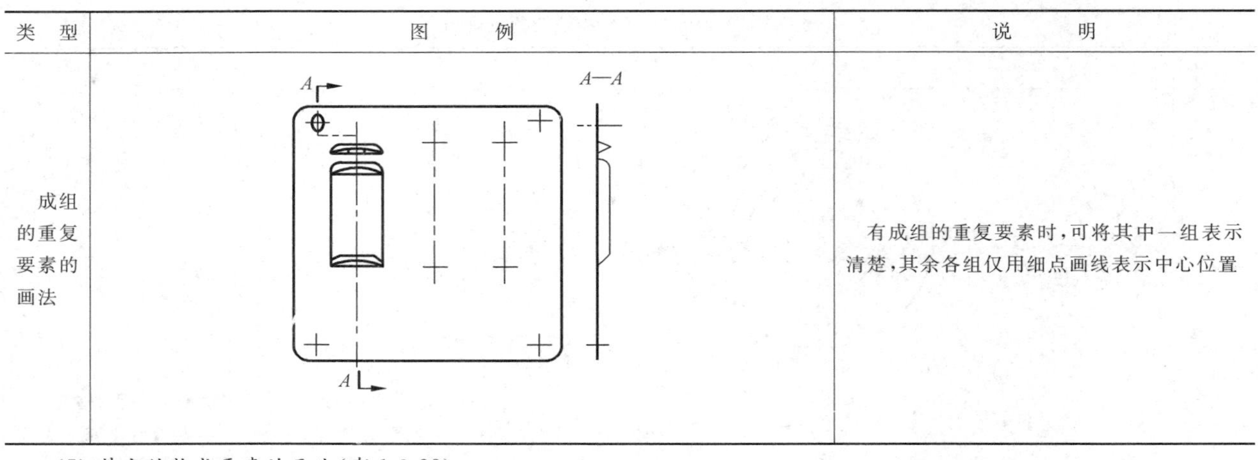	有成组的重复要素时，可将其中一组表示清楚，其余各组仅用细点画线表示中心位置

（7）特定结构或要素的画法（表 1-3-22）

表 1-3-22　特定结构或要素的画法

类　型	图　　例	说　　明
倾斜面上圆及圆弧投影的画法	A　A	与投影面倾斜角度小于或等于 30°的圆或圆弧，其投影可用圆或圆弧代替
过渡线、相贯线画法	a)　b)	图中的过渡线应按图 a 绘制，在不致引起误解时，图形中的过渡线、相贯线允许简化，例如用圆弧或直线代替非圆曲线（图 b）
极小结构及斜度画法	a)　b)	当机件上较小的结构及斜度等已在一个图形中表达清楚时，其他图形应当简化或省略

续表 1-3-22

类　型	图　　例	说　　明
圆角画法	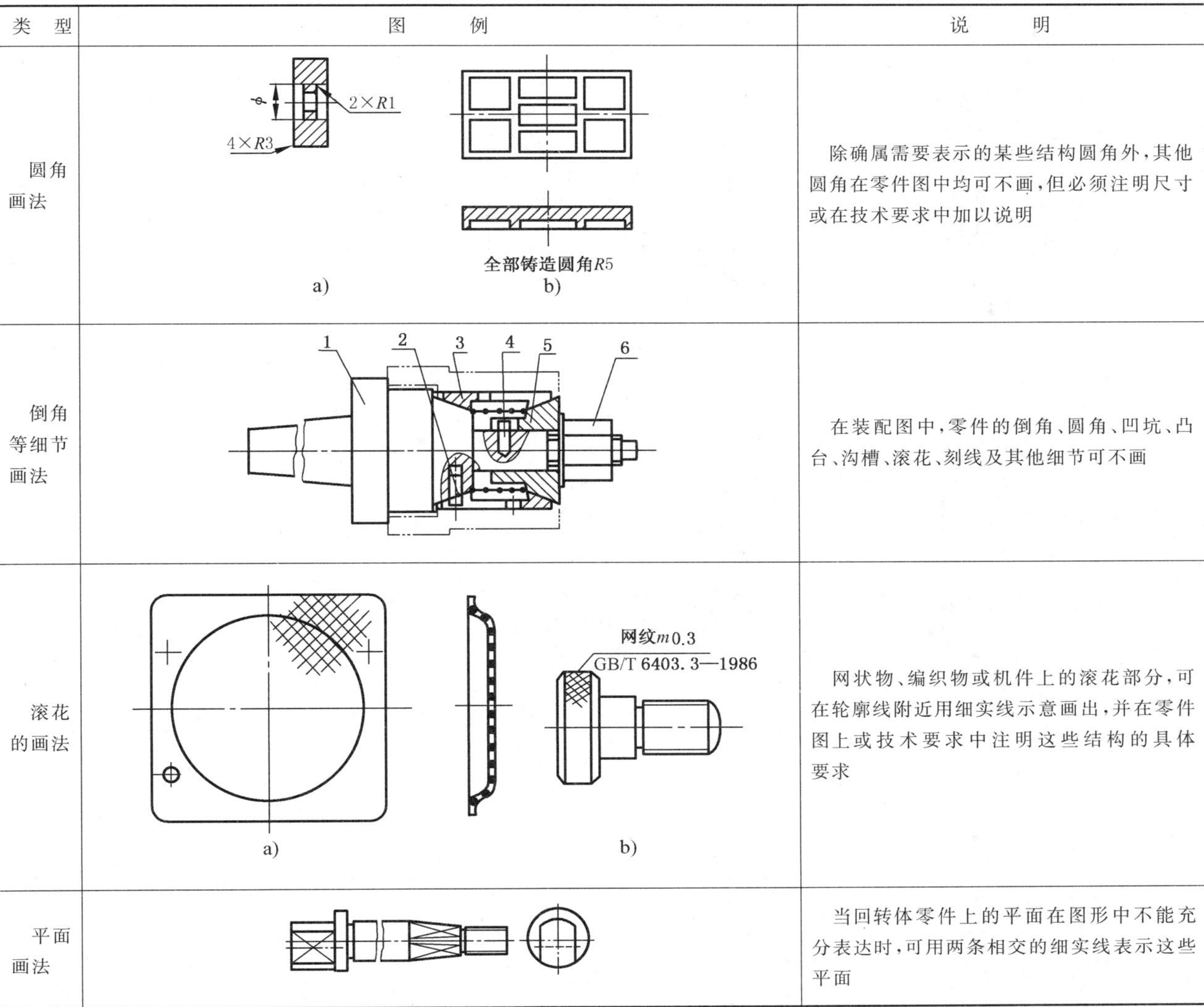 a)　b)	除确属需要表示的某些结构圆角外，其他圆角在零件图中均可不画，但必须注明尺寸或在技术要求中加以说明
倒角等细节画法		在装配图中，零件的倒角、圆角、凹坑、凸台、沟槽、滚花、刻线及其他细节可不画
滚花的画法	a)　b)	网状物、编织物或机件上的滚花部分，可在轮廓线附近用细实线示意画出，并在零件图上或技术要求中注明这些结构的具体要求
平面画法		当回转体零件上的平面在图形中不能充分表达时，可用两条相交的细实线表示这些平面

(8) 特定件画法(表 1-3-23)

表 1-3-23　特定件画法

类型	图　　例	说　　明
管子画法		管子可仅在端部画出部分形状，其余用细点画线画出其中心线
带和链的画法	a)　b)	在装配图中，可用粗实线表示带传动中的带，用细点画线表示链传动中的链。必要时，可在粗实线或细点画线上绘制出表示带类型或链类型的符号(见GB/T 4460—1984机械制图机构运动简图符号)

续表 1-3-23

类型	图例	说明
圆柱法兰的画法	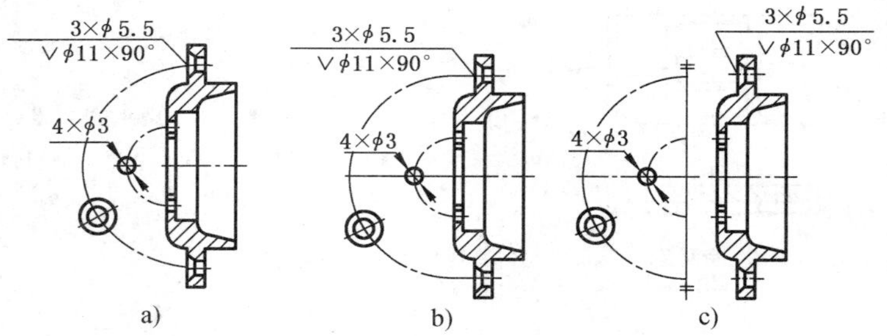 3×ϕ5.5 ∨ϕ11×90° 4×ϕ3 a) b) c)	圆柱形法兰和类似零件上均匀分布的孔可采用由机件外向该法兰端面方向投射的方法表示
牙嵌式离合器齿的画法	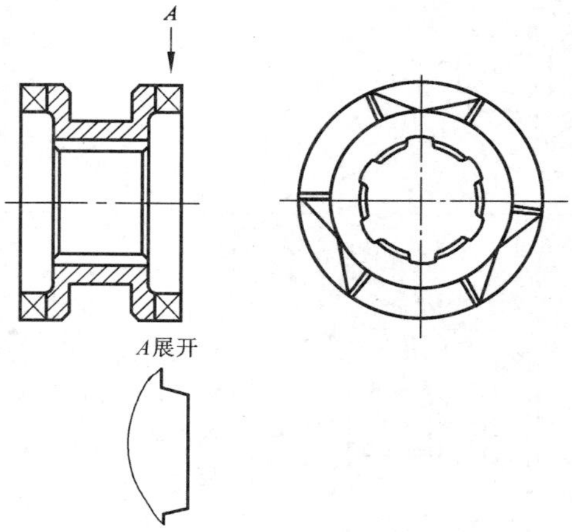 A A展开	在剖视图中，类似牙嵌式离合器的齿等相同的结构可按图例的方法表示
肋、轮辐、薄壁的画法	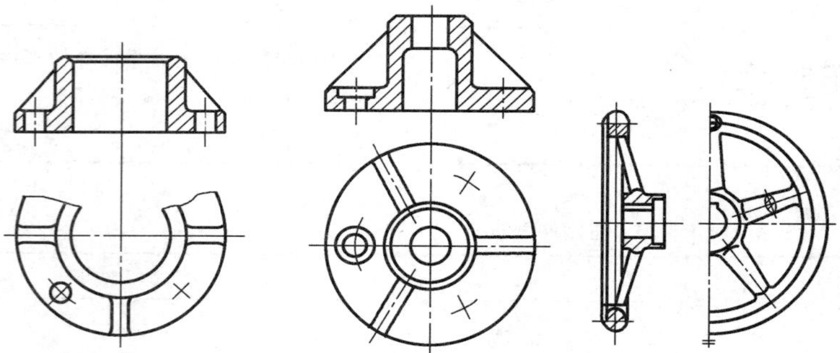 a) b) c)	对于机件的肋、轮辐及薄壁，如按纵向剖切，这些结构都不画剖面符号，而用粗实线将它与其邻接部分分开。当零件回转体上均匀分布的肋、轮辐、孔等结构不处于剖切平面上时，可将这些结构旋转到剖切平面上画出
轴等实体画法	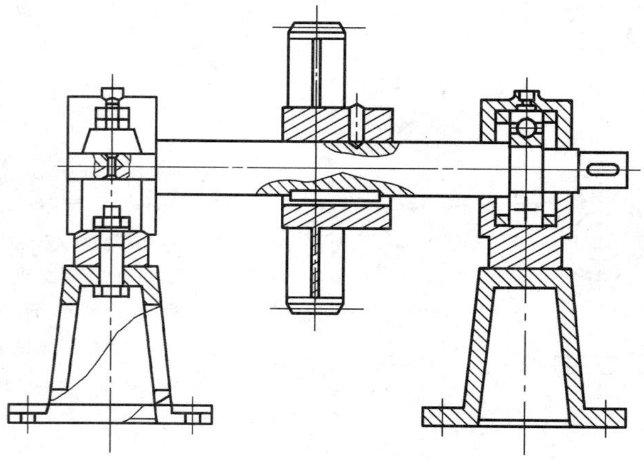	在装配图中，对于紧固件以及轴、连杆、球、钩子、键、销等实心零件，若按纵向剖切，且剖切平面通过其对称平面或轴线时，则这些零件均按不剖绘制。如需要特别表明零件的结构，如凹槽、链槽、销孔等则可用局部剖视表示

续表 1-3-23

类型	图　　例	说　　明
透明件的画法		由透明材料制成的物体，均按不透明物体绘制，对于供观察用的刻度、字体、指针、液面等可按可见轮廓绘制

1.3.3　尺寸注法（GB/T 4458.4—2003）

1.3.3.1　基本规则

（1）尺寸依据　机件的真实大小应以图样上所注的尺寸数值为依据，与图形的大小及绘图的准确度无关。

（2）尺寸单位　图样中（包括技术要求和其他说明）的尺寸，以 mm 为单位时，不需标注计量单位的代号或名称，如果用其他单位，则必须注明相应的计量单位的代号或名称。

（3）最后完工尺寸　图样中所标注的尺寸，为该图样所示机件的最后完工尺寸，否则应另加说明。

（4）标注要求　机件的每一尺寸，一般只标注一次，并应标注在反映该结构最清晰的图形上。

1.3.3.2　标注尺寸三要素

（1）尺寸数字（表 1-3-24）

表 1-3-24　尺寸数字

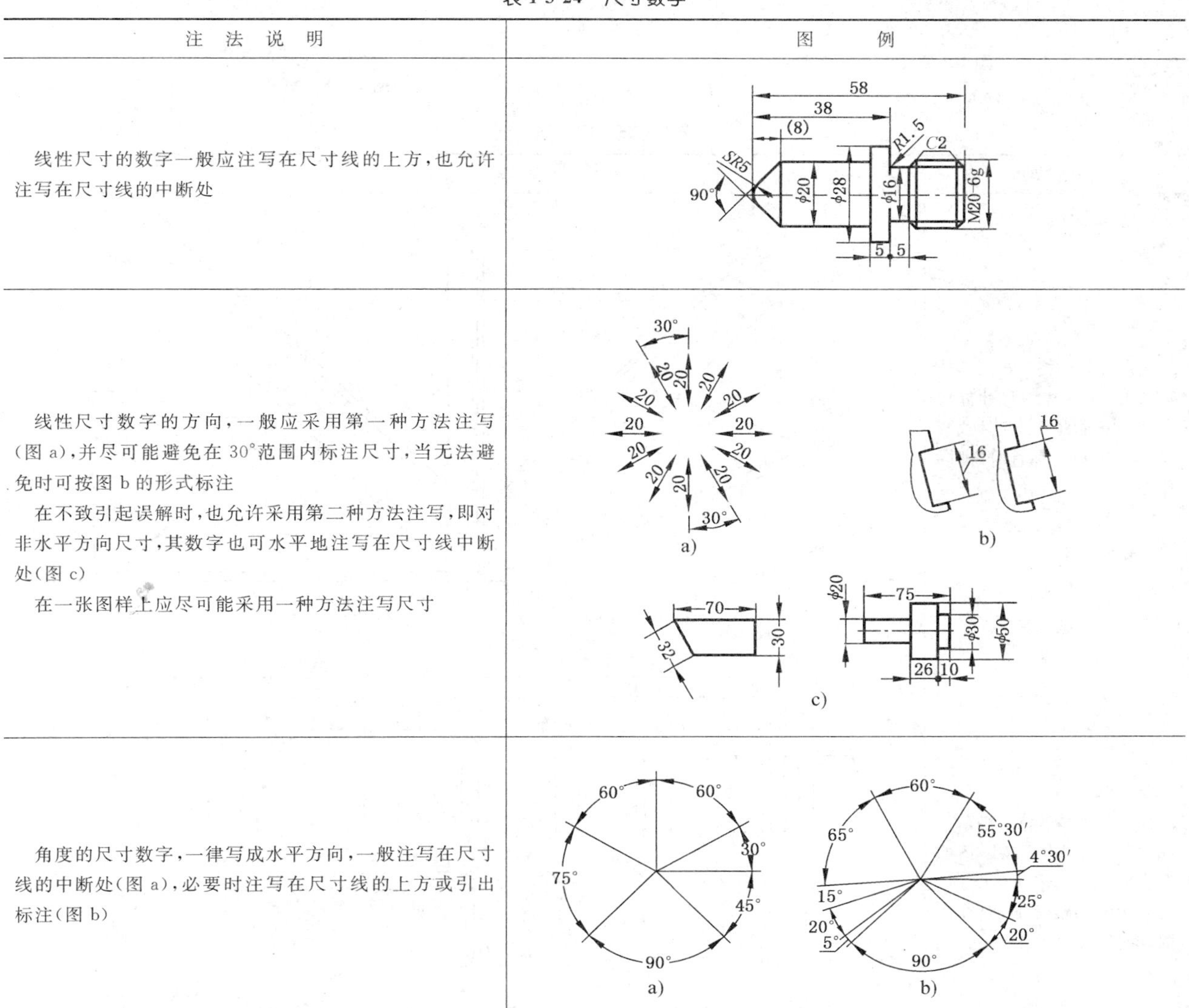

注　法　说　明	图　　例
线性尺寸的数字一般应注写在尺寸线的上方，也允许注写在尺寸线的中断处	
线性尺寸数字的方向，一般应采用第一种方法注写（图 a），并尽可能避免在 30°范围内标注尺寸，当无法避免时可按图 b 的形式标注 在不致引起误解时，也允许采用第二种方法注写，即对非水平方向尺寸，其数字也可水平地注写在尺寸线中断处（图 c） 在一张图样上应尽可能采用一种方法注写尺寸	a)　b)　c)
角度的尺寸数字，一律写成水平方向，一般注写在尺寸线的中断处（图 a），必要时注写在尺寸线的上方或引出标注（图 b）	a)　b)

续表 1-3-24

注 法 说 明	图 例
尺寸数字不可被任何图线所通过，否则必须将该图线断开	6 14 3×M6-6H A A φ26 φ36

(2) 尺寸线

尺寸线用细实线绘制，其终端可以有两种形式。

1) 箭头的形式如图 1-3-7 所示，适用于各种类型的图样。

2) 斜线的形式如图 1-3-8 所示，斜线用细实线绘制。

尺寸线注法规定见表 1-3-25。

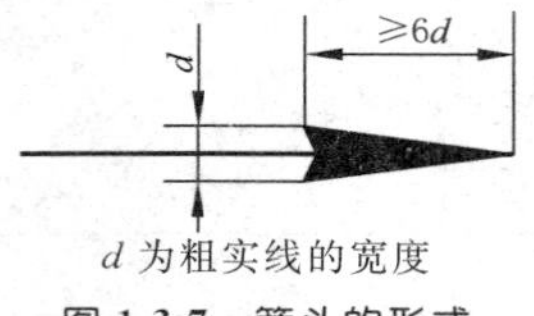

d 为粗实线的宽度

图 1-3-7 箭头的形式

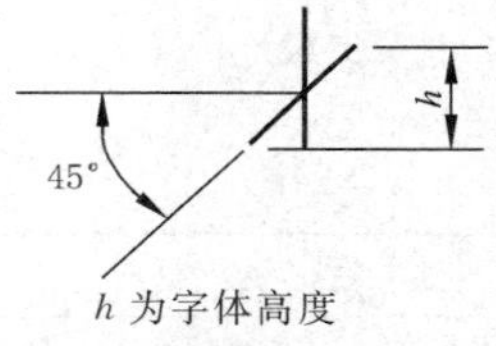

h 为字体高度

图 1-3-8 斜线的形式

尺寸线注法规定见表 1-3-25。

表 1-3-25 尺寸线注法

注法说明	图 例
当尺寸线的终端采用斜线形式时，尺寸线与尺寸界线必须相互垂直。当尺寸线与尺寸界线相互垂直时，同一张图样中只能采用一种尺寸线终端的形式	25 ∟100×6 20 ∟75×6 25 ∟100×6 300 300 160 14 45° 300 350 75 586 100 100 534 686
在没有足够的位置画箭头或注写数字时，可按图例的形式标注。当采用箭头时，地方不够的情况下，允许用圆点或斜线代替箭头	3 2 3 5 4 3 3 4 3 3 2 4 R5 R5 R5 R5 R3 R3 R3 R2 R6 R3 φ10 φ10 φ10 φ10 φ5 φ5 φ5 φ5 φ5 φ5

续表 1-3-25

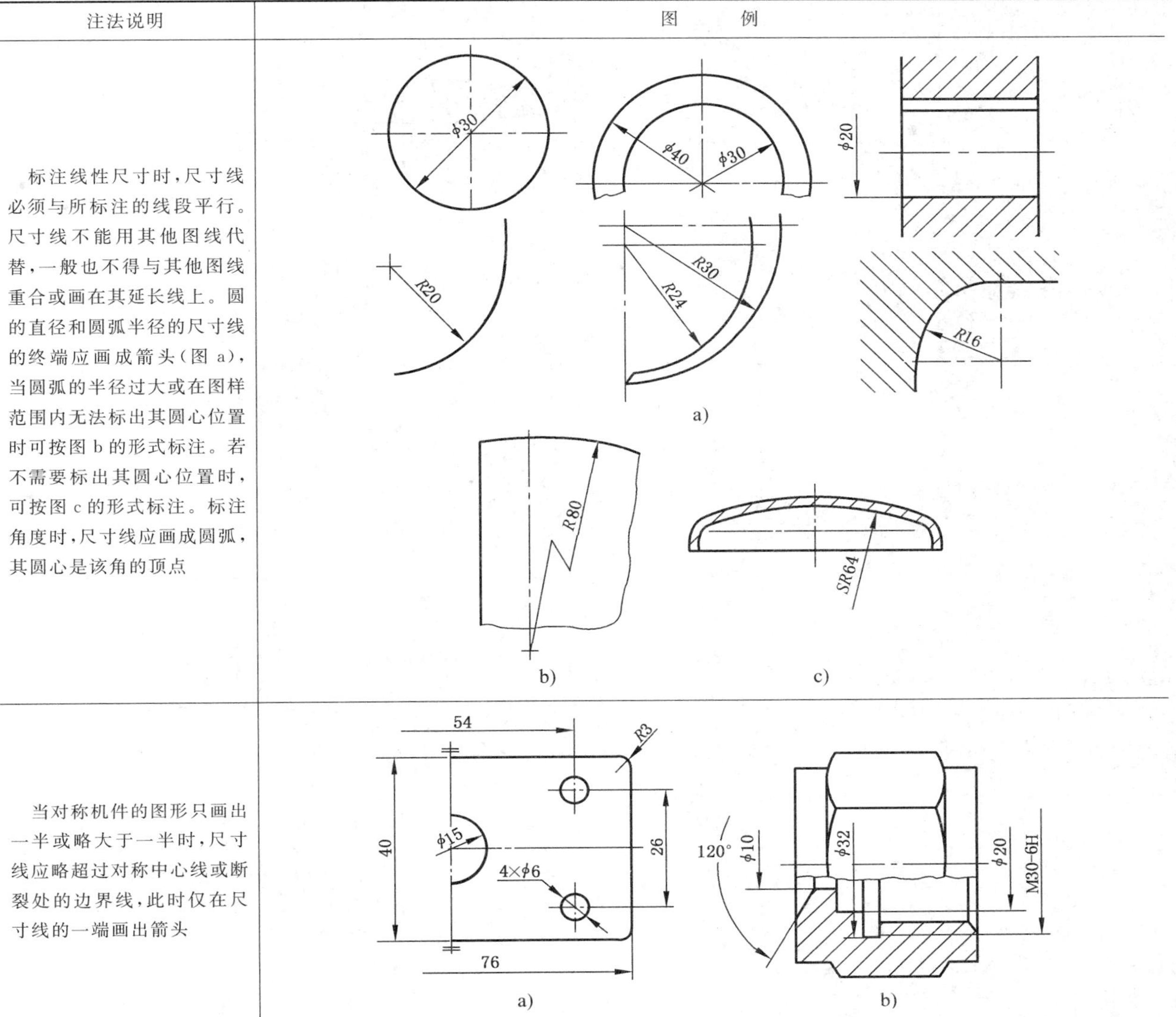

注法说明	图　　例
标注线性尺寸时，尺寸线必须与所标注的线段平行。尺寸线不能用其他图线代替，一般也不得与其他图线重合或画在其延长线上。圆的直径和圆弧半径的尺寸线的终端应画成箭头（图 a），当圆弧的半径过大或在图样范围内无法标出其圆心位置时可按图 b 的形式标注。若不需要标出其圆心位置时，可按图 c 的形式标注。标注角度时，尺寸线应画成圆弧，其圆心是该角的顶点	a)　b)　c)
当对称机件的图形只画出一半或略大于一半时，尺寸线应略超过对称中心线或断裂处的边界线，此时仅在尺寸线的一端画出箭头	a)　b)

（3）尺寸界线（表 1-3-26）

表 1-3-26　尺寸界线

注 法 说 明	图　　例
尺寸界线用细实线绘制，并应由图形的轮廓线、轴线或对称中心线处引出。也可利用轮廓线、轴线或对称中心线作尺寸界线	64　45　48　68　80　100

续表 1-3-26

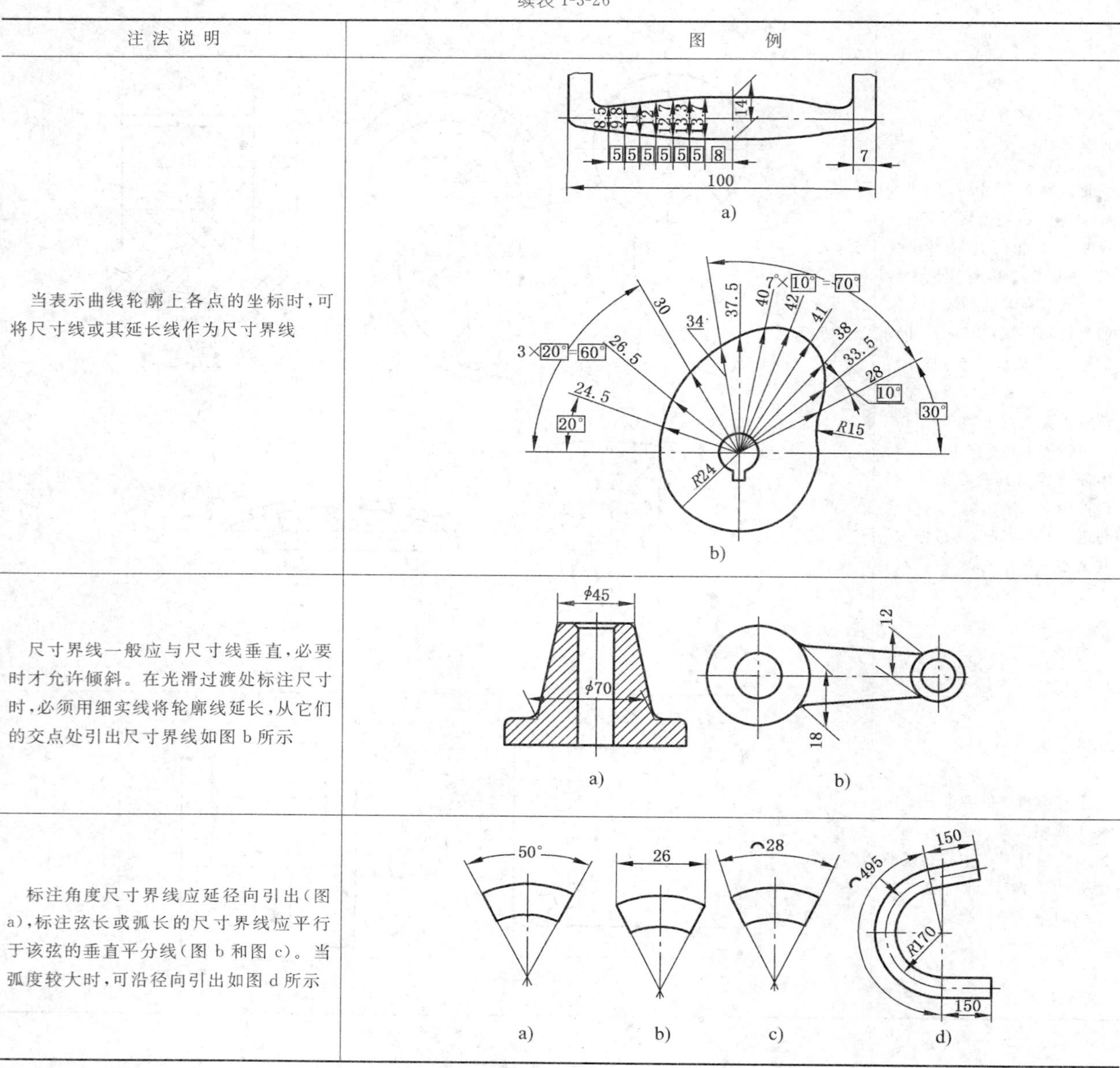

注 法 说 明	图 例
	a)
当表示曲线轮廓上各点的坐标时，可将尺寸线或其延长线作为尺寸界线	b)
尺寸界线一般应与尺寸线垂直，必要时才允许倾斜。在光滑过渡处标注尺寸时，必须用细实线将轮廓线延长，从它们的交点处引出尺寸界线如图 b 所示	a) b)
标注角度尺寸界线应延径向引出(图 a)，标注弦长或弧长的尺寸界线应平行于该弦的垂直平分线(图 b 和图 c)。当弧度较大时，可沿径向引出如图 d 所示	a) b) c) d)

1.3.3.3 标注尺寸的符号(表 1-3-27)

表 1-3-27 标注尺寸的符号

标 注 说 明	图 例
标注直径时，应在尺寸数字前加注符号“ϕ”，标注半径时，应在尺寸数字前加注符号“R”，标注球面的直径或半径时，应在符号“ϕ”或“R”前再加符号“S”	$S\phi30$ a) $SR30$ b)
对于螺钉、铆钉的头部，轴(包括螺杆)的端部以及手柄的端部等，在不致引起误解的情况下，可省略符号“S”	$R8$ a) $R10$ b)

续表 1-3-27

标注说明	图例
标注弧长时，应在尺寸数字的左方加注符号“⌒”	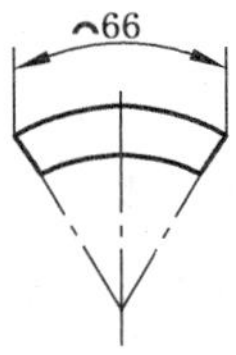 ⌒66
标注参考尺寸时，应将尺寸数字加上圆括弧	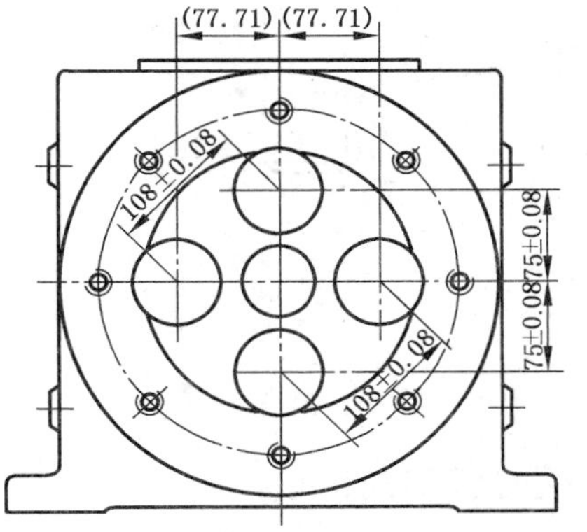 (77.71) (77.71) 108±0.08 75±0.08 75±0.08 108±0.08
标注剖面为正方形结构的尺寸时，可在正方形边长尺寸数字前加注符号“□”或用“B×B”注出（B为正方形的边长）	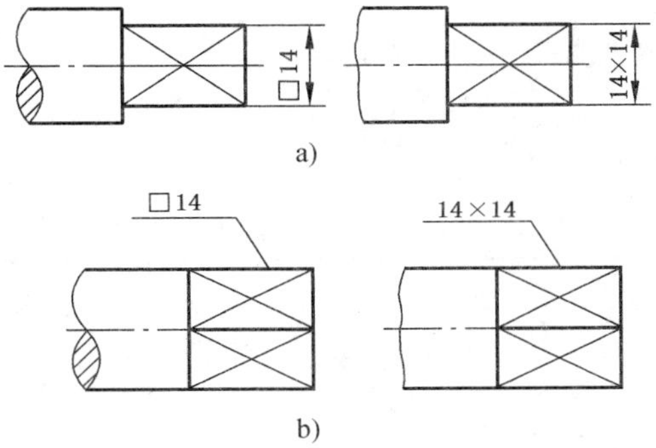 □14 14×14 a) □14 14×14 b)
标注板状厚度时，可在尺寸数字前加注符号“t”	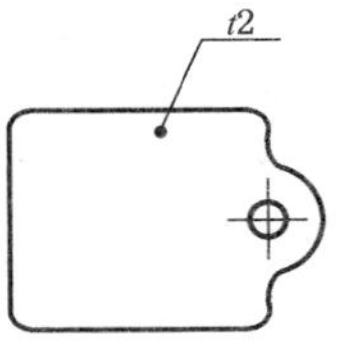 t2
当需指明半径尺寸是由其他尺寸确定时，应用尺寸线和符号“R”标出，但不要注写尺寸数字	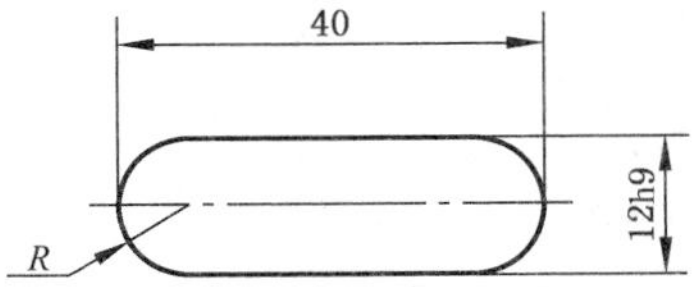 40 12h9 R
斜度符号（图a）和锥度符号（图b）符号的线宽为$\frac{h}{10}$，符号的方向应与斜度、锥度的方向一致	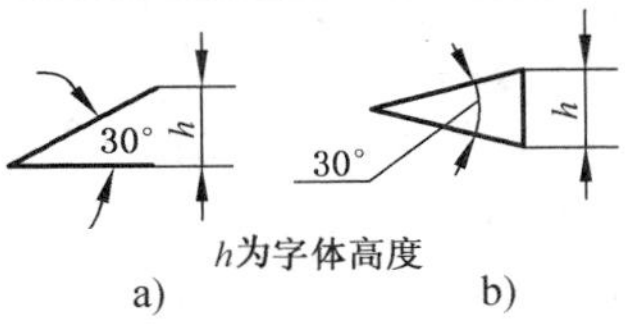 30° h 30° h h为字体高度 a) b)

标注方法图例见表 1-3-28。

表 1-3-28　锥度、斜度的标注图例

锥度标注图例	斜度标注图例
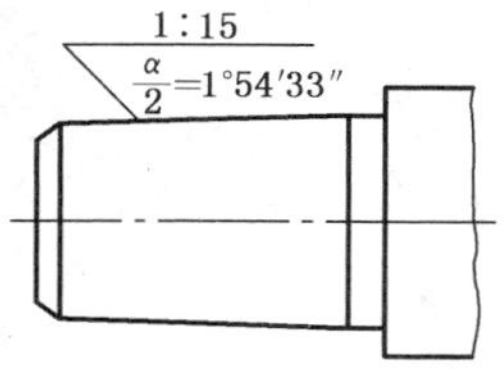 1∶15 $\frac{\alpha}{2}$=1°54′33″	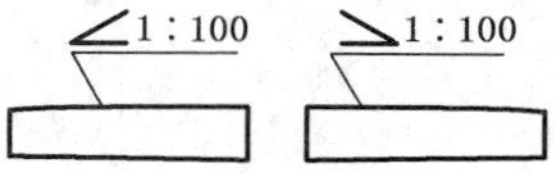 1∶100　1∶100
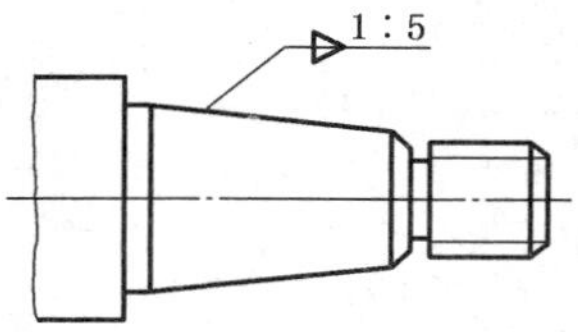 1∶5	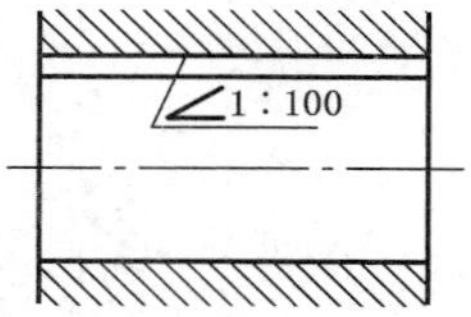 1∶100
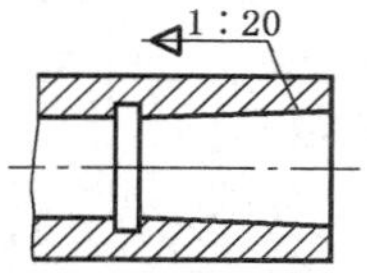 1∶20	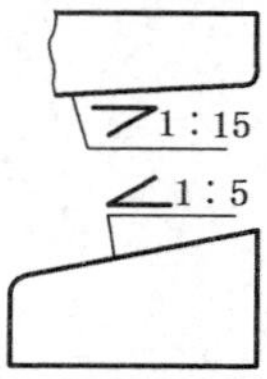 1∶15 1∶5

1.3.3.4　简化注法

（1）简化注法基本规定（表 1-3-29）

（2）简化注法图例

1）标注尺寸要素简化注法（表 1-3-30）

2）重复要素尺寸注法（表 1-3-31）

表 1-3-29　简化注法基本规定

规　定　说　明	图　　例
若图样中的尺寸和公差全部相同或某个尺寸和公差占多数时，可在图样空白处作总的说明，如“全部倒角 C1.6，其余圆角 R6”等	
对于尺寸相同的重复要素，可仅在一个要素上注出其尺寸和数量	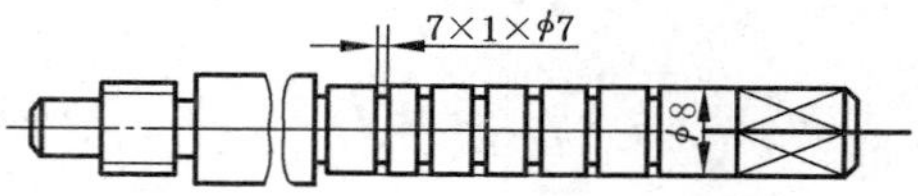 7×1×ϕ7 ϕ8
标注尺寸时用符号和缩写词（未列的符号可参见表 4-27） 45°倒角 深度 沉孔或锪平 埋头孔 均布	 C EQS

表 1-3-30　标注尺寸要素简化注法

注　法　说　明	图　　例
标注尺寸时可用单边箭头	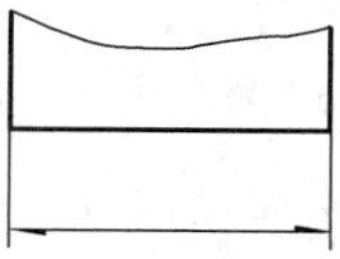

续表 1-3-30

注法说明	图例
标注尺寸时，可采用带箭头的指引线(图 a)和不带箭头的指引线(图 b)	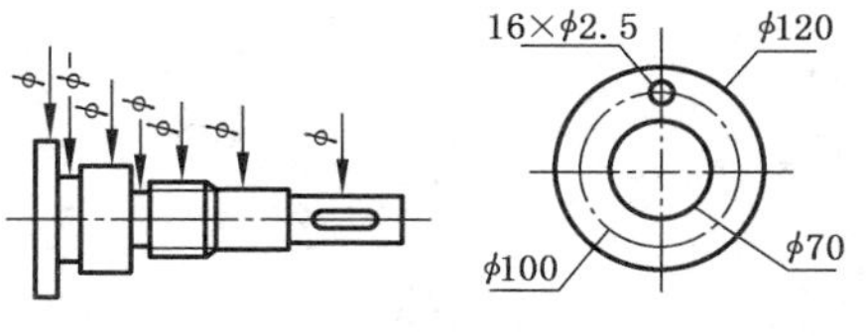 a) b)
一组同心圆弧或圆心位于一条直线上的多个不同心圆弧半径尺寸，可用共用的尺寸线箭头依次表示(图 a、图 b) 一组同心圆或尺寸较多的台阶孔的尺寸，也可用共用的尺寸线和箭头依次表示(图 c、图 d)	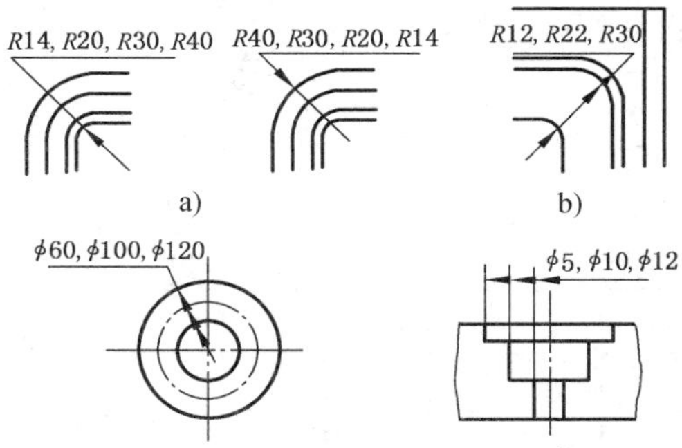 a) b) c) d)
采用同一基准注法时，尺寸线可重迭在一根线上并仅画出一端箭头，在起点处标“0”，其余尺寸数字逐一标注在箭头附近	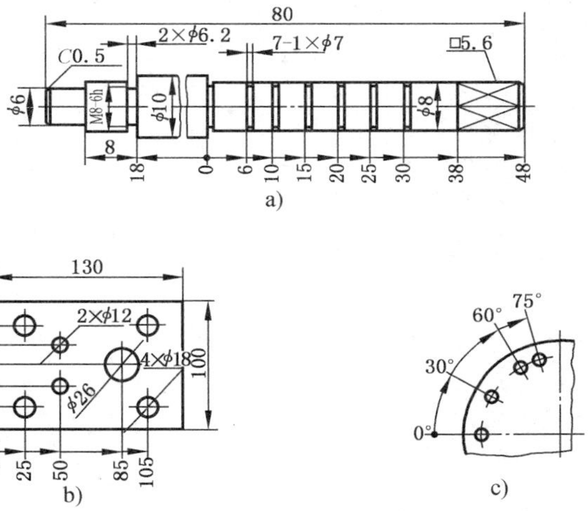 a) b) c)
间隔相等的链式尺寸，可采用如图例所示的简化注法(图 a 3×45°，图 b 4×140)	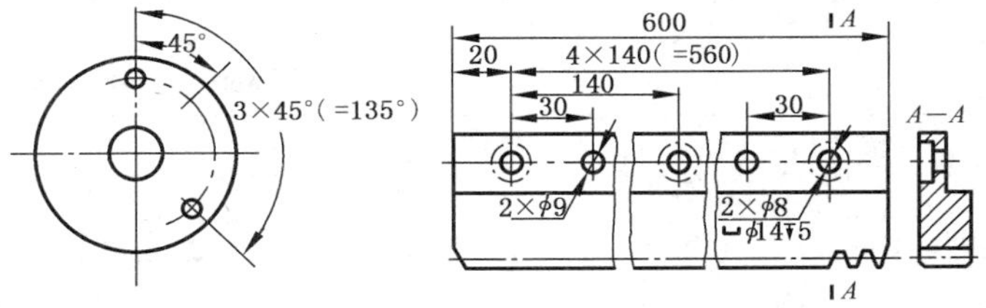 a) b)
同类型或同系列的零件或构件，可采用表格图绘制	(见下表)

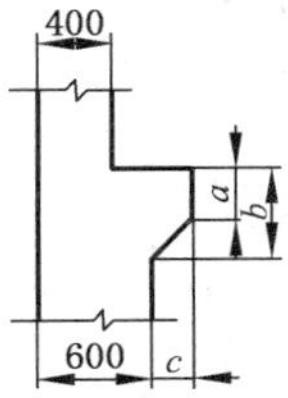

No	a	b	c
Z1	200	400	200
Z2	250	450	200
Z3	200	450	250

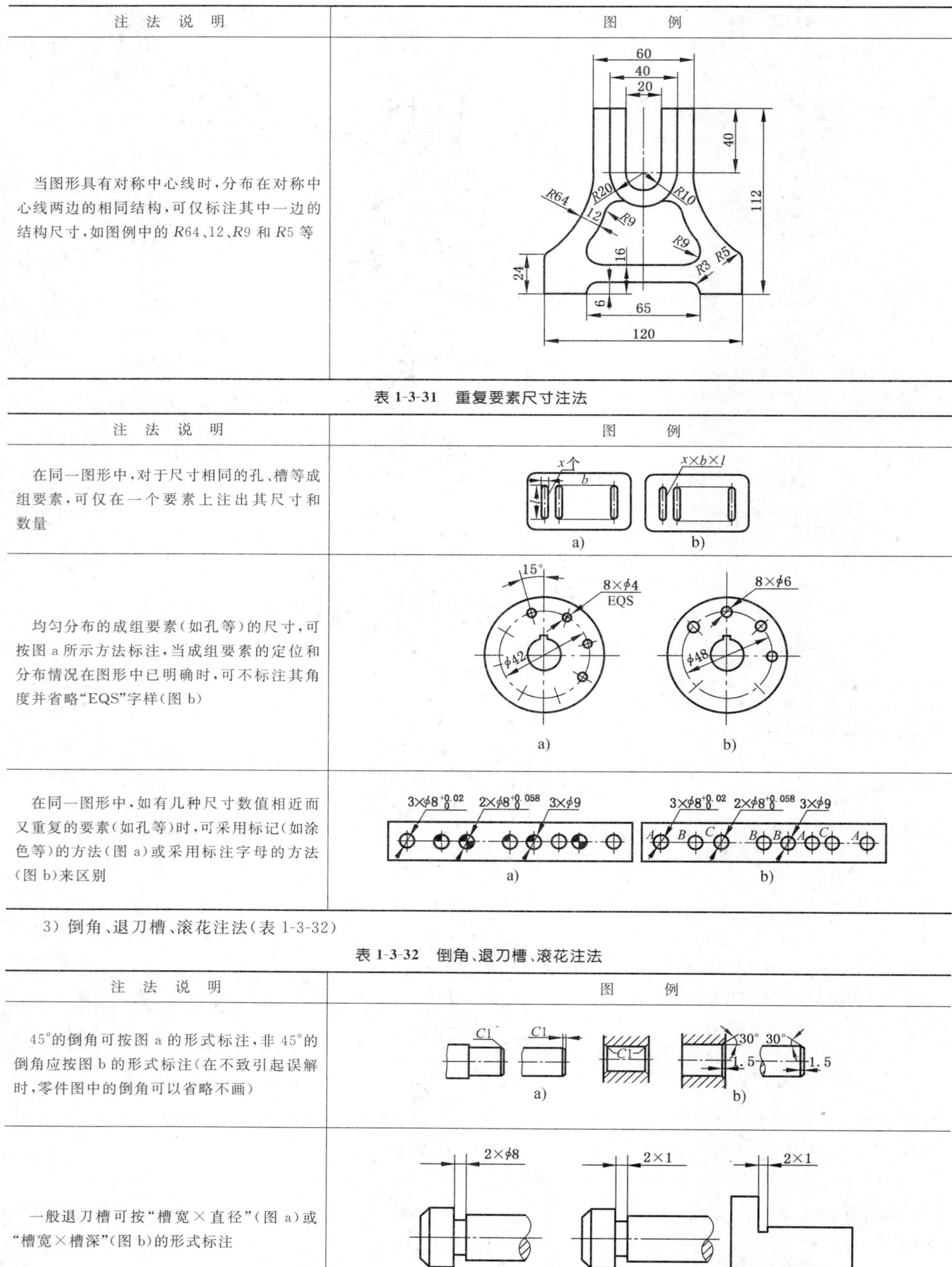

续表 1-3-30

注 法 说 明	图 例
当图形具有对称中心线时，分布在对称中心线两边的相同结构，可仅标注其中一边的结构尺寸，如图例中的 $R64$、12、$R9$ 和 $R5$ 等	

表 1-3-31 重复要素尺寸注法

注 法 说 明	图 例
在同一图形中，对于尺寸相同的孔、槽等成组要素，可仅在一个要素上注出其尺寸和数量	a) b)
均匀分布的成组要素（如孔等）的尺寸，可按图 a 所示方法标注，当成组要素的定位和分布情况在图形中已明确时，可不标注其角度并省略“EQS”字样（图 b）	a) b)
在同一图形中，如有几种尺寸数值相近而又重复的要素（如孔等）时，可采用标记（如涂色等）的方法（图 a）或采用标注字母的方法（图 b）来区别	a) b)

3）倒角、退刀槽、滚花注法（表 1-3-32）

表 1-3-32 倒角、退刀槽、滚花注法

注 法 说 明	图 例
45°的倒角可按图 a 的形式标注，非 45°的倒角应按图 b 的形式标注（在不致引起误解时，零件图中的倒角可以省略不画）	a) b)
一般退刀槽可按“槽宽×直径”（图 a）或“槽宽×槽深”（图 b）的形式标注	a) b)

续表 1-3-32

注　法　说　明	图　　例
滚花可采用如图例简化标注的方法	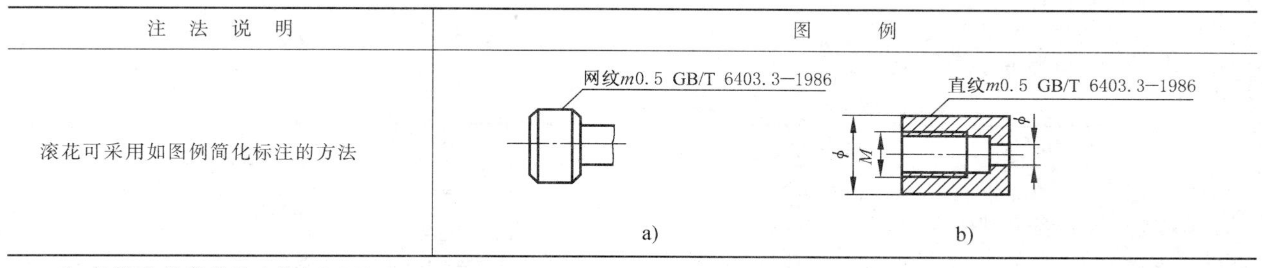

4）各类孔的旁注法（表 1-3-33）

表 1-3-33　各类孔的旁注法

类型	旁　注　法		普通注法
光孔	4×ϕ4↧10	4×ϕ4↧10	4×ϕ4 10
	4×ϕ4H7↧10 孔↧12	4×ϕ4H7↧10 孔↧12	4×ϕ4H7 10 12
螺纹	3×M6-7H	3×M6-7H	3×M6-7H
	3×M6-7H↧10	3×M6-7H↧10	3×M6-7H 10
	3×M6-7H↧10 孔↧12	3×M6-7H↧10 孔↧12	3×M6-7H 10 12
沉孔埋头孔	6×ϕ7 ⌵ϕ13×90°	6×ϕ7 ⌵ϕ13×90°	90° ϕ13 6×ϕ7
	4×ϕ6.4 ⌴ϕ12↧4.5	4×ϕ6.4 ⌴ϕ12↧4.5	ϕ12 4.5 4×ϕ6.4
	4×ϕ9 ⌴ϕ20	4×ϕ9 ⌴ϕ20	ϕ20⌴ 4×ϕ9
锥销孔	锥销孔ϕ4 配作	锥销孔ϕ4 配作	锥销孔ϕ4 配作

1.3.4 常用零件画法

1.3.4.1 螺纹及螺纹紧固件

(1) 螺纹的规定画法(表 1-3-34)

表 1-3-34 螺纹的规定画法(GB/T 4459.1—1995)

规定说明	图例
螺纹牙顶圆的投影用粗实线表示,牙底圆的投影用细实线表示。在螺杆的倒角或倒圆部分也应画出 在垂直于螺纹轴线的投影面的视图中,表示牙底圆的细实圆只画约 3/4 圈(空出 1/4 圈的位置不作规定)。此时,螺杆或螺孔上的倒角投影不应画出 有效螺纹的终止界线(简称螺纹终止线)用粗实线表示 无论是外螺纹或内螺纹,在剖视图,剖面图中,剖面线都应画到粗实线	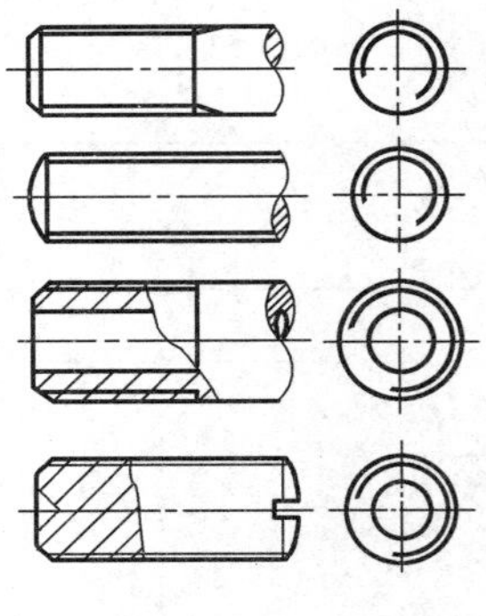
绘制不穿通螺孔时,一般应将钻孔深度与螺纹部分深度分别画出 螺尾部分一般不画出,当需要表示螺尾时,该部分用和轴线成 30°的细实线画出	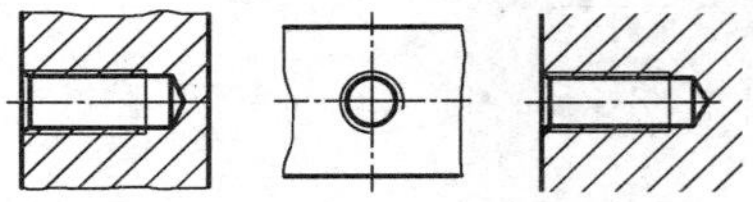
不可见螺纹的所有图线用虚线绘制	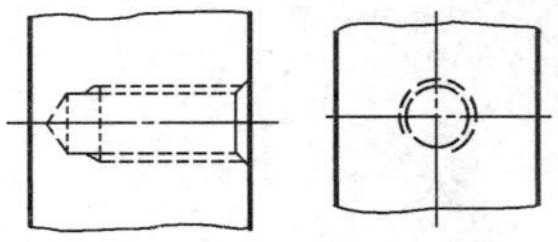
需要表示螺纹牙型时的表示方法见图例	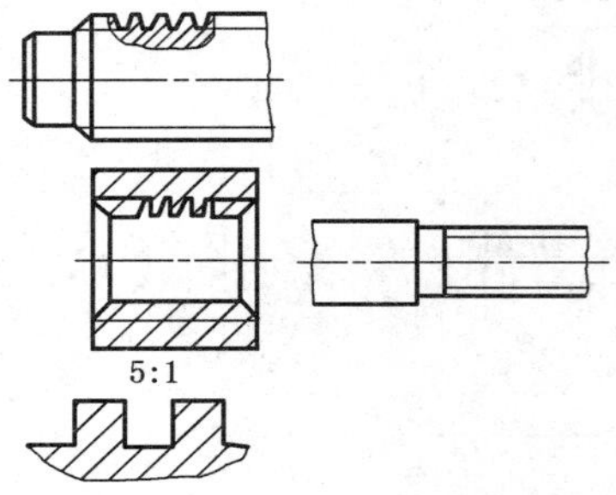 5:1
圆锥外螺纹和圆锥内螺纹的表示方法见图例	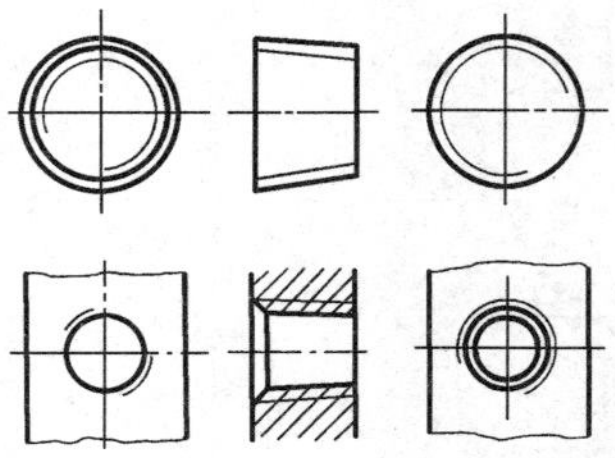
以剖视图表示内外螺纹连接时其旋合部分应按外螺纹的画法绘制,其余部分仍按各自的画法表示	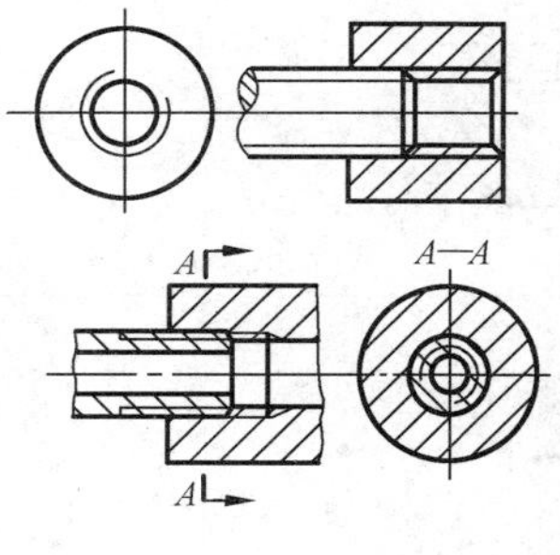 A—A

（2）螺纹的标注（表 1-3-35）

表 1-3-35 螺纹的标注（GB/T 4459.1—1995）

规定说明	图例
普通螺纹、梯形螺纹 公称直径以 mm 为单位的螺纹，其标记应直接注在大径的尺寸线上或其引出线上	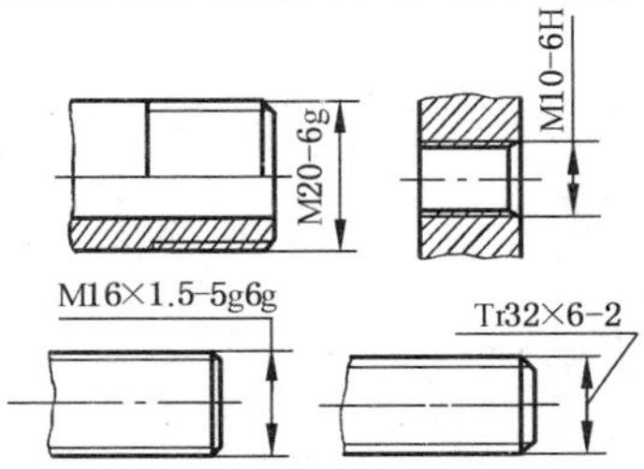 M20-6g　M10-6H　M16×1.5-5g6g　Tr32×6-2
管螺纹 其标记一律注在引出线上，引出线应由大径处引出，或由对称中心处引出	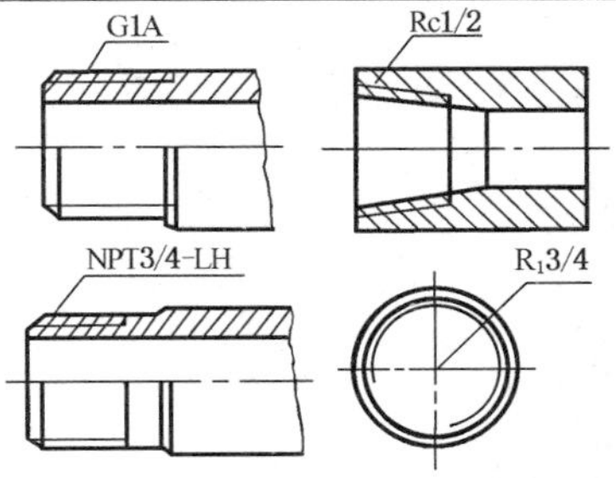 G1A　Rc1/2　NPT3/4-LH　$R_1$3/4
米制锥螺纹 其标记一般应注在引出线上，引出线应由大径或对称中心处引出，也可以直接标注在从基面处画出的尺寸线上	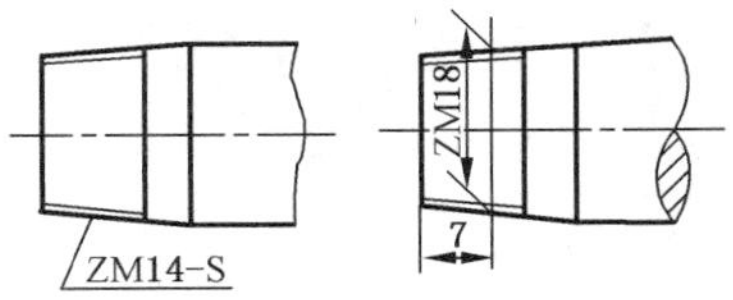 ZM14-S　ZM18　7
非标准螺纹 应画出螺纹的牙型，并注出所需要的尺寸及有关要求	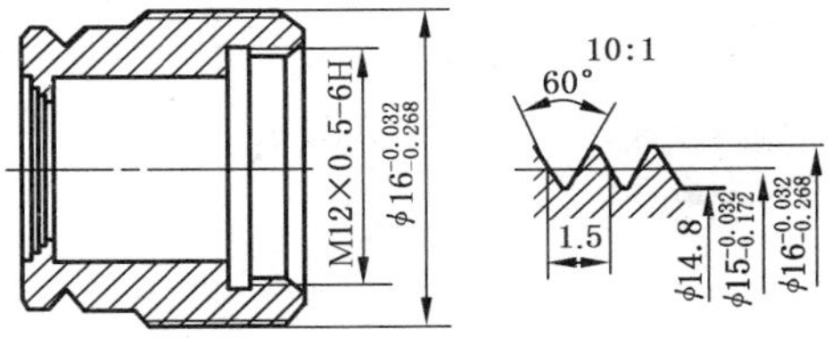 M12×0.5-6H　$\phi 16^{-0.032}_{-0.268}$　10:1　60°　1.5　ϕ14.8　$\phi 15^{-0.032}_{-0.172}$　$\phi 16^{-0.032}_{-0.268}$
螺纹长度 图例中标注的螺纹长度，均指不包括螺尾在内的有效螺纹长度，否则应另加说明或按实际需要标注	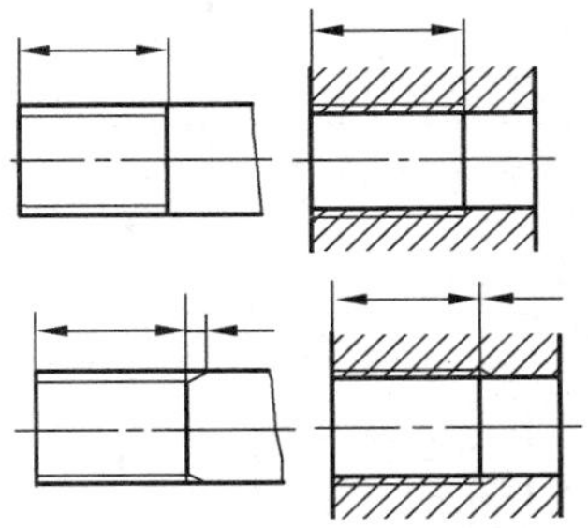
螺纹副 螺纹副标记与螺纹标记两者标注方法相同 米制螺纹，其标记应直接标注在大径的尺寸线上或引出线上 管螺纹，其标记应采用引出线由配合部分的大径处引出标注 米制锥螺纹，其标记一般应采用引出线由配合部分的大径处引出标注，也可直接标注在从基面处画出的尺寸线上	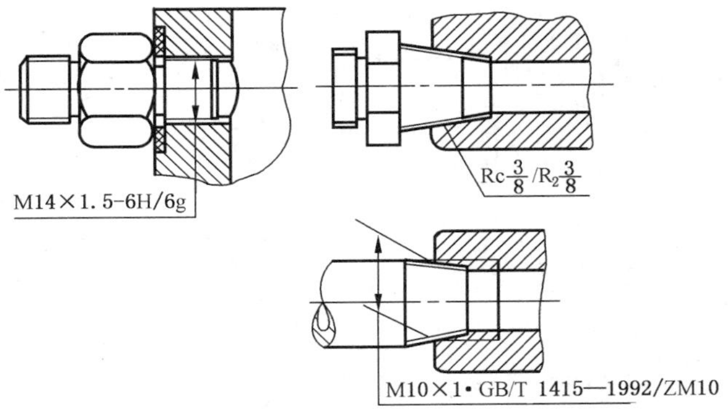 M14×1.5-6H/6g　Rc$\frac{3}{8}$/$R_2\frac{3}{8}$　M10×1• GB/T 1415—1992/ZM10

(3) 装配图中螺纹紧固件的画法(表 1-3-36)

表 1-3-36 装配图中螺纹紧固件的画法

规 定 说 明	图 例
在装配图中,当剖切平面通过螺杆的轴线时,对于螺柱、螺栓、螺钉、螺母及垫圈等均按未剖切绘制	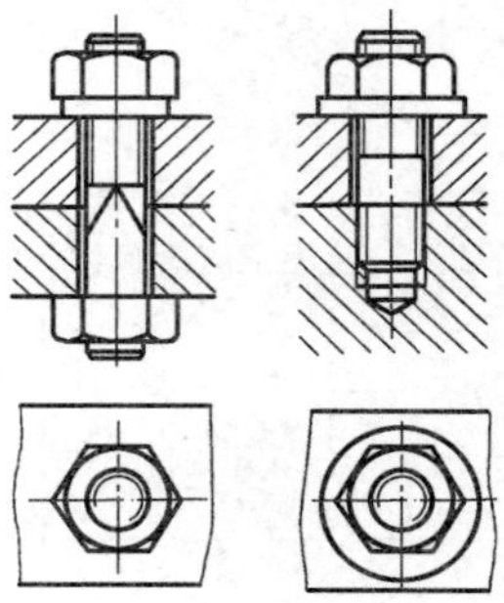
螺纹紧固件的工艺结构,如倒角、退刀槽、缩颈、凸肩等均可省略不画	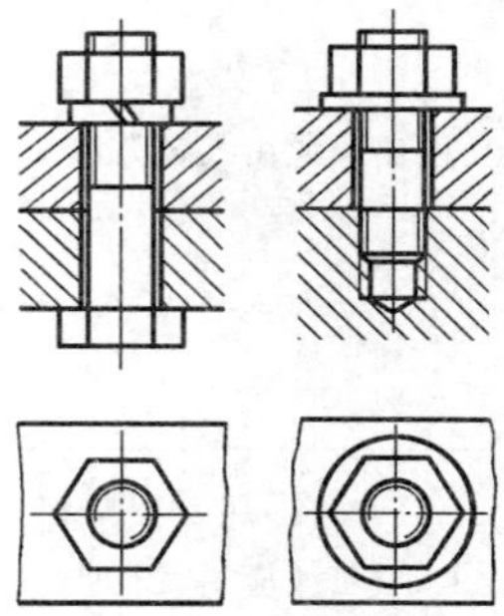
不穿通的螺纹孔可不画出钻孔深度,仅按有效螺纹部分的深度(不包括螺尾)画出	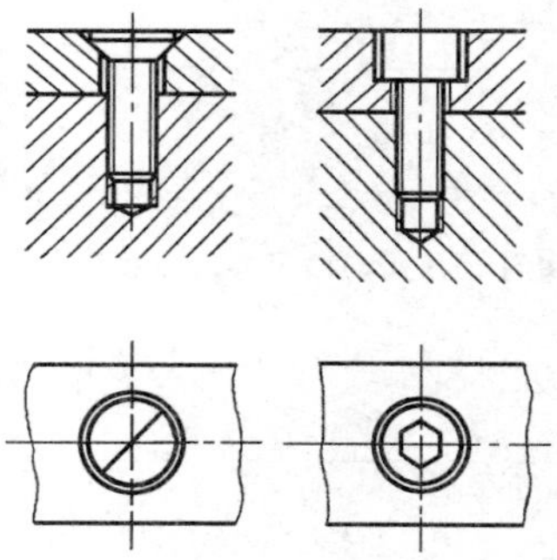

(4) 常用紧固件的简化画法(表 1-3-37)

表 1-3-37 常用紧固件的简化画法

类 型	图 例	类 型	图 例
六角头螺栓	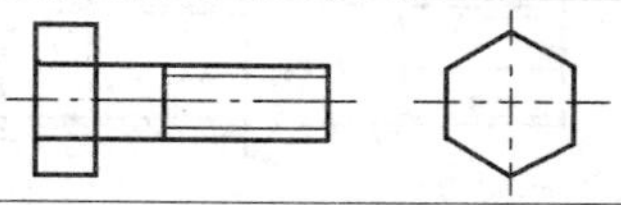	沉头开槽螺钉	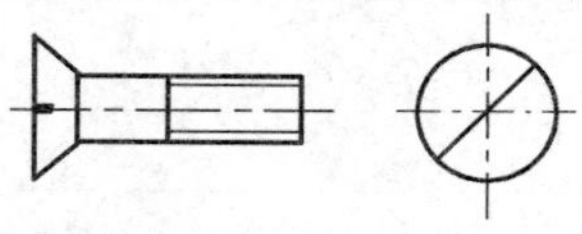
方头螺栓	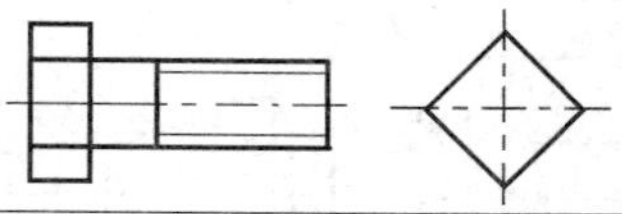	半沉头开槽螺钉	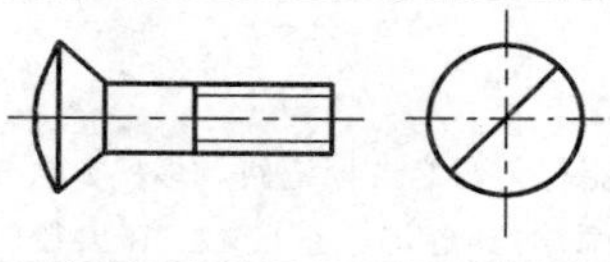
圆柱头内六角螺钉	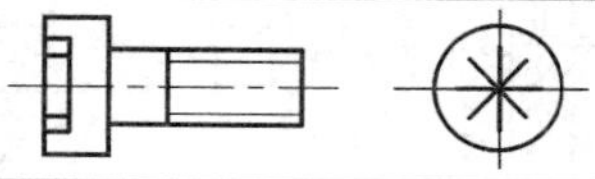	圆柱头开槽螺钉	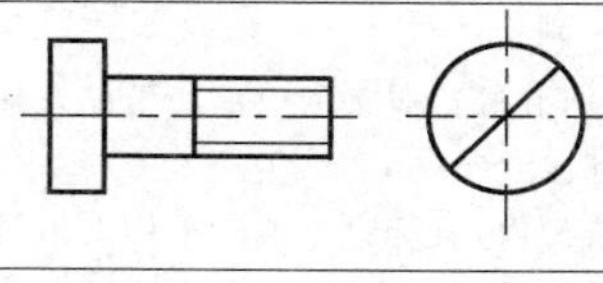
无头内六角螺钉	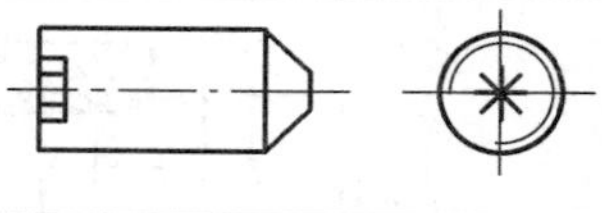	盘头开槽螺钉	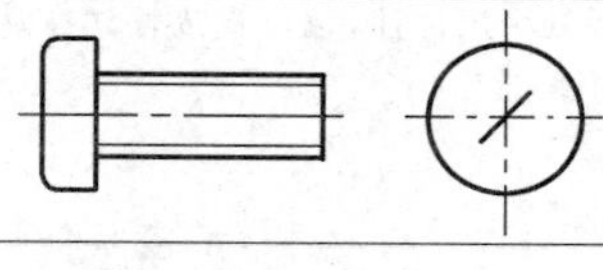
无头开槽螺钉	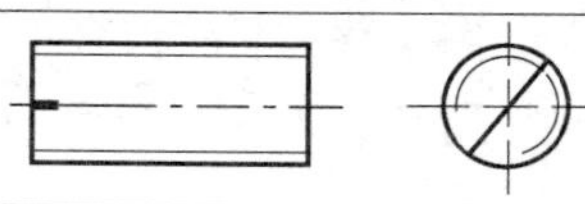		

续表 1-3-37

类型	图例	类型	图例
沉头开槽自攻螺钉		蝶形螺母	
六角螺母		沉头十字槽螺钉	
方头螺母		半沉头十字槽螺钉	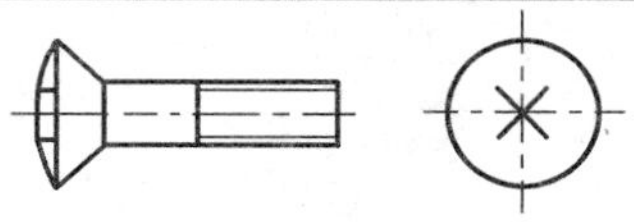
六角开槽螺母		盘头十字槽螺钉	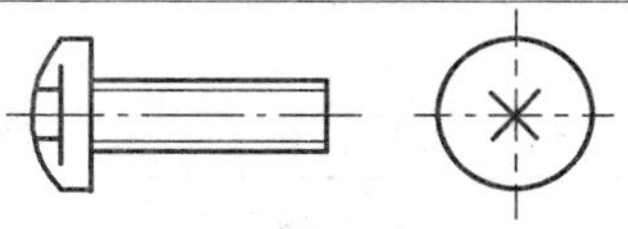
六角法兰面螺母		六角法兰面螺栓	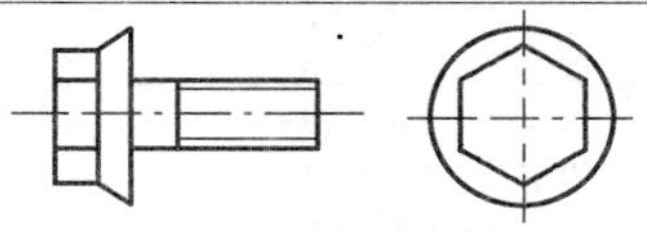
		圆头十字槽木螺钉	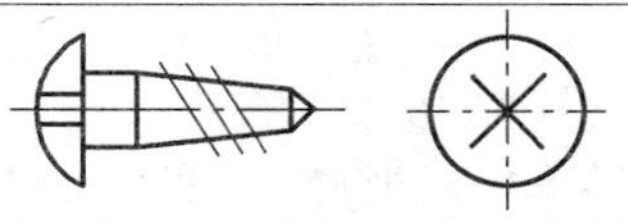

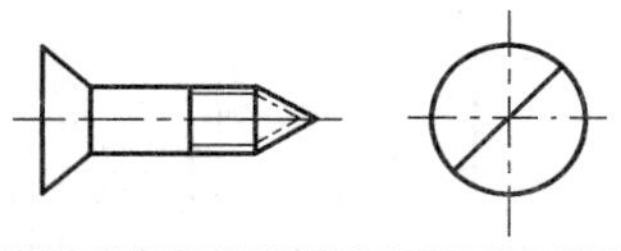

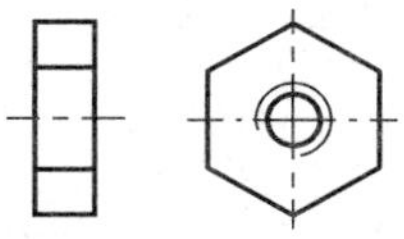

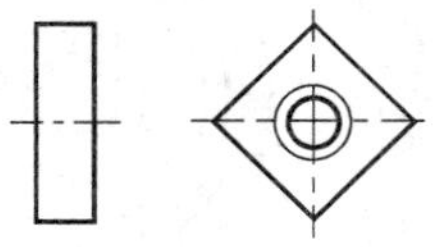

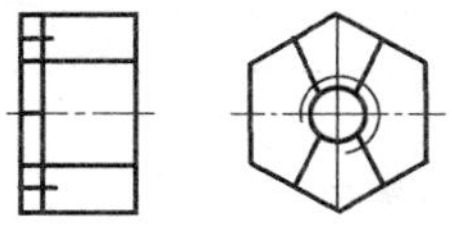

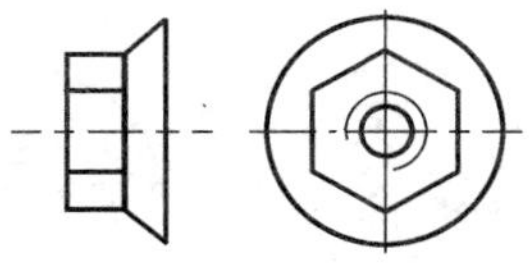

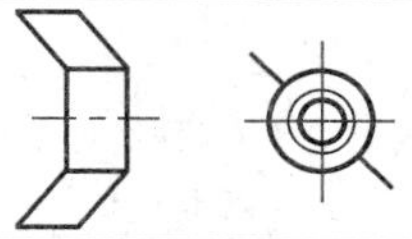

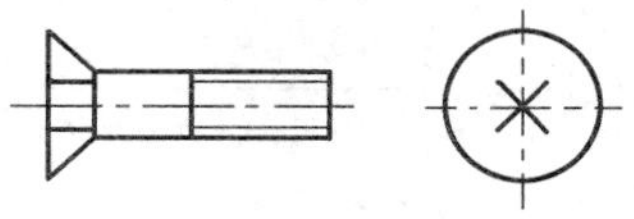

1.3.4.2 齿轮、齿条、蜗杆、蜗轮及链轮的画法（GB/T 4459.2—2003）

（1）齿轮、齿条、蜗轮及链轮的画法（表 1-3-38）

表 1-3-38 齿轮、齿条、蜗轮及链轮的画法

规定说明	图例
齿轮部分绘制的规定 1）齿顶圆和齿顶线用粗实线绘制。 2）分度圆和分度线用点画线绘制。 3）齿根圆和齿根线用细实线绘制，可省略不画；在剖视图中，齿根线用粗实线绘制 表示齿轮、蜗轮一般用两个视图，或者用一个视图和一个局部视图 在剖视图中，当剖切平面通过齿轮的轴线时，轮齿一律按不剖处理	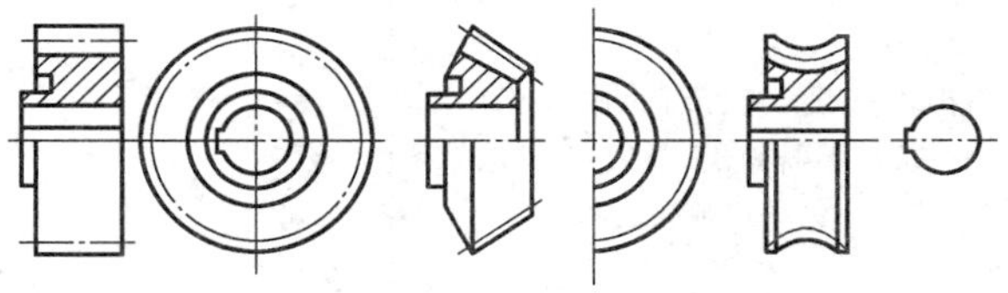 a）直齿圆柱齿轮 b）直齿锥齿轮 c）蜗轮
需要注出齿条的长度时，可在画出齿形的图中注出，并在另一视图中用粗实线画出其范围线	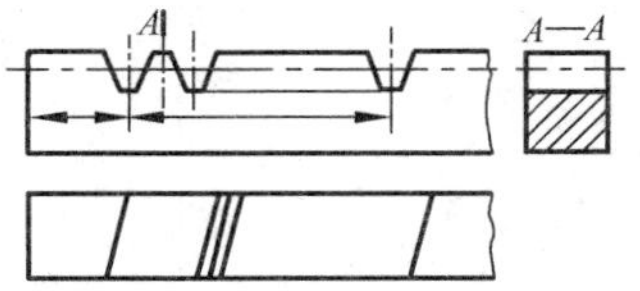 A A—A
如需表明齿形，可在图形中用粗实线画出一个或两个齿，或用适当比例的局部放大图表示 图 b 所示为圆弧齿轮的画法	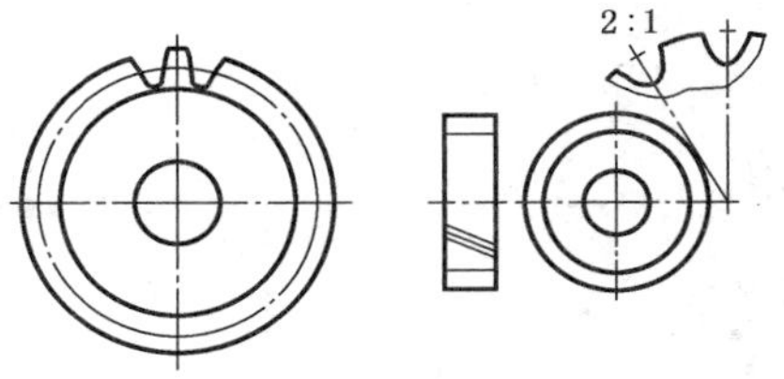 2:1 a) b)

续表 1-3-38

规定说明	图例
当需要表示齿线的形状时，可用三条与齿线方向一致的细实线表示。直齿则不需要表示	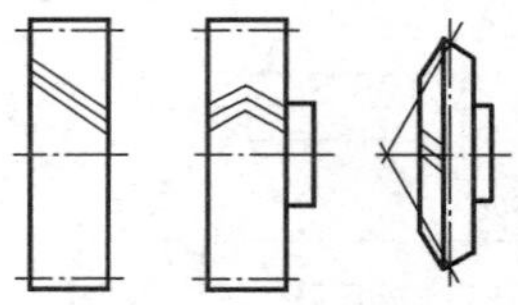
链轮的画法	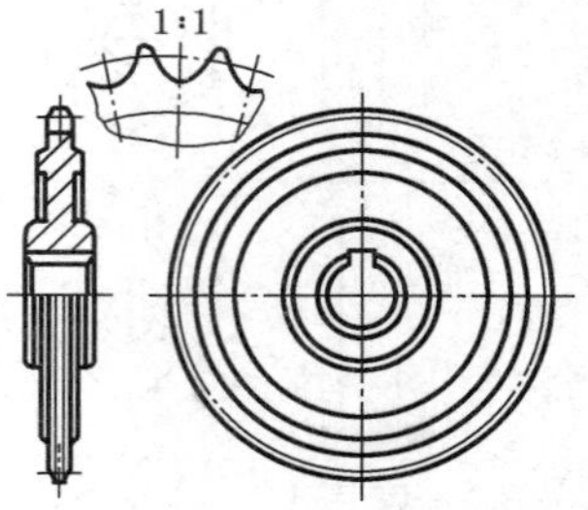 1:1

(2) 齿轮、蜗杆、蜗轮啮合画法(表 1-3-39)

表 1-3-39 齿轮、蜗杆、蜗轮啮合画法

规定说明	图例
在垂直于圆柱齿轮轴线的投影面的视图中，啮合区内的齿顶圆均用粗实线绘制。也可采用省略画法，见图 b 在剖视图中，当剖切平面通过两啮合齿轮的轴线时，在啮合区内，将一个齿轮的轮齿用粗实线绘制，另一个齿轮的轮齿被遮挡的部分用虚线绘制，也可省略不画，见图 a 在剖视图中，当剖切平面不通过啮合齿轮的轴线时，齿轮一律按不剖绘制	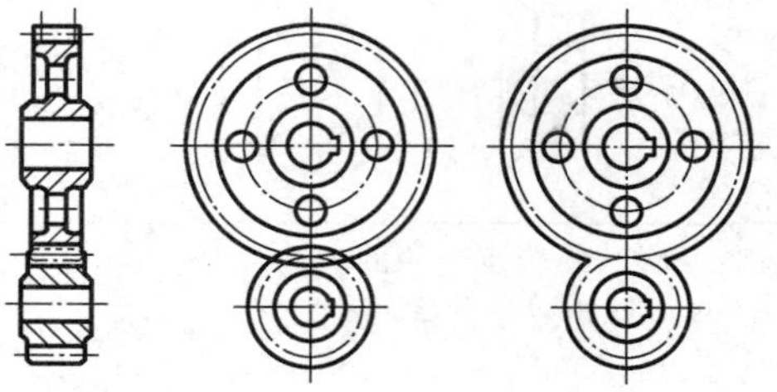 a)　　b)
在平行齿轮轴线的投影面的外形视图中，啮合区的齿顶线不需画出，节线用粗实线绘制，其他处的节线仍用点画线绘制	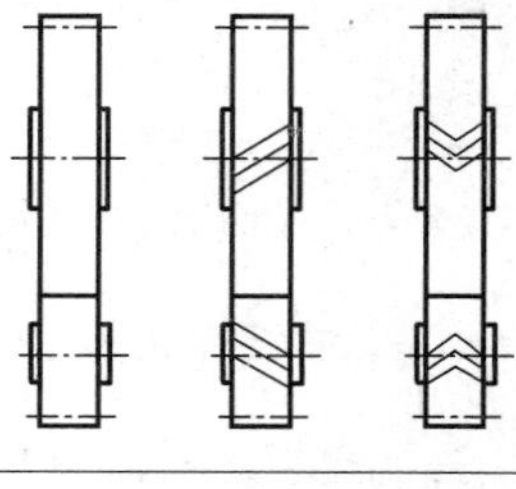
内啮合齿轮画法	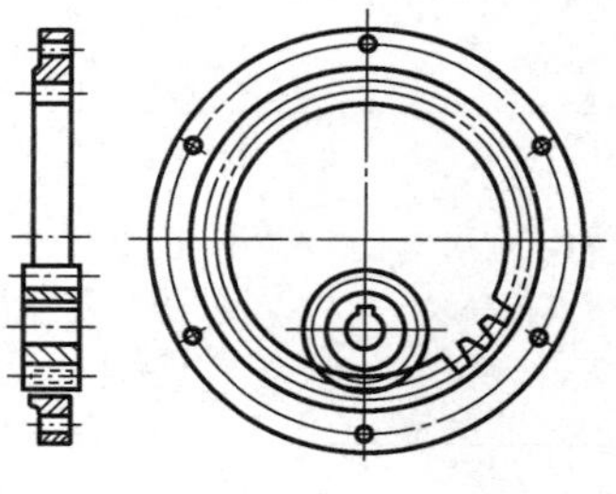
齿轮齿条啮合画法	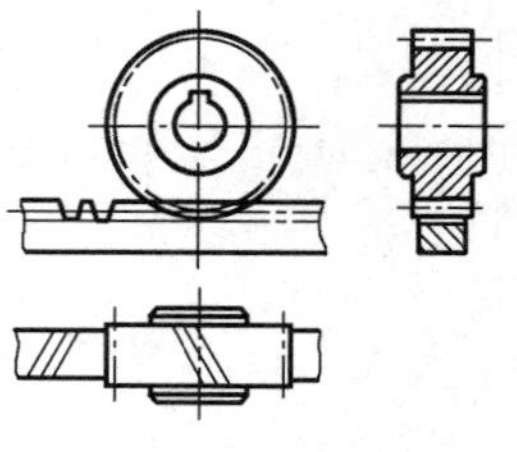

续表 1-3-39

规定说明	图例
锥齿轮啮合(轴线成直角)的画法	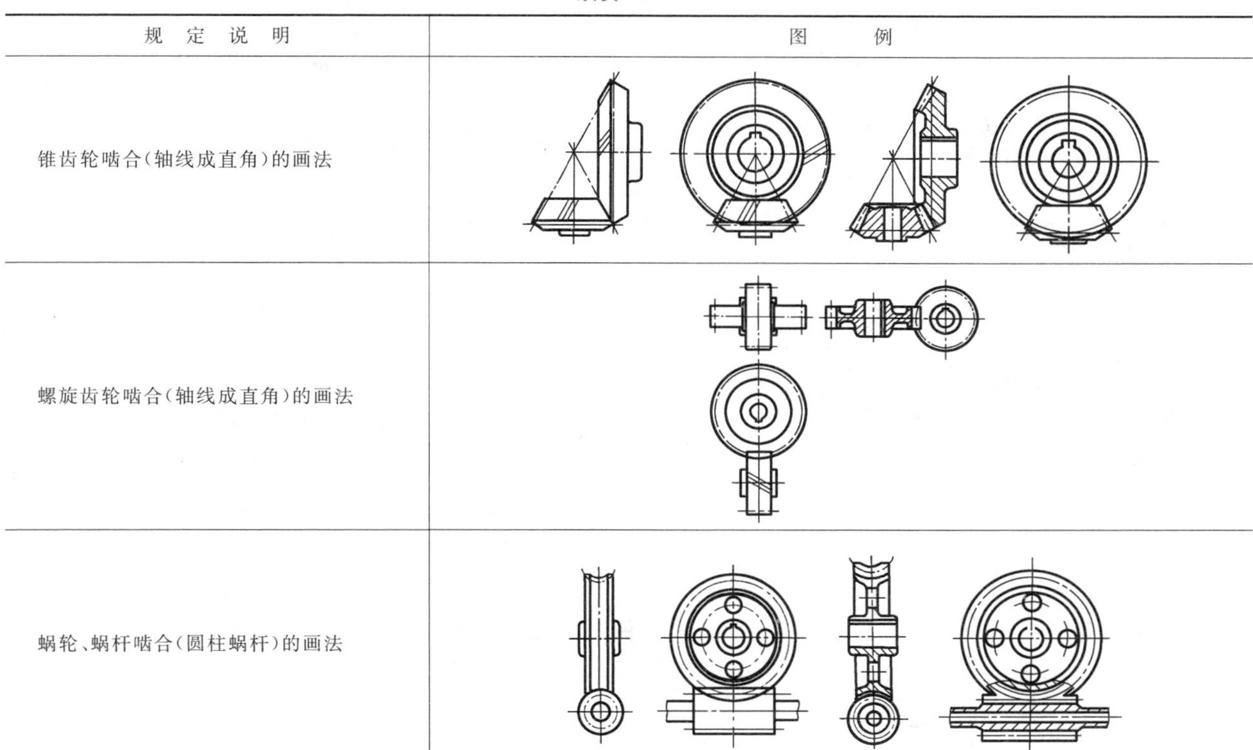
螺旋齿轮啮合(轴线成直角)的画法	
蜗轮、蜗杆啮合(圆柱蜗杆)的画法	

1.3.4.3 矩形花键的画法及其尺寸标注(表 1-3-40)

表 1-3-40 矩形花键的画法及其尺寸标注(GB/T 4459.3—2000)

规定说明	图例
在平行于花链轴线的投影面的视图中,外花键大径用粗实线;小径用细实线绘制。并用剖面画出一部分或全部齿形 花键工作长度的终止端和尾部长度的末端均用细实线绘制,并与轴线垂直,尾部画成斜线,其倾斜角一般与轴线成30°必要时,可按实际情况画出	A—A b 6齿 或 A—A b D d L A
在平行于花键轴线的投影面的视图中,内花键大径与小径均用粗实线绘制,并用局部视图画出一部分或全部齿形	b 6齿 或 b D d L
大径、小径及键宽采用一般尺寸标注时,其注法如本表中外花键和内花键图例 若采用标准规定的花键标记标注时,其注法见图例	⨅ 6×23f7×26a11×6d10 GB/T 1144—2001 L a) 外花键 b 6齿 B 或 D d L ⨅ 6×23H7×26H10×6H11 GB/T 1144—2001 b) 内花键 图中: ⨅(矩形花键符号) 键数×小径×大径×键宽

续表 1-3-40

规定说明	图例
花键联接用剖视图表示时，其联接部分按外花键绘制，矩形花键的联接画法见图例	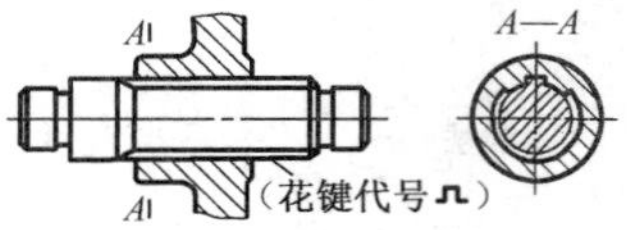 A—A A A （花键代号⊓）

1.3.4.4 弹簧的画法(GB/T 4459.4—2003)

(1) 螺旋弹簧的画法(表 1-3-41)

1) 在平行于螺旋弹簧轴线的投影面的视图中，其各圈的轮廓线应画成直线。

2) 螺旋弹簧均可画成右旋，但左旋弹簧不论画成左旋或右旋，一律要标注"左"字。

3) 螺旋压缩弹簧，如要求两端并紧且磨平时，不论支承圈的圈数多少和末端贴紧情况如何，均按表 1-3-41 形式绘制。必要时也可按支承圈的实际结构绘制。

4) 有效圈数在四圈以上螺旋弹簧中间部分可以省略。圆柱螺旋弹簧中间省略后，允许适当缩短图形的长度。

表 1-3-41 螺旋弹簧画法

类型	视图	剖视图	示意图
圆柱螺旋压缩弹簧	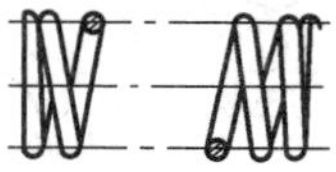	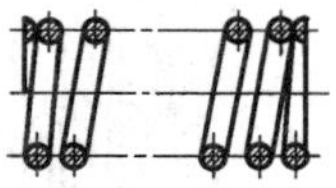	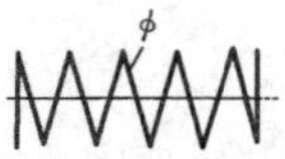 φ
截锥螺旋压缩弹簧	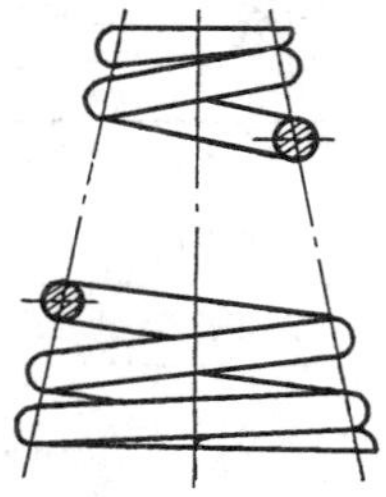	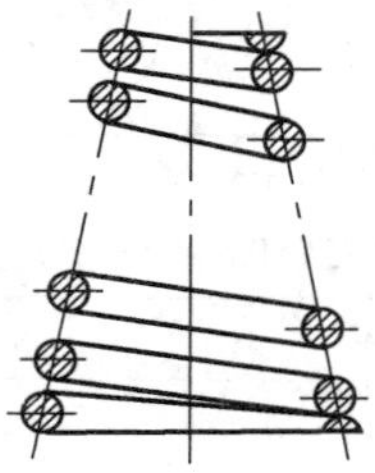	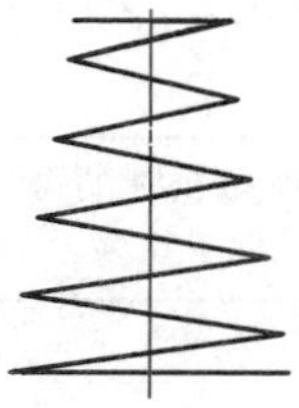
圆柱螺旋拉伸弹簧	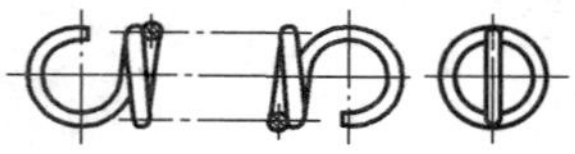	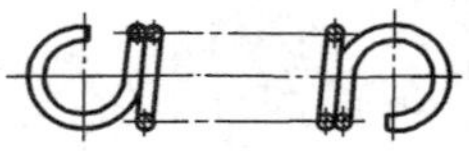	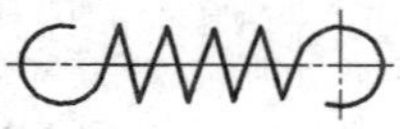
圆柱螺旋扭转弹簧	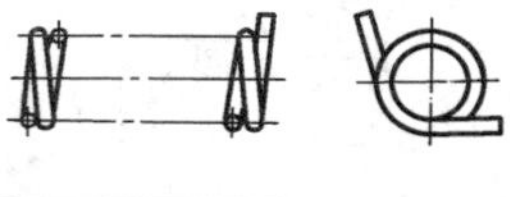	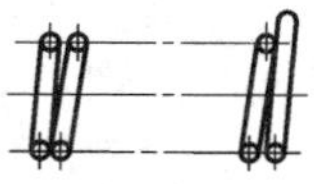	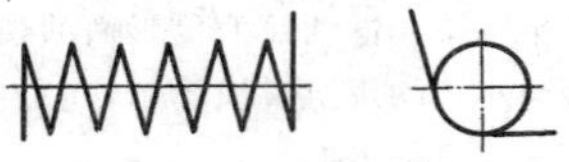

(2) 蝶形弹簧的画法(表 1-3-42)

表 1-3-42 蝶形弹簧画法

视图	剖视图	示意图
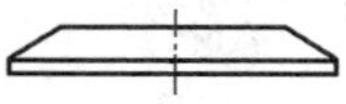	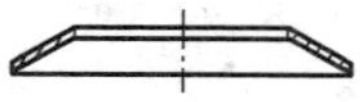	
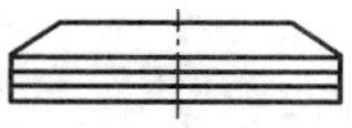	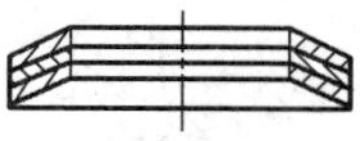	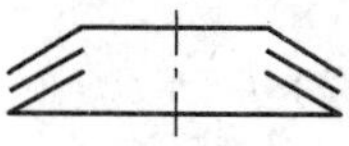
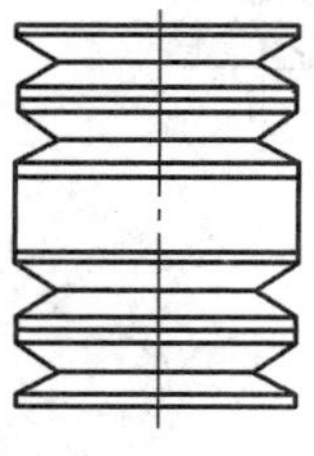	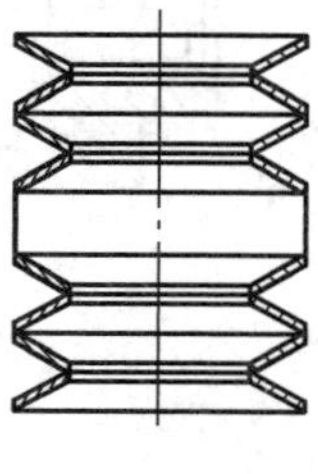	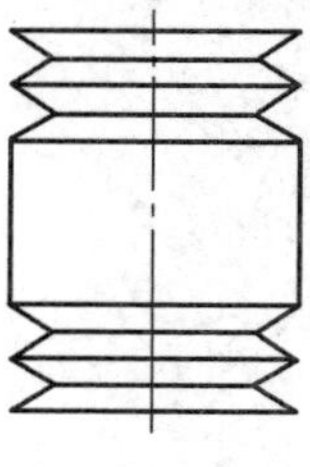

（3）平面涡卷弹簧的画法（表 1-3-43）

表 1-3-43　平面涡卷弹簧的画法

视　图	示　意　图

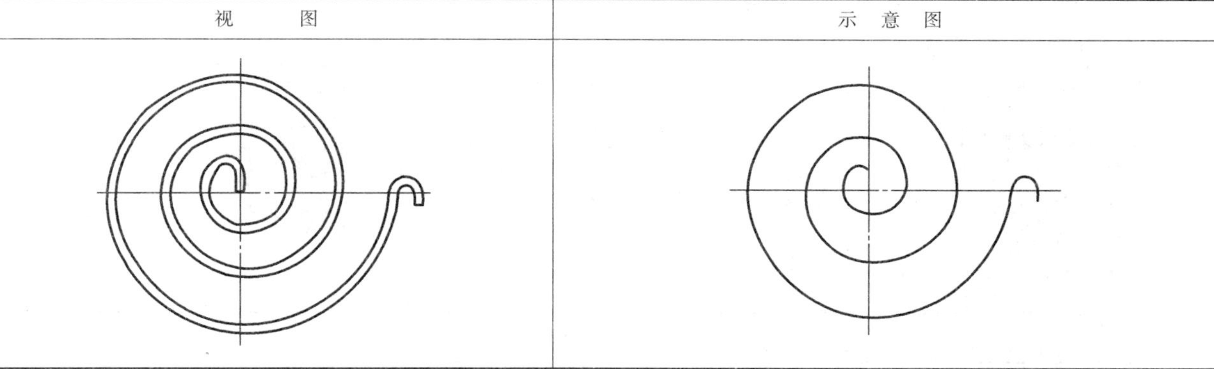

（4）板弹簧的画法

弓形板弹簧由多种零件组成，其画法见图 1-3-9。

（5）装配图中弹簧的画法（表 1-3-44）

1.3.4.5　中心孔表示法（GB/T 4459.5—1999）

（1）中心孔符号（表 1-3-45）

（2）中心孔在图样上的标注（表 1-3-46）

1.3.4.6　滚动轴承表示法（GB/T 4459.7—1998）

（1）基本规定（表 1-3-47）

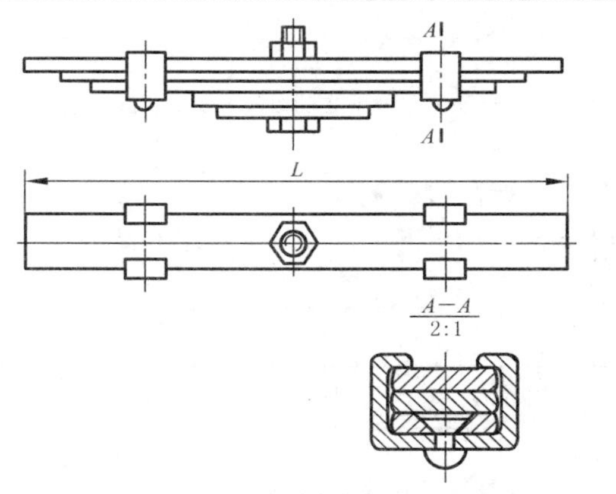

图 1-3-9　弓形板弹簧画法图例

表 1-3-44　装配图中弹簧的画法

规　定　说　明	图　　例
被弹簧挡住的结构一般不画出，可见部分应从弹簧的外轮廓线或从弹簧钢丝剖面的中心线画起	
型材直径或厚度在图形上等于或小于 2 mm 的螺旋弹簧、蝶形弹簧、片弹簧允许用示意图绘制（图 a） 当弹簧被剖切时，剖面直径或厚度在图形上等于或小于 2 mm 时也可用涂黑表示（图 b） 四束以上的蝶形弹簧，中间部分省略后用细实线画出轮廓范围（图 c）	a)　　b)　　c)
板弹簧允许仅画出外形轮廓	

续表 1-3-44

规定说明	图例
平面涡卷弹簧的装配图画法见图例	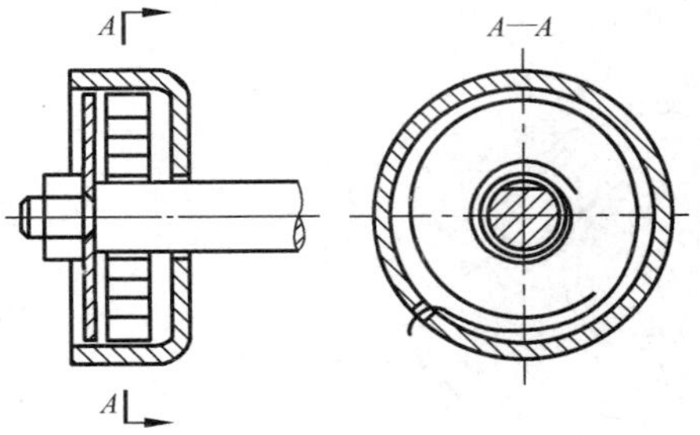 A—A

表 1-3-45　中心孔符号

符号	说明	符号	说明
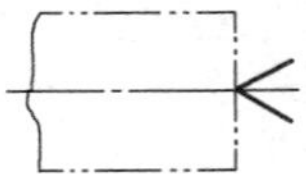	在完工的零件上要求保留中心孔	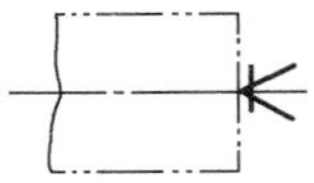	在完工的零件上不允许保留中心孔
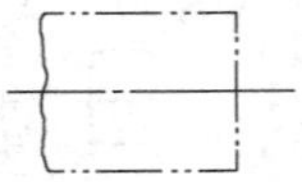	在完工的零件上可以保留中心孔		

表 1-3-46　中心孔在图样上的标注

标注示例	说明
 GB/T 4459.5—1999-B3.15/10	采用 B 型中心孔 D=3.15 mm、D_1=10 mm 在完工的零件上要求保留中心孔
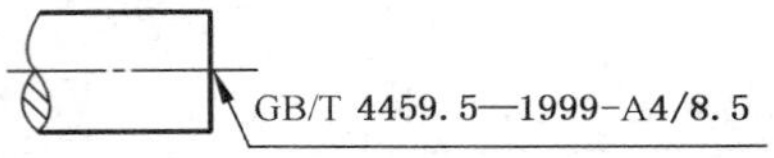 GB/T 4459.5—1999-A4/8.5	采用 A 型中心孔 D=4 mm、D_1=8.5 mm 在完工的零件上是否保留中心孔都可以
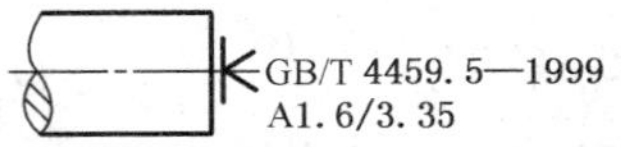 GB/T 4459.5—1999 A1.6/3.35	采用 A 型中心孔 D=1.6 mm、D_1=3.35 mm 在完工的零件上不允许保留中心孔
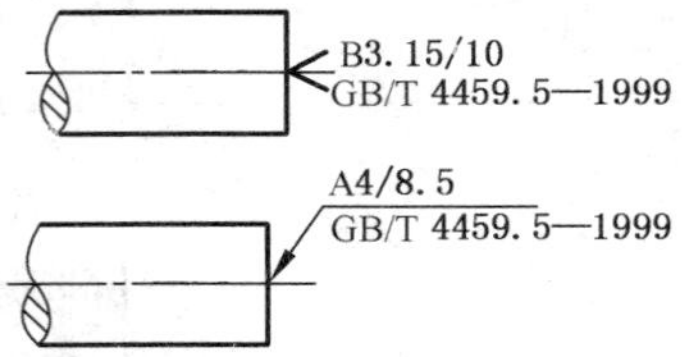 B3.15/10 GB/T 4459.5—1999 A4/8.5 GB/T 4459.5—1999	需指明中心孔的标准编号，也可标注在中心孔型号的下方
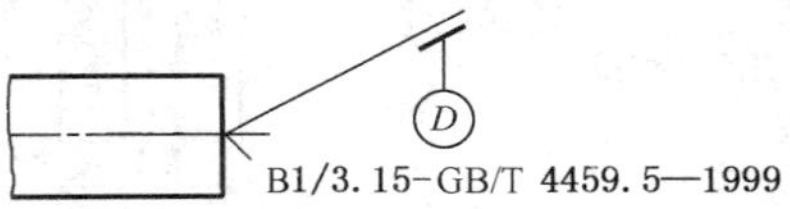 D B1/3.15-GB/T 4459.5—1999	以中心孔轴线为基准，基准代号的标注方法
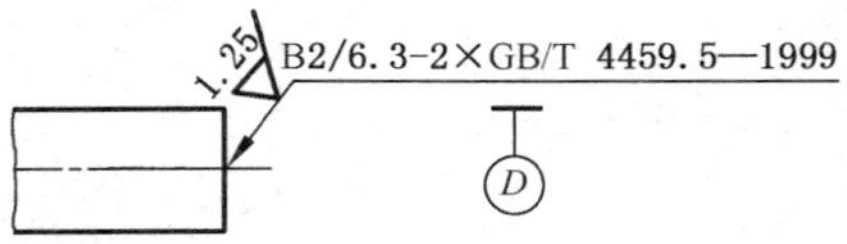 1.25 B2/6.3-2×GB/T 4459.5—1999 D	中心孔工作表面的粗糙度应标注在引出线上
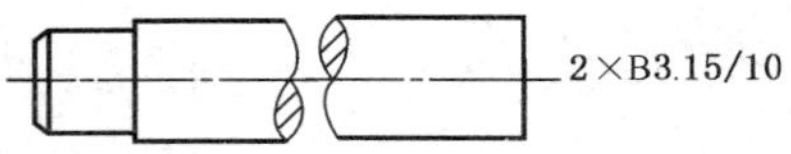 2×B3.15/10	同一轴的两端中心孔相同，在一端标出，并注出数量 在不致引起误解时，可省略标记中的标准编号

表 1-3-47 滚动轴承表示法的基本规定

要素	规定内容	图例
图线	表示滚动轴承时，通用画法、特征画法及规定画法中的各种符号、矩形线框和轮廓线均用粗实线绘制	
尺寸及比例	绘制滚动轴承时，其矩形线框或外形轮廓的大小应与滚动轴承的外形尺寸一致，并与所属图样采用同一比例。通用画法的尺寸比例(表 1-3-48)，特征画法及规定画法的尺寸比例(表 1-3-49) 在剖视图中，用简化画法绘制滚动轴承时，一律不画剖面符号；采用规定画法绘制剖视图时，轴承的滚动体不画剖面线，其各套圈可画成方向和间隔相同的剖面线。在不致引起误解时，也允许省略不画 若轴承带有其他零件或附件(偏心套、紧定套、挡圈等)时，其剖面线应与套圈的剖面线呈不同方向或不同间隔。在不致引起误解时，也允许省略不画	1 2 a) b) 1—圆柱滚子轴承 2—斜挡圈

表 1-3-48 通用画法的尺寸比例示例

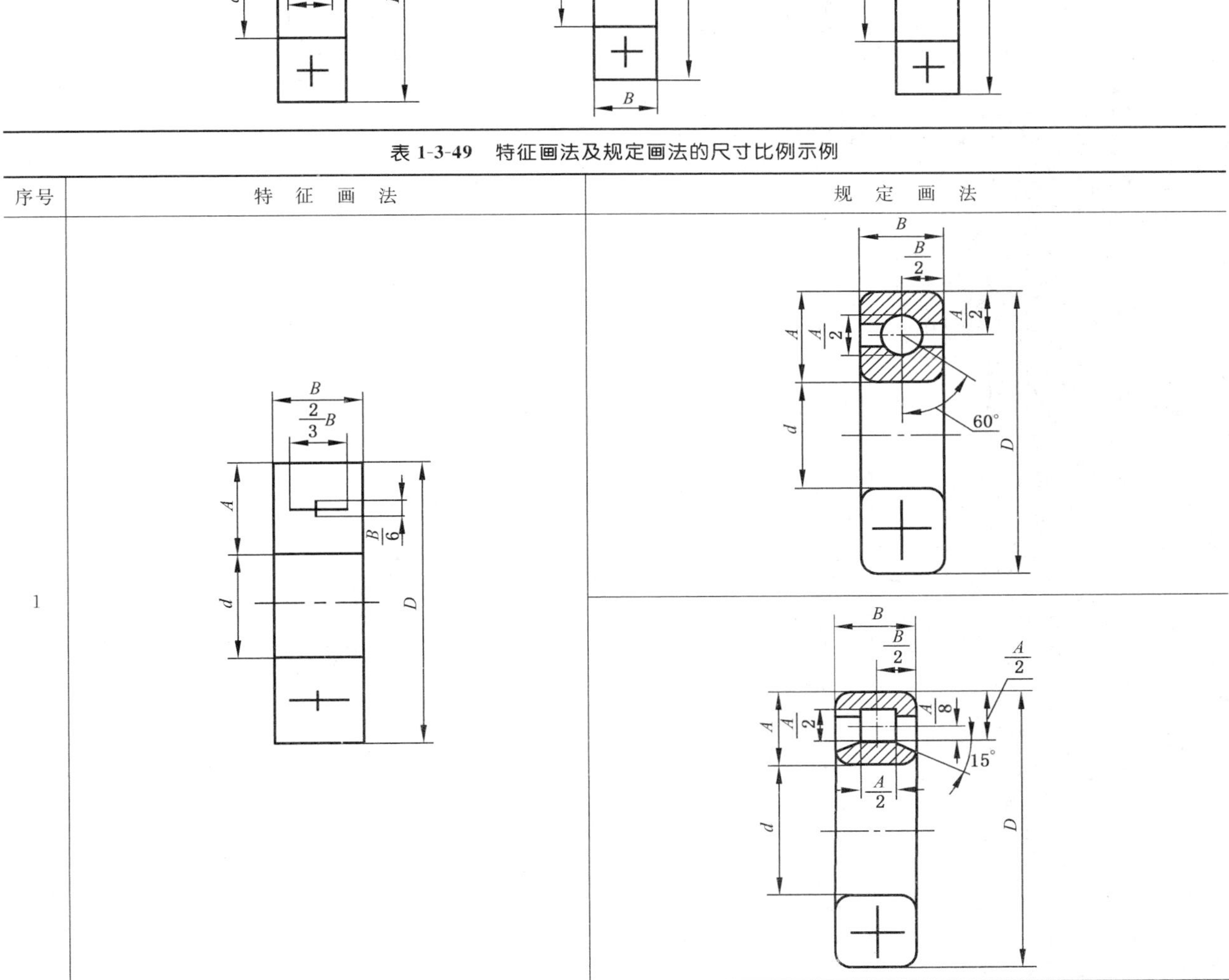

表 1-3-49 特征画法及规定画法的尺寸比例示例

序号	特征画法	规定画法
1		

续表 1-3-49

序号	特 征 画 法	规 定 画 法
2	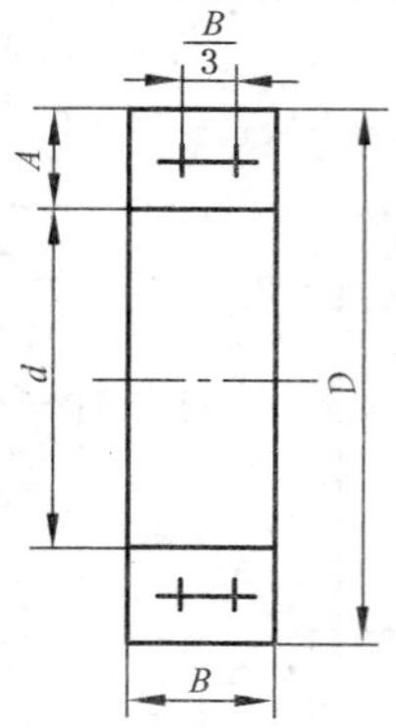	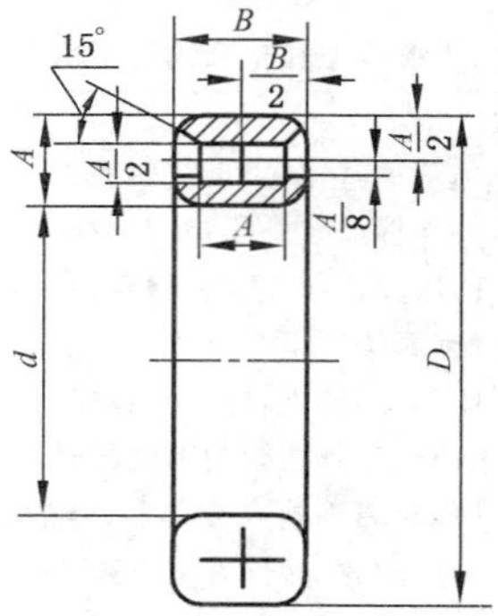
3	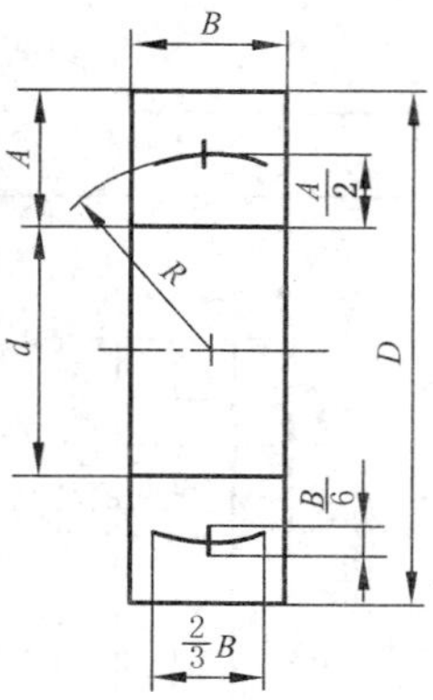	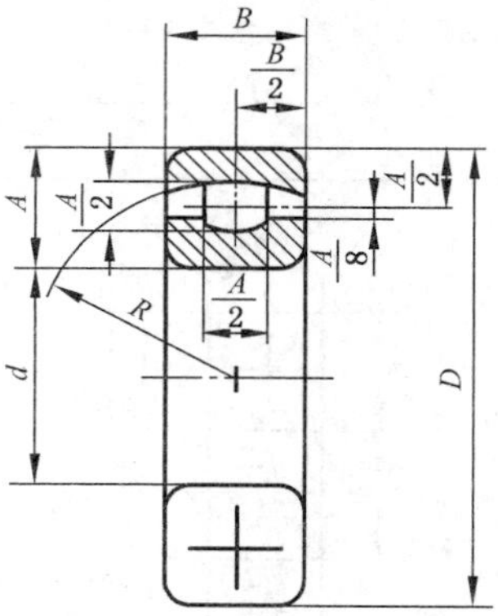
4	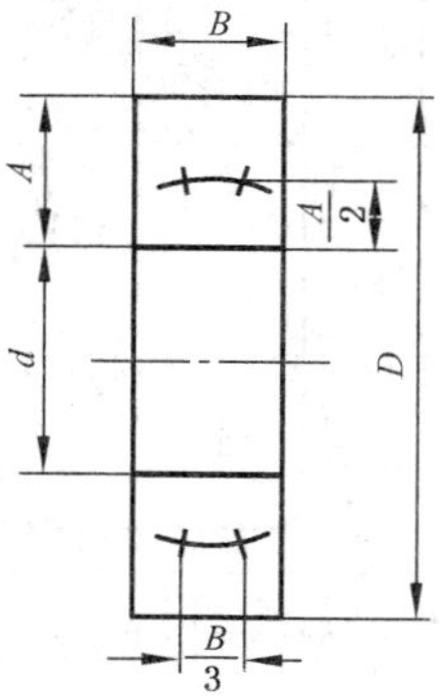	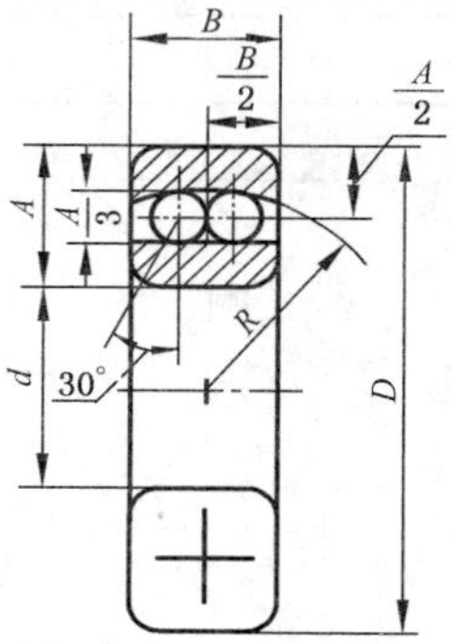 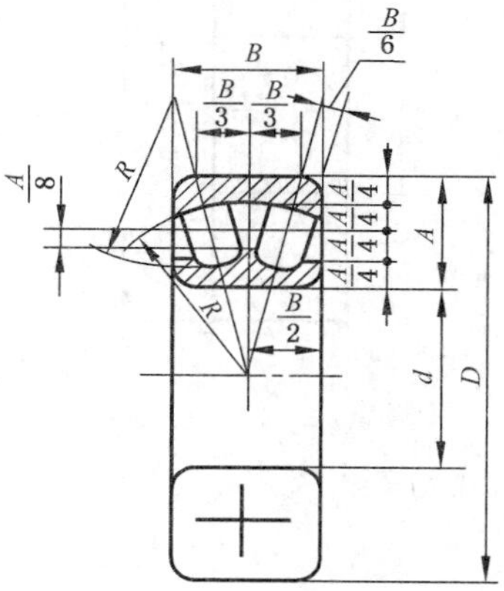

续表 1-3-49

序号	特 征 画 法	规 定 画 法
5	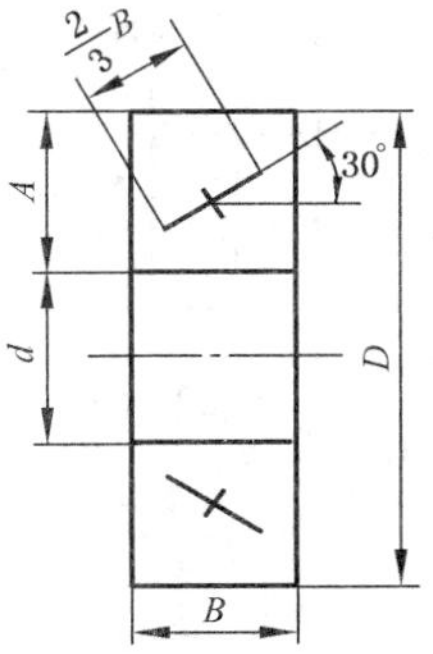	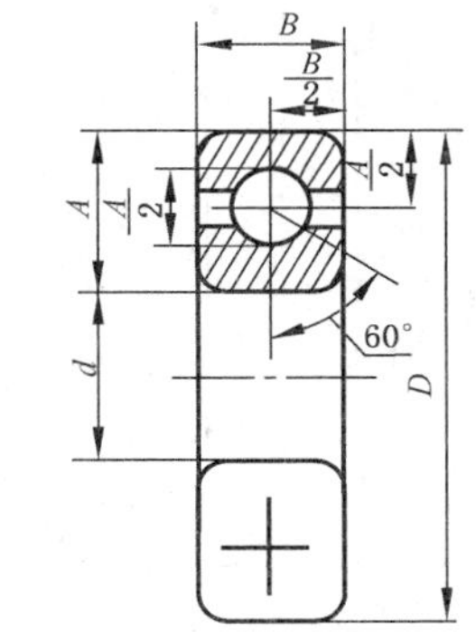 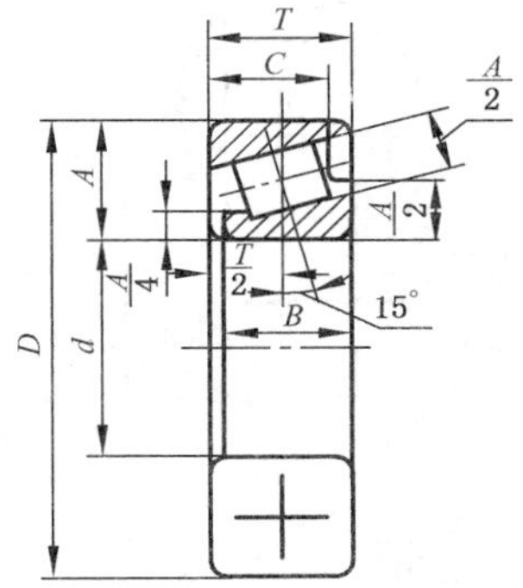
6	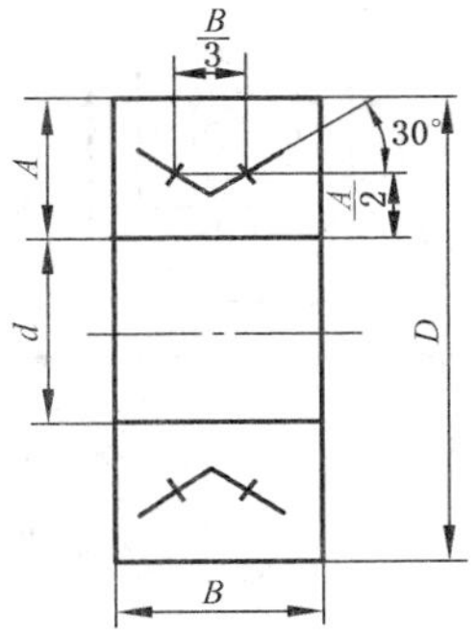	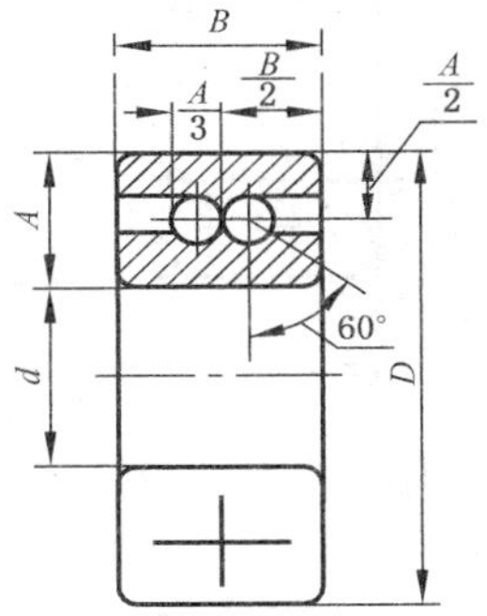
7	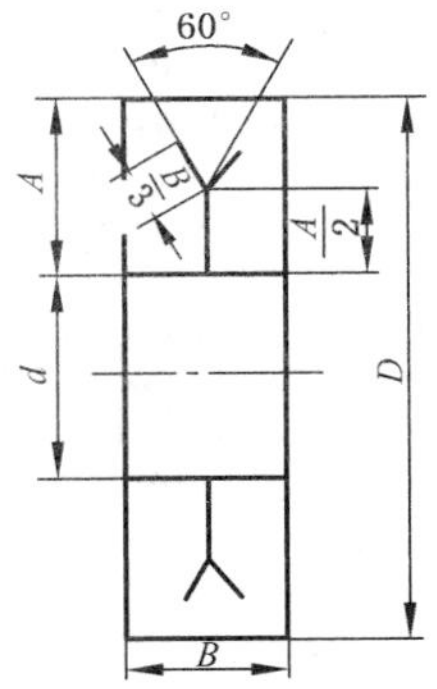	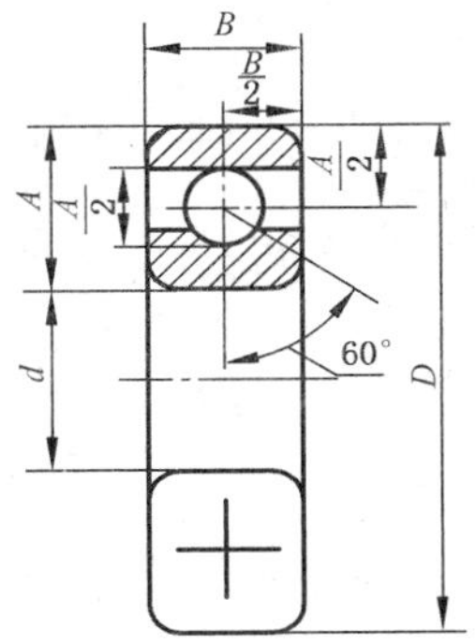

续表 1-3-49

序号	特 征 画 法	规 定 画 法
8	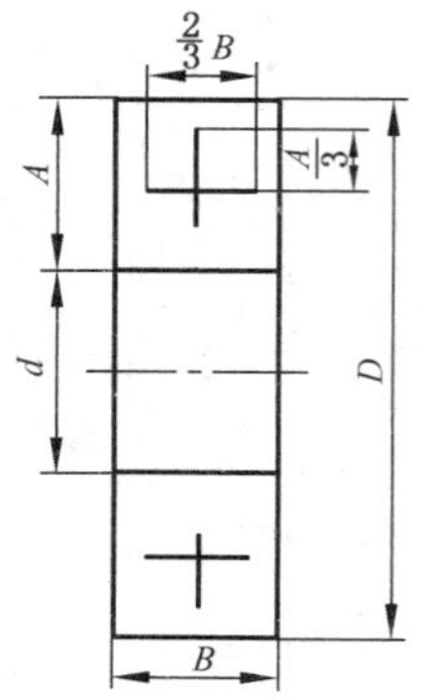	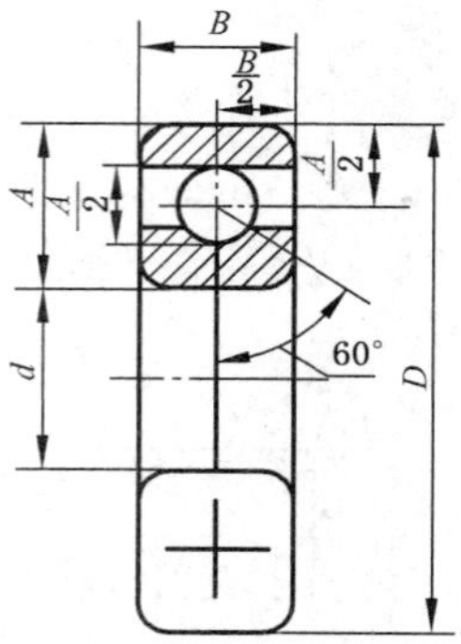
9	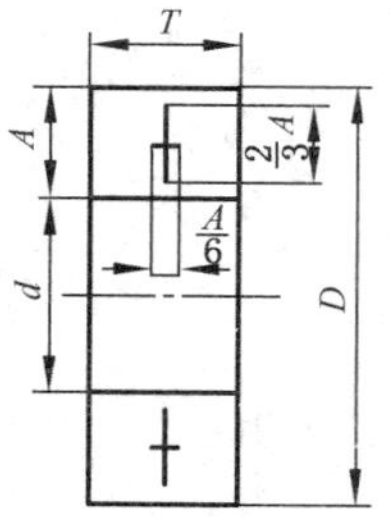	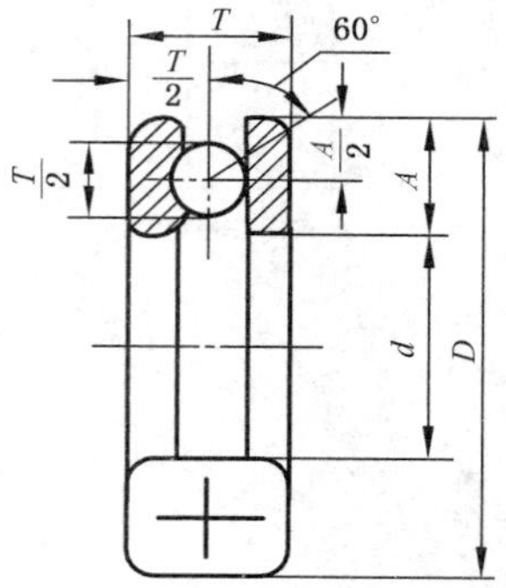
10	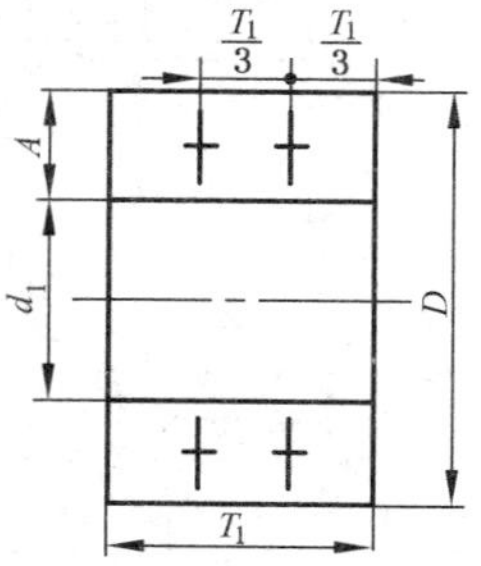	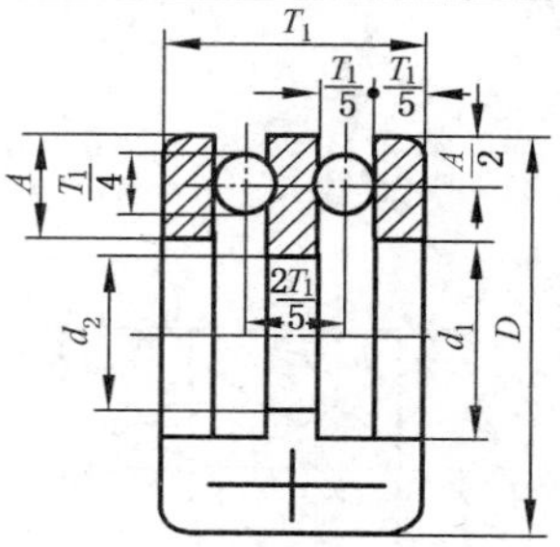

(2) 简化画法

用简化画法绘制滚动轴承时，应采用通用画法或特征画法，但在同一图样中一般只采用其中一种画法。

1) 通用画法(表 1-3-50)

表 1-3-50 滚动轴承的通用画法

规 定 说 明	图 例
在剖视图中，当不需要确切地表示滚动轴承的外形轮廓、载荷特性、结构特征时，可用矩形线框及位于线框中央正立的十字形符号表示。十字符号不应与矩形线框接触(图 a) 通用画法应绘制在轴的两侧(图 b)	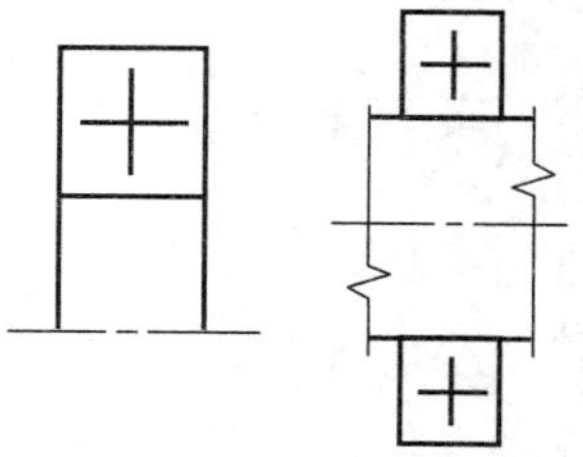 a) b)
需确切地表示滚动轴承的外形，则应画出其剖面轮廓，并在轮廓中央画出正立的十字形符号。十字符号不应与剖面轮廓线接触	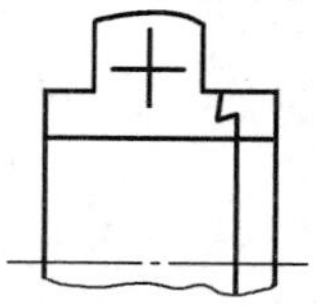

续表 1-3-50

规定说明	图例
滚动轴承带有附件或零件时，则这些附件或零件也可只画出其外形轮廓	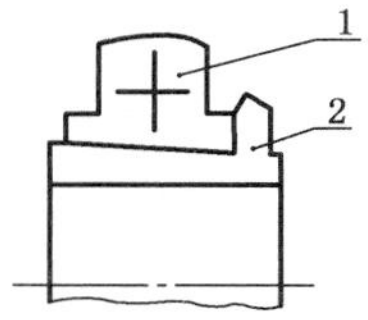 1—外球面球轴承　2—紧定套
滚动轴承的防尘盖和密封圈的表示	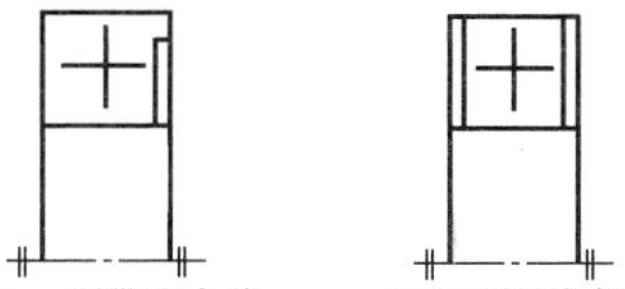 a) 一面带防尘盖　b) 两面带密封圈
需要表示滚动轴承内圈和外圈有、无挡边时，可在十字符号上附加一短画表示内圈或外圈无挡边的方向	 a) 外圈无挡边　b) 内圈有单挡边
装配图中，为了表达滚动轴承的安装方法，可画出滚动轴承的某些零件	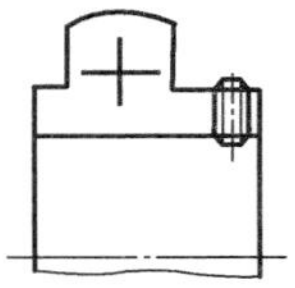

2）特征画法

① 在剖视图中，如需较形象地表示滚动轴承的结构特征，可采用在矩形线框内画出其结构要素符号的方法表示。特征画法应绘制轴的两侧。

a）滚动轴承结构要素符号（表 1-3-51）

b）结构特征和载荷特性要素符号（表 1-3-52）

表 1-3-51　滚动轴承结构要素符号

要素符号	说明	应用
①	长的粗实线	表示不可调心轴承的滚动体的滚动轴线
 ①	长的粗圆弧线	表示可调心轴承的调心表面或滚动体滚动轴线的包络线
	短的粗实线，与上两种要素符号相交成90°角（或相交于法线方向），并通过每个滚动体的中心	表示滚动体的列数和位置
在规定画法中，可用以下符号代替短粗实线		
	圆	球
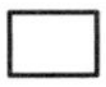	宽矩形	圆柱滚子
	长矩形	长圆柱滚子、滚针

① 根据轴承的类型，可以倾斜画出。

表 1-3-52　结构特征和载荷特性要素符号

轴承承载特性		轴承结构特征			
		两个套圈		三个套圈	
		单　列	双　列	单　列	双　列
径向承载	不可调心	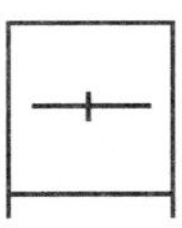	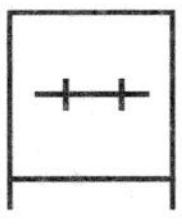	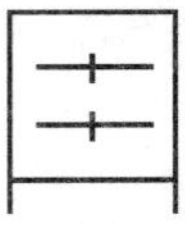	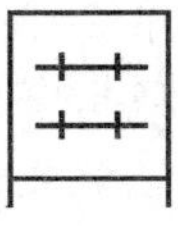
径向承载	可调心	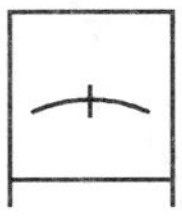	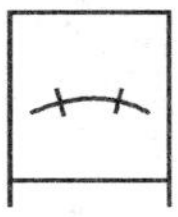	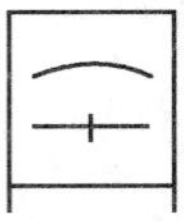	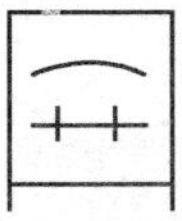
轴向承载	不可调心	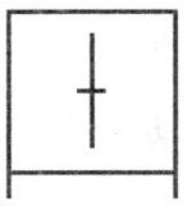	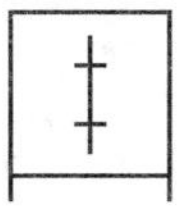	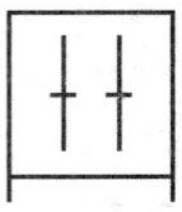	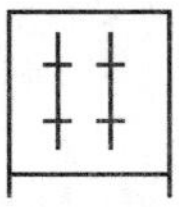
轴向承载	可调心	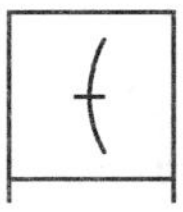	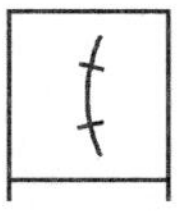	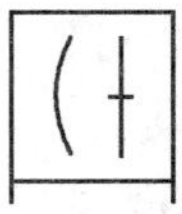	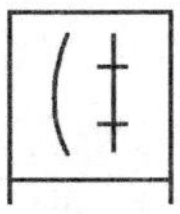
径向和轴向承载	不可调心	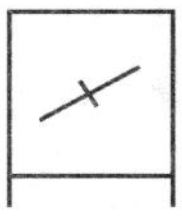		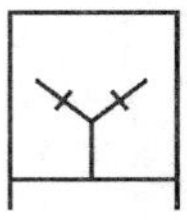	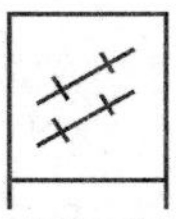
径向和轴向承载	可调心	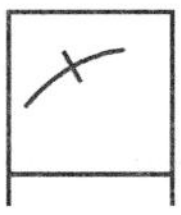	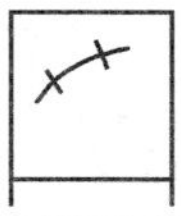	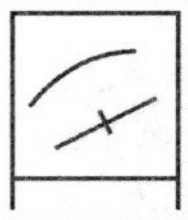	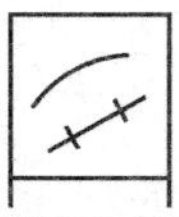

注：表中的滚动轴承，只画出了轴线一侧的部分。

c）滚动轴承的特征画法及其应用（表 1-3-53～表 1-3-56）

表 1-3-53　球轴承和滚子轴承的特征画法及规定画法

特 征 画 法	规　定　画　法	
	球　轴　承	滚　子　轴　承
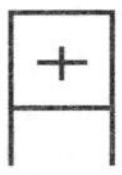	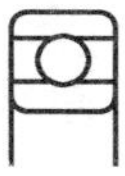 GB/T 276	 GB/T 283
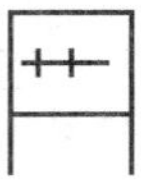	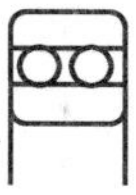	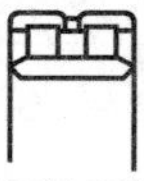 GB/T 285
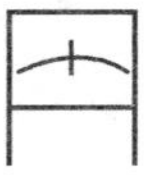		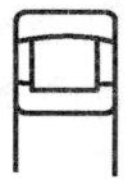
	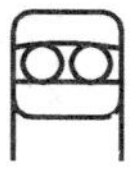 GB/T 281	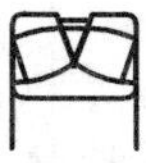 GB/T 288
	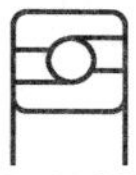 GB/T 292	 GB/T 297

续表 1-3-53

特征画法	规定画法	
	球轴承	滚子轴承
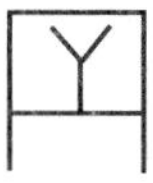	 GB/T 294(三点接触)	
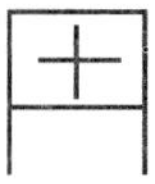	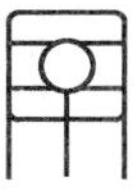 GB/T 294(四点接触)	
	 GB/T 296	
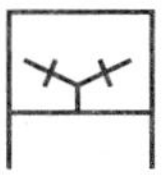		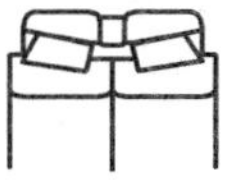 GB/T 299
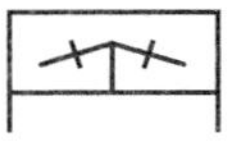		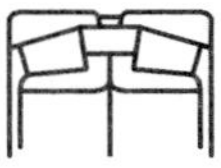

表 1-3-54 滚针轴承特征及规定画法

特征画法	规定画法
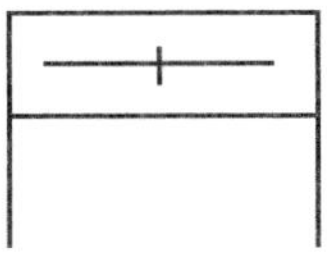	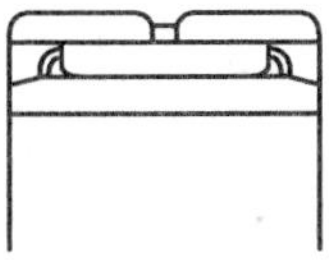 GB/T 5801 JB/T 3588 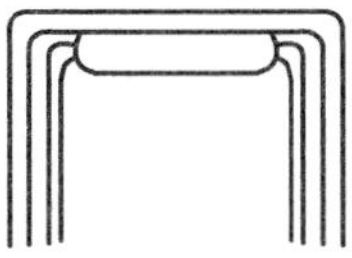　　GB/T 290 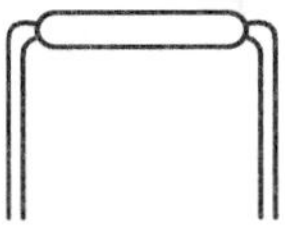　　JB/T 7918
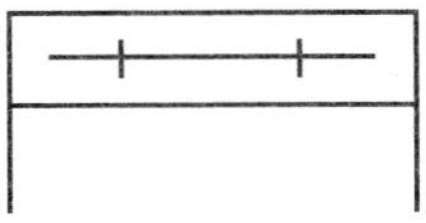	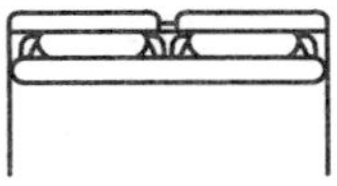 GB/T 5801 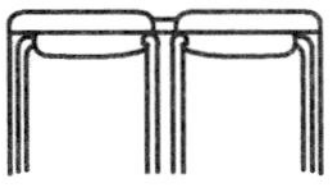　　GB/T 5801 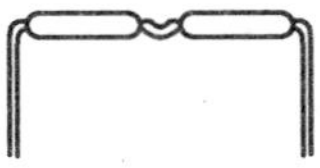　　JB/T 7918
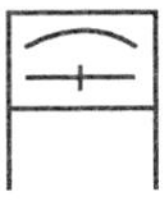	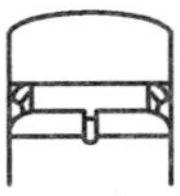 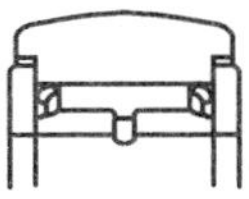  GB/T 6445

表 1-3-55 组合轴承的特征画法及规定画法

特征画法	规定画法
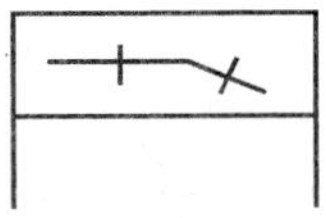	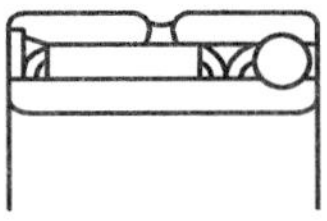 JB/T 3123

续表 1-3-55

特征画法	规定画法
	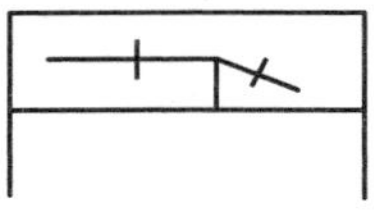 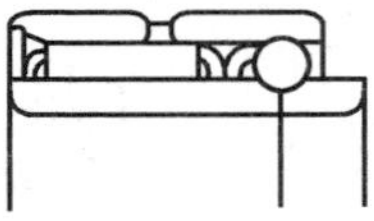 JB/T 3123
	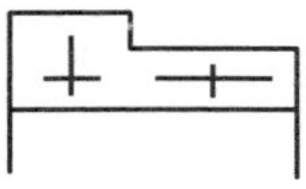 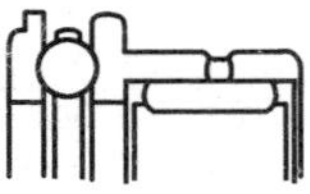 JB/T 3122
	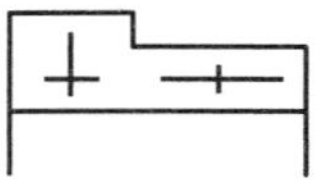 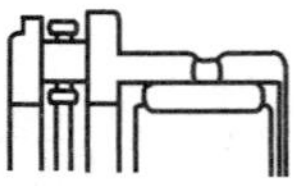 GB/T 16643

表 1-3-56 推力轴承的特征画法及规定画法

特征画法	规定画法	
	球轴承	滚子轴承
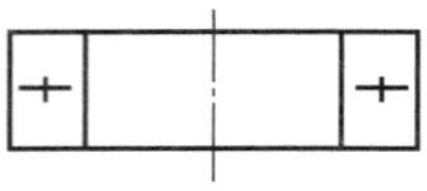	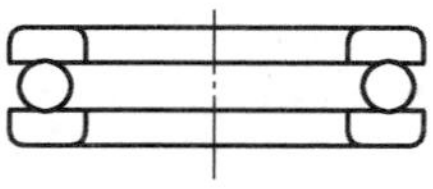 GB/T 300	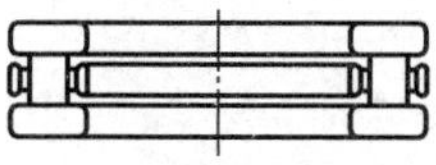 GB/T 4663 JB/T 7915 
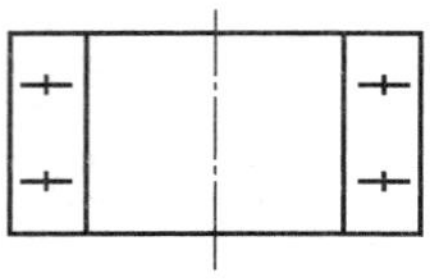	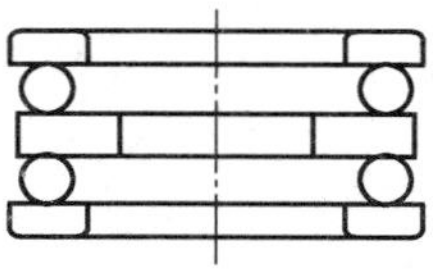 GB/T 301	
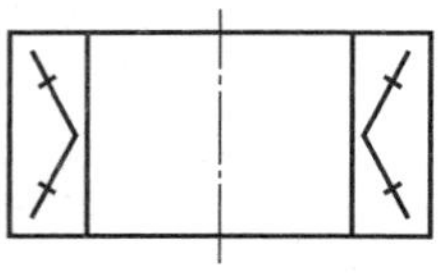	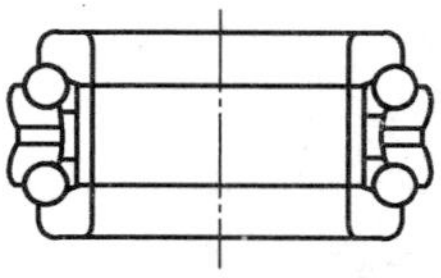 JB/T 6362	
	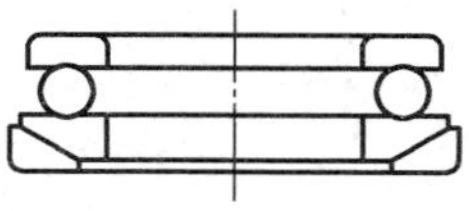 GB/T 301	
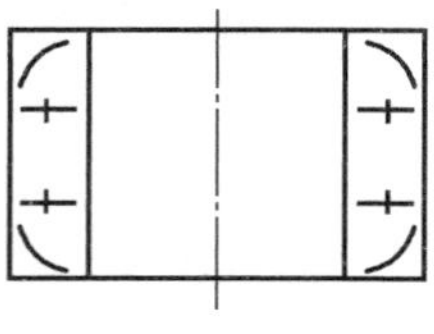	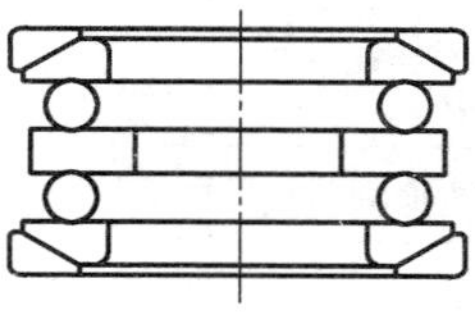 GB/T 301	
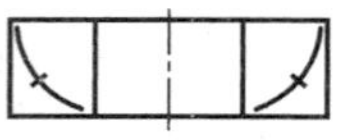		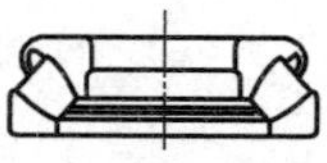 GB/T 5859

② 垂直于滚动轴承轴线的投影面的视图上，无论滚动体的形状（球、柱、针等）及尺寸如何，均可按图 1-3-10 的方法绘制。

③ 通用画法中有关滚动轴承带有附件或零件；表示防尘盖和密封圈；表示内圈或外圈有、无挡边时，及装配图的表示方法的规定也适用于特征画法

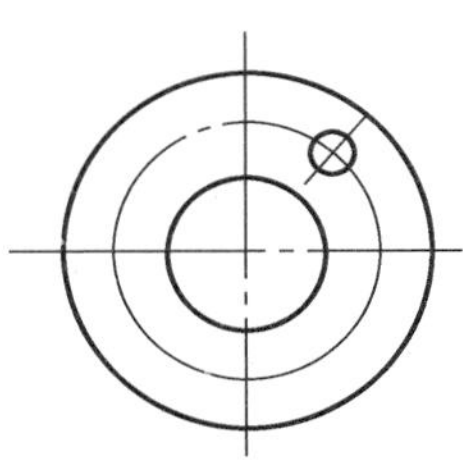

图 1-3-10 轴线垂直于投影面的特征画法

（3）规定画法

1）必要时，在滚动轴承的产品图样、产品样本、产品标准、用户手册和使用说明书中可采用表 1-3-53～表 1-3-56 的规定画法绘制滚动轴承。

2）在装配图中，滚动轴承的保持架及倒角等可省略不画。

3）规定画法一般绘制在轴的一侧，另一侧按通用画法绘制。

（4）应用示例

滚动轴承表示法在装配图中的应用示例（图 1-3-11～图 1-3-14）。

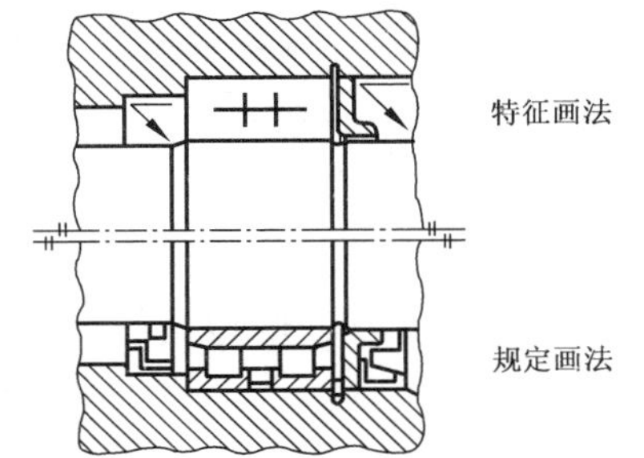

图 1-3-11 双列圆柱滚子轴承在装配图中的画法

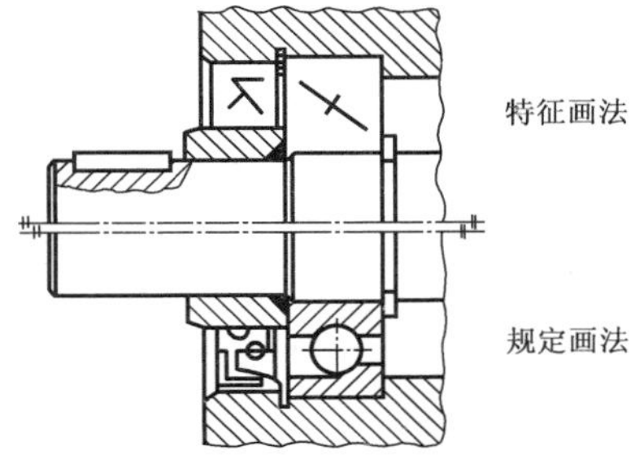

图 3-12 角接触球轴承在装配图中的画法

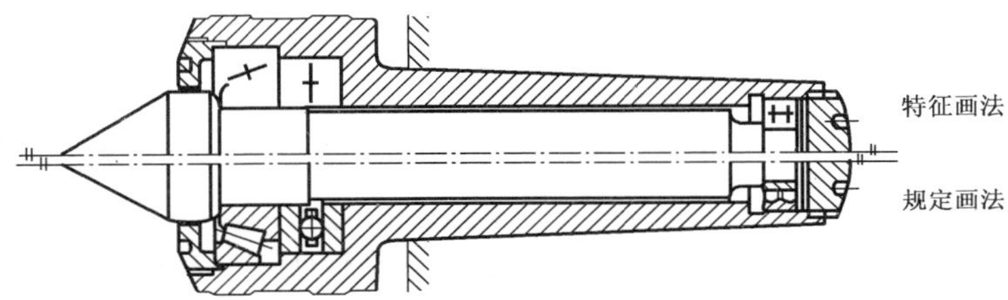

图 1-3-13 圆锥滚子轴承、推力球轴承和双列深沟球轴承在装配图中的画法

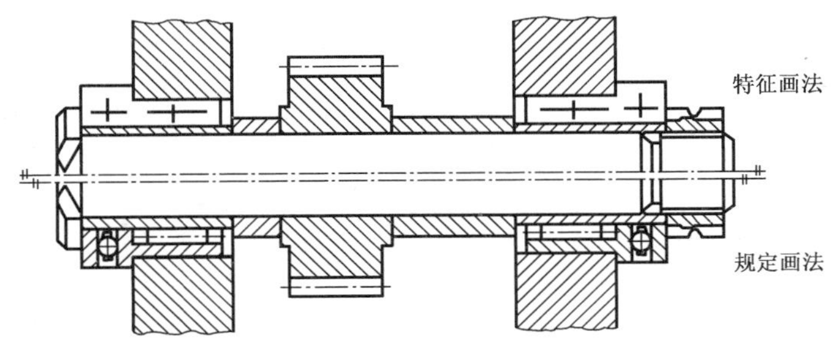

图 1-3-14 组合轴承在装配图中的画法

1.3.4.7 动密封圈表示法（GB/T 4459.8—2008、GB/T 4459.9—2009）

（1）基本规定（表 1-3-57）

（2）简化画法

用简化画法绘制动密封圈时，可采用通用画法或特征画法。在同一张图样中一般只采用一种画法。

1）通用画法（表 1-3-58）

表 1-3-57 动密封圈基本规定

要素	规定	图例
图线	绘制密封圈时，通用画法和特征画法及规定画法中的各种符号、矩形线框和轮廓线均用粗实线绘制	

续表 1-3-57

要　素	规　　定	图　　例
尺寸及比例	用简化画法绘制的密封圈，其矩形线框和轮廓应与有关标准规定的密封圈尺寸及其安装沟槽尺寸协调一致，并与所属图样采用同一比例绘制	
剖面符号	在剖视和剖面图中，用简化画法绘制的密封圈一律不画剖面符号；用规定画法绘制密封圈时，仅在金属的骨架等嵌入元件上画出剖面符号或涂黑	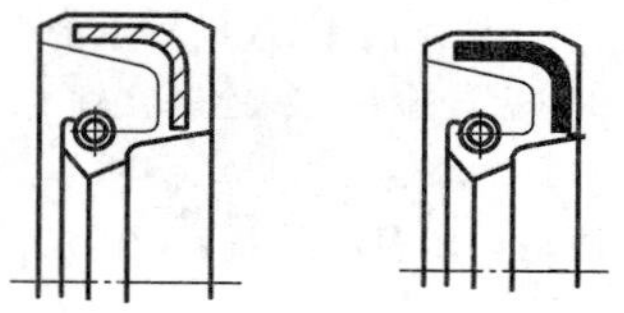

表 1-3-58　通用画法

规 定 说 明	图　例	规 定 说 明	图　例
在剖视图中，如不需要确切地表示密封圈的外形轮廓和内部结构，可采用在矩形线框的中央画出十字交叉的对角线符号的方法表示。交叉线符号不应与矩形线框的轮廓线接触	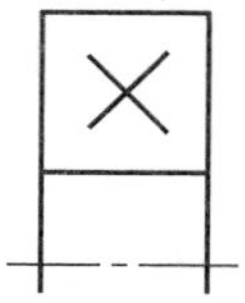	如需要确切地表示密封圈的外形轮廓，则应画出其较详细的剖面轮廓，并在其中央画出对角线符号	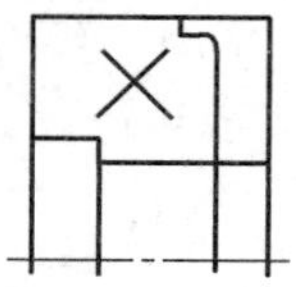
如需要表示密封的方向，则应在对角线符号的一端画出一个箭头，指向密封的一侧	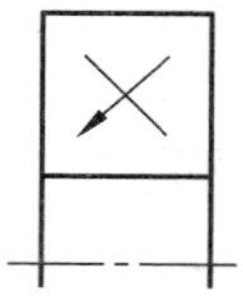	通用画法应绘制在轴的两侧	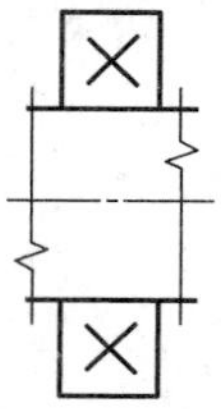

2）特征画法　在剖视图中，如需比较形象地表示出密封圈的密封结构特征时，可采用线框中间画出密封要素符号的方法表示。密封要素符号及其含义及应用见表 1-3-59。

特征画法应绘制在轴的两侧。

旋转轴唇形密封圈、往复运动橡胶密封圈、迷宫式密封件的特征画法和规定画法见表 1-3-60～表 1-3-62。

表 1-3-59　动密封圈特征画法

要素符号	说　明	应　用
	长的粗实线（平行与密封表面的母线）	表示静态密封要素（密封圈和防尘圈上具有静态密封功能的部分）
	长的粗实线①（与相应的轮廓线成 45°）	表示动态密封要素（密封圈和防尘圈上具有动态密封功能的唇以及有防尘、除尘功能的结构）。与前边的要素符号组合使用，倾斜方向应与工作介质流动的方向相逆
	短的粗实线（与前边的要素符号成 90°）	表示有防尘和除尘功能的副唇。与前边的要素符号组合使用
	短的粗实线（与相应的轮廓线成 30°）	表示往复运动的动态密封要素（密封圈和防尘圈上具有动态密封功能的唇）。与后边的要素符号组合使用
	短的粗实线（与相应的轮廓线平行，由矩形线框的中心画出）	表示往复运动的静态密封要素（密封圈和防尘圈上具有静态密封功能的部分）
	粗实线 T 形（凸起）	T 形、U 形组合使用，表示非接触密封。例如迷宫式密封
	粗实线 U 形（凹入）	

① 必要时，可附加一个表示密封方向的箭头。

表 1-3-60 旋转轴唇形密封圈的特征画法和规定画法

特征画法		应用	规定画法
轴用	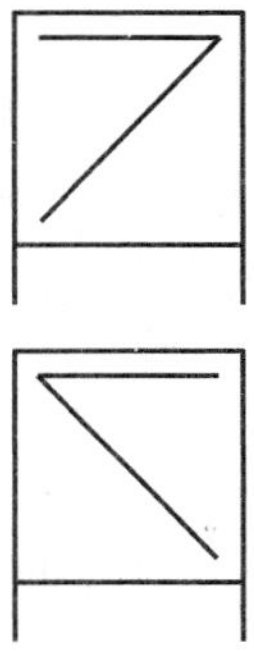	主要用于旋转轴唇形密封圈。也可用于往复运动活塞杆唇形密封圈及结构类似的防尘圈	GB/T 9877.1 B形 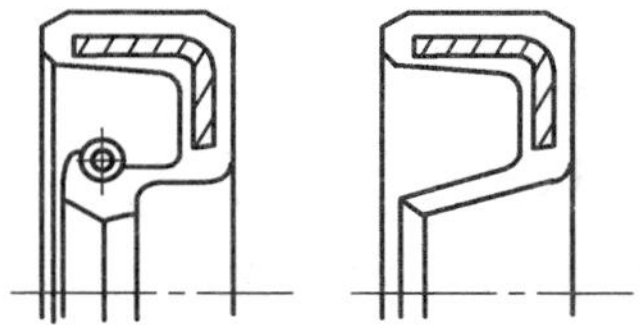 GB/T 9877.2 W形 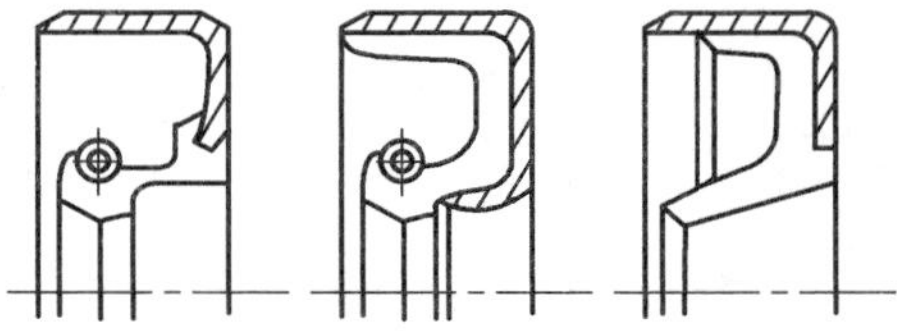 GB/T 9877.3 Z形 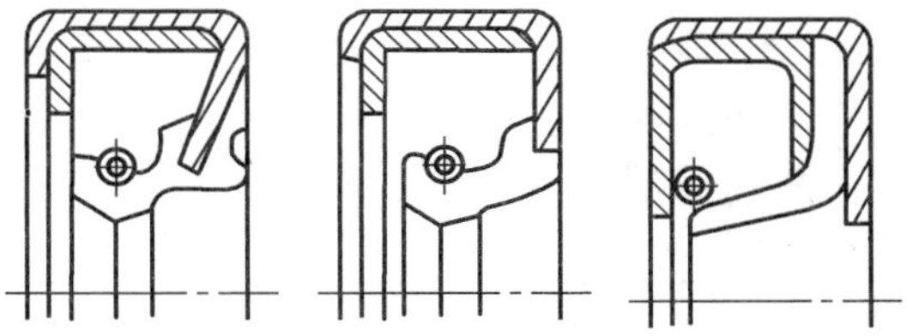
孔用	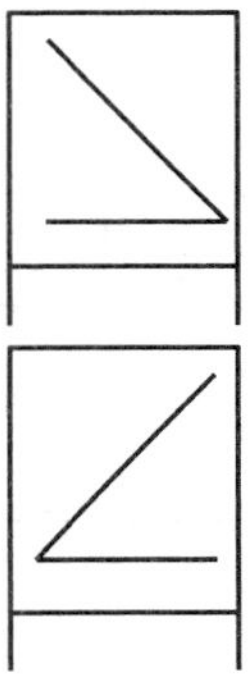		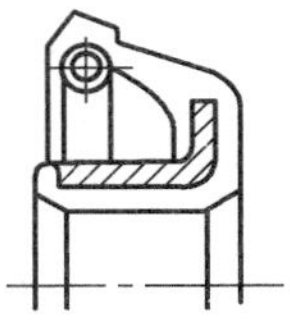
轴用	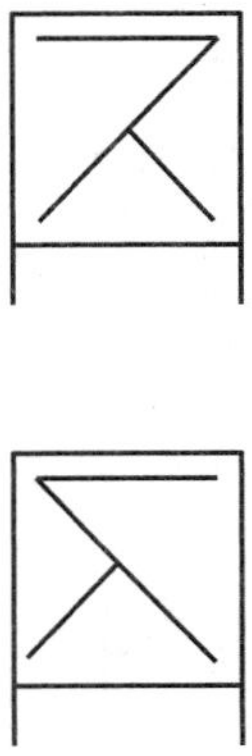	主要用于有副唇的旋转轴唇形密封圈。也可用于结构类似的往复运动活塞杆唇形密封圈	GB/T 9877.1 FB形 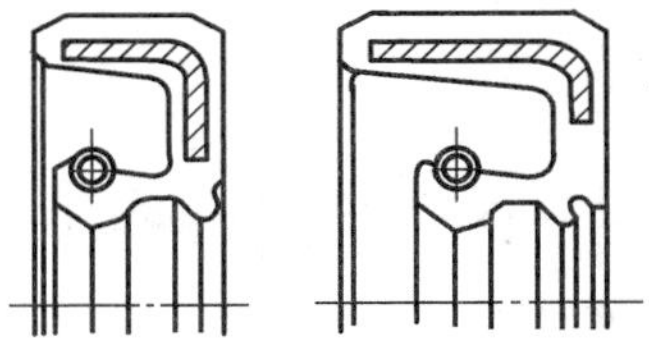 GB/T 9877.2 FW形 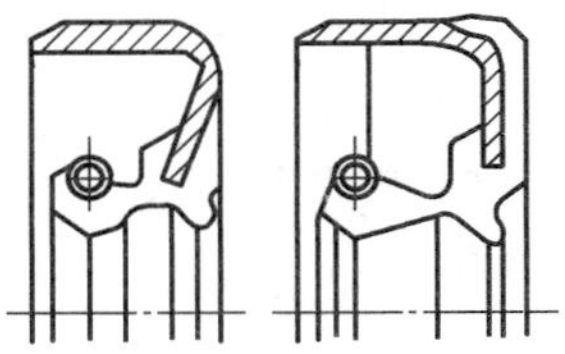 GB/T 9877.3 FZ形 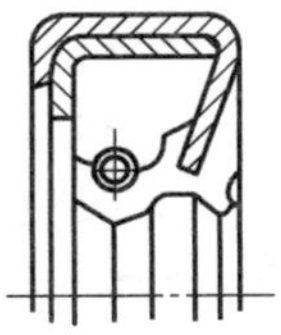

续表 1-3-60

特征画法		应用	规定画法
孔用	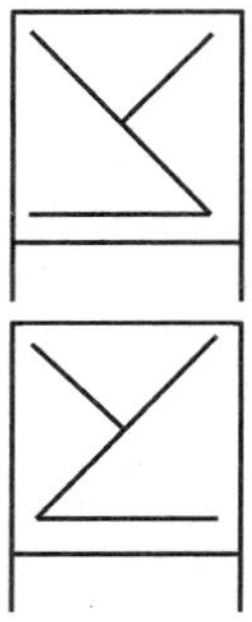	主要用于有副唇的旋转轴唇形密封圈。也可用于结构类似的往复运动活塞杆唇形密封圈	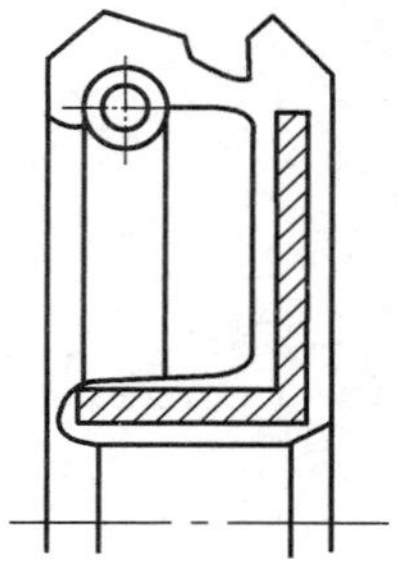
轴用	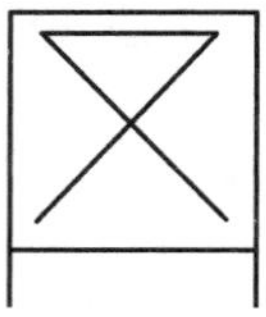	主要用于双向密封旋转轴唇形密封圈。也可用于结构类似的往复运动活塞杆唇形密封圈	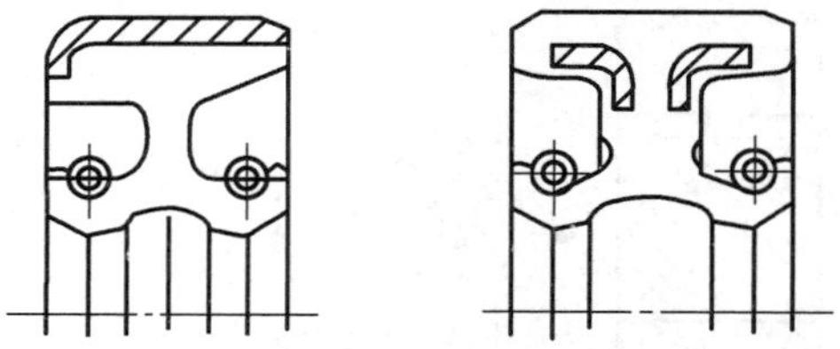
孔用	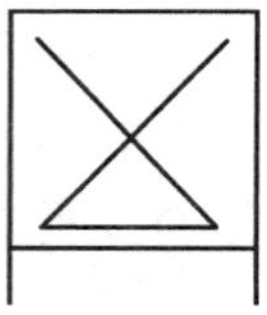		

表 1-3-61 往复运动橡胶密封圈的特征画法和规定画法

特征画法	应用	规定画法
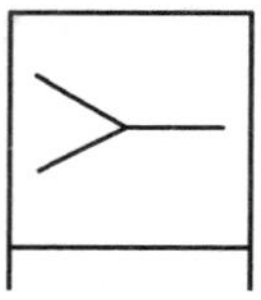	用于Y形、U形及蕾形橡胶密封圈	JB/T 6375 Y形；GB/T 10708.1 Y形；蕾形 
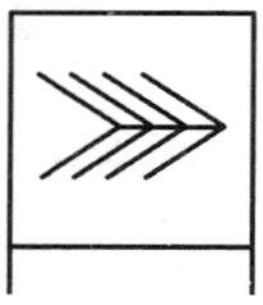	用于V形橡胶密封圈	GB/T 10708.1 V形 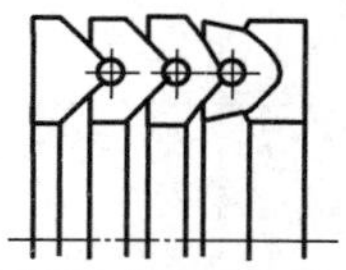
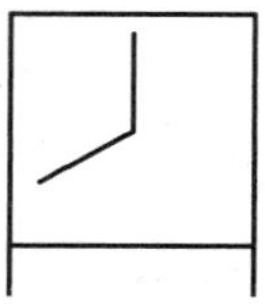	用于J形橡胶密封圈	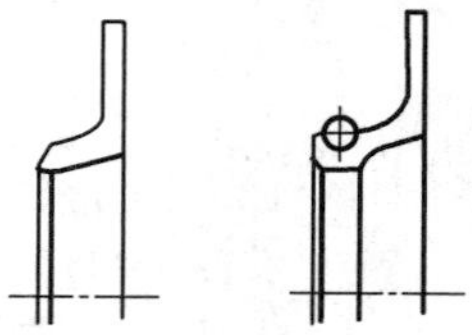
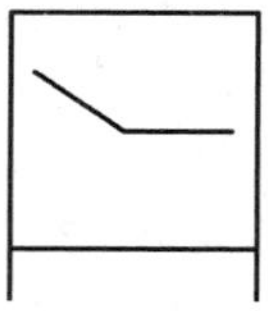	用于高低唇Y形橡胶密封圈（孔用）和橡胶防尘密封圈	GB/T 10708.1 Y形 JB/T 6375 Y形 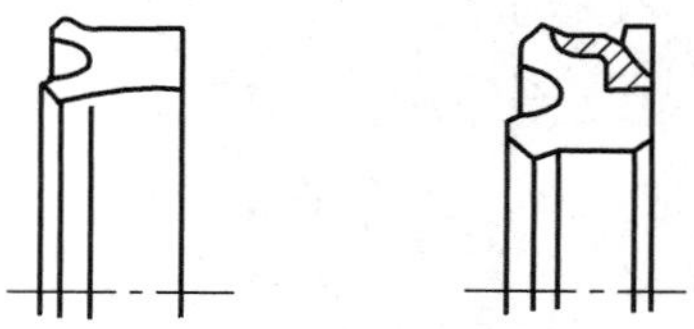

续表 1-3-61

特征画法	应用	规定画法
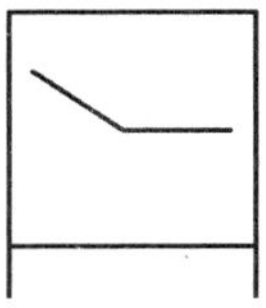	用于起端面密封和防尘功能的 V_D 形橡胶密封圈	JB/T 6994 S形、A形 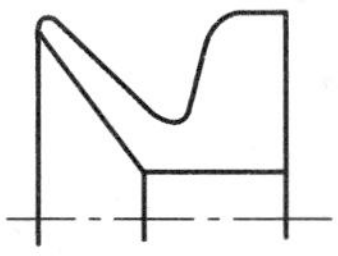
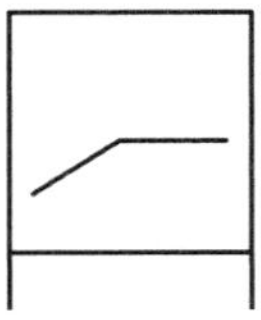	用于高低唇 Y 形橡胶密封圈（轴用）和橡胶防尘密封圈	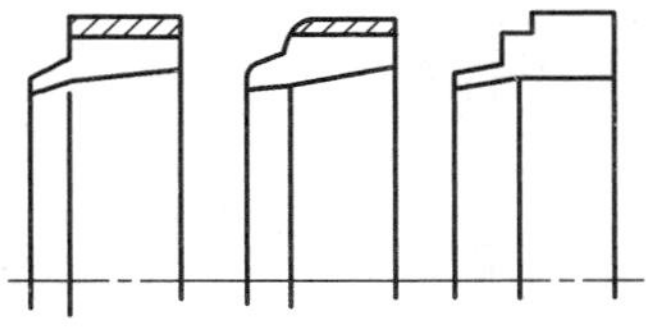 GB/T 10708.1 Y形 JB/T 6375 Y形 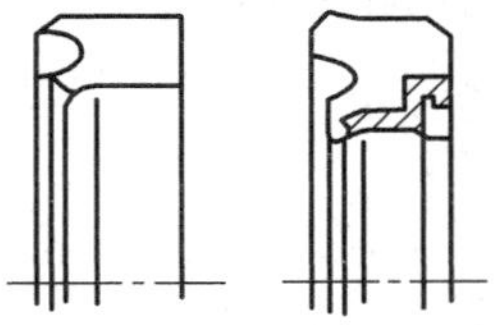 GB/T 10708.3 A形 GB/T 10708.3 B形 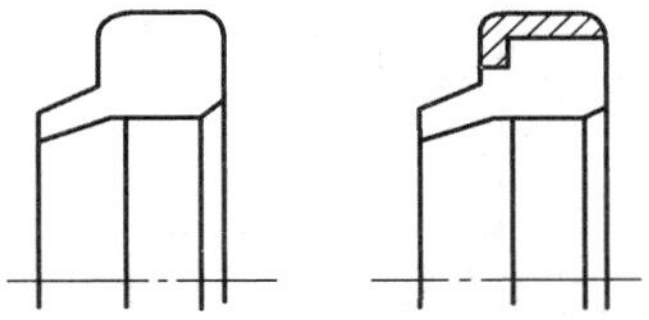
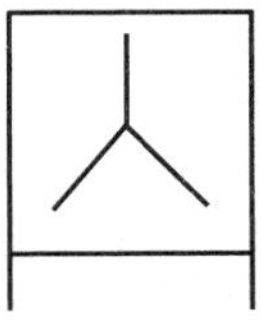	用于双向唇的橡胶防尘密封圈，也可用于结构类似的防尘密封圈（轴用）	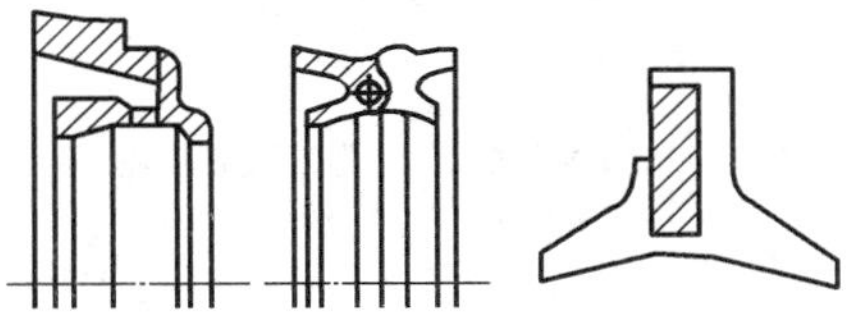 GB/T 10708.3 C形 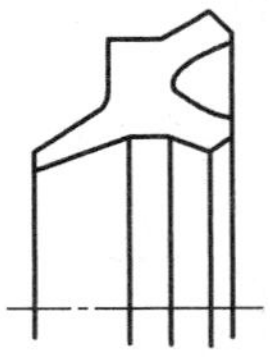
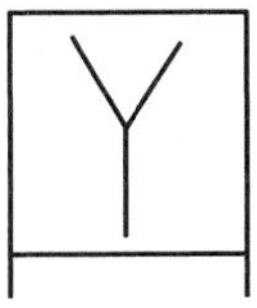	用于有双向唇的橡胶防尘密封圈，也可用于结构类似的防尘密封圈（孔用）	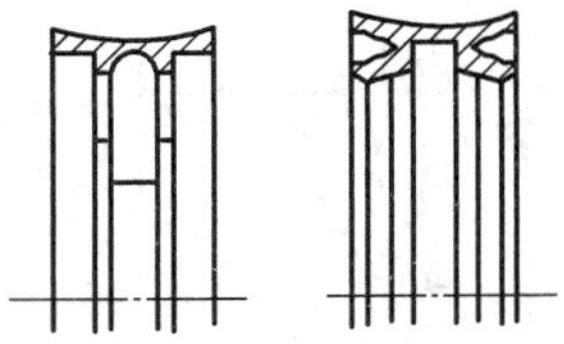
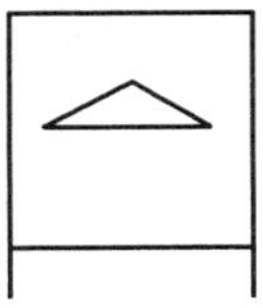	用于鼓形橡胶密封圈和山形橡胶密封圈	GB/T 10708.2 鼓形 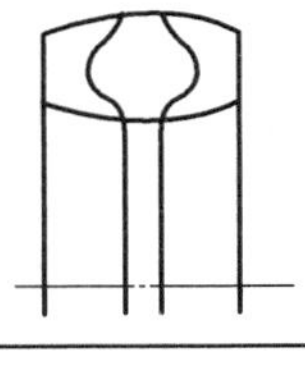 GB/T 10708.2 山形 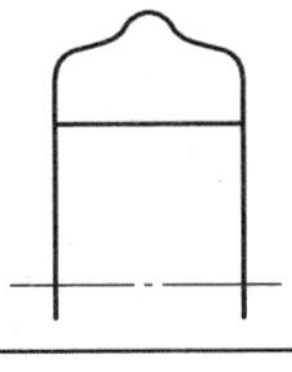

表 1-3-62　迷宫式密封的特征画法和规定画法

特征画法	应　用	规定画法
	非接触密封的迷宫式密封	

（3）规定画法

必要时，可在密封圈的产品图样、产品样本、用户手册和使用说明书等采用规定画法（表 1-3-60～表 1-3-62）绘制密封圈。这种画法可绘制在轴的两侧，也可绘制在轴的一侧，另一侧按通用画法绘制。

（4）应用举例（见图 1-3-15～图 1-3-20）

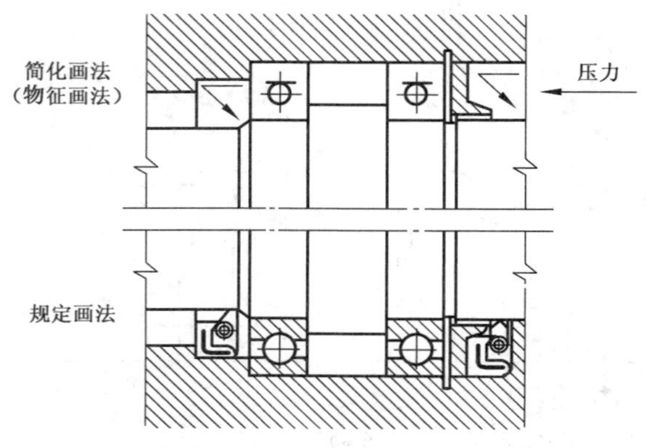

图 1-3-15　旋转轴唇形密封圈的应用

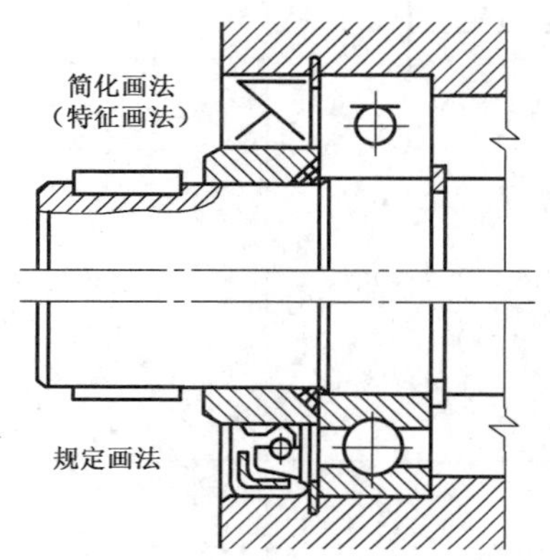

图 1-3-16　带副唇的旋转轴唇形密封圈的应用

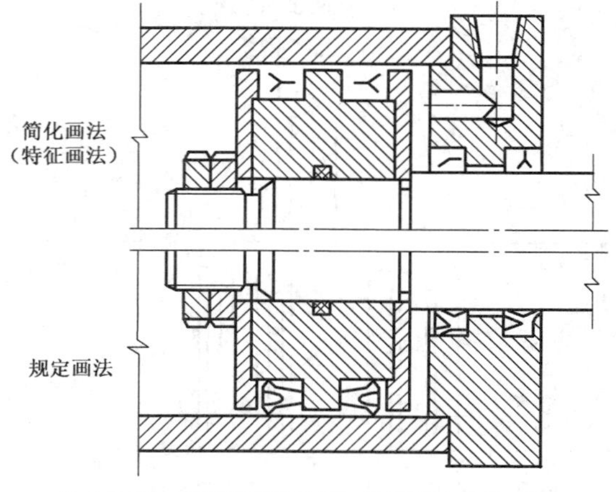

图 1-3-17　Y 形橡胶密封圈、橡胶防尘圈的应用

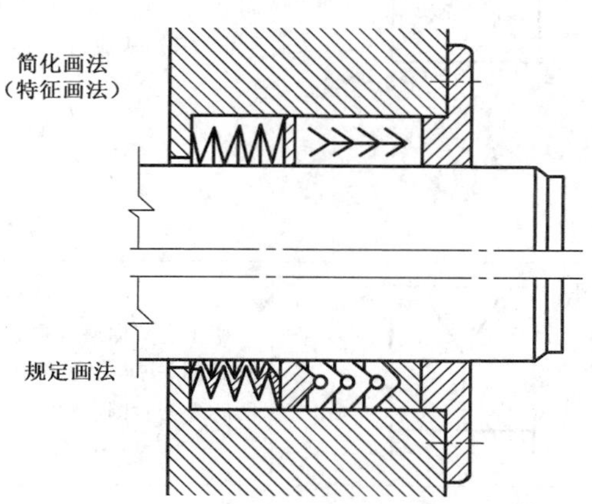

图 1-3-18　V 形橡胶密封圈的应用

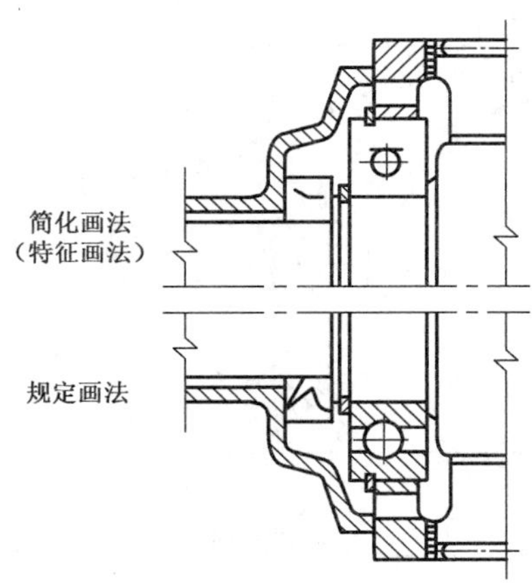

图 1-3-19 橡胶防尘圈的应用

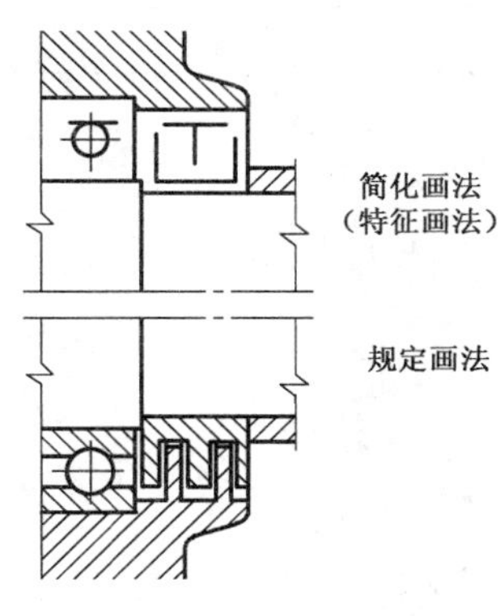

图 1-3-20 迷宫式密封的应用

1.3.4.8 金属焊接件图样画法

（1）焊缝在图样中的表示方法（表 1-3-63）

表 1-3-63 焊缝在图样中的表示方法

图样	规　　定	图　　　例
视图	视图中的焊缝画法如图 a、b 所示。表示焊缝的一系列细实线可用徒手绘制，也允许用粗线（2～3 倍粗实线）绘制如图 c 所示 表示剖面的视图中，一般用粗实线绘焊缝的轮廓，必要时用细实线表示坡口，如图 d 所示	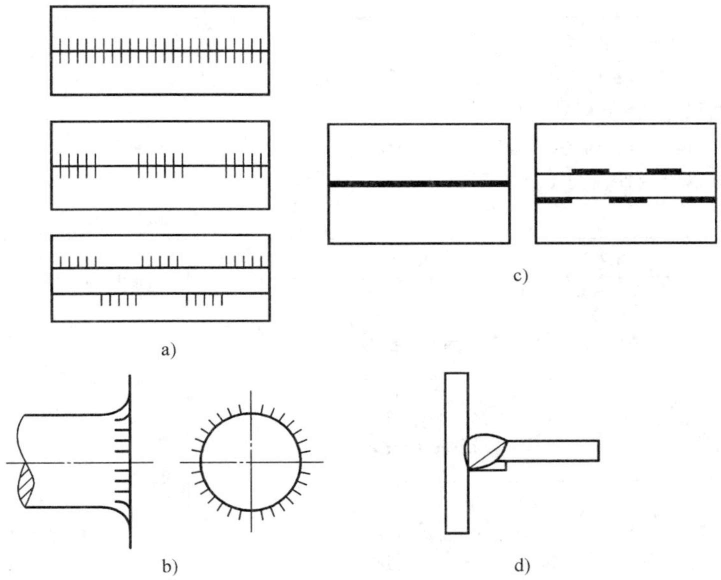 a)　b)　c)　d)
剖视图、断面图	在剖视图或断面图上，焊缝的熔焊区应涂黑（图 e），如需要，也可用细实线画出坡口（图 f）	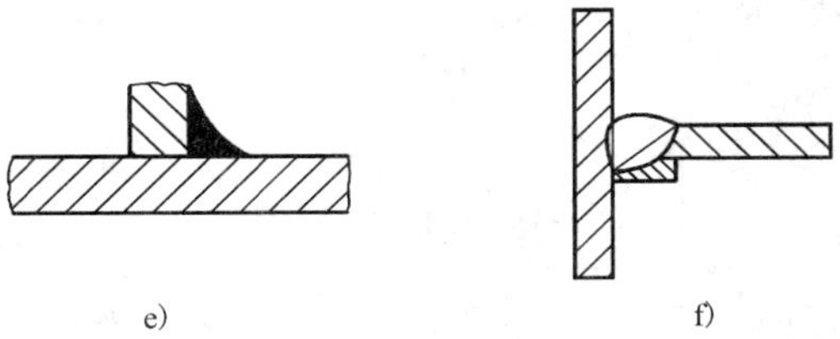 e)　f)
轴测图	用轴测图示意地表示（图 g、h）	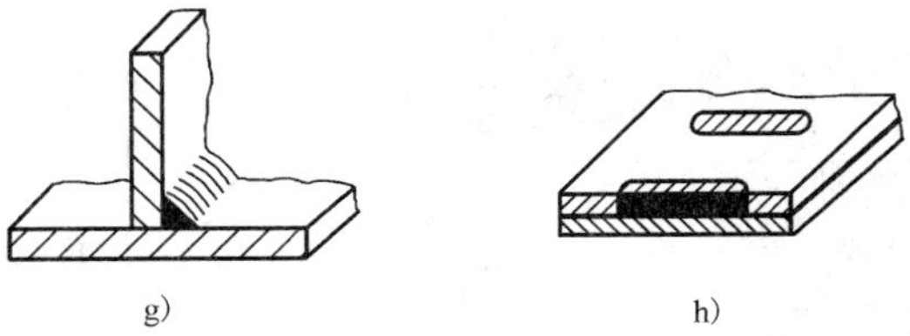 g)　h)

续表 1-3-63

图样	规　　定	图　　例
局部放大图	必要时可将焊缝局部放大、并标注(图 i)	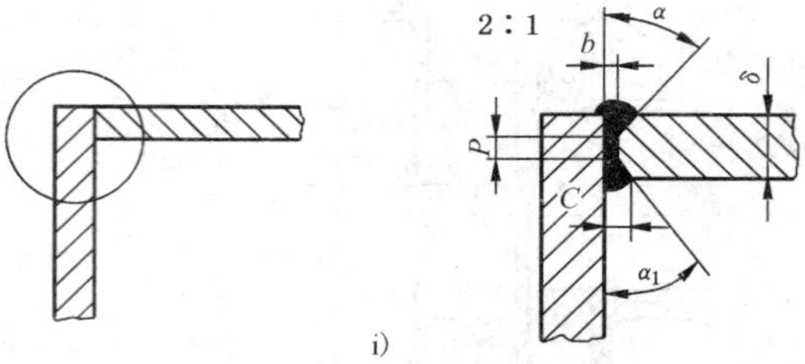 2∶1 i)
图中标注的符号	用图示法画出焊缝时，应同时标注焊缝符号(图 j、k)	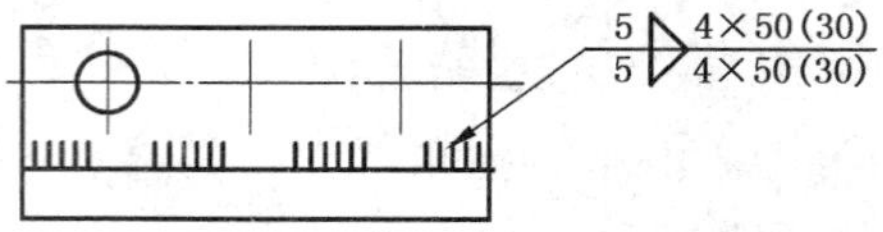 5 4×50(30) 5 4×50(30) j) 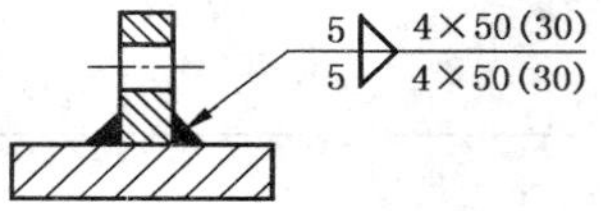 5 4×50(30) 5 4×50(30) k)

(2) 焊缝符号表示方法(GB/T 324—2008)

为了简化图样上的焊缝，标准规定了焊缝符号的表示方法。焊缝符号一般由基本符号与指引线组成。必要时还可以加上辅助符号、补充符号和焊缝尺寸符号。

1) 焊缝的基本符号　基本符号是表示焊缝横截面基本形式或特征的符号见表 1-3-64。在标注双面焊缝或接头时，基本符号可以组合使用见表 1-3-65。

表 1-3-64　焊缝的基本符号

序号	名　称	示意图	符　号	序号	名　称	示意图	符　号
1	卷边焊缝(卷边完全熔化)			9	封底焊缝	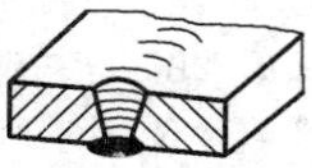	
2	I 形焊缝			10	角焊缝	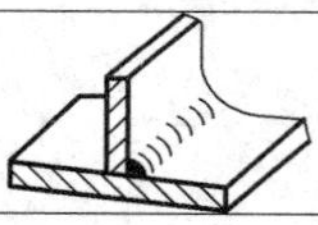	
3	V 形焊缝			11	塞焊缝或槽焊缝	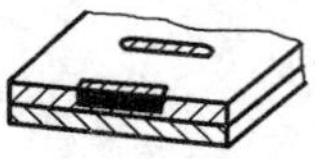	
4	单边 V 形焊缝			12	点焊缝	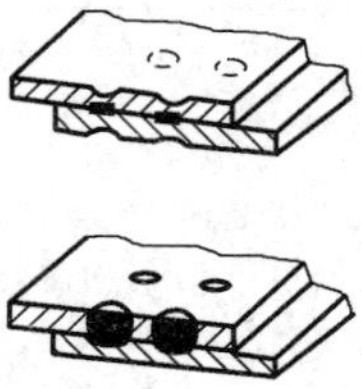	
5	带钝边 V 形焊缝						
6	带钝边单边 V 形焊缝			13	缝焊缝	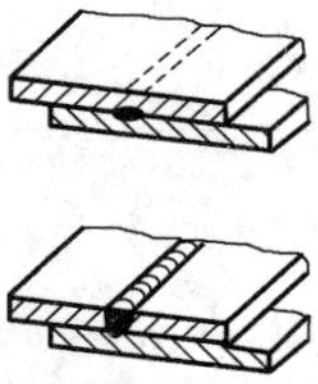	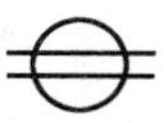
7	带钝边 U 形焊缝	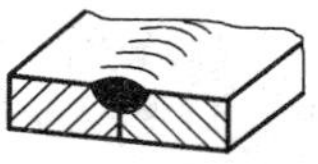					
8	带钝边 J 形焊缝	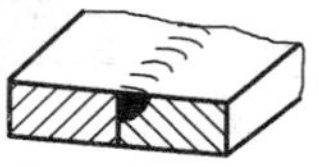		14	陡边 V 形焊缝	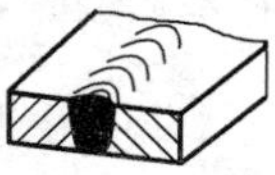	

续表 1-3-64

序号	名　称	示意图	符　号	序号	名　称	示意图	符　号
15	陡边单 V 形焊缝			18	平面连接(钎焊)	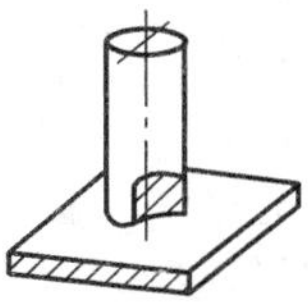 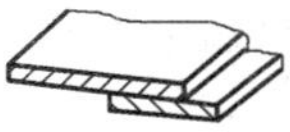	
16	端焊缝			19	斜面连接(钎焊)	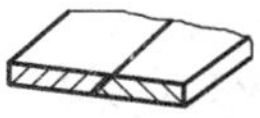	
17	堆焊缝	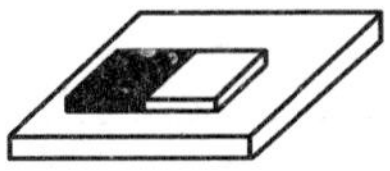		20	折叠连接(钎焊)		

表 1-3-65　基本符号的组合

序号	名　称	示意图	符　号	序号	名　称	示意图	符　号
1	双面 V 形焊缝(X 焊缝)	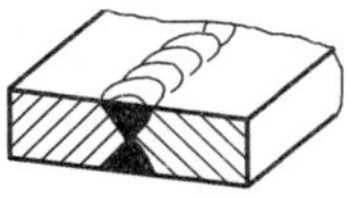		4	带钝边的双面单 V 形焊缝	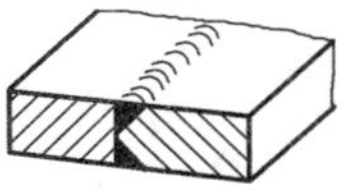	
2	双面单 V 形焊缝(K 焊缝)	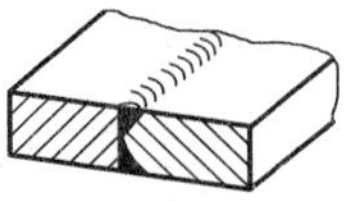		5	双面 U 形焊缝	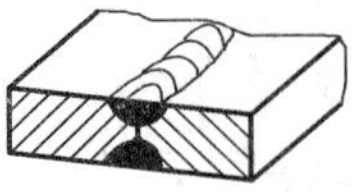	
3	带钝边的双面 V 形焊缝						

2）焊缝的补充符号用来补充说明有关焊缝或接头的某些特征(如表面形状、衬垫、焊缝分布、施焊地点等)。见表 1-3-66。

表 1-3-66　补充符号

序号	名称	符　号	说　明	序号	名称	符　号	说　明
1	平面		焊缝表面通常经过加工后平整	7	三面焊缝		三面带有焊缝
2	凹面		焊缝表面凹陷	8	周围焊缝		沿着工件周边施焊的焊缝 标注位置为基准线与箭头线的交点处
3	凸面		焊缝表面凸起	9	现场焊缝		在现场焊接的焊缝
4	圆滑过渡		焊趾处过渡圆滑	10	尾部		可以表示所需的信息
5	永久衬垫	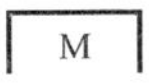 M	衬垫永久保留				
6	临时衬垫	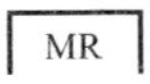 MR	衬垫在焊接完成后拆除				

3）基本符号和指引线的位置规定

焊缝符号表示法一般由基准线(两条平行的细实线和虚线)、箭头线(细实线)和基本符号组成,必要时还可以加上衬充符号和焊缝尺寸符号,如图 1-3-21 所示。

4）基本符号与基准线的相对位置

① 基本符号在实线侧时，表示焊缝在箭头侧，见图 1-3-22a。

② 基本符号在虚线侧时，表示焊缝在非箭头侧，见图 1-3-22b。

③ 对称焊缝允许省略虚线，见图 1-3-22c。

④ 在明确焊缝分布位置的情况下，有些双面焊缝也可省略虚线，见图 1-3-22d。

（3）焊缝符号应用示例

1）基本符号的应用示例（表 1-3-67）。

2）补充符号应用示例（表 1-3-68）。

3）补充符号的标注示例（表 1-3-69）。

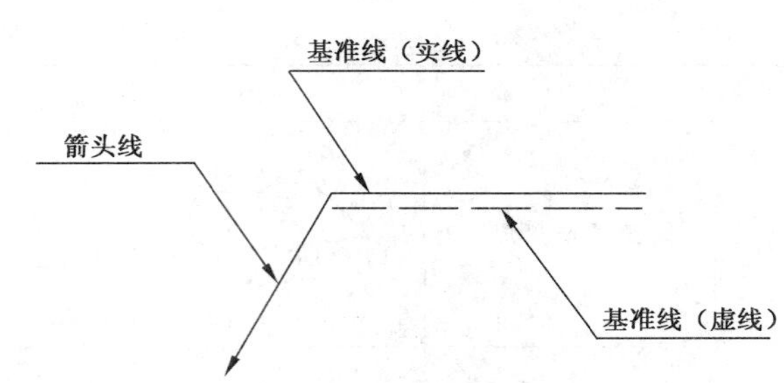

图 1-3-21　焊缝符号组成示例

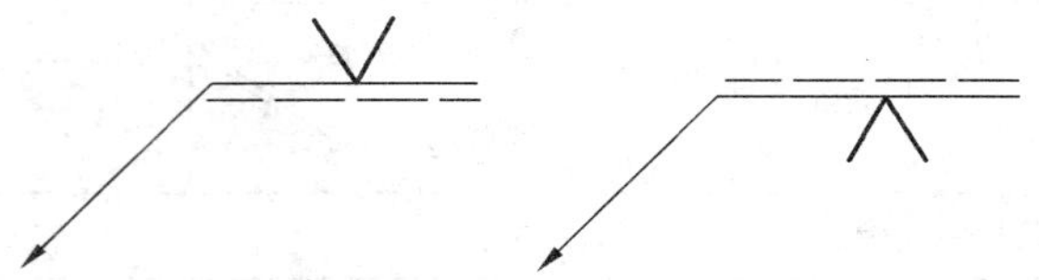

a）焊缝在接头的箭头侧

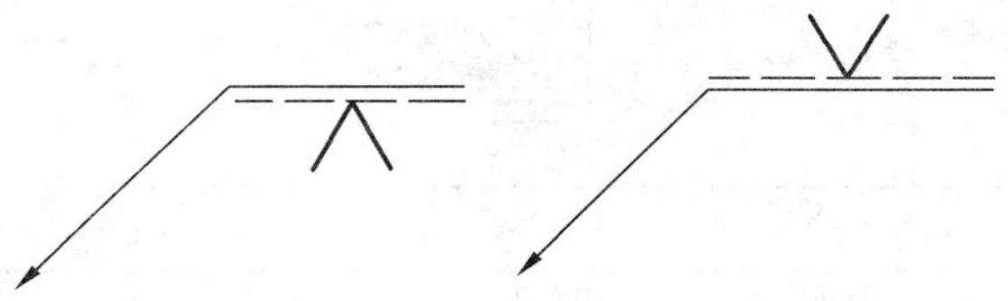

b）焊缝在接头的非箭头侧

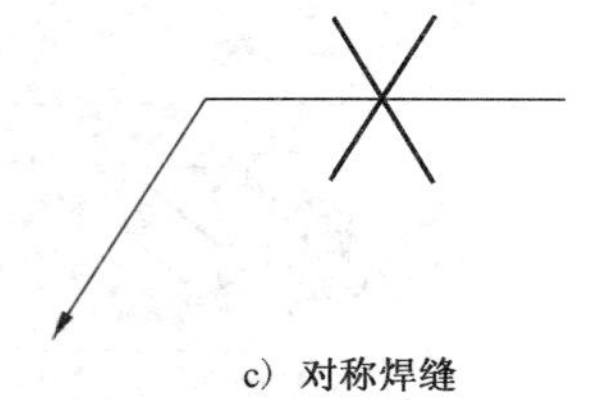

c）对称焊缝

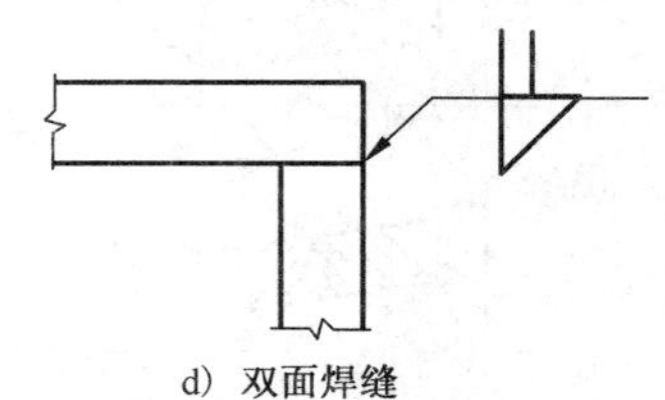

d）双面焊缝

图 1-3-22　基本符号与基准线的相对位置

表 1-3-67　基本符号的应用示例

序号	符号	示意图	标注示例	备注
1				
2				
3				

续表 1-3-67

序号	符号	示意图	标 注 示 例	备 注
4		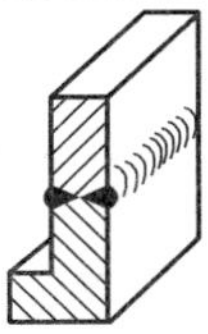	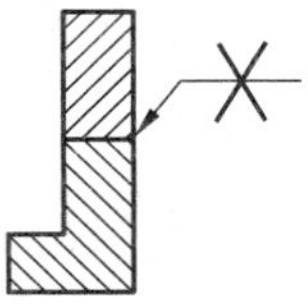	
5		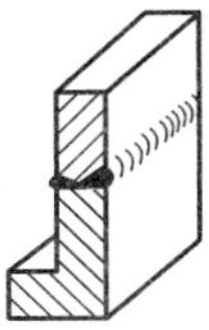	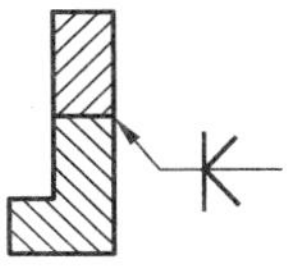	

表 1-3-68 补充符号应用示例

序号	名 称	示 意 图	符 号
1	平齐的 V 形焊缝		
2	凸起的双面 V 形焊缝	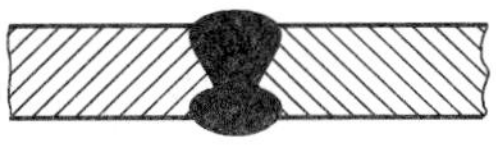	
3	凹陷的角焊缝	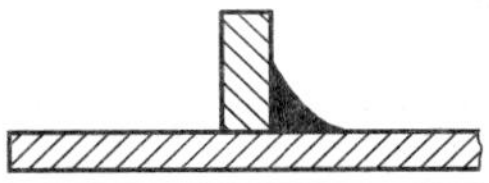	
4	平齐的 V 形焊缝和封底焊缝		
5	表面过渡平滑的角焊缝	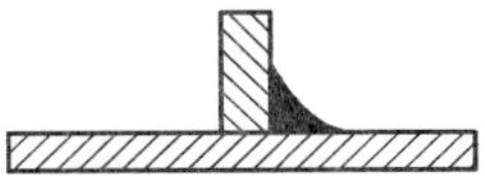	

表 1-3-69 补充符号的标注示例

序号	符 号	示意图	标 注 示 例	备 注
1		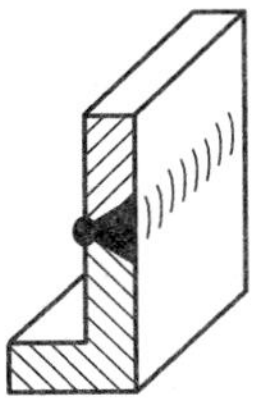	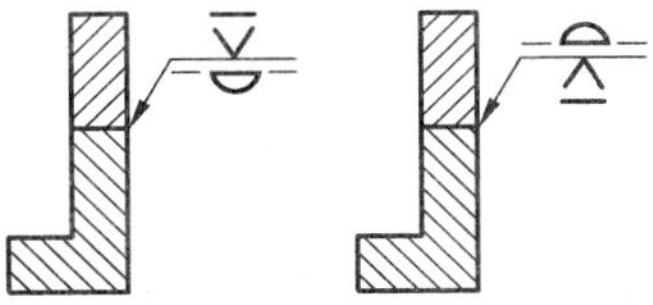	
2		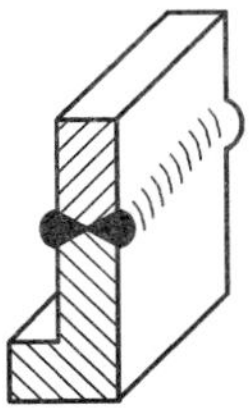	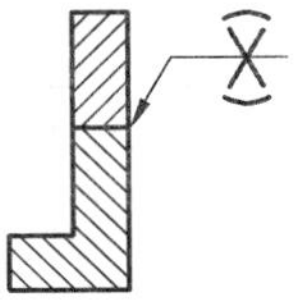	
3		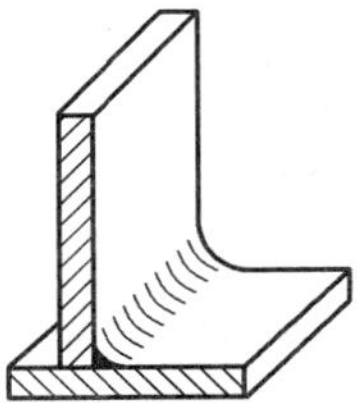	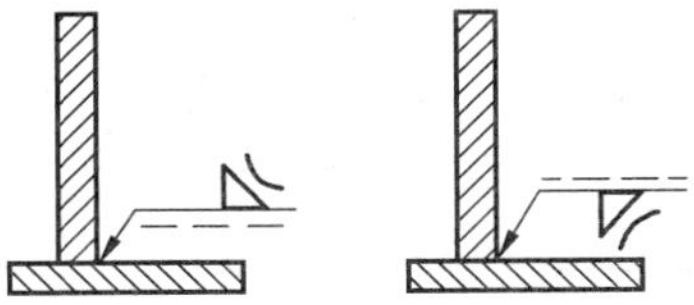	

(4) 焊缝尺寸符号及其标注

1) 焊缝尺寸符号

基本符号必要时可附带尺寸符号及数据。焊缝尺寸符号见表 1-3-70。

2) 焊缝尺寸符号及数据的标注原则：

a　焊缝横截面上的尺寸标注在基本符号的左侧。

b　焊缝长度方向尺寸标注在基本符号的右侧。

c　坡口角度、坡口面角度、根部间隙等尺寸标注在基本符号的上侧或下侧。

d　相同焊缝数量符号(N)标注在尾部。

e　当需要标注的尺寸数据较多又不易分辨时，可在数据前面增加相应的尺寸符号。

焊接尺寸的标注原则见图 1-3-23。

3) 焊接尺寸的标注示例见表 1-3-71。

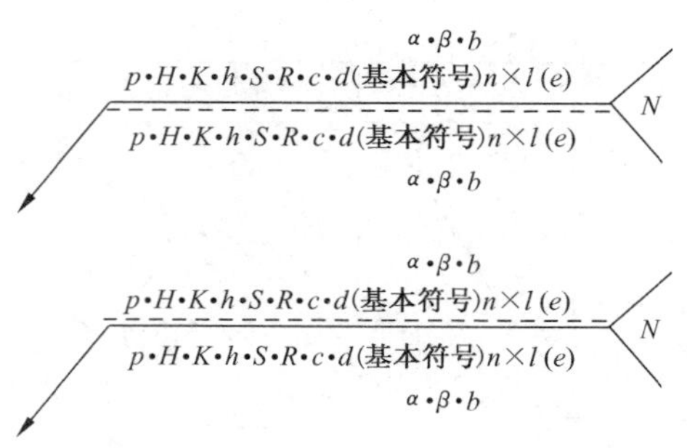

图 1-3-23　焊缝尺寸的标注原则

表 1-3-70　焊缝尺寸符号

符号	名　称	示　意　图	符号	名　称	示　意　图
δ	工件厚度		c	焊缝宽度	
α	坡口角度		K	焊脚尺寸	
β	坡口面角度		d	点焊：熔核直径 塞焊：孔径	
b	根部间隙		n	焊缝段数	$n=2$
p	钝边		l	焊缝长度	
R	根部半径		e	焊缝间距	
H	坡口深度		N	相同焊缝数量	$N=3$
S	焊缝有效厚度		h	余高	

表 1-3-71 焊缝尺寸标注示例

序号	名称	示意图	尺寸符号	标注方法
1	对接焊缝	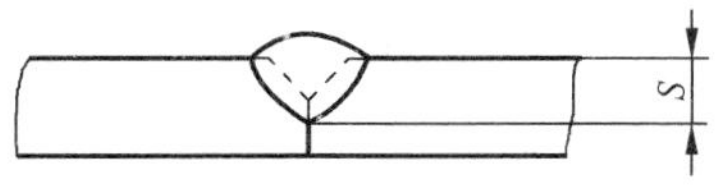 S	S:焊缝有效厚度	 S
2	连续角焊缝	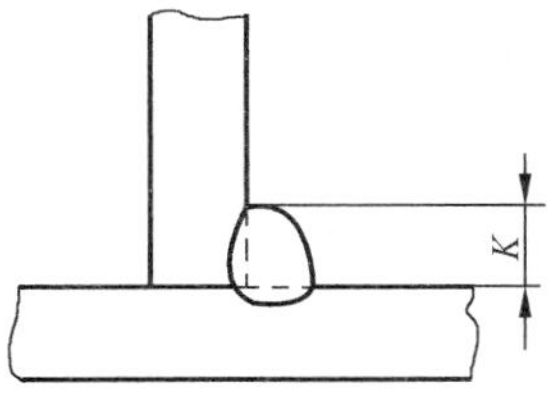 K	K:焊脚尺寸	 K
3	断续角焊缝	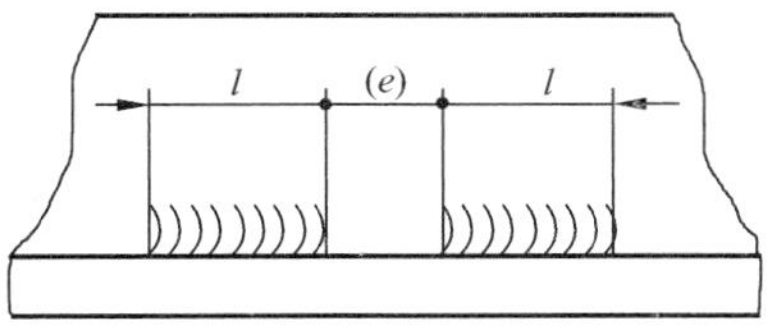 l (e) l	l:焊缝长度 e:间距 n:焊缝段数 K:焊脚尺寸	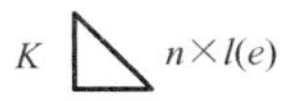 K n×l(e)
4	交错断续角焊缝	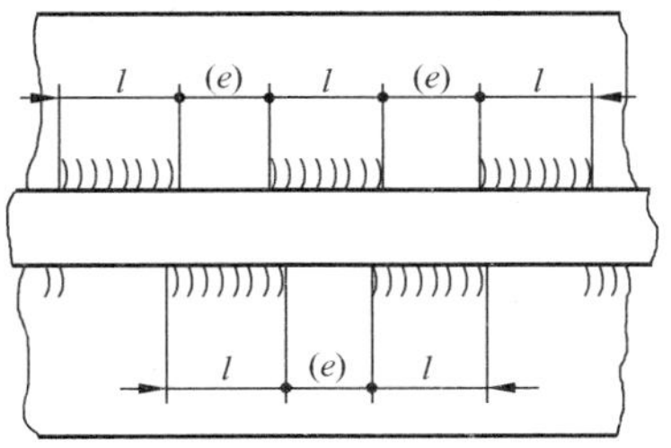 l (e) l (e) l l (e) l	l:焊缝长度 e:间距 n:焊缝段数 K:焊脚尺寸	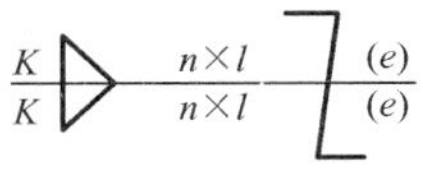 K n×l (e) K n×l (e)
5	塞焊缝或槽焊缝	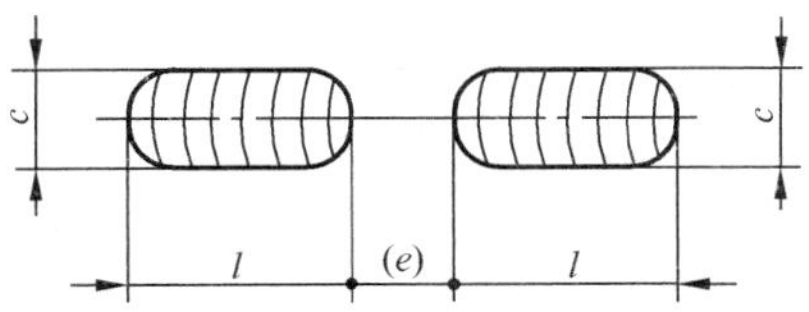 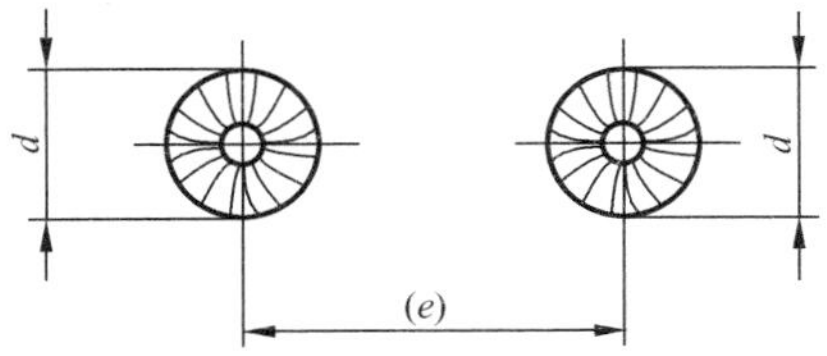 c l (e) l c d d (e)	l:焊缝长度 e:间距 n:焊缝段数 c:槽宽 e:间距 n:焊缝段数 d:孔径	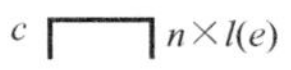  c n×l(e) d n×(e)
6	点焊缝	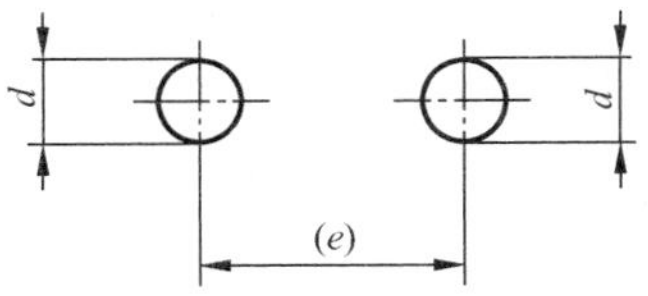 d d (e)	n:焊点数量 e:焊点距 d:熔核直径	 d n×(e)
7	缝焊缝	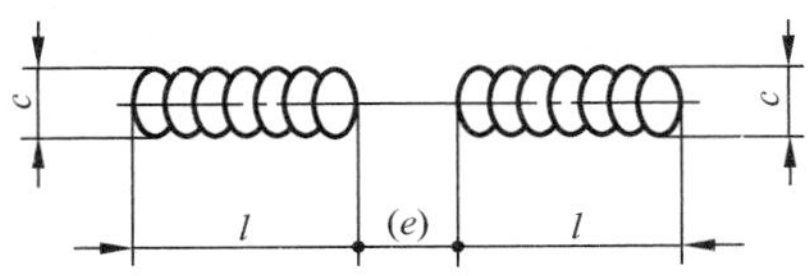 c c l (e) l	l:焊缝长度 e:间距 n:焊缝段数 c:焊缝宽度	 c n×l(e)

1.3.5 轴测图(GB/T 4458.3—2013)

将物体连同其参考直角坐标系,沿不平行任一坐标面的方向,用平行投影法投射在单一投影面上所得的图形称轴测图。

1.3.5.1 一般规定

根据投射方向与轴测投影面的相对关系，轴测可分为两类：

(1) 投射方向垂直于轴测投影面时称正轴测图。

(2) 投射方向倾斜于轴测投影面时称斜轴测图。

上述两类轴测图中，由于物体相对于轴测投影面的位置不同，轴向变形系数也不相同，因此每类轴测图可分为三种：

(1) 正等轴测图或斜等轴测图，简称正等测或斜等测。

(2) 正二等轴测图或斜二等轴测图，简称正二测或斜二测。

(3) 正三等轴测图或斜三等轴测图，简称正三测或斜三测。

常用轴测图的三种类型见表 1-3-72。

表 1-3-72 常用轴测图的三种类型

轴测类型	正轴测投影		斜轴测投影
	投射线与轴测投影面垂直		投射线与轴侧投影面倾斜
	等测投影	二测投影	二测投影
	正等测	正二测	斜二测
简化轴向变形系数㊀	$p=q=r=1$	$p=r=1$ $q=0.5$	$p=r=1$ $q=0.5$
应用举例（立方体）	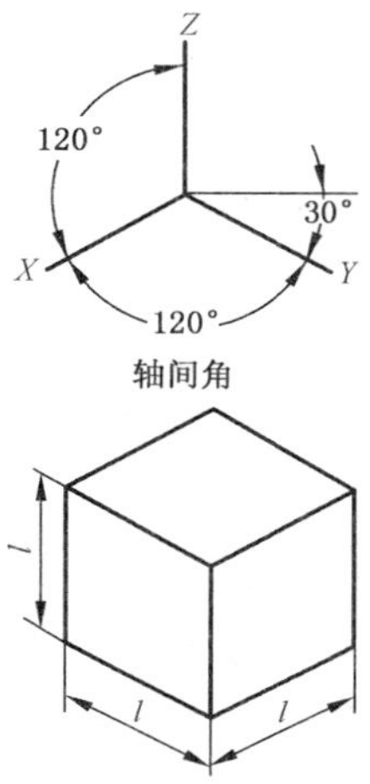 Z, X, Y, 120°, 120°, 30° 轴间角 l, l, l	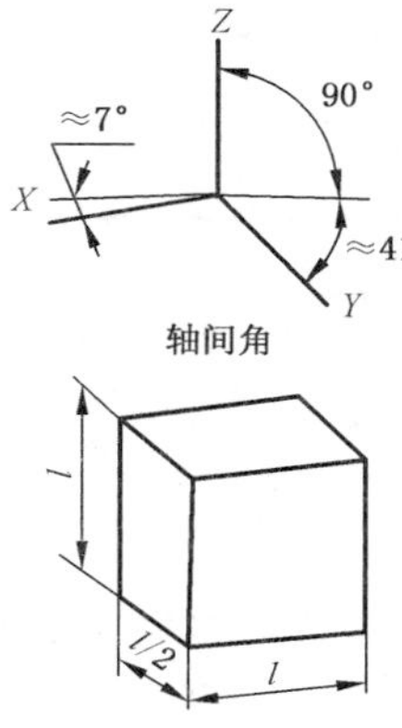 Z, X, Y, ≈7°, 90°, ≈41° 轴间角 l, $l/2$, l	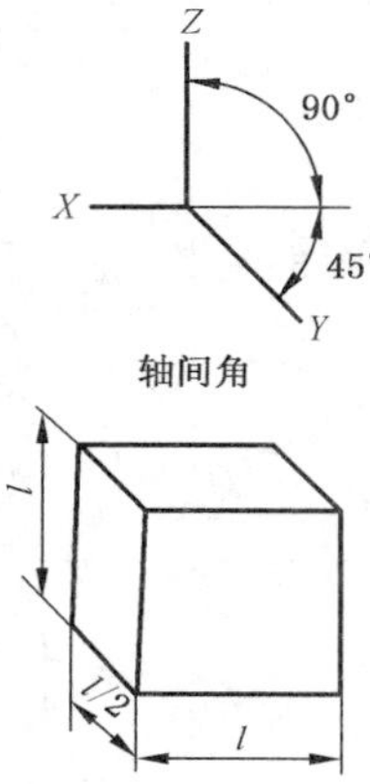 Z, X, Y, 90°, 45° 轴间角 l, $l/2$, l

㊀ 在投影过程中，物体上平行于参考直角坐标轴的直线，投影到轴测投影面上其长度均已改变。轴测投影面上的投影长度与原长之比称轴向变形系数，分别用 p、q、r 表示 X、Y、Z 轴的轴向变形系数。

1.3.5.2 圆的轴测投影图画法

与各坐标平面平行的圆（直径为 d），在各种轴测图中分别投影为椭圆（斜二测中正面投影仍为圆），见表 1-3-73。

表 1-3-73 圆的轴测投影图画法

轴测图名称	画　　法	说　　明
正等轴测图	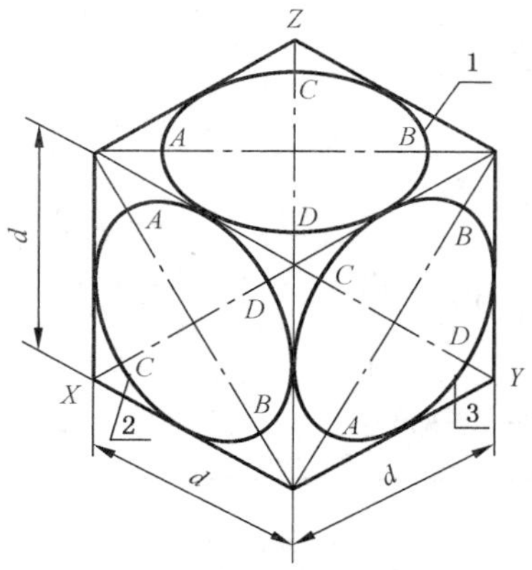 Z, X, Y, A, B, C, D, 1, 2, 3, d, d, d	椭圆 1 的长轴垂直于 Z 轴 椭圆 2 的长轴垂直于 X 轴 椭圆 3 的长轴垂直于 Y 轴 各椭圆的长轴： $AB\approx1.22d$ 各椭圆的短轴： $CD\approx0.7d$

续表 1-3-73

轴测图名称	画法	说明
正二等轴测图	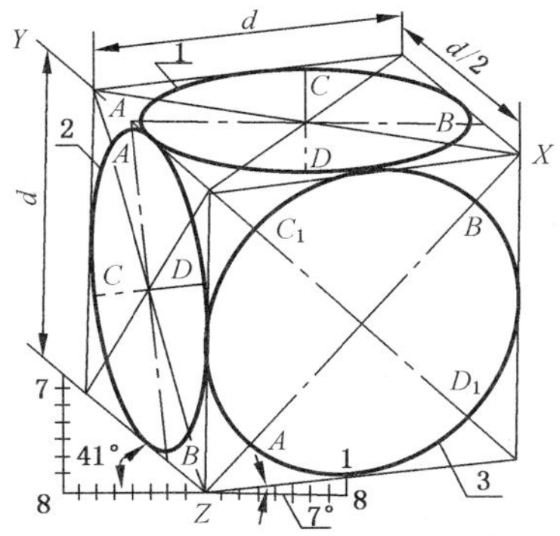	椭圆 1 的长轴垂直于 Z 轴 椭圆 2 的长轴垂直于 X 轴 椭圆 3 的长轴垂直于 Y 轴 各椭圆的长轴： $AB \approx 1.06d$ 椭圆 1、2 的短轴： $CD \approx 0.35d$ 椭圆 3 的短轴： $C_1D_1 \approx 0.94d$
斜二等轴测图	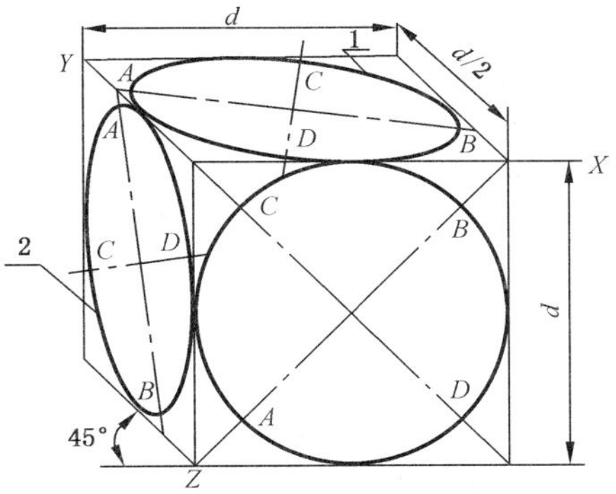	椭圆 1 的长轴与 X 轴约成 7° 椭圆 2 的长轴与 Z 轴约成 7° 椭圆 1、2 的长轴： $AB \approx 1.06d$ 椭圆 1、2 的短轴： $CD \approx 0.33d$

1.3.5.3 轴测图的剖面线画法(表 1-3-74)

表 1-3-74 轴测图的剖面线画法

轴测图名称	剖面线画法	说明
正等轴测图	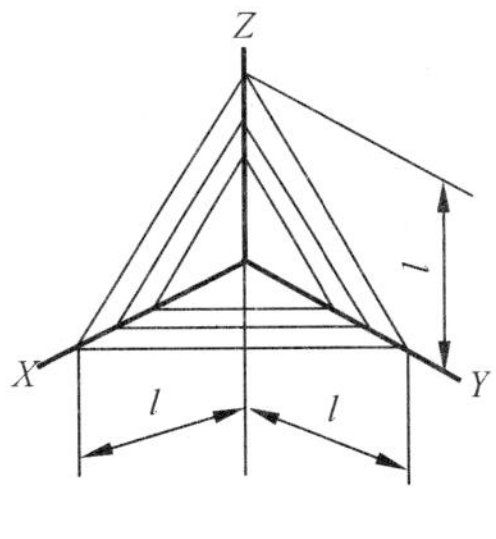 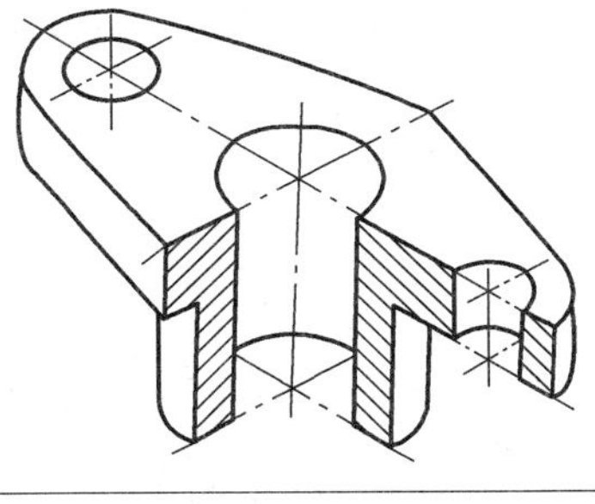	表示零件的内部形状时，可假想用剖切平面将零件的一部分剖去，然后在其剖面区域里绘出剖面线或剖面符号
正二等轴测图	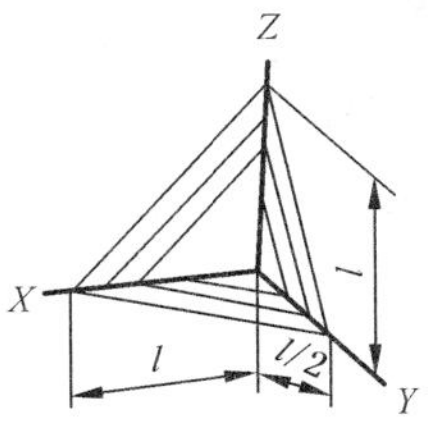 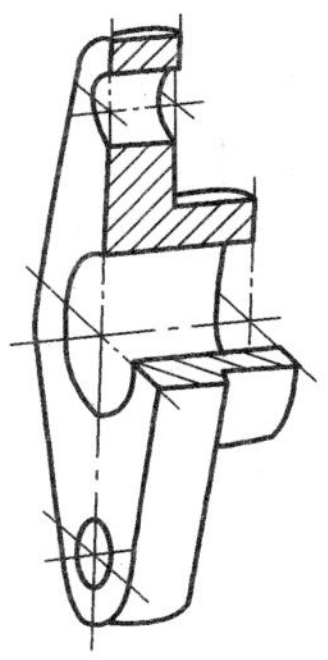	

续表 1-3-74

轴测图名称	剖面线画法	说　明
斜二等轴测图	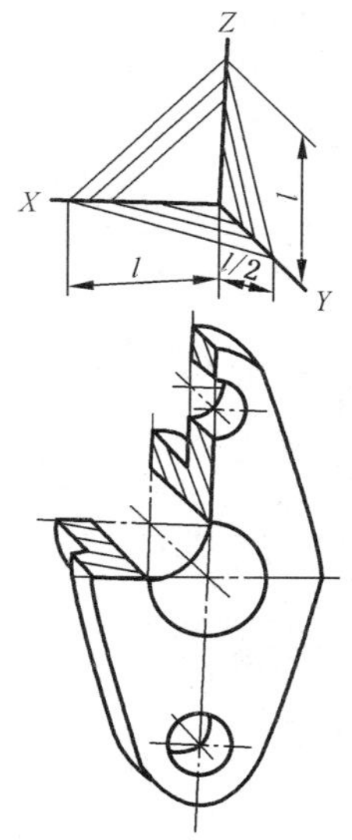 Z X l l/2 Y	表示零件的内部形状时，可假想用剖切平面将零件的一部分剖去，然后在其剖面区域里绘出剖面线或剖面符号
其他要求	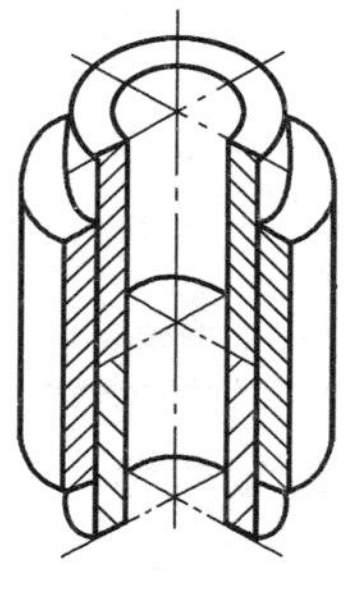	在轴测装配图中，可用将剖面线画成方向相反或不同的间隔的方法来区别相邻的零件
	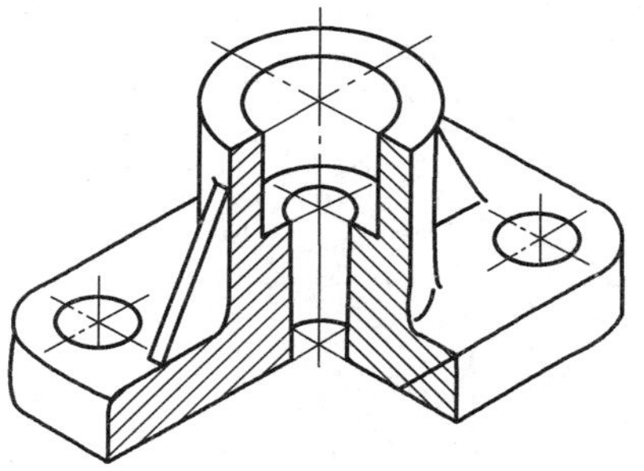	剖切平面通过零件的肋或薄壁等结构的纵向对称平面时，这些结构都不画剖面符号，而用粗实线将它与邻接部分分开
	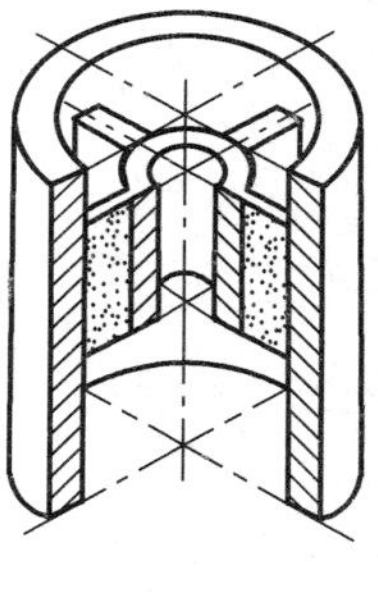	在图中表现不够清晰时，也允许在肋或薄壁部分用细点表示被剖切部分

续表 1-3-74

轴测图名称	剖面线画法	说　明
其他要求	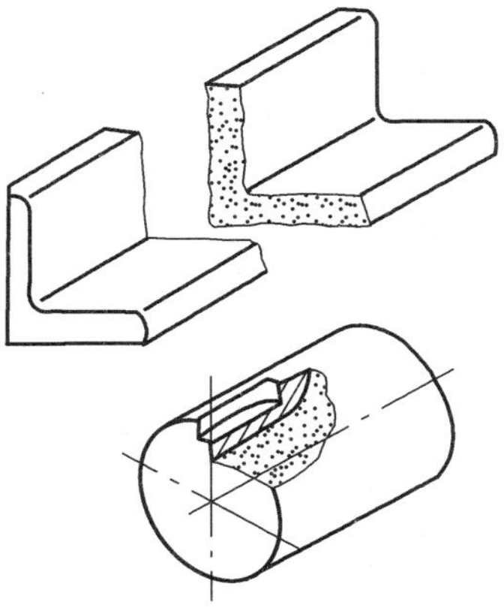	表示零件中间折断或局部断裂时，断裂处的边界线应画波浪线，并在可见断裂面内加画细点以代替剖面线

1.3.5.4　轴测图上的尺寸标注（表 1-3-75）

表 1-3-75　轴测图上的尺寸标注

轴测图名称	尺寸注法	说　明
正等轴测图	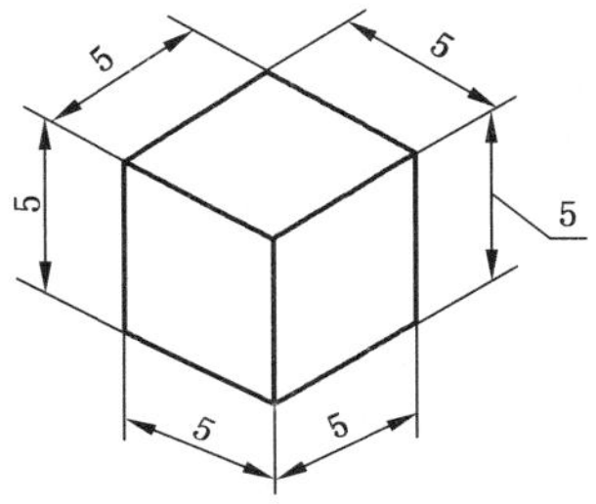 5　5　5　5　5　5	轴测图的线性尺寸，一般应沿轴测轴方向标注。尺寸数值为零件的基本尺寸。尺寸数字应按相应的轴测图形标注在尺寸线的上方。尺寸线必须和所标注的线段平行，尺寸界线一般应平行于某一轴测轴。当在图形中出现字头向下时应引出标注，将数字按水平位置注写
正二等轴测图	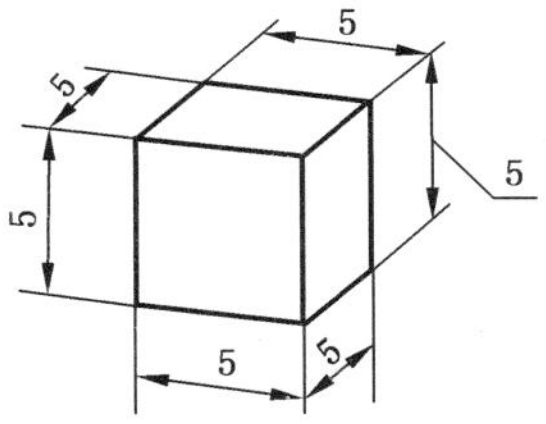 5　5　5　5　5　5	
斜二等轴测图	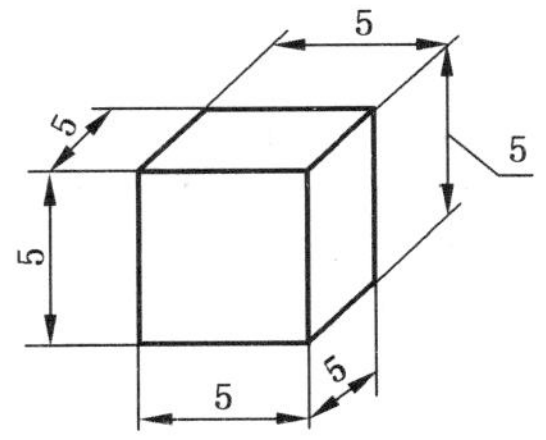 5　5　5　5　5　5	
其他要求	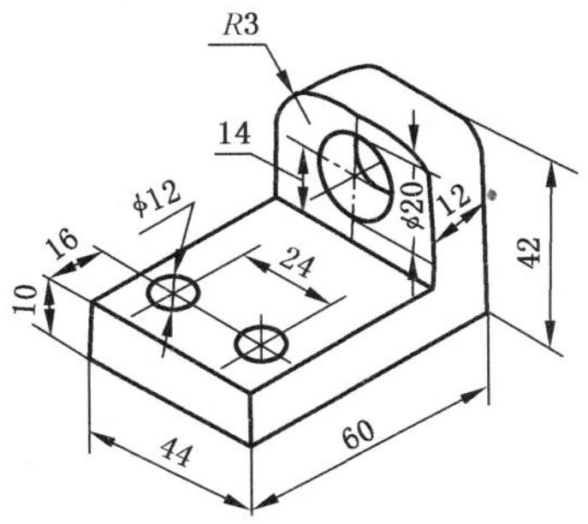 R3　14　φ12　φ20　12　16　24　10　42　44　60	标注圆的直径、尺寸线和尺寸界线应分别平行于圆所在平面内的轴测轴，标注圆弧半径或较小圆的直径时，尺寸线可从（或通过）圆心引出标注，但注写数字的横线必须平行于轴测轴

续表 1-3-75

<table>
<tr><th>轴测图名称</th><th>尺寸注法</th><th>说　明</th></tr>
<tr><td rowspan="3">其他要求</td><td>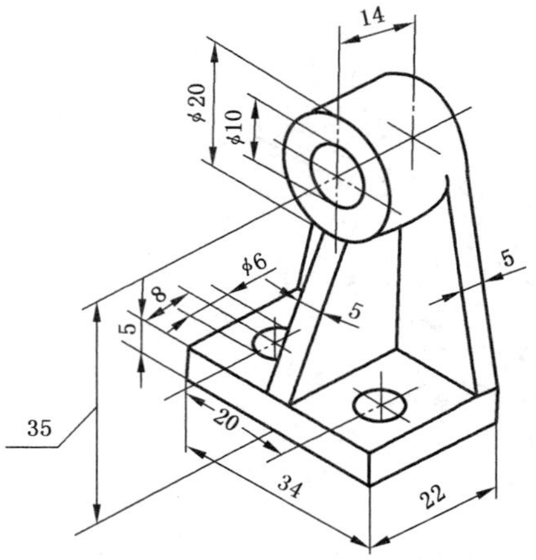
</td><td>标注圆的直径、尺寸线和尺寸界线应分别平行于圆所在平面内的轴侧轴，标注圆弧半径或较小圆的直径时，尺寸线可从(或通过)圆心引出标注，但注写数字的横线必须平行于轴测轴</td></tr>
<tr><td>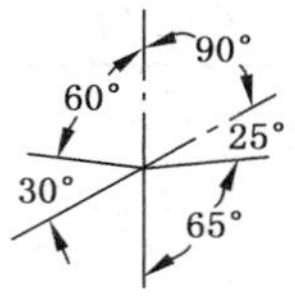
</td><td rowspan="2">标注角度的尺寸线，应画成与该坐标平面相应的椭圆弧，角度数字一般写在尺寸线的中断处，字头向上</td></tr>
<tr><td>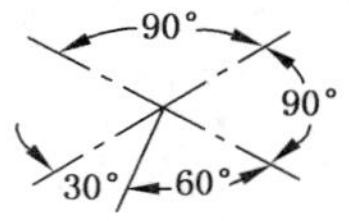
</td></tr>
</table>

第2章

金属切削机床的型号与技术参数

2.1 车床

2.1.1 卧式车床的型号与技术参数(表 2-1-1)

2.1.2 马鞍车床的型号与技术参数(表 2-1-2)

2.1.3 立式车床的型号与技术参数(表 2-1-3)

2.1.4 转塔车床、回轮车床的型号与技术参数(表 2-1-4)

2.1.5 仿形车床的型号与技术参数(表 2-1-5)

2.1.6 曲轴车床的型号与技术参数(表 2-1-6)

2.1.7 数控卧式车床的型号与技术参数(表 2-1-7)

2.2 铣床

2.2.1 卧式升降台铣床的型号与技术参数(表 2-2-1)

2.2.2 万能升降台铣床的型号与技术参数(表 2-2-2)

2.2.3 立式升降台铣床、数控立式升降台铣床的型号与技术参数(表 2-2-3)

2.2.4 工具铣床、数控工具铣床的型号与技术参数(表 2-2-4)

2.2.5 龙门铣床的型号与技术参数(表 2-2-5)

2.3 钻床

2.3.1 台式钻床的型号与技术参数(表 2-3-1)

2.3.2 立式钻床的型号与技术参数(表 2-3-2)

2.3.3 摇臂钻床的型号与技术参数(表 2-3-3)

2.3.4 深孔钻床的型号与技术参数(表 2-3-4)

2.4 镗床

2.4.1 卧式铣镗床的型号与技术参数(表 2-4-1)

2.4.2 数控卧式镗床的型号与技术参数(表 2-4-2)

2.4.3 落地镗床、数控落地铣镗床的型号与技术参数(表 2-4-3)

2.4.4 坐标镗床的型号与技术参数(表 2-4-4)

2.4.5 精镗床的型号与技术参数(表 2-4-5)

表 2-1-1　卧式车床的型号与技术参数

产品名称	型号	最大工件直径×最大工件长度/mm	技术参数												工作精度/mm				电动机功率/kW		质量/t	外形尺寸(长×宽×高)/mm
			最大加工直径/mm			最大加工长度/mm	加工螺纹				刀架行程/mm		主轴转速		圆度	圆柱度	平面度	表面粗糙度 Ra/μm	主电动机	总容量		
			床身上	刀架上	棒材		米制/mm	英制/(牙/in)	模数/mm	径节	小刀架纵向	横向	级数	范围/(r/min)								
轻型卧式车床	CL6134A	340×1 000	340	205	38	1 000	0.25～9	$72\sim4\frac{3}{4}$	0.25～3.5	144～8	80	200	9	60～2 000	0.015	0.03/150	0.02/ϕ150	3.2	1.1	1.14	0.52	1 740×660×1 160
卧式车床	C6132	340×750	340	180	49	650	0.45～10	$80\sim2\frac{3}{8}$	0.45～10	$80\sim3\frac{1}{2}$	125	220	14	20～2 000	0.008	0.014/180	0.009/ϕ180	1.6	3/4		1.3	1 960×590×1 210
	C6136	360×1 000	360	200	49	900	0.45～10	$80\sim2\frac{3}{8}$	0.45～10	$80\sim3\frac{1}{2}$	125	220	14	20～2 000	0.008	0.014/180	0.009/ϕ180	1.6	3/4		1.45	2 210×590×1 220
	CA6140	400×750	400	210	50	650	1～192	24～2	0.25～48	96～1	140	320	24	10～1 400	0.009	0.027/300	0.009/ϕ300	1.6	7.5	7.84	1.99	2 418×1 000×1 267
	W490	490×1 500	490	280	63	1 500	0.05～112	1/4～56	0.125～28	1～224	1 500	300	24	11.2～2 240	0.007	0.02/300	0.015/ϕ300	1.6	11	11.2	2.8	
	W490	490×2 000	490	280	63	1 500	0.05～112	1/4～56	0.125～28	1～224	2 000	300	24	11.2～2 240	0.007	0.02/300	0.015/ϕ300	1.6	11	11.2	3.11	
	CR6150	500×750	500	320	74	700	0.5～20	$80\sim1\frac{3}{4}$	0.5～10	$160\sim3\frac{1}{2}$	140	280	15	18～1 400 22～1 600 25～1 800	0.01	0.03/300	0.02/ϕ300	1.6	7.5	7.84	2	2 260×1 050×1 260
	CA6150	500×750	500	300	50	650	1～192	24～2	0.25～48	96～1	140	320	24	10～1 400	0.009	0.027/300	0.019/ϕ300	1.6	7.5	7.84	2.06	2 418×1 037×1 312
	CA6161	610×1 000	610	370	50	900	1～192	24～2	0.25～48	96～1	140	420	24	8～1 120	0.009	0.027/300	0.019/ϕ300	1.6	7.5	7.84	2.2	2 668×1 130×1 367

续表 2-1-1

产品名称	型号	最大工件直径×最大工件长度/mm	技术参数												工作精度/mm				电动机功率/kW		质量/t	外形尺寸(长×宽×高)/mm
			最大加工直径/mm			最大加工长度/mm	加工螺纹				刀架行程/mm		主轴转速									
			床身上	刀架上	棒材		米制/mm	英制/(牙/in)	模数/mm	径节	小刀架纵向	横向	级数	范围/(r/min)	圆度	圆柱度	平面度	表面粗糙度 Ra/μm	主电动机	总容量		
双刀架卧式车床	CSD630A	615×3 000	615	345	68	3 000	1～240	28～1	0.5～60	30～1	230		18	14～750	0.015	0.03/300		1.6	11	13	5	4 952×1 276×1 260
	CSD630A	615×4 000	615	345	68	4 000	1～240	28～1	0.5～60	30～1	230		18	14～750	0.015	0.03/300		1.6	11	13	5.5	5 952×1 276×1 260
卧式车床	CW6163	630×1 500	630	350	79	1 350	1～240	14～1	0.5～120	28～1	200	420	18	6～800	0.01	0.03/300	0.02/ϕ300	2.5	11	11.6	4	3 660×1 440×1 450
卧式长袖车床	CY6163L	630×3 000	630	350	103	3 000	0.75～224	$48\sim\frac{1}{8}$	0.5～112	$56\sim\frac{1}{4}$	145	340	24	8～1 000	0.01	0.01/100	0.015/ϕ200	1.6	7.5	8	4.3	5 050×1 380×1 900
	CY6163L	630×4 000	630	350	103	4 000	0.75～224	$48\sim\frac{1}{8}$	0.5～112	$56\sim\frac{1}{4}$	145	340	24	8～1 000	0.01	0.01/100	0.015/ϕ200	1.6	7.5	8	4.7	6 050×1 380×1 900
大孔径卧式车床	CS6166B	660×1 000	550	420	82	950	0.5～224	$72\sim\frac{1}{8}$	0.5～112	$56\sim\frac{1}{4}$	145	310	24	9～1 600	0.01	0.02/200	0.02/ϕ300	2.5	7.5	7.81	2.2	2 632×975×1 350
	CS6166B	660×1 500	550	420	82	1 450	0.5～224	$72\sim\frac{1}{8}$	0.5～112	$56\sim\frac{1}{4}$	145	310	24	9～1 600	0.01	0.02/200	0.02/ϕ300	2.5	7.5	7.81	2.4	3 132×975×1 350
卧式车床	CT61100	1 000×3 000	1 000	630	98	2 700	1～224	28～1	0.25～56	$56\sim\frac{1}{2}$	350	550	12	6～272	0.02	0.067/500	0.033/ϕ500	1.6	22	24	10.3	5 970×2 050×1 650
	CQW61100C	1 000×1 500	1 000	720	102	1 350	1～224	14～1	0.5～120	28～1	200	500	18	6～800	0.01	0.03/300	0.02/ϕ300	1.6	11	12.2	5	3 650×1 550×1 750

表 2-1-2 马鞍车床的型号与技术参数

产品名称	型号	最大工件直径×最大工件长度/mm	技术参数												工作精度/mm				电动机功率/kW		质量/t	外形尺寸（长×宽×高）/mm
			最大加工直径/mm			最大加工长度/mm	加工螺纹				刀架行程/mm		主轴转速		圆度	圆柱度	平面度	表面粗糙度 Ra/μm	主电动机	总容量		
			马鞍上	刀架上	棒材		米制/mm	英制/（牙/in）	模数/mm	径节	小刀架纵向	横向	级数	范围/（r/min）								
轻型马鞍车床	CL6228A	280×500	410	150	38	500	0.25～9	72～4$\frac{3}{4}$	0.25～3.5	144～8	80	180	9	60～2 000	0.015	0.02/150	0.02/ϕ150	3.2	1.1		0.4	1 280×650×1 150
	CL6228A	280×750	410	150	38	750	0.25～9	72～4$\frac{3}{4}$	0.25～3.5	144～8	80	180	9	60～2 000	0.015	0.02/150	0.02/ϕ150	3.2	1.1		0.45	1 530×650×1 150
马鞍车床	JC6232	320×500	510	190	42 52	500	0.2～24	48～2$\frac{1}{4}$	0.25～12	112～6	100	200	12	21～1 500 28～2 000 35～2 500	0.1	0.016/160	0.012/ϕ160	2.5	4	5.125	1.25	1 850×960×1 220
	G6232	340×750	540	180	49	650	0.45～10	80～2$\frac{3}{8}$	0.45～10	80～3$\frac{1}{2}$	125	220	14	20～2 000	0.008	0.014/180	0.009/ϕ180	1.6	3/4		1.3	1 960×590×1 210
	C6236	360×750	560	200	49	650	0.45～10	80～2$\frac{3}{8}$	0.45～10	80～3$\frac{1}{2}$	125	200	14	20～2 000	0.008	0.014/180	0.009/ϕ180	1.6	3/4		1.35	1 960×590×1 220
	CMD6238	380×1 250	610	238	55	1 150	0.2～14	72～2	0.3～3.5	44～8	120	235		25～2 000	0.01	0.03/300	0.02 ϕ300	1.6	5.5	7.5	1.45	2 430×920×1 320
	CA6240	400×750	630	210	50	650	1～192	24～2	0.25～48	96～1	140	320	24	10～1 400	0.009	0.027/300	0.019 ϕ300	1.6	7.5	7.84	1.99	2 418×1 000×1 267
	C6246B	400×900	685	270	50	810	0.25～6	28～2$\frac{1}{4}$			150	280	16	34～1 034	0.015	0.03/300	0.02 ϕ230	2.5	5.5/5	5.62/5.12	1.75	2 300×950×1 350
	C6246B	460×1 500	685	270	50	1 420	0.25～6	28～2$\frac{1}{4}$			150	280	16	34～1 034	0.015	0.03/300	0.02 ϕ230	2.5	5.5/5	5.62/5.12	1.80	3 020×950×1 350

续表 2-1-2

产品名称	型号	最大工件直径×最大工件长度/mm	技术参数												工作精度/mm				电动机功率/kW		质量/t	外形尺寸(长×宽×高)/mm
			最大加工直径/mm			最大加工长度/mm	加工螺纹				刀架行程/mm		主轴转速									
			马鞍上	刀架上	棒材		米制/mm	英制/(牙/in)	模数/mm	径节	小刀架纵向	横向	级数	范围/(r/min)	圆度	圆柱度	平面度	表面粗糙度 Ra/μm	主电动机	总容量		
高速马鞍车床	ZC480	480×750	685	290	105	750	0.25～23	92～$\frac{3}{4}$	0.25～115	184～1$\frac{1}{2}$	140	280	12	22～1 500	0.015	0.03		1.6	7.5	9	2	2 250×1 150×1 450
	ZC480	480×1 000	685	290	105	750	0.25～23	92～$\frac{3}{4}$	0.25～115	184～1$\frac{1}{2}$	140	280	12	22～1 500	0.015	0.03		1.6	7.5	9	2.1	2 500×1 150×1 450
马鞍车床	CA6250	500×750	720	300	50	650	1～192	24～2	0.25～48	96～1	140	320	24	10～1 400	0.009	0.027/300	0.019/ϕ300	1.6	7.5	7.84	2.06	2 418×1 037×1 312
	CHOLET 550	600×2 500		312	52	2 500	0.25～112	112～$\frac{1}{4}$	0.25～56	112～$\frac{1}{2}$	156	350	18	32～1 600	0.01	0.02/300	0.02/ϕ300	1.6	7.5	8.4	3.1	4 135×1 070×1 660
	CA6261	610×750	830	370	50	650	1～192	24～2	0.25～48	96～1	140	420	24	8～1 120	0.009	0.027/300	0.019/ϕ300	1.6	7.5	7.84	2.18	2 418×1 130×1 367
	CW6263	630×750	800	350	78	600	1～240	14～1	0.5～120	28～1	200	420	18	6～800	0.01	0.03/300	0.02/ϕ300	2.5	11	11.67	3	2 910×1 440×1 450
大孔径马鞍车床	CS6266B	660×1 000	870	420	82	950	0.5～224	72～$\frac{1}{8}$	0.8～112	56～$\frac{1}{4}$	145	310	24	9～1 600	0.01	0.02/200	0.02/ϕ300	2.5	7.5	7.81	2.20	2 632×975×1 370
	CS6266B	660×1 500	870	420	82	1 450	0.5～224	72～$\frac{1}{8}$	0.5～112	56～$\frac{1}{4}$	145	310	24	9～1 600	0.01	0.02/200	0.02/ϕ300	2.5	7.5	7.81	2.40	3 132×975×1 370
马鞍车床	CW6280C	800×1 500	1 020	480	102	1 350	1～240	14～1	0.5～120	28～1	200	500	18	4.8～640 5.4～720 6～800	0.01	0.03/300	0.02/ϕ300	1.6	11	12.2	4.9	3 650×1 550×1 650

表 2-1-3　立式车床的型号与技术参数

产品名称	型　　号	技术参数							工作精度/mm			电动机功率/kW		质量/t	外形尺寸(长×宽×高)/mm
		最大加工尺寸/mm		进给量/(mm/min)	工作最大质量/t	工作台直径/mm	工作台转速/(r/min)		圆度	圆柱度	平面度	主电动机	总容量		
		直径	高度				级数	范围							
单柱立式车床	C518	800	630	0.09～4	1.2	720	16	10～315	0.02	0.01	0.03	22	26.8	6.8	2 560×2 119 ×3 050
	C518E×8/2	800	800	0.8～86	2	720	16	10～315				22		6.8	
	C5110E×8/3	1 000	800	0.8～86	3	900	16	8～250				22		7.1	
	C5110	1 000	800	0.09～4	2	720	16	8～250	0.02	0.01	0.03	22	26.8	7.1	
	C5112A	1 250	1 000	0.8～86	3 200	1 000	16	6.3～200	0.01	0.01	0.02	22	28.6	8.5	2 277×2 445 ×3 403
	C5112E×10/5	1 250	1 000	0.8～86	5	1 010	16	6.3～200				22		8.3	
	C5116×10/8	1 600	1 000		8	1 400	AC16 DC 无	4～200 2～200						19	3 200×3 500 ×3 900
双柱立式镗车床	CT5256	5 600	2 600	0.6～96	50	4 000	18	0.6～31	0.03		0.04	55	78	70	7 500×12 500 ×9 200
双柱立式车床	CX5220	2 000	1 550	0.2～145	12	1 900	无	1.6～160	0.02	0.01	0.03	55	70.4	33.8	5 485×5 130 ×5 200
	C5225	2 500	1 600	0.25～145	10	2 250	16	2～63	0.02	0.01	0.03	50	58.6	32.3	5 180×5 200 ×4 870
	C5231E×15/20	3 150	1 500	0.25～90 DC0.1～ 2 000	12,20 32,40	2 250 2 500 2 830	AC16 DC 无	2～63 1～50 0.5～56 1～50				AC55 DC75		36 50	
	C5235E×20/32	3 500	2 000	0.1～2 000	32,40	3 150	AC16 DC 无	1.25～63 0.56						52	
	C5240E×25/40	4 000	2 500	0.1～2 000 0.05～200	40,50	3 150 3 600	AC16 DC 无	1.25～36 0.42～42						58	
	C5250E×29/50	5 000	2 900	0.25～200	50,63	4 000 4 500	无	0.42～42				75		128 130	
单柱移动立式车床	C5340	4 000	2 000	0.32～320	20	2 250	无	0.63～63	0.02	0.03	0.05	40		45	7 200×5 420 ×6 910
单柱工作台移动立式车床	C5523A	2 300	1 050	0.16～8	6.3	1 250	12	6～120	0.02	0.04	0.06	30	36.2	20	3 900×2 575 ×3 760
	C551J	5 000	2 000	0.6～96	35	4 000	18	0.6 31	0.03	0.02/ 300	0.04	55	74	63	8 715×11 620 ×8 520
单柱定梁立式车床	C576E×5/1	630	500	0.07～3 mm/r	1	500	16	12.5～ 630	0.01	0.01	0.01	15		4.5	2 070×1 750 ×2 730

表 2-1-4 转塔车床、回轮车床的型号与技术参数

产品名称	型号	技术参数					工作精度			电动机功率/kW		质量/t	外形尺寸(长×宽×高)/mm
		最大加工直径/mm	最大加工长度/mm	转塔工位数	主轴转速/(r/min) 级数	范围	圆度/mm	圆柱度	表面粗糙度 Ra/μm	主电动机	总容量		
半自动转塔车床	CB3463-1	ϕ320		6 工位	16	25~1 065	0.01	0.02/100	1.6	9/11	14.125	3.8/5	3 350×1 820×1 890
	CB3463MC	ϕ320		6 工位	16	36~1 065	0.01	0.02/100	1.6	9/11	14.125	3.8/5	3 350×1 820×1 890
程控双转塔车床	CB3232MC(PC)	ϕ320	200	4(后刀架 2)	12	51~832	(工作精度 2 级)			10/8	13	4.1	2 907×1 700×1 400
程控横移转塔车床	CH3220MC(PC)	ϕ250	200	4	16	100~1 263	(工作精度 2 级)			8/16	11	2.7	3 030×1 338×1 650
	CH3240MC(PC)	ϕ400	200	4	8	60~440	(工作精度 2 级)			10/8	13	4.1	3 927×1 540×1 700
程控立式双转塔车床	CB3640×2MC(PC)	ϕ500	200	4	4	51~730	(工作精度 2 级)			10/13	28.72	12	3 428×2 325×2 968
转塔车床	CB3463MC	ϕ320	(盘类)		16	36~1 065	0.01	0.02/100	1.6	9/11	14.125	3.8/5	3 350×1 820×1 890
	C3163-1	ϕ325	200		12	25~1 120	0.01	0.02/100	1.6	11	11.825	2.8	3 000×1 680×1 710
	C3180-1	ϕ400	200		12	24~1 057	0.01	0.02/100	1.6	15	16.99	3.2	3 040×1 620×1 790
	CQ31125	ϕ400			12	18~780	0.015	0.03/150	3.2	15	15.84	3.2	3 370×1 560×1 820
	CQ31200	ϕ400			16	98~552	0.02	0.03/150	3.2	15	15.89	3.2	3 370×1 560×1 700
	SQ205	ϕ400			12	20~900	0.01	0.02/150	3.2	15	15.89	3.6/4.4	4 345×1 560×1 750

表 2-1-5 仿形车床的型号与技术参数

产品名称	型号	技术参数					电动机功率/kW		质量/t	外形尺寸(长×宽×高)/mm	按订货供应附件	备注
		最大加工直径/mm	最大加工长度/mm	主轴转速/(r/min) 级数	范围	圆度/mm	主电动机	总容量				
液压仿形车床	HB2-016	ϕ20					5.5					PLC 控制
十字轴液压仿形半自动车床	Y2-1020	ϕ60					5.5		7	1 930×1 300×1 400	液压站刀台扳手	
半自动液压仿形车床	CB716	ϕ60	400	7	315~2 400	0.05	5.5	7.125	4	1 820×1 160×1 600	液压卡盘液压缸	
液压仿形车床	C7212B	ϕ120					7.5					PLC 控制
半自动液压仿形车床	CE7112A	125	710	9	320~2 000	0.05	11	4.125	5.5	3 200×1 200×1 800	液压卡盘液压缸	PC 控制
	CB7216A	160		6	224~1 250	0.05	11	13.37	3.5	2 114×1 290×1 950	液压卡盘液压缸	PC 控制
液压仿形车床	C7220 C7220/1	ϕ200 ϕ200					15 15					继电 PLC PLC 控制
液压仿形车床	C7225	ϕ250					15					继电 PLC 控制
半自动液压仿形车床	CB7225A	ϕ250		6	112~630	0.05	18.5	22.75	4.5	2 492×1 290×2 150	液压卡盘液压缸	CP 控制

表 2-1-6　曲轴车床的型号与技术参数

产品名称	型号	技术参数 最大加工尺寸/mm 直径	技术参数 最大加工尺寸/mm 高度	技术参数 进给量范围/(mm/min)	技术参数 工件最大质量/t	技术参数 工作台转速/(r/min) 级数	技术参数 工作台转速/(r/min) 范围	工作精度/mm 圆度	工作精度/mm 圆柱度	电动机功率/kW 主电动机	电动机功率/kW 总容量	质量/t	外形尺寸(长×宽×高)/mm
数控旋风切削曲轴车床	CK4012	480～900	1 250	纵向 0.2～500	120	无	0.5～25		0.03/300	22		160	18 960×8 500×4 800
	CK4016	600～1 200	2 000	径向 0.05～25	200	无	0.4～20					200	27 000×10 000×5 500
曲轴连杆颈车床	C43100	800	4 000	纵向 0.71～125	2	6	25～100	0.04	0.04/128	30		22.3	8 910×1 820×1 760
	C43125	1 000	6 000	横向 0.35～62.5	4	6	20～80			40			
曲轴主轴颈车床	C4280(Q-078)	800	5 000	纵向 0.43～85	2.5	无	1.73～84			55		33.5	11 500×2 420×2 000
	C42100	1 000	5 000	横向 0.15～30	25	无	1.73～84			55		37.6	11 820×2 420×2 100

产品名称	型号	技术参数 最大加工直径/mm	技术参数 工件最大安装长度/mm	技术参数 横向最大进给距离/mm	技术参数 主轴转速/(r/min) 级数	技术参数 主轴转速/(r/min) 范围	工作精度 表面粗糙度 Ra/μm	工作精度 轴向/mm	工作精度 开档/mm	工作精度 圆度/mm	工作精度 偏心距/mm	工作精度 相位角/(°)	电动机功率/kW 主电动机	电动机功率/kW 总容量	质量/t	外形尺寸(长×宽×高)/mm
双头曲轴车床	C41100	1 000	5 000	530	无	3～80	0.8	0.02	最小 70	0.015	250	90,120	55	62	35	11 685×1 800×2 000
数控双头曲轴车床	CK41100	1 000	4 000 5 000	460	无	0.5～81	0.63	0.015	最小 70	0.015	250	7 290 120	55	58.25	34	10 965×1 800×2 000
曲轴车床	C8211	1 100	3 800 特定 6 000	395	8	3～30	0.8	0.02	最小 70	0.02	450	7 290 120	30	58	54	9 000×6 800×3 285
	QZ-013	1 800	3 000	1 500	无	1～200	1.6			0.03			55	58.4	29	8 455×2 270×2 525

表 2-1-7　数控卧式车床型号与技术参数

产品名称	型　号	最大工件直径×最大工件长度/mm	技术参数								工作精度				电动机功率/(kW)		质量/t	外形尺寸(长×宽×高)/mm	备　注
			最大加工直径/mm			最大加工长度/mm	脉冲当量		主轴转速/(r/min)		圆度/mm	圆柱度/mm	平面度/mm	表面粗糙度 Ra/μm	主电动机	总容量			
			床身上	刀架上	主轴孔		Z 轴/mm	X 轴/mm	级数	范围									
棒料数控车床	CK3125	25×120				120	0.001	0.001	无级	60～4 000	0.007	0.01/60		1.6	5.5	8.5	2	1 705×1 640×1 836	
高效自动车床	H10CS CZ 系列	60×300	60			120				800～2 000				1.6	4	4	1.7	1 950×800×1 850	
数控车床	SK100	100×350	220	200		350	0.01	0.005	6	250～1 000	0.01	0.01	0.015	1.6	5.5		3	1 890×1 380×1 700	
卧式双轴数控车床	CK3212×2	120×200	120		47	200	0.001		无级	80～2 500	0.007	0.03	0.02	1.6	23.5	57.2	9	3 400×2 400×2 200	
	CK3220×2	200×200	200		63	200	0.001	0.001	无级	80～2 500	0.007	0.02	0.013		23.5	57.2	9	3 400×2 400×2 200	
数控车床	CK7620 (F)	200			53	200	0.001	0.000 5	8	90～1 000	0.005	0.018/180	0.013/200	1.6	5.5/7.5	8.6	2.5	2 400×1 800×1 615	
	CK7620 (杨)	200			53	200	0.001	0.000 5	8	90～1 000	0.005	0.018/180	0.013/200	1.6	5.5/7.5	8.6	2.5	2 400×1 820×1 615	
简式数控车床	CKJ7620 (常)	200			53	200	0.01	0.005	8	90～1 000	0.005	0.018/180	0.013/200	1.6	5.5/7.5	8.6	2.5	2 400×1 820×1 615	
数控车床	SK200	200×350	220	200		350	0.001	0.000 5	8	90～1 450	0.014	0.014	0.025	1.6			3.5	1 890×1 380×1 700	
	CKA3225	250×150	250		58		0.001	0.001	无级	50～3 000	0.007	0.03	0.02	1.6	23.5	31	6	3 110×1 855×2 005	
卧式数控车床	CJK3125	250×160	旋径 550	90	54	160	0.01	0.005	16	100～1 268	0.005	0.01	0.014	1.6	8/6.5	10.5	3.5	4 100×1 250×2 015	

续表 2-1-7

产品名称	型号	最大工件直径×最大工件长度/mm	技术参数								工作精度				电动机功率/kW		质量/t	外形尺寸(长×宽×高)/mm	备注
			最大加工直径/mm			最大加工长度/mm	脉冲当量		主轴转速/(r/min)		圆度/mm	圆柱度/mm	平面度/mm	表面粗糙度 Ra/μm	主电动机	总容量			
			床身上	刀架上	主轴孔		Z 轴/mm	Y 轴/mm	级数	范围									
简式数控卧式车床	CJK0625	250×350	200	150	38	350	0.01	0.005	无级	150～4 000	0.005	0.03	0.02	1.6	5.5	6.5	1.1	1 816×878×1 450	控制系统 ANDIG—8201
数控卧式车床	CT-6	250×350	200	160	40	350	0.001	0.000 5	无级	60～6 000	0.005	0.03	0.02	1.6	3.7	20	2	1 880×1 194×1 830	
	CK6432	180×220	320	180		220	0.001	0.001	无级	40～2 000	0.007	0.03/100		1.6	7/11		3.6	2 280×1 817×2 045	
	CK6132	180×320	320	180	42	260	0.001	0.001	无级	60～2 500	0.007	0.03/100		1.6	7/11		3.8	2 280×1 817×2 045	
数控车床	CK3225/1	250×400	250	120	58	400	0.001	0.001	8	131～1 125	0.007	0.03	0.02	1.6	9/11	14	6.5	3 110×1 855×2 070	
	CK3225/2	250×400	250		58	150	0.001		8	131～1 125	0.005	0.03	0.02	1.6	9/11	14	6	3 110×1 855×2 070	
中间驱动数控车床	CKU7832	320×2 200	320	22		2 200			无级	20～450	0.007	0.03	0.02		22/26	31.56	12	5 457×1 985×2 335	FANUC 0-TT-C
简式数控车床	CJK6132A	350×500	350	115	40	500			12	40～2 000	0.01	0.02/200	0.013/ϕ200	1.6	3/4	3.16/4.16	1.6	2 055×880×1 650	
数控车床	ZK400	400×3 000	400	260	80	3 000	0.01	0.005		25～1 800	0.01	0.015		1.6	7.5	9	4.8	5 200×1 750×1 650	
经济型数控车床	CJK6246	460×500	630	275	40 或 52	500	0.01	0.005	12	28～2 000	0.01	0.02/200	0.013/ϕ200	1.6	3/4	3.16/4.16	1.7	2 060×1 350×1 530	

表 2-2-1 卧式升降台铣床的型号与技术参数

产品名称	型号	工作台台面尺寸(宽×长)/mm	技术参数							工作精度		电动机功率/kW		质量/t	外形尺寸(长×宽×高)/mm
			主轴轴线至工作台面距离/mm	工作台中心线至垂直导轨面距离/mm	工作台最大行程/mm			主轴转速/(r/min)							
					纵向(机/手)	横向(机/手)	垂向(机/手)	级数	范围	平面度/(mm/mm²)	表面粗糙度 Ra/μm	主电动机	总容量		
卧式升降台铣床	X6012	125×500	0～250	110～210	250	100	125	9	120～1 830	0.02/150	2.5	1.5	1.625	0.61	835×870×1 633
	X083	140×400	0～130		160	185	130	1	2 670	0.2/400	3.2	1.5	1.5	0.37	930×680×1 235
卧式升降台铣床	X6025A	250×1 200	40～400	120～320	550/570	200	360	8	50～1 250	0.02/300	1.6	2.2	2.79	1	1 445×1 560×1 372
	X6025	250×1 100	10～430	145～425	680/700	260/280	400/420	18	32～1 600	0.02/300	2.5	4	5.14	2.57 1.975	1 770×1 670×1 600
	X6030	300×1 100	10～430	160～430	680/700	250/270	400/420	18	32～1 600	0.02/300	2.5	4	5.14	2.6 2	1 770×1 670×1 600
	XD6032	320×1 325	30～420	215～470	680/700	240/255	370/390	18	30～1 500	0.02/100	2.5	7.5	9.09	2.65	2 282×1 770×1 700
	XA6040A	400×1 700	30～470	255～570	900	315	125	18	30～1 500	0.02/300	2.5	11	14.495	4.25	2 570×2 326×1 925
	X755	500×2 000	80～680	550	1 400	500	600	18	25～1 250	0.03/500	1.6	11	14.55	6.5	2 830×2 650×2 650

表 2-2-2 万能升降台铣床的型号与技术参数

产品名称	型号	工作台台面尺寸(宽×长)/mm	技术参数								工作精度		电动机功率/kW		质量/t	外形尺寸(长×宽×高)/mm	备注
			工作台最大回转角度/(°)	主轴轴线至工作台面距离/mm	工作台中心线至垂直导轨面距离/mm	工作台最大行程/mm			主轴转速/(r/min)								
						纵向(机/手)	横向(机/手)	垂向(机/手)	级数	范围	平面度/(mm/mm²)	表面粗糙度 Ra/μm	主电动机	总容量			
轻型万能铣床	XQ6125	250×1 100	±45	40～410	160～395	630	235	370	9	35～750	0.02/100	2.5	3	3.61	1.55	2 180×1 400×1 635	
万能升降台铣床	XQ6132	320×1 320	±45	70～480	190～490	800	300	410	9	35～750	0.02/100	2.5	4	4.81	2	2 380×1 785×1 780	立铣头左右转45°套筒可机动进给，伸臂水平转
	X6130A	300×1 150	±45	20～420	175～410	680	235	400	12	35～1 600	0.02	2.5	4	4.75	3	1 695×1 535×1 630	
	XD6132	320×1 325	±45	30～380	215～470	680/700	240/255	330/350	18	30～1 500	0.02/100	2.65	7.5	9.09	2.7	2 282×1 770×1 700	
	XA6140A	400×1 700	±45	30～455	255～570	900	315	425	18	30～1 500	0.02/300	2.5	11	14.495	1.35	2 570×2 326×1 950	
	X6142	425×2 000		80～450		1 200/1 210	360～370	360/370	20	18～1 400	0.02/150	1.6	11	14.175	5.3	2 785×2 793×1 950	
卧式万能升降台铣床	X6125	250×1 100		10～410	145～425	680/700	260～280	390～400	18	32～1 600	0.02/300	2.5	4	5.225	2.6	1 770×1 670×1 600	
	X6130	300×1 100		10～410	160～430	680/700	250～270	390～400	18	32～1 600	0.02/300	2.5	4	5.225	2.6	1 770×1 670×1 600	

表 2-2-3　立式升降台铣床、数控立式升降台铣床的型号与技术参数

产品名称	型　号	工作台台面尺寸（宽×长）/mm	技术参数 立铣头最大回转角度/(°)	主轴轴线至工作台台面距离/mm	主轴轴线至垂直导轨面距离/mm	工作台最大行程/mm 纵向（机/手）	横向（机/手）	垂向（机/手）	主轴转速/(r/min) 级数	范围	工作精度 平面度/(mm/mm²)	表面粗糙度 Ra/μm	电动机功率/kW 主电动机	总容量	质量/t	外形尺寸（长×宽×高）/mm
立式升降台铣床	X5012	125×500	±45	0～250	155	255	100	250	9	120～130	0.02/150	2.5	1.5	1.625	0.6	853×870×1 633
	X5020B	200×900	±45	10	265	500	190	360	8	60～1 650	0.02/300	2.5	3	3.79	1	1 700×1 300×1 650
	X5030A	300×1 150	±45	40～410	175～410	680	235	400	12	35～1 600	0.02/100	2.5	4	4.75	3	1 693×1 535×1 868
	X5032	320×1 320	±45	60～410	350	680/700	240/255	330/350	18	30～1 500	0.02/100	1.6	7.5	9.125	2.8	2 294×1 770×1 904
	B_1-400K	400×1 600	±45	30～500	450	900	315	385	18	30～1 500	0.02/300	2.5	11	14.125	4.25	2 256×2 159×2 298
	X5042A	425×2 000		0～490		1 180/1 200	400/410	450/460	20	18～1 400	0.02/150	1.6		14.175	5.1	2 435×2 600×2 500
立铣铣床	X715	500×2 000		80～680	550	1 400	500	600	18	25～1 250	0.03/500	1.6	11	14.55	6.5	2 830×2 635×2 650

产品名称	型　号	工作台台面尺寸（宽×长）/mm	技术参数 主轴端面至工作台面距离/mm	主轴轴线至垂直导轨面距离/mm	工作台最大行程/mm 纵向（机/手）	横向（机/手）	垂向（机/手）	主轴转速/(r/min) 级数	范围	定位精度/mm	重复定位精度/mm	电动机功率/kW 主电动机	功率	质量/t	外形尺寸（长×宽×高）/mm	备注
数控立式升降台铣床	XK5012	125×500	0～250		250	100	250		120～1 830	±0.02	0.015	1.5	1.625	0.6	835×870×1 630	
	XK5020	200×900	40～400		500	220	360		55～2 500			3		1	1 700×1 350×1 680	
	XK5025	250×1 120	30～430	360	680	350	440		50～3 500	±0.5 300	±0.015	1.5		1.5	1 405×1 720×2 296	
	XKA5032A	320×1 320	60～460		760	290	380		30～1 500	0.031/300		7.5			1 929×2 055×2 216	
	XK5034	340×1 066	35～435		760	350	120		45～3 150	X:0.06 Y:0.05 Z:0.04	0.025	3.7		2.1	2 060×2 000×2 035	
	XK5038	381×965	64～595		800	400	203		45～4 510	X:0.06 Y:0.05 Z:0.04	0.025	5.5		5	2 070×2 230×2 740	
	XK5040-1	400×1 650	100～500		900	350	400		12～1 500	0.031/300		7.5		4.5	2 255×2 190×2 694	
	XKA5040A	400～1 700	50～500		900	375	450		30～1 500	0.031/300		7.5		5	2 467×2 220×2 544	

表 2-2-4　工具铣床、数控工具铣床的型号与技术参数

产品名称	型号	工作台台面尺寸（宽×长）/mm	主要技术参数									工作精度/mm					电动机功率/kW		外形尺寸（长×宽×高）/mm	质量/t	备注
			铣头回转角度/(°)	卧轴轴线至工作台面距离/mm	立铣头端面至工作台面距离/mm	主轴轴线至垂直导轨面距离/mm	工作台最大行程/mm			主轴转速/(r/min)		铣削			镗孔						
							纵向	横向	垂向	级数	范围	平面度（mm/mm²）	等高度	垂直度	圆度	轴线垂直度	主电动机	总容量			
万能工具铣床	X8125	250×700	±90	85～485	55～455（主轴）	140～395	365	255	400	18	40～2 000		0.025/100	0.015/100	0.015	0.01/100	1.5	2.89	1 215×1 200×1 800	1.2	数显万能工具铣床显示精度
	X8126A	270×700	±45	30～360	0～265	155	300	200	330	8	水平：110～1 230 垂直：150～1 660		0.025	0.015/100	0.015	0.01/100	3.0	3.09	1 125×1 380×1 650	0.96	
	X8128	280×700	±45	35～365	0～285	155～355	350	200	350	8	150～1 600	0.02/300					3	3.1	1 080×1 110×1 650	1.2	
	X8130	300×750	±60	35～415	65～445（主轴）	80～660	405	200	390	12	40～1 600	0.02/300	0.025/100	0.015/100	0.015	0.01/100	2.2	2.875	985×1 195×1 630	1.05	
	X8132A	320×750	±90	30～430	0～400	170	400	300	400	18	水平：40～2 000 垂直：	0.02/300	0.025	0.015/100	0.015	0.01/100	2.2	3.04	1 500×1 255×1 700	1.3	
	X8140	400×800	±90	85～485	55～455（主轴）	139～544	505	405	400	18	40～2 000	0.02/300	0.025/100	0.015/100	0.015	0.01/100	3	4.94	1 383×1 427×1 817	1.6	
	X8150B	500×900	±90	90～540	150～600	135～535	600	400	450	无	40～4 000	0.02/300					4	6.2	1 580×1 660×1 850	3.5	

产品名称	型号	工作台台面尺寸（宽×长）/mm	技术参数								定位精度/mm	重复定位精度/mm	电动机功率/kW		质量/t	外形尺寸（长×宽×高）/mm
			立铣头最大回转角度/(°)	主轴端面至工作台面距离/mm	主轴轴线至垂直导轨面距离/mm	工作台最大行程/mm			主轴转速/(r/min)							
						纵向（机/手）	横向（机/手）	垂向（机/手）	级数	范围			主电动机	总容量		
数控万能工具铣床	XK8130A	320×750	±60°	55～435	102～682	395	380	200	12	40～1 600	0.03/300	0.02	2.2	5	1.1	1 400×1 560×1 803
	XK8140	400×800	±45°	55～415	190～550	460	360	360	18	40～2 000	0.02	0.01	3	5.56	1.8	1 710×1 670×1 820
	XK8146	460×800				480	385	385		63～3 150	0.02	0.01	4.4	7.5	1.85	2 000×1 564×1 970
	RU800	700×900	±90°	145～645	140～840	800	700	500	无	40～3 000	0.025/500	0.016	8.8	22	5	2 800×2 100×2 400

表 2-2-5　龙门铣床的型号与技术参数

产品名称	型号	最大加工尺寸（长×宽×高）/mm	技术参数								工作精度		电动机功率/kW		质量/t	外形尺寸（长×宽×高）/mm
			工作台最大承重/t	主轴箱数/个	主轴箱回转角度/(°)	主轴转速/(r/min) 级数	主轴转速/(r/min) 范围	工作台进给量/(mm/min) 级数	工作台进给量/(mm/min) 范围	推荐最大刀盘直径/mm	平面度/(mm/mm²)	表面粗糙度 Ra/μm	主电动机	功率		
龙门铣床	X2010C	3 000×1 000×1 000	8	3 (4)	垂直头±30° 水平头 +30° −15°	12	50～630	无级	10～1 000 快速 4 000	350	0.02/300	2.5	15	60 73	36 37	9 640×4 740×3 915
	X2010C	3 000×1 000×1 000	8	3	±30°	9	40～400		10～1 000	350	0.03/300		13	50.12		7 700×3 850×3 200
	X2012C	4 000×1 250×1 250	10	3 (4)	垂直头±30° 水平头 +30° −15°	12	50～630		10～1 000 快速 4 000	350	0.02/300		15	62 73	45.5 45	11 710×4 865×4 515
	X2016	5 000×1 600×1 600	20	3		12	31.5～630		10～1 000 快速 4 000	400	0.02/300		22	107	75	13 500～6 240×5 440
	X2020	6 000×2 000×2 000	30	3		12	31.5～630		10～1 000 快速 4 000	400	0.02/300		22	107	110	15 500×6 640×5 840
	X2025	8 000×2 500×2 500	40	3		12	31.5～630		10～1 000 快速 4 000	400	0.02/300		22	112	145	1 927×7 140×6 340

产品名称	型号	最大加工尺寸（长×宽×高）/mm	技术参数						工作精度		电动机功率/kW		质量/t	外形尺寸（长×宽×高）/mm	推荐最大刀盘直径/mm
			工作台最大承重/t	主轴箱数/个	主轴转速/(r/min) 级数	主轴转速/(r/min) 范围	工作台进给量/(mm/min) 级数	工作台进给量/(mm/min) 范围	平面度/(mm/mm²)	表面粗糙度 Ra/μm	主电动机	总容量			
轻型龙门铣床	XQT-2014	1 600×4 000×1 000	8	4	6	50～500	1	80～315		1.6	5.5	37.2	40	11 110×3 800×3 270	460
	XQ209/2M	1 700×900×650	3	3	6	70～400	无级	80～1 350	0.02	2.5	5.5×3	30.3	24	7 100×3 700×2 800	200
	XQ209/3M	2 700×900×650	4.5	3				80～1 300			5.5×3	30.3	26	9 100×3 700×2 800	
	XQ2014/4M	3 700×1 400×1 100	10	4				80～1 300			5.5×4	27.8	43	11 200×4 500×3 800	
	XQ2017/6M	5 700×1 700×1 400	15	4				80～1 100			7.5×3	41	45	15 000×4 850×4 220	

产品名称	型号	最大加工尺寸（长×宽×高）/mm	技术参数								工作精度		电动机功率/kW		质量/t	外形尺寸（长×宽×高）/mm
			工作台最大承重/t	主轴箱数/个	主轴箱回转角度/(°)	主轴转速/(r/min) 级数	主轴转速/(r/min) 范围	工作台进给量/(mm/min) 级数	工作台进给量/(mm/min) 范围	推荐最大刀盘直径/mm	平面度/(mm/mm²)	表面粗糙度 Ra/μm	主电动机	总容量		
龙门镗铣床	XA2110	3 000×1 000×1 000	8	3		12	10～800	无级	10～1 000	350	0.02/300	2.5	15	65	37	9 640×4 740×3 915
	XA2112	4 000×1 250×1 250	10			12	10～800		快速 4 000	350			15	76	45	11 710×4 865×4 515
	X2116	5 000×1 600×1 600	20			18	8～630			400			30	118	75	13 500×6 240×5 440
	X2120	6 000×2 000×2 000	30			18	8～630			400			30	118	110	15 500×6 640×5 840
	X2125	800×2 500×2 500	40			18	8～630			400			30	123	145	19 270×7 140×6 340
	X2130	10 000×3 000×3 000	80			18	8～630			400			30	135	230	25 600×8 800×7 420

表 2-3-1　台式钻床的型号与技术参数

产品名称	型　号	技　术　参　数					主轴行程/mm	电动机功率/kW		质量/t		外形尺寸（长×宽×高）/mm	备　注
		最大钻孔直径/mm	主轴端至底座面距离/mm	主轴轴线至立柱表面距离/mm	主轴转速			主电动机	总容量	毛重	净重		
					级数	范围/（r/min）							
特轻型台式钻床	ZTQ4106	6	300	104	5	1 260～5 230	50		0.25			480×240×610	
轻型台式钻床	ZQ4106 LT-06	6 6	290 360～420	120 130	3 3	580～2 700 1 400～5 600	60 60	0.18 0.25		0.037	0.019 0.035	440×250×240 474×235×728	
台式钻床	Z402 Z402 Z403	2 2 3	135 120 100	80 80 100	3 3 4	3 000～8 700 3 650～8 600 2 240～1 140	20 20 40	0.09 0.09 0.18			0.014 0.015 0.035	320×140×370 320×370×140 430×214×443	
	Z406	6	125～225	140	4	1 380～8 300	65		三箱 0.37		0.04	538×265×595	
	Z512 Z4012 Z512-A	12 12 12	130～430 170～355 170～355	190 200 200	8 5 5	460～4 250 450～4 000 450～4 000	100 100 100	 0.37 0.37	0.55 0.37 0.37	0.1 0.08	0.124 0.092 0.072	782×446×823 695×385×855 695×360×855	液压升降 机械升降
	ZHX-13	13	300	103	5	515～2 580	50	Z7124 Z7114	0.25	0.025	0.023	411×235.5×581	
	Z4012	13	455	200	4	800～4 000	100	1.1	0.18	0.114		740×385×101 715	
	Z515 Z516	15 16	130～430 182～550	190 193	8 5	320～2 900 480～4 100	100 100	 JW7124	0.55 0.55	 0.13	0.13 0.1	782×446×823 688×380×1 037	
	Z4018	18	200～400	240	5	355～3 150	125	0.75	0.75	0.135	0.125	798×454×1 025	机械升降
	Z4119	19	580	205	5	385～3 150	125	0.55			0.135	750×400×1 040	
	Z4019 Z4020	19 20	230～435 400	185 240	8 5	240～3 800 335～3 150	110 125	 1.1	0.55 1.1		0.092 0.132	675×320×970 798×415×1 025	
	Z4023	23	230～435	185	8	240～3 800	110		0.75		0.194	675×320×970	
	Z4025	25	184～430	240	5	250～2 230	125	1.1	1.1	0.155	0.145	798×454×1 080	

表 2-3-2 立式钻床的型号与技术参数

产品名称	型号	技术参数					主轴行程/mm	电动机功率/kW		质量/t		外形尺寸（长×宽×高）/mm	备注
		最大钻孔直径/mm	主轴端至底座面距离/mm	主轴轴线至立柱表面距离/mm	主轴转速/(r/min) 级数	主轴转速/(r/min) 范围		主电动机	总容量	毛重	净重		
轻型圆柱立式钻床	M1-35 (ZQ5035)	35	1 275	320	12	55～2 390	160	0.65/ 2/2.4	0.6/ 2/2.4	0.6	0.5	840×600×1 800	
圆柱立式钻床	ZJ5025 Z5025	25 25	830 1 200	240 315	12 8	130～2 880 100～2 900	110 145	0.85 0.55/ 0.75		0.54	0.26 0.44	620×490×1 690 788×560×1 725	
	Z5040	40	1 000	350	9	54～800	240	3	3.12	1.3	1.05	1 050×700×2 060	
方柱立式钻床	Z5125A	25		280	9	50～2 000	200	2.2	2.29	1.125	0.95	962×847×2 300	
	ZF5132 Z5140A	32 40	710 750	315 335	12 12	72～1 634 31.5～1 400	315 250	2.2/2.8 3	2.89	1.3	1.2 1.3	810×1 005×2 405 1 200×800×2 550	
	Z5150A Z5163	50 63	(至工作台) 750 1 250	335 375	12 12	31.5～1 400 22.4～1 000	250 315	3 5.5	3.09 5.59	2.3	1.25 2.25	1 090×905×2 535 1 290×965×2 820	
数显坐标立式钻床	ZX5432	32	630	315	9	45～1 800	220	2.2	2.8		1.5	1 480×1 560×2 505	工作台行程：$X=400,Y=300$
立式排钻床	Z5625-2A Z5625-3A Z5625-4A	25 25 25		280 280 280	9 9 9	50～2 000 50～2 000 50～2 000	200 200 200	2.2 2.2 2.2	4.52 1.72 8.92		2.1 3.5	1 475×1 171×2 332 1 171×1 890×2 332 2 680×1 171×2 332	
十字工作台立式钻床	Z5725A Z5740A Z5740B Z5725A	25 40 25	545	280	9 12 9	50～2 000 31.5～1 400 50～2 000	200 250 200	2.2 3 2.2	2.29 3.09		1.25 1.8	1 138×1 010×2 302 1 295×1 130×2 530 1 200×1 085×2 340	带数显

表 2-3-3 摇臂钻床的型号与技术参数

产品名称	型号	技术参数					主轴行程/mm	电动机功率/kW		质量/t	外形尺寸（长×宽×高）/mm	备注
		最大钻孔直径/mm	主轴端至底座面距离/mm	主轴轴线至立柱表面距离/mm	主轴转速/(r/min) 级数	主轴转速/(r/min) 范围		主电动机	总容量			
摇臂钻床	Z3025×10/1	25	250～1 020	30～1 000	16	32～2 500	280	1.5	2.71	1.6	1 760×800×2 050	
	Z3032×10	32	230～980	300～1 000	12	45～2 050	250	2.2	3.21	1.7	1 735×800×2 014	
	Z3035B×13	35	350～1 250	350～1 300	12	50～2 240	300	2.4/3		2.52	2 290×900×2 570	
	ZQ3040×10/2	40	450～1 250	200～1 000	16	32～2 500	280	3		1.7	1 760×600×2 250	

续表 2-3-3

产品名称	型号	技术参数					主轴行程/mm	电动机功率/kW		质量/t	外形尺寸(长×宽×高)/mm	备注
		最大钻孔直径/mm	主轴端至底座面距离/mm	主轴轴线至立柱表面距离/mm	主轴转速/(r/min)			主电动机	总容量			
					级数	范围						
摇臂钻床	Z3050×16/2	50	350～1 250	350～1 600	16	25～2 000	315	4		3.5	2 500×1 060×2 655	
	Z3063×20/1	63	400～1 600	450～2 000	16	20～1 600	400	5.5	8.54	7	3 080×1 250×3 210	
	Z3080×25	80	550～2 000	500～2 500	16	16～1 250	450	7.5	11.39	11	3 730×1 400×3 825	
	Z30100×31	100	750～2 500	570～3 150	22	8～1 000	500	15	19.84	22	4 650×1 630×4 525	
	Z30125×40	125	750～2 500	600～4 000	22	6.3～800	500	18.5	23.375	28.5	5 130×2 000×5 120	
万能摇臂钻床	Z3125A	25	20～680	700	8	24～2 400	160	1.1/1.5		0.8	1 610×690×1 860	
	Z3125A	25	680	730	8	35～2 000	160	1.5	2.05	0.8	1 618×800×1 883	
	Z3132×6	32	20～670	345～700	8	75～1 420	160	2.4/2	3	1	1 610×680×1 910	
	Z3140A	40	25～1 250	850～1 600	16	16～1 250	315	3	7.98	4.2	3 058×1 240×2 620	
滑座摇臂钻床	Z3340	40	700～1 600	350～1 600	16	25～2 000	315	3	7.35	5.2	3 360×1 002×2 780	滑座移动量:2 000 mm
	Z3350×16/45	50	715～1 615		16	25～2 000	315	4		4.3	4 200×1 002×2 775	滑座行程:4 000 mm
	Z3363×20/45	63	950～2 150	450～2 050	16	20～1 600	400	5.5	11.1	12	6 475×1 140×3 490	
滑座、万向摇臂钻床	Z3540×16/20	40	340～1 490	900～1 600	16	16～1 250	315	3		6.8	7 150×1 290×2 966	
移动万向摇臂钻床	ZJA3725×8/1	25	30～865	340～830	4	173～960	130	1.5	1.5 1.3	0.95	1 810×680×2 065	
	ZW3725	25	850	350～880	8	90～1 010	135	1.3/1.8	1.8	1.00	1 800×640×1 900	

表 2-3-4　深孔钻床的型号与技术参数

产品名称	型号	最大钻孔直径×深度/mm	技术参数									加工粗糙度 Ra/μm	电动机功率/kW		质量/t	外形尺寸(长×宽×高)/mm
			钻孔直径范围/mm	中心高/mm	夹持工件直径/mm		工件最大质量/kg	主轴转速/(r/min)		钻杆转速/(r/min)			主电动机	总容量		
					卡盘	中心架		级数	范围	级数	范围					
枪钻	ZP2102	20×250	3～20	180	5～50	5～50		4	350～1 000	12	600～8 000	≤0.4	1.5	13.6	1.25	2 800×1 937×1 600
枪钻	ZP2102	20×500	3～20	180	5～50	5～50		4	350～1 000	12	600～8 000	≤0.4	1.5	13.6	1.45	3 100×1 937×1 600
枪钻	ZP2102	20×750	3～20	180	5～50	5～50		4	350～1 000	12	600～8 000	≤0.4	1.5	13.6	1.57	4 000×1 937×1 600
枪钻	ZP2102	20×1 000	3～20	180	5～50	5～50		4	350～1 000	12	600～8 000	≤0.4	1.5	13.6	2.1	4 100×1 937×1 600
程控深孔钻床	ZXK213 (1 500 mm)	30×1 500	8～30	200	100	100		12	200～2 500	/	/	3.2	7.5	21	5.5	5 380×800×1 130
程控深孔钻床	ZXK213 (750 mm)	30×750	8～30	200	100	100		12	200～2 500	/	/	3.2	7.5	21	4	4 116×800×1 130

表 2-4-1　卧式铣镗床的型号与技术参数

型　号	主轴直径/mm	技术参数										电动机功率/kW		质量/t	外形尺寸（长×宽×高）/mm	备　注
		最大镗孔直径/mm	主轴中心线至工作台面距离/mm	工作台荷重/kg	主轴转速/(r/min)		工作台行程/mm		工作精度			主电动机	总容量			
					级数	范围	纵向	横向	圆柱度/mm	端面平面度/mm	表面粗糙度 Ra/μm					
T617A	75	150	710	1 300	9	30～800	900	750	0.01/300	0.015/300	2.5	4	5.5	5.9	3 773×2 425×1 848	配备数显
TX617	75	150		1 300	14	13～1 160	900	760	0.025	0.02	3.2	4	5.5	7.5	3 930×1 926×2 425	
TX618	85	200	0～80	2 000	18	8～1 000	1 100	850	0.01/300	0.015/300	1.6	5.5	7.7	7.5	4 062×1 775×2 370	
T619A/1	90	250	0～900	2 000	18	9～1 000（无增速附件） 9～3 800（有增速附件）	900 1 500（去掉后立柱）	1 040	0.01/300	0.015/300	1.6	7.5	15	15	4 755×2 020×2 660	
T6111	110	250	0～880	2 500	18	9～1 000（无增速附件） 9～3 800（有增速附件）	1 400	1 040	0.01/300	0.015/300	1.6	7.5	15	14	4 755×2 020×2 660	
TX6113A/2	130	350	0～1 400	4 000	18	6.6～755（无增速附件） 6.6～2 880（有增速附件）	1 270，2 000（去掉后立柱）	1 830	0.01/300	0.015/300	1.6	11	20	25	6 000×3 400×3 400	配备数显

表 2-4-2　数控卧式镗床的型号与技术参数

型　号	技术参数															主电动机功率/kW	质量/t	外形尺寸（长×宽×高）/mm	数控系统
	主轴直径/mm	主轴孔锥度	主轴转数/(r/min)		工作行程/mm				快速进给/(m/min)	工作台面尺寸（宽×长）/mm	工作台荷重/kg	定位精度/mm	重复定位精度/mm	工作台4×90°定位精度	工作台4×90°重复定位精度				
			级数	范围	X向工作台	Y向主轴箱	Z向立柱	W向主轴											
TK6511/1	110	No. 50	无级	15～1 500	1 400	1 000	1 000	0.200	6	1 000×1 250	3 000	±0.012/300	±0.005	±4″	±2″	15	14	4 487×3 603×3 778	GM0501-T-1
TK6511/2	110	No. 50	无级	10～1 500	1 400	1 000	900	0.200	6	1 000×1 250	3 000	±0.012/300	±0.005	±4″	±2″	7.5	14	4 487×3 603×3 778	FANUC-3M
TK6511/3	110	No. 50	无级	10～1 500	1 400	1 000	900	0.200	6	1 000×1 250	3 000	±0.012/300	±0.005	±4″	±2″	15	14	4 487×3 603×3 778	DYNAP-ATH-20AM
TKP654/1	110	No. 50	无级	15～1 500	1 400	1 000	880	0.250	6	1 000×1 250	3 000	±0.012/300	±0.005	±4″	±2″	15	14	4 487×3 603×3 778	GM0501-T-1

续表 2-4-2

型号	技术参数															主电动机功率/kW	质量/t	外形尺寸（长×宽×高）/mm	数控系统
	主轴直径/mm	主轴孔锥度	主轴转数/(r/min)		工作行程/mm				快速进给/(m/min)	工作台面尺寸（宽×长）/mm	工作台荷重/kg	定位精度/mm	重复定位精度/mm	工作台4×90°定位精度	工作台4×90°重复定位精度				
			级数	范围	X向工作台	Y向主轴箱	Z向立柱	W向主轴											
TKP6511/2	110	No. 50	18	10～1 000	1 400	1 000	880	400	6	1 000×1 250	3 000	±0.012/300	±0.005	±4″	±2″	7.5	14	4 487×3 603×3 778	FANUC-3M
TKP6511/3	110	No. 50	无级	10～1 500	1 400	1 000	880	0.250	6	1 000×1 250	3 000	±0.012/300	±0.005	±4″	±2″	15	14	4 487×3 603×3 778	DYNAP-ATH-20AM
TK6411	110		18	14～1 100	1 500	1 000	700	500	6	950×1 100	3 000	0.02	0.015	±6″		6.5/8	14	3 663×4 080×3 700	8025MS

表 2-4-3 落地镗床、数控落地铣镗床的型号与技术参数

产品名称	型号	技术参数									电动机功率/kW		质量/t	外形尺寸（长×宽×高）/mm
		镗轴直径（铣轴直径）/mm	主轴箱行程/mm	立柱行程/mm	滑枕行程/mm	镗轴行程/mm	主轴转速/(r/min)		工作精度		主电动机	总容量		
							级数	范围	圆度/mm	端面平面度/mm				
落地镗床	TX6216C	160	2 000	4 000		1 200	无级	1.8～500	0.01	0.015	30	39	31	6 510×8 300×5 300
	TK6216	160	2 000	4 000		1 000	无级	3.2～800			30	47	42	8 002×8 255×6 130
落地铣镗床	T6916	镗轴:160 镗轴:260	3 000	6 000	1 200	1 200	无级	1.6～508	0.02	0.02	55	88.5	94	10 800×4 500×7 530
	TA6916	160	3 000	6 000	800	800	无级	3.15～1 000	0.007 5	0.015	55	82	68	10 220×4 800×7 766
数控落地镗床	TK6213	130	2 000	4 000		800	无级	3～1 000	0.075	0.015	25	37	35	6 000×8 200×5 350
数控落地铣镗床	TK6916	160	4 000	6 000	1 200	1 200	无级	2～500	0.007 5	0.015	55	105	109	11 690×7 447×9 065
	TKA6916	160	3 000	6 000	800	800	无级	3.15～1 000			55	100	68	10 220×4 800×7 766
	T6920	200	4 000	10 000	1 500	1 500	无级	1.6～400	0.01	0.02	75	110	190	11 000×9 800×7 500
	FB225	225	4 500	10 500	1 200	1 250	无级	2.5～750			100	150	100	13 000×5 000×8 500
	T6225G	250	4 000	6 000		2 000	无级	1～280	0.01	0.02	55	80	120	10 910×10 772×7 870
	TK6920	200	4 000	8 000	1 200	1 200	无级	2～500			55	105	113	14 060×7 447×9 065
	T6925	250	5 000	17 000	1 500	1 500	无级	1.6～400	0.01	0.02	75	110	200	18 000×10 800×7 500
	FB260	260	6 000	20 000	1 600	1 700	无级	1.3～400			110	160	150	21 000×11 000×8 500

表 2-4-4　坐标镗床的型号与技术参数

产品名称	型号	工作台尺寸（宽×长）/mm	技术参数									机床精度/mm	工作精度		电动机功率/kW		质量/t	外形尺寸（长×宽×高）/mm
			最大加工直径/mm		主轴轴线至立柱距离/mm	主轴端面至工作台面距离/mm	工作台荷重/kg	主轴转速/(r/min)		工作台行程/mm		坐标精度	圆度/mm	表面粗糙 Ra/μm	主电动机	总容量		
			钻孔	镗孔				级数	范围	纵向	横向							
高精度单柱光学坐标镗床	TG4120B	200×400	10	32	250	50～380	80	无级	200～3 000	250	160	0.002		1.25	0.6	0.77	1.3	1 230×910×1 851
高精度单柱数显坐标镗床	TG4132B	320×600	15	100	330	80～500	200	无级	100～2 000	400	250	0.002	0.003	1.25	1.1	1.16	2.5	1 540×1 260×2 021
	TG4145B	450×800	20	200	470	50～630	300	无级	50～2 000	600	400	0.003	0.003	1.25	2.2	2.5	5	1 980×1 628×2 021
	TGX4120B	200×400	10	32	250	50～380	80	无级	200～3 000	250	160	0.002		1.25	0.6	0.77	1.3	1 230×910×1 851
立式单柱坐标镗床	TGX4132B	320×600	15	100	330	80～500	200	无级	100～2 000	400	250	0.002	0.003	1.25	1.1	1.16	2.5	1 540×1 290×2 021
	TGX4145B	450×800	20	200	470	50～630	300	无级	50～2 000	600	400	0.003	0.003	1.25	2.2	2.5	5	2 080×1 650×2 520
	T4145B	450×700	25	150	480	150	250	无级	40～2 000	600	400	0.005	0.003	1.25	2	2.4	4.5	1 900×1 600×2 250
单柱坐标镗床	T4163C	630×1 100	40	250	700	260～740	600	无级	55～2 000	1 000	600	0.006	0.006	0.8	2	4	6.8	2 230×2 300×2 610
双柱坐标镗床	B2-040	400×560	25	150		10～500	350	8	45～1 250	500	350	0.005	0.005	1.25	1.1	1.725	3	1 820×1 600×1 900
精度双柱光学坐标镗床	TM4280	800×1 120	40	300	1 120	870	1 000	16	18～1 800	1 000	800	0.003	0.003	0.8	3	7.5	11	3 390×2 415×2 870
双柱数显坐标镗床	TX4280	800×1 120	40	300	1 120	870	1 000	16	18～1 800	1 000	800	0.005	0.005	0.8	3	7.5	11	3 390×2 415×2 870
精度双柱数显坐标镗床	TMX4280	800×1 120	40	300	1 120	870	1 000	16	18～1 800	1 000	800	0.003	0.003	0.8	3	7.5	11	3 390×2 415×2 870

表 2-4-5 精镗床的型号与技术参数

产品名称	型号	最大镗孔直径/mm	工作台面尺寸（宽×长）/mm	技术参数						工作精度				电动机功率/kW		质量/t	外形尺寸（长×宽×高）/mm	备注
				加工直径/mm	加工深度/mm	工作台纵向行程/mm	主轴转速/（r/min）		每边主轴数	圆度/mm	圆柱度/mm	孔对底面垂直度/mm	表面粗糙度 Ra/μm	主电动机	总容量			
							级数	范围										
立式精镗床	T716A	165	500×1 200	165	410	700	6	190～600		0.005	0.012	0.02/300	2.5	3	4.1	2.5	1 742×1 845×2 225	配备数显
	T7216	165	1 200×500	35～165	550	700	8	70～860	4	0.008	0.02	0.02	0.8	1.5/2.4		4	1 610×2 100×2 090	
	T7220	200	1 200×500	35～200	710	900	8	70～860	5	0.008	0.02	0.02	0.8	1.5/2.4		4.6	1 610×2 100×2 250	
	TX7220	200	1 200×500	35～200	710	900	8	70～860	5	0.008	0.02	0.02	0.8	1.5/2.4		4.6	1 610×2 100×2 250	配备数显
	T7228	280	500×1 400	35～280	750	1 200	8	53～600		0.004 5	0.02	0.02/300	1.6	2.2/3.3	4.05	4.5	2 200×1 610×2 606	工作台可横向移动
	T7240	400	630×1 600	50～400	1 250	1 200		40～500		0.002	0.012	0.02/300	1.6	5.5	6.25	7	2 500×2 352×3 755	工作台可横向移动
单面卧式精镗床	T7040	150	400×500	150	80	400	1	2 500	2	0.005	0.008		1.25	2.2	3.825	1.9	1 570×880×1 240	
双面卧式精镗床	T7140	150	400×500	150	80	400	1	2 500	2	0.005	0.008		1.25	4.4	5.9	2.5	2 010×1 025×1 280	
	TY7140	250	400×500	8～250		630	2	～5 000	1～4	0.004	0.006	200∶0.02	1.6	3	7.2	6	4 666×3 290×2 380	此机床多工位横移工作台
	TY7163	250	630×800	8～250		750	2	～5 000	1～4	0.004	0.006	200∶0.02	1.6	3	7.2	8.5	5 396×3 614×2 380	此机床多工位横移工作台

2.5 磨床

2.5.1 万能外圆磨床的型号与技术参数(表 2-5-1)

表 2-5-1 万能外圆磨床的型号与技术参数

产品名称	型号	最大磨削直径×长度/mm	技术参数								工作精度		电动机功率/kW		质量/t	外形尺寸(长×宽×高)/mm
			最小磨削直径/mm	磨削孔径范围/mm	最大磨削孔深/mm	中心高×中心距/mm	工件最大质量/kg	回转角度/(°)			砂轮最大外径×厚度/mm	圆度圆柱度/mm	表面粗糙度 Ra/μm	主电动机	总容量		
								工作台	头架	砂轮架							
万能外圆磨床	M1412	125×500	5	10～40	50	100×500	10	±9	+10 −90	±180	300×40	0.003 0.005	0.32	2.2	3.425	1.8	1 880×1 160×1 300
	M1412	125×350	5	10～40	50	100×350	10	±9	±10 −90	±180	300×40	0.003 0.005	0.32	2.2	3.425	1.5	1 770×1 160×1 300
	MY1420C	200×600	8	13～100	125	140×600	100	+3 −6	+90	±30	400×50	0.003 0.005	≤0.32	5.1	6.5	2.8	2 350×1 500×1 450
	MW1420	200×500	5	25～100	100	135×500	100	+3 −9	+90	±10	400×50	0.003 0.005	0.16	4	6.52	3.2	2 000×1 800×1 650
	MW1420	200×750	5	25～100	100	135×750	100	+3 −8	+90	±10	400×50	0.003 0.005	0.16	4	6.52	3.7	2 400×1 800×1 650
	M120W	200×500	7	8～50	75	110×500	50	−6 +7	−30 +90	±180	300×40	0.003 0.005	0.32	3	4.4	2	2 020×1 380×1 420
	MD1420	200×500	8	13～80	125	125×500	50	+3 −9	+90	±30	400×50	0.003 0.005	0.2	4	7.125	3.5	2 120×1 575×1 570
	MD1420	200×750	8	13～80	125	125×750	50	+3 −8	+90	±30	400×50	0.003 0.005	0.2	4	7.125	4	2 654×1 575×1 570
	MD1420	200×1000	8	13～80	125	125×1 000	50	+3 −7	+90	±30	400×50	0.003 0.005	0.2	4	7.125	4.8	
半自动万能外圆磨床	MBA1412	125×250	5	10～40	50	100×250	10	±9	±45	±180	300×40	0.001 0.003	0.025	2.2	3.425	1.8	1 550×1 220×1 300
高精度半自动万能外圆磨床	MGB1412	125×250	4	10～40	50	100×250	10	±9	±45	±180	300×40	0.000 5 0.002	0.01	2.2	4.225	1.8	1 550×1 190×1 600
高精度数显半自动万能外圆磨床	MGBX1412	125×250	4	10～40	50	100×250	10	±9	±45	±180	300×40	0.000 5 0.002	0.01	2.2	4.225	1.8	1 550×1 190×1 600

续表 2-5-1

产品名称	型号	最大磨削直径×长度/mm	技术参数									工作精度		电动机功率/kW		质量/t	外形尺寸（长×宽×高）/mm
			最小磨削直径/mm	磨削孔径范围/mm	最大磨削孔深/mm	中心高×中心距/mm	工件最大质量/kg	回转角度/(°)			砂轮最大外径×厚度/mm	圆度圆柱度/mm	表面粗糙度 Ra/μm	主电动机	总容量		
								工作台	头架	砂轮架							
高精度半自动万能外圆磨床	MGB1420A	200×500	8	13～80	125	125×500	50	+9 −5	±90	5	400×40	0.000 5 0.001	0.01	3/ 2.2	7	2.1	2 000×1 420×1 600
精密万能外圆磨床	M1420A	200×500	8	13～80	125	125×500	20	+9 −5	±90	5	300×40	0.001 0.003	0.04	3	5	2.1	2 000×1 420×1 600
万能外圆磨床	MA1420A	200×500	8	13～80	125	125×500	20	+9 −5	±90	5	300×40	0.003 0.005	0.4	3	5	2.1	2 000×1 420×1 600
	MA1420A	200×750	8	13～80	125	125×750	20	+9 −5	±90	5	300×40	0.003 0.005	0.4	3	5	2.1	2 000×1 420×1 600
精密半自动万能外圆磨床	MB1420A	200×500	8	13～80	125	125×500	20	+9 −5	±90	5	300×40	0.001 0.003	0.4	3	5	2.1	2 000×1 420×1 600
精密万能外圆磨床	A440N	290×1 040	10	40～180	200	150×1 123	130	+6 −9	+90	30	500×63	0.000 5 0.001 5	0.05	5.5	15	4.3	4 100×2 400×1 700
万能外圆磨床	M131WB	315×1 000	8	13～125	125	170×1 000	150	+3 −6	+90 −30	±30	400×50	0.005 0.008	0.32	4	7.075	3.6	3 400×1 690×1 650
	M131WB	315×1 400	8	13～125	125	170×1 400	150	+3 −3	+90 −30	±30	400×50	0.005 0.008	0.32	4	7.075	4.3	4 230×1 690×1 650
	M131WB	315×2 000	8	13～125	125	170×2 000	150	+2 −3	+90 −30	±30	400×50	0.005 0.008	0.32	4	7.075	5.3	5 100×1 690×1 650
	MY1432	320×1 000	8	13～100	125	180×1 000	150	+3 −9	+90	±30	400×63	0.005		6.6	8.0	3.3	3 200×1 590×1 420
	MY1432	320×1 500	8	13～100	125	180×1 500	150	+3 −7	+90	±30	400×63	0.008	≤0.32	6.6	8.0	3.8	4 200×1 590×1 420
	MY1432	320×600	8	13～100	125	180×600	150	+3 −9	+90	±30	400×63	0.005 0.008	≤0.32	6.6	8.0	3.0	2 514×1 500×1 420
	M1432B	320×1 000	8	30～100	125	180×1 000	150	+3 −7	+90	±30	400×50	0.005 0.008	0.16	5.5	8.97	4.1	2 900×1 800×1 650

续表 2-5-1

产品名称	型号	最大磨削直径×长度/mm	技术参数									工作精度		电动机功率/kW		质量/t	外形尺寸（长×宽×高）/mm
			最小磨削直径/mm	磨削孔径范围/mm	最大磨削孔深/mm	中心高×中心距/mm	工件最大质量/kg	回转角度/(°) 工作台	回转角度/(°) 头架	回转角度/(°) 砂轮架	砂轮最大外径×厚度/mm	圆度 圆柱度/mm	表面粗糙度 Ra/μm	主电动机	总容量		
万能外圆磨床	M1432B	320×1 500	8	30～100	125	180×1 500	150	+3 −6	+90	±30	400×50	0.005 0.008	0.16	5.5	8.97	4.9	3 900×1 800×1 650
	M1432A	320×1 500	8	13～100	125	180×1 500	150	+7 −3	+90	±30	400×50	0.005 0.008	0.32	4	7.5	4.5	4 200×1 800×1 426
	M1432A	320×1 000	8	13～100	125	180×1 000	150	+7 −3	+90	±30	400×50	0.005 0.008	0.32	4	7.5	3.2	3 200×1 590×1 426
	MD1432	320×1 000	8	13～125	125	180×1 000	150	+3 −7	+90	±30	400×50	0.003 0.006	0.2	4	7.475	4	3 238×1 754×1 615
	MD1432	320×1 500	8	13～125	125	180×1 500	150	+3 −5	+90	±30	400×50	0.003 0.006	0.2	4	7.475	4.7	4 265×1 740×1 680
	ME1432B	320×500	8	13～125	125	180×500	150	+3 −9	+90	±30	400×50	0.003 0.008	0.2	4	7.475	3	2 671×1 754×1 615
	ME1432B	320×750	8	13～125	125	180×750	150	+3 −8	+90	±30	400×50	0.003 0.008	0.2	4	7.475	3.5	2 945×1 754×1 615
	ME1432B	320×1 000	8	13～125	125	180×1 000	150	+3 −7	+90	±30	400×50	0.003 0.008	0.2	4	7.475	4	3 238×1 754×1 615
	ME1432B	320×1 500	8	13～125	125	180×1 500	150	+3 −5	+90	±30	400×50	0.005 0.008	0.2	4	7.475	4.7	4 265×1 754×1 615
	ME1432B	320×2 000	8	13～125	125	180×2 000	200	+3 −3	+90	±30	400×50	0.005 0.012	0.2	4	7.475	7	6 512×1 754×1 615
	ME1432B	320×3 000	8	13～125	125	180×3 000	200	+3 −2	+90	±30	400×50	0.005 0.012	0.2	4	7.475	9	
精密万能外圆磨床	MME1432	320×1 000	8	16～125	125	180×1 000	150	+3 −6	+90	±30	500×50	0.002 0.007	0.025	3.5	9.15	4	3 238×1 754×1 615
	MME1432	320×2 000	8	16～125	125	180×2 000	200	+3 −5	+90	±30	500×50	0.002 0.007	0.025	5	9.15	6.9	6 589×1 830×1 595
	MME1432	320×3 000	8	16～125	125	180×3 000	200	+3 −3	+90	±30	500×50	0.002 0.007	0.025	5	9.15	8.9	9 110×1 830×1 595

续表 2-5-1

产品名称	型号	最大磨削直径×长度/mm	技术参数									工作精度		电动机功率/kW		质量/t	外形尺寸（长×宽×高）/mm
			最小磨削直径/mm	磨削孔径范围/mm	最大磨削孔深/mm	中心高×中心距/mm	工件最大质量/kg	回转角度/(°)			砂轮最大外径×厚度/mm	圆度圆柱度/mm	表面粗糙度 Ra/μm	主电动机	总容量		
								工作台	头架	砂轮架							
高精度万能外圆磨床	MGE1432B	320×1 000	8	16～125	125	180×1 000	150	+3 −6	+90	±30	400×50	0.000 5 0.002	0.025	3.6	7.22	4	3 238×1 754×1 615
万能外圆磨床	MA1432B	320×1 000	8	13～125	125	180×1 000	150	+3 −6	+90 −30	±30	400×50	0.005 0.008	0.32	4	7.075	3.6	3 400×1 790×1 650
	MA1432B	320×1 500	8	13～125	125	180×1 500	150	+3 −6	+90 −30	±30	400×50	0.005 0.008	0.32	4	7.075	4.8	4 500×1 790×1 650
	M1432B	320×750	8	16～125	125	180×750	150	+8 −8	+90	±30	400×50	0.003 0.006	0.32	5.5	8.57	3.6	3 015×1 800×1 515
	M1432B	320×1 000	8	16～125	125	180×1 000	150	+3 −5	+90	±30	400×50	0.003 0.006	0.32	5.5	8.57	3.7	3 605×1 800×1 515
	M1432B	320×1 500	8	16～125	125	180×1 500	150	+6	+90	±30	400×50	0.003 0.006	0.32	5.5	8.57	4.3	4 605×1 800×1 515
	M1432B	320×2 000	8	16～125	125	180×2 000	150	5	+90	±30	400×50	0.003 0.006	0.32	5.5	8.57	5.9	5 700×1 800×1 515
半自动万能外圆磨床	MBA1432	320×1 000	16	16～100	125	180×1 000	200	+3 −8.5	+90	±20	500×63	0.002 0.006	0.08	7.5 5 （加速）	12.45	4	
	MBA1432	320×1 500	16	16～100	125	180×1 500	200	+3 −7.5	+90	±20	500×63	0.002 0.006	0.08	7.5 5 （加速）	12.45		
	H207	320×1 500	16	16～125	125	180×1 500	150	+3 −6			400×50		0.32	5.5	9.72		4 300×2 000×2 050
	H211	320×1 000	16	16～125	125	180×100	150	+3 −7			400×50		0.32	5.5	9.72	3.82	3 300×2 000×2 050
万能外圆磨床	F13×1 000	350×1 000	8	16～125	200	175×1 000	300	+7	+90	±45	500×80	0.002 0.005	0.04	5.5	9.5	4.25	2 984×2 146×2 320

续表 2-5-1

产品名称	型号	最大磨削直径×长度/mm	技术参数								工作精度		电动机功率/kW		质量/t	外形尺寸（长×宽×高）/mm
			最小磨削直径/mm	磨削孔径范围/mm	最大磨削孔深/mm	中心高×中心距/mm	工件最大质量/kg	回转角度/(°)			砂轮最大外径×厚度/mm	圆度圆柱度/mm	表面粗糙度 Ra/μm	主电动机	总容量		
								工作台	头架	砂轮架							
万能外圆磨床	F13×1 500	350×1 500	8	16～125	200	175×1 000	300	+7	+90	±45	500×80	0.002 0.005	0.04	5.5	9.5	4.25	4 178×2 146×2 320
	ME1450	500×2 000	30	25～200	320	270×2 000	1 000	+3 −3	+90	±30	600×63	0.005 0.008	0.32	7.5	16	10.5	5 104×2 420×1 693
	ME1450	500×3 000	30	25～200	320	270×3 000	1 000	+3 −2	+90	±30	600×63	0.005 0.008	0.32	7.5	16	11.5	6 958×2 420×1 693
	M1450B	500×2 000	25	30～200	200	270×2 000	1 000	+2 −5	+90	−30	500×75	0.005 0.008	0.32	7.5	13.8	9.9	6 020×2 620×1 600
	M1450B	500×3 000	25	30～200	200	270×3 000	1 000	+2 −3	+90	−30	500×75	0.005 0.008	0.32	7.5	13	11.3	8 820×2 620×1 600
半自动万能外圆磨床	H148	630×4 000	30	30～200	400	350×4 000	1 200	+1 −3	+90	−30	600×75	0.005 0.008	0.32	7.5	14.72	14.4	10 250×2 600×2 400
	H156	630×2 000	30	30～200	400	350×2 000	1 200	+2 −5	+90 −20	±30	600×75	0.005 0.008	0.32	7.5	14.72	10.5	5 960×2 600×2 200

产品名称	型号	最大磨削直径×长度/mm	技术参数							工作精度			电动机功率/kW		质量/t	外形尺寸（长×宽×高）/mm
			最小磨削直径/mm	中心高×中心距/mm	工件最大质量/kg	回转角度/(°)			砂轮最大外径×厚度/mm	圆度（外/内）/mm	圆柱度/mm	表面粗糙度 Ra/μm（外/内）	主电动机	总容量		
						工作台	头架	砂轮架								
高精度半自动万能外圆磨床	MGB1432E	320×500	5	180×520	100	±9	90	±3	400×50	0.000 5/ 0.002	0.003	0.01/0.04	3.55	5.55	2.1	3 000×1 700×1 700
	MGB1432E	320×750	5	180×765	100	±8	90	±3	400×50	0.000 5/ 0.002	0.003	0.01/0.04	3.55	5.55	3.5	3 300×1 765×1 630
	MGB1432E	320×1 000	5	180×1 080	100	+7 −3	90	±3	400×50	0.000 5/ 0.002	0.005	0.01/0.04	3.55	5.55	4	4 154×1 765×1 630

续表 2-5-1

产品名称	型号	最大磨削直径×长度/mm	技术参数							工作精度			电动机功率/kW		质量/t	外形尺寸(长×宽×高)/mm
			最小磨削直径/mm	中心高×中心距/mm	工件最大质量/kg	回转角度/(°)			砂轮最大外径×厚度/mm	圆度(外/内)/mm	圆柱度/mm	表面粗糙度 Ra/μm(外/内)	主电动机	总容量		
						工作台	头架	砂轮架								
高速半自动切入式外圆磨床	MBS1532F	320×750	15	180×750	150	8	90		750×110	0.005		0.4～0.8	11	17	3	2 290×1 415×1 475
	MBS1532F	320×1 000	15	180×1 000	150	7	90		750×110	0.005		0.4～0.8	11	17	3.2	2 800×1 415×1 475
	MBS1532F	320×1 500	15	180×1 500	150	6	90		750×110	0.005		0.4～0.8	11	17	4	3 200×1 450×1 500
半自动切入式端面外圆磨床	MB1632/T	320×750		180×765	50				500×170	0.003	0.005	0.32	5.5	8.5	3	2 290×1 415×1 475
	MB1632/T	320×1 000		180×1 080	50				500×170	0.003	0.005	0.32	5.5	8.5	3.2	2 800×1 415×1 475
高速半自动切入式端面外圆磨床	MBS1632F	320×750	15	180×750	150	8	90		750×110	0.005		0.4～0.8	11	17	3	2 290×1 415×1 475
	MBS1632F	320×1 000	15	180×1 000	150	7	90		750×110	0.005		0.4～0.8	11	17	3.2	2 800×1 415×1 475
	MBS1632F	320×1 500	15	180×1 500	150	6	90		750×110	0.005		0.4～0.8	11	17	4	3 500×1 450×1 500

2.5.2 无心外圆磨床的型号与技术参数(表 2-5-2)

表 2-5-2 无心外圆磨床的型号与技术参数

产品名称	型号	技术参数											加工精度			电动机功率/kW		质量/t	外形尺寸(长×宽×高)/mm
		磨削尺寸/mm		砂轮尺寸/mm		导轮尺寸/mm		导轮回转角度/(°)		砂轮转速/(r/min)	导轮转速/(r/min)		圆度/mm	圆柱度/mm	表面粗糙度 Ra/μm	主电动机	总容量		
		直径	长度	直径	宽度	直径	宽度	垂直	水平		工作时	修正时							
无心磨床	M1020A	0.5～20	80	300	100	200	100	−1～+6	−1～+3	2 131	20～230(无级)	230	0.001 6	0.003	0.32	4	5.35	2.3	1 750×1 290×1 350
高精度无心磨床	MG1020	0.5～20	80	300	100	200	100	−1～−4	−1～−3	1 920	20～210(无级)	210	0.001	0.001 2	0.125	4	5.57	2	1 800×2 150×1 350

续表 2-5-2

产品名称	型号	技术参数											加工精度			电动机功率/kW		质量/t	外形尺寸（长×宽×高）/mm
		磨削尺寸/mm		砂轮尺寸/mm		导轮尺寸/mm		导轮回转角度/(°)		砂轮转速/(r/min)	导轮转速/(r/min)		圆度/mm	圆柱度/mm	表面粗糙度 Ra/μm	主电动机	总容量		
		直径	长度	直径	宽度	直径	宽度	垂直	水平		工作时	修正时							
高精度无心磨床	MT1040A	7～40	140	350	125	250	125	−2～+6	0～3	1 870	15～280（无级）	280	0.002	0.002	0.25	7.5	8.8	2.1	1 550×1 300×1 405
	M1050A	5～50	120	400	150	300	150	−2～+5	−1～+3	1 668	20～200（无级）	200	0.003	0.001 5	0.32	10	12.48	3.5	1 920×1 681×1 479
	MG1050A	5～50	200	500	150	300	150	−2～7	0～3	1 300	10～290（无级）	290	0.001	0.001 8	0.16	11	16.13	5	3 550×2 600×1 800
	MGT1050	2～50	200	450	150	350	225	0～5		790	15～100（无级）	130	0.000 6	0.001 5	0.125	7.5	11.59	6.4	2 200×1 190×1 640
无心磨床	M1050A	50	120	400	150	300	150	−2～3	−1～3	1 668	20～100	200	0.002	0.003	0.2	11	13.78	3	1 920×1 680×1 868
	MT1050A	50	120	400	150	300	150	−2～5	−1～3	1 668	20～100	200	0.002	0.003	0.2	11	13.43	2.8	2 600×1 636×1 868
	M1080A	5～80	120	500	150	300	150	−2～15	0～3	1 500	13～45	200	0.002	0.003	0.32	15	17.6	3	2 050×1 450×12 550
	M1080B	80	180	500	150	300	150	−2～5	0～3	1 300	13～94	300	0.002	0.003	0.32	15	16.62	3.7	1 940×1 632×1 500
	M1080C	80	180	500	150	300	150	−2～5	−1～3	1 300	20～100	200	0.002	0.003	0.32	15	17.81	3.5	1 994×1 887×1 479
	MT1080C	80	180	500	150	300	150	−2～5	−1～3	1 300	20～100	200	0.002	0.003	0.32	15	17.46	3.3	1 994×1 887×1 479
高速无心磨床	MS1080	5～80	200	500	150	300	150	−2～7	0～3	1 650	10～200（无级）	200	0.002	0.003	0.32	15	17.55	5	3 400×2 605×1 770
无心外圆磨床	M1080B	80	180	500	150	300	150	−2～5	0～3	1 300	13～94	300	0.002	0.003	0.32	15	16.91	39	2 007×1 495×1 496
	M10100	10～100	190	500	200	350	200	−2～5	0～3	1 250	10～200（无级）	200	0.002	0.004	0.32	18.5	20.21	4	2 675×1 505×1 615
精密无心磨床	MM1080	100	190	600	200	350	200	0～5	0～3	1 010	12～90	200	0.001 5	0.002 5	0.2	22	25.09	5.5	2 825×1 725×1 710
	MG10100	10～100	195	600	200	350	200	−2～5	−1～3	795 1 093 1 103	10～300（无级）	300	0.001	0.002	0.125	18.5	23.21	7	3 920×3 590
	MGT10100	10～100	200	600	200	350	200	−2～5	−1～3	1 093	10～300（无级）	300	0.001	0.002	0.125	18.5	23.21	7	3 920×3 590
	MS10100	10～100	195	600	250	350	250	−2～5	−1～3	1 433	10～300（无级）	300	0.002	0.003	0.32	30	36.61	7	1 920×3 470

续表 2-5-2

产品名称	型号	技术参数											加工精度			电动机功率/kW		质量/t	外形尺寸（长×宽×高）/mm
		磨削尺寸/mm		砂轮尺寸/mm		导轮尺寸/mm		导轮回转角度/(°)		砂轮转速/(r/min)	导轮转速/(r/min)		圆度/mm	圆柱度/mm	表面粗糙度 Ra/μm	主电动机	总容量		
		直径	长度	直径	宽度	直径	宽度	垂直	水平		工作时	修正时							
宽砂轮无心磨床	M11100A	10～100	300	500	400	350	400	−2～4	−2～4	1 330	12～80（无级）	200	0.002	0.005		30	36.47	10	4 100×4 000×1 700
无心磨床	M1083A	150	250	600	200	350	200	−2～5		1 050～1 150	7～58	280	0.002	0.003	0.32	18.5	20.625	6.5	2 600×1 850×1 800
	M1083A	10～150	250	600	200	350	200	−2～5		1 100	7～58	280	0.002	0.003	0.32	18.5	22	5.8	2 600×1 850×1 800
	M1083B	150	180	600	200	350	200	0～5		1 010	12～90	200	0.002	0.003	0.32	18.5	21.59	5.5	2 850×1 725×1 630
	M1083B	150	190	600	200	350	200	0～5		1 010	12～90	200	0.002	0.003	0.32	18.5	21.59	5.5	2 850×1 725×1 710
	M10200	200	300	600	300	400	300	−2～5	0～3	1 100	7～58	280	0.003	0.004	0.4	30	32.91	6	2 758×2 136×1 763
	MW10200	10～200	300	600	350	400	320	−2～+5	−2～3	1 100	12～200（无级）	200	0.002	0.004	0.32	37	42.62	10	3 670×1 558×1 718
	MT10400	50～400	200	750	500	500	500	0～5	0～3	880	5～50	300	0.003	0.005	0.4	55	72	18	4 450×2 080×2 000

2.5.3 内圆磨床的型号与技术参数（表 2-5-3）

表 2-5-3 内圆磨床的型号与技术参数

产品名称	型号	技术参数												电动机			质量/t	外形尺寸（长×宽×高）/mm	备注
		加工直径×深度/mm	最大工件旋径/mm		工作台最大行程/mm	主轴最大回转角度/(°)	工件转速/(r/min)		砂轮转速/(r/min)		加工精度			功率/kW		台数			
			罩内	无罩			级数	范围	级数	范围	圆度/mm	圆柱度/mm	表面粗糙度 Ra/μm	主电动机	总容量				
内圆磨床	M215A	50×80	260		200	30	4	280 400 560 800		16 000～60 000	0.003	0.003	0.63		7.39		1.2	2 100×1 250×1 490	带端磨
	MD215A	(3～50)×80	260		200	30	4	280 400 560 800		14 000～48 000	0.003	0.003	0.5		8.14		1.3	2 100×1 250×1 490	

续表 2-5-3

产品名称	型号	加工直径×深度/mm	最大工件旋径/mm		技术参数									电动机			质量/t	外形尺寸（长×宽×高）/mm	备注
			罩内	无罩	工作台最大行程/mm	主轴最大回转角度/(°)	工件转速/(r/min) 级数	工件转速/(r/min) 范围	砂轮转速/(r/min) 级数	砂轮转速/(r/min) 范围	加工精度 圆度/mm	加工精度 圆柱度/mm	加工精度 表面粗糙度 Ra/μm	功率/kW 主电动机	功率/kW 总容量	台数			
半自动内圆磨床	MB215A	50×80	150		350	30	4	285 400 565 790	6	14 000～48 000	0.003	0.003			8.14		1.3	2 100×1 250×1 490	带端磨
	MBD215A	50×80	150		350	30	4	285 400 565 790	6	14 000～48 000	0.003	0.003			8.14		1.3	2 100×1 250×1 490	
	MBD2110A	100×125	320		450	30	4	225～1 000		5 000～12 000	0.003	0.005	0.63	3	7.5		5	2 500×2 250×2 100	
内圆磨床	M2110A	100×150	480				4	200 300 400 600		10 000 18 000 24 000	0.003	0.005					1.5	1 850×1 130×1 290	
	M2110A	ϕ6～ϕ100×15～150				16		200～600		14 400～24 000	0.006	0.005	0.4						
	M2110C	100×150	480		550	20		180～500		3 000	0.002 5	0.004	0.4	2.2	3.69		1.6	2 363×1 260×1 310	
	M2110C	ϕ6～ϕ100×15～150				60		200～600		14 400～24 000	0.006	0.005	0.4						
	1EF/VL	17×36	夹持外径 23		200			1 350		51 000 60 000	0.002	0.002 5	0.25	4	8		3.5	2 345×1 600×2 000	引进产品
	1EF70/NDH	42×75	夹持外径 115		200			1 000		23 600	0.001 5	0.003 8	0.4	7.5	13.45		3.2	3 900×1 860×2 000	引进产品
	1EF70/UJT	60×30			160			1 350		42 000 60 000	0.001		0.6	5	8.72		3.2	2 395×1 500	引进产品

续表 2-5-3

产品名称	型号	加工直径×深度/mm	最大工件旋径/mm		技术参数									电动机			质量/t	外形尺寸（长×宽×高）/mm	备注
					工作台最大行程/mm	主轴最大回转角度/(°)	工件转速/(r/min)		砂轮转速/(r/min)		加工精度			功率/kW		台数			
			罩内	无罩			级数	范围	级数	范围	圆度/mm	圆柱度/mm	表面粗糙度 Ra/μm	主电动机	总容量				
内圆磨床	M2110D	100×130	240	500	300	20	4	180 250 360 500	3	14 400 18 900 24 000									
	MZ2110D	100×150	270	480	550	20	4				0.003	0.005	0.63		4.64			1 850×1 130×1 290	
	MD2110	100×150	270	480	550	20	4				0.003	0.005	0.63		4.64			1 850×1 130×1 290	带端磨
	MD2110	100×150			550	15	3	100 200 300	3	7 000 13 000 18 000			0.8		4.67		2.2	2 200×1 000×1 400	带端磨
	MAD2110	100×150			510	30	4	165 250 370 550		12 000			0.4		10		2.5	2 500×1 000×1 400	带端磨
半自动内圆磨床	MBD2110A	100×125	320		450	30	4	225～1 000		5 000～12 000	0.003	0.005	0.63	3	7.5		5	2 500×2 200×2 100	带端磨
高精度内圆磨床	MGD2110A	100×125	240	400	500	30		50～500	4	8 000 12 000 18 000 24 000	0.001	0.003	0.16	2.2	8		3.5	2 850×1 220×1 670	
内圆端面磨床	MD2115B	150×180			600	15～30		120～600	3	7 000 10 000 15 000	0.003	0.005	0.32	0.75	5.82	5	3.6	2 505×1 925×1 600	
数显内圆端面磨床	MDX2115B	150×180			600	15～30		120～600	3	7 000 10 000 15 000	0.003	0.005	0.32	0.75	5.82	5	3.6	2 505×1 925×1 600	

续表 2-5-3

产品名称	型号	加工直径×深度/mm	最大工件旋径/mm		技术参数									电动机			质量/t	外形尺寸(长×宽×高)/mm	备注
					工作台最大行程/mm	主轴最大回转角度/(°)	工件转速/(r/min)		砂轮转速/(r/min)		加工精度			功率/kW		台数			
			罩内	无罩			级数	范围	级数	范围	圆度/mm	圆柱度/mm	表面粗糙度 Ra/μm	主电动机	总容量				
内圆磨床	M2120A	200×200	600		550	30		100～500		600 800 1 100	0.003	0.008	0.63	4	7.79 8.89		3.3 3.5	2 100×2 120×1 320	
高精度内圆磨床	MGD2120A	200×220	320	530	550	30		30～300		3 300 6 000 9 000 12 000	0.001 5	0.003	0.16	5	8.3		4.5	3 200×2 600×2 000	带端磨
内圆磨床	M2125	250×250	400	600	600	30	6				0.003	0.008	0.63		8.4			3 500×1 550×1 500	

2.5.4 卧轴矩台平面磨床的型号与技术参数(表 2-5-4)

表 2-5-4 卧轴矩台平面磨床的型号与技术参数

产品名称	型号	工作台尺寸(宽×长)/mm	技术参数								工作精度		电动机			质量/t	外形尺寸(长×宽×高)/mm
			加工范围(长×宽×高)/mm	砂轮尺寸(外径×宽×内径)/mm	砂轮转速/(r/min)	工作台行程/mm		磨头移动量/mm	磨头轴线至工作台距离/mm	工作台速度/(m/min)	平行度/mm	表面粗糙度 Ra/μm	功率/kW		台数		
						纵向	横向						主电动机	总容量			
台式卧轴矩台平面磨床	SGS-612	150×300	300×150×203	175×13×32	2 800	340	178	220	80～300	手动	0.01/300	0.8	0.55	0.55	1	0.3	935×928×785
精度卧轴矩台平面磨床	MPM150	150×350	350×150×280	200×20×32	2 800	380	170	310	70～380	手动	0.03/200	0.8	1.1	1.5	2	0.65	1 100×1 050×1 670
手动卧轴矩台平面磨床	HZ-150	150×350	350×150×290	180×13×31.75	3 000	375	176	垂直 290	80～370	手动	0.005/300	0.32	0.75	1.35	4	0.62	1 100×1 000×1 822
	MYS7115	150×460	460×150×320	200×13×32	2 860	490	180	360	60～420	手动	0.005/300	0.63	0.75	0.79	2	0.68	1 346×960×1 750
	HZ-618	150×450	450×150×290	180×13×31.75	3 000	475	176	垂直 290	80～370	手动	0.005/300	0.32	0.75	1.35	4	0.59	1 205×1 000×1 822

续表 2-5-4

产品名称	型号	工作台尺寸（宽×长）/mm	技术参数								工作精度		电动机			质量/t	外形尺寸（长×宽×高）/mm
			加工范围（长×宽×高）/mm	砂轮尺寸（外径×宽×内径）/mm	砂轮转速/（r/min）	工作台行程/mm		磨头移动量/mm	磨头轴线至工作台距离/mm	工作台速度/（m/min）	平行度/mm	表面粗糙度 Ra/μm	功率/kW		台数		
						纵向	横向						主电动机	总容量			
卧轴矩台平面磨床	HZ-Y150	150×350	350×150×270	180×13×32	2 800	375	170	垂直 280	90～370	3～13	0.005/300	0.63	0.75	2.15	4	0.72	1 210×1 000×1 822
	MY7115	150×460	460×150×320	200×13×32	2 860	570	176	373	75～448	2～16	0.005/300	0.63	0.75	1.89	3	0.89	1 400×1 100×1 850
	M7116	400×160	400×200×260	175×13×32	2 840	420	220	垂直 260	105～365	1～14	0.004/300	0.32	1.1	2.24	3	1.2	1 300×950×1 500
	MY7120	200×450	450×200×375	250×25×75	2 840	609	284	429	71～500	0～20	0.005/300	0.63	1.5	3.21	5	1.5	2 200×1 635×1 560
	XAST 2050AD	200×500	500×200×400	200×20×32	2 850	600	245	300	80～550	3～25	0.01/1 000	0.16	1.5	2.8	5	1.3	1 850×1 480×2 120
	M7120A	200×630	630×200×320	250×25×75	1 500	780		250	100～445	1～18	0.005/300	0.32	2.8	4.02	3	2.2	2 120×1 200×1 860
	M7120D	200×630	630×200×320	250×25×75	1 500/3 000	730		250	320	2～20	0.005/300	0.63	2.4/3	4.48	3	2.2	2 170×1 300×2 050
	M7120D	200×630	630×200×320	250×25×75	1 500	780		250	100～445	2～20	0.005/300	0.32	2.4	4.68	5	2.5	2 170×1 300×2 050
	M7120G	200×630	630×200×320	250×25×75	2 890	720		液动：235 手动：250	100～445	4～20	0.005/300	0.4	3	4.56		2.2	2 100×1 200×1 950
	MC7120	200×630	630×200×320	250×50×75	2 800		立柱：260	垂直：365	445	1～25	0.005/300	0.32	4	6.15	5	2.5	2 120×1 400×2 165
	ME7120B	200×630	630×200×320	250×25×75	2 050/1 430	780	250	345	100～445	1～20	0.005/300	0.4	2.4/3	5.6	3	2.1	2 100×1 200×1 950
精密卧轴矩台平面磨床	MM7120A	200×630	630×200×320	250×25×75	1 420/2 850	730	220	垂直 343	102～445	3～25	0.003/300	0.16	2.1/2.8	4.692/5.392	6	2.3	1 900×1 205×1 750

续表 2-5-4

产品名称	型号	工作台尺寸（宽×长）/mm	技术参数								工作精度		电动机			质量/t	外形尺寸（长×宽×高）/mm
			加工范围（长×宽×高）/mm	砂轮尺寸（外径×宽×内径）/mm	砂轮转速/(r/min)	工作台行程/mm		磨头移动量/mm	磨头轴线至工作台距离/mm	工作台速度/(m/min)	平行度/mm	表面粗糙度 Ra/μm	功率/kW				
						纵向	横向						主电动机	总容量	台数		
精密卧轴矩台平面磨床	MM7125	250×630	630×250×400	300×40×75	1 400/2 800	750	300	450	100～500	1～25	0.003/300	0.16	4.5/5.5	7.14	5	2.8	2 300×1 500×1 900
	MM7125×0.8	250×800	800×250×400	300×40×75	1 400/2 800	920	300	450	100～500	1～25	0.003/300	0.16	4.5/5.5	7.14	5	3	2 500×1 500×1 900
高精度卧轴矩台平面磨床	MG7125	250×630	630×250×375	350×32×127	1 450	750	300	475	100～500	1～22	0.002/300	0.08	4	7.01	6	3	2 140×1 760×1 900
卧轴矩台平面磨床	M7130	300×1 000	1 000×300×400	350×40×127	1 440	200～1 100		垂直:400	135～575	3～27	0.005/300	0.63	4.5	7.62	3	3.5	2 295×1 673×2 035
	M7132Z	320×1 000	1 000×320×500	400×50×203	1 440	1 100		横向360 垂直535	165～700	3～22	0.005/300	0.8	4	7.49	4	4	2 152×1 410×2 260
	MA7132	320×1 000	1 000×320×400	350×40×127	1 440	200～1 100		横向360 垂直400	135～575	3～27	0.005/300	0.63	5.5	8.99	4	3.5	3 400×1 800×2 240
	MA7132B	320×1 000	1 000×320×400	400×40×203	1 440	1 100		320	575	3～26	0.005/300	0.63	4.5	8.4	5	4.5	3 680×1 630×2 000
精度卧轴矩台平面磨床	MM7132A×16	320×1 600	1 600×320×400	300×32×75	1 450	1 650	330	450	100～500	3～18	0.003/300	0.16	5.5	11.3	6	6.5	4 700×1 600×2 055
高精度卧轴矩台平面磨床	MG7132	320×1 000	1 000×320×400	300×32×75	1 500	1 140	350	450	100～550	3～25	0.002/300	0.08	5.5	10	7	4.5	3 285×1 595×2 035
卧轴矩台平面磨床	M7140	400×630	630×400×430	350×40×127	1 440	750	450	495	110～605	3～25	0.005/300	0.63	5.5	7.13	5	4	2 200×1 808×2 000
精密卧轴矩台平面磨床	MM7150	500×2 000	2 000×500×600	450×63×203	1 460	2 200	570	645	180～825	20～30	0.003/300	0.16	15	21.78	6	12	5 380×2 449×2 400

续表 2-5-4

产品名称	型号	工作台尺寸(宽×长)/mm	技术参数 加工范围(长×宽×高)/mm	砂轮尺寸(外径×宽×内径)/mm	砂轮转速/(r/min)	工作台行程/mm 纵向	工作台行程/mm 横向	磨头移动量/mm	磨头轴线至工作台距离/mm	工作台速度/(m/min)	工作精度 平行度/mm	表面粗糙度 Ra/μm	电动机功率/kW 主电动机	总容量	台数	质量/t	外形尺寸(长×宽×高)/mm
卧轴矩台平面磨床	M7150A	500×2 000	2 000×500×600	500×63×305	1 450	2 200		横向 580 垂直 630	600	7～35	0.025/2 000	0.63	18.5	26.46	5	18	6 600×2 300×3 000

2.5.5 立轴矩台平面磨床的型号与技术参数(表 2-5-5)

表 2-5-5 立轴矩台平面磨床的型号与技术参数

产品名称	型号	工作台尺寸(宽×长)/mm	技术参数 加工范围(长×宽×高)/mm	砂轮尺寸(外径×宽×内径)/mm	砂轮转速/(r/min)	工作台行程/mm 纵向	工作台行程/mm 横向	磨头移动量/mm	磨头轴线至工作台距离/mm	工作台速度/(m/min)	工作精度 平行度/mm	表面粗糙度 Ra/μm	电动机功率/kW 主电动机	总容量	台数	质量/t	外形尺寸(长×宽×高)/mm
立轴矩台平面磨床	M7232/1	320×1 000	1 000×320×400	150×100(80)×35(6 块)	1 450	1 550		垂直 450	450	3～15	0.01/1 000	0.63	18.5	22.25	4	6	3 780×1 560×2 200
	M7232H	320×1 250	1 250×320×450	80×150×25(10 块)	970	1 800		垂直 450	450	3～12	0.05/300	1.25	22	25.27	5	9	4 828×1 675×2 470
	M7232B×20	320×2 000	2 000×320×400	150×100(80)×35(6 块)	1 450	2 550		垂直 450	450	3～15	0.01/1 000	0.63	18.5	22.5	4	7.5	6 000×1 560×2 200
	M7240×30	400×3 000	3 000×400×400	150×100(80)×35(8 块)	970	3 630		垂直 450	450	3～15	0.01/1 000	0.63	30	35.5	5	15	7 800×1 800×2 250
	M7263	630×2 500	2 500×630×630	90×150×35(14 块)	540	3 220		垂直 630	630	3～12	0.03/2 500	1.25	30	43	6	20	8 862×2 170×3 060

2.5.6 卧轴圆台平面磨床的型号与技术参数(表 2-5-6)

表 2-5-6 卧轴圆台平面磨床的型号与技术参数

产品名称	型号	技术参数						工作精度		电动机			质量/t	外形尺寸(长×宽×高)/mm	备注
		电磁工作台直径/mm	加工尺寸(直径×高)/mm	砂轮尺寸(外径×宽×内径)/mm	砂轮转速/(r/min)	拖板行程 纵向移动量	拖板行程 速度/(m/min)	工作台转速/(r/min)	平行度/mm	表面粗糙度 Ra/μm	功率/kW 主电动机	功率/kW 总容量	台数			

产品名称	型号	电磁工作台直径/mm	加工尺寸(直径×高)/mm	砂轮尺寸(外径×宽×内径)/mm	砂轮转速/(r/min)	拖板行程 纵向移动量	拖板行程 速度/(m/min)	工作台转速/(r/min)	平行度/mm	表面粗糙度 Ra/μm	功率/kW 主电动机	功率/kW 总容量	台数	质量/t	外形尺寸(长×宽×高)/mm	备注
卧轴圆台平面磨床	M7332A	320	320×140	300×40×75	1 400/2 800	240	0.1~3	40~180	0.005/300	0.63	4/5.5	7.8	5	2.6	1 623×980×1 730	工作台最大倾斜角度±10°
	M7340B	400	400×140	300×40×75	1 400/2 800	240	0.1~3	40~180	0.005/300	0.63	4/5.5	7.8	5	2.6	1 623×980×1 730	工作台最大倾斜角度±3°
高精度卧轴圆台平面磨床	MG7340	400	400×120	300×32×127	1 400	240	0.022 5~2.5	60~160	0.02/300	0.08	4	8.34	7	2.8	1 623×986×1 730	工作台最大倾斜角度±10°
卧轴圆台平面磨床	M7350C	500	500×200	400×40×127	1 440	345	0.1~2	15~70	0.005/300	0.63	7.5	10.74	5	4	2 100×1 365×1 860	工作台最大倾斜角度±3°
	M7363	630	630×200	400×40×127	1 440	345	0.1~2	15~70	0.005/300	0.63	7.5	10.74	5	4	2 100×1 365×1 860	工作台最大倾斜角度±3°
	M7363A	630	630×250	400×40×127	1 440	345	0.1~2	15~70	0.005/300	0.63	7.5	10.74	5	4	2 100×1 365×1 860	工作台最大倾斜角度±10°
精密卧轴圆台平面磨床	MM73100	1 000	1 000×320	500×50×203	1 450	570	0.1~2	8~48	0.003/300	0.16	13	20	8	9	2 800×1 750×2 400	工作台最大倾斜角度±3°

2.5.7 立轴圆台平面磨床的型号与技术参数(表 2-5-7)

表 2-5-7 立轴圆台平面磨床的型号与技术参数

产品名称	型号	技术参数：工作台直径尺寸/mm	技术参数：加工尺寸(直径×高)/mm	技术参数：砂轮尺寸(外径×宽×内径)/mm	技术参数：砂轮转速/(r/min)	技术参数：拖板行程/mm 纵向	技术参数：拖板行程/mm 速度/(m/min)	技术参数：磨头移动量/mm	技术参数：工作台速度/(r/min)	工作精度：平行度/mm	工作精度：表面粗糙度 Ra/μm	电动机：功率/kW 主电动机	电动机：功率/kW 总容量	电动机：台数	质量/t	外形尺寸(长×宽×高)/mm
立轴圆台平面磨床	M7450	500	500×300	350×125×280	970			300	21	0.005/300	0.63	22	24.9	5	5	1 700×1 020×1 955
立轴圆台冲模磨床	M7450/1	500	680×250	350×125×280	2 840			250	11,17	0.005/300	0.63	3	5.29	4	3	1 365×1 420×1 843
半自动立轴圆台平面磨床	MB7450	500	500×250	筒形 ϕ350×125×ϕ210 砂瓦 WT85 600×150×35(6 块)	1 450	350	2		12;22;38	0.005/300	0.63	17	20.5	5	4.5	2 370×1 380×2 165

续表 2-5-7

产品名称	型号	工作台直径尺寸/mm	技术参数							工作精度		电动机			质量/t	外形尺寸（长×宽×高）/mm
			加工尺寸（直径×高）/mm	砂轮尺寸（外径×宽×内径）/mm	砂轮转速/(r/min)	拖板行程/mm		磨头移动量/mm	工作台速度/(r/min)	平行度/mm	表面粗糙度 Ra/μm	功率/kW		台数		
						纵向	速度/(m/min)					主电动机	总容量			
半自动立轴圆台平面磨床	MB7463	630	630×250	筒形 ϕ350×125×ϕ210 砂瓦 WT85 600×150×35(6 块)	1 450	350	2		12;22;38	0.005/300	0.63	17	20.4	5	4.5	2 370×1 380×2 165
立轴圆台平面磨床	M7475B	750	750×205	450×150×380	1 000	450	4		13～20	0.01/1 000	1.25	25	34.67	6	5	2 435×1 180×2 230
	M7475B	750	750×300	450×150×380	1 000	450		400	13,20	0.02/1 000	1.25	25	30	6	6	2 530×1 180×2 230
	M7475B	750	750×300	450×125×380	1 000	450		430	15,20	0.02/1 000	0.63	30	34.47	6	5.8	2 530×1 180×2 230
	M7475B	750	750×300	450×150×380	960	450	3.8	300	13,20	0.01/1 000	1.25	30	34.07/34.67	6	5.2	2 530×1 180×2 230
	M7475C	750	750×300	450×150×380	980	450	4	400	16,24	0.01/1 000	0.63	30	35.4	5	6.5	2 330×1 362×2 160
	MA7480	800	800×320	450×150×380	1 000				5～30	0.01/1 000	1.25	30	35.87	6	7	2 435×1 240×2 250
	M7480	800	800×350	砂瓦 WT85 150×100×35(6 块) 筒形 ϕ500×150×ϕ380	970	480	3		6～28 共 6 档	0.02/1 000	0.63	30	36.75	7	8	2 640×1 240×2 451
	M7480	800	800×300	450×150×380	980	450	4	400	13,21	0.01/1 000	0.63	30/40	35.4/44.8	5	7	2 330×1 362×2 160
	M7480A	800	800×320	450×150×380	960	450		320	13;20	0.01/1 000	1.25	30	34.07/34.67	6	5.2	2 530×1 180×2 420
	MX7480	800	800×320	450×150×380	960	450		320	8～30 （无级）	0.01/1 000	1.25	30	35.87	6	5.35	2 810×1 180×2 420
自动立轴圆台平面磨床	MB7480	800	800×350	筒形 500×150×380 砂瓦 150×100×35	970	480	3		6～28 共分 6 档	0.02/1 000	0.63	30	36.75	7	8	2 640×1 240×2 451

续表 2-5-7

产品名称	型号	工作台直径尺寸/mm	技术参数							工作精度		电动机			质量/t	外形尺寸（长×宽×高）/mm
			加工尺寸（直径×高）/mm	砂轮尺寸（外径×宽×内径）/mm	砂轮转速/(r/min)	拖板行程/mm		磨头移动量/mm	工作台速度/(r/min)	平行度/mm	表面粗糙度 Ra/μm	功率/kW		台数		
						纵向	速度/(m/min)					主电动机	总容量			
立轴圆台冲模磨床	M7480/C_1	800	850×250	450×150×380	2 890	0		250	20;40	0.016/1 000	0.63	4.0	6.25	5	4.5	1 960×1 630×1 990
	M74100	1 000	1 000×320	500×150×460	750	540	4.9	430	12;18	0.02/1 000	0.63	30	34.6	6	7.5	2 895×1 507×2 183
	M74100A	1 000	1 000×400	砂瓦 150×80×25	750	530	2.6	400	6;12;24	0.015/1 000	1.25	30	36	5	8	2 500×1 600×2 300
自动双头立轴圆平面磨头	MS74100A	ϕ1 000×ϕ600	ϕ170×200	筒形 ϕ500×150×ϕ380 砂瓦 150×100×35	750				0.4～2 共5档	0.01/1 000	0.63	30×2	64.4	7	11.5	3 000×4 000×2 600
立轴圆台平面磨床	M74125	1 250	1 250×400	砂瓦 150×80×25	750	470	4.9	260	12.3	0.015/1 000	1.25	55	59.83	7	8	3 000×1 507×2 183
	M74125	1 250	1 250×320	砂瓦 WP 150×80×25	740	540		320	10;20	0.02/1 000	0.63	45/55	50/65	7	8.5	3 000×1 507×2 183
立轴圆台冲模磨床	M74125/C_1	1 250	1 250×400	砂瓦 150×80×125	2 670～9 750			400	5～120	0.015/1 000	0.63	7.5	15.26	8	16	3 650×3 700×3 780
立轴圆台平面磨床	M74160	1 600	1 600×400	砂瓦 150×90×35	590	820		400	5;10;15	0.012/1 000	0.63	75	84.72	8	25	4 508×2 384×3 470
	M74160	1 600	1 600×250	砂瓦 150×90×35	585	810		250	15;20	0.02/1 000	0.63	75	83	8	24	4 508×2 384×3 470
	M74180	1 800	1 800×400	砂瓦 150×90×35	600	920	2.6		5;10;15	0.02/1 000	0.63	75	87.5	7	26	4 530×2 120×3 516
	M74225	2 250	2 250×400	砂瓦 150×90×35	360	1 200		400	3.8;6.5;9.4	0.012/1 000	0.63	110		8	32	4 965×2 212×2 930
	M74250	2 500	2 500×450	砂瓦 150×90×35	585			450	10	0.02/1 000	0.63	90	106	7	40	5 465×2 710×3 310

2.5.8 万能工具磨床的型号与技术参数(表 2-5-8)

表 2-5-8 万能工具磨床的型号与技术参数

产品名称	型号	技术参数								加工精度		电动机			质量/t	外形尺寸(长×宽×高)/mm
		最大磨削尺寸/mm		中心高×中心距/mm	回转角度/(°)			转速/(r/min)		直线度/mm	表面粗糙度 Ra/μm	功率/kW		台数		
		直径	长度		工作台	砂轮架 水平	砂轮架 垂直	工件	砂轮			主电动机	总容量			
万能硬质合金工具磨床	MG602	20	30						2 800	0.002(圆度)	0.08	0.55	1.23	3	0.67	820×940×1 600
液压万能工具磨床	MYA6025	250	270	130×650	±45	360	±15	170,270	2 700,4 000 5 500	0.005	0.63	1.10	1.65		1.15	1 340×1 320×1 320
数显万能工具磨床	MQX6025A	250	490	125×630	±45	360	±15	290	4 200 5 600	0.005	0.63	0.75	1.60	3	1.20	1 560×1 224×1 790
万能工具磨床	MA6025	250	270	130×650	±45	360	±15	170,270	2 700,4 000 5 500	0.005	0.63	1.10	1.28		1.10	1 340×1 320×1 320
	MQ6025A	250	480	125×650	±60	360	±15	340	3 250,6 500 3 900,7 800	0.005	0.63	0.75/1.1	1/1.35	3	1.00	1 480×1 102×1 215
	MQ6025A	250	490	125×630	±45	360	±15	290	4 000,5 600	0.005	0.63	0.75	1.60	3	1.20	1 560×1 224×1 790
	M6025D	250	400	125×630	±60	360	±15		3 000,6 000	0.005	0.63	0.55/0.75			1.00	1 375×1 340×1 300
	M6025E	250	400						2 800,5 600	0.005	0.63	0.45/0.60			1.00	1 350×1 300×1 250
	M6025F	250	400	125×630	±60	360	0	322	4 100,5 600	0.005	0.63	0.75	0.87	2	1.00	1 100×1 320×1 315
	M6025H	250	480	125×630	±60	360	±15	340	3 250,6 500 3 900,7 800	0.005	0.63	0.75/1.1	1/1.35	2	1.00	1 375×1 380×1 284
	M6025K	250	400						2 650,3 800 5 350,7 600	0.005	0.63	0.45/0.60			1.00	1 350×1 270×1 250
	TC-40H	250	400	125×700	±60	360	±15	286	2 170,3 080 5 170,2 600 3 700,6 200	0.005	0.63	0.75	1	2	1.20	1 335×1 330×1 458
高精度万能工具磨床	MG6025	250	480	125×700	±60	360	±50	270	2 433,3 474 4 865,6 974	0.003	0.32	0.45/0.60	1.10	3	1.20	1 183×1 510×1 360
	MGA6025	250	270	130×650	±45	360	±15	170 270	2 700 4 000 5 500	0.003	0.32	1.10	1.40		1.20	1 340×1 320×1 320
高精度液压万能工具磨床	MGYA6025	250	270	130×650	±45	360	±15	170 270	2 700 4 000 5 500	0.003	0.32	1.10	1.71		1.20	1 340×1 320×1 320

2.5.9 曲轴磨床的型号与技术参数(表 2-5-9)

表 2-5-9 曲轴磨床的型号与技术参数

产品名称	型号	最大回转直径×最大工件长度/mm	技术参数											工作精度			电动机功率/kW		质量/t	外形尺寸(长×宽×高)/mm
			加工直径/mm		工件长度/mm	凸轮长度/mm	工件质量/kg	头架			砂轮转速/(r/min)	砂轮尺寸(外径×高×内径)/mm	工作台行程/mm	圆柱度/mm	相邻尺寸差/mm	表面粗糙度 Ra/μm	主电动机	总容量		
			用中心架	不用中心架				中心高/mm	顶尖距/mm	主轴转速(r/min)										
凸轮轴主轴颈磨床	GZ056	1 000						180				750×32×305					11			

产品名称	型号	工件最大回转直径×长度/mm	加工曲轴轴颈最大直径/mm	最大曲拐偏心/mm	工件长度/mm	工件最大质量/kg	头架中心高/mm	顶尖距/mm	主轴转速/(r/min)	砂轮线速/(m/s)	砂轮尺寸(外径×宽×内径)/mm	工作台行程/mm	圆柱度/mm	尺寸分散度/mm	表面粗糙度 Ra/μm		电动机功率/kW		质量/t	外形尺寸(长×宽×高)/mm
															端面	外圆	主电动机	总容量		
数控高速曲轴主轴颈磨床	MKS8140	ϕ400×1 000	ϕ100	80	1 000	100	250	1 000	20～300 无级	50～恒线	ϕ1 100×20～50×ϕ305	ϕ1 000	0.004	0.011	0.4	0.4	15	40	15	1 500×2 600×2 200
数控高速曲轴连杆颈磨床	MKS8240	ϕ400×1 000	ϕ100	80	1 000	100	250	1 000	20～200 无级	50～恒线	ϕ1 100×20～50×ϕ305	ϕ1 000	0.004	0.011	0.4	0.4	15	40	16	4 500×2 600×2 200

产品名称	型号	最大工件直径×长度/mm	技术参数				工作精度			电动机功率/kW		质量/t	外形尺寸(长×宽×高)/mm
			工件质量/kg	砂轮尺寸(外径×厚宽)/mm	头架中心高/mm	工作台回转角度/(°)	圆度/mm	圆柱度/mm	表面粗糙度 Ra/μm	主电动机	总容量		
数显曲轴磨床	MQX8232	320×500	80	750×40	180		0.001	0.005	0.32	7.5	10.2	3.8	3 000×2 050×1 500
	MQ8240	400×1 000	80	750×40	220	$^{+1.5}_{-3}$	0.005	0.005	0.32	7.5	10.2	5	4 115×2 050×1 500
	JK101	400×500	80	750×40	220	$^{+1.5}_{-3}$	0.001	0.005	0.32	7.5	10.2	4.5	4 115×2 050×1 500
曲轴磨床	MQ8260	580×1 600	120	900×40	300		0.005	0.005	0.32	7.5	14.2	6.7	4 000×2 100×1 630

续表 2-5-9

产品名称	型号	最大工件直径×长度/mm	技术参数										工作精度			电动机功率/kW		质量/t	外形尺寸(长×宽×高)/mm
			加工范围				头架		砂轮架		工作台								
			曲颈直径/mm	最大曲板半径/mm	最大长度/mm	工件质量/kg	中心高/mm	转速/mm(r/min)	移动量/mm	砂轮尺寸(外径×厚度)/mm	纵向行程/mm	回转角度/(°)	圆度/mm	圆柱度/mm	表面粗糙度 Ra/μm	主电动机	总容量		
曲轴磨床	M8240	400×1 400	160	80	1 400	100	200	25/60,40/80 60/120		750×43	1 500	+3 −3	0.001	0.001	0.2	7.5	10.25	5	4 265×1 860×1 615
	MQ8260	580×1 600	30～100	110	1 600	120	300	25	185	900×32	1 600	5	0.01	0.01	0.2	7.5	9.8	6	4 166×2 037×1 584
	MQ8260A	580×1 600	30～100	110	1 600	120	300	40;60;110	185	900×32	1 600	5	0.01	0.01	0.2	7.5	9.8	6	4 166×2 037×1 584
	MQ8260B	580×1 600	30～100	110	1 600	120	300	25;50;100	200	900×40	1 600	±30	0.01	0.01	0.4	7.5	10.42	6.71	4 000×2 100×1 630
	M8260A	600×2 000 3000	30～100 30～130	120	2 000 3 000	200 400	320	20;29 40;58	190	900×55 ～175	2 100 3 100	仅供调节	0.01	0.01	0.4	15	20.52	11 12	6 400×2 530×1 750 8 400×2 530×1 750
半自动曲轴磨床	MB8260A	600×1 500	30～130	120	1 500	200	320	20;29 40;58	190	900×55	1 600	仅供调节	0.01	0.01	0.4	15	20.52	11	5 000×2 580×1 750
曲轴磨床	M8263	600×1 500	240	120	1 600	120	335	25/50,40/80 60/120	435	900	1 600	+3 −3	0.01	0.01	0.2	7.5	10.25	5	5 030×2 020×1 775
	M82125	1 250×5 000; 1 250～8 000	100～ 350	250	500; 800	10 000	700	4～24	350	1 600×8 ～120			0.01	0.01	0.4	22	81.28	40; 50	12 000×3 500×3 000; 15 000×3 500×3 000

2.5.10 花键轴磨床的型号与技术参数(表 2-5-10)

表 2-5-10 花键轴磨床的型号与技术参数

产品名称	型号	最大磨削直径×长度/mm	技术参数										工作精度			电动机功率/kW		质量/t	外形尺寸(长×宽×高)/mm
			加工直径/mm	安装工件长度/mm	槽数	中心高/mm	砂轮架				砂轮尺寸(外径×内径)/mm		节距/mm		表面粗糙度 Ra/μm	主电动机	总容量		
							轴线至合面距离/mm	横向行程/mm	垂直行程/mm	砂轮转速/(r/min)			相邻	累积					
花键轴磨床	M8612A	120×300	30～120	500	4、6、8、10、12、16、20、24	180	230～350	40	120	3 000、4 500、6 000	100～200×20～30		0.01	0.015	0.8		4.52		3 360×1 420×1 830
	M8612A 1000	120×800	30～120	1 000	4、6、8、10、12、16、20、24	180	230～350	40	120	3 000、4 500、6 000	100～200×20～30		0.01	0.015	0.8		4.52		4 500×1 420×1 830

续表 2-5-10

产品名称	型号	最大磨削直径×长度/mm	技术参数									工作精度			电动机功率/kW		质量/t	外形尺寸(长×宽×高)/mm
			加工直径/mm	安装工件长度/mm	槽数	中心高/mm	砂轮架				砂轮尺寸(外径×内径)/mm	节距/mm		表面粗糙度 $Ra/\mu m$	主电动机	总容量		
							轴线至合面距离/mm	横向行程/mm	垂直行程/mm	砂轮转速/(r/min)		相邻	累积					
花键轴磨床	M8612A 1500	120×1 300	30～120	1 500	4、6、8、10、12、16、20、24	180	230～350	40	120	3 000、4 500、6 000	100～200×20～32	0.01	0.015	0.8		4.52		4 660×1 420×1 830
	M8612A 2000	120×1 800	30～120	2 000	4、6、8、10、12、16、20、24	180	230～350	40	120	3 000、4 500、6 000	100～200×20～30	0.01	0.015	0.8		4.52		6 920×1 420×1 830
	M8616	160×1 320	18～160	1 600	4、6、8、10、12、16、20、24	210	250～430	20	180	3 000、4 500、6 000	75～200×32	0.01	0.015	1.25	2.2	5.6	5	4 200×1 380×1 860
	M8616	160×1 720	18～160	2 000	4、6、8、10、12、16、20、24	210	250～430	20	180	3 000、4 500、6 000	75～200×32	0.01	0.015	1.25	2.2	5.6	5	5 000×1 380×1 860
精密花键轴磨床	HJ025-1M	125×980	11～125	1 000	4、6、8、10、12、20、24	160	184～254	0	170	2 000～5 000	175×32 90×30	0.008	0.015	0.4	3	6.2	8	3 670×1 405×1 900
	HJ025-1.5M	125×1 480	11～125	1 500	4、6、8、10、12、20、24	160	184～254	0	170	2 000～5 000	175×32 90×30	0.008	0.015	0.4	3	6.2	10	4 833×1 412×1 900

2.6 拉床

2.6.1 立式拉床的型号与技术参数(表 2-6-1)

2.6.2 卧式拉床的型号与技术参数(表 2-6-2)

表 2-6-1 立式拉床的型号与技术参数

产品名称	型号	主要技术参数								电动机功率/kW		外形尺寸(长×宽×高)/mm	质量/t	工作精度/mm	备注
		规格		溜板行程速度/(m/min)无线		工作台台面尺寸/mm	支承端板孔径/mm	工作台孔径/mm	花盘孔径/mm	主电动机	总容量			试件拉削后孔轴线对基面的垂直度	
		额定拉力/kN	溜板最大行程/mm	工作	返回										
立式内拉床	L515A	50	800	2.5～10	7～16	320×310	125		80	10	10.75	2 958×1 500×2 695	4	0.04/200	替代进口
	L5110A	100	1 000	2～11	7～20	530×450	150		100	15	17.2	3 340×2 128×3 360	8	0.05/200	
	L7220A	200	1 600	1.5～11	1.5～11	630×500				22	2.5	4 410×3 100×1 968	22	0.04/300	
	GS-5005	200	1 600	1.5～7	7～15					30	40.5	3 200×3 100×5 286	14	0～0.015	
	L5540A	400	2 000	2～6	7～17	650×440	160×200×160		120×150×120	40	41.5	3 398×2 212×6 607	18	0.06/200	
高速立式外拉床	L7120	200	2 500	1.1～36	7～20	550×630				110	11.5	1 820×3 100×6 290	29	0.04/300	替代进口

表 2-6-2 卧式拉床的型号与技术参数

产品名称	型号	主要技术参数								电动机功率/kW		外形尺寸(长×宽×高)/mm	质量/t	工作精度/mm
		规格		溜板行程速度/(m/min)无线		工作台台面尺寸/mm	支承端板孔径/mm	工作台孔径/mm	花盘孔径/mm	主电动机	总容量			试件拉削后孔轴线对基面的垂直度
		额定拉力/kN	溜板最大行程/mm	工作	返回									
卧式内拉床	L6106/1	63	800	1.5～7	7～20			125	80	7.5	7.62	3 047×170×1 175	1	0.08/200
	L6110A	100	1 250	2～11	7～20			150	100	15	15.12	5 620×1 720×1 350	4.8	0.08/200
	L6120C	200	1 600	1.5～11	7～20			200	130	22	22.12	6 830×1 440×1 440	5.9	0.08/200
	L6140B	400	2 000	1.5～7	7～20			250	150	40	40.12	8 160×2 055×1 375	10.5	0.08/200
	L61100	1 000	2 000	1～3	7～12			400	320	75	75.12	10 410×2 280×1 700	17	0.08/200

2.7 齿轮加工机床

2.7.1 滚齿机的型号与技术参数(表 2-7-1)

表 2-7-1 滚齿机的型号与技术参数

产品名称	型号	技术参数									工作精度		电动机功率/kW		质量/t	外形尺寸(长×宽×高)/mm	备注
		最大加工直径×最大模数/mm	滚刀至工作台最小中心距/mm	加工范围			工件质量/t	工作台尺寸/mm	主轴转速/(r/min)		等级	表面粗糙度 Ra/μm	主电动机	总容量			
				齿宽/mm	螺旋角/(°)	最少加工齿数			级数	范围							
卧式滚齿机	YGA3603	32×0.5/0.8钢	8		3	10～240				110～301	4			1.8	0.6	780×925×1 430	高精度仪表齿轮加工用
	YM3603	32×0.5/0.8钢	8		3	10～240				750～3 010	5				0.6		
高效滚齿机	YBS3112	125×3	40 60	35	50 60	5		180		80～400		3.2	3		1.95	1 673×1 218×1 565	
半自动滚齿机	YB3112/2	125×2		100	±60			120	6	100～560	7	3.2	1.1	1.77	1.35	1 180×750×1 490	
卧式滚齿机	YN3616	160×2.5	6		±45	4～300		120	9	132～850	7	3.2	3.2	5.27	4	1 820×1 530×1 655	
数控滚齿机	YK3120	200×6	30	200	±45	4		280	无级	100～600	6	3.2	12.5	40	10	4 730×2 925×2 670	全密封护罩带油雾分离装置、六轴数控
高效滚齿机	YX3120	200×6	40		45	6		320	7	152～605	6-6-7	3.2	11	16.72	9.5	2 750×2 550×2 140	全密封护罩带油雾分离装置
	YX3120/02	200×6	40		45	6		320	7	160～500	6-7-7	3.2	11	16.72	9.5	3 250×3 500×2 380	
	YXN3120	200×6	30	200	±45	5		250	12	118～375	7	3.2	8	12.75	7	2 460×1 790×1 900	
半自动滚齿机	YB3120	200×6	60	160	±45	特 4/12		300	8	80～500	6-7-7	3.2	7.5	10.57	3.5	2 250×1 590×1 720	
	YBA3120	200×4	10	170	±55	5		210	8	63～315	6-7-7	3.2	2.2	3.5	1.95	1 673×1 218×1 425	

续表 2-7-1

产品名称	型号	最大加工直径×最大模数/mm	技术参数								工作精度		电动机功率/kW		质量/t	外形尺寸（长×宽×高）/mm	备注
			滚刀至工作台最小中心距/mm	加工范围			工件质量/t	工作台尺寸/mm	主轴转速/(r/min)		等级	表面粗糙度 Ra/μm	主电动机	总容量			
				齿宽/mm	螺旋角/(°)	最少加工齿数			级数	范围							
非圆齿轮铣齿机	YK8320	200×2			±30			210	无级	0～250		3.2	1.4		2	2 990×1 750×2 130	五轴数控三联动
高效滚齿机	YXA3132	320×8	60	230	±45	6		320	7	125～500		3.2		17.87		2 700×2 695	
	YBA3132	320×8	60	250	±45	7		320	8	200～720	5-7-7	3.2		17.87	8	2 830×2 800×2 120	
	YX3132	320×8	60	200	±45	10	0.4	320	8	100～500	7	3.2	7.5	11.68	7	3 192×1 820×1 940	
大模数数控滚齿机	YD3140	400×2	25		±40	6		510		32～200		3.2		8.45	5	2 530×1 400×2 000	
滚齿机	Y3150E	500×8	30	250	±55	6		510	9	40～250	5-6-7	3.2	4	6.35	4.3	2 439～1 272×1 770	
	YN3150	500×10	25	300	±60	6	0.8	440	9	32～315	7	3.2	5.5	9.1	7.5	2 587×1 435×2 040	
	YLN3150	500×10	25	300	±60	6	0.8	440	9	32～315	7	3.2	5.5	9.47	8.1	2 537×1 560×2 024	
	Y3150/3	500×6		240	±45			320	8	50～275	7	3.2	3	3.125	3	1 825×960×1 730	
	Y3150E	500×8	30	250	±60	5	0.8	500	9	40～250	7	3.2	4	6.75	4.3	2 439×1 272×1 770	
	YA3150E	500×8	30	250	±60	6		510	9	40～250	5-6-7	3.2	4	6.35	4.4	2 475×1 670×1 880	半自动循环
	YA3150	500×8	30		±60	6		540	9	50～315	5-6-7	3.2	5.5	10	7	3 050×2 080×2 150	半自动一次方框循环，径向自动切入
	YA3180	800×10		350	±45			ϕ690	9	45～280			7.5	10.19	7.5	3 050×1 825×2 100	

续表 2-7-1

产品名称	型号	最大加工直径×最大模数/mm	技术参数								工作精度		电动机功率/kW		质量/t	外形尺寸(长×宽×高)/mm	备注
			滚刀至工作台最小中心距/mm	加工范围			工件质量/t	工作台尺寸/mm	主轴转速/(r/min)		等级	表面粗糙度 Ra/μm	主电动机	总容量			
				齿宽/mm	螺旋角/(°)	最少加工齿数			级数	范围							
精密滚齿机	YM3150E	500×6	30	250	±55	7		510	9	40～250	4-5-6	3.2	4	6.35	4.3	2 439×1 272×1 770	
	YMA3150	500×8	30		±60	8		540	9	44～280	4-5-6	3.2	5.5	10	7	3 050×2 080×2 150	
	YM3180H	800×8		500	±45			ϕ650	8	40～200			5.5	8.45	5.5	2 765×1 420×1 850	
半自动滚齿机	YB3150E	500×8	30	250	240	6		510	9	40～250	5-6-7	3.2	4	6.35	4.3	2 439×1 272×1 770	半自动循环自动串刀
硬齿面滚齿机	YC3150	500×8	30	250	±60	6		510				3.2				2 475×1 670×1 880	
筒式数控滚齿机	YKJ3150	500×8	30	250	±45	6		510			7	3.2	4		5	2 470×1 515×2 100	
	YKJ3180	500×10(无后立柱 800)	50	300	240	8		650	8	40～200		3.2	5.5	9.12	5.5	2 770×1 490×1 972	
万能滚齿机	YW3180	800×10	50		±65	8		690		45～280	5-6-7	3.2		16.3	8.5	3 050×1 830×2 100	二次 L 循环，组合刀架切向对角滚切
硬齿面滚齿机	YC3180	800×10	50		±65	8		690	9	50～320	6-6-7	3.2	7.5	16.03	8	3 050×1 825×2 100	加工硬度 HRC45-62 组合刀架
数控滚齿机	YK3180	800×10	50		±45			650	无级	80～240		3.2	9			4 600×2 800×2 550	五轴数控四联动
摆线铣齿机	Y3280	800×8 偏心距	80	170		9		650	4	73～142.5	10.5	6.3		10.45	5.5	2 765×1 420×1 850	
高精度滚齿机	YG3780	800×8	100			60	1	1 000	9	16～50	4	1.25	5.5	8.75	10	2 714×2 335×2 110	

续表 2-7-1

产品名称	型号	最大加工直径×最大模数/mm	技术参数								工作精度		电动机功率/kW		质量/t	外形尺寸（长×宽×高）/mm	备注
			滚刀至工作台最小中心距/mm	加工范围			工件质量/t	工作台尺寸/mm	主轴转速/（r/min）		等级	表面粗糙度 Ra/μm	主电动机	总容量			
				齿宽/mm	螺旋角/（°）	最少加工齿数			级数	范围							
卧式滚齿机	Y36100A	1 000	150	2 800	45		20		无	6.3～63	6	1.6	22		60	9 800×4 120×2 740	五轴数控四联动
大模数滚齿机	Y30100	1 000×钢 12 铁 16	60	500	240	7		950	8	23～180	6-6-7	3.2	11	18.75	13	3 595×2 040×2 400	
滚齿机	Y31125E	1 250×钢 12 铁 16	100	500	±60	12	3	950	7	16～125	5-6-7	3.2	10	17.75	13	3 590×2 040×2 400	
精密滚齿机	YM31125E	1 250×钢8 铁 12	100	500	±60	12	3	950	7	16～125	4-5-6	3.2	10	17.75	13	3 590×2 040×2 400	
硬齿面滚齿机	YC31125	1 250×12	100	500	±60	12	3	950	8	22～184	6-6-7	3.2	11	18.75	13	3 590×2 040×2 400	加工硬度 HRC45 ～ 62 自动串刀
滚齿机	Y31125A	1 250×M16	450			12			7	16～125	7	1.6	10	17.4	15	3 691×2 018×2 306	
高精度滚齿机	YGA31125	1 250×8	100	620	±45	55		1 030	11	10～101	5	1.6～3.2	10	7.1	17	4 835×2 000×2 945	
卧式滚齿机	Y36160	1 600			45		40		无	5～50	6	1.6	30		80	12 300×4 250×3 350	
	Y36200	2 000	400	4 500	45		40		无	5～50	6	1.6	37		115	12 600×5 200×3 330	
大型滚齿机	Y31200H	2 000×12	100	700	±45	12	10	1 650	18	12～90	6～8	3.2	13	24.4	34	7 220×3 260×3 200	有切向进给单分度组合刀架

2.7.2 插齿机的型号与技术参数(表 2-7-2)

表 2-7-2 插齿机型号与技术参数

产品名称	型号	最大加工直径×最大模数/mm	技术参数									质量/t	外形尺寸(长×宽×高)/mm
			加工范围			插齿刀往复冲程		工作精度		电动机功率/kW			
			内齿轮直径/mm	最大加工齿宽/mm	斜齿轮最大螺旋角/(°)	级数	范围/(次/min)	等级	表面粗糙度 Ra/μm	主电动机	总容量		
精密插齿机	YM5132	320×6	320	80	±45	12	115～700	6	2.5	3/4	5.8	4	1 700×1 040×1 960
高速插齿机	YS5132	320×6	320	80	±45	8	255～1 050	7	3.2	2.6/3.7	7.8	5.5	1 965×1 060×1 950
高速精密插齿机	YSM5132	320×6	320	80	±45	8	255～1 050	6	2.5	2.6/3.7	7.8	5.5	1 965×1 060×1 950
插齿机	Y54B	500×6	550	105	36	6	80～400	7	3.2	3	3.95	4	1 750×1 300×2 060
	YM5150A	500×8	500	100	45	12	83～538	6	3.2	4	7.5	5.5	2 000×1 720×2 200
	YM5150H	500×8	500	100		12	79～704	7	1.6	4/5.5	7	7.5	2 220×2 110×2 700
	YP5150A	500×8	600	125	小于 45	6	100～600	6	3.2	3/4	8.19	6	2 100×1 320×2 210
精密插齿机	YM5150B	500×8	500	100	±45	6	65～540	6	2.5	4.5/6.5	11	6	2 240×1 512×2 280
插齿机	Y5180A	800×10	800	180	±45	6	50～410	7	3.2	6.7/8.7	13.2	7.1	2 410×1 512×2 620
	Y58A	800×12	1 000	170	45	7	25～150			7.5	9.5	12	3 552×1 783×3 792
精密插齿机	YM5180	800×10	800	180	±45	6	50～410	6	2.5	6.7/8.7	13.2	7.1	2 410×1 512×2 620
插齿机	Y51125A	1 250×12	1 800	200		11	45～262	7	3.2	12/9	19	18	3 625×1 570×2 955
精密插齿机	YM51125	1 250×12	1 800	200		11	45～262	6	2.5	12/9	19	18	3 625×1 570×2 955
插齿机	Y51160	1 600×14	2 100	330		6	13～65	7	3.2	11	24	30	4 540×2 260×4 000
精密插齿机	YM51160	1 600×14	2 100	330		6	13～65	6	2.5	11	24	30	4 540×2 260×4 000
大型插齿机	T_1-Y51200	2 000×16	2 250	180	45	8	20～125	8	3.2	18.5	26.54	32	4 540×2 700×3 720
插齿机	Y51250B	2 500×16	2 700	250		6	23～125	7	3.2	11	21	28	4 750×2 260×3 610
精密插齿机	YM51250	2 500×20	2 800	320		6	13～65	6	2.5	11	21	30	4 750×2 260×4 000
数控扇形齿轮插齿机	YK5612	120×10		80		无级	90～660	7	3.2	5.5	10	8	2 295×1 960×2 180
三轴数控插齿机	YKN5132	320×6	320	70	小于 45	12	160～800	6	3.2	3/4.5	5.92	6.5	2 310×1 610×2 440

续表 2-7-2

产品名称	型号	最大加工直径×最大模数/mm	技术参数					工作精度		电动机功率/kW		质量/t	外形尺寸(长×宽×高)/mm
			加工范围			插齿刀往复冲程							
			内齿轮直径/mm	最大加工齿宽/mm	斜齿轮最大螺旋角/(°)	级数	范围/(次/min)	等级	表面粗糙度 Ra/μm	主电动机	总容量		
扇形齿轮插齿机	Y5612A	120×10		80		无级	90～660	7	3.2	5.5	10	8	2 295×1 960×2 180
滚插联合机床	YL8320	插齿125×4 滚齿：200×6		插齿：23 滚齿：150			600～1 000	7	3.2	7.5	15	7	2 300×1 200×2 350
插齿机	Y5120B	200×4	220	50	±45	4	200～600	6	3.2	1.5	2.14	1.7	1 303×966×1 830
全自动高速插齿机	YZS5120	200×4	110(ds)	30	±45	16	265～1 250	6	3.2	3.5/5	12	6.5	3 105×1 604 2 045
高速插齿机	YSN5120	200×4	110(ds)	30	小于45	16	265～1 250	6	3.2	3.5/5	6.77	6	2 275×1 580×2 045
	YB5120	200×6	200	50	±45	8	300～1 050	7		2.2/3.6	4.5	4	1 600×1 000×1 900
高速精密插齿机	YSM5120	200×6	200	50	±45	8	255～1 050	6	2.5	2.6/3.7	7.8	5.5	1 815×1 060×1 950
简式数控插齿机	YKJS5120	200×6	200	50	±45	无级	56～1 250	7	3.2	5.5	12	5.5	1 815×1 060×1 950
插齿机	YZ5125	250×6	120+刀具直径	60	45	8	250～900	6	1.6	4.0/5.5	12	5.5	2 510×2 230×2 210
高速插齿机	YZX5125	250×6	120+刀具直径	60	45	12	250～1 350	6	1.6	4/5.5	12	5.5	2 510×2 230×2 210
插齿机	Y5132	320×6	320	70	小于45	12	160～800	6	3.2	3.5/5	9.22	6.5	2 310×1 610×2 440
	Y5132D	320×6	320	80	±45	12	115～700	7	3.2	3/4	5.8	4	1 700×1 040×1 960

产品名称	型号	最大加工直径×最大模数/mm	技术参数				工作精度		电动机功率/kW		质量/t	外形尺寸(长×宽×高)/mm
			加工范围		插齿刀往复冲程/(次/min)							
			最大加工齿宽/mm	斜齿条最大螺旋角/(°)	级数	范围	等级	表面粗糙度 Ra/μm	主电动机	总容量		
齿条插齿机	YBJ5612	108×6.5	40		4	125～350			3.5		4.5	2 000×1 600×2 000
	Y58125	1 250×8	80	±45	6	65～540	7	2.5	4.5/6	10.72	10	2 240×2 500×2 260
	58125A	1 250×8	100	45	12	83～538	6	3.2	4	7	5.5	1 700×2 500×2 520
	Y58125	1 250×8	100		12	65～540	7	3.2	6/4.5	11	8	1 750×2 700×2 620

2.7.3 剃齿机的型号与技术参数(表 2-7-3)

2.7.4 花键轴铣床的型号与技术参数(表 2-7-4)

表 2-7-3 剃齿机型号与技术参数

产品名称	型号	技术参数							工作精度		电动机			质量/t	外形尺寸(长×宽×高)/mm
		最大加工直径×最大模数/mm	最大加工宽度/mm	刀架最大回转角/(°)	工作台最大行程/mm	工作台顶尖距离/mm	主轴转速/(r/min)		等级	表面粗糙度 Ra/μm	功率/kW		台数		
							级数	范围			主电动机	总容量			
剃齿机	Y4212 Y4212D Y4250	125×1.5 125×2.5 500×8	40 90	±30 ±30	50 100	220 500	9 6	63～400 80～250	6	1.6	1.5 2.2	1.75	4	1.7 4	1 305×1 490×1 375 1 396×1 600×2 325
剃齿机	YP4232C YA4232 YA4250	320×6 320×8	90 160	±30 ±30	100 160	400 540	6 6	80～250 80～270	6 6	1.6 1.25	2.2 2.2	3.79 5	5 5	3 2.8 3.2	1 240×1 500×2 165 1 820×1 400×2 310 1 820×1 400×2 460
万能剃齿机	YW4232 YWA4232	320×8	90	±30	0°,100 90°,20 100	500	0	50～250	6	1.6	2.2	4.75	5	4.8	1 550×1 920×2 225
剃齿机	YP4250	500×8	90	±30	100	500	6	80～250	6	1.6	2.2	3.79	5	4	1 000×1 600×2 325

表 2-7-4 花键轴铣床型号与技术参数

产品名称	型号	技术参数					工作精度			电动机功率/kW		质量/t	外形尺寸(长×宽×高)/mm
		最大工件直径×最大工件长度/mm	加工齿数范围/个	工件与铣刀的中心距/mm	主轴转速/(r/min)		齿距误差/mm	平行度/mm	表面粗糙度 Ra/μm	主电动机	总容量		
					级数	范围							
花键轴铣床	Y631K	80×600	4～24	50～185	6	80～250	0.02	0.025/300	3.2	4	5.745	3.5	1 830×1 790×1 700
半自动花键轴铣床	YB6012B YBA6012	125×500 125×1 000	4～36	30～150	6	80～250 160～510	0.02 0.036	0.05/300 0.025/300	3.2	4	6.32 8.005	3 4.8	1 860×1 686×1 653 332×212×185
半自动万能花键轴铣床	YB6212 YB6212T	125×900	4～36	30～150	6	80～250	0.02	0.025/300	3.2	4	6.72	3.7	2 575×1 680×1 653 2 575×1 680×1 680
锥度花键轴铣床	QH2-022	125×400	4～36	30～150	6	80～250	0.036		6.3	4	6.67	3	1 950×1 760×1 805
半自动花键轴铣床	YB6016	160×1 350 160×2 300	4～36	50～145	6	50～160	0.02	0.03/500	3.2	4	6.32	5.5	3 225×1 607×1 640 4 225×1 600×1 640
数据双头花键轴铣床	QH2-027	160×2 500	27	70～145	10	60～200				5.5	10.45	8.5	4 638×1 845×1 950

2.8 螺纹加工机床

2.8.1 专用螺纹车床的型号与技术参数(表 2-8-1)

表 2-8-1 专用螺纹车床的型号与技术参数

型号	中心高/mm	工件最大长度/mm	加工范围				主轴转速/(r/min)(无级调速)	加工螺纹精度	功率总容量/kW	质量/t	外形尺寸(长×宽×高)/mm
			最大直径/mm	最大长度/mm	普通螺纹螺距/mm	英制螺距/(牙/in)					
SG865	180	500	150	400	0.45～8(20 种)	4～16	6～125(正、反)	6	1.625	1.6	1 930×1 250×1 380
SG8615	180	1 500	85	1 250	3～12	2、4	4～30(正、反)	6	2.325	3.3	3 000×1 290×1 285
SG85110	250	300	110	300	1～12(10 种)	2～8	125～250	6	2.75	3.3	3 200×1 290×1 360
SG8630	230	3 000	100	2 800	3、4、5 6、8、10、12	2.4	4～10	6	3.14	4.4	4 540×880×1 300
SM8650		5 000		4 800				7		5.6	6 650×800×1 300
QH_2-020 QH_2-020/1 QH_2-020/2	250	150	250	150	0.4～12	3～32	11～750 12 级(正) 16～1 080 12 级(反)	6	6.3		1 980×1 453×1 345

2.8.2 螺纹铣床的型号与技术参数(表 2-8-2)

2.8.3 螺纹磨床的型号与技术参数(表 2-8-3)

2.8.4 攻丝机的型号与技术参数(表 2-8-4)

表 2-8-2 螺纹铣床的型号与技术参数

型号	中心高/mm	中心距/mm	加工范围/mm			工作精度			功率(总容量)kW	质量/t	外形尺寸(长×宽×高)/mm
			外螺纹(直径×长度)	内螺纹(直径×长度)	螺距	中径允差/mm	螺距误差/mm	表面粗糙度 Ra/μm			
SB6110A	240	850	100×80	120×50	0.75～6	0.06		5	4.525	3	2 910×1 163×1 290
SB6120A	240		150×5	200×50	0～3		0.073/120	5	3.825	2.5	2 397×1 123×1 260
S6125	240	1 500	最大直径 250				0.03/100	5	5.5	3.5	3 185×1 294×1 230
SZ6212A	240			100×50	0～4	0.075		5	3.825	3	2 910×1 138×1 260

表 2-8-3　螺纹磨床的型号与技术参数

型号	主要规格	技术参数								工作精度		电动机功率/kW		质量/t	外形尺寸（长×宽×高）/mm
	最大安装直径×最大安装长度/mm	中心高/mm	加工螺纹		螺距			加工		等级	螺距误差/mm	主电动机	总容量		
			直径/mm	长度/mm	模制（m）	米制/mm	英制/（牙/in）	螺纹头数	铲磨槽数						
SB722A SB722C	20×150		20	110		0.25～2.5	1/8～3/4		2～6	1～3	±0.015/25	2.2	4.51	2	1 661×1 670×1 100
SB725	175×300		50	100		1～2.5			3,4,5,6		±0.015/25	4	8	5.5	2 050×1 750×2 100
SB725E	50×150		8～52	150		1～2.5			3,4,5	1～2		3	5.66	3	1 320×1 480×1 760
S7332	320×1 000	170	6～320	1 000	1～16	1～40	1～14	12			±0.003	4	8.71	5.5	3 380×2 010×1 800
	320×1 500	170		1 500							±0.003			6.5	4 350×2 010×1 800
	320×2 000	170		2 000							±0.003			7.5	5 350×2 010×1 800
SG7303	30×130	98	6～9	90		0.5					±0.002	1.5	3.15	1	1 400×1 198×1 511
S7432	320×1 000	180	20～2 000	850	1～18	1.5～48	2～18	12		6		5.5	9.5	7.5	3 410×2 215×2 020
	320×1 500	180	20～2 000	1 360	1～12	1.5～36	2～18	12		6		5.5	9.5	8.5	4 495×2 270×2 020
	320×2 000	180	20～2 000	1 800	1～18	1.5～48	2～18	12		6		5.5	9.5	10.5	5 415×2 275×2 910
	320×3 000	180	20～2 500	2 940	1～18	1.5～48	2～18	12		6		4	10.6		7 646×2 275×2 045
	320×1 000	170	6～320	1 000	1～16	1～40	1～14	12		6	±0.003	4	8.71	6.35	3 380×2 010×1 800
	320×1 500	170	6～320	1 500	1～16	1～40	1～14	12		6	±0.003	4	8.71	6.9	4 350×2 010×1 800
	320×2 000	170	6～320	1 850	1～16	1～40	1～14	12		6	±0.003	5.5	9.5	8.7	5 300×2 010×1 800
S7450	500×5 000	250	50～400	5 000	1～18	1～48	2～18	12		6	±0.003	4	25.7	22	8 270×2 227×2 500
S7512	125×300	100	内 25～80 外 2～80	170		0.25～6			2～18			1.5	3.05	2	1 580×1 550×1 400
SA7520	200×750	120	2～200	500	0.3～20	0.25～24	2～28	60		6	±0.003	5.5	11.61	7.5	2 500×1 945×2 000

续表 2-8-3

型号	主要规格	技术参数								工作精度		电动机功率/kW		质量/t	外形尺寸（长×宽×高）/mm
	最大安装直径×最大安装长度/mm	中心高/mm	加工螺纹		螺距			加工		等级	螺距误差/mm	主电动机	总容量		
			直径/mm	长度/mm	模制（*m*）	米制/mm	英制/（牙/in）	螺纹头数	铲磨槽数						
Y7520W	200×500	105	2～150	400	0.3～14	0.25～24	3～28	1～30 1～48	12,14, 16,18	6	±0.003	4	9.348	4.45	2 385×2 025×1 480
S7520A	200×750	200	20～200	500	0.3～32	0.25～24	2～28	1～32 1～42 1～48	2,3, 4,6, 8,9, 10,12, 14,16, 18	6	±0.003	4	6.5	4	2 000×1 800×1 800
S7525-1	250×800		100	500		0.4～80				D			4.87	3.85	2 200×1 650×1 670
CNC SK7612			120	120		4～20					±0.004	3		4.5	2 100×1 720×1 770
S7620A	240×200	200	25～200	125		1～24	3～20	1～4		6		1.5	4.11	3.8	2 100×1 300×1 700
S7632A	500(卡盘)	300	60～350	150		1～24	3～20	1～4		6		2	5.96	5	2 120×1 280×1 780
S7712	125×500	180	125	350	1～10			1～4		6		1.5	2.65	1.75	1 930×1 300×1 400
S7720	200×750	120	200	500	1.2～24	1～24	1～6	12		4 6		4	6.31	8	2 500×2 110×1 800
S7732	320×1 500	180	10～200	1 000	1.5～20	3～24	2～6	1～12		5,6 6,7		4	8.78	9.5	4 130×2 227×1 750
S7732	320×2 500	180	40～300	1 500	4～26	3～24	2～6	1～12				4	8.78	14	5 700×2 370×1 770
S7810	100×250	105	100	200	0.3～4			1～8	4～30	AA	0.005/25	2.2	3.35	2	1 907×870×1 630
SG7825A	250×710		250	400	1～10			1～8	6～16	AAA	0.005/25 0.006/100	2.2	6.1	3	2 765×1 450×1 530
S788	80×250	105	80	200	0.1～4			1～8	4～30	AA	0.005/25	2.2	3.35	2	1 907×870×1 630

表 2-8-4　攻丝机的型号与技术参数

型号	技术参数					主轴行程/mm	电动机功率/kW		质量/t	外形尺寸（长×宽×高）/mm
	最大攻螺纹钻孔直径/mm	主轴端至底座面距离/mm	主轴轴线至立柱表面距离/mm	主轴转速/(r/min)			主电动机	总容量		
				级数	范围					
S4002	M2	120	80	4	850～1 850	20	0.09		0.015	315×255×390
S406	M0.6～6	300	80		355～1 250	20	0.37		0.08	490×319×617
S4006	M6	380	129.5	2	攻螺纹:480,850;回程:580,1 505	40	0.25		0.05	462×250×813
S4006B	M6	250	140	4	355～1 000	40	0.37		0.078	555×300×750
SB408	M8	50～355	185	3	420～1 340	45	0.4	0.4	0.105	675×390×945
	M8	335	184	3	420～1 290	45	0.55		0.095	700×360×180
S4010	M0.8～10	300	184	4	360～930	45	0.37		0.08	490×319×617
	M10	378	127	2	400,1 000	40	0.37			490×250×830
	M10	480	180	3	工作:270～860;回程:340～1 020	40	0.37		0.06	670×270×920
	M10	48～290	130	2	攻螺纹:400,800;回程:500,900	42	0.37		0.048	486×295×813
S4012A	M12	360	240	3	270～560	90	0.75		0.14	710×350×820
ZS4012	M10、$d12$	70～355	200	5	300～2 540	100	0.37	0.37	0.078	682×360×860
	M10、$d12$	355	200	10	A:450～4 000/B:230～2 000	100	0.45/0.75		0.130	695×424×942
ZS4019	M16,$d19$	245～415	198	8	240～3 800	110	0.55	0.55	0.08	700×350×880
S4020	M20	360	240	2	216～554	90	1.1		0.142	710×250×820
ZS4025A	M20,$d25$	445	225	8	A:100～1 450/B:205～2 900	150	0.55/0.75		0.18	675×458×1 290
S4116	M16	375	225	3	255～965	75	1.1	1.22	0.47	725×520×1 913
ZS4116A	铸 M12,钢 M10	175～455	195	5	400～4 090	100	0.4		0.120	750×360×850
SB4116	M16	360	300	无级	150～1 100	75	1.1	1.14	0.69	520×710×1 885
ZS4112	M12,$d12$	500	200	5	480～4 100	100		0.37		699×360×803
ZS4112B	铸 M10,钢 M8,$d12$	336～556	193	5	480～4 100	100		0.37	0.1	710×370×1 037
SZ4206	M4～6			2	1 242～1 753		0.6	0.64	0.35	740×580×960
SZ4210	M8～10			2	403～550		1.1	1.14	0.65	1 008×664×1 173
SZ4216A	M12～16			3	188～236		1.5	1.62	1.10	1 240×850×1 390
SZ4224	M18～24			2	133～157		3	3.12	1.45	1 350×940×1 530
SZ4230	M27～30			2	62～115		4	4.125	1.45	1 230×960×1 500
SB4416	M16	130～549	300	3	160～500	70	1.1	1.1	0.55	850×500×2 345

2.8.5 滚丝机的型号与技术参数(表 2-8-5)

表 2-8-5 滚丝机的型号与技术参数

型号	最大滚压力/kN	技术参数				工作精度	电动机功率/kW		质量/t	外形尺寸(长×宽×高)/mm
		最大滚压直径/mm	最大螺距/mm	主轴转速/(r/min)			主电动机	总容量		
				级数	范围					
Z28-6.3	63	40	2.5	4	25～100	h4	3	4.5	1.585	1 316×1 180×1 185
Z28-12.5	125	60	5	4	25～100	h4	4	6	1.615	1 316×1 180×1 185
Z28-20	200	80	8	6	25～80	h4	7.5	10	2.9	1 756×1 535×11 360
Z28-50	500	120	16	6	22～71	h4	22	27	8.480	2 600×2 337×1 480
H24SN	240	75	8	6	16～83	h4	7.5	11	2.7	1 650×1 185×1 398

2.8.6 搓丝机的型号与技术参数(表 2-8-6)

表 2-8-6 搓丝机的型号与技术参数

型号	技术参数				工作精度	主电动机功率/kW	质量/t	外形尺寸(长×宽×高)/mm
	螺纹直径/mm	螺纹长度/mm	滑块行程/mm	生产率/(件/min)				
Z25-2	1.6～2	10	88	120		0.6		645×431×1 150
Z25-6	4～6	40	250	130		3		1 460×1 100×1 450
ZG25-6	5～6	10～35	250	260		5.5		1 750×1 450×1 585
Z25-10	8～10	10～50	350	100～150		7.5		2 150×1 300×1 700
DZ25-30	24～30	100		45		4.5		5 105×2 715×2 400

2.9 刨床与插床

2.9.1 牛头刨床的型号与技术参数(表 2-9-1)

2.9.2 单臂刨床的型号与技术参数(表 2-9-2)

2.9.3 龙门刨床、数控龙门刨床的型号与技术参数(表 2-9-3)

2.9.4 插床的型号与技术参数(表 2-9-4)

表 2-9-1　牛头刨床的型号与技术参数

产品名称	型号	最大刨削长度/mm	主要技术参数					工作精度/mm			电动机功率/kW		质量/t	外形尺寸（长×宽×高）/mm	备注
			工作台顶面尺寸/mm	工作台行程/mm		滑枕往复次数		平面度	平行度	垂直度	主电动机	总容量			
				横向	升降	级数	范围/（次/min）								
牛头刨床	B6032	320	320×270	360	240	4	32～125	0.024	0.016	0.01	1.5	1.6	0.615	1 208×725×1 154	
	B635A	350	345×296	400	270	4	32～125	0.025	0.03	0.02	1.5	1.5	1.0	1 390×860×1 455	
	B6050	500	480×360	500	300	9	15～158	0.025	0.03	0.02	3	3	1.8	1 943×1 160×1 533	
	B6063C	630	630×400	630	300	8	11～125	0.03	0.05	0.02	4	4	2.1	2 300×1 184×1 490	
	B665	650	620×450	600	305	6	12.5～73	0.025	0.03	0.02	3	3	1.85	2 320×1 450×1 750	电磁离合全功能型
	B6066C	660	660×400	630	300	8	11～125	0.03	0.05	0.02	4	4	2.15	2 330×1 184×1 490	电磁离合全功能型
	BH6070	700	700×420	630	320	6	11～100	0.03	0.04	0.03	4	4	2.7	2 480×1 400×1 780	
	B60100	1 000	1 000×500	800	320	8	8～90	0.03	0.04	0.03	7.5	2.5	4.5	3 507×1 455×1 761	
	B6080A	800	850×500	750	310	6	12.5～72.8	0.03	0.04	0.03	5.5	6.25	3.6	2 960×1 650×1 740	
数显牛头刨床	BX6080	800	800×450	710	360	6	17～100	0.03/400	0.04/400	0.03/80	5.5	6.6	2.94	2 950×1 325×1 693	

表 2-9-2　单臂刨床的型号与技术参数

产品名称	型号	最大刨削宽度×最大刨削长度/mm	技术参数					工作精度	电动机功率/kW		质量/t	外形尺寸（长×宽×高）/mm
			最大加工高度/mm	最大加工质量/t	工作台台面尺寸（长×宽）/mm	工作台速度/（m/min）		平面度/（mm/m^2）	直流主电动机容量	总容量		
						级数	范围					
单臂刨床	B1010A/1	1 000×3 000	800	5	3 000×900	无	6～60		60		23	6 900×3 200×3 020
							9～90					
	B1012A/1	1 250×4 000	1 000	8	4 000×1 120		6～60				29	9 000×3 500×3 270
							9～90					
							4～40				39	9 000×4 000×3 920
	B1016A/1	1 600×4 000	1 250	10	4 000×1 400		8～80					
	B1031A/15M	3 150×15 000	2 500	70	15 000×2 800		5～75	0.14/15	60×2	167.7	205	30 860×7 370×6 850
横梁固定式单臂刨床	B308	800×2 000	550	2	2 000×710	级	3～30	0.02/2	7.5	15.4	10	4 980×3 000×2 600

表 2-9-3　龙门刨床、数控龙门刨床的型号与技术参数

产品名称	型号	最大刨削宽度×最大刨削长度/mm	技术参数					工作精度	电动机功率/kW		质量/t	外形尺寸（长×宽×高）/mm	备注
			最大加工高度/mm	最大加工质量/t	工作台台面尺寸（长×宽）/mm	工作台速度/（m/min）		平面度/mm	直流主电动机容量	总容量			
						级数	范围						
轻便龙门刨床	BQ208	800×2 000	630	2	2 000×630	4	5,14,20,25	0.02		6.1	6.3	4 400×2 390×2 160	
	BQ2010	1 000×3 000	800	2.5	3 000×800	3	5,14,20		5.5	7	8	6 400×2 250×2 335	
	BQ2020	2 000×6 000	1 400	2.5	6 000×1 750		5~75	0.03	60	62	38	12 940×44 695×3 400	
	BQ2031A	3 150×8 000	2 000	5	8 000×2 700		3~60	0.03	120	123	99	18 880×6 540×5 560	
龙门刨床	B2010A/1	1 000×3 000	800	5	3 000×900	无级	6~60 9~90	0.015	60		23.5	6 900×3 730×2 780	
	B2012A/1	1 250×4 000	1 000	8	4 000×1 120		6~60	0.015	60		29	9 000×4 000×3 000	
	B2016A/1	1 600×4 000	1 250	10	4 000×1 400		4~40 8~80	0.015	60		39	9 000×4 500×3 650	
	B2020A/1	2 000×6 000	1 600	20	6 000×1 800		3.5~35 7~70	0.015	60		48.5	12 800×4 800×4 150	
	B2025A	2 500×8 000	2 000	5	8 000×2 250		3~60	0.03	120	123	88	18 880×5 940×5 560	
	B2031	31 500×8 000	2 500	40	8 400×2 800		4~60	0.015	60×2		110	17 400×6 500×5 650	
数控龙门刨床	BK2012×40	1 250×4 000	1 000	7	4 000×1 000	无级	3.5~70	定位精度 0.035 重复定位精度 0.02	30	38	26.5	9 000×3 687×3 182	数控系统 FANUCB ESK3MA

表 2-9-4　插床的型号与技术参数

产品名称	型号	最大插削长度/mm	主要技术参数									工作精度/mm		电动机功率/kW		质量/t	外形尺寸（长×宽×高）/mm
			加工范围			工作台				滑枕							
			高度/mm	长度或直径/mm	工件质量/kg	纵向行程/mm	横向行程/mm	直径/mm	回转角度/(°)	行程/mm	倾斜角度/(°)	平面度	垂直度	主电动机	总容量		
插床	B5020	200	200	485	400	500	500	500	360°	25~220	0~8	0.015~150	0.015/150	3		2.2	1 916×1 305×1 995
	B5020D	200	200	485	400	500	500	500	360°	25~220	0~8	0.015/150	0.015/150	3	3.8	2.2	1 916×1 305×1 995
	B5032A	320	500	ϕ630	800	630	560	630	360	340	8	0.015	0.02	4	4.75	3.1	2 200×1 520×2 240
	B5032	320	320	600	500	630	560	630	360°	50~340	0~8	0.015/150	0.02/150	4		3	2 261×1 496×2 245
	B5032D	320	320	600	500	630	560	630	360°	50~340	0~8	0.015/150	0.02/150	4	4.75	3	2 261×1 496×2 245
	B5050A	500	740	1 000	2 000	1 000	660	1 000	360°	125~560	±10	0.025/300	0.03/300	7.5	9.125	10	3 480×2 085×3 307
	BA5063	630	800	1 120	2 000	1 120	800	2 000	360°	680	±10	0.025/300	0.04/300	10	11.54	11	3 580×2 460×3 660
	B50100A	1 000	1 300	1 400	4 000	1 400	1 120	1 400	360°	300~1 090	0	0.035/500	0.06/500	30	34.34	22	4 600×4 000×6 350
	B50125B	内孔 1 250	1 600	2 000	5	1 500	1 250	1 600	360°	500~2 400		0.045/500	0.075/750	30	36	30	5 015×3 360×7 100

2.10 锯床

2.10.1 带锯床的型号与技术参数(表 2-10-1)

2.10.2 圆锯床的型号与技术参数(表 2-10-2)

2.10.3 弓锯床的型号与技术参数(表 2-10-3)

表 2-10-1 带锯床的型号与技术参数

产品名称	型号	最大切料直径/mm	技术参数												整机外形尺寸(长×宽×高)/mm
			最大锯料厚度/mm	锯轮直径/mm	锯带长度/mm	锯带宽度/mm	切割速度/(m/min)	工作台尺寸/mm	主轴转速/(r/min)	切断进给方式	工作精度 切割面对轴线的垂直度/mm	电动机功率/kW 主电动机	电动机功率/kW 总容量	质量/t	
卧式带锯床	GB 4016 GB 4025	160 250	160	280 380	2 360 3 150	19	22,41 66 24,42,72			液压 液压	0.4/100				
	GB 4032	320	320	445	4 115	31	27,68 40,80,51			液压	0.4/100				
	G 4080 G 40100	800 1 000	800 1 000	950	8 400 8 800	65	12～95 (无级)			液压	0.4/100	7.5 11	9.59 13.10		
自动卧式带锯床	GZK4025	250	250	450	3 520	25				数控	0.4/100	1.5	3.35	0.55	
	GZ4030	300	300	455	3 819	25	14,23,27, 37,46,73		9,8,16,18.9, 25.9 32.51	液压	0.5/100	2.2	2.57	0.998	1 626×2 160×1 300
	GZ4032 GZ4040	320 400	320 400	445 405	4 115 3 520	31.5 25	18～120 25～90 (无级)		12.5～84 (无级)	液压	0.5/100 0.4/100	4	5.5	1.19	2 470×3 790×1 325
立式带锯床	G5132 GZK5250	320 500	320 500	508 545	4 250 4 680	3.15～25 31.5	15～90 18～1 080 18～100 (无级)	700×850		液压 手动 液压	0.35/100 0.4/100	2.2 7.5	2.45 7.54	1.60 4.5	1 245×1 648×2 220 4 500×2 600×2 340
金刚石带锯床	G5720	200	200	540	4 300	6,12, 25 厚度 1～1.4	300～1 500	700×850		直流 无级	0.2/100	3	3.06	2.00	2 530×2 400×2 100
金刚石线锯床	GK5620	XY 坐标 行程 200×200	100	540	4 055	$\phi1$～$\phi3$	300～1 500	400×400		数控	0.25/100	1.5	1.68	1.10	975×1 740×2 160
可倾立式带锯床	G5250		320	320	4 345	25	30～84 (无级)				0.6/100	1.5	2.66	1.5	2 230×1 440×2 250

表 2-10-2 圆锯床的型号与技术参数

产品名称	型号	规格锯片直径/mm	技术参数									工作精度	电动机功率/kW		质量/kg	外形尺寸（长×宽×高）/mm
			加工范围				锯片尺寸/mm		进给速度/(mm/min)	主轴转速/(r/min)		切割断面对轴线的垂直度/mm	主电动机	总容量		
			圆钢/mm	方钢/mm	槽钢(号)	工字钢(号)	直径	厚度		级数	范围					
卧式圆锯床	G607	710	240	220	40	40	710	6.5	液压无级 25～400	4	4.75,6.75 9.5,13.5	0.30/100	5.5	7.125	3 600	2 350×1 300×1 800
	G6010	1 010	350	300	60	60	1 010	8	液压无级 12～400	6	2,3.15,5,8.1, 12.4,20	0.60/100	10	13.15	6 000	2 980×1 600×2 100
	G6512	1 320	ϕ20～ϕ140 钢管		850×250 mm		1 320	6.7	液压无级 0～1 100	3	5.7,7.2,9.7	0.60/100	22	30	7 000	4 450×1 750×4 000
	G6014	1 430	500	350	60	60	1 430	10.5	液压无级 12～400	6	1.46,2.37,4.04,5.78 9.31,15.88	0.60/100	13	16.75	10 000	3 675×1 940×2 356

表 2-10-3 弓锯床的型号与技术参数

产品名称	型号	最大锯料直径/mm	技术参数										工作精度	电动机功率/kW		质量/t	外形尺寸（长×宽×高）/mm	备注
			加工范围				锯条尺寸/mm		锯条行程/mm	切削速度/(m/min)	往复速度/(次/min)		切割断面对轴线的垂直度/mm	主电动机	总容量			
			圆钢/mm	方钢/mm	槽钢(号)	工字钢(号)	长度	厚度			级数	范围						
弓锯床	GN7106	60	60	60			350	1.0	100	20		92	0.4/100	1.2	1.57	0.6		
	G7116		160	160	16	16	350	1.8	110～170	平均 28	1	92	0.4/100	0.37	0.37	0.18	1 000×450×750	
	G7121	210	210	200			350	2	140	10～36		43,50,80 100,120	0.4/100	1.1	1.47	0.6		
	G7125A	250	250	200	25	25	450	2.25	140	31	2	80,100	0.4	1.5	1.66	0.7	1 476×830×935	
	G7128	280	280	260×240			450	2	135	9.69,12.12 15.26,19.38 24.32 30.29	6	40,50,63 80,100 125		1.3/1.7		0.6	1 500×760×1 000	
	G7132	320	320	300	30	30	552	2	140	18,22.28	3	72.88,112	0.4/100	2.2	2.645	0.7	1 655×850×1 520	
半自动高效弓锯床	G7125	250	250	250	25	25	450	2.25	140			43,50,86 100,120	0.4/100		3.22	0.45	1 490×910×960	弧形切割
自动高效弓锯床	GZS7125	250	250	250	25	25	450	2.25	140			43,50,86 100,120	0.4/100		3.62	0.70	2 100×1 560×1 010	一次夹紧切割过程自动化
PC 控制全自动高效弓锯床	GZ7125	250	250	250	25	25	450	2.25	140			43,50,80 100,120	0.4/100		4.75	1.20	2 375×1 540×1 080	送料、定长、夹紧、切割、全部自动化
高效全自动弓锯床	GZK7125	250	250	250	25	25	450	2.25	140			43,50,80 100,120	0.4/100		4.75	1.20	2 375×1 540×1 080	

第3章 机械零件

3.1 螺纹

3.1.1 普通螺纹(M)

3.1.1.1 普通螺纹牙型(GB/T 192—2003)

普通螺纹的基本牙型见图 3-1-1。

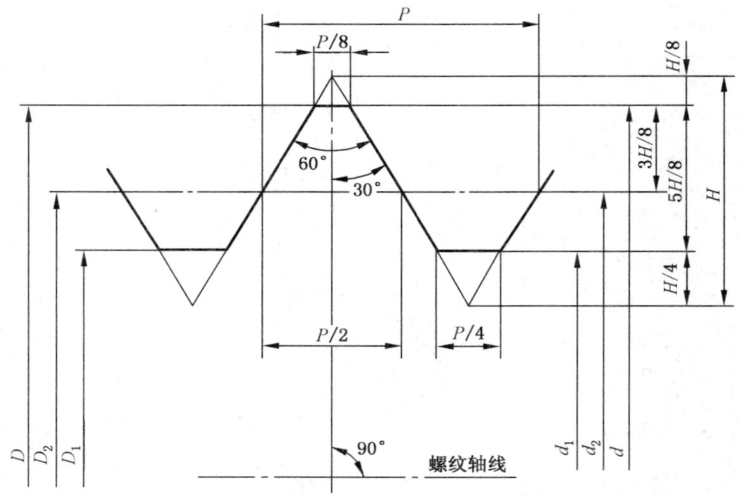

图中：$H=\frac{\sqrt{3}}{2}P=0.866\ 025\ 404P$；$\frac{5}{8}H=0.541\ 265\ 877P$；$\frac{3}{8}H=0.324\ 759\ 526P$；$\frac{H}{4}=0.216\ 506\ 351P$；$\frac{H}{8}=0.108\ 253\ 175P$；$D$—内螺纹的基本大径(公称直径)；$d$—外螺纹的基本大径(公称直径)；$D_2$—内螺纹的基本中径；$d_2$—外螺纹的基本中径；$D_1$—内螺纹的基本小径；$d_1$—外螺纹的基本小径；$H$—原始三角形高度；$P$—螺距。

图 3-1-1 普通螺纹的基本牙型

3.1.1.2 普通螺纹直径与螺距系列

(1) 标准系列(GB/T 193—2003) 普通螺纹的直径与螺距系列见表 3-1-1。

(2) 特殊系列(GB/T 193—2003) 如果需要使用比表 3-1-1 规定还要小的特殊螺距，则应从下列螺距中选择：3 mm、2 mm、1.5 mm、1 mm、0.75 mm、0.5 mm、0.35 mm、0.25 mm 和 0.2 mm。

表 3-1-1 普通螺纹的直径与螺距系列 (mm)

公称直径 D、d			螺距 P	
第一系列	第二系列	第三系列	粗牙	细牙
1			0.25	0.2
	1.1		0.25	0.2
1.2			0.25	0.2
	1.4		0.3	0.2
1.6			0.35	0.2
	1.8		0.35	0.2
2			0.4	0.25
	2.2		0.45	0.25
2.5			0.45	0.35
3			0.5	0.35

公称直径 D、d			螺距 P	
第一系列	第二系列	第三系列	粗牙	细牙
	3.5		0.6	0.35
4			0.7	0.5
	4.5		0.75	0.5
5			0.8	0.5
		5.5		0.5
6			1	0.75
		7	1	0.75
8			1.25	1,0.75
		9	1.25	1,0.75

续表 3-1-1 (mm)

公称直径 D、d			螺距 P	
第一系列	第二系列	第三系列	粗牙	细　牙
10			1.5	1.25,1,0.75
		11	1.5	1,0.75
12			1.75	1.5,1.25,1
	14		2	1.5,1.25①,1
		15		1.5,1
16			2	1.5,1
		17		1.5,1
	18		2.5	2,1.5,1
20			2.5	2,1.5,1
	22		2.5	2,1.5,1
24			3	2,1.5,1
		25		2,1.5,1
		26		1.5
	27		3	2,1.5,1
		28		2,1.5,1
30			3.5	(3),2,1.5,1
		32		2,1.5
	33		3.5	(3),2,1.5
		35②		1.5
36			4	3,2,1.5
		38		1.5
	39		4	3,2,1.5
		40		3,2,1.5
42			4.5	4,3,2,1.5
	45		4.5	4,3,2,1.5
48			5	4,3,2,1.5
		50		3,2,1.5
	52		5	4,3,2,1.5
		55		4,3,2,1.5
56			5.5	4,3,2,1.5
		58		4,3,2,1.5
	60		5.5	4,3,2,1.5
		62		4,3,2,1.5
64			6	4,3,2,1.5
		65		4,3,2,1.5
	68		6	4,3,2,1.5
		70		6,4,3,2,1.5
72				6,4,3,2,1.5
		75		4,3,2,1.5
	76			6,4,3,2,1.5
		78		2
80				6,4,3,2,1.5
		82		2

公称直径 D、d			螺距 P	
第一系列	第二系列	第三系列	粗牙	细　牙
	85			6,4,3,2
90				6,4,3,2
	95			6,4,3,2
100				6,4,3,2
	105			6,4,3,2
110				6,4,3,2
	115			6,4,3,2
	120			6,4,3,2
125				8,6,4,3,2
	130			8,6,4,3,2
		135		6,4,3,2
140				8,6,4,3,2
		145		6,4,3,2
	150			8,6,4,3,2
		155		6,4,3,2
160				8,6,4,3
		165		6,4,3
	170			8,6,4,3
		175		6,4,3
180				8,6,4,3
		185		6,4,3
	190			8,6,4,3
		195		6,4,3
200				8,6,4,3
		205		6,4,3
	210			8,6,4,3
		215		6,4,3
220				8,6,4,3
		225		6,4,3
		230		8,6,4,3
		235		6,4,3
	240			8,6,4,3
		245		6,4,3
250				8,6,4,3
		255		6,4
	260			8,6,4
		265		6,4
		270		8,6,4
		275		6,4
280				8,6,4
		285		6,4
		290		8,6,4
		295		6,4
	300			8,6,4

注：1. 优先选用第一系列直径，其次选择第二系列直径，最后再选择第三系列直径。

2. 尽可能地避免选用括号内的螺距。

① 仅用于发动机的火花塞。

② 仅用于轴承的锁紧螺母。

选用的最大特殊直径不宜超出表 3-1-2 所限定的直径范围。

表 3-1-2 最大公称直径 (mm)

螺距	最大公称直径	螺距	最大公称直径
0.5	22	1.5	150
0.75	33	2	200
1	80	3	300

(3) 优选系列(GB/T 9144—2003) 普通螺纹的优选系列见表 3-1-3。

表 3-1-3 普通螺纹的优选系列 (mm)

公称直径 D、d		螺距 P		公称直径 D、d		螺距 P	
第一系列	第二系列	粗牙	细牙	第一系列	第二系列	粗牙	细牙
1		0.25		16		2	1.5
1.2		0.25			18	2.5	2,1.5
	1.4	0.3		20		2.5	2,1.5
1.6		0.35			22	2.5	2,1.5
	1.8	0.35		24		3	2
2		0.4			27	3	2
2.5		0.45		30		3.5	2
3		0.5			33	3.5	2
	3.5	0.6		36		4	3
4		0.7			39	4	3
5		0.8		42		4.5	3
6		1			45	4.5	3
	7	1		48		5	3
8		1.25	1		52	5	4
10		1.5	1.25,1	56		5.5	4
12		1.75	1.5,1.25		60	5.5	4
	14	2	1.5	64		6	4

(4) 管路系列(GB/T 1414—2003) 普通螺纹的管路系列见表 3-1-4。

表 3-1-4 普通螺纹的管路系列 (mm)

公称直径 D、d		螺距 P	公称直径 D、d		螺距 P	公称直径 D、d		螺距 P
第一系列	第二系列		第一系列	第二系列		第一系列	第二系列	
8		1.25,1		33	2		85	2
10		1.25,1	36		1.5	90		4
12		1		39	3	100		3
	14	2,1.5	42		3,2		115	4
16		1.5,1	48		3,2	125		2
	18	2,1.5		52	1.5	140		3
20		1.5		60	3,2		150	2
	22	1.5	64		1.5	160		2
24		2	72		3		170	4
	27	2		76	3			
30		2,1.5	80		1.5			

3.1.1.3 普通螺纹的基本尺寸(GB/T 196—2003)

普通螺纹的基本尺寸见表 3-1-5。

表 3-1-5 普通螺纹的基本尺寸 (mm)

公称直径(大径)D、d	螺距 P	中径 D_2、d_2	小径 D_1、d_1	公称直径(大径)D、d	螺距 P	中径 D_2、d_2	小径 D_1、d_1
1	0.25	0.838	0.729	1.1	0.25	0.938	0.829
	0.2	0.870	0.783		0.2	0.970	0.883

续表 3-1-5 (mm)

公称直径（大径）D、d	螺距 P	中径 D_2、d_2	小径 D_1、d_1
1.2	0.25	1.038	0.929
	0.2	1.070	0.983
1.4	0.3	1.205	1.075
	0.2	1.270	1.183
1.6	0.35	1.373	1.221
	0.2	1.470	1.383
1.8	0.35	1.573	1.421
	0.2	1.670	1.583
2	0.4	1.740	1.567
	0.25	1.838	1.729
2.2	0.45	1.908	1.713
	0.25	2.038	1.929
2.5	0.45	2.208	2.013
	0.35	2.273	2.121
3	0.5	2.675	2.459
	0.35	2.773	2.621
3.5	0.6	3.110	2.850
	0.35	3.273	3.121
4	0.7	3.545	3.242
	0.5	3.675	3.459
4.5	0.75	4.013	3.688
	0.5	4.175	3.959
5	0.8	4.480	4.134
	0.5	4.675	4.459
5.5	0.5	5.175	4.959
6	1	5.350	4.917
	0.75	5.513	5.188
7	1	6.350	5.917
	0.75	6.513	6.188
8	1.25	7.188	6.647
	1	7.350	6.917
	0.75	7.513	7.188
9	1.25	8.188	7.647
	1	8.350	7.917
	0.75	8.513	8.188
10	1.5	9.026	8.376
	1.25	9.188	8.647
	1	9.350	8.917
	0.75	9.513	9.188
11	1.5	10.026	9.376
	1	10.350	9.917
	0.75	10.513	10.188
12	1.75	10.863	10.106
	1.5	11.026	10.376
	1.25	11.188	10.647
	1	11.350	10.917
14	2	12.701	11.835
	1.5	13.026	12.376
	1.25	13.188	12.647
	1	13.350	12.917
15	1.5	14.026	13.376
	1	14.350	13.917
16	2	14.701	13.835
	1.5	15.026	14.376
	1	15.350	14.917
17	1.5	16.026	15.376
	1	16.350	15.917
18	2.5	16.376	15.294
	2	16.701	15.835
	1.5	17.026	16.376
	1	17.350	16.917
20	2.5	18.376	17.294
	2	18.701	17.835
	1.5	19.026	18.376
	1	19.350	18.917
22	2.5	20.376	19.294
	2	20.701	19.835
	1.5	21.026	20.376
	1	21.350	20.917
24	3	22.051	20.752
	2	22.701	21.835
	1.5	23.026	22.376
	1	23.350	22.917
25	2	23.701	22.835
	1.5	24.026	23.376
	1	24.350	23.917
26	1.5	25.026	24.376
27	3	25.051	23.752
	2	25.701	24.835
	1.5	26.026	25.376
	1	26.350	25.917
28	2	26.701	25.835
	1.5	27.026	26.376
	1	27.350	26.917
30	3.5	27.727	26.211
	3	28.051	26.752
	2	28.701	27.835
	1.5	29.026	28.376
	1	29.350	28.917
32	2	30.701	29.835
	1.5	31.026	30.376
33	3.5	30.727	29.211
	3	31.051	29.752
	2	31.701	30.835
	1.5	32.026	31.376
35	1.5	34.026	33.376
36	4	33.402	31.670
	3	34.051	32.752
	2	34.701	33.835
	1.5	35.026	34.376

续表 3-1-5 (mm)

公称直径(大径)D、d	螺距 P	中径 D_2、d_2	小径 D_1、d_1
38	1.5	37.026	36.376
39	4	36.402	34.670
	3	37.051	35.752
	2	37.701	36.835
	1.5	38.026	37.376
40	3	38.051	36.752
	2	38.701	37.835
	1.5	39.026	38.376
42	4.5	39.077	37.129
	4	39.402	37.670
	3	40.051	38.752
	2	40.701	39.835
	1.5	41.026	40.376
45	4.5	42.077	40.129
	4	42.402	40.670
	3	43.051	41.752
	2	43.701	42.835
	1.5	44.026	43.376
48	5	44.752	42.587
	5	45.402	43.670
	3	46.051	44.752
	2	46.701	45.835
	1.5	47.026	46.376
50	3	48.051	46.752
	2	48.701	47.835
	1.5	49.026	48.376
52	5	48.752	46.587
	4	49.402	47.670
	3	50.051	48.752
	2	50.701	49.835
	1.5	51.026	50.376
55	4	52.402	50.670
	3	53.051	51.752
	2	53.701	52.835
	1.5	54.026	53.376
56	5.5	52.428	50.046
	4	53.402	51.670
	3	54.051	52.752
	2	54.701	53.835
	1.5	55.026	54.376
58	4	55.402	53.670
	3	56.051	54.752
	2	56.701	55.835
	1.5	57.026	56.376
60	5.5	56.428	54.046
	4	57.402	55.670
	3	58.051	56.752
	2	58.701	57.835
	1.5	59.026	58.376
62	4	59.402	57.670
	3	60.051	58.752

公称直径(大径)D、d	螺距 P	中径 D_2、d_2	小径 D_1、d_1
62	2	60.701	59.835
	1.5	61.026	60.376
64	6	60.103	57.505
	4	61.402	59.670
	3	62.051	60.752
	2	62.701	61.835
	1.5	63.026	62.376
65	4	62.402	60.670
	3	63.051	61.752
	2	63.701	62.835
	1.5	64.026	63.376
68	6	64.103	61.505
	4	65.402	63.670
	3	66.051	64.752
	2	66.701	65.835
	1.5	67.026	66.376
70	6	66.103	63.505
	4	67.402	65.670
	3	68.051	66.752
	2	68.701	67.835
	1.5	69.026	68.376
72	6	68.103	65.505
	4	69.402	67.670
	3	70.051	68.752
	2	70.701	69.835
	1.5	71.026	70.376
75	4	72.402	70.670
	3	73.051	71.752
	2	73.701	72.835
	1.5	74.026	73.376
76	6	72.103	69.505
	4	73.402	71.670
	3	74.051	72.752
	2	74.701	73.835
	1.5	75.026	74.376
78	2	76.700	75.835
80	6	76.103	73.505
	4	77.402	75.670
	3	78.051	76.752
	2	78.701	77.835
	1.5	79.026	78.376
82	2	80.701	79.835
85	6	81.103	78.505
	4	82.402	80.670
	3	83.051	81.752
	2	83.701	82.835
90	6	86.103	83.505
	4	87.402	85.670
	3	88.051	86.752
	2	88.701	87.835

注：$D_2=D-0.6495P$；$D_1=D-1.0825P$；$d_2=d-0.6495P$；$d_1=d-1.0825P$。

3.1.1.4 普通螺纹的公差(GB/T 197—2003)

(1) 普通螺纹的公差带 螺纹公差带是由公差带的位置和公差带的大小组成(图 3-1-2)。公差带的位置是指公差带的起始点到基本牙型的距离,并称为基本偏差。国标规定外螺纹的上偏差(es)和内螺纹的下偏差(EI)为基本偏差。

对内螺纹规定了 G 和 H 两种位置(图 3-1-3),对外螺纹规定了 e、f、g 和 h 四种位置(图 3-1-4)。H、h 的基本偏差为零,G 的基本偏差为正值,e、f、g 的基本偏差为负值。

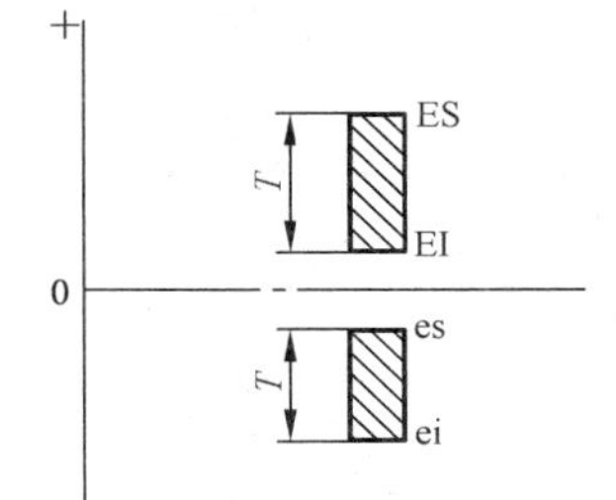

T—公差
ES—内螺纹上偏差
EI—内螺纹下偏差
es—外螺纹上偏差
ei—外螺纹下偏差

图 3-1-2 螺纹公差带

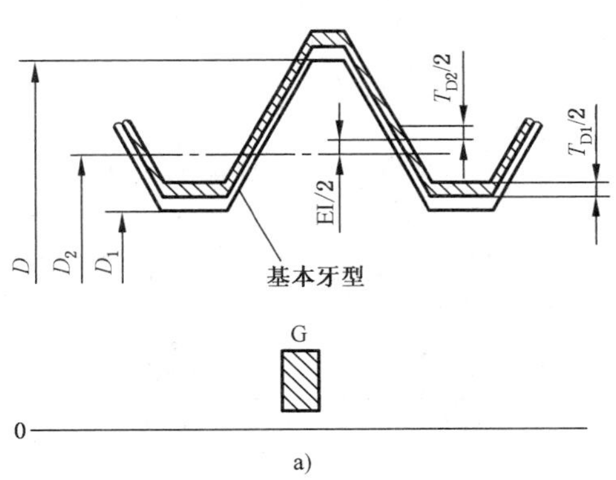

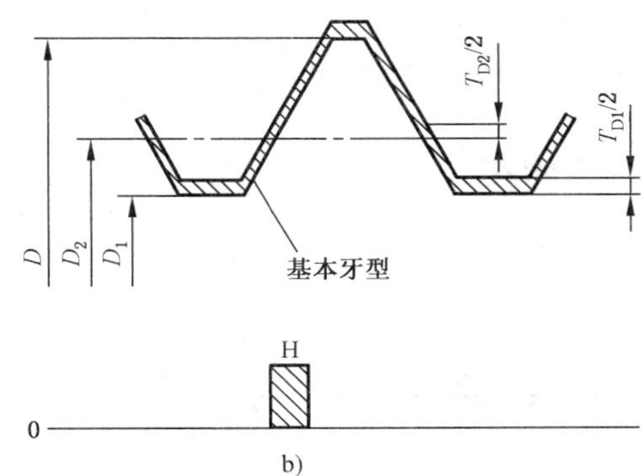

a) 公差带位置为 G b) 公差带位置为 H

图 3-1-3 内螺纹公差带位置

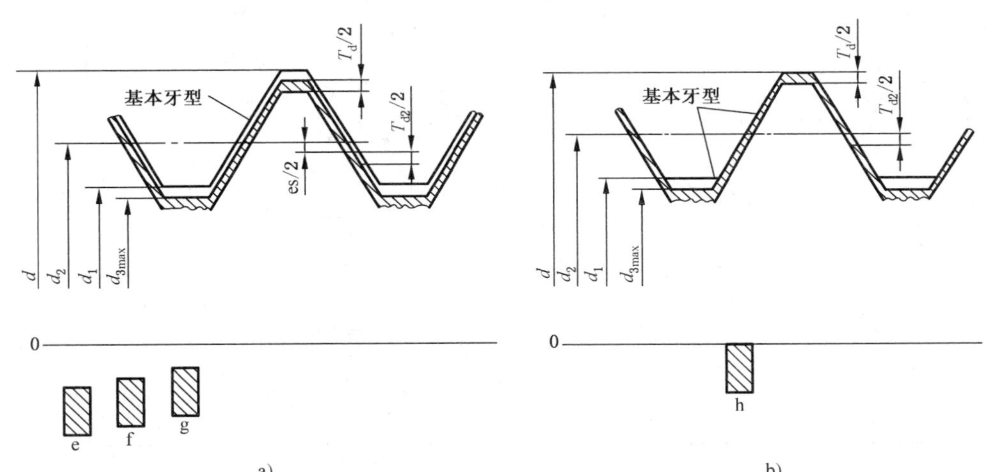

a) 公差带位置为 e、f 和 g b) 公差带位置为 h

图 3-1-4 外螺纹公差带位置

(2) 内、外螺纹基本偏差数值表(表 3-1-6)

表 3-1-6 内、外螺纹的基本偏差 (μm)

螺距 P/mm	基本偏差						螺距 P/mm	基本偏差					
	内螺纹		外螺纹					内螺纹		外螺纹			
	G EI	H EI	e es	f es	g es	h es		G EI	H EI	e es	f es	g es	h es
0.2	+17	0	—	—	−17	0	0.5	+20	0	−50	−36	−20	0
0.25	+18	0	—	—	−18	0	0.6	+21	0	−53	−36	−21	0
0.3	+18	0	—	—	−18	0	0.7	+22	0	−56	−38	−22	0
0.35	+19	0	—	−34	−19	0	0.75	+22	0	−56	−38	−22	0
0.4	+19	0	—	−34	−19	0	0.8	+24	0	−60	−38	−24	0
0.45	+20	0	—	−35	−20	0	1	+26	0	−60	−40	−26	0

续表 3-1-6 (μm)

螺距 P/mm	基本偏差						螺距 P/mm	基本偏差					
	内螺纹		外螺纹					内螺纹		外螺纹			
	G EI	H EI	e es	f es	g es	h es		G EI	H EI	e es	f es	g es	h es
1.25	+28	0	−63	−42	−28	0	3.5	+53	0	−90	−70	−53	0
1.5	+32	0	−67	−45	−32	0	4	+60	0	−95	−75	−60	0
1.75	+34	0	−71	−48	−34	0	4.5	+63	0	−100	−80	−63	0
2	+38	0	−71	−52	−38	0	5	+71	0	−106	−85	−71	0
2.5	+42	0	−80	−58	−42	0	5.5	+75	0	−112	−90	−75	0
3	+48	0	−85	−63	−48	0	6	+80	0	−118	−95	−80	0
							8	+100	0	−140	−118	−100	0

（3）普通螺纹的公差等级　公差带的大小由公差值 T 所决定，将 T 划分为若干等级称为公差等级，以代表公差带的大小。

标准中对内、外螺纹的中径和顶径规定的公差等级见表 3-1-7。

表 3-1-7　普通螺纹的公差等级

直径	公差等级	备　注	直径	公差等级	备　注
D_1	4,5,6,7,8	内螺纹大径的最大值依刃具牙顶的削平高度而定	d	4,6,8	外螺纹小径的最大值依刃具牙顶的削平高度而定
D_2	4,5,6,7,8		d_2	3,4,5,6,7,8,9	

（4）普通螺纹的顶径公差值（表 3-1-8、表 3-1-9）

表 3-1-8　内螺纹小径公差（T_{D1}） (μm)

螺距 P/mm	公差等级					螺距 P/mm	公差等级				
	4	5	6	7	8		4	5	6	7	8
0.2	38	—	—	—	—	1.25	170	212	265	335	425
0.25	45	56	—	—	—	1.5	190	236	300	375	475
0.3	53	67	85	—	—	1.75	212	265	335	425	530
0.35	63	80	100	—	—	2	236	300	375	475	600
0.4	71	90	112	—	—	2.5	280	355	450	560	710
0.45	80	100	125	—	—	3	315	400	500	630	800
0.5	90	112	140	180	—	3.5	355	450	560	710	900
0.6	100	125	160	200	—	4	375	475	600	750	950
0.7	112	140	180	224	—	4.5	425	530	670	850	1 060
0.75	118	150	190	236	—	5	450	560	710	900	1 120
0.8	125	160	200	250	315	5.5	475	600	750	950	1 180
1	150	190	236	300	375	6	500	630	800	1 000	1 250
						8	630	800	1 000	1 250	1 600

表 3-1-9　外螺纹大径公差（T_d） (μm)

螺距 P/mm	公差等级			螺距 P/mm	公差等级		
	4	6	8		4	6	8
0.2	36	56	—	1.25	132	212	335
0.25	42	67	—	1.5	150	236	375
0.3	48	75	—	1.75	170	265	425
0.35	53	85	—	2	180	280	450
0.4	60	95	—	2.5	212	335	530
0.45	63	100	—	3	236	375	600
0.5	67	106	—	3.5	265	425	670
0.6	80	125	—	4	300	475	750
0.7	90	140	—	4.5	315	500	800
0.75	90	140	—	5	335	530	850
0.8	95	150	236	5.5	355	560	900
1	112	180	280	6	375	600	950
				8	450	710	1 180

（5）普通螺纹的中径公差值（表 3-1-10、表 3-1-11）

表 3-1-10　内螺纹中径公差（T_{D2}）　（μm）

基本大径 D/mm		螺距 P/mm	公差等级				
>	≤		4	5	6	7	8
0.99	1.4	0.2	40	—	—	—	—
		0.25	45	56	—	—	—
		0.3	48	60	75	—	—
1.4	2.8	0.2	52	—	—	—	—
		0.25	48	60	—	—	—
		0.35	53	67	85	—	—
		0.4	56	71	90	—	—
		0.45	60	75	95	—	—
2.8	5.6	0.35	56	71	90	—	—
		0.5	63	80	100	125	—
		0.6	71	90	112	140	—
		0.7	75	95	118	150	—
		0.75	75	95	118	150	—
		0.8	80	100	125	160	200
5.6	11.2	0.75	85	106	132	170	—
		1	95	118	150	190	236
		1.25	100	125	160	200	250
		1.5	112	140	180	224	280
11.2	22.4	1	100	125	160	200	250
		1.25	112	140	180	224	280
		1.5	118	150	190	236	300
		1.75	125	160	200	250	315
		2	132	170	212	265	335
		2.5	140	180	224	280	355

基本大径 D/mm		螺距 P/mm	公差等级				
>	≤		4	5	6	7	8
22.4	45	1	106	132	170	212	—
		1.5	125	160	200	250	315
		2	140	180	224	280	355
		3	170	212	265	335	425
		3.5	180	224	280	355	450
		4	190	236	300	375	475
		4.5	200	250	315	400	500
45	90	1.5	132	170	212	265	335
		2	150	190	236	300	375
		3	180	224	280	355	450
		4	200	250	315	400	500
		5	212	265	335	425	530
		5.5	224	280	355	450	560
		6	236	300	375	475	600
90	180	2	160	200	250	315	400
		3	190	236	300	375	475
		4	212	265	335	425	530
		6	250	315	400	500	630
		8	280	355	450	560	710
180	355	3	212	265	335	425	530
		4	236	300	375	475	600
		6	265	335	425	530	670
		8	300	375	475	600	750

表 3-1-11　外螺纹中径公差（T_{d2}）　（μm）

基本大径 d/mm		螺距 P/mm	公差等级						
>	≤		3	4	5	6	7	8	9
0.99	1.4	0.2	24	30	38	48	—	—	—
		0.25	26	34	42	53	—	—	—
		0.3	28	36	45	56	—	—	—
1.4	2.8	0.2	25	32	40	50	—	—	—
		0.25	28	36	45	56	—	—	—
		0.35	32	40	50	63	80	—	—
		0.4	34	42	53	67	85	—	—
		0.45	36	45	56	71	90	—	—
2.8	5.6	0.35	34	42	53	67	85	—	—
		0.5	38	48	60	75	95	—	—
		0.6	42	53	67	85	106	—	—
		0.7	45	56	71	90	112	—	—
		0.75	45	56	71	90	112	—	—
		0.8	48	60	75	95	118	150	190
5.6	11.2	0.75	50	63	80	100	125	—	—
		1	56	71	90	112	140	180	224
		1.25	60	75	95	118	150	190	236
		1.5	67	85	106	132	170	212	265
11.2	22.4	1	60	75	95	118	150	190	236
		1.25	67	85	106	132	170	212	265

基本大径 d/mm		螺距 P/mm	公差等级						
>	≤		3	4	5	6	7	8	9
11.2	22.4	1.5	71	90	112	140	180	224	280
		1.75	75	95	118	150	190	236	300
		2	80	100	125	160	200	250	315
		2.5	85	106	132	170	212	265	335
22.4	45	1	63	80	100	125	160	200	250
		1.5	75	95	118	150	190	236	300
		2	85	106	132	170	212	265	335
		3	100	125	160	200	250	315	400
		3.5	106	132	170	212	265	335	425
		4	112	140	180	224	280	355	450
		4.5	118	150	190	236	300	375	475
45	90	1.5	80	100	125	160	200	250	315
		2	90	112	140	180	224	280	355
		3	106	132	170	212	265	335	425
		4	118	150	190	236	300	375	475
		5	125	160	200	250	315	400	500
		5.5	132	170	212	265	335	425	530
		6	140	180	224	280	355	450	560
90	180	2	95	118	150	190	236	300	375

续表 3-1-11 (μm)

基本大径 d/mm		螺距 P/mm	公差等级							基本大径 d/mm		螺距 P/mm	公差等级						
>	≤		3	4	5	6	7	8	9	>	≤		3	4	5	6	7	8	9
90	180	3	112	140	180	224	280	355	450	180	355	3	125	160	200	250	315	400	500
		4	125	160	200	250	315	400	500			4	140	180	224	280	355	450	560
		6	150	190	236	300	375	475	600			6	160	200	250	315	400	500	630
		8	170	212	265	335	425	530	670			8	180	224	280	355	450	560	710

(6) 旋合长度　普通螺纹的旋合长度分为短(S)、中等(N)和长(L)三组。螺纹旋合长度见表 3-1-12。

表 3-1-12　普通螺纹的旋合长度 (mm)

基本大径 D、d		螺距 P	旋合长度				基本大径 D、d		螺距 P	旋合长度			
			S	N		L				S	N		L
>	≤		≤	>	≤	>	>	≤		≤	>	≤	>
0.99	1.4	0.2	0.5	0.5	1.4	1.4	11.2	22.4	2.5	10	10	30	30
		0.25	0.6	0.6	1.7	1.7	22.4	45	1	4	4	12	12
		0.3	0.7	0.7	2	2			1.5	6.3	6.3	19	19
1.4	2.8	0.2	0.5	0.5	1.5	1.5			2	8.5	8.5	25	25
		0.25	0.6	0.6	1.9	1.9			3	12	12	36	36
		0.35	0.8	0.8	2.6	2.6			3.5	15	15	45	45
		0.4	1	1	3	3			4	18	18	53	53
		0.45	1.3	1.3	3.8	3.8			4.5	21	21	63	63
2.8	5.6	0.35	1	1	3	3	45	90	1.5	7.5	7.5	22	22
		0.5	1.5	1.5	4.5	4.5			2	9.5	9.5	28	28
		0.6	1.7	1.7	5	5			3	15	15	45	45
		0.7	2	2	6	6			4	19	19	56	56
		0.75	2.2	2.2	6.7	6.7			5	24	24	71	71
		0.8	2.5	2.5	7.5	7.5			5.5	28	28	85	85
5.6	11.2	0.75	2.4	2.4	7.1	7.1			6	32	32	95	95
		1	3	3	9	9	90	180	2	12	12	36	36
		1.25	4	4	12	12			3	18	18	53	53
		1.5	5	5	15	15			4	24	24	71	71
11.2	22.4	1	3.8	3.8	11	11			6	36	36	106	106
		1.25	4.5	4.5	13	13			8	45	45	132	132
		1.5	5.6	5.6	16	16	180	355	3	20	20	60	60
		1.75	6	6	18	18			4	26	26	80	80
		2	8	8	24	24			6	40	40	118	118
									8	50	50	150	150

(7) 普通螺纹的优选公差带　螺纹精度是由螺纹公差带和旋合长度两个因素所决定的。它是螺纹质量的综合指标，直接影响螺纹的配合质量和使用性能。

螺纹精度分为精密、中等和粗糙三级，其选用原则是：

精密——用于精密螺纹，要求配合性质变动较小；

中等——用于一般用途螺纹；

粗糙——用于制造精度不高或加工比较困难的螺纹。

根据螺纹配合的要求，将公差等级和公差位置组合，可得到多种公差带，但为了减少量具、刃具的规格，标准中规定了一般选用的公差带。

普通螺纹的推荐公差带见表 3-1-13。

表 3-1-13　内、外螺纹的推荐公差带

	精度	公差带位置 G			公差带位置 H		
		S	N	L	S	N	L
内螺纹	精密	—	—	—	4H	5H	6H
	中等	(5G)	**6G**	(7G)	**5H**	**[6H]**	**7H**
	粗糙	—	(7G)	(8G)	—	7H	8H

续表 3-1-13

外螺纹	精度	公差带位置 e			公差带位置 f			公差带位置 g			公差带位置 h		
		S	N	L	S	N	L	S	N	L	S	N	L
	精密	—	—	—	—	—	—	—	(4g)	(5g4g)	(3h4h)	**4h**	(5h4h)
	中等	—	**6e**	(7e6e)		**6f**	—	(5g6g)	**6g**	(7g6g)	(5h6h)	6h	(7h6h)
	粗糙	—	(8e)	(9e8e)	—	—	—	—	8g	(9g8g)	—	—	—

注：1. 大量生产的螺纹紧固件采用带方框的粗字体公差带。

2. 优先选用粗字体的公差带，其次选择一般字体的公差带，尽可能不用括号内的公差带。

3. 如无特殊说明，推荐公差带适用于涂镀前螺纹。涂镀后，螺纹实际轮廓上任何点的螺纹不应超越按公差位置 H 或 h 所确定的最大实体牙型。

（8）普通螺纹的极限偏差　内、外螺螺纹各个公差带的基本偏差和公差的计算公式为：

内螺纹中径的下偏差（基本偏差）为 EI；

内螺纹中径的上偏差为 $ES=EI+T_{D2}$；

内螺纹小径的下偏差为 EI；

内螺纹小径的上偏差为 $ES=EI+T_{D1}$；

外螺纹中径的上偏差（基本偏差）为 es；

外螺纹中径的下偏差为 $ei=es-T_{d2}$；

外螺纹大径的上偏差为 es；

外螺纹大径的下偏差为 $ei=es-T_{d}$。

为了简化螺纹极限尺寸的计算，可查表 3-1-14。

表 3-1-14　普通螺纹的极限偏差（GB/T 2516—2003）　（μm）

基本大径/mm		螺距/mm	内螺纹					外螺纹					
			公差带	中径		小径		公差带	中径		大径		小径
>	≤			ES	EI	ES	EI		es	ei	es	ei	用于计算应力的偏差
5.6	11.2	0.75	—	—	—	—	—	3h4h	0	−50	0	−90	−108
			4H	+85	0	+118	0	4h	0	−68	0	−90	−108
			5G	+128	+22	+172	+22	5g6g	−22	−102	−22	−162	−130
			5H	+106	0	+150	0	5h4h	0	−80	0	−90	−108
			—	—	—	—	—	5h6h	0	−80	0	−140	−108
			—	—	—	—	—	6e	−56	−156	−56	−196	−164
			—	—	—	—	—	6f	−38	−138	−38	−178	−146
			6G	+154	+22	+212	+22	6g	−22	−122	−22	−162	−130
			6H	+132	0	+190	0	6h	0	−100	0	−140	−108
			—	—	—	—	—	7e6e	−56	−181	−56	−196	−164
			7G	+192	+22	+258	+22	7g6g	−22	−147	−22	−162	−130
			7H	+170	0	+236	0	7h6h	0	−125	0	−140	−108
			8G	—	—	—	—	8g	—	—	—	—	—
			8H	—	—	—	—	9g8g	—	—	—	—	—
		1	—	—	—	—	—	3h4h	0	−56	0	−112	−144
			4H	+95	0	+150	0	4H	0	−71	0	−112	−144
			5G	+144	+26	+216	+26	5g6g	−26	−116	−26	−206	−170
			5H	+118	0	+190	0	5h4h	0	−90	0	−112	−144
			—	—	—	—	—	5h6h	0	−90	0	−180	−144
			—	—	—	—	—	6e	−60	−172	−60	−240	−204
			—	—	—	—	—	6f	−40	−152	−40	−220	−184
			6G	+176	+26	+262	+26	6g	−26	−138	−26	−206	−170
			6H	+150	0	+236	0	6h	0	−112	0	−180	−144
			—	—	—	—	—	7e6e	−60	−200	−60	−240	−204
			7G	+216	+26	+326	+26	7g6g	−26	−166	−26	−206	−170
			7H	+190	0	+300	0	7h6h	0	−140	0	−180	−144
			8G	+262	+26	+401	+26	8g	−26	−206	−26	−306	−170
			8H	+236	0	+375	0	9g8g	−26	−250	−26	−306	−170

续表 3-1-14 (μm)

基本大径/mm		螺距/mm	内螺纹					外螺纹					
			公差带	中径		小径		公差带	中径		大径		小径
				ES	EI	ES	EI		es	ei	es	ei	用于计算应力的偏差
5.6	11.2	1.25	—	—	—	—	—	3h4h	0	−60	0	−132	−180
			4H	+100	0	+170	0	4h	0	−75	0	−132	−180
			5G	+153	+28	+240	+28	5g6g	−28	−123	−28	−240	−208
			5H	+125	0	+212	0	5h4h	0	−95	0	−132	−180
			—	—	—	—	—	5h6h	0	−95	0	−212	−180
			—	—	—	—	—	6e	−63	−181	−63	−275	−243
			—	—	—	—	—	6f	−42	−160	−42	−254	−222
			6G	+188	+28	+293	+28	6g	−28	−146	−28	−240	−208
			6H	+160	0	+265	0	6h	0	−118	0	−212	−180
			—	—	—	—	—	7e6e	−63	−213	−63	−275	−243
			7G	+228	+28	+363	+28	7g6g	−28	−178	−28	−240	−208
			7H	+200	0	+335	0	7h6h	0	−150	0	−212	−180
			8G	+278	+28	+453	+28	8g	−28	−218	−28	−363	−208
			8H	+250	0	+425	0	9g8g	−28	−264	−28	−363	−208
		1.5	—	—	—	—	—	3h4h	0	−67	0	−150	−217
			4H	+112	0	+190	0	4h	0	−85	0	−150	−217
			5G	+172	+32	+268	+32	5g6g	−32	−138	−32	−268	−249
			5H	+140	0	+236	0	5h4h	0	−106	0	−150	−217
			—	—	—	—	—	5h6h	0	−106	0	−236	−217
			—	—	—	—	—	6e	−67	−199	−67	−303	−284
			—	—	—	—	—	6f	−45	−177	−45	−281	−262
			6G	+212	+32	+332	+32	6g	−32	−164	−32	−268	−249
			6H	+180	0	+300	0	6h	0	−132	0	−236	−217
			—	—	—	—	—	7e6e	−67	−237	−67	−303	−284
			7G	+256	+32	+407	+32	7g6g	−32	−202	−32	−268	−249
			7H	+224	0	+375	0	7h6h	0	−170	0	−236	−217
			8G	+312	+32	+507	+32	8g	−32	−244	−32	−407	−249
			8H	+280	0	+475	0	9g8g	−32	−297	−32	−407	−249
11.2	22.4	1	—	—	—	—	—	3h4h	0	−60	0	−112	−144
			4H	+100	0	+150	0	4h	0	−75	0	−112	−144
			5G	+151	+26	+216	+26	5g6g	−26	−121	−26	−206	−170
			5H	+125	0	+190	0	5h4h	0	−95	0	−112	−144
			—	—	—	—	—	5h6h	0	−95	0	−180	−144
			—	—	—	—	—	6e	−60	−178	−60	−240	−204
			—	—	—	—	—	6f	−40	−158	−40	−220	−184
			6G	+186	+26	+262	+26	6g	−26	−144	−26	−206	−170
			6H	+160	0	236	0	6h	0	−118	0	−180	−144
			—	—	—	—	—	7e6e	−60	−210	−60	−240	−204
			7G	+226	+26	+326	+26	7g6g	−26	−176	−26	−206	−170
			7H	+200	0	+300	0	7h6h	0	−150	0	−180	−144
			8G	+276	+26	+401	+26	8g	−26	−216	−26	−306	−170
			8H	+250	0	+375	0	9g8g	−26	−262	−26	−306	−170
		1.25	—	—	—	—	—	3h4h	0	−67	0	−132	−180
			4H	+112	0	+170	0	4h	0	−85	0	−132	−180
			5G	+168	+28	+240	+28	5g6g	−28	−134	−28	−240	−208
			5H	+140	0	+212	0	5h4h	0	−106	0	−132	−180
			—	—	—	—	—	5h6h	0	−106	0	−212	−180
			—	—	—	—	—	6e	−63	−195	−63	−275	−243
			—	—	—	—	—	6f	−42	−174	−42	−254	−222
			6G	+208	+28	+293	+28	6g	−28	−160	−28	−240	−208
			6H	+180	0	+265	0	6h	0	−132	0	−212	−180
			—	—	—	—	—	7e6e	−63	−233	−63	−275	−243

续表 3-1-14 (μm)

基本大径/mm		螺距/mm	内螺纹					外螺纹					
			公差带	中径		小径		公差带	中径		大径		小径
				ES	EI	ES	EI		es	ei	es	ei	用于计算应力的偏差
11.2	22.4	1.25	7G	+252	+28	+363	+28	7g6g	−28	−198	−28	−240	−208
			7H	+224	0	+335	0	7h6h	0	−170	0	−212	−180
			8G	+308	+28	+453	+28	8g	−28	−240	−28	−363	−208
			8H	+280	0	+425	0	9g8g	−28	−293	−28	−363	−208
		1.5	—	—	—	—	—	3h4h	0	−71	0	−150	−217
			4H	+118	0	+190	0	4h	0	−90	0	−150	−217
			5G	+182	+32	+268	+32	5g6g	−32	−144	−32	−268	−249
			5H	+150	0	+236	0	5h4h	0	−112	0	−150	−217
			—	—	—	—	—	5h6h	0	−112	0	−236	−217
			—	—	—	—	—	6e	−67	−207	−67	−303	−284
			—	—	—	—	—	6f	−45	−185	−45	−281	−262
			6G	+222	+32	+332	+32	6g	−32	−172	−32	−268	−249
			6H	+190	0	+300	0	6h	0	−140	0	−236	−217
			—	—	—	—	—	7e6e	−67	−247	−67	−303	−284
			7G	+268	+32	+407	+32	7g6g	−32	−212	−32	−268	−249
			7H	+236	0	+375	0	7h6h	0	−180	0	−236	−217
			8G	+332	+32	+507	+32	8g	−32	−256	−32	−407	−249
			8H	+300	0	+475	0	9g8g	−32	−312	−32	−407	−249
		1.75	—	—	—	—	—	3h4h	0	−75	0	−170	−253
			4H	+125	0	+212	0	4h	0	−95	0	−170	−253
			5G	+194	+34	+299	+34	5g6g	−34	−152	−34	−299	−287
			5H	+160	0	+265	0	5h4h	0	−118	0	−170	−253
			—	—	—	—	—	5h6h	0	−118	0	−265	−253
			—	—	—	—	—	6e	−71	−221	−71	−336	−324
			—	—	—	—	—	6f	−48	−198	−48	−313	−301
			6G	+234	+34	+369	+34	6g	−34	−184	−34	−299	−287
			6H	+200	0	+335	0	6h	0	−150	0	−265	−253
			—	—	—	—	—	7e6e	−71	−261	−71	−336	−324
			7G	+284	+34	+459	+34	7g6g	−34	−224	−34	−299	−287
			7H	+250	0	+425	0	7h6h	0	−190	0	−265	−253
			8G	+349	+34	+564	+34	8g	−34	−270	−34	−459	−287
			8H	+315	0	+530	0	9g8g	−34	−334	−34	−459	−287
		2	—	—	—	—	—	3h4h	0	−80	0	−180	−289
			4H	+132	0	+236	0	4h	0	−100	0	−180	−289
			5G	+208	+38	+338	+38	5g6g	−38	−163	−38	−318	−327
			5H	+170	0	+300	0	5h4h	0	−125	0	−180	−289
			—	—	—	—	—	5h6h	0	−125	0	−280	−289
			—	—	—	—	—	6e	−71	−231	−71	−351	−360
			—	—	—	—	—	6f	−52	−212	−52	−332	−341
			6G	+250	+38	+413	+38	6g	−38	−198	−38	−318	−327
			6H	+212	0	+375	0	6h	0	−160	0	−280	−289
			—	—	—	—	—	7e6e	−71	−271	−71	−351	−360
			7G	+303	+38	+513	+38	7g6g	−38	−238	−38	−318	−327
			7H	+265	0	+475	0	7h6h	0	−200	0	−280	−289
			8G	+373	+38	+638	+38	8g	−38	−288	−38	−488	−327
			8H	+335	0	+600	0	9g8g	−38	−353	−38	−448	−327
		2.5	—	—	—	—	—	3h4h	0	−85	0	−212	−361
			4H	+140	0	+280	0	4h	0	−106	0	−212	−361
			5G	+222	+42	+397	+42	5g6g	−42	−174	−42	−377	−403
			5H	+180	0	+355	0	5h4h	0	−132	0	−212	−361
			—	—	—	—	—	5h6h	0	−132	0	−335	−361
			—	—	—	—	—	6e	−80	−250	−80	−415	−441

续表 3-1-14 (μm)

基本大径/mm		螺距/mm	内螺纹					外螺纹					
			公差带	中径		小径		公差带	中径		大径		小径
				ES	EI	ES	EI		es	ei	es	ei	用于计算应力的偏差
11.2	22.4	2.5	—	—	—	—	—	6f	−58	−228	−58	−393	−419
			6G	+266	+42	+492	+42	6g	−42	−212	−42	−377	−403
			6H	+224	0	+450	0	6h	0	−170	0	−335	−361
			—	—	—	—	—	7e6e	−80	−292	−80	−415	−441
			7G	+322	+42	+602	+42	7g6g	−42	−254	−42	−377	−403
			7H	+280	0	+560	0	7h6h	0	−212	0	−335	−361
			8G	+397	+42	+752	+42	8g	−42	−307	−42	−572	−403
			8H	+355	0	+710	0	9g8g	−42	−377	−42	−572	−403
22.4	45	1	—	—	—	—	—	3h4h	0	−63	0	−112	−144
			4H	+106	0	+150	0	4h	0	−80	0	−112	−144
			5G	+158	+26	+218	+26	5g6g	−26	−126	−26	−206	−170
			5H	+132	0	+190	0	5h4h	0	−100	0	−112	−144
			—	—	—	—	—	5h6h	0	−100	0	−180	−144
			—	—	—	—	—	6e	−60	−185	−60	−240	−204
			—	—	—	—	—	6f	−40	−165	−40	−220	−184
			6G	+196	+26	+262	+26	6g	−26	−151	−26	−206	−170
			6H	+170	0	+236	0	6h	0	−125	0	−180	−144
			—	—	—	—	—	7e6e	−60	−220	−60	−240	−204
			7G	+238	+26	+326	+26	7g6g	−26	−186	−26	−206	−170
			7H	+212	0	+300	0	7h6h	0	−160	0	−180	−144
			8G	—	—	—	—	8g	−26	−226	−26	−306	−170
			8H	—	—	—	—	9g8g	−26	−276	−26	−306	−170
		1.5	—	—	—	—	—	3h4h	0	−75	0	−150	−217
			4H	+125	0	+190	0	4h	0	−95	0	−150	−217
			5G	+192	+32	+268	+32	5g6g	−32	−150	−32	−268	−249
			5H	+160	0	+236	0	5h4h	0	−118	0	−150	−217
			—	—	—	—	—	5h6h	0	−118	0	−236	−217
			—	—	—	—	—	6e	−67	−217	−67	−303	−284
			—	—	—	—	—	6f	−45	−195	−45	−281	−262
			6G	+232	+32	+332	+32	6g	−32	−182	−32	−268	−249
			6H	+200	0	+300	0	6h	0	−150	0	−236	−217
			—	—	—	—	—	7e6e	−67	−257	−67	−303	−284
			7G	+282	+32	+407	+32	7g6g	−32	−222	−32	−268	−249
			7H	+250	0	+375	0	7h6h	0	−190	0	−236	−217
			8G	+347	+32	+507	+32	8g	−32	−268	−32	−407	−249
			8H	+315	0	+475	0	9g8g	−32	−332	−32	−407	−249
		2	—	—	—	—	—	3h4h	0	−85	0	−180	−289
			4H	+140	0	+236	0	4h	0	−106	0	−180	−289
			5G	+218	+38	+338	+38	5g6g	−38	−170	−38	−318	−327
			5H	+180	0	+300	0	5h4h	0	−132	0	−180	−289
			—	—	—	—	—	5h6h	0	−132	0	−280	−289
			—	—	—	—	—	6e	−71	−241	−71	−351	−360
			—	—	—	—	—	6f	−52	−222	−52	−332	−341
			6G	+262	+38	+413	+38	6g	−38	−208	−38	−318	−327
			6H	+224	0	+375	0	6h	0	−170	0	−280	−289
			—	—	—	—	—	7e6e	−71	−283	−71	−351	−360
			7G	+318	+38	+513	+38	7g6g	−38	−250	−38	−318	−327
			7H	+280	0	+475	0	7h6h	0	−212	0	−280	−289
			8G	+393	+38	+638	+38	8g	−38	−307	−38	−488	−327
			8H	+355	0	+600	0	9g8g	−38	−373	−38	−488	−327
		3	—	—	—	—	—	3h4h	0	−100	0	−236	−433
			4H	+170	0	+315	0	4h	0	−125	0	−236	−433

续表 3-1-14 （μm）

基本大径/mm		螺距/mm	内螺纹 公差带	内螺纹 中径 ES	内螺纹 中径 EI	内螺纹 小径 ES	内螺纹 小径 EI	外螺纹 公差带	外螺纹 中径 es	外螺纹 中径 ei	外螺纹 大径 es	外螺纹 大径 ei	外螺纹 小径 用于计算应力的偏差
22.4	45	3	5G	+260	+48	+448	+48	5g6g	−48	−208	−48	−423	−481
			5H	+212	0	+400	0	5h4h	0	−160	0	−236	−433
			—	—	—	—	—	5h6h	0	−160	0	−375	−433
			—	—	—	—	—	6e	−85	−285	−85	−460	−518
			—	—	—	—	—	6f	−63	−263	−63	−438	−496
			6G	+313	+48	+548	+48	6g	−48	−248	−48	−423	−481
			6H	+265	0	+500	0	6h	0	−200	0	−375	−433
			—	—	—	—	—	7e6e	−85	−335	−85	−460	−518
			7G	+383	+48	+678	+48	7g6g	−48	−298	−48	−423	−481
			7H	+335	0	+630	0	7h6h	0	−250	0	−375	−433
			8G	+473	+48	+848	+48	8g	−48	−363	−48	−648	−481
			8H	+425	0	+800	0	9g8g	−48	−448	−48	−648	−481
		3.5	—	—	—	—	—	3h4h	0	−106	0	−265	−505
			4H	+180	0	+355	0	4h	0	−132	0	−265	−505
			5G	+277	+53	+503	+53	5g6g	−53	−223	−53	−478	−558
			5H	+224	0	+450	0	5h4h	0	−170	0	−265	−505
			—	—	—	—	—	5h6h	0	−170	0	−425	−505
			—	—	—	—	—	6e	−90	−302	−90	−515	−595
			—	—	—	—	—	6f	−70	−282	−70	−495	−575
			6G	+333	+53	+613	+53	6g	−53	−265	−53	−478	−558
			6H	+280	0	+560	0	6h	0	−212	0	−425	−505
			—	—	—	—	—	7e6e	−90	−355	−90	−515	−595
			7G	+408	+53	+763	+53	7g6g	−53	−318	−53	−478	−558
			7H	+355	0	+710	0	7h6h	0	−265	0	−425	−505
			8G	+503	+53	+953	+53	8g	−53	−388	−53	−723	−558
			8H	+450	0	+900	0	9g8g	−53	−478	−53	−723	−558
		4	—	—	—	—	—	3h4h	0	−112	0	−300	−577
			4H	+190	0	+375	0	4h	0	−140	0	−300	−577
			5G	+296	+60	+535	+60	5g6g	−60	−240	−60	−535	−637
			5H	+236	0	+475	0	5h4h	0	−180	0	−300	−577
			—	—	—	—	—	5h6h	0	−180	0	−475	−577
			—	—	—	—	—	6e	−95	−319	−95	−570	−672
			—	—	—	—	—	6f	−75	−299	−75	−550	−652
			6G	+360	+60	+660	+60	6g	−60	−284	−60	−535	−637
			6H	+300	0	+600	0	6h	0	−224	0	−475	−577
			—	—	—	—	—	7e6e	−95	−375	−95	−570	−672
			7G	+435	+60	+810	+60	7g6g	−60	−340	−60	−535	−637
			7H	+375	0	+750	0	7h6h	0	−280	0	−475	−577
			8G	+535	+60	+1 010	+60	8g	−60	−415	−60	−810	−637
			8H	+475	0	+950	0	9g8g	−60	−510	−60	−810	−637
		4.5	—	—	—	—	—	3h4h	0	−118	0	−315	−650
			4H	+200	0	+425	0	4h	0	−150	0	−315	−650
			5G	+313	+63	+593	+63	5g6g	−63	−253	−63	−563	−713
			5H	+250	0	+530	0	5h4h	0	−190	0	−315	−650
			—	—	—	—	—	5h6h	0	−190	0	−500	−650
			—	—	—	—	—	6e	−100	−336	−100	−600	−750
			—	—	—	—	—	6f	−80	−316	−80	−580	−730
			6G	+378	+63	+733	+63	6g	−63	−299	−63	−563	−713
			6H	+315	0	+670	0	6h	0	−236	0	−500	−650
			—	—	—	—	—	7e6e	−100	−400	−100	−600	−750
			7G	+463	+63	+913	+63	7g6g	−63	−363	−63	−563	−713
			7H	+400	0	+850	0	7h6h	0	−300	0	−500	−650
			8G	+563	+63	+1 123	+63	8g	−63	−438	−63	−863	−713
			8H	+500	0	+1 060	0	9g8g	−63	−538	−63	−863	−713

3.1.1.5 标记方法及示例

（1）标记方法　完整的螺纹标记由螺纹特征代号、尺寸代号、公差带代号及其他信息组成。螺纹特征代号用字母“M”表示。单线螺纹的尺寸代号为“公称直径×螺距”，公称直径和螺距数值的单位为 mm。对粗牙螺纹，可以省略标注其螺距项；多线螺纹的尺寸代号为“公称直径×Ph 导程 P 螺距”，公称直径、导程和螺距数值的单位为 mm。可在后面增加括号说明线数（英文）。

公差带代号包含中径和顶径公差带代号，中径公差带代号在前，顶径公差带代号在后，内螺纹用大写字母，外螺纹用小写字母。如果中径公差带代号与顶径公差带代号相同，则只标注一个公差带代号。螺纹尺寸代号与公差带间用“-”号分开。

大批生产的紧固件螺纹（中等公差精度和中等旋合长度，6H/6g）不标注其公差带代号。

表示螺纹配合时，内螺纹公差带代号在前，外螺纹公差带代号在后，中间用斜线分开。

对旋合长度为短组和长组的螺纹，在公差带代号后应分别标注“S”和“L”代号。旋合长度代号与公差带间用“-”号分开。中等旋合长度组不标注旋合长度代号（N）。

在旋螺纹应在旋合长度代号之后标注“LH”代号。旋合长度代号与旋向代号间用“-”号分开。右旋螺纹不标注旋向代号。

（2）标记示例

1）普通螺纹特征代号和尺寸代号部分的标注：

① 公称直径为 8 mm、螺距为 1 mm 的单线细牙螺纹：M8×1。

② 公称直径为 8 mm、螺距为 1.25 mm 的单线粗牙螺纹：M8。

③ 公称直径为 16 mm、螺距为 1.5 mm、导程为 3 mm 的双线螺纹：

M16×Ph3P1.5 或 M16×Ph3P1.5(two starts)。

2）增加公差带代号后的标注：

① 中径公差带为 5g、顶径公差带为 6g 的外螺纹：M10×1-5g6g。

② 中径公差带和顶径公差带均为 6g 的粗牙外螺纹：M10-6g。

③ 中径公差带为 5H、顶径公差带为 6H 的内螺纹：M10×1-5H6H。

④ 中径公差带和顶径公差带均为 6H 的粗牙内螺纹：M10-6H。

⑤ 中径公差带和顶径公差带均为 6g、中等公差精度的粗牙外螺纹：M10。

⑥ 中径公差带和顶径公差带均为 6H、中等公差精度的粗牙内螺纹：M10。

⑦ 公差带为 6H 的内螺纹与公差带为 5g6g 的外螺纹组成配合：M20×2-6H/5g6g。

⑧ 公差带为 6H 的内螺纹与公差带为 6g 的外螺纹组成配合（中等精度、粗牙）：M6。

3）增加旋合长度代号后的标注：

① 短旋合长度的内螺纹：M20×2-5H-S。

② 长旋合长度的内、外螺纹：M6-7H/7g6g-L。

③ 中等旋合长度的外螺纹（粗牙、中等精度的 6g 公差带）：M6。

4）增加旋向代号后的标注（完整标记）：

① 左旋螺纹：M8×1-LH（公差带代号和旋合长度代号被省略）；

M6×0.75-5h6h-S-LH；

M14×Ph6P2-7H-L-LH 或 M14×Ph6P2(three starts)-7H-L-LH。

② 右旋螺纹：M6（螺距、公差带代号、旋合长度代号和旋向代号被省略）。

3.1.2 梯形螺纹（30°）（Tr）

3.1.2.1 梯形螺纹牙型（GB/T 5796.1—2005）

标准规定了两种梯形螺纹牙型，即基本牙型和最大实体牙型。

（1）基本牙型　即理论牙型，它是由顶角为 30°的原始等腰三角形，截去顶部和底部所形成的内、外螺纹共有的牙型（图 3-1-5）。

（2）最大实体牙型　即设计牙型。设计牙型与基本牙型的不同点为大径和小径间都留有一定间隙，牙顶、牙底给出了制造所需的圆弧。设计牙型及基本尺寸代号见图 3-1-6。

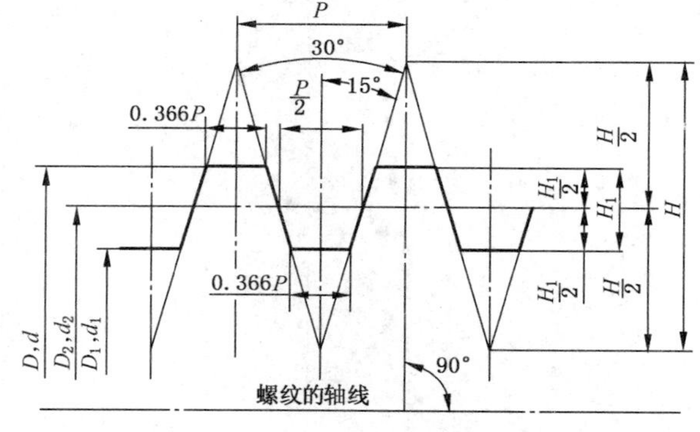

D—内螺纹大径　d_2—外螺纹中径　P—螺距
d—外螺纹大径（公称直径）　D_1—内螺纹小径
H—原始三角形高度　D_2—内螺纹中径
d_1—外螺纹小径　H_1—基本牙型高度

图 3-1-5　梯形螺纹基本牙型

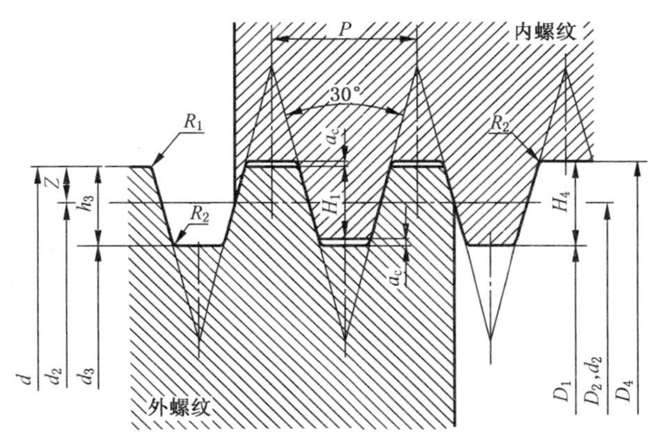

外螺纹大径	d	螺距	P
牙顶间隙	a_c	基本牙型高度	$H_1=0.5P$
外螺纹牙高	$h_3=H_1+a_c=0.5P+a_c$		
内螺纹牙高	$H_4=H_1+a_c=0.5P+a_c$		
牙顶高	$Z=0.25P=H_1/2$		
外螺纹中径	$d_2=d-2Z=d-0.5P$		
内螺纹中径	$D_2=d-2Z=d-0.5P$		
外螺纹小径	$d_3=d-2h_3$		
内螺纹小径	$D_1=d-2H_1=d-P$		
内螺纹大径	$D_4=d+2a_c$		
外螺纹牙顶圆角	$R_{1max}=0.5a_c$		
牙底圆角	$R_{2max}=a_c$		

图 3-1-6 设计牙型

3.1.2.2 梯形螺纹直径与螺距系列(表 3-1-15)

表 3-1-15 梯形螺纹直径与螺距表(GB/T 5796.2—2005) (mm)

公称直径			螺距	公称直径			螺距
第一系列	第二系列	第三系列	P	第一系列	第二系列	第三系列	P
8			1.5		75		16,10,4
	9		2,1.5	80			16,10,4
10			2,1.5		85		18,12,4
	11		3,2	90			18,12,4
12			3,2		95		18,12,4
	14		3,2	100			20,12,4
16			4,2			105	20,12,4
	18		4,2		110		20,12,4
20			4,2			115	22,14,6
	22		8,5,3	120			22,14,6
24			8,5,3			125	22,14,6
	26		8,5,3		130		22,14,6
28			8,5,3			135	24,14,6
	30		10,6,3	140			24,14,6
32			10,6,3			145	24,14,6
	34		10,6,3		150		24,16,6
36			10,6,3			155	24,16,6
	38		10,7,3	160			28,16,6
40			10,7,3			165	28,16,6
	42		10,7,3		170		28,16,6
44			12,7,3			175	28,16,8
	46		12,8,3	180			28,18,8
48			12,8,3			185	32,18,8
	50		12,8,3		190		32,18,8
52			12,8,3			195	32,18,8
	55		14,9,3	200			32,18,8
60			14,9,3		210		36,20,8
	65		16,10,4	220			36,20,8
70			16,10,4		230		36,20,8

续表 3-1-15 (mm)

公称直径			螺距 P	公称直径			螺距 P
第一系列	第二系列	第三系列		第一系列	第二系列	第三系列	
240			36,22,8	280			40,24,12
	250		40,22,12		290		44,24,12
260			40,22,12	300			44,24,12
	270		40,24,12				

注：应优先选用第一系列直径。

3.1.2.3 梯形螺纹基本尺寸(表 3-1-16)

表 3-1-16 梯形螺纹基本尺寸(GB/T 5796.3—2005) (mm)

公称直径 d			螺距 P	中径 $d_2=D_2$	大径 D_4	小径	
第一系列	第二系列	第三系列				d_3	D_1
8			1.5	7.250	8.300	6.200	6.500
	9		1.5	8.250	9.300	7.200	7.500
			2	8.000	9.500	6.500	7.000
10			1.5	9.250	10.300	8.200	8.500
			2	9.000	10.500	7.500	8.000
	11		2	10.000	11.500	8.500	9.000
			3	9.500	11.500	7.500	8.000
12			2	11.000	12.500	9.500	10.000
			3	10.500	12.500	8.500	9.000
	14		2	13.000	14.500	11.500	12.000
			3	12.500	14.500	10.500	11.000
16			2	15.000	16.500	13.500	14.000
			4	14.000	16.500	11.500	12.000
	18		2	17.000	18.500	15.500	16.000
			4	16.000	18.500	13.500	14.000
20			2	19.000	20.500	17.500	18.000
			4	18.000	20.500	15.500	16.000
	22		3	20.500	22.500	18.500	19.000
			5	19.500	22.500	16.500	17.000
			8	18.000	23.000	13.000	14.000
24			3	22.500	24.500	20.500	21.000
			5	21.500	24.500	18.500	19.000
			8	20.000	25.000	15.000	16.000
	26		3	24.500	26.500	22.500	23.000
			5	23.500	26.500	20.500	21.000
			8	22.000	27.000	17.000	18.000
28			3	26.500	28.500	24.500	25.000
			5	25.500	28.500	22.500	23.000
			8	24.000	29.000	19.000	20.000
	30		3	28.500	30.500	26.500	27.000
			6	27.000	31.000	23.000	24.000
			10	25.000	31.000	19.000	20.000
32			3	30.500	32.500	28.500	29.000
			6	29.000	33.000	25.000	26.000
			10	27.000	33.000	21.000	22.000
	34		3	32.500	34.500	30.500	31.000
			6	31.000	35.000	27.000	28.000
			10	29.000	35.000	23.000	24.000
36			3	34.500	36.500	32.500	33.000
			6	33.000	37.000	29.000	30.000
			10	31.000	37.000	25.000	26.000
	38		3	36.500	38.500	34.500	35.000
			7	34.500	39.000	30.000	31.000
			10	33.000	39.000	27.000	28.000
40			3	38.500	40.500	36.500	37.000
			7	36.500	41.000	32.000	33.000
			10	35.000	41.000	29.000	30.000
	42		3	40.500	42.500	38.500	39.000
			7	38.500	43.000	34.000	35.000
			10	37.000	43.000	31.000	32.000
44			3	42.500	44.500	40.500	41.000
			7	40.500	45.000	36.000	37.000
			12	38.000	45.000	31.000	32.000
	46		3	44.500	46.500	42.500	43.000
			8	42.000	47.000	37.000	38.000
			12	40.000	47.000	33.000	34.000
48			3	46.500	48.500	44.500	45.000
			8	44.000	49.000	39.000	40.000
			12	42.000	49.000	35.000	36.000
	50		3	48.500	50.500	46.500	47.000
			8	46.000	51.000	41.000	42.000
			12	44.000	51.000	37.000	38.000
52			3	50.500	52.500	48.500	49.000
			8	48.000	53.000	43.000	44.000
			12	46.000	53.000	39.000	40.000
	55		3	53.500	55.500	51.500	52.000
			9	50.500	56.000	45.000	46.000
			14	48.000	57.000	39.000	41.000
60			3	58.500	60.500	56.500	57.000
			9	55.500	61.000	50.000	51.000
			14	53.000	62.000	44.000	46.000
	65		4	63.000	65.500	60.500	61.000
			10	60.000	66.000	54.000	55.000
			16	57.000	67.000	47.000	49.000
70			4	68.000	70.500	65.500	66.000
			10	65.000	71.000	59.000	60.000
			16	62.000	72.000	52.000	54.000

续表 3-1-16 (mm)

公称直径 d			螺距 P	中径 $d_2=D_2$	大径 D_4	小径		公称直径 d			螺距 P	中径 $d_2=D_2$	大径 D_4	小径	
第一系列	第二系列	第三系列				d_3	D_1	第一系列	第二系列	第三系列				d_3	D_1
	75		4	73.000	75.500	70.500	71.000			115	6	112.000	116.000	108.000	109.000
			10	70.000	76.000	64.000	65.000				14	108.000	117.000	99.000	101.000
			16	67.000	77.000	57.000	59.000				22	104.000	117.000	91.000	93.000
80			4	78.000	80.500	75.500	76.000	120			6	117.000	121.000	113.000	114.000
			10	75.000	81.000	69.000	70.000				14	113.000	122.000	104.000	106.000
			16	72.000	82.000	62.000	64.000				22	109.000	122.000	96.000	98.000
	85		4	83.000	85.500	80.500	81.000			125	6	122.000	126.000	118.000	119.000
			12	79.000	86.000	72.000	73.000				14	118.000	127.000	109.000	111.000
			18	76.000	87.000	65.000	67.000				22	114.000	127.000	101.000	103.000
90			4	88.000	90.500	85.500	86.000		130		6	127.000	131.000	123.000	124.000
			12	84.000	91.000	77.000	78.000				14	123.000	132.000	114.000	116.000
			18	81.000	92.000	70.000	72.000				22	119.000	132.000	106.000	108.000
	95		4	93.000	95.500	90.500	91.000			135	6	132.000	136.000	128.000	129.000
			12	89.000	96.000	82.000	83.000				14	128.000	137.000	109.000	121.000
			18	86.000	97.000	75.000	77.000				24	123.000	137.000	109.000	111.000
100			4	98.000	100.500	95.500	96.000	140			6	137.000	141.000	133.000	134.000
			12	94.000	101.000	87.000	88.000				14	133.000	142.000	124.000	126.000
			20	90.000	102.000	78.000	80.000				24	128.000	142.000	114.000	116.000
		105	4	103.000	105.500	100.500	101.000			145	6	142.000	146.000	138.000	139.000
			12	99.000	106.000	92.000	93.000				14	138.000	147.000	129.000	131.000
			20	95.000	107.000	83.000	85.000				24	133.000	147.000	119.000	121.000
	110		4	108.000	110.500	105.500	106.000		150		6	147.000	151.000	143.000	144.000
			12	104.000	111.000	97.000	98.000				16	142.000	152.000	132.000	134.000
			20	100.000	112.000	88.000	90.000				24	138.000	152.000	124.000	126.000

3.1.2.4 梯形螺纹公差(GB/T 5796.4—2005)

(1) 公差带位置与基本偏差　内螺纹大径 D_4、中径 D_2 和小径 D_1 的公差带位置为 H,其基本偏差 EI 为零,见图 3-1-7。

外螺纹中径 d_2 的公差带位置为 e 和 c,其基本偏差 es 为负值;外螺纹大径 d 和小径 d_3 的公差带位置为 h,其基本偏差 es 为零,见图 3-1-8。

外螺纹大径和小径的公差带基本偏差为零,与中径公差带位置无关。

(2) 内、外螺纹中径基本偏差(表 3-1-17)

表 3-1-17　内、外螺纹中径的基本偏差 (μm)

螺距 P/mm	内螺纹 D_2	外螺纹 d_2		螺距 P/mm	内螺纹 D_2	外螺纹 d_2	
	H EI	c es	e es		H EI	c es	e es
1.5	0	−140	−67	14	0	−355	−180
2	0	−150	−71	16	0	−378	−190
3	0	−170	−85	18	0	−400	−200
4	0	−190	−95	20	0	−425	−212
5	0	−212	−106	22	0	−450	−224
6	0	−236	−118	24	0	−475	−236
7	0	−250	−125	28	0	−500	−250
8	0	−265	−132	32	0	−530	−265
9	0	−280	−140	36	0	−560	−280
10	0	−300	−150	40	0	−600	−300
12	0	−335	−160	44	0	−630	−315

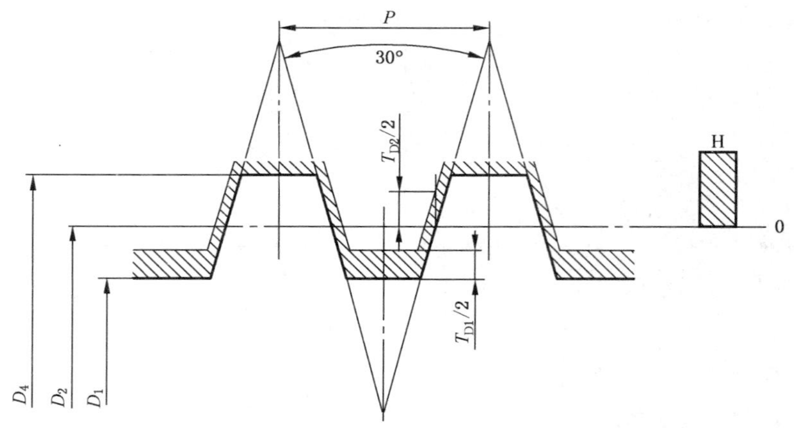

表 3-1-7 内螺纹的公差带位置

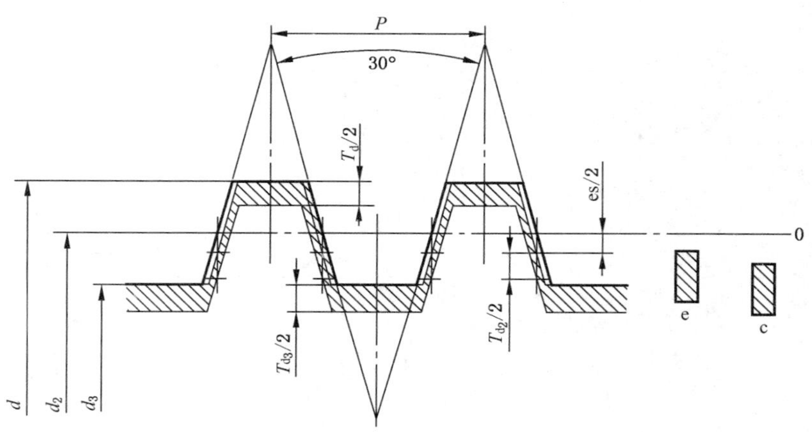

表 3-1-8 外螺纹的公差带位置

（3）内、外螺纹各直径公差等级（表 3-1-18）

表 3-1-18 内、外螺纹各直径公差等级

直　　径	公差等级	直　　径	公差等级	直　　径	公差等级
内螺纹小径 D_1	4	内螺纹中径 D_2	7,8,9	外螺纹小径 d_3	7,8,9
外螺纹大径 d	4	外螺纹中径 d_2	7,8,9		

注：梯形螺纹公差等级中，增加了外螺纹小径公差，主要是为了保证牙顶间隙和螺纹的强度。

（4）内螺纹小径公差（表 3-1-19）

表 3-1-19 内螺纹小径公差 T_{D1}

螺距 P/mm	4 级公差/μm	螺距 P/mm	4 级公差/μm	螺距 P/mm	4 级公差/μm	螺距 P/mm	4 级公差/μm
1.5	190	7	560	16	1 000		
2	236	8	630	18	1 120	32	1 600
3	315	9	670	20	1 180	36	1 800
4	375	10	710	22	1 250	40	1 900
5	450	12	800	24	1 320	44	2 000
6	500	14	900	28	1 500		

（5）外螺纹大径公差（表 3-1-20）

表 3-1-20 外螺纹大径公差 T_d

螺距 P/mm	4 级公差/μm	螺距 P/mm	4 级公差/μm	螺距 P/mm	4 级公差/μm	螺距 P/mm	4 级公差/μm
1.5	150	7	425	16	710		
2	180	8	450	18	800	32	1 120
3	236	9	500	20	850	36	1 250
4	300	10	530	22	900	40	1 320
5	335	12	600	24	950	44	1 400
6	375	14	670	28	1 060		

（6）内螺纹中径公差（表 3-1-21）

表 3-1-21　内螺纹中径公差 T_{D2}　（μm）

公差直径 d/mm		螺距 P/mm	公差等级		
＞	⩽		7	8	9
5.6	11.2	1.5	224	280	355
		2	250	315	400
		3	280	355	450
11.2	22.4	2	265	335	425
		3	300	375	475
		4	355	450	560
		5	375	475	600
		8	475	600	750
22.4	45	3	335	425	530
		5	400	500	630
		6	450	560	710
		7	475	600	750
		8	500	630	800
		10	530	670	850
		12	560	710	900
45	90	3	355	450	560
		4	400	500	630
		8	530	670	850
		9	560	710	900
		10	560	710	900
		12	630	800	1 000
		14	670	850	1 060
45	90	16	710	900	1 120
		18	750	950	1 180
90	180	4	425	530	670
		6	500	630	800
		8	560	710	900
		12	670	850	1 060
		14	710	900	1 120
		16	750	950	1 180
		18	800	1 000	1 250
		20	800	1 000	1 250
		22	850	1 060	1 320
		24	900	1 120	1 400
		28	950	1 180	1 500
180	355	8	600	750	950
		12	710	900	1 120
		18	850	1 060	1 320
		20	900	1 120	1 400
		22	900	1 120	1 400
		24	950	1 180	1 500
		32	1 060	1 320	1 700
		36	1 120	1 400	1 800
		40	1 120	1 400	1 800
		44	1 250	1 500	1 900

（7）外螺纹中径公差（表 3-1-22）

表 3-1-22　外螺纹中径公差 T_{d2}　（μm）

公差直径 d/mm		螺距 P/mm	公差等级		
＞	⩽		7	8	9
5.6	11.2	1.5	170	212	265
		2	190	236	300
		3	212	265	335
11.2	22.4	2	200	250	315
		3	224	280	355
		4	265	335	425
		5	280	355	450
		8	355	450	560
22.4	45	3	250	315	400
		5	300	375	475
		6	335	425	530
		7	355	450	560
		8	375	475	600
		10	400	500	630
		12	425	530	670
45	90	3	265	335	425
		4	300	375	475
		8	400	500	630
		9	425	530	670
		10	425	530	670
		12	475	600	750
		14	500	630	800
45	90	16	530	670	850
		18	560	710	900
90	180	4	315	400	500
		6	375	475	600
		8	425	530	670
		12	500	630	800
		14	530	670	850
		16	560	710	900
		18	600	750	950
		20	600	750	950
		22	630	800	1 000
		24	670	850	1 060
		28	710	900	1 120
180	355	8	450	560	710
		12	530	670	850
		18	630	800	1 000
		20	670	850	1 060
		22	670	850	1 060
		24	710	900	1 120
		32	800	1 000	1 250
		36	850	1 060	1 320
		40	850	1 060	1 320
		44	900	1 120	1 400

(8) 外螺纹小径公差(表 3-1-23)

表 3-1-23 外螺纹小径公差 T_{d3} (μm)

公称直径 d/mm		螺距 P/mm	中径公差带位置为 c			中径公差带位置为 e		
			公差等级			公差等级		
>	≤		7	8	9	7	8	9
5.6	11.2	1.5	352	405	471	279	332	398
		2	388	445	525	309	366	446
		3	435	501	589	350	416	504
11.2	22.4	2	400	462	544	321	383	465
		3	450	520	614	365	435	529
		4	521	609	690	426	514	595
		5	562	656	775	456	550	669
		8	709	828	965	576	695	832
22.4	45	3	482	564	670	397	479	585
		5	587	681	806	481	575	700
		6	655	767	899	537	649	781
		7	694	813	950	569	688	825
		8	734	859	1 015	601	726	882
		10	800	925	1 087	650	775	937
		12	866	998	1 223	691	823	1 048
45	90	3	501	589	701	416	504	616
		4	565	659	784	470	564	689
		8	765	890	1 052	632	757	919
		9	811	943	1 118	671	803	978
		10	831	963	1 138	681	813	988
		12	929	1 085	1 273	754	910	1 098
		14	970	1 142	1 355	805	967	1 180
		16	1 038	1 213	1 438	853	1 028	1 253
		18	1 100	1 288	1 525	900	1 088	1 320
90	180	4	584	690	815	489	595	720
		6	705	830	986	587	712	868
		8	796	928	1 103	663	795	970
		12	960	1 122	1 335	785	947	1 160
		14	1 018	1 193	1 418	843	1 018	1 243
		16	1 075	1 263	1 500	890	1 078	1 315
		18	1 150	1 338	1 588	950	1 138	1 388
		20	1 175	1 363	1 613	962	1 150	1 400
		22	1 232	1 450	1 700	1 011	1 224	1 474
		24	1 313	1 538	1 800	1 074	1 299	1 561
		28	1 388	1 625	1 900	1 138	1 375	1 650
180	355	8	828	965	1 153	695	832	1 020
		12	998	1 173	1 398	823	998	1 223
		18	1 187	1 400	1 650	987	1 200	1 450
		20	1 263	1 488	1 750	1 050	1 275	1 537
		22	1 288	1 513	1 775	1 062	1 287	1 549
		24	1 363	1 600	1 875	1 124	1 361	1 636
		32	1 530	1 780	2 092	1 265	1 515	1 827
		36	1 623	1 885	2 210	1 343	1 605	1 930
		40	1 663	1 925	2 250	1 363	1 625	1 950
		44	1 755	2 030	2 380	1 440	1 715	2 065

(9) 多线螺纹中径公差系数　多线螺纹的顶径公差和底径公差与具有相同螺距单线螺纹相同。多线螺纹的中径公差是在单线螺纹中径公差的基础上,按线数不同分别乘一系数而得,系数见表 3-1-24。

(10) 螺纹公差带的选用　由于标准中对内螺纹小径 D_1 和外螺纹大径 d 只规定了一种公差带(4H、4h),标准中还规定了外螺纹小径 d_3 的公差带位置永远为 h,公差带级数与中径公差等级数相同,所以梯形螺纹仅选择并标记中径公差带,来表示梯形螺纹公差带。

标准中对梯形螺纹规定了中等和粗糙两种精度,对一般用途的梯形螺纹选择中等精度,对精度要求不高的选用粗糙的精度等级。

内、外螺纹选用的公差带见表 3-1-25。

表 3-1-24　多线螺纹中径公差系数

线数	2	3	4	≥5
系数	1.12	1.25	1.4	1.6

表 3-1-25　内、外梯形螺纹公差带选用

精度	内螺纹		外螺纹		精度	内螺纹		外螺纹	
	N	L	N	L		N	L	N	L
中等	7H	8H	7e	8e	粗糙	8H	9H	8c	9c

3.1.2.5　梯形螺纹旋合长度

旋合长度按公称直径和螺距的大小分为中等旋合长度 N 和长旋合长度 L 两组(表 3-1-26)。

表 3-1-26　梯形螺纹旋合长度　(mm)

公称直径 d >	公称直径 d ≤	螺距 P	旋合长度组 N >	旋合长度组 N ≤	旋合长度组 L >
5.6	11.2	1.5	5	15	15
		2	6	19	19
		3	10	28	28
11.2	22.4	2	8	24	24
		3	11	32	32
		4	15	43	43
		5	18	53	53
		8	30	85	85
22.4	45	3	12	36	36
		5	21	63	63
		6	25	75	75
		7	30	85	85
		8	34	100	100
		10	42	125	125
		12	50	150	150
45	90	3	15	45	45
		4	19	56	56
		8	38	118	118
		9	43	132	132
		10	50	140	140
		12	60	170	170
		14	67	200	200
		16	75	236	236

公称直径 d >	公称直径 d ≤	螺距 P	旋合长度组 N >	旋合长度组 N ≤	旋合长度组 L >
45	90	18	85	265	265
90	180	4	24	71	71
		6	36	106	106
		8	45	132	132
		12	67	200	200
		14	75	236	236
		16	90	265	265
		18	100	300	300
		20	112	335	335
		22	118	355	355
		24	132	400	400
		28	150	450	450
180	355	8	50	150	150
		12	75	224	224
		18	112	335	335
		20	125	375	375
		22	140	425	425
		24	150	450	450
		32	200	600	600
		36	224	670	670
		40	250	750	750
		44	280	850	850

3.1.2.6　梯形螺纹代号与标记

在符合 GB/T 5796.1—2005 标准时,梯形螺纹用“Tr”表示。单线螺纹用“公称直径×螺距”表示,多线螺纹用“公称直径×导程(P 螺距)”表示。当螺纹为左旋时,需在尺寸规格之后加注“LH”,右旋不注出。

梯形螺纹的标记是由梯形螺纹代号,公差带代号及旋合长度代号组成。梯形螺纹的公差带代号只标注中径公差带。当旋合长度为 N 组时,不标注旋合长度代号。

标记示例:

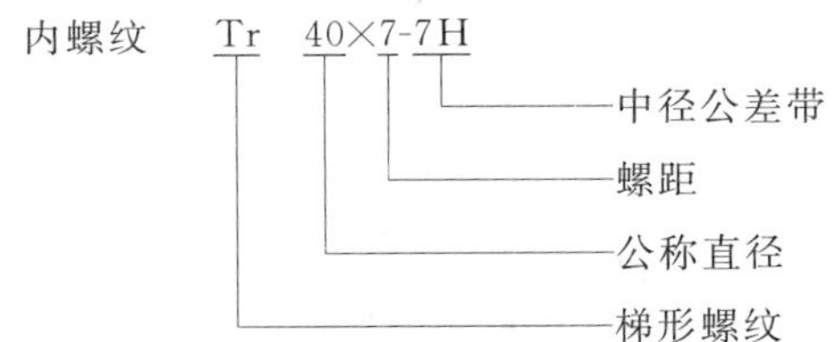

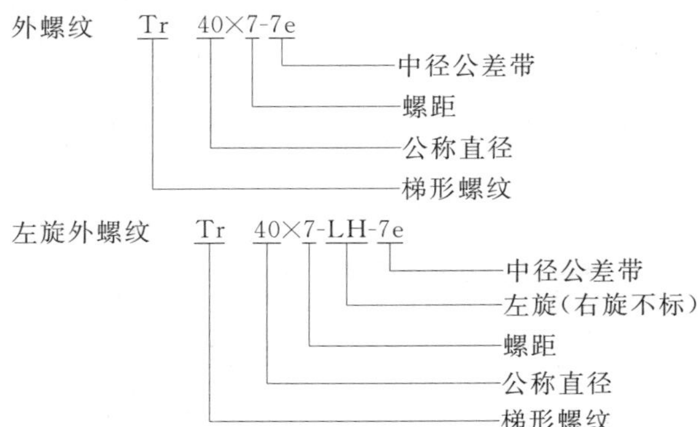

螺纹副的公差带要分别注出内、外公差代号,前者为内螺纹,后者为外螺纹,中间用斜线分开:

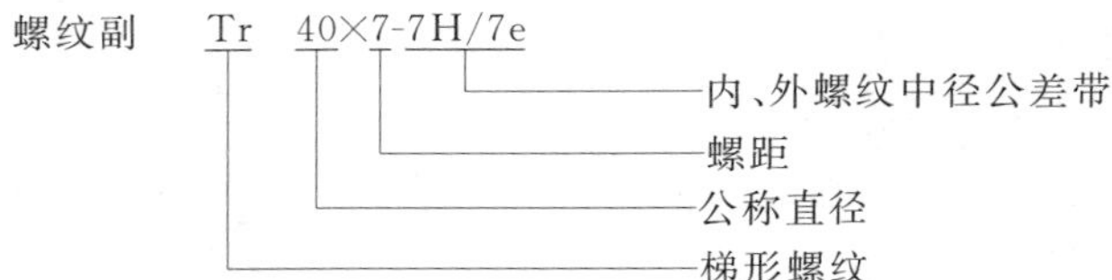

当旋合长度为 L 组时,组别代号 L 写在公差带代号的后面,并用“—”隔开:

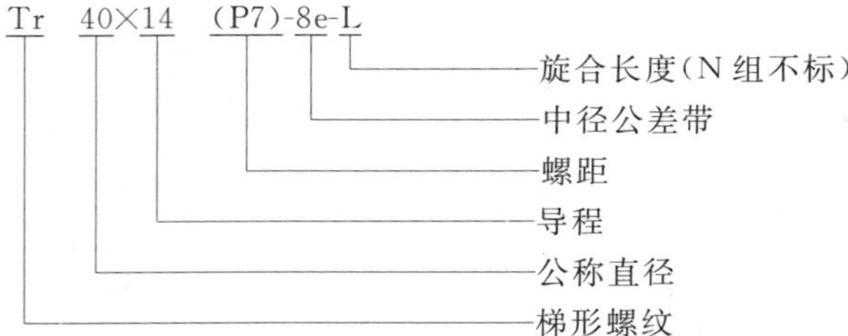

旋合长度为特殊需要时,可用具体旋合长度数值代替组别代号:

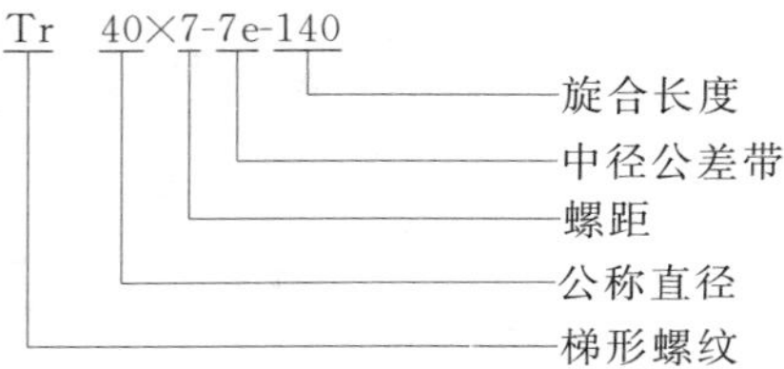

3.1.3 锯齿形螺纹(3°、30°)(B)

3.1.3.1 锯齿形(3°、30°)螺纹牙型(GB/T 13576.1—2008)

标准中规定锯齿形(3°、30°)螺纹牙型有两种:基本牙型和设计牙型。

(1) 基本牙型　即理论牙型见图 3-1-9。

(2) 设计牙型　即设计制造牙型,其小径和非承载牙侧间都留有间隙。设计牙型及基本尺寸代号见图 3-1-10。

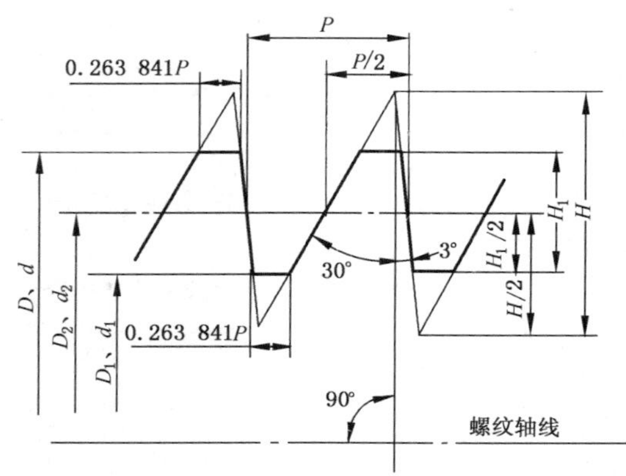

D—内螺纹大径　d—外螺纹大径　H—原始三角形高度

D_2—内螺纹中径　d_2—外螺纹中径　H_1—基本牙型高度

D_1—内螺纹小径　d_1—外螺纹小径　P—螺距

图 3-1-9　基本牙型

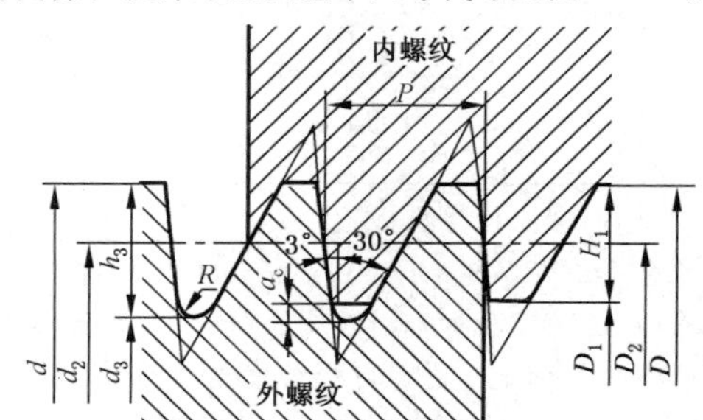

图中:外螺纹大径:d　内螺纹大径:$D=d$　螺距:P

牙顶与牙底间的间隙:$a_c=0.117\ 767P$　基本牙型高度:$H_1=0.75P$

外螺纹牙高:$h_3=H_1+a_c=0.867\ 767P$

外螺纹中径:$d_2=d-H_1=d-0.75P$　内螺纹中径:$D_2=d_2$

外螺纹小径:$d_3=d-2h_3=d-1.735\ 534P$

内螺纹小径:$D_1=d-2H_1=d-1.5P$

牙底圆弧半径:$R=0.124\ 271P$

图 3-1-10　设计牙型

3.1.3.2 锯齿形螺纹的直径与螺距系列(表 3-1-27)

表 3-1-27 锯齿形螺纹的直径与螺距系列(GB/T 13576.2—2008)

(mm)

公称直径			螺距 P	公称直径			螺距 P
第一系列	第二系列	第三系列		第一系列	第二系列	第三系列	
10			**2**	100			4,**12**,20
12			2,**3**			105	4,**12**,20
	14		2,**3**		110		4,**12**,20
16			2,**4**			115	6,**14**,22
	18		2,**4**	120			6,**14**,22
20			2,**4**			125	6,**14**,22
	22		3,**5**,8		130		6,**14**,22
24			3,**5**,8			135	6,**14**,24
	26		3,**5**,8	140			6,**14**,24
28			3,**5**,8			145	6,**14**,24
	30		3,**6**,10		150		6,**16**,24
32			3,**6**,10			155	6,**16**,24
	34		3,**6**,10	160			6,**16**,28
36			3,**6**,10			165	6,**16**,28
	38		3,**7**,10		170		6,**16**,28
40			3,**7**,10			175	8,**16**,28
	42		3,**7**,10	180			8,**18**,28
44			3,**7**,12			185	8,**18**,32
	46		3,**8**,12		190		8,**18**,32
48			3,**8**,12			195	8,**18**,32
	50		3,**8**,12	200			8,**18**,32
52			3,**8**,12		210		8,**20**,36
	55		3,**9**,14	220			8,**20**,36
60			3,**9**,14		230		8,**20**,36
	65		4,**10**,16	240			8,**22**,36
70			4,**10**,16		250		12,**22**,40
	75		4,**10**,16	260			12,**22**,40
80			4,**10**,16		270		12,**24**,40
	85		4,**12**,18	280			12,**24**,40
90			4,**12**,18		290		12,**24**,44
	95		4,**12**,18	300			12,**24**,44

注：1. 优先选用第一系列直径。

2. 优先选用黑体螺距。

3.1.3.3 锯齿形螺纹基本尺寸(表 3-1-28)

表 3-1-28 锯齿形螺纹基本尺寸(GB/T 13576.3—2008)

(mm)

公称直径 d			螺距 P	中径 $d_2=D_2$	小径	
第一系列	第二系列	第三系列			d_3	D_1
10			2	8.500	6.529	7.000
12			2 3	10.500 9.750	8.529 6.793	9.000 7.500

续表 3-1-28 (mm)

公称直径 d			螺距 P	中径 $d_2=D_2$	小径	
第一系列	第二系列	第三系列			d_3	D_1
	14		2	12.500	10.529	11.000
			3	11.750	8.793	9.500
16			2	14.500	12.529	13.000
			4	13.500	9.058	10.000
	18		2	16.500	14.529	15.000
			4	15.000	11.058	12.000
20			2	18.500	16.529	17.000
			4	17.000	13.058	14.000
	22		3	19.750	16.793	17.500
			5	18.250	13.322	14.500
			8	16.000	8.116	10.000
24			3	21.750	18.793	19.500
			5	20.250	15.322	16.500
			8	18.000	10.116	12.000
	26		3	23.750	20.793	21.500
			5	22.250	17.322	18.500
			8	20.000	12.116	14.000
28			3	25.750	22.793	23.500
			5	24.250	19.322	20.500
			8	22.000	14.116	16.000
	30		3	27.750	24.793	25.500
			6	25.500	19.587	21.000
			10	22.500	12.645	15.000
32			3	29.750	26.793	27.500
			6	27.500	21.587	23.000
			10	24.500	14.645	17.000
	34		3	31.750	28.793	29.500
			6	29.500	23.587	25.000
			10	26.500	16.645	19.000
36			3	33.750	30.793	31.500
			6	31.500	25.587	27.000
			10	28.500	18.645	21.000
	38		3	35.750	32.793	33.500
			7	32.750	25.851	27.500
			10	30.500	20.645	23.000
40			3	37.750	34.793	35.500
			7	34.750	27.851	29.500
			10	32.500	22.645	25.000
	42		3	39.750	36.793	37.500
			7	36.750	29.851	31.500
			10	34.500	24.645	27.000
44			3	41.750	38.793	39.500
			7	38.750	31.851	33.500
			12	35.000	23.174	26.000
	46		3	43.750	40.793	41.500
			8	40.000	32.116	34.000
			12	37.000	25.174	28.000

续表 3-1-28 (mm)

公称直径 d			螺距 P	中径 $d_2=D_2$	小径	
第一系列	第二系列	第三系列			d_3	D_1
48			3	45.750	42.793	43.500
			8	42.000	34.116	36.000
			12	39.000	27.174	30.000
	50		3	47.750	44.793	45.500
			8	44.000	36.116	38.000
			12	41.000	29.174	32.000
52			3	49.750	46.793	47.500
			8	46.000	38.116	40.000
			12	43.000	31.174	34.000
	55		3	52.750	49.793	50.500
			9	48.250	39.380	41.500
			14	44.500	30.703	34.000
60			3	57.750	54.793	55.500
			9	53.250	44.380	46.500
			14	49.500	35.703	39.000
	65		4	62.000	58.058	59.000
			10	57.500	47.645	50.000
			16	53.000	37.231	41.000
70			4	67.000	63.058	64.000
			10	62.500	52.645	55.000
			16	58.000	42.231	46.000
	75		4	72.000	68.058	69.000
			10	67.500	57.645	60.000
			16	63.000	47.231	51.000
80			4	77.000	73.058	74.000
			10	72.500	62.645	65.000
			16	68.000	52.231	56.000
	85		4	82.000	78.058	79.000
			12	76.000	64.174	67.000
			18	71.500	53.760	58.000
90			4	87.000	83.058	84.000
			12	81.000	69.174	72.000
			18	76.500	58.760	63.000
	95		4	92.000	88.058	89.000
			12	86.000	74.174	77.000
			18	81.500	63.760	68.000
100			4	97.000	93.058	94.000
			12	91.000	79.174	82.000
			20	85.000	65.289	70.000
		105	4	102.000	98.058	99.000
			12	96.000	84.174	87.000
			20	90.000	70.289	75.000
	110		4	107.000	103.058	104.000
			12	101.000	89.174	92.000
			20	95.000	75.289	80.000
		115	6	110.500	104.587	106.000
			14	104.500	90.703	94.000
			22	98.500	76.818	82.000

续表 3-1-28 (mm)

公称直径 d			螺距	中径	小径	
第一系列	第二系列	第三系列	P	$d_2=D_2$	d_3	D_1
120			6	115.500	109.587	111.000
			14	109.500	95.703	99.000
			22	103.500	81.818	87.000
		125	6	120.500	114.587	116.000
			14	114.500	100.703	104.000
			22	108.500	86.818	92.000
	130		6	125.500	119.587	121.000
			14	119.500	105.703	109.000
			22	113.500	91.818	97.000
		135	6	130.500	124.587	126.000
			14	124.500	110.703	114.000
			24	117.000	93.347	99.000
140			6	135.500	129.587	131.000
			14	129.500	115.703	119.000
			24	122.000	98.347	104.000
		145	6	140.500	134.587	136.000
			14	134.500	120.703	124.000
			24	127.000	103.347	109.000
	150		6	145.500	139.587	141.000
			16	138.000	122.231	126.000
			24	132.000	108.347	114.000
		155	6	150.500	144.587	146.000
			16	143.000	127.231	131.000
			24	137.000	113.347	119.000
160			6	155.500	149.587	151.000
			16	148.000	132.231	136.000
			28	139.000	111.405	118.000

3.1.3.4 锯齿形螺纹公差(GB/T 13576.4—2008)

(1) 公差带

GB/T 13576.4—2008 锯齿形(3°、30°)螺纹公差标准对内螺纹的大径 D、中径 D_2 和小径 D_1 都只规定了一种公差带位置 H,其基本偏差 EI 为零,具体位置如图 3-1-11。外螺纹大径 d 和小径 d_3 的公差带位置为 h,其基本偏差 es 为零;外螺纹中径 d_2 的公差带位置为 e 和 c,其基本偏差 es 为负值,见图 3-1-12。

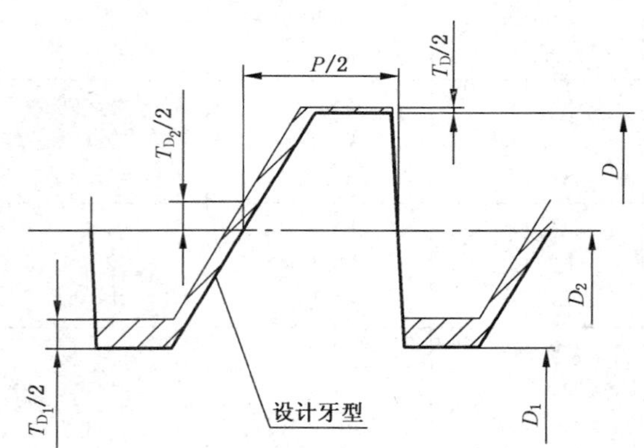

图 3-1-11 内螺纹的公差带位置

图 3-1-12 外螺纹的公差带位置

(2) 内、外螺纹各直径公差等级(表 3-1-29)

表 3-1-29 内、外螺纹各直径公差等级

螺纹直径	公差等级	螺纹直径	公差等级	螺纹直径	公差等级	螺纹直径	公差等级
内螺纹中径 D_2	7、8、9	外螺纹中径 d_2	7、8、9	外螺纹小径 d_3	7、8、9	内螺纹小径 D_1	4

对锯齿形螺纹中径和小径的公差等级规定如下，其中外螺纹小径 d_3 应选取与其中径 d_2 相同的公差等级。

标准对内螺纹的大径和外螺纹的大径也规定了公差值，分别为 GB/T 1800.3—1998 所规定的 IT10 和 IT9。如此规定说明锯齿形螺纹采用了大径定心的方式消除传动过程的偏心，以提高传动精度。

（3）内、外螺纹中径的基本偏差（表 3-1-30）

表 3-1-30　锯齿形螺纹中径的基本偏差（GB/T 13576.4—2008）　（μm）

螺距 P/mm	内螺纹 D_2 H EI	外螺纹 d_2 c es	外螺纹 d_2 e es	螺距 P/mm	内螺纹 D_2 H EI	外螺纹 d_2 c es	外螺纹 d_2 e es
2	0	−150	−71	18	0	−400	−200
3	0	−170	−85	20	0	−425	−212
4	0	−190	−95	22	0	−450	−224
5	0	−212	−106	24	0	−475	−236
6	0	−236	−118	28	0	−500	−250
7	0	−250	−125	32	0	−530	−265
8	0	−265	−132	36	0	−560	−280
9	0	−280	−140	40	0	−600	−300
10	0	−300	−150	44	0	−630	−315
12	0	−335	−160				
14	0	−355	−180				
16	0	−375	−190				

（4）内螺纹小径公差（表 3-1-31）

表 3-1-31　内螺纹小径公差（T_{D_1}）（GB/T 13576.4—2008）　（μm）

螺距 P/mm	4 级公差	螺距 P/mm	4 级公差	螺距 P/mm	4 级公差	螺距 P/mm	4 级公差
2	236	8	630	18	1 120	36	1 800
3	315	9	670	20	1 180	40	1 900
4	375	10	710	22	1 250	44	2 000
5	450	12	800	24	1 320		
6	500	14	900	28	1 500		
7	560	16	1 000	32	1 600		

（5）内、外螺纹大径公差（表 3-1-32）

表 3-1-32　内、外螺纹大径公差（GB/T 13576.4—2008）　（μm）

公称直径 d/mm		内螺纹大径公差 T_D H10	外螺纹大径公差 T_d h9	公称直径 d/mm		内螺纹大径公差 T_D H10	外螺纹大径公差 T_d h9
＞	≤			＞	≤		
6	10	58	36	120	180	160	100
10	18	70	43	180	250	185	115
18	30	84	52	250	315	210	130
30	50	100	62	315	400	230	140
50	80	120	74	400	500	250	155
80	120	140	87	500	630	280	175
				630	800	320	200

（6）外螺纹小径公差（表 3-1-33）

表 3-1-33　外螺纹小径公差（T_{d_3}）（GB/T 13576.4—2008）　（μm）

基本大径 d/mm		螺距 P/mm	中径公差带位置为 c			中径公差带位置为 e		
			公差等级			公差等级		
＞	≤		7	8	9	7	8	9
5.6	11.2	2	388	445	525	309	366	446
		3	435	501	589	350	416	504
11.2	22.4	2	400	462	544	321	383	465
		3	450	520	614	365	435	529
		4	521	609	690	426	514	595

续表 3-1-33 (μm)

基本大径 d/mm		螺距 P/mm	中径公差带位置为 c			中径公差带位置为 e		
			公差等级			公差等级		
>	≤		7	8	9	7	8	9
11.2	22.4	5	562	656	775	456	550	669
		8	709	828	965	576	695	832
22.4	45	3	482	564	670	397	479	585
		5	587	681	806	481	575	700
		6	655	767	899	537	649	781
		7	694	813	950	569	688	825
		8	734	859	1 015	601	726	882
		10	800	925	1 087	650	775	937
		12	866	998	1 223	691	823	1 048
45	90	3	501	589	701	416	504	616
		4	565	659	784	470	564	689
		8	765	890	1 052	632	757	919
		9	811	943	1 118	671	803	978
		10	831	963	1 138	681	813	988
		12	929	1 085	1 273	754	910	1 098
		14	970	1 142	1 355	805	967	1 180
		16	1 038	1 213	1 438	853	1 028	1 253
		18	1 100	1 288	1 525	900	1 088	1 320
90	180	4	584	690	815	489	595	720
		6	705	830	986	587	712	868
		8	796	928	1 103	663	795	970
		12	960	1 122	1 335	785	947	1 160
		14	1 018	1 193	1 418	843	1 018	1 243
		16	1 075	1 263	1 500	890	1 078	1 315
		18	1 150	1 338	1 588	950	1 138	1 388
		20	1 175	1 363	1 613	962	1 150	1 400
		22	1 232	1 450	1 700	1 011	1 224	1 474
		24	1 313	1 538	1 800	1 074	1 299	1 561
		28	1 388	1 625	1 900	1 138	1 375	1 650
180	355	8	828	965	1 153	695	832	1 020
		12	998	1 173	1 398	823	998	1 223
		18	1 187	1 400	1 650	987	1 200	1 450
		20	1 263	1 488	1 750	1 050	1 275	1 537
		22	1 288	1 513	1 775	1 062	1 287	1 549
		24	1 363	1 600	1 875	1 124	1 361	1 636
		32	1 530	1 780	2 092	1 265	1 515	1 827
		36	1 623	1 885	2 210	1 343	1 605	1 930
		40	1 663	1 925	2 250	1 363	1 625	1 950
		44	1 755	2 030	2 380	1 440	1 715	2 065
355	640	12	1 035	1 223	1 460	870	1 058	1 295
		18	1 238	1 462	1 725	1 038	1 263	1 525
		24	1 363	1 600	1 875	1 124	1 361	1 636
		44	1 818	2 155	2 530	1 503	1 840	2 215

(7) 内螺纹中径公差(表 3-1-34)

表 3-1-34 内螺纹中径公差(T_{D_2}) (μm)

基本大径 d/mm		螺距 P/mm	公差等级		
>	≤		7	8	9
5.6	11.2	2	250	315	400
		3	280	355	450
11.2	22.4	2	265	335	425
		3	300	375	475
		4	355	450	560
		5	375	475	600
		8	475	600	750
22.4	45	3	335	425	530
		5	400	500	630
		6	450	560	710
		7	475	600	750
		8	500	630	800
		10	530	670	850
		12	560	710	900
45	90	3	355	450	560
		4	400	500	630
		8	530	670	850
		9	560	710	900
		10	560	710	900
		12	630	800	1 000
		14	670	850	1 060
		16	710	900	1 120
		18	750	950	1 180
90	180	4	425	530	670
		6	500	630	800
		8	560	710	900
		12	670	850	1 060
		14	710	900	1 120
		16	750	950	1 180
		18	800	1 000	1 250
		20	800	1 000	1 250
		22	850	1 060	1 320
		24	900	1 120	1 400
		28	950	1 180	1 500
180	355	8	600	750	950
		12	710	900	1 120
		18	850	1 060	1 320
		20	900	1 120	1 400
		22	900	1 120	1 400
		24	950	1 180	1 500
		32	1 060	1 320	1 700
		36	1 120	1 400	1 800
		40	1 120	1 400	1 800
		44	1 250	1 500	1 900
355	640	12	760	950	1 200
		18	900	1 120	1 400
		24	950	1 180	1 480
		44	1 290	1 610	2 000

(8) 外螺纹中径公差(表 3-1-35)

表 3-1-35 外螺纹中径公差(T_{d_2})(GB/T 13576.4—2008) (μm)

基本大径 d/mm		螺距 P/mm	公差等级		
>	≤		7	8	9
5.6	11.2	2	190	236	300
		3	212	265	335
11.2	22.4	2	200	250	315
		3	224	280	355
		4	265	335	425
		5	280	355	450
		8	355	450	560
22.4	45	3	250	315	400
		5	300	375	475
		6	335	425	530
		7	355	450	560
		8	375	475	600
		10	400	500	630
		12	425	530	670
45	90	3	265	335	425
		4	300	375	475
		8	400	500	630
		9	425	530	670
		10	425	530	670
		12	475	600	750
45	90	14	500	630	800
		16	530	670	850
		18	560	710	900
90	180	4	315	400	500
		6	375	475	600
		8	425	530	670
		12	500	630	800
		14	530	670	850
		16	560	710	900
		18	600	750	950
		20	600	750	950
		22	630	800	1 000
		24	670	850	1 060
		28	710	900	1 120
180	355	8	450	560	710
		12	530	670	850
		18	630	800	1 000
		20	670	850	1 060
		22	670	850	1 060
		24	710	900	1 120

续表 3-1-35 (μm)

基本大径 d/mm		螺距 P/mm	公差等级			基本大径 d/mm		螺距 P/mm	公差等级		
>	≤		7	8	9	>	≤		7	8	9
180	355	32	800	1 000	1 250	355	640	12	560	710	900
		36	850	1 060	1 320			18	670	850	1 060
		40	850	1 060	1 320			24	710	900	1 120
		44	900	1 120	1 400			44	950	1 220	1 520

(9) 多线螺纹的公差值

多线螺纹的顶径和底径的公差值与其相同螺距的单线螺纹相同;多线螺纹的中径公差值等于单线螺纹的中径公差值乘以线数的修正系数。其修正系数列于表 3-1-36。

表 3-1-36 多线螺纹的中径公差修正系数

线数	2	3	4	≥5
修正系数	1.12	1.25	1.4	1.6

(10) 螺纹的旋合长度

锯齿形螺纹的旋合长度分为中等旋合长度 N 和长旋合长度 L 两组,见表 3-1-37。

表 3-1-37 螺纹旋合长度(GB/T 13576.4—2008) (mm)

基本大径 d/mm		螺距 P/mm	旋合长度			基本大径 d/mm		螺距 P/mm	旋合长度		
			N		L				N		L
>	≤		>	≤	>	>	≤		>	≤	>
5.6	11.2	2	6	19	19	90	180	4	24	71	71
		3	10	28	28			6	36	106	106
11.2	22.4	2	8	24	24			8	45	132	132
		3	11	32	32			12	67	200	200
		4	15	43	43			14	75	236	236
		5	18	53	53			16	90	265	265
		8	30	85	85			18	100	300	300
22.4	45	3	12	36	36			20	112	335	335
		5	21	63	63			22	118	355	355
		6	25	75	75			24	132	400	400
		7	30	85	85			28	150	450	450
		8	34	100	100	180	355	8	50	150	150
		10	42	125	125			12	75	224	224
		12	50	150	150			18	112	335	335
45	90	3	15	45	45			20	125	375	375
		4	19	56	56			22	140	425	425
		8	38	118	118			24	150	450	450
		9	43	132	132			32	200	600	600
		10	50	140	140			36	224	670	670
		12	60	170	170			40	250	750	750
		14	67	200	200			44	280	850	850
		16	75	236	236	355	640	12	87	260	260
		18	85	265	265			18	132	390	390
								24	174	520	520
								44	319	950	950

(11) 推荐公差带

应优先选用表 3-1-38 推荐的公差带。一般情况下均使用中等精度,粗糙级只用于制造有困难的场合。当螺纹旋合长度的实际值不能确定时,推荐按中等长度选取公差带。

表 3-1-38 内、外螺纹中径的推荐公差带(GB/T 13576.4—2008)

精度等级	内螺纹		外螺纹		精度等级	内螺纹		外螺纹	
	N	L	N	L		N	L	N	L
中等	7H	8H	7e	8e	粗糙	8H	9H	8c	9c

3.1.3.5 锯齿形螺纹标记方法及示例

锯齿形螺纹的标记是由锯齿形螺纹代号、公差带代号及旋合长度代号组成。

1）标准的锯齿形螺纹用“B”表示。

2）单线螺纹的尺寸规格用“公称直径×螺距”表示；多线螺纹的尺寸规格用“公称直径×导程（P 螺距）”表示，单位均为 mm。

3）当螺纹为左旋时，需在尺寸规格之后加注“LH”，右旋不注出。

4）锯齿形螺纹的公差带代号只标注中径公差带。

5）当旋合长度为 N 组时，不标注旋合长度代号。当旋合长度为 L 组时，应将组别代号 L 写在公差带代号的后面，并用“-”隔开。特殊需要时可用具体旋合长度数值代替级别代号 L。

6）螺纹副的公差带要分别注出内、外螺纹的公差带代号。前面的是内螺纹公差带代号，后面的是外螺纹公差带代号，中间用斜线分开。

7）标记示例

① 中径公差带为 7H 的内螺纹：B40×7-7H；

② 中径公差带为 7e 的外螺纹：B40×7-7e；

③ 中径公差带为 7e 的双线、左旋外螺纹：B40×14(P7)LH-7e。

④ 公差带为 7H 的内螺纹与公差带为 7e 的外螺纹组成配合：B40×7-7H/7e；

⑤ 公差带为 7H 的双线内螺纹与公差带为 7e 的双线外螺纹组成配合：B40×14(P7)-7H/7e。

⑥ 长旋合长度的配合螺纹：B40×7-7H/7e-L；

⑦ 中等旋合长度的外螺纹：B40×7-7e。

3.1.4 55°管螺纹

3.1.4.1 55°密封管螺纹（GB/T 7306.1～7306.2—2000）

用螺纹密封的管螺纹标准规定连接形式有两种，即圆锥内螺纹与圆锥外螺纹连接和圆柱内螺纹与圆锥外螺纹的连接。两种连接形式都具有密封性能，必要时，允许在螺纹副内加入密封填料。

（1）牙型及要素名称代号

1）圆锥螺纹基本牙型见图 3-1-13。

2）圆柱内螺纹基本牙型见图 3-1-14。

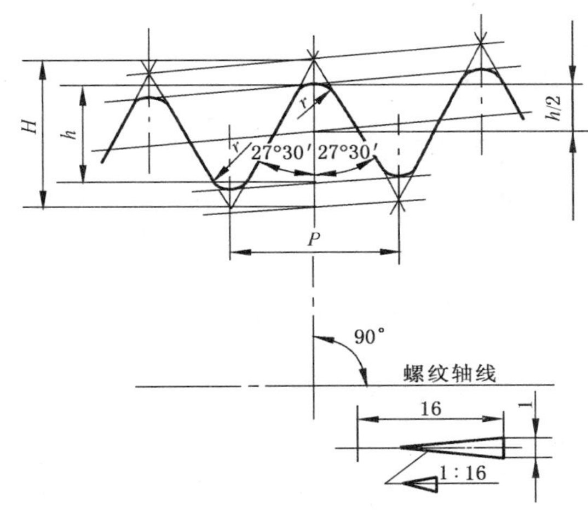

$P=\frac{25.4}{n}$　$H=0.960\,237P$

$h=0.640\,327P$　$r=0.137\,278P$

n—每 25.4 mm 内的牙数

图 3-1-13　圆锥螺纹基本牙型

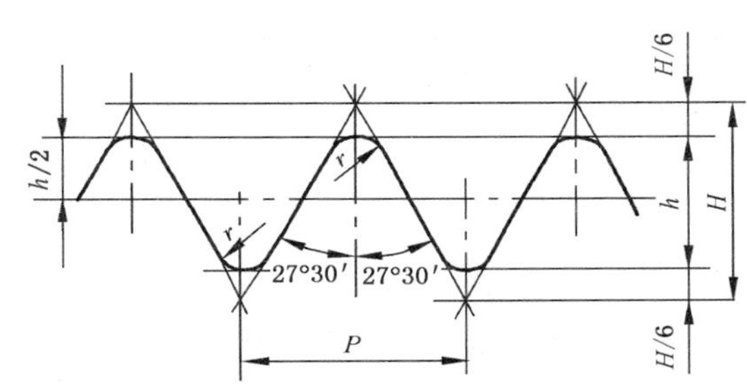

$P=\frac{25.4}{n}$　$H=0.960\,491P$

$h=0.640\,327P$　$r=0.137\,329P$

$\frac{H}{6}=0.160\,082P$

图 3-1-14　圆柱内螺纹基本牙型

3）要素名称及代号见表 3-1-39。

表 3-1-39　要素名称及代号

名　　称	代号	名　　称	代号	名　　称	代号
内螺纹在基准平面上的大径	D	外螺纹在基准平面上的小径	d_1	每 25.4 mm 轴向长度内所包含的螺纹牙数	n
外螺纹在基准平面上的大径（基准直径）	d	螺距	P		
内螺纹在基准平面上的中径	D_2	原始三角形高度	H	外螺纹基准距离（基准平面位置）公差	T_1
外螺纹在基准平面上的中径	d_2	螺纹牙高	h	内螺纹基准平面位置公差	T_2
内螺纹在基准平面上的小径	D_1	螺纹牙顶和牙底的圆弧半径	r		

（2）螺纹的基本尺寸　圆锥管螺纹的尺寸在基准平面上给出，与圆锥外螺纹配合的圆柱内螺纹尺寸与同规格的圆锥

内螺纹基面上的尺寸相同。

螺纹中径和小径的数值按下列公式计算

$$d_2 = D_2 = d - 0.640\,327P$$

$$d_1 = D_1 = d - 1.280\,654P$$

螺纹的基本尺寸及其极限偏差见表 3-1-40。

表 3-1-40 螺纹的基本尺寸及其极限偏差

1	2	3	4	5	6	7	8	9	10	11	12	13	14	15	16	17	18	19	20
尺寸代号	牙数① n	螺距 P	牙高 h	基准平面内的基本直径			基准距离					装配余量		外螺纹的有效螺纹不小于			圆锥内螺纹基准平面轴向位置的极限偏差 $\pm T_2/2$	圆柱内螺纹直径的极限偏差 $\pm T_2/2$	轴向圈数
				大径（基准直径）$d=D$	中径 $d_2=D_2$	小径 $d_1=D_1$	基本	极限偏差 $\pm T_1/2$		最大	最小			基准距离					
														基本	最大	最小			
		mm					mm	mm	圈数	mm		mm	圈数	mm			mm		
1/16	28	0.907	0.581	7.723	7.142	6.561	4	0.9	1	4.9	3.1	2.5	2¾	6.5	7.4	5.6	1.1	0.071	1¼
1/8	28	0.907	0.581	9.728	9.147	8.566	4	0.9	1	4.9	3.1	2.5	2¾	6.5	7.4	5.6	1.1	0.071	1¼
1/4	19	1.337	0.856	13.157	12.301	11.445	6	1.3	1	7.3	4.7	3.7	2¾	9.7	11	8.4	1.7	0.104	1¼
3/8	19	1.337	0.856	16.662	15.806	14.950	6.4	1.3	1	7.7	5.1	3.7	2¾	10.1	11.4	8.8	1.7	0.104	1¼
1/2	14	1.814	1.162	20.955	19.793	18.631	8.2	1.8	1	10.0	6.4	5.0	2¾	13.2	15	11.4	2.3	0.142	1¼
3/4	14	1.814	1.162	26.441	25.279	24.117	9.5	1.8	1	11.3	7.7	5.0	2¾	14.5	16.3	12.7	2.3	0.142	1¼
1	11	2.309	1.479	33.249	31.770	30.291	10.4	2.3	1	12.7	8.1	6.4	2¾	16.8	19.1	14.5	2.9	0.180	1¼
1¼	11	2.309	1.479	41.910	40.431	38.952	12.7	2.3	1	15.0	10.4	6.4	2¾	19.1	21.4	16.8	2.9	0.180	1¼
1½	11	2.309	1.479	47.803	46.324	44.845	12.7	2.3	1	15.0	10.4	6.4	2¾	19.1	21.4	16.8	2.9	0.180	1¼
2	11	2.309	1.479	59.614	58.135	56.656	15.9	2.3	1	18.2	13.6	7.5	3¼	23.4	25.7	21.1	2.9	0.180	1¼
2½	11	2.309	1.479	75.184	73.705	72.226	17.5	3.5	1½	21.0	14.0	9.2	4	26.7	30.2	23.2	3.5	0.216	1½
3	11	2.309	1.479	87.884	86.405	84.926	20.6	3.5	1½	24.1	17.1	9.2	4	29.8	33.3	26.3	3.5	0.216	1½
4	11	2.309	1.479	113.030	111.551	110.072	25.4	3.5	1½	28.9	21.9	10.4	4½	35.8	39.3	32.3	3.5	0.216	1½
5	11	2.309	1.479	138.430	136.951	135.472	28.6	3.5	1½	32.1	25.1	11.5	5	40.1	43.6	36.6	3.5	0.216	1½
6	11	2.309	1.479	163.830	162.351	160.872	28.6	3.5	1½	32.1	25.1	11.5	5	40.1	43.6	36.6	3.5	0.216	1½

① 每 25.4 mm 内所包含的牙数。

(3) 基准平面位置　圆锥外螺纹基准平面的理论位置位于垂直于螺纹轴线、与小端面（参照平面）相距一个基准距离的平面内（图 3-1-15）；圆锥内螺纹、圆柱内螺纹基准平面的理论位置位于垂直于螺纹轴线深入端面（参照平面）以内 0.5P 的平面内（图 3-1-16）。

圆锥外螺纹小端面和圆锥内螺纹大端面的倒角轴向长度不得大于 1P。

圆柱内螺纹外端面的倒角轴向长度不得大于 1P。

(4) 螺纹长度　圆锥外螺纹的有效螺纹长度不应小于其基准距离的实际值与装配余量之和。对应基准距离为最大、基本和最小尺寸的三种情况见表 3-1-40 第 16、15 和 17 项。

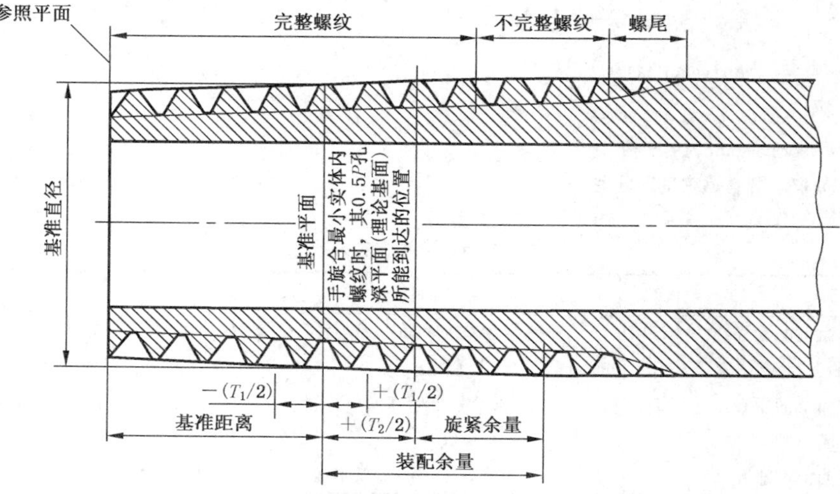

图 3-1-15 圆锥外螺纹上各主要尺寸的分布位置

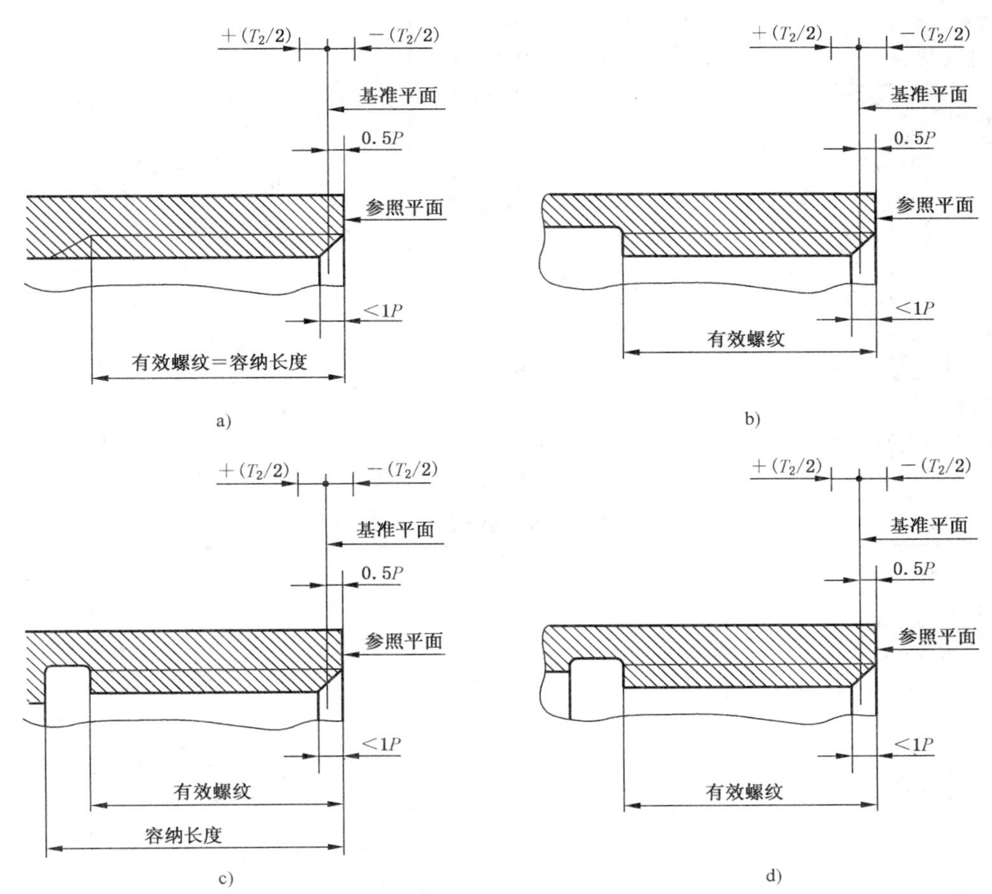

图 3-1-16 圆锥(圆柱)内螺纹上各主要尺寸的分布位置

当圆锥(圆柱)内螺纹的尾部未采用退刀结构时,其最小有效螺纹长度应能容纳具有表 3-1-40 中第 16 项长度的圆锥外螺纹,当圆锥(圆柱)内螺纹的尾部采用退刀结构时,其容纳长度应能容纳具有表 3-1-40 中第 16 项长度的圆锥外螺纹,其最小有效螺纹长度应不小于表 3-1-40 中第 17 项规定长度的 80%(图 3-1-16)。

(5) 公差 圆锥外螺纹基准距离的极限偏差($\pm T_1/2$)应符合表 3-1-40 中第 9、10 项的规定。

圆锥内螺纹基准平面位置的极限偏差($\pm T_2/2$)应符合表 3-1-40 中第 18、20 项的规定。

圆柱内螺纹各直径的极限偏差应符合表 3-1-40 中第 19、20 项的规定。

(6) 螺纹代号及标记示例 螺纹特征代号:

R_c—圆锥内螺纹;

R_p—圆柱内螺纹;

R_1—与 R_p 配合使用的圆锥外螺纹;

R_2—与 R_c 配合使用的圆锥外螺纹。

螺纹尺寸代号为表 3-1-40 中第 1 项所规定的分数或整数。

标记示例:

尺寸代号为 3/4 的右旋圆锥内螺纹的标记为 R_c3/4。

尺寸代号为 3/4 的右旋圆柱内螺纹的标记为 R_p3/4。

与 R_c 配合使用尺寸代号为 3/4 的右旋圆锥外螺纹的标记为 $R_2$3/4。

与 R_p 配合使用尺寸代号为 3/4 的右旋圆锥外螺纹的标记为 $R_1$3/4。

当螺纹为左旋时,应在尺寸代号后加注“LH”。如尺寸代号为 3/4 左旋圆锥内螺纹的标记为 R_c3/4-LH。

表示螺纹副时,螺纹特征代号为“R_c/R_2”或“R_p/R_1”。前面为内螺纹的特征代号,后面为外螺纹的特征代号,中间用斜线分开。

圆锥内螺纹与圆锥外螺纹的配合:$R_c/R_2$3/4;

圆柱内螺纹与圆锥外螺纹的配合:$R_p/R_1$3/4;

左旋圆锥内螺纹与圆锥外螺纹的配合 $R_c/R_2$3/4-LH。

3.1.4.2 55°非密封管螺纹

非螺纹密封的管螺纹(GB/T 7307—2001)标准规定管螺纹其内、外螺纹均为圆柱螺纹,不具备密封性能(只能作为机械连接用),若要求连接后具有密封性能,可在螺纹副外采取其他密封方式。

(1) 牙型及牙型尺寸计算　见图 3-1-17。

(2) 基本尺寸和公差　螺纹中径和小径的基本尺寸按下列公式计算

$$d_2=D_2=d-0.640\,327P$$

$$d_1=D_1=d-1.280\,654P$$

对内螺纹中径只规定一种公差,下偏差为零,上偏差为正。对外螺纹中径公差分为 A、B 两个等级,上偏差为零,下偏差为负。螺纹的牙顶在给出的公差范围内允许削平。

55°非密封管螺纹的各直径尺寸及其公差带的分布情况见图 3-1-18 其数值见表 3-1-41。

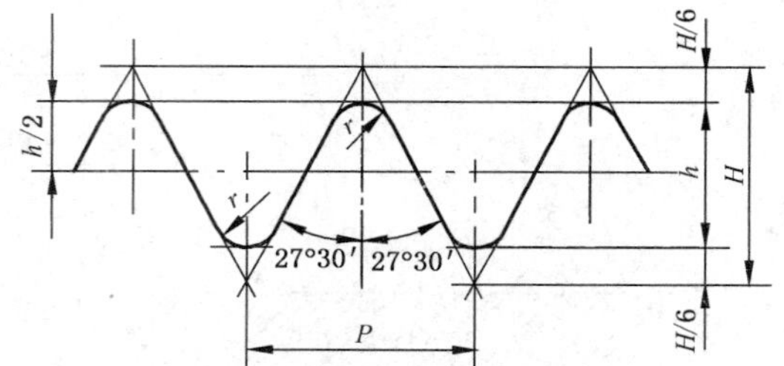

$P=\frac{25.4}{n}$　$H=0.960\,491P$　$h=0.640\,327P$

$r=0.137\,329P$

$H/6=0.160\,082P$

式中　n 为每 25.4 mm 内的螺纹牙数

图 3-1-17　圆柱管螺纹基本牙型

表 3-1-41　螺纹的基本尺寸及其公差　(mm)

螺纹的尺寸代号	每 25.4 mm 内的牙数 n	螺距 P	牙型高度 h	圆弧半径 $r\approx$	基本尺寸 大径 $d=D$	基本尺寸 中径 $d_2=D_2$	基本尺寸 小径 $d_1=D_1$	外螺纹 大径公差 T_d 下偏差	外螺纹 大径公差 T_d 上偏差	外螺纹 中径公差 T_{d2}① 下偏差 A 级	外螺纹 中径公差 T_{d2}① 下偏差 B 级	外螺纹 中径公差 T_{d2}① 上偏差	内螺纹 中径公差 T_{D2}① 下偏差	内螺纹 中径公差 T_{D2}① 上偏差	内螺纹 小径公差 T_{D1} 下偏差	内螺纹 小径公差 T_{D1} 上偏差
1/16	28	0.907	0.581	0.125	7.723	7.142	6.561	−0.214	0	−0.107	−0.214	0	0	+0.107	0	+0.282
1/8	28	0.907	0.581	0.125	9.728	9.147	8.566	−0.214	0	−0.107	−0.214	0	0	+0.107	0	+0.282
1/4	19	1.337	0.856	0.184	13.157	12.301	11.445	−0.250	0	−0.125	−0.250	0	0	+0.125	0	+0.445
3/8	19	1.337	0.856	0.184	16.662	15.806	14.950	−0.250	0	−0.125	−0.250	0	0	+0.125	0	+0.445
1/2	14	1.814	1.162	0.249	20.955	19.793	18.631	−0.284	0	−0.142	−0.284	0	0	+0.142	0	+0.541
5/8	14	1.814	1.162	0.249	22.911	21.749	20.587	−0.284	0	−0.142	−0.284	0	0	+0.142	0	+0.541
3/4	14	1.814	1.162	0.249	26.441	25.279	24.117	−0.284	0	−0.142	−0.284	0	0	+0.142	0	+0.541
7/8	14	1.814	1.162	0.249	30.201	29.039	27.877	−0.284	0	−0.142	−0.284	0	0	+0.142	0	+0.541
1	11	2.309	1.479	0.317	33.249	31.770	30.291	−0.360	0	−0.180	−0.360	0	0	+0.180	0	+0.640
1⅛	11	2.309	1.479	0.317	37.897	36.418	34.939	−0.360	0	−0.180	−0.360	0	0	+0.180	0	+0.640
1¼	11	2.309	1.479	0.317	41.910	40.431	38.952	−0.360	0	−0.180	−0.360	0	0	+0.180	0	+0.640
1½	11	2.309	1.479	0.317	47.803	46.324	44.845	−0.360	0	−0.180	−0.360	0	0	+0.180	0	+0.640
1¾	11	2.309	1.479	0.317	53.746	52.267	50.788	−0.360	0	−0.180	−0.360	0	0	+0.180	0	+0.640
2	11	2.309	1.479	0.317	59.614	58.135	56.656	−0.360	0	−0.180	−0.360	0	0	+0.180	0	+0.640
2¼	11	2.309	1.479	0.317	65.710	64.231	62.752	−0.434	0	−0.217	−0.434	0	0	+0.217	0	+0.640
2½	11	2.309	1.479	0.317	75.184	73.705	72.226	−0.434	0	−0.217	−0.434	0	0	+0.217	0	+0.640
2¾	11	2.309	1.479	0.317	81.534	80.055	78.576	−0.434	0	−0.217	−0.434	0	0	+0.217	0	+0.640
3	11	2.309	1.479	0.317	87.884	86.405	84.926	−0.434	0	−0.217	−0.434	0	0	+0.217	0	+0.640
3½	11	2.309	1.479	0.317	100.330	98.851	97.372	−0.434	0	−0.217	−0.434	0	0	+0.217	0	+0.640
4	11	2.309	1.479	0.317	113.030	111.551	110.072	−0.434	0	−0.217	−0.434	0	0	+0.217	0	+0.640
4½	11	2.309	1.479	0.317	125.730	124.251	122.772	−0.434	0	−0.217	−0.434	0	0	+0.217	0	+0.640
5	11	2.309	1.479	0.317	138.430	136.951	135.472	−0.434	0	−0.217	−0.434	0	0	+0.217	0	+0.640
5½	11	2.309	1.479	0.317	151.130	149.651	148.172	−0.434	0	−0.217	−0.434	0	0	+0.217	0	+0.640
6	11	2.309	1.479	0.317	163.830	162.351	160.872	−0.434	0	−0.217	−0.434	0	0	+0.217	0	+0.640

① 对薄壁管件,此公差适用于平均中径,该中径是测量两个互相垂直直径的算术平均值。

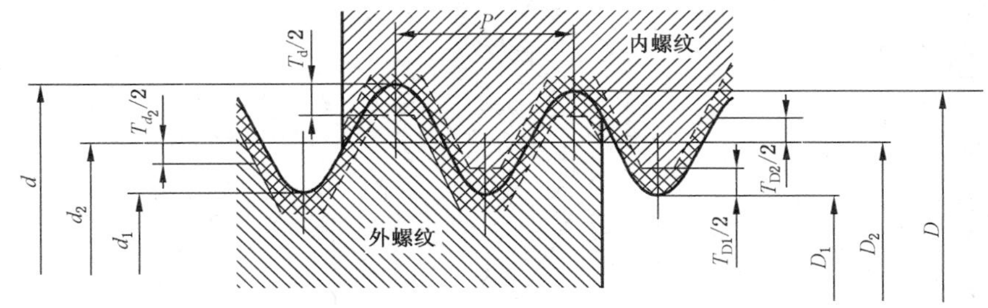

图 3-1-18 55°非密封管螺纹的尺寸

(3) 螺纹代号及标记示例 圆柱管螺纹的标记由螺纹特征代号、尺寸代号和公差等级代号组成，螺纹特征代号用字母"G"表示。

标记示例：

尺寸代号为1½的A级右旋圆柱外螺纹 G1½A；

尺寸代号为1½的B级右旋圆柱外螺纹 G1½B；

尺寸代号为1½的右旋圆柱内螺纹 G1½。

当螺纹为左旋时，在公差等级代号后加注"LH"，例如 G1½-LH，G1½A-LH。

当内、外螺纹装配在一起时，内、外螺纹的标记用斜线分开，左边表示内螺纹，右边表示外螺纹。例如：G1½/G1½A；G1½/G1½B。

3.1.5 60°密封管螺纹

GB/T 12716—2011 标准规定了牙型角为60°螺纹副本身具有密封性管螺纹（NPT 和 NPSC）的牙型、基本尺寸、公差和标记。

内螺纹有圆锥内螺纹和圆柱内螺纹两种，外螺纹仅有圆锥外螺纹一种。内外螺纹可组成两种密封配合形式，圆锥内螺纹与圆锥外螺纹组成"锥/锥"配合，圆柱内螺纹与圆锥外螺纹组成"柱/锥"配合。

3.1.5.1 螺纹术语及代号（表 3-1-42）

3.1.5.2 螺纹牙型及牙型尺寸

表 3-1-42 螺纹术语及代号

术 语	代号	术 语	代号	术 语	代号
内螺纹在基准平面内的大径	D	螺距	P	完整螺纹长度	L_5
外螺纹在基准平面内的大径	d	原始三角形高度	H	不完整螺纹长度	L_6
内螺纹在基准平面内的中径	D_2	螺纹牙型高度	h	螺尾长度	V
外螺纹在基准平面内的中径	d_2	每 25.4 mm 轴向长度内所包含的螺纹牙数	n	有效螺纹长度	L_2
内螺纹在基准平面内的小径	D_1	削平高度	f	装配余量	L_3
外螺纹在基准平面内的小径	d_1	基准距离	L_1	旋紧余量	L_7

圆柱内螺纹的牙型（图 3-1-19a）；圆锥内、外螺纹的牙型（图 3-1-19b）。

(1) 牙型尺寸计算公式。

$$P=\frac{25.4}{n} \quad H=0.866P$$

$$h=0.8P \quad f=0.033P$$

(2) 牙顶高和牙底高公差 （表 3-1-43）

表 3-1-43 60°圆锥管螺纹的牙顶高和牙底高公差

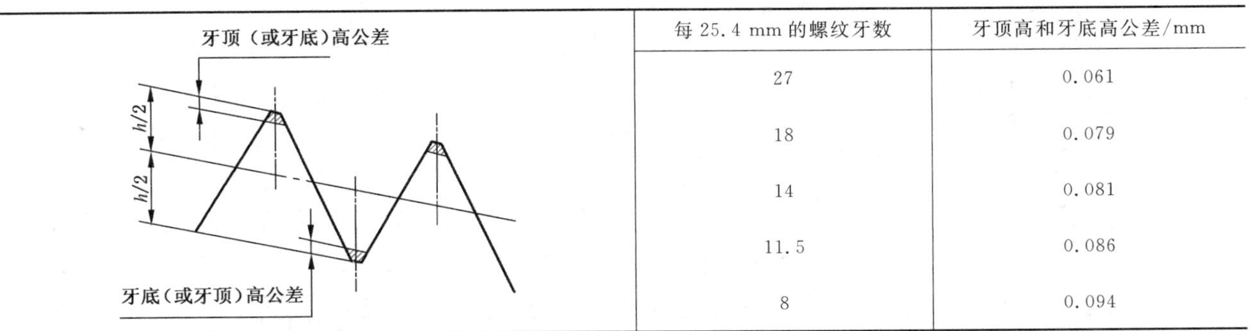

每 25.4 mm 的螺纹牙数	牙顶高和牙底高公差/mm
27	0.061
18	0.079
14	0.081
11.5	0.086
8	0.094

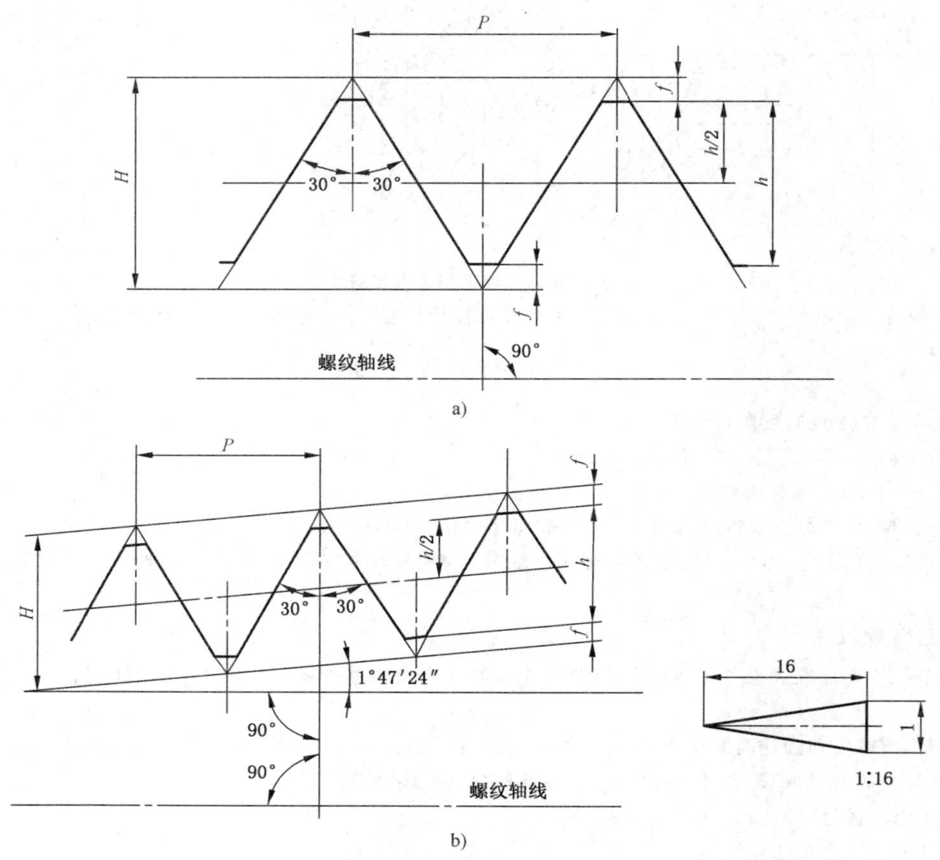

a）圆柱内螺纹的牙型　b）圆锥内、外螺纹的牙型

图 3-1-19　螺纹牙型

3.1.5.3　圆锥管螺纹的基本尺寸及其公差

（1）圆锥管螺纹各主要尺寸（表 3-1-44）及其位置（图 3-1-20）。

（2）基准平面位置　圆锥外螺纹基准平面的理论位置位于垂直于螺纹轴线、与小端面（参照平面）相距一个基准距离的平面内。内螺纹基准平面的理论位置位于垂直于螺纹轴线的端面（参考平面）内（图 3-1-20）。

表 3-1-44　圆锥管螺纹的基本尺寸

1	2	3	4	5	6	7	8	9	10	11	12
螺纹的尺寸代号	25.4 mm内包含的牙数 n	螺距 P	牙型高度 h	基准平面内的基本直径			基准距离 L_1		装配余量 L_3		外螺纹小端面内的基本小径
				大径 $d=D$	中径 $d_2=D_2$	小径 $d_1=D_1$					
		mm					圈数	mm	圈数	mm	mm
1/16	27	0.941	0.753	7.895	7.142	6.389	4.32	4.064	3	2.822	6.137
1/8	27	0.941	0.753	10.242	9.489	8.736	4.36	4.102	3	2.822	8.481
1/4	18	1.411	1.129	13.616	12.487	11.358	4.10	5.785	3	4.234	10.996
3/8	18	1.411	1.129	17.055	15.926	14.797	4.32	6.096	3	4.234	14.417
1/2	14	1.814	1.451	21.223	19.772	18.321	4.48	8.128	3	5.443	17.813
3/4	14	1.814	1.451	26.568	25.117	23.666	4.75	8.618	3	5.443	23.127
1	11.5	2.209	1.767	33.228	31.461	29.694	4.60	10.160	3	6.627	29.060
1¼	11.5	2.209	1.767	41.985	40.218	38.451	4.83	10.668	3	6.627	37.785
1½	11.5	2.209	1.767	48.054	46.287	44.520	4.83	10.668	3	6.627	43.853
2	11.5	2.209	1.767	60.092	58.325	56.558	5.01	11.074	3	6.627	55.867
2½	8	3.175	2.540	72.699	70.159	67.619	5.46	17.323	2	6.350	66.535
3	8	3.175	2.540	88.608	86.068	83.528	6.13	19.456	2	6.350	82.311

续表 3-1-44

1	2	3	4	5	6	7	8	9	10	11	12
螺纹的尺寸代号	25.4 mm内包含的牙数 n	螺距 P	牙型高度 h	基准平面内的基本直径			基准距离 L_1		装配余量 L_3		外螺纹小端面内的基本小径
				大径 $d=D$	中径 $d_2=D_2$	小径 $d_1=D_1$					
		mm					圈数	mm	圈数	mm	mm
3½	8	3.175	2.540	101.316	98.776	96.236	6.57	20.853	2	6.350	94.933
4	8	3.175	2.540	113.973	111.433	108.893	6.75	21.438	2	6.350	107.554
5	8	3.175	2.540	140.952	138.412	135.872	7.50	23.800	2	6.350	134.384
6	8	3.175	2.540	167.792	165.252	162.712	7.66	24.333	2	6.350	161.191
8	8	3.175	2.540	218.441	215.901	213.361	8.50	27.000	2	6.350	211.673
10	8	3.175	2.540	272.312	269.772	267.232	9.68	30.734	2	6.350	265.311
12	8	3.175	2.540	323.032	320.492	317.952	10.88	34.544	2	6.350	315.793
14	8	3.175	2.540	354.904	352.364	349.825	12.50	39.675	2	6.350	347.345
16	8	3.175	2.540	405.784	403.244	400.704	14.50	46.025	2	6.350	397.828
18	8	3.175	2.540	456.565	454.025	451.485	16.00	50.800	2	6.350	448.310
20	8	3.175	2.540	507.246	504.706	502.166	17.00	53.975	2	6.350	498.793
24	8	3.175	2.540	608.608	606.068	603.528	19.00	60.325	2	6.350	599.758

注：1. 可参照表中第 12 栏数据选择攻螺纹前的麻花钻直径。

2. 螺纹收尾长度为 3.47P。

(3) 公差

1) 圆锥螺纹基准平面的轴向位置极限偏差为±1P。

2) 大径和小径公差应以保证螺纹牙顶高和牙底高尺寸所规定的公差范围(表 3-1-43)。

3) 螺纹单项要素公差(表 3-1-45)。

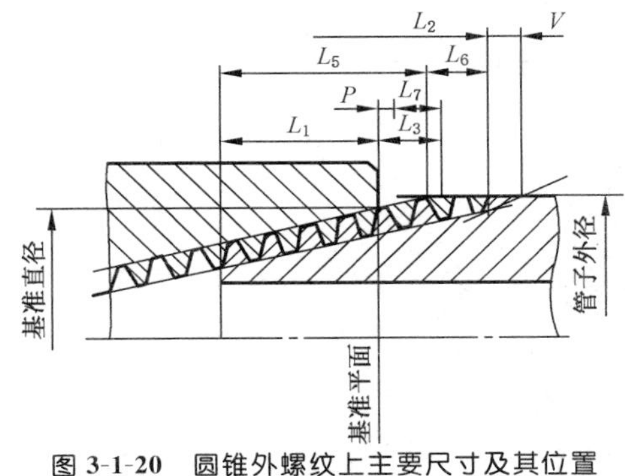

图 3-1-20 圆锥外螺纹上主要尺寸及其位置

表 3-1-45 圆锥螺纹的单项要素公差

在 25.4 mm 轴向长度内所包含的牙数 n	中径线锥度(1/16)的极限偏差	有效螺纹的导程累积偏差/mm	牙侧角偏差/(°)
27	+1/96 −1/192	±0.076	±1.25
18,14			±1
11.5,8			±0.75

注：对有效螺纹长度大于 25.4 mm 的螺纹，其导程累积误差的最大测量跨度为 25.4 mm。

3.1.5.4 圆柱内螺纹的基本尺寸及公差

1) 圆柱内螺纹大径、中径和小径的基本尺寸与圆锥螺纹在基准平面内的大径、中径和小径基本尺寸相等(表 3-1-44)。

2) 基准平面的位置。圆柱内螺纹基准平面的理论位置位于垂直于螺纹轴线的端面内。

3) 大径和小径公差。应以保证螺纹牙顶高和牙底高尺寸所规定的公差范围(表 3-1-43)。

4) 圆柱内螺纹基准平面的轴向位置极限偏差为±1.5P。

5) 螺纹中径在径向所对应的极限尺寸(表 3-1-46)。

表 3-1-46 圆柱内螺纹的极限尺寸

螺纹的尺寸代号	在 25.4 mm 长度内所包含的牙数 n	中径/mm		小径/mm	螺纹的尺寸代号	在 25.4 mm 长度内所包含的牙数 n	中径/mm		小径/mm
		max	min	min			max	min	min
1/8	27	9.578	9.401	8.636	1¼	11.5	40.424	40.010	38.252
1/4	18	12.618	12.355	11.227	1½	11.5	46.494	46.081	44.323
3/8	18	16.057	15.794	14.656	2	11.5	58.531	58.118	56.363
1/2	14	19.941	19.601	18.161	2½	8	70.457	69.860	67.310
3/4	14	25.288	24.948	23.495	3	8	86.365	85.771	83.236
1	11.5	31.668	31.255	29.489	3½	8	99.072	98.479	95.936
					4	8	111.729	111.135	108.585

注：可参照最小小径数据选择攻螺纹前的麻花钻直径。

3.1.5.5 有效螺纹的长度

圆锥外螺纹的有效螺纹长度不应小于其基准距离的实际尺寸与装配余量之和。内螺纹的有效螺纹长度不应小于其基准平面位置的实际偏差、基准距离的基本尺寸与装配余量之和。

3.1.5.6 倒角对基准平面理论位置的影响

1）在外螺纹的小端面倒角，其基准平面的理论位置不变(图 3-1-21a)。

2）在内螺纹的大端面倒角，如倒角的直径不大于大端面上内螺纹的大径，则基准平面的轴向理论位置不变(图 3-1-21b)。

3）在内螺纹的大端面倒角，如倒角的直径大于大端面上内螺纹的大径，则基准平面的理论位置位于内螺纹大径圆锥或大径圆锥与倒角圆锥相交的轴向位置处(图 3-1-21c)。

3.1.5.7 螺纹特征代号及标记示例

管螺纹的标记由螺纹特征代号和螺纹尺寸代号组成(尺寸代号见表 3-1-44)。

螺纹特征代号：NPT——圆锥管螺纹；

NPSC——圆柱内螺纹。

标记示例：尺寸代号为 3/4 单位的右旋圆柱内螺纹 NPSC3/4

尺寸代号为 6 单位的右旋圆锥内螺纹或圆锥外螺纹 NPT6

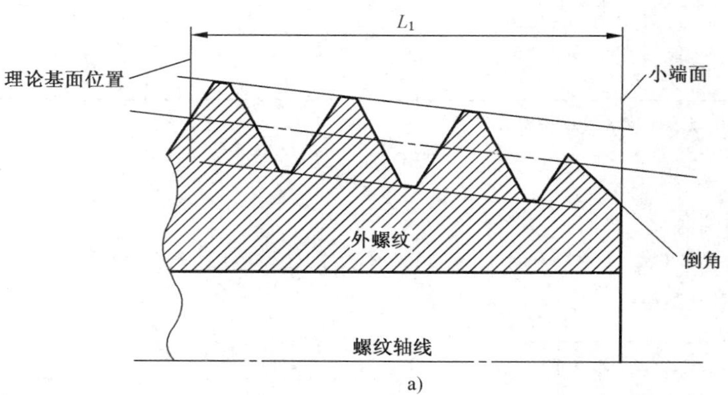

a)

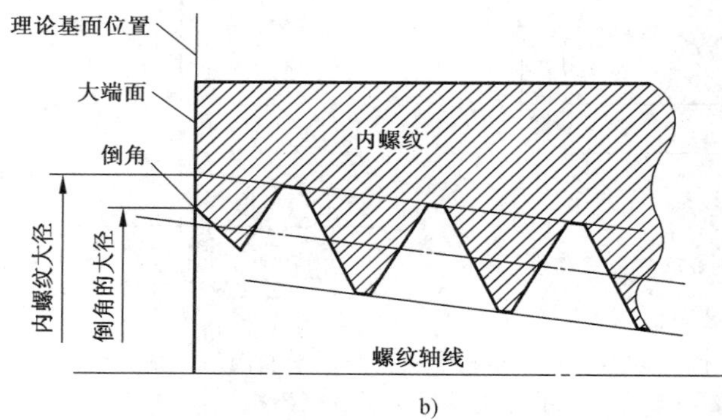

b)

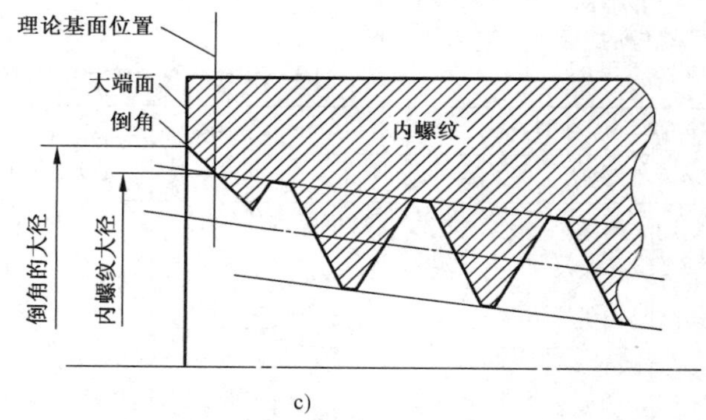

c)

图 3-1-21 倒角对基准平面理论位置的影响

3.1.6 米制密封螺纹(Mc、Mp)(GB/T 1415—2008)

米制密封管螺纹有两种配合方式:圆柱内螺纹与圆锥外螺纹组成"柱/锥"配合;圆锥内螺纹与圆锥外螺纹组成"锥/锥"配合。为提高密封性,允许在螺纹配合面加密封填料。

3.1.6.1 牙型

1)米制密封圆柱内螺纹的牙型见图 3-1-1。

2)米制密封圆锥螺纹的设计牙型及尺寸计算见图 3-1-22。

3.1.6.2 基准平面位置

圆锥外螺纹基准平面的理论位置在垂直于螺纹轴线与小端面相距一个基准距离的平面内。内螺纹基准平面的理论位置在垂直于螺纹轴线的端面内(图 3-1-23)。

3.1.6.3 基本尺寸

米制密封螺纹的基本尺寸见表 3-1-47。外螺纹上的轴向尺寸分布位置见图 3-1-23。

其中:$D_2=d_2=D-0.6495P$;

$D_1=d_1=D-1.0825P$。

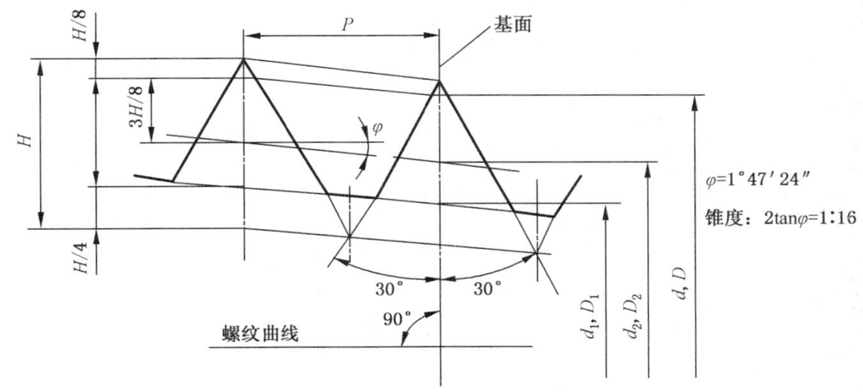

$H=\frac{\sqrt{3}}{2}P=0.866\,025\,404P$ $\frac{H}{4}=0.126\,506\,351P$ $\frac{5}{8}H=0.541\,265\,877P$ $\frac{H}{8}=0.108\,253\,175P$

图 3-1-22 米制密封圆锥管螺纹牙型

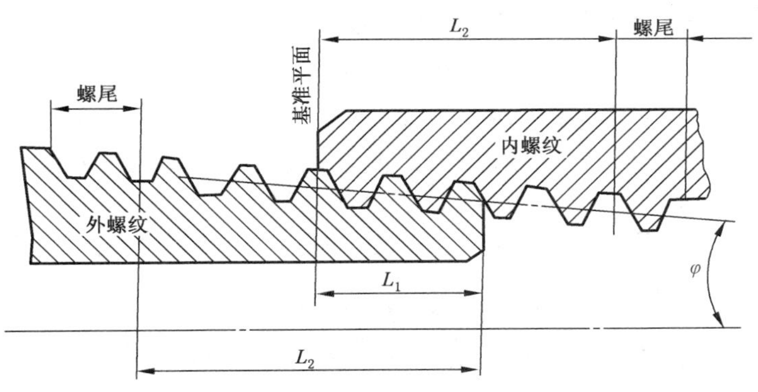

图 3-1-23 米制密封螺纹基准平面理论位置及轴向尺寸分布位置

表 3-1-47 米制密封螺纹的基本尺寸 (mm)

公称直径 D、d	螺距 P	基准平面内的直径①			基准距离②		最小有效螺纹长度②	
		大径 D、d	中径 D_2、d_2	小径 D_1、d_1	标准型 L_1	短型 $L_{1短}$	标准型 L_2	短型 $L_{2短}$
8	1	8.000	7.350	6.917	5.500	2.500	8.000	5.500
10	1	10.000	9.350	8.917	5.500	2.500	8.000	5.500
12	1	12.000	11.350	10.917	5.500	2.500	8.000	5.500
14	1.5	14.000	13.026	12.376	7.500	3.500	11.000	8.500

续表 3-1-47 (mm)

公称直径 D,d	螺距 P	基准平面内的直径[①]			基准距离[②]		最小有效螺纹长度[②]	
		大径 D,d	中径 D_2,d_2	小径 D_1,d_1	标准型 L_1	短型 $L_{1短}$	标准型 L_2	短型 $L_{2短}$
16	1	16.000	15.350	14.917	5.500	2.500	8.000	5.500
	1.5	16.000	15.026	14.376	7.500	3.500	11.000	8.500
20	1.5	20.000	19.026	18.376	7.500	3.500	11.000	8.500
27	2	27.000	25.701	24.835	11.000	5.000	16.000	12.000
33	2	33.000	31.701	30.835	11.000	5.000	16.000	12.000
42	2	42.000	40.701	39.835	11.000	5.000	16.000	12.000
48	2	48.000	46.701	45.835	11.000	5.000	16.000	12.000
60	2	60.000	58.701	57.835	11.000	5.000	16.000	12.000
72	3	72.000	70.051	68.752	16.500	7.500	24.000	18.000
76	2	76.000	74.701	73.835	11.000	5.000	16.000	12.000
90	2	90.000	88.701	87.835	11.000	5.000	16.000	12.000
	3	90.000	88.051	86.752	16.500	7.500	24.000	18.000
115	2	115.000	113.701	112.835	11.000	5.000	16.000	12.000
	3	115.000	113.051	111.752	16.500	7.500	24.000	18.000
140	2	140.000	138.701	137.835	11.000	5.000	16.000	12.000
	3	140.000	138.051	136.752	16.500	7.500	24.000	18.000
170	3	170.000	168.051	166.752	16.500	7.500	24.000	18.000

① 对圆锥螺纹，不同轴向位置平面内的螺纹直径数值是不同的。要注意各直径的轴向位置。

② 基准距离有两种型式：标准型和短型。两种基准距离分别对应两种型式的最小有效螺纹长度。标准型基准距离 L_1 和标准型最小有效螺纹长度 L_2 适用于由圆锥内螺纹与圆锥外螺纹组成的"锥/锥"配合螺纹；短型基准距离 $L_{1短}$ 和短型最小有效螺纹长度 $L_{2短}$ 适用于由圆柱内螺纹与圆锥外螺纹组成的"柱/锥"配合螺纹。选择时要注意两种配合形式对应两组不同的基准距离和最小有效螺纹长度，避免选择错误。

3.1.6.4 公差

圆锥螺纹基准平面位置的极限偏差见表 3-1-48。

圆柱内螺纹的中径公差带为 5H，小径公差带为 4H，其公差值在普通螺纹公差表中查取。

3.1.6.5 螺纹长度

米制密封圆锥螺纹的最小有效螺纹长度不应小于表 3-1-47 的规定值。米制密封圆柱内螺纹的最小有效螺纹长度不应小于表 3-1-47 规定值的 80%。

表 3-1-48 圆锥螺纹基准平面位置的极限偏差 (mm)

螺距 P	外螺纹基准平面的极限偏差($\pm T_1/2$)	内螺纹基准平面的极限偏差($\pm T_2/2$)	螺距 P	外螺纹基准平面的极限偏差($\pm T_1/2$)	内螺纹基准平面的极限偏差($\pm T_2/2$)
1	0.7	1.2	2	1.4	1.8
1.5	1	1.5	3	2	3

3.1.6.6 螺纹代号及标记示例

米制密封螺纹的完整标记由螺纹特征代号、尺寸代号和基准距离组别代号组成。

1）圆锥螺纹的特征代号为 Mc。

2）圆柱内螺纹的特征代号为 Mp。

3）基准距离组别代号：采用标准基准距离时，可以省略基准距离代号（N）；采用短型基准距离时，标注组别代号"S"，中间用"-"分开。

4）对左旋螺纹，应在基准距离组别代号后标注"LH"，右旋螺纹不标注旋向代号。

示例：

公称直径为 12 mm、螺距为 1 mm、标准型基准距离的右旋圆锥管螺纹：Mc12×1；

公称直径为 20 mm、螺距为 1.5 mm、短型基准距离的右旋圆锥管螺纹：Mc20×1.5-S；

公称直径为 42 mm、螺距为 2 mm、短型基准距离的左旋圆柱螺纹：Mc42×2-S-LH。

与圆锥外螺纹配合的圆柱内螺纹采用米制普通螺纹，其牙型、基本尺寸、公差同米制普通螺纹。

3.1.7 英制惠氏螺纹

3.1.7.1 牙型

英制惠氏螺纹的设计牙型见图 3-1-24。

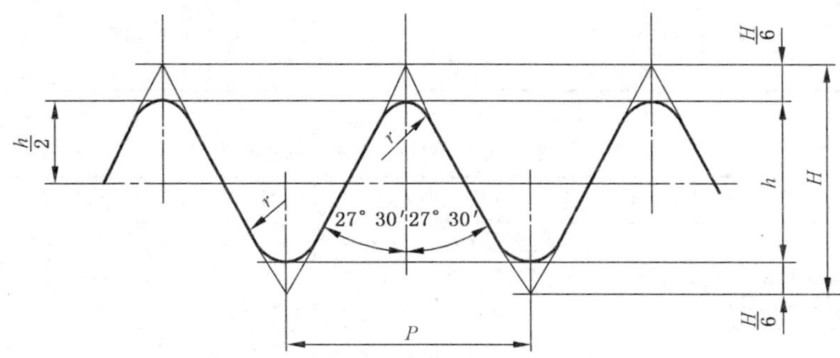

$H=0.960\ 491P \quad h=0.640\ 327P \quad \frac{H}{6}=0.160\ 082P \quad r=0.137\ 329P$

图 3-1-24 英制惠氏螺纹的设计牙型

3.1.7.2 英制惠氏螺纹的标准系列(表 3-1-49)。

表 3-1-49 英制惠氏螺纹的标准系列

公称直径/in	牙数		公称直径/in	牙数		公称直径/in	牙数	
	粗牙(B.S.W.)	细牙(B.S.F.)		粗牙(B.S.W.)	细牙(B.S.F.)		粗牙(B.S.W.)	细牙(B.S.F.)
1/8	(40)	—	3/4	10	12	2¾	3.5	6
3/16	24	(32)	7/8	9	11	3	3.5	5
7/32	—	(28)	1	8	10	3¼	(3.25)	5
1/4	20	26	1⅛	7	9	3½	3.25	4.5
9/32	—	(26)	1¼	7	9	3¾	(3)	4.5
5/16	18	22	1⅜	—	(8)	4	3	4.5
3/8	16	20	1½	6	8	4¼	—	4
7/16	14	18	1⅝	—	(8)	4½	2.875	—
1/2	12	16	1¾	5	7	5	2.75	—
9/16	(12)	16	2	4.5	7	5½	2.625	—
5/8	11	14	2¼	4	6	6	2.5	—
11/16	(11)	(14)	2½	4	6			

注：优先选用不带括号的牙数。1 in=25.4 mm。

3.1.7.3 基本尺寸

惠氏粗牙螺纹和细牙螺纹基本尺寸分别见表 3-1-50 和表 3-1-51。特殊系列惠氏螺纹基本尺寸按下列公式计算

$$D_2=d_2=D-0.640\ 327P$$

$$D_1=d_1=D-1.280\ 654P$$

表 3-1-50 惠氏粗牙螺纹(B.S.W.)的基本尺寸 (in)

公称直径	牙数	螺距	牙高	大径	中径	小径	公称直径	牙数	螺距	牙高	大径	中径	小径
1/8	40	0.025 00	0.016 0	0.125 0	0.109 0	0.093 0	5/8	11	0.090 91	0.058 2	0.625 0	0.566 8	0.508 6
3/16	24	0.041 67	0.026 7	0.187 5	0.160 8	0.134 1	11/16	11	0.090 91	0.058 2	0.687 5	0.629 3	0.571 1
1/4	20	0.050 00	0.032 0	0.250 0	0.218 0	0.186 0	3/4	10	0.100 00	0.064 0	0.750 0	0.686 0	0.622 0
5/16	18	0.055 56	0.035 6	0.312 5	0.276 9	0.241 3	7/8	9	0.111 11	0.071 1	0.875 0	0.803 9	0.732 8
3/8	16	0.062 50	0.040 0	0.375 0	0.335 0	0.295 0	1	8	0.125 00	0.080 0	1.000 0	0.920 0	0.840 0
7/16	14	0.071 43	0.045 7	0.437 5	0.391 8	0.346 1	1⅛	7	0.142 86	0.091 5	1.125 0	1.033 5	0.942 0
1/2	12	0.083 33	0.053 4	0.500 0	0.446 6	0.393 2	1¼	7	0.142 86	0.091 5	1.250 0	1.158 5	1.067 0
9/16	12	0.083 33	0.053 4	0.562 5	0.509 1	0.455 7	1½	6	0.166 67	0.106 7	1.500 0	1.393 3	1.286 6

续表 3-1-50 (in)

公称直径	牙数	螺距	牙高	大径	中径	小径	公称直径	牙数	螺距	牙高	大径	中径	小径
1¾	5	0.200 00	0.128 1	1.750 0	1.621 9	1.493 8	3½	3.25	0.307 69	0.197 0	3.500 0	3.303 0	3.106 0
2	4.5	0.222 22	0.142 3	2.000 0	1.857 7	1.715 4	3¾	3	0.333 33	0.213 4	3.750 0	3.536 6	3.323 2
2¼	4	0.250 00	0.160 1	2.250 0	2.089 9	1.929 8	4	3	0.333 33	0.213 4	4.000 0	3.786 6	3.573 2
2½	4	0.250 00	0.160 1	2.500 0	2.339 9	2.179 8	4½	2.875	0.347 83	0.222 7	4.500 0	4.277 3	4.054 6
2¾	3.5	0.285 71	0.183 0	2.750 0	2.567 0	2.384 0	5	2.75	0.363 64	0.232 8	5.000 0	4.767 2	4.534 4
3	3.5	0.285 71	0.183 0	3.000 0	2.817 0	2.634 0	5½	2.625	0.380 95	0.243 9	5.500 0	5.256 1	5.012 2
3¼	3.25	0.307 69	0.197 0	3.250 0	3.053 0	2.856 0	6	2.5	0.400 00	0.256 1	6.000 0	5.743 9	5.487 8

注：1 in=25.4 mm。

表 3-1-51 惠氏细牙螺纹(B.S.F.)的基本尺寸 (in)

公称直径	牙数	螺距	牙高	大径	中径	小径	公称直径	牙数	螺距	牙高	大径	中径	小径
3/16	32	0.031 25	0.020 0	0.187 5	0.167 5	0.147 5	1	10	0.100 00	0.064 0	1.000 0	0.936 0	0.872 0
7/32	28	0.035 71	0.022 9	0.218 8	0.195 9	0.173 0	1⅛	9	0.111 11	0.071 1	1.125 0	1.053 9	0.982 8
1/4	26	0.038 46	0.024 6	0.250 0	0.225 4	0.200 8	1¼	9	0.111 11	0.071 1	1.250 0	1.178 9	1.107 8
9/32	26	0.038 46	0.024 6	0.281 2	0.256 6	0.232 0	1⅜	8	0.125 00	0.080 0	1.375 0	1.295 0	1.215 0
5/16	22	0.045 45	0.029 1	0.312 5	0.283 4	0.254 3	1½	8	0.125 00	0.080 0	1.500 0	1.420 0	1.340 0
3/8	20	0.050 00	0.032 0	0.375 0	0.343 0	0.311 0	1⅝	8	0.125 00	0.080 0	1.625 0	1.545 0	1.465 0
7/16	18	0.055 56	0.035 6	0.437 5	0.401 9	0.366 3	1¾	7	0.142 86	0.091 5	1.750 0	1.658 5	1.567 0
1/2	16	0.062 50	0.040 0	0.500 0	0.460 0	0.420 0	2	7	0.142 86	0.091 5	2.000 0	1.908 5	1.817 0
9/16	16	0.062 50	0.040 0	0.562 5	0.522 5	0.482 5	2¼	6	0.166 67	0.106 7	2.250 0	2.143 3	2.036 6
5/8	14	0.071 43	0.045 7	0.625 0	0.579 3	0.533 6	2½	6	0.166 67	0.106 7	2.500 0	2.393 3	2.286 6
11/16	14	0.071 43	0.045 7	0.687 5	0.641 8	0.596 1	2¾	6	0.166 67	0.106 7	2.750 0	2.643 3	2.536 6
3/4	12	0.083 33	0.053 4	0.750 0	0.696 6	0.643 2	3	5	0.200 00	0.128 1	3.000 0	2.871 9	2.743 8
7/8	11	0.090 91	0.058 2	0.875 0	0.816 8	0.758 6	3¼	5	0.200 00	0.128 1	3.250 0	3.121 9	2.993 8

注：1 in=25.4 mm。

3.1.7.4 公差

标准系列英制惠氏螺纹(粗牙、中等级)的公差和极限尺寸见表 3-1-52、表 3-1-53。

表 3-1-52 粗牙、中等级内螺纹的公差和极限尺寸 (in)

公称直径	牙数	大径	中径			小径		
		min	max	公差	min	max	公差	min
1/8	40	0.125 0	0.111 9	0.002 9	0.109 0	0.102 0	0.009 0	0.093 0
3/16	24	0.187 5	0.164 3	0.003 5	0.160 8	0.147 4	0.013 3	0.134 1
1/4	20	0.250 0	0.221 9	0.003 9	0.218 0	0.203 0	0.017 0	0.118 60
5/16	18	0.312 5	0.281 1	0.004 2	0.276 9	0.259 4	0.018 1	0.241 3
3/8	16	0.375 0	0.339 5	0.004 5	0.335 0	0.314 5	0.019 5	0.295 0
7/16	14	0.437 5	0.396 6	0.004 8	0.391 8	0.367 4	0.021 3	0.346 1
1/2	12	0.500 0	0.451 8	0.005 2	0.446 6	0.416 9	0.023 17	0.393 2
9/16	12	0.562 5	0.514 4	0.005 3	0.509 1	0.479 4	0.023 7	0.455 7
5/8	11	0.625 0	0.572 4	0.005 6	0.566 8	0.533 8	0.025 2	0.508 6
11/16	11	0.687 5	0.635 1	0.005 8	0.629 3	0.596 3	0.025 2	0.571 1
3/4	10	0.750 0	0.692 0	0.006 0	0.686 0	0.649 0	0.027 0	0.622 0
7/8	9	0.875 0	0.810 3	0.006 4	0.803 9	0.762 0	0.029 2	0.732 8
1	8	1.000 0	0.926 8	0.006 8	0.920 0	0.872 0	0.032 0	0.840 0
1⅛	7	1.125 0	1.040 7	0.007 2	1.033 5	0.977 6	0.035 6	0.942 0
1¼	7	1.250 0	1.165 9	0.007 4	1.158 5	1.102 6	0.035 6	1.067 0
1½	6	1.500 0	1.401 3	0.008 0	1.393 3	1.326 9	0.040 3	1.286 6
1¾	5	1.750 0	1.630 5	0.008 6	1.621 9	1.540 8	0.047 0	1.493 8
2	4.5	2.000 0	1.866 8	0.009 1	1.857 7	1.766 8	0.051 4	1.715 4
2¼	4	2.250 0	2.099 5	0.009 6	2.089 9	1.986 8	0.057 0	1.929 8
2½	4	2.500 0	2.349 9	0.010 0	2.339 9	2.236 8	0.057 0	2.179 8
2¾	3.5	2.750 0	2.577 4	0.010 4	2.567 0	2.448 1	0.064 1	2.384 0
3	3.5	3.000 0	2.827 8	0.010 8	2.817 0	2.698 1	0.064 1	2.634 0

续表 3-1-52 (in)

公称直径	牙 数	大 径	中 径			小 径		
		min	max	公差	min	max	公差	min
3¼	3.25	3.250 0	3.064 1	0.011 1	3.053 0	2.924 5	0.068 5	2.856 0
3½	3.25	3.500 0	3.314 4	0.011 4	3.303 0	3.174 5	0.068 5	3.106 0
3¾	3	3.750 0	3.548 4	0.011 8	3.536 6	3.396 9	0.073 7	3.323 2
4	3	4.000 0	3.798 7	0.012 1	3.786 6	3.646 9	0.073 7	3.573 2
4½	2.875	4.500 0	4.289 9	0.012 6	4.277 3	4.131 2	0.076 6	4.054 6
5	2.75	5.000 0	4.780 3	0.013 1	4.767 2	4.614 1	0.079 7	4.534 4
5½	2.625	5.500 0	5.269 8	0.013 7	5.256 1	5.095 4	0.083 2	5.012 2
6	2.5	6.000 0	5.758 0	0.014 1	5.743 9	5.574 8	0.087 0	5.487 8

注：1 in=25.4 mm。

表 3-1-53 粗牙、中等级外螺纹的公差和极限尺寸 (in)

(1) 公称直径≤3/4 in

公称直径	牙数	大 径				中 径				小 径			
		不镀或镀前			镀后	不镀或镀前			镀后	不镀或镀前			镀后
		max	公差	min	max	max	公差	min	max	max	公差	min	max
1/8	40	0.123 8	0.004 5	0.119 3	0.125 0	0.107 8	0.002 9	0.104 9	0.109 0	0.091 8	0.006 1	0.085 7	0.093 0
3/16	24	0.186 3	0.005 5	0.180 8	0.187 5	0.159 6	0.003 5	0.156 1	0.160 8	0.132 9	0.007 6	0.125 3	0.134 1
1/4	20	0.248 8	0.006 1	0.242 7	0.250 0	0.216 8	0.003 9	0.212 9	0.218 0	0.184 8	0.008 4	0.176 4	0.186 0
5/16	18	0.311 2	0.006 6	0.304 6	0.312 5	0.275 6	0.004 2	0.271 4	0.276 9	0.240 0	0.008 9	0.231 1	0.241 3
3/8	16	0.373 6	0.007 0	0.366 6	0.375 0	0.333 6	0.004 5	0.329 1	0.335 0	0.293 6	0.009 5	0.284 1	0.295 0
7/16	14	0.436 0	0.007 5	0.428 5	0.437 5	0.390 3	0.004 8	0.385 5	0.391 8	0.344 6	0.010 1	0.334 5	0.346 1
1/2	12	0.498 5	0.008 1	0.490 4	0.500 0	0.445 1	0.005 2	0.439 9	0.446 6	0.391 7	0.011 0	0.380 7	0.393 2
9/16	12	0.560 9	0.008 2	0.552 7	0.562 5	0.507 5	0.005 3	0.502 2	0.509 1	0.454 1	0.011 1	0.443 0	0.455 7
5/8	11	0.623 3	0.008 6	0.614 7	0.625 0	0.565 1	0.005 6	0.559 5	0.566 8	0.506 9	0.011 6	0.495 3	0.508 6
11/16	11	0.685 8	0.008 8	0.677 0	0.687 5	0.627 6	0.005 8	0.621 8	0.629 3	0.569 4	0.011 8	0.557 6	0.571 1
3/4	10	0.748 2	0.009 2	0.739 0	0.750 0	0.684 2	0.006 0	0.678 2	0.686 0	0.620 2	0.012 3	0.607 9	0.622 0

(2) 公称直径>3/4 in

公称直径	牙 数	大 径			中 径			小 径		
		max	公差	min	max	公差	min	max	公差	min
7/8	9	0.875 0	0.009 7	0.865 3	0.803 9	0.006 4	0.797 5	0.732 8	0.013 1	0.719 7
1	8	1.000 0	0.010 3	0.989 7	0.920 0	0.006 8	0.913 2	0.840 0	0.013 9	0.826 1
1⅛	7	1.125 0	0.011 0	1.114 0	1.033 5	0.007 2	1.026 3	0.942 0	0.014 8	0.927 2
1¼	7	1.250 0	0.011 2	1.238 8	1.158 5	0.007 4	1.151 1	1.067 0	0.015 0	1.052 0
1½	6	1.500 0	0.012 1	1.487 9	1.393 3	0.008 0	1.385 3	1.286 6	0.016 2	1.270 4
1¾	5	1.750 0	0.013 1	1.736 9	1.621 9	0.008 6	1.613 3	1.493 8	0.017 5	1.476 3
2	4.5	2.000 0	0.013 8	1.986 2	1.857 7	0.009 1	1.848 6	1.715 4	0.018 5	1.696 9
2¼	4	2.250 0	0.014 6	2.235 4	2.089 9	0.009 6	2.080 3	1.929 8	0.019 6	1.910 2
2½	4	2.500 0	0.015 0	2.485 0	2.339 9	0.010 0	2.329 9	2.179 8	0.020 0	2.159 8
2¾	3.5	2.750 0	0.015 7	2.734 3	2.567 0	0.010 4	2.556 6	2.384 0	0.021 1	2.362 9
3	3.5	3.000 0	0.016 1	2.983 9	2.817 0	0.010 8	2.806 2	2.634 0	0.021 5	2.612 5
3¼	3.25	3.250 0	0.016 7	3.233 3	3.053 0	0.011 1	3.041 9	2.856 0	0.022 2	2.833 8
3½	3.25	3.500 0	0.017 0	3.483 0	3.303 0	0.011 4	3.291 6	3.106 0	0.022 5	3.083 5
3¾	3	3.750 0	0.017 6	3.732 4	3.536 6	0.011 8	3.524 8	3.323 2	0.023 4	3.299 8
4	3	4.000 0	0.017 8	3.982 2	3.786 6	0.012 1	3.774 5	3.573 2	0.023 6	3.549 6
4½	2.875	4.500 0	0.018 5	4.481 5	4.277 3	0.012 6	4.264 7	4.054 6	0.024 4	4.030 2
5	2.75	5.000 0	0.019 2	4.980 8	4.767 2	0.013 1	4.754 1	4.534 4	0.025 2	4.509 2
5½	2.625	5.500 0	0.019 8	5.480 2	5.256 1	0.013 7	5.242 4	5.012 2	0.026 0	4.986 2
6	2.5	6.000 0	0.020 5	5.979 5	5.743 9	0.014 1	5.729 8	5.487 8	0.026 8	5.461 0

注：1 in=25.4 mm。

3.1.7.5 标记示例

惠氏螺纹的基本标记由公称尺寸、牙数、螺纹系列代号、旋向代号、公差带代号和内、外螺纹英文单词组成。

粗牙系列—B. S. W.

细牙系列—B. S. F.

组合系列—Whit. S.

螺距系列—Whit.

内螺纹—nut

外螺纹—bolt

左旋螺纹的代号为"LH",右旋螺纹代号省略不标注。

外螺纹的自由、中等和紧密级公差带代号分别为"free"、"medium"和"close";内螺纹的普通和中等级公差带代号分别为"normal"和"medlium"。

示例:

1/4in. —20. B. S. W. ,LH(close)bolt.

1½in. —8 B. S. F. (normal)nut.

1 in. —20Whit. S. (free)bolt.

0. 67in. —20Whit. (medium)nut.

多线螺纹的螺纹代号为"Whit"。标记内需注出线数(start)、导程(lead)和螺距(pitch)。其公差值需由设计得自己决定。

示例:

2in. 2 start,0. 2in. lead,0. 1 in. pitch,Whit.

3.2 齿轮

3.2.1 渐开线圆柱齿轮

3.2.1.1 基本齿廓和模数

当渐开线圆柱齿轮的基圆无穷增大时,齿轮将变成齿条,渐开线齿廓将逼近直线形齿廓,这一点成为统一齿廓的基础。基本齿廓标准不仅要统一齿形角,还要统一齿廓各部分的几何尺寸。

GB/T 1356—2008《通用机械和重型机械用圆柱齿轮　标准基本齿条齿廓》,规定了通用机械和重型机械用渐开线圆柱齿轮(外齿或内齿)的标准基本齿条齿廓的特性。标准适用于 GB/T 1357—2008 规定的标准模数。

标准规定的齿廓没有考虑内齿轮齿高可能进行的修正,内齿轮对不同情况应分别计算。

标准中,标准基本齿条的齿廓仅给出了渐开线类齿轮齿廓的几何参数。它不包括对刀具的定义,但为获得合适的齿廓,可以根据标准中基本齿条的齿廓,规定设计刀具的参数。

(1) 术语定义和代号

1) 基本齿廓术语和定义见表 3-2-1。

表 3-2-1　基本齿廓术语和定义

术　语	定　　义
标准基本齿条齿廓	基本齿条的法向截面,基本齿条相当于齿数 $z=\infty$,直径 $d=\infty$ 的外齿轮(见表 3-2-3)
相啮标准齿条齿廓	齿条齿廓在基准线 $P-P$ 上对称于标准基本齿条齿廓,且相对于标准基本齿条齿廓的半个齿距的齿廓(见表 3-2-3)

注:标准基本齿条齿廓的轮齿介于齿顶处的齿顶线和与之平行的齿底部的齿根线之间。齿廓直线部分和齿根线之间的圆角是半径 ρ_{fP} 的圆弧。

2) 基本齿廓的代号和单位见表 3-2-2。

表 3-2-2　基本齿廓的代号和单位

代号	意　义	单位	代号	意　义	单位
c_P	标准基本齿条轮齿与相啮标准基本齿条轮齿之间的顶隙	mm	m	模数	mm
e_P	标准基本齿条轮齿齿槽宽	mm	p	齿距	mm
h_{aP}	标准基本齿条轮齿齿顶高	mm	s_P	标准基本齿条轮齿的齿厚	mm
h_{fP}	标准基本齿条轮齿齿根高	mm	u_{FP}	挖根量	mm
h_{FfP}	标准基本齿条轮齿齿根直线部分的高度	mm	α_{FP}	挖根角	(°)
h_P	标准基本齿条的齿高	mm	α_P	压力角	(°)
h_{wP}	标准基本齿条和相啮标准基本齿条轮齿的有效齿高	mm	ρ_{fP}	基本齿条的齿根圆角半径	mm

（2）标准基本齿条齿廓（表 3-2-3）

表 3-2-3 标准基本齿条齿廓

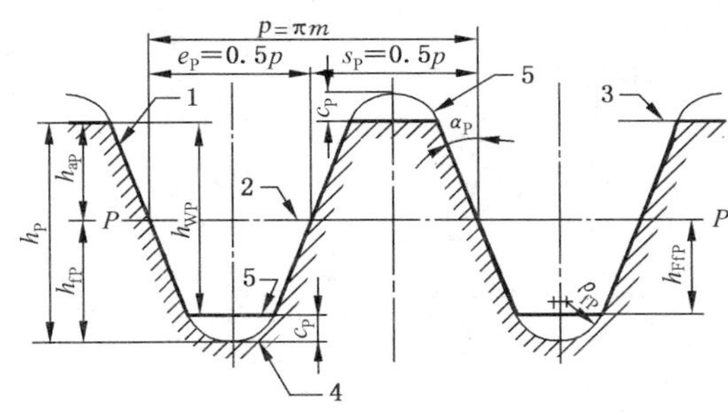

1—标准基本齿条齿廓 2—基准线 3—齿顶线 4—齿根线 5—相啮标准基本齿条齿廓

标准基本齿条比例

几何参数	α_P/(°)	h_{aP}	c_P	h_{fP}	ρ_{fP}
标准基本齿条值	20	$1m$	$0.25m$	$1.25m$	$0.38m$

基本齿条齿廓

基本齿条齿廓类型	几何参数					推荐使用场合
	α_P/(°)	h_{aP}	c_P	h_{fP}	ρ_{fP}	
A	20	$1m$	$0.25m$	$1.25m$	$0.38m$	用于传递大转矩的齿轮
B	20	$1m$	$0.25m$	$1.25m$	$0.3m$	用于通常的场合。用标准滚刀加工时，可用C型
C	20	$1m$	$0.25m$	$1.25m$	$0.25m$	
D	20	$1m$	$0.4m$	$1.4m$	$0.39m$	齿根圆角为单圆弧齿根圆角。用于高精度、传递大转矩齿轮

（3）模数系列（表 3-2-4）

表 3-2-4 模数系列（GB/T 1357—2008） （mm）

第一系列								第二系列						
0.1	0.12	0.15	0.2	0.25	0.3	0.4	0.5	0.35	0.7	0.9	1.75	2.25	2.75	(3.25)
0.6	0.8	1	1.25	1.5	2	2.5	3	3.5	(3.75)	4.5	5.5	(6.5)	7	9
4	5	6	8	10	12	16	20	(11)	14	18	22	28	36	45
25	32	40	50											

注：优先选用第一系列，括号内的模数尽可能不用。

3.2.1.2 圆柱齿轮的几何尺寸计算

（1）外啮合标准圆柱齿轮几何尺寸计算（表 3-2-5）

（2）内啮合标准圆柱齿轮几何尺寸计算（表 3-2-6）

表 3-2-5 外啮合标准圆柱齿轮几何尺寸计算

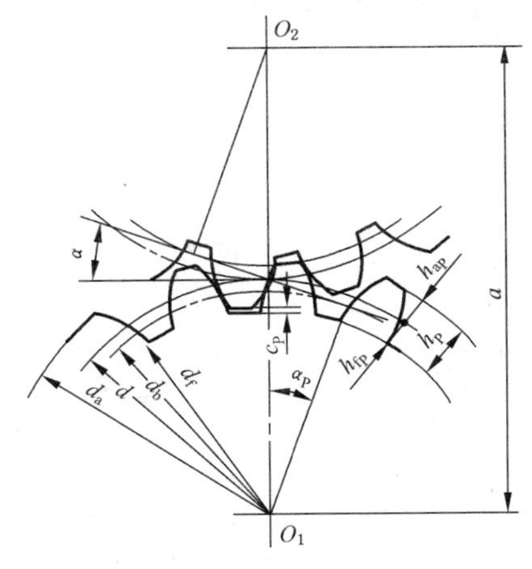

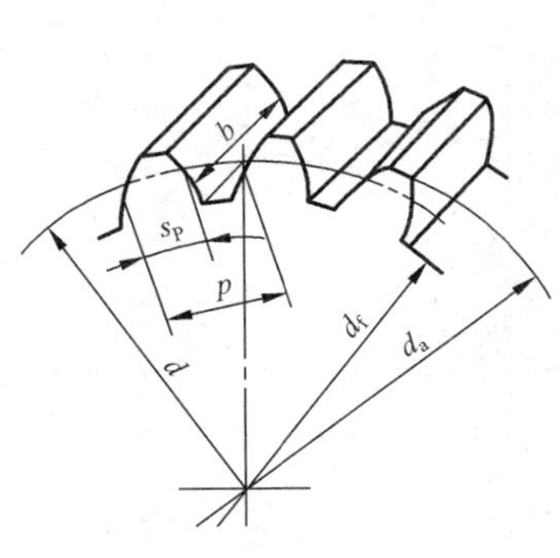

续表 3-2-5

直齿轮

项目	名称	代号	计算公式	说明
基本参数	模数	m	—	按规定选取
	齿数	z	—	按传动要求确定
	齿形角	α_P	$\alpha_P=20°$	—
	齿顶高系数	h_a	$h_a=1$	—
	顶隙系数	c_P	$c_P=0.25$	—
几何尺寸	分度圆直径	d	$d=mz$	—
	齿顶高	h_{aP}	$h_{aP}=h_a m=m$	—
	齿根高	h_{fP}	$h_{fP}=(h_a+c_P)m=1.25\ m$	—
	齿高	h_P	$h_P=h_{aP}+h_{fP}=2.25\ m$	—
	齿顶圆直径	d_a	$d_a=d+2h_{aP}=m(z+2)$	—
	齿根圆直径	d_f	$d_f=d-2h_{fP}=m(z-2.5)$	—
	齿距	p	$p=\pi m$	—
	齿厚	s_P	$s_P=\frac{p}{2}=\frac{\pi m}{2}$	—
	齿宽	b	b	齿的轴向长度
	中心距	a	$a=\frac{d_1+d_2}{2}=\frac{m(z_1+z_2)}{2}$	—

斜齿轮

项目	名称	代号	计算公式	说明
基本参数	模数	m	$m_n=m_t\cos\beta$ m_t—端面模数	按规定选取
	齿数	z	—	按传动要求确定
	齿形角	α_P	$\alpha_{Pn}=20°$	—
	分度圆螺旋角	β	—	常在 8°～20°内选择
	齿顶高系数	h_a	$h_{an}=1$	—
	顶隙系数	c_P	$c_{Pn}=0.25$	—
几何尺寸	分度圆直径	d	$d=\frac{m_n}{\cos\beta}\cdot z$	—
	齿顶高	h_{aP}	$h_{aP}=h_{an}m_n=m_n$	—
	齿根高	h_{fP}	$h_{fP}=(h_{an}+\varphi)m_n=1.25\ m_n$	—
	齿高	h_P	$h_P=h_{aP}+h_{fP}=2.25\ m_n$	—
	齿顶圆直径	d_a	$d_a=d+2h_{aP}=m_n(\frac{z}{\cos\beta}+2)$	—
	齿根圆直径	d_f	$d_f=d-2h_{fP}=m_n(\frac{z}{\cos\beta}-2.5)$	—
	齿距	p	$p_n=\pi m_n$	—
	齿厚	s_P	$s_{Pn}=\frac{p_n}{2}=\frac{\pi m_n}{2}$	—
	齿宽	b	b	齿的轴向长度
	中心距	a	$a=\frac{(d_1+d_2)}{2}=\frac{m_n(z_1+z_2)}{2\cos\beta}$	—

表 3-2-6　内啮合标准圆柱齿轮几何尺寸计算

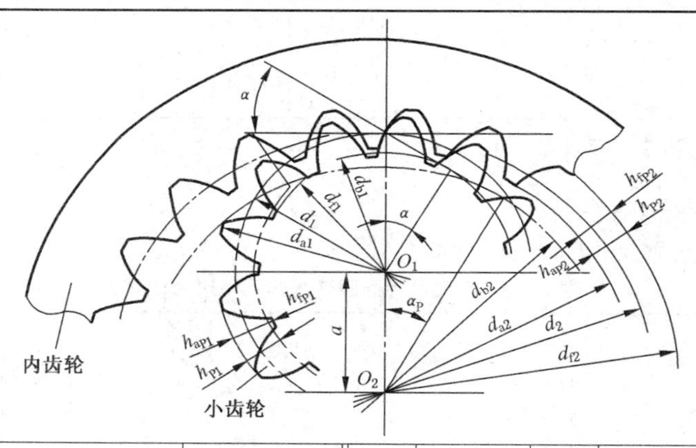

项目	名称	代号	计算公式	说明
基本参数	模数	m	—	按规定选取
	齿数	z	一般取 $z_2-z_1>10$	按传动要求确定
	分度圆压力角	α_P	$\alpha_P=20°$	—
	齿顶高系数	h_a	$h_a=1$	—
	顶隙系数	c_P	$c_P=0.25$	—
几何尺寸	分度圆直径	d_2	$d_2=z_2 m$	—
	基圆直径	d_{b2}	$d_{b2}=d_2\cos\alpha$	—

项目	名称	代号	计算公式	说明
几何尺寸	齿顶圆直径	d_{a2}	$d_{a2}=d_2-2h_a m+\Delta d_a$ $\Delta d_a=\frac{2h_a m}{z_2\tan^2\alpha_P}$ 当 $h_a=1$，$\alpha_P=20°$ 时， $\Delta d_a=\frac{15.1\ m}{z_2}$	—
	齿根圆直径	d_{f2}	$d_{f2}=d_2+2(h_a+c_P)m$	—
	全齿高	h_{P2}	$h_{P2}=\frac{1}{2}(d_{f2}-d_{a2})$	—
	中心距	a	$a=\frac{1}{2}(z_2-z_1)m$	—

3.2.1.3 齿轮精度

渐开线圆柱齿轮精度国家标准是由两项标准和四项国家标准化指导性技术文件组成。

(1) 国标与 ISO 的渐开线圆柱齿轮标准对照(表 3-2-7)

表 3-2-7 国际与 ISO 的渐开线圆柱齿轮标准对照

中国(GB/T、GB/Z)	标 准 名 称	国际(ISO、ISO/TR)
GB/T 10095.1—2008	渐开线圆柱齿轮 精度 第 1 部分:轮齿同侧齿面偏差的定义和允许值	等同 ISO 1328-1:1997
GB/T 10095.2—2008	渐开线圆柱齿轮 精度 第 2 部分:径向综合偏差与径向跳动的定义和允许值	等同 ISO 1328-2:1997
GB/Z 18620.1—2008	圆柱齿轮 检验实施规范 第 1 部分:轮齿同侧齿面的检验	等同 ISO/TR 10064-1:1992
GB/Z 18620.2—2008	圆柱齿轮 检验实施规范 第 2 部分:径向综合偏差、径向跳动、齿厚和侧隙的检验	等同 ISO/TR 10064-2:1996
GB/Z 18620.3—2008	圆柱齿轮 检验实施规范 第 3 部分:齿轮坯、轴中心距和轴线平行度的检验	等同 ISO/TR 10064-3:1996
GB/Z 18620.4—2008	圆柱齿轮 检验实施规范 第 4 部分:表面结构和轮齿接触斑点检验	等同 ISO/TR 10064-4:1998

(2) 适用范围(表 3-2-8)

表 3-2-8 适用范围 (单位:mm)

标 准	法向模数 m	分度圆直径 d	齿宽 b
GB/T 10095.1—2008	≥0.5~70	≥5~10 000	≥4~1 000
GB/T 10095.2—2008	≥0.2~10	≥5~1 000	

两项标准在使用中应注意以下几点:

1) 两项标准(GB/T 10095.1—2008、GB/T 10095.2—2008)仅适用于单个渐开线圆柱齿轮,而不适用于齿轮副。

2) GB/T 10095.1—2008 强调了其每一个使用者,都应十分熟悉 GB/Z 18620.1—2008 所叙述的检验方法和步骤。在标准的限制范围内,使用其以外的技术是不适宜的。

3) GB/T 10095.1—2008 认为切向综合总偏差,F'_i 和一齿切向综合偏差 f'_i 是标准的检验项目,但不是必须检验的项目。

4) GB/T 10095.1—2008 虽然给出了齿廓形状偏差($f_{f\alpha}$)、齿廓倾斜偏差($f_{H\alpha}$)、螺旋线形状偏差($f_{f\beta}$)、螺旋线倾斜偏差($f_{H\beta}$)的公差和极限偏差,但它们都不是必须检验的项目。

5) 根据 GB/T 10095.2—2008,对径向综合偏差(F''_i、f''_i)测量结果所确定的精度等级,并不意味着与 GB/T 10095.1—2008 中的要素偏差(如齿距、齿廓、螺旋线)保持相同的精度等级。所以文件说明所需要的精度时应注明 GB/T 10095.1—2008 或 GB/T 10095.2—2008。

6) GB/T 10095.2—2008 规定的径向综合偏差(F''_i、f''_i)可用于直齿轮精度等级的确定,对于斜齿轮应按采购方和供货方协议执行。

7) GB/Z 18620.1~4—2008 是执行 GB/T 10095.1—2008 和 GB/T 10095.2—2008 的配套的指导性技术文件,它涉及到齿轮检验,同时还对齿轮坯、齿面粗糙度、齿厚偏差、齿轮副的检验项目(如:中心距偏差、轴线平行度偏差、接触斑点、侧隙)的要求作了推荐。

(3) 齿轮各项偏差的定义和代号(表 3-2-9)

表 3-2-9 齿轮各项偏差的定义和代号

(1) 齿距偏差(GB/T 10095.1—2008)

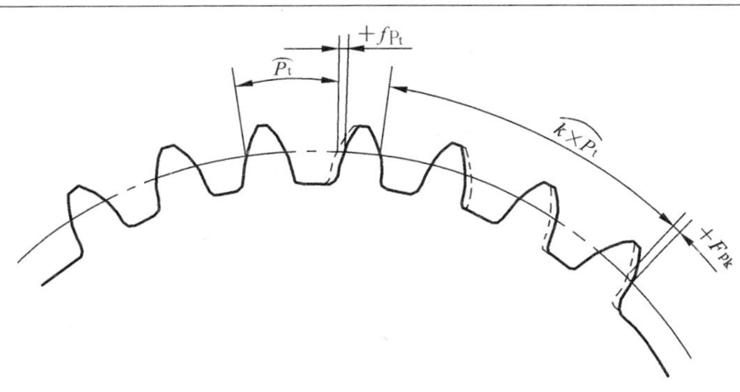

---理论齿廓 ——实际齿廓 在此例中 $F_{pk}=F_{p3}$

序号	名 称	代 号	定 义
1	单个齿距偏差 齿距极限偏差	f_{pt} $\pm f_{pt}$	在端平面上,在接近齿高中部的一个与齿轮轴线同心的圆上,实际齿距与理论齿距的代数差

续表 3-2-9

(1) 齿距偏差(GB/T 10095.1—2008)			
序号	名　称	代号	定　义
2	齿距累积偏差 齿距累积极限偏差	F_{pk} $\pm F_{pk}$	任意 k 个齿距的实际弧长与理论弧长的代数差。理论上它等于这 k 个齿距的各单个齿距偏差的代数和 注：除另有规定，F_{pk}值被限于不大于 1/8 的圆周上评定。因此，F_{pk}的允许值适用于齿距数 k 为 2 到 $z/8$ 的弧段内。通常，F_{pk}取 $k\approx z/8$ 就足够了。对于特殊应用(如高速齿轮)还需检验较小的弧段，并规定相应的 k 值。
3	齿距累积总偏差 齿距累积总公差	F_p F_p	齿轮同侧齿面任意弧段($k=1$ 至 $k=z$)的最大齿距累积偏差。它表现为齿距累积偏差曲线的总幅度值

(2) 齿廓偏差(GB/T 10095.1—2008)

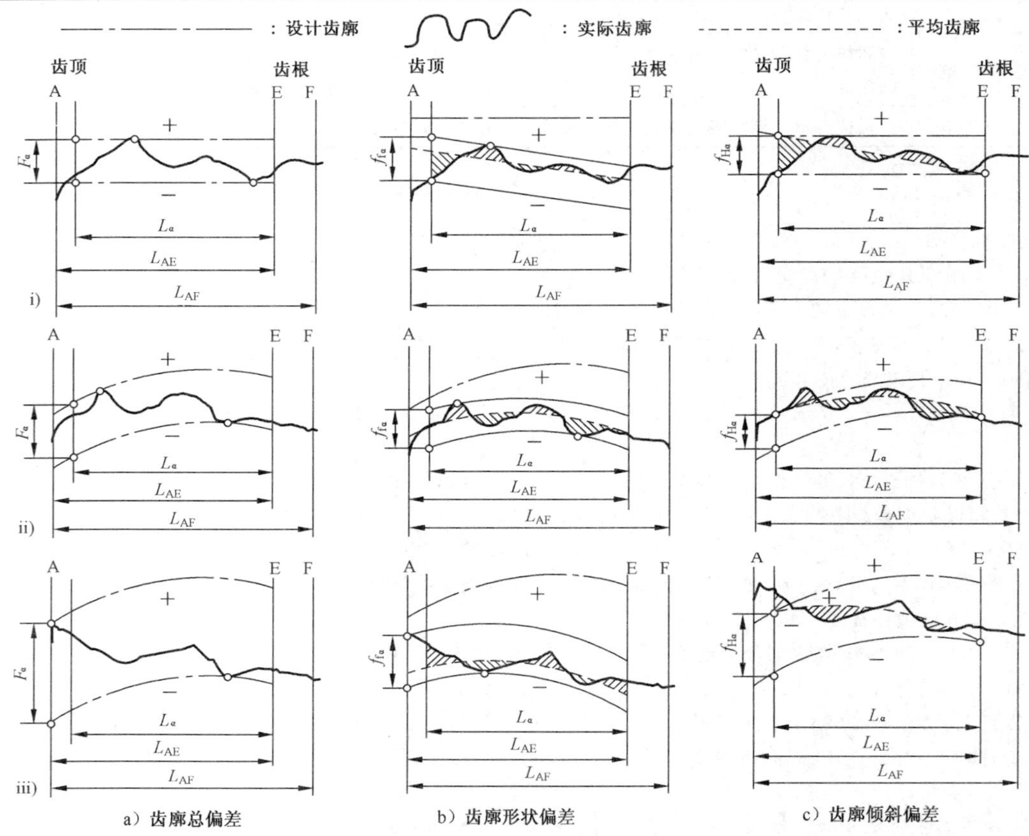

a) 齿廓总偏差　　b) 齿廓形状偏差　　c) 齿廓倾斜偏差

1) 设计齿廓：未修形的渐开线　实际齿廓：在减薄区内偏向体内

2) 设计齿廓：修形的渐开线　实际齿廓：在减薄区内偏向体内

3) 设计齿廓：修形的渐开线　实际齿廓：在减薄区内偏向体外

序号	名　称	代号	定　义
1	齿廓偏差	—	实际齿廓偏离设计齿廓的量，该量在端平面内且垂直于渐开线齿廓的方向计值
1.1	可用长度	L_{AF}	等于两条端面基圆切线之差。其中一条是从基圆到可用齿廓的外界限点，另一条是从基圆到可用齿廓的内界限点 依据设计，可用长度外界限点被齿顶、齿顶倒棱或齿顶倒圆的起始点(点 A)限定，在朝齿根方向上，可用长度的内界限点被齿根圆角或挖根的起始点(点 F)所限定
1.2	有效长度	L_{AE}	可用长度对应于有效齿廓的那部分。对于齿顶，其有与可用长度同样的限定(点 A)。对于齿根，有效长度延伸到与之配对齿轮有效啮合的终止点 E(即有效齿廓的起始点)。如不知道配对齿轮，则 E 点为与基本齿条相啮合的有效齿廓的起始点
1.3	齿廓计值范围	L_α	可用长度中的一部分，在 L_α内应遵照规定精度等级的公差。除另有规定，其长度等于从 E 点开始延伸的有效长度 L_{AE}的 92% 对于 L_{AE}剩下的 8% 为靠近齿顶处的 L_{AF}与 L_α之差。在评定齿廓总偏差和形状偏差时，按以下规则计值： 1) 使偏差量增加的偏向齿体外的正偏差必须计入偏差值 2) 除另有规定，对于负偏差，其公差为计值范围 L_α规定公差的三倍 注：齿轮设计者应确保适用的齿廓计值范围

续表 3-2-9

序号	名　称	代号	定　义
(2) 齿廓偏差(GB/T 10095.1—2008)			
1.4	设计齿廓	—	符合设计规定的齿廓，当无其他限定时，是指端面齿廓
1.5	被测齿面的平均齿廓	—	设计齿廓迹线的纵坐标减去一条斜直线的纵坐标后得到的一条迹线。这条斜直线使得在计值范围内，实际齿廓迹线对平均齿廓迹线偏差的平方和最小。因此，平均齿廓迹线的位置和倾斜可以用"最小二乘法"求得
2	齿廓总偏差 齿廓总公差	F_α F_α	在计值范围内，包括实际齿廓迹线的两条设计齿廓迹线间的距离(见图 a)
3	齿廓形状偏差 齿廓形状公差	$f_{f\alpha}$ $f_{f\alpha}$	在计值范围内，包容实际齿廓迹线的两条与平均齿廓迹线完全相同的曲线间的距离，且两条曲线与平均齿廓迹线的距离为常数(见图 b)
4	齿廓倾斜偏差 齿廓倾斜极限偏差	$f_{H\alpha}$ $\pm f_{H\alpha}$	在计值范围的两端处与平均齿廓迹线相交的两条设计齿廓迹线间的距离(见图 c)

(3) 螺旋线偏差(GB/T 10095.1—2008)

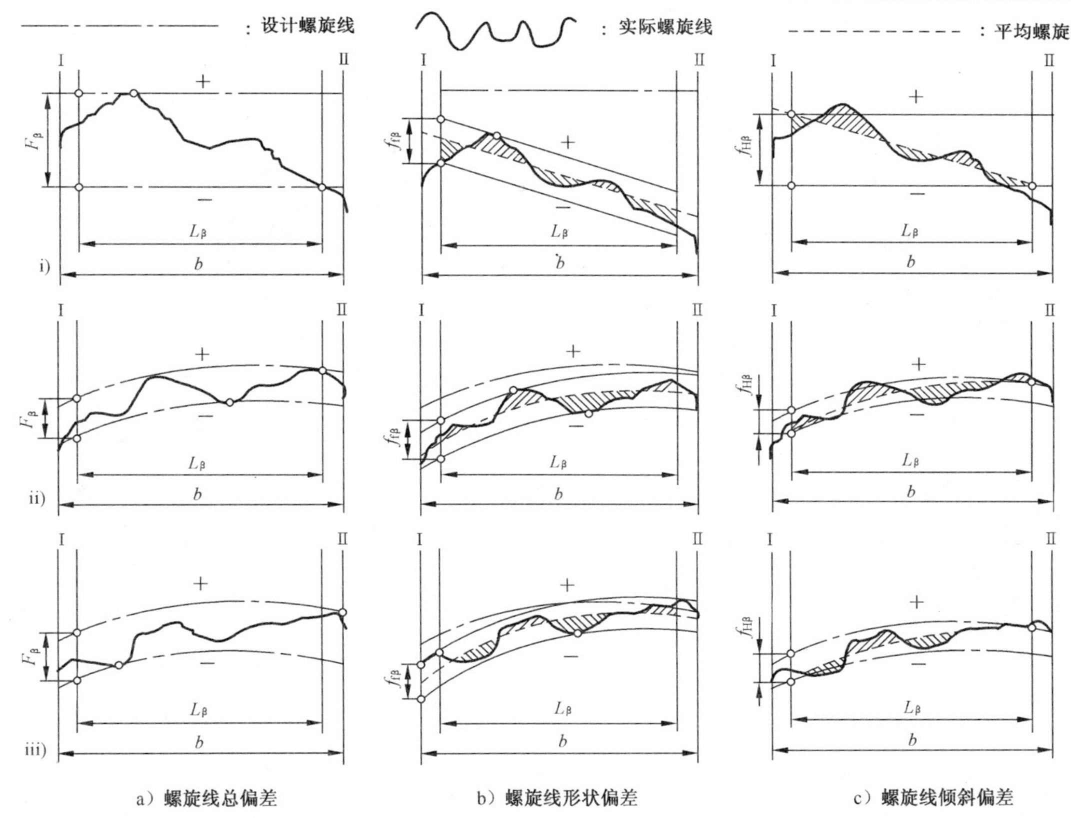

a) 螺旋线总偏差　　b) 螺旋线形状偏差　　c) 螺旋线倾斜偏差

1) 设计螺旋线：未修形的螺旋线　实际螺旋线：在减薄区偏向体内

2) 设计螺旋线：修形的螺旋线　实际螺旋线：在减薄区偏向体内

3) 设计螺旋线：修形的螺旋线　实际螺旋线：在减薄区偏向体外

序号	名　称	代号	定　义
1	螺旋线偏差	—	在端面基圆切线方向上测得的实际螺旋线偏离设计螺旋线的量
1.1	迹线长度	—	与齿宽成正比而不包括齿端倒角或修圆在内的长度
1.2	螺旋线计值范围	L_β	除另有规定外，在轮齿两端处各减去下面两个数值中较小的一个后的"迹线长度"：即5%的齿宽或一个模数的长度。 在两端缩减的区域中，螺旋线总偏差和螺旋线形状偏差按以下规则计算： 1) 使偏差量增加的偏向齿体外的正偏差，必须计入偏差值 2) 除另有规定外，对于负偏差，其允许值为计值范围 L_β 规定公差的三倍。 注：齿轮设计者应确保适用的螺旋线计值范围

续表 3-2-9

(3) 螺旋线偏差(摘自 GB/T 10095.1—2008)			
序号	名　　称	代 号	定　　　义
1.3	设计螺旋线	—	符合设计规定的螺旋线
1.4	被测齿面的平均螺旋线	—	设计螺旋线迹线的纵坐标减去一条斜直线的纵坐标后得到的一条迹线。这条斜直线使得在计值范围内,实际螺旋线迹线对平均螺旋线迹线偏差的平方和最小。因此,平均螺旋线迹线的位置和倾斜可以用"最小二乘法"求得
2	螺旋线总偏差 螺旋线总公差	F_β F_β	在计值范围内,包容实际螺旋线迹线的两条设计螺旋线迹线间的距离(见图 a)
3	螺旋线形状偏差 螺旋线形状公差	$f_{f\beta}$ $f_{f\beta}$	在计值范围内,包容实际螺旋线迹线的两条与平均螺旋线迹线完全相同的曲线间的距离,且两条曲线与平均螺旋线迹线的距离为常数(见图 b)
4	螺旋线倾斜偏差 螺旋线倾斜极限偏差	$f_{H\beta}$ $\pm f_{H\beta}$	在计值范围的两端与平均螺旋线迹线相交的两条设计螺旋线迹线间的距离(见图 c)

(4) 切向综合偏差(GB/T 10095.1—2008)

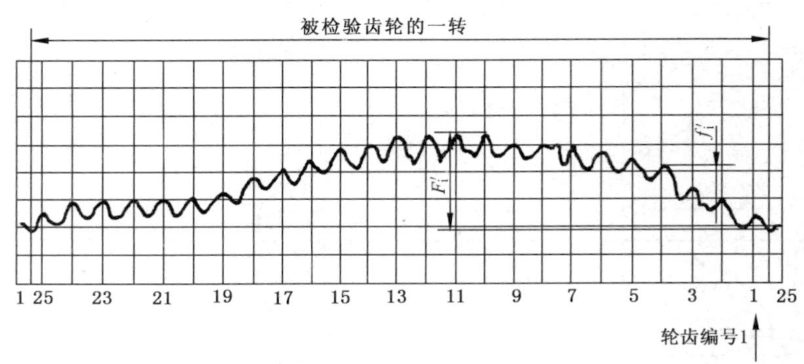

序号	名　　称	代 号	定　　　义
1	切向综合总偏差 切向综合总公差	F'_i F'_i	被测产品齿轮与测量齿轮单面啮合检验时,被测齿轮一转内,齿轮分度圆上实际圆周位移与理论圆周位移的最大差值
2	一齿切向综合偏差 一齿切向综合公差	f'_i f'_i	在一个齿距内的切向综合偏差

(5) 径向综合偏差(GB/T 10095.2—2008)

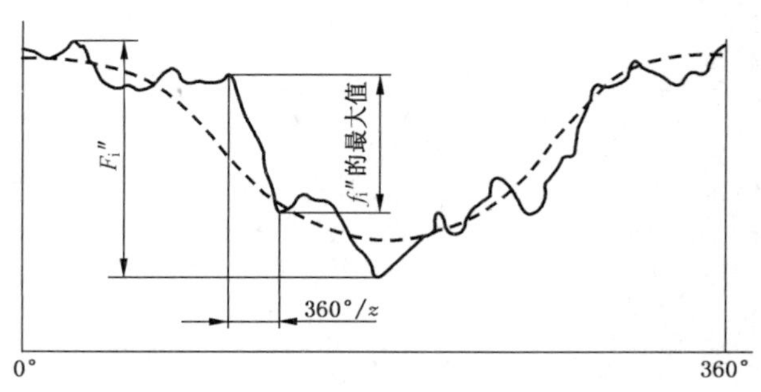

序号	名　　称	代 号	定　　　义
1	径向综合总偏差 径向综合公差	F''_i F''_i	在径向(双面)综合检验时,产品齿轮的左右齿面同时与测量齿轮接触,并转过一整圈时出现的中心距最大值和最小值之差
2	一齿径向综合偏差 一齿径向综合公差	f''_i f''_i	当产品齿轮啮合一整圈时,对应一个齿距(360°/z)的径向综合偏差值 注:产品齿轮是指正在被测量或评定的齿轮。

续表 3-2-9

(6) 径向圆跳动(GB/T 10095.2—2008)

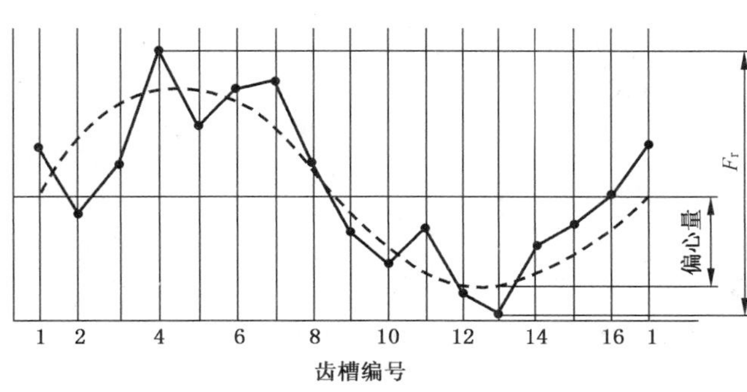

16 齿齿轮的径向圆跳动图示

名　　称	代 号	定　　　义
径向跳动 径向跳动公差	F_r F_r	当测头(球形、圆柱形、砧形)相继置于每个齿槽内时,从它到齿轮轴线的最大和最小径向距离之差。检查中,测头在近似齿高中部与左右齿面接触

(4) 精度等级及其选择

1) 精度等级。渐开线圆柱齿轮精度标准(GB/T 10095.1～2—2008)中共有 13 个精度等级,用数字 0～12 由高到低的顺序排列,0 级精度最高,12 级精度最低(表 3-2-10)

0～2 级是有待发展的精度等级,齿轮各项偏差的允许值很小,目前我国只有少数企业能制造和检验测量 2 级精度的齿轮。通常,将 3～5 级精度称为高精度,将 6～8 级称为中等精度,而将 9～12 级称为低精度。

表 3-2-10　齿轮精度等级

标　　准	偏差项目	精度等级												
		0	1	2	3	4	5	6	7	8	9	10	11	12
GB/T 10095.1—2008	f_{pt}、F_{pk}、F_p、F_α、F_β、F'_i、f'_i	—	—	—	—	—	—	—	—	—	—	—	—	—
GB/T 10095.2—2008	F_r	—	—	—	—	—	—	—	—	—	—	—	—	—
	F''_i、f''_i					—	—	—	—	—	—	—	—	—

径向综合偏差的精度等级由 F''_i、f''_i 的 9 个等级组成,其中 4 级精度最高,12 级精度最低。

2) 精度等级的选择

① 在给定的技术文件中,如果所需求的齿轮精度规定为 GB/T 10095.1—2008 的某级精度而无其他规定时,则齿距偏差(f_{pt}、F_{pk}、F_p)、齿廓偏差(F_α)、螺旋线偏差(F_β)的允许值均按该精度等级。

② GB/T 10095.1—2008 规定,可按供需双方协议对工作齿面和非工作齿面规定不同的精度等级,或对不同的偏差项目规定不同的精度等级。另外,也可仅对工作齿面规定所要求的精度等级。

③ 径向综合偏差精度等级,不一定与 GB/T 10095.1—2008 中的要素偏差(如齿距、齿廓、螺旋线)选用相同的等级。当文件需叙述齿轮精度要求时,应注明 GB/T 10095.1—2008 或 GB/T 10095.2—2008。

④ 选择齿轮精度等级时,必须根据其用途、工作条件等要求来确定,即必须考虑齿轮的工作速度、传递功率、工作的持续时间、机械振动、噪声和使用寿命等方面的要求。齿轮精度等级可用计算法确定,但目前企业界主要是采用经验法(或表格法)。表 3-2-11 所示为各类机器传动中所应用的齿轮精度等级,表 3-2-12 所示为各精度等级齿轮的适用范围。

表 3-2-11　各类机器传动中所应用的齿轮精度等级

产品类型	精度等级	产品类型	精度等级	产品类型	精度等级	产品类型	精度等级
测量齿轮	2～5	汽车底盘	5～8	拖拉机	6～9	起重机械	7～10
透平齿轮	3～6	轻型汽车	5～8	通用减速器	6～9	农业机械	8～11
金属切削机床	3～8	载货汽车	6～9	轧钢机	6～10		
内燃机车	6～7	航空发动机	4～8	矿用绞车	8～10		

表 3-2-12　各精度等级齿轮的适用范围

精度等级	工作条件与适用范围	圆周速度/(m/s)		齿面的最后加工
		直齿	斜齿	
3	用于最平稳且无噪声的极高速下工作的齿轮；特别精密的分度机构齿轮；特别精密机械中的齿轮；控制机构齿轮；检测5、6级的测量齿轮	>50	>75	特精密的磨齿和珩磨用精密滚刀滚齿或单边剃齿后的大多数不经淬火的齿轮
4	用于精密分度机构的齿轮；特别精密机械中的齿轮；高速透平齿轮；控制机构齿轮；检测7级的测量齿轮	>40	>70	精密磨齿；大多数用精密滚刀滚齿和珩齿或单边剃齿
5	用于高平稳且低噪声的高速传动中的齿轮；精密机构中的齿轮；透平传动的齿轮；检测8、9级的测量齿轮 重要的航空、船用齿轮箱齿轮	>20	>40	精密磨齿；大多数用精密滚刀加工，进而研齿或剃齿
6	用于高速下平稳工作，需要高效率及低噪声的齿轮；航空、汽车用齿轮；读数装置中的精密齿轮；机床传动链齿轮；机床传动齿轮	≤15	≤30	精密磨齿或剃齿
7	在高速和适度功率或大功率和适当速度下工作的齿轮；机床变速箱进给齿轮；高速减速器的齿轮；起重机齿轮；汽车以及读数装置中的齿轮	≤10	≤15	无需热处理的齿轮，用精确刀具加工 对于淬硬齿轮必须精整加工（磨齿、研齿、珩磨）
8	一般机器中无特殊精度要求的齿轮；机床变速齿轮；汽车制造业中不重要齿轮；冶金、起重、机械齿轮；通用减速器的齿轮；农业机械中的重要齿轮	≤6	≤10	滚、插齿均可，不用磨齿；必要时剃齿或研齿
9	用于不提精度要求的粗糙工作的齿轮；因结构上考虑，受载低于计算载荷的传动用齿轮；重载、低速不重要工作机械的传力齿轮；农机齿轮	≤2	≤4	不需要特殊的精加工工序

(5) *公差或极限偏差*　齿轮各项公差或极限偏差见表3-2-13表3-2-23。

表 3-2-13　单个齿距极限偏差 $\pm f_{pt}$　(μm)

分度圆直径 d/mm	模数 m/mm	精度等级								
		4	5	6	7	8	9	10	11	12
5≤d≤20	0.5≤m≤2	3.3	4.7	6.5	9.5	13.0	19.0	26.0	37.0	53.0
	2<m≤3.5	3.7	5.0	7.5	10.0	15.0	21.0	29.0	41.0	59.0
20<d≤50	0.5≤m≤2	3.5	5.0	7.0	10.0	14.0	20.0	28.0	40.0	56.0
	2<m≤3.5	3.9	5.5	7.5	11.0	15.0	22.0	31.0	44.0	62.0
	3.5<m≤6	4.3	6.0	8.5	12.0	17.0	24.0	34.0	48.0	68.0
	6<m≤10	4.9	7.0	10.0	14.0	20.0	28.0	40.0	56.0	79.0
50<d≤125	0.5≤m≤2	3.8	5.5	7.5	11.0	15.0	21.0	30.0	43.0	61.0
	2<m≤3.5	4.1	6.0	8.5	12.0	17.0	23.0	33.0	47.0	66.0
	3.5<m≤6	4.6	6.5	9.0	13.0	18.0	26.0	36.0	52.0	73.0
	6<m≤10	5.0	7.5	10.0	15.0	21.0	30.0	42.0	59.0	84.0
	10<m≤16	6.5	9.0	13.0	18.0	25.0	35.0	50.0	71.0	100.0
	16<m≤25	8.0	11.0	16.0	22.0	31.0	44.0	63.0	89.0	125.0
125<d≤280	0.5≤m≤2	4.2	6.0	8.5	12.0	17.0	24.0	34.0	48.0	67.0
	2<m≤3.5	4.6	6.5	9.0	13.0	18.0	26.0	36.0	51.0	73.0
	3.5<m≤6	5.0	7.0	10.0	14.0	20.0	28.0	40.0	56.0	79.0
	6<m≤10	5.5	8.0	11.0	16.0	23.0	32.0	45.0	64.0	90.0
	10<m≤16	6.5	9.5	13.0	19.0	27.0	38.0	53.0	75.0	107.0
	16<m≤25	8.0	12.0	16.0	23.0	33.0	47.0	66.0	93.0	132.0
	25<m≤40	11.0	15.0	21.0	30.0	43.0	61.0	86.0	121.0	171.0

续表 3-2-13 (μm)

分度圆直径 d/mm	模 数 m/mm	精度等级								
		4	5	6	7	8	9	10	11	12
280<d≤560	0.5≤m≤2	4.7	6.5	9.5	13.0	19.0	27.0	38.0	54.0	76.0
	2<m≤3.5	5.0	7.0	10.0	14.0	20.0	29.0	41.0	57.0	81.0
	3.5<m≤6	5.5	8.0	11.0	16.0	22.0	31.0	44.0	62.0	88.0
	6<m≤10	6.0	8.5	12.0	17.0	25.0	35.0	49.0	70.0	99.0
	10<m≤16	7.0	10.0	14.0	20.0	29.0	41.0	58.0	81.0	115.0
	16<m≤25	9.0	12.0	18.0	25.0	35.0	50.0	70.0	99.0	140.0
	25<m≤40	11.0	16.0	22.0	32.0	45.0	63.0	90.0	127.0	180.0
	40<m≤70	16.0	22.0	31.0	45.0	63.0	89.0	126.0	178.0	252.0
560<d≤1 000	0.5≤m≤2	5.5	7.5	11.0	15.0	21.0	30.0	43.0	61.0	86.0
	2<m≤3.5	5.5	8.0	11.0	16.0	23.0	32.0	46.0	65.0	91.0
	3.5<m≤6	6.0	8.5	12.0	17.0	24.0	35.0	49.0	69.0	98.0
	6<m≤10	7.0	9.5	14.0	19.0	27.0	38.0	54.0	77.0	109.0
	10<m≤16	8.0	11.0	16.0	22.0	31.0	44.0	63.0	89.0	125.0
	16<m≤25	9.5	13.0	19.0	27.0	38.0	53.0	75.0	106.0	150.0
	25<m≤40	12.0	17.0	24.0	34.0	47.0	67.0	95.0	134.0	190.0
	40<m≤70	16.0	23.0	33.0	46.0	65.0	93.0	131.0	185.0	262.0

表 3-2-14 齿距累积总公差 F_P (μm)

分度圆直径 d/mm	模 数 m/mm	精度等级								
		4	5	6	7	8	9	10	11	12
5≤d≤20	0.5≤m≤2	8.0	11.0	16.0	23.0	32.0	45.0	64.0	90.0	127.0
	2<m≤3.5	8.5	12.0	17.0	23.0	33.0	47.0	66.0	94.0	133.0
20<d≤50	0.5≤m≤2	10.0	14.0	20.0	29.0	41.0	57.0	81.0	115.0	162.0
	2<m≤3.5	10.0	15.0	21.0	30.0	42.0	59.0	84.0	119.0	168.0
	3.5<m≤6	11.0	15.0	22.0	31.0	44.0	62.0	87.0	123.0	174.0
	6<m≤10	12.0	16.0	23.0	33.0	46.0	65.0	93.0	131.0	185.0
50<d≤125	0.5≤m≤2	13.0	18.0	26.0	37.0	52.0	74.0	104.0	147.0	208.0
	2<m≤3.5	13.0	19.0	27.0	38.0	53.0	76.0	107.0	151.0	214.0
	3.5<m≤6	14.0	19.0	28.0	39.0	55.0	78.0	110.0	156.0	220.0
	6<m≤10	14.0	20.0	29.0	41.0	58.0	82.0	116.0	164.0	231.0
	10<m≤16	15.0	22.0	31.0	44.0	62.0	88.0	124.0	175.0	248.0
	16<m≤25	17.0	24.0	34.0	48.0	68.0	96.0	136.0	193.0	273.0
125<d≤280	0.5≤m≤2	17.0	24.0	35.0	49.0	69.0	98.0	138.0	195.0	276.0
	2<m≤3.5	18.0	25.0	35.0	50.0	70.0	100.0	141.0	199.0	282.0
	3.5<m≤6	18.0	25.0	36.0	51.0	72.0	102.0	144.0	204.0	288.0
	6<m≤10	19.0	26.0	37.0	53.0	75.0	106.0	149.0	211.0	299.0
	10<m≤16	20.0	28.0	39.0	56.0	79.0	112.0	158.0	223.0	316.0
	16<m≤25	21.0	30.0	43.0	60.0	85.0	120.0	170.0	241.0	341.0
	25<m≤40	24.0	34.0	47.0	67.0	95.0	134.0	190.0	269.0	380.0

续表 3-2-14 (μm)

分度圆直径 d/mm	模数 m/mm	精度等级								
		4	5	6	7	8	9	10	11	12
280＜d≤560	0.5≤m≤2	23.0	32.0	46.0	64.0	91.0	129.0	182.0	257.0	364.0
	2＜m≤3.5	23.0	33.0	46.0	65.0	92.0	131.0	185.0	261.0	370.0
	3.5＜m≤6	24.0	33.0	47.0	66.0	94.0	133.0	188.0	266.0	376.0
	6＜m≤10	24.0	34.0	48.0	68.0	97.0	137.0	193.0	274.0	387.0
	10＜m≤16	25.0	36.0	50.0	71.0	101.0	143.0	202.0	285.0	404.0
	16＜m≤25	27.0	38.0	54.0	76.0	107.0	151.0	214.0	303.0	428.0
	25＜m≤40	29.0	41.0	58.0	83.0	117.0	165.0	234.0	331.0	468.0
	40＜m≤70	34.0	48.0	68.0	95.0	135.0	191.0	270.0	382.0	540.0
560＜d≤1 000	0.5≤m≤2	29.0	41.0	59.0	83.0	117.0	166.0	235.0	332.0	469.0
	2＜m≤3.5	30.0	42.0	59.0	84.0	119.0	168.0	238.0	336.0	475.0
	3.5＜m≤6	30.0	43.0	60.0	85.0	120.0	170.0	241.0	341.0	482.0
	6＜m≤10	31.0	44.0	62.0	87.0	123.0	174.0	246.0	348.0	492.0
	10＜m≤16	32.0	45.0	64.0	90.0	127.0	180.0	254.0	360.0	509.0
	16＜m≤25	33.0	47.0	67.0	94.0	133.0	189.0	267.0	378.0	534.0
	25＜m≤40	36.0	51.0	72.0	101.0	143.0	203.0	287.0	405.0	573.0
	40＜m≤70	40.0	57.0	81.0	114.0	161.0	228.0	323.0	457.0	646.0

表 3-2-15 齿廓总公差 F_α (μm)

分度圆直径 d/mm	模数 m/mm	精度等级								
		4	5	6	7	8	9	10	11	12
5≤d≤20	0.5≤m≤2	3.2	4.6	6.5	9.0	13.0	18.0	26.0	37.0	52.0
	2＜m≤3.5	4.7	6.5	9.5	13.0	19.0	26.0	37.0	53.0	75.0
20＜d≤50	0.5≤m≤2	3.6	5.0	7.5	10.0	15.0	21.0	29.0	41.0	58.0
	2＜m≤3.5	5.0	7.0	10.0	14.0	20.0	29.0	40.0	57.0	81.0
	3.5＜m≤6	6.0	9.0	12.0	18.0	25.0	35.0	50.0	70.0	99.0
	6＜m≤10	7.5	11.0	15.0	22.0	31.0	43.0	61.0	87.0	123.0
50＜d≤125	0.5≤m≤2	4.1	6.0	8.5	12.0	17.0	23.0	33.0	47.0	66.0
	2＜m≤3.5	5.5	8.0	11.0	16.0	22.0	31.0	44.0	63.0	89.0
	3.5＜m≤6	6.5	9.5	13.0	19.0	27.0	38.0	54.0	76.0	108.0
	6＜m≤10	8.0	12.0	16.0	23.0	33.0	46.0	65.0	92.0	131.0
	10＜m≤16	10.0	14.0	20.0	28.0	40.0	56.0	79.0	112.0	159.0
	16＜m≤25	12.0	17.0	24.0	34.0	48.0	68.0	96.0	136.0	192.0
125＜d≤280	0.5≤m≤2	4.9	7.0	10.0	14.0	20.0	28.0	39.0	55.0	78.0
	2＜m≤3.5	6.5	9.0	13.0	18.0	25.0	36.0	50.0	71.0	101.0
	3.5＜m≤6	7.5	11.0	15.0	21.0	30.0	42.0	60.0	84.0	119.0
	6＜m≤10	9.0	13.0	18.0	25.0	36.0	50.0	71.0	101.0	143.0
	10＜m≤16	11.0	15.0	21.0	30.0	43.0	60.0	85.0	121.0	171.0
	16＜m≤25	13.0	18.0	25.0	36.0	51.0	72.0	102.0	144.0	204.0
	25＜m≤40	15.0	22.0	31.0	43.0	61.0	87.0	123.0	174.0	246.0

续表 3-2-15 (μm)

分度圆直径 d/mm	模数 m/mm	精度等级								
		4	5	6	7	8	9	10	11	12
280<d≤560	0.5≤m≤2	6.0	8.5	12.0	17.0	23.0	33.0	47.0	66.0	94.0
	2<m≤3.5	7.5	10.0	15.0	21.0	29.0	41.0	58.0	82.0	116.0
	3.5<m≤6	8.5	12.0	17.0	24.0	34.0	48.0	67.0	95.0	135.0
	6<m≤10	10.0	14.0	20.0	28.0	40.0	56.0	79.0	112.0	158.0
	10<m≤16	12.0	16.0	23.0	33.0	47.0	66.0	93.0	132.0	186.0
	16<m≤25	14.0	19.0	27.0	39.0	55.0	78.0	110.0	155.0	219.0
	25<m≤40	16.0	23.0	33.0	46.0	65.0	92.0	131.0	185.0	261.0
	40<m≤70	20.0	28.0	40.0	57.0	80.0	113.0	160.0	227.0	321.0
560<d≤1 000	0.5≤m≤2	7.0	10.0	14.0	20.0	28.0	40.0	56.0	79.0	112.0
	2<m≤3.5	8.5	12.0	17.0	24.0	34.0	48.0	67.0	95.0	135.0
	3.5<m≤6	9.5	14.0	19.0	27.0	38.0	54.0	77.0	109.0	154.0
	6<m≤10	11.0	16.0	22.0	31.0	44.0	62.0	88.0	125.0	177.0
	10<m≤16	13.0	18.0	26.0	36.0	51.0	72.0	102.0	145.0	205.0
	16<m≤25	15.0	21.0	30.0	42.0	59.0	84.0	119.0	168.0	238.0
	25<m≤40	17.0	25.0	35.0	49.0	70.0	99.0	140.0	198.0	280.0
	40<m≤70	21.0	30.0	42.0	60.0	85.0	120.0	170.0	240.0	339.0

表 3-2-16 齿廓形状公差 $f_{f\alpha}$ (μm)

分度圆直径 d/mm	模数 m/mm	精度等级								
		4	5	6	7	8	9	10	11	12
5≤d≤20	0.5≤m≤2	2.5	3.5	5.0	7.0	10.0	14.0	20.0	28.0	40.0
	2<m≤3.5	3.6	5.0	7.0	10.0	14.0	20.0	29.0	41.0	58.0
20<d≤50	0.5≤m≤2	2.8	4.0	5.5	8.0	11.0	16.0	22.0	32.0	45.0
	2<m≤3.5	3.9	5.5	8.0	11.0	16.0	22.0	31.0	44.0	62.0
	3.5<m≤6	4.8	7.0	9.5	14.0	19.0	27.0	39.0	54.0	77.0
	6<m≤10	6.0	8.5	12.0	17.0	24.0	34.0	48.0	67.0	95.0
50<d≤125	0.5<m≤2	3.2	4.5	6.5	9.0	13.0	18.0	26.0	36.0	51.0
	2<m≤3.5	4.3	6.0	8.5	12.0	17.0	24.0	34.0	49.0	69.0
	3.5<m≤6	5.0	7.5	10.0	15.0	21.0	29.0	42.0	59.0	83.0
	6<m≤10	6.5	9.0	13.0	18.0	25.0	36.0	51.0	72.0	101.0
	10<m≤16	7.5	11.0	15.0	22.0	31.0	44.0	62.0	87.0	123.0
	16<m≤25	9.5	13.0	19.0	26.0	37.0	53.0	75.0	106.0	149.0
125<d≤280	0.5≤m≤2	3.8	5.5	7.5	11.0	15.0	21.0	30.0	43.0	60.0
	2<m≤3.5	4.9	7.0	9.5	14.0	19.0	28.0	39.0	55.0	78.0
	3.5<m≤6	6.0	8.0	12.0	16.0	23.0	33.0	46.0	65.0	93.0
	6<m≤10	7.0	10.0	14.0	20.0	28.0	39.0	55.0	78.0	111.0
	10<m≤16	8.5	12.0	17.0	23.0	33.0	47.0	66.0	94.0	133.0
	16<m≤25	10.0	14.0	20.0	28.0	40.0	56.0	79.0	112.0	158.0
	25<m≤40	12.0	17.0	24.0	34.0	48.0	68.0	96.0	135.0	191.0
280<d≤560	0.5≤m≤2	4.5	6.5	9.0	13.0	18.0	26.0	36.0	51.0	72.0
	2<m≤3.5	5.5	8.0	11.0	16.0	22.0	32.0	45.0	64.0	90.0
	3.5<m≤6	6.5	9.0	13.0	18.0	26.0	37.0	52.0	74.0	104.0

续表 3-2-16 (μm)

分度圆直径 d/mm	模数 m/mm	精度等级								
		4	5	6	7	8	9	10	11	12
280<d≤560	6<m≤10	7.5	11.0	15.0	22.0	31.0	43.0	61.0	87.0	123.0
	10<m≤16	9.0	13.0	18.0	26.0	36.0	51.0	72.0	102.0	145.0
	16<m≤25	11.0	15.0	21.0	30.0	43.0	60.0	85.0	121.0	170.0
	25<m≤40	13.0	18.0	25.0	36.0	51.0	72.0	101.0	144.0	203.0
	40<m≤70	16.0	22.0	31.0	44.0	62.0	88.0	125.0	177.0	250.0
560<d≤1 000	0.5≤m≤2	5.5	7.5	11.0	15.0	22.0	31.0	43.0	61.0	87.0
	2<m≤3.5	6.5	9.0	13.0	18.0	26.0	37.0	52.0	74.0	104.0
	3.5<m≤6	7.5	11.0	15.0	21.0	30.0	42.0	59.0	84.0	119.0
	6<m≤10	8.5	12.0	17.0	24.0	34.0	48.0	68.0	97.0	137.0
	10<m≤16	10.0	14.0	20.0	28.0	40.0	56.0	79.0	112.0	159.0
	16<m≤25	12.0	16.0	23.0	33.0	46.0	65.0	92.0	131.0	185.0
	25<m≤40	14.0	19.0	27.0	38.0	54.0	77.0	109.0	154.0	217.0
	40<m≤70	17.0	23.0	33.0	47.0	66.0	93.0	132.0	187.0	264.0

表 3-2-17 齿廓倾斜极限偏差±$f_{H\alpha}$ (μm)

分度圆直径 d/mm	模数 m/mm	精度等级								
		4	5	6	7	8	9	10	11	12
5≤d≤20	0.5≤m≤2	2.1	2.9	4.2	6.0	8.5	12.0	17.0	24.0	33.0
	2<m≤3.5	3.0	4.2	6.0	8.5	12.0	17.0	24.0	34.0	47.0
20<d≤50	0.5≤m≤2	2.3	3.3	4.6	6.5	9.5	13.0	19.0	26.0	37.0
	2<m≤3.5	3.2	4.5	6.5	9.0	13.0	18.0	26.0	36.0	51.0
	3.5<m≤6	3.9	5.5	8.0	11.0	16.0	22.0	32.0	45.0	63.0
	6<m≤10	4.8	7.0	9.5	14.0	19.0	27.0	39.0	55.0	78.0
50<d≤125	0.5≤m≤2	2.6	3.7	5.5	7.5	11.0	15.0	21.0	30.0	42.0
	2<m≤3.5	3.5	5.0	7.0	10.0	14.0	20.0	28.0	40.0	57.0
	3.5<m≤6	4.3	6.0	8.5	12.0	17.0	24.0	34.0	48.0	68.0
	6<m≤10	5.0	7.5	10.0	15.0	21.0	29.0	41.0	58.0	83.0
	10<m≤16	6.5	9.0	13.0	18.0	25.0	35.0	50.0	71.0	100.0
	16<m≤25	7.5	11.0	15.0	21.0	30.0	43.0	60.0	86.0	121.0
125<d≤280	0.5≤m≤2	3.1	4.4	6.0	9.0	12.0	18.0	25.0	35.0	50.0
	2<m≤3.5	4.0	5.5	8.0	11.0	16.0	23.0	32.0	45.0	64.0
	3.5<m≤6	4.7	6.5	9.5	13.0	19.0	27.0	38.0	54.0	76.0
	6<m≤10	5.5	8.0	11.0	16.0	23.0	32.0	45.0	64.0	90.0
	10<m≤16	6.5	9.5	13.0	19.0	27.0	38.0	54.0	76.0	108.0
	16<m≤25	8.0	11.0	16.0	23.0	32.0	45.0	64.0	91.0	129.0
	25<m≤40	9.5	14.0	19.0	27.0	39.0	55.0	77.0	109.0	155.0
280<d≤560	0.5≤m≤2	3.7	5.5	7.5	11.0	15.0	21.0	30.0	42.0	60.0
	2<m≤3.5	4.6	6.5	9.0	13.0	18.0	26.0	37.0	52.0	74.0
	3.5<m≤6	5.5	7.5	11.0	15.0	21.0	30.0	43.0	61.0	86.0
	6<m≤10	6.5	9.0	13.0	18.0	25.0	35.0	50.0	71.0	100.0
	10<m≤16	7.5	10.0	15.0	21.0	29.0	42.0	59.0	83.0	118.0

续表 3-2-17 (μm)

分度圆直径 d/mm	模数 m/mm	精度等级								
		4	5	6	7	8	9	10	11	12
280<d≤560	16<m≤25	8.5	12.0	17.0	24.0	35.0	49.0	69.0	98.0	138.0
	25<m≤40	10.0	15.0	21.0	29.0	41.0	58.0	82.0	116.0	164.0
	40<m≤70	13.0	18.0	25.0	36.0	50.0	71.0	101.0	143.0	202.0
560<d≤1 000	0.5≤m≤2	4.5	6.5	9.0	13.0	18.0	25.0	36.0	51.0	72.0
	2<m≤3.5	5.5	7.5	11.0	15.0	21.0	30.0	43.0	61.0	86.0
	3.5<m≤6	6.0	8.5	12.0	17.0	24.0	34.0	49.0	69.0	97.0
	6<m≤10	7.0	10.0	14.0	20.0	28.0	40.0	56.0	79.0	112.0
	10<m≤16	8.0	11.0	16.0	23.0	32.0	46.0	65.0	92.0	129.0
	16<m≤25	9.5	13.0	19.0	27.0	38.0	53.0	75.0	106.0	150.0
	25<m≤40	11.0	16.0	22.0	31.0	44.0	62.0	88.0	125.0	176.0
	40<m≤70	13.0	19.0	27.0	38.0	53.0	76.0	107.0	151.0	214.0

表 3-2-18 螺旋线总公差 $F_β$ (μm)

分度圆直径 d/mm	齿宽 b/mm	精度等级								
		4	5	6	7	8	9	10	11	12
5≤d≤20	4≤b≤10	4.3	6.0	8.5	12.0	17.0	24.0	35.0	49.0	69.0
	10≤b≤20	4.9	7.0	9.5	14.0	19.0	28.0	39.0	55.0	78.0
	20≤b≤40	5.5	8.0	11.0	16.0	22.0	31.0	45.0	63.0	89.0
	40≤b≤80	6.5	9.5	13.0	19.0	26.0	37.0	52.0	74.0	105.0
20<d≤50	4≤b≤10	4.5	6.5	9.0	13.0	18.0	25.0	36.0	51.0	72.0
	10<b≤205	5.0	7.0	10.0	14.0	20.0	29.0	40.0	57.0	81.0
	20<b≤40	5.5	8.0	11.0	16.0	23.0	32.0	46.0	65.0	92.0
	40<b≤80	6.5	9.5	13.0	19.0	27.0	38.0	54.0	76.0	107.0
	80<b≤160	8.0	11.0	16.0	23.0	32.0	46.0	65.0	92.0	130.0
50<d≤125	4≤b≤10	4.7	6.5	9.5	13.0	19.0	27.0	38.0	53.0	76.0
	10<b≤20	5.5	7.5	11.0	15.0	21.0	30.0	42.0	60.0	84.0
	20<b≤40	6.0	8.5	12.0	17.0	24.0	34.0	48.0	68.0	95.0
	40<b≤80	7.0	10.0	14.0	20.0	28.0	39.0	56.0	79.0	111.0
	80<b≤160	8.5	12.0	17.0	24.0	33.0	47.0	67.0	94.0	133.0
	160<b≤250	10.0	14.0	20.0	28.0	40.0	56.0	79.0	112.0	158.0
	250<b≤400	12.0	16.0	23.0	33.0	46.0	65.0	92.0	130.0	184.0
125<d≤280	4≤b≤10	5.0	7.0	10.0	14.0	20.0	29.0	40.0	57.0	81.0
	10<b≤20	5.5	8.0	11.0	16.0	22.0	32.0	45.0	63.0	90.0
	20<b≤40	6.5	9.0	13.0	18.0	25.0	36.0	50.0	71.0	101.0
	40<b≤80	7.5	10.0	15.0	21.0	29.00	41.0	58.0	82.0	117.0
	80<b≤160	8.5	12.0	17.0	25.0	35.0	49.0	69.0	98.0	139.0
	160<b≤250	10.0	14.0	20.0	29.0	41.0	58.0	82.0	116.0	164.0
	250<b≤400	12.0	17.0	24.0	34.0	47.0	67.0	95.0	134.0	190.0
	400<b≤650	14.0	20.0	28.0	40.0	56.0	79.0	112.0	158.0	224.0
280<d≤560	10≤b≤20	6.0	8.5	12.0	17.0	24.0	34.0	48.0	68.0	97.0
	20<b≤40	6.5	9.5	13.0	19.0	27.0	38.0	54.0	76.0	108.0

续表 3-2-18　　(μm)

分度圆直径 d/mm	齿宽 b/mm	精度等级 4	5	6	7	8	9	10	11	12
280＜d≤560	40＜b≤80	7.5	11.0	15.0	22.0	31.0	44.0	62.0	87.0	124.0
	80＜b≤160	9.0	13.0	18.0	26.0	36.0	52.0	73.0	103.0	146.0
	160＜b≤250	11.0	15.0	21.0	30.0	43.0	60.0	85.0	121.0	171.0
	250＜b≤400	12.0	17.0	25.0	35.0	49.0	70.0	98.0	139.0	197.0
	400＜b≤650	14.0	20.0	29.0	41.0	58.0	82.0	115.0	163.0	231.0
	650＜b≤1 000	17.0	24.0	34.0	48.0	68.0	96.0	136.0	193.0	272.0
560＜d≤1 000	10≤b≤20	6.5	9.5	13.0	19.0	26.0	37.0	53.0	74.0	105.0
	20＜b≤40	7.5	10.0	15.0	21.0	29.0	41.0	58.0	82.0	116.0
	40＜b≤80	8.5	12.0	17.0	23.0	33.0	47.0	66.0	93.0	132.0

表 3-2-19　螺旋线形状公差 $f_{f\beta}$ 和螺旋线倾斜极限偏差　　(μm)

分度圆直径 d/mm	齿宽 b/mm	精度等级 4	5	6	7	8	9	10	11	12
5≤d≤20	4≤b≤10	3.1	4.4	6.0	8.5	12.0	17.0	25.0	35.0	49.0
	10≤b≤20	3.5	4.9	7.0	10.0	14.0	20.0	28.0	39.0	56.0
	20≤b≤40	4.0	5.5	8.0	11.0	16.0	22.0	32.0	145.0	64.0
	40≤b≤80	4.7	6.5	9.5	13.0	19.0	26.0	37.0	53.0	75.0
20＜d≤50	4≤b≤10	3.2	4.5	6.5	9.0	13.0	18.0	26.0	36.0	51.0
	10＜b≤20	3.6	5.0	7.0	10.0	14.0	20.0	29.0	41.0	58.0
	20＜b≤40	4.1	6.0	8.0	12.0	16.0	23.0	33.0	46.0	65.0
	40＜b≤80	4.8	7.0	9.5	14.0	19.0	27.0	38.0	54.0	77.0
	80＜b≤160	6.0	8.0	12.0	16.0	23.0	33.0	46.0	65.0	93.0
50＜d≤125	4≤b≤10	3.4	4.8	6.5	9.5	13.0	19.0	27.0	38.0	54.0
	10＜b≤20	3.8	5.5	7.5	11.0	15.0	21.0	30.0	43.0	60.0
	20＜b≤40	4.3	6.0	8.5	12.0	17.0	24.0	34.0	48.0	68.0
	40＜b≤80	5.0	7.0	10.0	14.0	20.0	28.0	40.0	56.0	79.0
	80＜b≤160	6.0	8.5	12.0	17.0	24.0	34.0	48.0	67.0	95.0
	160＜b≤250	7.0	10.0	14.0	20.0	28.0	40.0	56.0	80.0	113.0
	250＜b≤400	8.0	12.0	16.0	23.0	33.0	46.0	66.0	93.0	132.0
125＜d≤280	4≤b≤10	3.6	5.0	7.0	10.0	14.0	20.0	29.0	41.0	58.0
	10＜b≤20	4.0	5.5	8.0	11.0	16.0	23.0	32.0	45.0	64.0
	20＜b≤40	4.5	6.5	9.0	13.0	18.0	25.0	36.0	51.0	72.0
	40＜b≤80	5.0	7.5	10.0	15.0	21.0	29.0	42.0	59.0	83.0
	80＜b≤160	6.0	8.5	12.0	17.0	25.0	35.0	49.0	70.0	99.0
	160＜b≤250	7.5	10.0	15.0	21.0	29.0	41.0	58.0	83.0	117.0
	250＜b≤400	8.5	12.0	17.0	24.0	34.0	48.0	68.0	96.0	135.0
	400＜b≤650	10.0	14.0	20.0	28.0	40.0	56.0	80.0	113.0	160.0
280＜d≤560	10≤b≤20	4.3	6.0	8.5	12.0	17.0	24.0	34.0	49.0	69.0
	20＜b≤40	4.8	7.0	9.5	14.0	19.0	27.0	38.0	54.0	77.0
	40＜b≤80	5.5	8.0	11.0	16.0	22.0	31.0	44.0	62.0	88.0
	80＜b≤160	6.5	9.0	13.0	18.0	26.0	37.0	52.0	73.0	104.0
	160＜b≤250	7.5	11.0	15.0	22.0	30.0	43.0	61.0	86.0	122.0

续表 3-2-19 (μm)

分度圆直径 d/mm	齿宽 b/mm	精度等级								
		4	5	6	7	8	9	10	11	12
$280<d\leqslant560$	$250<b\leqslant400$	9.0	12.0	18.0	25.0	35.0	50.0	70.0	99.0	140.0
	$400<b\leqslant650$	10.0	15.0	21.0	29.0	41.0	58.0	82.0	116.0	165.0
	$650<b\leqslant1\,000$	12.0	17.0	24.0	34.0	49.0	69.0	97.0	137.0	194.0
$560<d\leqslant1\,000$	$10\leqslant b\leqslant20$	4.7	6.5	9.5	13.0	19.0	26.0	37.0	53.0	75.0
	$20<b\leqslant40$	5.0	7.5	10.0	15.0	21.0	29.0	41.0	58.0	83.0
	$40<b\leqslant80$	6.0	8.5	12.0	17.0	23.0	33.0	47.0	66.0	94.0

表 3-2-20 f'_i/k 的比值 (μm)

分度圆直径 d/mm	模数 m/mm	精度等级								
		4	5	6	7	8	9	10	11	12
$5\leqslant d\leqslant20$	$0.5\leqslant m\leqslant2$	9.5	14.0	19.0	27.0	38.0	54.0	77.0	109.0	154.0
	$2<m\leqslant3.5$	11.0	16.0	23.0	32.0	45.0	64.0	91.0	129.0	182.0
$20<d\leqslant50$	$0.5\leqslant m\leqslant2$	10.0	14.0	20.0	29.0	41.0	58.0	82.0	115.0	163.0
	$2<m\leqslant3.5$	12.0	17.0	24.0	34.0	48.0	68.0	96.0	135.0	191.0
	$3.5<m\leqslant6$	14.0	19.0	27.0	38.0	54.0	77.0	108.0	153.0	217.0
	$6<m\leqslant10$	16.0	22.0	31.0	44.0	63.0	89.0	125.0	177.0	251.0
$50<d\leqslant125$	$0.5\leqslant m\leqslant2$	11.0	16.0	22.0	31.0	44.0	62.0	88.0	124.0	176.0
	$2<m\leqslant3.5$	13.0	18.0	25.0	36.0	51.0	72.0	102.0	144.0	204.0
	$3.5<m\leqslant6$	14.0	20.0	29.0	40.0	57.0	81.0	115.0	162.0	229.0
	$6<m\leqslant10$	16.0	23.0	33.0	47.0	66.0	93.0	132.0	186.0	263.0
	$10<m\leqslant16$	19.0	27.0	38.0	54.0	77.0	109.0	154.0	218.0	308.0
	$16<m\leqslant25$	23.0	32.0	46.0	65.0	91.0	129.0	183.0	259.0	366.0
$125<d\leqslant280$	$0.5\leqslant m\leqslant2$	12.0	17.0	24.0	34.0	49.0	69.0	97.0	137.0	194.0
	$2<m\leqslant3.5$	14.0	20.0	28.0	39.0	56.0	79.0	111.0	157.0	222.0
	$3.5<m\leqslant6$	15.0	22.0	31.0	44.0	62.0	88.0	124.0	175.0	247.0
	$6<m\leqslant10$	18.0	25.0	35.0	50.0	70.0	100.0	141.0	199.0	281.0
	$10<m\leqslant16$	20.0	29.0	41.0	58.0	82.0	115.0	163.0	231.0	326.0
	$16<m\leqslant25$	24.0	34.0	48.0	68.0	96.0	136.0	192.0	272.0	384.0
	$25<m\leqslant40$	29.0	41.0	58.0	82.0	116.0	165.0	233.0	329.0	465.0
$280<d\leqslant560$	$0.5\leqslant m\leqslant2$	14.0	19.0	27.0	39.0	54.0	77.0	109.0	154.0	218.0
	$2<m\leqslant3.5$	15.0	22.0	31.0	44.0	62.0	87.0	123.0	174.0	246.0
	$3.5<m\leqslant6$	17.0	24.0	34.0	48.0	68.0	96.0	136.0	192.0	271.0
	$6<m\leqslant10$	19.0	27.0	38.0	54.0	76.0	108.0	153.0	216.0	305.0
	$10<m\leqslant16$	22.0	31.0	44.0	62.0	88.0	124.0	175.0	248.0	350.0
	$16<m\leqslant25$	26.0	36.0	51.0	72.0	102.0	144.0	204.0	289.0	408.0
	$25<m\leqslant40$	31.0	43.0	61.0	86.0	122.0	173.0	245.0	346.0	489.0
	$40<m\leqslant70$	39.0	55.0	78.0	110.0	155.0	220.0	311.0	439.0	621.0
$560<d\leqslant1\,000$	$0.5\leqslant m\leqslant2$	15.0	22.0	31.0	44.0	62.0	87.0	123.0	174.0	247.0
	$2<m\leqslant3.5$	17.0	24.0	34.0	49.0	69.0	97.0	137.0	194.0	275.0
	$3.5<m\leqslant6$	19.0	27.0	38.0	53.0	75.0	106.0	150.0	212.0	300.0
	$6<m\leqslant10$	21.0	30.0	42.0	59.0	84.0	118.0	167.0	236.0	334.0
	$10<m\leqslant16$	24.0	33.0	47.0	67.0	95.0	134.0	189.0	268.0	379.0
	$16<m\leqslant25$	27.0	39.0	55.0	77.0	109.0	154.0	218.0	309.0	437.0
	$25<m\leqslant40$	32.0	46.0	65.0	92.0	129.0	183.0	259.0	366.0	518.0
	$40<m\leqslant70$	41.0	57.0	81.0	115.0	163.0	230.0	325.0	460.0	650.0

注：f'_i 的公差值，由表中值乘以 k 得出，当 $\varepsilon_\gamma<4$ 时，$k=0.2(\varepsilon_\gamma+4/\varepsilon_\gamma)$；当 $\varepsilon_\gamma\geqslant4$ 时，$k=0.4$，ε_γ 为总重合度。

表 3-2-21　径向综合总公差 F''_i　(μm)

分度圆直径 d/mm	法向模数 m_n/mm	精度等级								
		4	5	6	7	8	9	10	11	12
$5\leqslant d\leqslant 20$	$0.2\leqslant m_n\leqslant 0.5$	7.5	11	15	21	30	42	60	85	120
	$0.5<m_n\leqslant 0.8$	8.0	12	16	23	33	46	66	93	131
	$0.8<m_n\leqslant 1.0$	9.0	12	18	25	35	50	70	100	141
	$1.0<m_n\leqslant 1.5$	10	14	19	27	38	54	76	108	153
	$1.5<m_n\leqslant 2.5$	11	16	22	32	45	63	89	126	179
	$2.5<m_n\leqslant 4.0$	14	20	28	39	56	79	112	158	223
$20<d\leqslant 50$	$0.2\leqslant m_n\leqslant 0.5$	9.0	13	19	26	37	52	74	105	148
	$0.5<m_n\leqslant 0.8$	10	14	20	28	40	56	80	113	160
	$0.8<m_n\leqslant 1.0$	11	15	21	30	42	60	85	120	169
	$1.0<m_n\leqslant 1.5$	11	16	23	32	45	64	91	128	181
	$1.5<m_n\leqslant 2.5$	13	18	26	37	52	73	103	146	207
	$2.5<m_n\leqslant 4.0$	16	22	31	44	63	89	126	178	251
	$4.0<m_n\leqslant 6.0$	20	28	39	56	79	111	157	222	314
	$6.0<m_n\leqslant 10$	26	37	52	74	104	147	209	295	417
$50<d\leqslant 125$	$0.2\leqslant m_n\leqslant 0.5$	12	16	23	33	46	66	93	131	185
	$0.5<m_n\leqslant 0.8$	12	17	25	35	49	70	98	139	197
	$0.8<m_n\leqslant 1.0$	13	18	26	36	52	73	103	146	206
	$1.0<m_n\leqslant 1.5$	14	19	27	39	55	77	109	154	218
	$1.5<m_n\leqslant 2.5$	15	22	31	43	61	86	122	173	244
	$2.5<m_n\leqslant 4.0$	18	25	36	51	72	102	144	204	288
	$4.0<m_n\leqslant 6.0$	22	31	44	62	88	124	176	248	351
	$6.0<m_n\leqslant 10$	28	40	57	80	114	161	227	321	454
$125<d\leqslant 280$	$0.2\leqslant m_n\leqslant 0.5$	15	21	30	42	60	85	120	170	240
	$0.5<m_n\leqslant 0.8$	16	22	31	44	63	89	126	178	252
	$0.8<m_n\leqslant 1.0$	16	23	33	46	65	92	131	185	261
	$1.0<m_n\leqslant 1.5$	17	24	34	48	68	97	137	193	273
	$1.5<m_n\leqslant 2.5$	19	26	37	53	75	106	149	211	299
	$2.5<m_n\leqslant 4.0$	21	30	43	61	86	121	172	243	343
	$4.0<m_n\leqslant 6.0$	25	36	51	72	102	144	203	287	406
	$6.0<m_n\leqslant 10$	32	45	64	90	127	180	255	360	509
$280<d\leqslant 560$	$0.2\leqslant m_n\leqslant 0.5$	19	28	39	55	78	110	156	220	311
	$0.5<m_n\leqslant 0.8$	20	29	40	57	81	114	161	228	323
	$0.8<m_n\leqslant 1.0$	21	29	42	59	83	117	166	235	332
	$1.0<m_n\leqslant 1.5$	22	30	43	61	86	122	172	243	344
	$1.5<m_n\leqslant 2.5$	23	33	46	65	92	131	185	262	370
	$2.5<m_n\leqslant 4.0$	26	37	52	73	104	146	207	293	414
	$4.0<m_n\leqslant 6.0$	30	42	60	84	119	169	239	337	477
	$6.0<m_n\leqslant 10$	36	51	73	103	145	205	290	410	580
$560<d\leqslant 1\,000$	$0.2\leqslant m_n\leqslant 0.5$	25	35	50	70	99	140	198	280	396
	$0.5<m_n\leqslant 0.8$	25	36	51	72	102	114	204	288	408
	$0.8<m_n\leqslant 1.0$	26	37	52	74	104	148	209	295	417

续表 3-2-21 (μm)

分度圆直径 d/mm	法向模数 m_n/mm	精度等级								
		4	5	6	7	8	9	10	11	12
560<d≤1 000	1.0<m_n≤1.5	27	38	54	76	107	152	215	304	429
	1.5<m_n≤2.5	28	40	57	80	114	161	228	322	455
	2.5<m_n≤4.0	31	44	62	88	125	177	250	353	499
	4.0<m_n≤6.0	35	50	70	99	141	199	281	398	562
	6.0<m_n≤10	42	59	83	118	166	235	333	471	665

表 3-2-22 一齿径向综合公差 f''_i (μm)

分度圆直径 d/mm	法向模数 m_n/mm	精度等级								
		4	5	6	7	8	9	10	11	12
5≤d≤20	0.2≤m_n≤0.5	1.0	2.0	2.5	3.5	5.0	7.0	10	14	20
	0.5<m_n≤0.8	2.0	2.5	4.0	5.5	7.5	11	15	22	31
	0.8<m_n≤1.0	2.5	3.5	5.0	7.0	10	14	20	28	39
	1.0<m_n≤1.5	3.0	4.5	6.5	9.0	13	18	25	36	50
	1.5<m_n≤2.5	4.5	6.5	9.5	13	19	26	37	53	74
	2.5<m_n≤4.0	7.0	10	14	20	29	41	58	82	115
20<d≤50	0.2≤m_n≤0.5	1.5	2.0	2.5	3.5	5.0	7.0	10	14	20
	0.5<m_n≤0.8	2.0	2.5	4.0	5.5	7.5	11	15	22	31
	0.8<m_n≤1.0	2.5	3.5	5.0	7.0	10	14	20	28	40
	1.0<m_n≤1.5	3.0	4.5	6.5	9.0	13	18	25	36	51
	1.5<m_n≤2.5	4.5	6.5	9.5	13	19	26	37	53	75
	2.5<m_n≤4.0	7.0	10	14	20	29	41	58	82	116
	4.0<m_n≤6.0	11	15	22	31	43	61	87	123	174
	6.0<m_n≤10	17	24	34	48	67	95	135	190	269
50<d≤125	0.2≤m_n≤0.5	1.5	2.0	2.5	3.5	5.0	7.5	10	15	21
	0.5<m_n≤0.8	2.0	3.0	4.0	5.5	8.0	11	16	22	31
	0.8<m_n≤1.0	2.5	3.5	5.0	7.0	10	14	20	28	40
	1.0<m_n≤1.5	3.0	4.5	6.5	9.0	13	18	26	36	51
	1.5<m_n≤2.5	4.5	6.5	9.5	13	19	26	37	53	75
	2.5<m_n≤4.0	7.0	10	14	20	29	41	58	82	116
	4.0<m_n≤6.0	11	15	22	31	44	62	87	123	174
	0.6<m_n≤10	17	24	34	48	67	95	135	191	269
125<d≤280	0.2≤m_n≤0.5	1.5	2.0	2.5	3.5	5.5	7.5	11	15	21
	0.5<m_n≤0.8	2.0	3.0	4.0	5.5	8.0	11	16	22	32
	0.8<m_n≤1.0	2.5	3.5	5.0	7.0	10	14	20	29	41
	1.0<m_n≤1.5	3.0	4.5	6.5	9.0	13	18	26	36	52
	1.5<m_n≤2.5	4.5	6.5	9.5	13	19	27	38	53	75
	2.5<m_n≤4.0	7.5	10	15	21	29	41	58	82	116
	4.0<m_n≤6.0	11	15	22	31	44	62	87	124	175
	6.0<m_n≤10	17	24	34	48	67	95	135	191	270
280<d≤560	0.2≤m_n≤0.5	1.5	2.0	2.5	4.0	5.5	7.5	11	15	22
	0.5<m_n≤0.8	2.0	3.0	4.0	5.5	8.0	11	16	23	32
	0.8<m_n≤1.0	2.5	3.5	5.0	7.5	10	15	21	29	41

续表 3-2-22 (μm)

分度圆直径 d/mm	法向模数 m_n/mm	精度等级								
		4	5	6	7	8	9	10	11	12
280<d≤560	1.0<m_n≤1.5	3.5	4.5	6.5	9.0	13	18	26	37	52
	1.5<m_n≤2.5	5.0	6.5	9.5	13	19	27	38	54	76
	2.5<m_n≤4.0	7.5	10	15	21	29	41	59	83	117
	4.0<m_n≤6.0	11	15	22	31	44	62	88	124	175
	6.0<m_n≤10	17	24	34	48	68	96	135	191	271
560<d≤1 000	0.2≤m_n≤0.5	1.5	2.0	3.0	4.0	5.5	8.0	11	16	23
	0.5<m_n≤0.8	2.0	3.0	4.0	6.0	8.5	12	17	24	33
	0.8<m_n≤1.0	2.5	3.5	5.5	7.5	11	15	21	30	42
	1.0<m_n≤1.5	3.5	4.5	6.5	9.5	13	19	27	38	53
	1.5<m_n≤2.5	5.0	7.0	9.5	14	19	27	38	54	77
	2.5<m_n≤4.0	7.5	10	15	21	30	42	59	83	118
	4.0<m_n≤6.0	11	16	22	31	44	62	88	125	176
	6.0<m_n≤10	17	24	34	48	68	96	136	192	272

表 3-2-23 径向圆跳动公差 F_r (μm)

分度圆直径 d/mm	法向模数 m_n/mm	精度等级								
		4	5	6	7	8	9	10	11	12
5≤d≤20	0.5≤m_n≤2.0	6.5	9.0	13	18	25	36	51	72	102
	2.0<m_n≤3.5	6.5	9.5	13	19	27	38	53	75	106
20<d≤50	0.5≤m_n≤2.0	8.0	11	16	23	32	46	65	92	130
	2.0<m_n≤3.5	8.5	12	17	24	34	47	67	95	134
	3.5<m_n≤6.0	8.5	12	17	25	35	49	70	99	139
	6.0<m_n≤10	9.5	13	19	26	37	52	74	105	148
50<d≤125	0.5≤m_n≤2.0	10	15	21	29	42	59	83	118	167
	2.0<m_n≤3.5	11	15	21	30	43	61	86	121	171
	3.5<m_n≤6.0	11	16	22	31	44	62	88	125	176
	6.0<m_n≤10	12	16	23	33	46	65	92	131	185
	10<m_n≤16	12	18	25	35	50	70	99	140	198
	16<m_n≤25	14	19	27	39	55	77	109	154	218
125<d≤280	0.5≤m_n≤2.0	14	20	28	39	55	78	110	156	221
	2.0<m_n≤3.5	14	20	28	40	56	80	113	159	225
	3.5<m_n≤6.0	14	20	29	41	58	82	115	163	231
	6.0<m_n≤10	15	21	30	42	60	85	120	169	239
	10<m_n≤16	16	22	32	45	63	89	126	179	252
	16<m_n≤25	17	24	34	48	68	96	136	193	272
	25<m_n≤40	19	27	38	54	76	107	152	215	304
280<d≤560	0.5≤m_n≤2.0	18	26	36	51	73	103	146	206	291
	2.0<m_n≤3.5	18	26	37	52	74	105	148	209	296
	3.5<m_n≤6.0	19	27	38	53	75	106	150	213	301
	6.0<m_n≤10	19	27	39	55	77	109	155	219	310
	10<m_n≤16	20	29	40	57	81	114	161	228	323
	16<m_n≤25	21	30	43	61	86	121	171	242	343
	25<m_n≤40	23	33	47	68	94	132	187	265	374
	40<m_n≤70	27	38	54	76	108	153	216	306	432

续表 3-2-23 (μm)

分度圆直径 d/mm	法向模数 m_n/mm	精度等级								
		4	5	6	7	8	9	10	11	12
$560<d\leqslant1\,000$	$0.5\leqslant m_n\leqslant2.0$	23	33	47	66	94	133	188	266	376
	$2.0<m_n\leqslant3.5$	24	34	48	67	95	134	190	269	380
	$3.5<m_n\leqslant6.0$	24	34	48	68	96	136	193	272	385
	$6.0<m_n\leqslant10$	25	35	49	70	98	139	197	279	394
	$10<m_n\leqslant16$	25	36	51	72	102	144	204	288	407
	$16<m_n\leqslant25$	27	38	53	76	107	151	214	302	427
	$25<m_n\leqslant40$	29	41	57	81	115	162	229	324	459
	$40<m_n\leqslant70$	32	46	65	91	129	183	258	365	517

(6) 齿轮精度等级在图样上的标注

齿轮精度应根据新国标 GB/T 10095.1—2008 或 GB/T 10095.2—2008 标注：

1) 若齿轮的各个检验项目为同一精度等级，可标注精度等级和标准号，例如齿轮各检验项目同为 7 级，则可标注为：7 GB/T 10095.1—2008 或 7 GB/T 10095.2—2008

2) 若齿轮各个检验项目的精度等级不同，例如齿廓总偏差 F_α 为 6 级，单个齿距偏差 f_{pt}、齿距累积总偏差 F_p、螺旋线总偏差 F_β 均为 7 级，则标注为：

$6(F_\alpha)$，$7(f_{pt}、F_p、F_\beta)$GB/T 10095.1—2008

3.2.1.4 齿轮检验项目

GB/Z 18620.1—2008 关于齿轮检验项目的规定明确指出在检验中既不经济也没有必要测量全部轮齿要素的偏差，因为其中有些要素对于特定齿轮的功能并没有明显的影响。另外，有些测量项目可以代替别的一些项目，如径向综合偏差（F''_i）代替齿圈径向圆跳动（F_r）的测量；切向综合偏差（F'_i）可作为齿距累积总偏差（F_p）的替代指标。

在评定齿轮质量方面，GB/T 10095.1—2008 和 GB/T 10095.2—2008 没有像旧标准（GB/T 10095—1988）那样规定齿轮的检验分组（见本章表 3-2-36）在一般生产中，为满足齿轮的质量水平，公差等级及使用要求，对齿轮检验最基本项目是齿距（单个齿距偏差（f_{pt}）、k 个齿距累积偏差（F_{pk}）、齿距累积总偏差（F_p）；齿廓（齿廓总偏差（F_α））；和螺旋线（螺旋线总偏差（F_β）），在贯彻新标准时，可依据所加工齿轮质量、精度和使用要求制定必要的检验方案组，进行质量检验。

GB/T 10095.1～2—2008 附录中给出了“5 级精度齿轮”各项公差或极限偏差的计算式和关系式。

3.2.1.5 齿厚

在分度圆柱上法向平面的公称齿厚是指齿厚理论值，具有理论齿厚的齿轮与具有理论齿厚的相配齿轮在基本中心距下无侧隙啮合。公称齿厚 s_n 的计算公式为

外齿轮 $s_n=m_n(\frac{\pi}{2}+2\tan\alpha_n x)$

内齿轮 $s_n=m_n(\frac{\pi}{2}-2\tan\alpha_n x)$

式中 m_n——法向模数(mm)；

α_n——法向压力角；

x——径向变位系数。

对于斜齿轮，s_n 值在法面内测量。

(1) *齿厚偏差* 齿厚上偏差和齿厚下偏差统称为齿厚的极限偏差。

1) 齿厚上偏差 E_{sns}。齿厚上偏差的确定应满足最小侧隙的要求，其选择大体上与轮齿精度无关。

2) 齿厚下偏差 E_{sni}。齿厚下偏差是综合了齿厚上偏差及齿厚公差之后获得的，由于上、下偏差都使齿厚减薄，从齿厚上偏差中减去齿厚公差值

$$E_{sni}=E_{sns}-T_{sn}$$

3) 齿厚公差 T_{sn}。齿厚公差是指齿厚上偏差 E_{sns} 与齿厚下偏差 E_{sni} 之差

$$T_{sn}=E_{sns}-E_{sni}$$

3.2.1.6 侧隙

在一对装配好的齿轮副中，侧隙 j 是相啮齿轮齿间的间隙，它是在节圆上齿槽宽度超过相啮轮齿齿厚的量。侧隙可以在法向平面上或沿啮合线（图 3-2-1）测量，但是在端平面上或啮合平面（基圆切平面）上计算和规定。

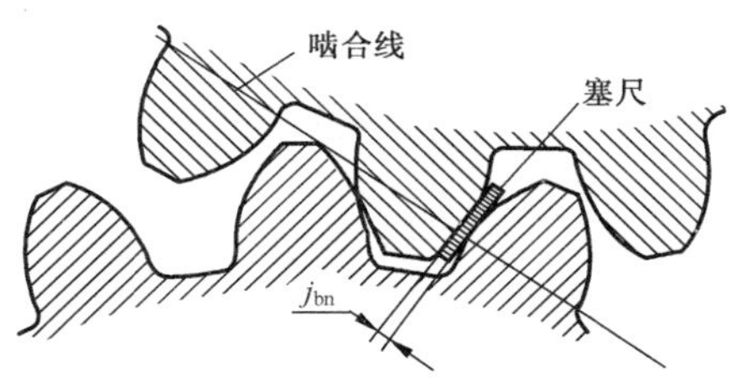

图 3-2-1 用塞尺测量侧隙（法向平面）

侧隙受一对齿轮运行时的中心距以及每个齿轮的实际齿厚所控制。运行时还受速度、温度、负载等的变动而变化。在静态可测量的条件下，必须有足够的侧隙，以保证在带负载运行最不利的工作条件下仍有足够的侧隙。

（1）最小侧隙　最小侧隙 j_{bnmin} 是当一个齿轮的齿以最大允许实效齿厚（实效齿厚是指测量所得的齿厚加上轮齿各要素偏差及安装所产生的综合影响在齿厚方向上的量）与一个也具有最大允许实效齿厚的相配的齿在最小的允许中心距啮合时，在静态条件下存在的最小允许侧隙。影响 j_{bnmin} 的因素有：

1）箱体、轴和轴承的偏斜。

2）因箱体的误差和轴承的间隙导致齿轮轴线的不对准和歪斜。

3）安装误差，如轴的偏心。

4）轴承径向圆跳动。

5）温度影响（箱体与齿轮零件的温差，由中心距和材料差异所致）。

6）旋转零件的离心胀大。

7）其他因素，如由于润滑剂的允许污染以及非金属齿轮材料的熔胀。

表 3-2-24 列出了对工业传动装置推荐的最小侧隙，这传动装置是用黑色金属齿轮和黑色金属的箱体制造的，工作时节圆线速度小于 15 m/s，其箱体、轴和轴承都采用常用的商业制造公差。

（2）最大侧隙　一个齿轮副中的最大侧隙 j_{bnmax}，是齿厚公差、中心距变动和轮齿几何形状变异的影响之和。理论的最大侧隙发生于两个理想的齿轮按最小齿厚的规定制成，且在最松的允许中心距条件下啮合，最松的中心距对外齿轮是指最大的，对内齿轮是指最小的。

表 3-2-24　中、大模数齿轮传动装置推荐的最小侧隙 j_{bnmin}（GB/T 18620.2—2008）　(mm)

m_n	最小中心距 a_i						m_n	最小中心距 a_i					
	50	100	200	400	800	1 600		50	100	200	400	800	1 600
1.5	0.09	0.11	—	—	—	—	8	—	0.24	0.27	0.34	0.47	—
2	0.10	0.12	0.15	—	—	—	12	—	—	0.35	0.42	0.55	—
3	0.12	0.14	0.17	0.24	—	—	18	—	—	—	0.54	0.67	0.94
5	—	0.18	0.21	0.28	—	—							

注：表中数值也可用下列公式计算

$$j_{bnmin}=\frac{2}{3}(0.06+0.000\,5\,a_i+0.03\,m_n)$$

注意：a_i 必须是一个绝对值。

3.2.1.7　中心距和轴线平行度

设计应对中心距 a 和轴线平行度两项偏差选择适当的公差，以满足齿轮副侧隙和齿长方向正确使用要求。

1）中心距公差。中心距公差是设计者规定的允许公差。公称中心距是在考虑最小侧隙及两齿轮的齿顶和其相啮合的非渐开线齿廓齿根部分的干涉后确定。

GB/Z 18620.3—2008 没有推荐中心距公差数值，设计人员可参考表 3-2-25 中的齿轮副中心距极限偏差数值。

2）轴线平行度（GB/Z 18620.3—2008）。由于轴线平行度与其向量方向有关，所以规定了“轴线平面内的偏差”$f_{\Sigma\delta}$ 和“垂直平面上的偏差”$f_{\Sigma\beta}$。（图 3-2-2）

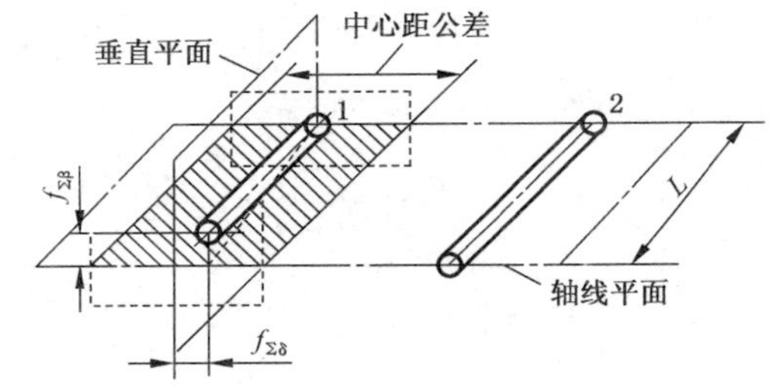

图 3-2-2　轴线平行度

3）平行度公差的最大推荐值

① 垂直平面上，轴线平行度公差的最大推荐值为

$$f_{\Sigma\beta}=0.5(L/b)F_\beta$$

② 轴线平面内，轴线平行度公差的最大推荐值为

$$f_{\Sigma\delta}=2f_{\Sigma\beta}$$

表 3-2-25　中心距极限偏差 $\pm f_a$　(μm)

齿轮精度等级			3～4	5～6	7～8	9～10	11～12	齿轮精度等级			3～4	5～6	7～8	9～10	11～12
f_a			$\frac{1}{2}$IT6	$\frac{1}{2}$IT7	$\frac{1}{2}$IT8	$\frac{1}{2}$IT9	$\frac{1}{2}$IT11	f_a			$\frac{1}{2}$IT6	$\frac{1}{2}$IT7	$\frac{1}{2}$IT8	$\frac{1}{2}$IT9	$\frac{1}{2}$IT11
齿轮副的中心距	大于 6	到 10	4.5	7.5	11	18	45	齿轮副的中心距	30	50	8	12.5	19.5	31	80
	10	18	5.5	9	13.5	21.5	55		50	80	9.5	15	23	37	90
	18	30	6.5	10.5	16.5	26	65		80	120	11	17.5	27	43.5	110

续表 3-2-25 (μm)

齿轮精度等级		3～4	5～6	7～8	9～10	11～12	齿轮精度等级		3～4	5～6	7～8	9～10	11～12
f_a		$\frac{1}{2}$IT6	$\frac{1}{2}$IT7	$\frac{1}{2}$IT8	$\frac{1}{2}$IT9	$\frac{1}{2}$IT11	f_a		$\frac{1}{2}$IT6	$\frac{1}{2}$IT7	$\frac{1}{2}$IT8	$\frac{1}{2}$IT9	$\frac{1}{2}$IT11
齿轮副的中心距	120～180	12.5	20	31.5	50	125	齿轮副的中心距	800～1 000	28	45	70	115	280
	180～250	14.5	23	36	57.5	145		1 000～1 250	33	52	82	130	330
	250～315	16	26	40.5	65	160		1 250～1 600	39	62	97	155	390
	315～400	18	28.5	44.5	70	180		1 600～2 000	46	75	115	185	460
	400～500	20	31.5	48.5	77.5	200		2 000～2 500	50	87	140	220	550
	500～630	22	35	55	87	220		2 500～3 150	67.5	105	165	270	676
	630～800	25	40	62	100	250							

3.2.1.8 齿轮的接触斑点

图 3-2-3 和表 3-2-26、表 3-2-27 给出了在齿轮装配后（空载）检验时，所预计的齿轮的精度等级和接触斑点之间的一般关系，但不能理解为证明齿轮精度等级的替代方法。它可以控制齿轮的齿长方向配合精度，在缺乏测试条件下的特定齿轮的场合，可以应用实际的接触斑点来评定，不一定与图 3-2-3 中所示的一致，在啮合机架上所获得的检查结果应当是相似的。图 3-2-3 和表 3-2-26 表 3-2-27 对齿廓和螺旋线修形的齿轮齿面是不适用的。

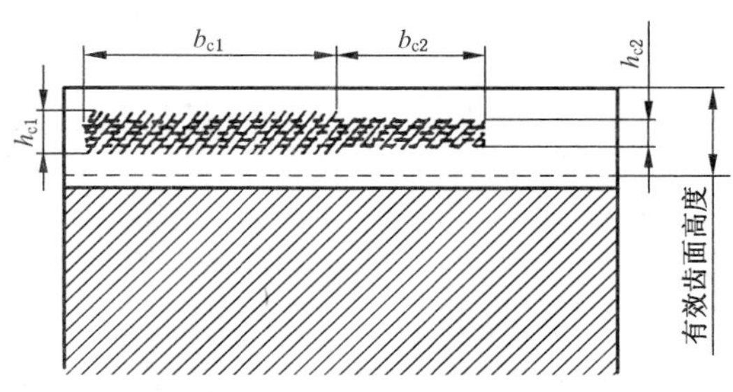

图 3-2-3 接触斑点分布的示意图

表 3-2-26 直齿轮装配后的接触斑点

精度等级按 GB/T 10095.1～2—2001	b_{c1} 占齿宽的百分比（%）	h_{c1} 占有效齿面高度的百分比（%）	b_{c2} 占齿宽的百分比（%）	h_{c2} 占有效齿面高度的百分比（%）	精度等级按 GB/T 10095.1～2—2001	b_{c1} 占齿宽的百分比（%）	h_{c1} 占有效齿面高度的百分比（%）	b_{c2} 占齿宽的百分比（%）	h_{c2} 占有效齿面高度的百分比（%）
4 级及更高	50	50	40	30	7 和 8	35	40	35	20
5 和 6	45	40	35	20	9 至 12	25	40	25	20

表 3-2-27 斜齿轮装配后的接触斑点

精度等级按 GB/T 10095.1～2—2001	b_{c1} 占齿宽的百分比（%）	h_{c1} 占有效齿面高度的百分比（%）	b_{c2} 占齿宽的百分比（%）	h_{c2} 占有效齿面高度的百分比（%）	精度等级按 GB/T 10095.1～2—2001	b_{c1} 占齿宽的百分比（%）	h_{c1} 占有效齿面高度的百分比（%）	b_{c2} 占齿宽的百分比（%）	h_{c2} 占有效齿面高度的百分比（%）
4 级及更高	50	70	40	50	7 和 8	35	50	35	30
5 和 6	45	50	35	30	9 至 12	25	50	25	30

3.2.1.9 齿面表面粗糙度的推荐值

GB/Z 18620.4—2008 提供了齿面表面粗糙度的数值。直接测得的表面粗糙度参数值，可直接与规定的允许值比较，规定的推荐值见表 3-2-28。

表 3-2-28 算术平均值 *Ra* 的推荐值（GB/Z 18620.4—2008） (μm)

精度等级	*Ra* 模数/mm $m≤6$	$6<m≤25$	$m>25$	精度等级	*Ra* 模数/mm $m≤6$	$6<m≤25$	$m>25$
5	0.5	0.63	0.80	9	3.2	4.0	5.0
6	0.8	1.00	1.25	10	5.0	6.3	8.0
7	1.25	1.6	2.0	11	10.0	12.5	16
8	2.0	2.5	3.2	12	20	25	32

注：GB/T 10095.1—2008 规定的齿轮精度等级和表中粗糙度等级之间没有直接的关系。

有些资料（或手册）中对齿面表面粗糙度和齿轮精度等级间的关系，给出了参考值，见表 3-2-29。

表 3-2-29　4～9 级精度齿面 R_a 的推荐值　　(μm)

齿轮精度等级	4		5		6		7		8		9	
齿面	硬	软	硬	软	硬	软	硬	软	硬	软	硬	软
齿面 R_a	≤0.4	≤0.8		≤1.6	≤0.8	≤1.6	≤1.6	≤3.2		≤6.3	≤3.2	≤6.3

3.2.1.10　齿轮坯的精度

齿轮坯即齿坯，是指在轮齿加工前供制造齿轮用的工件。齿轮坯的尺寸偏差直接影响齿轮的加工精度，影响齿轮副的接触和运行。

(1) 术语与定义(见表 3-2-30、表 3-2-31)

表 3-2-30　齿轮的符号和术语

符号	术语	单位	符号	术语	单位
a	中心距	mm	$f_{\Sigma\beta}$	垂直平面上的轴线平行度偏差	μm
b	齿宽	mm	F_β	螺旋线总偏差	μm
D_d	基准面直径	mm	F_p	齿距累积总偏差	μm
D_f	安装面直径	mm	L	较大的轴承跨距	mm
$f_{\Sigma\delta}$	轴线平面内的轴线平行度偏差	μm	n	公差链中的链节数	—

表 3-2-31　齿轮的术语和定义

术语	定　义	术语	定　义
工作安装面	用来安装齿轮的面	基准轴线	由基准面中心确定的。齿轮依次轴线来确定齿轮的细节，特别是确定齿锯、齿廓和螺旋线的公差
工作轴线	齿轮在工作时绕其旋转的轴线，它是由工作安装面的中心确定的。工作轴线只有在考虑整个齿轮组件时才有意义	制造安装面	是齿轮制造或检验时用来安装齿轮的面
基准面	用来确定基准轴线的面		

(2) 齿坯精度　齿坯精度涉及对基准轴线、用来确定基准轴线的基准面以及其他相关的安装面的选择和给定的公差，涉及齿轮齿轮精度参数(齿廓偏差、相邻齿距偏差等)的数值，在测量时，齿轮的旋转轴线(基准轴线)若有改变，上述参数的测量数值将会随之改变。因此，在齿轮图样上必须把规定轮齿公差的基准轴线明确表示出来。

1) 基准轴线与工作轴线间的关系。基准轴线是制造者(和检验者)用来对单个零件确定轮齿几何形状的轴线，设计者应保证其精确地确定，使齿轮相应于工作轴线的技术要求得到满足，通常将基准轴线与工作轴线重合，即将安装面作为基准面。

一般情况下，先确定一个基准轴线，然后将其他的所有轴线(包括工作轴线及可能的一些制造轴线)用适当的公差与之相联系，此时，应考虑公差链中所增加的链环的影响。

2) 基准轴线的确定方法(表 3-2-32)

表 3-2-32　确定基准轴线的方法

方　法	图　例	说　明
用两个"短的"基准面确定基准轴线	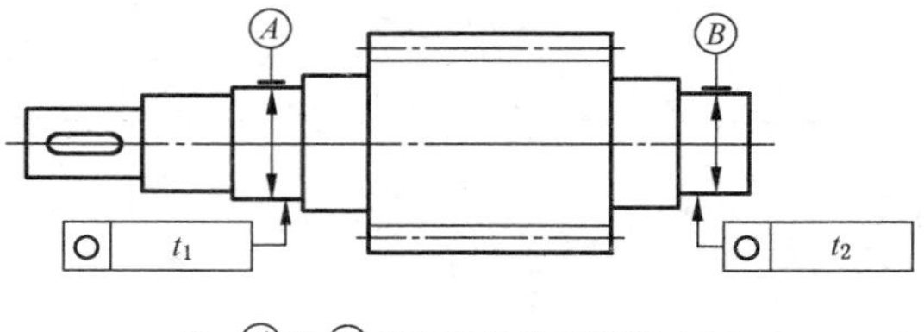 Ⓐ Ⓑ t_1 t_2 注：Ⓐ和Ⓑ是预定的轴承安装表面	由两"短的"圆柱或圆锥形基准面上设定的两个圆的圆心来确定轴线上的两个点。采用这种方法，其圆柱或圆锥形基准面必须在轴向上很短，以保证它们自己不会单独确定另一条轴线
用一个"长的"基准面确定基准轴线	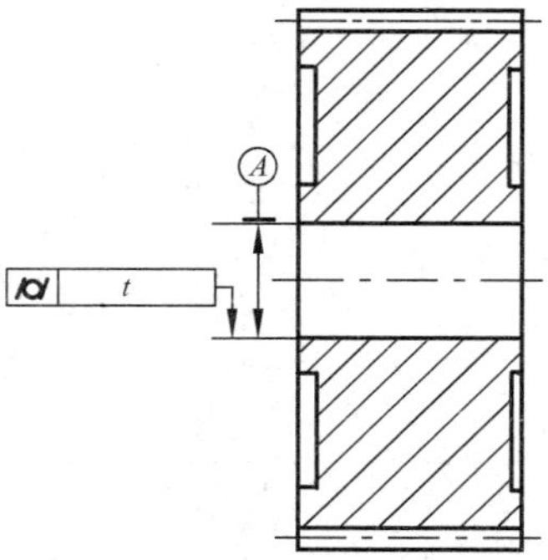 Ⓐ t	由一个"长的"圆柱或圆锥形的面来同时确定轴线的位置和方向，孔的轴线可以用与之正确装配的工作心轴的轴线来表示

续表 3-2-32

方法	图例	说明
用一个圆柱面和一个端面确定基准轴线	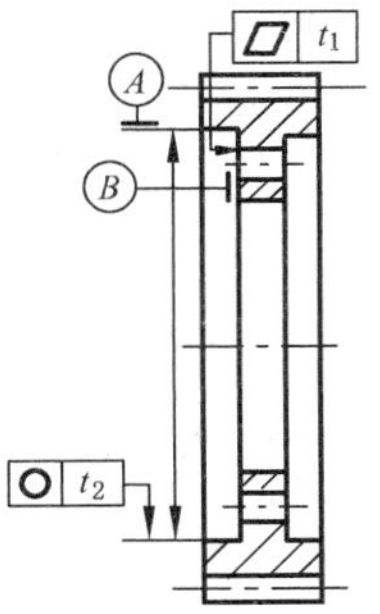 A B t_1 t_2	轴线的位置是用一个"短的"圆柱形基面上的一个圆的圆心来确定，而其方向则由垂直于此轴线的一个基准端面来确定。采用本法，其圆柱基准在轴向上必须很短，以保证它不会单独确定另一条轴线
由中心孔确定基准轴线	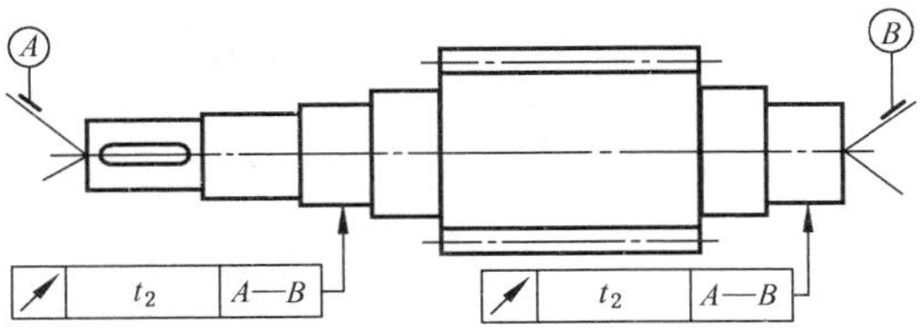 A B t_2 A—B t_2 A—B	在制造、检验一个与轴作成一体的小齿轮时，常将其安置在两端的顶尖上，这样两个顶尖孔就确定了它的基准轴线。所有的齿轮公差及承载、安装的公差均需以此轴线来确定。显然，相对于中心孔的安装面的跳动量应予很小的公差值。 必须注意中心孔 60°接触角范围内表面应对准成一直线

3）齿坯公差

① 基准面的形状公差。基准面的要求精度取决于：

——齿轮精度等级，基准面的极限值应远小于单个轮齿的公差值。

——基准面的相对位置，一般地说，跨距占轮齿分度圆直径的比例越大，则给定的公差就越松。

必须在齿轮图样上规定基准面的精度要求。所有基准面的形状公差应不大于表 3-2-33 中规定值。

表 3-2-33 基准面与安装面的形状公差

确定轴线的基准面	公差项目		
	圆度	圆柱度	平面度
两个"短的"圆柱或圆锥形基准面	$0.04(L/b)F_\beta$ 或 $0.1F_p$ 取两者中之小值		
一个"长的"圆柱或圆锥形基准面		$0.04(L/b)F_\beta$ 或 $0.1F_p$ 取两者中之小值	
一个"短的"圆柱面和一个端面	$0.06F_p$		$0.06(D_d/b)F_\beta$

注：齿轮坯的公差应减至能经济地制造的最小值。

基准面（轴向和径向）应加工得与齿轮坯的实际轴孔、轴颈和肩部完全同心。

② 工作及制造安装面的形状公差。工作及制造安装面的形状公差，也不能大于表 3-2-33 中规定值。

③ 工作轴线的跳动公差

当基准轴线与工作轴线不重合时，则工作安装面相对于基准轴线的跳动必须在图样上予以规定，跳动公差不应大于表 3-2-34 中规定值。

表 3-2-34 安装面的跳动公差

确定轴线的基准面	跳动量（总的指示幅度）	
	径向	轴向
仅指圆柱或圆锥形基准面	$0.15(L/b)F_\beta$ 或 $0.3F_p$ 取两者中之大值	
一个圆柱基准面和一个端面基准面	$0.3F_p$	$0.2(D_d/b)F_\beta$

注：齿轮坯的公差应减至能经济的制造的最小值。

④ 齿轮切削和检验时使用的安装面。齿轮在制造和检验过程中，安装齿轮时应使其旋转的实际轴线与图样上规定的基准轴线重合。

除非在制造和检验中用来安装齿轮的安装面就是基准面、否则这些安装面相对于基准轴线的位置也必须予以控制。表 3-2-34 中所规定的数值可作为这些面的公差值。

⑤ 齿顶圆柱面。设计者应对齿顶圆直径选择合适的公差，以保证有最小限度的设计重合度，并且有足够的齿顶间隙。如果将齿顶圆柱面作为基准面，除了上述数值仍可用作尺寸公差外，其形状公差不应大于表中所规定的相关数值。

⑥ 其他齿轮的安装面。在一个与小齿轮作成一体的轴上，常有一段用来安装一个大齿轮。这时，大齿轮安装面的公差应在妥善考虑大齿轮的质量要求后来选择。常用的办法是相对于已经确定的基准轴线规定允许的跳动量。

⑦ 公差的组合。当基准轴线与工作轴线重合时，可直接采用表 3-2-34 规定的公差。不重合时，需要将表 3-2-33 和表 3-2-34中单个公差数值减小。减小的程度取决于该公差链排列，一般大致与 n 的平方根成正比（n 为公差链中的链环数）。

4）齿坯公差应用示例（图 3-2-4、图 3-2-5）

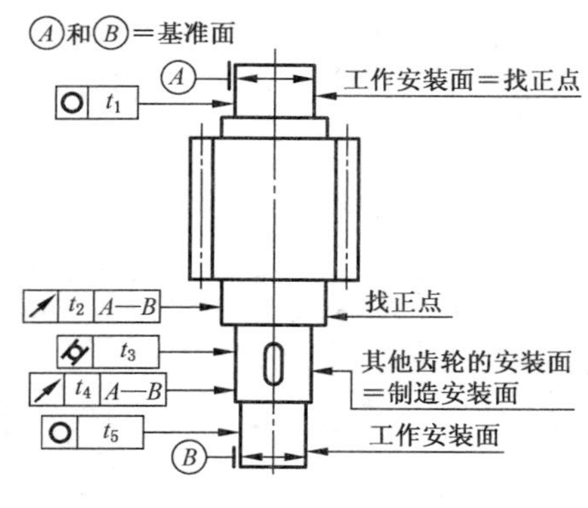

图 3-2-4　轴齿轮

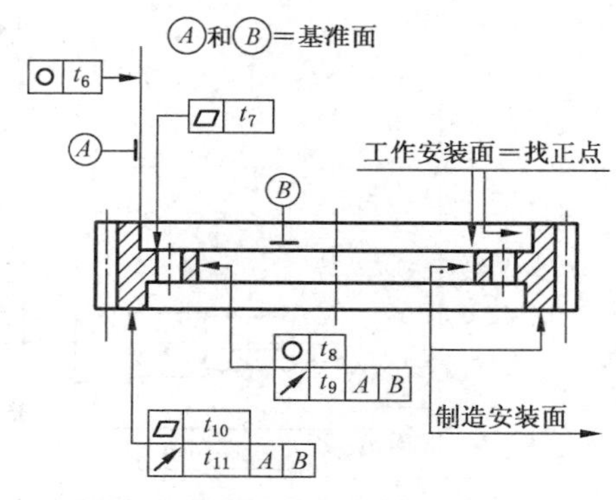

图 3-2-5　齿圈

3.2.2　齿条

3.2.2.1　齿条的几何尺寸计算（表 3-2-35）

表 3-2-35　齿条的几何尺寸计算

项目	名　　称	代号	计算公式	项目	名　　称	代号	计算公式
基本参数	模数	m		几何尺寸	齿距	p	$p=\pi m$
	压力角	α_P	$\alpha_P=20°$		齿厚	S_P	$S_P=1.570\,8m$
	齿顶高系数	h_a	$h_a=1$		齿顶高	h_{aP}	$h_{aP}=h_a m$
	顶隙系数	C_P	$C_P=0.25$		齿根高	h_{fP}	$h_{fP}=(h_a+C_P)m$
	齿条齿根圆半径	P_{fP}	$P_{fP}=0.38m$		齿全高	h_P	$h_P=h_{aP}+h_{fP}$

3.2.2.2　齿条精度（GB/T 10096—1988）

GB/T 10096—1988《齿条精度》对基本齿廓符合 GB/T 1356—2008 规定的齿条及由直齿或斜齿圆柱齿轮与齿条组成的齿条副规定了误差定义、代号、精度等级、检验与公差、侧隙和图样标注等，对法向模数 $m_n \geqslant 1 \sim 40$ mm、工作齿宽到630 mm的齿条规定了公差或极限偏差值。

（1）定义和代号　齿条及齿条副的误差定义和代号（表 3-2-36）

表 3-2-36　齿条及齿条副的定义和代号

序号	名　　称	代 号	定　　义
1	切向综合误差 $\Delta F'_i$ 齿条工作长度 分度线 基准面 切向综合公差	$\Delta F'_i$ F'_i	当齿轮轴线与齿条基准面①在公称位置上，被测齿条与理想精确测量齿轮单面啮合时，被测齿条沿其分度线在工作长度内平移的实际值与公称值之差的总幅度值

续表 3-2-36

序号	名　　称	代号	定　　义
2	一齿切向综合误差 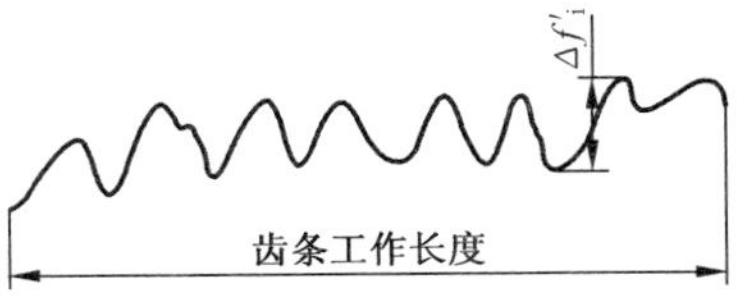 齿条工作长度 一齿切向综合公差	$\Delta f'_i$ f'_i	当齿轮轴线与齿条基准面在公称位置上，被测齿条与理想精确的测量齿轮单面啮合时，被测齿条沿其分度线在工作长度内平移一个齿距的实际值与公称值之差的最大幅度值
3	径向综合误差 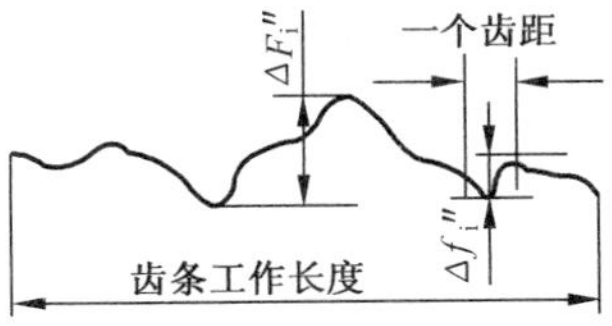 一个齿距 齿条工作长度 径向综合公差	$\Delta F''_i$ F''_i	被测齿条与理想精确的测量齿轮双面啮合时，在工作长度内(在齿条上取不超过 50 个齿距的任意一段)，被测齿条基准面至理想精确的测量齿轮中心之间距离的最大变动量
4	一齿径向综合误差 一齿径向综合公差	$\Delta f''_i$ f''_i	被测齿条与理想精确的测量齿轮双面啮合时，齿条移动一个齿距(在齿条上取不超过 50 个齿距的任意一段)，被测齿条基准面至理想精确齿轮中心之间距离的最大变动量
5	齿距累积误差 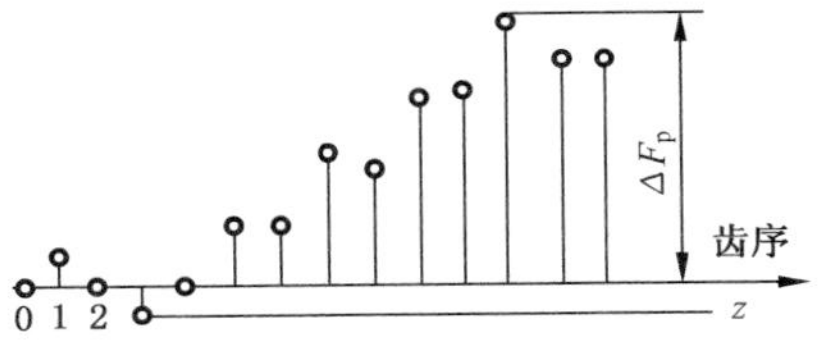 齿序 齿距累积公差	ΔF_p F_p	在齿条的分度线上，任意两个同侧齿廓间实际齿距与公称齿距之差的最大绝对值(在齿条上取不超过 50 个齿距的任意一段来确定)
6	齿槽跳动 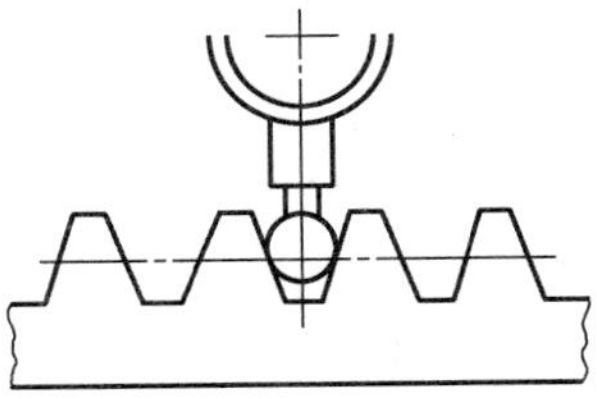 齿槽跳动公差	ΔF_r F_r	从齿槽等宽处到齿条基准面距离的最大差值(在齿条上取不超过 50 个齿距的任意一段来确定)
7	齿形误差 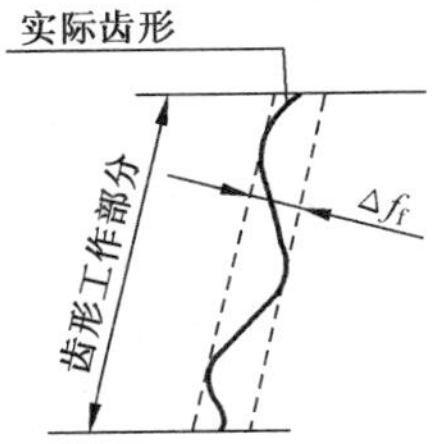 实际齿形 齿形工作部分 齿形公差	Δf_f f_f	在法截面(垂直于齿向的截面)上，齿形工作部分内，包容实际齿形且距离为最小的两条设计齿形间的距离

续表 3-2-36

序号	名　　称	代号	定　　义
8	齿距偏差 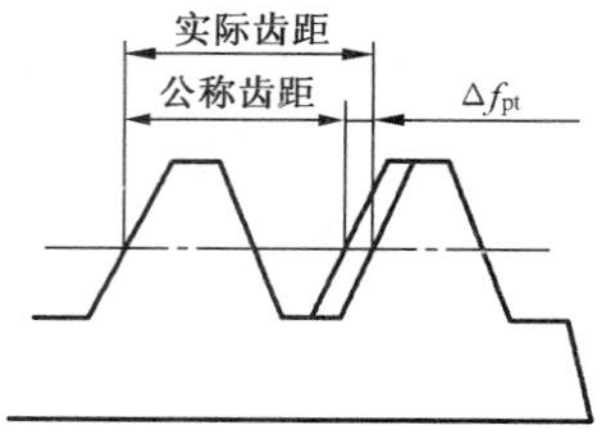 齿距极限偏差	Δf_{pt} $\pm f_{pt}$	在齿条分度线上，实际齿距与公称齿距之差
9	齿向误差 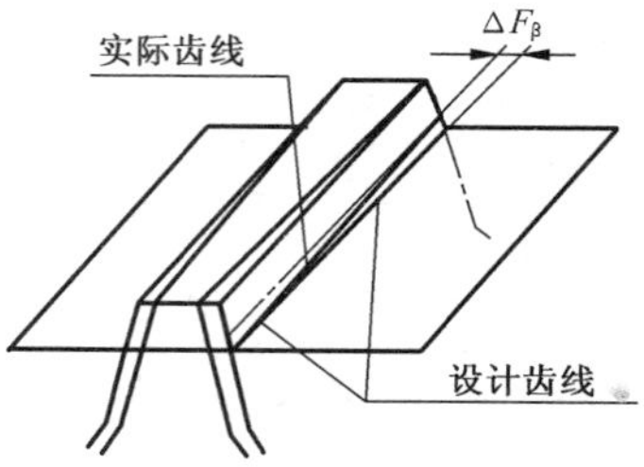 齿向公差	ΔF_{β} F_{β}	在齿条分度面上，有效齿宽范围内，包容实际齿线且距离为最小的两条设计齿线之间的端面距离
10	齿厚偏差 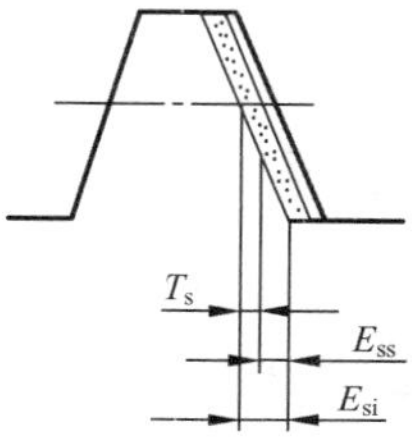 齿厚极限偏差 上偏差 下偏差 公差	ΔE_s E_{ss} E_{si} T_s	在分度面上，齿厚实际值与公称值之差对于斜齿条，指法向齿厚
11	齿条副的切向综合误差 齿条副的切向综合公差	$\Delta F'_{ic}$ F'_{ic}	安装好的齿条副，在工作长度内，齿条沿分度线平移的实际值与公称值之差的总幅度值
12	齿条副的一齿切向综合误差 齿条副的一齿切向综合公差	$\Delta f'_{ic}$ f'_{ic}	安装好的齿条副，在工作长度内，齿条沿分度线平移一个齿距的实际值与公称值之差的最大幅度值
13	齿条副的接触斑点 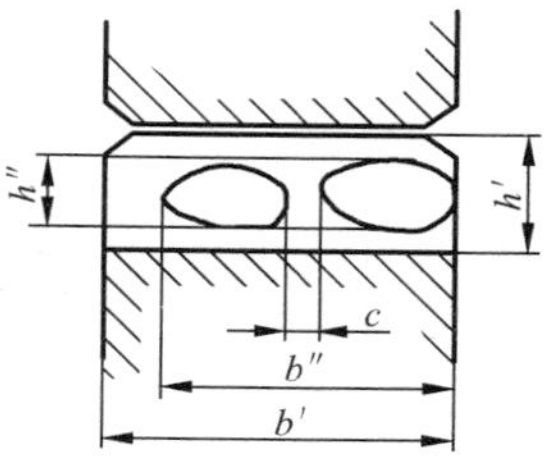		装配好的齿条副，在轻微的制动下，运转后齿面上分布的接触擦亮痕迹。 接触痕迹的大小在齿面上用百分数计算。 沿齿线方向，接触痕迹长度 b''（扣除超过模数值的断开部分 c）与工作长度 b' 之比的百分数。即$\frac{b''-c}{b'}\times 100\%$ 沿齿高方向，接触痕迹的平均高度 h'' 与工作高度 h' 之比的百分数。即$\frac{h''}{h'}\times 100\%$

续表 3-2-36

序号	名称	代号	定义
14	齿条副的侧隙 圆周侧隙	j_t	装配好的齿条副，齿条固定不动时，齿轮的圆周晃动量。以分度圆上弧长计值
	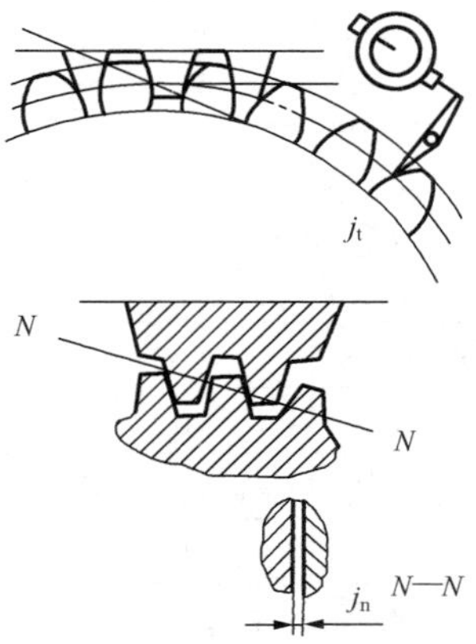		
	法向侧隙	j_n	装配好的齿条副，当工作齿面接触时，非工作齿面间的最小距离 $j_n = j_t \cos\beta \cos\alpha$
	最小圆周侧隙	j_{tmin}	
	最大圆周侧隙	j_{tmax}	
	最小法向侧隙	j_{nmin}	
	最大法向侧隙	j_{nmax}	
15	轴线的平行度误差 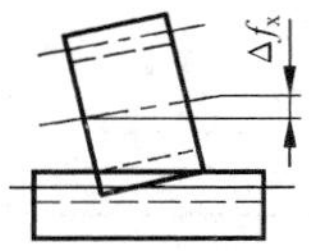	Δf_x	安装好的齿条副，齿轮的旋转轴线对齿条基准面的平行度误差 在等于齿轮齿宽的长度上测量
	轴线的平行度公差	f_x	
16	轴线垂直度误差 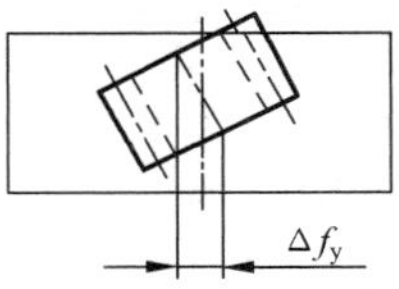	Δf_y	安装好的齿条副，齿轮的旋转轴线在齿条端截面上的投影对齿条端截面的垂直度 在等于齿轮有效齿宽的长度上测量
	轴线垂直度公差	f_y	
17	安装距偏差	Δf_a	安装好的齿条副，齿轮轴线到齿条基准面的实际距离与公称距离之差
	安装距极限偏差	$\pm f_a$	

① 基准面是用于确定齿条分度线与齿线位置的平面。

(2) 精度等级、公差组及其组合

1) 精度等级。标准对齿条及齿条副规定 12 个精度等级，第 1 级精度等级最高，第 12 级精度等级最低。

2) 公差组。按照各项误差项目的特性和对传动性能的主要影响，标准将各项公差划分为三个公差组(表 3-2-37)。

表 3-2-37 公差组

公差组	Ⅰ	Ⅱ	Ⅲ
公差与极限偏差项目	F'_i、F_p、F''_i、F_r	f'_i、f''_i、$f_f \pm f_{pt}$	F_β

3) 公差组合。根据不同的使用要求，允许各公差组选用不同的精度等级。但在同一公差组内，各项公差与极限偏差应保持相同的精度等级。

(3) 齿条检验与公差　对于各精度等级，齿条各检验项目的公差或极限偏差的数值见表 3-2-38～表 3-2-45。

除 $\Delta F''_i$、ΔF_r、$\Delta f''_i$ 及接触斑点外，根据工作条件允许对左、右齿面采用不同的精度等级。

表 3-2-38　齿距累积公差 F_p 值　（μm）

精度等级	法向模数 m_n/mm	齿条长度/mm								
		～32	>32～50	>50～80	>80～160	>160～315	>315～630	>630～1 000	>1 000～1 600	>1 600～2 500
3	≥1～10	6	6.5	7	10	13	18	24	35	50
4	≥1～10	10	11	12	15	20	30	40	55	75
5	≥1～16	15	17	20	24	35	50	60	75	95
6	≥1～16	24	27	30	40	55	75	95	120	135
7	≥1～25	35	40	45	55	75	110	135	170	200
8	≥1～25	50	56	63	75	105	150	190	240	280
9	≥1～40	70	80	90	106	150	212	265	335	400
10	≥1～40	95	110	125	150	210	300	375	475	550
11	≥1～40	132	160	170	212	280	425	530	670	750
12	≥1～40	190	212	240	300	400	600	710	900	1 000

表 3-2-39　径向综合公差 F''_i 值　（μm）

法向模数 m_n/mm	精度等级										法向模数 m_n/mm	精度等级									
	3	4	5	6	7	8	9	10	11	12		3	4	5	6	7	8	9	10	11	12
≥1～3.5	—	14	22	38	50	70	105	150	210	300	≥6.3～10	—	24	38	60	80	120	170	240	350	480
≥3.5～6.3	—	20	32	50	70	105	150	200	300	420	≥10～16	—	32	50	75	105	150	200	300	420	600

表 3-2-40　齿槽跳动公差 F_r 值　（μm）

法向模数 m_n/mm	精度等级										法向模数 m_n/mm	精度等级									
	3	4	5	6	7	8	9	10	11	12		3	4	5	6	7	8	9	10	11	12
≥1～3.5	6	7	14	24	32	45	65	90	130	180	>10～16	11	18	30	45	63	90	130	180	260	370
>3.5～6.3	8	13	21	34	45	65	90	130	180	260	>16～25	14	24	36	56	90	112	160	220	320	460
>6.3～10	9	15	24	38	55	75	105	150	220	300	>25～40	17	28	45	71	100	140	200	300	420	600

表 3-2-41　一齿切向综合公差 f'_i 值　（μm）

法向模数 m_n/mm	精度等级										法向模数 m_n/mm	精度等级									
	3	4	5	6	7	8	9	10	11	12		3	4	5	6	7	8	9	10	11	12
≥1～3.5	5.5	9	14	22	32	45	63	90	125	170	>10～16	12	19	30	45	63	90	125	170	240	340
>3.5～6.3	8	12	19	30	45	63	90	125	170	240	>16～25	14	22	36	56	80	112	160	220	300	425
>6.3～10	9	14	22	36	50	70	100	140	190	265	>25～40	20	30	45	71	95	132	190	265	360	530

表 3-2-42　一齿径向综合公差 f''_i 值　（μm）

法向模数 m_n/mm	精度等级										法向模数 m_n/mm	精度等级									
	3	4	5	6	7	8	9	10	11	12		3	4	5	6	7	8	9	10	11	12
≥1～3.5	—	5	8	14	19	28	40	55	80	110	>6.3～10	—	9	14	22	30	45	60	90	125	170
>3.5～6.3	—	7.5	12	19	26	40	55	75	110	155	>10～16	—	12	18	28	40	55	75	110	155	210

表 3-2-43　齿距极限偏差 $\pm f_{pt}$ 值　（μm）

法向模数 m_n/mm	精度等级										法向模数 m_n/mm	精度等级									
	3	4	5	6	7	8	9	10	11	12		3	4	5	6	7	8	9	10	11	12
≥1～3.5	2.5	4	6	10	14	20	28	40	56	80	>10～16	5.5	9	13	20	28	40	56	80	112	160
>3.5～6.3	3.6	6.5	9	14	20	28	40	56	85	112	>16～25	6	10	16	22	35	50	71	100	140	200
>6.3～10	4	6	10	16	22	32	45	63	90	125	>25～40	9	13	20	28	40	63	90	125	180	250

表 3-2-44 齿形公差 f_f 值 (μm)

法向模数 m_n/mm	精度等级 3	4	5	6	7	8	9	10	11	12	法向模数 m_n/mm	精度等级 3	4	5	6	7	8	9	10	11	12
≥1～3.5	3	5	7.5	12	18	25	35	50	70	100	>10～16	7	10	16	25	35	50	70	95	132	190
>3.5～6.3	4.5	7	10	17	24	34	48	63	90	130	>16～25	8	12	20	32	45	63	90	125	170	240
>6.3～10	5	8	12	20	28	40	55	75	110	150	>25～40	10	16	25	40	56	71	100	140	190	265

表 3-2-45 齿向公差 F_β 值 (μm)

精度等级	法向模数 m_n/mm	有效齿宽/mm ≤40	>40～100	>100～160	>160～250	>250～400	>400～630	精度等级	法向模数 m_n/mm	有效齿宽/mm ≤40	>40～100	>100～160	>160～250	>250～400	>400～630
3	≥1～10	4.5	6	8	10	12	14	8	≥1～25	18	25	32	38	45	55
4	≥1～10	5.5	8	10	12	14	17	9	≥1～40	28	40	50	60	75	90
5	≥1～16	7	10	12	14	18	22	10	≥1～40	45	65	80	105	120	140
6	≥1～16	9	12	16	20	24	28	11	≥1～40	71	100	125	160	190	220
7	≥1～25	11	16	20	24	28	34	12	≥1～40	112	160	200	240	300	360

(4) 标注示例

1) 齿条的三个公差组精度为 7 级，其齿厚上偏差为 F，下偏差为 L：

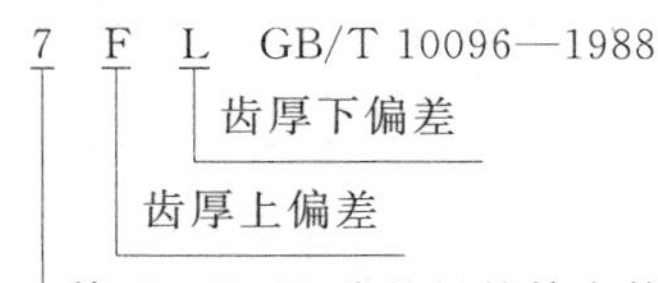

2) 齿条第Ⅰ公差组精度为 7 级，第Ⅱ公差组精度为 6 级，第Ⅲ公差组精度为 6 级，齿厚上偏差为 G，齿厚下偏差为 M：

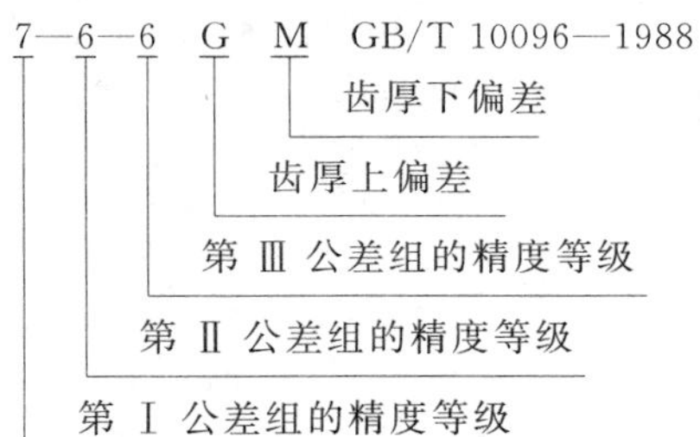

3) 齿条的三个公差组精度同为 6 级，其齿厚上偏差为 −600 μm，下偏差为 −800 μm：

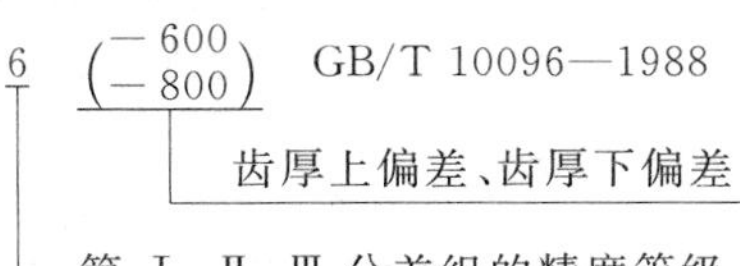

3.2.3 锥齿轮

3.2.3.1 锥齿轮基本齿廓尺寸参数

GB/T 12369—1990《直齿及斜齿锥齿轮基本齿廓》，对大端端面模数 $m \geq 1$ mm 的直齿及斜齿锥齿轮规定了其基本齿廓的形状和尺寸参数(表 3-2-46)。

表 3-2-46 锥齿轮基本齿廓尺寸参数

尺寸参数		图示
齿形角 α	20° 14°30′(根据需要采用) 25°(根据需要采用)	p; 0.5p; 0.5p; h′; h_a; h_f; c; α; α; r_f; 基准线
齿顶高 h_a	1 m_n	

续表 3-2-46 （μm）

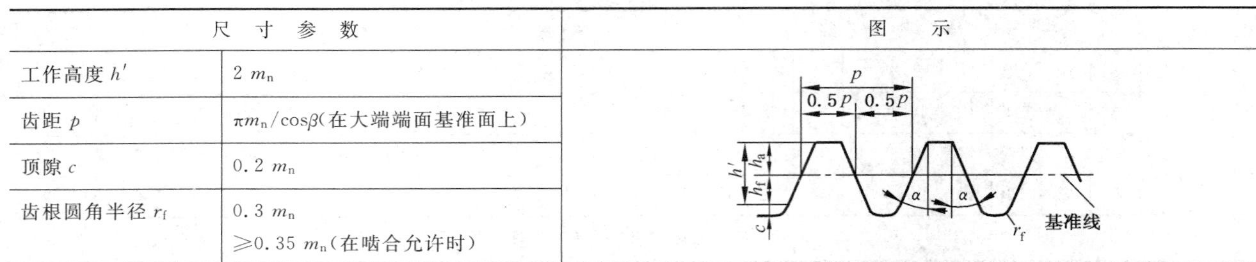

尺寸参数		图示
工作高度 h'	$2\ m_n$	
齿距 p	$\pi m_n/\cos\beta$（在大端端面基准面上）	
顶隙 c	$0.2\ m_n$	
齿根圆角半径 r_f	$0.3\ m_n$ $\geqslant 0.35\ m_n$（在啮合允许时）	

注：齿廓可以修缘，原则上在齿顶修缘，其最大值为：齿高方向 $0.6\ m_n$；齿厚方向 $0.02\ m_n$。

3.2.3.2 模数

GB/T 12368—1990《锥齿轮模数》，对直齿、斜齿及曲线齿（齿线为圆弧线、长幅外摆线及准渐开线等）、锥齿轮，规定了模数系列（表 3-2-47）。

锥齿轮模数是指大端端面模数，代号为 m，单位为 mm。

表 3-2-47 锥齿轮模数 （mm）

0.1、0.12、0.15、0.2、0.25、0.3、0.35、0.4、0.5、0.6、0.7、0.8、0.9、1、1.125、1.25、1.375、1.5、1.75、2、2.25、2.5、2.75、3、3.25、3.5、3.75、4、4.5、5、5.5、6、6.5、7、8、9、10、11、12、14、16、18、20、22、25、28、30、32、36、40、45、50

3.2.3.3 直齿锥齿轮几何尺寸计算（表 3-2-48）

表 3-2-48 直齿锥齿轮几何尺寸计算 （mm）

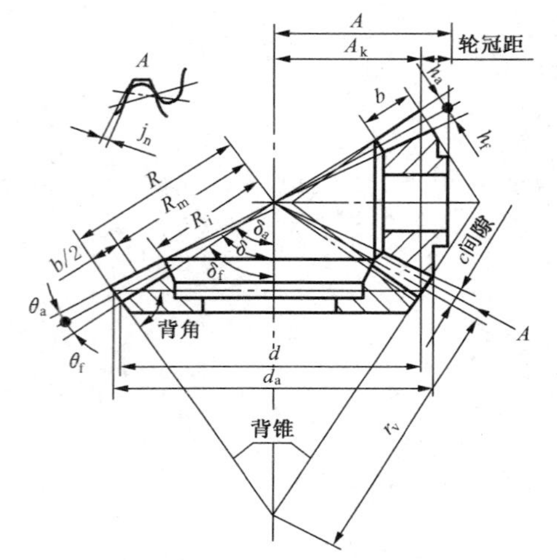

R—外锥距 R_i—内锥距 R_m—中点锥距
r_v—背锥距 A—安装距 A_k—冠顶距
$A-A_k$—轮冠距 b—齿宽 h_a—齿顶高
h_f—齿根高 θ_a—齿顶角 θ_f—齿根角
d_a—齿顶圆直径 d—分度圆直径 δ_a—顶圆锥角
δ—分锥角 δ_f—根圆锥角

名称	代号	计算公式	
		小轮	大轮
模数	m	大端模数 $m=d_1/z_1=d_2/z_2$	
齿数	z	z_1	z_2
轴交角	Σ	根据结构要求设计确定	
分锥角	δ	$\Sigma=90°$时 $\delta_1=\arctan\dfrac{z_1}{z_2}$	$\delta_2=\Sigma-\delta_1$
		$\Sigma<90°$时 $\delta_1=\arctan\dfrac{\sin\Sigma}{\dfrac{z_2}{z_1}+\cos\Sigma}$	$\delta_2=\Sigma-\delta_1$
		$\Sigma>90°$时 $\delta_1=\arctan\dfrac{\sin(180°-\Sigma)}{\dfrac{z_2}{z_1}-\cos(180°-\Sigma)}$	$\delta_2=\Sigma-\delta_1$

续表 3-2-48 (mm)

名称	代号	计算公式	
		小轮	大轮
分度圆直径	d	$d_1=mz_1$	$d_2=mz_2$
外锥距	R	$R=\dfrac{d_1}{2\sin\delta_1}$ 当 $\Sigma=90°$ 时，$R=\dfrac{d_1}{2\sin\delta_1}=\dfrac{m}{2}\sqrt{z_1^2+z_2^2}$	
齿宽	b	$\dfrac{R}{3}\geqslant b\leqslant 10m$	
齿顶高	h_a	m	
齿根高	h_f	$1.2m$	
全齿高	h	$2.2m$	
大端齿顶圆直径	d_a	$d_{a1}=d_1+2h_{a1}\cos\delta_1$	$d_{a2}=d_2+2h_{a2}\cos\delta_2$
齿根角	θ_f	$\theta_{f1}=\arctan\dfrac{h_{f1}}{R}$	$\theta_{f2}=\arctan\dfrac{h_{f2}}{R}$
齿顶角	θ_a	等齿顶间隙收缩齿	
		$\theta_{a1}=\theta_{f2}=\arctan\dfrac{h_{f2}}{R}$	$\theta_{a2}=\theta_{f1}=\arctan\dfrac{h_{f1}}{R}$
		不等齿顶间隙收缩齿	
		$\theta_{a1}=\arctan\dfrac{h_{a1}}{R}$	$\theta_{a2}=\arctan\dfrac{h_{a2}}{R}$
顶圆锥角	δ_a	等齿顶间隙收缩齿	
		$\delta_{a1}=\delta_1+\theta_{f2}$	$\delta_{a2}+\delta_2+\theta_{f1}$
		不等齿顶间隙收缩齿	
		$\delta_{a1}=\delta_1+\theta_{a1}$	$\delta_{a2}=\delta_2+\theta_{a2}$
根圆锥角	δ_f	$\delta_{f1}=\delta_1-\theta_{f1}$	$\delta_{f2}=\delta_2-\theta_{f2}$
冠顶距	A_k	$\Sigma=90°$ 时	
		$A_{k1}=\dfrac{d_2}{2}-h_{a1}\sin\delta_1$	$A_{k2}=\dfrac{d_1}{2}-h_{a2}\sin\delta_2$
		$\Sigma\neq 90°$ 时	
		$A_{k1}=R\cos\delta_1-h_{a1}\sin\delta_1$	$A_{k2}=R\cos\delta_2-h_{a2}\sin\delta_2$
大端分度圆弧齿厚	s	$s_1=\dfrac{\pi m}{2}$	$s_2=\dfrac{\pi m}{2}$
大端分度圆弦齿厚	$\bar{s}$	$\bar{s}_1=s_1-\dfrac{s_1^3}{6d_1^2}$	$\bar{s}_2=s_2-\dfrac{s_2^3}{6d_2^2}$
大端分度圆弦齿高	$\bar{h}$	$\bar{h}_{a1}=h_{a1}+\dfrac{s_1^2}{4d_1}\cos\delta_1$	$\bar{h}_{a2}=h_{a2}+\dfrac{s_2^2}{4d_2}\cos\delta_2$
齿角(刨齿机用)	λ	$\lambda_1\approx\dfrac{3\ 438}{R}\times\left(\dfrac{s_1}{2}+h_{f1}\tan\alpha\right)$	$\lambda_2\approx\dfrac{3\ 438}{R}\times\left(\dfrac{s_2}{2}+h_{f2}\tan\alpha\right)$

注：为提高精切齿的精度及精切刀寿命，粗切时可以沿齿宽上切深 0.05 mm 的增量，即实际齿根高比计算的多 0.05 mm。

3.2.3.4 锥齿轮精度

锥齿轮精度标准 GB/T 11365—1989 适用于中点法向模数 $m_n\geqslant 1$ mm 的直齿、斜齿、曲线齿锥齿轮和准双曲面齿轮。标准对齿轮及齿轮副规定 12 个精度等级，并将齿轮和齿轮副的公差项目分成三个公差组。

根据使用要求，允许各公差组选用不同的精度等级。但对齿轮副中大、小轮的同一公差组，应规定同一精度等级。

(1) 锥齿轮、锥齿轮副的误差定义和公差组

1) 锥齿轮、锥齿轮副误差及侧隙的定义和代号见表 3-2-49。

表 3-2-49　锥齿轮、锥齿轮副误差及侧隙的定义和代号

名　　称	代　号	定　　义
切向综合误差	$\Delta F'_i$	被测齿轮与理想精确的测量齿轮按规定的安装位置单面啮合时，被测齿轮一转内，实际转角与理论转角之差的总幅度值。以齿宽中点分度圆弧长计
切向综合公差	F'_i	
一齿切向综合误差	$\Delta f'_i$	被测齿轮与理想精确的测量齿轮按规定的安装位置单面啮合时，被测齿轮一齿距角内，实际转角与理论转角之差的最大幅度值。以齿宽中点分度圆弧长计
一齿切向综合公差	f'_i	
轴交角综合误差	$\Delta F''_{i\Sigma}$	被测齿轮与理想精确的测量齿轮在分锥顶点重合的条件下双面啮合时，被测齿轮一转内，齿轮副轴交角的最大变动量。以齿宽中点处线值计
轴交角综合公差	$F''_{i\Sigma}$	
一齿轴交角综合误差	$\Delta f''_{i\Sigma}$	被测齿轮与理想精确的测量齿轮在分锥顶点重合的条件下双面啮合时，被测齿轮一齿距角内，齿轮副轴交角的最大变动量。以齿宽中点处线值计
一齿轴交角综合公差	$f''_{i\Sigma}$	
周期误差	$\Delta f'_{zk}$	被测齿轮与理想精确的测量齿轮按规定的安装位置单面啮合时，被测齿轮一转内，二次（包括二次）以上各次谐波的总幅度值
周期误差的公差	f'_{zk}	
齿距累积误差	ΔF_p	在中点分度圆[①]上，任意两个同侧齿面间的实际弧长与公称弧长之差的最大绝对值
齿距累积公差	F_p	
k 个齿距累积误差	ΔF_{pk}	在中点分度圆[①]上，k 个齿距的实际弧长与公称弧长之差的最大绝对值。k 为 2 到小于 $z/2$ 的整数
k 个齿距累积公差	F_{pk}	

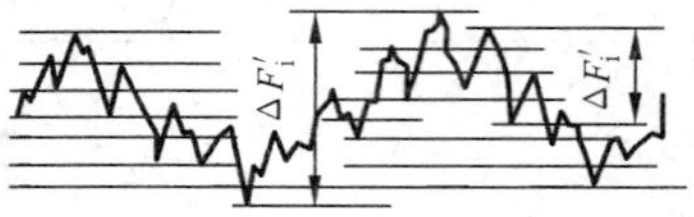

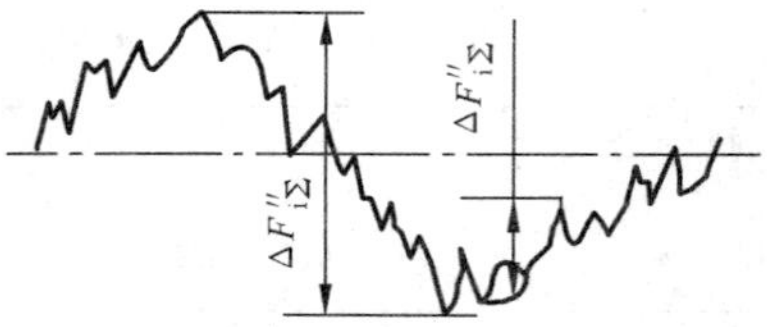

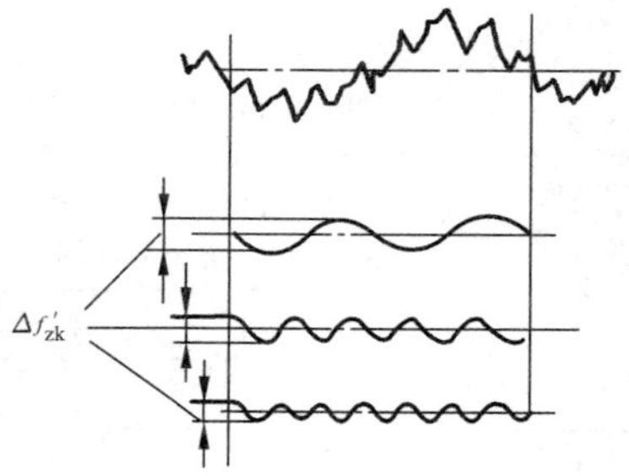

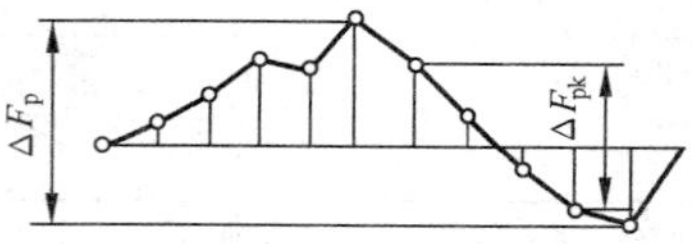

续表 3-2-49

名　　称	代　号	定　　义
齿圈跳动 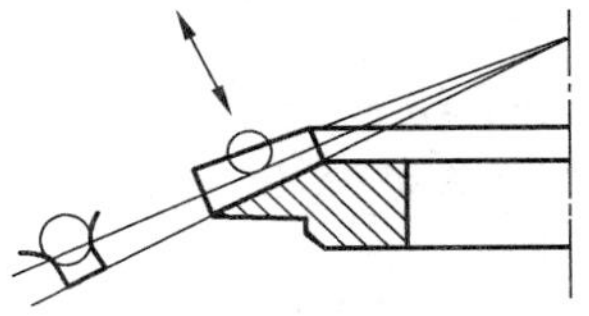 齿圈跳动公差	ΔF_r F_r	齿轮一转范围内，测头在齿槽内与齿面中部双面接触时，沿分锥法向相对齿轮轴线的最大变动量
齿距偏差 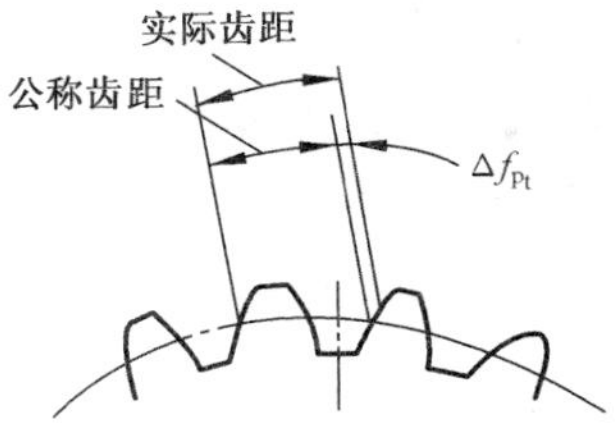 实际齿距 公称齿距 Δf_{Pt} 齿距极限偏差 上偏差 下偏差	Δf_{pt} $+f_{pt}$ $-f_{pt}$	在中点分度圆[①]上，实际齿距与公称齿距之差
齿形相对误差 齿形相对误差的公差	Δf_c f_c	齿轮绕工艺轴线旋转时，各轮齿实际齿面相对于基准实际齿面传递运动的转角之差。以齿宽中点处线值计
齿厚偏差 齿厚极限偏差 上偏差 下偏差 公　差	$\Delta E_{\bar{s}}$ $E_{\bar{s}s}$ $E_{\bar{s}i}$ $T_{\bar{s}}$	齿宽中点法向弦齿厚的实际值与公称值之差
齿轮副切向综合误差 齿轮副切向综合公差	$\Delta F'_{ic}$ F'_{ic}	齿轮副按规定的安装位置单面啮合时，在转动的整周期[②]内，一个齿轮相对另一个齿轮的实际转角与理论转角之差的总幅度值。以齿宽中点分度圆弧长计
齿轮副一齿切向综合误差 齿轮副一齿切向综合公差	$\Delta f'_{ic}$ f'_{ic}	齿轮副按规定的安装位置单面啮合时，在一齿距角内，一个齿轮相对另一个齿轮的实际转角与理论转角之差的最大值。在整周期[②]内取值，以齿宽中点分度圆弧长计
齿轮副轴交角综合误差 齿轮副轴交角综合公差	$\Delta F''_{i\Sigma c}$ $F''_{i\Sigma c}$	齿轮副在分锥顶点重合条件下双面啮合时，在转动的整周期[②]内，轴交角的最大变动量。以齿宽中点处线值计
齿轮副一齿轴交角综合误差 齿轮副一齿轴交角综合公差	$\Delta f''_{i\Sigma c}$ $f''_{i\Sigma c}$	齿轮副在分锥顶点重合条件下双面啮合时，在一齿距角内，轴交角的最大变动量。在整周期[②]内取值，以齿宽中点处线值计
齿轮副周期误差 齿轮副周期误差的公差	$\Delta f'_{zkc}$ f'_{zkc}	齿轮副按规定的安装位置单面啮合时，在大轮一转范围内，二次（包括二次）以上各次谐波的总幅度值

续表 3-2-49

名　　称	代　号	定　　义
齿轮副齿频周期误差 齿轮副齿频周期误差的公差	$\Delta f'_{zzc}$ f'_{zzc}	齿轮副按规定的安装位置单面啮合时，以齿数为频率的谐波的总幅度值
接触斑点 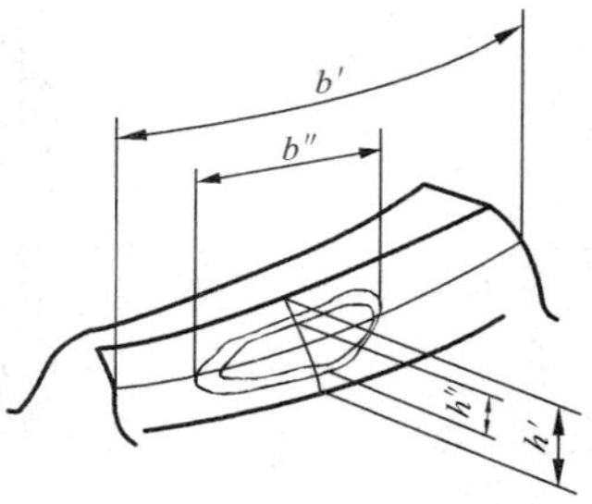		安装好的齿轮副（或被测齿轮与测量齿轮）在轻微力的制动下运转后，在齿轮工作齿面上得到的接触痕迹 接触斑点包括形状、位置、大小三方面的要求 接触痕迹的大小按百分比确定： 沿齿长方向——接触痕迹长度 b'' 与工作长度 b' 之比，即 $\frac{b''}{b'}\times 100\%$ 沿齿高方向——接触痕迹高度 h'' 与接触痕迹中部的工作齿高 h' 之比，即 $\frac{h''}{h'}\times 100\%$
齿轮副侧隙 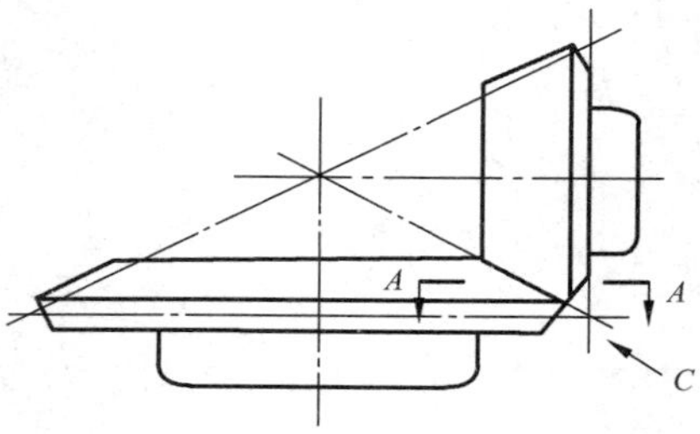		
圆周侧隙 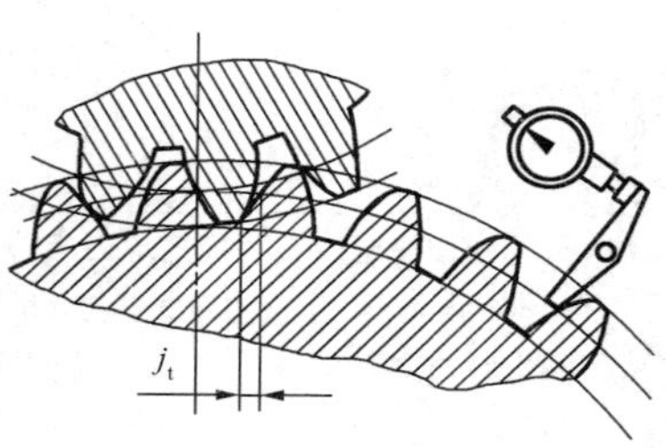	j_t	齿轮副按规定的位置安装后，其中一个齿轮固定时，另一个齿轮从工作齿面接触到非工作齿面接触所转过的齿宽中点分度圆弧长
法向侧隙 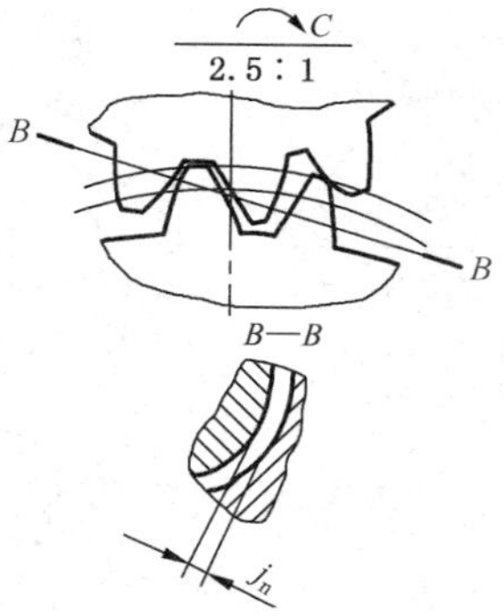	j_n	齿轮副按规定的位置安装后，工作齿面接触时，非工作齿面间的最小距离。以齿宽中点处计
最小圆周侧隙 最大圆周侧隙 最小法向侧隙 最大法向侧隙	j_{tmin} j_{tmax} j_{nmin} j_{nmax}	$j_n = j_t\cos\beta\cos\alpha$

续表 3-2-49

名　　称	代　号	定　　义
齿轮副侧隙变动量 齿轮副侧隙变动公差	ΔF_{vj} F_{vj}	齿轮副按规定的位置安装后，在转动的整周期②内，法向侧隙的最大值与最小值之差
齿圈轴向位移 齿圈轴向位移极限偏差 上偏差 下偏差	Δf_{AM} $+f_{AM}$ $-f_{AM}$	齿轮装配后，齿圈相对于滚动检查机上确定的最佳啮合位置的轴向位移量
齿轮副轴间距偏差 齿轮副轴间距极限偏差 上偏差 下偏差	Δf_a $+f_a$ $-f_a$	齿轮副实际轴间距与公称轴间距之差
齿轮副轴交角偏差 齿轮副轴交角极限偏差 上偏差 下偏差	ΔE_{Σ} $+E_{\Sigma}$ $-E_{\Sigma}$	齿轮副实际轴交角与公称轴交角之差。以齿宽中点处线值计

① 允许在齿面中部测量。

② 齿轮副转动周期按下式计算：$n_2=\dfrac{z_1}{X}$

其中：n_2 为大轮转数；z_1 为小轮齿数；X 为大、小轮齿数的最大公约数。

2）锥齿轮及齿轮副的公差组见表 3-2-50。

表 3-2-50　锥齿轮及齿轮副的公差组

公差组		公差与极限偏差项目	公差组		公差与极限偏差项目
Ⅰ	齿轮	F'_i、$F''_{i\Sigma}$、F_p、F_{pk}、F_r	Ⅱ	齿轮副	f'_{ic}、$f''_{i\Sigma c}$、f'_{zkc}、f_{zzc}、$\pm f_{AM}$
	齿轮副	F'_{ic}、$F''_{i\Sigma c}$、F_{vj}	Ⅲ	齿轮	接触斑点
Ⅱ	齿轮	f'_i、$f''_{i\Sigma}$、f'_{zk}、$\pm f_{pt}$、f_c		齿轮副	接触斑点 f_a

（2）锥齿轮的检验组（表 3-2-51）根据齿轮的工作要求和生产规模，在三个公差组中任选一个检验组评定和验收齿轮的精度等级。

（3）锥齿轮副检验组（表 3-2-52）根据齿轮副的工作要求和生产规模，在三个精度组中任选一个检验评定和验收齿轮副的精度等级。

（4）齿轮副侧隙　齿轮副的最小法向侧隙种类为 6 种：a、b、c、d、e、h，其中 a 最大，h 为零。法向侧隙公差种类为 5 种：A、B、C、D 和 H。推荐法向侧隙公差种类与最小法向侧隙种类的对应关系见图 3-2-6。

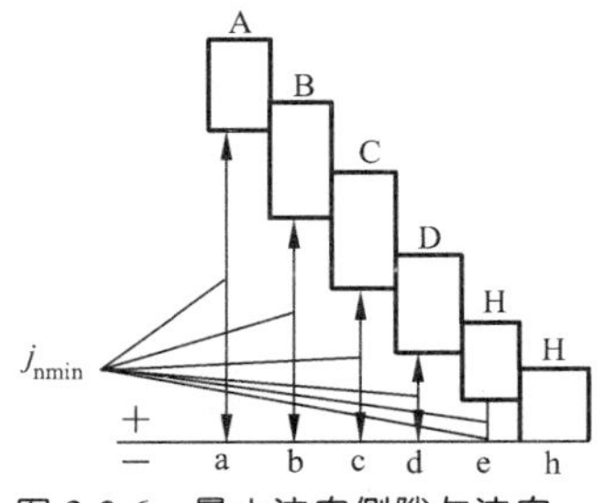

图 3-2-6　最小法向侧隙与法向侧隙公差之推荐关系

最小法向侧隙 j_{nmin} 见表 3-2-65，根据最小法向侧隙种类由表 3-2-66 和表 3-2-64 查取 $E_{\bar{s}s}$ 和 $\pm E_{\Sigma}$。若 j_{nmin} 未按表 3-2-65 确定，则用线性插值法由表 3-2-66 和表 3-2-64 计算 $E_{\bar{s}s}$ 和 $\pm E_{\Sigma}$。齿厚公差 $T_{\bar{s}}$ 见表 3-2-67，最大法向侧隙由下式计算

$$j_{nmax}=(|E_{\bar{s}s1}+E_{\bar{s}s2}|+T_{\bar{s}1}+T_{\bar{s}2}+E_{\bar{s}\Delta1}+E_{\bar{s}\Delta2})\cos\alpha$$

式中 $E_{\bar{s}\Delta}$ 为制造误差的补偿部分，由表 3-2-68 查取。

表 3-2-51　锥齿轮的检验组

公差组	检验组	适用于精度等级
Ⅰ	$\Delta F'_i$	4～8 级精度
	$\Delta F''_{i\Sigma}$	7～12 级精度的直齿锥齿轮；9～12 级精度的斜齿、曲线齿锥齿轮
	ΔF_p	7～8 级精度
	ΔF_p 与 ΔF_{pk}	4～6 级精度
	ΔF_r	7～12 级精度，其中 7、8 级用于 d_m>1 600 mm 的锥齿轮
Ⅱ	$\Delta f'_i$	4～8 级精度
	$\Delta f''_{i\Sigma}$	7～12 级精度的直齿锥齿轮；9～12 级精度的斜齿、曲线齿锥齿轮
	$\Delta f'_{zk}$	4～8 级精度
	Δf_{pt} 与 Δf_c	4～6 级精度
	Δf_{pt}	7～12 级精度
Ⅲ	接触斑点	4～12 级精度

表 3-2-52　锥齿轮副的检验组

公差组	检验组	适用于精度等级
Ⅰ	$\Delta F'_{ic}$	4～8 级精度
	$\Delta F''_{i\Sigma c}$	7～12 级精度的直齿；9～12 级精度的斜齿、曲线齿
	ΔF_{vj}	9～12 级精度
Ⅱ	$\Delta f'_{ic}$	4～8 级精度
	$\Delta f''_{i\Sigma c}$	7～12 级精度的直齿；9～12 级精度的斜齿、曲线齿
	$\Delta f'_{zkc}$	4～8 级精度
	Δf_{zzc}	4～8 级精度
Ⅲ	接触斑点	4～12 级精度

（5）齿轮精度标注示例

7　b　GB/T 11365—1989

最小法向侧隙为 b，法向侧隙公差种类 B(B 省略)

三个公差组的精度等级同为 7 级

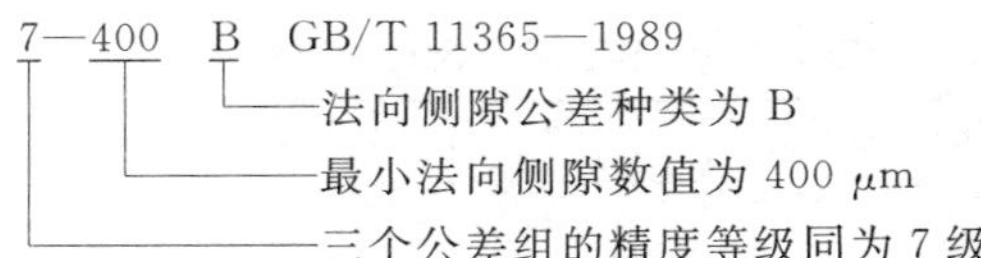

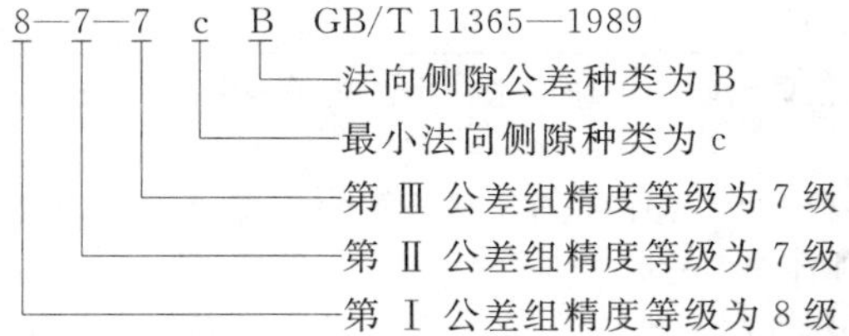

3.2.3.5　锥齿轮及锥齿轮副公差表

（1）齿距累积公差 F_p 和 k 个齿距积累公差 F_{pk} 值（表 3-2-53）

表 3-2-53　齿距累积公差 F_p 和 k 个齿距积累公差 F_{pk} 值　(μm)

L/mm		精度等级									L/mm		精度等级								
大于	到	4	5	6	7	8	9	10	11	12	大于	到	4	5	6	7	8	9	10	11	12
—	11.2	4.5	7	11	16	22	32	45	63	90	20	32	8	12	20	28	40	56	80	112	160
11.2	20	6	10	16	22	32	45	63	90	125	32	50	9	14	22	32	45	63	90	125	180

续表 3-2-53 (μm)

L/mm 大于	到	精度等级 4	5	6	7	8	9	10	11	12	L/mm 大于	到	精度等级 4	5	6	7	8	9	10	11	12
50	80	10	16	25	36	50	71	100	140	200	630	1 000	32	50	80	112	160	224	315	450	630
80	160	12	20	32	45	63	90	125	180	250	1 000	1 600	40	63	100	140	200	280	400	560	800
160	315	18	28	45	63	90	125	180	250	355	1 600	2 500	45	71	112	160	224	315	450	630	900
315	630	25	40	63	90	125	180	250	355	500											

注：F_p 和 F_{pk}按中点分度圆弧长 L 查表；

查 F_p 时，取 $L=\frac{1}{2}\pi d=\frac{\pi m_n z}{2\cos\beta}$

查 F_{pk}时，取 $L=\frac{k\pi m_n}{\cos\beta}$(没有特殊要求时，$k$ 值取 $z/6$ 或最接近的整齿数)。

(2) 齿圈跳动公差 F_r 值(表 3-2-54)

表 3-2-54 齿圈跳动公差 F_r 值 (μm)

中点分度圆直径/mm 大于	到	中点法向模数/mm	精度等级 7	8	9	10	11	12	中点分度圆直径/mm 大于	到	中点法向模数/mm	精度等级 7	8	9	10	11	12
—	125	≥1～3.5	36	45	56	71	90	112	400	800	>6.3～10	80	100	125	160	200	250
		>3.5～6.3	40	50	63	80	100	125			>10～16	90	112	140	180	224	280
		>6.3～10	45	56	71	90	112	140			>16～25	100	125	160	200	250	315
		>10～16	50	63	80	100	120	150			>25～40	—	140	180	224	280	360
125	400	≥1～3.5	50	63	80	100	125	160	800	1 600	≥1～3.5	—	—	—	—	—	—
		>3.5～6.3	56	71	90	112	140	180			>3.5～6.3	80	100	125	160	200	250
		>6.3～10	63	80	100	125	160	200			>6.3～10	90	112	140	180	224	280
		>10～16	71	90	112	140	180	224			>10～16	100	125	160	200	250	315
		>16～25	80	100	125	160	200	250			>16～25	112	140	180	224	280	360
400	800	≥1～3.5	63	80	100	125	160	200			>25～40	—	160	200	260	315	420
		>3.5～6.3	71	90	112	140	180	224									

(3) 周期误差的公差 f_{zk} 值(齿轮副周期误差的公差 f'_{zkc} 值)(表 3-2-55)

(4) 齿距极限偏差±f_{pt} 值(表 3-2-56)

表 3-2-55 周期误差的公差 f'_{zk} 值(齿轮副周期误差的公差 f'_{zkc} 值) (μm)

中点分度圆直径/mm		中点法向模数/mm	精度等级 4									5								
			齿轮在一转(齿轮副在大轮一转)内的周期数																	
大于	到		≥2～4	>4～8	>8～16	>16～32	>32～63	>63～125	>125～250	>250～500	>500	≥2～4	>4～8	>8～16	>16～32	>32～63	>63～125	>125～250	>250 500	>500
—	125	≥1～6.3	4.5	3.2	2.4	1.9	1.5	1.3	1.2	1.1	1	7.1	5	3.8	3	2.5	2.1	1.9	1.7	1.6
		>6.3～10	5.3	3.8	2.8	2.2	1.8	1.5	1.4	1.2	1.1	8.5	6	4.5	3.6	2.8	2.5	2.1	1.9	1.8
125	400	≥1～6.3	6.3	4.5	3.4	2.8	2.2	1.9	1.8	1.5	1.4	10	7.1	5.6	4.5	3.4	3	2.8	2.4	2.2
		>6.3～10	7.1	5	4	3	2.5	2.1	1.9	1.7	1.6	11	8	6.5	4.8	4	3.2	3	2.6	2.5

续表 3-2-55 (μm)

中点分度圆直径/mm		中点法向模数/mm	精度等级																	
			4									5								
			齿轮在一转(齿轮副在大轮一转)内的周期数																	
大于	到		≥2~4	>4~8	>8~16	>16~32	>32~63	>63~125	>125~250	>250~500	>500	≥2~4	>4~8	>8~16	>16~32	>32~63	>63~125	>125~250	>250 500	>500
400	800	≥1~6.3	8.5	6	4.5	3.6	2.8	2.5	2.2	2	1.9	13	9.5	7.1	5.6	4.5	4	3.4	3	2.8
		>6.3~10	9	6.7	5	3.8	3	2.6	2.2	2.1	2	14	10.5	8	6	5	4.2	3.6	3.2	3
800	1 600	≥1~6.3	9	6.7	5	4	3.2	2.6	2.4	2.2	2	14	10.5	8	6.3	5	4.2	3.8	3.4	3.2
		>6.3~10	11	8	6	4.8	3.8	3.2	2.8	2.6	2.5	16	15	10	7.5	6.3	5.3	4.8	4.2	4

中点分度圆直径/mm		中点法向模数/mm	精度等级													
			6									7				
			齿轮在一转(齿轮副在大轮一转)内的周期数													
大于	到		≥2~4	>4~8	>8~16	>16~32	>32~63	>63~125	>125~250	>250~500	>500	≥2~4	>4~8	>8~16	>16~32	>32~63
—	125	≥1~6.3	11	8	6	4.8	3.8	3.2	3	2.6	2.5	17	13	10	8	6
		>6.3~10	13	9.5	7.1	5.6	4.5	3.8	3.4	3	2.8	21	15	11	9	7.1
125	400	≥1~6.3	16	11	8.5	6.7	5.6	4.8	4.2	3.8	3.6	25	18	13	10	9
		>6.3~10	18	13	10	7.5	6	5.3	4.5	4.2	4	28	20	16	12	10
400	800	≥1~6.3	21	15	11	9	7.1	6	5.3	5	4.8	32	24	18	14	11
		>6.3~10	22	17	12	9.5	7.5	6.7	6	5.3	5	36	26	19	15	12
800	1 600	≥1~6.3	24	17	15	10	8	7.5	7	6.3	6	36	26	20	16	13
		>6.3~10	27	20	15	12	9.5	8	7.1	6.7	6.3	42	30	22	18	15

中点分度圆直径/mm		中点法向模数/mm	精度等级												
			7				8								
			齿轮在一转(齿轮副在大轮一转)内的周期数												
大于	到		>63~125	>125~250	>250~500	>500	≥2~4	>4~8	>8~16	>16~32	>32~63	>63~125	>125~250	>250~500	>500
—	125	≥1~6.3	5.3	4.5	4.2	4	25	18	13	10	8.5	7.5	6.7	6	5.6
		>6.3~10	6	5.3	5	4.5	28	21	16	12	10	8.5	7.5	7	6.7
125	400	≥1~6.3	7.5	6.7	6	5.6	36	26	19	15	12	10	9	8.5	8
		>6.3~10	8	7.5	6.7	6.3	40	30	22	17	14	12	10.5	10	8.5
400	800	≥1~6.3	10	8.5	8	7.5	45	32	25	19	16	13	12	11	10
		>6.3~10	10	9.5	8.5	8	50	36	28	21	17	15	13	12	11
800	1 600	≥1~6.3	11	10	8.5	8	53	38	28	22	18	15	14	12	11
		>6.3~10	12	11	10	9.5	63	44	32	26	22	18	16	14	13

表 3-2-56　齿距极限偏差 $\pm f_{pt}$ 值　(μm)

中点分度圆直径/mm		中点法向模数/mm	精度等级								
大于	到		4	5	6	7	8	9	10	11	12
—	125	≥1～3.5	4	6	10	14	20	28	40	56	80
		>3.5～6.3	5	8	13	18	25	36	50	71	100
		>6.3～10	5.5	9	14	20	28	40	56	80	112
		>10～16	—	11	17	24	34	48	67	100	130
125	400	≥1～3.5	4.5	7	11	16	22	32	45	63	90
		>3.5～6.3	5.5	9	14	20	28	40	56	80	112
		>6.3～10	6	10	16	22	32	45	63	90	125
		>10～16	—	11	18	25	36	50	71	100	140
		>16～25	—	—	—	32	45	63	90	125	180
400	800	≥1～3.5	5	8	13	18	25	36	50	71	100
		>3.5～6.3	5.5	9	14	20	28	40	56	80	112
		>6.3～10	7	11	18	25	36	50	71	100	140
		>10～16	—	12	20	28	40	56	80	112	160
		>16～25	—	—	—	36	50	71	100	140	200
		>25～40	—	—	—	—	63	90	125	180	250
800	1 600	≥1～3.5	—	—	—	—	—	—	—	—	—
		>3.5～6.3	—	10	16	22	32	45	63	90	125
		>6.3～10	7	11	18	25	36	50	71	100	140
		>10～16	—	13	20	28	40	56	80	112	160
		>16～25	—	—	—	36	50	71	100	140	200
		>25～40	—	—	—	—	63	90	125	180	250

（5）齿形相对误差的公差 f_c 值（表 3-2-57）

（6）齿轮副轴交角综合公差 $F''_{i\Sigma c}$ 值（表 3-2-58）

表 3-2-57　齿形相对误差的公差 f_c 值　(μm)

中点分度圆直径/mm		中点法向模数/mm	精度等级				
大于	到		4	5	6	7	8
—	125	≥1～3.5	3	4	5	8	10
		>3.5～6.3	4	5	6	9	13
		>6.3～10	4	6	8	11	17
		>10～16	—	7	10	15	22
125	400	≥1～3.5	4	5	7	9	13
		>3.5～6.3	4	6	8	11	15
		>6.3～10	5	7	9	13	19
		>10～16	—	8	11	17	25
		>16～25	—	—	—	22	34
400	800	≥1～3.5	5	6	9	12	18
		>3.5～6.3	5	7	10	14	20
		>6.3～10	6	8	11	16	24
		>10～16	—	9	13	20	30
		>16～25	—	—	—	25	38
		>25～40	—	—	—	—	53
800	1 600	≥1～3.5	—	—	—	—	—
		>3.5～6.3	6	9	13	19	28
		>6.3～10	7	10	14	21	32
		>10～16	—	11	16	25	38
		>16～25	—	—	—	30	48
		>25～40	—	—	—	—	60

注：表中数值用于测量齿轮加工机床滚切传动链误差的方法，当采用选择基准齿面的方法时，表中数值乘以 1.1。

表 3-2-58 齿轮副轴交角综合公差 $F''_{i\Sigma c}$ 值 (μm)

中点分度圆直径/mm		中点法向模数/mm	精度等级						中点分度圆直径/mm		中点法向模数/mm	精度等级					
大于	到		7	8	9	10	11	12	大于	到		7	8	9	10	11	12
—	125	≥1~3.5	67	85	110	130	170	200	400	800	>6.3~10	150	190	240	300	360	450
		>3.5~6.3	75	95	120	150	190	240			>10~16	160	200	260	320	400	500
		>6.3~10	85	105	130	170	220	260			>16~25	180	240	280	360	450	560
		>10~16	100	120	150	190	240	300			>25~40	—	280	340	420	530	670
125	400	≥1~3.5	100	125	160	190	250	300	800	1 600	≥1~3.5	150	180	240	280	360	450
		>3.5~6.3	105	130	170	200	260	340			>3.5~6.3	160	200	250	320	400	500
		>6.3~10	120	150	180	220	280	360			>6.3~10	180	220	280	360	450	560
		>10~16	130	160	200	250	320	400			>10~16	200	250	320	400	500	600
		>16~25	150	190	220	280	375	450			>16~25	—	280	340	450	560	670
400	800	≥1~3.5	130	160	200	260	320	400			>25~40	—	320	400	500	630	800
		>3.5~6.3	140	170	220	280	340	420									

(7) 侧隙变动公差 F_{vj} 值(表 3-2-59)

表 3-2-59 侧隙变动公差 F_{vj} 值 (μm)

直径/mm		中点法向模数/mm	精度等级				直径/mm		中点法向模数/mm	精度等级			
大于	到		9	10	11	12	大于	到		9	10	11	12
—	125	≥1~3.5	75	90	120	150	400	800	>6.3~10	160	200	260	320
		>3.5~6.3	80	100	130	160			>10~16	180	220	280	340
		>6.3~10	90	120	150	180			>16~25	200	250	300	380
		>10~16	105	130	170	200			>25~40	240	300	380	450
125	400	≥1~3.5	110	140	170	200	800	1 600	≥1~3.5	—	—	—	—
		>3.5~6.3	120	150	180	220			>3.5~6.3	170	220	280	360
		>6.3~10	130	160	200	250			>6.3~10	200	250	320	400
		>10~16	140	170	220	280			>10~16	220	270	340	440
		>16~25	160	200	250	320			>16~25	240	300	380	480
400	800	≥1~3.5	140	180	220	280			>25~40	280	340	450	530
		>3.5~6.3	150	190	240	300							

注：1. 取大小轮中点分度圆直径之和的一半作为查表直径。

2. 对于齿数比为整数，且不大于 3 的齿轮副，当采用选配时，可将侧隙变动公差 F_{vj} 值压缩 25%或更多。

(8) 齿轮副一齿轴交角综合公差 $f''_{i\Sigma c}$ 值(表 3-2-60)

表 3-2-60 齿轮副一齿轴交角综合公差 $f''_{i\Sigma c}$ 值 (μm)

中点分度圆直径/mm		中点法向模数/mm	精度等级						中点分度圆直径/mm		中点法向模数/mm	精度等级					
大于	到		7	8	9	10	11	12	大于	到		7	8	9	10	11	12
—	125	≥1~3.5	28	40	53	67	85	100	400	800	≥1~3.5	36	50	67	80	105	130
		>3.5~6.3	36	50	60	75	95	120			>3.5~6.3	40	56	75	90	120	150
		>6.3~10	40	56	71	90	110	140			>6.3~10	50	71	85	105	140	170
		>10~16	48	67	85	105	140	170			>10~16	56	80	100	130	160	200
125	400	≥1~3.5	32	45	60	75	95	120	800	1 600	≥1~3.5	—	—	—	—	—	—
		>3.5~6.3	40	56	67	80	105	130			>3.5~6.3	45	63	80	105	130	160
		>6.3~10	45	63	80	100	125	150			>6.3~10	50	71	90	120	150	180
		>10~16	50	71	90	120	150	190			>10~16	56	80	110	140	170	210

(9) 齿轮副齿频周期误差的公差 f'_{zzc} 值(表 3-2-61)

表 3-2-61 齿轮副齿频周期误差的公差 f'_{zzc} 值 (μm)

齿数 大于	齿数 到	中点法向模数/mm	精度等级 4	5	6	7	8
—	16	≥1~3.5	4.5	6.7	10	15	22
		>3.5~6.3	5.6	8	12	18	28
		>6.3~10	6.7	10	14	22	32
16	32	≥1~3.5	5	7.1	10	16	24
		>3.5~6.3	5.6	8.5	13	19	28
		>6.3~10	7.1	11	16	24	34
		>10~16	—	13	19	28	42
32	63	≥1~3.5	5	7.5	11	17	24
		>3.5~6.3	6	9	14	20	30
		>6.3~10	7.1	11	17	24	36
		>10~16	—	14	20	30	45
63	125	≥1~3.5	5.3	8	12	18	25
		>3.5~6.3	6.7	10	15	22	32
		>6.3~10	8	12	18	26	38
63	125	>10~16	—	15	22	34	48
125	250	≥1~3.5	5.6	8.5	13	19	28
		>3.5~6.3	7.1	11	16	24	34
		>6.3~10	8.5	13	19	30	42
		>10~16	—	16	24	36	53
250	500	≥1~3.5	6.3	9.5	14	21	30
		>3.5~6.3	8	12	18	28	40
		>6.3~10	9	15	22	34	48
		>10~16	—	18	28	42	60
500	—	≥1~3.5	7.1	11	16	24	34
		>3.5~6.3	9	14	21	30	45
		>6.3~10	11	14	25	38	56
		>10~16	—	21	32	48	71

注:1. 表中齿数为齿轮副中大轮齿数。

2. 表中数值用于纵向有效重合度 $\varepsilon_{\beta e} \leqslant 0.45$ 的齿轮副。对 $\varepsilon_{\beta e}>0.45$ 的齿轮副,按以下规定压缩:$\varepsilon_{\beta e}>0.45 \sim 0.58$ 时,表中数值乘以 0.6;$\varepsilon_{\beta e}>0.58 \sim 0.67$ 时,表中数值乘以 0.4;$\varepsilon_{\beta e}>0.67$ 时,表中数值乘以 0.3。纵向有效重合度 $\varepsilon_{\beta e}$ 等于名义纵向重合度 ε_{β} 乘以齿长方向接触斑点大小的平均值。

(10) 安装距极限偏差 $\pm f_{AM}$ 值(表 3-2-62)

表 3-2-62 安装距极限偏差 $\pm f_{AM}$ 值 (μm)

中点锥距/mm 大于	中点锥距/mm 到	分锥角/(°) 大于	分锥角/(°) 到	4: ≥1~3.5	4: >3.5~6.3	4: >6.3~10	5: ≥1~3.5	5: >3.5~6.3	5: >6.3~10	5: >10~16	6: ≥1~3.5	6: >3.5~6.3	6: >6.3~10	6: >10~16	7: ≥1~3.5	7: >3.5~6.3	7: >6.3~10
—	50	—	20	5.6	3.2	—	9	5	—	—	14	8	—	—	20	11	—
		20	45	4.8	2.6	—	7.5	4.2	—	—	12	6.7	—	—	17	9.5	—
		45	—	2	1.1	—	3	1.7	—	—	5	2.8	—	—	7	4	—
50	100	—	20	19	10.5	6.7	30	16	11	8	48	26	17	13	67	38	24
		20	45	16	9	5.6	25	14	9	7.1	40	22	15	11	56	32	21
		45	—	6.5	3.6	2.4	10.5	6	3.8	3	17	9.5	6	4.5	24	13	8.5
100	200	—	20	42	22	15	60	36	24	16	105	60	38	28	150	80	53
		20	45	36	19	13	50	30	20	14	90	50	32	24	130	71	45
		45	—	15	8	5	21	13	8.5	5.6	38	21	13	10	53	30	19
200	400	—	20	95	50	32	130	80	53	36	240	130	85	60	340	180	120
		20	45	80	42	28	110	67	45	30	200	105	71	50	280	150	100
		45	—	34	18	12	48	28	18	12	85	45	30	21	120	63	40
400	800	—	20	210	110	71	300	180	110	75	530	280	180	130	750	400	250
		20	45	180	95	60	250	160	95	63	450	240	150	110	630	340	210
		45	—	75	40	25	105	63	40	26	190	100	63	45	270	140	90
800	1 600	—	20	—	—	160	—	—	250	160	—	—	380	280	—	—	560
		20	45	—	—	—	—	—	—	140	—	—	—	240	—	—	—
		45	—	—	—	—	—	—	—	60	—	—	—	100	—	—	—

(表头:精度等级 4、5、6、7;中点法向模数/mm)

续表 3-2-62 (μm)

中点锥距/mm		分锥角/(°)		精度等级												
				7		8							9			
				中点法向模数/mm												
大于	到	大于	到	>10~16	>16~25	≥1~3.5	>3.5~6.3	>6.3~10	>10~16	>16~25	>25~40	>40~55	≥1~3.5	>3.5~6.3	>6.3~10	>10~16
—	50	—	20	—	—	28	16	—	—	—	—	—	40	22	—	—
		20	45	—	—	24	13	—	—	—	—	—	34	19	—	—
		45	—	—	—	10	5.6	—	—	—	—	—	14	8	—	—
50	100	—	20	18	—	95	53	34	26	—	—	—	140	75	50	38
		20	45	16	—	80	45	30	22	—	—	—	120	63	42	30
		45	—	6.7	—	34	17	12	9	—	—	—	48	26	17	13
100	200	—	20	40	30	200	120	75	56	45	36	—	300	160	105	80
		20	45	34	26	180	100	63	48	46	30	—	260	140	90	67
		45	—	14	11	75	40	26	20	15	13	—	105	60	38	28
200	400	—	20	85	67	480	250	170	120	95	75	67	670	360	240	170
		20	45	71	56	400	210	140	100	80	63	56	560	300	200	150
		45	—	30	22	170	90	60	42	32	26	22	240	130	85	60
400	800	—	20	180	140	1 050	560	360	260	200	160	140	1 500	800	500	380
		20	45	160	120	900	480	300	220	170	130	120	1 300	70	440	300
		45	—	67	50	380	200	125	90	70	56	48	530	280	180	130
800	1 600	—	20	400	300	—	—	750	560	420	340	280	—	—	1 100	800
		20	45	340	250	—	—	—	480	360	280	240	—	—	—	670
		45	—	140	105	—	—	—	200	150	120	100	—	—	—	280

中点锥距/mm		分锥角/(°)		精度等级											
				9			10							11	
				中点法向模数/mm											
大于	到	大于	到	>16~25	>25~40	>40~55	≥1~3.5	>3.5~6.3	>6.3~10	>10~16	>16~25	>25~40	>40~55	≥1~3.5	>3.5~6.3
—	50	—	20	—	—	—	56	32	—	—	—	—	—	80	45
		20	45	—	—	—	48	26	—	—	—	—	—	67	38
		45	—	—	—	—	20	11	—	—	—	—	—	28	16
50	100	—	20	—	—	—	190	105	71	50	—	—	—	280	150
		20	45	—	—	—	160	90	60	45	—	—	—	220	130
		45	—	—	—	—	67	38	24	18	—	—	—	95	53
100	200	—	20	63	50	—	420	240	150	110	85	71	—	600	320
		20	45	53	42	—	360	190	130	95	75	60	—	500	280
		45	—	22	18	—	150	80	53	40	30	25	—	210	120
200	400	—	20	130	105	95	950	500	320	240	190	150	130	1 300	750
		20	45	110	90	80	800	420	280	200	160	130	110	1 100	600
		45	—	48	38	32	340	180	120	85	67	53	45	500	260
400	800	—	20	280	220	190	2 100	1 100	710	500	400	320	280	3 000	1 600
		20	45	240	190	170	1 700	950	600	440	340	260	240	2 500	1 400
		45	—	100	80	71	750	400	250	180	140	110	100	1 050	560
800	1 600	—	20	600	480	400	—	—	1 500	1 100	850	670	560	—	—
		20	45	500	400	340	—	—	—	950	730	560	480	—	—
		45	—	210	170	140	—	—	—	400	300	240	200	—	—

续表 3-2-62 (μm)

中点锥距/mm		分锥角/(°)		精度等级											
				11					12						
				中点法向模数/mm											
大于	到	大于	到	>6.3~10	>10~16	>16~25	>25~40	>40~55	≥1~3.5	>3.5~6.3	>6.3~10	>10~16	>16~25	>25~40	>40~55
—	50	—	20	—	—	—	—	—	110	63	—	—	—	—	—
		20	45	—	—	—	—	—	95	53	—	—	—	—	—
		45	—	—	—	—	—	—	40	22	—	—	—	—	—
50	100	—	20	100	75	—	—	—	380	210	140	105	—	—	—
		20	45	85	63	—	—	—	320	180	120	90	—	—	—
		45	—	34	26	—	—	—	130	75	48	36	—	—	—
100	200	—	20	210	160	120	100	—	850	450	300	220	170	140	—
		20	45	180	130	105	85	—	710	380	250	190	150	120	—
		45	—	75	56	45	36	—	300	160	105	80	60	50	—
200	400	—	20	480	340	260	210	190	1 900	1 000	670	480	380	300	260
		20	45	400	280	220	180	160	1 600	850	560	400	300	250	220
		45	—	160	120	95	75	67	670	360	240	170	130	105	90
400	800	—	20	1 000	750	560	450	380	4 200	2 200	1 400	1 000	800	630	560
		20	45	850	630	480	380	320	3 600	1 900	1 200	850	670	530	450
		45	—	360	260	200	160	140	1 500	800	600	360	280	220	190
800	1 600	—	20	2 200	1 600	1 200	950	800	—	—	3 000	2 200	1 700	1 300	1 100
		20	45	—	1 300	1 000	780	670	—	—	—	1 900	1 400	1 100	950
		45	—	—	560	420	340	280	—	—	—	800	600	450	400

注：1. 表中数值用于非修形齿轮，对修形齿轮允许采用低一级的$\pm f_{AM}$值。

2. 表中数值用于$\alpha=20°$的齿轮，对$\alpha\neq20°$的齿轮，表中数值乘以$\sin20°/\sin\alpha$。

(11) 轴间距极限偏差$\pm f_a$值(表 3-2-63)

表 3-2-63 轴间距极限偏差$\pm f_a$值 (μm)

中点锥距/mm		精度等级									中点锥距/mm		精度等级								
大于	到	4	5	6	7	8	9	10	11	12	大于	到	4	5	6	7	8	9	10	11	12
—	50	10	10	12	18	28	36	67	105	180	200	400	15	18	25	30	45	75	120	190	300
50	100	12	12	15	20	30	45	75	120	200	400	800	18	25	30	36	60	90	150	250	360
100	200	13	15	18	25	36	55	90	150	240	800	1 600	25	36	40	50	85	130	200	300	450

注：1. 表中数值用于无纵向修形的齿轮副。对纵向修形齿轮副允许采用低一级的$\pm f_a$值。

2. 对准双曲面齿轮副，按大轮中点锥距查表。

(12) 轴交角极限偏差$\pm E_\Sigma$值(表 3-2-64)

表 3-2-64 轴交角极限偏差$\pm E_\Sigma$值 (μm)

中点锥距/mm		小轮分锥角/(°)		最小法向侧隙种类					中点锥距/mm		小轮分锥角/(°)		最小法向侧隙种类				
大于	到	大于	到	h e	d	c	b	a	大于	到	大于	到	h e	d	c	b	a
—	50	—	15	7.5	11	18	30	45	100	200	—	15	12	19	30	50	80
		15	25	10	16	26	42	63			15	25	17	26	45	71	110
		25	—	12	19	30	50	80			25	—	20	32	50	80	125
50	100	—	15	10	16	26	42	63	200	400	—	15	15	22	32	60	95
		15	25	12	19	30	50	80			12	25	24	36	56	90	140
		25	—	15	22	32	60	95			25	—	26	40	63	100	160

续表 3-2-64 (μm)

中点锥距/mm		小轮分锥角/(°)		最小法向侧隙种类					中点锥距/mm		小轮分锥角/(°)		最小法向侧隙种类				
大于	到	大于	到	h e	d	c	b	a	大于	到	大于	到	h e	d	c	b	a
400	800	—	15	20	32	50	80	125	800	1 600	—	15	26	40	63	100	160
		15	25	28	45	71	110	180			15	25	40	63	100	160	250
		25	—	34	56	85	140	220			25	—	53	85	130	210	320

注：1. $\pm E_\Sigma$ 的公差带位置相对于零线，可以不对称或取在一侧。

2. 准双曲面齿轮副按大轮中点锥距查表。

3. 表中数值用于正交齿轮副。对非正交齿轮副不按此表，规定为 $\pm j_{nmin}/2$。

4. 表中数值用于 $\alpha=20°$ 的齿轮副。对 $\alpha\neq20°$ 的齿轮副，表中数值乘以 $\sin20°/\sin\alpha$。

（13）最小法向侧隙 j_{nmin} 值（表 3-2-65）

表 3-2-65　最小法向侧隙 j_{nmin} 值 (μm)

中点锥距/mm		小轮分锥角/(°)		最小法向侧隙种类						中点锥距/mm		小轮分锥角/(°)		最小法向侧隙种类					
大于	到	大于	到	h	e	d	c	b	a	大于	到	大于	到	h	e	d	c	b	a
—	50	—	15	0	15	22	36	58	90	200	400	—	15	0	30	46	74	120	190
		15	25	0	21	33	52	84	130			15	25	0	46	72	115	185	290
		25	—	0	25	39	62	100	160			25	—	0	52	81	130	210	320
50	100	—	15	0	21	33	52	84	130	400	800	—	15	0	40	63	100	160	250
		15	25	0	25	39	62	100	160			15	25	0	57	89	140	230	360
		25	—	0	30	46	74	120	190			25	—	0	70	110	175	280	440
100	200	—	15	0	25	39	62	100	160	800	1 600	—	15	0	52	81	130	210	320
		15	25	0	35	54	87	140	220			15	25	0	80	125	200	320	500
		25	—	0	40	63	100	160	250			25	—	0	105	165	260	420	660

注：1. 正交齿轮副按中点锥距 R 查表。非正交齿轮副按下式算出的 R' 查表：

$R'=\frac{R}{2}(\sin2\delta_1+\sin2\delta_2)$ 式中 δ_1 和 δ_2 为大、小轮分锥角。

2. 准双曲面齿轮副按大轮中点锥距查表。

（14）齿厚上偏差 $E_{\bar{s}s}$ 值（表 3-2-66）

（15）齿厚公差 $T_{\bar{s}}$ 值（表 3-2-67）

表 3-2-66　齿厚上偏差 $E_{\bar{s}s}$ 值 (μm)

	中点法向模数/mm	中点分度圆直径/mm											
		≤125～			>125～400			>400～800			>800～1 600		
		分锥角/(°)											
		≤20～	>20～45	>45	≤20	>20～45	>45	≤20	>20～45	>45	≤20	>20～45	>45
基本值	≥1～3.5	−20	−20	−22	−28	−32	−30	−36	−50	−45	—	—	—
	>3.5～6.3	−22	−22	−25	−32	−32	−30	−38	−55	−45	−75	−85	−80
	>6.3～10	−25	−25	−28	−36	−36	−34	−40	−55	−50	−80	−90	−85
	>10～16	−28	−28	−30	−36	−38	−36	−48	−60	−55	−80	−100	−85
	>16～25	—	—	—	−40	−40	−40	−50	−65	−60	−80	−100	−90

	最小法向侧隙种类	第Ⅱ公差组精度等级						
		4～6	7	8	9	10	11	12
系数	h	0.9	1.0	—	—	—	—	—
	e	1.45	1.6	—	—	—	—	—
	d	1.8	2.0	2.2	—	—	—	—
	c	2.4	2.7	3.0	3.2	—	—	—
	b	3.4	3.8	4.2	4.6	4.9	—	—
	a	5.0	5.5	6.0	6.6	7.0	7.8	9.0

注：1. 各最小法向侧隙种类和各精度等级齿轮的 $E_{\bar{s}s}$ 值，由基本值栏查出的数值乘以系数得出。

2. 当轴交角公差带相对零线不对称时，$E_{\bar{s}s}$ 值应作修正：增大轴交角上偏差时，$E_{\bar{s}s}$ 加上 $(E_{\Sigma_s}-|E_\Sigma|)\tan\alpha$；减小轴交角上偏差时，$E_{\bar{s}s}$ 减去 $(|E_{\Sigma_i}|-|E_\Sigma|)\tan\alpha$。

3. 允许把大、小轮齿厚上偏差（$E_{\bar{s}s1}$，$E_{\bar{s}s2}$）之和重新分配在两个齿轮上。

表 3-2-67　齿厚公差 T_s 值　(μm)

齿圈跳动公差		法向侧隙公差种类					齿圈跳动公差		法向侧隙公差种类				
大于	到	H	D	C	B	A	大于	到	H	D	C	B	A
	8	21	25	30	40	52	60	80	70	90	110	130	180
8	10	22	28	34	45	55	80	100	90	110	140	170	220
10	12	24	30	36	48	60	100	125	110	130	170	200	260
12	16	26	32	40	52	65	125	160	130	160	200	250	320
16	20	28	36	45	58	75	160	200	160	200	260	320	400
20	25	32	42	52	65	85	200	250	200	250	320	380	500
25	32	38	48	60	75	95	250	320	240	300	400	480	630
32	40	42	55	70	85	110	320	400	300	380	500	600	750
40	50	50	65	80	100	130	400	500	380	480	600	750	950
50	60	60	75	95	120	150							

(16) 最大法向侧隙(j_{nmax})的制造误差补偿部分 $E_{\bar{s}\Delta}$ 值(表 3-2-68)

表 3-2-68　最大法向侧隙(j_{nmax})的制造误差补偿部分 $E_{\bar{s}\Delta}$ 值　(μm)

第Ⅱ公差组精度等级	中点法向模数/mm	中点分度圆直径/mm											
		≤125			>125~400			>400~800			>800~1 600		
		分锥角/(°)											
		≤20	>20~45	>45	≤20	>20~45	>45	≤20	>20~45	>45	≤20	>20~45	>45
4~6	≥1~3.5	18	18	20	25	28	28	32	45	40	—	—	—
	>3.5~6.3	20	20	22	28	28	28	34	50	40	67	75	72
	>6.3~10	22	22	25	32	32	30	36	50	45	72	80	75
	>10~16	25	25	28	32	34	32	45	55	50	72	90	75
	>16~25	—	—	—	36	36	36	45	56	45	72	90	85
7	>1~3.5	20	20	22	28	32	30	36	50	45	—	—	—
	>3.5~6.3	22	22	25	32	32	30	38	55	45	75	85	80
	>6.3~10	25	25	28	36	36	34	40	55	50	80	90	85
	>10~16	28	28	30	36	38	36	48	60	55	80	100	85
	>16~25	—	—	—	40	40	40	50	65	60	80	100	95
8	≥1~3.5	22	22	24	30	36	32	40	55	50	—	—	—
	>3.5~6.3	24	24	28	36	36	32	42	60	50	80	90	85
	>6.3~10	28	28	30	40	40	38	45	60	55	85	100	95
	>10~16	30	30	32	40	42	40	55	65	60	85	110	95
	>16~25	—	—	—	45	45	45	55	72	65	85	110	105
9	≥1~3.5	24	24	25	32	38	36	45	65	55	—	—	—
	>3.5~6.3	25	25	30	38	38	36	45	65	55	90	100	95
	>6.3~10	30	30	32	45	45	40	48	65	60	95	110	100
	>10~16	32	32	36	45	45	45	48	70	65	95	120	100
	>16~25	—	—	—	48	48	48	60	75	70	95	120	115
10	≥1~3.5	25	25	28	36	42	40	48	65	60	—	—	—
	>3.5~6.3	28	28	32	42	42	40	50	70	60	95	110	105
	>6.3~10	32	32	36	48	48	45	50	70	65	105	115	110
	>10~16	36	36	40	48	50	48	60	80	70	105	130	110
	>16~25	—	—	—	50	50	50	65	85	80	105	130	125

续表 3-2-68 (μm)

第Ⅱ公差组精度等级	中点法向模数/mm	中点分度圆直径/mm ≤125 分锥角/(°) ≤20	≤125 >20～45	≤125 >45	>125～400 ≤20	>125～400 >20～45	>125～400 >45	>400～800 ≤20	>400～800 >20～45	>400～800 >45	>800～1 600 ≤20	>800～1 600 >20～45	>800～1 600 >45
11	≥1～3.5	30	30	32	40	45	45	50	70	65	—	—	—
	>3.5～6.3	32	32	36	45	45	45	55	80	65	110	125	115
	>6.3～10	36	36	40	50	50	50	60	80	70	115	130	125
	>10～16	40	40	45	50	55	50	70	85	80	115	145	125
	>16～25	—	—	—	60	60	60	70	95	85	115	145	140
12	≥1～3.5	32	32	35	45	50	48	60	80	70	—	—	—
	>3.5～6.3	35	35	40	50	50	48	60	90	70	120	135	130
	>6.3～10	40	40	45	60	60	55	65	90	80	130	145	135
	>10～16	45	45	48	60	60	60	75	95	90	130	160	135
	>16～25	—	—	—	65	65	65	80	105	95	130	160	150

(17) 接触斑点(表 3-2-69)

表 3-2-69 接触斑点

精度等级	4～5	6～7	8～9	10～12	精度等级	4～5	6～7	8～9	10～12
沿齿长方向/%	60～80	50～70	35～65	25～55	沿齿高方向/%	65～85	55～75	40～70	30～60

注：表中数值范围用于齿面修形的齿轮，对齿面不作修形的齿轮，其接触斑点大小不小于其平均值。但该表仅供参考，接触斑点的形状、位置和大小由设计者自行规定。对齿面修形的齿轮，在齿面大端、小端和齿顶边缘处，不允许出现接触斑点。

3.2.3.6 锥齿轮齿坯要求

齿坯质量直接影响切齿精度，同时影响检验数据的可靠性，还影响齿轮副的安装精度。所以齿轮的加工、检验和安装的定位基准面应尽量一致，并在齿轮图样上予以标注。齿坯各项公差和偏差见表 3-2-70～表 3-2-72。

表 3-2-70 齿坯尺寸公差

精度等级	4	5	6	7	8	9	10	11	12
轴径尺寸公差	IT4	IT5		IT6		IT7			
孔径尺寸公差	IT5	IT6		IT7		IT8			
外径尺寸极限偏差	0 −IT7	0 −IT8				0 −IT9			

表 3-2-71 齿坯顶锥母线跳动和基准端面圆跳动公差 (μm)

类别	大于	到	跳动公差	精度等级① 4	5～6	7～8	9～12	类别	大于	到	跳动公差	精度等级① 4	5～6	7～8	9～12
外径/mm	—	30	顶锥母线跳动公差	10	15	25	50	基准端面直径/mm	—	30	基准端面圆跳动公差	4	6	10	15
	30	50		12	20	30	60		30	50		5	8	12	20
	50	120		15	25	40	80		50	120		6	10	15	25
	120	250		20	30	50	100		120	250		8	12	20	30
	250	500		25	40	60	120		250	500		10	15	25	40
	500	800		30	50	80	150		500	800		12	20	30	50
	800	1 250		40	60	100	200		800	1 250		15	25	40	60
	1 250	2 000		50	80	120	250		1 250	2 000		20	30	50	80
	2 000	3 150		60	100	150	300		2 000	3 150		25	40	60	100
	3 150	5 000		80	120	200	400		3 150	5 000		30	50	80	120

① 当三个公差组精度等级不同时，按最高的精度等级确定公差值。

表 3-2-72　齿坯轮冠距和顶锥角极限偏差

中点法向模数/mm	轮冠距极限偏差/μm	顶锥角极限偏差/(′)	中点法向模数/mm	轮冠距极限偏差/μm	顶锥角极限偏差/(′)	中点法向模数/mm	轮冠距极限偏差/μm	顶锥角极限偏差/(′)
≤1.2	0 −50	+15 0	>1.2～10	0 −75	+8 0	>10	0 −100	+8 0

3.2.4　圆柱蜗杆和蜗轮

3.2.4.1　圆柱蜗杆的类型及基本齿廓(GB/T 10087—1988)

(1) 圆柱蜗杆的类型　基本蜗杆的类型为阿基米德蜗杆(ZA 蜗杆)(图 3-2-7)、法向直廓蜗杆(ZN 蜗杆)(图 3-2-8)、渐开线蜗杆(ZI 蜗杆)(图 3-2-9)和锥面包络圆柱蜗杆(ZK 蜗杆)(图 3-2-10)。

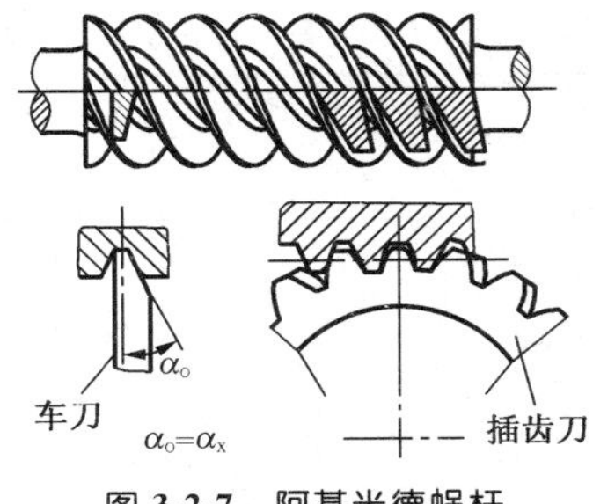

图 3-2-7　阿基米德蜗杆

车刀
α_o

图 3-2-8　法向直廓蜗杆

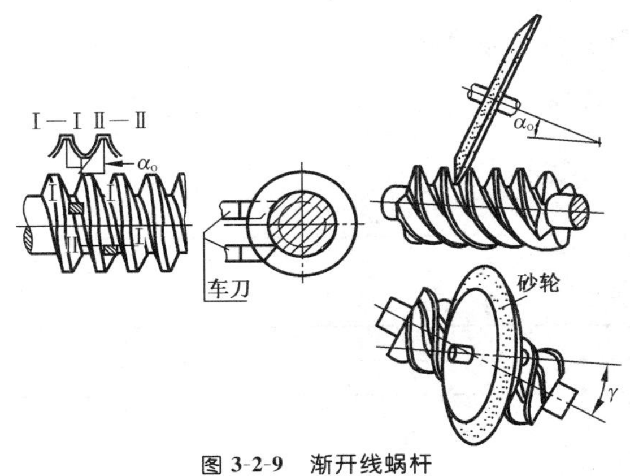

图 3-2-9　渐开线蜗杆

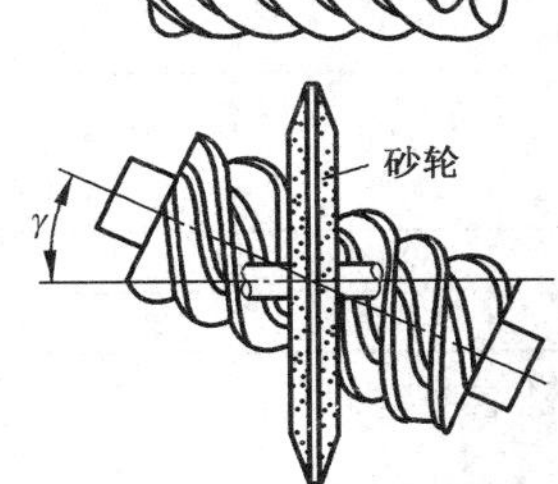

α_o
砂轮
γ

图 3-2-10　锥面包络圆柱蜗杆

(2) 基本齿廓　标准规定的圆柱蜗杆的基本齿廓是指基本蜗杆在给定截面上的规定齿形。基本齿廓的尺寸参数在蜗杆的轴平面内规定(表 3-2-73)。GB/T 10087—1988 标准适用于模数 $m\geqslant1$ mm,轴交角 $\Sigma=90°$的圆柱蜗杆传动。

表 3-2-73　圆柱蜗杆基本齿廓

<table>
<tr><th>基本齿廓(在轴平面内)</th><th colspan="2">参数名称</th><th>代号</th><th>数值</th><th>说　明</th></tr>
<tr><td rowspan="9">$p_x=\pi m$
$0.5p_x$　$0.5p_x$
h'　h_a　c
中线
ρ_f</td><td colspan="2">齿顶高</td><td>h_a</td><td>1m</td><td>齿顶高系数 $h_a^*=1$</td></tr>
<tr><td colspan="2">工作齿高</td><td>h'</td><td>2m</td><td>在工作齿高部分的齿形是直线</td></tr>
<tr><td colspan="2">轴向齿距</td><td>p_x</td><td>πm</td><td>中线上的齿厚和齿槽宽相等</td></tr>
<tr><td colspan="2">顶隙</td><td>c</td><td>0.2m</td><td>顶隙系数 $c^*=0.2$</td></tr>
<tr><td colspan="2">齿根圆角半径</td><td>ρ_f</td><td>0.3m</td><td></td></tr>
<tr><td rowspan="3">齿形角/(°)</td><td>ZA 蜗杆</td><td>α_x</td><td>20</td><td>蜗杆的轴向齿形角</td></tr>
<tr><td>ZN 蜗杆</td><td>α_n</td><td>20</td><td>蜗杆的法向齿形角</td></tr>
<tr><td>ZI 蜗杆</td><td>α_n</td><td>20</td><td>蜗杆的法向齿形角</td></tr>
<tr><td>产形角/(°)</td><td>ZK 蜗杆</td><td>α_0</td><td>20</td><td>为形成蜗杆齿面的锥形刀具的产形角</td></tr>
</table>

注:1. 圆柱蜗杆的基本齿廓是指基本蜗杆在给定截面上的规定齿形。基本蜗杆的类型推荐采用 ZI、ZK 蜗杆。

2. 采用短齿时,$h_a=0.8m$,$h'=1.6m$。

3. 顶隙 c 允许减小到 0.15m 或增大至 0.35m。

4. 齿根圆角半径 ρ_f 允许减小到 0.2m 或增大至 0.4m,也允许加工成单圆弧。

5. 允许齿顶倒圆,但圆角半径不大于 0.2m。

6. 在动力传动中,当导程角 $\gamma>30°$时,允许增大齿形角,推荐采用 25°;在分度传动中,允许减小齿形角,推荐采用 15°或 12°。

3.2.4.2 圆柱蜗杆的主要参数

(1) 模数　蜗杆模数 m 系指蜗杆的轴向模数。通常应按表 3-2-74 规定的数值选取。应优先采用第一系列。

(2) 蜗杆分度圆直径 d_1　蜗杆分度圆直径 d_1 应按表 3-2-75 规定的数值选取。优先采用第一系列。

表 3-2-74　圆柱蜗杆模数 m(GB/T 10088—1988)　(mm)

第一系列	0.1,0.12,0.16,0.2,0.25,0.3,0.4,0.5,0.6,0.8,1,1.25,1.6,2,2.5,3.15,4,5,6.3,8,10,12.5,16,20,25,31.5,40
第二系列	0.7,0.9,1.5,3,3.5,4.5,5.5,6,7,12,14

表 3-2-75　蜗杆分度圆直径 d_1(GB/T 10088—1988)　(mm)

第一系列	4,4.5,5,5.6,6.3,7.1,8,9,10,11.2,12.5,14,16,18,20,22.4,25,28,31.5,35.5,40,45,50,56,63,71,80,90,100,112,125,140,160,180,200,224,250,280,315,355,400
第二系列	6,7.5,8.5,15,30,38,48,53,60,67,75,85,95,106,118,132,144,170,190,300

(3) 蜗杆分度圆上的导程角 γ(表 3-2-76)

表 3-2-76　蜗杆分度圆上的导程角 γ

z_1 \ q	14	13	12	11	10	9	8
1	4°05′08″	4°23′55″	4°45′49″	5°11′40″	5°42′38″	6°20′25″	7°07′30″
2	8°07′48″	8°44′46″	9°27′44″	10°18′17″	11°18′36″	12°31′44″	14°02′10″
3	12°05′41″	12°59′41″	14°02′10″	15°15′18″	16°41′57″	18°26′06″	20°33′22″
4	15°56′43″	17°06′10″	18°26′06″	19°58′59″	21°48′05″	23°57′45″	26°33′54″

注：z_1 为蜗杆头数，q 为直径系数。

(4) 蜗杆头数 z_1 与蜗轮齿数 z_2 的推荐值(表 3-2-77)

表 3-2-77　蜗杆头数 z_1 与蜗轮齿数 z_2 的推荐值

$i=\frac{z_2}{z_1}$	z_1	z_2	$i=\frac{z_2}{z_1}$	z_1	z_2
7～8	4	28～32	25～27	2～3	50～81
9～13	3～4	27～52	28～40	1～2	28～80
14～24	2～3	28～72	≥40	1	≥40

(5) 中心距　一般圆柱蜗杆传动的减速装置的中心距 a 按表 3-2-78 选用。

表 3-2-78　中心距

中心距 a/mm	40	50	63	80	100	125	160	(180)	200
	(225)	250	(280)	315	(355)	400	(450)	500	—

注：括号中的数值尽可能不用。

(6) 蜗杆的基本尺寸和参数(表 3-2-79)

表 3-2-79　蜗杆的基本尺寸和参数

模数 m/mm	轴向齿距 p_x/mm	分度圆直径 d_1/mm	头数 z_1	直径系数 q	齿顶圆直径 d_{a1}/mm	齿根圆直径 d_{f1}/mm	分度圆柱导程角 γ	说　明
1	3.141	18	1	18.000	20	15.6	3°10′47″	自锁
1.25	3.927	20	1	16.000	22.5	17	3°34′35″	
		22.4	1	17.920	24.9	19.4	3°11′38″	自锁
1.6	5.027	20	1	12.500	23.2	16.16	4°34′26″	
			2				9°05′25″	
			4				17°44′41″	
		28	1	17.500	31.2	24.16	3°16′14″	自锁
2	6.283	(18)	1	9.000	22	13.2	6°20′25″	
			2				12°31′44″	
			4				23°57′45″	
		22.4	1	11.200	26.4	17.6	5°06′08″	
			2				10°07′29″	
			4				19°39′14″	
			6				28°10′43″	

续表 3-2-79

模数 m/mm	轴向齿距 p_x/mm	分度圆直径 d_1/mm	头数 z_1	直径系数 q	齿顶圆直径 d_{a1}/mm	齿根圆直径 d_{f1}/mm	分度圆柱导程角 γ	说　明
2	6.283	(28)	1	14.000	32	23.2	4°05′08″	
			2				8°07′48″	
			4				15°56′43″	
		35.5	1	17.750	39.5	30.7	3°13′28″	自锁
2.5	7.854	(22.4)	1	8.960	27.4	16.4	6°22′06″	
			2				12°34′59″	
			4				24°03′26″	
		28	1	11.200	33	22	5°06′08″	
			2				10°07′29″	
			4				19°39′14″	
			6				28°10′43″	
		(35.5)	1	14.200	40.5	29.5	4°01′42″	
			2				8°01′02″	
			4				15°43′55″	
		45	1	18.000	50	39	3°10′47″	自锁
3.15	9.896	(28)	1	8.889	34.3	20.4	6°25′08″	
			2				12°40′49″	
			4				24°13′40″	
		35.5	1	11.270	41.8	27.9	5°04′15″	
			2				10°03′48″	
			4				19°32′29″	
			6				28°01′50″	
		(45)	1	14.286	51.3	37.4	4°00′15″	
			2				7°58′11″	
			4				15°38′32″	
		56	1	17.778	62.3	48.4	3°13′10″	自锁
4	12.566	(31.5)	1	7.875	39.5	21.9	7°14′13″	
			2				14°15′00″	
			4				26°55′40″	
		40	1	10.000	48	30.4	5°42′38″	
			2				11°18′36″	
			4				21°48′05″	
			6				30°57′50″	
		(50)	1	12.500	58	40.4	4°34′26″	
			2				9°05′25″	
			4				17°44′41″	
		71	1	17.750	79	61.4	3°13′28″	自锁
5	15.708	(40)	1	8.000	50	28	7°07′30″	
			2				14°02′10″	
			4				26°33′54″	

续表 3-2-79

模数 m/mm	轴向齿距 p_x/mm	分度圆直径 d_1/mm	头数 z_1	直径系数 q	齿顶圆直径 d_{a1}/mm	齿根圆直径 d_{f1}/mm	分度圆柱导程角 γ	说　明
5	15.708	50	1	10.000	60	38	5°42′38″	
			2				11°18′36″	
			4				21°48′05″	
			6				30°57′50″	
		(63)	1	12.600	73	51	4°32′16″	
			2				9°01′10″	
			4				17°36′45″	
		90	1	18.000	100	78	3°10′47″	自锁
6.3	19.792	(50)	1	7.936	62.6	34.9	7°10′53″	
			2				14°08′39″	
			4				26°44′53″	
		63	1	10.000	75.6	47.9	5°42′38″	
			2				11°18′36″	
			4				21°48′05″	
			6				30°57′50″	
		(80)	1	12.698	92.6	64.8	4°30′10″	
			2				8°57′02″	
			4				17°29′04″	
		112	1	17.778	124.6	96.9	3°13′10″	自锁
8	25.133	(63)	1	7.875	79	43.8	7°14′13″	
			2				14°15′00″	
			4				26°53′40″	
		80	1	10.000	96	60.8	5°42′38″	
			2				11°18′36″	
			4				21°48′05″	
			6				30°57′50″	
		(100)	1	12.500	116	80.8	4°34′26″	
			2				9°05′25″	
			4				17°44′41″	
		140	1	17.500	156	120.8	3°16′14″	自锁
10	31.416	(71)	1	7.100	91	47	8°01′02″	
			2				15°43′55″	
			4				29°23′46″	
		90	1	9.000	110	66	6°20′25″	
			2				12°31′44″	
			4				23°57′45″	
			6				33°41′24″	
		(112)	1	11.200	132	88	5°06′08″	
			2				10°07′29″	
			4				19°39′14″	
		160	1	16.000	180	136	3°34′35″	
12.5	39.270	(90)	1	7.200	115	60	7°50′26″	
			2				15°31′27″	

续表 3-2-79

模数 m/mm	轴向齿距 p_x/mm	分度圆直径 d_1/mm	头数 z_1	直径系数 q	齿顶圆直径 d_{a1}/mm	齿根圆直径 d_{f1}/mm	分度圆柱导程角 γ	说　明
12.5	39.270	(90)	4	7.200	115	60	29°03′17″	
		112	1	8.960	137	82	6°22′06″	
			2				12°34′59″	
			4				24°03′26″	
		(140)	1	11.200	165	110	5°06′08″	
			2				10°07′29″	
			4				19°39′14″	
		200	1	16.000	225	170	3°34′35″	
16	50.265	(112)	1	7.000	144	73.6	8°07′48″	
			2				15°56′43″	
			4				29°44′42″	
		140	1	8.750	172	101.6	6°31′11″	
			2				12°52′30″	
			4				24°34′02″	
		(180)	1	11.250	212	141.6	5°04′47″	
			2				10°04′50″	
			4				19°34′23″	
		250	1	15.625	282	211.6	3°39′43″	
20	62.832	(140)	1	7.000	180	92	8°07′48″	
			2				15°56′43″	
			4				29°44′42″	
		160	1	8.000	200	112	7°07′30″	
			2				14°02′10″	
			4				26°33′54″	
		(224)	1	11.200	264	176	5°06′08″	
			2				10°07′29″	
			4				19°39′14″	
		315	1	15.750	355	267	3°37′59″	
25	78.540	(180)	1	7.200	230	120	7°54′26″	
			2				15°31′27″	
			4				27°03′17″	
		200	1	8.000	250	140	7°07′30″	
			2				14°02′10″	
			4				26°33′54″	
		(280)	1	11.200	330	220	5°06′08″	
			2				10°07′29″	
			4				19°39′14″	
		400	1	16.000	450	340	3°34′35″	

注：1. 括号内的数字尽可能不采用。

2. 表中所指的自锁是导程角 $\gamma<3°30'$ 的圆柱蜗杆。

3.2.4.3 圆柱蜗杆传动几何尺寸计算

圆柱蜗杆传动几何尺寸计算见表 3-2-80。

表 3-2-80 圆柱蜗杆传动几何尺寸计算(GB/T 10085—1988) (mm)

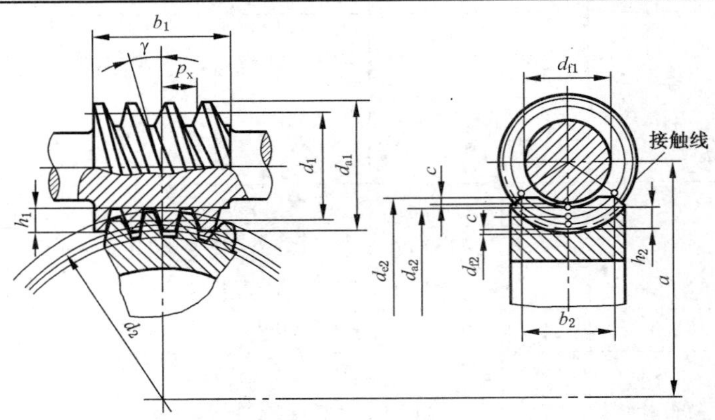

名　　称	代　号	关　系　式	说　　明
中心距	a	$a=(d_1+d_2+2x_2m)/2$	按规定选取
蜗杆头数	z_1		按规定选取
蜗轮齿数	z_2		按传动比确定
齿形角	α	$\alpha_x=20$ 或 $\alpha_n=20°$	按蜗杆类型确定
模数	m	$m=m_x=\dfrac{m_n}{\cos\gamma}$	按规定选取
传动比	i	$i=n_1/n_2$	蜗杆为主动,按规定选取
蜗轮变位系数	x_2	$x_2=\dfrac{a}{m}-\dfrac{d_1+d_2}{2m}$	正常蜗轮变位系数取零
蜗杆直径系数	q	$q=d_1/m$	
蜗杆轴向齿距	p_x	$p_x=\pi m$	
蜗杆导程	p_z	$p_z=\pi m z_1$	
蜗杆分度圆直径	d_1	$d_1=mq$	按规定选取
蜗杆齿顶圆直径	d_{a1}	$d_{a1}=d_1+2h_{a1}=d_1+2h_a^* m$	$h_a^*=1$
蜗杆齿根圆直径	d_{f1}	$d_{f1}=d_1-2h_{f1}=d_1-2(h_a^* m+c)$	
顶隙	c	$c=c^* m$	$c^*=0.2$
渐开线蜗杆基圆直径	d_{b1}	$d_{b1}=d_1\tan\gamma/\tan\gamma_b=mz_1/\tan\gamma_b$	
蜗杆齿顶高	h_{a1}	$h_{a1}=h_a^* m=\dfrac{1}{2}(d_{a1}-d_1)$	按规定
蜗杆齿根高	h_{f1}	$h_{f1}=(h_a^*+c)m=\dfrac{1}{2}(d_1-d_{f1})$	
蜗杆齿高	h_1	$h_1=h_{a1}+h_{f1}=\dfrac{1}{2}(d_{a1}-d_{f1})$	
蜗杆导程角	γ	$\tan\gamma=mz_1/d_1=z_1/q$	
渐开线蜗杆基圆导程角	γ_b	$\cos\gamma_b=\cos\gamma\cos\alpha_n$	
蜗杆齿宽	b_1		由设计确定
蜗轮分度圆直径	d_2	$d_2=mz_2=2a-d_1-2x_2m$	正常蜗轮 $x_2=0$
蜗轮喉圆直径	d_{a2}	$d_{a2}=d_2+2h_{a2}$	

续表 3-2-80

名　　称	代　号	关　　系　　式	说　　明
蜗轮齿根圆直径	d_{f2}	$d_{f2}=d_2-2h_{f2}$	
蜗轮齿顶高	h_{a2}	$h_{a2}=\frac{1}{2}(d_{a2}-d_2)=m(h_a^*+x_2)$	正常蜗轮 $x_2=0$
蜗轮齿根高	h_{f2}	$h_{f2}=\frac{1}{2}(d_2-d_{f2})=m(h_a^*-x_2+c^*)$	正常蜗轮 $x_2=0$
蜗轮齿高	h_2	$h_2=h_{a2}+h_{f2}=\frac{1}{2}(d_{a2}-d_{f2})$	
蜗轮咽喉母圆半径	r_{g2}	$r_{g2}=a-\frac{1}{2}d_{a2}$	
蜗轮齿宽	b_2		由设计确定
蜗轮齿宽角	θ	$\theta=2\arcsin\left(\frac{b_2}{d_1}\right)$	
蜗杆轴向齿厚	s_x	$s_x=\frac{1}{2}\pi m$	
蜗杆法向齿厚	s_n	$s_n=s_x\cos\gamma$	
蜗轮齿厚	s_t	按蜗杆节圆处轴向齿槽宽 e'_x 确定	
蜗杆节圆直径	d'_1	$d'_1=d_1+2x_2m=m(q+2x_2)$	
蜗轮节圆直径	d'_2	$d'_2=d_2$	

3.2.4.4 圆柱蜗杆、蜗轮精度

(1) 蜗杆、蜗轮及其传动的误差和侧隙的定义与代号(表 3-2-81)

表 3-2-81　蜗杆、蜗轮及其传动的误差和侧隙的定义与代号

名　　称	代号	定　　义
蜗杆螺旋线误差 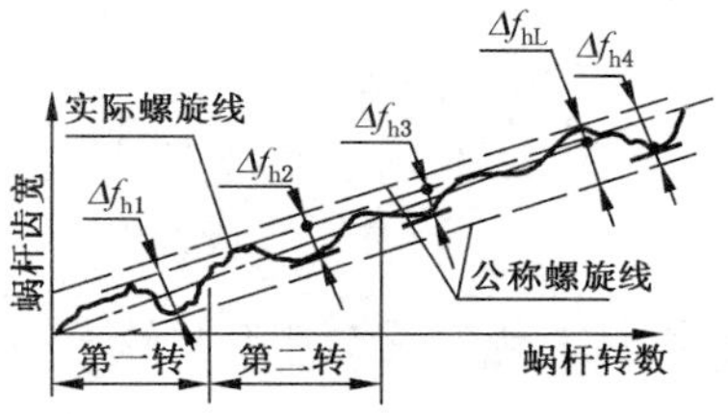 (图：实际螺旋线、公称螺旋线、蜗杆齿宽、蜗杆转数、第一转、第二转、Δf_{h1}、Δf_{h2}、Δf_{h3}、Δf_{h4}、Δf_{hL}) 蜗杆螺旋线公差	Δf_{hL} f_{hL}	在蜗杆、轮齿的工作齿宽范围(两端不完整齿部分应除外)内，蜗杆分度圆柱面[①]上，包容实际螺旋线的最近两条公称螺旋线间的法向距离
蜗杆一转螺旋线误差 蜗杆一转螺旋线公差	Δf_h f_h	在蜗杆轮齿的一转范围内，蜗杆分度圆柱面[①]上，包容实际螺旋线的最近两条理论螺旋线间的法向距离
蜗杆轴向齿距偏差 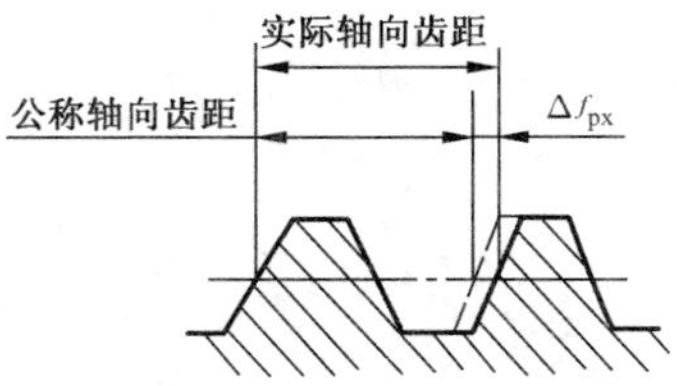 (图：实际轴向齿距、公称轴向齿距、Δf_{px}) 蜗杆轴向齿距极限偏差 上偏差 下偏差	Δf_{px} $+f_{px}$ $-f_{px}$	在蜗杆轴向截面上实际齿距与公称齿距之差

续表 3-2-81

名　　称	代号	定　　义
蜗杆轴向齿距累积误差	Δf_{px_L}	在蜗杆轴向截面上的工作齿宽范围(两端不完整齿部分应除外)内,任意两个同侧齿面间实际轴向距离与公称轴向距离之差的最大绝对值
蜗杆轴向齿距累积公差	f_{px_L}	
蜗杆齿形误差	Δf_{f1}	在蜗杆轮齿给定截面上的齿形工作部分内,包容实际齿形且距离为最小的两条设计齿形间的法向距离 当两条设计齿形线为非等距离的曲线时,应在靠近齿体内的设计齿形线的法线上确定其两者间的法向距离
蜗杆齿形公差	f_{f1}	
蜗杆齿槽径向跳动	Δf_r	在蜗杆任意一转范围内,测头在齿槽内与齿高中部的齿面双面接触,其测头相对于蜗杆轴线径向最大变动量
蜗杆齿槽径向跳动公差	f_r	
蜗杆齿厚偏差 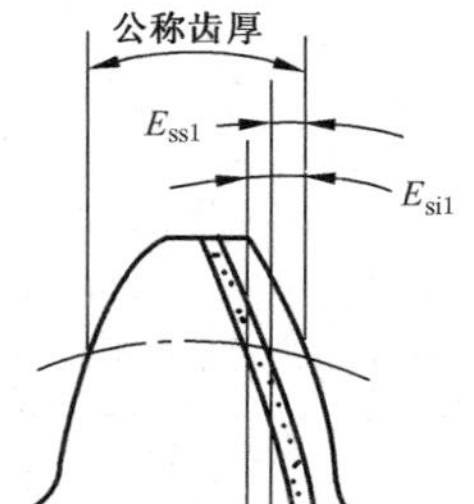	ΔE_{s1}	在蜗杆分度圆柱上,法向齿厚的实际值与公称值之差
蜗杆齿厚极限偏差		
上偏差	E_{ss1}	
下偏差	E_{si1}	
蜗杆齿厚公差	T_{s1}	

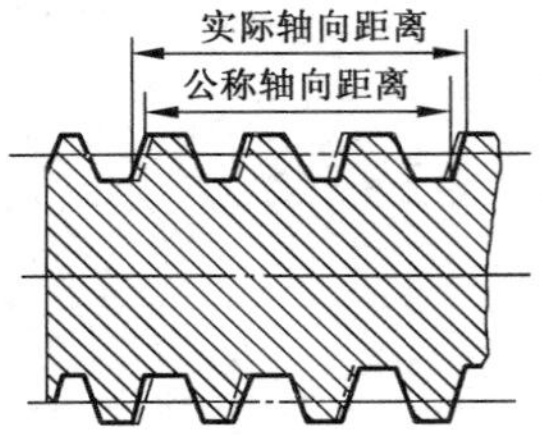

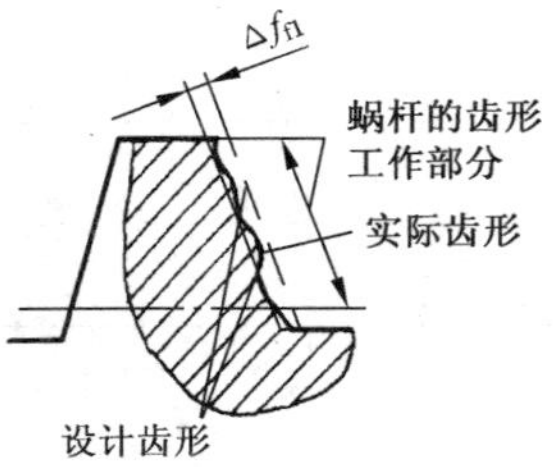

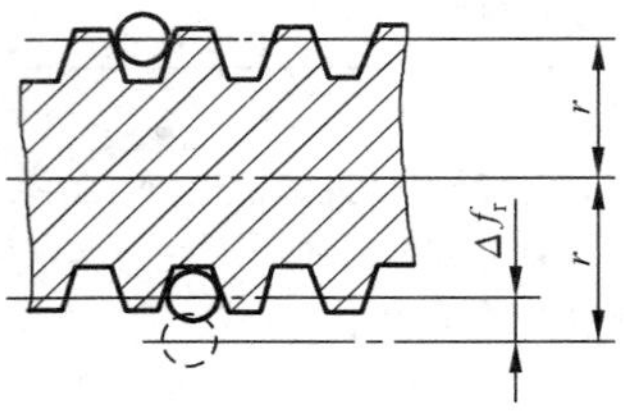

续表 3-2-81

名　　称	代号	定　　义
蜗轮切向综合误差 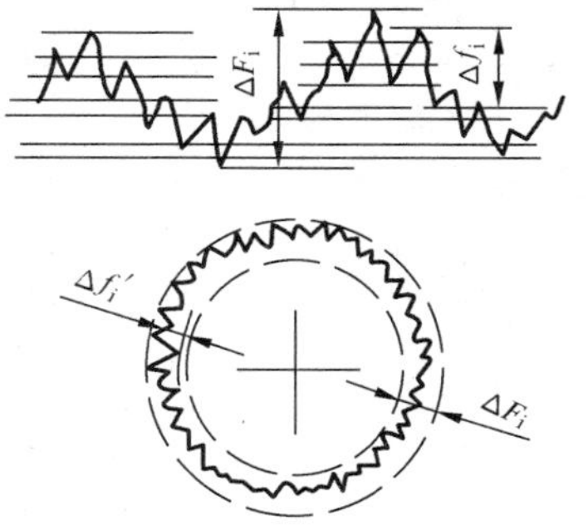 蜗轮切向综合公差	$\Delta F'_i$ F'_i	被测蜗轮与理想精确的测量蜗杆[②]在公称轴线位置上单面啮合时，在被测蜗轮一转范围内实际转角与理论转角之差的总幅度值。以分度圆弧长计
蜗轮一齿切向综合误差 蜗轮一齿切向综合公差	$\Delta f'_i$ f'_i	被测蜗轮与理想精确的测量蜗杆[②]在公称轴线位置上单面啮合时，在被测蜗轮一齿距角范围内实际转角与理论转角之差的最大幅度值。以分度圆弧长计
蜗轮径向综合误差 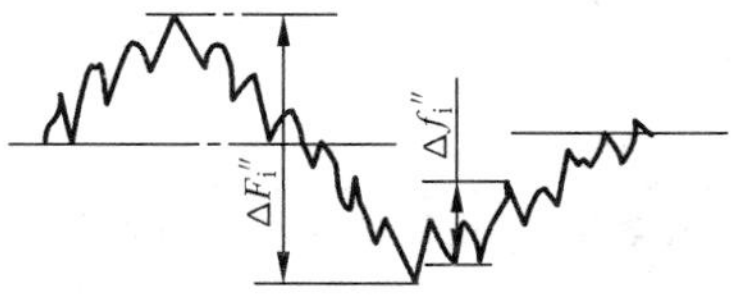 蜗杆径向综合公差	$\Delta F''_i$ F''_i	被测蜗轮与理想精确的测量蜗杆双面啮合时，在被测蜗轮一转范围内，双啮中心距的最大变动量
蜗轮一齿径向综合误差 蜗轮一齿径向综合公差	$\Delta f''_i$ f''_i	被测蜗轮与理想精确的测量蜗杆双面啮合时，在被测蜗轮一齿距角范围内双啮中心距的最大变动量
蜗轮齿距累积误差 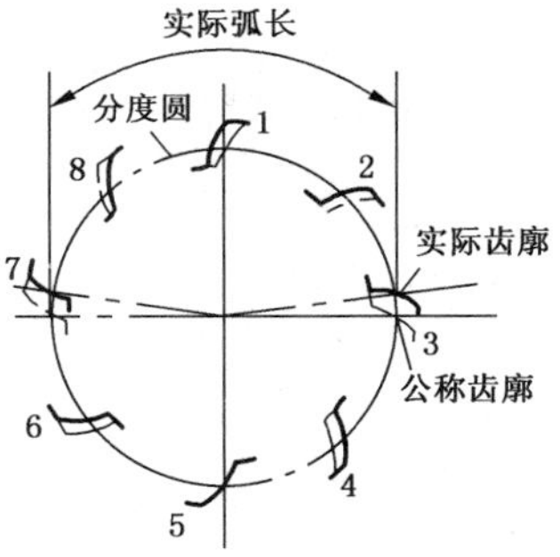 蜗轮齿距累积公差	ΔF_p F_p	在蜗轮分度圆上[③]，任意两个同侧齿面间的实际弧长与公称弧长之差的最大绝对值
蜗轮 k 个齿距累积误差 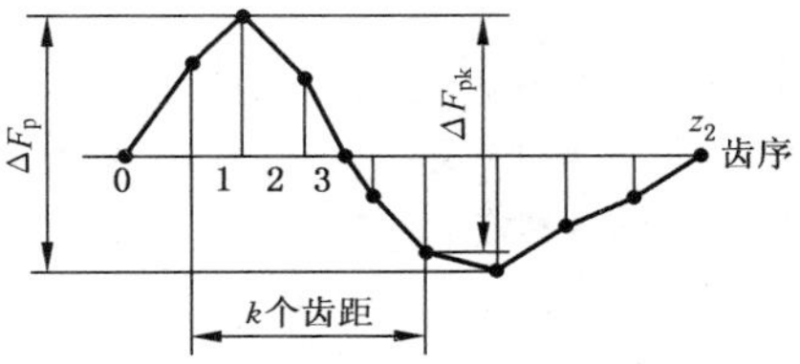 蜗轮 k 个齿距累积公差	ΔF_{pk} F_{pk}	在蜗轮分度圆上[③]，k 个齿距内同侧齿面间的实际弧长与公称弧长之差的最大绝对值 k 为 2 到小于 $\frac{1}{2}z_2$ 的整数

续表 3-2-81

名　　　称	代号	定　　　义
蜗轮齿圈径向圆跳动 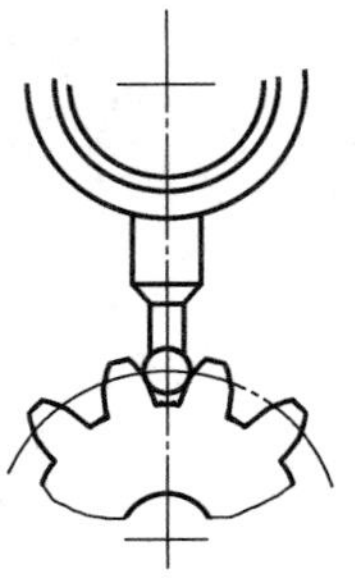	ΔF_r	在蜗轮一转范围内，测头在靠近中间平面的齿槽内与齿高中部的齿面双面接触，其测头相对于蜗轮轴线径向距离的最大变动量
蜗轮齿圈径向圆跳动公差	F_r	
蜗轮齿距偏差 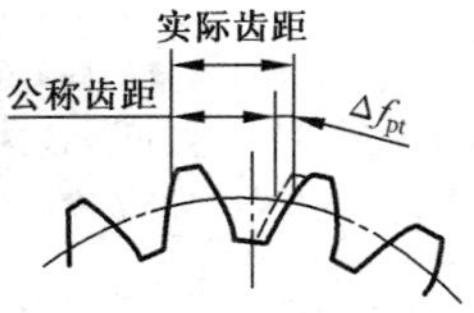 实际齿距 公称齿距 Δf_{pt}	Δf_{pt}	在蜗轮分度圆上[3]，实际齿距与公称齿距之差 用相对法测量时，公称齿距是指所有实际齿距的平均值
蜗轮齿距极限偏差		
上偏差	$+f_{pt}$	
下偏差	$-f_{pt}$	
蜗轮齿形误差 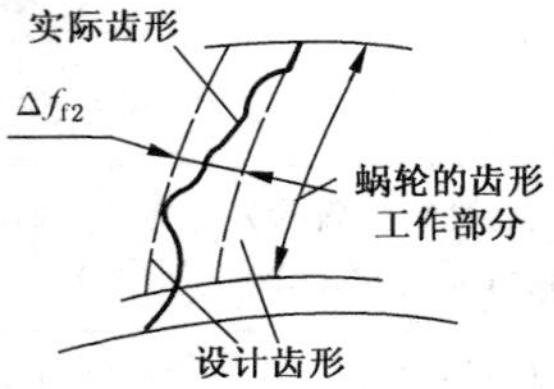 实际齿形 Δf_{f2} 蜗轮的齿形工作部分 设计齿形	Δf_{f2}	在蜗轮轮齿给定截面上的齿形工作部分内，包容实际齿形且距离为最小的两条设计齿形间的法向距离 当两条设计齿形线为非等距离曲线时，应在靠近齿体内的设计齿形线的法线上确定其两者间的法向距离
蜗轮齿形公差	f_{f2}	
蜗轮齿厚偏差 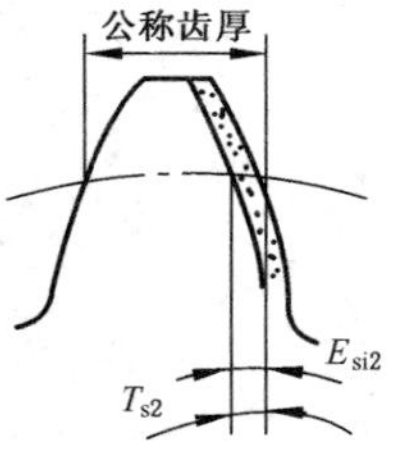 公称齿厚 E_{si2} T_{s2}	ΔE_{s2}	在蜗轮中间平面上，分度圆齿厚的实际值与公称值之差
蜗轮齿厚极限偏差		
上偏差	E_{ss2}	
下偏差	E_{si2}	
蜗轮齿厚公差	T_{s2}	
蜗轮副的切向综合误差 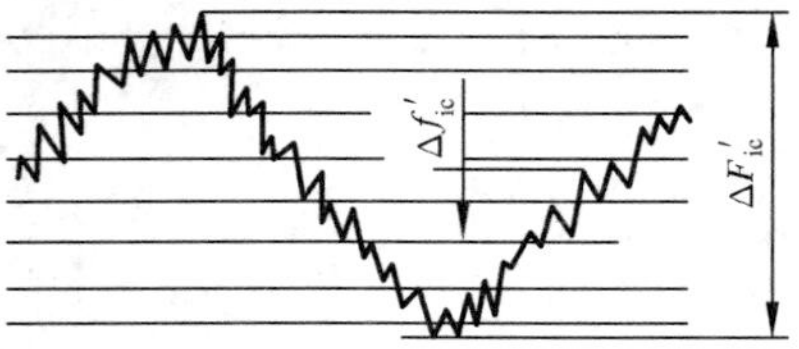 $\Delta f'_{ic}$ $\Delta F'_{ic}$	$\Delta F'_{ic}$	安装好的蜗杆副啮合转动时，在蜗轮和蜗杆相对位置变化的一个整周期内，蜗轮的实际转角与理论转角之差的总幅度值。以蜗轮分度圆弧长计
蜗杆副的切向综合公差	F'_{ic}	

续表 3-2-81

名　　称	代号	定　　义
蜗杆副的一齿切向综合误差 蜗杆副的一齿切向综合公差	$\Delta f'_{ic}$ f'_{ic}	安装好的蜗杆副啮合转动时，在蜗轮一转范围内多次重复出现的周期性转角误差的最大幅度值。以蜗轮分度圆弧长计
蜗杆副的接触斑点 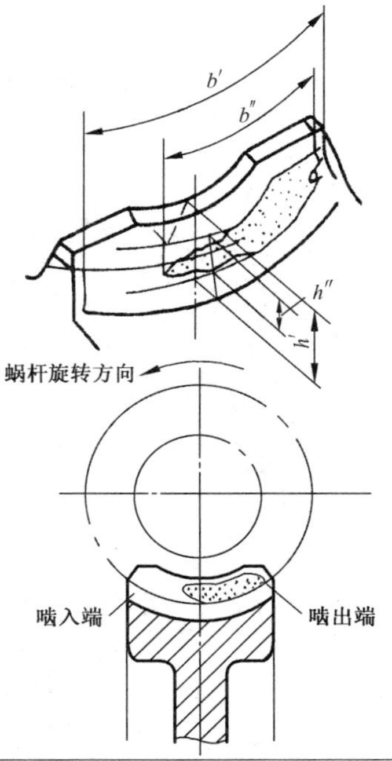 		安装好的蜗杆副中，在轻微力的制动下，蜗杆与蜗轮啮合运转后，在蜗轮齿面上分布的接触痕迹。接触斑点以接触面积大小、形状和分布位置表示 接触面积大小按接触痕迹的百分比计算确定： 沿齿长方向——接触痕迹的长度 b''[④] 与工作长度 b' 之比的百分数，即 $b''/b'\times100\%$ 沿齿高方向——接触痕迹的平均高度 h'' 与工作高度 h' 之比的百分数，即 $h''/h'\times100\%$ 接触形状以齿面接触痕迹总的几何形状的状态确定 接触位置以接触痕迹离齿面啮入、啮出端或齿顶、齿根的位置确定
蜗杆副的中心距偏差 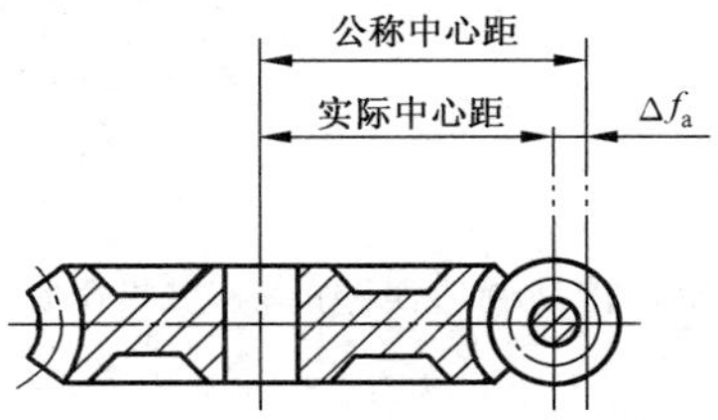 蜗杆副的中心距极限偏差 上偏差 下偏差	Δf_a $+f_a$ $-f_a$	在安装好的蜗杆副中间平面内，实际中心距与公称中心距之差
蜗杆副的中间平面偏移 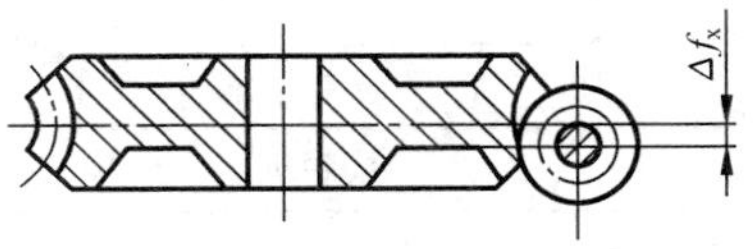 蜗杆副的中间平面极限偏差 上偏差 下偏差	Δf_x $+f_x$ $-f_x$	在安装好的蜗杆副中，蜗轮中间平面与传动中间平面之间的距离
蜗杆副的轴交角偏差 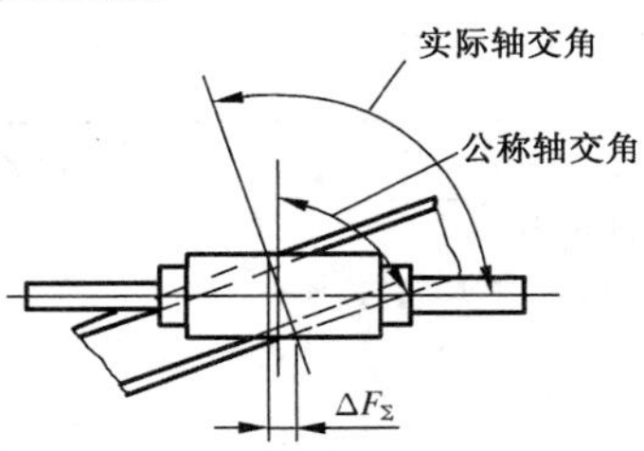 蜗杆副的轴交角极限偏差 上偏差 下偏差	ΔF_Σ $+f_\Sigma$ $-f_\Sigma$	在安装好的蜗杆副中，实际轴交角与公称轴交角之差 偏差值按蜗轮齿宽确定，以其线性值计

续表 3-2-81

名　　称	代号	定　　义
蜗杆副的侧隙 圆周侧隙 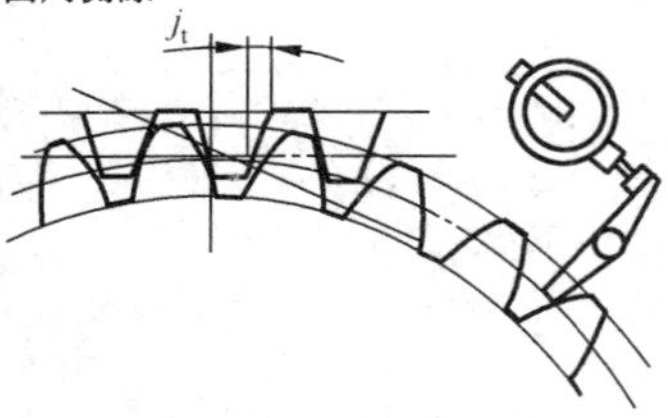	j_t	在安装好的蜗杆副中，蜗杆固定不动时，蜗轮从工作齿面接触到非工作齿面接触所转过的分度圆弧长
法向侧隙 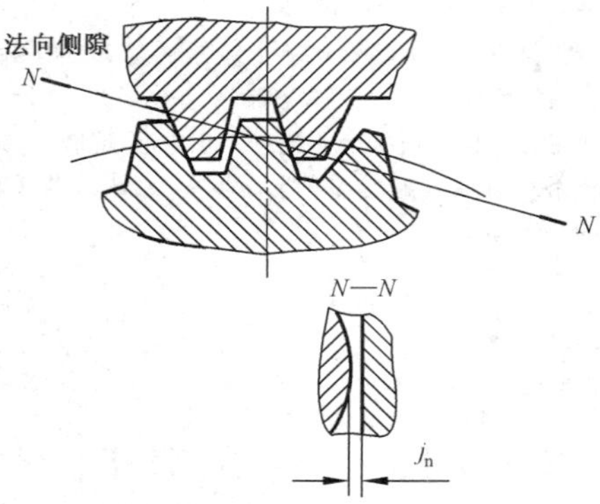	j_n	在安装好的蜗杆副中，蜗杆和蜗轮的工作齿面接触时，两非工作齿面间的最小距离
最小圆周侧隙	j_{tmin}	
最大圆周侧隙	j_{tmax}	
最小法向侧隙	j_{nmin}	
最大法向侧隙	j_{nmax}	

① 允许在靠近蜗杆分度圆柱的同轴圆柱面上检验。

② 允许用配对蜗杆代替测量蜗杆进行检验。

③ 允许在靠近中间平面的齿高中部进行测量。

④ 在确定接触痕迹长度 b''时，应扣除超过模数值的断开部分。

(2) 公差组、精度等级及其选择

1) 公差组。按各误差项目对蜗杆传动使用要求的主要影响，将蜗杆、蜗轮及传动制造误差的公差(极限偏差)分为三个公差组，见表 3-2-82。

表 3-2-82　蜗杆、蜗轮及传动的公差组(GB/T 10089—1988)

公差组＼应用	蜗　　杆	蜗　　轮	传　动　副
Ⅰ	—	F'_i、F''_i、F_p、F_{pk}、F_r	F'_{ic}
Ⅱ	f_h、f_{hL}、f_{px}、f_{pxL}、f_r	f'_i、f''_i、f_{pt}	f'_{ic}
Ⅲ	f_{f1}	f_{f2}	接触斑点，f_a、f_Σ、f_x

2) 精度等级的选择。蜗杆、蜗轮和蜗杆传动共分为 12 个等级。第 1 级的精度最高、第 12 级的精度最低。

根据使用要求，允许各公差组选用不同的精度等级。蜗杆和配对蜗轮的精度等级一般取成相同，也允许取成不相同。对有特殊要求的蜗杆传动，除 F_r、F''_i、f''_i、f_r项目外，其蜗杆、蜗轮左右齿面的精度等级也可取成不相同。常用的精度等级范围见表 3-2-83。

表 3-2-83　常用的精度等级范围

序号	用　　途	精度等级范围	序号	用　　途	精度等级范围
1	测量蜗杆	1～5	8	冶金机械升降机构	5～7
2	分度蜗轮母机的分度传动	1～3	9	起重运输机械、电梯的曳引装置	6～9
3	齿轮机床的分度转动	3～5	10	通用减速器	6～8
4	高精度分度装置	1～4	11	纺织机械传动装置	6～8
5	一般分度装置	3～5	12	舞台升降装置	9～12
6	机床进给、操纵机构	5～8	13	煤气发生炉调速装置	9～12
7	化工机械调速传动	5～8	14	塑料蜗杆、蜗轮	9～12

(3) 蜗杆传动的侧隙

蜗杆传动的最小法向侧隙种类分为 8 种：a、b、c、d、e、f、g、h。以 a 为最大，h 为零，其他依次减小，见图 3-2-11，最小法向侧隙值见表 3-2-91。

传动的最小法向侧隙由蜗杆齿厚的减薄量来保证。齿厚上偏差 E_{ss1}、下偏差 E_{si1} 的计量式为

$$E_{ss1}=-\left(\frac{j_{n\min}}{\cos\alpha_n}+E_{s\Delta}\right)$$

$$E_{si1}=E_{ss1}-T_{s1}$$

式中，$E_{s\Delta}$ 为制造误差的补偿部分，其值见表 3-2-92。

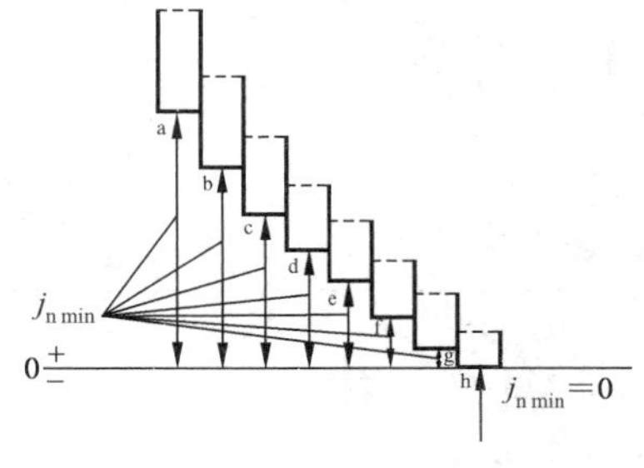

图 3-2-11 蜗杆传动最小法向侧隙

(4) 标记示例

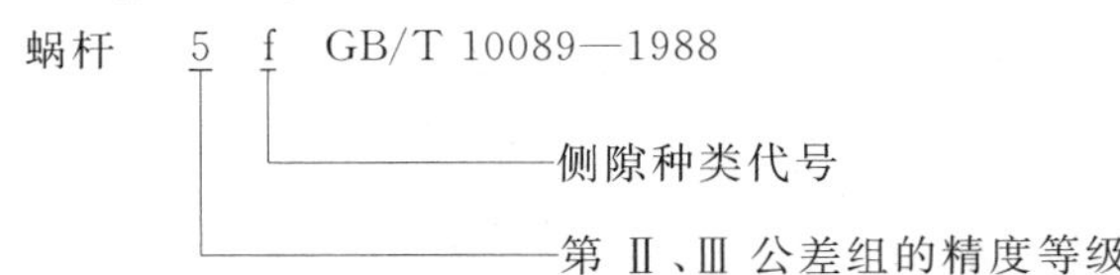

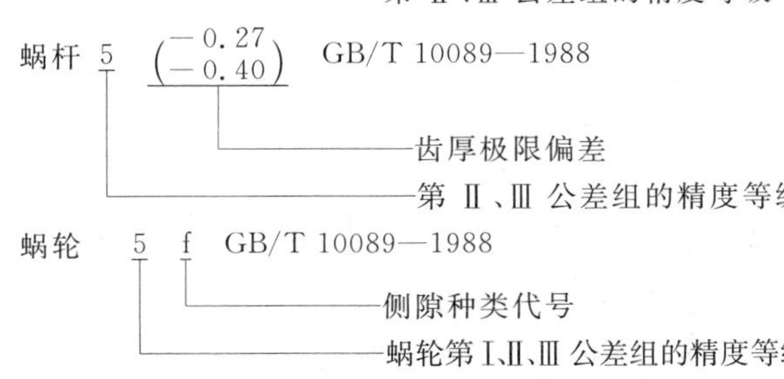

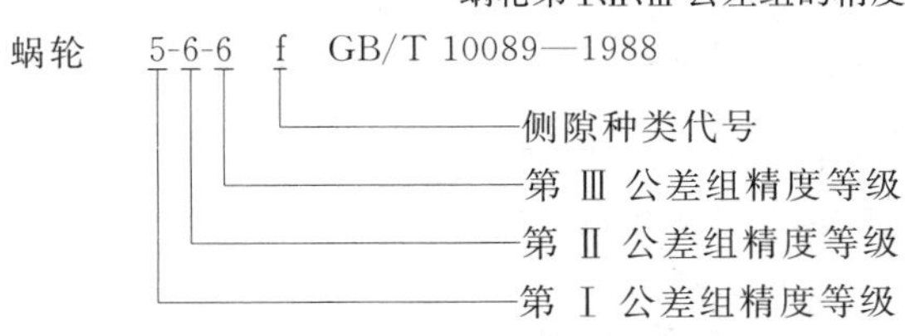

若上例中齿厚极限偏差为非标准值，如上偏差为＋0.10 mm，下偏差为－0.10 mm，则标注为：

5-6-6 (±0.10) GB/T 10089—1988

若蜗轮齿厚无公差要求，则标注为：

5-6-6 GB/T 10089—1988

对传动，应标注出相应的精度等级和侧隙种类代号。如传动的三个公差组的精度等级同为 5 级，侧隙种类为 f，则标注为：

传动 5 f GB/T 10089—1988

若此例中侧隙为非标准值，如 $j_{t\min}=0.03$ mm，$j_{t\max}=0.06$ mm，则标注为：

传动 5 $\begin{pmatrix}0.03\\0.06\end{pmatrix}$t GB/T 10089—1988

若为法向侧隙时，则标注为：

传动 5 $\begin{pmatrix}0.03\\0.06\end{pmatrix}$ GB/T 10089—1988

3.2.4.5 蜗杆、蜗轮及其传动的公差表

(1) 蜗杆的公差和极限偏差 f_h、f_{h2}、f_{px}、f_{px2}、f_{f1} 值（表 3-2-84）

(2) 蜗杆齿槽径向圆跳动公差 f_r 值（表 3-2-85）

(3) 蜗轮齿距累积公差 F_p 及 k 个齿距累积公差 F_{pk} 值（表 3-2-86）

(4) 蜗轮齿圈径向圆跳动公差 F_r、径向综合公差 F''_i、相邻齿径向综合公差 f''_i 值（表 3-2-87）

(5) 蜗轮齿距极限偏差（$\pm f_{pt}$）的 f_{pt}、蜗轮齿形误差 f_{f2} 值（表 3-2-88）

表 3-2-84 蜗杆的公差和极限偏差 f_h、f_{hl}、f_{px}、f_{pxl}、f_{f1} 值（GB/T 10089—1988） (μm)

代号	模数 m/mm	精度等级						
		4	5	6	7	8	9	10
f_h	≥1～3.5	4.5	7.1	11	14	—	—	—
	>3.5～6.3	5.6	9	14	20	—	—	—
	>6.3～10	7.1	11	18	25	—	—	—
	>10～16	9	15	24	32	—	—	—
	>16～25	—	—	32	45	—	—	—

续表 3-2-84 (μm)

代号	模数 m/mm	精度等级						
		4	5	6	7	8	9	10
f_{h1}	≥1～3.5	9	14	22	32	—	—	—
	>3.5～6.3	11	17	28	40	—	—	—
	>6.3～10	14	22	36	50	—	—	—
	>10～16	18	32	45	63	—	—	—
	>16～25	—	—	63	90	—	—	—
(±f_{px}的)f_{px}	≥1～3.5	3.0	4.8	7.5	11	14	20	28
	>3.5～6.3	3.6	6.3	9	14	20	25	36
	>6.3～10	4.8	7.5	12	17	25	32	48
	>10～16	6.3	10	16	22	32	46	63
	>16～25	—	—	22	32	45	63	85
f_{px1}	≥1～3.5	5.3	8.5	13	18	25	36	—
	>3.5～6.3	6.7	10	16	24	34	48	—
	>6.3～10	8.5	13	21	32	45	63	—
	>10～16	11	17	28	40	56	80	—
	>16～25	—	—	40	53	75	100	—
f_{f1}	≥1～3.5	4.5	7.1	11	16	22	32	45
	>3.5～6.3	5.6	9	14	22	32	45	60
	>6.3～10	7.5	12	19	28	40	53	75
	>10～16	11	16	25	36	53	75	100
	>16～25	—	—	36	53	75	100	140

表 3-2-85 蜗杆齿槽径向圆跳动公差 f_r 值(GB/T 10089—1988) (μm)

分度圆直径 d_1/mm	模数 m/mm	精度等级						
		4	5	6	7	8	9	10
≤10	≥1～3.5	4.5	7.1	11	14	20	28	40
>10～18	≥1～3.5	4.5	7.1	12	15	21	29	41
>18～31.5	≥1～6.3	4.8	7.5	12	16	22	30	42
>31.5～50	≥1～10	5.0	8.0	13	17	23	32	45
>50～80	≥1～16	5.6	9.0	14	18	25	36	48
>80～125	≥1～16	6.3	10	16	20	28	40	56
>125～180	≥1～25	7.5	12	18	25	32	45	63
>180～250	≥1～25	8.5	14	22	28	40	53	75

注：当基准蜗杆齿形角 α 不等于 20°时，表中数值乘以系数 $\sin 20°/\sin\alpha$。

表 3-2-86 蜗轮齿距累积公差 F_p 及 k 个齿距累积公差 F_{pk} 值(GB/T 10089—1988) (μm)

分度圆弧长 L/mm	精度等级						
	4	5	6	7	8	9	10
≤11.2	4.5	7	11	16	22	32	45
>11.2～20	6	10	16	22	32	45	63
>20～32	8	12	20	28	40	56	80
>32～50	9	14	22	32	45	63	90
>50～80	10	16	25	36	50	71	100
>80～160	12	20	32	45	63	90	125

续表 3-2-86 (μm)

分度圆弧长 L/mm	精度等级						
	4	5	6	7	8	9	10
>160~315	18	28	45	63	90	125	180
>315~630	25	40	63	90	125	180	250
>630~1 000	32	50	80	112	160	224	315
>1 000~1 600	40	63	100	140	200	280	400
>1 600~2 500	45	71	112	160	224	315	450
>2 500~3 150	56	90	140	200	280	400	560

注：1. F_p 和 F_{pk} 按分度圆弧长 L 查表。

查 F_p 时，取 $L=\frac{1}{2}\pi d_2=\frac{1}{2}\pi m z_2$；

查 F_{pk} 时，取 $L=k\pi m$（k 为 2 到小于 $z_2/2$ 的整数）。

2. 除特殊情况外，对于 F_{pk}，k 值规定取为小于 $z_2/6$ 的最大整数。

表 3-2-87 蜗轮齿圈径向圆跳动公差 F_r、径向综合公差 F''_i、相邻齿径向综合公差 f''_i 值（GB/T 10089—1988） (μm)

代号		F_r							F''_i				f''_i			
分度圆直径 d_2/mm	模数 m/mm	精度等级							精度等级				精度等级			
		4	5	6	7	8	9	10	7	8	9	10	7	8	9	10
≤125	≥1~3.5	11	18	28	40	50	63	80	56	71	90	112	20	28	36	45
	>3.5~6.3	14	22	36	50	63	80	100	71	90	112	140	25	36	45	56
	>6.3~10	16	25	40	56	71	90	112	80	100	125	160	28	40	50	63
>125~400	≥1~3.5	13	20	32	45	56	71	90	63	80	100	125	22	32	40	50
	>3.5~6.3	16	25	40	56	71	90	112	80	100	125	160	28	40	50	63
	>6.3~10	18	28	45	63	80	100	125	90	112	140	180	32	45	56	71
	>10~16	20	32	50	71	90	112	140	100	125	160	200	36	50	63	80
>400~800	≥1~3.5	18	28	45	63	80	100	125	90	112	140	180	25	36	45	56
	>3.5~6.3	20	32	50	71	90	112	140	100	125	160	200	28	40	50	63
	>6.3~10	22	36	56	80	100	125	160	112	140	180	224	32	45	56	71
	>10~16	28	45	71	100	125	160	200	140	180	224	280	40	56	71	90
	>16~25	36	56	90	125	160	200	250	180	224	280	355	50	71	90	112
>800~1 600	≥1~3.5	20	32	50	71	90	112	140	100	125	160	200	28	40	50	63
	>3.5~6.3	22	36	56	80	100	125	160	112	140	180	224	32	45	56	71
	>6.3~10	25	40	63	90	112	140	180	125	160	200	250	36	50	63	80
	>10~16	28	45	71	100	125	160	200	140	180	224	280	40	56	71	90
	>16~25	36	56	90	125	160	200	250	180	224	280	355	50	71	90	112

注：当基准蜗杆齿形角 α 不等于 20°时，表中数值乘以系数 $\sin 20°/\sin\alpha$。

表 3-2-88 蜗轮齿距极限偏差（$\pm f_{pt}$）的 f_{pt}、蜗轮齿形误差 f_{f2} 值（GB/T 10089—1988） (μm)

代号		f_{pt}							f_{f2}						
分度圆直径 d_2/mm	模数 m/mm	精度等级							精度等级						
		4	5	6	7	8	9	10	4	5	6	7	8	9	10
≤125	≥1~3.5	4.0	6	10	14	20	28	40	4.8	6	8	11	14	22	36
	>3.5~6.3	5.0	8	13	18	25	36	50	5.3	7	10	14	20	32	50
	>6.3~10	5.5	9	14	20	28	40	56	6.0	8	12	17	22	36	56

续表 3-2-88 (μm)

代号		f_{pt}							f_{f2}						
分度圆直径 d_2/mm	模数 m/mm	精度等级							精度等级						
		4	5	6	7	8	9	10	4	5	6	7	8	9	10
>125～400	≥1～3.5	4.5	7	11	16	22	32	45	5.3	7	9	13	18	28	45
	>3.5～6.3	5.5	9	14	20	28	40	56	6.0	8	11	16	22	36	56
	>6.3～10	6.0	10	16	22	32	45	63	6.5	9	13	19	28	45	71
	>10～16	7.0	11	18	25	36	50	71	7.5	11	16	22	32	50	80
>400～800	≥1～3.5	5.0	8	13	18	25	36	50	6.5	9	12	17	25	40	63
	>3.5～6.3	5.5	9	14	20	28	40	56	7.0	10	14	20	28	45	71
	>6.3～10	7.0	11	18	25	36	50	71	7.5	11	16	24	36	56	90
	>10～16	8.0	13	20	28	40	56	80	9.0	13	18	26	40	63	100
	>16～25	10	16	25	36	50	71	100	10.5	16	24	36	56	90	140
>800～1 600	≥1～3.5	5.5	9	14	20	28	40	56	8.0	11	17	24	36	56	90
	>3.5～6.3	6.0	10	16	22	32	45	63	9.0	13	18	28	40	63	100
	>6.3～10	7.0	11	18	25	36	50	71	9.5	14	20	30	45	71	112
	>10～16	8.0	13	20	28	40	56	80	10.5	15	22	34	50	80	125
	>16～25	10	16	25	36	50	71	100	12	19	28	42	63	100	160

(6) 传动轴交角极限偏差($\pm f_{\Sigma}$)的 f_{Σ} 值(表 3-2-89)

(7) 传动中心距极限偏差($\pm f_a$)的 f_a、传动中间平面极限偏移($\pm f_x$)的 f_x 值(表 3-2-90)

(8) 蜗杆传动的最小法向侧隙 j_{nmin} 值(表 3-2-91)

表 3-2-89 传动轴交角极限偏差($\pm f_{\Sigma}$)的 f_{Σ} 值(GB/T 10089—1988) (μm)

蜗轮齿宽 b_2/mm	精度等级						
	4	5	6	7	8	9	10
≤30	6	8	10	12	17	24	34
>30～50	7.1	9	11	14	19	28	38
>50～80	8	10	13	16	22	32	45
>80～120	9	12	15	19	24	36	53
>120～180	11	14	17	22	28	42	60
>180～250	13	16	20	25	32	48	67
>250	—	—	22	28	36	53	75

表 3-2-90 传动中心距极限偏差($\pm f_a$)的 f_a、传动中间平面极限偏移($\pm f_x$)的 f_x 值(GB/T 10089—1988) (μm)

代号	f_a							f_x						
传动中心距 a/mm	精度等级							精度等级						
	4	5	6	7	8	9	10	4	5	6	7	8	9	10
≤30	11	17		26		42		9	14		21		34	
>30～50	13	20		31		50		10.5	16		25		40	
>50～80	15	23		37		60		12	18.5		30		48	
>80～120	18	27		44		70		14.5	22		36		56	
>120～180	20	32		50		80		16	27		40		64	
>180～250	23	36		58		92		18.5	29		47		74	
>250～315	26	40		65		105		21	32		52		85	
>315～400	28	45		70		115		23	36		56		92	

续表 3-2-90 (μm)

代号	f_a							f_x						
传动中心距 a/mm	精度等级							精度等级						
	4	5	6	7	8	9	10	4	5	6	7	8	9	10
>400～500	32	50		78		125		26	40		63		100	
>500～630	35	55		87		140		28	44		70		112	
>630～800	40	62		100		160		32	50		80		130	
>800～1 000	45	70		115		180		36	56		92		145	

表 3-2-91 蜗杆传动的最小法向侧隙 j_{nmin} 值(GB/T 10089—1988) (μm)

传动中心距 a/mm	侧隙种类							
	h	g	f	e	d	c	b	a
≤30	0	9	13	21	33	52	84	130
>30～50	0	11	16	25	39	62	100	160
>50～80	0	13	19	30	46	74	120	190
>80～120	0	15	22	35	54	87	140	220
>120～180	0	18	25	40	63	100	160	250
>180～250	0	20	29	46	72	115	185	290
>250～315	0	23	32	52	81	130	210	320
>315～400	0	25	36	57	89	140	230	360
>400～500	0	27	40	63	97	155	250	400
>500～630	0	30	44	70	110	175	280	440
>630～800	0	35	50	80	125	200	320	500
>800～1 000	0	40	56	90	140	230	360	560

注：传动的最小圆周侧隙 $j_{tmin} \approx j_{nmin}/(\cos\gamma' \cos\alpha_n)$，式中 γ' 为蜗杆节圆柱导程角，α_n 为蜗杆法向齿形角。

(9) 蜗杆齿厚上偏差(E_{ss1})中误差补偿部分 $E_{s\Delta}$ 值(表 3-2-92)

(10) 蜗杆齿厚公差 T_{s1} 值(表 3-2-93)

(11) 蜗轮齿厚公差 T_{s2} 值(表 3-2-94)

表 3-2-92 蜗杆齿厚上偏差(E_{ss1})中的误差补偿部分 $E_{s\Delta}$ 值(GB/T 10089—1988) (μm)

精度等级	模数 m/mm	传动中心距 a/mm											
		≤30	>30～50	>50～80	>80～120	>120～180	>180～250	>250～315	>315～400	>400～500	>500～630	>630～800	>800～1 000
4	≥1～3.5	15	16	18	20	22	25	28	30	32	36	40	46
	>3.5～6.3	16	18	19	22	24	26	30	32	36	38	42	48
	>6.3～10	19	20	22	24	25	28	30	32	36	38	45	50
	>10～16	—	—	—	28	30	32	32	36	38	40	45	50
5	≥1～3.5	25	25	28	32	36	40	45	48	51	56	63	71
	>3.5～6.3	28	28	30	36	38	40	45	50	53	58	65	75
	>6.3～10	—	—	—	38	40	45	48	50	56	60	68	75
	>10～16	—	—	—	—	45	48	50	56	60	65	71	80
6	>1～3.5	30	30	32	36	40	45	48	50	56	60	65	75
	>3.5～6.3	32	36	38	40	45	48	50	56	60	63	70	75
	>6.3～10	42	45	45	48	50	52	56	60	63	68	75	80
	>10～16	—	—	—	58	60	63	65	68	71	75	80	85
	>16～25	—	—	—	—	75	78	80	85	85	90	95	100
7	≥1～3.5	45	48	50	56	60	71	75	80	85	95	105	120
	>3.5～6.3	50	56	58	63	68	75	80	85	90	100	110	125
	>6.3～10	60	63	65	71	75	80	85	90	95	105	115	130
	>10～16	—	—	—	80	85	90	95	100	105	110	125	135
	>16～25	—	—	—	—	115	120	120	125	130	135	145	155

续表 3-2-92 (μm)

精度等级	模数 m/mm	传动中心距 a/mm											
		≤30	>30~50	>50~80	>80~120	>120~180	>180~250	>250~315	>315~400	>400~500	>500~630	>630~800	>800~1000
8	≥1~3.5	50	56	58	63	68	75	80	85	90	100	110	125
	>3.5~6.3	68	71	75	78	80	85	90	95	100	110	120	130
	>6.3~10	80	85	90	90	95	100	100	105	110	120	130	140
	>10~16	—	—	—	110	115	115	120	125	130	135	140	155
	>16~25	—	—	—	—	150	155	155	160	160	170	175	180
9	≥1~3.5	75	80	90	95	100	110	120	130	140	155	170	190
	>3.5~6.3	90	95	100	105	110	120	130	140	150	160	180	200
	>6.3~10	110	115	120	125	130	140	145	155	160	170	190	210
	>10~16	—	—	—	160	165	170	180	185	190	200	220	230
	>16~25	—	—	—	—	215	220	225	230	235	245	255	270
10	≥1~3.5	100	105	110	115	120	130	140	145	155	165	185	200
	>3.5~6.3	120	125	130	135	140	145	155	160	170	180	200	210
	>6.3~10	155	160	165	170	175	180	185	190	200	205	220	240
	>10~16	—	—	—	210	215	220	225	230	235	240	260	270
	>16~25	—	—	—	—	280	285	290	295	300	305	310	320

注：精度等级按蜗杆的第Ⅱ公差组确定。

表 3-2-93 蜗杆齿厚公差 T_{s1} 值(GB/T 10089—1988) (μm)

模数 m/mm	精度等级						
	4	5	6	7	8	9	10
≥1~3.5	25	30	36	45	53	67	95
>3.5~6.3	32	38	45	56	71	90	130
>6.3~10	40	48	60	71	90	110	160
>10~16	50	60	80	95	120	150	210
>16~25	—	85	110	130	160	200	280

注：1. 精度等级按蜗杆第Ⅱ公差组确定。

2. 对传动最大法向侧隙 j_{nmax} 无要求时，允许蜗杆齿厚公差 T_{s1} 增大，最大不超过两倍。

表 3-2-94 蜗轮齿厚公差 T_{s2} 值(GB/T 10089—1988) (μm)

分度圆直径 d_2/mm	模数 m/mm	精度等级						
		4	5	6	7	8	9	10
≤125	≥1~3.5	45	56	71	90	110	130	160
	>3.5~6.3	48	63	85	110	130	160	190
	>6.3~10	50	67	90	120	140	170	210
>125~400	≥1~3.5	48	60	80	100	120	140	170
	>3.5~6.3	50	67	90	120	140	170	210
	>6.3~10	56	71	100	130	160	190	230
	>10~16	—	80	110	140	170	210	260
	>16~25	—	—	130	170	210	260	320
>400~800	≥1~3.5	48	63	85	110	130	160	190
	>3.5~6.3	50	67	90	120	140	170	210
	>6.3~10	56	71	100	130	160	190	230
	>10~16	—	85	120	160	190	230	290
	>16~25	—	—	140	190	230	290	350
>800~1 600	≥1~3.5	50	67	90	120	140	170	210
	>3.5~6.3	56	71	100	130	160	190	230
	>6.3~10	60	80	110	140	170	210	260
	>10~16	—	85	120	160	190	230	290
	>16~25	—	—	140	190	230	290	350

注：1. 精度等级按蜗轮第Ⅱ公差组确定。

2. 在最小法向侧隙能保证的条件下，T_{s2} 公差带允许采用对称分布。

（12）传动接触斑点要求（表 3-2-95）

表 3-2-95 传动接触斑点的要求（GB/T 10089—1988）

精度等级	接触面积的百分比/%		接触形状	接触位置
	沿齿高 不小于	沿齿长 不小于		
1 和 2	75	70	接触斑点在齿高方向无断缺，不允许成带状条纹	接触斑点痕迹的分布位置趋近齿面中部，允许略偏于啮入端。在齿顶和啮入、啮出端的棱边处不允许接触
3 和 4	70	65		
5 和 6	65	60		
7 和 8	55	50	不作要求	接触斑点痕迹应偏于啮出端，但不允许在齿顶和啮入、啮出端的棱边接触
9 和 10	45	40		
11 和 12	30	30		

注：采用修形齿面的蜗杆传动，接触斑点的要求，可不受本表规定的限制。

3.2.4.6 齿坯要求

齿坯的加工质量直接影响轮齿制造精度和测量结果的准确性。因此，必须对齿坯检验提出具体要求：

1）蜗杆、蜗轮在加工、检验、安装时的径向、轴向基准面应尽可能一致，并须在图样上标注。

2）蜗杆、蜗轮的齿坯检验项目及公差见表 3-2-96、表 3-2-97对于其他非基准面的结构要素的尺寸、形状和位置公差及表面粗糙度可自行规定。

表 3-2-96 蜗杆、蜗轮齿坯尺寸和形状公差（GB/T 10089—1988）

精度等级		3	4	5	6	7	8	9	10
孔	尺寸公差	IT4		IT5	IT6	IT7		IT8	
	形状公差	IT3		IT4	IT5	IT6		IT7	
轴	尺寸公差	IT4		IT5		IT6		IT7	
	形状公差	IT3		IT4		IT5		IT6	
齿顶圆直径公差		IT7			IT8			IT9	

注：1. 当三个公差组的精度等级不同时，按最高精度等级确定公差。

2. 当齿顶圆不作测量齿厚基准时，尺寸公差按 IT11 确定，但不得大于 $0.1m_n$。

表 3-2-97 蜗杆、蜗轮齿坯基准面径向和端面圆跳动公差（GB/T 10089—1988）（μm）

基准面直径 d/mm	精度等级				基准面直径 d/mm	精度等级			
	3～4	5～6	7～8	9～10		3～4	5～6	7～8	9～10
≤31.5	2.8	4	7	10	>400～800	9	14	22	36
>31.5～63	4	6	10	16	>800～1 600	12	20	32	50
>63～125	5.5	8.5	14	22	>1 600～2 500	18	28	45	71
>125～400	7	11	18	28					

注：1. 当三个公差组的精度等级不同时，按最高精度等级确定公差。

2. 当以齿顶圆作为测量基准时，齿顶圆即属齿坯基准面。

3.3 键、花键和销

3.3.1 键

3.3.1.1 平键

平键的形式分为普通型平键、薄型平键和导向型平键三种。

（1）普通型平键的形式、尺寸及极限偏差（表 3-3-1）

（2）导向型平键形式、尺寸及极限偏差（表 3-3-2）

表 3-3-1 普通型平键的形式、尺寸及极限偏差（GB/T 1096—2003）（mm）

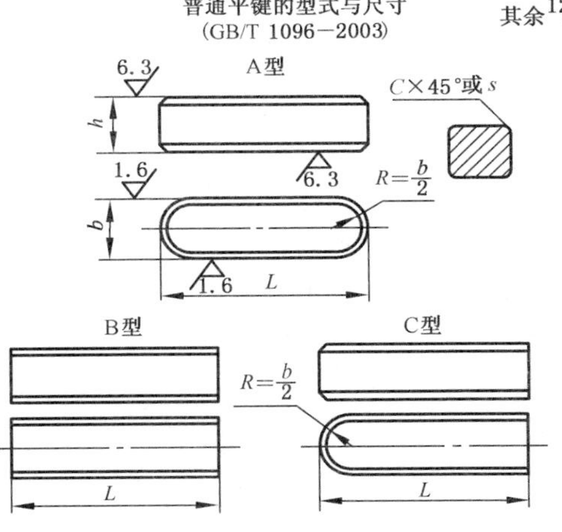

标记示例：圆头普通平键（A 型），b=10 mm，h=8 mm，L=25

键 10×25 GB/T 1096—2003

对于同一尺寸的平头普通平键（B 型）或单圆头普通平键（C 型），标记为

键 B10×25 GB/T 1096—2003

键 C10×25 GB/T 1096—2003

续表 3-3-1 (mm)

宽度 b	基本尺寸	2	3	4	5	6	8	10	12	14	16	18	20	22
	极限偏差 (h8)	0 −0.014		0 −0.018			0 −0.022		0 −0.027				0 −0.033	
高度 h	基本尺寸	2	3	4	5	6	7	8	8	9	10	11	12	14
	极限偏差 矩形(h11) 方形(h8)	0 −0.014		0 −0.018			0 −0.090					0 −0.110		
倒角或倒圆 s		0.16～0.25			0.25～0.40			0.40～0.60					0.60～0.80	
宽度 b	基本尺寸	25	28	32	36	40	45	50	56	63	70	80	90	100
	极限偏差 (h8)	0 −0.033		0 −0.039					0 −0.046				0 −0.054	
高度 h	基本尺寸	14	16	18	20	22	25	28	32	32	36	40	45	50
	极限偏差 (h11)	0 −0.110			0 −0.130				0 −0.160					
倒角或倒圆 s		0.60～0.80			1.00～1.20				1.60～2.00			2.50～3.00		
L 系列 (h14)	6,8,10,12,14,16,18,20,22,25,28,32,36,40,45,50,56,63,70,80,90,100,110,125,140,160,180,200,220,250,280,320,360,400,450,500													

表 3-3-2 导向型平键形式、尺寸及极限偏差(GB/T 1097—2003) (mm)

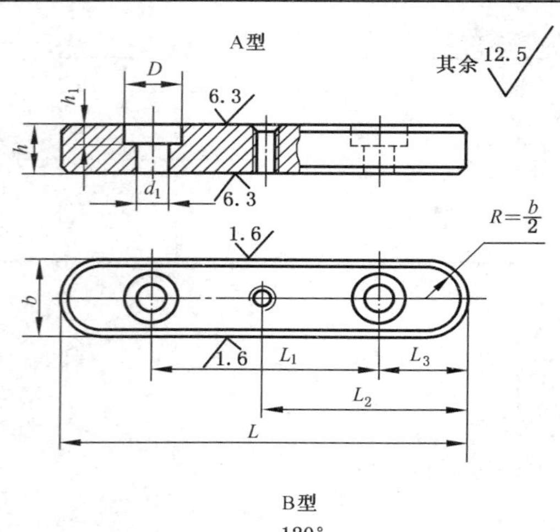

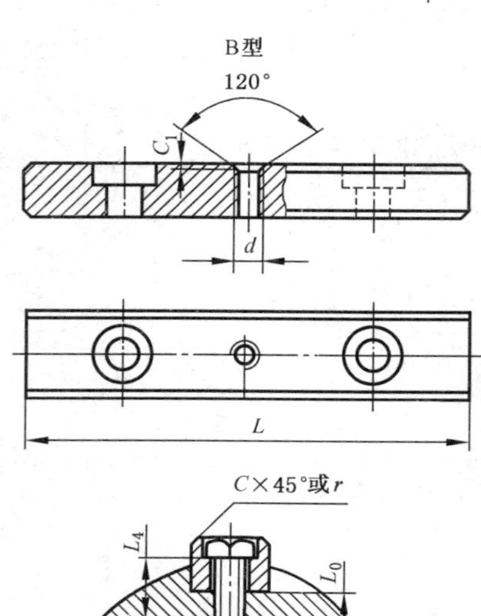

标记示例：

宽度 b=16 mm、高度 h=10 mm、长度 L=100 mm 导向 A 型平键的标记为：GB/T 1097—2003 键 16×100

宽度 b=16 mm、高度 h=10 mm、长度 L=100 mm 导向 B 型平键的标记为：GB/T 1097—2003 键 B16×100

续表 3-3-2 (mm)

b	基本尺寸	8	10	12	14	16	18	20	22	25	28	32	36	40	45
	极限偏差 (h8)	0 −0.022		0 −0.027				0 −0.033				0 −0.039			
h	基本尺寸	7	8	8	9	10	11	12	14	14	16	18	20	22	25
	极限偏差 (h11)	0 −0.090					0 −0.110						0 −0.130		
C或r		0.25～0.40	0.40～0.60					0.60～0.80					1.00～1.20		
h_1		2.4		3.0	3.5		4.5		6			7	8		
d		M3		M4	M5		M6		M8			M10	M12		
d_1		3.4		4.5	5.5		6.6		9			11	14		
D		6		8.5	10		12		15			18	22		
C_1		0.3		0.5									1.0		
L_0		7	8	10			12			15		18	22		
螺钉($d \times L_4$)		M3×8	M3×10	M4×10	M5×10		M6×12		M6×16	M8×16		M10×20	M12×25		

L 与 L_1、L_2、L_3 的对应长度系列

L	25	28	32	36	40	45	50	56	63	70	80	90	100	110	125	140	160	180	200	220	250	280	320	360	400	450
L_1	13	14	16	18	20	23	26	30	35	40	48	54	60	66	75	80	90	100	110	120	140	160	180	200	220	250
L_2	12.5	14	16	18	20	22.5	25	28	31.5	35	40	45	50	55	62	70	80	90	100	110	125	140	160	180	200	225
L_3	6	7	8	9	10	11	12	13	14	15	16	18	20	22	25	30	35	40	45	50	55	60	70	80	90	100

(3) 普通型平键和导向型平键的键槽剖面尺寸及极限偏差(表 3-3-3)

表 3-3-3 普通型平键和导向型平键的键槽剖面尺寸及极限偏差(GB/T 1095—2003) (mm)

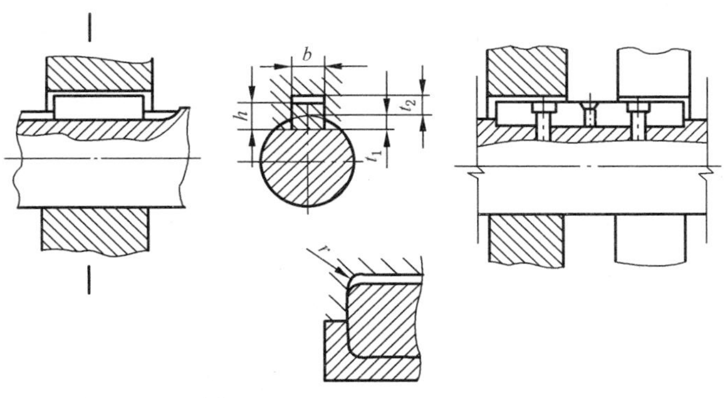

普通型平键联接　　导向型平键联接

键尺寸 $b \times h$	键槽											
	宽度 b						深度				半径 r	
	基本尺寸	极限偏差					轴 t_1		毂 t_2			
		正常联接		紧密连接	松联接		基本尺寸	极限偏差	基本尺寸	极限偏差		
		轴(N9)	毂(JS9)	轴和毂(P9)	轴(H9)	毂(D10)					min	max
2×2	2.0	−0.004 −0.029	+0.012 −0.0125	−0.006 −0.031	+0.025 0	+0.060 +0.020	1.2	+0.1 0	1.0	+0.1 0	0.08	0.16
3×3	3.0						1.8		1.4			
4×4	4.0	0 −0.030	±0.015	−0.012 −0.042	−0.030 0	+0.078 +0.030	2.5		1.8			
5×5	5.0						3.0		2.3		0.16	0.25
6×6	6.0						3.5		2.8			

续表 3-3-3 (mm)

键尺寸 $b\times h$	键槽											
	宽度 b						深度				半径 r	
	基本尺寸	极限偏差					轴 t_1		毂 t_2			
		正常联接		紧密连接	松联接		基本尺寸	极限偏差	基本尺寸	极限偏差		
		轴(N9)	毂(JS9)	轴和毂(P9)	轴(H9)	毂(D10)					min	max
8×7	8.0	0 −0.036	±0.018	−0.015 −0.051	+0.036 0	+0.098 +0.040	4.0	+0.2 0	3.3	+0.2 0	0.16	0.25
10×8	10						5.0		3.3		0.25	0.40
12×8	12	0 −0.043	+0.021 −0.0215	−0.018 −0.061	+0.043 0	+0.120 +0.050	5.0		3.3			
14×9	14						5.5		3.8			
16×10	16						6.0		4.3			
18×11	18						7.0		4.4			
20×12	20	0 −0.052	±0.026	−0.022 −0.074	+0.052 0	+0.149 +0.065	7.5		4.9		0.40	0.60
22×14	22						9.0		5.4			
25×14	25						9.0		5.4			
28×16	28						10		6.4			
32×18	32	0 −0.062	±0.031	−0.026 −0.088	+0.062 0	+0.180 +0.080	11		7.4			
36×20	36						12	+0.3 0	8.4	+0.3 0	0.70	1.0
40×22	40						13		9.4			
45×25	45						15		10.4			
50×28	50						17		11.4			
56×32	56	0 −0.074	±0.037	−0.032 −0.106	+0.074 0	+0.220 +0.100	20		12.4		1.2	1.6
63×32	63						20		12.4			
70×36	70						22		14.4			
80×40	80						25		15.4			
90×45	90	0 −0.087	+0.043 −0.0435	−0.037 −0.124	+0.087 0	+0.260 +0.120	28		17.4		2.0	2.5
100×50	100						31		19.5			

注：1. 导向型平键的轴槽与轮毂槽用松联接的公差。

2. 平键轴槽的长度公差用 H14。

3. 轴槽及轮毂槽的宽度 b 对轴及轮毂轴线的对称度，一般可按 GB/T 1184—1996 形状与位置公差中公差值的对称度公差 7～9 级选取。

(4) 薄型平键形式、尺寸及极限偏差(表 3-3-4)

表 3-3-4 薄型平键形式、尺寸及极限偏差(GB/T 1567—2003) (mm)

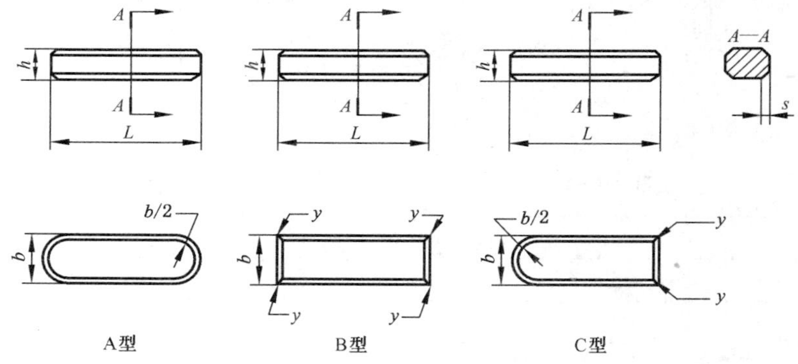

注：$y \leqslant s_{max}$。

标记示例：

宽度 b=16 mm、高度 h=7 mm、长度 L=100 mm 薄 A 型平键的标记为：

GB/T 1567—2003 键 16×7×100

宽度 b=16 mm、高度 h=7 mm、长度 L=100 mm 薄 B 型平键的标记为：

GB/T 1567—2003 键 B16×7×100

宽度 b=16 mm、高度 h=7 mm、长度 L=100 mm 薄 C 型平键的标记为：

GB/T 1567—2003 键 C16×7×100

续表 3-3-4 (mm)

		5	6	8	10	12	14	16	18	20	22	25	28	32	36
宽度 b	基本尺寸	5	6	8	10	12	14	16	18	20	22	25	28	32	36
	极限偏差(h8)	0 −0.018		0 −0.022		0 −0.027				0 −0.033				0 −0.039	
高度 h	基本尺寸	3	4	5	6	6	6	7	7	8	9	9	10	11	12
	极限偏差(h11)	0 −0.060	0 −0.075					0 −0.090						0 −0.110	
倒角或倒圆 s		0.25～0.40			0.40～0.60					0.60～0.80				1.0～1.2	
L 系列(h14)		10,12,14,16,18,20,22,25,28,32,36,40,45,50,56,63,70,80,90,100,110,125,140,160,180,200,220,250,280,320,360,400													

（5）薄型平键键槽剖面尺寸及极限偏差（表 3-3-5）

表 3-3-5 薄型平键键槽剖面尺寸及极限偏差（GB/T 1566—2003） (mm)

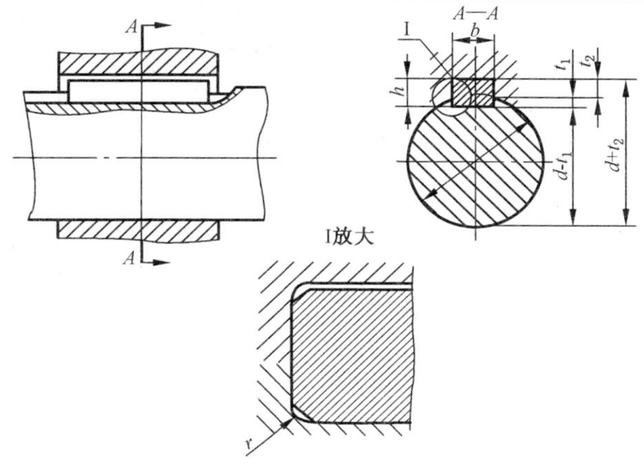

键尺寸 $b\times h$	键槽											
	宽度 b						深度				半径 r	
	基本尺寸	极限偏差					轴 t_1		毂 t_2			
		正常联接		紧密连接	松联接		基本尺寸	极限偏差	基本尺寸	极限偏差		
		轴 N9	毂 JS9	轴和毂 P9	轴 H9	毂 D10					min	max
5×3	5	0 −0.030	±0.015	−0.012 −0.042	+0.030 0	+0.078 +0.030	1.8	+0.1 0	1.4	+0.1 0	0.16	0.25
6×4	6						2.5		1.8			
8×5	8	0 −0.036	±0.018	−0.015 −0.051	+0.036 0	+0.098 +0.040	3.0		2.3			
10×6	10						3.5		2.8		0.25	0.40
12×6	12	0 −0.043	±0.021 5	−0.018 −0.061	+0.043 0	+0.120 +0.050	3.5		2.8			
14×6	14						3.5		2.8			
16×7	16						4.0	+0.2 0	3.3	+0.2 0		
18×7	18						4.0		3.3			
20×8	20	0 −0.052	±0.026	−0.022 −0.074	+0.052 0	+0.149 +0.065	5.0		3.3		0.40	0.60
22×9	22						5.5		3.8			
25×9	25						5.5		3.8			
28×10	28						6.0		4.3			
32×11	32	0 −0.062	±0.031	−0.026 −0.088	+0.062 0	+0.180 +0.080	7.0		4.4			
36×12	36						7.5		4.9		0.70	0.10

注：1. 薄型平键的尺寸应符合 GB/T 1567—2003 的规定。

2. 薄型平键的轴槽长度公差用 H14。

3. 轴槽及轮毂槽的宽度 b 对轴及轮毂轴线的对称度，一般可按 GB/T 1184—1996 表 B4 中的对称度公差等级 7～9 级选取。

4. 轴槽、轮毂槽的键槽宽度 b 两侧面粗糙度参数按 GB/T 1031—1995，选 Ra 值为 1.6～3.2 μm。

5. 轴槽底面、轮毂槽底面的表面粗糙度参数按 GB/T 1031—1995，选 Ra 值为 6.3 μm。

3.3.1.2 半圆键

半圆键分为普通型半圆键和平底型半圆键两种。

(1) 普通型半圆键的尺寸及极限偏差(表 3-3-6)

表 3-3-6 普通型半圆键的尺寸及极限偏差(GB/T 1099.1—2003) (mm)

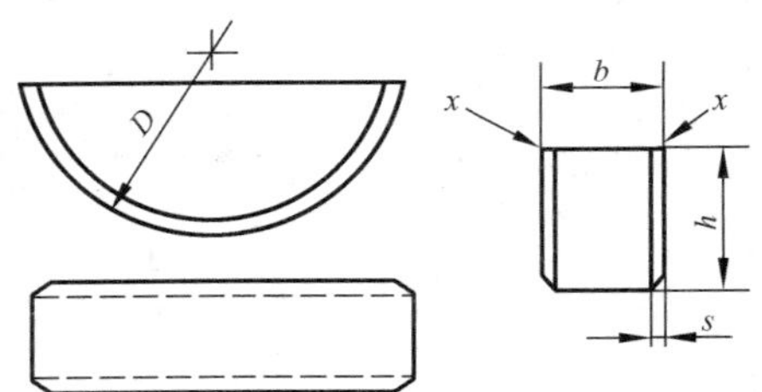

注：$x \leqslant s_{max}$

标记示例：

宽度 b=6 mm、高度 h=10 mm、直径 D=25 mm 普通型半圆键，标记为：

GB/T 1099.1—2003 键 6×10×25

键尺寸 b×h×D	宽度 b		高度 h		直径 D		倒角或倒圆 s	
	基本尺寸	极限偏差	基本尺寸	极限偏差(h12)	基本尺寸	极限偏差(h12)	min	max
1×1.4×4	1	0 −0.025	1.4	0 −0.10	4	0 −0.120	0.16	0.25
1.5×2.6×7	1.5		2.6		7	0 −0.150		
2×2.6×7	2		2.6		7			
2×3.7×10	2		3.7	0 −0.12	10			
2.5×3.7×10	2.5		3.7		10			
3×5×3	3		5		13	0 −0.180		
3×6.5×16	3		6.5	0 −0.15	16			
4×6.5×16	4		6.5		16		0.25	0.40
4×7.5×19	4		7.5		19	0 −0.210		
5×6.5×16	5		6.5		16	0 −0.180		
5×7.5×19	5		7.5		29	0 −0.210		
5×9×22	5		9		22			
6×9×22	6		9		22			
6×10×25	6		10		25			
8×11×28	8		11	0 −0.18	28		0.40	0.60
10×13×32	10		13		32	0 −0.250		

(2) 平底型半圆键的尺寸及极限偏差(表 3-3-7)

表 3-3-7 平底型半圆键的尺寸及极限偏差(GB/T 1099.1—2003) (mm)

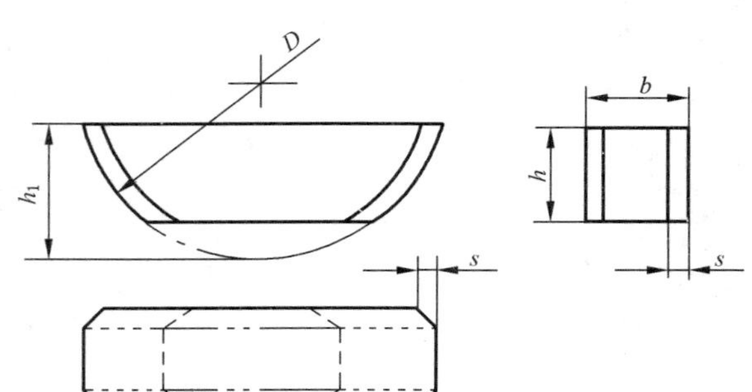

标记示例：

宽度 b=6 mm、高度 h=8 mm、直径 D=25 mm，平底型半圆键，标记为：

GB/T 1099.2—2003 键 6×8×25

续表 3-3-7 (mm)

键尺寸 $b\times h\times D$	宽度 基本尺寸 b	宽度 极限偏差	高度 基本尺寸 h_1	高度 极限偏差 (h12)	高度 基本尺寸 h	高度 极限偏差 (h12)	直径 基本尺寸 D	直径 极限偏差 (h12)	倒角或倒圆 s min	倒角或倒圆 s max
1×1.4×4	1	0 −0.025	1.8	0 −0.10	1.4	0 −0.10	4	0 −0.120	0.16	0.25
1.5×2.1×7	1.5		2.6		2.1		7	0 −0.150		
2×2.1×7	2		2.6		2.1		7			
2×3×10	2		3.7	0 −0.12	3.0		10			
2.5×3×10	2.5		3.7		3.0		10			
3×4×3	3		5		4.0	0 −0.12	13	0 −0.180		
3×5.2×16	3		6.5	0 −0.15	5.2		16			
4×5.2×16	4		6.5		5.2		16		0.25	0.40
4×6×19	4		7.5		6.0		19	0 −0.210		
5×5.2×16	5		6.5		5.2		16	0 −0.180		
5×6×19	5		7.5		6.0		19	0 −0.210		
5×7.2×22	5		9		7.2	0 −0.15	22			
6×7.2×22	6		9		7.2		22			
6×8×25	6		10		8.0		25			
8×8.8×28	8		11	0 −0.18	8.8		28		0.40	0.60
10×10.4×32	10		13		10.4	0 −0.18	32	0 −0.250		

(3) 半圆键键槽的剖面尺寸及极限偏差(表 3-3-8)

表 3-3-8 半圆键键槽的剖面尺寸及极限偏差(GB/T 1098—2003) (mm)

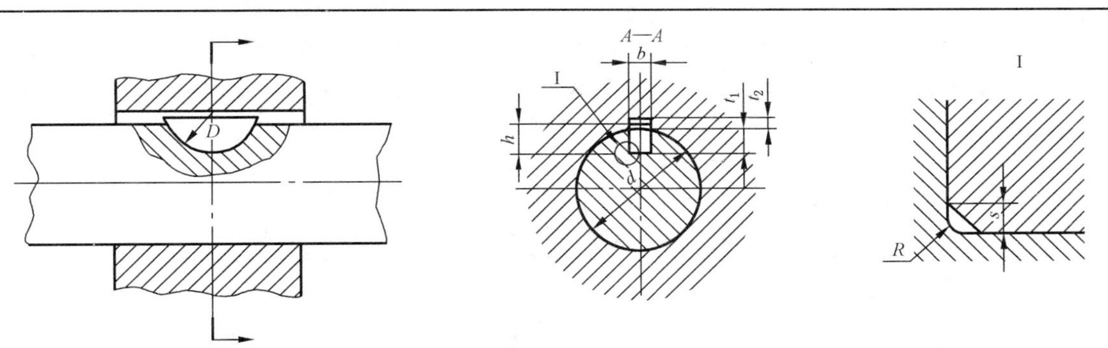

键尺寸 $b\times h\times D$	宽度 b 基本尺寸	极限偏差 正常联接 轴 N9	极限偏差 正常联接 毂 JS9	极限偏差 紧密连接 轴和毂 P9	极限偏差 松联接 轴 H9	极限偏差 松联接 毂 D10	深度 轴 t_1 基本尺寸	深度 轴 t_1 极限偏差	深度 毂 t_2 基本尺寸	深度 毂 t_2 极限偏差	半径 R max	半径 R min
1×1.4×4 1×1.1×4	1	−0.004 −0.029	±0.012 5	−0.006 −0.031	+0.025 0	+0.060 +0.020	1.0	+0.01 0	0.6	+0.01 0	0.16	0.08
1.5×2.6×7 1.5×2.1×7	1.5						2.0		0.8			
2×2.6×7 2×2.1×7	2						1.8		1.0			
2×3.7×0 2×3×10	2						2.9		1.0			

续表 3-3-8 (mm)

键尺寸 $b\times h\times D$	键槽											
	宽度 b						深度				半径 R	
	基本尺寸	极限偏差					轴 t_1		毂 t_2			
		正常联接		紧密连接	松联接		基本尺寸	极限偏差	基本尺寸	极限偏差		
		轴 N9	毂 JS9	轴和毂 P9	轴 H9	毂 D10					max	min
2.5×3.7×10 2.5×3×10	2.5	−0.004 −0.029	±0.012 5	−0.006 −0.031	−0.025 0	−0.060 −0.020	2.7	+0.1 0	1.2	+0.1 0	0.16	0.08
3×5×13 3×4×13	3						3.8	+0.2 0	1.4			
3×6.5×16 3×5.2×16	3						5.3		1.4			
4×6.5×16 4×5.2×16	4	0 −0.030	±0.015	−0.012 −0.042	−0.030 0	+0.078 +0.030	5.0		1.8		0.25	0.16
4×7.5×19 4×6×9	4						6.0		1.8			
5×6.5×16 5×5.2×19	5						4.5		2.3			
5×7.5×19 5×6×19	5						5.5		2.3			
5×9×22 5×7.2×22	5						7.0	+0.3 0	2.3			
6×9×22 6×7.5×22	6						6.5		2.8			
6×10×25 6×8×25	6						7.5		2.8	+0.2 0		
8×11×28 8×8.8×28	8	0 −0.036	±0.018	−0.015 −0.051	+0.036 0	+0.098 +0.040	8.0		3.3		0.40	0.25
10×13×32 10×10.4×32	10						10		3.3			

注：1. 键尺寸中的直径 D 系键槽直径最小值。

2. 轮槽和轴槽的宽度 b 对轮轴线、轴的轴线的对称度，通常按 GB/T 1184—1996 形位公差公差值对称度公差的规定(推荐 7～9 级)。

3.3.1.3 楔键

楔键分为普通型楔键、薄型楔键和钩头型楔键三种。

(1) 普通型楔键的形式、尺寸及极限偏差(表 3-3-9)

表 3-3-9 普通型楔键的形式尺寸及极限偏差(GB/T 1564—2003) (mm)

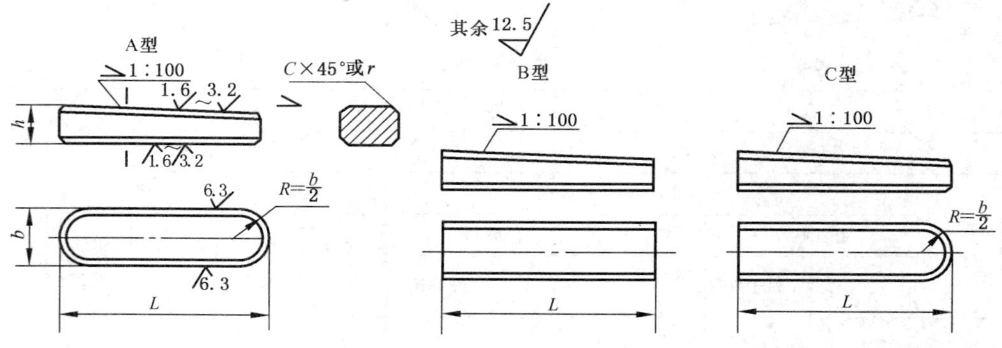

标记示例：

宽度 b=16 mm、高度 h=10 mm、长度 L=100 mm 普通 A 型楔键的标记为：

GB/T 1564—2003 键 16×100

宽度 b=16 mm、高度 h=10 mm、长度 L=100 mm 普通 B 型楔键的标记为：

GB/T 1564—2003 键 B16×100

宽度 b=16 mm、高度 h=10 mm、长度 L=100 mm 普通 C 型楔键的标记为：

GB/T 1564—2003 键 C16×100

续表 3-3-9 (mm)

宽度 b	基本尺寸	2	3	4	5	6	8	10	12	14	16	18	20	22
	极限偏差 (h8)	0 -0.014		0 -0.018			0 -0.022		0 -0.027				0 -0.033	
高度 h	基本尺寸	2	3	4	5	6	7	8	8	9	10	11	12	14
	极限偏差 (h11)	0 -0.060		0 -0.075			0 -0.090					0 -0.110		
倒角或倒圆 r		0.16～0.25			0.25～0.40			0.40～0.60					0.60～0.80	
宽度 b	基本尺寸	25	28	32	36	40	45	50	56	63	70	80	90	100
	极限偏差 (h8)	0 -0.033		0 -0.039					0 -0.046				0 -0.054	
高度 h	基本尺寸	14	16	18	20	22	25	28	32	32	36	40	45	50
	极限偏差 (h11)	0 -0.110			0 -0.130				0 -0.160					
倒角或倒圆 s		0.60～0.80			1.00～1.20				1.60～2.00			2.50～3.00		
L 系列 (h14)		6,8,10,12,14,16,18,20,22,25,28,32,36,40,45,50,56,63,70,80,90,100,110,125,140,160,180,200,220,250,280,320,360,400,450,500												

(2) 钩头型楔键的形式、尺寸及极限偏差(表 3-3-10)

表 3-3-10 钩头型楔键的形式、尺寸及极限偏差(GB/T 1565—2003) (mm)

其余 12.5

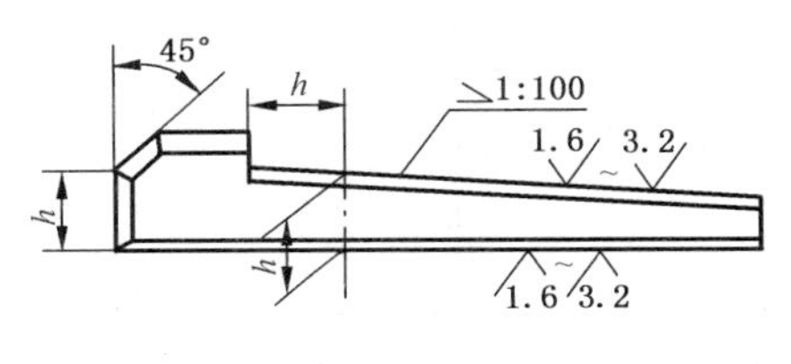

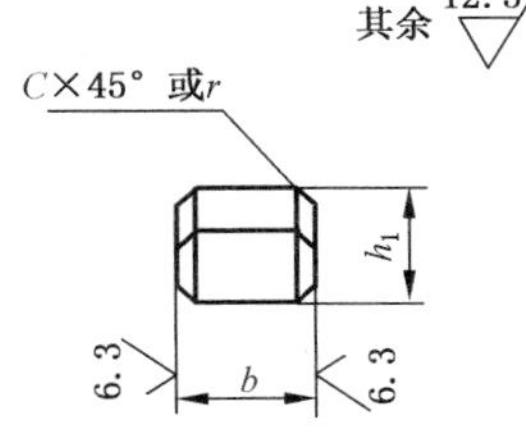

标记示例：

宽度 b=16 mm、高度 h=10 mm、长度 L=100 mm 钩头型楔键的标记为：

GB/T 1565—2003 键 16×100

宽度 b	基本尺寸	4	5	6	8	10	12	14	16	18	20	22	25
	极限偏差 (h8)	0 -0.018			0 -0.022		0 -0.027				0 -0.033		
高度 h	基本尺寸	4	5	6	7	8	8	9	10	11	12	14	14
	极限偏差 (h11)	0 -0.075			0 -0.090					0 -0.110			
h_1		7	8	10	11	12	12	14	16	18	20	22	22
倒角或倒圆 r		0.16～0.25	0.25～0.40			0.40～0.60					0.60～0.80		
宽度 b	基本尺寸	28	32	36	40	45	50	56	63	70	80	90	100
	极限偏差 (h8)	0 -0.033	0 -0.039					0 -0.046				0 -0.054	
高度 h	基本尺寸	16	18	20	22	25	28	32	32	36	40	45	50
	极限偏差 (h11)	0 -0.110		0 -0.130				0 -0.160					
h_1		25	28	32	36	40	45	50	50	56	63	70	80
倒角或倒圆 r		0.60～0.80		1.00～1.20				1.60～2.00			2.50～3.00		
L 系列 (h14)		14,16,18,20,22,25,28,32,36,40,45,50,56,63,70,80,90,100,110,125,140,160,180,200,220,250,280,320,360,400,450,500											

(3) 普通型和钩头型楔键键槽剖面尺寸及极限偏差(表 3-3-11)

表 3-3-11 普通型和钩头型楔键键槽剖面尺寸及极限偏差(GB/T 1563—2003) (mm)

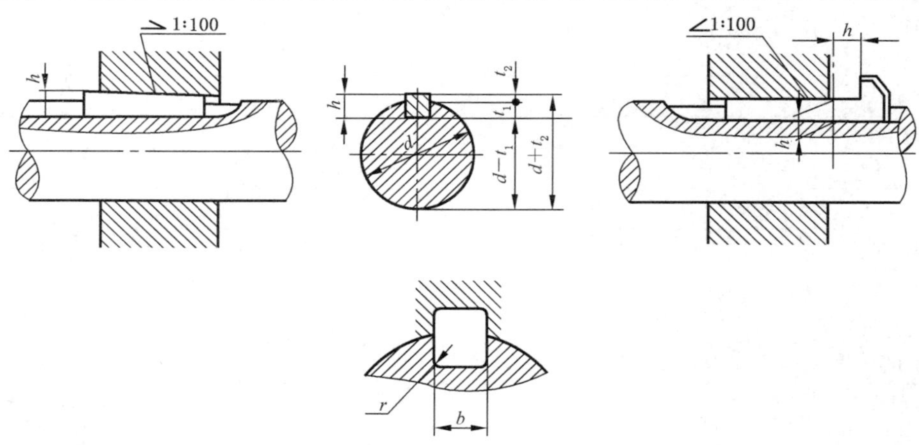

键尺寸 $b\times h$	键槽 宽度 b 基本尺寸	极限偏差 正常联接 轴 N9	极限偏差 正常联接 毂 JS9	紧密连接 轴和毂 P9	松联接 轴 H9	松联接 毂 D10	深度 轴 t_1 基本尺寸	深度 轴 t_1 极限偏差	深度 毂 t_2 基本尺寸	深度 毂 t_2 极限偏差	半径 r min	半径 r max
2×2	2	−0.004 −0.029	±0.012 5	−0.006 −0.031	+0.025 0	+0.060 +0.020	1.2	+0.1 0	1.0	+0.1 0	0.08	0.16
3×3	3						1.8		1.4			
4×4	4	0 −0.030	±0.015	−0.012 −0.042	+0.030 0	+0.078 +0.040	2.5		1.8			
5×5	5						3.0		2.3		0.16	0.25
6×6	6						3.5		2.8			
8×7	8	0 −0.036	±0.018	−0.015 −0.051	+0.036 0	+0.098 +0.040	4.0	+0.2 0	3.3	+0.2 0		
10×8	10						5.0		3.3		0.25	0.40
12×8	12	0 −0.043	±0.021 5	−0.018 −0.061	+0.043 0	+0.120 +0.050	5.0		3.3			
14×9	14						5.5		3.8			
16×10	16						6.0		4.3			
18×11	18						7.0		4.4			
20×12	20	0 −0.052	±0.026	−0.022 −0.074	+0.052 0	+0.149 +0.065	7.5		4.9		0.40	0.60
22×14	22						9.0		5.4			
25×14	25						9.0		5.4			
28×16	28						10.0		6.4			
32×18	32	0 −0.062	±0.031	−0.026 −0.088	+0.062 0	+0.180 +0.080	11.0		7.4			
36×20	36						12.0	+0.3 0	8.4	+0.3 0	0.70	1.00
40×22	40						13.0		9.4			
45×25	45						15.0		10.4			
50×28	50						17.0		11.4			
56×32	56	0 −0.074	±0.037	−0.032 −0.106	+0.074 0	+0.220 +0.100	20.0		12.4			
63×32	63						20.0		12.4		1.20	1.60
70×36	70						22.0		14.4			
80×40	80						25.0		15.4			
90×45	90	0 −0.087	±0.043 5	−0.037 −0.124	+0.087 0	+0.260 +0.120	28.0		17.4		2.00	2.50
100×50	100						31.0		19.5			

注:1. $(d+t_1)$及 t_2 表示大端轮毂槽深度。

2. 安装时,键的斜面与轮毂槽的斜面必须紧密贴合。

(4) 薄型楔键的形式、尺寸及极限偏差(表 3-3-12)

表 3-3-12 薄型楔键的形式、尺寸及极限偏差(GB/T 16922—1997) (mm)

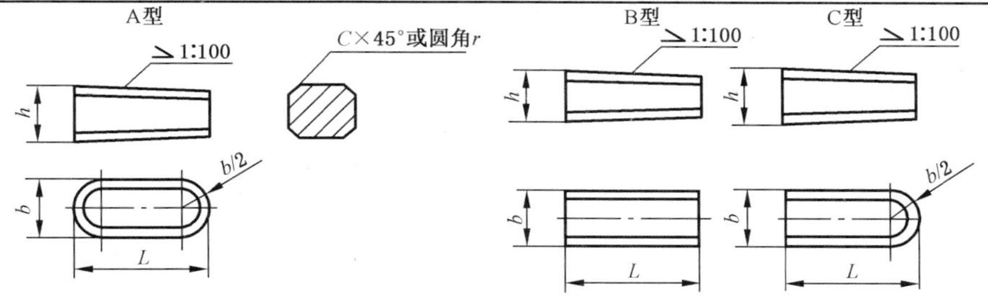

标记示例:

宽度 b=16 mm、高度 h=7 mm、长度 L=100 mm 圆头薄型楔键(A 型)标记为:

GB/T 16922—1997 键 A16×7×100

宽度 b	基本尺寸	8	10	12	14	16	18	20	22	25	28	32	36	40	45	50
	极限偏差 (h9)	0 −0.036		0 −0.043				0 −0.052				0 −0.062				
高度 h	基本尺寸	5	6	6	6	7	7	8	9	9	10	11	12	14	16	18
	极限偏差 (h11)	0 −0.1				0 −0.090						0 −0.110				
C 或 r	min	0.25	0.40				0.60						1.0			
	max	0.40	0.60				0.80						1.2			
L 系列(h14)	20,22,25,28,32,36,40,45,50,56,63,70,80,90,100,110,125,140,160,180,200,220,250,280,320,360,400															

(5) 薄型楔键和钩头薄型楔键的键槽剖面尺寸及极限偏差(表 3-3-13)

表 3-3-13 薄型楔键和钩头薄型楔键的键槽剖面尺寸及极限偏差(GB/T 16922—1997) (mm)

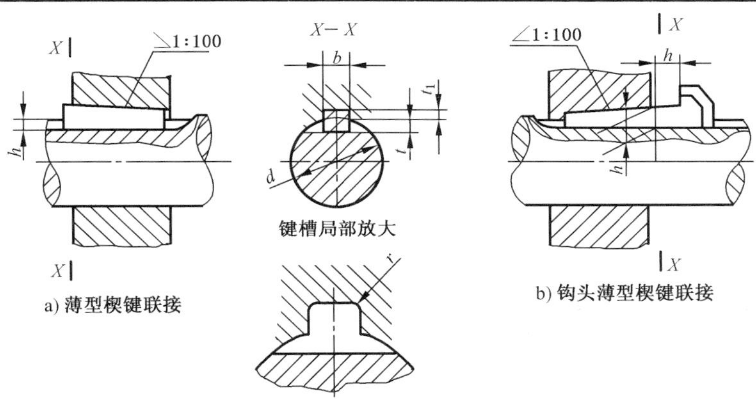

a) 薄型楔键联接　　b) 钩头薄型楔键联接

轴	键	键槽(轮毂)						平台(轴)	
直径 d	基本尺寸 $b \times h$	宽度 b		深度 t_1		半径 r		深度 t	
		基本尺寸	极限偏差 (D10)	基本尺寸	极限偏差	min	max	基本尺寸	极限偏差
22~30	8×5	8	+0.098 +0.040	1.7	+0.1 0	0.16	0.25	3.0	+0.1 0
>30~38	10×6	10		2.2		0.25	0.40	3.5	
>38~44	12×6	12	+0.120 +0.050	2.2				3.5	
>44~50	14×6	14		2.2				3.5	
>50~58	16×7	16		2.4	+0.2 0			4	+0.2 0
>58~65	18×7	18		2.4				4	
>65~75	20×8	20	+0.149 +0.065	2.4		0.40	0.60	5	
>75~85	22×9	22		2.9				5.5	
>85~95	25×9	25		2.9				5.5	
>95~110	28×10	28		3.4				6	
>110~130	32×11	32	+0.180 +0.080	3.4		0.70	1.0	7	
>130~150	36×12	36		3.9				7.5	
>150~170	40×14	40		4.4				9	
>170~200	45×16	45		5.4				10	
>200~230	50×18	50		6.4				11	

3.3.1.4 切向键(GB/T 1974—2003)

切向键由两个斜度为 1∶100 的楔键组成,其承载能力大。

普通型和强力型切向键及键槽的形式、尺寸及极限偏差见表 3-3-14。

表 3-3-14 普通型和强力型切向键及键槽的形式、尺寸及极限偏差 (mm)

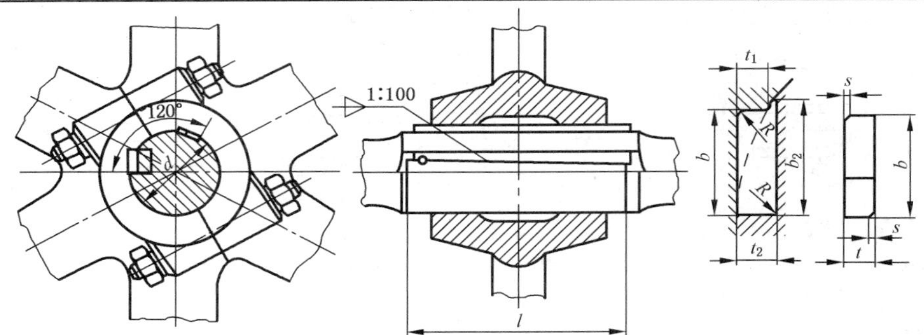

标记示例:

计算宽度 b=24 mm、厚度 t=8 mm、长度 l=100 mm 的普通型切向键的标记为:

GB/T 1974—2003 切向键 24×8×100

计算宽度 b=60 mm、厚度 t=20 mm、长度 l=250 mm 的强力型切向键的标记为:

GB/T 1974—2003 强力切向键 60×20×250

轴径 d	普通切向键											强力切向键									
	键		键槽									键		键槽							
	t	S	深度 轮毂 t_1 尺寸	轮毂 t_1 偏差	轴 t_2 尺寸	轴 t_2 偏差	计算宽度 轮毂 b_1	计算宽度 轴 b_2	半径 R min	半径 R max	t	S	深度 轮毂 t_1 尺寸	轮毂 t_1 偏差	轴 t_2 尺寸	轴 t_2 偏差	计算宽度 轮毂 b_1	计算宽度 轴 b_2	半径 R min	半径 R max
60							19.3	19.6												
65	7		7		7.3		20.1	20.5												
70							21.0	21.4												
75				0 −0.2			23.2	23.5												
80	8	0.6～0.8	8		8.3		24.0	24.4	0.4	0.6										
85							24.8	25.2												
90						+0.2 0	25.6	26.0												
95							27.8	28.2												
100	9		9		9.3		28.6	29.0			10		10	0 −0.2	10.3	+0.2 0	30	30.4		
110							30.1	30.6			11	1～1.2	11		11.4		33	33.5		
120	10		10	0 −0.2	10.3		33.2	33.6			12		12		12.4		36	36.5	0.7	1.0
130			10		10.3		34.6	35.1			13		13		13.4		39	0.95		
140	11		11		11.4		37.7	38.3			14		14		14.4		42	42.5		
150		1～1.2					39.1	39.7	0.7	1.0	15		15		15.4		45	45.5		
160							42.1	42.8			16	1.6～2	16		16.4		48	48.5		
170	12		12		12.4		43.5	44.2			17		17		17.4		51	51.5	1.2	1.6
180							44.9	45.6			18		18		18.4		54	54.5		
190	14		14		14.4		49.6	50.3			19		19	−0.3 0	19.4	+0.3 0	57	57.5		
200							51.0	51.7			20		20		20.4		60	60.5		
220	16	1.6～2.0	16	0 −0.3	16.4	+0.3 0	57.1	57.8			22	2.5～3	22		22.4		66	66.5	2.0	2.5
240							59.9	60.6	1.2	1.6	24		24		24.4		72	72.5		
250	18		18		18.4		64.6	65.3			25		25		25.4		75	75.5		
260							66.0	66.7			26		26		26.4		78	78.5		
280	20	2.5～3	20		20.4		72.1	72.8	2.0	2.5	28	3～4	28		28.4		84	84.4	2.5	3.0
300							74.8	75.5			30		30		30.4		90	90.5		

续表 3-3-14

mm

轴径 d	普通切向键										强力切向键									
	键		键槽								键		键槽							
	t	S	深度				计算宽度		半径 R		t	S	深度				计算宽度		半径 R	
			轮毂 t_1		轴 t_2								轮毂 t_1		轴 t_2					
			尺寸	偏差	尺寸	偏差	轮毂 b_1	轴 b_2	min	max			尺寸	偏差	尺寸	偏差	轮毂 b_1	轴 b_2	min	max
320	22	2.5～3	22	0 −0.3	22.4	+0.3 0	81.0	81.6	2.0	2.5	32	3～4	32	−0.3 0	32.4	+3.0 0	96	96.5	2.5	3.0
340							83.6	84.3			34		34		34.4		102	102.5		
360	26		26		26.4		93.2	93.8			36		36		36.4		108	108.5		
380							95.9	96.6			38		38		38.4		114	114.5		
400	26						98.6	99.3			40		40		40.4		120	120.5		
420	30	3～4	30		30.4		108.2	108.8	2.5	3.0	42		42		42.4		126	126.5		
450							112.3	112.9			45	4～5	45		45.4		135	135.5	3.0	4.0
480	34		34		34.4		123.1	123.8			48		48		48.5		144	144.7		
500							125.9	126.6			50		50		50.5		150	150.7		
530	38		38		38.4		136.7	137.4			53		53		53.5		159	159.7		
560							140.8	141.5			56		56		56.5		168	168.7		
600	42		42		42.4		153.1	153.8			60	5～6	60		60.5		180	180.7	4.0	5.0
630							157.1	157.8			63		63		63.5		189	189.7		
710											71	6～7	71		71.5		213	213.7	4.0	5.0
800											80		80		80.5		240	240.7		
900											90	7～9	90		90.5		270	270.7	5.0	7.0
1 000											100		100		100.5		300	300.7		

注：1. 键的厚度 t、计算宽度 b 分别与轮毂槽的 t_1、计算宽度 b_1 相同。

2. 对普通切向键，若轴径位于表列尺寸 d 的中间数值时，采用与它最接近的稍大轴径的 t、t_1 和 t_2，但 b 和 b_1、b_2 须用以下公式计算：

$$b=b_1=\sqrt{t(d-t)} \quad b_2=\sqrt{t_2(d-t_2)}$$

3. 强力切向键，若轴径位于表列尺寸 d 的中间数时，或者轴径超过 630 mm 时，键与键槽的尺寸用以下公式计算：$t=t_1=0.1d$；$b=b_1=0.3d$；$t_2=t+0.3$ mm（当 $t\leqslant 10$ mm）；$t_2=t+0.4$ mm（当 $10<t\leqslant 45$）；$t_2=t+0.5$ mm（当 >45 mm）；$b_2=\sqrt{t_2(d-t_2)}$。

4. 键厚度 t 的偏差为 $h11$。

3.3.2 花键

3.3.2.1 花键连接的类型、特点和应用（表 3-3-15）

表 3-3-15 花键连接的类型、特点和应用

类型	特点	应用
矩形花键（GB/T 1144—2001）	多齿工作，承载能力高，对中性、导向性好，齿根较浅，应力集中较小，轴与毂强度削弱小 加工方便，能用磨削方法获得较高的精度。标准中规定两个系列：轻系列，用于载荷较轻的静连接；中系列，用于中等载荷	应用广泛，如飞机、汽车、拖拉机、机床制造业、农业机械及一般机械传动装置等

续表 3-3-15

类　型	特　点	应　用
渐开线花键(GB/T 3478.1—2008)	齿廓为渐开线，受载时齿上有径向力，能起自动定心作用，使各齿受力均匀，强度高、寿命长。加工工艺与齿轮相同，易获得较高精度和互换性 渐开线花键标准压力角 α_D 常用的有 30°及 45°两种	用于载荷较大，定心精度要求较高，以及尺寸较大的连接

3.3.2.2 矩形花键(GB/T 1144—2001)

(1) 矩形花键尺寸系列

圆柱轴用小径定心矩形花键(GB/T 1144—2001)的尺寸分轻、中两个系列。

1) 矩形花键基本尺寸(表 3-3-16)

2) 矩形花键键槽的截面尺寸(表 3-3-17)

3) 矩形内花键的形式及长度系列(表 3-3-18)

表 3-3-16　矩形花键基本尺寸　(mm)

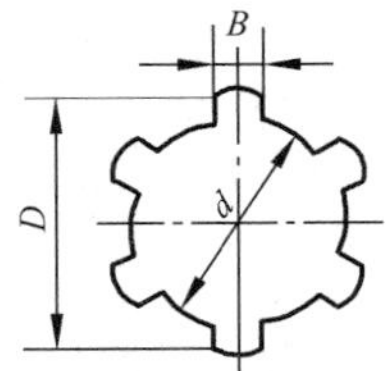

小径 d	轻系列				中系列			
	规格 $N\times d\times D\times B$	键数 N	大径 D	键宽 B	规格 $N\times d\times D\times B$	键数 N	大径 D	键宽 B
11	—	—	—	—	6×11×14×3	6	14	3
13					6×13×16×3.5		16	3.5
16					6×16×20×4		20	4
18					6×18×22×5		22	5
21					6×21×25×5		25	
23	6×23×26×6	6	26	6	6×23×28×6		28	6
26	6×26×30×6		30		6×26×32×6		32	
28	6×28×32×7		32	7	6×28×34×7		34	7
32	6×32×36×6		36	6	8×32×38×6	8	38	6
36	8×36×40×7	8	40	7	8×36×42×7		42	7
42	8×42×46×8		46	8	8×42×48×8		48	8
46	8×46×50×9		50	9	8×46×54×9		54	9
52	8×52×58×10		58	10	8×52×60×10		60	10
56	8×56×62×10		62		8×56×65×10		65	
62	8×62×68×12		68	12	8×62×72×12		72	12
72	10×72×78×12	10	78		10×72×82×12	10	82	
82	10×82×88×12		88		10×82×92×12		92	
92	10×92×98×14		98	14	10×92×102×14		102	14
102	10×102×108×16		108	16	10×102×112×6		112	16
112	10×112×120×18		120	18	10×112×125×18		125	18

表 3-3-17　矩形花键键槽的截面尺寸　(mm)

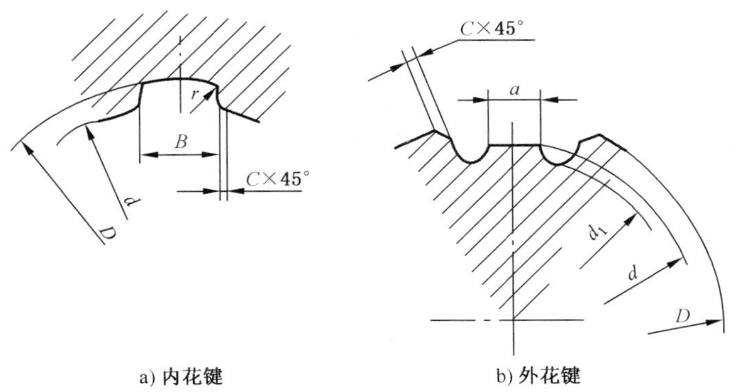

a) 内花键　　b) 外花键

<table>
<tr><th colspan="5">轻　系　列</th><th colspan="5">中　系　列</th></tr>
<tr><th rowspan="2">规　格
$N\times d\times D\times B$</th><th rowspan="2">$C$</th><th rowspan="2">$r$</th><th>$d_{1\min}$</th><th>$a_{\min}$</th><th rowspan="2">规　格
$N\times d\times D\times B$</th><th rowspan="2">$C$</th><th rowspan="2">$r$</th><th>$d_{1\min}$</th><th>$a_{\min}$</th></tr>
<tr><th colspan="2">参　考</th><th colspan="2">参　考</th></tr>
<tr><td rowspan="5">—</td><td rowspan="5">—</td><td rowspan="5">—</td><td rowspan="5">—</td><td rowspan="5">—</td><td>6×11×14×3</td><td rowspan="2">0.2</td><td rowspan="2">0.1</td><td rowspan="2">—</td><td rowspan="2">—</td></tr>
<tr><td>6×13×16×3.5</td></tr>
<tr><td>6×16×20×4</td><td rowspan="4">0.3</td><td rowspan="4">0.2</td><td>14.4</td><td rowspan="2">1.0</td></tr>
<tr><td>6×18×22×5</td><td>16.6</td></tr>
<tr><td>6×21×25×5</td><td>19.5</td><td>2.0</td></tr>
<tr><td>6×23×26×6</td><td>0.2</td><td>0.1</td><td>22</td><td>3.5</td><td>6×23×28×6</td><td>21.2</td><td rowspan="2">1.2</td></tr>
<tr><td>6×26×30×6</td><td rowspan="6">0.3</td><td rowspan="6">0.2</td><td>24.5</td><td>3.8</td><td>6×26×32×6</td><td rowspan="5">0.4</td><td rowspan="5">0.3</td><td>23.6</td></tr>
<tr><td>6×28×32×7</td><td>26.6</td><td>4.0</td><td>6×28×34×7</td><td>25.8</td><td>1.4</td></tr>
<tr><td>6×32×36×6</td><td>30.3</td><td>2.7</td><td>8×32×38×6</td><td>29.4</td><td rowspan="2">1.0</td></tr>
<tr><td>8×36×40×7</td><td>34.4</td><td>3.5</td><td>8×36×42×7</td><td>33.4</td></tr>
<tr><td>8×42×46×8</td><td>40.5</td><td>5.0</td><td>8×42×48×8</td><td>39.4</td><td>2.5</td></tr>
<tr><td>8×46×50×9</td><td>44.6</td><td>5.7</td><td>8×46×54×9</td><td rowspan="3">0.5</td><td rowspan="3">0.4</td><td>42.6</td><td>1.4</td></tr>
<tr><td>8×52×58×10</td><td rowspan="7">0.4</td><td rowspan="7">0.3</td><td>49.6</td><td>4.8</td><td>8×52×60×10</td><td>48.6</td><td rowspan="2">2.5</td></tr>
<tr><td>8×56×62×10</td><td>53.5</td><td>6.5</td><td>8×56×65×10</td><td>52.0</td></tr>
<tr><td>8×62×68×12</td><td>59.7</td><td>7.3</td><td>8×62×72×12</td><td rowspan="6">0.6</td><td rowspan="6">0.5</td><td>57.7</td><td>2.4</td></tr>
<tr><td>10×72×78×12</td><td>69.6</td><td>5.4</td><td>10×72×82×12</td><td>67.4</td><td>1.0</td></tr>
<tr><td>10×82×88×12</td><td>79.3</td><td>8.5</td><td>10×82×92×12</td><td>77.0</td><td>2.9</td></tr>
<tr><td>10×92×98×14</td><td>89.6</td><td>9.9</td><td>10×92×102×14</td><td>87.3</td><td>4.5</td></tr>
<tr><td>10×102×108×16</td><td>99.6</td><td>11.3</td><td>10×102×112×6</td><td>97.7</td><td>6.2</td></tr>
<tr><td>10×112×120×18</td><td>0.5</td><td>0.4</td><td>108.8</td><td>10.5</td><td>10×112×125×18</td><td>106.2</td><td>4.1</td></tr>
</table>

表 3-3-18　矩形内花键的形式及长度系列　　(mm)

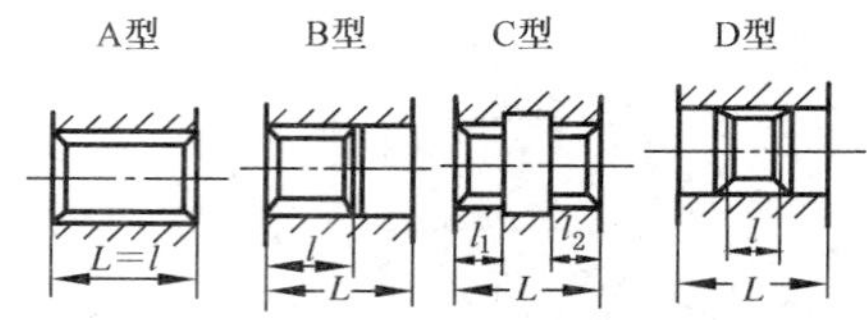

内花键长度：l 或 l_1+l_2
孔的最大长度：L

小径 d 范围	11	13	16～21	23～32	36～52	56、62	72	82、92	102、112
l 或 l_1+l_2 范围	10～50	10～50	10～80	10～80	22～120	22～120	32～120	32～200	32～200
L	50	80	80	120	200	250	250	250	300
l 或 l_1+l_2 系列	10,12,15,18,22,25,28,30,32,36,38,42,45,48,50,56,60,63,71,75,80,85,90,95,100,110,120,130,140,160,180,200								

注：A 型：花键长 l 等于孔的全长 L；B 型：花键位于孔的一端即花键长 l 小于孔的全长 L；C 型：花键位于孔的两端，花键长分为 l_1 和 l_2 两段；D 型：花键长 l 位于孔的中间位置。

(2) 矩形花键的公差与配合

1) 矩形内、外花键的尺寸公差带(表 3-3-19)

表 3-3-19　矩形内、外花键的尺寸公差带

内花键				外花键			装配形式
d	D	B		d	D	B	
		拉削后不热处理	拉削后热处理				
一般用							
H7	H10	H9	H11	f7	a11	d10	滑动
				g7		f9	紧滑动
				h7		h10	固定
精密传动用							
H5	H10	H7、H9		f5	a11	d8	滑动
				g5		f7	紧滑动
				h5		h8	固定
H6				f6		d8	滑动
				g6		f7	紧滑动
				h6		h8	固定

注：1. 精密传动用的内花键，当需要控制键侧配合间隙时，槽宽可选 H7，一般情况下可选 H9。
2. d 为 H6 和 H7 的内花键，允许与提高一级的外花键配合。

2) 矩形花键键槽宽或键宽的位置度公差(表 3-3-20)

3) 矩形花键键槽宽或键宽的对称度公差(表 3-3-21)

表 3-3-20　矩形花键键槽宽或键宽的位置度公差　　(mm)

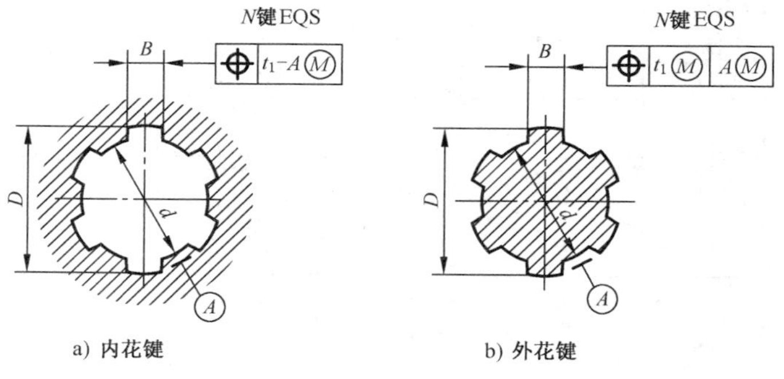

a) 内花键　　b) 外花键

续表 3-3-20 (mm)

键槽宽或键宽 B			3	3.5~6	7~10	12~18
t_1	键槽宽		0.010	0.015	0.020	0.025
	键宽	滑动、固定	0.010	0.015	0.020	0.025
		紧滑动	0.006	0.010	0.013	0.016

表 3-3-21 矩形花键键槽宽或键宽的对称度公差 (mm)

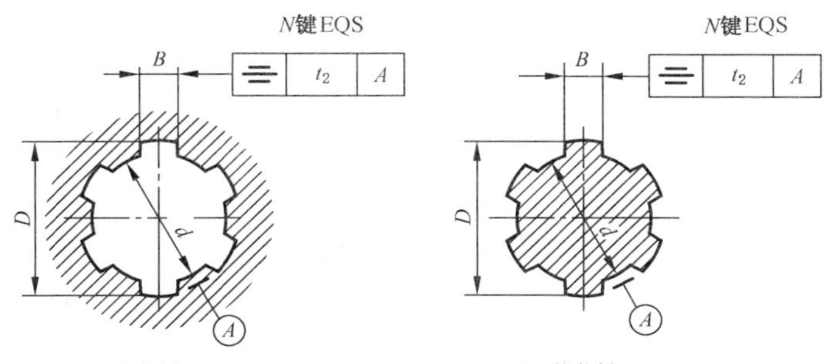

a) 内花键　　b) 外花键

键槽宽或键宽 B		3	3.5~6	7~10	12~18
t_2	一般用	0.010	0.012	0.015	0.018
	精密传动用	0.006	0.008	0.009	0.011

4）矩形花键的表面粗糙度 R_a（表 3-3-22）

表 3-3-22 矩形花键的表面粗糙度 R_a (μm)

内花键				内花键			
公差等级 IT	小径	齿侧面	大径	公差等级 IT	小径	齿侧面	大径
5	0.4	3.2	3.2	5	0.4	0.8~1.6	3.2
6	0.8			6	0.8		
7	0.8~1.6			7	0.8~1.6		

（3）标记示例

矩形花键的标记代号应按次序包括下列项目：键数 N、小径 d、大径 D、键宽 B、花键的公差带代号和标准号。

示例：

花键　$N=6$；$d=23\dfrac{\text{H7}}{\text{f7}}$；$D=26\dfrac{\text{H10}}{\text{a11}}$；$B=6\dfrac{\text{H11}}{\text{d10}}$的标记如下：

花键规格：$N\times d\times D\times B$

　　$6\times23\times26\times6$

花键副：$6\times23\dfrac{\text{H7}}{\text{f7}}\times26\dfrac{\text{H10}}{\text{a11}}\times6\dfrac{\text{H11}}{\text{d10}}$　GB/T 1144—2001

内花键：6×23H7×26H10×6H11　GB/T 1144—2001

外花键：6×23f7×26a11×6d10　GB/T 1144—2001

3.3.2.3 圆柱直齿渐开线花键（GB/T 3478.1~9—2008）

（1）渐开线花键的模数系列（表 3-3-23）

表 3-3-23 渐开线花键的模数系列（GB/T 3478.1—2008） (mm)

第一系列	0.25、0.5、1、1.5、2、2.5、3、5、10
第二系列	0.75、1.25、1.75、4、6、8

注：应用时优先采用表中第一系列。

(2) 渐开线花键标准压力角(GB/T 3478.1—2008)

渐开线花键的标准压力角 α_D 分为 30°、37.5 和 45°三种。该书中重点介绍 30°和 45°两种。

(3) 渐开线花键术语、代号及定义(表 3-3-24)

表 3-3-24 渐开线花键术语、代号及定义(GB/T 3478.1—2008)

术 语	代 号	定 义
模数	m	
齿数	z	
分度圆		计算花键尺寸的基准圆,在此圆上的压力角为标准值
分度圆直径	D	
压力角	α_D	齿形上任意点的压力角,为过该点花键的径向线与齿形在该点的切线所夹锐角
齿距	p	分度圆上两相邻同侧齿形之间的弧长,其值为圆周率 π 乘以模数 m
齿根圆弧 齿根圆弧最小曲率半径 内花键 外花键	 R_{imin} R_{emin}	连接渐开线齿形与齿根圆的过渡曲线
平齿根花键		在花键同一齿槽上,两侧渐开线齿形各由一段过渡曲线与齿根圆相连接的花键
圆齿根花键		在花键同一齿槽上,两侧渐开线齿形近似由一段过渡曲线与齿根圆相连接的花键
基本齿槽宽	E	内花键分度圆上弧齿槽宽,其值为齿距之半
实际齿槽宽		内花键在分度圆上实际测得的单个齿槽的弧齿槽宽
作用齿槽宽	E_V	作用齿槽宽等于一与之在全长上配合(无间隙且无过盈)的理想全齿外花键分度圆上的弧齿厚
基本齿厚 实际齿厚	S	外花键分度圆上弧齿厚,其值为周节之半即 $S=0.5\pi m$ 外花键在分度圆上实际测得的单个花键齿的弧齿厚
作用齿厚	S_V	作用齿厚等于一与之在全长上配合(无间隙且无过盈)的理想全齿内花键分度圆上的弧齿槽宽
作用侧隙 (全齿侧隙)	C_V	内花键作用齿槽宽减去与之相配合的外花键作用齿厚。正值为间隙;负值为过盈
理论侧隙 (单齿侧隙)	C	内花键实际齿槽宽减去与之相配合的外花键实际齿厚。理论侧隙不能确定花键联结的配合,因未考虑综合误差 $\Delta\lambda$ 的影响
齿形裕度	C_F	在花键联接中,渐开线齿形超过结合部分的径向距离。用来补偿内花键小圆相对于分度圆和外花键大圆相对于分度圆的同轴度误差。$C_F=0.1m$
总公差	$T+\lambda$	加工公差与综合公差之和。是以分度圆直径和基本齿槽宽(或基本齿厚)为基础的公差
加工公差	T	实际齿槽宽或实际齿厚的允许变动量
综合误差 综合公差	$\Delta\lambda$ λ	花键齿(或齿槽)的形状和位置误差的综合 允许的综合误差 $\lambda=0.6\sqrt{(F_p)^2+(f_f)^2+(F_\beta)^2}$
齿距累积误差 齿距累积公差	ΔF_p F_p	在分度圆上,同侧齿形偏离理论位置的最大正、负误差的两个绝对值之和 允许的周节累积误差。它限制分度误差和齿圈径向圆跳动误差
齿形误差 齿形公差	Δf_f f_f	包容实际齿形的两条理论齿形之间的法向距离 允许的齿形误差。它限制了齿形的压力角误差和渐形线形状误差
齿向误差 齿向公差	ΔF_β F_β	在花键长度范围内,包容实际齿向线的两条理论齿向线之间的分度圆弧长。齿向线是分度圆柱面与齿面的交线 允许的齿向误差。它限制齿向误差,键齿平行度误差和实际分度圆柱轴线与理论分度圆柱轴线的同轴度误差

注:ΔF_p 和 ΔF_β 允许在分度圆附近测量。

（4）渐开线花键的基本尺寸计算公式（表 3-3-25）

表 3-3-25　渐开线花键的基本尺寸计算公式（GB/T 3478.1—2008）

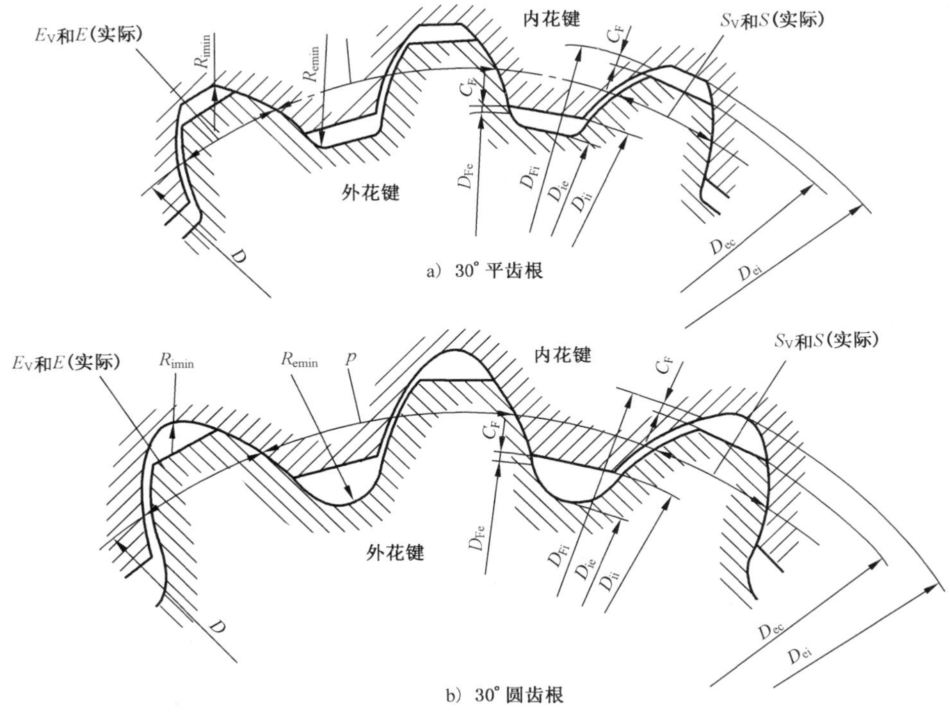

a）30°平齿根

b）30°圆齿根

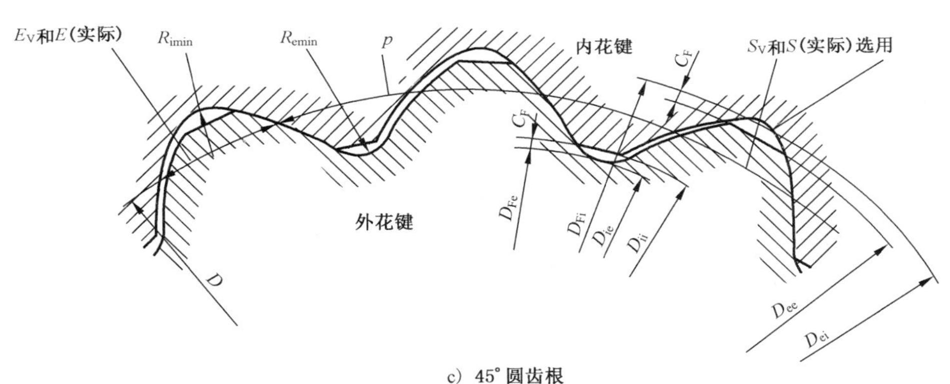

c）45°圆齿根

名　称	代　号	计　算　公　式
分度圆直径	D	$D=mz$
基圆直径	D_b	$D_b=mz\cos\alpha_D$
齿距	p	$p=\pi m$
内花键大径基本尺寸		
30°平齿根	D_{ei}	$D_{ei}=m(z+1.5)$
30°圆齿根	D_{ei}	$D_{ei}=m(z+1.8)$
45°圆齿根	D_{ei}[1]	$D_{ei}=m(z+1.2)$
内花键大径下偏差		0
内花键大径公差		从 IT12、IT13 或 IT14 中选取
内花键渐开线终止圆直径最小值		
30°平齿根和圆齿根	D_{Fimin}	$D_{Fimin}=m(z+1)+2C_F$
45°圆齿根	D_{Fimin}	$D_{Fimin}=m(z+0.8)+2C_F$
内花键小径基本尺寸	D_{ii}	$D_{ii}=D_{Femax}$[2]$+2C_F$
基本齿槽宽	E	$E=0.5\pi m$

续表 3-3-25

名　　称	代　号	计　算　公　式
作用齿槽宽最小值	E_{Vmin}	$E_{Vmin}=0.5\pi m$
实际齿槽宽最大值	E_{max}	$E_{max}=E_{Vmin}+(T+\lambda)$（见表 3-3-29～表 3-3-36）
实际齿槽宽最小值	E_{min}	$E_{min}=E_{Vmin}+\lambda$
作用齿槽宽最大值	E_{Vmax}	$E_{Vmax}=E_{max}-\lambda$
外花键大径基本尺寸		
30°平齿根和圆齿根	D_{ee}	$D_{ee}=m(z+1)$
45°圆齿根	D_{ee}	$D_{ee}=m(z+0.8)$
外花键渐开线起始圆直径最大值	D_{Femax}	$D_{Femax}=2\sqrt{(0.5D_b)^2+\left(0.5D\sin\alpha_D-\frac{h_s-\frac{0.5es_V}{\tan\alpha_D}}{\sin\alpha_D}\right)^2}$ 式中　$h_s=0.6m$；$\frac{es_V}{\tan\alpha_D}$见表 3-3-39
外花键小径基本尺寸		
30°平齿根	D_{ie}	$D_{ie}=m(z-1.5)$
30°圆齿根	D_{ie}	$D_{ie}=m(z-1.8)$
45°圆齿根	D_{ie}	$D_{ie}=m(z-1.2)$
外花键小径公差		从 IT12、IT13 或 IT14 选取
基本齿厚	S	$S=0.5\pi m$
作用齿厚最大值	S_{Vmax}	$S_{Vmax}=S+es_V$（es_V 见表 5-205）
实际齿厚最小值	S_{min}	$S_{min}=S_{Vmax}-(T+\lambda)$
实际齿厚最大值	S_{max}	$S_{max}=S_{Vmax}-\lambda$
作用齿厚最小值	S_{Vmin}	$S_{Vmin}=S_{min}+\lambda$
齿形裕度	C_F③	$C_F=0.1m$

① 45°圆齿根内花键允许选用平齿根，此时，内花键大径基本尺寸 D_{ei} 应大于内花键渐开线终止圆直径最小值 D_{Fmin}。

② 对所有齿侧配合类别，均按 H/h 配合类别取 D_{Femax} 值。

③ $C_F=0.1m$ 只适合于 H/h 配合类别，其他各种配合类别的齿形裕度 C_F 均有变化。

（5）外花键大径基本尺寸（GB/T 3478.1—2008）

1）30°外花键大径基本尺寸系列（表 3-3-26）

2）45°外花键大径基本尺寸系列（表 3-3-27）

表 3-3-26　30°外花键大径基本尺寸系列（GB/T 3478.1—2008）

$D_{ee}=m(z+1)$　　(mm)

齿数	模							数						
z	0.5	(0.75)	1	(1.25)	1.5	(1.75)	2	2.5	3	(4)	5	(6)	(8)	10
10	5.5	8.25	11	13.75	16.5	19.25	22	27.5	33	44	55	66	88	110
11	6.0	9.00	12	15.00	18.0	21.00	24	30.0	36	48	60	72	96	120
12	6.5	9.75	13	16.25	18.5	22.75	26	32.5	39	52	65	78	104	130
13	7.0	10.50	14	17.50	21.0	24.50	28	35.0	42	56	70	84	112	140
14	7.5	11.25	15	18.75	22.5	26.25	30	37.5	45	60	75	90	120	150
15	8.0	12.00	16	20.00	24.0	28.00	32	40.0	48	64	80	96	128	160
16	8.5	12.75	17	21.25	25.5	29.75	34	42.5	51	68	85	102	136	170
17	9.0	13.50	18	22.50	27.0	31.50	36	45.0	54	72	90	108	144	180
18	9.5	14.25	19	23.75	28.5	33.25	38	47.5	57	76	95	114	152	190
19	10.0	15.00	20	25.00	30.0	35.00	40	50.0	60	80	100	120	160	200
20	10.5	15.75	21	26.25	31.5	36.75	42	52.5	63	84	105	126	168	210
21	11.0	16.50	22	27.50	33.0	38.50	44	55.0	66	88	110	132	176	220
22	11.5	17.25	23	28.75	34.5	40.25	46	57.5	69	92	115	138	184	230
23	12.0	18.00	24	30.00	36.0	42.00	48	60.0	72	96	120	144	192	240
24	12.5	18.75	25	31.25	37.5	43.75	50	62.5	75	100	125	150	200	250
25	13.0	19.50	26	32.50	39.0	45.50	52	65.0	78	104	130	156	208	260
26	13.50	20.25	27	33.75	40.5	47.25	54	67.5	81	108	135	162	216	270
27	14.0	21.00	28	35.00	42.0	49.00	56	70.0	84	112	140	168	224	280
28	14.5	21.75	29	36.25	43.5	50.75	58	72.5	87	116	145	174	232	290

续表 3-3-26 (mm)

齿数 z	模数													
	0.5	(0.75)	1	(1.25)	1.5	(1.75)	2	2.5	3	(4)	5	(6)	(8)	10
29	15.0	22.50	30	37.50	45.0	52.50	60	75.0	90	120	150	180	240	300
30	15.5	23.25	32	38.75	46.5	54.25	62	77.5	93	124	155	186	248	310
31	16.0	24.00	32	40.00	48.0	56.00	64	80.0	96	128	160	192	256	320
32	16.5	24.75	33	41.25	49.5	57.75	66	82.5	99	132	165	198	264	330
33	17.0	25.50	34	42.50	51.0	59.50	68	85.0	102	136	170	204	272	340
34	17.5	26.25	35	43.75	52.5	61.25	70	87.5	105	140	175	210	280	350
35	18.0	27.00	36	45.00	54.0	63.00	72	90.0	108	144	180	216	288	360
36	18.5	27.75	37	46.25	55.5	64.75	74	92.5	111	148	185	222	296	370
37	19.0	28.50	38	47.50	57.0	66.50	76	95.0	114	152	190	228	304	380
38	19.5	29.25	39	48.75	58.5	68.25	78	97.5	117	156	195	234	312	390
39	20.0	30.00	40	50.00	60.0	70.00	80	100.0	120	160	200	240	320	400
40	20.5	30.75	41	51.25	61.5	71.75	82	102.5	123	164	205	246	328	410
41	21.0	31.50	42	52.50	63.0	73.50	84	105.0	126	168	210	252	336	420
42	21.5	32.25	43	53.75	64.5	75.25	86	107.5	129	172	215	258	344	430
43	22.0	33.00	44	55.00	66.0	77.00	88	110.0	132	176	220	264	352	440
44	22.5	33.75	45	56.25	67.5	78.75	90	112.5	135	180	225	270	360	450
45	23.0	34.50	46	57.50	69.0	80.50	92	115.0	138	184	230	276	368	460
46	23.5	35.25	47	58.75	70.5	82.25	94	117.5	141	188	235	282	376	470
47	24.0	36.00	48	60.00	72.0	84.00	96	120.0	144	192	240	288	384	480
48	24.5	36.75	49	61.25	73.5	85.75	98	122.5	147	196	245	294	392	490
49	25.0	37.50	50	62.50	75.0	87.50	100	125.0	150	200	250	300	400	500
50	25.5	38.25	51	63.75	76.5	89.25	102	127.5	153	204	255	306	408	510
51	26.0	39.00	52	65.00	78.0	91.00	104	130.0	156	208	260	312	416	520
52	26.5	39.75	53	66.25	79.5	92.75	106	132.5	159	212	265	318	424	530
53	27.0	40.50	54	67.50	81.0	94.50	108	135.0	162	216	270	324	432	540
54	27.5	41.25	55	68.75	82.5	96.25	110	137.5	165	220	275	330	440	550
55	28.0	42.00	56	70.00	84.0	98.00	112	140.0	168	224	280	336	448	560

表 3-3-27 45°外花键大径基本尺寸系列(GB/T 3478.1—2008)

$$D_{ee}=m(z+0.8)$$

(mm)

齿数 z	模数								
	0.25	(0.5)	(0.75)	1	(1.25)	1.5	(1.75)	2	2.5
10	2.70	5.40	8.10	10.80	13.50	16.20	18.90	21.60	27.00
11	2.95	5.90	8.85	11.80	14.75	17.70	20.65	23.60	29.50
12	3.20	6.40	9.60	12.80	16.00	19.20	22.40	25.60	32.00
13	3.45	6.90	10.35	13.80	17.25	20.70	24.15	27.60	34.50
14	3.70	7.40	11.10	14.80	18.50	22.20	25.90	29.60	37.00
15	3.95	7.90	11.85	15.80	19.75	23.70	27.65	31.60	39.50
16	4.20	8.40	12.60	16.80	21.00	25.20	29.40	33.60	42.00
17	4.45	8.90	13.35	17.80	22.25	26.70	31.15	35.60	44.50
18	4.70	9.40	14.10	18.80	23.50	28.20	32.90	37.60	47.00
19	4.95	9.90	14.85	19.80	24.75	29.70	34.65	39.60	49.50
20	5.20	10.40	15.60	20.80	26.00	31.20	36.40	41.60	52.00
21	5.45	10.90	16.35	21.80	27.25	32.70	38.15	43.60	54.50
22	5.70	11.40	17.10	22.80	28.50	34.20	39.90	45.60	57.00
23	5.95	11.90	17.85	23.80	29.75	35.70	41.65	47.60	59.50
24	6.20	12.40	18.60	24.80	31.00	37.20	43.40	49.60	62.00
25	6.45	12.90	19.35	25.80	32.25	38.70	45.15	51.60	64.50

续表 3-3-27 (mm)

齿数 z	模数 0.25	(0.5)	(0.75)	1	(1.25)	1.5	(1.75)	2	2.5
26	6.70	13.40	20.10	26.80	33.50	40.20	46.90	53.60	67.00
27	6.95	13.90	20.85	27.80	34.75	41.70	48.65	55.60	69.50
28	7.20	14.40	21.60	28.80	36.00	43.20	50.40	57.60	72.00
29	7.45	14.90	22.35	29.80	37.25	44.70	52.15	59.60	74.50
30	7.70	15.40	23.10	30.80	38.50	46.20	53.90	61.60	77.00
31	7.95	15.90	23.85	31.80	39.75	47.70	55.65	63.60	79.50
32	8.20	16.40	24.60	32.80	41.00	49.20	57.40	65.60	82.00
33	8.45	16.90	25.35	33.80	42.25	50.70	59.15	67.60	84.50
34	8.70	17.40	26.10	34.80	43.50	52.20	60.90	69.60	87.00
35	8.95	17.90	26.85	35.80	44.75	53.70	62.65	71.60	89.50
36	9.20	18.40	27.60	36.80	46.00	55.20	64.40	73.60	92.00
37	9.45	18.90	28.35	37.80	47.25	56.70	66.15	75.60	94.50
38	9.70	19.40	29.10	38.80	48.50	58.20	67.90	77.60	97.00
39	9.95	19.90	29.85	39.80	49.75	59.70	69.65	79.60	99.50
40	10.20	20.40	30.60	40.80	51.00	61.20	71.40	81.60	102.00
41	10.45	20.90	31.35	41.80	52.25	62.70	73.15	83.60	104.50
42	10.70	21.40	32.10	42.80	53.50	64.20	74.90	85.60	107.00
43	10.95	21.90	32.85	43.80	54.75	65.70	76.65	87.60	109.50
44	11.20	22.40	33.60	44.80	56.00	67.20	78.40	89.60	112.00
45	11.45	22.90	34.35	45.80	57.25	68.70	80.15	91.60	114.50
46	11.70	23.40	35.10	46.80	58.50	70.20	81.90	93.60	117.00
47	11.95	23.90	35.85	47.80	59.75	71.70	83.65	95.60	119.50
48	12.10	24.40	36.60	48.80	61.00	73.20	85.40	97.60	122.00
49	12.45	24.90	37.35	49.80	62.25	74.70	87.15	99.60	124.50
50	12.70	25.40	38.10	50.80	63.50	76.20	88.90	101.60	127.00
51	12.95	25.90	38.85	51.80	64.75	77.70	90.65	103.60	129.50
52	13.20	26.40	39.60	52.80	66.00	79.20	92.40	105.60	132.00
53	13.45	26.90	40.35	53.80	67.25	80.70	94.15	107.60	134.50
54	13.70	27.40	41.10	54.80	68.50	82.20	95.90	109.60	137.00
55	13.95	27.90	41.85	55.80	69.75	83.70	97.65	111.60	139.50

(6) 渐开线花键公差与配合

1) 公差等级(表 3-3-28)

表 3-3-28 公差等级

标准压力角/(°)	公差等级	标准压力角/(°)	公差等级
30	4、5、6、7	45	6、7

2) 齿侧配合

① 渐开线花键联接的齿侧配合采用基孔制,即仅改变外花键作用齿厚上偏差的方法实现不同的配合。

② 标准规定花键联结有六种齿侧配合类别:H/k、H/js、H/h、H/f、H/e 和 H/d,(图 3-3-1)。对标准压力角 45°的花键联接,应优先选用 H/k、H/h 和 H/f。

③ 花键齿侧配合性质取决于最小作用侧隙,与公差等级无关(配合类别 H/k 和 H/js 除外)。

④ 齿侧配合的精度决定于总公差($T+\lambda$)。允许不同公差等级的内、外花键相互配合。

(7) 图样标记示例

[例 1] 花键副,齿数 24、模数 2.5、内花键为 30°平齿根、其公差等级为 6 级,外花键为 30°圆齿根,其公差等级为5 级、配合类别为 H/h。

花键副:INT/EXT 24z×2.5m×30P/R×6H/5h

内花键:INT 24z×2.5m×30P×6H

外花键:EXT 24z×2.5m×30R×5h

[例 2] 花键副,齿数 24、模数 2.5 mm、45°标准压力角、内花键公差等级为 6 级、外花键公差等级为 7 级、配合类别为 H/h。

花键副:INT/EXT 24z×2.5m×45×6H/7h

内花键:INT 24z×2.5m×45×6H

外花键:EXT 24z×2.5m×45×7h

(8) 公差数值表

1) 总公差($T+\lambda$),综合公差 λ,周节累积公差 F_p 和齿形公差 f_f(见表 3-3-29～表 3-3-36)

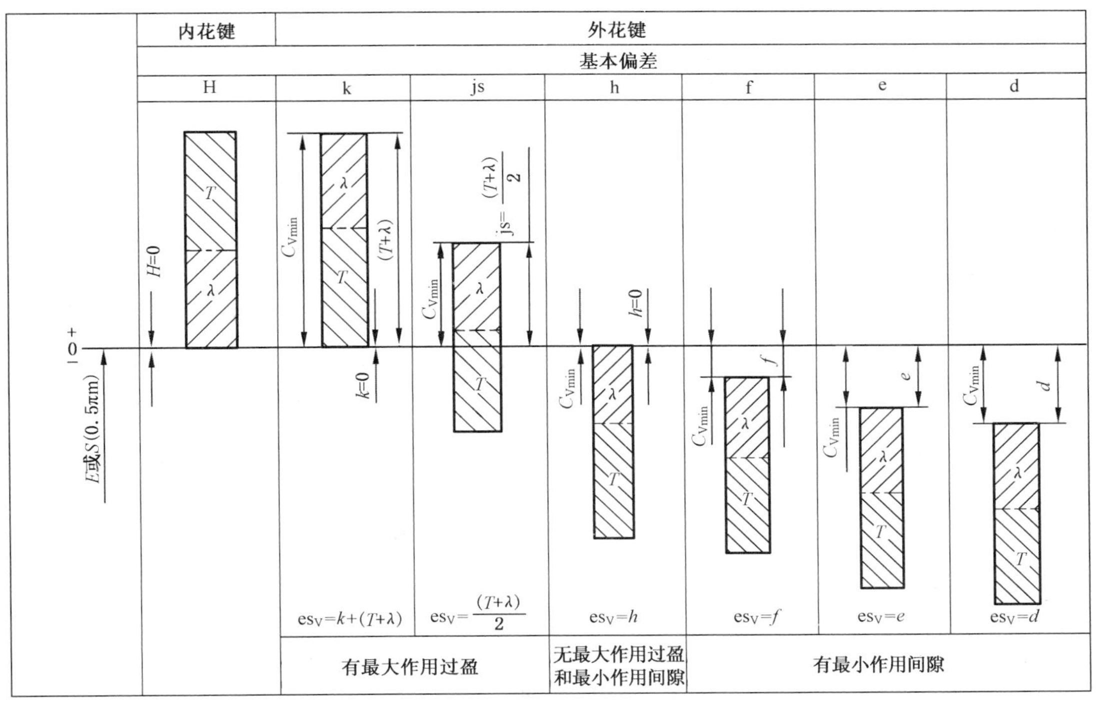

图 3-3-1 齿侧配合

表 3-3-29 总公差$(T+\lambda)$、综合公差λ、齿距累积公差F_p和齿形公差f_f

$m=0.5$mm (μm)

z	公差等级																z
	4				5				6				7				
	$T+\lambda$	λ	F_p	f_f	$T+\lambda$	λ	F_p	f_f	$T+\lambda$	λ	F_p	f_f	$T+\lambda$	λ	F_p	f_f	
10	24	11	13	11	39	16	19	17	61	23	26	27	98	36	38	44	10
11	25	11	14	11	39	16	19	17	62	24	27	27	99	36	39	44	11
12	25	11	14	11	40	16	20	17	62	24	28	27	99	36	40	44	12
13	25	11	14	11	40	17	20	17	63	24	28	27	100	37	41	44	13
14	25	11	15	11	41	17	21	17	63	25	29	27	101	37	42	44	14
15	26	12	15	11	41	17	21	17	64	25	30	27	102	37	42	44	15
16	26	12	15	11	41	17	22	17	64	25	30	27	103	38	43	44	16
17	26	12	15	11	41	17	22	18	65	25	31	27	104	38	44	44	17
18	26	12	16	11	42	18	22	18	65	26	31	27	104	39	45	44	18
19	26	12	16	11	42	18	23	18	66	26	32	27	105	39	45	44	19
20	26	12	16	11	42	18	23	18	66	26	32	27	106	39	46	44	20
21	27	12	16	11	43	18	23	18	66	26	33	28	106	40	47	44	21
22	27	13	17	11	43	18	24	18	67	27	33	28	107	40	48	44	22
23	27	13	17	11	43	18	24	18	67	27	34	28	108	40	48	44	23
24	27	13	17	11	43	19	24	18	68	27	34	28	108	40	49	44	24
25	27	13	17	11	44	19	25	18	68	27	35	28	109	41	49	44	25
26	27	13	18	11	44	19	25	18	68	27	35	28	109	41	50	44	26
27	27	13	18	11	44	19	25	18	69	28	36	28	110	41	51	44	27
28	28	13	18	11	44	19	26	18	69	28	36	28	110	42	51	44	28
29	28	13	18	11	44	19	26	18	69	28	36	28	111	42	52	44	29
30	28	13	18	11	45	20	26	18	70	28	37	28	112	42	52	44	30
31	28	14	19	11	45	20	27	18	70	28	37	28	112	43	53	44	31
32	28	14	19	11	45	20	27	18	70	29	38	28	113	43	54	44	32
33	28	14	19	11	45	20	27	18	71	29	38	28	113	43	54	44	33
34	28	14	19	11	45	20	27	18	71	29	38	28	113	43	55	44	34
35	28	14	19	11	46	20	28	18	71	29	39	28	114	44	55	45	35
36	29	14	20	11	46	20	28	18	72	29	39	28	114	44	56	45	36
37	29	14	20	11	46	21	28	18	72	30	39	28	115	44	56	45	37

续表 3-3-29 (μm)

z	公差等级																z
	4				5				6				7				
	$T+\lambda$	λ	F_p	f_f	$T+\lambda$	λ	F_p	f_f	$T+\lambda$	λ	F_p	f_f	$T+\lambda$	λ	F_p	f_f	
38	29	14	20	11	46	21	28	18	72	30	40	28	115	44	57	45	38
39	29	14	20	11	46	21	29	18	72	30	40	28	116	45	57	45	39
40	29	14	20	11	46	21	29	18	73	30	41	28	116	45	58	45	40
41	29	15	20	11	47	21	29	18	73	30	41	28	117	45	58	45	41
42	29	15	21	11	47	21	29	18	73	31	41	28	117	45	59	45	42
43	29	15	21	11	47	21	30	18	73	31	42	28	117	46	59	45	43
44	29	15	21	11	47	21	30	18	74	31	42	28	118	46	60	45	44
45	30	15	21	11	47	22	30	18	74	31	42	28	118	46	60	45	45
46	30	15	21	11	47	22	30	18	74	31	43	28	119	46	61	45	46
47	30	15	21	11	48	22	31	18	74	31	43	28	119	47	61	45	47
48	30	15	22	11	48	22	31	18	75	32	43	28	119	47	62	45	48
49	30	15	22	11	48	22	31	18	75	32	44	28	120	47	62	45	49
50	30	15	22	11	48	22	31	18	75	32	44	28	120	47	62	45	50
51	30	15	22	11	48	22	31	18	75	32	44	28	121	48	63	45	51
52	30	16	22	11	48	22	32	18	76	32	44	28	121	48	63	45	52
53	30	16	22	11	48	23	32	18	76	32	45	28	121	48	64	45	53
54	30	16	23	11	49	23	32	18	76	33	45	28	122	48	64	45	54
55	30	16	23	11	49	23	32	18	76	33	45	28	122	49	64	45	55

表 3-3-30 总公差($T+\lambda$)、综合公差 λ、齿距累积公差 F_p 和齿形公差 f_f

$m=1$mm (μm)

z	公差等级																z
	4				5				6				7				
	$T+\lambda$	λ	F_p	f_f	$T+\lambda$	λ	F_p	f_f	$T+\lambda$	λ	F_p	f_f	$T+\lambda$	λ	F_p	f_f	
10	31	13	16	12	49	18	23	19	77	27	32	29	123	40	46	47	10
11	31	13	17	12	50	19	24	19	78	27	33	30	124	41	48	47	11
12	31	13	17	12	50	19	24	19	78	28	34	30	126	42	49	47	12
13	32	13	18	12	51	19	25	19	79	28	35	30	127	42	50	47	13
14	32	13	18	12	51	20	26	19	80	29	36	30	128	43	51	47	14
15	32	14	18	12	52	20	26	19	81	29	37	30	129	43	52	47	15
16	32	14	19	12	52	20	27	19	81	29	38	30	130	44	54	48	16
17	33	14	19	12	52	21	27	19	82	30	38	30	131	45	55	48	17
18	33	14	20	12	53	21	28	19	82	30	39	30	132	45	56	48	18
19	33	14	20	12	53	21	28	19	83	31	40	30	133	46	57	48	19
20	33	15	20	12	53	21	29	19	83	31	41	30	134	46	58	48	20
21	34	15	21	12	54	22	29	19	84	31	41	30	134	47	59	48	21
22	34	15	21	12	54	22	30	19	84	32	42	30	135	47	60	48	22
23	34	15	21	12	54	22	30	19	85	32	43	30	136	48	61	48	23
24	34	15	22	12	55	22	31	19	85	32	43	30	137	48	62	48	24
25	34	16	22	12	55	23	31	19	86	33	44	30	138	48	62	48	25
26	35	16	22	12	55	23	32	19	86	33	44	30	138	49	63	48	26
27	35	16	23	12	56	23	32	19	87	33	45	30	139	49	64	48	27
28	35	16	23	12	56	23	33	19	87	34	46	30	140	50	65	49	28
29	35	16	23	12	56	24	33	19	88	34	46	30	140	50	66	49	29
30	35	16	23	12	56	24	33	19	88	34	47	30	141	51	67	49	30
31	35	17	24	12	57	24	34	19	89	34	47	31	142	51	68	49	31
32	36	17	24	12	57	24	34	19	89	35	48	31	142	52	68	49	32
33	36	17	24	12	57	24	35	20	89	35	48	31	143	52	69	49	33
34	36	17	25	12	57	25	35	20	90	35	49	31	144	52	70	49	34
35	36	17	25	12	58	25	35	20	90	36	50	31	144	53	71	49	35
36	36	17	25	12	58	25	36	20	90	36	50	31	145	53	71	49	36
37	36	18	25	12	58	25	36	20	91	36	51	31	145	54	72	49	37
38	36	18	26	12	58	25	36	20	91	37	51	31	146	54	73	49	38
39	37	18	26	12	59	26	37	20	92	37	52	31	147	54	74	49	39
40	37	18	26	12	59	26	37	20	92	37	52	31	147	55	74	49	40
41	37	18	26	12	59	26	37	20	92	37	53	31	148	55	75	50	41
42	37	18	27	12	59	26	38	20	93	38	53	31	148	55	76	50	42
43	37	18	27	12	59	26	38	20	93	38	54	31	149	56	76	50	43

续表 3-3-30 (μm)

z	公差等级																z
	4				5				6				7				
	$T+\lambda$	λ	F_p	f_f	$T+\lambda$	λ	F_p	f_f	$T+\lambda$	λ	F_p	f_f	$T+\lambda$	λ	F_p	f_f	
44	37	18	27	12	60	27	39	20	93	38	54	31	149	56	77	50	44
45	37	19	27	13	60	27	39	20	94	38	55	31	150	57	78	50	45
46	38	19	28	13	60	27	39	20	94	39	55	31	150	57	78	50	46
47	38	19	28	13	60	27	40	20	94	39	55	31	151	57	79	50	47
48	38	19	28	13	61	27	40	20	95	39	56	31	151	58	80	50	48
49	38	19	28	13	61	28	40	20	95	39	56	31	152	58	80	50	49
50	38	19	28	13	61	28	40	20	95	40	57	31	152	58	81	50	50
51	38	19	29	13	61	28	41	20	95	40	57	32	153	59	82	50	51
52	38	19	29	13	61	28	41	20	96	40	58	32	153	59	82	50	52
53	38	20	29	13	61	28	41	20	96	40	58	32	154	59	83	50	53
54	39	20	29	13	62	28	42	20	96	41	59	32	154	60	83	51	54
55	39	20	30	13	62	29	42	20	97	41	59	32	154	60	84	51	55

表 3-3-31 总公差($T+\lambda$)、综合公差 λ、齿距累积公差 F_p 和齿形公差 f_f

$m=1.5$mm (μm)

z	公差等级																z
	4				5				6				7				
	$T+\lambda$	λ	F_p	f_f	$T+\lambda$	λ	F_p	f_f	$T+\lambda$	λ	F_p	f_f	$T+\lambda$	λ	F_p	f_f	
10	35	14	18	13	56	20	26	20	88	30	37	32	141	45	52	51	10
11	36	14	19	13	57	21	27	20	89	30	38	32	143	46	54	51	11
12	36	15	20	13	58	21	28	20	90	30	39	32	144	46	56	51	12
13	36	15	20	13	58	22	29	20	91	31	40	32	145	47	57	51	13
14	37	15	21	13	59	22	29	20	92	32	41	32	147	48	59	51	14
15	37	15	21	13	59	22	30	20	92	32	42	32	148	48	60	51	15
16	37	16	22	13	60	23	31	20	93	33	43	32	149	49	62	51	16
17	38	16	22	13	60	23	31	21	94	33	44	32	150	50	63	51	17
18	38	16	23	13	60	23	32	21	95	34	45	32	151	51	64	52	18
19	38	16	23	13	61	24	33	21	95	34	46	32	152	51	66	52	19
20	38	17	23	13	61	24	33	21	96	35	47	32	153	52	67	52	20
21	39	17	24	13	62	24	34	21	96	35	48	33	154	52	68	52	21
22	39	17	24	13	62	25	35	21	97	35	48	33	155	53	69	52	22
23	39	17	25	13	62	25	35	21	98	36	49	33	156	54	70	52	23
24	39	18	25	13	63	25	36	21	98	37	50	33	157	54	71	52	24
25	39	18	25	13	63	26	36	21	99	37	51	33	158	55	72	52	25
26	40	18	26	13	63	26	37	21	99	37	52	33	159	55	74	53	26
27	40	18	26	13	64	26	37	21	100	38	52	33	160	56	75	53	27
28	40	18	27	13	64	27	38	21	100	38	53	33	160	57	76	53	28
29	40	19	27	13	64	27	38	21	101	39	54	33	161	57	77	53	29
30	40	19	27	13	65	27	39	21	101	39	55	33	162	58	78	53	30
31	41	19	28	13	65	27	39	21	102	39	55	33	163	58	79	53	31
32	41	19	28	13	65	28	40	21	102	40	56	33	164	59	80	53	32
33	41	19	28	13	66	28	40	21	103	40	57	33	164	59	81	53	33
34	41	20	29	13	66	28	41	21	103	41	57	34	165	60	82	53	34
35	41	20	29	13	66	29	41	21	103	41	58	34	166	60	82	54	35
36	42	20	29	13	67	29	42	21	104	41	59	34	166	61	83	54	36
37	42	20	30	14	67	29	42	21	104	42	59	34	167	61	84	54	37
38	42	20	30	14	67	29	43	22	105	42	60	34	168	62	85	54	38
39	42	21	30	14	67	30	43	12	105	42	60	34	168	62	86	54	39
40	42	21	31	14	68	30	43	22	106	43	61	34	169	63	87	54	40
41	42	21	31	14	68	30	44	22	106	43	62	34	170	63	88	54	41
42	43	21	31	14	68	30	44	22	106	43	62	34	170	64	89	54	42
43	43	21	31	14	68	31	45	22	107	44	63	34	171	64	89	55	43
44	43	21	32	14	69	31	45	22	107	44	63	34	171	65	90	55	44
45	43	22	32	14	69	31	46	22	108	44	64	34	172	65	91	55	45
46	43	22	32	14	69	31	46	22	108	45	65	34	173	66	92	55	46
47	43	22	33	14	69	31	46	22	108	45	65	35	173	66	93	55	47
48	43	22	33	14	70	32	47	22	109	45	66	35	174	66	94	55	48
49	44	22	33	14	70	32	47	22	109	46	66	35	174	67	94	55	49
50	44	22	33	14	70	32	48	22	109	46	67	35	175	67	95	55	50

续表 3-3-31 (μm)

z	公差等级																z
	4				5				6				7				
	$T+\lambda$	λ	F_p	f_f	$T+\lambda$	λ	F_p	f_f	$T+\lambda$	λ	F_p	f_f	$T+\lambda$	λ	F_p	f_f	
51	44	23	34	14	70	32	48	22	110	46	67	35	176	68	96	55	51
52	44	23	34	14	70	33	48	22	110	47	68	35	176	68	97	56	52
53	44	23	34	14	71	33	49	22	110	47	68	35	177	69	97	56	53
54	44	23	34	14	71	33	49	22	110	47	69	35	177	69	98	56	54
55	44	23	35	14	71	33	49	22	111	47	69	35	178	70	99	56	55

表 3-3-32 总公差($T+\lambda$)、综合公差 λ、齿距累积公差 F_p 和齿形公差 f_f

$m=2$mm (μm)

z	公差等级																z
	4				5				6				7				
	$T+\lambda$	λ	F_p	f_f	$T+\lambda$	λ	F_p	f_f	$T+\lambda$	λ	F_p	f_f	$T+\lambda$	λ	F_p	f_f	
10	39	15	20	14	62	22	29	22	97	32	41	34	156	49	58	54	10
11	39	16	21	14	63	23	30	22	98	33	42	34	157	49	60	54	11
12	40	16	22	14	64	23	31	22	99	34	43	34	159	50	62	54	12
13	40	16	22	14	64	24	32	22	100	34	44	34	160	51	63	55	13
14	40	17	23	14	65	24	33	22	101	35	46	34	162	52	65	55	14
15	41	17	23	14	65	25	33	22	102	36	47	34	163	53	67	55	15
16	41	17	24	14	66	25	34	22	103	36	48	35	164	54	68	55	16
17	41	17	25	14	66	25	35	22	104	37	49	35	166	55	70	55	17
18	42	18	25	14	67	26	36	22	104	37	50	35	167	55	71	55	18
19	42	18	26	14	67	26	36	22	105	38	51	35	168	56	73	56	19
20	42	18	26	14	68	27	37	22	106	38	52	35	169	57	74	56	20
21	43	19	27	14	68	27	38	22	106	39	53	35	170	58	76	56	21
22	43	19	27	14	69	27	39	22	107	39	54	35	171	58	77	56	22
23	43	19	28	14	69	28	39	22	108	40	55	35	172	59	78	56	23
24	43	19	28	14	69	28	40	22	108	40	56	35	173	60	80	56	24
25	44	20	28	14	70	28	40	23	109	41	57	35	174	60	81	57	25
26	44	20	29	14	70	29	41	23	110	41	58	36	175	61	82	57	26
27	44	20	29	14	70	29	42	23	110	42	59	36	176	62	83	57	27
28	44	20	30	14	71	29	42	23	111	42	59	36	177	62	85	57	28
29	44	21	30	14	71	30	43	23	111	43	60	36	178	63	86	57	29
30	45	21	31	14	71	30	43	23	112	43	61	36	179	64	87	57	30
31	45	21	31	14	72	30	44	23	112	44	62	36	180	64	88	57	31
32	45	21	31	14	72	31	45	23	113	44	63	36	180	65	89	58	32
33	45	22	32	15	72	31	45	23	113	45	63	36	181	66	90	58	33
34	45	22	32	15	73	31	46	23	114	45	64	36	182	66	91	58	34
35	46	22	33	15	73	32	46	23	114	45	65	36	183	67	92	58	35
36	46	22	33	15	73	32	47	23	115	46	66	37	184	67	94	58	36
37	46	22	33	15	74	33	47	23	115	46	66	37	184	68	95	59	37
38	46	22	34	15	74	33	48	23	116	47	67	37	185	69	96	59	38
39	46	23	34	15	74	33	48	23	116	47	68	37	186	69	97	59	39
40	47	23	34	15	75	33	49	23	117	48	69	37	187	70	98	59	40
41	47	23	35	15	75	33	49	24	117	48	69	37	187	70	99	59	41
42	47	23	35	15	75	34	50	24	117	48	70	37	188	71	100	59	42
43	47	24	35	15	75	34	50	24	118	49	71	37	189	71	101	59	43
44	47	24	36	15	76	34	51	24	118	49	71	37	189	72	101	60	44
45	48	24	36	15	76	35	51	24	119	49	72	38	190	72	102	60	45
46	48	24	36	15	76	35	52	24	119	50	73	38	191	73	103	60	46
47	48	24	37	15	77	35	52	24	120	50	73	38	191	74	104	60	47
48	48	25	37	15	77	36	53	24	120	51	74	38	192	74	105	60	48
49	48	25	37	15	77	36	53	24	120	51	75	38	193	75	106	60	49
50	48	25	38	15	77	36	53	24	121	51	75	38	193	75	107	60	50
51	48	25	38	15	78	36	54	24	121	52	76	38	194	76	108	61	51
52	49	25	38	15	78	36	54	24	122	52	76	38	195	76	109	61	52
53	49	26	39	15	78	37	55	24	122	52	77	38	195	77	110	61	53
54	49	26	39	15	78	37	55	24	122	53	78	38	196	77	110	61	54
55	49	26	39	15	79	37	56	24	123	53	78	38	196	78	111	61	55

表 3-3-33 总公差($T+\lambda$)、综合公差 λ、齿距累积公差 F_p 和齿形公差 f_f

$m=2.5$mm

(μm)

z	公差等级																z
	4				5				6				7				
	$T+\lambda$	λ	F_p	f_f	$T+\lambda$	λ	F_p	f_f	$T+\lambda$	λ	F_p	f_f	$T+\lambda$	λ	F_p	f_f	
10	42	16	22	14	67	24	31	23	105	35	44	36	168	52	62	58	10
11	42	17	23	15	68	24	32	23	106	35	45	36	170	53	65	58	11
12	43	17	23	15	68	25	33	23	107	36	47	36	171	54	67	58	12
13	43	17	24	15	69	25	34	23	108	37	48	37	173	55	69	58	13
14	44	18	25	15	70	26	35	23	109	38	50	37	174	56	71	59	14
15	44	18	25	15	70	26	36	23	110	38	51	37	176	57	72	59	15
16	44	19	26	15	71	27	37	23	111	39	52	37	177	58	74	59	16
17	45	19	27	15	71	27	38	24	112	40	53	37	179	59	76	59	17
18	45	19	27	15	72	28	39	24	112	40	55	37	180	60	78	59	18
19	45	20	28	15	72	28	40	24	113	41	56	37	181	61	79	59	19
20	46	20	28	15	73	29	40	24	114	42	57	38	182	62	81	60	20
21	46	20	29	15	73	29	41	24	115	42	58	38	184	62	82	60	21
22	46	21	30	15	74	30	42	24	115	43	59	38	185	63	84	60	22
23	46	21	30	15	74	30	43	24	116	43	60	38	186	64	85	60	23
24	47	21	31	15	75	30	43	24	117	44	61	38	187	65	87	60	24
25	47	21	31	15	75	31	44	24	118	44	62	38	188	66	88	61	25
26	47	22	32	15	76	31	45	24	118	45	63	38	189	66	90	61	26
27	48	22	32	15	76	32	46	24	119	45	64	38	190	67	91	61	27
28	48	22	33	15	76	32	46	24	119	46	65	38	191	68	92	61	28
29	48	22	33	15	77	32	47	25	120	47	66	39	192	69	94	61	29
30	48	22	33	15	77	33	48	25	121	47	67	39	193	69	95	62	30
31	49	23	34	16	78	33	48	25	121	48	68	39	194	70	96	62	31
32	49	23	34	16	78	34	49	25	122	48	69	39	195	71	98	62	32
33	49	24	35	16	78	34	49	25	122	49	69	39	196	71	99	62	33
34	49	24	35	16	79	34	50	25	123	49	70	39	197	72	100	62	34
35	49	24	36	16	79	35	51	25	123	50	71	39	197	73	101	63	35
36	50	24	36	16	79	35	51	25	124	50	72	39	198	73	102	63	36
37	50	25	36	16	80	35	52	25	124	51	73	40	199	74	104	63	37
38	50	25	37	16	80	36	52	25	125	51	74	40	200	75	105	63	38
39	50	25	37	16	80	36	53	25	125	51	74	40	201	75	106	63	39
40	50	25	38	16	81	36	53	25	126	52	75	40	202	76	107	64	40
41	51	25	38	16	81	37	54	25	126	52	76	40	203	77	108	64	41
42	51	26	38	16	81	37	55	26	127	53	77	40	203	77	109	64	42
43	51	26	39	16	82	37	55	26	127	53	77	40	204	78	110	64	43
44	51	26	39	16	82	38	56	26	128	54	78	40	205	79	111	64	44
45	51	26	40	16	82	38	56	26	128	54	79	41	206	79	112	65	45
46	52	27	40	16	82	38	57	26	129	55	80	41	206	80	113	65	46
47	52	27	40	16	83	38	57	26	129	55	80	41	207	80	114	65	47
48	52	27	41	16	83	39	58	26	130	55	81	41	208	81	115	65	48
49	52	27	41	16	83	39	58	26	130	56	82	41	208	82	116	65	49
50	52	27	41	16	84	39	59	26	131	56	83	41	209	82	117	66	50
51	52	28	42	17	84	40	59	26	131	57	83	41	210	83	118	66	51
52	53	28	42	17	84	40	60	26	132	57	84	41	210	83	119	66	52
53	53	28	42	17	84	40	60	26	132	57	85	42	211	84	120	66	53
54	53	28	43	17	85	41	61	26	132	58	85	42	212	85	121	66	54
55	53	28	43	17	85	41	61	27	133	58	86	42	213	85	122	67	55

表 3-3-34　总公差（$T+\lambda$）、综合公差 λ、齿距累积公差 F_p 和齿形公差 f_f

$m=3$mm　（μm）

z	公差等级																z
	4				5				6				7				
	$T+\lambda$	λ	F_p	f_f	$T+\lambda$	λ	F_p	f_f	$T+\lambda$	λ	F_p	f_f	$T+\lambda$	λ	F_p	f_f	
10	45	17	23	15	71	25	33	24	112	37	47	38	178	55	67	61	10
11	45	18	24	15	72	26	35	25	113	38	48	39	180	57	69	61	11
12	46	18	25	16	73	27	36	25	114	39	50	39	182	58	71	62	12
13	46	19	26	16	74	27	37	25	115	39	52	39	184	59	74	62	13
14	46	19	27	16	74	28	38	25	116	40	53	39	186	60	76	62	14
15	47	19	27	16	75	28	39	25	117	41	55	39	187	61	78	62	15
16	47	20	28	16	75	29	40	25	118	42	56	39	189	62	80	63	16
17	48	20	29	16	76	29	41	25	119	42	57	40	190	63	82	63	17
18	48	21	29	16	77	30	42	25	120	43	59	40	192	64	83	63	18
19	48	21	30	16	77	30	43	25	121	44	60	40	193	65	85	63	19
20	49	21	31	16	78	31	43	25	121	44	61	40	194	66	87	64	20
21	49	22	31	16	78	31	44	25	122	45	62	40	195	67	89	64	21
22	49	22	32	16	79	32	45	26	123	46	63	40	197	68	90	64	22
23	49	22	32	16	79	32	46	26	124	46	65	40	198	69	92	64	23
24	50	23	33	16	80	32	47	26	124	47	66	41	199	69	94	65	24
25	50	23	33	16	80	33	48	26	125	48	67	41	200	70	95	65	25
26	50	23	34	16	81	34	48	26	126	48	68	41	201	71	97	65	26
27	51	24	34	16	81	34	49	26	127	49	69	41	203	72	98	65	27
28	51	24	35	16	81	34	50	26	127	49	70	41	203	73	100	66	28
29	51	24	36	17	82	35	50	26	128	50	71	41	205	74	101	66	29
30	51	24	36	17	82	35	51	26	128	51	72	41	206	74	102	66	30
31	52	25	37	17	83	35	52	26	129	51	73	42	207	75	104	66	31
32	52	25	37	17	83	36	53	26	130	52	74	42	208	76	105	66	32
33	52	25	37	17	83	36	53	27	130	52	75	42	209	77	107	67	33
34	52	26	38	17	84	37	54	27	131	53	76	42	209	78	108	67	34
35	53	26	38	17	84	37	55	27	131	53	77	42	210	78	109	67	35
36	53	26	39	17	85	38	55	27	132	54	78	42	211	79	110	67	36
37	53	26	39	17	85	38	56	27	133	54	79	43	212	80	112	67	37
38	53	27	40	17	85	38	57	27	133	55	79	43	213	81	113	68	38
39	53	27	40	17	86	39	57	27	134	55	80	43	214	81	114	68	39
40	54	27	41	17	86	39	58	27	134	56	81	43	215	82	115	68	40
41	54	27	41	17	86	39	58	27	135	56	82	43	216	83	117	69	41
42	54	28	41	17	87	40	59	27	135	57	83	43	217	83	118	69	42
43	54	28	42	17	87	40	60	28	136	57	84	43	217	84	119	69	43
44	55	28	42	17	87	40	60	28	136	58	84	44	218	85	120	69	44
45	55	28	43	17	88	41	61	28	137	58	85	44	219	85	121	70	45
46	55	29	43	18	88	41	61	28	137	59	86	44	220	86	123	70	46
47	55	29	44	18	88	41	62	28	138	59	87	44	221	87	124	70	47
48	55	29	44	18	89	42	62	28	138	60	88	44	221	87	125	70	48
49	56	29	44	18	89	42	63	28	139	60	88	44	222	88	126	70	49
50	56	30	45	18	89	42	63	28	139	61	89	44	223	89	127	71	50
51	56	30	45	18	90	43	64	28	140	61	90	45	224	89	128	71	51
52	56	30	45	18	90	43	65	28	140	62	91	45	224	90	129	71	52
53	56	30	46	18	90	43	65	28	141	62	92	45	225	91	130	71	53
54	56	30	46	18	90	44	66	29	141	63	92	45	226	91	131	72	54
55	57	31	47	18	91	44	66	29	142	63	93	45	227	92	132	72	55

表 3-3-35 总公差($T+\lambda$)、综合公差 λ、齿距累积公差 F_p 和齿形公差 f_f

m=5mm (μm)

z	公差等级																z
	4				5				6				7				
	$T+\lambda$	λ	F_p	f_f	$T+\lambda$	λ	F_p	f_f	$T+\lambda$	λ	F_p	f_f	$T+\lambda$	λ	F_p	f_f	
10	53	21	28	19	85	31	40	30	133	45	57	47	213	67	81	75	10
11	54	22	30	19	86	32	42	30	134	46	59	48	215	69	84	76	11
12	54	22	31	19	87	32	43	30	136	47	61	48	217	70	87	76	12
13	55	23	32	19	88	33	45	31	137	48	63	48	219	72	90	77	13
14	55	23	33	19	88	34	46	31	138	49	65	48	221	73	92	77	14
15	56	24	33	19	89	35	48	31	139	50	67	49	223	75	95	77	15
16	56	24	34	20	90	35	49	31	141	51	68	49	225	76	98	78	16
17	57	25	35	20	91	36	50	31	142	52	70	49	227	77	100	78	17
18	57	25	36	20	91	37	51	31	143	53	72	49	228	79	102	78	18
19	58	26	37	20	92	37	52	31	144	54	74	50	230	80	105	79	19
20	58	26	38	20	93	38	53	32	145	55	75	50	232	81	107	79	20
21	58	27	39	20	93	38	54	32	146	56	77	50	223	82	109	80	21
22	59	27	39	20	94	39	56	32	147	57	78	50	235	84	111	80	22
23	59	28	40	20	95	40	57	32	148	57	80	51	236	85	113	81	23
24	59	28	41	20	95	40	58	32	149	58	81	51	238	86	115	81	24
25	60	28	41	20	96	41	59	32	149	59	83	51	239	87	117	81	25
26	60	29	42	21	96	42	60	33	150	60	84	51	241	88	119	82	26
27	60	29	43	21	97	42	61	33	151	61	85	52	242	89	121	82	27
28	61	30	43	21	97	43	62	33	152	61	87	52	243	90	123	82	28
29	61	30	44	21	98	43	63	33	153	62	88	52	244	92	125	83	29
30	61	30	45	21	98	44	63	33	154	63	89	52	246	93	127	83	30
31	62	31	45	21	99	44	64	33	154	64	91	53	247	94	129	84	31
32	62	31	46	21	99	45	65	33	155	64	92	53	248	95	131	84	32
33	62	31	47	21	100	45	66	34	156	65	93	53	249	96	132	84	33
34	63	32	47	21	100	46	67	34	157	66	94	53	251	97	134	85	34
35	63	32	48	21	101	46	68	34	157	67	95	54	252	98	136	85	35
36	63	33	48	22	101	47	69	34	158	67	97	54	253	99	137	86	36
37	64	33	49	22	102	47	70	34	159	68	98	54	254	100	139	86	37
38	64	33	49	22	102	48	70	34	159	69	99	54	255	101	141	86	38
39	64	34	50	22	103	48	71	35	160	69	100	55	256	102	142	87	39
40	64	34	51	22	103	49	72	35	161	70	101	55	257	103	144	87	40
41	65	34	51	22	103	49	73	35	162	71	102	55	258	103	145	88	41
42	65	35	52	22	104	50	73	35	162	71	103	55	259	104	147	88	42
43	65	35	52	22	104	50	74	35	163	72	104	56	261	105	148	88	43
44	65	35	53	22	105	51	75	35	163	72	105	56	262	106	150	89	44
45	66	36	53	22	105	51	76	36	164	73	106	56	263	107	151	89	45
46	66	36	54	23	105	52	76	36	165	74	108	56	264	108	153	90	46
47	66	36	54	23	106	52	77	36	165	74	109	57	265	109	154	90	47
48	66	36	55	23	106	52	78	36	166	75	110	57	266	110	156	90	48
49	67	37	55	23	107	53	79	36	167	76	111	57	267	111	157	91	49
50	67	37	56	23	107	53	79	36	167	76	112	57	267	112	159	91	50
51	67	37	56	23	107	54	80	36	168	77	113	58	268	112	160	92	51
52	67	38	57	23	108	54	81	37	168	77	114	58	269	113	161	92	52
53	68	38	57	23	108	55	81	37	169	78	115	58	270	114	163	92	53
54	68	38	58	23	108	55	82	37	169	79	115	58	271	115	164	93	54
55	68	39	58	23	109	55	83	37	170	79	116	59	272	116	166	93	55

表 3-3-36 总公差（$T+\lambda$）、综合公差 λ、齿距累积公差 F_p 和齿形公差 f_f

$m=10$mm

（μm）

z	公差等级																z
	4				5				6				7				
	$T+\lambda$	λ	F_p	f_f	$T+\lambda$	λ	F_p	f_f	$T+\lambda$	λ	F_p	f_f	$T+\lambda$	λ	F_p	f_f	
10	68	29	38	28	108	42	53	44	169	62	75	70	270	94	107	111	10
11	68	30	39	28	109	43	56	44	171	64	78	70	273	96	111	112	11
12	69	30	41	28	110	44	58	45	173	65	81	71	276	98	115	112	12
13	70	31	42	29	112	46	60	45	174	67	84	71	279	100	119	113	13
14	70	32	43	29	113	47	62	45	176	68	87	72	282	102	123	114	14
15	71	33	45	29	114	48	63	46	178	70	89	72	284	104	127	115	15
16	72	33	46	29	115	49	65	46	179	71	92	73	287	106	131	116	16
17	72	34	47	29	116	50	67	46	181	72	94	73	289	108	134	116	17
18	73	35	48	30	117	51	69	47	182	74	97	74	291	110	137	117	18
19	73	35	49	30	117	51	70	47	183	75	99	74	294	112	141	118	19
20	74	36	51	30	118	52	72	47	185	76	101	75	296	113	144	119	20
21	74	37	52	30	119	53	73	48	186	78	103	75	298	115	147	120	21
22	75	37	53	30	120	54	75	48	187	79	105	76	300	117	150	120	22
23	75	38	54	31	121	55	76	48	189	80	108	76	302	119	153	121	23
24	76	39	55	31	122	56	78	48	190	81	110	77	304	120	156	122	24
25	77	39	56	31	122	57	79	49	191	82	112	77	306	122	159	123	25
26	77	40	57	31	123	58	81	49	192	84	114	78	308	124	161	123	26
27	77	40	58	31	124	58	82	49	193	85	115	78	310	125	164	124	27
28	78	41	59	32	125	59	83	50	195	86	117	79	311	127	167	125	28
29	78	41	60	32	125	60	85	50	196	87	119	79	313	128	170	126	29
30	79	42	60	32	126	61	86	50	197	88	121	80	315	130	172	127	30
31	79	42	61	32	127	61	87	51	198	89	123	80	317	131	175	127	31
32	80	43	62	32	127	62	89	51	199	90	125	81	318	133	177	128	32
33	80	44	63	33	128	63	90	51	200	91	126	81	320	134	180	129	33
34	80	44	64	33	129	64	91	52	201	92	128	82	322	136	182	130	34
35	81	45	65	33	129	64	92	52	202	93	130	81	323	137	184	131	35
36	81	45	66	33	130	65	93	52	203	94	131	83	325	139	187	131	36
37	82	46	67	33	131	66	95	52	204	95	133	83	326	140	189	132	37
38	82	46	67	34	131	67	96	53	205	96	135	84	328	142	191	133	38
39	82	47	68	34	132	67	97	53	206	97	136	84	330	143	194	134	39
40	83	47	69	34	132	68	98	53	207	98	138	85	331	144	196	134	40
41	83	48	70	34	133	69	99	54	208	99	139	85	333	146	198	135	41
42	83	48	71	34	134	69	100	54	209	100	141	86	334	147	200	136	42
43	84	48	71	35	134	70	101	54	210	101	142	86	335	149	203	137	43
44	84	49	72	35	135	71	102	55	211	102	144	87	337	150	205	138	44
45	85	49	73	35	135	71	103	55	211	103	145	88	338	151	207	138	45
46	85	50	74	35	136	72	104	55	212	104	147	88	340	153	209	139	46
47	85	50	74	35	136	73	105	56	213	105	148	88	341	154	211	140	47
48	86	51	75	36	137	73	106	56	214	106	150	89	343	155	213	141	48
49	86	51	76	36	138	74	107	56	215	107	151	89	344	156	215	142	49
50	86	52	76	36	138	74	108	57	216	107	153	90	345	158	217	142	50
51	87	52	77	36	139	75	109	57	218	108	154	90	348	159	219	143	51
52	87	52	78	36	140	76	110	57	219	109	155	91	350	160	221	144	52
53	88	53	78	37	141	76	111	58	220	110	157	91	351	161	223	145	53
54	88	53	79	37	141	77	112	58	221	111	158	92	353	163	225	146	54
55	89	54	80	37	142	78	113	58	222	112	159	92	355	164	227	146	55

2）齿向公差 F_β（表 3-3-37）

表 3-3-37 齿向公差 F_β（GB/T 3478.1—2008） （μm）

公差等级 \ 花键长度 g	5	10	15	20	25	30	35	40	45	50	55	60	70	80	90	100
4	6	7	7	8	8	8	9	9	9	10	10	10	11	11	12	12
5	7	8	9	9	10	10	11	11	12	12	12	13	13	14	14	15
6	9	10	11	12	13	13	14	14	15	15	16	16	17	17	18	19
7	14	16	18	19	20	21	22	23	23	24	25	25	27	28	29	30

注：当花键长度 g（单位：mm）不为表中数值时，可按 F_β 给出的计算式计算。

3）作用齿槽宽 E_V 下偏差和作用齿厚 S_V 上偏差（表 3-3-38）

表 3-3-38 作用齿槽宽 E_V 下偏差和作用齿厚 S_V 上偏差（GB/T 3478.1—2008）

分度圆直径 D/mm	基本偏差						
	H	d	e	f	h	js	k
	作用齿槽宽 E_V 下偏差/μm	作用齿厚 S_V 上偏差 es_V/μm					
≤6	0	−30	−20	−10	0	$+\frac{(T+\lambda)}{2}$	$+(T+\lambda)$
>6～10	0	−40	−25	−13	0		
>10～18	0	−50	−32	−16	0		
>18～30	0	−65	−40	−20	0		
>30～50	0	−80	−50	−25	0		
>50～80	0	−100	−60	−30	0		
>80～120	0	−120	−72	−36	0		
>120～180	0	−145	−85	−43	0		
>180～250	0	−170	−100	−50	0		
>250～315	0	−190	−110	−56	0		
>315～400	0	−210	−125	−62	0		
>400～500	0	−230	−135	−68	0		
>500～630	0	−260	−145	−76	0		
>630～800	0	−290	−160	−80	0		
>800～1 000	0	−320	−170	−86	0		

注：1. 当表中的作用齿厚上偏差 es_V 值不能满足需要时，可从 GB/T 1800.3—1998 中选择合适的基本偏差。
2. 总公差（$T+\lambda$）的数值见表 3-3-29～表 3-3-36。

4）外花键小径 D_{ie} 和大径 D_{ee} 的上偏差 $es_V/\tan\alpha_D$（表 3-3-39）

表 3-3-39 外花键小径 D_{ie} 和大径 D_{ee} 的上偏差 $es_V/\tan\alpha_D$（GB/T 3478.1—2008）

分度圆直径 D/mm	d		e		f		h	js	k
	标准压力角 α_D								
	30°	45°	30°	45°	30°	45°	30°		45°
	$es_V/\tan\alpha_D$/μm								
≤6	−52	−30	−35	−20	−17	−10	0	$+(T+\lambda)/2\tan\alpha_D$①	$+(T+\lambda)/\tan\alpha_D$①
>6～10	−69	−40	−43	−25	−12	−13			
>10～18	−87	−50	−55	−32	−28	−16			
>18～30	−113	−65	−69	−40	−35	−20			
>30～50	−139	−80	−87	−50	−43	−25			
>50～80	−173	−100	−104	−60	−52	−30			
>80～120	−208	−120	−125	−72	−62	−36			
>120～180	−251	−145	−147	−85	−74	−43			
>180～250	−294	−170	−173	−100	−87	−50			
>250～315	−329	−190	−191	−110	−97	−56			
>315～400	−364	−210	−217	−125	−107	−62			
>400～500	−398	−230	−234	−135	−118	−68			
>500～630	−450	−260	−251	−145	−132	−76			
>630～800	−502	−290	−277	−160	−139	−80			
>800～1 000	−554	−320	−294	−170	−149	−86			

① 对于大径，取值为零。

5）内、外花键小径 D_{ii} 和大径 D_{ee} 的公差（表 3-3-40）

表 3-3-40　内、外花键小径 D_{ii} 和大径 D_{ee} 的公差（GB/T 3478.1—2008）　（μm）

直径 D_{ii}、D_{ee}、D_{ei} 和 D_{ie}/mm	内花键小径 D_{ii} 的上、下偏差			外花键大径 D_{ee} 的公差			内花键大径 D_{ei} 或外花键小径 D_{ie} 的公差		
	模数 m/mm								
	0.25～0.75	1～1.75	2～10	0.25～0.75	1～1.75	2～10	IT12	IT13	IT14
	H10	H11	H12	IT10	IT11	IT12			
<6	+48 0			48			120		
>6～10	+58 0	+90 0		58			150	220	
>10～18	+70 0	+110 0	+180 0	70	110		180	270	
>18～30	+84 0	+130 0	+210 0	84	130	210	210	330	520
>30～50	+100 0	+160 0	+250 0	100	160	250	250	390	620
>50～80	+120 0	+190 0	+300 0	120	190	300	300	460	740
>80～120		+220 0	+350 0		220	350		540	870
>120～180		+250 0	+400 0		250	400		630	1 000
>180～250			+460 0			460			1 150
>250～315			+520 0			520			1 300
>315～400			+570 0			570			1 400
>400～500			+630 0			630			1 550
>500～630			+700 0			700			1 750
>630～800			+800 0			800			2 000
>800～1 000			+900 0			900			2 300

6）齿根圆弧最小曲率半径 R_{imin} 和 R_{emin}（表 3-3-41）

表 3-3-41　齿根圆弧最小曲率半径 R_{imin} 和 R_{emin}（GB/T 3478.1—2008）　（mm）

模数 m	标准压力角 α_D/(°)			模数 m	标准压力角 α_D/(°)		
	30		45		30		45
	平齿根 0.2m	圆齿根 0.4m	圆齿根 0.25m		平齿根 0.2m	圆齿根 0.4m	圆齿根 0.25m
0.25			0.06	2	0.40	0.80	0.50
0.5	0.10	0.20	0.12	2.5	0.50	1.00	0.62
0.75	0.15	0.30	0.19	3	0.60	1.20	
1	0.20	0.40	0.25	4	0.80	1.60	
1.25	0.25	0.50	0.31	5	1.00	2.00	
1.5	0.30	0.60	0.38	6	1.20	2.40	
1.75	0.35	0.70	0.44	8	1.60	3.20	
				10	2.00	4.00	

7）齿圈径向圆跳动公差 F_r（表 3-3-42）

表 3-3-42　齿圈径向圆跳动公差 F_r（GB/T 3478.1—2008）　（mm）

公差等级	模数 m	公度圆直径 D															
		≤125				>125～400				>400～800				>800			
		A	B	C	D	A	B	C	D	A	B	C	D	A	B	C	D
		μm															
4	≤3	10	16	25	36	15	22	36	50	18	28	45	63	20	32	50	71
	4～6	11	18	28	40	16	25	40	56	20	32	50	71	22	36	56	80
	8 和 10	13	20	32	45	18	28	45	63	22	36	56	80	25	40	63	90
5	≤3	16	25	36	45	22	36	50	63	28	45	63	80	32	50	71	90
	4～6	18	28	40	50	25	40	56	71	32	50	71	90	36	56	80	100
	8 和 10	20	32	45	56	28	45	63	80	36	56	80	100	40	63	90	112
6	≤3	25	36	45	71	36	50	63	80	45	63	80	100	50	71	90	112
	4～6	28	40	50	80	40	56	71	100	50	71	90	112	56	80	100	125
	8 和 10	32	45	56	90	45	63	86	112	56	80	100	125	63	90	112	140
7	≤3	36	45	71	100	50	63	80	112	63	80	100	125	71	90	112	140
	4～6	40	50	80	125	71	90	112	140	71	90	112	140	80	100	125	160
	8 和 10	45	56	90	140	80	100	125	160	80	100	125	160	90	112	140	180

3.3.3　销

3.3.3.1　销的类型及应用范围（见表 3-3-43～表 3-3-46）

表 3-3-43　圆柱销种类及应用范围

种　类	结构形式	应　用　范　围
普通圆柱销 （GB/T 119.1—2000）		直径公差带有 u8、m6、h8 和 h11 四种，以满足不同使用要求。主要用于定位，也可用于连接
内螺纹圆柱销 （GB/T 120.1—2000）		直径公差带只有 m6 一种内螺纹供拆卸用有 A、B 两型，B 型有通气平面用于不通孔
螺纹圆柱销 （GB/T 878—2007）		直径的公差带较大，定位精度低。用于精度要求不高的场合
弹性圆柱销 （GB/T 879.1～879.5—2000）		具有弹性，装入销孔后与孔壁压紧，不易松脱，销孔精度要求较低，互换性好，可多次装拆。刚性较差，适用于有冲击、振动的场合，但不适于高精度定位

表 3-3-44　圆锥销种类及应用范围

种　类	结构形式	应　用　范　围
普通圆锥销 （GB/T 117—2000）	1∶50	主要用于定位，也可用于固定零件，传递动力。多用于经常装拆的场合
内螺纹圆锥销 （GB/T 118—2000）	1∶50	螺纹供拆卸用。内螺纹圆锥销用于不通孔
螺尾圆锥销 （GB/T 881—2000）	1∶50	螺纹供拆卸用。用于拆卸困难的场合
开尾圆锥销 （GB/T 877—1986）	1∶50	开尾圆锥销打入销孔后，末端可稍张开，以防止松脱，用于有冲击、振动的场合

表 3-3-45　槽销的种类及应用范围

种　类	结构形式	应　用　范　围
直槽销 (GB/T 13829.1—2004)		全长具有平行槽，端部有导杆和倒角两种，销与孔壁间压力分布较均匀。用于有严重振动和冲击载荷的场合
中心槽销 (GB/T 13829.3—2004)		销的中部有短槽，槽长有 1/2 全长和 1/3 全长两种用作心轴，将带毂的零件固定在短槽处
锥槽销 (GB/T 13829.5—2004)	1∶50	沟槽成楔形，有全长和半长两种，作用与圆锥销相似，销与孔壁间压力分布不均 应用范围与圆锥销相同
半长倒锥槽销 (GB/T 13829.6—2004)		半长为圆柱销，半长为倒销槽销。用作轴杆
有头槽销 (GB/T 13829.8—2004)		有圆头和沉头两种。可代替螺钉，抽芯铆钉，用以紧定标牌、管夹子等

表 3-3-46　其他销类的应用范围

种　类	结构形式	应　用　范　围
销轴 (GB/T 882—2008)		用开口销锁定，拆卸方便，用于铰接
带孔销 (GB/T 880—2008)		
开口销 (GB/T 91—2000)		工作可靠拆卸方便。用于锁定其他紧固件(如槽形螺母，销轴等)
开口销		用于尺寸较大处
安全销		结构简单、形式多样。必要时可在销上切出圆槽。为防止断销时损坏孔壁，可在孔内加销套 用于传动装置和机器的过载保护，如安全联轴器等的过载剪断元件

3.3.3.2　常用销的规格尺寸(表 3-3-47～表 3-3-57)

表 3-3-47　普通圆柱销(GB/T 119.1—2000)　(mm)

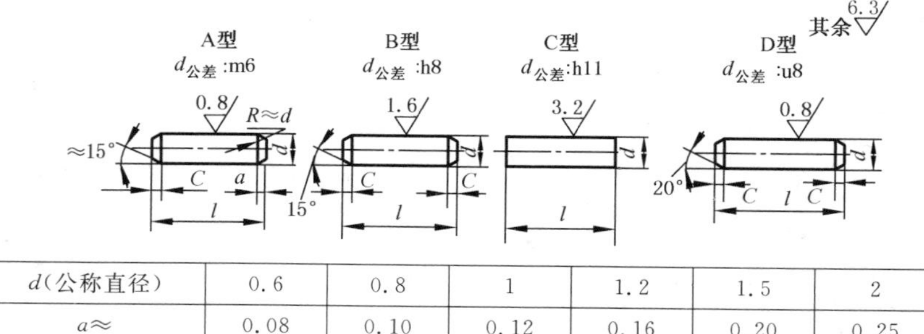

标记示例：

公称直径 d=8 mm、长度 l=30 mm、材料为 35 钢、热处理硬度 28～38 HRC、表面氧化处理的 A 型圆柱销：

销　GB/T 119.1—2000　A8×30

d(公称直径)	0.6	0.8	1	1.2	1.5	2	2.5	3	4	5
a≈	0.08	0.10	0.12	0.16	0.20	0.25	0.30	0.40	0.50	0.63
c≈	0.12	0.16	0.20	0.25	0.30	0.35	0.40	0.50	0.63	0.80
l(商品规格范围)	2～6	2～8	4～10	4～12	4～16	6～20	6～24	8～30	8～40	10～50
d(公称直径)	6	8	10	12	16	20	25	30	40	50
a≈	0.80	1.0	1.2	1.6	2.0	2.5	3.0	4.0	5.0	6.3
c≈	1.2	1.6	2.0	2.5	3.0	3.5	4.0	5.0	6.3	8.0
l(商品规格范围)	12～60	14～80	18～95	22～140	26～180	35～200	50～200	60～200	80～200	95～200
l 系列(公称尺寸)	2,3,4,5,6,8,10,12,14,16,18,20,22,24,26,28,30,32,35,40,45,50,55,60,65,70,75,80,85,90,95,100,120,140,160,180,200									

表 3-3-48 内螺纹圆柱销(GB/T 120.1—2000) (mm)

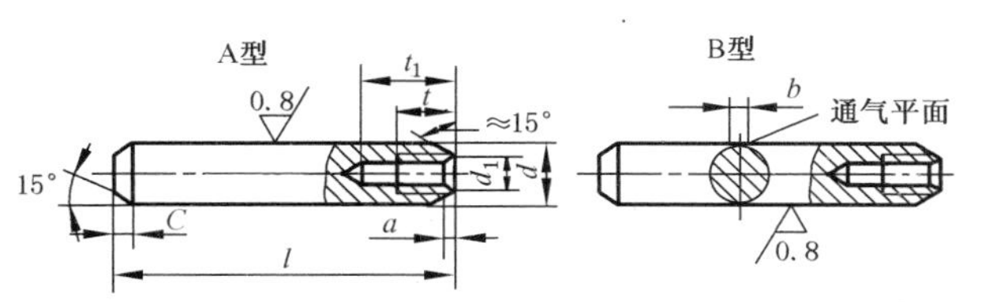

标记示例：

公称直径 d=10 mm、长度 l=60 mm，材料为 35 钢，热处理硬度 28～38 HRC，表面氧化处理的 A 型内螺纹圆柱销：

销 GB/T 120.1—2000 A10×60

d(公称 m6)	6	8	10	12	16	20	25	30	40	50
a	0.8	1	1.2	1.6	2	2.5	3	4	5	6.3
C	1.2	1.6	2	2.5	3	3.5	4	5	6.3	8
d_1	M4	M5	M6	M6	M8	M10	M16	M20	M20	M24
t_{min}	6	8	10	12	16	18	24	30	30	36
t_1	10	12	16	20	25	28	35	40	40	50
b	1					1.5			2	
l(商品规格范围)	16～60	18～80	22～100	26～120	30～160	40～200	50～200	60～200	80～200	100～200
l 系列(公称尺寸)	16,18,20,22,24,26,28,30,32,35,40,45,50,55,60,65,70,75,80,85,90,95,100,120,140,160,180,200									

表 3-3-49 开槽无头圆柱销(GB/T 878—2007) (mm)

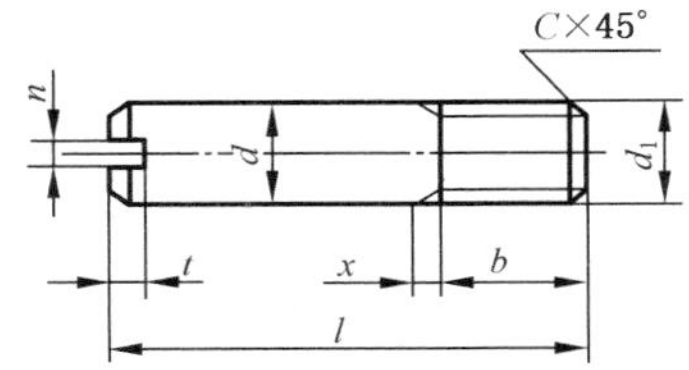

标记示例：

公称直径 d=10 mm、公称长度 l=30 mm、材料为 35 钢、热处理硬度 28～38 HRC、表面氧化处理的螺纹圆柱销：

销 GB/T 878—2007 10×30

d(公称)h13	4	6	8	10	12	16	18
d_1	M4	M6	M8	M10	M12	M16	M20
b max	4.4	6.6	8.8	11	13.2	17.6	22
n(公称尺寸)	0.6	1	1.2	1.6	2	2.5	3
t max	2.05	2.8	3.6	4.25	4.8	5.5	6.8
x max	1.4	2	2.5	3	3.5	4	5
C ≈	0.6	1	1.2	1.5	2	2	2.5
l(商品规格范围)	10～14	12～20	14～28	18～35	22～40	24～50	30～60
l 系列(公称尺寸)	10,12,14,18,20,22,24,26,28,30,32,35,40,45,50,55,60						

表 3-3-50 带孔销(GB/T 880—2008) (mm)

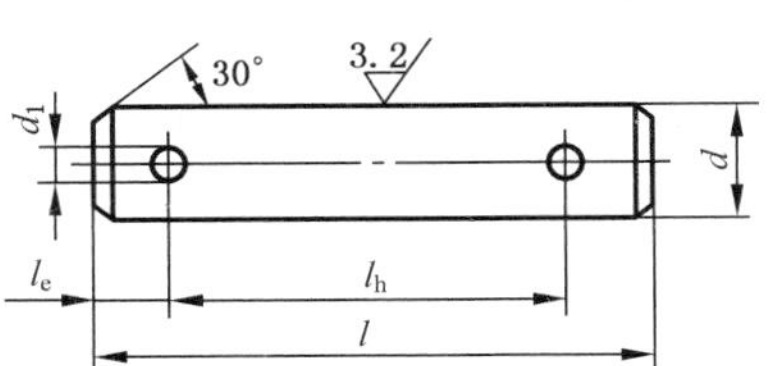

标记示例：

公称直径 d=10 mm、公称长度 l=60 mm、材料为 35 钢、经热处理及表面氧化处理的带孔销：

销 GB/T 880—2000 10×60

d(公称)h11	3	4	5	6	8	10	12	(14)	16	(18)	20	(22)	25
$d_1$min H13	0.8	1	1.6		2	3.2	4			5			6.3
l_e≈	1.5	2		2.5	3	4	5			6.5			8

续表 3-3-50 (mm)

C≈	1		2				3			4		
开口销	0.8×6	1×8	1.6×10		2×12	3.2×16	4×20	4×25	5×30		5×35	6.3×40
l_hH14	l—3	l—4		l—5	l—6	l—8	l—10		l—13			l—16
l范围	8～50		12～60		16～80	20～100	30～120		40～160	40～200		50～200
l系列	8,10,12,14,16,18,20,22,24,26,28,30,32,35,40,45,50,55,60,65,70,75,80,85,90,95,100,120,140,160,180,200											

注：1. 尽可能不采用括号内的规格。
2. l_h 尺寸为商品规格范围。

表 3-3-51 弹性圆柱销（GB/T 879.1～5—2000） (mm)

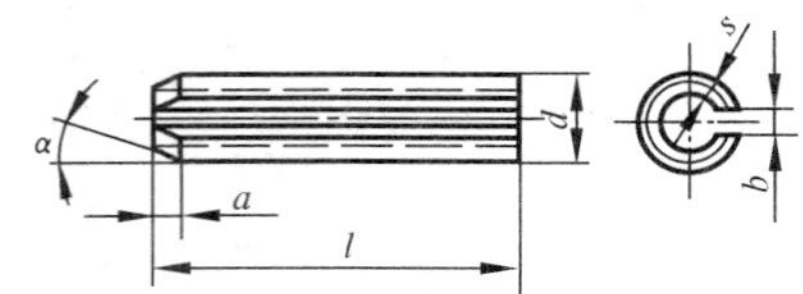

标记示例：

公称直径 d=12 mm、长度 l=50 mm、材料为 65 Mn、表面氧化处理的弹性圆柱销：

销 GB/T 879.1～5—2000 12×50

d(公称)	1	1.5	2	2.5	3	4	5	6	8	10	12	16	20	25	30
s	0.2	0.3	0.4	0.5	0.5	0.8	1	1	1.5	2	2	3	4	4.5	5
a≈	0.2	0.3	0.4	0.5	0.5	0.8	1	1	1.5	2	2	3	3	3	3
α≈	20°								15°						
剪切载荷 min（双剪）/kN	0.70	1.58	2.8	4.38	6.32	11.24	17.54	26.04	42.70	70.16	104.1	171	280.6	438.5	631.4
b≈	1	1	1	1	1.4	1.6	1.6	2	2	2	2.4	2.4	3.5	3.5	3.5
l(商品规格范围)	4～20	4～20	4～30	4～30	4～40	4～50	5～80	10～100	10～120	10～160	10～180	10～200	10～200	14～200	14～200
l系列(公称尺寸)	4,5,6,8,10,12,14,16,18,20,22,24,26,28,30,32,35,40,45,50,55,60,65,70,75,80,85,90,95,100,120,140,160,180,200														

注：材料 65Mn、60Si2MnA；P 级光亮弹簧钢带。

表 3-3-52 圆锥销（GB/T 117—2000） (mm)

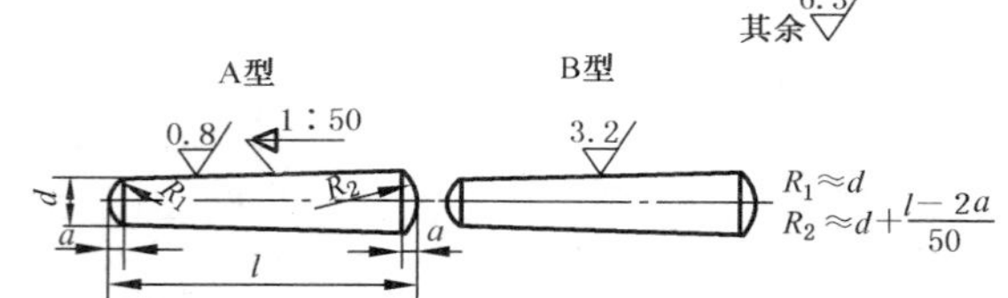

标记示例：

公称直径 d=10 mm、长度 l=60 mm、材料 35 钢，热处理硬度 28～38 HRC，表面氧化处理的 A 型圆锥销：

销 GB/T 117—2000 A10×60

d(公称)(h10)	0.6	0.8	1	1.2	1.5	2	2.5	3	4	5
a≈	0.08	0.1	0.12	0.16	0.2	0.25	0.3	0.4	0.5	0.63
l(商品规格范围)	4～8	5～12	6～16	6～20	8～24	10～35	10～35	12～45	14～55	18～60
d(公称)(h10)	6	8	10	12	16	20	25	30	40	50
a≈	0.8	1	12	16	2	2.5	3	4	5	6.3
l(商品规格范围)	22～90	22～120	26～160	32～180	40～200	45～200	50～200	55～200	60～200	65～200
l系列(公称尺寸)	2,3,4,5,6,8,10,12,14,16,18,20,22,24,26,28,30,32,35,40,45,50,55,60,65,70,75,80,85,90,95,100,120,140,160,180,200									

表 3-3-53　内螺纹圆锥销（GB/T 118—2000）　（mm）

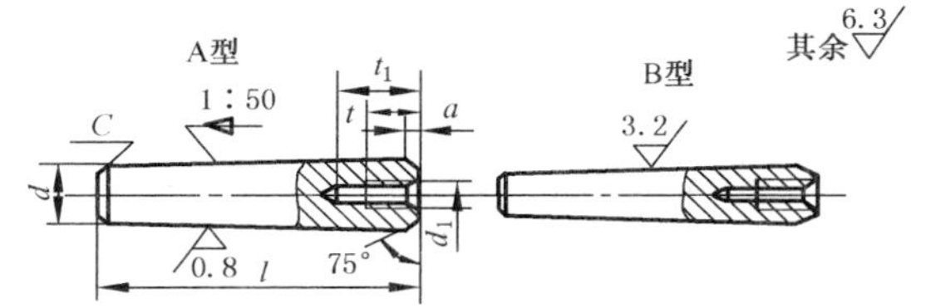

标记示例：

公称直径 d=10 mm、长度 l=60 mm、材料为 35 钢、热处理硬度 28～38 HRC、表面氧化处理的 A 型内螺纹圆锥销：

销　GB/T 118—2000　A10×60

d(公称)(h10)	6	8	10	12	16	20	25	30	40	50
a	0.8	1	1.2	1.6	2	2.5	3	4	5	6.3
d_1	M4	M5	M6	M8	M10	M12	M16	M20	M20	M24
t	6	8	10	12	16	18	24	30	30	36
$t_{1\min}$	10	12	16	20	25	28	35	40	40	50
C	0.8	1	1.2	1.6	2	2.5	3	4	5	6.3
l(商品规格范围)	16～60	18～85	22～100	26～120	32～160	45～200	50～200	60～200	80～200	120～200
l 系列(公称尺寸)	16,18,20,22,24,26,28,30,32,35,40,45,50,55,60,65,70,75,80,85,90,95,100,120,140,160,180,200									

表 3-3-54　螺尾锥销（GB/T 881—2000）　（mm）

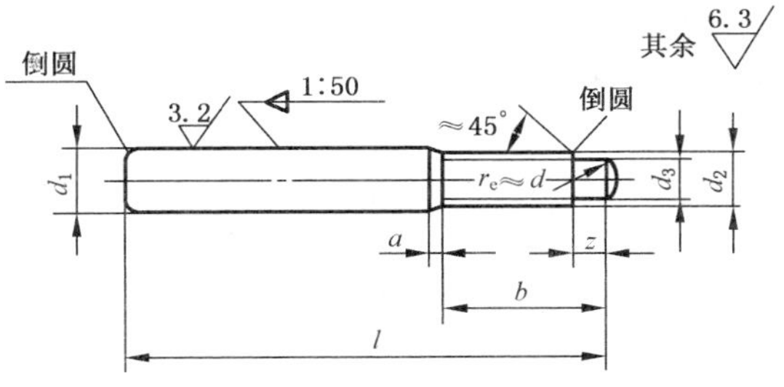

标记示例：

公称直径 d_1=8 mm、公称长度 l=60 mm、材料为 Y12 或 Y15 不经热处理、不经表面氧化处理的螺尾锥销：

销　GB/T 881—2000　8×60

d_1(公称)h10	5	6	8	10	12	16	20	25	30	40	50
a　max	2.4	3	4	4.5	5.3	6	6	7.5	9	10.5	12
b　max	15.6	20	24.5	27	30.5	39	39	45	52	65	78
d_2	M5	M6	M8	M10	M12	M16	M16	M20	M24	M30	M36
d_3　max	3.5	4	5.5	7	8.5	12	12	15	18	23	28
z　max	15	1.75	2.25	2.75	3.25	4.3	4.3	5.3	6.3	7.5	9.4
l(商品规格范围)	40～50	45～60	55～75	65～100	85～120	100～160	120～190	140～250	160～280	190～320	220～400
l 系列(公称尺寸)	40,45,50,55,60,65,75,85,100,120,140,160,190,220,250,280,320,360,400										

表 3-3-55　开尾锥销（GB/T 877—2000）　（mm）

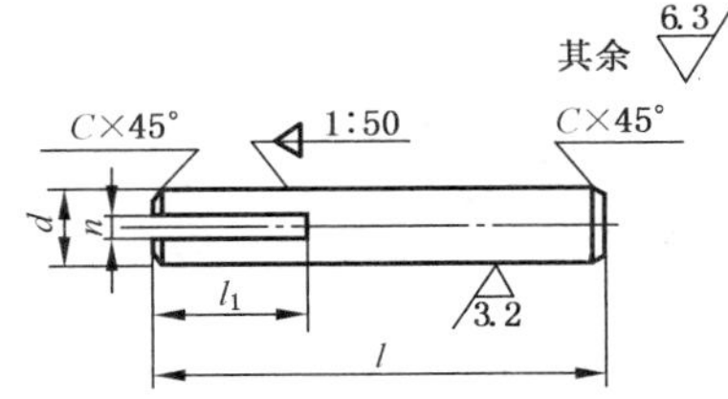

标记示例：

公称直径 d=10 mm、长度 l=60 mm、材料为 35 钢、不经热处理及表面处理的开尾锥销：

销　GB/T 877—2000　10×60

d(公称)h10	3	4	5	6	8	10	12	16
n(公称)	0.8		1		1.6		2	
l_1	10		12	15	20	25	30	40
C≈	0.5		1			1.5		
l(商品规格范围)	30～55	35～60	40～80	50～100	60～120	70～160	80～120	100～200
l 系列(公称尺寸)	30,32,35,40,45,50,55,60,65,70,75,80,85,90,95,100,120,140,160,180,200							

表 3-3-56　开口销（GB/T 91—2000）　（mm）

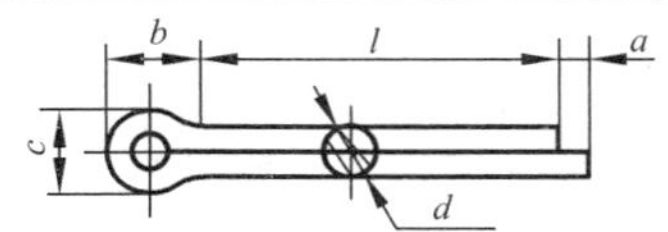

标记示例：

公称直径 d=5 mm、长度 l=50 mm、材料为低碳钢不经表面处理的开口销：

销　GB/T 91—2000　5×50

d(公称)	0.6	0.8	1	1.2	1.6	2	2.5	3.2	4	5	6.3	8	10	12
c_{max}	1	1.4	1.8	2	2.8	3.6	4.6	5.8	7.4	9.2	11.8	15	19	24.8
b≈	2	2.4	3	3	3.2	4	5	6.4	8	10	12.6	16	20	26
a	1.6			2.5				3.2	4				6.3	
l(商品规格范围)	4～12	5～16	6～20	8～26	8～32	10～40	12～50	14～65	18～80	22～100	30～120	40～160	45～200	70～200
l 系列(公称尺寸)	4,5,6,8,10,12,14,16,18,20,22,24,26,28,30,32,36,40,45,50,55,60,65,70,75,80,85,90,95,100,120,140,160,180,200													

注：材料 Q215-A、Q235-A、Q215-B、Q235-B、1Cr18Ni9Ti、H62。

表 3-3-57　销轴（GB/T 882—2008）　（mm）

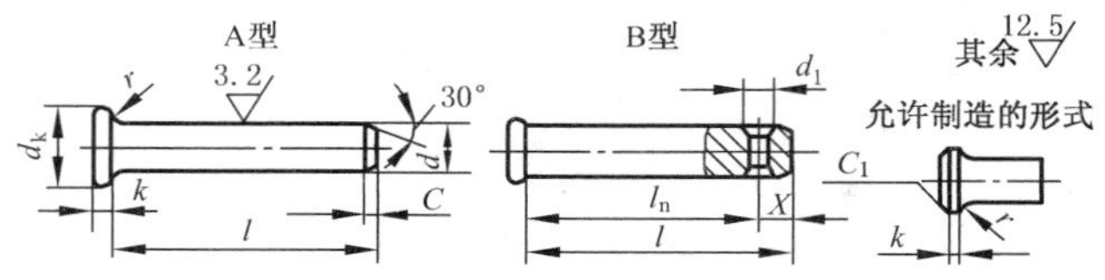

标记示例：

公称直径 d=10 mm、长度 l=50 mm、材料为 35 钢、热处理硬度 28～38 HRC、表面氧化处理的 A 型销轴：

销轴　GB/T 882—2000　10×50

d(公称)(h11)	3	4	5	6	8	10	12	14	16	18	20	22	25	28	30	32	36	40
d_{kmax}	5	6	8	10	12	14	16	18	20	22	25	28	32	36	38	40	45	50
k(公称)	1.5		2		2.5		3		3.5		4		5			6		
d_{1min}	1.6		2		3.2		4			5			6.3				8	
r	0.2	0.5										1					1.5	
C≈	0.5		1			1.5				3								5
C_1≈	0.2	0.3				0.5				1								
X	2	3			4		5				6			8			10	
l(商品规格范围)	6～22	6～30	8～40	12～60	12～80	14～120	20～120	20～120	20～140	24～140	24～160	24～160	40～180	40～180	50～200	50～200	60～200	70～200
l 系列(公称尺寸)	6,8,10,12,14,16,18,20,22,24,26,28,30,32,35,40,45,48,50,55,60,65,70,75,80,85,90,95,100,120,140,160,180,200																	

3.4　链和链轮

3.4.1　滚子链传动（GB/T 1243—2006）

传动用短节距精密滚子链（简称滚子链）适用于一般机械传动。

3.4.1.1　滚子链的结构形式和规格尺寸

滚子链有单排链、双排链和三排链等（图 3-4-1）

滚子链由内链节、外链节和连接链节组成。内链节由两片内链板、两个套筒和两个滚子组成。外链节由两片外链板和两个销轴组成。连接链节为连接链条两端用，有三种形式：普通连接链节，单个过渡链节和双节过渡链节（图 3-4-2）。

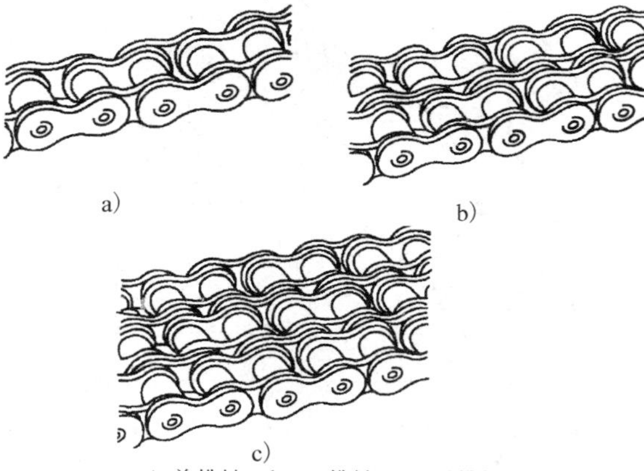

a）单排链　b）双排链　c）三排链

图 3-4-1　滚子链的结构形式

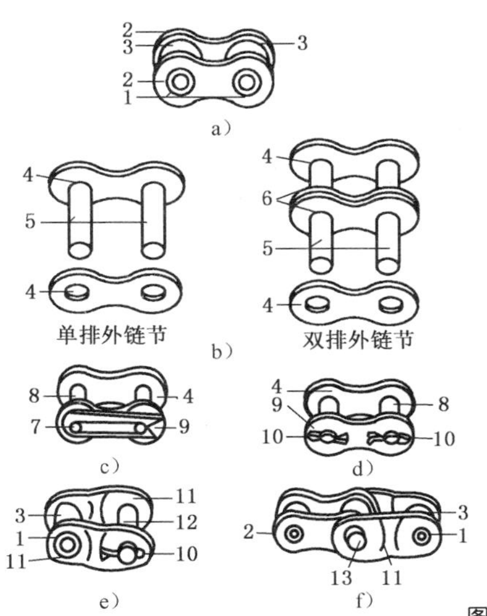

a）内链节　b）铆头的外链节
c）用弹簧锁片止锁的连接链节
d）用开口销止锁的连接链节
e）单个过渡链节　f）双节过渡链节
1—套筒　2—内链板　3—滚子
4—外链板　5—销轴　6—中链板
7—弹簧锁片　8—固定连接销轴
9—可拆链板　10—开口销　11—弯链板
12—可拆连接销轴　13—销轴、铆头

图 3-4-2　链节结构形式

（1）滚子链的基本参数和尺寸（表 3-4-1）。

（2）标记示例

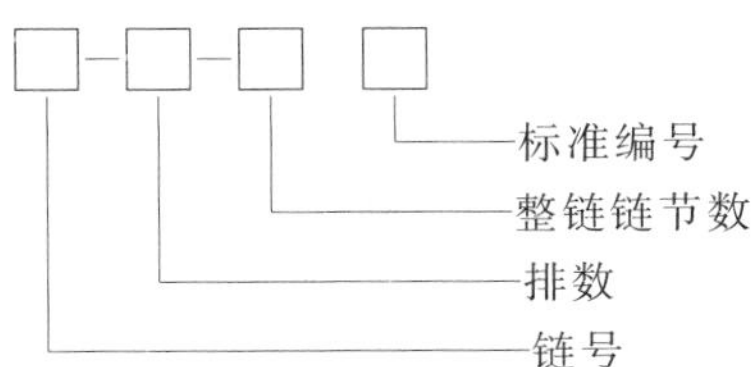

081、083、084、085 链条，因为仅有单排型式，故标记中的排数可省略。

示例：

链号为 08A、单排、87 节的滚子链标记为：

08A—1—87　GB/T 1243—2006

链号为 24A、双排、60 节的滚子链标记为：

24A—2—60　GB/T 1243—2006

3.4.1.2　滚子链用附件（GB/T 1243—2006）

为使滚子链能用于输送，可做成带附件的型式，即由链板延伸部分弯成水平翼板，构成附件板。标准中规定了两种附件形式（图 3-4-3），即 K1 型和 K2 型。

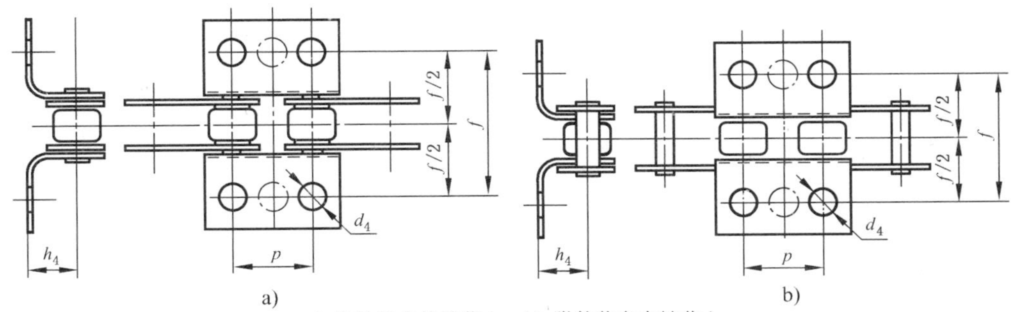

a）附件装在外链节上　b）附件装在内链节上

注：1. $f=2p$，其余尺寸见表 3-4-2。2. 双点画线圆表示水平翼板上的孔。

图 3-4-3　滚子链用附件

附件板的主要尺寸见表 3-4-2。

3.4.1.3　滚子链链轮

（1）滚子链链轮齿槽形状

滚子链与链轮齿并非共轭啮合，故链轮齿形具有较大的灵活性。GB/T 1243—2006 中只规定了最大齿槽形状和最小齿槽形状（表 3-4-3）。实际齿槽形状取决于刀具和加工方法，但要求处于最小和最大齿侧圆弧半径之间。在对应于滚子定位圆弧角处与滚子定位圆弧应平滑连接。用渐开线齿廓链轮滚刀所切制的齿形和三圆弧一直线齿形[⊖]均符合要求。

⊖ 该齿形由三段圆弧和一段直线组成，曾列于 GB/T 1244—1985 标准（已被 GB/T 1243—2006 替代）中，标注为：齿形 3R GB/T 1244—1985，新标准中未列入。

表 3-4-1　滚子链的基本参数和尺寸（GB/T 1243—2006）

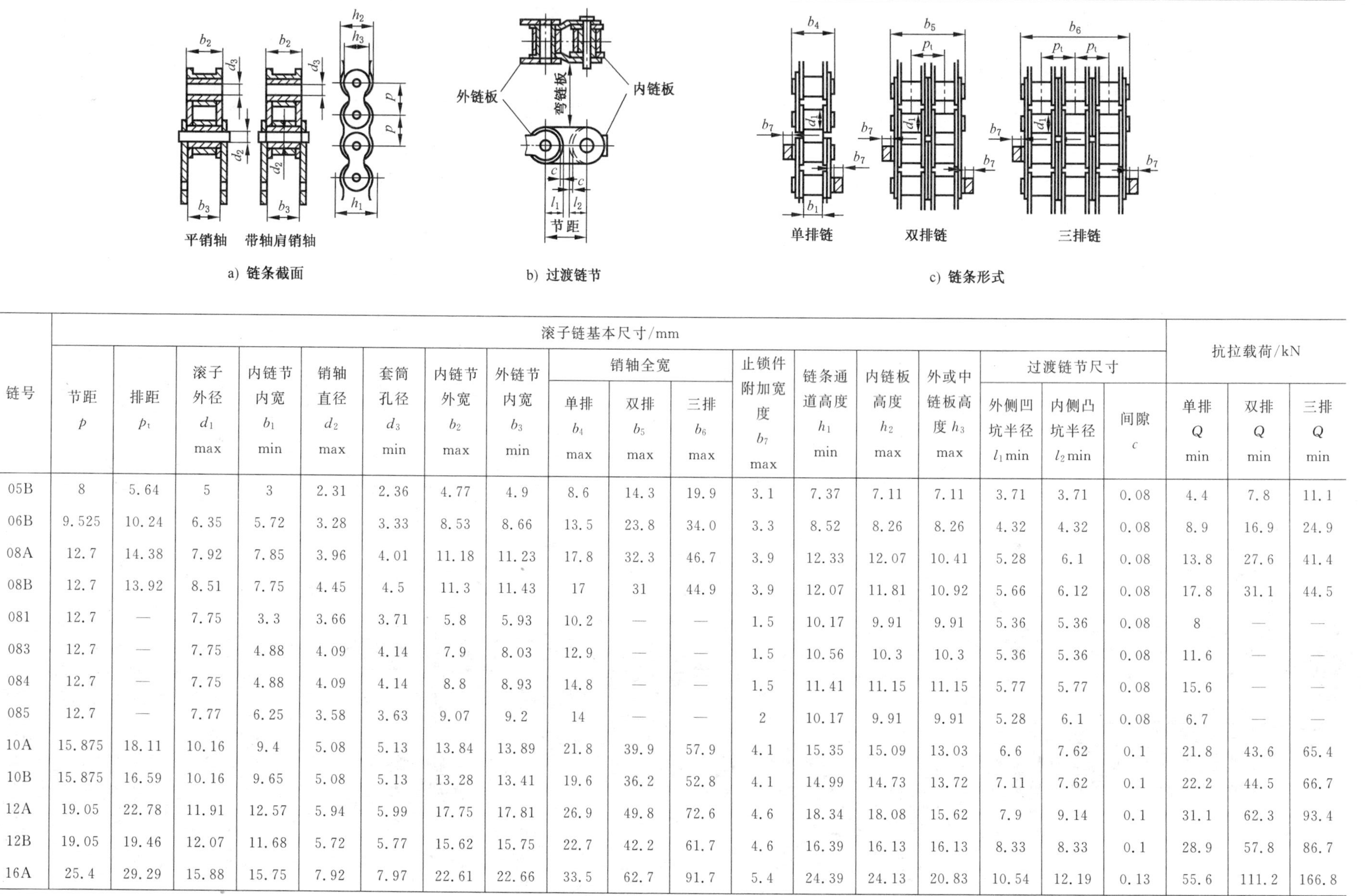

a）链条截面　b）过渡链节　c）链条形式

链号	滚子链基本尺寸/mm																		抗拉载荷/kN		
	节距 p	排距 p_t	滚子外径 d_1 max	内链节内宽 b_1 min	销轴直径 d_2 max	套筒孔径 d_3 min	内链节外宽 b_2 max	外链节内宽 b_3 min	销轴全宽 单排 b_4 max	销轴全宽 双排 b_5 max	销轴全宽 三排 b_6 max	止锁件附加宽度 b_7 max	链条通道高度 h_1 min	内链板高度 h_2 max	外或中链板高度 h_3 max	过渡链节尺寸 外侧凹坑半径 l_1 min	过渡链节尺寸 内侧凸坑半径 l_2 min	过渡链节尺寸 间隙 c	单排 Q min	双排 Q min	三排 Q min
05B	8	5.64	5	3	2.31	2.36	4.77	4.9	8.6	14.3	19.9	3.1	7.37	7.11	7.11	3.71	3.71	0.08	4.4	7.8	11.1
06B	9.525	10.24	6.35	5.72	3.28	3.33	8.53	8.66	13.5	23.8	34.0	3.3	8.52	8.26	8.26	4.32	4.32	0.08	8.9	16.9	24.9
08A	12.7	14.38	7.92	7.85	3.96	4.01	11.18	11.23	17.8	32.3	46.7	3.9	12.33	12.07	10.41	5.28	6.1	0.08	13.8	27.6	41.4
08B	12.7	13.92	8.51	7.75	4.45	4.5	11.3	11.43	17	31	44.9	3.9	12.07	11.81	10.92	5.66	6.12	0.08	17.8	31.1	44.5
081	12.7	—	7.75	3.3	3.66	3.71	5.8	5.93	10.2	—	—	1.5	10.17	9.91	9.91	5.36	5.36	0.08	8	—	—
083	12.7	—	7.75	4.88	4.09	4.14	7.9	8.03	12.9	—	—	1.5	10.56	10.3	10.3	5.36	5.36	0.08	11.6	—	—
084	12.7	—	7.75	4.88	4.09	4.14	8.8	8.93	14.8	—	—	1.5	11.41	11.15	11.15	5.77	5.77	0.08	15.6	—	—
085	12.7	—	7.77	6.25	3.58	3.63	9.07	9.2	14	—	—	2	10.17	9.91	9.91	5.28	6.1	0.08	6.7	—	—
10A	15.875	18.11	10.16	9.4	5.08	5.13	13.84	13.89	21.8	39.9	57.9	4.1	15.35	15.09	13.03	6.6	7.62	0.1	21.8	43.6	65.4
10B	15.875	16.59	10.16	9.65	5.08	5.13	13.28	13.41	19.6	36.2	52.8	4.1	14.99	14.73	13.72	7.11	7.62	0.1	22.2	44.5	66.7
12A	19.05	22.78	11.91	12.57	5.94	5.99	17.75	17.81	26.9	49.8	72.6	4.6	18.34	18.08	15.62	7.9	9.14	0.1	31.1	62.3	93.4
12B	19.05	19.46	12.07	11.68	5.72	5.77	15.62	15.75	22.7	42.2	61.7	4.6	16.39	16.13	16.13	8.33	8.33	0.1	28.9	57.8	86.7
16A	25.4	29.29	15.88	15.75	7.92	7.97	22.61	22.66	33.5	62.7	91.7	5.4	24.39	24.13	20.83	10.54	12.19	0.13	55.6	111.2	166.8

续表 3-4-1

链号	滚子链基本尺寸/mm 节距 p	排距 p_t	滚子外径 d_1 max	内链节内宽 b_1 min	销轴直径 d_2 max	套筒孔径 d_3 min	内链节外宽 b_2 max	外链节内宽 b_3 min	销轴全宽 单排 b_4 max	销轴全宽 双排 b_5 max	销轴全宽 三排 b_6 max	止锁件附加宽度 b_7 max	链条通道高度 h_1 min	内链板高度 h_2 max	外或中链板高度 h_3 max	过渡链节尺寸 外侧凹坑半径 l_1 min	过渡链节尺寸 内侧凸坑半径 l_2 min	过渡链节尺寸 间隙 c	抗拉载荷/kN 单排 Q min	抗拉载荷/kN 双排 Q min	抗拉载荷/kN 三排 Q min
16B	25.4	31.88	15.88	17.02	8.28	8.33	25.45	25.58	36.1	68	99.9	5.4	21.34	21.08	21.08	11.15	11.15	0.13	60	106	160
20A	31.75	35.76	19.05	18.9	9.53	9.58	27.46	27.51	41.1	77	113	6.1	30.48	30.18	26.04	13.16	15.24	0.15	86.7	173.5	260.2
20B	31.75	36.45	19.05	19.56	10.19	10.24	29.01	29.14	43.2	79.7	116.1	6.1	26.68	26.42	26.42	13.89	13.89	0.15	95	170	250
24A	38.1	45.44	22.23	25.22	11.1	11.15	35.46	35.51	50.8	96.3	141.7	6.6	36.55	36.2	31.24	15.8	18.26	0.18	124.6	249.1	373.7
24B	38.1	48.36	25.4	25.4	14.63	14.68	37.92	38.05	53.4	101.8	150.2	6.6	33.73	33.4	33.4	17.55	17.55	0.18	160	280	425
28A	44.45	48.87	25.4	25.22	12.7	12.75	37.19	37.24	54.9	103.6	152.4	7.4	42.67	42.24	36.45	18.42	21.31	0.2	169	338.1	507.1
28B	44.45	59.56	27.94	30.99	15.9	15.95	46.58	46.71	65.1	124.7	184.3	7.4	37.46	37.08	37.08	19.51	19.51	0.2	200	360	530
32A	50.8	58.55	28.58	31.55	14.27	14.32	45.21	45.26	65.5	124.2	182.9	7.9	48.74	48.26	41.66	21.03	24.33	0.2	222.4	444.8	667.2
32B	50.8	58.55	29.21	30.99	17.81	17.86	45.57	45.7	67.4	126	184.5	7.9	42.72	42.29	42.29	22.2	22.2	0.2	250	450	670
36A	57.15	65.84	35.71	35.48	17.46	17.49	50.85	50.98	73.9	140	206	9.1	54.86	54.31	46.86	23.65	27.36	0.2	280.2	560.5	840.7
40A	63.5	71.55	39.68	37.85	19.84	19.89	54.89	54.94	80.3	151.9	223.5	10.2	60.93	60.33	52.07	26.24	30.35	0.2	347	693.9	1 040.9
40B	63.5	72.29	39.37	38.1	22.89	22.94	55.75	55.88	82.6	154.9	227.2	10.2	53.49	52.96	52.96	27.76	27.76	0.2	355	630	950
48A	76.2	87.83	47.63	47.35	23.80	23.85	67.82	67.87	95.5	183.4	271.3	10.5	73.13	72.39	62.48	31.45	36.4	0.2	500.4	1 000.8	1 501.3
48B	76.2	91.21	48.26	45.72	29.24	29.29	70.56	70.69	99.1	190.4	281.6	10.5	64.52	63.88	63.88	33.45	33.45	0.2	560	1 000	1 500
56B	88.9	106.6	53.98	53.34	34.32	34.37	81.33	81.46	114.6	221.2	—	11.7	78.64	77.85	77.85	40.61	40.61	0.2	850	1 600	2 240
64B	101.6	119.89	63.5	60.96	39.40	39.45	92.02	92.15	130.9	250.8	—	13	91.08	90.17	90.17	47.07	47.07	0.2	1 120	2 000	3 000
72B	114.3	136.27	72.39	68.58	44.48	44.53	103.81	103.94	147.4	283.7	—	14.3	104.67	103.63	103.63	53.37	53.37	0.2	1 400	2 500	3 750

注：1. 尺寸 c 表示弯链板与直链板之间回转间隙。

2. 链条通道高度 h_1 是装配好的链条要通过的通道最小高度。

3. 用止锁零件接头的链条全宽是：当一端有带止锁件的接头时，对端部铆头销轴长度为 b_4、b_5 或 b_6 再加上 b_7（或带头锁轴的加 $1.6b_7$），当两端都有止锁件时加 $2b_7$。

4. 对三排以上的链条，其链条全宽为 b_4+p_t（链条排数－1）。

(2) 三圆弧一直线齿槽形状和尺寸计算(表 3-4-4)

表 3-4-2 附件板的主要尺寸 (mm)

链号	08A	08B	10A	10B	12A	12B	16A	16B	20A	20B	24A	24B	28A	28B	32A	32B
翼板高 h_4	7.92	8.89	10.31		11.91	13.46	15.88		19.84		23.01	26.67	28.58		31.75	
孔径 $d_{4\min}$	3.3	4.3	5.1	5.3	5.1	6.4	6.6	6.4	8.2	8.4	9.8	10.5	11.4	13.1	13.1	

表 3-4-3 滚子链链轮齿槽形状(GB/T 1243—2006)

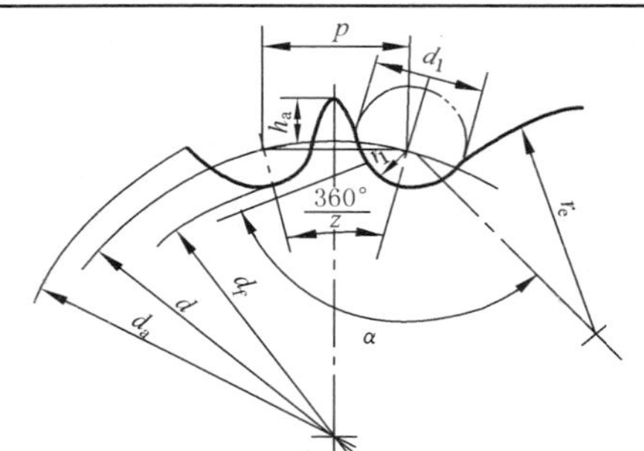

d——链轮分度圆直径;
d_1——滚子直径最大值;
z——链轮齿数;
p——弦节距,等于链节距;
h_a——节距多边形以上的齿高;
d_a——齿顶圆直径;
d_f——齿根圆直径

名　　称	计　算　公　式	
	最大齿槽形状	最小齿槽形状
齿侧圆弧半径/mm	$r_{e\min}=0.008d_1(z^2+180)$	$r_{e\max}=0.12d_1(z+2)$
滚子定位圆弧半径/mm	$r_{i\max}=0.505d_1+0.069\sqrt[3]{d_1}$	$r_{i\min}=0.505d_1$
滚子定位角	$\alpha_{\min}=120°-\frac{90°}{z}$	$\alpha_{\max}=140°-\frac{90°}{z}$

表 3-4-4 三圆弧一直线齿槽形状和尺寸计算 (mm)

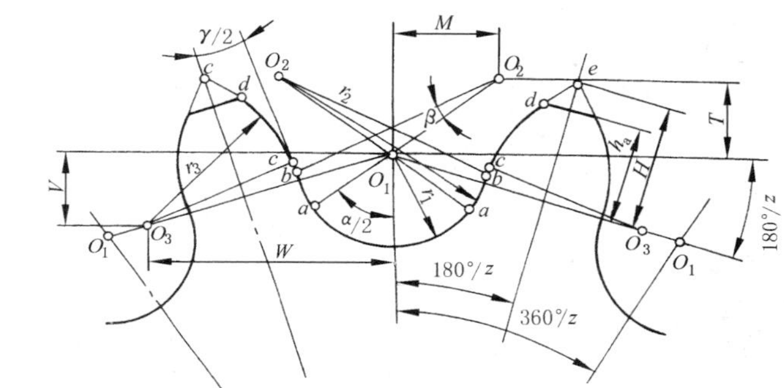

名　　称	符　号	计　算　公　式
齿沟圆弧半径	r_1	$r_1=0.5025d_1+0.05$
齿沟半角/(°)	$\frac{\alpha}{2}$	$\frac{\alpha}{2}=55°-\frac{60°}{z}$
工作段圆弧中心 O_2 的坐标	M	$M=0.8d_1\sin\frac{\alpha}{2}$
	T	$T=0.8d_1\cos\frac{\alpha}{2}$
工作段圆弧半径	r_2	$r_2=1.3025d_1+0.05$
工作段圆弧中心角/(°)	β	$\beta=18°-\frac{56°}{z}$
齿顶圆弧中心 O_3 的坐标	W	$W=1.3d_1\cos\frac{180°}{z}$
	V	$V=1.3d_1\sin\frac{180°}{z}$
齿型半角	$\frac{\gamma}{2}$	$\frac{\gamma}{2}=17°-\frac{64°}{z}$

续表 3-4-4 (mm)

名称	符号	计算公式
齿顶圆弧半径	r_3	$r_3=d_1\left(1.3\cos\frac{\gamma}{2}+0.8\cos\beta-1.3025\right)-0.05$
工作段直线部分长度	bc	$bc=d_1\left(1.3\sin\frac{\gamma}{2}-0.8\sin\beta\right)$
e 点至齿沟圆弧中心连线的距离	H	$H=\sqrt{r_3^2-\left(1.3d_1-\frac{p_0}{2}\right)^2}$，$p_0=p\left(\frac{d+2r_1-d_1}{d}\right)$

（3）滚子链链轮轴向齿廓及尺寸（表 3-4-5）

（4）滚子链链轮的基本参数和主要尺寸（表 3-4-6）

（5）链轮公差（表 3-4-7～表 3-4-9）

表 3-4-5 滚子链链轮轴向齿廓及尺寸 (mm)

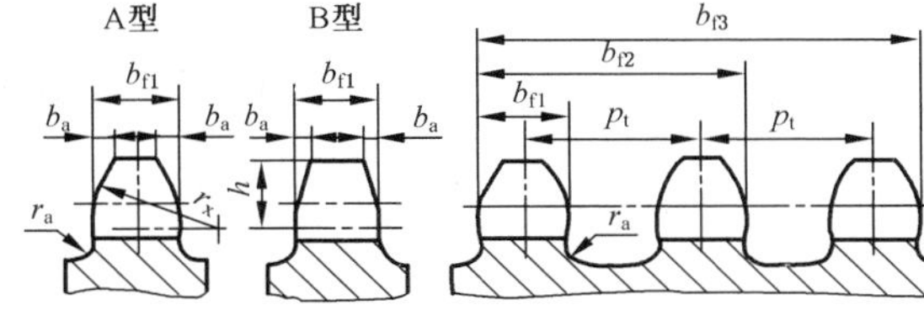

名称		符号	计算公式		备注
			$p\leqslant12.7$	$p>12.7$	
齿宽	单排	b_{f1}	$0.93b_1$	$0.95b_1$	$p>12.7$ 时，经制造厂同意，亦可使用 $p\leqslant12.7$ 时的齿宽
	双排、三排		$0.91b_1$	$0.93b_1$	
	四排以上		$0.88b_1$	$0.93b_1$	b_1—内链节内宽
倒角宽		b_a	$b_a=(0.1\sim0.15)p$		
倒角半径		r_x	$r_x\geqslant p$		
倒角深		h	$h=0.5p$		仅适用于 B 型
齿侧凸缘（或排间槽）圆角半径		r_a	$r_a\approx0.04p$		
链轮齿总宽		b_{fm}	$b_{fm}=(m-1)p_t+b_{f1}$		m—排数

表 3-4-6 滚子链链轮的基本参数和主要尺寸 (mm)

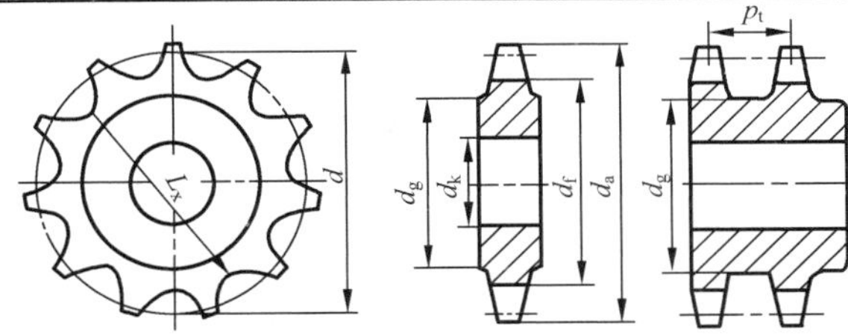

名称			符号	计算公式	备注
基本参数	链轮齿数		z	—	按设计要求选用
	配用链条的	节距	p	—	见表 3-4-1
		滚子外径	d_1		
		排距	p_t		
主要尺寸	分度圆直径		d	$d=\frac{p}{\sin\frac{180^\circ}{z}}$	
	齿顶圆直径		d_a	$d_{amax}=d+1.25p-d_1$ $d_{amin}=d+\left(1-\frac{1.6}{z}\right)p-d_1$ 对于三圆弧一直线齿形，则 $d_a=p\left(0.54+\cot\frac{180^\circ}{z}\right)$	可在 d_{amax} 与 d_{amin} 范围内选取，但选用 d_{amax} 时，应注意用展成法加工有可能发生顶切

续表 3-4-6 (mm)

名称		符号	计算公式	备注
主要尺寸	齿根圆直径	d_f	$d_f=d-d_1$	
	分度圆弦齿高	h_a	$h_{amax}=\left(0.625+\frac{0.8}{z}\right)p-0.5d_1$ $h_{amin}=0.5(p-d_1)$ 对于三圆弧一直线齿廓，则 $h_a=0.27p$	h_a见表 3-4-4 图 h_a是为简化放大齿廓图的绘制而引入的辅助尺寸，h_{amax}对应 d_{amax}，h_{amin}对应 d_{amin}
	最大齿根距离	L_x	奇数齿 $L_x=d\cos\frac{90°}{z}-d_1$ 偶数齿 $L_x=d_f=d-d_1$	
	齿侧凸缘（或排间槽）直径	d_g	$d_g<p\cot\frac{180°}{z}-1.04h_2-0.76$	h_2—内链板高度见表 3-4-1

表 3-4-7 滚子链链轮齿根圆直径极限偏差、最大齿根距离极限偏差及量柱测量距极限偏差

项目	极限偏差	备注
齿根圆直径极限偏差	h11(GB/T 1801—1999)	为使链条能在链轮上实现盘啮，链轮齿根圆直径的极限偏差均规定为负值。它可以用齿根圆百分尺直接测量，也可以用量柱法间接测量
最大齿根距离极限偏差量柱测量距极限偏差	其极限偏差与相应的齿根圆直径的极限偏差相同	

表 3-4-8 滚子链链轮的齿根圆径向圆跳动和端面圆跳动

项目	齿根圆直径/mm		备注
	$d_f\leqslant250$	$d_f>250$	
齿根圆径向圆跳动	10 级	11 级	《工件几何公差公差值》(GB/T 1182—2008)
齿根圆处端面圆跳动			

表 3-4-9 轮坯公差

项目	符号	公差带	备注
孔径	d_K	H8	GB/T 1801—1999
齿顶圆直径	d_a	h11	
齿宽	b_f	h14	《一般公差未注公差的线性和角度尺寸公差》GB/T 1804—2000

（6）滚子链链轮常用材料及热处理（表 3-4-10）

表 3-4-10 滚子链链轮常用材料及热处理

材料	热处理	齿面硬度	应用范围
15 钢、20 钢	渗碳、淬火、回火	50～60HRC	$z\leqslant25$ 有冲击载荷的链轮
35 钢	正火	160～200HBW	$z>25$ 的主、从动链轮
45 钢、50 钢 45Mn、ZG310-570	淬火、回火	40～50HRC	无剧烈冲击振动和要求耐磨损的主、从动链轮
15Cr、20Cr	渗碳、淬火、回火	55～60HRC	$z<30$ 传递较大功率的重要链轮
40Cr、35SiMn、35CrMo	淬火、回火	45～50HRC	要求强度较高和耐磨损的重要链轮
Q235-A、Q275	焊接后退火	≈140HBW	中低速、功率不大的较大链轮
不低于 HT200 的灰铸铁	淬火、回火	260～280HBW	$z>50$ 的从动链轮以及外形复杂或强度要求一般的链轮
夹布胶木	—	—	$P<6$ kW，速度较高，要求传动平稳、噪声小的链轮

3.4.2 齿形链传动

齿形链传动分为外侧啮合传动和内侧啮合传动两类。其啮合的齿楔角有60°(节距 $p \geqslant 9.525$ mm)和70°(节距 $p<9.525$ mm)两种。

齿楔角为60°的外侧啮合齿形链(GB/T 10855—2003)其制造较易,应用较广。

3.4.2.1 齿形链的基本参数和尺寸(表3-4-11)

3.4.2.2 齿形链链轮

(1) 齿形链链轮齿形与基本参数(表3-4-12)

(2) 齿形链链轮轴向齿廓尺寸(表3-4-13)

(3) 齿形链链轮检验项目及公差(表3-4-14)

(4) 齿形链链轮轮坯公差(表3-4-15)

表3-4-11 齿形链的基本参数和尺寸(GB/T 10855—2003)

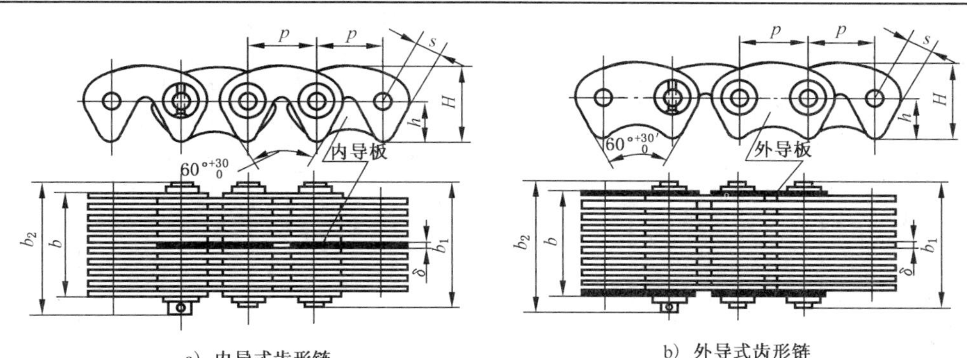

a) 内导式齿形链　　b) 外导式齿形链

链号	节距 p	链宽 b min	s①	H min	h	δ	b_1 max	b_2 max	导向形式	片数 n	极限拉伸载荷 Q min	每米质量 q
	mm										kN	≈kg
CL06	9.525	13.5	3.57	10.1	5.3	1.5	18.5	20	外	9	10.0	0.60
		16.5					21.5	23	外	11	12.5	0.73
		19.5					24.5	26	外	13	15.0	0.85
		22.5					27.5	29	外	15	17.5	1.00
		28.5					33.5	35	内	19	22.5	1.26
		34.5					39.5	41	内	23	27.5	1.53
		40.5					45.5	47	内	27	32.5	1.79
		46.5					51.5	53	内	31	37.5	2.06
		52.5					57.5	59	内	35	42.5	2.33
CL08	12.70	19.5	4.76	13.4	7.0	1.5	24.5	26	外	13	23.4	1.15
		22.5					27.5	29	外	15	27.4	1.33
		25.5					30.5	32	外	17	31.3	1.50
		28.5					33.5	35	内	19	35.2	1.68
		34.5					39.5	41	内	23	43.0	2.04
		40.5					45.5	47	内	27	50.8	2.39
		46.5					51.5	53	内	31	58.6	2.74
		52.5					57.5	59	内	35	66.4	3.10
		58.5					63.5	65	内	39	74.3	3.45
		64.5					69.5	71	内	43	82.1	3.81
		70.5					75.5	77	内	47	89.9	4.16
CL10	15.875	30	5.95	16.7	8.7	2.0	37	39	内	15	45.6	2.21
		38					45	47	内	19	58.6	2.80
		46					53	55	内	23	71.7	3.39
		54					61	63	内	27	84.7	3.99
		62					69	71	内	31	97.7	4.58
		70					77	79	内	35	111.0	5.17
		78					85	87	内	39	124.0	5.76

续表 3-4-11

链号	节距 p	链宽 b min	s①	H min	h	δ	b_1 max	b_2 max	导向形式	片数 n	极限拉伸载荷 Q min	每米质量 q
	mm										kN	≈kg
CL12	19.05	38	7.14	20.1	10.5	2.0	45	47	内	19	70.4	3.37
		46					53	55	内	23	86.0	4.08
		54					61	63	内	27	102.0	4.78
		62					69	71	内	31	117.0	5.50
		70					77	79	内	35	133.0	6.20
		78					85	87	内	39	149.0	6.91
		86					93	95	内	43	164.0	7.62
		94					101	103	内	47	180.0	8.33
CL16	25.40	45	9.52	26.7	14.0	3.0	53	56	内	15	111.0	5.31
		51					59	62	内	17	125.0	6.02
		57					65	68	内	19	141.0	6.73
		69					77	80	内	23	172.0	8.15
		81					89	92	内	27	203.0	9.57
		93					101	104	内	31	235.0	10.98
		105					113	116	内	35	266.0	12.41
		117					125	128	内	39	297.0	13.82
CL20	31.75	57	11.91	33.4	17.5	3.0	67	70	内	19	165.0	8.42
		69					79	82	内	23	201.0	10.19
		81					91	94	内	27	237.0	11.96
		93					103	106	内	31	273.0	13.73
		105					115	118	内	35	310.0	15.50
		117					127	130	内	39	346.0	17.27
CL24	38.10	69	14.29	40.1	21.0	3.0	81	84	内	23	241.0	12.22
		81					93	96	内	27	285.0	14.35
		93					105	108	内	31	328.0	16.48
		105					117	120	内	35	371.0	18.61
		117					129	132	内	39	415.0	20.73
		129					141	144	内	43	458.0	22.86
		141					153	156	内	47	502.0	24.99

① s 的公差为 h10。

表 3-4-12 齿形链链轮齿形与基本参数(GB/T 10855—2003)

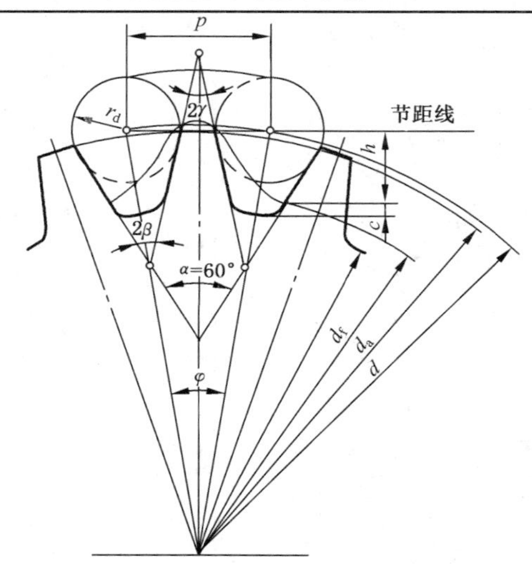

续表 3-4-12

名称		符号	计算公式	说明
基本参数	链轮齿数	z		设计参数
	齿楔角	α	$\alpha=60^{0}_{-30'}$	
	配用链条节距	p		见表 3-4-11
链轮齿形与主要尺寸	分度圆直径	d	$d=\dfrac{p}{\sin\dfrac{180°}{z}}$	
	齿顶圆直径	d_a	$d_a=\dfrac{p}{\tan\dfrac{180°}{z}}$	
	齿槽定位圆半径	r_d	$r_d=0.375p$	
	分度角	φ	$\varphi=\dfrac{360°}{z}$	
	齿槽角	β	$\beta=30°-\dfrac{180°}{z}$	
	齿形角	γ	$\gamma=30°-\dfrac{360°}{z}$	
	齿面工作段最低点至节距线的距离	h	$h=0.55p$	
	齿根间隙(h 方向)	e	$e=0.08p$	
	齿根圆直径	d_f	$d_f=d-2\dfrac{h+e}{\cos(180°/z)}$	

注：1. 表中各项线性尺寸的计算数值应精确到 0.01 mm，角度精确到(′)。

2. 表中齿根圆直径只作为参考尺寸，决定切齿深度的尺寸是齿槽定位圆半径，并用量柱测量距来检验。

表 3-4-13 齿形链链轮轴向齿廓尺寸(GB/T 10855—2003) (mm)

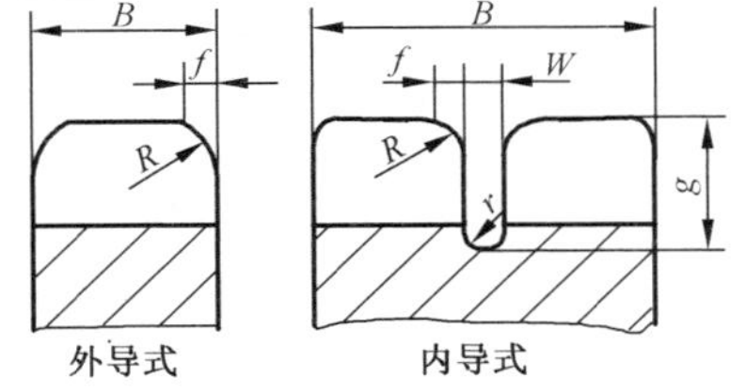

参数		节距 p						
		9.525	12.70	15.875	19.05	25.40	31.75	38.10
链轮宽度 B	外导	$b-3\delta$　b—链条宽度　δ—链片或导片厚度						
	内导	$b+2\delta$(b、δ 同上)						
导槽宽度 $W\pm0.6$		3		4		6		
倒角宽度 $f^{+0.5}_{0}$		1		1.5		2		
大圆角 R		3		4		5		
小圆角 r		0.5		0.8		1.0		
导槽深度 $g^{+1.5}_{0}$		7	9	11	13	16	20	24

表 3-4-14 齿形链链轮检验项目及公差(GB/T 10855—2003) (μm)

项目	节距 p /mm	链轮分度圆直径 d/mm						
		≤80	>80～120	>120～200	>200～320	>320～500	>500～800	>800～1 250
节距差的公差	9.525 12.70 15.875	45	48	50	55	58	75	90
	19.05 25.40		55	58	60	70	80	100

续表 3-4-14 (μm)

项目	节距 p /mm	链轮分度圆直径 d/mm						
		≤80	>80~120	>120~200	>200~320	>320~500	>500~800	>800~1 250
节距差的公差	31.75 38.10			70	75	85	95	110
量柱测量距极限偏差	所有节距	h10						
齿楔角极限偏差	所有节距	0 −30′						

注：节距差的公差是指轮齿上部的任意圆上，同侧齿面间弦线距离差的公差。

表 3-4-15 齿形链链轮轮坯公差（GB/T 10855—2003）

项目	公差等级	标准号
链轮孔极限偏差 链轮顶圆直径极限偏差	H8 h11	GB/T 1801—1999
链轮宽(B)极限偏差	内导式 H12	GB/T 1804—2000
	外导式 h12	
链轮顶圆径向圆跳动 链轮端面圆跳动	9 级	GB/T 1184—1996

3.5 滚动轴承

滚动轴承由外圈、内圈、滚动体和保持架四部分组成（图 3-5-1），工作时滚动体在内、外圈的滚道上滚动，形成滚动摩擦。它具有摩擦小、效率高、轴向尺寸小、装拆方便等优点。

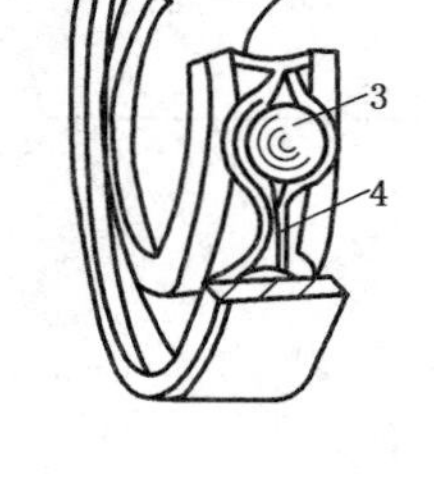
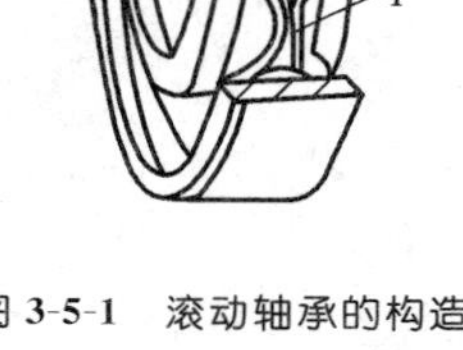

图 3-5-1 滚动轴承的构造
1—外圈 2—内圈
3—滚动体 4—保持架

3.5.1 滚动轴承的分类

按轴承所能承受的载荷方向或公称接触角的不同分类：

(1) 向心轴承　主要用于承受径向载荷的滚动轴承，其公称接触角从 0°～45°。按公称接触角不同又分：

1) 径向接触轴承　公称接触角为 0°的向心轴承。

2) 向心角接触轴承　公称接触角大于 0°～45°的向心轴承。

(2) 推力轴承　主要用于承受轴向载荷的滚动轴承，其公称接触角大于 45°～90°。按公称接触角的不同分：

1) 轴向接触轴承　公称接触角为 90°的推力轴承。

2) 推力角接触轴承　公称接触角大于 45°但小于 90°的推力轴承。

按轴承中的滚动体分类：

(1) 球轴承　滚动体为球。

(2) 滚子轴承　滚子轴承按滚子的种类不同，又分为圆柱滚子轴承、圆锥滚子轴承、调心滚子轴承和滚针轴承。

轴承按其工作时能否调心，分为刚性轴承和调心轴承。

轴承按其所能承受的载荷方向或公称接触角、滚动体的种类与列数、调心与否，综合分为：深沟球轴承、外球面球轴承、双列深沟球轴承、调心球轴承、角接触球轴承、双列角接触球轴承、四点接触球轴承、推力球轴承、滚针轴承、圆柱滚子轴承、调心滚子轴承、圆锥滚子轴承、推力圆柱滚子轴承和推力调心滚子轴承。

3.5.2 滚动轴承代号的构成（GB/T 272—1993）

轴承代号由基本代号，前置代号和后置代号构成，其排列顺序是：

前置代号 基本代号 后置代号

3.5.2.1 基本代号

基本代号表示轴承的基本类型、结构和尺寸，是轴承代号的基础。

(1) 滚动轴承（滚针轴承除外）基本代号　轴承外形尺寸符合 GB/T 273.1—2003、GB/T 273.2—2006、GB/T 273.3—1999、GB/T 3882—1995 任一标准规定的外形尺寸，其基本代号由轴承类型代号、尺寸系列代号、内径代号构成。排列顺序如下：

类型代号　　尺寸系列代号　　内径代号

类型代号用阿拉伯数字（以下简称数字）或大写拉丁字母（以下简称字母）表示，尺寸系列代号和内径代号用数字表示。

［例］　6024　6——类型代号，2——尺寸系列代号，04——内径代号

N2210　N——类型代号，22——尺寸系列代号，10——内径代号

（2）类型代号　轴承类型代号用数字或字母表示，见表 3-5-1。

（3）尺寸系列代号　尺寸系列代号由轴承的宽（高）度系列代号和直径系列代号组合而成。向心轴承，推力轴承尺寸系列代号见表 3-5-2。

（4）常用滚动轴承基本结构形式　常用轴承类型、尺寸系列代号及由轴承类型代号及尺寸系列代号组成的组合代号，见表 3-5-3。

表 3-5-1　滚动轴承类型代号

代　号	轴承类型	代　号	轴承类型
0	双列角接触球轴承	N	圆柱滚子轴承
1	调心球轴承		双列或多列用字母 NN 表示
2	调心滚子轴承和推力调心滚子轴承	U	外球面球轴承
3	圆锥滚子轴承	QJ	四点接触球轴承
4	双列深沟球轴承		
5	推力球轴承		
6	深沟球轴承		
7	角接触球轴承		
8	推力圆柱滚子轴承		

注：在表中代号后或前加字母或数字表示该类轴承中的不同结构。

表 3-5-2　滚动轴承尺寸系列代号

直径系列代号	向心轴承								推力轴承			
	宽度系列代号								高度系列代号			
	8	0	1	2	3	4	5	6	7	9	1	2
	尺寸系列代号											
7	—	—	17	—	37	—	—	—	—	—	—	—
8	—	08	18	28	38	48	58	68	—	—	—	—
9	—	09	19	29	39	49	59	69	—	—	—	—
0	—	00	10	20	30	40	50	60	70	90	10	—
1	—	01	11	21	31	41	51	61	71	91	11	—
2	82	02	12	22	32	42	52	62	72	92	12	22
3	83	03	13	23	33	—	—	—	73	93	13	23
4	—	04	—	24	—	—	—	—	74	94	14	24
5	—	—	—	—	—	—	—	—	—	95	—	—

表 3-5-3　常用滚动轴承基本结构形式、类型代号、尺寸系列代号

轴承类型	简图	类型代号	尺寸系列代号	组合代号	标准号
双列角接触球轴承		(0) (0)	32 33	32 33	GB/T 296—1994
调心球轴承		1 (1) 1 (1)	(0)2 22 (0)3 23	12 22 13 23	GB/T 281—1994

续表 3-5-3

轴承类型	简图	类型代号	尺寸系列代号	组合代号	标准号
调心滚子轴承	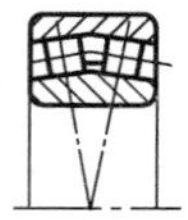	2	13	213	GB/T 288—1994
		2	22	222	
		2	23	223	
		2	30	230	
		2	31	231	
		2	32	232	
		2	40	240	
		2	41	241	
推力调心滚子轴承		2	92	292	GB/T 5859—2008
		2	93	293	
		2	94	294	
圆锥滚子轴承		3	02	302	GB/T 297—1994
		3	03	303	
		3	13	313	
		3	20	320	
		3	22	322	
		3	23	323	
		3	29	329	
		3	30	330	
		3	31	331	
		3	32	332	
双列深沟球轴承		4	(2)2	42	
		4	(2)3	43	
推力球轴承	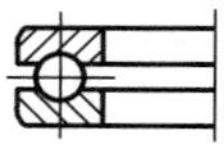	5	11	511	GB/T 301—1988
		5	12	512	
		5	13	513	
		5	14	514	
推力球轴承：双向推力球轴承	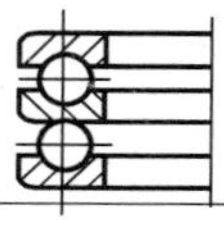	5	22	522	GB/T 301—1988
		5	23	523	
		5	24	524	
推力球轴承：带球面座圈的推力球轴承			(1)		
		5	32	532	
		5	33	533	
		5	34	534	
推力球轴承：带球面座圈的双向推力球轴承			(2)		
		5	42	542	
		5	43	543	
		5	44	544	
深沟球轴承	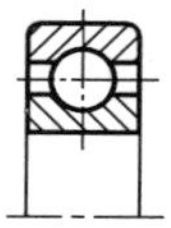	6	17	617	GB/T 276—1994
		6	37	637	
		6	18	618	
		6	19	619	
		16	(0)0	160	
		6	(1)0	60	
		6	(0)2	62	
		6	(0)3	63	
		6	(0)4	64	

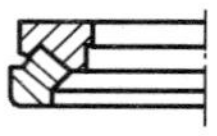

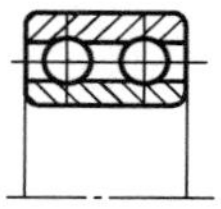

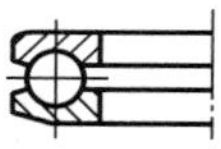

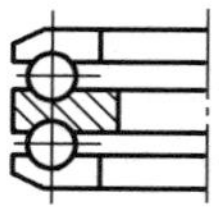

续表 3-5-3

轴承类型		简图	类型代号	尺寸系列代号	组合代号	标准号
角接触球轴承			7 7 7 7 7	19 (1)0 (0)2 (0)3 (0)4	719 70 72 73 74	GB/T 292—2007
推力圆柱滚子轴承			8 8	11 12	811 812	GB/T 4663—1994
圆柱滚子轴承	外圈无挡边圆柱滚子轴承		N N N N N N	10 (0)2 22 (0)3 23 (0)4	N10 N2 N22 N3 N23 N4	GB/T 283—2007
	内圈无挡边圆柱滚子轴承		NU NU NU NU NU NU	10 (0)2 22 (0)3 23 (0)4	NU10 NU2 NU22 NU3 NU23 NU4	
	内圈单挡边圆柱滚子轴承		NJ NJ NJ NJ NJ	(0)2 22 (0)3 23 (0)4	NJ2 NJ22 NJ3 NJ23 NJ4	
	内圈单挡边并带平挡圈圆柱滚子轴承		NUP NUP NUP NUP	(0)2 22 (0)3 23	NUP2 NUP22 NUP3 NUP23	
	外圈单挡边圆柱滚子轴承		NF	(0)2 (0)3 23	NF2 NF3 NF3	
	双列圆柱滚子轴承		NN	30	NN30	GB/T 285—1994
	内圈无挡边双列圆柱滚子轴承		NNU	49	NNU49	
外球面球轴承	带顶丝外球面球轴承		UC UC	2 3	UC2 UC3	GB/T 3882—1995
	带偏心套外球面球轴承		UEL UEL	2 3	UEL2 UEL3	

续表 3-5-3

轴承类型		简图	类型代号	尺寸系列代号	组合代号	标准号
外球面球轴承	圆锥孔外球面球轴承		UK UK	2 3	UK2 UK3	GB/T 3882—1995
	四点接触球轴承		QJ	(0)2 (0)3	QJ2 QJ3	GB/T 294—1994

注：表中用括号内的数字表示在组合代号中省略。

(5) 滚动轴承内径代号(表 3-5-4)

(6) 滚针轴承基本代号　基本代号由轴承类型代号和表示轴承配合安装特征和尺寸构成。代号中类型代号用字母表示，表示轴承配合安装特征的尺寸，用尺寸系列、内径代号或者直接用毫米数表示。

滚针轴承基本结构形式、类型代号、配合安装特征尺寸代号见表 3-5-5。

表 3-5-4　滚动轴承内径代号

轴承公称内径/mm		内径代号	示例
0.6～10 (非整数)		用公称内径毫米数直接表示，在其与尺寸系列代号之间用“/”分开	深沟球轴承 618/2.5 d=2.5 mm
1～9(整数)		用公称内径毫米数直接表示，对深沟及角接触球轴承7,8,9 直径系列，内径与尺寸系列代号之间用“/”分开	深沟球轴承 625　618/5 d=5 mm
10～17	10 12 15 17	00 01 02 03	深沟球轴承 6200 d=10 mm
20～480 (22,28,32 除外)		公称内径除以 5 的商数，商数为个位数，需在商数左边加“0”，如 08	调心滚子轴承 23208 d=40 mm
大于和等于 500 以及 22,28,32		用公称内径毫米数直接表示，但在与尺寸系列之间用“/”分开	调心滚子轴承 230/500 d=500 mm 深沟球轴承 62/22 d=22 mm

注：[例]调心滚子轴承 23224　2——类型代号　32——尺寸系列代号　24——内径代号　d=120 mm。

表 3-5-5　滚针轴承基本结构形式、类型代号、安装特征尺寸代号

轴承类型		简图	类型代号	配合安装特征尺寸表示	轴承基本代号	标准号
滚针和保持架组件	滚针和保持架组件		K	$F_w \times E_w \times B_c$	$KF_w \times E_w \times B_c$	
	推力滚针和保持架组件		AXK	$D_{c1} D_c$[①]	$AXKD_{c1} D_c$	GB/T 4605—2003

续表 3-5-5

轴承类型		简图	类型代号	配合安装特征尺寸表示		轴承基本代号	标准号
滚针轴承	滚针轴承		NA	用尺寸系列代号、内径代号表示		NA4800 NA4900 NA6900	GB/T 5801—2006
				尺寸系列代号 48 49 69	内径代号 见表 5-243[②]		
	穿孔型冲压外圈滚针轴承		HK	F_wB[①]		HKF_wB	GB/T 290—1998
	封口型冲压外圈滚针轴承		BK	F_wB[②]		BKF_wB	GB/T 290—1998

注：F_w——无内圈滚针轴承滚针总体内径(滚针保持架组件内径)；E_w——滚针保持架组件外径；B——轴承公称宽度；B_c——滚针保持架组件宽度；D_{c1}——推力滚针保持架组件内径；D_c——推力滚针保持架组件外径。

① 尺寸直接用毫米数表示时，如是个位数，需在其左边加“0”。如 8 mm 用 08 表示。

② 内径代号除 $d<10$ mm 用“/实际公称毫米数”表示外，其余按表 5-243 内径代号标注规定。

(7) 基本代号编制规则　基本代号中当轴承类型代号用字母表示时，编排时应与表示轴承尺寸的系列代号、内径代号或安装配合特征尺寸的数字之间空半个汉字距。例：NJ230，AXK0821。

3.5.2.2 前置、后置代号

前置、后置代号是滚动轴承在结构形状、尺寸、公差、技术要求等有改变时，在其基本代号左右添加的补充代号。滚动轴承前、后置代号排列顺序(表 3-5-6)。

表 3-5-6　滚动轴承前、后置代号排列顺序

轴承代号									
前置代号	基本代号	后置代号(组)							
		1	2	3	4	5	6	7	8
成套轴承分部件		内部结构	密封与防尘套圈变形	保持架及其材料	轴承材料	公差等级	游隙	配置	其他

(1) 前置代号　前置代号用字母表示。滚动轴承前置代号及其含义见表 3-5-7。

表 3-5-7　滚动轴承前置代号及其含义

代号	含义	示例	代号	含义	示例
L	可分离轴承的可分离内圈或外圈	LNU207	K	滚子和保持架组件	K81107
		LN207	WS	推力圆柱滚子轴承轴圈	WS81107
R	不带可分离内圈或外圈的轴承	RNU207	GS	推力圆柱滚子轴承座圈	GS81107
	(滚针轴承仅适用于 NA 型)	RNA6904			

(2) 后置代号编制规则　后置代号用字母(或加数字)表示。

滚动轴承后置代号的编制规则：

1) 后置代号置于基本代号的右边并与基本代号空半个汉字距(代号中有符号“—”“/”除外)。当改变项目多、具有多组后置代号，按轴承代号表所列从左至右的顺序排列。

2) 改变为 4 组(含 4 组)以后的内容，则在其代号前用“/”与前面代号隔开。

[例]　6205-2Z/P6　22308/P63

3) 改变内容为 4 组后的两组，在前组与后组代号中的数字或文字表示含义可能混淆时，两代号间空半个字距。例如 6208/P63　V1

(3) 后置代号及含义(表 3-5-8～表 3-5-12)

表 3-5-8　滚动轴承内部结构代号及其含义

代　号	含　　义	示　　例
A、B C、D E	1）表示内部结构改变 2）表示标准设计，其含义随不同类型、结构而异	B　1）角接触球轴承　公称接触角 $\alpha=40°$7210B 2）圆锥滚子轴承　接触角加大 32310B C　1）角接触球轴承　公称接触角 $\alpha=15°$7005C 2）调心滚子轴承 C 型 23122C E 加强型①　NU207E
AC D ZW	角接触球轴承　公称接触角 $\alpha=25°$ 剖分式轴承 滚针保持架组件　双列	7210AC K50×55×20D K20×25×40ZW

① 加强型，即内部结构设计改进，增大轴承承载能力。

表 3-5-9　滚动轴承密封、防尘与外部形状变化的代号及其含义

代　号	含　　义	示　　例
K	圆锥孔轴承锥度 1∶12(外球面球轴承除外)	1210K
K30	圆锥孔轴承锥度 1∶30	241 22 K30
R	轴承外圈有止动挡边(凸缘外圈) (不适用于内径小于 10 mm 的向心球轴承)	30307R
N	轴承外圈上有止动槽	6210N
NR	轴承外圈上有止动槽，并带止动环	6210NR
-RS	轴承一面带骨架式橡胶密封圈(接触式)	6210-RS
-2RS	轴承两面带骨架式橡胶密封圈(接触式)	6210-2RS
-RZ	轴承一面带骨架式橡胶密封圈(非接触式)	6210-RZ
-2RZ	轴承两面带骨架式橡胶密封圈(非接触式)	6210-2RZ
-Z	轴承一面带防尘盖	6210-Z
-2Z	轴承两面带防尘盖	6210-2Z
-RSZ	轴承一面带骨架式橡胶密封圈(接触式)、一面带防尘盖	6210-RSZ
-RZZ	轴承一面带骨架式橡胶密封圈(非接触式)、一面带防尘盖	6210-RZZ
-ZN	轴承一面带防尘盖，另一面外圈有止动槽	6210-ZN
-ZNR	轴承一面带防尘盖，另一面外圈有止动槽并带止动环	6210-ZNR
-ZNB	轴承一面带防尘盖，同一面外圈有止动槽	6210-ZNB
-2ZN	轴承两面带防尘盖，外圈有止动槽	6210-2ZN
U	推力球轴承带球面垫圈	53210U

注：密封圈代号与防尘盖代号同样可以与止动槽代号进行多种组合。

表 3-5-10　滚动轴承公差等级代号及其含义

代　号	含　　义	示　　例
/P0	公差等级符合标准规定的 0 级，代号中省略不表示	6203
/P6	公差等级符合标准规定的 6 级	6203/P6
/P6x	公差等级符合标准规定的 6x 级	30210/P6x
/P5	公差等级符合标准规定的 5 级	6203/P5
/P4	公差等级符合标准规定的 4 级	6203/P4
/P2	公差等级符合标准规定的 2 级	6203/P2

表 3-5-11　滚动轴承游隙代号及其含义

代号	含　　义	示　　例	代号	含　　义	示　　例
/C1	游隙符合标准规定的 1 组	NN 3006K/C1	/C3	游隙符合标准规定的 3 组	6210/C3
/C2	游隙符合标准规定的 2 组	6210/C2	/C4	游隙符合标准规定的 4 组	NN 3006K/C4
—	游隙符合标准规定的 0 组	6210	/C5	游隙符合标准规定的 5 组	NNU 4920K/C5

注：公差等级代号与游隙代号需同时表示时，可进行简化，取公差等级代号加上游隙组号(0 组不表示)组合表示。

表 3-5-12　滚动轴承配置代号及其含义

代　号	含　　义	示　　例	代　号	含　　义	示　　例
/DB	成对背对背安装	7210C/DB	/DT	成对串联安装	7210C/DT
/DF	成对面对面安装	32208/DF			

［例］ /P63 表示轴承公差等级 P6 级，径向游隙 3 组。

/P52 表示轴承公差等级 P5 级，径向游隙 2 组。

其他在轴承振动、噪声、摩擦力矩、工作温度、润滑等要求特殊时，其代号按 JB/T 2974—2004 的规定。

3.5.2.3 轴承代号示例

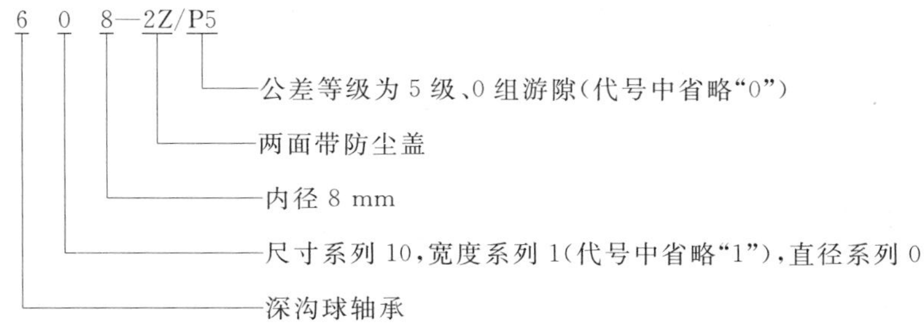

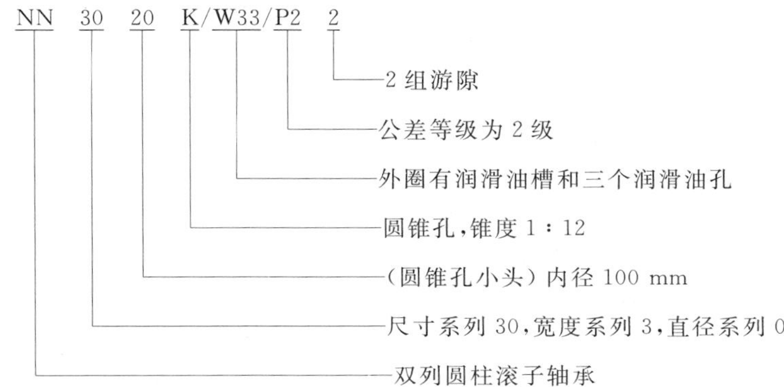

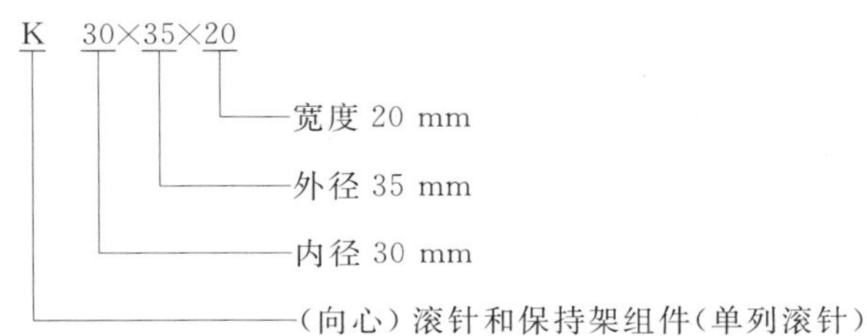

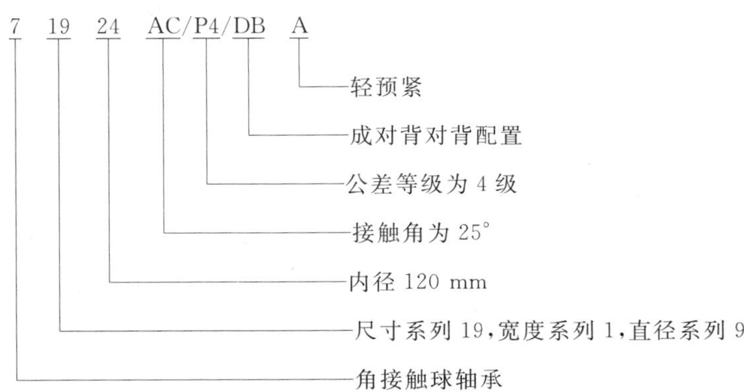

3.5.3 常用滚动轴承型号及外形尺寸举例

3.5.3.1 深沟球轴承(GB/T 276—2013)

深沟球轴承型号及外形尺寸举例见表 3-5-13。

表 3-5-13　深沟球轴承型号及外形尺寸举例　(mm)

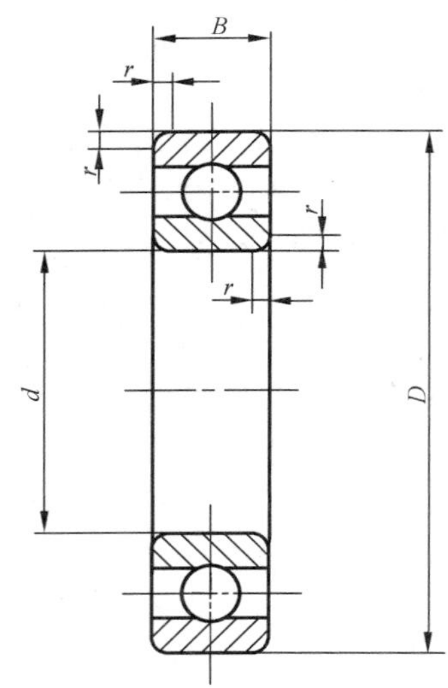

深沟球轴承60000型

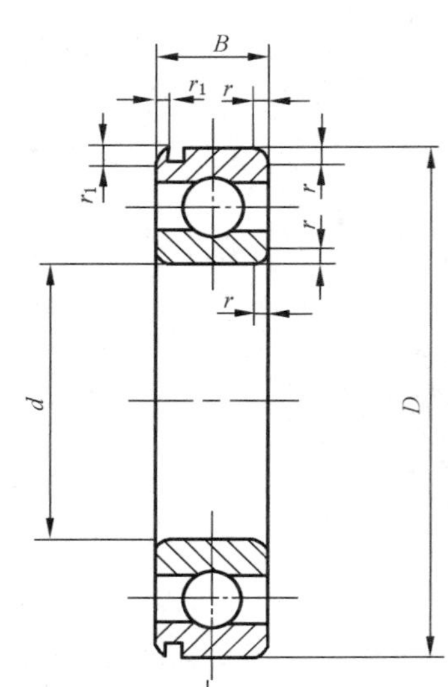

外圈有止动槽的深沟球轴承60000 N型

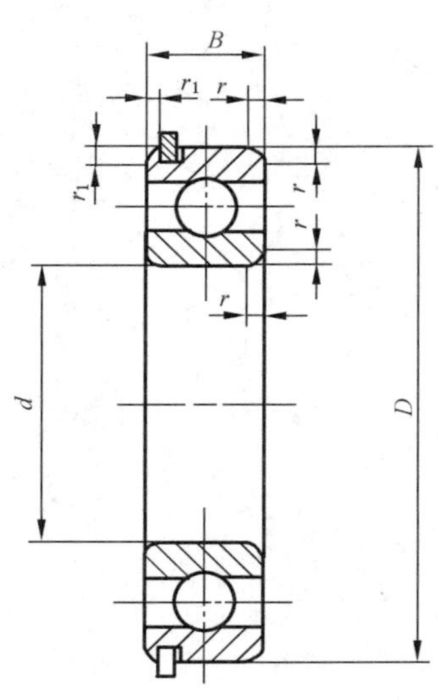

外圈有止动槽并带止动环的深沟球轴承60000 NR型

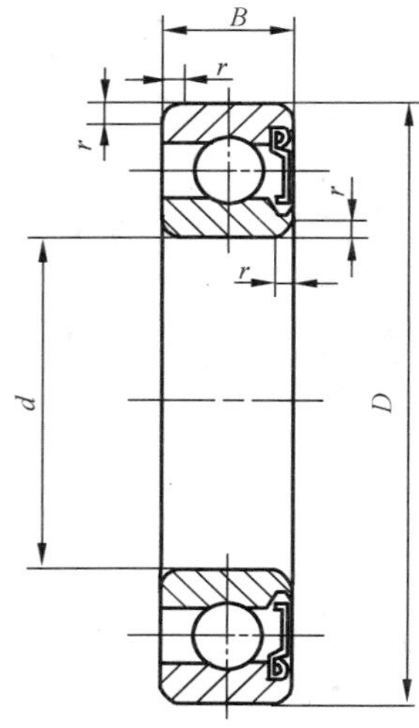

一面带防尘盖的深沟球轴承60000-Z型

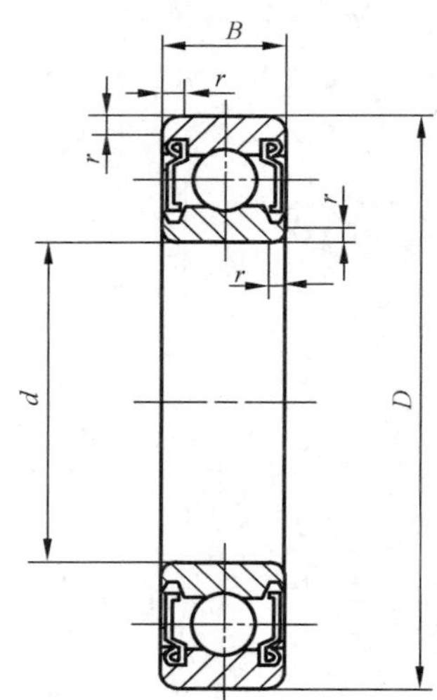

两面带防尘盖的深沟球轴承60000-2Z型

续表 3-5-13

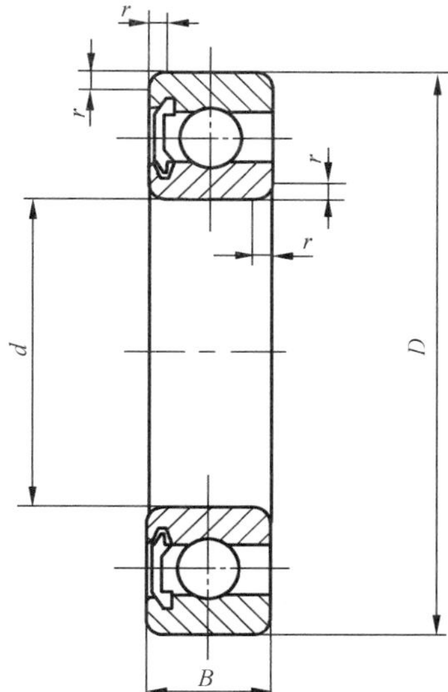

一面带密封圈（接触式）
的深沟球轴承60000-RS型

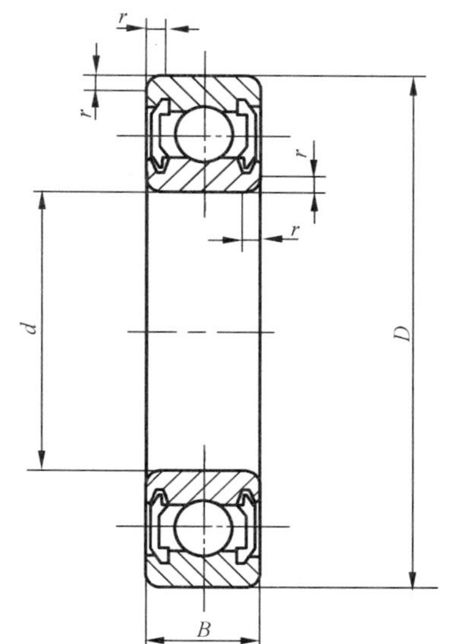

两面带密封圈（接触式）
的深沟球轴承60000-2RS型

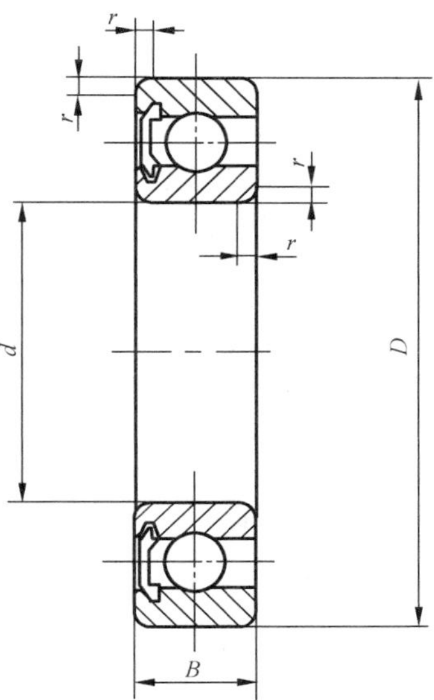

一面带密封圈（非接触式）
的深沟球轴承60000-RZ型

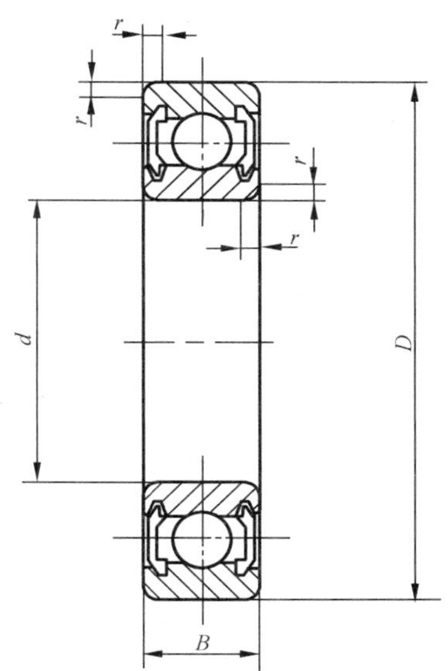

两面带密封圈（非接触式）
的深沟球轴承60000-2RZ型

轴承型号									外形尺寸				
60000 型	60000 N 型	60000 NR 型	60000-Z 型	60000-2Z 型	60000-RS 型	60000-2RS 型	60000-RZ 型	60000-2RZ 型	d	D	B	r_{smin}[a]	r_{1smin}[a]
623	—	—	623-Z	623-2Z	623-RS	623-2RS	623-RZ	623-2RZ	3	10	4	0.15	—
624	—	—	624-Z	624-2Z	624-RS	624-2RS	624-RZ	624-2RZ	4	13	5	0.2	—
625	—	—	625-Z	625-2Z	625-RS	625-2RS	625-RZ	625-2RZ	5	16	5	0.3	—
626	626 N	626 NR	626-Z	626-2Z	626-RS	626-2RS	626-RZ	626-2RZ	6	19	6	0.3	0.3
627	627 N	627 NR	627-Z	627-2Z	627-RS	627-2RS	627-RZ	627-2RZ	7	22	7	0.3	0.3
628	628 N	628 NR	628-Z	628-2Z	628-RS	628-2RS	628-RZ	628-2RZ	8	24	8	0.3	0.3
629	629 N	629 NR	629-Z	629-2Z	629-RS	629-2RS	629-RZ	629-2RZ	9	26	8	0.3	0.3
6200	6200 N	6200 NR	6200-Z	6200-2Z	6200-RS	6200-2RS	6200-RZ	6200-2RZ	10	30	9	0.6	0.5
6201	6201 N	6201 NR	6201-Z	6201-2Z	6201-RS	6201-2RS	6201-RZ	6201-2RZ	12	32	10	0.6	0.5
6202	6202 N	6202 NR	6202-Z	6202-2Z	6202-RS	6202-2RS	6202-RZ	6202-2RZ	15	35	11	0.6	0.5
6203	6203 N	6203 NR	6203-Z	6203-2Z	6203-RS	6203-2RS	6203-RZ	6203-2RZ	17	40	12	0.6	0.5
6204	6204 N	6204 NR	6204-Z	6204-2Z	6204-RS	6204-2RS	6204-RZ	6204-2RZ	20	47	14	1	0.5

续表 3-5-13

轴承型号									外形尺寸/mm				
60000 型	60000N 型	60000NR 型	60000-Z 型	60000-2Z 型	60000-RS 型	60000-2RS 型	60000-RZ 型	60000-2RZ 型	d	D	B	r_{smin} [a]	r_{1smin} [a]
62/22	62/22N	62/22NR	62/22-Z	62/22-2Z	—	—	—	62/22-2RZ	22	50	14	1	0.5
6205	6205N	6025NR	6205-Z	6205-2Z	6205-RS	6205-2RS	6205-RZ	6205-2RZ	25	52	15	1	0.5
62/28	62/28N	62/28NR	62/28-Z	62/28-2Z	—	—	—	62/28-2RZ	28	58	16	1	0.5
6206	6206N	6206NR	6206-Z	6206-2Z	6206-RS	6206-2RS	6206-RZ	6206-2RZ	30	62	16	1	0.5
62/32	62/32N	62/32NR	62/32-Z	62/32-2Z	—	—	—	62/32-2RZ	32	65	17	1	0.5
6207	6207N	6207NR	6207-Z	6207-2Z	6207-RS	6207-2RS	6207-RZ	6207-2RZ	35	72	17	1.1	0.5
6208	6208N	6208NR	6208-Z	6208-2Z	6208-RS	6208-2RS	6208-RZ	6208-2RZ	40	80	18	1.1	0.5
6209	6209N	6209NR	6209-Z	6209-2Z	6209-RS	6209-2RS	6209-RZ	6209-2RZ	45	85	19	1.1	0.5
6210	6210N	6210NR	6210-Z	6210-2Z	6210-RS	6210-2RS	6210-RZ	6210-2RZ	50	90	20	1.1	0.5
6211	6211N	6211NR	6211-Z	6211-2Z	6211-RS	6211-2RS	6211-RZ	6211-2RZ	55	100	21	1.5	0.5
6212	6212N	6212NR	6212-Z	6212-2Z	6212-RS	6212-2RS	6212-RZ	6212-2RZ	60	110	22	1.5	0.5
6213	6213N	6213NR	6213-Z	6213-2Z	6213-RS	6213-2RS	6213-RZ	6213-2RZ	65	120	23	1.5	0.5
6214	6214N	6214NR	6214-Z	6214-2Z	6214-RS	6214-2RS	6214-RZ	6214-2RZ	70	125	24	1.5	0.5
6215	6215N	6215NR	6215-Z	6215-2Z	6215-RS	6215-2RS	6215-RZ	6215-2RZ	75	130	25	1.5	0.5
6216	6216N	6216NR	6216-Z	6216-2Z	6216-RS	6216-2RS	6216-RZ	6216-2RZ	80	140	26	2	0.5
6217	6217N	6217NR	6217-Z	6217-2Z	6217-RS	6217-2RS	6217-RZ	6217-2RZ	85	150	28	2	0.5
6218	6218N	6218NR	6218-Z	6218-2Z	6218-RS	6218-2RS	6218-RZ	6218-2RZ	90	160	30	2	0.5
6219	6219N	6219NR	6219-Z	6219-2Z	6219-RS	6219-2RS	6219-RZ	6219-2RZ	95	170	32	2.1	0.5
6220	6220N	6220NR	6220-Z	6220-2Z	6220-RS	6220-2RS	6220-RZ	6220-2RZ	100	180	34	2.1	0.5
6221	6221N	6221NR	6221-Z	6221-2Z	6221-RS	6221-2RS	6221-RZ	6221-2RZ	105	190	36	2.1	0.5
6222	6222N	6222NR	6222-Z	6222-2Z	6222-RS	6222-2RS	6222-RZ	6222-2RZ	110	200	38	2.1	0.5
6224	6224N	6224NR	6224-Z	6224-2Z	6224-RS	6224-2RS	6224-RZ	6224-2RZ	120	215	40	2.1	0.5
6226	6226N	6226NR	6226-Z	6226-2Z	6226-RS	6226-2RS	6226-RZ	6226-2RZ	130	230	40	3	0.5
6228	6228N	6228NR	6228-Z	6228-2Z	6228-RS	6228-2RS	6228-RZ	6228-2RZ	140	250	42	3	0.5

注：此表仅以 02 系列中部分型号为例，作为查阅尺寸时参考，其于系列可查(GB/T 276—2013)或产品样本(下同)。

3.5.3.2 调心球轴承(GB/T 281—2013)

调心球轴承型号及外形尺寸举例见表 3-5-14。

表 3-5-14 调心球轴承型号及外形尺寸举例 (mm)

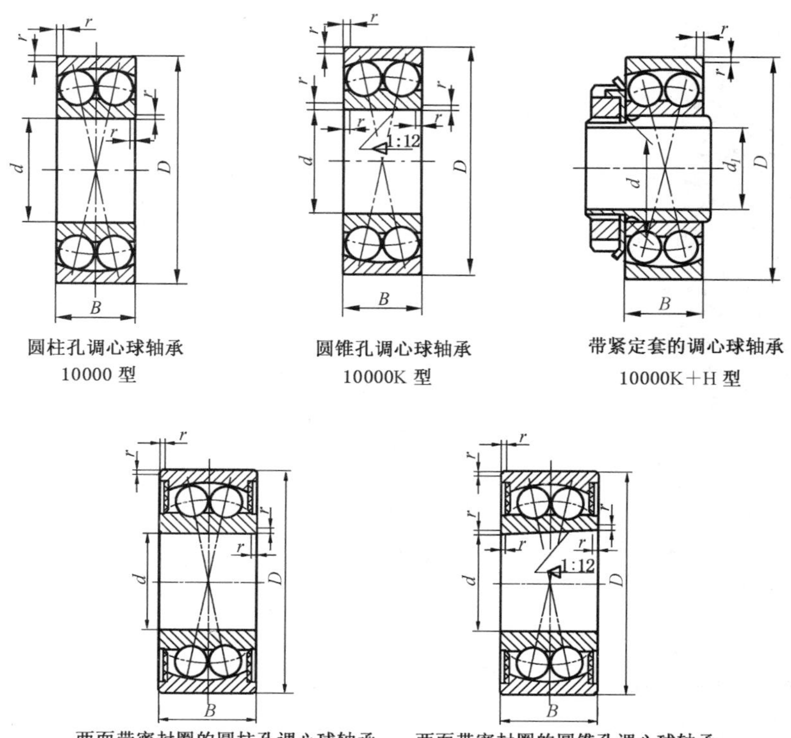

圆柱孔调心球轴承 10000 型

圆锥孔调心球轴承 10000K 型

带紧定套的调心球轴承 10000K+H 型

两面带密封圈的圆柱孔调心球轴承 10000-2RS型

两面带密封圈的圆锥孔调心球轴承 10000K-2RS型

续表 3-5-14 (mm)

轴承型号			外形尺寸				
10000 型	10000K 型	10000K+H 型	d	d_1	D	B	r_{smin}[a]
126	—	—	6	—	19	6	0.3
127	—	—	7	—	22	7	0.3
129	—	—	9	—	26	8	0.3
1200	1200K	—	10	—	30	9	0.6
1201	1201K	—	12	—	32	10	0.6
1202	1202K	—	15	—	35	11	0.6
1203	1203K	—	17	—	40	12	0.6
1204	1204K	1204K+H204	20	17	47	14	1
1205	1205K	1205K+H205	25	20	52	15	1
1206	1206K	1206K+H206	30	25	62	16	1
1207	1207K	1207K+H207	35	30	72	17	1.1
1208	1208K	1208K+H208	40	35	80	18	1.1
1209	1209K	1209K+H209	45	40	85	19	1.1
1210	1210K	1210K+H210	50	45	90	20	1.1
1211	1211K	1211K+H211	55	50	100	21	1.5
1212	1212K	1212K+H212	60	55	110	22	1.5
1213	1213K	1213K+H213	65	60	120	23	1.5
1214	1214K	1214K+H214	70	60	125	24	1.5
1215	1215K	1215K+H215	75	65	130	25	1.5
1216	1216K	1216K+H216	80	70	140	26	2
1217	1217K	1217K+H217	85	75	150	28	2
1218	1218K	1218K+H218	90	80	160	30	2
1219	1219K	1219K+H219	95	85	170	32	2.1
1220	1220K	1220K+H220	100	90	180	34	2.1
1221	1221K	1221K+H221	105	95	190	36	2.1
1222	1222K	1222K+H222	110	100	200	38	2.1
1224	1224K	1224K+H3024	120	110	215	42	2.1
1226	—	—	130	—	230	46	3
1228	—	—	140	—	250	50	3

3.5.3.3 双列圆柱滚子轴承(GB/T 285—2013)

双列圆柱滚子轴承型号及外形尺寸举例见表 3-5-15。

表 3-5-15 双列圆柱滚子轴承型号及外形尺寸举例 (mm)

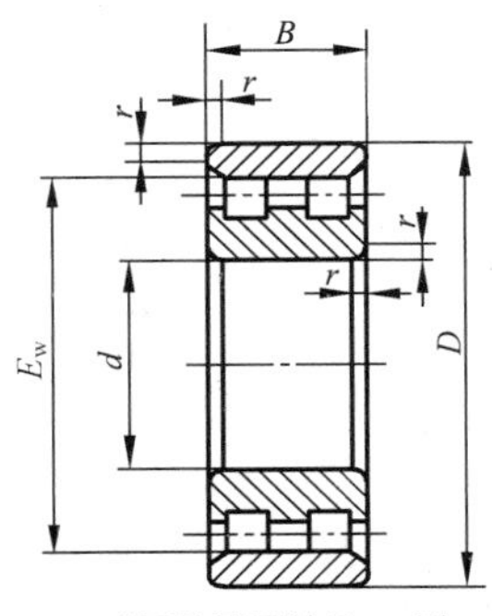

双列圆柱滚子轴承NN型

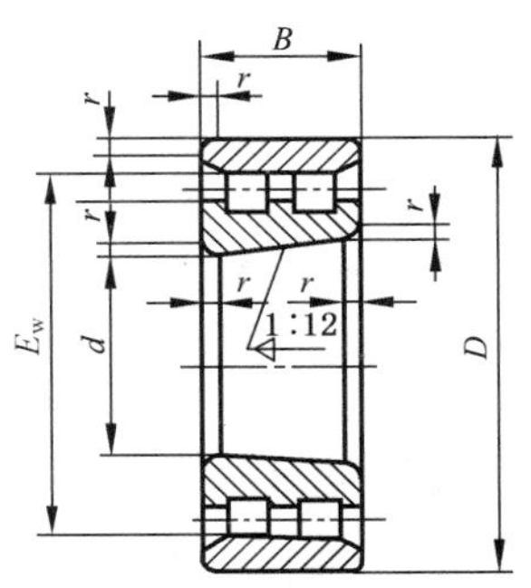

圆锥孔双列圆柱滚子轴承NN…K型

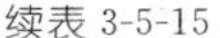
续表 3-5-15 (mm)

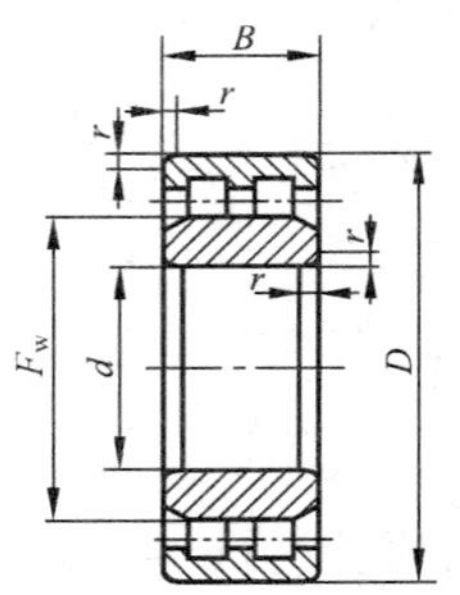

内圈无挡边双列圆柱滚子轴承

NNU型

内圈无挡边、圆锥孔双列圆柱滚子轴承

NNU…K型

轴承型号		外形尺寸				
NN 型	NN…K 型	d	D	B	E_w	r_{smin}[a]
NN3005	NN3005K	25	47	16	41.3	0.6
NN3006	NN3006K	30	55	19	48.5	1
NN3007	NN3007K	35	62	20	55	1
NN3008	NN3008K	40	68	21	61	1
NN3009	NN3009K	45	75	23	67.5	1
NN3010	NN3010K	50	80	23	72.5	1
NN3011	NN3011K	55	90	26	81	1.1
NN3012	NN3012K	60	95	26	86.1	1.1
NN3013	NN3013K	65	100	26	91	1.1
NN3014	NN3014K	70	110	30	100	1.1
NN3015	NN3015K	75	115	30	105	1.1
NN3016	NN3016K	80	125	34	113	1.1
NN3017	NN3017K	85	130	34	118	1.1
NN3018	NN3018K	90	140	37	127	1.5
NN3019	NN3019K	95	145	37	132	1.5
NN3020	NN3020K	100	150	37	137	1.5
NN3021	NN3021K	105	160	41	146	2
NN3022	NN3022K	110	170	45	155	2
NN3024	NN3024K	120	180	46	165	2
NN3026	NN3026K	130	200	52	182	2
NN3028	NN3028K	140	210	53	192	2
NN3030	NN3030K	150	225	56	206	2.1
NN3032	NN3032K	160	240	60	219	2.1
NN3034	NN3034K	170	260	67	236	2.1
NN3036	NN3036K	180	280	74	255	2.1
NN3038	NN3038K	190	290	75	265	2.1
NN3040	NN3040K	200	310	82	282	2.1
NN3044	NN3044K	220	340	90	310	3
NN3048	NN3048K	240	360	92	330	3
NN3052	NN3052K	260	400	104	364	4
NN3056	NN3056K	280	420	106	384	4
NN3060	NN3060K	300	460	118	418	4
NN3064	NN3064K	320	480	121	438	4
NN3068	NN3068K	340	520	133	473	5
NN3072	NN3072K	360	540	134	493	5
NN3076	NN3076K	380	560	135	513	5

续表 3-5-15 (mm)

轴承型号		外形尺寸				
NN 型	NN…K 型	d	D	B	E_w	r_{smin}[a]
NN3080	NN3080K	400	600	148	549	5
NN3084	NN3084K	420	620	150	569	5
NN3088	NN3088K	440	650	157	597	6
NN3092	NN3092K	460	680	163	624	6
NN3096	NN3096K	480	700	165	644	6
NN30/500	NN30/500K	500	720	167	664	6
NN30/530	NN30/530K	530	780	185	715	6
NN30/560	NN30/560K	560	820	195	755	6
NN30/600	NN30/600K	600	870	200	803	6
NN30/630	NN30/630K	630	920	212	845	7.5
NN30/670	NN30/670K	670	980	230	900	7.5

注：此表仅以 30 系列为例，其余系列可查(GB/T 285—2013)或产品样本。

3.5.3.4 圆锥滚子轴承(GB/T 297—2015)

圆锥滚子轴承型号及外形尺寸举例见表 3-5-16。

表 3-5-16 圆锥滚子轴承型号及外形尺寸举例 (mm)

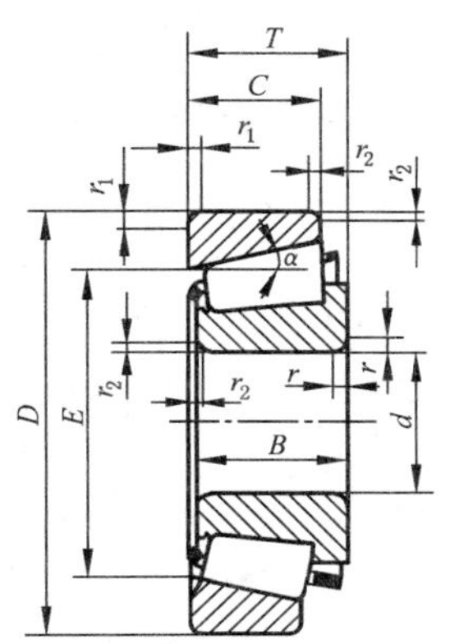

圆锥滚子轴承30000型

轴承型号	d	D	T	B	r_{smin}[a]	C	r_{1smin}[a]	α	E	ISO 尺寸系列
30202	15	35	11.75	11	0.6	10	0.6	—	—	—
30203	17	40	13.25	12	1	11	1	12°57′10″	31.408	2DB
30204	20	47	15.25	14	1	12	1	12°57′10″	37.304	2DB
30205	25	52	16.25	15	1	13	1	14°02′10″	41.135	3CC
30206	30	62	17.25	16	1	14	1	14°02′10″	49.990	3DB
302/32	32	65	18.25	17	1	15	1	14°	52.500	3DB
30207	35	72	18.25	17	1.5	15	1.5	14°02′10″	58.844	3DB
30208	40	80	19.75	18	1.5	16	1.5	14°02′10″	65.730	3DB
30209	45	85	20.75	19	1.5	16	1.5	15°06′34″	70.440	3DB
30210	50	90	21.75	20	1.5	17	1.5	15°38′32″	75.078	3DB
30211	55	100	22.75	21	2	18	1.5	15°06′34″	84.197	3DB
30212	60	110	23.75	22	2	19	1.5	15°06′34″	91.876	3EB
30213	65	120	24.75	23	2	20	1.5	15°06′34″	101.934	3EB
30214	70	125	26.25	24	2	21	1.5	15°38′32″	105.748	3EB
30215	75	130	27.25	25	2	22	1.5	16°10′20″	110.408	4DB
30216	80	140	28.25	26	2.5	22	2	15°38′32″	119.169	3EB
30217	85	150	30.5	28	2.5	24	2	15°38′32″	126.685	3EB
30218	90	160	32.5	30	2.5	26	2	15°38′32″	134.901	3FB
30219	95	170	34.5	32	3	27	2.5	15°38′32″	143.385	3FB
30220	100	180	37	34	3	29	2.5	15°38′32″	151.310	3FB

续表 3-5-16 (mm)

轴承型号	d	D	T	B	r_{smin}[a]	C	r_{1smin}[a]	α	E	ISO 尺寸系列
30221	105	190	39	36	3	30	2.5	15°38′32″	159.795	3FB
30222	110	200	41	38	3	32	2.5	15°38′32″	168.548	3FB
30224	120	215	43.5	40	3	34	2.5	16°10′20″	181.257	4FB
30226	130	230	43.75	40	4	34	3	16°10′20″	196.420	4FB
30228	140	250	45.75	42	4	36	3	16°10′20″	212.270	4FB
30230	150	270	49	45	4	38	3	16°10′20″	227.408	4GB
30232	160	290	52	48	4	40	3	16°10′20″	244.958	4GB
30234	170	310	57	52	5	43	4	16°10′20″	262.483	4GB
30236	180	320	57	52	5	43	4	16°41′57″	270.928	4GB
30238	190	340	60	55	5	46	4	16°10′20″	291.083	4GB
30240	200	360	64	58	5	48	4	16°10′20″	307.196	4GB
30244	220	400	72	65	5	54	4	15°38′32″[b]	339.941[b]	3GB[b]
30248	240	440	79	72	5	60	4	15°38′32″[b]	374.976[b]	3GB[b]
30252	260	480	89	80	6	67	5	16°25′56″[b]	410.444[b]	4GB[b]
30256	280	500	89	80	6	67	5	17°03′[b]	423.879[b]	4GB[b]

注：此表仅以 02 系列为例，其余系列可查(GB/T 297—2015)或产品样本。

3.5.3.5 双列圆锥滚子轴承(GB/T 299—2008)

双列圆锥滚子轴承型号及外形尺寸举例见表 3-5-17。

表 3-5-17 双列圆锥滚子轴承型号及外形尺寸举例 (mm)

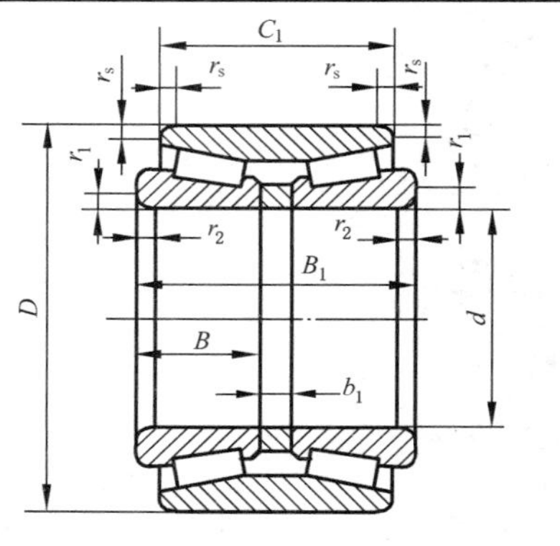

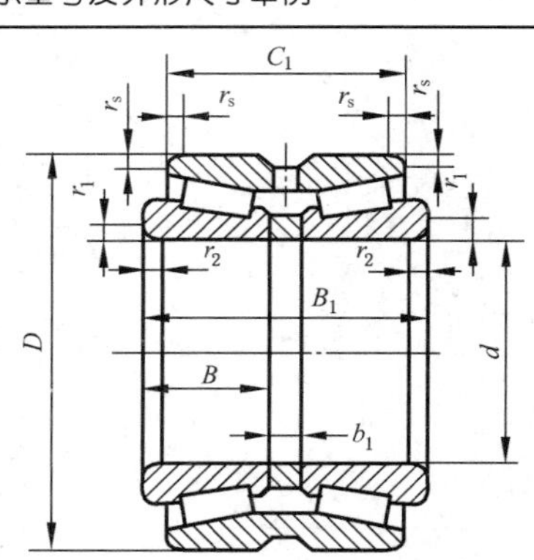

轴承代号	d	D	B_1	C_1	B	r_{1min} r_{2min}	r_{smin}	轴承代号	d	D	B_1	C_1	B	r_{1min} r_{2min}	r_{smin}
352004	20	42	34	28	15	0.6	0.3①	352021	105	160	80	62	35	2.5	0.6
352005	25	47	34	27	15	0.6	0.3①	352022	110	170	86	68	38	2.5	0.6
352006	30	55	39	31	17	1	0.3	352024	120	180	88	70	38	2.5	0.6
352007	35	62	41	33	18	1	0.3	352026	130	200	102	80	45	2.5	0.6
352008	40	68	44	35	19	1	0.3	352028	140	210	104	82	45	2.5	0.6
352009	45	75	46	37	20	1	0.3	352030	150	225	110	86	48	3	1
352010	50	80	46	37	20	1	0.3	352032	160	240	116	90	51	3	1
352011	55	90	52	41	23	1.5	0.6	352034	170	260	128	100	57	3	1
352012	60	95	52	41	23	1.5	0.6	352036	180	280	142	110	64	3	1
352013	65	100	52	41	23	1.5	0.6	352038	190	290	142	110	64	3	1
352014	70	110	57	45	25	1.5	0.6	352040	200	310	154	120	70	3	1
352015	75	115	58	46	25	1.5	0.6	352044	220	340	166	128	76	4	1
352016	80	125	66	52	29	1.5	0.6	352048	240	360	166	128	76	4	1
352017	85	130	67	53	29	1.5	0.6	352052	260	400	190	146	87	5	1.1
352018	90	140	73	57	32	2	0.6	352056	280	420	190	146	87	5	1.1
352019	95	145	73	57	32	2	0.6	352060	300	460	220	168	100	5	1.1
352020	100	150	73	57	32	2	0.6	352064	320	480	220	168	100	5	1.1

注：此表仅以 20 系列为例，其余系列可查 GB/T 299—1995 或产品样本。

① 为最大尺寸。

3.5.3.6 角接触球轴承(GB/T 292—2007)

角接触球轴承型号及外形尺寸举例见表3-5-18。

表3-5-18 角接触球轴承型号及外形尺寸举例 (mm)

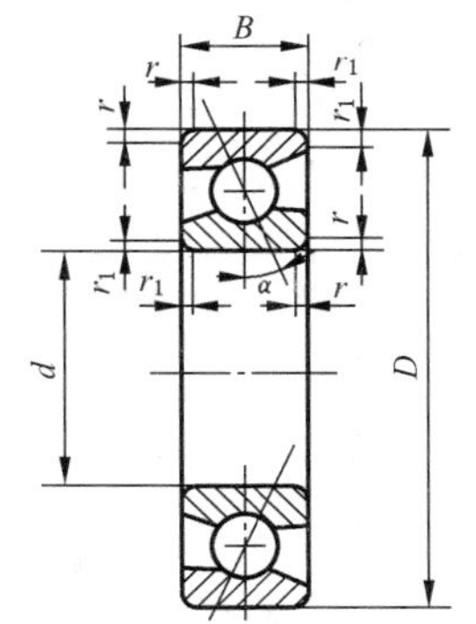

锁口内圈和锁口外圈型角接触球轴承

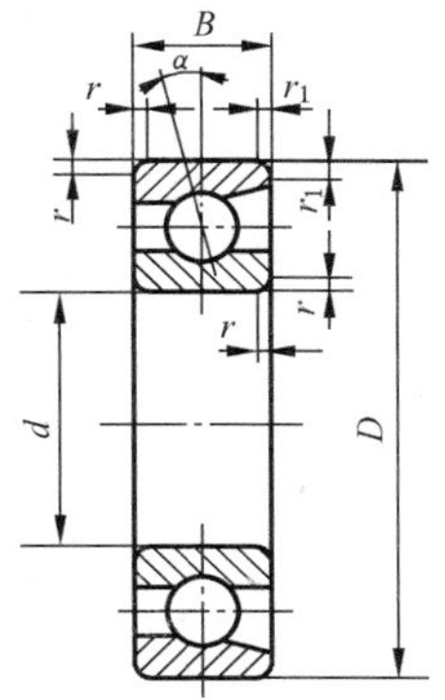

锁口外圈型角接触球轴承

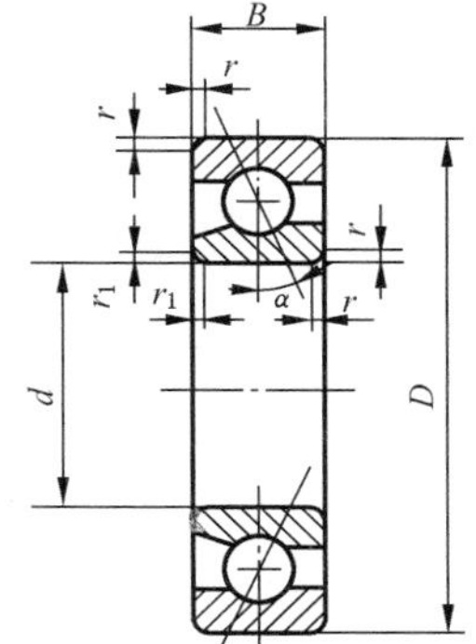

锁口内圈型角接触球轴承

轴承型号		外形尺寸				
$\alpha=15°$	$\alpha=25°$	d	D	B	r_{smin}[a]	r_{1smin}[a]
719/7 C	—	7	17	5	0.3	0.1
719/8 C	—	8	19	6	0.3	0.1
719/9 C	—	9	20	6	0.3	0.1
71900 C	71900 AC	10	22	6	0.3	0.1
71901 C	71901 AC	12	24	6	0.3	0.1
71902 C	71902 AC	15	28	7	0.3	0.1
71903 C	71903 AC	17	30	7	0.3	0.1
71904 C	71904 AC	20	37	9	0.3	0.15
71905 C	71905 AC	25	42	9	0.3	0.15
71906 C	71906 AC	30	47	9	0.3	0.15
71907 C	71907 AC	35	55	10	0.6	0.15
71908 C	71908 AC	40	62	12	0.6	0.15
71909 C	71909 AC	45	68	12	0.6	0.15
71910 C	71910 AC	50	72	12	0.6	0.15
71911 C	71911 AC	55	80	13	1	0.3
71912 C	71912 AC	60	85	13	1	0.3
71913 C	71913 AC	65	90	13	1	0.3
71914 C	71914 AC	70	100	16	1	0.3
71915 C	71915 AC	75	105	16	1	0.3
71916 C	71916 AC	80	110	16	1	0.3
71917 C	71917 AC	85	120	18	1.1	0.6
71918 C	71918 AC	90	125	18	1.1	0.6
71919 C	71919 AC	95	130	18	1.1	0.6
71920 C	71920 AC	100	140	20	1.1	0.6
71921 C	71921 AC	105	145	20	1.1	0.6
71922 C	71922 AC	110	150	20	1.1	0.6
71924 C	71924 AC	120	165	22	1.1	0.6
71926 C	71926 AC	130	180	24	1.5	0.6
71928 C	71928 AC	140	190	24	1.5	0.6
71930 C	71930 AC	150	210	28	2	1
71932 C	71932 AC	160	220	28	2	1
71934 C	71934 AC	170	230	28	2	1
71936 C	71936 AC	180	250	33	2	1
71938 C	71938 AC	190	260	33	2	1
71940 C	71940 AC	200	280	38	2	1
71944 C	71944 AC	220	300	38	2	1

3.5.3.7 推力球轴承(GB/T 301—1995)

推力球轴承型号及外形尺寸举例见表 3-5-19。

表 3-5-19 推力球轴承型号及外形尺寸举例 (mm)

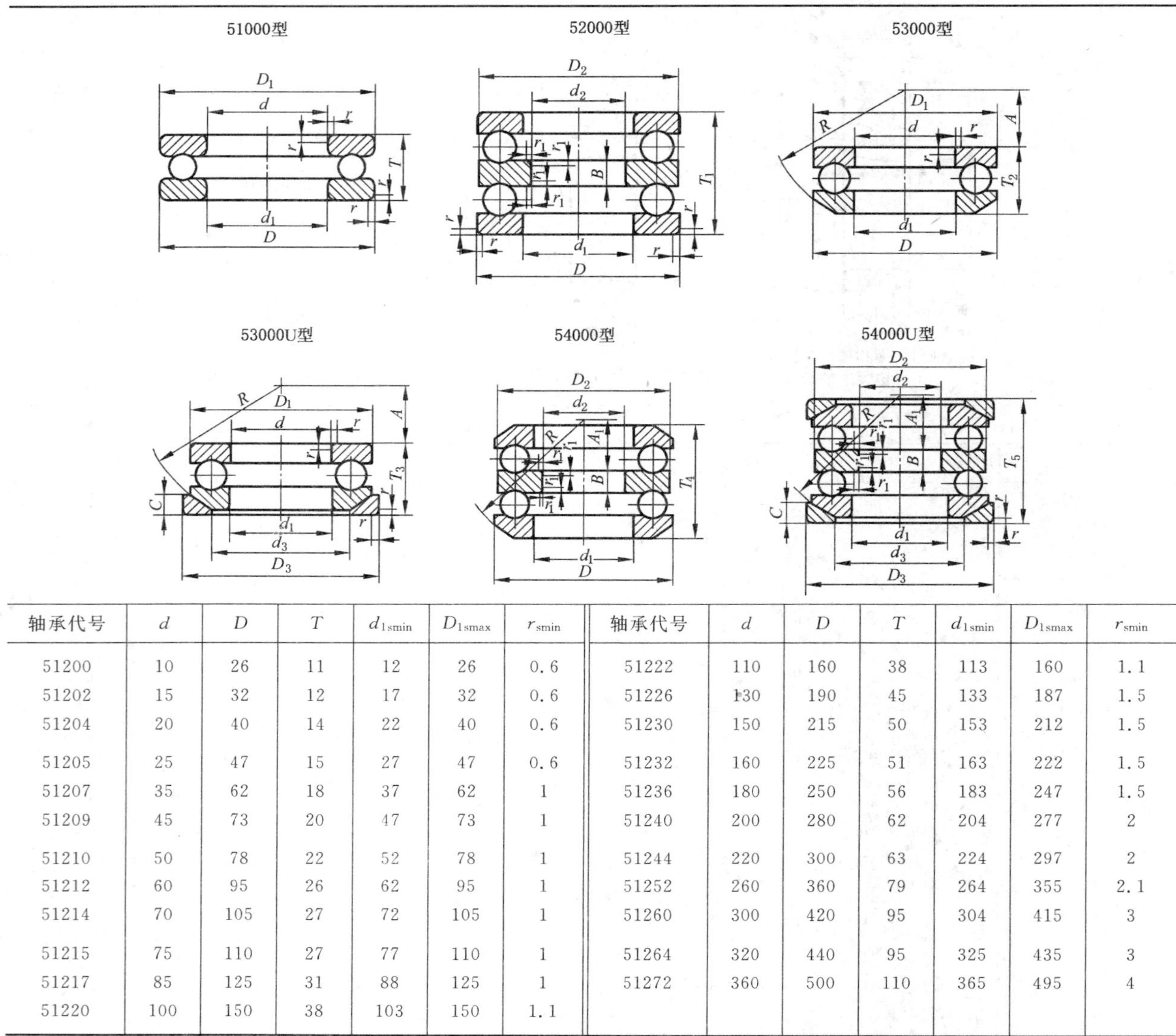

轴承代号	d	D	T	d_{1smin}	D_{1smax}	r_{smin}	轴承代号	d	D	T	d_{1smin}	D_{1smax}	r_{smin}
51200	10	26	11	12	26	0.6	51222	110	160	38	113	160	1.1
51202	15	32	12	17	32	0.6	51226	130	190	45	133	187	1.5
51204	20	40	14	22	40	0.6	51230	150	215	50	153	212	1.5
51205	25	47	15	27	47	0.6	51232	160	225	51	163	222	1.5
51207	35	62	18	37	62	1	51236	180	250	56	183	247	1.5
51209	45	73	20	47	73	1	51240	200	280	62	204	277	2
51210	50	78	22	52	78	1	51244	220	300	63	224	297	2
51212	60	95	26	62	95	1	51252	260	360	79	264	355	2.1
51214	70	105	27	72	105	1	51260	300	420	95	304	415	3
51215	75	110	27	77	110	1	51264	320	440	95	325	435	3
51217	85	125	31	88	125	1	51272	360	500	110	365	495	4
51220	100	150	38	103	150	1.1							

注：此表仅以 12 系列为例，其余系列可查 GB/T 301—1995 或产品样本。

3.5.4 滚动轴承的配合(表 3-5-20～表 3-5-22)

表 3-5-20 深沟球轴承和推力球轴承与轴的配合

轴旋转状况	应用举例	轴承公称尺寸/mm		配合	轴旋转状况	应用举例	轴承公称尺寸/mm		配合
		深沟球轴承和推力球轴承	圆柱滚子轴承和圆锥滚子轴承				深沟球轴承和推力球轴承	圆柱滚子轴承和圆锥滚子轴承	
轴不旋转	滚子	所有内径的尺寸		g6	轴旋转	主轴，精密机械和高速机械	≤18		h5
	张紧滑轮，外圈旋转的振动器	所有内径的尺寸		h6			18～100	≤40	is,s5
							100～200	40～140	k5
								140～200	m5
轴旋转	齿轮传动箱	≤18		h5		一般通用机械	≤18		js,js5
		18～100	≤40	js6			18～100	≤40	k5
		100～200	40～140	k6			100～140	40～100	m5
			140～200	m6			140～200	100～140	m6
								140～200	n6

表 3-5-21 深沟球轴承和推力球轴承与外壳的配合

外圈旋转情况	应用举例	配　　合
外圈旋转	张紧滑轮	M7
外圈不旋转	一般机械用轴承	H7
	多支点长轴	H8
	磨头主轴用球轴承	J6,Js6
	主轴用滚子轴承	(K6),M6,N6

表 3-5-22 推力轴承与轴或外壳的配合

负荷种类	轴承类型	轴承公称直径/mm	配　　合
纯轴向负荷	推力球轴承	各种内径	js,js5,js6
	角接触球轴承	各种内径	k6
	推力球轴承	各种外径	H8

3.6 圆锥和棱体

3.6.1 锥度、锥角及其公差

3.6.1.1 圆锥的术语及定义(表 3-6-1)

表 3-6-1 圆锥的术语及定义(GB/T 157—2001)

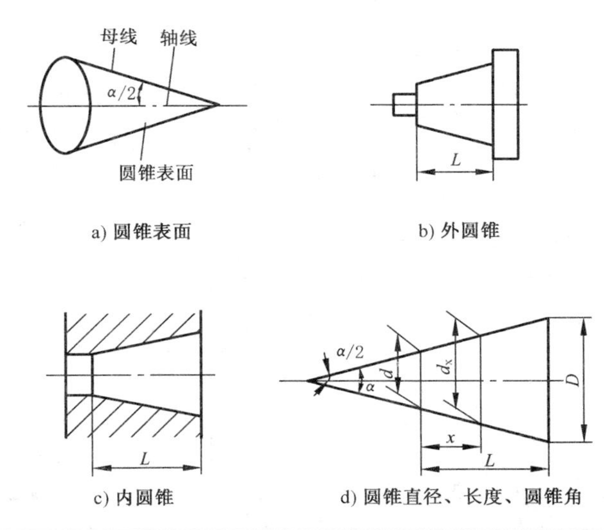

a) 圆锥表面　b) 外圆锥　c) 内圆锥　d) 圆锥直径、长度、圆锥角

术　　语	定　　义
圆锥表面	与轴线成一定角度,且一端相交于轴线的一条直线段(母线),围绕着该轴线旋转形成的表面(见图 a)
圆锥	由圆锥表面与一定尺寸所限定的几何体 外圆锥是外部表面为圆锥表面的几何体(见图 b),内圆锥是内部表面为圆锥表面的几何体(见图 c)
圆锥角 α	在通过圆锥轴线的截面内,两条素线间的夹角(见图 d)
圆锥直径	圆锥在垂直轴线截面上的直径(见图 d)。常用的有: 1) 最大圆锥直径 D 2) 最小圆锥直径 d 3) 给定截面圆锥直径 d_x
圆锥长度 L	最大圆锥直径截面与最小圆锥直径截面之间的轴向距离(见图 d)
锥度 C	两个垂直圆锥轴线截面的圆锥直径之差与该两截面间的轴向距离之比 如:最大圆锥直径 D 与最小圆锥直径 d 之差对圆锥长度 L 之比 $C=\frac{D-d}{L}$ 锥度 C 与圆锥角 α 的关系为: $C=2\tan\frac{\alpha}{2}=1:\frac{1}{2}\cot\frac{\alpha}{2}$ 锥度一般用比例或分式形式表示

3.6.1.2 锥度与锥角系列(GB/T 157—2001)

(1) 一般用途圆锥的锥度与锥角系列(见表 3-6-2)

表 3-6-2 一般用途圆锥的锥度与锥角系列(GB/T 157—2001)

基本值		推算值			
系列 1	系列 2	圆锥角 α			锥度 C
		(°)(′)(″)	(°)	rad	
120°	—	—	—	2.094 395 10	1∶0.288 675 1
90°		—	—	1.570 796 33	1∶0.500 000 0
—	75°	—	—	1.308 996 94	1∶0.651 612 7
60°	—	—	—	1.047 197 55	1∶0.866 025 4
45°	—	—	—	0.785 398 16	1∶1.207 106 8
30°	—	—	—	0.523 598 78	1∶1.866 025 4
1∶3	—	18°55′28.719 9″	18.924 644 42°	0.330 297 35	—
—	1∶4	14°15′0.117 7″	14.250 032 70°	0.248 709 99	—
1∶5	—	11°25′16.270 6″	11.421 186 27°	0.199 337 30	—
—	1∶6	9°31′38.220 2″	9.527 283 38°	0.166 282 46	—
—	1∶7	8°10′16.440 8″	8.171 233 56°	0.142 614 93	—
—	1∶8	7°9′9.607 5″	7.152 668 75°	0.124 837 62	—
1∶10	—	5°43′29.317 6″	5.724 810 45°	0.099 916 79	—
—	1∶12	4°46′18.797 0″	4.771 888 06°	0.083 285 16	—
—	1∶15	3°49′5.897 5″	3.818 304 87°	0.066 641 99	—
1∶20	—	2°51′51.092 5″	2.864 192 37°	0.049 989 59	—
1∶30	—	1°54′34.857 0″	1.909 682 51°	0.033 330 25	—
1∶50	—	1°8′45.158 6″	1.145 877 40°	0.019 999 33	—
1∶100	—	34′22.630 9″	0.572 953 02°	0.009 999 92	—
1∶200	—	17′11.321 9″	0.286 478 30°	0.004 999 99	—
1∶500	—	6′52.529 5″	0.114 591 52°	0.002 000 00	—

注:系列 1 中 120°～1∶3 的数值近似按 R10/2 优先数系列,1∶5～1∶500 按 R10/3 优先数系列(见 GB/T 321—2005)。

(2) 特定用途的圆锥(见表 3-6-3)

表 3-6-3 特定用途的圆锥(GB/T 157—2001)

基本值	推算值				标准号 GB/T (ISO)	用途
	圆锥角 α			锥度 C		
	(°)(′)(″)	(°)	rad			
11°54′	—	—	0.207 694 18	1∶4.797 451 1	(5237) (8489-5)	纺织机械和附件
8°40′	—	—	0.151 261 87	1∶6.598 441 5	(8489-3) (8489-4) (324-575)	
7°	—	—	0.122 173 05	1∶8.174 927 7	(8489-2)	
1∶38	1°30′27.708 0″	1.507 696 67°	0.026 314 27	—	(368)	
1∶64	0°53′42.822 0″	0.895 228 34°	0.015 624 68	—	(368)	
7∶24	16°35′39.444 3″	16.594 290 08°	0.289 625 00	1∶3.428 571 4	3 837.3 (297)	机床主轴工具配合
1∶12.262	4°40′12.151 4″	4.670 042 05°	0.081 507 61	—	(239)	贾各锥度 No.2
1∶12.972	4°24′52.903 9″	4.414 695 52°	0.077 050 97	—	(239)	贾各锥度 No.1
1∶15.748	3°38′13.442 9″	3.637 067 47°	0.063 478 80	—	(239)	贾各锥度 No.33
6∶100	3°26′12.177 6″	3.436 716 00°	0.059 982 01	1∶16.666 666 7	1962 (594-1) (595-1) (595-2)	医疗设备

续表 3-6-3

基本值	推算值				标准号 GB/T (ISO)	用途
	圆锥角 α			锥度 C		
	(°)(′)(″)	(°)	rad			
1∶18.779	3°3′1.207 0″	3.050 335 27°	0.053 238 39	—	(239)	贾各锥度 No.3
1∶19.002	3°0′52.395 6″	3.014 554 34°	0.052 613 90	—	1443(296)	莫氏锥度 No.5
1∶19.180	2°59′11.725 8″	2.986 590 50°	0.052 125 84	—	1443(296)	莫氏锥度 No.6
1∶19.212	2°58′53.825 5″	2.981 618 20°	0.052 039 05	—	1443(296)	莫氏锥度 No.0
1∶19.254	2°58′30.421 7″	2.975 117 13°	0.051 925 59	—	1443(296)	莫氏锥度 No.4
1∶19.264	2°58′24.864 4″	2.973 573 43°	0.051 898 65	—	(239)	贾各锥度 No.6
1∶19.922	2°52′31.446 3″	2.875 401 76°	0.050 185 23	—	1443(296)	莫氏锥度 No.3
1∶20.020	2°51′40.796 0″	2.861 332 23°	0.049 939 67	—	1443(296)	莫氏锥度 No.2
1∶20.047	2°51′26.928 3″	2.857 480 08°	0.049 872 44	—	1443(296)	莫氏锥度 No.1
1∶20.288	2°49′24.780 2″	2.823 550 06°	0.049 280 25	—	(239)	贾各锥度 No.0
1∶23.904	2°23′47.624 4″	2.396 562 32°	0.041 827 90	—	1443(296)	布朗夏普锥度 No.1～No.3
1∶28	2°2′45.817 4″	2.046 060 38°	0.035 710 49	—	(8382)	复苏器(医用)
1∶36	1°35′29.209 6″	1.591 447 11°	0.027 775 99	—	(5356-1)	麻醉器具
1∶40	1°25′56.351 6″	1.432 319 89°	0.024 998 70	—		

(3) 一般用途圆锥的锥度与锥角应用(见表 3-6-4)

表 3-6-4 一般用途圆锥的锥度与锥角应用

基本值	应用举例	基本值	应用举例
120°	螺纹孔的内倒角、节气阀、汽车和拖拉机阀门、填料盒内填料的锥度	1∶10	受轴向力、横向力和力矩的结合面,电动机及机器的锥形轴伸,主轴承调节套筒
90°	沉头螺钉、沉头及半沉头铆钉头、轴及螺纹的倒角、重型顶尖、重型中心孔、阀的阀销锥体	1∶12	滚动轴承的衬套
		1∶15	受轴向力零件的结合面,主轴齿轮的结合面
75°	10～13 mm 沉头及半沉头铆钉头	1∶20	机床主轴,刀具、刀杆的尾部,锥形铰刀,心轴
60°	顶尖、中心孔、弹簧夹头、沉头钻	1∶30	锥形铰刀、套式铰刀及扩孔钻的刀杆尾部,主轴颈
45°	沉头及半沉头铆钉	1∶50	圆锥销、锥形铰刀、量规尾部
30°	摩擦离合器,弹簧夹头	1∶100	受陡振及静变载荷的不需拆开的联接件、楔键、导轨镶条
1∶3	受轴向力的易拆开的结合面,摩擦离合器		
1∶50	受轴向力的结合面,锥形摩擦离合器,磨床主轴	1∶200	受陡振及冲击变载荷的不需拆开的联接件、圆锥螺栓、导轨镶条
1∶7	重型机床顶尖,旋塞		
1∶8	联轴器和轴的结合面		

3.6.1.3 圆锥公差(GB/T 11334—2005)

GB/T 11334—2005 中规定了圆锥公差的项目,给定了方法和公差数值。适用于锥度 C 从 1∶3 至 1∶500、圆锥长度 L 从 6～630 mm 的光滑圆锥。标准中的圆锥角公差也适用于棱体的角度与斜度(表 3-6-6 中数值用于棱体的角度时,以该角短边长度作为 L 选取公差值)。

(1) 圆锥直径公差(T_D)所能限制的最大圆锥角误差 表 3-6-5 列出,圆锥长度 L 为 100 mm 时,圆锥直径公差 T_D 所能限制的最大圆锥角误差 $\Delta\alpha_{max}$。

(2) 圆锥角公差 AT 圆锥角公差 AT 共分 12 个公差等级,用 AT1、AT2、AT3……AT12 表示。

圆锥角公差可用两种形式表示

AT_α——以角度单位微弧度或以度、分、秒表示,单位为 μrad;

AT_D——以长度单位微米表示,单位为 μm。

AT_α 和 AT_D 的关系如下:

$$AT_D = AT_\alpha \times L \times 10^{-3}$$

式中 L 单位为 mm。

圆锥角公差数值见表 3-6-6。

表 3-6-5　圆锥直径公差（T_D）所能限制的最大圆锥角误差

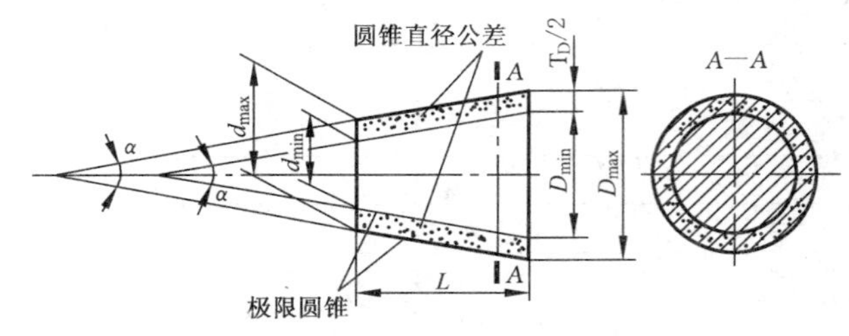

圆锥直径公差等级	圆锥直径/mm												
	≤3	>3～6	>6～10	>10～18	>18～30	>30～50	>50～80	>80～120	>120～180	>180～250	>250～315	>315～400	>400～500
	$\Delta\alpha_{max}/\mu rad$												
IT01	3	4	4	5	6	6	8	10	12	20	25	30	40
IT0	5	6	6	8	10	10	12	15	20	30	40	50	60
IT1	8	10	10	12	15	15	20	25	35	45	60	70	80
IT2	12	15	15	20	25	25	30	40	50	70	80	90	100
IT3	20	25	25	30	40	40	50	60	80	100	120	130	150
IT4	30	40	40	50	60	70	80	100	120	140	160	180	200
IT5	40	50	60	80	90	110	130	150	180	200	230	250	270
IT6	60	80	90	110	130	160	190	220	250	290	320	360	400
IT7	100	120	150	180	210	250	300	350	400	460	520	570	630
IT8	140	180	220	270	330	390	460	540	630	720	810	890	970
IT9	250	300	360	430	520	620	740	870	1 000	1 150	1 300	1 400	1 550
IT10	400	480	580	700	840	1 000	1 200	1 400	1 600	1 850	2 100	2 300	2 500
IT11	600	750	900	1 000	1 300	1 600	1 900	2 200	2 500	2 900	3 200	3 600	4 000
IT12	1 000	1 200	1 500	1 800	2 100	2 500	3 000	3 500	4 000	4 600	5 200	5 700	6 300
IT13	1 400	1 800	2 200	2 700	3 300	3 900	4 600	5 400	6 300	7 200	8 100	8 900	9 700
IT14	2 500	3 000	3 600	4 300	5 200	6 200	7 400	8 700	10 000	11 500	13 000	14 000	15 500
IT15	4 000	4 800	5 800	7 000	8 400	10 000	12 000	14 000	16 000	18 500	21 000	23 000	25 000
IT16	6 000	7 500	9 000	11 000	13 000	16 000	19 000	22 000	25 000	29 000	32 000	36 000	40 000
IT17	10 000	12 000	15 000	18 000	21 000	25 000	30 000	35 000	40 000	46 000	52 000	57 000	63 000
IT18	14 000	18 000	22 000	27 000	33 000	39 000	46 000	54 000	63 000	72 000	81 000	89 000	97 000

注：圆锥长度不等于 100 mm 时，需将表中的数值乘以 100/L，L 的单位为 mm。

表 3-6-6　圆锥角公差数值

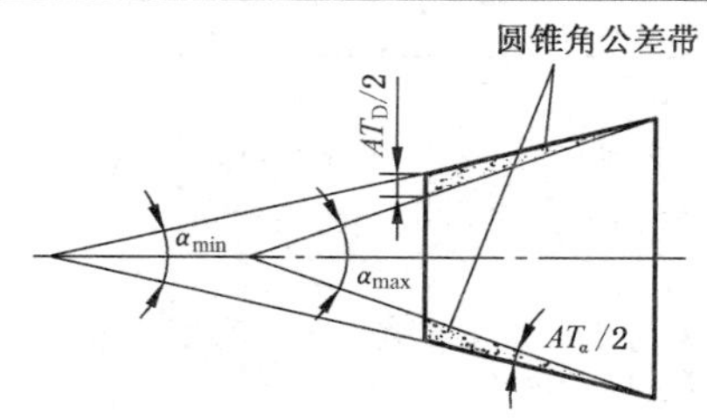

基本圆锥长度 L/mm		圆锥角公差等级								
		AT1			AT2			AT3		
		AT_α		AT_D	AT_α		AT_D	AT_α		AT_D
大于	至	μrad	(″)	μm	μrad	(″)	μm	μrad	(″)	μm
自 6	10	50	10	>0.3～0.5	80	16	>0.5～0.8	125	26	>0.8～1.3
10	16	40	8	>0.4～0.6	63	13	>0.6～1.0	100	21	>1.0～1.6
16	25	31.5	6	>0.5～0.8	50	10	>0.8～1.3	80	16	>1.3～2.0

续表 3-6-6

基本圆锥长度 L/mm		圆锥角公差等级								
		AT1			AT2			AT3		
		AT_α		AT_D	AT_α		AT_D	AT_α		AT_D
大于	至	μrad	(″)	μm	μrad	(″)	μm	μrad	(″)	μm
25	40	25	5	>0.6～1.0	40	8	>1.0～1.6	63	13	>1.6～2.5
40	63	20	4	>0.8～1.3	31.5	6	>1.3～2.0	50	10	>2.0～3.2
63	100	16	3	>1.0～1.6	25	5	>1.6～2.5	40	8	>2.5～4.0
100	160	12.5	2.5	>1.3～2.0	20	4	>2.0～3.2	31.5	6	>3.2～5.0
160	250	10	2	>1.6～2.5	16	3	>2.5～4.0	25	5	>4.0～6.3
250	400	8	1.5	>2.0～3.2	12.5	2.5	>3.2～5.0	20	4	>5.0～8.0
400	630	6.3	1	>2.5～4.0	10	2	>4.0～6.3	16	3	>6.3～10.0

基本圆锥长度 L/mm		圆锥角公差等级								
		AT4			AT5			AT6		
		AT_α		AT_D	AT_α		AT_D	AT_α		AT_D
大于	至	μrad	(″)	μm	μrad	(′)(″)	μm	μrad	(′)(″)	μm
自 6	10	200	41	>1.3～2.0	315	1′05″	>2.0～3.2	500	1′43″	>3.2～5.0
10	16	160	33	>1.6～2.5	250	52″	>2.5～4.0	400	1′22″	>4.0～6.3
16	25	125	26	>2.0～3.2	200	41″	>3.2～5.0	315	1′05″	>5.0～8.0
25	40	100	21	>2.5～4.0	160	33″	>4.0～6.3	250	52″	>6.3～10.0
40	63	80	16	>3.2～5.0	125	26″	>5.0～8.0	200	41″	>8.0～12.5
63	100	63	13	>4.0～6.3	100	21″	>6.3～10.0	160	33″	>10.0～16.0
100	160	50	10	>5.0～8.0	80	16″	>8.0～12.5	125	26″	>12.5～20.0
160	250	40	8	>6.3～10.0	63	13″	>10.0～16.0	100	21″	>16.0～25.0
250	400	31.5	6	>8.0～12.5	50	10″	>12.5～20.0	80	16″	>20.0～32.0
400	630	25	5	>10.0～16.0	40	8″	>16.0～25.0	63	13″	>25.0～40.0

基本圆锥长度 L/mm		圆锥角公差等级								
		AT7			AT8			AT9		
		AT_α		AT_D	AT_α		AT_D	AT_α		AT_D
大于	至	μrad	(′)(″)	μm	μrad	(′)(″)	μm	μrad	(′)(″)	μm
自 6	10	800	2′45″	>5.0～8.0	1 250	4′18″	>8.0～12.5	2 000	6′52″	>12.5～20
10	16	630	2′10″	>6.3～10.0	1 000	3′26″	>10.0～16.0	1 600	5′30″	>16～25
16	25	500	1′43″	>8.0～12.5	800	2′45″	>12.5～20.0	1 250	4′18″	>20～32
25	40	400	1′22″	>10.0～16.0	630	2′10″	>16.0～25.0	1 000	3′26″	>25～40
40	63	315	1′05″	>12.5～20.0	500	1′43″	>20.0～32.0	800	2′45″	>32～50
63	100	250	52″	>16.0～25.0	400	1′22″	>25.0～40.0	630	2′10″	>40～63
100	160	200	41″	>20.0～32.0	315	1′05″	>32.0～50.0	500	1′43″	>50～80
160	250	160	33″	>25.0～40.0	250	52″	>40.0～63.0	400	1′22″	>63～100
250	400	125	26″	>32.0～50.0	200	41″	>50.0～80.0	315	1′05″	>80～125
400	630	100	21″	>40.0～63.0	160	33″	>63.0～100.0	250	52″	>100～160

基本圆锥长度 L/mm		圆锥角公差等级								
		AT10			AT11			AT12		
		AT_α		AT_D	AT_α		AT_D	AT_α		AT_D
大于	至	μrad	(′)(″)	μm	μrad	(′)(″)	μm	μrad	(′)(″)	μm
自 6	10	3 150	10′49″	>20～32	5 000	17′10″	>32～50	8 000	27′28″	>50～80
10	16	2 500	8′35″	>25～40	4 000	13′44″	>40～63	6 300	21′38″	>63～100
16	25	2 000	6′52″	>32～50	3 150	10′49″	>50～80	5 000	17′10″	>80～125
25	40	1 600	5′30″	>40～63	2 500	8′35″	>63～100	4 000	13′44″	>100～160
40	63	1 250	4′18″	>50～80	2 000	6′52″	>80～125	3 150	10′49″	>125～200
63	100	1 000	3′26″	>63～100	1 600	5′30″	>100～160	2 500	8′35″	>160～250
100	160	800	2′45″	>80～125	1 250	4′18″	>125～200	2 000	6′52″	>200～320
160	250	630	2′10″	>100～160	1 000	3′26″	>160～250	1 600	5′30″	>250～400

续表 3-6-6

基本圆锥长度 L/mm		圆锥角公差等级								
		AT10			AT11			AT12		
		AT_α		AT_D	AT_α		AT_D	AT_α		AT_D
大于	至	μrad	(′)(″)	μm	μrad	(′)(″)	μm	μrad	(′)(″)	μm
250	400	500	1′43″	>125～200	800	2′45″	>200～320	1 250	4′18″	>320～500
400	630	400	1′22″	>160～250	630	2′10″	>250～400	1 000	3′26″	>400～630

注：1. 本标准中的圆锥角公差也适用于棱体的角度与斜度。

2. 圆锥角公差 AT 如需要更高或更低等级时，可按公比 1.6 向两端延伸。更高等级用 AT0、AT01…表示，更低等级用 AT13、AT14…表示。

3. 圆锥角的极限偏差可按单向（$\alpha+AT$、$\alpha-AT$）或双向（$\alpha\pm AT/2$）取值。

4. AT_α 和 AT_D 的关系式为：$AT_D=AT_\alpha\times L\times10^{-3}$。表中 AT_D 取值举例：

[例 1] L 为 63 mm，选用 AT7，则 AT_α 为 315 μrad 或 1′05″，AT_D 为 20 μm。

[例 2] L 为 50 mm，选用 AT7，则 AT_α 为 315 μrad 或 1′05″，而 $AT_D=AT_\alpha\times L\times10^{-3}=315\times50\times10^{-3}$ μm＝15.75 μm，取 AT_D 为 15.8 μm。

5. 1 μrad 等于半径为 1 m，弧长为 1 μm 所对应的圆心角。5 μrad≈1″；300 μrad≈1′。

3.6.2 棱体

3.6.2.1 棱体的术语及定义（表 3-6-7）

表 3-6-7 棱体的术语及定义（GB/T 4096—2001）

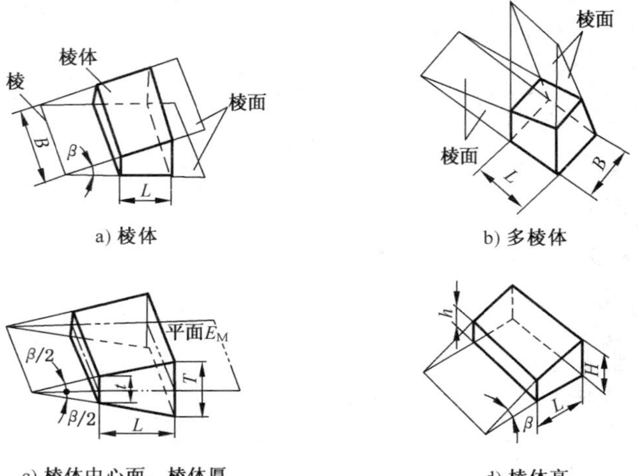

a) 棱体　b) 多棱体　c) 棱体中心面、棱体厚　d) 棱体高

术语	定义
棱体	由两个相交平面与一定尺寸所限定的几何体。这两个相交平面称为棱面，棱面的交线称为棱（图 a）
多棱体	由几对相交平面与一定尺寸所限定的几何体（图 b）
棱体角 β（简称角度）	两相交棱面形成的二面角（图 a）
棱体中心平面 E_M	平分棱体角的平面（图 c）
棱体厚	平行于棱并垂直于棱体中心平面的截面与两棱面交线之间的距离（图 c） 常用的棱体厚有： 1）最大棱体厚 T 2）最小棱体厚 t
棱体高	平行于棱并垂直于一个棱面的截面与两棱面交线之间的距离（图 d） 常用的棱体高有： 1）最大棱体高 H 2）最小棱体高 h

术语	定义
斜度 S	棱体高之差与平行于棱并垂直一个棱面的两个截面之间的距离之比（图 d） 如：最大棱体高 H 与最小棱体高 h 之差对棱体长度 L 之比 $S=\frac{H-h}{L}$ 斜度 S 与角度 β 的关系为 $S=\tan\beta=1:\cot\beta$
比率 C_P	棱体厚之差与平行于棱并垂直棱体中心平面的两个截面之间的距离之比（图 c） 如：最大棱体厚 T 与最小棱体厚 t 之差对棱体长度 L 之比 $C_P=\frac{T-t}{L}$ 比率 C_P 与角度 β 的关系为 $C_P=2\tan\frac{\beta}{2}=1:\frac{1}{2}\cot\frac{\beta}{2}$

3.6.2.2 棱体的角度与斜度系列(GB/T 4096—2001)

(1) 一般用途棱体的角度与斜度(表3-6-8)

(2) 特殊用途棱体的角度与斜度(表3-6-9)

表3-6-8 一般用途棱体的角度与斜度

基本值			推算值		
系列1	系列2	S	C_P	S	β
120°	—	—	1∶0.288 675	—	—
90°	—	—	1∶0.500 000	—	—
—	75°	—	1∶0.651 613	1∶0.267 949	—
60°	—	—	1∶0.866 025	1∶0.577 350	—
45°	—	—	1∶1.207 107	1∶1.000 000	—
—	40°	—	1∶1.373 739	1∶1.191 754	—
30°	—	—	1∶1.866 025	1∶1.732 051	—
20°	—	—	1∶2.835 641	1∶2.747 477	—
15°	—	—	1∶3.797 877	1∶3.732 051	—
—	10°	—	1∶5.715 026	1∶5.671 282	—
—	8°	—	1∶7.150 333	1∶7.115 370	—
—	7°	—	1∶8.174 928	1∶8.144 346	—
—	6°	—	1∶9.540 568	1∶9.514 364	—
—	—	1∶10	—	—	5°42′38″
5°	—	—	1∶11.451 883	1∶11.430 052	—
—	4°	—	1∶14.318 127	1∶14.300 666	—
—	3°	—	1∶19.094 230	1∶19.081 137	—
—	—	1∶20	—	—	2°51′44.7″
—	2°	—	1∶28.644 982	1∶28.636 253	—
—	—	1∶50	—	—	1°8′44.7″
—	1°	—	1∶57.294 327	1∶57.289 962	—
—	—	1∶100	—	—	0°34′25.5″
—	0°30′	—	1∶114.590 832	1∶114.588 650	—
—	—	1∶200	—	—	0°17′11.3″
—	—	1∶500	—	—	0°6′52.5″

注：优先选用第一系列，当不能满足需要时选用第二系列。

表3-6-9 特殊用途棱体的角度与斜度

基本值	推算值	用　途
角度 β/(°)	C_P	
108	1∶0.363 271 3	V形体
72	1∶0.688 191 0	V形体
55	1∶0.960 491 1	导轨
50	1∶1.072 253 5	榫

第4章 常用材料及热处理

4.1 钢

4.1.1 钢铁材料性能的名词术语(表4-1-1)

表4-1-1 钢铁材料性能的名词术语

类别	术语	符号	单位	说明
物理性能	密度	ρ	kg/m^3	单位体积金属材料的质量
	熔点		℃	由固态转变为液态的温度
	电阻率	ρ	Ω·m	金属传导电流的能力。电阻率大,导电性能差;反之,导电性能就好
	热导率	λ	W/(m·K)	单位时间内,当沿着热流方向的单位长度上温度降低1 K(或1 ℃)时,单位面积容许导过的热量
	线胀系数	α_l	K^{-1}	金属的温度每升高1 ℃所增加的长度与原来长度的比值
	磁导率	μ	H/m	磁性材料中的磁感应强度(B)和磁场强度(H)的比值
力学性能	强度极限	σ	MPa	金属在外力作用下,断裂前单位面积上所能承受的最大载荷
	抗拉强度	R_m	MPa	外力是拉力时的强度极限
	抗压强度	σ_{bc}	MPa	外力是压力时的强度极限
	抗弯强度	σ_{dB}	MPa	外力的作用方向与材料轴线垂直,并在作用后使材料呈弯曲时的强度极限
	屈服强度	R_{eL}、R_{eH}	MPa	开始出现塑性变形时的强度
	冲击韧度	a_K	J/cm^2	指材料抵抗弯曲负荷的能力,即用摆锤一次冲断试样,缺口底部单位横截面积上的冲击吸收功
	断后伸长率	A	%	金属材料受拉力断裂后,总伸长量与原始长度比值的百分率
	断面收缩率	ψ	%	金属材料受拉力断裂后,其截面的缩减量与原截面之比的百分率
	硬度			金属材料抵抗其他更硬物体压入其表面的能力
	布氏硬度	HBW		用硬质合金球压入金属表面,加在球上的载荷,除以压痕面积所得的商即为布氏硬度值
	洛氏硬度	HRC		在特定的压头上以一定压力压入被测材料,根据压痕深度来度量材料的硬度,称为洛氏硬度,用HR表示。HRC是用1 471 N(150 kgf)载荷,将顶角为120°的金刚石圆锥形压头压入金属表面测得的洛氏硬度值。主要用于测定淬火钢及较硬的金属材料
		HRA		用588.4 N(60 kgf)载荷和顶角为120°的金刚石圆锥形压头测定的洛氏硬度。一般用于测定硬度很高或硬而薄的材料
		HRB		用980.7 N(100 kgf)载荷和直径为1.587 5 mm(即1/16 in)的淬硬钢球所测得的洛氏硬度。主要用于测定硬度为60～230 HRB的较软的金属材料

4.1.2 钢的分类

4.1.2.1 按化学成分分类(GB/T 13304.1—2005)

按照化学成分钢可分为,非合金钢;低合金钢;合金钢三类。其合金元素规定含量界限值见表4-1-2。

当Cr、Cu、Mo、Ni四种元素,有其中两种、三种或四种元素同时规定在钢中时,对于低合金钢,应同时考虑这些元素中每种元素的规定含量;所有这些元素的规定含量总和,应不大于表4-1-2中规定的两种、三种或四种元素中每种元素最高界限值总和的70%。如果这些元素的规定含量总和大于表4-1-2中规定的元素中每种元素最高界限值总和的70%，即使这些元素每种元素的规定含量低于规定的最高界限值，也应划入合金钢。

示例：

某一产品标准中规定某一牌号的熔炼分析化学成分（质量分数）分别为：Cr：0.40%～0.49%、Ni：0.40%～0.49%、Mo：0.05%～0.08%、Cu：0.35%～0.45%；其余为残余元素。

首先，该牌号Cr、Ni、Mo、Cu四种元素的“规定含量（质量分数）”分别为：Cr0.40%、Ni0.40%、Mo0.05%、Cu0.35%，均在表3-1-2规定的“低合金钢”范围内，应划为低合金钢。

其次，按照Cr、Ni、Mo、Cu“规定含量总和”与“每种元素最高界限值总和的70%”比较（以质量分数表示）。

该牌号Cr、Ni、Mo、Cu“规定含量总和”为：

0.40%+0.40%+0.05%+0.35%=1.20%

表4-1-2中低合金钢Cr、Ni、Mo、Cu“最高界限值总和的70%”为：

(0.50%+0.50%+0.10%+0.50%)×70%=1.12%

显然，Cr、Ni、Mo、Cu四种元素的“规定含量总和”(1.20%)大于该四种元素“最高界限值总和的70%”(1.12%)。从这方面讲，该牌号已超出“低合金钢”的规定范围，应列入“合金钢”。

本规定也适用于Nb、Ti、V、Zr四种元素。

表4-1-2 非合金钢、低合金钢和合金钢合金元素规定含量界限值

合金元素	合金元素规定含量界限值（质量分数）/%			合金元素	合金元素规定含量界限值（质量分数）/%		
	非合金钢	低合金钢	合金钢		非合金钢	低合金钢	合金钢
Al	<0.10	—	≥0.10	Se	<0.10	—	≥0.10
B	<0.0005	—	≥0.0005	Si	<0.50	0.50～<0.90	≥0.90
Bi	<0.10	—	≥0.10	Te	<0.10	—	≥0.10
Cr	<0.30	0.30～<0.50	≥0.50	Ti	<0.05	0.05～<0.13	≥0.13
Co	<0.10	—	≥0.10	W	<0.10	—	≥0.10
Cu	<0.10	0.10～<0.50	≥0.50	V	<0.04	0.04～<0.12	≥0.12
Mn	<1.00	1.00～<1.40	≥1.40	Zr	<0.05	0.05～<0.12	≥0.12
Mo	<0.05	0.05～<0.10	≥0.10	La系（每一种元素）	<0.02	0.02～<0.05	≥0.05
Ni	<0.30	0.30～<0.50	≥0.50				
Nb	<0.02	0.02～<0.06	≥0.06	其他规定元素（S、P、C、N除外）	<0.05	—	≥0.05
Pb	<0.40	—	≥0.40				

注1：La系元素含量，也可作为混合稀土含量总量。

2：表中“—”表示不规定，不作为划分依据。

4.1.2.2 按主要质量等级和主要性能或使用特性的分类(GB/T 13304.2—2008)

(GB/T 13304.2—2008)规定按主要质量等级和主要性能或使用特性对非合金钢、低合金和合金钢进行分类。

(1) 非合金钢的主要分类

1) 按钢的主要质量等级分类(表4-1-3)

2) 按钢的主要性能或使用特性分类(表4-1-3)

表4-1-3 非合金钢的主要分类及举例

按主要特性分类	按主要质量等级分类		
	1	2	3
	普通质量非合金钢	优质非合金钢	特殊质量非合金钢[1]
以规定最高强度为主要特性的非合金钢	普通质量低碳结构钢板和钢带 GB 912中的Q195牌号	a) 冲压薄板低碳钢 GB/T 5213中的DC01 b) 供镀锡、镀锌、镀铅板带和原板用碳素钢 GB/T 2518、GB/T 2520、YB/T 5364 全部碳素钢牌号 c) 不经热处理的冷顶锻和冷挤压用钢 GB/T 6478中的牌号	

续表 4-1-3

按主要特性分类	按主要质量等级分类		
	1	2	3
	普通质量非合金钢	优质非合金钢	特殊质量非合金钢[⊖]
以规定最低强度为主要特性的非合金钢	a) 碳素结构钢 GB/T 700 中的 Q215 中的 A、B 级，Q235 的 A、B 级，Q275 的 A、B 级 b) 碳素钢筋钢 GB 1499.1 中的 HPB235、HPB300 c) 铁道用钢 GB/T 11264 中的 50Q、55Q GB/T 11265 中的 Q235-A d) 一般工程用不进行热处理的普通质量碳素钢 GB/T 14292 中的所有普通质量碳素钢 e) 锚链用钢 GB/T 18669 中的 CM370	a) 碳素结构钢 GB/T 700 中除普通质量 A、B 级钢以外的所有牌号及 A、B 级规定冷成型性及模锻性特殊要求者 b) 优质碳素结构钢 GB/T 699 中除 65Mn、70Mn、70、75、80、85 以外的所有牌号 c) 锅炉和压力容器用钢 GB 713 中的 Q245R GB 3087 中的 10、20 GB 6479 中的 10、20 GB 6653 中的 HP235、HP265 d) 造船用钢 GB 712 中的 A、B、D、E GB/T 5312 中的所有牌号 GB/T 9945 中的 A、B、D、E e) 铁道用钢 GB 2585 中的 U74 GB 8601 中的 CL60B 级 GB 8602 中的 LG60B 级、LG65B 级 f) 桥梁用钢 GB/T 714 中的 Q235qC、Q235qD g) 汽车用钢 YB/T 4151 中 330CL、380CL YB/T 5227 中的 12LW YB/T 5035 中的 45 YB/T 5209 中的 08Z、20Z h) 输送管线用钢 GB/T 3091 中的 Q195、Q215A、Q215B、Q235A、Q235B GB/T 8163 中的 10、20 i) 工程结构用铸造碳素钢 GB 11352 中的 ZG200-400、ZG230-450、ZG270-500、ZG310-570、ZG340-640 GB 7659 中的 ZG200-400H、ZG230-450H、ZG275-485H j) 预应力及混凝土钢筋用优质非合金钢	a) 优质碳素结构钢 GB/T 699 中的 65Mn、70Mn、70、75、80、85 钢 b) 保证淬透性钢 GB/T 5216 中的 45H c) 保证厚度方向性能钢 GB/T 5313 中的所有非合金钢 GB/T 19879 中的 Q235GJ d) 汽车用钢 GB/T 20564.1 中的 CR180BH、CR220BH、CR260BH GB/T 20564.2 中的 CR260/450DP e) 铁道用钢 GB 5068 中的所有牌号 GB 8601 中的 CL60A 级 GB 8602 中的 LG60A、LG65A 级 f) 航空用钢 包括所有航空专用非合金结构钢牌号 g) 兵器用钢 包括各种兵器用非合金结构钢牌号 h) 核压力容器用非合金钢 i) 输送管线用钢 GB/T 21237 中的 L245、L290、L320、L360 j) 锅炉和压力容器用钢 GB 5310 中的所有非合金钢
以碳含量为主要特性的非合金钢	a) 普通碳素钢盘条 GB/T 701 中的所有牌号(C 级钢除外) YB/T 170.2 中的所有牌号(C4D、C7D 除外) b) 一般用途低碳钢丝 YB/T 5294 中的所有碳钢牌号 c) 热轧花纹钢板及钢带 YB/T 4159 中的普通质量碳素结构钢	a) 焊条用钢(不包括成品分析 S、P 不大于 0.025的钢) GB/T 14957 中的 H08A、H08MnA、H15A、H15Mn GB/T 3429 中的 H08A、H08MnA、H15A、H15Mn b) 冷镦用钢 YB/T 4155 中的 BL1、BL2、BL3 GB/T 5953 中的 ML10～ML45 YB/T 5144 中的 ML15、ML20 GB/T 6478 中的 ML08Mn、ML22Mn、ML25～ML45、ML15Mn～ML35Mn c) 花纹钢板 YB/T 4159 优质非合金钢	a) 焊条用钢(成品分析 S、P 不大于 0.025 的钢) GB/T 14957中的 H08E、H08C GB/T 3429 中的 H04E、H08E、H08C b) 碳素弹簧钢 GB/T 1222 中的 65～85、65Mn GB/T 4357 中的所有非合金钢 c) 特殊盘条钢 YB/T 5100 中的 60、60Mn、65、65Mn、70、70Mn、75、80、T8MnA、T9A(所有牌号)

续表 4-1-3

按主要特性分类	按主要质量等级分类		
	1	2	3
	普通质量非合金钢	优质非合金钢	特殊质量非合金钢㊀
		d）盘条钢 GB/T 4354 中的 25～65、40Mn～60Mn e）非合金调质钢 （特殊质量钢除外） f）非合金表面硬化钢 （特殊质量钢除外） g）非合金弹簧钢 （特殊质量钢除外）	YB/T 146 中所有非合金钢 d）非合金调质钢 e）非合金表面硬化钢 f）火焰及感应淬火硬化钢 g）冷顶锻和冷挤压钢
非合金易切削钢		a）易切削结构钢 GB/T 8731 中的牌号 Y08～Y45、Y08Pb、Y12Pb、Y15Pb、Y45Ca	a）特殊易切削钢 要求测定热处理后冲击韧性等 GJB 1494 中的 Y75
非合金工具钢			a）碳素工具钢 GB/T 1298 中的全部牌号
规定磁性能和电性能的非合金钢		a）非合金电工钢板、带 GB/T 2521 电工钢板、带 b）具有规定导电性能（<9 S/m）的非合金电工钢	a）具有规定导电性能（≥9 S/m）的非合金电工钢 b）具有规定磁性能的非合金软磁材料 GB/T 6983 规定的非合金钢
其他非合金钢	a）栅栏用钢丝 YB/T 4026 中普通质量非合金钢牌号		a）原料纯铁 GB/T 9971 中的 YT1、YT2、YT3

㊀ 符合下列条件之一的钢为特殊质量非合金钢。

① 钢材要经热处理并至少具有下列一种特种要求的非合金钢（包括易切削钢和工具钢）：

a）要求淬火和回火或模拟表面硬化状态下的冲击性能；

b）要求淬火或淬火和回火后的淬硬层深度或表面硬度；

c）要求限制表面缺陷，比对冷镦和冷挤压用钢的规定更严格；

d）要求限制非金属夹杂物含量和（或）要求内部材质均匀性。

② 钢材不进行热处理并至少应具有下述一种特殊要求的非合金钢：

a）要求限制非金属夹杂物含量和（或）内部材质均匀性，例如钢板抗层状撕裂性能；

b）要求限制磷含量和（或）硫含量最高值，并符合如下规定：

熔炼分析值　≤0.020%；

成品分析值　≤0.025%；

c）要求残余元素的含量同时作如下限制：

Cu 熔炼分析最高含量　≤0.10%；

Co 熔炼分析最高含量　≤0.05%；

V 熔炼分析最高含量　≤0.05%。

d）表面质量的要求比 GB/T 6478 冷镦和冷挤压用钢的规定更严格。

③ 具有规定的电导性能（不小于 9 s/m）或具有规定的磁性能（对于只规定最大比总损耗和最小磁极化强度而不规定磁导率的磁性薄板和带除外）的钢。

（2）低合金钢的主要分类

1）按钢的主要质量等级分类（表 4-1-4）

2）按钢的主要性能或使用特性分类（表 4-1-4）

（3）合金钢的分类

1）按钢的主要质量等级分类（表 4-1-5）

2）按钢的主要性能或使用特性分类（表 4-1-5）

表 4-1-4 低合金钢的主要分类及举例

按主要特性分类	按主要质量等级分类		
	1	2	3
	普通质量低合金钢	优质低合金钢	特殊质量低合金钢[㊀]
可焊接合金高强度结构钢	a）一般用途低合金结构钢 GB/T 1591 中的 Q295、Q345 牌号的 A 级钢	a）一般用途低合金结构钢 GB/T 1591 中的 Q295B、Q345（A 级钢以外）和 Q390（E 级钢以外） b）锅炉和压力容器用低合金钢 GB 713 除 Q245 以外的所有牌号 GB 6653 中除 HP235、HP265 以外的所有牌号 GB 6479 中的 16 Mn、15 MnV c）造船用低合金钢 GB 712 中的 A32、D32、E32、A36、D36、E36、A40、D40、E40 GB/T 9945 中的高强度钢 d）汽车用低合金钢 GB/T 3273 中所有牌号 YB/T 5209 中的 08Z、20Z YB/T 4151 中的 440CL、490CL、540CL e）桥梁用低合金钢 GB/T 714 中除 Q235q 以外的钢 f）输送管线用低合金钢 GB/T 3091 中的 Q295A、Q295B、Q345A、Q345B GB/T 8163 中的 Q295、Q345 g）锚链用低合金钢 GB/T 18669 中的 CM490、CM690 h）钢板桩 GB/T 20933 中的 Q295bz、Q390bz	a）一般用途低合金结构钢 GB/T 1591 中的 Q390E、Q345E、Q420 和 Q460 b）压力容器用低合金钢 GB/T 19189 中的 12MnNiVR GB 3531 中的所有牌号 c）保证厚度方向性能低合金钢 GB/T 19879 中除 Q235GJ 以外的所有牌号 GB/T 5313 中所有低合金牌号 d）造船用低合金钢 GB 712 中的 F32、F36、F40 e）汽车用低合金钢 GB/T 20564.2 中的 CR300/500DP YB/T 4151 中的 590CL f）低焊接裂纹敏感性钢 YB/T 4137 中所有牌号 g）输送管线用低合金钢 GB/T 21237 中的 L390、L415、L450、L485 h）舰船兵器用低合金钢 i）核能用低合金钢
低合金耐候钢		a）低合金耐候性钢 GB/T 4171 中所有牌号	
低合金混凝土用钢	a）一般低合金钢筋钢 GB 1499.2 中的所有牌号		a）预应力混凝土用钢 YB/T 4160 中的 30MnSi
铁道用低合金钢	a）低合金轻轨钢 GB/T 11264 中的 45SiMnP、50SiMnP	a）低合金重轨钢 GB 2585 中的除 U74 以外的牌号 b）起重机用低合金钢轨钢 YB/T 5055 中的 U71Mn c）铁路用异型钢 YB/T 5181 中的 09CuPRE YB/T 5182 中的 09V	a）铁路用低合金车轮钢 GB 8601 中的 CL45MnSiV
矿用低合金钢	a）矿用低合金钢 GB/T 3414 中的 M510、M540、M565 热轧钢 GB/T 4697 中的所有牌号	a）矿用低合金结构钢 GB/T 3414 中的 M540、M565 热处理钢	a）矿用低合金结构钢 GB/T 10560 中的 20Mn2A、20MnV、25MnV
其他低合金钢		a）易切削结构钢 GB/T 8731 中的 Y08MnS、Y15Mn、Y40Mn、Y45Mn、Y45MnS、Y45MnSPb b）焊条用钢 GB/T 3429 中的 H08MnSi、H10MnSi	a）焊条用钢 GB/T 3429 中的 H05MnSiTiZrAlA、H11MnSi、H11MnSiA

㊀ 符合下列条件之一的钢为特殊质量低合金钢。

① 规定限制非金属夹杂物含量和(或)内部材质均匀性，例如，钢板抗层状撕裂性能。

② 规定严格限制磷含量和(或)硫含量最高值，并符合下列规定：

熔炼分析值 ≤0.020%；

成品分析值 ≤0.025%。

③ 规定限制残余元素含量，并应同时符合下列规定：

Cu 熔炼分析最高含量 ≤0.10%；

Co 熔炼分析最高含量 ≤0.05%；

V 熔炼分析最高含量 ≤0.05%。

④ 规定低温(低于−40 ℃，V 型)冲击性能。

⑤ 可焊接的高强度钢，规定的屈服强度最低值≥420 N/mm^2。

注：力学性能的规定值指用公称厚度为 3 mm～16 mm 钢材做的纵向或横向试样测定的性能。

⑥ 弥散强化钢，其规定碳含量熔炼分析最小值不小于 0.25%；并具有铁素体/珠光体或其他显微组织；含有 Nb、V 或 Ti 等一种或多种微合金化元素。一般在热成形温度过程中控制轧制温度和冷却速度完成弥散强化。

⑦ 预应力钢。

表 4-1-5 合金钢的分类

按主要质量分类	优质合金钢		特殊质量合金钢								
	1		2	3	4		5		6	7	8
按主要使用特性分类	工程结构用钢	其他	工程结构用钢	机械结构用钢㊀（第4、6除外）	不锈、耐蚀和耐热钢㊁		工具钢		轴承钢	特殊物理性能钢	其他
按其他特性（除上述特性以外）对钢进一步分类举例	一般工程结构用合金钢 GB/T 20933中的Q420bz	电工用硅（铝）钢（无磁导率要求） GB/T 6983中的合金钢	锅炉和压力容器用合金钢（4类除外） GB/T 19189中的07MnCrMoVR、07MnNiMoVDR GB 713中的合金钢 GB 5310中的合金钢	V、MnV、Mn(x)系钢	马氏体型或铁素体型	Cr(x)系钢	合金工具钢（GB/T 1299中所有牌号）	Cr(x)	高碳铬轴承钢 GB/T 18254中所有牌号	软磁钢 GB/T 14986中所有牌号	焊接用钢 GB/T 3429中所有牌号
	合金钢筋钢 GB/T 20065中的合金钢	铁道用合金钢 GB/T 11264中的30CuCr	热处理合金钢筋钢	SiMn(x)系钢		CrNi(x)系钢		Ni(x)、CrNi(x)	渗碳轴承钢 GB/T 3203中所有牌号	永磁钢 GB/T 14991中所有牌号	
	凿岩钎杆用钢 GB/T 1301中的合金钢	易切削钢 GB/T 8731中的含锡钢	汽车用钢 GB/T 20564.2中的CR 340/590DP CR 420/780DP CR 550/980DP	Cr(x)系钢		CrMo(x) CrCo(x)系钢		Mo(x)、CrMo(x)	不锈轴承钢 GB/T 3086中所有牌号	无磁钢	
	耐磨钢 GB/T 5680中的合金钢	其他	预应力用钢 YB/T 4160中的合金钢	CrMo(x)系钢		CrAl(x) CrSi(x)系钢		V(x)、CrV(x)	高温轴承钢	高电阻钢和合金 GB/T 1234中所有牌号	
			矿用合金钢 GB/T 10560中的合金钢	CrNiMo(x)系钢		其他		W(x)、CrW(x)系钢	无磁轴承钢		
			输送管线用钢 GB/T 21237中的L555、L690	Ni(x)系钢	奥氏体型或奥氏体-铁素体型或沉淀硬化型	CrNi(x)系钢		其他			
			高锰钢	B(x)系钢		CrNiMo(x)系钢	高速钢（GB/T 9943中所有牌号）	WMo系钢			
				其他		CrNi+Ti或Nb钢		W系钢			
						CrNiMo+Ti或Nb钢		Co系钢			
						CrNi+V、W、Co钢					
						CrNiSi(x)系钢					
						CrMnSi(x)系钢					
						其他					

注：(x)表示该合金系列中还包括有其他合金元素，如Cr(x)系，除Cr钢外，还包括CrMn钢等。

㊀ GB/T 3007中所有牌号、GB/T 1222和GB/T 6478中的合金钢等。

㊁ GB/T 1220、GB/T 1221、GB/T 2100、GB/T 6892和GB/T 12230中的所有牌号。

4.1.3 钢铁产品牌号表示方法(GB/T 221—2008)

4.1.3.1 牌号表示方法的基本原则

(1) 凡列入国家标准和行业标准的钢铁产品,均应按本标准规定的牌号表示方法编写牌号。

(2) 钢铁产品牌号的表示,通常采用大写汉语拼音字母、化学元素符号和阿拉伯数字相结合的方法表示。为了便于国际交流和贸易的需要,也可采用大写英文字母或国际惯例表示符号。

(3) 采用汉语拼音字母或英文字母表示产品名称、用途、特性和工艺方法时,一般从产品名称中选取有代表性的汉字的汉语拼音的首位字母或英文单词的首位字母。当和另一产品所取字母重复时,改取第二个字母或第三个字母,或同时选取两个(或多个)汉字或英文单词的首位字母。

采用汉语拼音字母或英文字母,原则上只取一个,一般不超过三个。

(4) 产品牌号中各组成部分的表示方法应符合相应规定,各部分按顺序排列,如无必要可省略相应部分。除有特殊规定外,字母、符号及数字之间应无间隙。

(5) 产品牌号中的元素含量用质量分数表示。

4.1.3.2 产品用途、特性和工艺方法表示符号(表 4-1-6)

表 4-1-6 产品用途、特性和工艺方法表示符号

产品名称	采用的汉字及汉语拼音或英文单词			采用字母	位置
	汉字	汉语拼音	英文单词		
炼钢用生铁	炼	LIAN	—	L	牌号头
铸造用生铁	铸	ZHU	—	Z	牌号头
球墨铸铁用生铁	球	QIU	—	Q	牌号头
耐磨生铁	耐磨	NAIMO	—	NM	牌号头
脱碳低磷粒铁	脱粒	TUOLI	—	TL	牌号头
含钒生铁	钒	FAN	—	F	牌号头
热轧光圆钢筋	热轧光圆钢筋	—	Hot Rolled Plain Bars	HPB	牌号头
热轧带肋钢筋	热轧带肋钢筋	—	Hot Rolled Ribbed Bars	HRB	牌号头
细晶粒热轧带肋钢筋	热轧带肋钢筋+细	—	Hot Rolled Ribbed Bars+Fine	HRBF	牌号头
冷轧带肋钢筋	冷轧带肋钢筋	—	Cold Rolled Ribbed Bars	CRB	牌号头
预应力混凝土用螺纹钢筋	预应力、螺纹、钢筋	—	Prestressing、Screw、Bars	PSB	牌号头
焊接气瓶用钢	焊瓶	HAN PING	—	HP	牌号头
管线用钢	管线	—	Line	L	牌号头
船用锚链钢	船锚	CHUAN MAO	—	CM	牌号头
煤机用钢	煤	MEI	—	M	牌号头
锅炉和压力容器用钢	容	RONG	—	R	牌号尾
锅炉用钢(管)	锅	GUO	—	G	牌号尾
低温压力容器用钢	低容	DI RONG	—	DR	牌号尾
桥梁用钢	桥	QIAO	—	Q	牌号尾
耐候钢	耐候	NAI HOU	—	NH	牌号尾
高耐候钢	高耐候	GAO NAI HOU	—	GNH	牌号尾
汽车大梁用钢	梁	LIANG	—	L	牌号尾
高性能建筑结构用钢	高建	GAO JIAN	—	GJ	牌号尾
低焊接裂纹敏感性钢	低焊接裂纹敏感性	—	Crack Free	CF	牌号尾
保证淬透性钢	淬透性	—	Hardenability	H	牌号尾
矿用钢	矿	KUANG	—	K	牌号尾
船用钢	采用国际符号				
车辆车轴用钢	辆轴	LIANG ZHOU	—	LZ	牌号头

续表 4-1-6

产品名称	采用的汉字及汉语拼音或英文单词			采用字母	位 置
	汉 字	汉语拼音	英文单词		
机车车辆用钢	机轴	JI ZHOU	—	JZ	牌号头
非调质机械结构钢	非	FEI	—	F	牌号头
碳素工具钢	碳	TAN	—	T	牌号头
高碳铬轴承钢	滚	GUN	—	G	牌号头
钢轨钢	轨	GUI	—	U	牌号头
冷镦钢	铆螺	MAO LUO	—	ML	牌号头
焊接用钢	焊	HAN	—	H	牌号头
电磁纯铁	电铁	DIAN TIE	—	DT	牌号头
原料纯铁	原铁	YUAN TIE	—	YT	牌号头

4.1.3.3 牌号表示方法及示例(表 4-1-7)

表 4-1-7 牌号表示方法及示例

类 别	牌号组成	示 例	
生铁	牌号由两部分组成： (1) 表示产品用途,特性及工艺方法用大写汉语拼音字母 (2) 表示主要元素平均含量(以千分之几计)的阿拉伯数字。炼钢用生铁、铸造用生铁、球墨铸铁用生铁、耐磨生铁为硅元素平均含量。脱碳低磷粒铁为碳元素平均含量,含钒生铁为钒元素平均含量	含硅量为 0.85%～1.25%的炼钢用生铁,阿拉伯数字为 10	L10
		含硅量为 2.80%～3.20%的铸造用生铁,阿拉伯数字为 30	Z30
		含硅量为 1.00%～1.40%的球墨铸铁用生铁,阿拉伯数字为 12	Q12
		含硅量为 1.60%～2.00%的耐磨生铁,阿拉伯数字为 18	NM18
		含碳量为 1.20%～1.60%的炼钢用脱碳低磷粒铁,阿拉伯数字为 14	TL14
		含钒量不小于 0.40%的含钒生铁,阿拉伯数字为 04	F04
碳素结构钢和低合金结构钢	牌号由四部分组成： (1) 采用代表屈服点的拼音字母“Q”。专用结构钢的符号见表 4-1-6 (2) 钢的质量等级,用英文字母 A、B、C、D、E、F……表示(必要时) (3) 脱氧方式表示符号,沸腾钢、半镇静钢、镇静钢、特殊镇静钢分别以“F”、“b”、“Z”、“TZ”表示。镇静钢、特殊镇静钢表示符号可以省略(必要时) (4) 产品用途特性和工艺方法表示符号见表 4-1-6(必要时)	碳素结构钢 最小屈服强度 235 N/mm² A 级、沸腾钢 Q235AF 低合金高强度结构钢 最小屈服强度 345 N/mm² D 级、特殊镇静钢 Q345D	
		热轧光圆钢筋 屈服强度特征值 235 N/mm² HPB235	
		热轧带肋钢筋 屈服强度特征值 335 N/mm² HRB335	
		细晶粒热轧带肋钢筋 屈服强度特征值 335 N/mm² HRBF335	
		冷轧带肋钢筋 最小抗拉强度 550 N/mm² CRB550	
		预应力混凝土用螺纹钢筋 最小屈服强度 830 N/mm² PSB830	
		焊接气瓶用钢 最小屈服强度 345 N/mm² HP345	
		管线用钢 最小规定总延伸强度 415 MPa L415	
		船用锚链钢 最小抗拉强度 370 MPa CM370	
		煤机用钢 最小抗拉强度 510 MPa M510	
		锅炉和压力容器用钢 最小屈服强度 345 N/mm² Q345R①	

① 压力容器“容”的汉语拼音首位字母“R”。

续表 4-1-7

类别	牌号组成	示例
优质碳素结构钢和优质碳素弹簧钢	牌号由五部分组成： (1) 以二位阿拉伯数字表示平均碳含量(以万分之几计) (2) 含锰量较高的优质碳素结构钢，加锰元素符号 Mn(必要时) (3) 高级优质钢、特级优质钢分别用 A、E 表示，优质钢不用字母表示(必要时) (4) 沸腾钢、半镇静钢、镇静钢分别用 F、b、Z 表示，但镇静钢符号可以省略(必要时) (5) 产品用途、特性或工艺方法表示符号见表 4-1-6(必要时)	优质碳素结构钢　碳含量：0.05%～0.11%　锰含量：0.25%～0.50% 优质钢、沸腾钢 08F 优质碳素结构钢　碳含量：0.47%～0.55%　锰含量：0.50%～0.80% 高级优质钢、镇静钢 50A 优质碳素结构钢　碳含量：0.48%～0.56%　锰含量：0.70%～1.00% 特级优质钢、镇静钢 50MnE 保证淬透性用钢　碳含量：0.42%～0.50%　锰含量：0.50%～0.85% 高级优质钢、镇静钢 45AH(保证淬透性钢表示符号"H") 优质碳素弹簧钢　碳含量：0.62%～0.70%　锰含量：0.90%～1.20% 优质钢、镇静钢 65Mn
易切削钢	牌号由三部分组成： (1) 易切削钢表示符号"Y" (2) 用二位阿拉伯数字表示平均碳含量(以万分之几计) (3) 含钙、铅、锡等易切削元素的易切削钢，在符号"Y"和阿拉伯数字后加易切削元素符号 Ca、Pb、Sn 加硫易切削钢和加硫磷易切削钢，在符号"Y"和阿拉伯数字后不加易切削元素符号 较高含锰量的加硫或加硫磷易切削钢，在符号"Y"和阿拉伯数字后加锰元素符号 Mn，为区分牌号，对较高硫含量的易切削钢，在牌号尾部加硫元素符号 S	易切削钢　碳含量：0.42%～0.50%、钙含量：0.002%～0.006%　Y45Ca 易切削钢　碳含量：0.40%～0.48%、锰含量：1.35%～1.65%、硫含量：0.16%～0.24%　Y45Mn 易切削钢　碳含量：0.40%～0.48%、锰含量：1.35%～1.65%、硫含量：0.24%～0.32%　Y45MnS
合金结构钢和合金弹簧钢	牌号由四部分组成： (1) 用二位阿拉伯数字表示平均碳含量(以万分之几计) (2) 合金元素含量表示方法：平均含量小于 1.50% 时，牌号中仅标明元素，一般不标明含量；平均合金含量为 1.50%～2.49%、2.50%～3.49%、3.50%～4.49%、4.50%～5.49%、……时，在合金元素后相应写成2、3、4、5… (3) 高级优质合金结构钢，在牌号尾部加符号"A"表示 特级优质合金结构钢，在牌号尾部加符号"E"表示 专用合金结构钢，在牌号头部(或尾部)加代表产品用途的符号表示 (4) 产品用途、特性或工艺方法表示符号见表 4-1-6(必要时)	合金结构钢　碳含量：0.22%～0.29%　铬含量：1.50%～1.80%、钼含量：0.25%～0.35%、钒含量：0.15%～0.30% 高级优质钢　25Cr2MoVA 锅炉和压力容器用钢　碳含量：≤0.22%　锰含量：1.20%～1.60%、钼含量：0.45%～0.65%、铌含量：0.025%～0.050% 特级优质钢(锅炉和压力容器用钢)18MnMoNbER 优质弹簧钢　碳含量：0.56%～0.64%　硅含量：1.60%～2.00%、锰含量：0.70%～1.00% 优质钢　60Si2Mn
非调质机械结构钢	牌号由四部分组成： (1) 非调质机械结构钢表示符号"F" (2) 用二位阿拉伯数字表示平均碳含量(以万分之几计) (3) 合金元素含量，以化学元素符号及阿拉伯数字表示，表示方法同合金结构钢中(2) (4) 改善切削性能的非调质机械结构钢加硫元素符号 S	非调质机械结构钢　碳含量：0.32%～0.39%、钒含量：0.06～0.13%、硫含量：0.035%～0.075%　F35VS

续表 4-1-7

类 别	牌号组成	示 例
碳素工具钢	牌号由四部分组成： (1)碳素工具钢表示符号“T” (2)用阿拉伯数字表示平均含碳量(以千分之几计) (3)较高含锰量碳素工具钢，加锰元素符号 Mn(必要时) (4)高级优质碳素工具钢用 A 表示，优质钢不用字母表示(必要时)	碳素工具钢 碳含量：0.80%～0.90%、锰含量：0.40%～0.60%、高级优质钢 T8MnA
合金工具钢	牌号由两部分组成： (1)平均碳含量小于 1.00%时，采用一位数字表示碳含量(以千分之几计)。平均碳含量不小于 1.00%时，不标明含碳量数字 (2)合金元素含量，用化学元素符号和阿拉伯数字表示，表示方法同合金结构中(2)。平均铬含量小于1%合金工具钢，在铬含量(以千分之几计)前加数字“0”	合金工具钢 碳含量：0.85%～0.95%、硅含量：1.20%～1.60%、铬含量：0.95%～1.25% 9SiCr
高速工具钢	高速工具钢牌号表示方法与合金结构钢相同，但在牌号头部一般不标明表示含碳量的阿拉伯数字，为表示高碳高速工具钢，在牌号头部加“C”	高速工具钢 碳含量：0.80%～0.90%、钨含量：5.50%～6.75%、钼含量：4.50%～5.50%、铬含量：3.80%～4.40%、钒含量：1.75%～2.20% W6Mo5Cr4V2 高速工具钢 碳含量：0.86%～0.94%、钨含量：5.90%～6.70%、钼含量：4.70%～5.20%、铬含量：3.80%～4.50%、钒含量：1.75%～2.10% CW6Mo5Cr4V2
高碳铬轴承钢	牌号由两部分组成： (1)(滚珠)轴承钢表示符号“G”，但不标明碳含量 (2)合金元素“Cr”符号及其含量(以千分之几计)，其他合金元素含量，用化学元素符号及阿拉伯数字表示，表示方法同合金结构钢中(2)	高碳铬轴承钢 铬含量：1.40%～1.65%、硅含量：0.45%～0.75%、锰含量：0.95%～1.25% GCr15SiMn
渗碳轴承钢	采用合金结构钢的牌号表示方法，仅在牌号头部加符号“G” 高级优质渗碳轴承钢，在牌号尾部加“A”	高级优质渗碳轴承钢 碳含量：0.17%～0.23%、铬含量：0.35%～0.65%、镍含量：0.40%～0.70%、钼含量：0.15%～0.30% G20CrNiMoA
高碳铬不锈轴承钢和高温轴承钢	采用不锈钢和耐热钢的牌号表示方法，牌号头部不加符号“G”	高碳铬不锈轴承钢 碳含量：0.90%～1.00%，铬含量：17.0%～19.0% G95Cr18 高温轴承钢 碳含量：0.75%～0.85%、铬含量：3.75%～4.25%、钼含量：4.00%～4.50% G80Cr4Mo4V
不锈钢和耐热钢	牌号采用合金元素符号和表示各元素含量的阿拉伯数字表示 (1)碳含量：用两位或三位阿拉伯数字表示碳含量最佳控制值(以万分之几或十万分之几计) 1)碳含量上限为 0.08%，碳含量用 06 表示；碳含量上限为 0.20%，碳含量用 16 表示；碳含量上限为 0.15%，碳含量用 12 表示 2)碳含量上限为 0.030%时，其牌号中的碳含量用 022 表示；碳含量上限为 0.020%时，其牌号中的碳含量用 015 表示 3)碳含量为 0.16%～0.25%时其牌号中的碳含量用 20 表示 (2)合金元素表示方法同合金结构钢(2)，钢中加入铌、钛、锆、氮等合金元素，应在牌号中标出	不锈钢 碳含量为不大于 0.08%、铬含量为 18.00%～20.00%、镍含量为 8.00%～11.00% 06Cr19Ni10 不锈钢 碳含量为不大于 0.030%，铬含量为 16.00%～19.00%、钛含量为 0.10%～1.00% 022Cr18Ti 不锈钢 碳含量为 0.15%～0.25%、铬含量为 14.00%～16.00%、锰含量为 14.00%～16.00%、镍含量为 1.50%～3.00%、氮含量为 0.15%～0.30% 20Cr15Mn15Ni12N 耐热钢 碳含量为不大于 0.25%、铬含量为 24.00%～26.00%、镍含量为 19.00%～22.00% 20Cr25Ni20

续表 4-1-7

类别	牌号组成	示例
焊接用钢	焊接用钢包括焊接用碳素钢、焊接用合金钢和焊接用不锈钢等，其牌号表示方法是在各类焊接用钢牌号头部加符号"H"。高级优质焊接用钢，在牌号尾部加符号"A"	焊接用钢　碳含量：≤0.10%、铬含量：0.80%～1.10%、钼含量：0.40%～0.60%的高级优质合金结构钢　H08CrMoA
原料纯铁	牌号由两部分组成： (1) 原料纯铁表示符号"YT" (2) 用阿拉伯数字表示不同牌号的顺序号	原料纯铁　顺序号 1　YT1

4.1.4 钢材的标记

4.1.4.1 钢产品标记代号[㊀](GB/T 15575—2008)(表 4-1-8)

表 4-1-8 钢产品标记代号

序号	类别	标记代号
1	加工方法 热加工 热轧 热扩 热挤 热锻 冷加工 冷轧 冷挤压 冷拉(拔) 焊接	W WH WHR(或 AR) WHE WHEX WHF WC WCR WCE WCD WW
2	截面形状和型号 用表示产品截面形状特征的英文字母作为标记代号。 例如：圆钢——R、方钢——S、扁钢——F、六角型钢——HE、八角型钢——O、角钢——A、H 型钢——H、U 型钢——U、方型空心型钢——QHS 等。 如果产品有型号(或规格)，应在表示产品形状特征的标记代号后加上型号(或规格)。如 15×50 规格的 C 型钢的标记代号为 C15×50。	
3	尺寸(外形)精度 尺寸(外形)精度采用如下方法表示： P _ _ _ （P——尺寸精度；第一位——尺寸(外形)；第二位——分隔符；第三位——精度等级） 例如：表示长度普通精度的代号为 PL 的代号为 PT.C，表示不平度普通精度的代号	
4	边缘状态 切边 不切边 磨边	E EC EM ER
5	表面质量 普通级 较高级 高级	F FA FB FC

㊀ 本标准适用于条钢、扁平材、钢管、盘条等产品的标记代号。

续表 4-1-8

序号	类别	标记代号
6	表面种类	S
	压力加工表面	SPP
	酸洗	SA
	喷丸(砂)	SS
	剥皮	SF
	磨光	SP
	抛光	SB
	发蓝	SBL
	镀层	S__ __(见示例 1)
	涂层	SC__(见示例 2)
	示例 1: S __ __ ——镀层方式:热镀 H、电镀 E。 ——镀层种类:镀锌 / 锌铁合金 Z/ZF、镀锡 S、铝锌合金 AZ 等。 例如,热镀锌的代号为 SZH,电镀铝锌合金的代号为 SAZE。 示例 2: SC __ ——涂层类型。	
7	表面处理	ST
	钝化(铬酸)	STC
	磷化	STP
	涂油	STO
	耐指纹处理	STS
	当产品采用多于一种的表面处理方法时,可采用组合标记的方法。 例如:钝化+涂油,可表示为 STCO。	
8	软化程度	S
	1/4 软	S1/4
	半软	S1/2
	软	S
	特软	S2
9	硬化程度	H
	低冷硬	H1/4
	半冷硬	H1/2
	冷硬	H
	特硬	H2
10	热处理类型	
	退火	A
	软化退火	SA
	球化退火	G
	光亮退火	L
	正火	N
	回火	T
	淬火+回火(调质)	QT
	正火+回火	NT
	固溶	S
	时效	AG
11	冲压性能	
	普通级	CQ
	冲压级	DQ
	深冲级	DDQ
	特深冲级	EDDQ
	超深冲级	SDDQ
	特超深冲	ESDDQ

续表 4-1-8

序 号	类 别	标记代号
12	使用加工方法	U
	压力加工用	UP
	热压力加工用	UHP
	冷压力加工用	UCP
	顶锻用	UF
	热顶锻用	UHF
	冷顶锻用	UCF
	切削加工用	UC

4.1.4.2 钢材的涂色标记(表 4-1-9)

表 4-1-9 钢材的涂色标记

类 别	牌号或组别	涂色标记
普通碳素钢	0 号	红色+绿色
	1 号(Q195)	白色+黑色
	2 号(Q215)	黄色
	3 号(Q235)	红色
	4 号(Q255)	黑色
	5 号(Q275)	绿色
	6 号	蓝色
	7 号	红色+棕色
优质碳素结构钢	05～15	白色
	20～25	棕色+绿色
	30～40	白色+蓝色
	45～85	白色+棕色
	15 Mn～40 Mn	白色二条
	45 Mn～70 Mn	绿色三条
合金结构钢	锰钢	黄色+蓝色
	硅锰钢	红色+黑色
	锰钒钢	蓝色+绿色
	铬钢	绿色+黄色
	铬硅钢	蓝色+红色
	铬锰钢	蓝色+黑色
	铬锰硅钢	红色+紫色
	铬钒钢	绿色+黑色
	铬锰钛钢	黄色+黑色
	铬钨钒钢	棕色+黑色
	钼钢	紫色
	铬钼钢	绿色+紫色
	铬锰钼钢	绿色+白色
	铬钼钒钢	紫色+棕色
	铬硅钼钒钢	紫色+棕色
	铬铝钢	铝白色
	铬钼铝钢	黄色+紫色
	铬钨钒铝钢	黄色+红色
	硼钢	紫色+蓝色
	铬钼钨钒钢	紫色+黑色
高速工具钢	W12Cr4V4Mo	棕色一条+黄色一条
	W18Cr4V	棕色一条+蓝色一条
高速工具钢	W9Cr4V2	棕色二条
	W9Cr4V	棕色一条
铬轴承钢	GCr9	白色一条+黄色一条
	GCr9SiMn	绿色二条
	GCr15	蓝色一条
	GCr15SiMn	绿色一条+蓝色一条
不锈耐酸钢	铬钢	铝色+黑色
	铬钛钢	铝色+黄色
	铬锰钢	铝色+绿色
	铬钼钢	铝色+白色
	铬镍钢	铝色+红色
	铬锰镍钢	铝色+棕色
	铬镍钛钢	铝色+蓝色
	铬镍铌钢	铝色+蓝色
	铬钼钛钢	铝色+白色+黄色
	铬钼钒钢	铝色+红色+黄色
	铬镍钼钛钢	铝色+紫色
	铬钼钒钴钢	铝色+紫色
	铬镍铜钛钢	铝色+蓝色+白色
	铬镍钼铜钛钢	铝色+黄色+绿色
	铬镍钼铜铌钢	铝色+黄色+绿色
		(铝色为宽条,余为窄色条)
耐热钢	铬硅钢	红色+白色
	铬钼钢	红色+绿色
	铬硅钼钢	红色+蓝色
	铬钢	铝色+黑色
	铬钼钒钢	铝色+紫色
	铬镍钛钢	铝色+蓝色
	铬铝硅钢	红色+黑色
	铬硅钛钢	红色+黄色
	铬硅钼钛钢	红色+紫色
	铬硅钼钒钢	红色+紫色
	铬铝钢	红色+铝色
	铬镍钨钼钛钢	红色+棕色
	铬镍钨钼钢	红色+棕色
	铬镍钨钛钢	铝色+白色+红色
		(前为宽色条,后为窄色条)

4.1.5 钢的品种、性能和用途

4.1.5.1 结构钢

(1) 碳素结构钢(GB/T 700—2006)

1) 碳素结构钢的牌号及力学性能(表 4-1-10)

表 4-1-10 碳素结构钢的牌号及力学性能

(1) 拉伸试验与冲击试验

牌号	等级	屈服强度[a] R_{eH}/(N/mm²),不小于						抗拉强度[b] R_m/(N/mm²)	断后伸长率 A/%,不小于					冲击试验(V 型缺口)	
		厚度(或直径)/mm							厚度(或直径)/mm					温度/℃	冲击吸收功(纵向)/J 不小于
		≤16	>16~40	>40~60	>60~100	>100~150	>150~200		≤40	>40~60	>60~100	>100~150	>150~200		
Q195	—	195	185	—	—	—	—	315~430	33	—	—	—	—	—	—
Q215	A	215	205	195	185	175	165	335~450	31	30	29	27	26	—	—
	B													+20	27
Q235	A	235	225	215	215	195	185	375~500	26	25	24	22	21	—	—
	B													+20	27
	C													0	
	D													−20	
Q275	A	275	265	255	245	225	215	410~540	22	21	20	18	17	—	—
	B													+20	27
	C													0	
	D													−20	

(2) 冷弯试验

牌　　号	试样方向	冷弯试验 180°　$B=2a$①	
		钢材厚度(或直径)/mm	
		≤60	>60~100
		弯心直径 d	
Q195	纵	0	—
	横	0.5a	
Q215	纵	0.5a	1.5a
	横	a	2a
Q235	纵	a	2a
	横	1.5a	2.5a
Q275	纵	1.5a	2.5a
	横	2a	3a

① B 为试样宽度,a 为试样厚度(或直径)。

2）碳素结构钢的特性和应用（表 4-1-11）

表 4-1-11　碳素结构钢的特性和应用

牌号	主要特性	应用举例
Q195	具有高的塑性、韧性和焊接性能，良好的压力加工性能，但强度低	用于制造地脚螺栓、犁铧、烟筒、屋面板、铆钉、低碳钢丝、薄板、焊管、拉杆、吊钩、支架、焊接结构
Q215		
Q235	具有良好的塑性、韧性和焊接性能、冷冲压性能，以及一定的强度、好的冷弯性能	广泛用于一般要求的零件和焊接结构。如受力不大的拉杆、连杆、销、轴、螺钉、螺母、套圈、支架、机座、建筑结构、桥梁等
Q275	具有较高的强度、较好的塑性和可加工性能、一定的焊接性能。小型零件可以淬火强化	用于制造要求强度较高的零件，如齿轮、轴、链轮、键、螺栓、螺母、农机用型钢、输送链和链节

（2）优质碳素结构钢（GB/T 699—1999）

1）优质碳素结构钢的牌号及力学性能（表 4-1-12）

表 4-1-12　优质碳素结构钢的牌号及力学性能

牌号	试样毛坯尺寸/mm	推荐热处理/℃			力学性能					钢材交货状态硬度 HBW10/3000 ≤	
		正火	淬火	回火	σ_b/MPa	σ_s/MPa	δ_5(%)	ψ(%)	A_{KV2}/J		
					≥					未热处理钢	退火钢
08F	25	930	—	—	295	175	35	60	—	131	—
10F	25	930	—	—	315	185	33	55	—	137	—
15F	25	920	—	—	355	205	29	55	—	143	—
08	25	930	—	—	325	195	33	60	—	131	—
10	25	930	—	—	335	205	31	55	—	137	—
15	25	920	—	—	375	225	27	55	—	143	—
20	25	910	—	—	410	245	25	55	—	156	—
25	25	900	870	600	450	275	23	50	71	170	—
30	25	880	860	600	490	295	21	50	63	179	—
35	25	870	850	600	530	315	20	45	55	197	—
40	25	860	840	600	570	335	19	45	47	217	187
45	25	850	840	600	600	355	16	40	39	229	197
50	25	830	830	600	630	375	14	40	31	241	207
55	25	820	820	600	645	380	13	35	—	255	217
60	25	810	—	—	675	400	12	35	—	255	229
65	25	810	—	—	695	410	10	30	—	255	229
70	25	790	—	—	715	420	9	30	—	269	229
75	试样	—	820	480	1 080	880	7	30	—	285	241
80	试样	—	820	480	1 080	930	6	30	—	285	241
85	试样	—	820	480	1 130	980	6	30	—	302	255
15Mn	25	920	—	—	410	245	26	55	—	163	—
20Mn	25	910	—	—	450	275	24	50	—	197	—
25Mn	25	900	870	600	490	295	22	50	71	207	—
30Mn	25	880	860	600	540	315	20	45	63	217	187
35Mn	25	870	850	600	560	335	18	45	55	229	197
40Mn	25	860	840	600	590	355	17	45	47	229	207

续表 4-1-12

牌号	试样毛坯尺寸/mm	推荐热处理/℃			力学性能					钢材交货状态硬度 HBW10/3000 ≤	
		正火	淬火	回火	σ_b/MPa	σ_s/MPa	δ_5(%)	ψ(%)	A_{KV2}/J	未热处理钢	退火钢
					≥						
45Mn	25	850	840	600	620	375	15	40	39	241	217
50Mn	25	830	830	600	645	390	13	40	31	255	217
60Mn	25	810	—	—	695	410	11	35	—	269	229
65Mn	25	830	—	—	735	430	9	30	—	285	229
70Mn	25	790	—	—	785	450	8	30	—	285	229

注：1. 对于直径或厚度小于 25 mm 的钢材，热处理是在与成品截面尺寸相同的试样毛坯上进行。

2. 表中所列正火推荐保温时间不少于 30 min，空冷；淬火推荐保温时间不少于 30 min，75、80 和 85 钢油冷，其余钢水冷；回火推荐保温时间不少于 1 h。

2）优质碳素结构钢的特性和应用（表 4-1-13）

表 4-1-13 优质碳素结构钢的特性和应用

牌 号	主 要 特 性	应 用 举 例
08F	优质沸腾钢，强度、硬度低，塑性极好。深冲压，深拉延性好，可加工性，焊接性好 成分偏析倾向大，时效敏感性大，故冷加工时，可采用消除应力热处理或水韧处理，防止冷加工断裂	易轧成薄板，薄带、冷变形材、冷拉钢丝 用作冲压件、拉深件，各类不承受载荷的覆盖件、渗碳、渗氮、碳氮共渗件、制作各类套筒、靠模、支架
08	极软低碳钢，强度、硬度很低，塑性、韧性极好，可加工性好，淬透性、淬硬性极差，时效敏感性比 08F 稍弱，不宜切削加工，退火后，导磁性能好	宜轧制成薄板、薄带、冷变形材、冷拉、冷冲压、焊接件、表面硬化件
10F 10	强度低（稍高于 08 钢），塑性、韧性很好，焊接性优良，无回火脆性。易冷热加工成型、淬透性很差，正火或冷加工后可加工性好	宜用冷轧、冷冲、冷镦、冷弯、热轧、热挤压、热镦等工艺成形，制造要求受力不大、韧性高的零件，如摩擦片、深冲器皿、汽车车身、弹体等
15F 15	强度、硬度、塑性与 10F、10 钢相近。为改善其可加工性需进行正火或水韧处理适当提高硬度。淬透性、淬硬性低、韧性、焊接性好	制造受力不大，形状简单，但韧性要求较高或焊接性能较好的中、小结构件、螺钉、螺栓、拉杆、起重钩、焊接容器等
20	强度硬度稍高于 15F、15 钢，塑性焊接性都好，热轧或正火后韧性好	制作不太重要的中、小型渗碳、碳氮共渗件、锻压件，如杠杆轴、变速箱变速叉、齿轮，重型机械拉杆、钩环等
25	具有一定强度、硬度。塑性和韧性好。焊接性、冷塑性加工性较高，可加工性中等，淬透性、淬硬性差。淬火后低温回火后强韧性好，无回火脆性	焊接件、热锻、热冲压件渗碳后用作耐磨件
30	强度、硬度较高，塑性好、焊接性尚好，可在正火或调质后使用，适于热锻、热压。可加工性良好	用于受力不大，温度＜150 ℃的低载荷零件，如丝杆、拉杆、轴键、齿轮、轴套筒等，渗碳件表面耐磨性好，可作耐磨件
35	强度适当，塑性较好，冷塑性高，焊接性尚可。冷态下可局部镦粗和拉丝。淬透性低，正火或调质后使用	适于制造小截面零件，可承受较大载荷的零件，如曲轴、杠杆、连杆、钩环等，各种标准件、紧固件
40	强度较高，可加工性良好，冷变形能力中等，焊接性差，无回火脆性，淬透性低，易产生水淬裂纹，多在调质或正火态使用，两者综合性能相近，表面淬火后可用于制造承受较大应力件	适于制造曲轴、心轴、传动轴、活塞杆、连杆、链轮、齿轮等，作焊接件时需先预热，焊后缓冷
45	最常用的中碳调质钢，综合力学性能良好，淬透性低，水淬时易生裂纹。小型件宜采用调质处理，大型件宜采用正火处理	主要用于制造强度高的运动件，如涡轮机叶轮、压缩机活塞、轴、齿轮、齿条、蜗杆等。焊接件注意焊前预热，焊后应进行去应力退火
50	高强度中碳结构钢，冷变形能力低，可加工性中等。焊接性差，无回火脆性，淬透性较低，水淬时，易生裂纹。使用状态：正火，淬火后回火，高频感应淬火，适用于在动载荷及冲击作用不大的条件下耐磨性高的机械零件	锻造齿轮、拉杆、轧辊、轴摩擦盘、机床主轴、发动机曲轴、农业机械犁铧、重载荷心轴及各种轴类零件等，及较次要的减振弹簧、弹簧垫圈等

续表 4-1-13

牌号	主要特性	应用举例
55	具有高强度和硬度，塑性和韧性差，可加工性能中等，焊接性差，淬透性差，水淬时易淬裂。多在正火或调质处理后使用，适于制造高强度、高弹性、高耐磨性机件	齿轮、连杆、轮圈、轮缘、机车轮箍、扁弹簧、热轧轧辊等
60	具有高强度、高硬度和高弹性。冷变形时塑性差，可加工性中等，焊接性不好，淬透性差，水淬易生裂纹，故大型件用正火处理	轧辊、轴类、轮箍、弹簧圈、减振弹簧、离合器、钢丝绳
65	适当热处理或冷作硬化后具有较高强度与弹性。焊接性不好，易形成裂纹，不宜焊接，可加工性差，冷变形塑性低，淬透性不好，一般采用油淬，大截面件采用水淬油冷，或正火处理。其特点是在相同组态下其疲劳强度可与合金弹簧钢相当	宜用于制造截面、形状简单、受力小的扁形或螺旋形弹簧零件。如气门弹簧、弹簧环等也宜用于制造高耐磨性零件，如轧辊、曲轴、凸轮及钢丝绳等
70	强度和弹性比 65 钢稍高，其他性能与 65 钢近似	弹簧、钢丝、钢带、车轮圈等
75 80	性能与 65 钢、70 钢相似，但强度较高而弹性略低，其淬透性亦不高。通常在淬火、回火后使用	板弹簧、螺旋弹簧、抗磨损零件、较低速车轮等
85	含碳量最高的高碳结构钢，强度、硬度比其他高碳钢高，但弹性略低，其他性能与 65 钢，70 钢，75 钢，80 钢相近似。淬透性仍然不高	铁道车辆、扁形板弹簧、圆形螺旋弹簧、钢丝钢带等
15Mn	含锰（w_{Mn}0.70%～1.00%）较高的低碳渗碳钢，因锰高故其强度、塑性、可加工性和淬透性均比 15 钢稍高，渗碳与淬火时表面形成软点较少，宜进行渗碳、碳氮共渗处理，得到表面耐磨而心部韧性好的综合性能。热轧或正火处理后韧性好	齿轮、曲柄轴。支架、铰链、螺钉、螺母。铆焊结构件。板材适于制造油罐等。寒冷地区农具，如奶油罐等
20Mn	其强度和淬透性比 15Mn 钢略高，其他性能与 15Mn 钢相近	与 15Mn 钢基本相同
25Mn	性能与 20Mn 及 25 钢相近，强度稍高	与 20Mn 及 25 钢相近
30Mn	与 30 钢相比具有较高的强度和淬透性，冷变形时塑性好。焊接性中等，可加工性良好。热处理时有回火脆性倾向及过热敏感性	螺栓、螺母、螺钉、拉杆、杠杆、小轴、制动机齿轮
35Mn	强度及淬透性比 30Mn 高，冷变形时的塑性中等。可加工性好，但焊接性较差。宜调质处理后使用	转轴、啮合杆、螺栓、螺母、螺钉等，心轴、齿轮等
40Mn	淬透性略高于 40 钢。热处理后，强度、硬度、韧性比 40 钢稍高，冷变形塑性中等，可加工性好，焊接性低，具有过热敏感性和回火脆性，水淬易裂	耐疲劳件、曲轴、辊子、轴、连杆。高应力下工作的螺钉、螺母等
45Mn	中碳调质结构钢，调质后具有良好的综合力学性能。淬透性、强度、韧性比 45 钢高，可加工性尚好，冷变形塑性低，焊接性差，具有回火脆性倾向	转轴、心轴、花键轴、汽车半轴、万向接头轴、曲轴、连杆、制动杠杆、啮合杆、齿轮、离合器、螺栓、螺母等
50Mn	性能与 50 钢相近，但其淬透性较高，热处理后强度、硬度、弹性均稍高于 50 钢。焊接性差，具有过热敏感性和回火脆性倾向	用作承受高应力零件。高耐磨零件。如齿轮、齿轮轴、摩擦盘、心轴、平板弹簧等
60Mn	强度、硬度、弹性和淬透性比 60 钢稍高，退火态可加工性良好，冷变形塑性和焊接性差。具有过热敏感和回火脆性倾向	大尺寸螺旋弹簧、板簧、各种圆扁弹簧，弹簧环、片，冷拉钢丝及发条
65Mn	强度、硬度、弹性和淬透性均比 65 钢高，具有过热敏感性和回火脆性倾向，水淬有形成裂纹倾向。退火态可加工性尚可，冷变形塑性低，焊接性差	受中等载荷的板弹簧，直径达 7～20 mm 螺旋弹簧及弹簧垫圈、弹簧环。高耐磨性零件，如磨床主轴、弹簧夹头、精密机床丝杠、犁、切刀、螺旋辊子轴承上的套环、铁道钢轨等
70Mn	性能与 70 钢相近，但淬透性稍高，热处理后强度、硬度、弹性均比 70 钢好，具有过热敏感性和回火脆性倾向，易脱碳及水淬时形成裂纹倾向、冷塑性变形能力差，焊接性差	承受大应力、磨损条件下工作零件。如各种弹簧圈、弹簧垫圈、止推环、锁紧圈、离合器盘等

(3) 低合金高强度结构钢(GB/T 1591—2008)

1) 低合金高强度结构钢的牌号及力学性能(表 4-1-14)

表 4-1-14　低合金高强度结构钢的牌号及力学性能和工艺性能

牌号	质量等级	屈服点 σ_s，MPa				抗拉强度 σ_b/MPa	伸长率 δ_5 %	冲击功 A_{KV}（纵向） J				180°弯曲试验 d=弯心直径 a=试样厚度（直径）	
		厚度（直径、边长），mm											
		≤16	>16～35	>35～50	>50～100			+20 ℃	0 ℃	−20 ℃	−40 ℃	钢材厚度（直径），mm	
		不　小　于					不　小　于					≤16	>16～100
Q295	A	345	325	295	275	470～630	21					d=2a	d=3a
	B							34					
	C						22		34				
	D									34			
	E										27		
Q390	A	390	370	350	330	490～650	19						
	B							34					
	C						20		34				
	D									34			
	E										27		
Q420	A	420	400	380	360	520～680	18						
	B							34					
	C						19		34				
	D									34			
	E										27		
Q460	C	460	440	420	400	550～720	17		34				
	D									34			
	E										27		

注：① 进行拉伸和弯曲试验时，钢板、钢带应取横向试样；宽度小于 600 mm 的钢带、型钢和钢棒应取纵向试样。
② 钢板和钢带的伸长率值允许比表中降低 1%（绝对值）。
③ Q345 级钢厚度大于 35 mm 的钢板的伸长率值可降低 1%（绝对值）。
④ 边长或直径大于 50～100 mm 的方、圆钢，其伸长率可比表中规定值降低 1%（绝对值）。
⑤ 宽钢带（卷状）的抗拉强度上限值不作交货条件。
⑥ A 级钢应进行弯曲试验。其他质量级别的钢，如供方能保证弯曲试验结果符合表中规定要求，可不作检验。
⑦ 夏比（V 型缺口）冲击试验的冲击功和试验温度应符合表中规定。冲击功值按一组三个试样算术平均值计算，允许其中一个试样单值低于表中规定值，但不得低于规定值的 70%。
⑧ 当采用 5 mm×10 mm×55 mm 小尺寸试样做冲击试验时，其试验结果应不小于规定值的 50%。
⑨ Q460 和各牌号 D、E 级钢一般不供应型钢、钢棒。
⑩ 表中所列规格以外钢材的性能，由供需双方协商确定。

2）低合金高强度钢的特性和应用（表 4-1-15）

表 4-1-15　低合金高强度钢的特性和应用

牌号	主　要　特　性	应　用　举　例
Q345 Q390	综合力学性能好，焊接性、冷、热加工性能和耐蚀性能均好，C、D、E 级钢具有良好的低温韧性	船舶，锅炉，压力容器，石油储罐，桥梁、电站设备，起重运输机械及其他较高载荷的焊接结构件
Q420	强度高，特别是在正火或正火加回火状态有较高的综合力学性能	大型船舶，桥梁，电站设备，中、高压锅炉，高压容器，机车车辆，起重机械，矿山机械及其他大型焊接结构件
Q460	强度最高，在正火，正火加回火或淬火加回火状态有很高的综合力学性能，全部用铝补充脱氧，质量等级为 C、D、E 级，可保证钢的良好韧性	备用钢种，用于各种大型工程结构及要求强度高，载荷大的轻型结构

（4）合金结构钢（GB/T 3077—1999）

1）合金结构钢的牌号及力学性能（表 4-1-16）

表 4-1-16　合金结构钢的力学性能

钢组	序号	牌号	试样毛坯尺寸/mm	热处理					力学性能					钢材退火或高温回火供应状态布氏硬度HBW100/3000 ≤
				淬火			回火		抗拉强度 σ_b/MPa	屈服点 σ_s/MPa	断后伸长率 δ_5(%)	断面收缩率 ψ(%)	冲击吸收功 A_{KV2}/J	
				加热温度/℃		冷却剂	加热温度/℃	冷却剂	≥					
				第一次淬火	第二次淬火									
Mn	1	20Mn2	15	850	—	水、油	200	水、空	785	590	10	40	47	187
				880	—	水、油	440	水、空						
	2	30Mn2	25	840	—	水	500	水	785	635	12	45	63	207
	3	35Mn2	25	840	—	水	500	水	835	685	12	45	55	207
	4	40Mn2	25	840	—	水、油	540	水	885	735	12	45	55	217
	5	45Mn2	25	840	—	油	550	水、油	885	735	10	45	47	217
	6	50Mn2	25	820	—	油	550	水、油	930	785	9	40	39	229
MnV	7	20MnV	15	880	—	水、油	200	水、空	785	590	10	40	55	187
SiMn	8	27SiMn	25	920	—	水	450	水、油	980	835	12	40	39	217
	9	35SiMn	25	900	—	水	570	水、油	885	735	15	45	47	229
	10	42SiMn	25	880	—	水	590	水	885	735	15	40	47	229
SiMnMoV	11	20SiMn2MoV	试样	900	—	油	200	水、空	1 380	—	10	45	55	269
	12	25SiMn2MoV	试样	900	—	油	200	水、空	1 470	—	10	40	47	269
	13	37SiMn2MoV	25	870	—	水、油	650	水、空	980	835	12	50	63	269
B	14	40B	25	840	—	水	550	水	785	635	12	45	55	207
	15	45B	25	840	—	水	550	水	835	685	12	45	47	217
	16	50B	20	840	—	油	600	空	785	540	10	45	39	207
MnB	17	40MnB	25	850	—	油	500	水、油	980	785	10	45	47	207
	18	45MnB	25	840	—	油	500	水、油	1 030	835	9	40	39	217
MnMoB	19	20MnMoB	15	880	—	油	2 000	油、空	1 080	885	10	50	55	207
MnVB	20	15MnVB	15	860	—	油	200	水、空	885	635	10	45	55	207
	21	20MnVB	15	860	—	油	200	水、空	1 080	885	10	45	55	207
	22	40MnVB	25	850	—	油	520	水、油	980	785	10	45	47	207
MnTiB	23	20MnTiB	15	860	—	油	200	水、空	1 130	930	10	45	55	187
	24	25MnTiBRE	试样	860	—	油	200	水、空	1 380	—	10	40	47	229
Cr	25	15Cr	15	880	780～820	水、油	200	水、空	735	490	11	45	55	179
	26	15CrA	15	880	770～820	水、油	180	油、空	685	490	12	45	55	179
	27	20Cr	15	880	780～820	水、油	200	水、空	835	540	10	40	47	179
	28	30Cr	25	860	—	油	500	水、油	885	685	11	45	47	187
	29	35Cr	25	860	—	油	500	水、油	930	735	11	45	47	207
	30	40Cr	25	850	—	油	520	水、油	980	785	9	45	47	207
	31	45Cr	25	840	—	油	520	水、油	1 030	835	9	40	39	217
	32	50Cr	25	830	—	油	520	水、油	1 080	930	9	40	39	229
CrSi	33	38CrSi	25	900	—	油	600	水、油	980	835	12	50	55	255

续表 4-1-16

钢组	序号	牌号	试样毛坯尺寸/mm	热处理					力学性能					钢材退火或高温回火供应状态布氏硬度HBW100/3000 ≤
				淬火			回火		抗拉强度 σ_b/MPa	屈服点 σ_s/MPa	断后伸长率 δ_5（%）	断面收缩率 ψ（%）	冲击吸收功 A_{KV2}/J	
				加热温度/℃ 第一次淬火	加热温度/℃ 第二次淬火	冷却剂	加热温度/℃	冷却剂	≥					
CrMo	34	12CrMo	30	900	—	空	650	空	410	265	24	60	110	179
	35	15CrMo	30	900	—	空	650	空	440	295	22	60	94	179
	36	20CrMo	15	880	—	水、油	500	水、油	885	685	12	50	78	197
	37	30CrMo	25	880	—	水、油	540	水、油	930	785	12	50	63	229
	38	30CrMoA	15	880	—	油	540	水、油	930	735	12	50	71	229
	39	35CrMo	25	850	—	油	550	水、油	980	835	12	45	63	229
	40	42CrMo	25	850	—	油	560	水、油	1 080	930	12	45	63	217
CrMoV	41	12CrMoV	30	970	—	空	750	空	440	225	22	50	78	241
	42	35CrMoV	25	900	—	油	630	水、油	1 080	930	10	50	71	241
	43	12Cr1MoV	30	970	—	空	750	空	490	245	22	50	71	179
	44	25Cr2MoVA	25	900	—	油	640	空	930	785	14	55	63	241
	45	25Cr2Mo1VA	25	1 040	—	空	700	空	735	590	16	50	47	241
CrMoAl	46	38CrMoAl	30	940	—	水、油	640	水、油	980	835	14	50	71	229
CrV	47	40CrV	25	880	—	油	650	水、油	885	735	10	50	71	241
	48	50CrVA	25	860	—	油	500	水、油	1 280	1 130	10	40	—	255
CrMn	49	15CrMn	15	880	—	油	200	水、空	785	590	12	50	47	179
	50	20CrMn	15	850	—	油	200	水、空	930	735	10	45	47	187
	51	40CrMn	25	840	—	油	550	水、油	980	835	9	45	47	229
CrMnSi	52	20CrMnSi	25	880	—	油	480	水、油	785	635	12	45	55	207
	53	25CrMnSi	25	880	—	油	480	水、油	1 080	885	10	40	39	217
	54	30CrMnSi	25	880	—	油	520	水、油	1 080	885	10	45	39	229
	55	30CrMnSiA	25	880	—	油	540	水、油	1 080	835	10	45	39	229
	56	35CrMnSiA	试样	加热到 880 ℃，于 280～310 ℃等温淬火					1 620	1 280	9	40	31	241
			试样	950	890	油	230	空、油						
CrMnMo	57	20CrMnMo	15	850	—	油	200	水、空	1 180	885	10	45	55	217
	58	40CrMnMo	25	850	—	油	600	水、油	980	785	10	45	63	217
CrMnTi	59	20CrMnTi	15	880	870	油	200	水、空	1 080	850	10	45	55	217
	60	30CrMnTi	试样	880	850	油	200	水、空	1 470	—	9	40	47	229
CrNi	61	20CrNi	25	850	—	水、油	460	水、油	785	590	10	50	63	197
	62	40CrNi	25	820	—	油	500	水、油	980	785	10	45	55	241
	63	45CrNi	25	820	—	油	530	水、油	980	785	10	45	55	255
	64	50CrNi	25	820	—	油	500	水、油	1 080	835	8	40	39	255
	65	12CrNi2	15	860	780	水、油	200	水、空	785	590	12	50	63	207
	66	12CrNi3	15	860	780	油	200	水、空	930	685	11	50	71	217
	67	20CrNi3	25	830	—	水、油	480	水、油	930	735	11	55	78	241
	68	30CrNi3	25	820	—	油	500	水、油	980	785	9	45	63	241
	69	37CrNi3	25	820	—	油	500	水、油	1 130	980	10	50	47	269

续表 4-1-16

钢组	序号	牌号	试样毛坯尺寸/mm	热处理					力学性能					钢材退火或高温回火供应状态布氏硬度HBW100/3000 ≤
				淬火			回火		抗拉强度 σ_b/MPa	屈服点 σ_s/MPa	断后伸长率 δ_5(%)	断面收缩率 ψ(%)	冲击吸收功 A_{KV2}/J	
				加热温度/℃		冷却剂	加热温度/℃	冷却剂	≥					
				第一次淬火	第二次淬火									
CrNi	70	12Cr2Ni4	15	860	780	油	200	水、空	1 080	835	10	50	71	269
	71	20Cr2Ni4	15	880	780	油	200	水、空	1 180	1 080	10	45	63	269
CrNiMo	72	20CrNiMo	15	850	—	油	200	空	980	785	9	40	47	197
	73	40CrNiMoA	25	850	—	油	600	水、油	980	835	12	55	78	269
CrMnNiMo	74	18CrMnNiMoA	15	830	—	油	200	空	1 180	885	10	45	71	269
CrNiMoV	75	45CrNiMoVA	试样	860	—	油	460	油	1 470	1 330	7	35	31	269
CrNiW	76	18Cr2Ni4WA	15	950	850	空	200	水、空	1 180	835	10	45	78	269
	77	25Cr2Ni4WA	25	850	—	油	550	水、油	1 080	930	11	45	71	269

注：1. 表中所列热处理温度允许调整范围：淬火±15 ℃，低温回火±20 ℃，高温回火±50 ℃。
2. 硼钢在淬火前可先经正火，正火温度应不高于其淬火温度，铬锰钛钢第一次淬火可用正火代替。
3. 拉伸试验时试样钢上不能发现屈服，无法测定屈服点 σ_s 情况下，可以测规定残余伸长应力 $\sigma_{r0.2}$。

2）合金结构钢的特性和应用（表 4-1-17）

表 4-1-17　合金结构钢的特性和应用

牌号	主要特性	应用举例
20Mn2	具有中等强度、较小截面尺寸的 20Mn2 和 20Cr 性能相似，低温冲击韧度、焊接性能较 20Cr 好，冷变形时塑性高，可加工性良好，淬透性比相应的碳钢要高，热处理时有过热、脱碳敏感性及回火脆性倾向	用于制造截面尺寸小于 50 mm 的渗碳零件，如渗碳的小齿轮、小轴、力学性能要求不高的十字头销、活塞销、柴油机套筒、气门顶杆、变速齿轮操纵杆、钢套，热轧及正火状态下用于制造螺栓、螺钉、螺母及铆焊件等
30Mn2	30Mn2 通常经调质处理之后使用，其强度高，韧性好，并具有优良的耐磨性能，当制造截面尺寸小的零件时，具有良好的静强度和疲劳强度，拉丝、冷镦、热处理工艺性都良好，可加工性中等，焊接性尚可，一般不做焊接件，需焊接时，应将零件预热到 200 ℃以上，具有较高的淬透性，淬火变形小，但有过热、脱碳敏感性及回火脆性	用于制造汽车、拖拉机中的车架、纵横梁、变速器齿轮、轴、冷镦螺栓、较大截面的调质件，也可制造心部强度较高的渗碳件，如起重机的后车轴等
35Mn2	比 30Mn2 的含碳量高，因而具有更高的强度和更好的耐磨性，淬透性也提高，但塑性略有下降，冷变形时塑性中等，可加工性中等，焊接性低，且有白点敏感性、过热倾向及回火脆性倾向，水冷易产生裂纹，一般在调质或正火状态下使用	制造小于直径 20 mm 的较小零件时，可代替 40Cr，用于制造直径小于 15 mm 的各种冷镦螺栓、力学性能要求较高的小轴、轴套、小连杆、操纵杆、曲轴、风机配件、农机中的锄铲柄、锄铲
40Mn2	中碳调质锰钢，其强度、塑性及耐磨性均优于 40 钢，并具有良好的热处理工艺性及可加工性，焊接性差，当含碳量在下限时，需要预热至 100～425 ℃才能焊接，存在回火脆性，过热敏感性，水冷易产生裂纹，通常在调质状态下使用	用于制造重载工作的各种机械零件，如曲轴、车轴、轴、半轴、杠杆、连杆、操纵杆、蜗杆、活塞杆、承载的螺栓、螺钉、加固环、弹簧，当制造直径小于 40 mm 的零件时，其静强度及疲劳性能与 40Cr 相近，因而可代替 40Cr 制作小直径的重要零件
45Mn2	中碳调质钢，具有较高的强度、耐磨性及淬透性，调质后能获得良好的综合力学性能，适宜于油冷再高温回火，常在调质状态下使用，需要时也可在正火状态下使用，可加工性尚可，但焊接性能差，冷变形时塑性低，热处理有过热敏感性和回火脆性倾向，水冷易产生裂纹	用于制造承受高应力和耐磨损的零件，如果制作直径小于 60 mm 的零件，可代替 40Cr 使用，在汽车、拖拉机及通用机械中，常用于制造轴、车轴、万向接头轴、蜗杆、齿轮轴、齿轮、连杆盖、摩擦盘、车厢轴、电机车和蒸汽机车轴、重负载机架、冷拉状态中的螺栓和螺母等

续表 4-1-17

牌　号	主　要　特　性	应　用　举　例
50Mn2	中碳调质高强度锰钢，具有高强度、高弹性及优良的耐磨性，并且淬透性亦较高，可加工性尚好，冷变形塑性低，焊接性能差，具有过热敏感、白点敏感及回火脆性，水冷易产生裂纹，采用适当的调质处理，可获得良好的综合力学性能，一般在调质后使用，也可在正火及回火后使用	用于制造高应力、高磨损工作的大型零件，如通用机械中的齿轮轴、曲轴、各种轴、连杆、蜗杆、万向接头轴、齿轮等，汽车的传动轴、花键轴，承受强烈冲击载荷的心轴，重型机械中的滚动轴承支撑的主轴、轴及大型齿轮以及用于制造手卷簧、板弹簧等，如果用于制作直径小于 80 mm 的零件，可代替 45Cr 使用
20MnV	20MnV 性能好，可以代替 20Cr、20CrNi 使用，其强度、韧性及塑性均优于 15Cr 和 20Mn2，淬透性亦好，可加工性尚可，渗碳后，可以直接淬火、不需要第二次淬火来改善心部组织，焊接性较好，但热处理时，在 300～360 ℃时有回火脆性	用于制造高压容器、锅炉、大型高压管道等的焊接构件(工作温度不超过 450～475 ℃)，还用于制造冷轧、冷拉、冷冲压加工的零件，如齿轮、自行车链条、活塞销等，还广泛用于制造直径小于 20 mm 的矿用链环
27SiMn	27SiMn 的性能高于 30Mn2，具有较高的强度和耐磨性，淬透性较高，冷变形塑性中等，可加工性良好，焊接性能尚可，热处理时，钢的韧性降低较少，水冷时仍能保持较高的韧性，但有过热敏感性、白点敏感性及回火脆性倾向，大多在调质后使用，也可在正火或热轧供货状态下使用	用于制造高韧性、高耐磨的热冲压件，不需热处理或正火状态下使用的零件，如拖拉机履带销
35SiMn	合金调质钢，性能良好，可以代替 40Cr 使用，还可部分代替 40CrNi 使用，调质处理后具有高的静强度、疲劳强度和耐磨性以及良好的韧性，淬透性良好，冷变形时塑性中等，可加工性良好，但焊接性能差，焊前应预热，且有过热敏感性、白点敏感性及回火脆性，并且容易脱碳	在调质状态下用于制造中速、中负载的零件，在淬火回火状态下用于制造高负载、小冲击振动的零件以及制作截面较大、表面淬火的零件，如汽轮机的主轴和轮毂(直径小于 250 mm，工作温度小于 400 ℃)、叶轮(厚度小于 170 mm)以及各种重要紧固件，通用机械中的传动轴、主轴、心轴、连杆、齿轮、蜗杆、电车轴、发电机轴、曲轴、飞轮及各种锻件，农机中的锄铲柄、犁辕等耐磨件，另外还可制作薄壁无缝钢管
42SiMn	性能与 35SiMn 相近，其强度、耐磨性及淬透性均略高于 35SiMn，在一定条件下，此钢的强度、耐磨性及热加工性能优于 40Cr，还可代替 40CrNi 使用	在高频淬火及中温回火状态下，用于制造中速、中载的齿轮传动件，在调质后高频感应淬火、低温回火状态下，用于制造较大截面的表面高硬度、较高耐磨性的零件，如齿轮、主轴、轴等，在淬火后低、中温回火状态下，用于制造中速、重载的零件，如主轴、齿轮、液压泵转子、滑块等
20SiMn2MoV	高强度、高韧性低碳淬火新型结构钢，有较高的淬透性，油冷变形及裂纹倾向很小，脱碳倾向低，锻造工艺性能良好，焊接性较好，复杂形状零件焊前应预热至 300 ℃，焊后缓冷，但可加工性差，一般在淬火及低温回火状态下使用	在低温回火状态下可代替调质状态下使用的 35CrMo、35CrNi3MoA、40CrNiMoA 等中碳合金结构钢使用，用于制造较重载荷、应力状况复杂或低温下长期工作的零件，如石油机械中的吊卡、吊环、射孔器以及其他较大截面的连接件
25SiMn2MoA	性能与 20SiMn2MoV 基本相同，但强度和淬硬性稍高于 20SiMn2MoV，而塑性及韧性又略有降低	用途和 20SiMn2MoV 基本相同，用该钢制成的石油钻机吊环等零件，使用性能良好，较之 35CrNi3Mo 和 40CrNiMo 制作的同类零件更安全可靠，且质量轻，节省材料
37SiMn2MoV	高级调质钢，具有优良的综合力学性能，热处理工艺性良好，淬透性好，淬裂敏感性小，耐回火性高，回火脆性倾向很小，高温强度较佳，低温韧性亦好，调质处理后能得到高强度和高韧性，一般在调质状态下使用	调质处理后，用于制造重载、大截面的重要零件，如重型机器中的齿轮、轴、连杆、转子、高压无缝钢管等，石油化工用的高压容器及大螺栓，制作高温条件下的大螺栓紧固件(工作温度低于 450 ℃)，淬火低温回火后可作为超高强度钢使用，可代替 35CrMo、40CrNiMo 使用
40B	硬度、韧性、淬透性都比 40 钢高，调质后的综合力学性能良好，可代替 40Cr，一般在调质状态下使用	用于制造比 40 钢截面大、性能要求高的零件，如轴、拉杆、齿轮、凸轮、拖拉机曲轴等，制作小截面尺寸零件，可代替 40Cr 使用

续表 4-1-17

牌　号	主　要　特　性	应　用　举　例
45B	强度、耐磨性、淬透性都比 45 钢好，多在调质状态下使用，可代替 40Cr 使用	用于制造截面较大、强度要求较高的零件，如拖拉机的连杆、曲轴及其他零件，制造小尺寸、且性能要求不高的零件，可代替 40Cr 使用
50B	调质后，比 50 钢的综合力学性能要高，淬透性好，正火时硬度偏低，可加工性尚可，一般在调质状态下使用，因耐回火性能较差，调质时应降低回火温度 50 ℃左右	用于代替 50、50Mn、50Mn2 制造强度较高、淬透性较高、截面尺寸不大的各种零件，如凸轮、轴、齿轮、转向拉杆等
40MnB	具有高强度、高硬度，良好的塑性及韧性，高温回火后，低温冲击韧度良好，调质或淬火＋低温回火后，承受动载荷能力有所提高，淬透性和 40Cr 相近，耐回火性比 40Cr 低，有回火脆性倾向，冷热加工性良好，工作温度范围为－20～425 ℃，一般在调质状态下使用	用于制造拖拉机、汽车及其他通用机器设备中的中小重要调质零件，如汽车半轴、转向轴、花键轴、蜗杆和机床主轴、齿轴等，可代替 40Cr 制造较大截面的零件，如卷扬机中轴，制造小尺寸零件时，可代替 40CrNi 使用
45MnB	强度、淬透性均高于 40Cr，塑性和韧性略低，热加工性能和可加工性良好，加热时晶粒长大、氧化脱碳、热处理变形都小，在调质状态下使用	用于代替 40Cr、45Cr 和 45Mn2 制造中、小截面的耐磨的调质件及高频感应淬火件，如钻床主轴、拖拉机曲轴、机床齿轮、凸轮、花键轴、曲轴、惰轮、左右分离叉、轴套等
15MnVB	低碳马氏体淬火钢可完全代替 40Cr 钢，经淬火低温回火后，具有较高的强度，良好的塑性及低温冲击韧度，较低的缺口敏感性，淬透性较好，焊接性能亦佳	采用淬火＋低温回火，用以制造高强度的重要螺栓零件，如汽车上的气缸盖螺栓、半轴螺栓、连杆螺栓，亦可用于制造中等载荷的渗碳零件
20MnVB	渗碳钢，其性能与 20CrMnTi 及 20CrNi 相近，具有高强度、高耐磨性及良好的淬透性，可加工性、渗碳及热处理工艺性能均较好，渗碳后可直接降温淬火，但淬火变形、脱碳较 20CrMnTi 稍大，可代替 20CrMnTi、20Cr、20CrNi 使用	常用于制造较重载荷的中小渗碳零件，如重型机床上的轴、大模数齿轮、汽车后桥的主、从动齿轮
40MnVB	综合力学性能优于 40Cr，具有高强度、高韧性和塑性，淬透性良好，热处理的过热敏感性较小，冷拔工艺性、可加工性均好，调质状态下使用	常用于代替 40Cr、45Cr 及 38CrSi，制造低温回火、中温回火及高温回火状态的零件，还可代替 42CrMo、40CrNi 制造重要调质件，如机床和汽车上的齿轮、轴等
20MnTiB	具有良好的力学性能和工艺性能，正火后可加工性良好，热处理后的疲劳强度较高	较多地用于制造汽车、拖拉机中尺寸较小、中等载荷的各种齿轮及渗碳零件，可代替 20CrMnTi 使用
25MnTiBRE	综合力学性能比 20CrMnTi 好，且具有很好的工艺性能及较好的淬透性，冷热加工性良好，锻造温度范围大，正火后可加工性较好，加入 RE 后，低温冲击韧度提高，缺口敏感性降低，热处理变形比铬钢稍大，但可以控制工艺条件予以调整	常用以代替 20CrMnTi、20CrMo 使用，用于制造中等载荷的拖拉机齿轮(渗碳)、推土机和中、小汽车变速器齿轮和轴等渗碳、碳氮共渗零件
15Cr	低碳合金渗碳钢，比 15 钢的强度和淬透性均高，冷变形塑性高，焊接性良好，退火后可加工性较好，对性能要求不高且形状简单的零件，渗碳后可直接淬火，但热处理变形较大，有回火脆性，一般均作为渗碳钢使用	用于制造表面耐磨、心部强度和韧性较高、较高工作速度但断面尺寸在 30 mm 以下的各种渗碳零件，如曲柄销、活塞销、活塞环、联轴器、小凸轮轴、小齿轮、滑阀、活塞、衬套、轴承圈、螺钉、铆钉等，还可以用作淬火钢，制造要求一定强度和韧性，但变形要求较宽的小型零件
20Cr	比 15Cr 和 20 钢的强度和淬透性高，经淬火＋低温回火后，能得到良好的综合力学性能和低温冲击韧度，无回火脆性，渗碳时，钢的晶粒仍有长大的倾向，因而应进行二次淬火以提高心部韧性，不宜降温淬火，冷弯时塑性较高，可进行冷拉丝，高温正火或调质后，可加工性良好，焊接性较好(焊前一般应预热至 100～150 ℃)，一般作为渗碳钢使用	用于制造小截面(小于 30 mm)，形状简单、较高转速、载荷较小、表面耐磨、心部强度较高的各种渗碳或碳氮共渗零件，如小齿轮、小轴、阀、活塞销、衬套棘轮、托盘、凸轮、蜗杆、牙形离合器等，对热处理变形小、耐磨性要求高的零件，渗碳后应进行一般淬火或高频感应淬火，如小模数(小于 3 mm)齿轮、花键轴、轴等，也可作调质钢用于制造低速、中等载荷(冲击)的零件

续表 4-1-17

牌 号	主 要 特 性	应 用 举 例
30Cr	强度和淬透性均高于 30 钢，冷弯塑性尚好，退火或高温回火后的可加工性良好，焊接性中等，一般在调质后使用，也可在正火后使用	用于制造耐磨或受冲击的各种零件，如齿轮、滚子、轴、杠杆、摇杆、连杆、螺栓、螺母等，还可用作高频感应淬火用钢，制造耐磨、表面高硬度的零件
35Cr	中碳合金调质钢，强度和韧性较高，其强度比 35 钢高，淬透性比 30Cr 略高，性能基本上与 30Cr 相近	用于制造齿轮、轴、滚子、螺栓以及其他重要调质件，用途和 30Cr 基本相同
40Cr	经调质处理后，具有良好的综合力学性能、低温冲击韧度及低的缺口敏感性，淬透性良好，油冷时可得到较高的疲劳强度，水冷时复杂形状的零件易产生裂纹，冷弯塑性中等，正火或调质后可加工性好，但焊接性不好，易产生裂纹，焊前应预热到 100～150 ℃，一般在调质状态下使用，还可以进行碳氮共渗和高频感应淬火处理	使用最广泛的钢种之一，调质处理后用于制造中速、中等载荷的零件，如机床齿轮、轴、蜗杆、花键轴、顶尖套等，调质并高频表面淬火后用于制造表面高硬度、耐磨的零件，如齿轮、轴、主轴、曲轴、心轴、套筒、销子、连杆、螺钉、螺母、进气阀等，经淬火及中温回火后用于制造重载、中速冲击的零件，如液压泵转子、滑块、齿轮、主轴、套环等，经淬火及低温回火后用于制造重载、低冲击、耐磨的零件，如蜗杆、主轴、轴、套环等，碳氮共渗处理后制造尺寸较大、低温冲击韧度较高的传动零件，如轴、齿轮等，40Cr 的代用钢有 40MnB、45MnB、35SiMn、42SiMn、40MnVB、42MnV、40MnMoB、40MnWB 等
45Cr	强度、耐磨性及淬透性均优于 40Cr，但韧性稍低，性能与 40Cr 相近	与 40Cr 的用途相似，主要用于制造高频感应淬火的轴、齿轮、套筒、销子等
50Cr	淬透性好，在油冷及回火后，具有高强度、高硬度，水冷易产生裂纹，可加工性良好，但冷变形时塑性低，且焊接性不好，有裂纹倾向，焊前预热到 200 ℃，焊后热处理消除应力，一般在淬火及回火或调质状态下使用	用于制造重载、耐磨的零件，如 600 mm 以下的热轧辊、传动轴、齿轮、止推环，支承辊的心轴、柴油机连杆、挺杆，拖拉机离合器、螺栓，重型矿山机械中耐磨、高强度的油膜轴承套、齿轮，也可用于制造高频感应淬火零件、中等弹性的弹簧等
38CrSi	具有高强度、较高的耐磨性及韧性，淬透性好，低温冲击韧度较高，耐回火性好，可加工性尚可，焊接性差，一般在淬火加回火后使用	一般用于制造直径 30～40 mm，强度和耐磨性要求较高的各种零件，如拖拉机、汽车等机器设备中的小模数齿轮、拨叉轴、履带轴、小轴、起重钩、螺栓、进气阀、铆钉机压头等
12CrMo	耐热钢，具有高的热强度，且无热脆性，冷变形塑性及可加工性良好，焊接性能尚可，一般在正火及高温回火后使用	正火回火后用于制造蒸汽温度 510 ℃的锅炉及汽轮机之主汽管，管壁温度不超过 540 ℃的各种导管、过热器管，淬火回火后还可制造各种高温弹性零件
15CrMo	珠光体耐热钢，强度优于 12CrMo，韧性稍低，在 500～550 ℃温度以下，持久强度较高，可加工性及冷应变塑性良好，焊接性尚可（焊前预热至 300 ℃，焊后热处理），一般在正火及高温回火状态下使用	正火及高温回火后用于制造蒸汽温度至 510 ℃的锅炉过热器、中高压蒸汽导管及联箱，蒸汽温度至 510 ℃的主汽管，淬火＋回火后，可用于制造常温工作的各种重要零件
20CrMo	热强性较高，在 500～520 ℃时，热强度仍高，淬透性较好，无回火脆性，冷应变塑性、可加工性及焊接性均良好，一般在调质或渗碳淬火状态下使用	用于制造化工设备中非腐蚀介质及工作温度 250 ℃以下，氮氢介质的高压管和各种紧固件，汽轮机、锅炉中的叶片、隔板、锻件、轧制型材，一般机器中的齿轮、轴等重要渗碳零件，还可以替代 1Cr13 钢使用，制造中压、低压汽轮机处在过热蒸汽区压力级工作叶片
30CrMo	具有高强度、高韧性，在低于 500 ℃温度时，具有良好的高温强度，可加工性良好，冷弯塑性中等，淬透性较高，焊接性能良好，一般在调质状态下使用	用于制造工作温度 400 ℃以下的导管，锅炉、汽轮机中工作温度低于 450 ℃的紧固件，工作温度低于 500 ℃、高压用的螺母及法兰，通用机械中受载荷大的主轴、轴、齿轮、螺栓、螺柱、操纵轮，化工设备中低于 250 ℃、氮氢介质中工作的高压导管以及焊接件

续表 4-1-17

牌　号	主　要　特　性	应　用　举　例
35CrMo	高温下具有高的持久强度和蠕变强度，低温冲击韧度较好，工作温度高温可达 500 ℃，低温可至－110 ℃，并具有高的静强度、冲击韧度及较高的疲劳强度，淬透性良好，无过热倾向，淬火变形小，冷变形时塑性尚可，可加工性中等，但有第一类回火脆性，焊接性不好，焊前需预热至 150～400 ℃，焊后热处理以消除应力，一般在调质处理后使用，也可在高中频感应淬火或淬火及低、中温回火后使用	用于制造承受冲击、弯扭、重载荷的各种机器中的重要零件，如轧钢机人字齿轮、曲轴、锤杆、连杆、紧固件，汽轮发动机主轴、车轴，发动机传动零件，大型电动机轴，石油机械中的穿孔器，工作温度低于 400 ℃的锅炉用螺栓，低于 510 ℃的螺母，化工机械中高压无缝厚壁的导管（温度 450～500 ℃，无腐蚀性介质）等，还可代替 40CrNi 用于制造高载荷传动轴、汽轮发电机转子、大截面齿轮、支承轴（直径小于 500 mm）等
42CrMo	与 35CrMo 的性能相近，由于碳和铬含量增高，因而其强度和淬透性均优于 35CrMo，调质后有较高的疲劳强度和抗多次冲击能力，低温冲击韧度良好，且无明显的回火脆性，一般在调质后使用	一般用于制造比 35CrMo 强度要求更高、断面尺寸较大的重要零件，如轴、齿轮、连杆、变速箱齿轮、增压器齿轮、发动机气缸、弹簧、弹簧夹、1 200～2 000 mm 石油钻杆接头、打捞工具以及代替含镍较高的调质钢使用
12CrMoV	珠光体耐热钢，具有较高的高温力学性能，冷变形时塑性高，无回火脆性倾向，可加工性较好，焊接性尚可（壁厚零件焊前应预热焊后需热处理消除应力），使用温度范围较大，高温达 560 ℃，低温可至－40 ℃，一般在高温正火及高温回火状态下使用	用于制造汽轮机温度 540 ℃的主汽管道、转向导叶环、隔板以及温度小于或等于 570 ℃的各种过热器管、导管
35CrMoV	强度较高，淬透性良好，焊接性差，冷变形时塑性低，经调质后使用	用于制造高应力下的重要零件，如 500～520 ℃以下工作的汽轮机叶轮、高级涡轮鼓风机和压缩机的转子、盖盘、轴盘、发电机轴、强力发动机的零件等
12Cr1MoV	此钢具有蠕变极限与持久强度数值相近的特点，在持久拉伸时，具有高的塑性，其抗氧化性及热强性均比 12CrMoV 更高，且工艺性与焊接性良好（焊前应预热，焊后热处理消除应力），一般在正火及高温回火后使用	用于制造工作温度不超过 570～585 ℃的高压设备中的过热钢管、导管、散热器管及有关的锻件
25Cr2MoVA	中碳耐热钢，强度和韧性均高，低于 500 ℃时，高温性能良好，无热脆倾向，淬透性较好，可加工性尚可，冷变形塑性中等，焊接性差，一般在调质状态下使用，也可在正火及高温回火后使用	用于制造高温条件下的螺母（小于或等于 550 ℃）、螺栓、螺柱（小于 530 ℃），长期工作温度至 510 ℃左右的紧固件，汽轮机整体转子、套筒、主汽阀、调节阀，还可作为渗氮钢，用以制作阀杆、齿轮等
38CrMoAl	高级渗氮钢，具有很高的渗氮性能和力学性能，良好的耐热性和耐蚀性，经渗氮处理后，能得到高的表面硬度、高的疲劳强度及良好的抗过热性，无回火脆性，可加工性尚可，高温工作温度可达 500 ℃，但冷变形时塑性低，焊接性差，淬透性低，一般在调质及渗氮后使用	用于制造高疲劳强度、高耐磨性、热处理后尺寸精确、强度较高的各种尺寸不大的渗氮零件，如气缸套、座套、底盖、活塞螺栓、检验规、精密磨床主轴、车床主轴、镗杆、精密丝杠和齿轮、蜗杆、高压阀门、阀杆、仿模、滚子、样板、汽轮机的调速器、转动套、固定套、塑料挤压机上的一些耐磨零件
40CrV	调质钢，具有高强度和高屈服点，综合力学性能比 40Cr 要好，冷变形塑性和可加工性均属中等，过热敏感性小，但有回火脆性倾向及白点敏感性，一般在调质状态下使用	用于制造变载、高负荷的各种重要零件，如机车连杆、曲轴、推杆、螺旋桨、横梁、轴套支架、双头螺柱、螺钉、不渗碳齿轮、经渗氮处理的各种齿轮和销子、高压锅炉水泵轴（直径小于 30 mm）、高压气缸、钢管以及螺栓（工作温度小于 420 ℃，30 MPa）等
50CrV	合金弹簧钢，具有良好的综合力学性能和工艺性，淬透性较好，耐回火性良好，疲劳强度高，工作温度最高可达 500 ℃，低温冲击韧度良好，焊接性差，通常在淬火并中温回火后使用	用于制造工作温度低于 210 ℃的各种弹簧以及其他机械零件，如内燃机气门弹簧、喷油嘴弹簧、锅炉安全阀弹簧、轿车缓冲弹簧
15CrMn	属淬透性好的渗碳钢，表面硬度高，耐磨性好，可用于代替 15CrMo	制造齿轮、蜗轮、塑料模具、汽轮机油封和汽缸套等

续表 4-1-17

牌　号	主　要　特　性	应　用　举　例
20CrMn	渗碳钢，强度、韧性均高，淬透性良好，热处理后所得到的性能优于 20Cr，淬火变形小，低温韧性良好，可加工性较好，但焊接性能低，一般在渗碳淬火或调质后使用	用于制造重载大截面的调质零件及小截面的渗碳零件，还可用于制造中等载荷、冲击较小的中小零件时，代替 20CrNi 使用，如齿轮、轴、摩擦轮、蜗杆减速器的套筒等
40CrMn	淬透性好，强度高，可替代 42CrMo 和 40CrNi	制造在高速和高弯曲负荷工作条件下泵的轴和连杆、无强力冲击载荷的齿轮泵、水泵转子、离合器、高压容器盖板的螺栓等
20CrMnSi	具有较高的强度和韧性，冷变形加工塑性高，冲压性能较好，适于冷拔、冷轧等冷作工艺，焊接性能较好，淬透性较低，回火脆性较大，一般不用于渗碳或其他热处理，需要时，也可在淬火＋回火后使用	用于制造强度较高的焊接件、韧性较好的受拉力的零件以及厚度小于 16 mm 的薄板冲压件、冷拉零件、冷冲零件，如矿山设备中的较大截面的链条、链环、螺栓等
25CrMnSi	强度较 20CrMnSi 高，韧性较差，经热处理后，强度、塑性、韧性都好	制造拉杆、重要的焊接和冲压零件、高强度的焊接构件
30CrMnSi	高强度调质结构钢，具有很高的强度和韧性，淬透性较高，冷变形塑性中等，可加工性良好，有回火脆性倾向，横向的冲击韧度差，焊接性能较好，但厚度大于 3 mm时，应先预热到 150 ℃，焊后需热处理，一般调质后使用	多用于制造重载、高速的各种重要零件，如齿轮、轴、离合器、链轮、砂轮轴、轴套、螺栓、螺母等，也用于制造耐磨、工作温度不高的零件、变载荷的焊接构件，如高压鼓风机的叶片、阀板以及非腐蚀性管道管子
35CrMnSi	低合金超高强度钢，热处理后具有良好的综合力学性能，高强度，足够的韧性，淬透性、焊接性（焊前预热）、加工成形性均较好，但耐蚀性和抗氧化性能低，使用温度通常不高于 200 ℃，一般是低温回火或等温淬火后使用	用于制造中速、重载、高强度的零件及高强度构件，如飞机起落架等高强度零件、高压鼓风机叶片，在制造中小截面零件时，可以部分替代相应的铬镍钼合金钢使用
20CrMnMo	高强度的高级渗碳钢，强度高于 15CrMnMo，塑性及韧性稍低，淬透性及力学性能比 20CrMnTi 较高，淬火低温回火后具有良好的综合力学性能和低温冲击韧度，渗碳淬火后具有较高的抗弯强度和耐磨性能，但磨削时易产生裂纹，焊接性不好，适于电阻焊接，焊前需预热，焊后需回火处理，可加工性和热加工性良好	常用于制造高硬度、高强度、高韧性的较大的重要渗碳件（其要求均高于 15CrMnMo），如曲轴、凸轮轴、连杆、齿轮轴、齿轮、销轴，还可代替 12Cr2Ni4 使用
40CrMnM	调质处理后具有良好的综合力学性能，淬透性较好，耐回火性较高，大多在调质状态下使用	用于制造重载、截面较大的齿轮轴、齿轮、大卡车的后桥半轴、轴、偏心轴、连杆、汽轮机的类似零件，还可代替 40CrNiMo 使用
20CrMnTi	渗碳钢，也可作为调质钢使用，淬火＋低温回火后，综合力学性能和低温冲击韧度良好，渗碳后具有良好的耐磨性和抗弯强度，热处理工艺简单，热加工和冷加工性较好，但高温回火时有回火脆性倾向	是应用广泛、用量很大的一种合金结构钢，用于制造汽车拖拉机中的截面尺寸小于 30 mm 的中载或重载、冲击耐磨且高速的各种重要零件，如齿轮轴、齿圈、齿轮、十字轴、滑动轴承支撑的主轴、蜗杆、牙形离合器，有时，还可以代替 20SiMoVB、20MnTiB 使用
30CrMnTi	主要用钛渗碳钢，有时也可作为调质钢使用，渗碳及淬火后具有耐磨性好、静强度高的特点，热处理工艺性好，渗碳后可直接降温淬火，且淬火变形很小，高温回火时有回火脆性	用于制造心部强度特高的渗碳零件，如齿轮轴、齿轮、蜗杆等，也可制造调质零件，如汽车、拖拉机上较大截面的主动齿轮等
20CrNi	具有高强度、高韧性、良好的淬透性，经渗碳及淬火后，心部韧性好，表面硬度高，可加工性尚好，冷变形时塑性中等，焊接性差，焊前应预热到 100～150 ℃，一般经渗碳及淬火回火后使用	用于制造重载大型重要的渗碳零件，如花键轴、轴、键、齿轮、活塞销，也可用于制造高冲击韧度的调质零件

续表 4-1-17

牌　号	主　要　特　性	应　用　举　例
40CrNi	中碳合金调质钢，具有高强度、高韧性以及高的淬透性，调质状态下，综合力学性能良好，低温冲击韧度良好，有回火脆性倾向，水冷易产生裂纹，可加工性良好，但焊接性差，在调质状态下使用	用于制造锻造和冷冲压且截面尺寸较大的重要调质件，如连杆、圆盘、曲轴、齿轮、轴、螺钉等
45CrNi	性能和40CrNi相近，由于含碳量高，因而其强度和淬透性均稍有提高	用于制造各种重要的调质件，与40CrNi用途相近，如制造内燃机曲轴，汽车、拖拉机主轴、连杆、气门及螺栓等
50CrNi	性能比45CrNi更好	可制造重要的轴、曲轴、传动轴等
12CrNi2	低碳合金渗碳结构钢，具有高强度、高韧性及高淬透性，冷变形时塑性中等，低温韧性较好，可加工性和焊接性较好，大型锻件时有形成白点的倾向，回火脆性倾向小	适于制造心部韧性较高、强度要求不太高的受力复杂的中、小渗碳或碳氮共渗零件，如活塞销、轴套、推杆、小轴、小齿轮、齿套等
12CrNi3	高级渗碳钢，淬火加低温回火或高温回火后，均具有良好的综合力学性能，低温冲击韧度好，缺口敏感性小，可加工性及焊接性尚好，但有回火脆性，白点敏感性较高，渗碳后均需进行二次淬火，特殊情况还需要冷处理	用于制造表面硬度高、心部力学性能良好、重载荷、冲击、磨损等要求的各种渗碳或碳氮共渗零件，如传动轴、主轴、凸轮轴、心轴、连杆、齿轮、轴套、滑轮、气阀托盘、油泵转子、活塞涨圈、活塞销、万向联轴器十字头、重要螺杆、调节螺钉等
20CrNi3	钢调质或淬火低温回火后都有良好的综合力学性能，低温冲击韧度也较好，此钢有白点敏感倾向，高温回火有回火脆性倾向。淬火到半马氏体硬度，油淬时可淬透 ϕ50～70 mm，可加工性良好，焊接性中等	多用于制造重载荷条件下工作的齿轮、轴、蜗杆及螺钉、双头螺栓、销钉等
30CrNi3	具有极佳的淬透性，强度和韧性较高，经淬火加低温回火或高温回火后均具有良好的综合力学性能，可加工性良好，但冷变形时塑性低，焊接性差，有白点敏感性及回火脆性倾向，一般均在调质状态下使用	用于制造大型、重载荷的重要零件或热锻、热冲压负荷高的零件，如轴、蜗杆、连杆、曲轴、传动轴、方向轴、前轴、齿轮、键、螺栓、螺母等
37CrNi3	具有高韧性，淬透性很高，油冷可把 ϕ150 mm 的零件完全淬透，在450 ℃时抗蠕变性稳定，低温冲击韧度良好，在450～550 ℃范围内回火时有第二类回火脆性，形成白点倾向较大，由于淬透性很好，必须采用正火及高温回火来降低硬度，改善可加工性，一般在调质状态下使用	用于制造重载、冲击，截面较大的零件或低温、受冲击的零件或热锻、热冲压的零件，如转子轴、叶轮、重要的紧固件等
12Cr2Ni4	合金渗碳钢，具有高强度、高韧性，淬透性良好，渗碳淬火后表面硬度和耐磨性很高，可加工性尚好，冷变形时塑性中等，但有白点敏感性及回火脆性，焊接性差，焊前需预热，一般在渗碳及二次淬火，低温回火后使用	采用渗碳及二次淬火、低温回火后，用于制造重载荷的大型渗碳件，如各种齿轮、蜗轮、蜗杆、轴等，也可经淬火及低温回火后使用，制造高强度、高韧性的机械零件
20Cr2Ni4	强度、韧性及淬透性均高于12Cr2Ni4，渗碳后不能直接淬火，而在淬火前需进行一次高温回火，以减少表层大量残留奥氏体，冷变形塑性中等，可加工性尚可，焊接性差，焊前应预热到150 ℃，白点敏感性大，有回火脆性倾向	用于制造要求高于12Cr2Ni4性能的大型渗碳件，如大型齿轴、轴等，也可用于制造强度、韧性均高的调质件
20CrNiMo	20CrNiMo钢原系美国AISI、SAE标准中的钢号8720。淬透性能与20CrNi钢相近。虽然钢中Ni含量为20CrNi钢的一半，但由于加入少量Mo元素，使奥氏体等温转变曲线的上部往右移；又因适当提高Mn含量，致使此钢的淬透性仍然很好，强度也比20CrNi钢高	常用于制造中小型汽车、拖拉机的发动机和传动系统中的齿轮；亦可代替12CrNi3钢制造要求心部性能较高的渗碳件、碳氮共渗件，如石油钻探和冶金露天矿用的牙轮钻头的牙爪和牙轮体

续表 4-1-17

牌　号	主　要　特　性	应　用　举　例
40CrNiMoA	具有高的强度、高的韧性和良好的淬透性，当淬硬到半马氏体硬度时（45HRC），水淬临界淬透直径为≥100 mm，油淬临界淬透直径≥75 mm；当淬硬到90%马氏体时，水淬临界直径为 ϕ80 mm～ϕ90 mm，油淬临界直径为 ϕ55 mm～ϕ66 mm。此钢又具有抗过热的稳定性，但白点敏感性高，有回火脆性，钢的焊接性很差，焊前需经高温预热，焊后要进行消除应力处理	经调质后使用，用于制作要求塑性好、强度高及大尺寸的重要零件，如重型机械中高载荷的轴类、直径大于250 mm的汽轮机轴、叶片、高载荷的传动件、紧固件、曲轴、齿轮等；也可用于操作温度超过400 ℃的转子轴和叶片等，此外，这种钢还可以进行渗氮处理后用来制作特殊性能要求的重要零件
45CrNiMoVA	这是一种低合金超高强度钢，钢的淬透性高，油中临界淬透直径为60 mm（96%马氏体），钢在淬火回火后可获得很高的强度，并具有一定的韧性，且可加工成型；但冷变形塑性与焊接性较低。抗腐蚀性能较差，受回火温度的影响，使用温度不宜过高，通常均在淬火、低温（或中温）回火后使用	主要用于制作飞机发动机曲轴、大梁、起落架、压力容器和中小型火箭壳体等高强度结构零、部件。在重型机器制造中，用于制作重载荷的扭力轴、变速箱轴、摩擦离合器轴等
18Cr2Ni4W	力学性能比12Cr2Ni4钢还好，工艺性能与12Cr2Ni4钢相近	用于断面更大、性能要求比12Cr2Ni4钢更高的零件
25Cr2Ni4WA	综合性能良好，且耐较高的工作温度	制造在动载荷下工作的重要零件，如挖掘机的轴齿轮等

（5）易切削结构钢（GB/T 8731—2008）

1）易切削结构钢的牌号及力学性能（表 4-1-18）

表 4-1-18　易切削结构钢的牌号及力学性能

（1）热轧条钢和盘条

牌　号	抗拉强度 R_m/(N/mm²)	断后伸长率 A/% 不小于	断面收缩率 Z/% 不小于
Y08	360～570	25	40
Y12	390～540	22	36
Y15	390～540	22	36
Y20	450～600	20	30
Y30	510～655	15	25
Y35	510～655	14	22
Y45	560～800	12	20

（2）冷拉条钢和盘条

牌　号	抗拉强度 R_m/(N/mm²) 钢材公称尺寸/mm 8～20	>20～30	>30	断后伸长率 A/% 不小于	布氏硬度 HBW
Y08	480～810	460～710	360～710	7.0	140～217
Y12	530～755	510～735	490～685	7.0	152～217
Y15	530～755	510～735	490～685	7.0	152～217
Y20	570～785	530～745	510～705	7.0	167～217
Y30	600～825	560～765	540～735	6.0	174～223
Y35	625～845	590～785	570～765	6.0	176～229
Y45	695～980	655～880	580～880	6.0	196～255
Y08MnS	480～810	460～710	360～710	7.0	140～217

续表 4-1-18

(2) 冷拉条钢和盘条

牌　号	抗拉强度 R_m/(N/mm²)			断后伸长率 A/% 不小于	布氏硬度 HBW
	钢材公称尺寸/mm				
	8～20	>20～30	>30		
Y15Mn	530～755	510～735	490～685	7.0	152～217
Y45Mn	695～980	655～880	580～880	6.0	196～255
Y45MnS	695～980	655～880	580～880	6.0	196～255
Y08Pb	480～810	460～710	360～710	7.0	140～217
Y12Pb	480～810	460～710	360～710	7.0	140～217
Y15Pb	530～755	510～735	490～685	7.0	152～217
Y45Ca	695～920	655～855	635～835	6.0	196～255

2) 易切削结构钢的特性和应用(表 4-1-19)

表 4-1-19　易切削结构钢的特性和应用

牌号	主　要　特　性	应　用　举　例
Y12	硫、磷复合低碳易切削结构钢，是现有易切削钢中含磷最多的一个钢种。可加工性较 15 钢有明显改善，用自动机床加工 Y12 钢的标准件时，切削速度可达 60 m/min，表面粗糙度 R_a 为 6.3 μm。热加工材料性能有明显的方向性，通常多以冷拉状态交货	常代替 15 钢制造对力学性能要求不高的各种机器和仪器仪表零件，如螺栓、螺母、销钉、轴、管接头、火花塞外壳等
Y12Pb	含铅易切削钢。铅以微粒弥散分布于基体组织中，由于铅的熔点低(327 ℃)，切削热使钢中的铅呈熔融状态，起到断屑、润滑和降低加工硬化等作用。有优越的可加工性能，且不存在性能上的方向性	用于制造较重要的机械零件、精密仪表零件等
Y15	硫、磷复合高硫、低硅易切削结构钢。该钢含硫量比 Y12 钢高 64%，可加工性明显高于 Y12 钢。用自动机床切削加工时，其切削速度可稳定在 60 m/min，表面粗糙度 R_a 为 3.2 μm，生产效率比 Y12 钢提高 30%～50%	制造要求可加工性高的不重要的标准件，如螺栓、螺母、管接头、弹簧座等
Y15Pb	含铅易切削钢。可加工性比 Y12Pb 钢更优越，且强度稍高	制造对强度要求较高的重要机械零件、精密仪表零件等
Y20	低硫、磷复合易切削结构钢，其可加工性比 20 钢高 30%～40%，而低于 Y12 钢，但力学性能优于 Y12 钢。该钢可进行渗碳处理	制造仪器、仪表零件，特别是要求表面硬而耐磨，心部韧性好的仪器、仪表、轴类等渗碳零件
Y30	低硫、磷复合易切削结构钢。可加工性优于 30 钢，可提高生产效率 30%～40%。淬裂敏感性与 30 钢相当或略低，可根据零件形状复杂程度选择适当的淬火介质。热处理工艺与 30 钢基本相同	用于制造要求强度较高的非热处理标准件，但小零件可进行调质处理，以提高零件的使用寿命
Y35	同 Y30，但强度稍高	同 Y30
Y40Mn①	高硫中碳易切削结构钢。有较好的可加工性，以其加工机床丝杠为例，粗挑螺纹切削速度可达 70 m/min，精挑螺纹切削速度可达 150 m/min，刀具寿命达 4 h，断屑性能良好，表面粗糙度 R_a 为 0.8 μm，与 45 钢比，可提高刀具寿命 4 倍，提高生产效率 30%左右。该钢还有较高的强度和硬度	适于加工要求强度高的机床零部件，如丝杠、光杠、花键轴、齿条、销子等

续表 4-1-19

牌号	主要特性	应用举例
Y45Ca	钙硫复合易切削结构钢。加钙后改变了钢中夹杂物的组成，获得了 $CaO-Al_2O_3-SiO_2$ 系低熔点夹杂物和复合氧化物及(Ca・Mn)S共晶混合物，从而使Y45Ca具有优良的可加工性。正常切削加工速度可达150 m/min以上，比45钢提高切削速度1倍以上，可使生产效率提高1～2倍；在中低速切削加工时，也具有良好的可加工性，比45钢提高生产效率30%。该钢热处理后还具有良好的力学性能	用于制造较重要的机器结构件，如机床的齿轮轴、花键轴、拖拉机传动轴等热处理零件和非热处理件。也常用于自动机床上切削加工高强度标准件，如螺钉、螺母等

① Y40Mn为原GB/T 8731—1988中牌号。

(6) 耐候结构钢(GB/T 4171—2008)

1) 耐候结构钢的牌号及力学和工艺性能(表4-1-20)

表 4-1-20 耐候结构钢的牌号及力学和工艺性能

牌号	拉伸试验[a]									180°弯曲试验 弯心直径		
	下屈服强度 $R_{eL}/(N/mm^2)$ 不小于				抗拉强度 $R_m/(N/mm^2)$	断后伸长率 $A/\%$ 不小于						
	≤16	>16～40	>40～60	>60		≤16	>16～40	>40～60	>60	≤6	>6～16	>16
Q235NH	235	225	215	215	360～510	25	25	24	23	a	a	$2a$
Q295NH	295	285	275	255	430～560	24	24	23	22	a	$2a$	$3a$
Q295GNH	295	285	—	—	430～560	24	24	—	—	a	$2a$	$3a$
Q355NH	355	345	335	325	490～630	22	22	21	20	a	$2a$	$3a$
Q355GNH	355	345	—	—	490～630	22	22	—	—	a	$2a$	$3a$
Q415NH	415	405	395	—	520～680	22	22	20	—	a	$2a$	$3a$
Q460NH	460	450	440	—	570～730	20	20	19	—	a	$2a$	$3a$
Q500NH	500	490	480	—	600～760	18	16	15	—	a	$2a$	$3a$
Q550NH	550	540	530	—	620～780	16	16	15	—	a	$2a$	$3a$
Q265GNH	265	—	—	—	≥410	27	—	—	—	a	—	—
Q310GNH	310	—	—	—	≥450	26	—	—	—	a	—	—

注：1. a 为钢材厚度。

2. 当屈服现象不明显时，可以采用 $R_{P0.2}$。

2) 耐候结构钢分类及用途(表4-1-21)

表 4-1-21 耐候结构钢分类及用途

类别	牌号	生产方式	用途
高耐候钢	Q295GNH、Q355GNH	热轧	车辆、集装箱、建筑、塔架或其他结构件等结构用，与焊接耐候钢相比，具有较好的耐大气腐蚀性能
	Q265GNH、Q310GNH	冷轧	
焊接耐候钢	Q235HN、Q295NH、Q355NH Q415NH、Q460NH、Q500NH Q550NH	热轧	车辆、桥梁、集装箱、建筑或其他结构件等结构用，与高耐候钢相比，具有较好的焊接性能

(7) 非调质机械结构钢(GB/T 15712—2008)

非调质机械结构钢是在中碳钢中添加微量合金元素，通过控温轧制(锻制)、控温冷却，使之在轧制(锻制)后不经调质处理，即可获得碳素结构钢或合金结构钢经调质处理后所能达到的力学性能的节能型新钢种。

非调质机械结构钢，广泛应用于汽车、机床和农业机械。

1) 直接切削加工用非调质机械结构钢的牌号及力学性能(表4-1-22)

表 4-1-22　直接切削加工用非调质机械结构钢的牌号及力学性能

序号	牌　号	钢材直径或边长/mm	抗拉强度 R_m/(N/mm²)	下屈服强度 R_{eL}/(N/mm²)	断后伸长率 A/%	断面收缩率 Z/%	冲击吸收能量 KU_2/J
1	F35VS	≤40	≥590	≥390	≥18	≥40	≥47
2	F40VS	≤40	≥640	≥420	≥16	≥35	≥37
3	F45VS	≤40	≥685	≥440	≥15	≥30	≥35
4	F30MnVS	≤60	≥700	≥450	≥14	≥30	实测
5	F35MnVS	≤40	≥735	≥460	≥17	≥35	≥37
		>40～60	≥710	≥440	≥15	≥33	≥35
6	F38MnVS	≤60	≥800	≥520	≥12	≥25	实测
7	F40MnVS	≤40	≥785	≥490	≥15	≥33	≥32
		>40～60	≥760	≥470	≥13	≥30	≥28
8	F45MnVS	≤40	≥835	≥510	≥13	≥28	≥28
		>40～60	≥810	≥490	≥12	≥28	≥25
9	F49MnVS	≤60	≥780	≥450	≥8	≥20	实测

2）本标准牌号与1995版标准牌号的对照(表4-1-23)

表 4-1-23　本标准牌号与 1995 版标准牌号的对照

序　号	本标准牌号	1995 版标准牌号	序　号	本标准牌号	1995 版标准牌号
1	F35VS	YF35V	6	F38MnVS	—
2	F40VS	YF40V	7	F40MnVS	YF40MnV,F40MnV
3	F45VS	YF45V,F45V	8	F45MnVS	YF45MnV
4	F30MnVS	—	9	F49MnVS	—
5	F35MnVS	YF35MnV,F35MnVN	10	F12Mn2VBS	—

(8) 冷镦和冷挤压用钢(GB/T 6478—2001)

1）冷镦和冷挤压用钢的牌号及力学性能(表4-1-24)

表 4-1-24　冷镦和冷挤压用钢的牌号及力学性能

(1) 非热处理型和退火状态交货的冷镦和冷挤压用钢

非热处理型			退火状态					
牌　号	抗拉强度 σ_b/MPa ≤	断面收缩率 ψ/% ≥	牌　号	抗拉强度 σ_b/MPa ≤	断面收缩率 ψ/% ≥	牌　号	抗拉强度 σ_b/MPa ≤	断面收缩率 ψ/% ≥
ML04Al	440	60	ML10Al	450	65	ML37Cr	600	60
ML08Al	470		ML15Al	470	64	ML40Cr	620	58
ML10Al	490	55	ML15			ML20B	500	64
ML15Al	530	50	ML20Al	490	63	ML28B	530	62
ML15			ML20			ML35B	570	
ML20Al	580	45	ML20Cr	560	60	ML20MnB	520	
ML20			ML25Mn	540		ML35MnB	600	60
			ML30Mn	550	59	ML37CrB		
			ML35Mn	560	58			

注：钢材直径不大于 12 mm 时，断面收缩率可降低 2%。

续表 4-1-24

（2）表面硬化型冷镦和冷挤压用钢

牌号	渗碳温度/℃	直接淬火温度/℃	双重淬火温度/℃		回火温度/℃	$\sigma_{P0.2}$/MPa ≥	σ_b/MPa	δ_5/% ≥	热轧布氏硬度 HBW ≤
			心部淬硬	表面淬硬					
ML10Al	880～980	830～870	880～920	780～820	150～200	250	400～700	15	137
ML15Al						260	450～750	14	143
ML15									—
ML20Al						320	520～820	11	156
ML20									—
ML20Cr		820～860	860～900			490	750～1 100	9	

注：1. 直径大于和等于 25 mm 的钢材，试样毛坯直径 25 mm；直径小于 25 mm 的钢材，按钢材实际尺寸。
2. 表中给出的温度只是推荐值。实际选择的温度应以使性能达到要求为准。
3. 渗碳温度取决于钢的化学成分和渗碳介质。一般情况下，如果钢直接淬火，不要超过 950 ℃。
4. 回火时间，推荐为最少 1 h。

（3）调质型（包括含硼钢）冷镦和冷挤压用钢

牌号	正火温度/℃	淬火温度/℃	淬火介质	回火温度/℃	$\sigma_{P0.2}$/MPa ≥	σ_b/MPa ≥	δ_5/% ≥	ψ/% ≥	热轧布氏硬度 HBW ≤
ML25	Ac_3+30～50	—	—	—	275	450	23	50	170
ML30					295	490	21		179
ML33	830～860				290				—
ML35	Ac_3+30～50				315	530	20	45	187
ML40					335	570	19		217
ML45					355	600	16	40	229
ML15Mn	—	880～900	水	180～220	705	880	9		—
ML25Mn	Ac_3+30～50	—	—	—	275	450	23	50	170
ML30Mn					295	490	21		179
ML35Mn					430	630	17	—	187
ML37Cr	850～880	830～870	水或油	540～680	630	850	14		—
ML40Cr	—	820～860	油或水		660	900	11		
ML30CrMo		860～900	水或油	490～590	785	930	12	50	
ML35CrMo		830～870	油	500～600	835	980		45	
ML42CrMo					930	1 080			
ML20B	880～910	860～900	水或油	550～660	400	550	16	—	
ML28B	870～900	850～890			480	630	14		
ML35B	860～880	840～880			500	650			
ML15MnB	—	860～900	水	200～240	930	1 130	9	45	
ML20MnB	880～910		水或油	550～660	500	650	14	—	
ML35MnB	860～890	840～880	油	550～660	650	800	12	—	—
ML15MnVB	—	860～900		340～380	720	900	10	45	207
ML20MnVB				370～410	940	1 040	9		—
ML20MnTiB		840～880		180～220	930	1 130	10		
ML37CrB	855～885	835～875	水或油	550～660	600	750	12	—	

注：1. 标准件行业按 GB/T 3098.1—2000《紧固件机械性能　螺栓、螺钉和螺柱》的规定，回火温度范围是 340～420 ℃。在这种条件下的力学性能值与本表的数值有较大的差异。

2. 直径大于和等于 25 mm 的钢材，试样的热处理毛坯直径为 25 mm。直径小于 25 mm 的钢材，热处理毛坯直径为钢材直径。

3. 奥氏体化时间不少于 0.5 h；回火时间不少于 1 h。

4. 选择淬火介质时，应考虑其他参数(形状、尺寸和淬火温度等)对性能和裂纹敏感性的影响。其他的淬火介质(如合成淬火剂)也可以使用。

2）冷镦和冷挤压用钢的特性和用途(表 4-1-25)

表 4-1-25　冷镦和冷挤压用钢的特性和用途

牌　号	主　要　特　性	用　途　举　例
(1) 非热处理钢		
ML04Al	含碳量很低，具有很高的塑性，冷镦和冷挤压成形性极好	制作铆钉、强度要求不高的螺钉、螺母及自行车用零件等
ML08Al	具有很高的塑性，冷镦和冷挤压性能好	制作铆钉、螺母、螺栓及汽车、自行车用零件
ML10Al	塑性和韧性高，冷镦和冷挤压成形性好。需通过热处理改善可加工性	制作铆钉、螺母、半圆头螺钉、开口销等
ML15Al	具有很好的塑性和韧性，冷镦和冷挤压性能良好	制作铆钉、开口销、弹簧插销、螺钉、法兰盘、摩擦片、农机用链条等
ML15	与 ML15Al 基本相同	与 ML15Al 基本相同
ML20Al	塑性、韧性好，强度较 ML15 钢稍高，可加工性低，无回火脆性	制作六角螺钉、铆钉、螺栓、弹簧座、固定销等
ML20	与 ML20Al 钢基本相同	与 ML20Al 钢基本相同
(2) 表面硬化钢		
ML18Mn	特性与 ML15 钢相似，但淬透性、强度、塑性均较之有所提高	制作螺钉、螺母、铰链、销、套圈等
ML22Mn	与 ML18Mn 基本相近	与 ML18Mn 基本相近
ML20Cr	冷变形塑性好，无回火脆性，可加工性尚好	制作螺栓、活塞销等
(3) 调质钢		
ML25	冷变形塑性高，无回火脆性倾向	制作螺栓、螺母、螺钉、垫圈等
ML30	具有一定的强度和硬度，塑性较好。调质处理后可得到较好的综合力学性能	制作螺钉、丝杠、拉杆、键等
ML35	具有一定的强度，良好的塑性，冷变形塑性高，冷镦和冷挤压性较好，淬透性差，在调质状态下使用	制作螺钉、螺母、轴销、垫圈、钩环等
ML40	强度较高，冷变形塑性中等，加工性好，淬透性低。多在正火或调质、或高频表面淬火热处理状态下使用	制作螺栓、轴销、链轮等
ML45	具有较高的强度，一定的塑性和韧性，进行球化退火热处理后具有较好的冷变形塑性。调质处理可获得很好的综合力学性能	制作螺栓、活塞销等
ML15Mn	高锰低碳调质型冷镦和冷挤压用钢，强度较高，冷变形塑性尚好	制作螺栓、螺母、螺钉等
ML25Mn	与 ML25 钢相近	与 ML25 钢相近
ML30Mn	冷变形塑性尚好，有回火脆性倾向。一般在调质状态下使用	制作螺栓、螺钉、螺母、钩环等
ML35Mn	强度和淬透性比 ML30Mn 高，冷变形塑性中等。在调质状态下使用	制作螺栓、螺钉、螺母等
ML37Cr	具有较高的强度和韧性，淬透性良好，冷变形塑性中等	制作螺栓、螺母、螺钉等

续表 4-1-25

牌号	主要特性	用途举例
(3) 调质钢		
ML40Cr	调质处理后具有良好的综合力学性能,缺口敏感性低,淬透性良好,冷变形塑性中等,经球化热处理具有好的冷镦性能	制作螺栓、螺母、连杆螺钉等
ML30CrMo	具有高的强度和韧性,在低于 500 ℃温度时具有良好的高温强度,淬透性较高,冷变形塑性中等,在调质状态下使用	用于制造锅炉和汽轮机中工作温度低于 450 ℃的紧固件,工作温度低于 500 ℃高压用的螺母及法兰,通用机械中受载荷大的螺栓、螺柱等
ML35CrMo	具有高的强度和韧性,在高温下有高的蠕变强度和持久强度,冷变形塑性中等	用于制造锅炉中 480 ℃以下的螺栓,510 ℃以下的螺母,轧钢机的连杆、紧固件等
ML42CrMo	具有高的强度和韧性,淬透性较高,有较高的疲劳极限和较强的抗多次冲击能力	用于制造比 ML35CrMo 的强度要求更高、断面尺寸较大的螺栓、螺母等零件
(4) 硼钢		
ML20B	调质型低碳硼钢、塑性、韧性好,冷变形塑性高	制作螺钉、铆钉、销子等
ML20B	淬透性好,具有良好的塑性、韧性和冷变形成形性能。调质状态下使用	制作螺钉、螺母、垫片等
ML35B	比 ML35 钢具有更好的淬透性和力学性能,冷变形塑性好。在调质状态下使用	制作螺钉、螺母、轴销等
ML15MnB	调质处理后强度高,塑性好	制作较为重要的螺栓、螺母等零件
ML20MnB	具有一定的强度和良好的塑性,冷变形塑性好	制作螺钉、螺母等
ML35MnB	调质处理后强度较 ML35Mn 高,塑性销低。淬透性好,冷变形塑性尚好	制作螺钉、螺母、螺栓等
ML37CrB	具有良好的淬透性,调质处理后综合性能好,冷塑性变形中等	制作螺钉、螺母、螺栓等
ML20MnTiB	调质后具有高的强度,良好的韧性和低温冲击韧性,晶粒长大倾向小	用于制造汽车、拖拉机的重要螺栓零件
ML15MnVB	经淬火低温回火后,具有较高的强度、良好的塑性及低温冲击韧性,较低的缺口敏感性,淬透性较好	用于制造高强度的重要螺栓零件,如汽车用气缸盖螺栓、半轴螺栓、连杆螺栓等
ML20MnVB	具有高强度、高耐磨性及较高的淬透性	用于制造汽车、拖拉机上的螺栓、螺母等

(9) 弹簧钢(GB/T 1222—2007)

1) 弹簧钢牌号及热处理制度和力学性能(表 4-1-26)

表 4-1-26 弹簧钢牌号及热处理制度和力学性能

序号	牌号	热处理制度			力学性能,不小于				
		淬火温度/℃	淬火介质	回火温度/℃	抗拉强度 R_m/(N/mm²)	屈服强度 R_{eL}/(N/mm²)	断后伸长率		断面收缩率 Z/%
							A/%	$A_{11.3}$/%	
1	65	840	油	500	980	785		9	35
2	70	830	油	480	1 030	835		8	30
3	85	820	油	480	1 130	980		6	30
4	65Mn	830	油	540	980	785		8	30
5	55SiMnVB	860	油	460	1 375	1 225		5	30
6	60Si2Mn	870	油	480	1 275	1 180		5	25
7	60Si2MnA	870	油	440	1 570	1 375		5	20
8	60Si2CrA	870	油	420	1 765	1 570	6		20

续表 4-1-26

序号	牌　号	热处理制度			拉伸性能,不小于				
		淬火温度/℃	淬火介质	回火温度/℃	抗拉强度 R_m/(N/mm²)	屈服强度 R_{eL}/(N/mm²)	断后伸长率		断面收缩率 Z/%
							A/%	$A_{11.3}$/%	
9	60Si2CrVA	850	油	410	1 860	1 665	6		20
10	55SiCrA	860	油	450	1 450～1 750	1 300($R_{P0.2}$)	6		25
11	55CrMnA	830～860	油	460～510	1 225	1 080($R_{P0.2}$)	9		20
12	60CrMnA	830～860	油	460～520	1 225	1 080($R_{P0.2}$)	9		20
13	50CrVA	850	油	500	1 275	1 130	10		40
14	60CrMnBA	830～860	油	460～520	1 225	1 080($R_{P0.2}$)	9		20
15	30W4Cr2VA	1 050～1 100	油	600	1 470	1 325	7		40
16	28MnSiB	900	水或油	320	1 275	1 180		5	25

2）弹簧钢的特性和应用(表 4-1-27)

表 4-1-27　弹簧钢的特性和应用

牌　号	主　要　特　性	应　用　举　例
65 70 85	可得到很高强度、硬度、屈强比,但淬透性小,耐热性不好,承受动载和疲劳载荷的能力低	应用非常广泛,但多用于工作温度不高的小型弹簧或不太重要的较大弹簧。如汽车、拖拉机、铁道车辆及一般机械用的弹簧
65Mn	成分简单,淬透性和综合力学性能、抗脱碳等工艺性能均比碳钢好,但对过热比较敏感,有回火脆性,淬火易出裂纹	价格较低,用量很大。制造各种小截面扁簧、圆簧、发条等,亦可制气门弹簧、弹簧环,减振器和离合器簧片、制动簧等
55Si2Mn 60Si2Mn 60Si2MnA	硅含量(w_{Si})高(上限达 2.00%),强度高,弹性好。耐回火性好。易脱碳和石墨化。淬透性不高	主要的弹簧钢类,用途很广。制造各种弹簧,如汽车、机车、拖拉机的板簧、螺旋弹簧,气缸安全阀簧及一些在高应力下工作的重要弹簧,磨损严重的弹簧
55Si2MnB	因含硼,其淬透性明显改善	轻型、中型汽车的前后悬架弹簧、副簧
55SiMnVB	我国自行研制的钢号,淬透性、综合力学性能、疲劳性能均较 60Si2Mn 钢好	主要制造中、小型汽车的板簧,使用效果好,亦可制其他中等截面尺寸的板簧、螺旋弹簧
60Si2CrA 60Si2CrVA	高强度弹簧钢。淬透性高,热处理工艺性能好。因强度高,卷制弹簧后应及时处理消除内应力	制造载荷大的重要大型弹簧。60Si2CrVA 可制汽轮机汽封弹簧、调节弹簧、冷凝器支承弹簧,高压水泵碟形弹簧等。60Si2CrVA 钢还制作极重要的弹簧,如常规武器取弹钩弹簧、破碎机弹簧
55CrMnA 60CrMnA	突出优点是淬透性好,另外热加工性能、综合力学性能、抗脱碳性能亦好	大截面的各种重要弹簧,如汽车、机车的大型板簧、螺旋弹簧等
60CrMnMoA	在现有各种弹簧钢中淬透性最高。力学性能、耐回火性等亦好	大型土木建筑、重型车辆、机械等使用的超大型弹簧。钢板厚度可达 35 mm 以上,圆钢直径可超过 60 mm
50CrVA	少量钒提高弹性、强度、屈强比,细化晶粒,减少脱碳倾向。碳含量较小,塑性、韧性较其他弹簧钢好。淬透性高,疲劳性能也好	各种重要的螺旋弹簧,特别适宜作工作应力振幅高、疲劳性能要求严格的弹簧,如阀门弹簧、喷油嘴弹簧、气缸胀圈、安全阀簧等
60CrMnBA	淬透性比 60CrMnA 高,其他各种性能相似	尺寸更大的板簧、螺旋弹簧、扭转弹簧等
30W4Cr2VA	高强度耐热弹簧钢。淬透性很好。高温抗松弛和热加工性能也很好	工作温度 500 ℃以下的耐热弹簧,如汽轮机主蒸汽阀弹簧、汽封弹簧片、锅炉安全阀弹簧、400 t 锅炉碟形阀弹簧等

4.1.5.2　工具钢

(1) 碳素工具钢(GB/T 1298—2008)

1）碳素工具钢的牌号、化学成分及淬火后钢的硬度(表 4-1-28)

表 4-1-28 碳素工具钢的牌号、化学成分及淬火后钢的硬度

牌号	化学成分(质量分数,%)					退火后钢的硬度 HBW ≤	淬火后钢的硬度	
	C	Mn	Si ≤	S ≤	P ≤		淬火温度/℃及冷却剂	HRC ≥
T7	0.65～0.74	≤0.40	0.35	0.030	0.035	187	800～820 水	62
T8	0.75～0.84	≤0.40	0.35	0.030	0.035	187	780～800 水	62
T8Mn	0.80～0.90	0.40～0.60	0.35	0.030	0.035	187	780～800 水	62
T9	0.85～0.94	≤0.40	0.35	0.030	0.035	192	760～780 水	62
T10	0.95～1.04	≤0.40	0.35	0.030	0.035	197	760～780 水	62
T11	1.05～1.14	≤0.40	0.35	0.030	0.035	207	760～780 水	62
T12	1.15～1.24	≤0.40	0.35	0.030	0.035	207	760～780 水	62
T13	1.25～1.35	≤0.40	0.35	0.030	0.035	217	760～780 水	62

注：1. 平炉冶炼钢的硫质量分数:高级优质钢(钢号后加符号“A”)不大于 0.025%,优质钢不大于 0.035%。

2. 高级优质钢的硫质量分数不大于 0.020%,磷质量分数不大于 0.030%。

3. 钢中残余元素允许质量分数,铬不大于 0.25%,镍不大于 0.20%,铜不大于 0.30%。

2) 碳素工具钢的特性和应用(表 4-1-29)

表 4-1-29 碳素工具钢的特性和应用

牌号	主要特性	应用举例
T7 T7A	属于亚共析成分的钢。其强度随含碳量的增加而增加,有较好的强度和塑性配合,但切削能力较差	用于制造要求有较大塑性和一定硬度但切削能力要求不太高的工具。如錾子、冲子、小尺寸风动工具,木工用的锯、凿、锻模、压模、钳工工具、锤、铆钉冲模、大锤、车床顶尖、铁皮剪、钻头等
T8 T8A	属于共析成分的钢。淬火易过热,变形也大,强度塑性较低,不宜做受大冲击的工具。但经热处理后有较高的硬度及耐磨性	用于制造工作时不易变热的工具。如加工木材用的铣刀、埋头钻、斧、凿、简单的模具冲头及手用锯、圆锯片、滚子、铅锡合金压铸板和型芯、钳工装配的工具、压缩空气工具等
T8Mn T8MnA	性能近似 T8、T8A,但有较高的淬透性,能获得较深的淬硬层。可做截面较大的工具	除能用于制造 T8、T8A 所能制造的工具外,还能制造横纹锉刀、手锯条、采煤及修石凿子等工具
T9 T9A	性能近似 T8、T8A	用于制造有韧性又有硬度的工具,如冲模冲头、木工工具等。T9 还可做农机切割零件,如刀片等
T10 T10A	属于过共析钢,在 700～800 ℃加热时仍能保持细晶粒,不致过热。淬火后钢中有未溶的过剩碳化物,增加钢的耐磨性。适于制造工作时不变热的工具	制造手工锯、机用细木锯、麻花钻、拉丝细膜、小型冲模、丝锥、车刨刀、扩孔刀具、螺纹板牙、铣刀、钻极硬岩石用钻头、螺纹刀、钻紧密岩石用刀具、刻锉刀用的凿子等
T11 T11A	除具有 T10、T10A 的特点外,还具有较好的综合力学性能,如硬度、耐磨性及韧性等。对晶粒长大及形成碳化物网的敏感性较小	制造工作时不易变热的工具。如丝锥、锉刀、刮刀、尺寸不大和截面无急剧变化的冷冲模及木工工具等
T12 T12A	含碳量高,淬火后有较多的过剩碳化物,因而耐磨性及硬度都高,但韧性低,宜于制造不受冲击、而需要极高硬度的工具	适于制造车速不高、刃口不易变热的车刀、铣刀、钻头、铰刀、扩孔钻、丝锥、板牙、刮刀、量规及断面尺寸小的冷切边模、冲孔模、金属锯条、铜用工具等
T13 T13A	属碳素工具钢中含碳量最高的钢种,硬度极高,碳化物增加而分布不均匀,力学性能较低,不能承受冲击,只能作切削高硬度材料的刀具	用于制造剃刀、切削刀具、车刀、刻刀具、刮刀、拉丝工具、钻头、硬石加工用工具、雕刻用的工具

(2) 合金工具钢(GB/T 1299—2000)

1) 合金工具钢牌号及交货状态钢材和试样淬火硬度值(表 4-1-30)

2) 合金工具钢的特性和用途(表 4-1-31)

表 4-1-30　合金工具钢牌号及交货状态钢材和试样淬火硬度值

序号	钢组	牌　号	交货状态	试　样　淬　火		
			布氏硬度 HBW10/3 000	淬火温度/℃	冷却剂	洛氏硬度 HRC ≥
1-1	量具刃具用钢	9SiCr	241～197	820～860	油	62
1-2		8MnSi	≤229	800～820		60
1-3		Cr06	241～187	780～810	水	64
1-4		Cr2	229～179	830～860	油	62
1-5		9Cr2	217～179	820～850		
1-6		W	229～187	800～830	水	62
2-1	耐冲击工具用钢	4CrW2Si	217～179	860～900	油	53
2-2		5CrW2Si	255～207			55
2-3		6CrW2Si	285～229			57
2-4		6CrMnSi2Mo1V	≤229	677 ℃±15 ℃预热，885 ℃（盐浴）或900 ℃（炉控气氛）±6 ℃加热，保温 5～15 min 油冷，58～204 ℃回火		58
2-5		5Cr3Mn1SiMoV1	—	677 ℃±15 ℃预热，941 ℃（盐浴）或955 ℃（炉控气氛）±6 ℃加热，保温 5～15 min 空冷，56～204 ℃回火		56
3-1	冷作模具钢	Cr12	269～217	950～1 000	油	60
3-2		Cr12Mo1V1	≤255	820 ℃±15 ℃预热，1 000 ℃（盐浴）或 1 010 ℃（炉控气氛）±6 ℃加热，保温 10～20 min 空冷，200 ℃±6 ℃回火		59
3-3		Cr12MoV	255～207	950～1 000	油	58
3-4		Cr2Mo1V	≤255	750 ℃±15 ℃预热，940 ℃（盐浴）或950 ℃（炉控气氛）±6 ℃加热，保温 5～15 min 空冷，200 ℃±6 ℃回火		60
3-5		9Mn2V	≤229	780～810	油	62
3-6		CrWMn	255～207	800～830		
3-7		9CrWMn	241～197			
3-8		Cr4W2MoV	≤269	960～980、1 020～1 040		60
3-9		6Cr4W3Mo2VNb	≤255	1 100～1 160		
3-10		6W6Mo5Cr4V	≤269	1 180～1 200		
3-11		7CrSiMnMoV	≤235	淬火：870～890 回火：150±10	油冷或空冷 空冷	60
4-1	热作模具钢	5CrMnMo	241～197	820～850	油	
4-2		5CrNiMo		830～860		
4-3		3Cr2W8V	≤255	1 075～1 125		
4-4		5Cr4Mo3SiMnVAl		1 090～1 120		
4-5		3Cr3Mo3W2V		1 060～1 130		
4-6		5Cr4W5Mo2V	≤269	1 100～1 050		
4-7		8Cr13	255～207	850～880		
4-8		4CrMnSiMoV	241～197	870～930		
4-9		4Cr3Mo3SiV	≤229	790 ℃±15 ℃预热，1 010 ℃（盐浴）或 1 020 ℃（炉控气氛）±6 ℃加热，保温 5～15 min 空冷，550 ℃±6 ℃回火		

续表 4-1-30

<table>
<tr><th rowspan="2">序号</th><th rowspan="2">钢组</th><th rowspan="2">牌　号</th><th>交货状态</th><th colspan="3">试　样　淬　火</th></tr>
<tr><th>布氏硬度
HBW10/3 000</th><th>淬火温度/℃</th><th>冷却剂</th><th>洛氏硬度
HRC ≥</th></tr>
<tr><td>4-10</td><td rowspan="3">热作模具钢</td><td>4Cr5MoSiV</td><td rowspan="2">≤235</td><td colspan="2" rowspan="2">790 ℃±15 ℃预热，1 000 ℃（盐浴）或1 010 ℃（炉控气氛）±6 ℃加热，保温5～15 min空冷，550 ℃±6 ℃回火</td><td rowspan="3"></td></tr>
<tr><td>4-11</td><td>4Cr5MoSiV1</td></tr>
<tr><td>4-12</td><td>4Cr5W2VSi</td><td>≤229</td><td>1 030～1 050</td><td>油或空</td></tr>
<tr><td>5-1</td><td>无磁模具钢</td><td>7Mn15Cr2Al3V2WMo</td><td rowspan="3">—</td><td>1 170～1 190 固溶
650～700 时效</td><td>水
空</td><td>45</td></tr>
<tr><td>6-1</td><td rowspan="2">塑料模具钢</td><td>3Cr2Mo</td><td rowspan="2"></td><td rowspan="2"></td><td rowspan="2"></td></tr>
<tr><td>6-2</td><td>3Cr2MnNiMo</td></tr>
</table>

注：1. 保温时间是指试样达到加热温度后保持的时间。

a）试样在盐浴中进行，在该温度保持时间为 5 min，对 Cr12Mo1V1 钢是 10 min。

b）试样在炉控气氛中进行，在该温度保持时间为 5～15 min，对 Cr12Mo1V1 钢是 10～20 min。

2. 回火温度 200 ℃时应一次回火 2 h，550 ℃时应二次回火，每次 2 h。

3. 7Mn15Cr2Al3V2WMo 钢可以热轧状态供应，不作交货硬度。

4. 需方若能保证试样淬火硬度值符合表中规定时，可不作检验。

5. 根据需方要求，经双方协议，制造螺纹刃具用退火状态交货的 9SiCr 钢材，其布氏硬度为 187～229HBW10/3 000。

表 4-1-31　合金工具钢的特性和用途

钢组	钢　号	特　性　和　用　途
量具刃具用钢		这种钢的含碳量在 0.85%～1.25%范围，合金元素总量大多在 5%以下。一般情况下，加入的合金元素使共析点左移，都为过共析钢。但当强碳化物形成元素的含量超过一定值时，又会使共析点右移。耐磨性比碳含量相近的碳素工具钢高，淬透性也较好，一般可在油中淬火，热处理变形比碳素工具钢小，回火稳定性及切削速度也比碳素工具钢高，可用来制造多种机用刀具和比较精密的量具
	9SiCr	用于制造板牙、丝锥、钻头、铰刀、齿轮铣刀、冷冲模、冷轧辊
	8MnSi	用于制造木工凿子、锯条及其他刀具
	Cr06	用于制造剃刀及刀片、外科用锋利切削刀具、刮刀、刻刀、锉刀
	Cr2	用于制造低速、走刀量小、加工材料不很硬的切削刀具，如车刀、插刀、铰刀等；还可做样板、凸轮销、偏心轮、冷轧辊；也可作形状复杂的大型冷加工模具
	9Cr2	用于制造冷轧辊、压轧辊、钢印冲孔凿、冷冲模及冲头、木工工具
	W	用于制造麻花钻、丝锥、铰刀、辊式刀具
耐冲击工具用钢		这种钢的含碳量在 0.35%～0.65%范围，具有一定的冲击韧性，含有较多的碳化物形成元素，淬火后有高的硬度（洛氏硬度 HRC55 以上）和耐磨性，用于制造受冲击载荷严重的工具
	4CrW2Si	用于制造中应力热锻模
	5CrW2Si	用于制造手用或风动凿子、空气锤工具、锅炉工具、顶头模及冲头、剪刀（重震动）、切割器（重震动）、混凝土破裂器
	6CrW2Si	同 5CrW2Si，但能凿更硬的金属
冷作模具钢		这种钢的含碳量较高，在 0.55%～2.30%范围，可获得很高的硬度（HRC60 以上）和耐磨性。碳化物形成元素的含量也较高，如铬含量高达 12%，有较深的淬硬层，使模腔能承受很高的压应力。钢中存在较多的 MC 型碳化物，有较高的耐磨性。冷挤压模具用钢还要求有优良的强度和韧性，因此发展了低碳高速钢和基体钢（基体钢是一种化学成分相当于高速钢在正常淬火后的基体成分的钢。这种钢过剩碳化物数量少，颗粒细，分布均匀，在保证一定耐磨性和红硬性的条件下，显著改善抗弯强度和韧性，淬火变形也较小）。此外，为适应复杂精密模具热处理后微小的变形的需要，还发生了含碳 1%和含锰 2%左右的微变形冷作模具用钢
	Cr12	用于制造冷冲模冲头，冷切剪刀（硬薄的金属）、钻套、量规、螺纹滚模、冶金粉模、料模、拉丝模、木工切削工具

续表 4-1-31

钢组	钢　号	特　性　和　用　途
冷作模具钢	Cr12Mo1V1 Cr12MoV	用于制造冷切剪刀，圆锯、切边模、滚边模、缝口模、标准工具与量规、拉丝模、薄金属冲模、螺纹滚模等
	Cr5Mo1V	用于制造定型模、钻套、冷冲模、冲头、切边模、压印模、螺纹滚模、剪刀、量规
	9Mn2V	用于制造小冲模、冲模及剪刀、冷压模、雕刻模、料模、各种变形小的量规、样板、丝锥、板牙、铰刀等
	CrWMn	用于制造板牙、拉刀、量规、形状复杂高精度的冲模
	9CrWMn	用于制造量规、样板
	Cr4W2MoV	用于制造冷冲模、冷挤压模、拉延模、搓丝板以及其他类型的冷作模具
	6Cr4W3Mo2VNb	
	6W6Mo5Cr4V	用于制造冷挤压模具、硬铝的冲头
热作模具钢		这种钢的含碳量大多数在 0.3%～0.6%之间，加入含金元素的种类和数量根据钢的使用目的的不同而异，由于合金元素的作用，不少钢接近过共析成分，淬透性好，淬火后有较高的硬度及抗回火稳定性，在和工件接触受热状态下，保持较高的硬度和强度，此外，有较好的热疲劳性能和冲击韧性
	5CrMnMo	用于制造中型锻模
	5CrNiMo	用于制造料压模、大型锻模
	3Cr2W8V	用于制造高应力压模、螺钉或铆钉热压模、热剪切刀
	3Cr3Mo3W2V	用于热切截工具、热冲模、锻模、螺钉、螺帽等热锻模
	5Cr4W5Mo2V	
	8Cr3	用于制造热切边模、螺栓及螺钉模
	4CrMnSiMoV	用于大、中型锻模、热切工具、热冲模、热锻模等
	4Cr3Mo3SiV	用于制造冷镦镶嵌模和模套
	4Cr5MoSiV	
	4Cr5MoSiV1	
	4Cr5W2VSi	用于制造热锻模、铝和铜合金的压铸模、高速锻模、模具和冲头等

（3）高速工具钢(GB/T 9943—2008)

1）高速工具钢牌号及交货状态钢棒的硬度和试样淬回火硬度（表 4-1-32）

表 4-1-32　高速工具钢牌号及交货状态钢棒的硬度和试样淬回火硬度

序号	牌　号	交货硬度（退火态）/HBW 不大于	试样热处理制度及淬回火硬度					
			预热温度/℃	淬火温度/℃		淬火介质	回火温度/℃	硬度 HRC 不小于
				盐浴炉	箱式炉			
1	W3Mo3Cr4V2	255	800～900	1 180～1 120	1 180～1 120	油或盐浴	540～560	63
2	W4Mo3Cr4VSi	255		1 170～1 190	1 170～1 190		540～560	63
3	W18Cr4V	255		1 250～1 270	1 260～1 280		550～570	63
4	W2Mo8Cr4V	255		1 180～1 120	1 180～1 120		550～570	63
5	W2Mo9Cr4V2	255		1 190～1 210	1 200～1 220		540～560	64
6	W6Mo5Cr4V2	255		1 200～1 220	1 210～1 230		540～560	64
7	CW6Mo5Cr4V2	255		1 190～1 210	1 200～1 220		540～560	64
8	W6Mo6Cr4V2	262		1 190～1 210	1 190～1 210		550～570	64
9	W9Mo3Cr4V	255		1 200～1 220	1 220～1 240		540～560	64
10	W6Mo5Cr4V3	262		1 190～1 210	1 200～1 220		540～560	64
11	CW6Mo5Cr4V3	262		1 180～1 200	1 190～1 210		540～560	64

续表 4-1-32

序号	牌　号	交货硬度（退火态）/HBW 不大于	试样热处理制度及淬回火硬度					
			预热温度/℃	淬火温度/℃		淬火介质	回火温度/℃	硬度 HRC 不小于
				盐浴炉	箱式炉			
12	W6Mo5Cr4V4	269	800～900	1 200～1 220	1 200～1 220	油或盐浴	550～570	64
13	W6Mo5Cr4V2Al	269		1 200～1 220	1 230～1 240		550～570	65
14	W12Cr4V5Co5	277		1 220～1 240	1 230～1 250		540～560	65
15	W6Mo5Cr4V2Co5	269		1 190～1 210	1 200～1 220		540～560	64
16	W6Mo5Cr4V3Co8	285		1 170～1 190	1 170～1 190		550～570	65
17	W7Mo4Cr4V2Co5	269		1 180～1 200	1 190～1 210		540～560	66
18	W2Mo9Cr4VCo8	269		1 170～1 190	1 180～1 200		540～560	66
19	W10Mo4Cr4V3Co10	285		1 220～1 240	1 220～1 240		550～570	66

2）高速工具钢的特性和应用（表 4-1-33）

表 4-1-33　高速工具钢的特性和应用

牌　号	主　要　特　性	应　用　举　例
W18Cr4V	具有良好的高温硬度，在 600℃时，仍具有较高的硬度和较好的切削性能，被磨削加工性好，淬火过热敏感性小，比合金工具钢的耐热性能高。但由于其碳化物较粗大，强度和韧性随材料尺寸增大而下降，因此，仅适于制造一般刀具，不适于制造薄刃或较大的刀具	广泛用于制造加工中等硬度或软的材料的各种刀具，如车刀、铣刀、拉刀、齿轮刀具、丝锥等；也可制作冷作模具，还可用于制造高温下工作的轴承、弹簧等耐磨、耐高温的零件
W18Cr4VCo5	含钴高速钢，具有良好的高温硬度和热硬性，耐磨性较高，淬火硬度高，表面硬度可达 64～66HRC	可以制造加工较高硬度的高速切削的各种刀具，如滚刀、车刀和铣刀等，以及自动化机床的加工刀具
W18Cr4V2Co8	含钴高速钢，其高温硬度及耐磨性均优于 W18Cr4VCo5，但韧性有所降低，淬火硬度可达到 64～66HRC（表面硬度）	可以用于制造加工高硬度、高切削力的各种刀具，如铣刀、滚刀及车刀等
W12Cr4V5Co5	高碳高钒含钴高速钢，具有很好的耐磨性，硬度高，耐回火性良好，高温硬度较高，因此，工作温度高，工作寿命较其他的高速钢成倍提高	适用于加工难加工材料，如高强度钢、中强度钢、冷轧钢、铸造合金钢等，适于制作车刀、铣刀、齿轮刀具、成形刀具、螺纹加工刀具及冷作模具，但不适于制造高精度的复杂刀具
W6Mo5Cr4V2	具有良好的高温硬度和韧性，淬火后表面硬度可达 64～66HRC，这是一种含钼低钨高速钢，成本较低，是仅次于 W18Cr4V 而获得广泛应用的一种高速工具钢	适于制造钻头、丝锥、板牙、铣刀、齿轮刀具、冷作模具等
CW6Mo5Cr4V2	淬火后，其表面硬度、高温硬度、耐热性、耐磨性均比 W6Mo5Cr4V2 有所提高，但其强度和冲击韧度比 W6Mo5Cr4V2 有所降低	用于制造切削性能较高的冲击不大的刀具，如拉刀、铰刀、滚刀、扩孔刀等
W6Mo5Cr4V3	具有碳化物细小均匀、韧性高、塑性好等优点，且耐磨性优于 W6Mo5Cr4V2，但可磨削性差，易于氧化脱碳	可制作各种类型的一般刀具，如车刀、刨刀、丝锥、钻头、成形铣刀、拉刀、滚刀、螺纹梳刀等，适于加工中高强度钢、高温合金等难加工材料。因可磨削性差，不宜制作高精度复杂刀具
CW6Mo5Cr4V3	高碳钼系高钒型高速钢，它是在 W6Mo5Cr4V3 的基础上把平均含碳量 w_C 由 1.05%提高到 1.20%，并相应提高了含钒量而形成的一个钢种，钢的耐磨性更好	用途同 W6Mo5Cr4V3
W2Mo9Cr4V2	具有较高的高温硬度、韧性及耐磨性，密度较小，可磨削性优良，在切削一般材料时有着良好的效果	用于制作铣刀、成形刀具、丝锥、锯条、车刀、拉刀、冷冲模具等
W6Mo5Cr4V2Co5	含钴高速钢，具有良好的高温硬度，切削性能及耐磨性较好，强度和冲击韧度不高	可用于制造加工硬质材料的各种刀具，如齿轮刀具、铣刀、冲头等

续表 4-1-33

牌号	主要特性	应用举例
W7Mo4Cr4V2Co5	在W6Mo5Cr4V2的基础上增加了5%的钴(w_{Co})，提高了含碳量并调整了钨、钼含量。提高了钢的高温硬度，改善了耐磨性。钢的切削性能较好，但强度和冲击韧度较低	一般用于制造齿轮刀具、铣刀以及冲头、刀头等工具，供作切削硬质材料用
W2Mo9Cr4VCo8	高碳含钴超硬型高速钢，具有高的室温硬度及高温硬度，可磨削性好，刀刃锋利	适于制作各种高精度复杂刀具，如成形铣刀、精拉刀、专用钻头、车刀、刀头及刀片，对于加工铸造高温合金、钛合金、超高强度钢等难加工材料，均可得到良好的效果
W9Mo3Cr4V	钨钼系通用型高速钢，通用性强，综合性能超过W6Mo5Cr4V2，且成本较低	制造各种高速切削刀具和冷、热模具
W6Mo5Cr4V2Al	含铝超硬型高速钢，具有高的高温硬度，高耐磨性，热塑性好，工作寿命长	适于加工各种难加工材料，如高温合金、超高强度钢、不锈钢等，可制作车刀、镗刀、铣刀、钻头、齿轮刀具、拉刀等

4.1.5.3 轴承钢

常用轴承钢牌号的特性和应用(表 4-1-34)

表 4-1-34 常用轴承钢牌号的特性和应用

牌号	主要特性	应用举例
(1) 高碳铬不锈轴承钢(GB/T 3086—2008)		
牌号	主要特性	应用举例
9Cr18 9Cr18Mo	具有高的硬度和耐回火性，可加工性及冷冲压性良好，导热性差，淬火处理和低温回火后有更高的力学性能	用于制造耐蚀的轴承套圈及滚动体，如海水、河水、硝酸、化工石油、核反应堆用轴承，还可以作为耐蚀高温轴承钢使用，其工作温度不高于250 ℃；也可制造高质量的刀具、医用手术刀、以及耐磨和耐蚀但动载荷较小的机械零件
(2) 高碳铬轴承钢(GB/T 18254—2002)		
GCr4	低铬轴承钢，耐磨性比相同碳含量的碳素工具钢高，冷加工塑性变形和可加工性尚好，有回火脆性倾向	用于制造一般载荷不大、形状简单的机械转动轴上的钢球和滚子
GCr15	高碳铬轴承钢的代表钢种、综合性能良好，淬火与回火后具有高而均匀的硬度，良好的耐磨性和高的接触疲劳寿命，热加工变形性能和可加工性均好，但焊接性差，对白点形成较敏感，有回火脆性倾向	用于制造壁厚≤12 mm、外径≤250 mm的各种轴承套圈，也用作尺寸范围较宽的滚动体，如钢球、圆锥滚子、圆柱滚子、球面滚子、滚针等；还用于制造模具、精密量具以及其他要求高耐磨性、高弹性极限和高接触疲劳强度的机械零件
GCr15SiMn	在GCr15钢的基础上适当增加硅、锰含量，其淬透性、弹性极限、耐磨性均有明显提高，冷加工塑性中等，可加工性稍差，焊接性能不好，对白点形成较敏感，有回火脆性倾向	用于制造大尺寸的轴承套圈、钢球、圆锥滚子、圆柱滚子、球面滚子等，轴承零件的工作温度180 ℃；还用于制造模具、量具、丝锥及其他要求硬度高且耐磨的零部件
GCr15SiMo	在GCr15钢的基础上提高硅含量，并添加钼而开发的新型轴承钢。综合性能良好，淬透性高，耐磨性好，接触疲劳寿命高，其他性能与GCr15SiMn钢相近	用于制造大尺寸的轴承套圈、滚珠、滚柱，还用于制造模具、精密量具以及其他要求硬度高且耐磨的零部件
GCr18Mo	相当于瑞典SKF24轴承钢。在GCr15钢的基础上加入钼，并适当提高铬含量，从而提高了钢的淬透性。其他性能与GCr15钢相近	用于制造各种轴承套圈，壁厚从≤16 mm增加到≤20 mm，扩大了使用范围。其他用途和GCr15钢基本相同
(3) 渗碳轴承钢(GB/T 3203—1982)		
G20CrMo	低合金渗碳钢，渗碳后表面硬度较高，耐磨性较好，而心部硬度低，韧性好，适于制作耐冲击载荷的轴承及零部件	常用作汽车、拖拉机的承受冲击载荷的滚子轴承，也用作汽车齿轮、活塞杆、螺栓等

表 4-1-34 常用轴承钢牌号的特性和应用

(3) 渗碳轴承钢(GB/T 3203—1982)		
G20CrNiMo	有良好的塑性、韧性和强度,渗碳或碳氮共渗后表面有相当高的硬度,耐磨性好,接触疲劳寿命明显优于GCr15钢,而心部碳含量低,有足够的韧性承受冲击载荷	制作耐冲击载荷轴承的良好材料,用作承受冲击载荷的汽车轴承和中小型轴承,也用作汽车、拖拉机齿轮及牙轮钻头的牙爪和牙轮体
G20CrNi2Mo	渗碳后表面硬度高,耐磨性好,具有中等表面硬化性,心部韧性好,可耐冲击载荷,钢的冷热加工塑性较好,能加工成棒、板、带及无缝钢管	用于承受较高冲击载荷的滚子轴承,如铁路货车轴承套圈和滚子,也用作汽车齿轮、活塞杆、万向节轴、圆头螺栓等
G10CrNi3Mo	渗碳后表面碳含量高,具有高硬度,耐磨性好,而心部碳含量低,韧性好,可耐冲击载荷	用于承受冲击载荷较高的大型滚子轴承,如轧钢机轴承等
G20Cr2Ni4A	常用的渗碳结构钢用于制作轴承。渗碳后表面有相当高的硬度、耐磨性和接触疲劳强度,而心部韧性好,可耐强烈冲击载荷,焊接性中等,有回火脆性倾向,对白点形成较敏感	制作耐冲击载荷的大型轴承,如轧钢机轴承等,也用作其他大型渗碳件,如大型齿轮、轴等,还可用于制造要求强韧性高的调质件
G20Cr2Mn2MoA	渗碳后表面硬度高,耐心部韧性好,可耐强烈冲击载荷。与G20Cr2Ni4A相比,渗碳速度快,渗碳层较易形成粗大碳化物,不易扩散消除	用于高冲击载荷条件下工作的特大型和大、中型轴承零件,以及轴、齿轮等

4.1.5.4 特种钢

(1) 不锈钢棒(GB/T 1220—2007)

1) 不锈钢棒力学性能(表 4-1-35)

表 4-1-35 不锈钢棒力学性能

(1) 经固溶处理的奥氏体型钢							
牌号	规定非比例延伸强度 $R_{P0.2}$/(N/mm²)	抗拉强度 R_m/(N/mm²)	断后伸长率 A/%	断面收缩率 Z/%	硬度		
					HBW	HRB	HV
	不小于				不大于		
12Cr17Mn6Ni5N	275	520	40	45	241	100	253
12Cr18Mn9Ni5N	275	520	40	45	207	95	218
12Cr17Ni7	205	520	40	60	187	90	200
12Cr18Ni9	205	520	40	60	187	90	200
Y12Cr18Ni9	205	520	40	50	187	90	200
Y12Cr18Ni9Se	205	520	40	50	187	90	200
06Cr19Ni10	205	520	40	60	187	90	200
022Cr19Ni10	175	480	40	60	187	90	200
06Cr18Ni9Cu3	175	480	40	60	187	90	200
06Cr19Ni10N	275	550	35	50	217	95	220
06Cr19Ni9NbN	345	685	35	50	250	100	260
022Cr19Ni10N	245	550	40	50	217	95	220
10Cr18Ni12	175	480	40	60	187	90	200
06Cr23Ni13	205	520	40	60	187	90	200
06Cr25Ni20	205	520	40	50	187	90	200
06Cr17Ni12Mo2	205	520	40	60	187	90	200
022Cr17Ni12Mo2	175	480	40	60	187	90	200
06Cr17Ni12Mo2Ti	205	530	40	55	187	90	200
06Cr17Ni12Mo2N	275	550	35	50	217	95	220
022Cr17Ni12Mo2N	245	550	40	50	217	95	220

续表 4-1-35

(1) 经固溶处理的奥氏体型钢

牌　号	规定非比例延伸强度 $R_{P0.2}$/(N/mm²)	抗拉强度 R_m/(N/mm²)	断后伸长率 A/%	断面收缩率 Z/%	硬　度		
					HBW	HRB	HV
	不　小　于				不　大　于		
06Cr18Ni12Mo2Cu2	205	520	40	60	187	90	200
022Cr18Ni14Mo2Cu2	175	480	40	60	187	90	200
06Cr19Ni13Mo3	205	520	40	60	187	90	200
022Cr19Ni13Mo3	175	480	40	60	187	90	200
03Cr18Ni16Mo5	175	480	40	45	187	90	200
06Cr18Ni11Ti	205	520	40	50	187	90	200
06Cr18Ni11Nb	205	520	40	50	187	90	200
06Cr18Ni13Si4	205	520	40	60	207	95	218

(2) 奥氏体-铁素体型不锈钢

牌　号	规定非比例延伸强度 $R_{P0.2}$/(N/mm²)	抗拉强度 R_m/(N/mm²)	断后伸长率 A/%	断面收缩率 Z/%	冲击吸收功 A_{KU2}/J	硬　度		
						HBW	HRB	HV
	不　小　于					不　大　于		
14Cr18Ni11Si4AlTi	440	715	25	40	63	—	—	—
022Cr19Ni5Mo3Si2N	390	590	20	40	—	290	30	300
022Cr22Ni5Mo3N	450	620	25	—	—	290	—	—
022Cr23Ni5Mo3N	450	655	25	—	—	290	—	—
022Cr25Ni6Mo2N	450	620	20	—	—	260	—	—
03Cr25Ni6Mo3Cu2N	550	750	25	—	—	290	—	—

(3) 经退火处理的铁素体型钢

牌　号	规定非比例延伸强度 $R_{P0.2}$/(N/mm²)	抗拉强度 R_m/(N/mm²)	断后伸长率 A/%	断面收缩率 Z/%	冲击吸收功 A_{KU2}/J	硬　度
						HBW
	不　小　于					不大于
06Cr13Al	175	410	20	60	78	183
022Cr12	195	360	22	60	—	183
10Cr17	205	450	22	50	—	183
Y10Cr17	205	450	22	50	—	183
10Cr17Mo	205	450	22	60	—	183
008Cr27Mo	245	410	20	45	—	219
008Cr30Mo2	295	450	20	45	—	228

(4) 马氏体型钢

牌　号	组别	经淬火回火后试样的力学性能和硬度							退火后钢棒的硬度
		规定非比例延伸强度 $R_{P0.2}$/(N/mm²)	抗拉强度 R_m/(N/mm²)	断后伸长率 A/%	断面收缩率 Z/%	冲击吸收功 A_{KU2}/J	HBW	HRC	HBW
		不　小　于							不大于
12Cr12		390	590	25	55	118	170	—	200
06Cr13		345	490	24	60	—	—	—	183
12Cr13		345	540	22	55	78	159	—	200
Y12Cr13		345	540	17	45	55	159	—	200

续表 4-1-35

（4）马氏体型钢

牌 号	组别	经淬火回火后试样的力学性能和硬度							退火后钢棒的硬度
		规定非比例延伸强度 $R_{P0.2}$/(N/mm²)	抗拉强度 R_m/(N/mm²)	断后伸长率 A/%	断面收缩率 Z/%	冲击吸收功 A_{KU2}/J	HBW	HRC	HBW
		不 小 于							不大于
20Cr13		440	640	20	50	63	192	—	223
30Cr13		540	735	12	40	24	217	—	235
Y30Cr13		540	735	8	35	24	217	—	235
40Cr13		—	—	—	—	—	—	50	235
14Cr17Ni2		—	1 080	10	—	39	—	—	285
17Cr16Ni2	1	700	900～1 050	12	45	25(A_{KV})	—	—	295
	2	600	800～950	14					
68Cr17		—	—	—	—	—	—	54	255
85Cr17		—	—	—	—	—	—	56	255
108Cr17		—	—	—	—	—	—	58	269
Y108Cr17		—	—	—	—	—	—	58	269
95Cr18		—	—	—	—	—	—	55	255
13Cr13Mo		490	690	20	60	78	192	—	200
32Cr13Mo		—	—	—	—	—	—	50	207
102Cr17Mo		—	—	—	—	—	—	55	269
90Cr18MoV		—	—	—	—	—	—	55	269

（5）沉淀硬化型

牌 号	热处理			规定非比例延伸强度 $R_{P0.2}$/(N/mm²)	抗拉强度 R_m/(N/mm²)	断后伸长率 A/%	断面收缩率 Z/%	硬 度	
	类型		组别	不 小 于				HBW	HRC
Cr15Ni5Cu4Nb	固溶处理		0	—	—	—	—	≤363	≤38
	沉淀硬化	480 ℃时效	1	1 180	1 310	10	35	≥375	≤40
		550 ℃时效	2	1 000	1 070	12	45	≥331	≥35
		580 ℃时效	3	865	1 000	13	45	≥302	≥31
		620 ℃时效	4	725	930	16	50	≥277	≤28
Cr17Ni4Cu4Nb	固溶处理		0	—	—	—	—	≤363	≤38
	沉淀硬化	480 ℃时效	1	1 180	1 310	10	40	≥375	≥40
		550 ℃时效	2	1 000	1 070	12	45	≥331	≥35
		580 ℃时效	3	865	1 000	13	45	≥302	≥31
		620 ℃时效	4	725	930	16	50	≥277	≤28
Cr17Ni7Al	固溶处理		0	≤380	≤1 030	20	—	≤229	—
	沉淀硬化	510 ℃时效	1	1 030	1 230	4	10	≥388	—
		565 ℃时效	2	960	1 140	5	25	≥363	—
Cr15Ni7Mo2Al	固溶处理		0	—	—	—	—	≤269	—
	沉淀硬化	510 ℃时效	1	1 210	1 320	6	20	≥388	—
		565 ℃时效	2	1 100	1 210	7	25	≥375	—

2）不锈钢的特性和用途（表 4-1-36）

表 4-1-36　不锈钢的特性和用途

牌　　号	特 性 与 用 途
（1）奥氏体型	
12Cr17Mn6Ni5N	节镍钢，性能 12Cr17Ni7(1Cr17Ni7)与相近，可代替 12Cr17Ni7(1Cr17Ni7)使用。在固溶态无磁，冷加工后具有轻微磁性。主要用于制造旅馆装备、厨房用具、水池、交通工具等
12Cr18Mn9Ni5N	节镍钢，是 Cr-Mn-Ni-N 型最典型、发展比较完善的钢。在 800 ℃以下具有很好的抗氧化性，且保持较高的强度，可代替 12Cr18Ni9(1Cr18Ni9)使用。主要用于制作 800 ℃以下经受弱介质腐蚀和承受负荷的零件，如炊具、餐具等
12Cr17Ni7	亚稳定奥氏体不锈钢，是最易冷变形强化的钢。经冷加工有高的强度和硬度，并仍保留足够的塑韧性，在大气条件下具有较好的耐蚀性。主要用于以冷加工状态承受较高负荷，又希望减轻装备重量和不生锈的设备和部件，如铁道车辆，装饰板、传送带、紧固件等
12Cr18Ni9	历史最悠久的奥氏体不锈钢，在固溶态具有良好的塑性、韧性和冷加工性，在氧化性酸和大气、水、蒸汽等介质中耐蚀性也好。经冷加工有高的强度，但伸长率比 12Cr17Ni7(1Cr17Ni7)稍差。主要用于对耐蚀性和强度要求不高的结构件和焊接件，如建筑物外表装饰材料；也可用于无磁部件和低温装置的部件。但在敏化态或焊后，具有晶间腐蚀倾向，不宜用作焊接结构材料
Y12Cr18Ni9	12Cr18Ni9(1Cr18Ni9)改进切削性能钢。最适用于快速切削（如自动车床）制作辊、轴、螺栓、螺母等
Y12Cr18Ni9Se	除调整 12Cr18Ni9(1Cr18Ni9)钢的磷、硫含量外，还加入硒，提高 12Cr18Ni9(1Cr18Ni9)钢的切削性能。用于小切削量，也适用于热加工或冷顶锻，如螺丝、铆钉等
06Cr19Ni10	在 12Cr18Ni9(1Cr18Ni9)钢基础上发展演变的钢，性能类似于 12Cr18Ni9(1Cr18Ni9)钢，但耐蚀性优于 12Cr18Ni9(1Cr18Ni9)钢，可用作薄截面尺寸的焊接件，是应用量最大、使用范围最广的不锈钢。适用于制造深冲成型部件和输酸管道、容器、结构件等，也可以制造无磁、低温设备和部件
022Cr19Ni10	为解决因 $Cr_{23}C_6$ 析出致使 06Cr19Ni10(0Cr18Ni9)钢在一些条件下存在严重的晶间腐蚀倾向而发展的超低碳奥氏体不锈钢，其敏化态耐晶间腐蚀能力显著优于 06Cr18Ni9(0Cr18Ni9)钢。除强度稍低外，其他性能同 06Cr18Ni9Ti(0Cr18Ni9Ti)钢，主要用于需焊接且焊接后又不能进行固溶处理的耐蚀设备和部件
06Cr18Ni9Cu3	在 06Cr19Ni10(0Cr18Ni9)基础上为改进其冷成形性能而发展的不锈钢。铜的加入，使钢的冷作硬化倾向小，冷作硬化率降低，可以在较小的成形力下获得最大的冷变形。主要用于制作冷镦紧固件、深拉等冷成形的部件
06Cr19Ni10N	在 06Cr19Ni10(0Cr18Ni9)钢基础上添加氮，不仅防止塑性降低，而且提高钢的强度和加工硬化倾向，改善钢的耐点蚀、晶腐性，使材料的厚度减少。用于有一定耐腐性要求，并要求较高强度和减轻重量的设备或结构部件
06Cr19Ni9NbN	在 06Cr19Ni10(0Cr18Ni9)钢基础上添加氮和铌，提高钢的耐点蚀和晶间腐蚀性能，具有与 06Cr19Ni10N(0Cr19Ni9N)钢相同的特性和用途
022Cr19Ni10N	06Cr19Ni10N(0Cr19Ni9N)的超低碳钢。因 06Cr19Ni10N(0Cr19Ni9N)钢在 450 ℃～900 ℃加热后耐晶间腐蚀性能明显下降，因此对于焊接设备构件，推荐用 022Cr19Ni10N(00Cr18Ni10N)钢
10Cr18Ni12	在 12Cr18Ni9(1Cr18Ni9)钢基础上，通过提高钢中镍含量而发展起来的不锈钢。加工硬化性比 12Cr18Ni9(1Cr18Ni9)钢低。适宜用于旋压加工、特殊拉拔，如作冷墩钢用等
06Cr23Ni13	高铬镍奥氏体不锈钢，耐腐蚀性比 06Cr19Ni10(0Cr18Ni9)钢好，但实际上多作为耐热钢使用
06Cr25Ni20	高铬镍奥氏体不锈钢，在氧化性介质中具有优良的耐蚀性，同时具有良好的高温力学性能，抗氧化性比 06Cr23Ni13(0Cr23Ni13)钢好，耐点蚀和耐应力腐蚀能力优于 18-8 型不锈钢，既可用于耐蚀部件又可作为耐热钢使用
06Cr17Ni12Mo2	在 10Cr18Ni12(1Cr18Ni12)钢基础上加入钼，使钢具有良好的耐还原性介质和耐点腐蚀能力。在海水和其他各种介质中，耐腐蚀性优于 06Cr19Ni10(0Cr18Ni9)钢。主要用于耐点蚀材料
022Cr17Ni12Mo2	06Cr17Ni12Mo2(0Cr17Ni12Mo2)的超低碳钢，具有良好的耐敏化态晶间腐蚀的性能。适用于制造厚截面尺寸的焊接部件和设备，如石油化工、化肥、造纸、印染及原子能工业用设备的耐蚀材料
06Cr17Ni12Mo2Ti	为解决 06Cr17Ni12Mo2(0Cr17Ni12Mo2)钢的晶间腐蚀而发展起来的钢种，有良好的耐晶间腐蚀性，其他性能与 06Cr17Ni12Mo2(0Cr17Ni12Mo2)钢相近。适合于制造焊接部件

续表 4-1-36

牌　号	特性与用途
(1) 奥氏体型	
06Cr17Ni12Mo2N	在06Cr17Ni12Mo2(0Cr17Ni12Mo2)中加入氮，提高强度，同时又不降低塑性，使材料的使用厚度减薄。用于耐蚀性好的高强度部件
022Cr17Ni12Mo2N	在022Cr17Ni12Mo2(00Cr17Ni14Mo2)钢中加入氮，具有与022Cr17Ni12Mo2(00Cr17Ni14Mo2)钢同样特性，用途与06Cr17Ni12Mo2N(0Cr17Ni12Mo2N)相同，但耐晶间腐蚀性能更好。主要用于化肥、造纸、制药、高压设备等领域
06Cr18Ni12Mo2Cu2	在06Cr17Ni12Mo2(0Cr17Ni12Mo2)钢基础上加入约2%Cu，其耐腐蚀性、耐点蚀性好。主要用于制作耐硫酸材料，也可用作焊接结构件和管道、容器等
022Cr18Ni14Mo2Cu2	06Cr18Ni12Mo2Cu2(0Cr18Ni12Mo2Cu2)的超低碳钢。比06Cr18Ni12Mo2Cu2(0Cr18Ni12Mo2Cu2)钢的耐晶间腐蚀性能好。用途同06Cr18Ni12Mo2Cu2(0Cr18Ni12Mo2Cu2)钢
06Cr19Ni13Mo3	耐点蚀和抗蠕变能力优于06Cr17Ni12Mo2(0Cr17Ni12Mo2)。用于制作造纸、印染设备，石油化工及耐有机酸腐蚀的装备等
022Cr19Ni13Mo3	06Cr19Ni13Mo3(0Cr19Ni13Mo3)的超低碳钢，比06Cr19Ni13Mo3(0Cr19Ni13Mo3)钢耐晶间腐蚀性能好，在焊接整体件时抑制析出碳。用途与06Cr19Ni13Mo3(0Cr19Ni13Mo3)钢相同
03Cr18Ni16Mo5	耐点蚀性能优于022Cr17Ni12Mo2(00Cr17Ni14Mo2)和06Cr17Ni12Mo2Ti(0Cr18Ni12Mo3Ti)的一种高钼不锈钢，在硫酸、甲酸、醋酸等介质中的耐蚀性要比一般含2%～4%Mo的常用Cr-Ni钢更好。主要用于处理含氯离子溶液的热交换器，醋酸设备，磷酸设备，漂白装置等，以及022Cr17Ni12Mo2(00Cr17Ni14Mo2)和06Cr17Ni12Mo2Ti(0Cr18Ni12Mo3Ti)钢不适用环境中使用
06Cr18Ni11Ti	钛稳定化的奥氏体不锈钢，添加钛提高耐晶间腐蚀性能，并具有良好的高温力学性能。可用超低碳奥氏体不锈钢代替。除专用(高温或抗氢腐蚀)外，一般情况不推荐使用
06Cr18Ni11Nb	铌稳定化的奥氏体不锈钢，添加铌提高耐晶间腐蚀性能，在酸、碱、盐等腐蚀介质中的耐蚀性同06Cr18Ni11Ti(0Cr18Ni10Ti)，焊接性能良好。既可作耐蚀材料又可作耐热钢使用，主要用于火电厂、石油化工等领域，如制作容器、管道、热交换器、轴类等；也可作为焊接材料使用
06Cr18Ni13Si4	在06Cr19Ni10(0Cr18Ni9)中增加镍，添加硅，提高耐应力腐蚀断裂性能。用于含氯离子环境，如汽车排气净化装置等
(2) 奥氏体-铁素体型	
14Cr18Ni11Si4AlTi	含硅使钢的强度和耐浓硝酸腐蚀性能提高，可用于制作抗高温、浓硝酸介质的零件和设备，如排酸阀门等
022Cr19Ni5Mo3Si2N	在瑞典3RE60钢基础上，加入0.05%N～0.10%N形成的一种耐氯化物应力腐蚀的专用不锈钢。耐点蚀性能与022Cr17Ni12Mo2(00Cr17Ni14Mo2)相当。适用于含氯离子的环境，用于炼油、化肥、造纸、石油、化工等工业制造热交换器、冷凝器等。也可代替022Cr19Ni10(00Cr19Ni10)和022Cr17Ni12Mo2(00Cr17Ni14Mo2)钢在易发生应力腐蚀破坏的环境下使用
022Cr22Ni5Mo3N	在瑞典SAF2205钢基础上研制的，是目前世界上双相不锈钢中应用最普遍的钢。对含硫化氢、二氧化碳、氯化物的环境具有阻抗性，可进行冷、热加工及成型，焊接性良好，适用于作结构材料，用来代替022Cr19Ni10(00Cr19Ni10)和022Cr17Ni12Mo2(00Cr17Ni14Mo2)奥氏体不锈钢使用。用于制作油井管，化工储罐，热交换器、冷凝冷却器等易产生点蚀和应力腐蚀的受压设备
022Cr23Ni5Mo3N	从022Cr22Ni5Mo3N基础上派生出来的，具有更窄的区间。特性和用途同022Cr22Ni5Mo3N
022Cr25Ni6Mo2N	在0Cr26Ni5Mo2钢基础上调高钼含量、调低碳含量、添加氮，具有高强度、耐氯化物应力腐蚀、可焊接等特点，是耐点蚀最好的钢。代替0Cr26Ni5Mo2钢使用。主要应用于化工、化肥、石油化工等工业领域，主要制作热交换器、蒸发器等
03Cr25Ni6Mo3Cu2N	在英国Ferralium alloy 255合金基础上研制的，具有良好的力学性能和耐局部腐蚀性能，尤其是耐磨损性能优于一般的奥氏体不锈钢，是海水环境中的理想材料。适用作舰船用的螺旋推进器、轴、潜艇密封件等，也适用于在化工、石油化工、天然气、纸浆、造纸等领域应用
(3) 铁素体型	
06Cr13Al	低铬纯铁素体不锈钢，非淬硬性钢。具有相当于低铬钢的不锈性和抗氧化性，塑性、韧性和冷成型性优于铬含量更高的其他铁素体不锈钢。主要用于12Cr13(1Cr13)或10Cr17(1Cr17)由于空气可淬硬而不适用的地方，如石油精制装置、压力容器衬里，蒸汽透平叶片和复合钢板等

续表 4-1-36

牌号	特性与用途
(3) 铁素体型	
022Cr12	比 022Cr13(0Cr13)碳含量低，焊接部位弯曲性能、加工性能、耐高温氧化性能好。作汽车排气处理装置，锅炉燃烧室、喷嘴等
10Cr17	具有耐蚀性、力学性能和热导率高的特点，在大气、水蒸汽等介质中具有不锈性，但当介质中含有较高氯离子时，不锈性则不足。主要用于生产硝酸、硝铵的化工设备，如吸收塔、热交换器、贮槽等；薄板主要用于建筑内装饰、日用办公设备、厨房器具、汽车装饰、气体燃烧器等。由于它的脆性转变温度在室温以上，且对缺口敏感，不适用制作室温以下的承受载荷的设备和部件，且通常使用的钢材其截面尺寸一般不允许超过 4 mm
Y10Cr17	10Cr17(1Cr17)改进的切削钢。主要用于大切削量自动车床机加零件，如螺栓，螺母等
10Cr17Mo	在 10Cr17(1Cr17)钢中加入钼，提高钢的耐点蚀、耐缝隙腐蚀性及强度等，比 10Cr17(1Cr17)钢抗盐溶液性强。主要用作汽车轮毂、紧固件、以及汽车外装饰材料使用
008Cr27Mo	高纯铁素体不锈钢中发展最早的钢，性能类似于 008Cr30Mo2(00Cr30Mo2)。适用于既要求耐蚀性又要求软磁性的用途
008Cr30Mo2	高纯铁素体不锈钢。脆性转变温度低，耐卤离子应力腐蚀破坏性好，耐蚀性与纯镍相当，并具有良好的韧性，加工成型性和可焊接性。主要用于化学加工工业(醋酸、乳酸等有机酸，苛性钠浓缩工程)成套设备，食品工业、石油精炼工业、电力工业、水处理和污染控制等用热交换器、压力容器、罐和其他设备等
(4) 马氏体型	
12Cr12	作为汽轮机叶片及高应力部件之良好的不锈耐热钢
06Cr13	作较高韧性及受冲击负荷的零件，如汽轮机叶片、结构架、衬里、螺栓、螺帽等
12Cr13	半马氏体型不锈钢，经淬火回火处理后具有较高的强度、韧性，良好的耐蚀性和机加工性能。主要用于韧性要求较高且具有不锈性的受冲击载荷的部件，如刃具、叶片、紧固件、水压机阀、热裂解抗硫腐蚀设备等；也可制作在常温条件耐弱腐蚀介质的设备和部件
Y12Cr13	不锈钢中切削性能最好的钢，自动车床用
20Cr13	马氏体型不锈钢，其主要性能类似于 12Cr13(1Cr13)。由于碳含量较高，其强度、硬度高于 12Cr13(1Cr13)，而韧性和耐蚀性略低。主要用于制造承受高应力负荷的零件，如汽轮机叶片、热油泵、轴和轴套、叶轮、水压机阀片等，也可用于造纸工业和医疗器械以及日用消费领域的刀具、餐具等
30Cr13	马氏体型不锈钢，较 12Cr13(1Cr13)和 20Cr13(2Cr13)钢具有更高的强度、硬度和更好的淬透性，在室温的稀硝酸和弱的有机酸中具有一定的耐蚀性，但不及 12Cr13(1Cr13)和 20Cr13(2Cr13)钢。主要用于高强度部件，以及在承受高应力载荷并在一定腐蚀介质条件下的磨损件，如 300 ℃以下工作的刀具、弹簧，400 ℃以下工作的轴、螺栓、阀门、轴承等
Y30Cr13	改善 30Cr13(3Cr13)切削性能的钢。用途与 30Cr13(3Cr13)相似，需要更好的切削性能
40Cr13	特性与用途类似于 30Cr13(3Cr13)钢，其强度、硬度高于 30Cr13(3Cr13)钢，而韧性和耐蚀性略低。主要用于制造外科医疗用具、轴承、阀门、弹簧等。40Cr13(4Cr13)钢可焊性差，通常不制造焊接部件
14Cr17Ni2	热处理后具有较高的力学性能，耐蚀性优于 12Cr13(1Cr13)和 10Cr17(1Cr17)。一般用于既要求高力学性能的可淬硬性，又要求耐硝酸、有机酸腐蚀的轴类、活塞杆、泵、阀等零部件以及弹簧和紧固件
17Cr16Ni2	加工性能比 14Cr17Ni2(1Cr17Ni2)明显改善，适用于制作要求较高强度、韧性、塑性和良好的耐蚀性的零部件及在潮湿介质中工作的承力件
68Cr17	高铬马氏体型不锈钢，比 20Cr13(2Cr13)有较高的淬火硬度。在淬火回火状态下，具有高强度和硬度，并兼有不锈、耐蚀性能。一般用于制造要求具有不锈性或耐稀氧化性酸、有机酸和盐类腐蚀的刀具、量具、轴类、杆件、阀门、钩件等耐磨蚀的部件
85Cr17	可淬硬性不锈钢。性能与用途类似于 68Cr17(7Cr17)，但硬化状态下，比 68Cr17(7Cr17)硬，而比 108Cr17(11Cr17)韧性高。如刃具、阀座等
108Cr17	在可淬硬性不锈钢，不锈钢中硬度最高。性能与用途类似于 68Cr17(7Cr17)。主要用于制作喷嘴、轴承等
Y108Cr17	108Cr17(11Cr17)改进的切削性钢种。自动车床用

续表 4-1-36

牌　号	特性与用途
(4) 马氏体型	
95Cr18	高碳马氏体不锈钢。较 Cr17 型马氏体型不锈钢耐蚀性有所改善,其他性能与 Cr17 型马氏体型不锈钢相似。主要用于制造耐蚀高强度耐磨损部件,如轴、泵、阀件、杆类、弹簧、紧固件等。由于钢中极易形成不均匀的碳化物而影响钢的质量和性能,需在生产时予以注意
13Cr13Mo	比 12Cr13(1Cr13)钢耐蚀性高的高强度钢。用于制作汽轮机叶片,高温部件等
32Cr13Mo	在 30Cr13(3Cr13)钢基础上加入钼,改善了钢的强度和硬度,并增强了二次硬化效应,且耐蚀性优于 30Cr13(3Cr13)钢。主要用途同 30Cr13(3Cr13)钢
102Cr17Mo 90Cr18MoV	性能与用途类似于 95Cr18(9Cr18)钢。由于钢中加入了钼和钒,热强性和抗回火能力均优于 95Cr18(9Cr18)钢。主要用来制造承受摩擦并在腐蚀介质中工作的零件,如量具、刃具等
(5) 沉淀硬化型	
05Cr15Ni5Cu4Nb	在 05Cr17Ni4Cu4Nb(0Cr17Ni4Cu4Nb)钢基础上发展的马氏体沉淀硬化不锈钢,除高强度外,还具有高的横向韧性和良好的可锻性,耐蚀性与 05Cr17Ni4Cu4Nb(0Cr17Ni4Cu4Nb)钢相当。主要应用于具有高强度、良好韧性,又要求有优良耐蚀性的服役环境,如高强度锻件、高压系统阀门部件、飞机部件等
05Cr17Ni4Cu4Nb	添加铜和铌的马氏体沉淀硬化不锈钢,强度可通过改变热处理工艺予以调整,耐蚀性优于 Cr13 型及 95Cr18(9Cr18)和 14Cr17Ni2(1Cr17Ni2)钢,抗腐蚀疲劳及抗水滴冲蚀能力优于 12%Cr 马氏体型不锈钢,焊接工艺简便,易于加工制造,但较难进行深度冷成型。主要用于既要求具有不锈性又要求耐弱酸、碱、盐腐蚀的高强度部件。如汽轮机末级动叶片以及在腐蚀环境下,工作温度低于 300 ℃的结构件
07Cr17Ni7Al	添加铝的半奥氏体沉淀硬化不锈钢,成分接近 18-8 型奥氏体不锈钢,具有良好的冶金和制造加工工艺性能。可用于 350 ℃以下长期工作的结构件、容器、管道、弹簧、垫圈、计器部件。该钢热处理工艺复杂,在全世界范围内有被马氏体时效钢取代的趋势,但目前仍具有广泛应用的领域
07Cr15Ni7Mo2Al	以 2%Mo 取代 07Cr17Ni7Al(0Cr17Ni7Al)钢中 2%Cr 的半奥氏体沉淀硬化不锈钢,使之耐还原性介质腐蚀能力有所改善,综合性能优于 07Cr17Ni7Al(0Cr17Ni7Al)。用于宇航、石油化工和能源等领域有一定耐蚀要求的高强度容器、零件及结构件

(2) 耐热钢棒(GB/T 1221—2007)

1) 耐热钢棒力学性能(表 4-1-37)

表 4-1-37　耐热钢棒力学性能

牌　号	热处理状态	规定非比例延伸强度 $R_{P0.2}$/(N/mm²)	抗拉强度 R_m/(N/mm²)	断后伸长率 A/%	断面收缩率 Z/%	布氏硬度 HBW
(1) 奥氏体型钢						
		不小于				不大于
53Cr21Mn9Ni4N	固溶+时效	560	885	8	—	≥302
26Cr18Mn12Si2N	固溶处理	390	685	35	45	248
22Cr20Mn10Ni2Si2N		390	635	35	45	248
06Cr19Ni10		205	520	40	60	187
22Cr21Ni12N	固溶+时效	430	820	26	20	269
16Cr23Ni13	固溶处理	205	560	45	50	201
06Cr23Ni13		205	520	40	60	187
20Cr25Ni20		205	590	40	50	201
06Cr25Ni20		205	520	40	50	187
06Cr17Ni12Mo2		205	520	40	60	187
06Cr19Ni13Mo3		205	520	40	60	187
06Cr18Ni11Ti		205	520	40	50	187
45Cr14Ni14W2Mo	退火	315	705	20	35	248

续表 4-1-37

(1) 奥氏体型钢

牌　　号	热处理状态	规定非比例延伸强度 $R_{P0.2}$/(N/mm²)	抗拉强度 R_m/(N/mm²)	断后伸长率 A/%	断面收缩率 Z/%	布氏硬度 HBW
		不　小　于				不　大　于
12Cr16Ni35	固溶处理	205	560	40	50	201
06Cr18Ni11Nb		205	520	40	50	187
06Cr18Ni13Si4		205	520	40	60	207
16Cr20Ni14Si2		295	590	35	50	187
16Cr25Ni20Si2		295	590	35	50	187

(2) 铁素体型钢

牌　　号	热处理状态	规定非比例延伸强度 $R_{P0.2}$/(N/mm²)	抗拉强度 R_m/(N/mm²)	断后伸长率 A/%	断面收缩率 Z/%	布氏硬度 HBW
		不　小　于				不　大　于
06Cr13Al	退火	175	410	20	60	183
022Cr12		195	360	22	60	183
10Cr17		205	450	22	50	183
16Cr25N		275	510	20	40	201

(3) 马氏体型钢(淬火+回火)

牌　　号	规定非比例延伸强度 $R_{P0.2}$/(N/mm²)	抗拉强度 R_m/(N/mm²)	断后伸长率 A/%	断面收缩率 Z/%	冲击吸收功 A_{KV}/J	经淬火回火后的硬度 HBW	退火后的硬度 HBW
	不　小　于						不大于
12Cr13	345	540	22	55	78	159	200
20Cr13	440	640	20	50	63	192	223
14Cr17Ni2	—	1 080	10	—	39	—	—
17Cr16Ni2	700	900～1 050	12	45	25(A_{KV})	—	295
	600	800～950	14				
12Cr5Mo	390	590	18	—	—	—	200
12Cr12Mo	550	685	18	60	78	217～248	255
13Cr13Mo	490	690	20	60	78	192	200
14Cr11MoV	490	685	16	55	47	—	200
18Cr12MoVNbN	685	835	15	30	—	≤321	269
15Cr12WMoV	585	735	15	45	47	—	—
22Cr12NiWMoV	735	885	10	25	—	≤341	269
13Cr11Ni2W2MoV	735	885	15	55	71	269～321	269
	885	1 080	12	50	55	311～388	
18Cr11NiMoNbVN	760	930	12	32	20(A_{KV})	277～331	255
42Cr9Si2	590	885	19	50	—	—	269
45Cr9Si3	685	930	15	35	—	≥269	—
40Cr10Si2Mo	685	885	10	35	—	—	269
80Cr20Si2Ni	685	885	10	15	8	≥262	321

续表 4-1-37

牌　号	热处理			规定非比例延伸强度 $R_{P0.2}$/(N/mm²)	抗拉强度 R_m/(N/mm²)	断后伸长率 A/%	断面收缩率 Z/%	硬　度	
	类型		组别	不　小　于				HBW	HRC
(4) 沉淀硬化型钢									
05Cr17Ni4CuNb	固溶处理		0	—	—	—	—	≤363	≤38
	沉淀硬化	480℃时效	1	1 180	1 310	10	40	≥375	≥40
		550℃时效	2	1 000	1 070	12	45	≥331	≥35
		580℃时效	3	865	1 000	13	45	≥302	≥31
		620℃时效	4	725	930	16	50	≥277	≥28
07Cr17Ni7Al	固溶处理		0	≤380	≤1 030	20	—	≤229	—
	沉淀硬化	510℃时效	1	1 030	1 230	4	10	≥388	—
		565℃时效	2	960	1 140	5	25	≥363	—
06Cr15Ni25Ti2MoAlVB	固溶＋时效			590	900	15	18	≥248	—

2) 耐热钢棒的特性和用途(表 4-1-38)

表 4-1-38　耐热钢的特性和用途

牌　号	特性和用途
(1) 奥氏体型	
53Cr21Mn9Ni4N	Cr-Mn-Ni-N 型奥氏体阀门钢。用于制作以经受高温强度为主的汽油及柴油机用排气阀
26Cr18Mn12Si2N	有较高的高温强度和一定的抗氧化性,并且有较好的抗硫及抗增碳性。用于吊挂支架,渗碳炉构件、加热炉传送带、料盘、炉爪
22Cr20Mn10Ni2Si2N	特性和用途同 26Cr18Mn12Si2N(3Cr18Mn12Si2N),还可用作盐浴坩埚和加热炉管道等
06Cr19Ni10	通用耐氧化钢,可承受 870 ℃以下反复加热
22Cr21Ni12N	Cr-Ni-N 型耐热钢。用以制造以抗氧化为主的汽油及柴油机用排气阀
16Cr23Ni13	承受 980 ℃以下反复加热的抗氧化钢。加热炉部件,重油燃烧器
06Cr23Ni13	耐腐蚀性比 06Cr19Ni10 (0Cr18Ni9)钢好,可承受 980 ℃以下反复加热。炉用材料
20Cr25Ni20	承受 1 035 ℃以下反复加热的抗氧化钢。主要用于制作炉用部件、喷嘴、燃烧室
06Cr25Ni20	抗氧化性比 06Cr23Ni13(0Cr23Ni13)钢好,可承受 1 035 ℃以下反复加热。炉用材料、汽车排气净化装置等
06Cr17Ni12Mo2	高温具有优良的蠕变强度,作热交换用部件,高温耐蚀螺栓
06Cr19Ni13Mo3	耐点蚀和抗蠕变能力优于 06Cr17Ni12Mo2(0Cr17Ni12Mo2)。用于制作造纸、印染设备,石油化工及耐有机酸腐蚀的装备、热交换用部件等
06Cr18Ni11Ti	作在 400 ℃～900 ℃腐蚀条件下使用的部件,高温用焊接结构部件
45Cr14Ni14W2Mo	中碳奥氏体型阀门钢。在 700 ℃以下有较高的热强性,在 800 ℃以下有良好的抗氧化性能。用于制造 700 ℃以下工作的内燃机、柴油机重负荷进、排气阀和紧固件,500 ℃以下工作的航空发动机及其他产品零件。也可作为渗氮钢使用
12Cr16Ni35	抗渗碳,易渗氮,1 035 ℃以下反复加热。炉用钢料、石油裂解装置
06Cr18Ni11Nb	作在 400 ℃～900 ℃腐蚀条件下使用的部件,高温用焊接结构部件
06Cr18Ni13Si4	具有与 06Cr25Ni20(0Cr25Ni20)相当的抗氧化性。用于含氯离子环境,如汽车排气净化装置等
16Cr20Ni14Si2	具有较高的高温强度及抗氧化性,对含硫气氛较敏感,在 600 ℃～800 ℃有析出相的脆化倾向,适用于制作承受应力的各种炉用构件
16Cr25Ni20Si2	
(2) 铁素体型	
06Cr13Al	冷加工硬化少,主要用于制作燃气透平压缩机叶片、退火箱、淬火台架等
022Cr12	比 022Cr13(0Cr13)碳含量低,焊接部位弯曲性能、加工性能、耐高温氧化性能好。作汽车排气处理装置,锅炉燃烧室、喷嘴等
10Cr17	作 900 ℃以下耐氧化用部件、散热器、炉用部件、油喷嘴等

表 4-1-38 耐热钢的特性和用途

牌号	特性和用途
(2) 铁素体型	
16Cr25N	耐高温腐蚀性强，1 082 ℃以下不产生易剥落的氧化皮。常用于抗硫气氛，如燃烧室、退火箱、玻璃模具、阀、搅拌杆等
(3) 马氏体型	
12Cr13	作 800 ℃以下耐氧化用部件
20Cr13	淬火状态下硬度高，耐蚀性良好。汽轮机叶片
14Cr17Ni2	作具有较高程度的耐硝酸、有机酸腐蚀的轴类、活塞杆、泵、阀等零部件以及弹簧、紧固件、容器和设备
17Cr16Ni2	改善 14Cr17Ni2(1Cr17Ni2)钢的加工性能，可代替 14Cr17Ni2(1Cr17Ni2)钢使用
12Cr5Mo	在中高温下有好的力学性能。能抗石油裂化过程中产生的腐蚀。作再热蒸汽管、石油裂解管、锅炉吊架、蒸汽轮机气缸衬套、泵的零件、阀、活塞杆、高压加氢设备部件、紧固件
12Cr12Mo	铬钼马氏体耐热钢。作汽轮机叶片
13Cr13Mo	比 12Cr13(1Cr13)耐蚀性高的高强度钢。用于制作汽轮机叶片，高温、高压蒸汽用机械部件等
14Cr11MoV	铬钼钒马氏体耐热钢。有较高的热强性，良好的减震性及组织稳定性。用于透平叶片及导向叶片
18Cr12MoVNbN	铬钼钒铌氮马氏体耐热钢。用于制作高温结构部件，如汽轮机叶片、盘、叶轮轴、螺栓等
15Cr12WMoV	铬钼钨钒马氏体耐热钢。有较高的热强性，良好的减震性及组织稳定性。用于透平叶片、紧固件、转子及轮盘
22Cr12NiWMoV	性能与用途类似于 13Cr11Ni2W2MoV(1Cr11Ni2W2MoV)。用于制作汽轮机叶片
13Cr11Ni2W2MoV	铬镍钨钼钒马氏体耐热钢。具有良好的韧性和抗氧化性能，在淡水和湿空气中有较好的耐蚀性
18Cr11NiMoNbVN	具有良好的强韧性、抗蠕变性能和抗松弛性能，主要用于制作汽轮机高温紧固件和动叶片
42Cr9Si2 45Cr9Si3	铬硅马氏体阀门钢，750 ℃以下耐氧化。用于制作内燃机进气阀，轻负荷发动机的排气阀
40Cr10Si2Mo	铬硅钼马氏体阀门钢，经淬火回火后使用。因含有钼和硅，高温强度抗蠕变性能及抗氧化性能比 40Cr13(4Cr13)高。用于制作进、排气阀门，鱼雷，火箭部件，预燃烧室等
80Cr20Si2Ni	铬硅镍马氏体阀门钢。用于制作以耐磨性为主的进气阀、排气阀、阀座等
(4) 沉淀硬化型	
05Cr17Ni4Cu4Nb	添加铜和铌的马氏体沉淀硬化型钢，作燃气透平压缩机叶片、燃气透平发动机周围材料
07Cr17Ni7Al	添加铝的半奥氏体沉淀硬化型钢，作高温弹簧、膜片、固定器、波纹管
06Cr15Ni25Ti2MoAlVB	奥氏体沉淀硬化型钢，具有高的缺口强度，在温度低于 980 ℃时抗氧化性能与 06Cr25Ni20(0Cr25Ni20)相当。主要用于 700 ℃以下的工作环境，要求具有高强度和优良耐蚀性的部件或设备，如汽轮机转子、叶片、骨架、燃烧室部件和螺栓等

4.1.6 型钢

4.1.6.1 热轧圆钢和方钢尺寸规格(表 4-1-39)

4.1.6.2 热轧六角钢和八角钢尺寸规格(表 4-1-40)

表 4-1-39 热轧圆钢和方钢尺寸规格(GB/T 702—2008)

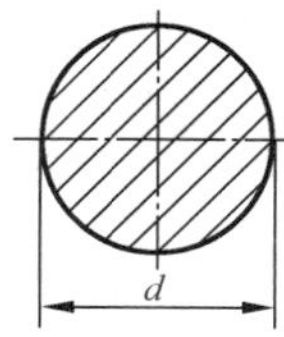

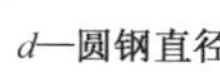

d—圆钢直径

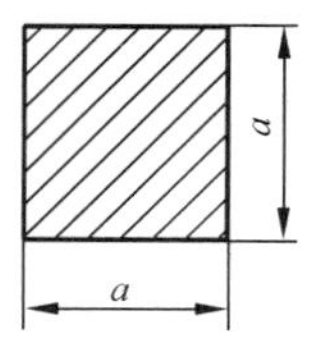

a—方钢边长

直径 d(或边长 a)/mm	精度组别 1 组	2 组	3 组	截面面积/cm² 圆钢	方钢	理论质量/(kg/m) 圆钢	方钢	直径 d(或边长 a)/mm	精度组别 1 组	2 组	3 组	截面面积/cm² 圆钢	方钢	理论质量/(kg/m) 圆钢	方钢
	允许偏差/mm								允许偏差/mm						
5.5	±0.20	±0.30	±0.40	0.237 5	0.30	0.186	0.237	6	±0.20	±0.30	±0.40	0.282 7	0.36	0.222	0.283

续表 4-1-39

直径 d（或边长 a）/mm	精度组别			截面面积/cm²		理论质量/(kg/m)		直径 d（或边长 a）/mm	精度组别			截面面积/cm²		理论质量/(kg/m)	
	1组	2组	3组						1组	2组	3组				
	允许偏差/mm			圆钢	方钢	圆钢	方钢		允许偏差/mm			圆钢	方钢	圆钢	方钢
6.5	±0.20	±0.30	±0.40	0.331 8	0.42	0.260	0.332	42	±0.40	±0.50	±0.60	13.85	17.64	10.9	13.8
7				0.384 8	0.49	0.302	0.385	45				15.90	20.25	12.5	15.9
8				0.502 7	0.64	0.395	0.502	48				18.10	23.04	14.2	18.1
9				0.636 2	0.81	0.499	0.636	50				19.64	25.00	15.4	19.6
10				0.785 4	1.0	0.617	0.785	53	±0.60	±0.70	±0.80	22.06	28.09	17.3	22.0
*11				0.950 3	1.21	0.746	0.95	*55				23.76	30.25	18.6	23.7
12	±0.25	±0.35	±0.40	1.131	1.44	0.888	1.13	56				24.63	31.36	19.3	24.6
13				1.327	1.69	1.04	1.33	*58				26.42	33.64	20.7	26.4
14				1.539	1.96	1.21	1.54	60	±0.60	±0.70	±0.80	28.27	36.00	22.2	28.3
15				1.767	2.25	1.39	1.77	63				31.17	39.69	24.5	31.2
16				2.011	2.56	1.58	2.01	*65				33.18	42.25	26.0	33.2
17				2.270	2.89	1.78	2.27	*68				36.32	46.24	28.5	36.3
18				2.545	3.24	2.00	2.54	70				38.48	49.00	30.2	38.5
19				2.835	3.61	2.23	2.83	75				44.18	56.25	34.7	44.2
20				3.142	4.00	2.47	3.14	80				50.27	64.00	39.5	50.2
21	±0.30	±0.40	±0.50	3.464	4.41	2.72	3.46	85	±0.9	±1.0	±1.1	56.75	72.25	44.5	56.7
22				3.801	4.84	2.98	3.80	90				63.62	81.00	49.9	63.6
*23				4.155	5.29	3.26	4.15	95				70.88	90.25	55.6	70.8
24				4.524	5.76	3.55	4.52	100				78.54	100.00	61.7	78.5
25				4.909	6.25	3.85	4.91	105				86.59	110.25	68.0	86.5
26				5.309	6.76	4.17	5.31	110				95.03	121.00	74.6	95.0
*27				5.726	7.29	4.49	5.72	115	±1.2	±1.3	±1.4	103.82	132.26	81.5	104
28				6.158	7.84	4.83	6.15	120				113.10	144.00	88.8	113
*29				6.605	8.41	5.18	6.60	125				122.72	156.25	96.3	123
30				7.069	9.00	5.55	7.06	130				132.73	169.00	104	133
*31	±0.40	±0.50	±0.60	7.548	9.61	5.93	7.54	140				153.94	196.00	121	154
32				8.042	10.24	6.31	8.04	150				176.72	225.00	139	177
*33				8.553	10.89	6.71	8.55	160	—	—	±2.0	201.06	256.00	158	201
34				9.097	11.56	7.13	9.07	170				226.98	289.00	178	227
*35				9.621	12.25	7.55	9.62	180				254.47	324.00	200	254
36				10.18	12.96	7.99	10.2	190				283.53	361.00	223	283
38				11.34	14.44	8.90	11.3	200	—	—	±2.5	314.16	400.00	247	314
40				12.57	16.00	9.86	12.6	220				380.13	—	298	—
								250				490.88	—	385	—

注：1. 表中的理论质量是按钢的密度为 7.85 g/cm³ 计算的。

2. 表中带“*”号的规格，不推荐使用。

表 4-1-40　热轧六角钢和八角钢尺寸规格（GB/T 705—1989）

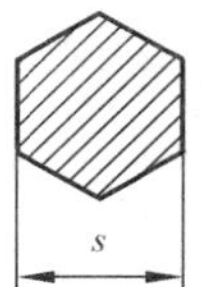

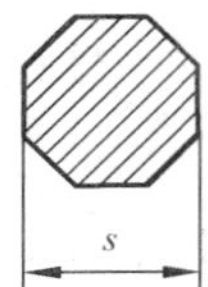

s—对边距离

对边距离 s/mm	允许偏差/mm			截面面积/cm²		理论质量/(kg/m)		对边距离 s/mm	允许偏差/mm			截面面积/cm²		理论质量/(kg/m)	
	1组	2组	3组	六角钢	八角钢	六角钢	八角钢		1组	2组	3组	六角钢	八角钢	六角钢	八角钢
8	±0.25	±0.35	±0.40	0.554 3	—	0.435	—	28	±0.30	±0.40	±0.50	6.790	6.492	5.33	5.10
9				0.701 5	—	0.551	—	30				7.794	7.452	6.12	5.85
10				0.866	—	0.680	—	32	±0.40	±0.50	±0.60	8.868	8.479	6.96	6.66
11				1.048	—	0.823	—	34				10.011	9.572	7.86	7.51
12				1.247	—	0.979	—	36				11.223	10.731	8.81	8.42
13				1.464	—	1.15	—	38				12.505	11.956	9.82	9.39
14				1.697	—	1.33	—	40				13.86	13.25	10.88	10.40
15				1.949	—	1.53	—	42				15.28	—	11.99	—
16				2.217	2.120	1.74	1.66	45				17.54	—	13.77	—
17				2.503		1.96		48				19.95	—	15.66	—
18				2.806	2.683	2.20	2.16	50				21.65	—	17.00	—
19				3.126		2.45		53				24.33	—	19.10	—
20				3.464	3.312	2.72	2.60	56				27.16	—	21.32	—
21	±0.30	±0.40	±0.50	3.819	—	3.00	—	58				29.13	—	22.87	—
22				4.192	4.008	3.29	3.15	60	±0.60	±0.70	±0.80	31.18	—	24.50	—
23				4.581	—	3.60	—	63				34.37	—	26.98	—
24				4.988	—	3.92	—	65				36.59	—	28.72	—
25				5.413	5.175	4.25	4.06	68				40.04	—	31.43	—
26				5.854	—	4.60	—	70				42.43	—	33.30	—
27				6.314	—	4.96	—								

注：1. 表列理论质量系按密度 7.85 g/cm³ 计算的。

2. 钢的通常长度为：普通钢 3～8 m，优质钢 2～6 m。

4.1.6.3 冷拉圆钢、方钢、六角钢尺寸规格(表 4-1-41)

表 4-1-41 冷拉圆钢、方钢、六角钢尺寸规格(GB/T 905—1994)

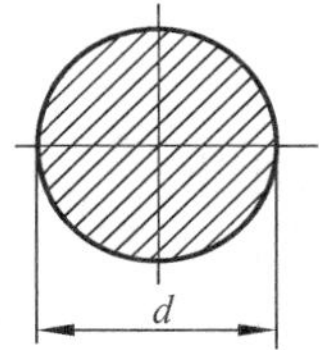

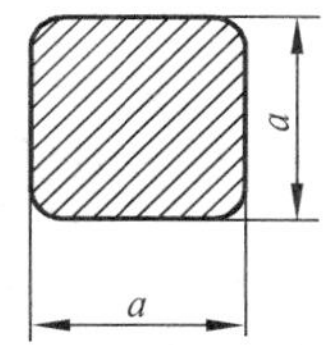

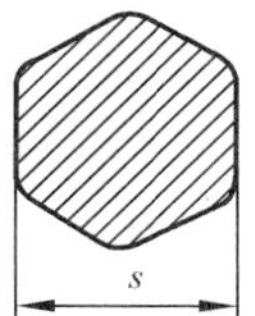

尺寸(d、a、s)/mm	圆钢		方钢		六角钢		尺寸(d、a、s)/mm	圆钢		方钢		六角钢	
	截面面积/mm²	理论质量/(kg/m)	截面面积/mm²	理论质量/(kg/m)	截面面积/mm²	理论质量/(kg/m)		截面面积/mm²	理论质量/(kg/m)	截面面积/mm²	理论质量/(kg/m)	截面面积/mm²	理论质量/(kg/m)
7.0	38.48	0.302	49.00	0.385	42.44	0.333	26.0	530.9	4.17	676.0	5.31	585.4	4.60
7.5	44.18	0.347	56.25	0.442	—	—	28.0	615.8	4.83	784.0	6.15	679.0	5.33
8.0	50.27	0.395	64.00	0.502	55.43	0.435	30.0	706.9	5.55	900.0	7.06	779.4	6.12
8.5	56.75	0.445	72.25	0.567	—	—	32.0	804.2	6.31	1 024	8.04	886.8	6.96
9.0	63.62	0.499	81.00	0.636	70.15	0.551	34.0	907.9	7.13	1 156	9.07	1 001	7.86
9.5	70.88	0.556	90.25	0.708	—	—	35.0	962.1	7.55	1 225	9.62	—	—
10.0	78.54	0.617	100.0	0.785	86.60	0.680	36.0	—	—	—	—	1 122	8.81
10.5	86.59	0.680	110.2	0.865	—	—	38.0	1 134	8.90	1 444	11.3	1 251	9.82
11.0	95.03	0.746	121.0	0.950	104.8	0.823	40.0	1 257	9.86	1 600	12.6	1 386	10.9
11.5	103.9	0.815	132.2	1.04	—	—	42.0	1 385	10.9	1 764	13.8	1 528	12.0
12.0	113.1	0.888	144.0	1.13	124.7	0.979	45.0	1 590	12.5	2 025	15.9	1 754	13.8
13.0	132.7	1.04	169.0	1.33	146.4	1.15	48.0	1 810	14.2	2 304	18.1	1 995	15.7
14.0	153.9	1.21	196.0	1.54	169.7	1.33	50.0	1 968	15.4	2 500	19.6	2 165	17.0
15.0	176.7	1.39	225.0	1.77	194.9	1.53	52.0	2 206	17.3	2 809	22.0	2 433	19.1
16.0	201.1	1.58	256.0	2.01	221.7	1.74	55.0	—	—	—	—	2 620	20.5
17.0	227.0	1.78	289.0	2.27	250.3	1.96	56.0	2 463	19.3	3 136	24.6	—	—
18.0	254.5	2.00	324.0	2.54	280.6	2.20	60.0	2 827	22.2	3 600	28.3	3 118	24.5
19.0	283.5	2.23	361.0	2.83	312.6	2.45	63.0	3 117	24.5	3 969	31.2	—	—
20.0	314.2	2.47	400.0	3.14	346.4	2.72	65.0	—	—	—	—	3 654	28.7
21.0	346.4	2.72	441.0	3.46	381.9	3.00	67.0	3 526	27.7	4 489	35.2	—	—
22.0	380.1	2.98	484.0	3.80	419.2	3.29	70.0	3 848	30.2	4 900	38.5	4 244	33.3
24.0	452.4	3.55	576.0	4.52	498.8	3.92	75.0	4 418	34.7	5 625	44.2	4 871	38.2
25.0	490.9	3.85	625.0	4.91	541.3	4.25	80.0	5 027	39.5	6 400	50.2	5 543	43.5

注：1. 表内尺寸一栏，对圆钢表示直径，对方钢表示边长，对六角钢表示对边距离。

2. 表中理论质量按密度为 7.85 g/cm³ 计算。对高合金钢计算理论质量时应采用相应牌号的密度。

4.1.6.4 锻制圆钢、方钢尺寸规格(表 4-1-42)

表 4-1-42 锻制圆钢、方钢尺寸规格

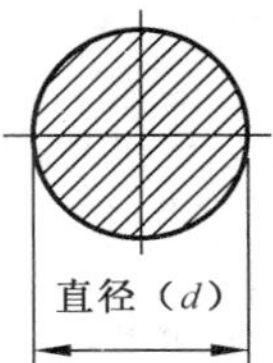

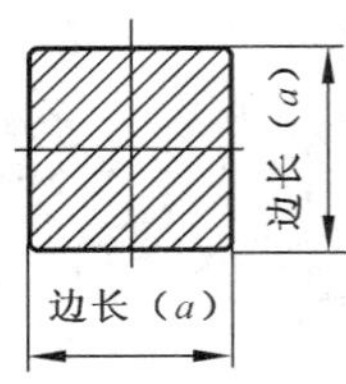

圆钢公称直径或方钢公称边长/mm	理论质量(kg/m)		圆钢公称直径或方钢公称边长/mm	理论质量(kg/m)	
	圆 钢	方 钢		圆 钢	方 钢
50	15.1	19.6	180	200	254
55	18.6	23.7	190	223	283
60	22.2	28.3	200	247	311
65	26.0	33.2	210	272	346
70	30.2	38.5	220	298	380
75	31.7	44.2	230	326	415
80	39.5	50.2	240	355	452
85	44.5	56.7	250	385	491
90	49.0	63.6	260	417	531
95	55.6	70.8	270	449	572
100	61.7	78.6	280	483	615
105	68.0	86.5	290	518	660
110	74.6	95.0	300	555	707
115	81.5	101	310	592	754
120	88.8	113	320	631	804
125	96.3	123	330	671	855
130	104	133	340	712	908
135	112	143	350	755	962
140	121	154	360	799	1 017
145	130	165	370	844	1 075
150	139	177	380	890	1 134
160	158	201	390	937	1 194
170	178	227	400	986	1 256

4.1.6.5 热轧等边角钢尺寸规格（表 4-1-43）

表 4-1-43 热轧等边角钢的尺寸规格（GB/T 706—2008）

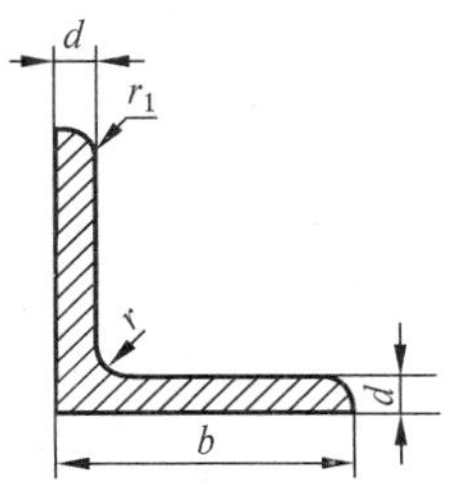

型号	尺寸/mm			截面面积/cm²	理论质量/(kg/m)
	b	d	r		
2	20	3	3.5	1.132	0.889
		4		1.459	1.145
2.5	25	3		1.432	1.124
		4		1.859	1.459
3.0	30	3	4.5	1.749	1.373
		4		2.276	1.786
3.6	36	3		2.109	1.656
		4		2.756	2.163
		5		3.382	2.654
4	40	3	5	2.359	1.852
		4		3.086	2.422
		5		3.791	2.976
4.5	45	3	5	2.659	2.088
		4		3.486	2.736
		5		4.292	3.369
		6		5.076	3.985
5	50	3	5.5	2.971	2.332
		4		3.897	3.059
		5		4.803	3.770
		6		5.688	4.465
5.6	56	3	6	3.343	2.624
		4		4.390	3.446
		5		5.415	4.251
		8		8.367	6.568
6.3	63	4	7	4.978	3.907
		5		6.143	4.822
		6		7.288	5.721
		8		9.515	7.469
		10		11.657	9.151
7	70	4	8	5.570	4.372
		5		6.875	5.397
		6		8.160	6.406
		7		9.424	7.398
		8		10.667	8.373
7.5	75	5	9	7.367	5.818
		6		8.797	6.905
		7		10.160	7.976
		8		11.503	9.030
		10		14.126	11.089
8	80	5		7.912	6.211
		6		9.397	7.376
		7		10.860	8.525
		8		12.303	9.658
		10		15.126	11.874
9	90	6	10	10.637	8.350
		7		12.301	9.656
		8		13.944	10.946
		10		17.167	13.476
		12		20.306	15.940
10	100	6	12	11.932	9.366
		7		13.796	10.830
		8		15.638	12.276
		10		19.261	15.120
		12		22.800	17.898
		14		26.256	20.611
		16		29.627	23.257
11	110	7		15.196	11.928
		8		17.238	13.532
		10		21.261	16.690
		12		25.200	19.782
		14		29.056	22.809
12.5	125	8	14	19.750	15.504
		10		24.373	19.133
		12		28.912	22.696
		14		33.367	26.193
14	140	10	14	27.373	21.488
		12		32.512	25.522
		14		37.567	29.490
		16		42.539	33.390
16	160	10	16	31.502	24.729
		12		37.441	29.391
		14		43.296	33.987
		16		49.067	38.518
18	180	12		42.241	33.159
		14		48.896	38.383
		16		55.467	43.542
		18		61.955	48.634
20	200	14	18	54.642	42.894
		16		62.013	48.680
		18		69.301	54.401
		20		76.505	60.056
		24		90.661	71.168

注：1. $r_1=\frac{1}{3}d$。

2. 角钢长度：

型号	长度/m
2～9	4～12
10～14	4～19
16～20	6～19

4.1.6.6 热轧不等边角钢尺寸规格(表 4-1-44)

表 4-1-44 热轧不等边角钢的尺寸规格(GB/T 706—2008)

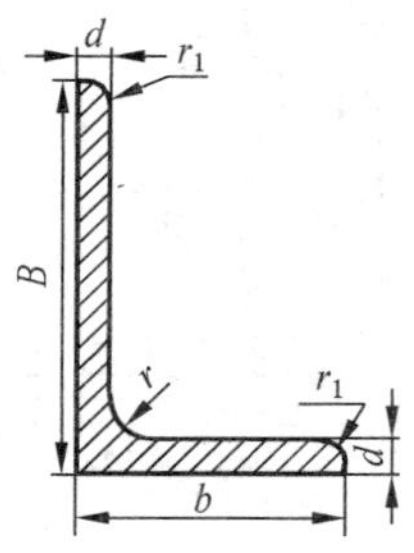

型号	尺寸/mm				截面面积/cm²	理论质量/(kg/m)
	B	b	d	r		
2.5/1.6	25	16	3	3.5	1.162	0.912
			4		1.499	1.176
3.2/2	32	20	3		1.492	1.171
			4		1.939	1.522
4/2.5	40	25	3	4	1.890	1.484
			4		2.467	1.936
4.5/2.8	45	28	3	5	2.149	1.687
			4		2.806	2.203
5/3.2	50	32	3	5.5	2.431	1.908
			4		3.177	2.494
5.6/3.6	56	36	3	6	2.743	2.153
			4		3.590	2.818
			5		4.415	3.466
6.3/4	63	40	4	7	4.058	3.185
			5		4.993	3.920
			6		5.908	4.638
			7		6.802	5.339
7/4.5	70	45	4	7.5	4.547	3.570
			5		5.609	4.403
			6		6.647	5.218
			7		7.657	6.011
7.5/5	75	50	5	8	6.125	4.808
			6		7.260	5.699
			8		9.467	7.431
			10		11.590	9.098
8/5	80	50	5	8.5	6.375	5.005
			6		7.560	5.935
			7		8.724	6.848
			8		9.867	7.745
9/5.6	90	55	5	9	7.212	5.661
			6		8.557	6.717
			7		9.880	7.756
			8		11.183	8.779
10/6.3	100	63	6	10	9.617	7.550
			7		11.111	8.722
			8		12.584	9.878
			10		15.467	12.142
10/8	100	80	6		10.637	8.350
			7		12.301	9.656
			8		13.944	10.946
			10		17.167	13.476
11/7	110	70	6		10.637	8.350
			7		12.301	9.656
			8		13.944	10.946
			10		17.167	13.476
12.5/8	125	80	7	11	14.096	11.066
			8		15.989	12.551
			10		19.712	15.474
			12		23.351	18.330
14/9	140	90	8	12	18.038	14.160
			10		22.261	17.475
			12		26.400	20.724
			14		30.456	23.908
16/10	160	100	10	13	25.315	19.872
			12		30.054	23.592
			14		34.709	27.247
			16		39.281	30.835
18/11	180	110	10	14	28.373	22.273
			12		33.712	26.464
			14		38.967	30.589
			16		44.139	34.649
20/12.5	200	125	12		37.912	29.761
			14		43.867	34.436
			16		49.739	39.045
			18		55.526	43.588

注:1. $r_1=\frac{1}{3}d$。

2. 角钢的长度:

型号	长度/m
2.5/1.6～9/5.6	4～12
10/6.3～14/9	4～19
16/10～20/12.5	6～19

4.1.6.7 热轧 L 型钢尺寸规格(表 4-1-45)

表 4-1-45 热轧 L 型钢尺寸规格(GB/T 706—2008)

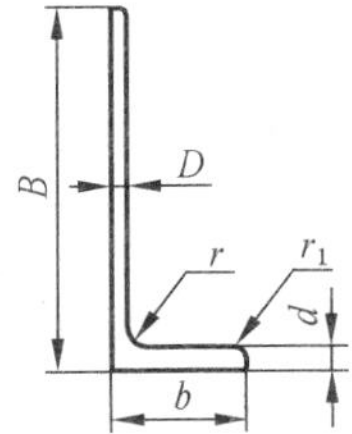

型号	截面尺寸/mm						截面面积/cm²	理论质量/kg/m
	B	b	D	d	r	r_1		
L250×90×9×13	250	90	9	13	15	7.5	33.4	26.2
L250×90×10.5×15			10.5	15			38.5	30.3
L250×90×11.5×16			11.5	16			41.7	32.7
L300×100×10.5×15	300	100	10.5	15			45.3	35.6
L300×100×11.5×16			11.5	16			49.0	38.5
L350×120×10.5×16	350	120	10.5	16	20	10	54.9	43.1
L350×120×11.5×18			11.5	18			60.4	47.4
L400×120×11.5×23	400	120	11.5	23			71.6	56.2
L450×120×11.5×25	450	120	11.5	25			79.5	62.4
L500×120×12.5×33	500	120	12.5	33			98.6	77.4
L500×120×13.5×35			13.5	35			105.0	82.8

注：热轧 L 型钢通长长度为 5～19 m。

4.1.6.8 热轧工字钢尺寸规格(表 4-1-46)

表 4-1-46 热轧工字钢尺寸规格(GB/T 706—2008)

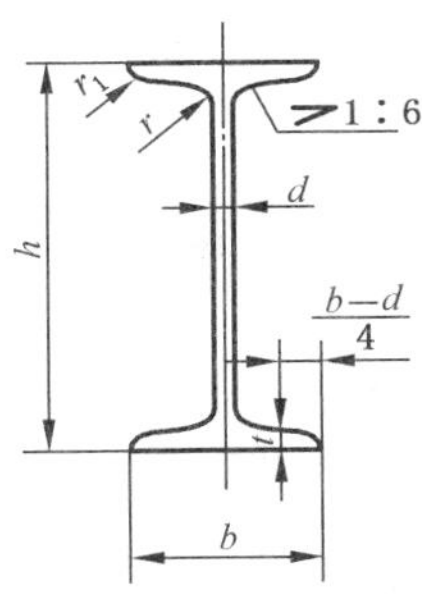

型号	尺寸/mm						截面面积/cm²	理论质量/(kg/m)
	h	b	d	t	r	r_1		
10	100	68	4.5	7.6	6.5	3.3	14.345	11.261
12.6	126	74	5	8.4	7.0	3.5	18.118	14.223
14	140	80	5.5	9.1	7.5	3.8	21.516	16.890
16	160	88	6.0	9.9	8.0	4.0	26.131	20.513
18	180	94	6.5	10.7	8.5	4.3	30.756	24.143
20a	200	100	7.0	11.4	9.0	4.5	35.578	27.929
20b	200	102	9.0	11.4	9.0	4.5	39.578	31.069
22a	220	110	7.5	12.3	9.5	4.8	42.128	33.070
22b	220	112	9.5	12.3	9.5	4.8	46.528	36.524
25a	250	116	8	13	10.0	5.0	48.541	38.105
25b	250	118	10	13	10.0	5.0	53.541	42.030
28a	280	122	8.5	13.7	10.5	5.3	55.404	43.492
28b	280	124	10.5	13.7	10.5	5.3	61.004	47.888

续表 4-1-46

型号	尺寸/mm						截面面积/cm²	理论质量/(kg/m)
	h	b	d	t	r	r_1		
32a	320	130	9.5	15	11.5	5.8	67.156	52.777
32b	320	132	11.5	15	11.5	5.8	73.556	57.741
32c	320	134	13.5	15	11.5	5.8	79.956	62.765
36a	360	136	10.0	15.8	12.0	6.0	76.480	60.037
36b	360	138	12.0	15.8	12.0	6.0	83.680	65.689
36c	360	140	14.0	15.8	12.0	6.0	90.880	71.341
40a	400	142	10.5	16.5	12.5	6.3	86.112	67.598
40b	400	144	12.5	16.5	12.5	6.3	94.112	73.878
40c	400	146	14.5	16.5	12.5	6.3	102.112	80.158
45a	450	150	11.5	18.0	13.5	6.8	102.446	80.420
45b	450	152	13.5	18.0	13.5	6.8	111.446	87.485
45c	450	154	15.5	18.0	13.5	6.8	120.446	94.550
50a	500	158	12.0	20.0	14.0	7.0	119.304	93.654
50b	500	160	14.0	20.0	14.0	7.0	129.304	101.504
50c	500	162	16.0	20.0	14.0	7.0	139.304	109.354
56a	560	166	12.5	21	14.5	7.3	135.435	106.316
56b	560	168	14.5	21	14.5	7.3	146.435	115.108
56c	560	170	16.5	21	14.5	7.3	157.835	123.9
63a	630	176	13.0	22	15	7.5	154.658	121.407
63b	630	178	15.0	22	15	7.5	167.258	131.298
63c	630	180	17.0	22	15	7.5	180.858	141.189
12①	120	74	5.0	8.4	7.0	3.5	17.818	13.987
24a①	240	116	8.0	13.0	10.0	5.0	47.741	37.477
24b①	240	118	10.0	13.0	10.0	5.0	52.541	41.245
27a①	270	122	8.5	13.7	10.5	5.3	54.554	42.825
27b①	270	124	10.5	13.7	10.5	5.3	59.954	47.064
30a①	300	126	9.0	14.4	11.0	5.5	61.254	48.084
30b①	300	128	11.0	14.4	11.0	5.5	67.254	52.794
30c①	300	130	13.0	14.4	11.0	5.5	73.254	57.504
55a①	550	168	12.5	21.0	14.5	7.3	134.185	105.335
55b①	550	168	14.5	21.0	14.5	7.3	145.185	113.970
55c①	550	170	16.5	21.0	14.5	7.3	156.185	122.605

注：工字钢长度：型号 10～18，长度为 5～19 m；型号 20～63，长度为 6～19 m。

① 系特殊定货供应。

4.1.6.9 热轧槽钢尺寸规格（表 4-1-47）

表 4-1-47 热轧槽钢的尺寸规格（GB/T 706—2008）

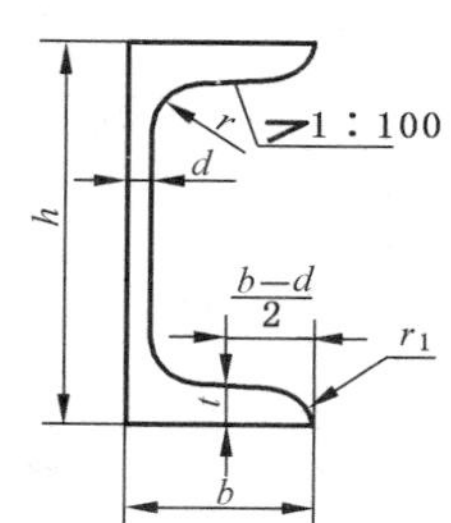

型号	尺寸/mm						截面面积/cm²	理论质量/(kg/m)
	h	b	d	t	r	r_1		
5	50	37	4.5	7.0	7.0	3.50	6.928	5.438
6.3	63	40	4.8	7.5	7.5	3.75	8.451	6.634
8	80	43	5.0	8.0	8.0	4.0	10.248	8.045
10	100	48	5.3	8.5	8.5	4.25	12.748	10.007
12.6	126	53	5.5	9.0	9.0	4.5	15.692	12.318

续表 4-1-47

型号	尺寸/mm						截面面积/cm^2	理论质量/(kg/m)
	h	b	d	t	r	r_1		
14a	140	58	6.0	9.5	9.5	4.75	18.516	14.535
14b	140	60	8.0	9.5	9.5	4.75	21.316	16.733
16a	160	63	6.5	10.0	10.0	5.0	21.962	17.240
16	160	65	8.5	10.0	10.0	5.0	25.162	19.752
18a	180	68	7.0	10.5	10.5	5.25	25.699	20.174
18	180	70	9.0	10.5	10.5	5.25	29.299	23.000
20a	200	73	7.0	11.0	11.0	5.5	28.837	22.637
20	200	75	9.0	11.0	11.0	5.5	32.831	25.777
22a	220	77	7.0	11.5	11.5	5.75	31.846	24.999
22	220	79	9.0	11.5	11.5	5.75	39.246	28.453
25a	250	78	7.0	12	12	6	34.917	27.410
25b	250	80	9.0	12	12	6	39.917	31.335
25c	250	82	11.0	12	12	6	44.917	35.260
28a	280	82	7.5	12.5	12.5	6.25	40.034	31.427
28b	280	84	9.5	12.5	12.5	6.25	45.634	35.823
28c	280	86	11.5	12.5	12.5	6.25	51.234	40.219
32a	320	88	8.0	14	14	7	48.513	38.083
32b	320	90	10.0	14	14	7	54.913	43.107
32c	320	92	12.0	14	14	7	61.313	48.131
36a	360	96	9.0	16	16	8	60.910	47.814
36b	360	98	11.0	16	16	8	68.110	53.466
36c	360	100	13.0	16	16	8	75.310	59.118
40a	400	100	10.5	18	18	9	75.068	58.928
40b	400	102	12.5	18	18	9	83.068	65.208
40c	400	104	14.5	18	18	9	91.068	71.488
6.5①	65	40	4.8	7.5	7.5	3.75	8.547	6.709
12①	120	53	5.5	9.0	9.0	4.5	15.362	12.059
24a①	240	78	7.0	12.0	12.0	6.0	34.217	26.86
24b①	240	80	9.0	12.0	12.0	6.0	39.017	30.628
24c①	240	82	11.0	12.0	12.0	6.0	43.817	34.396
27a①	270	82	7.5	12.5	12.5	6.25	39.284	30.838
27b①	270	84	9.5	12.5	12.5	6.25	44.684	35.077
27c①	270	86	11.5	12.5	12.5	6.25	50.084	39.316
30a①	300	85	7.5	13.5	13.5	6.75	43.902	34.463
30b①	300	87	9.5	13.5	13.5	6.75	49.902	39.173
30c①	300	89	11.5	13.5	13.5	6.75	55.902	43.883

注：槽钢的长度：

型号 5～8	10～18	20～40
长度 5～12 m	5～19 m	6～19 m

① 系特殊定货供应。

4.1.6.10 扁钢

(1) 热轧扁钢尺寸规格(表 4-1-48)

(2) 热轧工具钢扁钢尺寸规格(表 4-1-49)

(3) 锻制扁钢尺寸规格(表 4-1-50)

(4) 优质结构钢冷拉扁钢尺寸规格(表 4-1-51)

(5) 结构用热轧宽扁钢尺寸规格(表 4-1-52)

表 4-1-48 热轧扁钢尺寸规格(GB/T 702—2008)

公称宽度/mm	厚度/mm																								
	3	4	5	6	7	8	9	10	11	12	14	16	18	20	22	25	28	30	32	36	40	45	50	56	60
	理论质量/(kg/m)																								
10	0.24	0.31	0.39	0.47	0.55	0.63																			
12	0.28	0.38	0.47	0.57	0.66	0.75																			
14	0.33	0.44	0.55	0.66	0.77	0.88																			
16	0.38	0.50	0.63	0.75	0.88	1.00	1.15	1.26																	
18	0.42	0.57	0.71	0.85	0.99	1.13	1.27	1.41																	
20	0.47	0.63	0.78	0.94	1.10	1.26	1.41	1.57	1.73	1.88															
22	0.52	0.69	0.86	1.04	1.21	1.38	1.55	1.73	1.90	2.07															
25	0.59	0.78	0.98	1.18	1.37	1.57	1.77	1.96	2.16	2.36	2.75	3.14													
28	0.66	0.88	1.10	1.32	1.54	1.76	1.98	2.20	2.42	2.64	3.08	3.53													
30	0.71	0.94	1.18	1.41	1.65	1.88	2.12	2.36	2.59	2.83	3.30	3.77	4.24	4.71											
32	0.75	1.00	1.26	1.51	1.76	2.01	2.26	2.55	2.76	3.01	3.52	4.02	4.52	5.02											
35	0.82	1.10	1.37	1.65	1.92	2.20	2.47	2.75	3.02	3.30	3.85	4.40	4.95	5.50	6.04	6.87	7.69								
40	0.94	1.26	1.57	1.88	2.20	2.51	2.83	3.14	3.45	3.77	4.40	5.02	5.65	6.28	6.91	7.85	8.79								
45	1.06	1.41	1.77	2.12	2.47	2.83	3.18	3.53	3.89	4.24	4.95	5.65	6.36	7.07	7.77	8.83	9.89	10.60	11.30	12.72					
50	1.18	1.57	1.96	2.36	2.75	3.14	3.53	3.93	4.32	4.71	5.50	6.28	7.06	7.85	8.64	9.81	10.99	11.78	12.56	14.13					
55		1.73	2.16	2.59	3.02	3.45	3.89	4.32	4.75	5.18	6.04	6.91	7.77	8.64	9.50	10.79	12.09	12.95	13.82	15.54					
60		1.88	2.36	2.83	3.30	3.77	4.24	4.71	5.18	5.65	6.59	7.54	8.48	9.42	10.36	11.78	13.19	14.13	15.07	16.96	18.84	21.20			
65		2.04	2.55	3.06	3.57	4.08	4.59	5.10	5.61	6.12	7.14	8.16	9.18	10.20	11.23	12.76	14.29	15.31	16.33	18.37	20.41	22.96			
70		2.20	2.75	3.30	3.85	4.40	4.95	5.50	6.04	6.59	7.69	8.79	9.89	10.99	12.09	13.74	15.39	16.49	17.58	19.78	21.98	24.73			
75		2.36	2.94	3.53	4.12	4.71	5.30	5.89	6.48	7.07	8.24	9.42	10.60	11.78	12.95	14.72	16.48	17.66	18.84	21.20	23.55	26.49			
80		2.51	3.14	3.77	4.40	5.02	5.65	6.28	6.91	7.54	8.79	10.05	11.30	12.56	13.82	15.70	17.58	18.84	20.10	22.61	25.12	28.26	31.40	35.17	
85			3.34	4.00	4.67	5.34	6.01	6.67	7.34	8.01	9.34	10.68	12.01	13.34	14.68	16.68	18.68	20.02	21.35	24.02	26.69	30.03	33.36	37.37	40.04
90			3.53	4.24	4.95	5.65	6.36	7.07	7.77	8.48	9.89	11.30	12.72	14.13	15.54	17.66	19.78	21.20	22.61	25.43	28.26	31.79	35.32	39.56	42.39
95			3.73	4.47	5.22	5.97	6.71	7.46	8.20	8.95	10.44	11.93	13.42	14.92	16.41	18.64	20.88	22.37	23.86	26.85	29.83	33.56	37.29	41.76	44.74
100			3.92	4.71	5.50	6.28	7.06	7.85	8.64	9.42	10.99	12.56	14.13	15.70	17.27	19.62	21.98	23.55	25.12	28.26	31.40	35.32	39.25	43.96	47.10
105			4.12	4.95	5.77	6.59	7.42	8.24	9.07	9.89	11.54	13.19	14.84	16.48	18.13	20.61	23.08	24.73	26.38	29.67	32.97	37.09	41.21	46.16	49.46

续表 4-1-48

公称宽度/mm	厚度/mm																							
	3	4	5	6	7	8	9	10	11	12	14	16	18	20	22	25	28	30	32	36	40	45	50	56	60
	理论质量/(kg/m)																							
110			4.32	5.18	6.04	6.91	7.77	8.64	9.50	10.36	12.09	13.82	15.54	17.27	19.00	21.59	24.18	25.90	27.63	31.09	34.54	38.86	43.18	48.36	51.81
120			4.71	5.65	6.59	7.54	8.48	9.42	10.36	11.30	13.19	15.07	16.96	18.84	20.72	23.55	26.38	28.26	30.14	33.91	37.68	42.39	47.10	52.75	56.52
125				5.89	6.87	7.85	8.83	9.81	10.79	11.78	13.74	15.70	17.66	19.62	21.58	24.53	27.48	29.44	31.40	35.32	39.25	44.16	49.06	54.95	58.88
130				6.12	7.14	8.16	9.18	10.20	11.23	12.25	14.29	16.33	18.37	20.41	22.45	25.51	28.57	30.62	32.66	36.74	40.82	45.92	51.02	57.15	61.23
140					7.69	8.79	9.89	10.99	12.09	13.19	15.39	17.58	19.78	21.98	24.18	27.48	30.77	32.97	35.17	39.56	43.96	49.46	54.95	61.54	65.94
150					8.24	9.42	10.60	11.78	12.95	14.13	16.48	18.84	21.20	23.55	25.90	29.44	32.97	35.32	37.68	42.39	47.10	52.99	58.88	65.94	70.65
160					8.79	10.05	11.30	12.56	13.82	15.07	17.58	20.10	22.61	25.12	27.63	31.40	35.17	37.68	40.19	45.22	50.24	56.52	62.80	70.34	75.36
180					9.89	11.30	12.72	14.13	15.54	16.96	19.78	22.61	25.43	28.26	31.09	35.32	39.56	42.39	45.22	50.87	56.52	63.58	70.65	79.13	84.78
200					10.99	12.56	14.13	15.70	17.27	18.84	21.98	25.12	28.26	31.40	34.54	39.25	43.96	47.10	50.24	56.52	62.80	70.65	78.50	87.92	94.20

注：1. 表中的粗线用以划分扁钢的组别：

1 组——理论质量≤19 kg/m，通常长度 3～9 m；

2 组——理论质量>19 kg/m，通常长度 3～7 m。

2. 表中的理论质量按密度 7.85 g/cm³ 计算。

表 4-1-49 热轧工具钢扁钢尺寸规格(GB/T 702—2008)

公称宽度/mm	扁钢公称厚度/mm																				
	4	6	8	10	13	16	18	20	23	25	28	32	36	40	45	50	56	63	71	80	90	100
	理论质量/(kg/m)																					
10	0.31	0.47	0.63																			
13	0.40	0.57	0.75	0.94																		
16	0.50	0.75	1.00	1.26	1.51																	
20	0.63	0.94	1.26	1.57	1.88	2.51	2.83															
25	0.78	1.18	1.57	1.96	2.36	3.14	3.53	3.93	4.32													
32	1.00	1.51	2.01	2.55	3.01	4.02	4.52	5.02	5.53	6.28	7.03											
40	1.26	1.88	2.51	3.14	3.77	5.02	5.65	6.28	6.91	7.85	8.79	10.05	11.30									
50	1.57	2.36	3.14	3.93	4.71	6.28	7.06	7.85	8.64	9.81	10.99	12.56	14.13	15.70	17.66							
63	1.98	2.91	3.96	4.95	5.93	7.91	8.90	9.89	10.88	12.36	13.85	15.83	17.80	19.78	22.25	24.73	27.69					

续表 4-1-49

公称宽度/mm	扁钢公称厚度/mm																					
	4	6	8	10	13	16	18	20	23	25	28	32	36	40	45	50	56	63	71	80	90	100
	理论质量/(kg/m)																					
71	2.23	3.34	4.46	5.57	6.69	8.92	10.03	11.15	12.26	13.93	15.61	17.84	20.06	22.29	25.08	27.87	31.21	35.11				
80	2.51	3.77	5.02	6.28	7.54	10.05	11.30	12.56	13.82	15.70	17.58	20.10	22.61	25.12	28.26	31.40	35.17	39.56	44.59			
90	2.83	4.24	5.65	7.07	8.48	11.30	12.72	14.13	15.54	17.66	19.78	22.61	25.43	28.26	31.79	35.32	39.56	44.51	50.16	56.52		
100	3.14	4.71	6.28	7.85	9.42	12.56	14.13	15.70	17.27	19.62	21.98	25.12	28.26	31.40	35.32	39.25	43.96	49.46	55.74	62.80	70.65	
112	3.52	5.28	7.03	8.79	10.55	14.07	15.83	17.58	19.34	21.98	24.62	28.13	31.65	35.17	39.56	43.96	49.24	55.39	62.42	70.34	79.13	87.92
125	3.93	5.89	7.85	9.81	11.78	15.70	17.66	19.62	21.58	24.53	27.48	31.40	35.32	39.25	44.16	49.06	54.95	61.82	69.67	78.50	88.31	98.13
140	4.40	6.59	8.79	12.69	13.19	17.58	19.78	21.98	24.18	27.48	30.77	35.17	39.56	43.96	49.46	54.95	61.54	69.24	78.03	87.92	98.81	109.90
160	5.02	7.54	10.05	12.56	15.07	20.10	22.61	25.12	27.63	31.40	35.17	40.19	45.22	50.24	56.52	62.80	70.34	79.13	89.18	100.48	113.04	125.60
180	5.65	8.48	11.30	14.13	16.96	22.61	25.43	28.26	31.09	35.33	39.56	45.22	50.87	56.52	63.59	70.65	79.13	89.02	100.32	113.04	127.17	141.30
200	6.28	9.42	12.56	15.70	18.84	25.12	28.26	31.40	34.54	39.25	43.96	50.24	56.52	62.80	70.65	78.50	87.92	98.91	111.47	125.60	141.30	157.00
224	7.03	10.55	14.07	17.58	21.10	28.13	31.65	35.17	38.68	43.96	49.24	56.27	63.30	70.34	79.12	87.92	98.47	110.78	124.85	140.67	158.26	175.84
250	7.85	11.78	15.70	19.63	23.55	31.40	35.33	39.25	43.18	49.06	54.95	62.80	70.65	78.50	88.31	98.13	109.90	123.64	139.34	157.00	176.63	196.25
280	8.79	13.19	17.58	21.98	26.38	35.17	39.56	43.96	48.36	54.95	61.54	70.34	79.13	87.92	98.91	109.90	123.09	138.47	156.06	175.84	197.82	219.80
310	9.73	14.60	19.47	24.34	29.20	38.94	43.80	48.67	53.54	60.84	68.14	77.87	87.61	97.34	109.51	121.68	136.28	153.31	172.78	194.68	219.02	243.35

注：表中的理论质量按密度 7.85 g/cm³ 计算，对于高合金钢计算理论质量时，应采用相应牌号的密度进行计算。

表 4-1-50 锻制扁钢尺寸规格(GB/T 908—2008)

公称宽度 b/ mm	公称厚度 t/mm																					
	20	25	30	35	40	45	50	55	60	65	70	75	80	85	90	100	110	120	130	140	150	160
	理论质量/(kg/m)																					
40	6.28	7.85	9.42																			
45	7.06	8.83	10.6																			
50	7.85	9.81	11.8	13.7	15.7																	
55	8.64	10.8	13.0	15.1	17.3																	
60	9.42	11.8	14.1	16.5	18.8	21.1	23.6															
65	10.2	12.8	15.3	17.8	20.4	23.0	25.5															

续表 4-1-50

公称宽度/b/mm	公称厚度 t/mm																					
	20	25	30	35	40	45	50	55	60	65	70	75	80	85	90	100	110	120	130	140	150	160
	理论质量/(kg/m)																					
70	11.0	13.7	16.5	19.2	22.0	24.7	27.5	30.2	33.0													
75	11.8	14.7	17.7	20.6	23.6	26.5	29.4	32.4	35.3													
80	12.6	15.7	18.8	22.0	25.1	28.3	31.4	34.5	37.7	40.8	44.0											
90	14.1	17.7	21.2	24.7	28.3	31.8	35.3	38.8	42.4	45.9	49.4											
100	15.7	19.6	23.6	27.5	31.4	35.3	39.2	43.2	47.1	51.0	55.0	58.9	62.8	66.7								
110	17.3	21.6	25.9	30.2	34.5	38.8	43.2	47.5	51.8	56.1	60.4	64.8	69.1	73.4								
120	18.8	23.6	28.3	33.0	37.7	42.4	47.1	51.8	56.5	61.2	65.9	70.6	75.4	80.1								
130	20.4	25.5	30.6	35.7	40.8	45.9	51.0	56.1	61.2	66.3	71.4	76.5	81.6	86.7								
140	22.0	27.5	33.0	38.5	44.0	49.4	55.0	60.4	65.9	71.4	76.9	82.4	87.9	93.4	98.9	110						
150	23.6	29.4	35.3	41.2	47.1	53.0	58.9	64.8	70.7	76.5	82.4	88.3	94.2	100	106	118						
160	25.1	31.4	37.7	44.0	50.2	56.5	62.8	69.1	75.4	81.6	87.9	94.2	100	107	113	126	138	151				
170	26.7	33.4	40.0	46.7	53.4	60.0	66.7	73.4	80.1	86.7	93.4	100	107	113	120	133	147	160				
180	28.3	35.3	42.4	49.4	56.5	63.6	70.6	77.7	84.8	91.8	98.9	106	113	120	127	141	155	170	184	198		
190						67.1	74.6	82.0	89.5	96.9	104	112	119	127	134	149	164	179	194	209		
200						70.6	78.5	86.4	94.2	102	110	118	127	133	141	157	173	188	204	220		
210						74.2	82.4	90.7	98.9	107	115	124	132	140	148	165	181	198	214	231	247	264
220						77.7	86.4	95.0	103.6	112	121	130	138	147	155	173	190	207	224	242	259	276
230												135	144	153	162	180	199	217	235	253	271	289
240												141	151	160	170	188	207	226	245	264	283	301
250												147	157	167	177	196	216	235	255	275	294	314
260												153	163	173	184	204	224	245	265	286	306	326
280												165	176	187	198	220	242	264	286	308	330	352
300												177	188	200	212	236	259	283	306	330	353	377

注：表中的理论质量按密度 7.85 g/cm^3 计算。高合金钢计算理论质量时，应采用相应牌号的密度。

表 4-1-51 优质结构钢冷拉扁钢尺寸规格（YB/T 037—2005）

宽度/mm	厚 度/mm														
	5	6	7	8	9	10	11	12	14	15	16	18	20	25	30
	理论质量/(kg/m)(密度 7.85 g/cm³)														
8	0.31	0.38	0.44												
10	0.39	0.47	0.55	0.63	0.71										
12	0.47	0.55	0.66	0.75	0.85	0.94	1.04								
13	0.51	0.61	0.71	0.82	0.92	1.02	1.12								
14	0.55	0.66	0.77	0.88	0.99	1.10	1.21	1.32							
15	0.59	0.71	0.82	0.94	1.06	1.18	1.29	1.41							
16	0.63	0.75	0.88	1.00	1.13	1.26	1.38	1.51	1.76						
18	0.71	0.85	0.99	1.13	1.27	1.41	1.55	1.70	1.96	2.12	2.26				
20	0.78	0.94	1.10	1.26	1.41	1.57	1.73	1.88	2.28	2.36	2.51	2.63			
22	0.86	1.04	1.21	1.38	1.55	1.73	1.90	2.07	2.42	2.69	2.76	3.11	3.45		
24	0.94	1.13	1.32	1.51	1.69	1.88	2.07	2.26	2.64	2.83	3.01	3.39	3.77		
25	0.98	1.18	1.37	1.57	1.77	1.96	2.16	2.36	2.75	2.94	3.14	3.53	3.92		
28	1.10	1.32	1.54	1.76	1.98	2.20	2.42	2.64	3.08	3.28	3.52	3.96	4.40	5.49	
30	1.18	1.41	1.65	1.88	2.12	2.36	2.59	2.83	3.30	3.53	3.77	4.24	4.71	5.89	
32		1.51	1.76	2.01	2.26	2.51	2.76	3.01	3.52	3.77	4.02	4.52	5.02	6.28	7.54
35		1.65	1.92	2.19	2.47	2.75	3.02	3.29	3.85	4.12	4.39	4.95	5.49	6.87	8.24
36		1.70	1.98	2.26	2.54	2.83	3.11	3.39	3.96	4.24	4.52	5.09	5.65	7.06	8.48
38			2.09	2.39	2.68	2.98	3.28	3.58	4.18	4.47	4.77	5.37	5.97	7.46	8.95
40			2.20	2.51	2.83	3.14	3.45	3.77	4.40	4.71	5.02	5.65	6.20	7.85	9.42
45				2.83	3.18	3.53	3.89	4.24	4.95	5.29	5.65	6.36	7.06	8.83	10.60
50					3.53	3.92	4.32	4.71	5.50	5.89	6.28	7.06	7.85	9.81	11.78

表 4-1-52 结构用热轧宽扁钢尺寸规格（YB/T 4212—2010）

公称宽度/mm	公称厚度/mm															
	4	6	8	10	12	14	16	18	20	22	25	28	30	32	36	40
	理论质量/(kg/m)															
150	4.71	7.07	9.42	11.78	14.13	16.49	18.84	21.20	23.55	25.91	29.44	32.97	35.33	37.68	42.39	47.10
160	5.02	7.54	10.05	12.56	15.07	17.58	20.10	22.61	25.12	27.63	31.40	35.17	37.68	40.19	45.22	50.24
170	5.34	8.01	10.68	13.35	16.01	18.68	21.35	24.02	26.69	29.36	33.36	37.37	40.04	42.70	48.04	53.38
180	5.65	8.48	11.30	14.13	16.96	19.78	22.61	25.43	28.26	31.09	35.33	39.56	42.39	45.22	50.87	56.52
190	5.97	8.95	11.93	14.92	17.90	20.88	23.86	26.85	29.83	32.81	37.29	41.76	44.75	47.73	53.69	59.66
200	6.28	9.42	12.56	15.70	18.84	21.98	25.12	28.26	31.40	34.54	39.25	43.96	47.10	50.24	56.52	62.80
210	6.59	9.89	13.19	16.49	19.78	23.08	26.38	29.67	32.97	36.27	41.21	46.16	49.46	52.75	59.35	65.94
220	6.91	10.36	13.82	17.27	20.72	24.18	27.63	31.09	34.54	37.99	43.18	48.36	51.81	55.26	62.17	69.08
230	7.22	10.83	14.44	18.06	21.67	25.28	28.89	32.50	36.11	39.72	45.14	50.55	54.17	57.78	65.00	72.22
240	7.54	11.30	15.07	18.84	22.61	26.38	30.14	33.91	37.68	41.45	47.10	52.75	56.52	60.29	67.82	75.36
250	7.85	11.78	15.70	19.63	23.55	27.48	31.40	35.33	39.25	43.18	49.06	54.95	58.88	62.80	70.65	78.50
260	8.16	12.25	16.33	20.41	24.49	28.57	32.66	36.74	40.82	44.90	51.03	57.15	61.23	65.31	73.48	81.64

续表 4-1-52

公称宽度/mm	公称厚度/mm															
	4	6	8	10	12	14	16	18	20	22	25	28	30	32	36	40
	理论质量/(kg/m)															
270	8.48	12.72	16.96	21.20	25.43	29.67	33.91	38.15	42.39	46.63	52.99	59.35	63.59	67.82	76.30	84.78
280	8.79	13.19	17.58	21.98	26.38	30.77	35.17	39.56	43.96	48.36	54.95	61.54	65.94	70.34	79.13	87.92
290	9.11	13.66	18.21	22.77	27.32	31.87	36.42	40.98	45.53	50.08	56.91	63.74	68.30	72.85	81.95	91.06
300	9.42	14.13	18.84	23.55	28.26	32.97	37.68	42.39	47.10	51.81	58.88	65.94	70.65	75.36	84.78	94.20
310	9.73	14.60	19.47	24.34	29.20	34.07	38.94	43.80	48.67	53.54	60.84	68.14	73.01	77.87	87.61	97.34
320	10.05	15.07	20.10	25.12	30.14	35.17	40.19	45.22	50.24	55.26	62.80	70.34	75.36	80.38	90.43	100.48
330	10.36	15.54	20.72	25.91	31.09	36.27	41.45	46.63	51.81	56.99	64.76	72.53	77.72	82.90	93.26	103.62
340	10.68	16.01	21.35	26.69	32.03	37.37	42.70	48.04	53.38	58.72	66.73	74.73	80.07	85.41	96.08	106.76
350	10.99	16.49	21.98	27.48	32.97	38.47	43.96	49.46	54.95	60.45	68.69	76.93	82.43	87.92	98.91	109.90
360	11.30	16.96	22.61	28.26	33.91	39.56	45.22	50.87	56.52	62.17	70.65	79.13	84.78	90.13	101.74	113.04
370	11.62	17.43	23.24	29.05	34.85	40.66	46.47	52.28	58.09	63.90	72.61	81.33	87.14	92.94	104.56	116.18
380	11.93	17.90	23.86	29.83	35.80	41.76	47.73	53.69	59.66	65.63	74.58	83.52	89.49	95.46	107.39	119.32
390	12.25	18.37	24.49	30.62	36.74	42.86	48.98	55.11	61.23	67.35	76.54	85.72	91.85	97.97	110.21	122.46
400	12.56	18.84	25.12	31.40	37.68	43.96	50.24	56.52	62.80	69.08	78.50	87.92	94.20	100.48	113.04	125.60
410	12.87	19.31	25.75	32.19	38.62	45.06	51.50	57.93	64.37	70.81	80.46	90.12	96.56	102.99	115.87	128.74
420	13.19	19.78	26.38	32.97	39.56	46.16	52.75	59.35	65.94	72.53	82.43	92.32	98.91	105.50	118.69	131.88
430	13.50	20.25	27.00	33.76	40.51	47.26	54.01	60.76	67.51	74.26	84.39	94.51	101.27	108.02	121.52	135.02
440	13.82	20.72	27.63	34.54	41.45	48.36	55.26	62.17	69.08	75.99	86.35	96.71	103.62	110.53	124.34	138.16
450	14.13	21.20	28.26	35.33	42.39	49.46	56.52	63.59	70.65	77.72	88.31	98.91	105.98	113.04	127.17	141.30
460	14.44	21.67	28.89	36.11	43.33	50.55	57.78	65.00	72.22	79.44	90.28	101.11	108.33	115.55	130.00	144.44
470	14.76	22.14	29.52	36.90	44.27	51.65	59.03	66.41	73.79	81.17	92.24	103.31	110.59	118.06	132.82	147.58
480	15.07	22.61	30.14	37.68	45.22	52.75	60.29	67.82	75.36	82.90	94.20	105.50	113.04	120.58	135.65	150.72
490	15.39	23.08	30.77	38.47	46.16	53.85	61.54	69.24	76.93	84.62	96.16	107.70	115.40	123.09	138.47	153.86
500	15.70	23.55	31.40	39.25	47.10	54.95	62.80	70.65	78.80	86.35	98.13	109.30	117.75	125.60	141.30	157.00
510	16.01	24.02	32.03	40.04	48.04	56.05	64.06	72.06	80.07	88.08	100.09	112.10	120.11	128.11	144.13	160.14
520	16.33	24.49	32.66	40.82	48.98	57.15	65.31	73.48	81.64	89.80	102.05	114.30	122.46	130.62	146.95	163.28
530	16.64	24.96	33.28	41.61	49.93	58.25	66.57	74.89	83.21	91.53	104.01	116.49	124.82	133.14	149.78	166.42
540	16.96	25.43	33.91	42.39	50.87	59.35	67.82	76.30	84.78	93.26	105.98	118.69	127.17	135.65	152.60	169.56
550	17.27	25.91	34.54	43.18	51.81	60.45	69.08	77.72	86.35	94.99	107.94	120.89	129.53	138.16	155.43	172.70
560	17.58	26.38	35.17	43.96	52.75	61.54	70.34	79.13	87.92	96.71	109.90	123.09	131.88	140.67	158.26	175.84
570	17.90	26.85	35.80	44.75	53.69	62.64	71.59	80.54	89.49	98.44	111.86	125.29	134.24	143.18	161.08	178.98
580	18.21	27.32	36.42	45.53	54.64	63.74	72.85	81.95	91.06	100.17	113.83	127.48	136.59	145.70	163.91	182.12
590	18.53	27.79	37.05	46.32	55.58	64.84	74.10	83.37	92.63	101.89	115.79	129.68	138.95	148.21	166.73	185.26
600	18.84	28.26	37.68	47.10	56.52	65.94	75.36	84.78	94.20	103.62	117.75	131.88	141.30	150.72	169.56	188.40

注：1. 表中的理论质量按密度为 7.85 g/cm^3 计算。

2. 宽钢长度：

公称宽度/mm	长度/m
150～300	6～12
300～600	6～18

4.1.7 钢板和钢带

4.1.7.1 热轧钢板和钢带(GB/T 709—2006)

(1) 热轧钢板和钢带的分类和代号(表 4-1-53)

(2) 热轧钢板和钢带的尺寸规定(表 4-1-54)

表 4-1-53 热轧钢板和钢带的分类和代号

按边缘状态分		按轧制精度分		按边缘状态分		按轧制精度分	
分　类	代　号	分　类	代　号	分　类	代　号	分　类	代　号
切　边	Q	较高精度	A	不切边	BQ	普通精度	B

表 4-1-54 热轧钢板和钢带的尺寸规定

尺寸范围	推荐的公称尺寸	备　注
单轧钢板公称厚度 3～400 mm	厚度小于 30 mm 的钢板按 0.5 mm 倍数的任何尺寸;厚度不小于 30 mm 的钢板按 1 mm 倍数的任何尺寸	根据需方要求,经供需双方协商,可以供应其他尺寸的钢板和钢带
单轧钢板公称宽度 600～4 800 mm	按 10 mm 或 50 mm 倍数的任何尺寸	
钢板公称长度 2 000～20 000 mm	按 50 mm 或 100 mm 倍数的任何尺寸	
钢带(包括连轧钢板)公称厚度 0.8～25.4 mm	按 0.1 mm 倍数的任何尺寸	
钢带(包括连轧钢板)公称宽度 600～2 200 mm	按 10 mm 倍数的任何尺寸	
纵切钢带公称宽度 120～900 mm		

(3) 热轧钢板的尺寸规格(表 4-1-55)

(4) 热轧钢带的尺寸规格(表 4-1-56)

(5) 热轧钢板的理论质量(表 4-1-57)

表 4-1-55 热轧钢板的尺寸规格

公称厚度/mm	宽度/m																
	0.6	0.65	0.7	0.71	0.75	0.8	0.85	0.9	0.95	1.0	1.1	1.25	1.4	1.42	1.5	1.6	1.7
	最小长度和最大长度/m																
0.50～0.60	1.2	1.4	1.42	1.42	1.5	1.5	1.7	1.8	1.9	2	—	—	—	—	—	—	—
0.65～0.75	2	2	1.42	1.42	1.5	1.5	1.7	1.8	1.9	2	—	—	—	—	—	—	—
0.80,0.90	2	2	1.42	1.42	1.5	1.5	1.7	1.8	1.9	2	—	—	—	—	—	—	—
1.0	2	2	1.42	1.42	1.5	1.6	1.7	1.8	1.9	2	—	—	—	—	—	—	—
1.2～1.4	2	2	2	2	2	2	2	2	2	2	2	2.5 3	—	—	—	—	—
1.5～1.8	2	2	2	2 6	2 6	2 6	2 6	2 6	2 6	2 6	2 6	2 6	2 6	2 6	2 6	—	—
2.0、2.2	2	2	2 6	2 6	2 6	2 6	2 6	2 6	2 6	2 6	2 6	2 6	2 6	2 6	2 6	2 6	2 6
2.5、2.8	2	2	2 6	2 6	2 6	2 6	2 6	2 6	2 6	2 6	2 6	2 6	2 6	2 6	2 6	2 6	2 6
3.0～3.9	2	2	2 6	2 6	2 6	2 6	2 6	2 6	2 6	2 6	2 6	2 6	2 6	2 6	2 6	2 6	2 6
4.0～5	—	—	2 6	2 6	2 6	2 6	2 6	2 6	2 6	2 6	2 6	2 6	2 6	2 6	2 6	2 6	2 6

续表 4-1-55

公称厚度/mm	宽度/m																
	0.6	0.65	0.7	0.71	0.75	0.8	0.85	0.9	0.95	1.0	1.1	1.25	1.4	1.42	1.5	1.6	1.7
	最小长度和最大长度/m																
6、7	—	—	2 6	2 6	2 6	2 6	2 6	2 6	2 6	2 6	2 6	2 6	2 6	2 6	2 6	2 6	2 6
8～10	—	—	2 6	2 6	2 6	2 6	2 6	2 6	2 6	2 6	2 6	2 6	2 6	2 6	2 12	3 12	3 12
11、12	—	—	—	—	—	—	—	—	—	2 6	2 6	2 6	2 6	2 6	2 12	3 12	3 12
13～25	—	—	—	—	—	—	—	—	—	2.5 6.5	2.5 6.5	2.5 12	2.5 12	2.5 12	3 12	3 11	3.5 11
26～40	—	—	—	—	—	—	—	—	—	—	—	2.5 12	2.5 12	2.5 12	3 12	3 12	3.5 12
42～200	—	—	—	—	—	—	—	—	—	—	—	2.5 9	2.5 9	3 9	3 9	3 9	3.5 9

公称厚度/mm	宽度/m																
	1.8	1.9	2.0	2.1	2.2	2.3	2.4	2.5	2.6	2.7	2.8	2.9	3.0	3.2	3.4	3.6	3.8
	最小长度和最大长度/m																
0.50～0.60	—	—	—	—	—	—	—	—	—	—	—	—	—	—	—	—	—
0.65～0.75	—	—	—	—	—	—	—	—	—	—	—	—	—	—	—	—	—
0.80、0.90	—	—	—	—	—	—	—	—	—	—	—	—	—	—	—	—	—
1.0	—	—	—	—	—	—	—	—	—	—	—	—	—	—	—	—	—
1.2～1.4	—	—	—	—	—	—	—	—	—	—	—	—	—	—	—	—	—
1.5～1.8	—	—	—	—	—	—	—	—	—	—	—	—	—	—	—	—	—
2.0、2.2	—	—	—	—	—	—	—	—	—	—	—	—	—	—	—	—	—
2.5、2.8	2 6	—	—	—	—	—	—	—	—	—	—	—	—	—	—	—	—
3.0～3.9	2 6	—	—	—	—	—	—	—	—	—	—	—	—	—	—	—	—
4.0～5	2 6	—	—	—	—	—	—	—	—	—	—	—	—	—	—	—	—
6、7	2 6	2 6	2 6	—	—	—	—	—	—	—	—	—	—	—	—	—	—
8～10	3 12	3 12	3 12	3 12	3 12	3 12	4 12	4 12	—	—	—	—	—	—	—	—	—
11、12	3 12	3 12	3 12	3 10	3 10	3 9	4 9	4 9	—	—	—	—	—	—	—	—	—
13～25	4 10	4 10	4 10	4.5 10	4.5 9	4.5 9	4 9	4 9	3.5 9	3.5 8.2	3.5 8.2	—	—	—	—	—	—
26～40	3.5 12	4 12	4 12	4 12	4.5 12	4.5 12	4 11	4 11	3.5 10	3.5 10	3.5 10	3.5 10	3 9.5	3.2 9.5	3.4 9.5	3.6 9.5	—
42～200	3.5 9	3.5 9	3.5 9	3.5 9	3.5 9	3.5 9	3.5 9	3.5 9	3 9	3 9	3 9	3 9	3 9	3.2 9	3.4 8.5	3.6 8	3.6 7
厚度尺寸/mm系列	0.50、0.55、0.60、0.65、0.70、0.75、0.80、0.90、1.0、1.2、1.3、1.4、1.5、1.6、1.8、2.0、2.2、2.5、2.8、3.0、3.2、3.5、3.8、3.9、4.0、4.5、5、6、7、8、9、10、11、12、13、14、15、16、17、18、19、20、21、22、25、26、28、30、32、34、36、38、40、42、45、48、50、52、55、60、65、70、75、80、85、90、95、100、105、110、120、125、130、140、150、160、165、170、180、185、190、195、200																

表 4-1-56 热轧钢带的尺寸规格

钢带公称厚度/mm	1.2,1.4,1.5,1.8,2.0,2.5,2.8,3.0,3.2,3.5,3.8,4.0,4.5,5.0,5.5,6.0,6.5,7.0,8.0,10.0,11.0,13.0,14.0,15.0,16.0,18.0,19.0,20.0,22.0,25.0
钢带公称宽度/m	0.6,0.65,0.7,0.8,0.85,0.9,1,1.05,1.1,1.15,1.2,1.25,1.3,1.35,1.4,1.45,1.5,1.55,1.6,1.7,1.8,1.9

表 4-1-57 热轧钢板的理论质量

厚 度/mm	理论质量/(kg/m^2)	厚 度/mm	理论质量/(kg/m^2)	厚 度/mm	理论质量/(kg/m^2)	厚 度/mm	理论质量/(kg/m^2)
0.35	2.748	3.2	25.120	20	157.00	75	588.75
0.50	3.925	3.5	27.475	21	164.85	80	628.00
0.55	4.318	3.8	29.830	22	172.70	85	667.25
0.60	4.710	3.9	30.615	25	196.25	90	706.50
0.65	5.103	4.0	31.400	26	204.10	95	745.75
0.70	5.495	4.5	35.325	28	219.80	100	785.00
0.75	5.888	5	39.25	30	235.50	105	824.25
0.80	6.280	6	47.10	32	251.20	110	863.50
0.90	7.065	7	54.95	34	266.90	120	942.00
1.0	7.850	8	62.80	36	282.60	125	981.25
1.2	9.420	9	70.65	38	298.80	130	1 020.50
1.3	10.205	10	78.50	40	314 00	140	1 099.00
1.4	10.990	11	86.35	42	329.70	150	1 177.50
1.5	11.775	12	94.20	45	353.25	160	1 256.00
1.6	12.560	13	102.05	48	376.80	165	1 295.25
1.8	14.130	14	109.90	50	392.50	170	1 334.50
2.0	15.700	15	117.75	52	408.20	180	1 413.00
2.2	17.270	16	125.60	55	431.75	185	1 452.25
2.5	19.625	17	133.45	60	471.00	190	1 491.50
2.8	21.980	18	141.30	65	510.25	195	1 530.75
3.0	23.550	19	149.15	70	549.50	200	1 570.00

4.1.7.2 冷轧钢板和钢带(GB/T 708—2006)

(1) 冷轧钢板和钢带的分类和代号(表 4-1-58)

(2) 冷轧钢板和钢带的尺寸规定(表 4-1-59)

表 4-1-58 冷轧钢板和钢带的分类和代号

按边缘状态分		按轧制精度分		按边缘状态分		按轧制精度分	
分 类	代 号	分 类	代 号	分 类	代 号	分 类	代 号
切 边	EC	普通精度	PF.A	不切边	EM	较高精度	PF.B

表 4-1-59 冷轧钢板和钢带的尺寸规定

尺寸范围	推荐的公称尺寸	备 注
钢板和钢带(包括纵切钢带)的公称厚度 0.30~4.00 mm	公称厚度小于 1 mm 的钢板和钢带按 0.05 mm 倍数的任何尺寸;公称厚度不小于 1 mm 的钢板和钢带按 0.1 mm 倍数的任何尺寸	根据需方要求,经供需双方协商,可以供应其他尺寸的钢板和钢带
钢板和钢带的公称宽度 600~2 050 mm	按 10 mm 倍数的任何尺寸	
钢板的公称长度 1 000~6 000 mm	按 50 mm 倍数的任何尺寸	

(3) 冷轧钢板和钢带尺寸规格(表 4-1-60)

(4) 冷轧钢板的理论质量(表 4-1-61)

表 4-1-60 冷轧钢板和钢带尺寸规格

公称厚度/mm	宽度/m																			
	0.6	0.65	0.70	(0.71)	0.75	0.80	0.85	0.90	0.95	1.0	1.1	1.25	1.40	(1.42)	1.5	1.6	1.7	1.8	1.9	2.0
	最小长度和最大长度/m																			
0.2～0.45	1.2 2.5	1.3 2.5	1.4 2.5	1.4 2.5	1.5 2.5	1.5 2.5	1.5 2.5	1.5 3.0	1.5 3.0	1.5 3.0	1.5 3.0	—	—	—	—	—	—	—	—	—
0.56～0.65	1.2 2.5	1.3 2.5	1.4 2.5	1.4 2.5	1.5 2.5	1.5 2.5	1.5 2.5	1.5 3.0	1.5 3.0	1.5 3.0	1.5 3.0	1.5 3.5	—	—	—	—	—	—	—	—
0.7,0.75	1.2 2.5	1.3 2.5	1.4 2.5	1.4 2.5	1.5 2.5	1.5 2.5	1.5 2.5	1.5 3.0	1.5 3.0	1.5 3.0	1.5 3.0	1.5 3.5	2.0 4.0	2.0 4.0	—	—	—	—	—	—
0.8～1.0	1.2 3.0	1.2 3.0	1.4 3.0	1.4 3.0	1.5 3.0	1.5 3.0	1.5 3.0	1.5 3.5	1.5 3.5	1.5 3.5	1.5 3.5	1.5 4.0	2.0 4.0	2.0 4.0	2.0 4.0	—	—	—	—	—
1.1～1.3	1.2 3.0	1.3 3.0	1.4 3.0	1.4 3.0	1.5 3.0	1.5 3.0	1.5 3.0	1.5 3.5	1.5 3.5	1.5 3.5	1.5 3.5	1.5 4.0	2.0 4.0	2.0 4.0	2.0 4.0	2.0 4.0	2.0 4.2	2.0 4.2	—	—
1.4～2.0	1.2 3.0	1.3 3.0	1.4 3.0	1.4 3.0	1.5 3.0	1.5 3.0	1.5 3.0	1.5 3.0	1.5 3.0	1.5 4.0	1.5 4.0	1.5 6.0	2.0 6.0	2.0 6.0	2.0 6.0	2.0 6.0	2.0 6.0	2.5 6.0	—	—
2.2,2.5	1.2 3.0	1.3 3.0	1.4 3.0	1.4 3.0	1.5 3.0	1.5 3.0	1.5 3.0	1.5 3.0	1.5 3.0	1.5 4.0	1.5 4.0	2.0 6.0	2.0 6.0	2.0 6.0	2.0 6.0	2.0 6.0	2.5 6.0	2.5 6.0	2.5 6.0	2.5 6.0
2.8～3.2	1.2 3.0	1.3 3.0	1.4 3.0	1.4 3.0	1.5 3.0	1.5 3.0	1.5 3.0	1.5 3.0	1.5 3.0	1.5 4.0	1.5 4.0	2.0 6.0	2.0 6.0	2.0 6.0	2.0 6.0	2.0 2.75	2.5 2.75	2.5 2.7	2.5 2.7	2.5 2.7
3.5～3.9	—	—	—	—	—	—	—	—	—	—	—	2.0 4.5	2.0 4.5	2.0 4.5	2.0 4.75	2.0 2.75	2.5 2.75	2.5 2.7	2.5 2.7	2.5 2.7
4.0～4.5	—	—	—	—	—	—	—	—	—	—	—	2.0 4.5	2.0 4.5	2.0 4.5	2.0 4.5	1.5 2.5	1.5 2.5	1.5 2.5	1.5 2.5	1.5 2.5
4.8,5.0	—	—	—	—	—	—	—	—	—	—	—	2.0 4.5	2.0 4.5	2.0 4.5	2.0 4.5	1.5 2.3	1.5 2.3	1.5 2.3	1.5 2.3	1.5 2.3
厚度尺寸/mm 系列	0.20 0.25 0.30 0.35 0.40 0.45 0.56 0.60 0.65 0.70 0.75 0.80 0.90 1.0 1.1 1.2 1.3 1.4 1.5 1.6 1.7 1.8 2.0 2.2 2.5 2.8 3.0 3.2 3.5 3.8 3.9 4.0 4.2 4.5 4.8 5.0																			

表 4-1-61 冷轧钢板的理论质量

厚度/mm	理论质量/(kg/m²)	厚度/mm	理论质量/(kg/m²)	厚度/mm	理论质量/(kg/m²)	厚度/mm	理论质量/(kg/m²)
0.20	1.570	0.70	5.495	1.5	11.775	3.2	25.120
0.25	1.936	0.75	5.888	1.6	12.560	3.5	27.475
0.30	2.355	0.80	6.280	1.7	13.345	3.8	29.830
0.35	2.748	0.90	7.065	1.8	14.130	3.9	30.615
0.40	3.140	1.00	7.850	2.0	15.700	4.0	31.400
0.45	3.533	1.1	8.635	2.2	17.270	4.2	32.970
0.55	4.318	1.2	9.420	2.5	19.625	4.5	35.325
0.60	4.710	1.3	10.205	2.8	21.980	4.8	37.680
0.65	5.103	1.4	10.990	3.0	23.550	5.0	39.250

4.1.7.3 碳素结构钢和低合金结构钢热轧厚钢板和钢带(GB/T 3274—2007)

(1) 尺寸规格 钢板和钢带的尺寸规格应符合 GB/T 709 的规定。热轧钢板厚度 3～400 mm,热轧钢带厚度 3～25.4 mm。

(2) 牌号、化学成分和力学性能应符合 GB/T 700(碳素结构钢)和 GB/T 1591(低合金高强度结构钢)的规定。

(3) 交货状态 钢板和钢带以热轧、控轧或热处理状态交货。

(4) 主要用途 主要用于制造各种冲压件,建筑及工程结构、机械结构零部件等。

4.1.7.4 碳素结构钢和低合金结构钢热轧薄钢板和钢带(GB/T 912—2008)

(1) 尺寸规格 钢板和钢带的尺寸规格应符合 GB/T 709 的规定。其钢板和钢带厚度应小于 3 mm。

(2) 牌号、化学成分和力学性能应符合 GB/T 700(碳素结构钢)和 GB/T 1591(低合金高强度结构钢)的规定。

(3) 交货状态 钢板和钢带以热轧状态或退火状态交货。

(4) 主要用途 主要用于制造对表面质量要求不高不需经深冲压的制品。也常用作焊接钢管和冷弯型钢的坯料。

4.1.7.5 碳素结构钢冷轧薄钢板和钢带(GB/T 11253—2007)

碳素结构钢冷轧薄钢板和钢带尺寸规格应符合 GB/T 708 的规定。钢板和钢带厚度不大于 3 mm,宽度不小于 600 mm。产品主要用于轻工、机械、建筑、电工和电子等行业。

碳素结构钢冷轧薄钢板和钢带的牌号及力学性能见表 4-1-62。

表 4-1-62 碳素结构钢冷轧薄钢板和钢带的牌号及力学性能

牌 号	下屈服强度 R_{eL}①/(N/mm²)	抗拉强度 R_m/(N/mm²)	断后伸长率/%	
			$A_{50\ mm}$	$A_{80\ mm}$
Q195	≥195	315～430	≥26	≥24
Q215	≥215	335～450	≥24	≥22
Q235	≥235	370～500	≥22	≥20
Q275	≥275	410～540	≥20	≥18

① 无明显屈服时采用 $R_{P0.2}$。

4.1.7.6 优质碳素结构钢热轧厚钢板和钢带(GB/T 711—2008)

优质碳素结构钢热轧厚钢板和钢带尺寸规格应符合 GB/T 709 的规定。钢板和钢带厚度为 3～60 mm,宽度不小于 600 mm。产品主要用于制造机器结构零部件。

优质碳素结构钢热轧厚钢板和钢带的牌号及力学性能见表 4-1-63。

表 4-1-63 优质碳素结构钢热轧厚钢板和钢带的牌号及力学性能

牌号	交货状态	抗拉强度 R_m/(N/mm²)	断后伸长率 A/%	牌号	交货状态	抗拉强度 R_m/(N/mm²)	断后伸长率 A/%
		不小于				不小于	
08F	热轧或热处理	315	34	50	热处理	625	16
08		325	33	55		645	13
10F		325	32	60		675	12
10		335	32	65		695	10
15F		355	30	70		715	9
15		370	30	20Mn	热轧或热处理	450	24
20		410	28	25Mn		490	22
25		450	24	30Mn		540	20
30		490	22	40Mn	热处理	590	17
35	热处理	530	20	50Mn		650	13
40		570	19	60Mn		695	11
45		600	17	65Mn		735	9

注:热处理指正火、退火或高温回火。

4.1.7.7 优质碳素结构钢热轧薄钢板和钢带(GB/T 710—2008)

优质碳素结构钢热轧薄钢板和钢带尺寸规格应符合 GB/T 709 的规定。钢板和钢带厚度小于 3 mm,宽度不小于 600 mm。产品主要用于汽车、航空工业以及其他行业。

优质碳素结构钢热轧薄钢板和钢带的牌号及力学性能见表 4-1-64。

表 4-1-64 优质碳素结构钢热轧薄钢板和钢带的牌号及力学性能

牌号	拉延级别				
	Z	S和P	Z	S	P
	抗拉强度 R_m MPa		断后伸长率 A% 不小于		
08、08Al	275～410	≥300	36	35	34
10	280～410	≥335	36	34	32
15	300～430	≥370	34	32	30
20	340～480	≥410	30	28	26
25	—	≥450	—	26	24
30	—	≥490	—	24	22
35	—	≥530	—	22	20
40	—	≥570	—	—	19
45	—	≥600	—	—	17
50	—	≥610	—	—	16

4.1.7.8 合金结构钢热轧厚钢板(GB/T 11251—2009)

合金结构钢热轧厚钢板尺寸规格应符合 GB/T 709 的规定。钢板厚度大于 4 ~ 30 mm。产品主要用于制造机器结构零部件。

合金结构钢热轧厚钢板的牌号及力学性能见表 4-1-65。

表 4-1-65 合金结构钢热轧厚钢板的牌号及力学性能

牌号	退火状态力学性能			牌号	退火状态力学性能		
	抗拉强度 R_m/(N/mm²)	断后伸长率 A/% 不小于	布氏硬度 HBW 不大于		抗拉强度 R_m/(N/mm²)	断后伸长率 A/% 不小于	布氏硬度 HBW 不大于
45Mn2	600～850	13	—	30Cr	500～700	19	—
27SiMn	550～800	18	—	35Cr	550～750	18	—
40B	500～700	20	—	40Cr	550～800	16	—
45B	550～750	18	—	20CrMnSiA	450～700	21	—
50B	550～750	16	—	25CrMnSiA	500～700	20	229
15Cr	400～600	21	—	30CrMnSiA	550～750	19	229
20Cr	400～650	20	—	35CrMnSiA	600～800	16	—

4.1.7.9 合金结构钢薄钢板(YB/T 5132—2007)

合金结构钢薄钢板冷轧钢板尺寸规格应符合 GB/T 708 的规定;热轧钢板的尺寸规格应符合 GB/T 709 的规定。钢板厚度不大于 4 mm。产品主要用于制造机器结构零部件。

合金结构钢薄钢板牌号及力学性能见表 4-1-66。

表 4-1-66 合金结构钢薄钢板的牌号及力学性能

牌号	抗拉强度 R_m/(N/mm²)	断后伸长率 $A_{11.3}$,不小于/%	牌号	抗拉强度 R_m/(N/mm²)	断后伸长率 $A_{11.3}$,不小于/%
12Mn2A	390～570	22	15Cr,15CrA	390～590	19
16Mn2A	490～635	18	20Cr	390～590	18
45Mn2A	590～835	12	30Cr	490～685	17
35B	490～635	19	35Cr	540～735	16
40B	510～655	18	38CrA	540～735	16
45B	540～685	16	40Cr	540～785	14
50B,50BA	540～715	14	20CrMnSiA	440～685	18

续表 4-1-66

牌　号	抗拉强度 R_m/(N/mm²)	断后伸长率 $A_{11.3}$，不小于/%	牌　号	抗拉强度 R_m/(N/mm²)	断后伸长率 $A_{11.3}$，不小于/%
25CrMnSiA	490～685	18	35CrMnSiA	590～785	14
30CrMnSi，30CrMnSiA	490～735	16			

4.1.7.10 不锈钢热轧钢板和钢带(GB/T 4237—2007)

产品主要用于耐蚀结构件、容器和机械零件等。钢种按组织特征分为奥氏体型、奥氏体-铁素体型、铁素体型、马氏体型和沉淀硬化型5类。

(1) 不锈钢热轧钢板和钢带公称尺寸范围(表 4-1-67)

(2) 不锈钢热轧钢板和钢带的牌号及力学性能(表 4-1-68)

表 4-1-67　不锈钢热轧钢板和钢带公称尺寸范围

形　态	公称厚度/mm	公称宽度/mm
厚钢板	＞3.0～≤200	≥600～≤2 500
宽钢带、卷切钢板、纵剪宽钢带	≥2.0～≤13.0	≥600～≤2 500
窄钢带、卷切钢带	≥2.0～≤13.0	＜600

注：具体规定执行按 GB/T 709 的规定。

表 4-1-68　不锈钢热轧钢板和钢带的牌号及力学性能

(1) 经固溶处理的奥氏体型钢

牌　号	规定非比例延伸强度 $R_{P0.2}$/MPa	抗拉强度 R_m/MPa	断后伸长率 A/%	硬度值		
				HBW	HRB	HV
	不小于			不大于		
12Cr17Ni7	205	515	40	217	95	218
022Cr17Ni7	220	550	45	241	100	—
022Cr17Ni7N	240	550	45	241	100	—
12Cr18Ni9	205	515	40	201	92	210
12Cr18Ni9Si3	205	515	40	217	95	220
06Cr19Ni10	205	515	40	201	92	210
02Cr19Ni10	170	485	40	201	92	210
07Cr19Ni10	205	515	40	201	92	210
05Cr19Ni10Si2N	290	600	40	217	95	—
06Cr19Ni10N	240	550	30	201	92	220
06Cr19Ni9NbN	345	685	35	250	100	260
022Cr19Ni10N	205	515	40	201	92	220
10Cr18Ni12	170	485	40	183	88	200
06Cr23Ni13	205	515	40	217	95	220
06Cr25Ni20	205	515	40	217	95	220
022Cr25Ni22Mo2N	270	580	25	217	95	—
06Cr17Ni12Mo2	205	515	40	217	95	220
022Cr17Ni12Mo2	170	485	40	217	95	220
06Cr18Ni12Mo2Ti	205	515	40	217	95	220
06Cr17Ni12Mo2Nb	205	515	30	217	95	—

续表 4-1-68

(1) 经固溶处理的奥氏体型钢

牌　号	规定非比例延伸强度 $R_{P0.2}$/MPa	抗拉强度 R_m/MPa	断后伸长率 A/%	硬度值 HBW	硬度值 HRB	硬度值 HV
	不小于			不大于		
06Cr17Ni12Mo2N	240	550	35	217	95	220
022Cr17Ni12Mo2N	205	515	40	217	95	220
06Cr18Ni12Mo2Cu2	205	520	40	187	90	200
015Cr21Ni26Mo5Cu2	220	490	35	—	90	—
06Cr19Ni13Mo3	205	515	35	217	95	220
022Cr19Ni13Mo3	205	515	40	217	95	220
022Cr19Ni16Mo5N	240	550	40	223	96	—
022Cr19Ni13Mo4N	240	550	40	217	95	—
06Cr18Ni11Ti	205	515	40	217	95	220
015Cr24Ni22Mo8Mn3CuN	430	750	40	250	—	—
022Cr24Ni17Mo5Mn6NbN	415	795	35	241	100	—
06Cr18Ni11Nb	205	515	40	201	92	210

(2) 经固溶处理的奥氏体·铁素体型钢

牌　号	规定非比例延伸强度 $R_{P0.2}$/MPa	抗拉强度 R_m/MPa	断后伸长率 A/%	硬度值 HBW	硬度值 HRC
	不小于			不大于	
14Cr18Ni11Si4AlTi	—	715	25	—	—
022Cr19Ni5Mo3Si2N	440	630	25	290	31
12Cr21Ni5Ti	350	635	20	—	—
022Cr22Ni5Mo3N	450	620	25	293	31
022Cr23Ni5Mo3N	450	620	25	293	31
022Cr23Ni4MoCuN	400	600	25	290	31
022Cr25Ni6Mo2N	450	640	25	295	30
022Cr25Ni7Mo4WCuN	550	750	25	270	—
03Cr25Ni6Mo3Cu2N	550	760	15	302	32
022Cr25Ni7Mo4N	550	795	15	310	32

(3) 经退火处理的铁素体型钢

牌　号	规定非比例延伸强度 $R_{P0.2}$/MPa	抗拉强度 R_m/MPa	断后伸长率 A/%	冷弯 180° d:弯芯直径 a:钢板厚度	硬度值 HBW	硬度值 HRB	硬度值 HV
	不小于				不大于		
06Cr13Al	170	415	20	$d=2a$	179	88	200
022Cr12	195	360	22	$d=2a$	183	88	200
022Cr12Ni	280	450	18	—	180	88	—
022Cr11NbTi	275	415	20	$d=2a$	197	92	200
022Cr11Ti	275	415	20	$d=2a$	197	92	200
10Cr15	205	450	22	$d=2a$	183	89	200
10Cr17	205	450	22	$d=2a$	183	89	200

续表 4-1-68

(3) 经退火处理的铁素体型钢

牌　号	规定非比例延伸强度 $R_{P0.2}$/MPa	抗拉强度 R_m/MPa	断后伸长率 A/%	冷弯 180° d:弯芯直径 a:钢板厚度	硬度值		
					HBW	HRB	HV
	不小于				不大于		
022Cr18Ti	175	360	22	d=2a	183	88	200
10Cr17Mo	240	450	22	d=2a	183	89	200
019Cr18MoTi	245	410	20	d=2a	217	96	230
022Cr18NbTi	250	430	18	—	180	88	—
019Cr19Mo2NbTi	275	415	20	d=2a	217	96	230
008Cr27Mo	245	410	22	d=2a	190	90	200
008Cr30Mo2	295	450	22	d=2a	209	95	220

(4) 经退火处理的马氏体型钢

牌　号	规定非比例延伸强度 $R_{P0.2}$/MPa	抗拉强度 R_m/MPa	断后伸长率 A/%	冷弯 180° d:弯芯直径 a:钢板厚度	硬度值		
					HB	HRB	HV
	不小于				不大于		
12Cr12	205	485	20	d=2a	217	96	210
06Cr13	205	415	20	d=2a	183	89	200
12Cr13	205	450	20	d=2a	217	96	210
04Cr13Ni5Mo	620	795	15	—	302	32①	—
20Cr13	225	520	18	—	223	97	234
30Cr13	225	540	18	—	235	99	247
40Cr13	225	590	15	—	—	—	—
17Cr16Ni2	690	880～1 080	12	—	262～326	—	—
	1 050	1 350	10	—	388	—	—
68Cr17	245	590	15	—	255	25①	269

注：表列为经淬火、回火后的力学性能。
① 为 HRC 硬度值。

(5) 经固溶处理的沉淀硬化型钢试样

牌　号	钢材厚度/mm	规定非比例延伸强度 $R_{P0.2}$/MPa	抗拉强度 R_m/MPa	断后伸长率 A/%	硬度值	
					HRC	HBW
		不大于		不小于	不大于	
04Cr13Ni8Mo2Al	≥2　≤102	—	—	—	38	363
022Cr12Ni9Cu2NbTi	≥2　≤102	1 105	1 205	3	36	331
07Cr17Ni7Al	≥2　≤102	380	1 035	20	92①	—
07Cr15Ni7Mo2Al	≥2　≤102	450	1 035	25	100①	—
09Cr17Ni5Mo3N	≥2　≤102	585	1 380	12	30	—
06Cr17Ni7AlTi	≥2　≤102	515	825	5	32	—

① 为 HRB 硬度值。

续表 4-1-68

(6) 沉淀硬化处理后沉淀硬化型钢试样

牌　号	钢材厚度/mm	处理[①]温度/℃	规定非比例延伸强度 $R_{P0.2}$/MPa	抗拉强度 R_m/MPa	断后伸长率 A/%	硬度值 HRC	硬度值 HBW
			不小于	不小于	不小于	不大于	不大于
04Cr13Ni8Mo2Al	≥2 <5 ≥5 <16 ≥16 ≤100	510±5	1 410 1 410 1 410	1 515 1 515 1 515	8 10 10	45 45 45	— — 429
	≥2 <5 ≥5 <16 ≥16 ≤100	540±5	1 310 1 310 1 310	1 380 1 380 1 380	8 10 10	43 43 43	— — 401
022Cr12Ni9Cu2NbTi	≥2	480±6 或 510±5	1 410	1 525	4	44	—
07Cr17Ni7Al	≥2 <5 ≥5 ≤16	760±15 15±3 566±6	1 035 965	1 240 1 170	6 7	38 38	— 352
	≥2 <5 ≥5 ≤16	954±8 −73±6 510±6	1 310 1 240	1 450 1 380	4 6	44 43	— 401
07Cr15Ni7Mo2Al	≥2 <5 ≥5 ≤16	760±15 15±3 566±6	1 170 1 170	1 310 1 310	5 4	40 40	— 375
	≥2 <5 ≥5 ≤16	954±8 −73±6 510±6	1 380 1 380	1 550 1 550	4 4	46 45	— 429
09Cr17Ni5Mo3N	≥2 ≤5	455±10	1 035	1 275	8	42	—
	≥2 ≤5	540±10	1 000	1 140	8	36	—
06Cr17Ni7AlTi	≥2 <3 ≥3	510±10	1 170 1 170	1 310 1 310	5 8	39 39	— 363
	≥2 <3 ≥3	540±10	1 105 1 105	1 240 1 240	5 8	37 38	— 352
	≥2 <3 ≥3	565±10	1 035 1 035	1 170 1 170	5 8	35 36	— 331

① 为推荐性热处理温度。供方应向需方提供推荐性热处理制度。

4.1.7.11 不锈钢冷轧钢板和钢带(GB/T 3280—2007)

产品主要用于耐蚀结构件。

(1) 不锈钢冷轧钢板和钢带公称尺寸范围(表 4-1-69)

(2) 不锈钢冷轧钢板和钢带的牌号及力学性能(表 4-1-70)

表 4-1-69　不锈钢冷轧钢板和钢带公称尺寸范围

形　态	公称厚度/mm	公称宽度/mm
宽钢带、卷切钢板	≥0.10～≤8.00	≥600～<2 100
纵剪宽钢带、卷切钢带Ⅰ	≥0.10～≤8.00	<600
窄钢带、卷切钢带Ⅱ	≥0.01～≤3.00	<600

注：具体执行按 GB/T 708 的规定。

表 4-1-70 不锈钢冷轧钢板和钢带的牌号及力学性能

(1) 经固溶处理的奥氏体型钢

牌 号	规定非比例延伸强度 $R_{P0.2}$/MPa	抗拉强度 R_m/MPa	断后伸长率 A/%	硬度值		
				HBW	HRB	HV
	不小于			不大于		
12Cr17Ni7	205	515	40	217	95	218
022Cr17Ni7	220	550	45	241	100	—
022Cr17Ni7N	240	550	45	241	100	—
12Cr18Ni9	205	515	40	201	92	210
12Cr18Ni9Si3	205	515	40	217	95	220
06Cr19Ni10	205	515	40	201	92	210
022Cr19Ni10	170	485	40	201	92	210
07Cr19Ni10	205	515	40	201	92	210
05Cr19Ni10Si2NbN	290	600	40	217	95	—
06Cr19Ni10N	240	550	30	201	92	220
06Cr19Ni9NbN	345	685	35	250	100	260
022Cr19Ni10N	205	515	40	201	92	220
10Cr18Ni12	170	485	40	183	88	200
06Cr23Ni13	205	515	40	217	95	220
06Cr25Ni20	205	515	40	217	95	220
022Cr25Ni22Mo2N	270	580	25	217	95	—
06Cr17Ni12Mo2	205	515	40	217	95	220
022Cr17Ni12Mo2	170	485	40	217	95	220
06Cr17Ni12Mo2Ti	205	515	40	217	95	220
06Cr17Ni12Mo2Nb	205	515	30	217	95	—
06Cr17Ni12Mo2N	240	550	35	217	95	220
022Cr17Ni12Mo2N	205	515	40	217	95	220
06Cr18Ni12Mo2Cu2	205	520	40	187	90	200
015Cr21Ni26Mo5Cu2	220	490	35	—	90	—
06Cr19Ni13Mo3	205	515	35	217	95	220
022Cr19Ni13Mo3	205	515	40	217	95	220
022Cr19Ni16Mo5N	240	550	40	223	96	—
022Cr19Ni13Mo4N	240	550	40	217	95	—
06Cr18Ni11Ti	205	515	40	217	95	220
015Cr24Ni22Mo8Mn3CuN	430	750	40	250	—	—
022Cr24Ni17Mo5Mn6NbN	415	795	35	241	100	—
06Cr18Ni11Nb	205	515	40	201	92	210

续表 4-1-70

(2) 经固溶处理的奥氏体·铁素体型钢

牌号	规定非比例延伸强度 $R_{P0.2}$/MPa	抗拉强度 R_m/MPa	断后伸长率 A/%	硬度值	
				HBW	HRC
	不小于			不大于	
14Cr18Ni11Si4AlTi	—	715	25	—	—
022Cr19Ni5Mo3Si2N	440	630	25	290	31
12Cr21Ni5Ti	—	635	20	—	—
022Cr22Ni5Mo3N	450	620	25	293	31
022Cr23Ni5Mo3N	450	620	25	293	31
022Cr23Ni4MoCuN	400	600	25	290	31
022Cr25Ni6Mo2N	450	640	25	295	31
022Cr25Ni7Mo4WCuN	550	750	25	270	—
03Cr25Ni6Mo3Cu2N	550	760	15	302	32
022Cr25Ni7Mo4N	550	795	15	310	32

注：奥氏体·铁素体双相不锈钢不需要做冷弯试验。

(3) 经退火处理的铁素体型钢

牌号	规定非比例延伸强度 $R_{P0.2}$/MPa	抗拉强度 R_m/MPa	断后伸长率 A/%	冷弯 180°	硬度值		
					HBW	HRB	HV
	不小于				不大于		
06Cr13Al	170	415	20	$d=2a$	179	88	200
022Cr11Ti	275	415	20	$d=2a$	197	92	200
022Cr11NbTi	275	415	20	$d=2a$	197	92	200
022Cr12Ni	280	450	18	—	180	88	—
022Cr12	195	360	22	$d=2a$	183	88	200
10Cr15	205	450	22	$d=2a$	183	89	200
10Cr17	205	450	22	$d=2a$	183	89	200
022Cr18Ti	175	360	22	$d=2a$	183	88	200
10Cr17Mo	240	450	22	$d=2a$	183	89	200
019Cr18MoTi	245	410	20	$d=2a$	217	96	230
022Cr18NbTi	250	430	18	—	180	88	—
019Cr19Mo2NbTi	275	415	20	$d=2a$	217	96	230
008Cr27Mo	245	410	22	$d=2a$	190	90	200
008Cr30Mo2	295	450	22	$d=2a$	209	95	220

注："—"表示目前尚无数据提供，需在生产使用过程中积累数据。d：弯芯直径；a：钢板厚度。

(4) 经退火处理的马氏体型钢

牌号	规定非比例延伸强度 $R_{P0.2}$/MPa	抗拉强度 R_m/MPa	断后伸长率 A/%	冷弯 180°	硬度值		
					HBW	HRB	HV
	不小于				不大于		
12Cr12	205	485	20	$d=2a$	217	96	210
06Cr13	205	415	20	$d=2a$	183	89	200

续表 4-1-70

(4) 经退火处理的马氏体型钢

牌号	规定非比例延伸强度 $R_{P0.2}$/MPa	抗拉强度 R_m/MPa	断后伸长率 A/%	冷弯 180°	硬度值		
					HBW	HRB	HV
	不小于				不大于		
12Cr13	205	450	20	$d=2a$	217	96	210
04Cr13Ni5Mo	620	795	15	—	302	32①	—
20Cr13	225	520	18	—	223	97	234
30Cr13	225	540	18	—	235	99	247
40Cr13	225	590	15	—	—	—	—
17Cr16Ni2②	690	880～1 080	12	—	262～326	—	—
	1 050	1 350	10	—	388	—	—
68Cr17	245	590	15	—	255	25①	269

① 为 HRC 硬度值。

② 表列为淬火、回火后的力学性能。d:弯芯直径;a:钢板厚度。

(5) 经固溶处理的沉淀硬化型钢试样

牌号	钢材厚度/mm	规定非比例延伸强度 $R_{P0.2}$/MPa	抗拉强度 R_m/MPa	断后伸长率 A/%	硬度值	
					HRC	HBW
		不大于		不小于	不大于	
04Cr13Ni8Mo2Al	≥0.10～<8.0	—	—	—	38	363
022Cr12Ni9Cu2NbTi	≥0.30～≤8.0	1 105	1 205	3	36	331
07Cr17Ni7Al	≥0.10～<0.30 ≥0.30～≤8.0	450 380	1 035 1 035	— 20	— 92①	— —
07Cr15Ni7Mo2Al	≥0.10～<8.0	450	1 035	25	100①	—
09Cr17Ni5Mo3N	≥0.10～<0.30 ≥0.30～≤8.0	585 585	1 380 1 380	8 12	30 30	— —
06Cr17Ni7AlTi	≥0.10～<1.50 ≥1.50～≤8.0	515 515	825 825	4 5	32 32	— —

① 为 HRB 硬度值。

(6) 沉淀硬化处理后的沉淀硬化型钢试样

牌号	钢材厚度/mm	处理①温度/℃	非比例延伸强度 $R_{P0.2}$/MPa	抗拉强度 R_m/MPa	断后②伸长率 A/%	硬度值	
						HRC	HB
			不小于			不大于	
04Cr13Ni8Mo2Al	≥0.10～<0.50 ≥0.50～<5.0 ≥5.0～≤8.0	510±6	1 410 1 410 1 410	1 515 1 515 1 515	6 8 10	45 45 45	— — —
	≥0.10～<0.50 ≥0.50～<5.0 ≥5.0～≤8.0	538±6	1 310 1 310 1 310	1 380 1 380 1 380	6 8 10	43 43 43	— — —

续表 4-1-70

(6) 沉淀硬化处理后的沉淀硬化型钢试样

牌　号	钢材厚度/mm	处理①温度/℃	非比例延伸强度 $R_{P0.2}$/MPa	抗拉强度 R_m/MPa	断后②伸长率 A/%	硬度值 HRC	硬度值 HB
			不小于			不小于	
022Cr12Ni9Cu2NbTi	≥0.10～<0.50	510±6 或 482±6	1 410	1 525	—	44	—
	≥0.50～<1.50		1 410	1 525	3	44	—
	≥1.50～≤8.0		1 410	1 525	4	44	—
07Cr17Ni7Al	≥0.10～<0.30	760±15	1 035	1 240	3	38	—
	≥0.30～<5.0	15±3	1 035	1 240	5	38	—
	≥5.0～≤8.0	566±6	965	1 170	7	43	352
	≥0.10～<0.30	954±8	1 310	1 450	1	44	—
	≥0.30～<5.0	−73±6	1 310	1 450	3	44	—
	≥5.0～≤8.0	510±6	1 240	1 380	6	43	401
07Cr15Ni7Mo2Al	≥0.10～<0.30	760±15	1 170	1 310	3	40	—
	≥0.30～<5.0	15±3	1 170	1 310	5	40	—
	≥5.0～≤8.0	566±6	1 170	1 310	4	40	375
	≥0.10～<0.30	954±8	1 380	1 550	2	46	—
	≥0.30～<5.0	−73±6	1 380	1 550	4	46	—
	≥5.0～≤8.0	510±6	1 380	1 550	4	45	429
	≥0.10～≤1.2	冷轧	1 205	1 380	1	41	—
	≥0.10～≤1.2	冷轧+482	1 580	1 655	1	46	—
09Cr17Ni5Mo3N	≥0.10～<0.30	455±8	1 035	1 275	6	42	—
	≥0.30～≤5.0		1 035	1 275	8	42	—
	≥0.10～<0.30	540±8	1 000	1 140	6	36	—
	≥0.30～≤5.0		1 000	1 140	8	36	—
06Cr17Ni7AlTi	≥0.10～<0.80	510±8	1 170	1 310	3	39	—
	≥0.80～<1.50		1 170	1 310	4	39	—
	≥1.50～≤8.0		1 170	1 310	5	39	—
	≥0.10～<0.80	538±8	1 105	1 240	3	37	—
	≥0.80～<1.50		1 105	1 240	4	37	—
	≥1.50～≤8.0		1 105	1 240	5	37	—
	≥0.10～<0.80	566±8	1 035	1 170	3	35	—
	≥0.80～<1.50		1 035	1 170	4	35	—
	≥1.50～≤8.0		1 035	1 170	5	35	—

① 为推荐性热处理温度，供方应向需方提供推荐性热处理制度。

② 适用于沿宽度方向的试验，垂直于轧制方向且平行于钢板表面。

4.1.7.12 耐热钢钢板和钢带(GB/T 4238—2007)

耐热钢钢板和钢带的“热轧钢板和钢带”的尺寸规格应符合 GB/T 709 的规定；“冷轧钢板和钢带”的尺寸规格应符合 GB/T 708 的规定。产品主要用于在高温下工作的结构件。

耐热钢钢板和钢带的钢种按组织特征分为奥氏体型、铁素体型、马氏体型和沉淀硬化型 4 类。

耐热钢钢板和钢带的牌号及力学性能见表 4-1-71。

表 4-1-71　耐热钢钢板和钢带的牌号及力学性能

(1) 经固溶处理的奥氏体型耐热钢

牌　号	拉伸试验			硬度试验		
	规定非比例延伸强度 $R_{P0.2}$/MPa	抗拉强度 R_m/MPa	断后伸长率 A/%	HBW	HRB	HV
	不小于			不大于		
12Cr18Ni9	205	515	40	201	92	210
12Cr18Ni9Si3	205	515	40	217	95	220
06Cr19Ni9	205	515	40	201	92	210
07Cr19Ni10	205	515	40	201	92	210
06Cr20Ni11	205	515	40	183	88	—
16Cr23Ni13	205	515	40	217	95	220
06Cr23Ni13	205	515	40	217	95	220
20Cr25Ni20	205	515	40	217	95	220
06Cr25Ni20	205	515	40	217	95	220
06Cr17Ni12Mo2	205	515	40	217	95	220
06Cr19Ni13Mo3	205	515	35	217	95	220
06Cr18Ni11Ti	205	515	40	217	95	220
12Cr16Ni35	205	560	—	201	95	210
06Cr18Ni11Nb	205	515	40	201	92	210
16Cr25Ni20Si2①	—	540	35	—	—	—

① 16Cr25Ni20Si2 钢板厚度大于 25 mm 时，力学性能仅供参考。

(2) 经退火处理的铁素体型、马氏体型耐热钢

牌　号	拉伸试验			硬度试验			弯曲试验	
	规定非比例延伸强度 $R_{P0.2}$/MPa	抗拉强度 R_m/MPa	断后伸长率 A/%	HBW	HRB	HV	弯曲角度	d—弯芯直径 a—钢板厚度
	不小于			不大于				
06Cr13Al	170	415	20	179	88	200	180°	$d=2a$
022Cr11Ti	275	415	20	197	92	200	180°	$d=2a$
022Cr11NbTi	275	415	20	197	92	200	180°	$d=2a$
10Cr17	205	450	22	183	89	200	180°	$d=2a$
16Cr25N	275	510	20	201	95	210	135°	—
12Cr12	205	485	25	217	88	210	180°	$d=2a$
12Cr13	—	690	15	217	96	210	—	—
22Cr12NiMoWV	275	510	20	200	95	210	—	$a\geqslant 3$ mm，$d=a$

(3) 经固溶处理的沉淀硬化型耐热钢试样

牌　号	钢材厚度/mm	规定非比例延伸强度 $R_{P0.2}$/MPa	抗拉强度 R_m/MPa	断后伸长率 A/%	硬度值	
					HRC	HBW
022Cr12Ni9Cu2NbTi	≥0.30～≤100	≤1 105	≤1 205	≥3	≤36	≤331
05Cr17Ni4Cu4Nb	≥0.4～<100	≤1 105	≤1 255	≥3	≤38	≤363
07Cr17Ni7Al	≥0.1～<0.3	≤450	≤1 035	—	—	—
	≥0.3～≤100	≤380	≤1 035	≥20	≤92②	—

续表 4-1-71

（3）经固溶处理的沉淀硬化型耐热钢试样

牌　号	钢材厚度/mm	规定非比例延伸强度 $R_{P0.2}$/MPa	抗拉强度 R_m/MPa	断后伸长率 A/%	硬度值	
					HRC	HBW
07Cr15Ni7Mo2Al	≥0.10～≤100	≤450	≤1 035	≥25	≤100②	—
06Cr17Ni7AlTi	≥0.10～<0.80 ≥0.80～<1.50 ≥1.50～≤100	≤515 ≤515 ≤515	≤825 ≤825 ≤825	≥3 ≥4 ≥5	≤32 ≤32 ≤32	— — —
06Cr15Ni25Ti2MoAlVB①	≥2	—	≥725	≥25	≤91②	≤192
	≥2	≥590	≥900	≥15	≤101②	≤248

① 为时效处理后的力学性能。

② 为 HRB 硬度值。

（4）经沉淀硬化处理的耐热钢试样

牌　号	钢材厚度/mm	处理温度/℃	规定非比例延伸强度 $R_{P0.2}$/MPa	抗拉强度 R_m/MPa	断后伸长率 A/%	硬度值	
			不小于			HRC	HBW
022Cr12Ni9Cu2NbTi	≥0.10～<0.75 ≥0.75～<1.50 ≥1.50～≤16	510±10 或 480±6	1 410 1 410 1 410	1 525 1 525 1 525	… 3 4	≥44 ≥44 ≥44	— — —
05Cr17Ni4Cu4Nb	≥0.1～<5.0 ≥5.0～<16 ≥16～≤100	482±10	1 170 1 170 1 170	1 310 1 310 1 310	5 8 10	40～48 40～48 40～48	388～477 388～477
		496±10	1 070 1 070 1 070	1 170 1 170 1 170	5 8 10	38～46 38～47 38～47	375～477 375～477
		552±10	1 000 1 000 1 000	1 070 1 070 1 070	5 8 12	35～43 33～42 33～42	321～415 321～415
		579±10	860 860 860	1 000 1 000 1 000	5 9 13	31～40 29～38 29～38	293～375 293～375
		593±10	790 790 790	965 965 965	5 10 14	31～40 29～38 29～38	293～375 293～375
		621±10	725 725 725	930 930 930	8 10 16	28～38 26～36 26～36	269～352 269～352
		760±10 621±10	515 515 515	790 790 790	9 11 18	26～36 24～34 24～34	255～331 248～321 248～321
07Cr17Ni7Al	≥0.05～<0.30 ≥0.30～<5.0 ≥5.0～≤16	760±15 15±3 566±6	1 035 1 035 965	1 240 1 240 1 170	3 5 7	≥38 ≥38 ≥38	≥352

续表 4-1-71

牌　号	钢材厚度/mm	处理温度/℃	规定非比例延伸强度 $R_{P0.2}$/MPa	抗拉强度 R_m/MPa	断后伸长率 A/%	硬度值	
			不小于			HRC	HBW
(4) 经沉淀硬化处理的耐热钢试样							
07Cr17Ni7Al	≥0.05～<0.30 ≥0.30～<5.0 ≥5.0～≤16	954±8 −73±6 510±6	1 310 1 310 1 240	1 450 1 450 1 380	1 3 6	≥44 ≥44 ≥43	≥401
07Cr15Ni7Mo2Al	≥0.05～<0.30 ≥0.30～<5.0 ≥5.0～≤16	760±15 15±3 566±10	1 170 1 170 1 170	1 310 1 310 1 310	3 5 4	≥40 ≥40 ≥40	≥375
		954±8 −73±6 510±6	1 380 1 380 1 380	1 550 1 550 1 550	2 4 4	≥46 ≥46 ≥45	≥429
06Cr17Ni7AlTi	≥0.10～<0.80 ≥0.80～<1.50 ≥1.50～≤16	510±8	1 170 1 170 1 170	1 310 1 310 1 310	3 4 5	≥39 ≥39 ≥39	— — —
		538±8	1 105 1 105 1 105	1 240 1 240 1 240	3 4 5	≥37 ≥37 ≥37	— — —
		566±8	1 035 1 035 1 035	1 170 1 170 1 170	3 4 5	≥35 ≥35 ≥35	— — —
06Cr15Ni25Ti2MoAlVB	≥2.0～<8.0	700～760	590	900	15	≥101	≥248

4.1.7.13 锅炉和压力容器用钢板(GB/T 713—2008)

锅炉和压力容器用钢板的尺寸规格应符合 GB/T 709 的规定。钢板厚度为 3～200 mm。产品主要用于锅炉及其附件和中温压力容器的受压元件。

锅炉和压力容器用钢板的牌号及力学性能见表 4-1-72、表 4-1-73。

表 4-1-72　锅炉和压力容器用钢板的牌号及力学性能

牌　号	交货状态	钢板厚度/mm	拉伸试验			冲击试验		弯曲试验②
			抗拉强度 R_m/(N/mm²)	屈服强度① R_{eL}/(N/mm²)	伸长率 A/%	温度/℃	冲击吸收能量 KV_2/J	180° $b=2a$
				不小于			不小于	
Q245R	热轧控轧或正火	3～16	400～520	245	25	0	34	$d=1.5a$
		>16～36		235				
		>36～60		225				
		>60～100	390～510	205	24			$d=2a$
		>100～150	380～500	185				
Q345R		3～16	510～640	345	21	0	41	$d=2a$
		>16～36	500～630	325				$d=3a$
		>36～60	490～620	315				
		>60～100	490～620	305	20			
		>100～150	480～610	285				
		>150～200	470～600	265				

续表 4-1-72

牌号	交货状态	钢板厚度/mm	拉伸试验			冲击试验		弯曲试验②
			抗拉强度 R_m/(N/mm²)	屈服强度① R_{eL}/(N/mm²)	伸长率 A/%	温度/℃	冲击吸收能量 $KV2$/J	180° $b=2a$
				不小于			不小于	
Q370R	正火	10～16	530～630	370	20	−20	47	$d=2a$
		>16～36		360				$d=3a$
		>36～60	520～620	340				
		>60～100	510～610	330				
17MnNiVNbR		10～20	590～720	410	20	−20	60	$d=3a$
		>20～30	570～700	390				
18MnMoNbR	正火加回火	30～60	570～720	400	17	0	47	$d=3a$
		>60～100		390				
13MnNiMoR		30～100	570～720	390	18	0	47	$d=3a$
		>100～150		380				
15CrMoR		6～60	450～590	295	19	20	47	$d=3a$
		>60～100		275				
		>100～200	440～580	255				
14Cr1MoR		6～100	520～680	310	19	20	47	$d=3a$
		>100～150	510～670	300				
12Cr2Mo1R		6～200	520～680	310	19	20	47	$d=3a$
12Cr1MoVR		6～60	440～590	245	19	20	47	$d=3a$
		>60～100	430～580	235				
12Cr2Mo1VR		6～200	590～760	415	17	−20	60	$d=3a$

① 如屈服现象不明显，屈服强度取 $R_{P0.2}$。
② b 为试样宽度，d—弯曲压头直径，a—试样厚度。

表 4-1-73 锅炉和压力容器用钢板高温力学性能

牌号	厚度/mm	试验温度/℃						
		200	250	300	350	400	450	500
		屈服强度① R_{eL}或 $R_{P0.2}$/(N/mm²)不小于						
Q245R	>20～36	186	167	153	139	129	121	
	>36～60	178	161	147	133	123	116	
	>60～100	164	147	135	123	113	106	
	>100～150	150	135	120	110	105	95	
Q345R	>20～36	255	235	215	200	190	180	
	>36～60	240	220	200	185	175	165	
	>60～100	225	205	185	175	165	155	
	>100～150	220	200	180	170	160	150	
	>150～200	215	195	175	165	155	145	
Q370R	>20～36	290	275	260	245	230		
	>36～60	280	270	255	240	225		
18MnMoNbR	30～60	360	355	350	340	310	275	
	>60～100	355	350	345	335	305	270	
13MnNiMoR	30～100	355	350	345	335	305		
	>100～150	345	340	335	325	300		

续表 4-1-73

牌　号	厚度/mm	试验温度/℃						
		200	250	300	350	400	450	500
		屈服强度① R_{eL} 或 $R_{P0.2}$/(N/mm²)不小于						
15CrMoR	>20～60	240	225	210	200	189	179	174
	>60～100	220	210	196	186	176	167	162
	>100～150	210	199	185	175	165	156	150
14Cr1MoR	>20～150	255	245	230	220	210	195	176
12Cr2Mo1R	>20～150	260	255	250	245	240	230	215
12Cr1MoVR	>20～100	200	190	176	167	157	150	142

① 如屈服现象不明显，屈服强度取 $R_{P0.2}$。

4.1.7.14 压力容器用调质高强度钢板(GB/T 19189—2011)

压力容器用调质高强度钢板的尺寸规格应符合 GB/T 709 的规定，钢板厚度为 10～60 mm。

压力容器用调质高强度钢板的牌号及力学性能见表 4-1-74。

表 4-1-74　压力容器用调质高强度钢板的牌号及力学性能

牌　号	钢板厚度/mm	拉伸试验			冲击试验		弯曲试验
		屈服强度 R_{eL}/MPa	抗拉强度 R_m/MPa	断后伸长率 A/%	温度/℃	冲击功吸收能量 KV_2/J	180° $b=2a$
07MnMoVR	10～60	≥490	610～730	≥17	−20	≥80	$d=3a$
07MnNiVDR	10～60	≥490	610～730	≥17	−40	≥80	$d=3a$
07MnNiMoDR	10～50	≥490	610～730	≥17	−50	≥80	$d=3a$
12MnNiVR	10～60	≥490	610～730	≥17	−20	≥80	$d=3a$

4.1.7.15 焊接气瓶用钢板和钢带(GB 6653—2008)

焊接气瓶用钢板和钢带的“热轧钢板和钢带”的尺寸规格应符合 GB/T 709 的规定，钢板厚度为 2～14 mm。“冷轧钢板和钢带”的尺寸规格应符合 GB/T 708 的规定，钢板厚度为 1.5～4 mm。

焊接气瓶用钢板和钢带的牌号及力学性能见表 4-1-75。

表 4-1-75　焊接气瓶用钢板和钢带的牌号及力学性能

牌　号	拉　伸　试　验				180°弯曲试验 弯芯直径 (b≥35 mm)
	下屈服强度 R_{eL} N/mm²	抗拉强度 R_m N/mm²	断后伸长率/%		
			$A_{80\,mm}$ (L_0=80 mm，b=20 mm)	A	
			<3 mm	≥3 mm	
HP235	≥235	380～500	≥23	≥29	1.5a
HP265	≥265	410～520	≥21	≥27	1.5a
HP295	≥295	440～560	≥20	≥26	2.0a
HP325	≥325	490～600	≥18	≥22	2.0a
HP345	≥345	510～620	≥17	≥21	2.0a

4.1.8　钢管

4.1.8.1 无缝钢管(GB/T 17395—2008)

钢管的外径和壁厚分为三类：普通钢管的外径和壁厚，精密钢管的外径和壁厚，不锈钢管的外径和壁厚。

钢管的外径分为三个系列：系列 1、系列 2 和系列 3。系列 1 是通用系列，属推荐选用系列；系列 2 是非通用系列；系列 3 是少数特殊、专用系列。

普通钢管和不锈钢管的外径分为系列 1、系列 2 和系列 3；精密钢管的外径分为系列 2 和系列 3。

钢管通常长度为 3～12.5 m。

(1) 普通钢管的外径和壁厚及单位长度理论质量(表 4-1-76)

(2) 精密钢管的外径和壁厚及单位长度理论质量(表 4-1-77)

(3) 不锈钢管的外径和壁厚(表 4-1-78)

表 4-1-76　普通钢管的外径和壁厚及单位长度理论质量（GB/T 17395—2008）

外径/mm			壁厚/mm															
系列 1	系列 2	系列 3	0.25	0.30	0.40	0.50	0.60	0.80	1.0	1.2	1.4	1.5	1.6	1.8	2.0	2.2(2.3)	2.5(2.6)	2.8
			单位长度理论质量[①]/(kg/m)															
	6		0.035	0.042	0.055	0.068	0.080	0.103	0.123	0.142	0.159	0.166	0.174	0.186	0.197			
	7		0.042	0.050	0.065	0.080	0.095	0.122	0.148	0.172	0.193	0.203	0.213	0.231	0.247	0.260	0.277	
	8		0.048	0.057	0.075	0.092	0.109	0.142	0.173	0.201	0.228	0.240	0.253	0.275	0.296	0.315	0.339	
	9		0.054	0.064	0.085	0.105	0.124	0.162	0.197	0.231	0.262	0.277	0.292	0.320	0.345	0.369	0.401	0.428
10(10.2)			0.060	0.072	0.095	0.117	0.139	0.182	0.222	0.260	0.297	0.314	0.331	0.364	0.395	0.423	0.462	0.497
	11		0.066	0.079	0.106	0.129	0.154	0.201	0.247	0.290	0.331	0.351	0.371	0.408	0.444	0.477	0.524	0.566
	12		0.072	0.087	0.114	0.142	0.169	0.221	0.271	0.320	0.366	0.388	0.410	0.453	0.493	0.532	0.586	0.635
	13(12.7)		0.079	0.094	0.124	0.154	0.183	0.241	0.296	0.349	0.401	0.425	0.450	0.497	0.543	0.586	0.647	0.704
13.5			0.082	0.098	0.129	0.160	0.191	0.251	0.308	0.364	0.418	0.444	0.470	0.519	0.567	0.613	0.678	0.739
		14	0.085	0.101	0.134	0.166	0.198	0.260	0.321	0.379	0.435	0.462	0.489	0.542	0.592	0.640	0.709	0.773
	16		0.097	0.116	0.154	0.191	0.228	0.300	0.370	0.438	0.504	0.536	0.568	0.630	0.691	0.749	0.832	0.911
17(17.2)			0.103	0.124	0.164	0.203	0.243	0.320	0.395	0.468	0.539	0.573	0.608	0.675	0.740	0.803	0.894	0.981
		18	0.109	0.131	0.174	0.216	0.257	0.339	0.419	0.497	0.573	0.610	0.647	0.719	0.789	0.857	0.956	1.05
	19		0.116	0.138	0.183	0.228	0.272	0.359	0.444	0.527	0.608	0.647	0.687	0.764	0.838	0.911	1.02	1.12
	20		0.122	0.146	0.193	0.240	0.287	0.379	0.469	0.556	0.642	0.684	0.726	0.808	0.888	0.966	1.08	1.19
21(21.3)					0.203	0.253	0.302	0.399	0.493	0.586	0.677	0.721	0.765	0.852	0.937	1.02	1.14	1.26
		22			0.213	0.265	0.317	0.418	0.518	0.616	0.711	0.758	0.805	0.897	0.986	1.07	1.20	1.33
	25				0.243	0.302	0.361	0.477	0.592	0.704	0.815	0.869	0.923	1.03	1.13	1.24	1.39	1.53
		25.4			0.247	0.307	0.367	0.485	0.602	0.716	0.829	0.884	0.939	1.05	1.15	1.26	1.41	1.56
27(26.9)					0.262	0.327	0.391	0.517	0.641	0.764	0.884	0.943	1.00	1.12	1.23	1.35	1.51	1.67
	28				0.272	0.339	0.405	0.537	0.666	0.793	0.918	0.980	1.04	1.16	1.28	1.40	1.57	1.74

续表 4-1-76

外径/mm			壁　厚/mm															
系列 1	系列 2	系列 3	(2.9)3.0	3.2	3.5(3.6)	4.0	4.5	5.0	(5.4)5.5	6.0	(6.3)6.5	7.0(7.1)	7.5	8.0	8.5	(8.8)9.0	9.5	10
			单位长度理论质量[①]/(kg/m)															
	6																	
	7																	
	8																	
	9																	
10(10.2)			0.518	0.537	0.561													
	11		0.592	0.616	0.647													
	12		0.666	0.694	0.734	0.789												
	13(12.7)		0.740	0.773	0.820	0.888												
13.5			0.777	0.813	0.863	0.937												
		14	0.814	0.852	0.906	0.986												
	16		0.962	1.01	1.08	1.18	1.28	1.36										
17(17.2)			1.04	1.09	1.17	1.28	1.39	1.48										
		18	1.11	1.17	1.25	1.38	1.50	1.60										
	19		1.18	1.25	1.34	1.48	1.61	1.73	1.83	1.92								
	20		1.26	1.33	1.42	1.58	1.72	1.85	1.97	2.07								
21(21.3)			1.33	1.40	1.51	1.68	1.83	1.97	2.10	2.22								
		22	1.41	1.48	1.60	1.78	1.94	2.10	2.24	2.37								
	25		1.63	1.72	1.86	2.07	2.28	2.47	2.64	2.81	2.97	3.11						
		25.4	1.66	1.75	1.89	2.11	2.32	2.52	2.70	2.87	3.03	3.18						
27(26.9)			1.78	1.88	2.03	2.27	2.50	2.71	2.92	3.11	3.29	3.45						
	28		1.85	1.96	2.11	2.37	2.61	2.84	3.05	3.26	3.45	3.63						

续表 4-1-76

外径/mm			壁厚/mm															
系列 1	系列 2	系列 3	0.25	0.30	0.40	0.50	0.60	0.80	1.0	1.2	1.4	1.5	1.6	1.8	2.0	2.2(2.3)	2.5(2.6)	2.8
			单位长度理论质量①/(kg/m)															
		30			0.292	0.364	0.435	0.576	0.715	0.852	0.987	1.05	1.12	1.25	1.38	1.51	1.70	1.88
	32(31.8)				0.312	0.388	0.465	0.616	0.765	0.911	1.06	1.13	1.20	1.34	1.48	1.62	1.82	2.02
34(33.7)					0.331	0.413	0.494	0.655	0.814	0.971	1.13	1.20	1.28	1.43	1.58	1.73	1.94	2.15
		35			0.341	0.425	0.509	0.675	0.838	1.00	1.16	1.24	1.32	1.47	1.63	1.78	2.00	2.22
	38				0.371	0.462	0.553	0.734	0.912	1.09	1.26	1.35	1.44	1.61	1.78	1.94	2.19	2.43
	40				0.391	0.487	0.583	0.773	0.962	1.15	1.33	1.42	1.52	1.70	1.87	2.05	2.31	2.57
42(42.4)									1.01	1.21	1.40	1.50	1.59	1.78	1.97	2.16	2.44	2.71
		45(44.5)							1.09	1.30	1.51	1.61	1.71	1.92	2.12	2.32	2.62	2.91
48(48.3)									1.16	1.38	1.61	1.72	1.83	2.05	2.27	2.48	2.81	3.12
	51								1.23	1.47	1.71	1.83	1.95	2.18	2.42	2.65	2.99	3.33
		54							1.31	1.56	1.82	1.94	2.07	2.32	2.56	2.81	3.18	3.54
	57								1.38	1.65	1.92	2.05	2.19	2.45	2.71	2.97	3.36	3.74
60(60.3)									1.46	1.74	2.02	2.16	2.30	2.58	2.86	3.14	3.55	3.95
	63(63.5)								1.53	1.83	2.13	2.28	2.42	2.72	3.01	3.30	3.73	4.16
	65								1.58	1.89	2.20	2.35	2.50	2.81	3.11	3.41	3.85	4.30
	68								1.65	1.98	2.30	2.46	2.62	2.94	3.26	3.57	4.04	4.50
	70								1.70	2.04	2.37	2.53	2.70	3.03	3.35	3.68	4.16	4.64
		73							1.78	2.12	2.47	2.64	2.82	3.16	3.50	3.84	4.35	4.85
76(76.1)									1.85	2.21	2.58	2.76	2.94	3.29	3.65	4.00	4.53	5.05
	77										2.61	2.79	2.98	3.34	3.70	4.06	4.59	5.12
	80										2.71	2.90	3.09	3.47	3.85	4.22	4.78	5.33

续表 4-1-76

外径/mm			壁厚/mm															
系列 1	系列 2	系列 3	(2.9)3.0	3.2	3.5(3.6)	4.0	4.5	5.0	(5.4)5.5	6.0	(6.3)6.5	7.0(7.1)	7.5	8.0	8.5	(8.8)9.0	9.5	10
			单位长度理论质量[①]/(kg/m)															
		30	2.00	2.11	2.29	2.56	2.83	3.08	3.32	3.55	3.77	3.97	4.16	4.34				
	32(31.8)		2.15	2.27	2.46	2.76	3.05	3.33	3.59	3.85	4.09	4.32	4.53	4.74				
34(33.7)			2.29	2.43	2.65	2.96	3.27	3.58	3.87	4.14	4.41	4.66	4.90	5.13				
		35	2.37	2.51	2.72	3.06	3.38	3.70	4.00	4.29	4.57	4.83	5.09	5.33	5.56	5.77		
	38		2.59	2.75	2.98	3.35	3.72	4.07	4.41	4.74	5.05	5.35	5.64	5.92	6.18	6.44	6.68	6.91
	40		2.74	2.90	3.15	3.55	3.94	4.32	4.68	5.03	5.37	5.70	6.01	6.31	6.60	6.88	7.15	7.40
42(42.4)			2.89	3.06	3.32	3.75	4.10	4.56	4.95	5.33	5.69	6.04	6.38	6.71	7.02	7.32	7.61	7.89
		45(44.5)	3.11	3.30	3.58	4.04	4.49	4.93	6.36	5.77	6.17	6.56	6.94	7.00	7.65	7.99	8.32	8.63
48(48.3)			3.33	3.54	3.84	4.34	4.85	5.30	5.76	6.21	6.65	7.08	7.49	7.89	8.28	8.66	9.02	9.37
	51		3.55	3.77	4.10	4.64	5.18	5.67	6.17	6.66	7.13	7.60	8.05	8.48	8.91	9.32	9.72	10.11
		54	3.77	4.01	4.36	4.93	5.49	6.04	6.58	7.10	7.61	8.11	8.60	9.08	9.54	9.99	10.43	10.85
	57		4.00	4.25	4.62	5.23	5.83	6.41	6.99	7.55	8.10	8.63	9.16	9.67	10.17	10.65	11.13	11.59
60(60.3)			4.22	4.48	4.88	5.52	6.16	6.78	7.39	7.99	8.58	9.15	9.71	10.26	10.80	11.32	11.83	12.33
	63(63.5)		4.44	4.72	5.14	5.82	6.49	7.15	7.80	8.43	9.06	9.67	10.27	10.85	11.42	11.99	12.53	13.07
	65		4.59	4.88	5.31	6.02	6.71	7.40	8.07	8.73	9.38	10.01	10.64	11.25	11.84	12.43	13.00	13.56
	68		4.81	5.11	5.57	6.31	7.05	7.77	8.48	9.17	9.86	10.53	11.19	11.84	12.47	13.10	13.71	14.30
	70		4.96	5.27	5.74	6.51	7.27	8.02	8.75	9.47	10.18	10.88	11.56	12.23	12.89	13.54	14.17	14.80
		73	5.18	5.51	6.00	6.81	7.60	8.38	9.16	9.91	10.66	11.39	12.11	12.82	13.52	14.21	14.88	15.54
76(76.1)			5.40	5.75	6.26	7.10	7.93	8.75	9.56	10.36	11.14	11.91	12.67	13.42	14.15	14.87	15.58	16.28
	77		5.47	5.82	6.34	7.20	8.05	8.88	9.70	10.51	11.30	12.08	12.85	13.61	14.36	15.09	15.81	16.52
	80		5.70	6.06	6.60	7.50	8.38	9.25	10.11	10.95	11.78	12.60	13.41	14.21	14.99	15.76	16.52	17.26

续表 4-1-76

外径/mm			壁厚/mm															
系列 1	系列 2	系列 3	11	12(12.5)	13	14(14.2)	15	16	17(17.5)	18	19	20	22(22.2)	24	25	26	28	30
			单位长度理论质量①/(kg/m)															
		30																
	32(31.8)																	
34(33.7)																		
		35																
	38																	
	40																	
42(42.4)																		
		45(44.5)	9.22	9.77														
48(48.3)			10.04	10.65														
	51		10.85	11.54														
		54	11.66	12.43	13.14	13.81												
	57		12.48	13.32	14.11	14.85												
60(60.3)			13.29	14.21	15.07	15.88	16.65	17.36										
	63(63.5)		14.11	15.09	16.03	16.92	17.76	18.55										
	65		14.65	15.68	16.67	17.61	18.50	19.33										
	68		15.46	16.57	17.63	18.64	19.61	20.52										
	70		16.01	17.16	18.27	19.33	20.35	21.31	22.22									
		73	16.82	18.05	19.24	20.37	21.46	22.49	23.48	24.41	25.30							
76(76.1)			17.63	18.94	20.20	21.41	22.57	23.68	24.74	25.75	26.71	27.62						
	77		17.90	19.24	20.52	21.75	22.94	24.07	25.15	26.19	27.18	28.11						
	80		18.72	20.12	21.48	22.79	24.05	25.25	26.41	27.52	28.58	29.59						

续表 4-1-76

外径/mm			壁厚/mm															
系列 1	系列 2	系列 3	0.25	0.30	0.40	0.50	0.60	0.80	1.0	1.2	1.4	1.5	1.6	1.8	2.0	2.2(2.3)	2.5(2.6)	2.8
			单位长度理论质量[①]/(kg/m)															
		83(82.5)									2.82	3.01	3.21	3.60	4.00	4.38	4.96	5.54
	85										2.89	3.09	3.29	3.69	4.09	4.49	5.09	5.68
89(88.9)											3.02	3.24	3.45	3.87	4.29	4.71	5.33	5.95
	95										3.23	3.46	3.69	4.14	4.59	5.03	5.70	6.37
	102(101.6)										3.47	3.72	3.96	4.45	4.93	5.41	6.13	6.85
		108									3.68	3.94	4.20	4.71	5.23	5.74	6.50	7.26
114(114.3)												4.16	4.44	4.98	5.52	6.07	6.87	7.68
	121											4.42	4.71	5.29	5.87	6.45	7.31	8.16
	127													5.56	6.17	6.77	7.68	8.58
	133																8.05	8.99
140(139.7)																		
		142(141.3)																
	146																	
		152(152.4)																
		159																
168(168.3)																		
		180(177.8)																
		194(193.7)																
	203																	
219(219.1)																		
		232																
		245(244.5)																
		267(267.4)																

续表 4-1-76

外径/mm			壁厚/mm															
系列 1	系列 2	系列 3	(2.9)3.0	3.2	3.5(3.6)	4.0	4.5	5.0	(5.4)5.5	6.0	(6.3)6.5	7.0(7.1)	7.5	8.0	8.5	(8.8)9.0	9.5	10
			单位长度理论质量①/(kg/m)															
		83(82.5)	5.92	6.30	6.86	7.79	8.71	9.62	10.51	11.39	12.26	13.12	13.96	14.80	15.62	16.42	17.22	18.00
	85		6.07	6.46	7.03	7.99	8.93	9.86	10.78	11.69	12.58	13.47	14.33	15.19	16.04	16.87	17.69	18.50
89(88.9)			6.36	6.77	7.38	8.38	9.38	10.36	11.33	12.28	13.22	14.16	15.07	15.98	16.87	17.76	18.63	19.48
	95		6.81	7.24	7.90	8.98	10.04	11.10	12.14	13.17	14.19	15.19	16.18	17.16	18.13	19.09	20.03	20.96
	102(101.6)		7.32	7.80	8.50	9.67	10.82	11.96	13.09	14.21	15.31	16.40	17.48	18.55	19.60	20.64	21.67	22.69
		108	7.77	8.27	9.02	10.26	11.49	12.70	13.90	15.09	16.27	17.44	18.59	19.73	20.86	21.97	23.08	24.17
114(114.3)			8.21	8.74	9.54	10.85	12.15	13.44	14.72	15.98	17.23	18.47	19.70	20.91	22.12	23.31	24.48	25.65
	121		8.73	9.30	10.14	11.54	12.93	14.30	15.67	17.02	18.35	19.68	20.99	22.29	23.58	24.86	26.12	27.37
	127		9.17	9.77	10.66	12.13	13.59	15.04	16.48	17.90	19.32	20.72	22.10	23.48	24.84	26.19	27.53	28.85
	133		9.62	10.24	11.18	12.73	14.26	15.78	17.29	18.79	20.28	21.75	23.21	24.66	26.10	27.52	28.93	30.33
140(139.7)			10.14	10.80	11.78	13.42	15.04	16.65	18.24	19.83	21.40	22.96	24.51	26.04	27.57	29.08	30.57	32.06
		142(141.3)	10.28	10.95	11.95	13.61	15.26	16.89	18.51	20.12	21.72	23.31	24.88	26.44	27.98	29.52	31.04	32.55
	146		10.58	11.27	12.30	14.01	15.70	17.39	19.06	20.72	22.36	24.00	25.62	27.23	28.82	30.41	31.98	33.54
		152(152.4)	11.02	11.74	12.82	14.60	16.37	18.13	19.87	21.60	23.32	25.03	26.73	28.41	30.08	31.74	33.39	35.02
		159			13.42	15.29	17.15	18.99	20.82	22.64	24.45	26.24	28.02	29.79	31.55	33.29	35.03	36.75
168(168.3)					14.20	16.18	18.14	20.10	22.04	23.97	25.89	27.79	29.69	31.57	33.43	35.29	37.13	38.97
		180(177.8)			15.23	17.36	19.48	21.58	23.67	25.75	27.81	29.87	31.91	33.93	35.95	37.95	39.95	41.92
		194(193.7)			16.44	18.74	21.03	23.31	25.57	27.82	30.06	32.28	34.50	36.70	38.89	41.06	43.23	45.38
	203				17.22	19.63	22.03	24.41	26.79	29.15	31.50	33.84	36.16	38.47	40.77	43.06	45.33	47.60
219(219.1)										31.52	34.06	36.60	39.12	41.63	44.13	46.61	49.08	51.54
		232								33.44	36.15	38.84	41.52	44.19	46.85	49.50	52.13	54.75
		245(244.5)								35.36	38.23	41.09	43.93	46.76	49.58	52.38	55.17	57.95
		267(267.4)								38.62	41.76	44.88	48.00	51.10	54.19	57.26	60.33	63.38

续表 4-1-76

外径/mm			壁厚/mm															
系列 1	系列 2	系列 3	11	12(12.5)	13	14(14.2)	15	16	17(17.5)	18	19	20	22(22.2)	24	25	26	28	30
			单位长度理论质量①/(kg/m)															
		83(82.5)	19.53	21.01	22.44	23.82	25.15	26.44	27.67	28.85	29.99	31.07	33.10					
	85		20.07	21.60	23.08	24.51	25.89	27.23	28.51	29.74	30.93	32.06	34.18					
89(88.9)			21.16	22.79	24.37	25.89	27.37	28.80	30.19	31.52	32.80	34.03	36.35	38.47				
	95		22.79	24.56	26.29	27.97	29.59	31.17	32.70	34.18	35.61	36.99	39.61	42.02				
	102(101.6)		24.69	26.63	28.53	30.38	32.18	33.93	35.64	37.29	38.89	40.44	43.40	46.17	47.47	48.73	51.10	
		108	26.31	28.41	30.46	32.45	34.40	36.30	38.15	39.95	41.70	43.40	46.66	49.71	51.17	52.58	55.24	57.71
114(114.3)			27.94	30.19	32.38	34.53	36.62	38.67	40.67	42.62	44.51	46.36	49.91	53.27	54.87	56.43	59.39	62.15
	121		29.84	32.26	34.62	36.94	39.21	41.43	43.60	45.72	47.79	49.82	53.71	57.41	59.19	60.91	64.22	67.33
	127		31.47	34.03	36.55	39.01	41.43	43.80	46.12	48.39	50.61	52.78	56.97	60.96	62.89	64.76	68.36	71.77
	133		33.10	35.81	38.47	41.09	43.65	46.17	48.63	51.05	53.42	55.74	60.22	64.51	66.59	68.61	72.50	76.20
140(139.7)			34.99	37.88	40.72	43.50	46.24	48.93	51.57	54.16	56.70	59.19	64.02	68.66	70.90	73.10	77.34	81.38
		142(141.3)	35.54	38.47	41.36	44.19	46.98	49.72	52.41	55.04	57.63	60.17	65.11	69.34	72.14	74.38	78.72	82.86
	146		36.62	39.66	42.64	45.57	48.46	51.30	54.08	56.82	59.51	62.15	67.28	72.21	74.60	76.94	81.48	85.82
		152(152.4)	38.25	41.43	44.56	47.65	50.68	53.66	56.60	59.48	62.32	65.11	70.53	75.76	78.30	80.79	85.62	90.26
		159	40.15	43.50	46.81	50.06	53.27	56.43	59.53	62.59	65.60	68.56	74.33	79.90	82.62	85.28	90.46	95.44
168(168.3)			42.59	46.17	49.69	53.17	56.60	59.98	63.31	66.59	69.82	73.00	79.21	85.72	88.17	91.05	96.67	102.10
		180(177.8)	45.85	49.72	53.54	57.31	61.04	64.71	68.34	71.91	75.44	78.92	85.72	92.33	95.56	98.74	104.96	110.98
		194(193.7)	49.64	53.86	58.03	62.15	66.22	70.24	74.21	78.13	82.00	85.82	93.32	100.62	104.20	107.72	114.63	121.33
	203		52.09	56.52	60.91	65.25	69.55	73.79	77.98	82.13	86.22	90.26	98.20	105.95	109.74	113.49	120.84	127.99
219(219.1)			56.43	61.26	66.04	70.78	75.46	80.10	84.69	89.23	93.71	98.15	106.88	115.42	119.61	123.75	131.89	139.83
		232	59.95	65.11	70.21	75.27	80.27	85.23	90.14	95.00	99.81	104.57	113.94	123.11	127.62	132.09	140.87	149.45
		245(244.5)	63.48	68.95	74.38	79.76	85.08	90.36	95.59	100.77	105.90	110.98	120.99	130.80	135.64	140.42	149.84	159.07
		267(267.4)	69.45	75.46	81.43	87.35	93.22	99.04	104.81	110.53	116.21	121.83	132.93	143.83	149.20	154.53	165.04	175.34

续表 4-1-76

外径/mm			壁厚/mm											
系列 1	系列 2	系列 3	32	34	36	38	40	42	45	48	50	55	60	65
			单位长度理论质量[①]/(kg/m)											
		83(82.5)												
	85													
89(88.9)														
	95													
	102(101.6)													
		108												
114(114.3)														
	121		70.24											
	127		74.97											
	133		79.71	83.01	86.12									
140(139.7)			85.23	88.88	92.33									
		142(141.3)	86.81	90.56	94.11									
	146		89.97	93.91	97.66	101.21	104.57							
		152(152.4)	94.70	98.94	102.99	106.83	110.48							
		159	100.22	104.81	109.20	113.39	117.39	121.19	126.51					
168(168.3)		107.33	112.36	117.19	121.83	126.27	130.51	136.50						
		180(177.8)	116.80	122.42	127.85	133.07	138.10	142.94	149.82	156.26	160.30			
		194(193.7)	127.85	134.16	140.27	146.19	151.92	157.44	165.36	172.83	177.56			
	203		134.95	141.71	148.27	154.63	160.79	166.76	175.34	183.48	188.66	200.75		
219(219.1)			147.57	155.12	162.47	169.62	176.58	183.33	193.10	202.42	208.39	222.45		
		232	157.83	166.02	174.01	181.81	189.40	196.80	207.53	217.81	224.42	240.08	254.51	267.70
		245(244.5)	168.09	176.92	185.55	193.99	202.22	210.26	221.95	233.20	240.45	257.71	273.74	288.54
		267(267.4)	185.45	195.37	205.09	214.60	223.93	233.05	246.37	259.24	267.58	287.55	306.30	323.81

续表 4-1-76

外径/mm			壁厚/mm														
系列 1	系列 2	系列 3	3.5(3.6)	4.0	4.5	5.0	(5.4)5.5	6.0	(6.3)6.5	7.0(7.1)	7.5	8.0	8.5	(8.8)9.0	9.5	10	11
			单位长度理论质量[①]/(kg/m)														
273									42.72	45.92	49.11	52.28	55.45	58.60	61.73	64.86	71.07
	299(298.5)										53.92	57.41	60.90	64.37	67.83	71.27	78.13
		302									54.47	58.00	61.52	65.03	68.53	72.01	78.94
		318.5									57.52	61.26	64.98	68.69	72.39	76.08	83.42
325(323.9)											58.73	62.54	66.35	70.14	73.92	77.68	85.18
	340(339.7)											65.50	69.49	73.47	77.43	81.38	89.25
	351											67.67	71.80	75.91	80.01	84.10	92.23
356(355.6)														77.02	81.18	85.33	93.59
		368												79.68	83.99	88.29	96.85
	377													81.68	86.10	90.51	99.29
	402													87.23	91.96	96.67	106.07
406(406.4)														88.12	92.89	97.66	107.15
		419												91.00	95.94	100.87	110.68
	426													92.55	97.58	102.59	112.58
	450													97.88	103.20	108.51	119.09
457														99.44	104.84	110.24	120.99
	473													102.99	108.59	114.18	125.33
	480													104.54	110.23	115.91	127.23
	500													108.98	114.92	120.84	132.65
508														110.76	116.79	122.81	134.82
	530													115.64	121.95	128.24	140.79
		560(559)												122.30	128.97	135.64	148.93
610														133.39	140.69	147.97	162.50

续表 4-1-76

外径/mm			壁厚/mm														
系列 1	系列 2	系列 3	12(12.5)	13	14(14.2)	15	16	17(17.5)	18	19	20	22(22.2)	24	25	26	28	30
			单位长度理论质量①/(kg/m)														
273			77.24	83.36	89.42	95.44	101.41	107.33	113.20	119.02	124.79	136.18	147.38	152.90	158.38	169.18	179.78
	299(298.5)		84.93	91.69	98.40	105.06	111.67	118.23	124.74	131.20	137.61	150.29	162.77	168.93	175.05	187.13	199.02
		302	85.82	92.65	99.44	106.17	112.85	119.49	126.07	132.61	139.09	151.92	164.54	170.78	176.97	189.20	201.24
		318.5	90.71	97.94	105.13	112.27	119.36	126.40	133.39	140.34	147.23	160.87	174.31	180.95	187.55	200.60	213.45
325(323.9)			92.63	100.03	107.38	114.68	121.93	129.13	136.28	143.38	150.44	164.39	178.16	184.96	191.72	205.09	218.25
	340(339.7)		97.07	104.84	112.56	120.23	127.85	135.42	142.94	150.41	157.83	172.53	187.03	194.21	201.34	215.44	229.35
	351		100.32	108.36	116.35	124.29	132.19	140.03	147.82	155.57	163.26	178.50	193.54	200.99	208.39	223.04	237.49
356(355.6)			101.80	109.97	118.08	126.14	134.16	142.12	150.04	157.91	165.73	181.21	196.50	204.07	211.60	226.49	241.19
		368	105.35	113.81	122.22	130.58	138.89	147.16	155.37	163.53	171.64	187.72	203.61	211.47	219.29	234.78	250.07
	377		108.02	116.70	125.33	133.91	142.45	150.93	159.36	167.75	176.08	192.61	208.93	217.02	225.06	240.99	256.73
	402		115.42	124.71	133.96	143.16	152.31	161.41	170.46	179.46	188.41	206.17	223.73	232.44	241.09	258.26	275.22
406(406.4)			116.60	126.00	135.34	144.64	153.89	163.09	172.24	181.34	190.39	208.34	226.10	234.90	243.66	261.02	278.18
		419	120.45	130.16	139.83	149.45	159.02	168.54	178.01	187.43	196.80	215.39	233.79	242.92	251.99	269.99	287.80
	426		122.52	132.41	142.25	152.04	161.78	171.47	181.11	190.71	200.25	219.19	237.93	247.23	256.48	274.83	292.98
	450		129.62	140.10	150.53	160.92	171.25	181.53	191.77	201.95	212.09	232.21	252.14	262.03	271.87	291.40	310.74
457			131.69	142.35	152.95	163.51	174.01	184.47	194.88	205.23	215.54	236.01	256.28	266.34	276.36	296.23	315.91
	473		136.43	147.48	158.48	169.42	180.33	191.18	201.98	212.73	223.43	244.69	265.75	276.21	286.62	307.28	327.75
	480		138.50	149.72	160.89	172.01	183.09	194.11	205.09	216.01	226.89	248.49	269.90	280.53	291.11	312.12	332.93
	500		144.42	156.13	167.80	179.41	190.98	202.50	213.96	225.38	236.75	259.34	281.73	292.86	303.93	325.93	347.93
508			146.79	158.70	170.56	182.37	194.14	205.85	217.51	229.13	240.70	263.68	286.47	297.79	309.06	331.45	353.65
	530		153.30	165.75	178.16	190.51	202.82	215.07	227.28	239.44	251.55	275.62	299.49	311.35	323.17	346.64	369.92
		560(559)	162.17	175.37	188.51	201.61	214.65	227.65	240.60	253.50	266.34	291.89	317.25	329.85	342.40	367.36	392.12
610			176.97	191.40	205.78	220.10	234.38	248.61	262.79	276.92	291.01	319.02	346.84	360.68	374.46	401.88	429.11

续表 4-1-76

外径/mm			壁厚/mm														
系列 1	系列 2	系列 3	32	34	36	38	40	42	45	48	50	55	60	65	70	75	80
			单位长度理论质量[①]/(kg/m)														
273			190.19	200.40	210.41	220.23	229.85	239.27	253.03	266.34	274.98	295.69	315.17	333.42	350.44	366.22	380.77
	299(298.5)		210.71	222.20	233.50	244.59	255.49	266.20	281.88	297.12	307.04	330.96	353.65	375.10	395.32	414.31	432.07
		302	213.08	224.72	236.16	247.40	258.45	269.30	285.21	300.67	310.7	335.03	358.09	379.91	400.50	419.86	437.99
		318.5	226.10	238.55	250.81	262.87	274.73	286.39	303.52	320.21	331.08	357.41	382.50	406.36	428.99	450.38	470.54
325(323.9)			231.23	244.00	256.58	268.96	281.14	293.13	310.74	327.90	339.10	366.22	392.12	416.78	440.21	462.40	483.37
	340(339.7)		243.06	256.58	269.90	283.02	295.94	308.66	327.38	345.66	357.59	386.57	414.31	440.88	466.10	490.15	512.96
	351		251.75	265.80	279.66	293.32	306.79	320.06	339.59	358.68	371.16	401.49	430.59	458.46	485.09	510.49	534.66
356(355.6)			255.69	269.99	284.10	298.01	311.72	325.24	345.14	364.60	377.32	408.27	437.99	466.47	493.72	519.74	544.53
		368	265.16	280.06	294.75	309.26	323.56	337.67	358.46	378.80	392.12	424.55	455.75	485.71	514.44	541.94	568.20
	377		272.26	287.60	302.75	317.69	332.44	346.99	368.44	389.46	403.22	436.76	469.06	500.14	529.98	558.58	585.96
	402		291.99	308.57	324.94	341.12	357.10	372.88	396.19	419.05	434.04	470.67	506.06	540.21	573.13	604.82	635.28
406(406.4)			295.15	311.92	328.49	344.87	361.05	377.03	400.63	423.78	438.98	476.09	511.97	546.62	580.04	612.22	643.17
		419	305.41	322.82	340.03	357.05	373.87	390.49	415.05	439.17	455.01	493.72	531.21	567.46	602.48	636.27	668.82
	426		310.93	328.69	346.25	363.61	380.77	397.74	422.82	447.46	463.64	503.22	541.57	578.68	614.57	649.22	682.63
	450		329.87	348.81	367.56	386.10	404.45	422.60	449.46	475.87	493.23	535.77	577.08	617.16	656.00	693.61	729.98
457			335.40	354.68	373.77	392.66	411.35	429.85	457.23	484.16	501.86	545.27	587.44	628.38	668.08	706.55	743.79
	473		348.02	368.10	387.98	407.66	427.14	446.42	474.98	503.10	521.59	566.97	611.11	654.02	695.70	736.15	775.36
	480		353.55	373.97	394.19	414.22	434.04	453.67	482.75	511.38	530.22	576.46	621.47	665.25	707.79	749.09	789.17
	500		369.33	390.74	411.95	432.96	453.77	474.39	504.95	535.06	554.89	603.59	651.07	697.31	742.31	786.09	828.63
508			375.64	397.45	419.05	440.46	461.66	482.68	513.82	544.53	564.75	614.44	662.90	710.13	756.12	800.88	844.41
	530		393.01	415.89	438.58	461.07	483.37	505.46	538.24	570.57	591.88	644.28	695.46	745.40	794.10	841.58	887.82
		560(559)	416.68	441.06	465.22	489.19	512.96	536.54	571.53	606.08	628.87	684.97	739.85	793.49	845.89	897.06	947.00
610			456.14	482.97	509.61	536.04	562.28	588.33	627.02	665.27	690.52	752.79	813.83	873.64	932.21	989.55	1 045.65

续表 4-1-76

外径/mm			壁厚/mm															
系列 1	系列 2	系列 3	85	90	95	100	110	120									
			单位长度理论质量[①]/(kg/m)														
273			394.09														
	299(298.5)		448.59	463.88	477.94	490.77											
		302	454.88	470.54	484.97	498.16											
		318.5	489.47	507.16	523.63	538.86											
325(323.9)			503.10	521.59	538.86	554.89											
	340(339.7)		534.54	554.89	574.00	591.88											
	351		557.60	579.30	599.77	619.01											
356(355.6)			568.08	590.40	611.48	631.34											
		368	593.23	617.03	639.60	660.93											
	377		612.10	637.01	660.68	683.13											
	402		664.51	692.50	719.25	744.78											
406(406.4)			672.89	701.37	728.63	754.64											
		419	700.14	730.23	759.08	786.70											
	426		714.82	745.77	775.48	803.97											
	450		765.12	799.03	831.71	863.15											
457			779.80	814.57	848.11	880.42											
	473		813.34	850.08	885.60	919.88											
	480		828.01	865.62	902.00	937.14											
	500		869.94	910.01	948.85	986.46	1 057.98										
508			886.71	927.77	967.60	1 006.19	1 079.68										
	530		932.82	976.60	1 019.14	1 060.45	1 139.36	1 213.35									
		560(559)	995.71	1 043.18	1 089.42	1 134.43	1 220.75	1 302.13									
610			1 100.52	1 154.16	1 206.57	1 257.74	1 356.39	1 450.10									

续表 4-1-76

外径/mm			壁厚/mm													
系列 1	系列 2	系列 3	9	9.5	10	11	12(12.5)	13	14(14.2)	15	16	17(17.5)	18	19	20	22(22.2)
			单位长度理论质量①/(kg/m)													
	630		137.83	145.37	152.90	167.92	182.89	197.81	212.68	227.50	242.28	257.00	271.67	286.30	300.87	329.87
		660	144.49	152.40	160.30	176.06	191.77	207.43	223.04	238.60	254.11	269.58	284.99	300.35	315.67	346.15
		699					203.31	219.93	236.50	253.03	269.50	285.93	302.30	318.63	334.90	367.31
711							206.86	223.78	240.65	257.47	274.24	290.96	307.63	324.25	340.82	373.82
	720						209.52	226.66	243.75	260.80	277.79	294.73	311.62	328.47	345.26	378.70
	762														365.98	401.49
		788.5													379.05	415.87
813															391.13	429.16
		864													416.29	456.83
914																
		965														
1 016																

续表 4-1-76

外径/mm			壁厚/mm												
系列 1	系列 2	系列 3	24	25	26	28	30	32	34	36	38	40	42	45	48
			单位长度理论质量[①]/(kg/m)												
	630		358.68	373.01	387.29	415.70	443.91	471.92	499.74	527.36	554.79	582.01	609.04	649.22	688.95
		660	376.43	391.50	406.52	436.41	466.10	495.60	524.90	554.00	582.90	611.61	640.12	682.51	724.46
		699	399.52	415.55	431.53	463.34	494.96	526.38	557.60	588.62	619.45	650.08	680.51	725.79	770.62
711			406.62	422.95	439.122	471.63	503.84	535.85	567.66	599.28	630.69	661.92	692.94	739.11	784.83
	720		411.95	428.49	444.99	477.84	510.49	542.95	575.21	607.27	639.13	670.79	702.26	749.09	795.48
	762		436.81	454.39	471.92	506.84	541.57	576.09	610.42	644.55	678.49	712.23	745.77	795.71	845.20
		788.5	452.49	470.73	488.92	525.14	561.17	597.01	632.64	668.08	703.32	738.37	773.21	825.11	876.57
813			466.99	485.83	504.62	542.06	579.30	616.34	653.18	689.83	726.28	762.54	798.59	852.30	905.57
		864	497.18	517.28	537.33	577.28	617.03	656.59	695.95	735.11	774.08	812.85	851.42	908.90	965.94
914				548.10	569.319	611.80	654.02	696.05	737.87	779.50	820.93	862.17	903.20	964.39	1 025.13
		965		579.55	602.09	647.02	691.76	736.30	780.64	824.78	868.73	912.48	956.03	1 020.99	1 085.50
1 016				610.99	634.79	682.24	729.49	776.54	823.40	870.06	916.52	962.79	1 008.86	1 077.59	1 145.87

续表 4-1-76

外径/mm			壁厚/mm												
系列 1	系列 2	系列 3	50	55	60	65	70	75	80	85	90	95	100	110	120
			单位长度理论质量①/(kg/m)												
	630		715.19	779.92	843.43	905.70	966.78	1 025.54	1 085.11	1 142.45	1 198.55	1 253.42	1 307.06	1 410.64	1 509.29
		660	752.18	820.61	887.82	953.79	1 018.52	1 082.03	1 144.30	1 205.33	1 265.14	1 323.71	1 381.05	1 492.02	1 598.07
		699	800.27	873.51	945.52	1 016.30	1 085.85	1 154.16	1 221.24	1 287.09	1 351.70	1 415.08	1 477.23	1 597.82	1 713.49
711			815.06	889.79	963.28	1 035.54	1 106.56	1 176.36	1 244.92	1 312.24	1 378.33	1 443.19	1 506.82	1 630.38	1 749.00
	720		826.16	902.00	976.60	1 049.97	1 122.10	1 193.00	1 262.67	1 331.11	1 398.31	1 464.28	1 529.02	1 654.79	1 775.63
	762		877.95	958.96	1 038.74	1 117.29	1 194.61	1 270.69	1 345.53	1 419.15	1 491.53	1 562.68	1 632.60	1 768.73	1 899.93
		788.5	910.63	994.91	1 077.96	1 159.77	1 240.35	1 319.70	1 397.82	1 474.70	1 550.35	1 624.77	1 697.95	1 840.62	1 978.35
813			940.84	1 028.14	1 114.21	1 199.05	1 282.65	1 365.02	1 446.15	1 526.06	1 604.73	1 682.17	1 758.37	1 907.08	2 050.86
		864	1 003.73	1 097.32	1 189.67	1 280.80	1 370.69	1 459.35	1 546.77	1 632.77	1 717.92	1 801.65	1 884.14	2 045.43	2 201.78
914			1 065.38	1 165.14	1 263.66	1 360.95	1 457.00	1 551.83	1 645.42	1 737.78	1 828.90	1 918.79	2 007.45	2 181.07	2 349.75
		965	1 128.27	1 234.31	1 339.12	1 442.70	1 545.05	1 646.16	1 746.04	1 844.68	1 942.10	2 038.28	2 133.22	2 319.42	2 500.68
1 016			1 191.15	1 303.49	1 414.59	1 524.45	1 633.09	1 740.49	1 846.66	1 951.59	2 055.29	2 157.76	2 259.00	2 457.77	2 651.61

注：括号内尺寸为相应的 ISO 4200 的规格。

① 理论质量按 $W=\pi\rho(D-S)S/1\,000$ 计算，W 为钢管理论质量，D 为钢管公称外径，S 为钢管公称壁厚，钢的密度 ρ 为 7.85 kg/dm^3。

表 4-1-77 精密钢管的外径和壁厚及单位长度理论质量(GB/T 17395—2008)

外径/mm		壁厚/mm																				
系列 2	系列 3	0.5	(0.8)	1.0	(1.2)	1.5	(1.8)	2.0	(2.2)	2.5	(2.8)	3.0	(3.5)	4	(4.5)	5	(5.5)	6	(7)	8	(9)	10
		单位长度理论质量[①]/(kg/m)																				
4		0.043	0.063	0.074	0.083																	
5		0.055	0.083	0.099	0.112																	
6		0.068	0.103	0.123	0.142	0.166	0.186	0.197														
8		0.092	0.142	0.173	0.201	0.240	0.275	0.296	0.315	0.339												
10		0.117	0.182	0.222	0.260	0.314	0.364	0.395	0.423	0.462												
12		0.142	0.221	0.271	0.320	0.388	0.453	0.493	0.532	0.586	0.635	0.666										
12.7		0.150	0.235	0.289	0.340	0.414	0.484	0.528	0.570	0.629	0.684	0.718										
	14	0.166	0.260	0.321	0.379	0.462	0.542	0.592	0.640	0.709	0.773	0.814	0.906									
16		0.191	0.300	0.370	0.438	0.536	0.630	0.691	0.749	0.832	0.911	0.962	1.08	1.18								
	18	0.216	0.339	0.419	0.497	0.610	0.719	0.789	0.857	0.956	1.05	1.11	1.25	1.38	1.50							
20		0.240	0.379	0.469	0.556	0.684	0.808	0.888	0.966	1.08	1.19	1.26	1.42	1.58	1.72	1.85						
	22	0.265	0.418	0.518	0.616	0.758	0.897	0.986	1.07	1.20	1.33	1.41	1.60	1.78	1.94	2.10						
25		0.302	0.477	0.592	0.704	0.869	1.03	1.13	1.24	1.39	1.53	1.63	1.86	2.07	2.28	2.47	2.64	2.81				
	28	0.339	0.537	0.666	0.793	0.980	1.16	1.28	1.40	1.57	1.74	1.85	2.11	2.37	2.61	2.84	3.05	3.26	3.63	3.95		
	30	0.364	0.576	0.715	0.852	1.05	1.25	1.38	1.51	1.70	1.88	2.00	2.29	2.56	2.83	3.08	3.32	3.55	3.97	4.34		
32		0.388	0.616	0.765	0.911	1.13	1.34	1.48	1.62	1.82	2.02	2.15	2.46	2.76	3.05	3.33	3.59	3.85	4.32	4.74		
	35	0.425	0.675	0.838	1.00	1.24	1.47	1.63	1.78	2.00	2.22	2.37	2.72	3.06	3.38	3.70	4.00	4.29	4.83	5.33		
38		0.462	0.734	0.912	1.09	1.35	1.61	1.78	1.94	2.19	2.43	2.59	2.98	3.35	3.72	4.07	4.41	4.74	5.35	5.92	6.44	6.91
40		0.487	0.773	0.962	1.15	1.42	1.70	1.87	2.05	2.31	2.57	2.74	3.15	3.55	3.94	4.32	4.68	5.03	5.70	6.31	6.88	7.40
42			0.813	1.01	1.21	1.50	1.78	1.97	2.16	2.44	2.71	2.89	3.32	3.75	4.16	4.56	4.95	5.33	6.04	6.71	7.32	7.89

续表 4-1-77

外径/mm		壁厚/mm																	
系列 2	系列 3	(0.8)	1.0	(1.2)	1.5	(1.8)	2.0	(2.2)	2.5	(2.8)	3.0	(3.5)	4	(4.5)	5	(5.5)	6	(7)	8
		单位长度理论质量①/(kg/m)																	
	45	0.872	1.09	1.30	1.61	1.92	2.12	2.32	2.62	2.91	3.11	3.58	4.04	4.49	4.93	5.36	5.77	6.56	7.30
48		0.931	1.16	1.38	1.72	2.05	2.27	2.48	2.81	3.12	3.33	3.84	4.34	4.83	5.30	5.76	6.21	7.08	7.89
50		0.971	1.21	1.44	1.79	2.14	2.37	2.59	2.93	3.26	3.48	4.01	4.54	5.05	5.55	6.04	6.51	7.42	8.29
	55	1.07	1.33	1.59	1.98	2.36	2.61	2.86	3.24	3.60	3.85	4.45	5.03	5.60	6.17	6.71	7.25	8.29	9.27
60		1.17	1.46	1.74	2.16	2.58	2.86	3.14	3.55	3.95	4.22	4.88	5.52	6.16	6.78	7.39	7.99	9.15	10.26
63		1.23	1.53	1.83	2.28	2.72	3.01	3.30	3.73	4.16	4.44	5.14	5.82	6.49	7.15	7.80	8.43	9.67	10.85
70		1.37	1.70	2.04	2.53	3.03	3.35	3.68	4.16	4.64	4.96	5.74	6.51	7.27	8.02	8.75	9.47	10.88	12.23
76		1.48	1.85	2.21	2.76	3.29	3.65	4.00	4.53	5.05	5.40	6.26	7.10	7.93	8.75	9.56	10.36	11.91	13.42
80		1.56	1.95	2.33	2.90	3.47	3.85	4.22	4.78	5.33	5.70	6.60	7.50	8.38	9.25	10.11	10.95	12.60	14.21
	90			2.63	3.27	3.92	4.34	4.76	5.39	6.02	6.44	7.47	8.48	9.49	10.48	11.46	12.43	14.33	16.18
100				2.92	3.64	4.36	4.83	5.31	6.01	6.71	7.18	8.33	9.47	10.60	11.71	12.82	13.91	16.05	18.15
	110			3.22	4.01	4.80	5.33	5.85	6.63	7.40	7.92	9.19	10.46	11.71	12.95	14.17	15.39	17.78	20.12
120						5.25	5.82	6.39	7.24	8.09	8.66	10.06	11.44	12.82	14.18	15.53	16.87	19.51	22.10
130						5.69	6.31	6.93	7.86	8.78	9.40	10.92	12.43	13.93	15.41	16.89	18.35	21.23	24.07
	140					6.13	6.81	7.48	8.48	9.47	10.14	11.78	13.42	15.04	16.65	18.24	19.83	22.96	26.04
150						6.58	7.30	8.02	9.09	10.16	10.88	12.65	14.40	16.15	17.88	19.60	21.31	24.69	28.02
160						7.02	7.79	8.56	9.71	10.86	11.62	13.51	15.39	17.26	19.11	20.96	22.79	26.41	29.99
170												14.37	16.38	18.37	20.35	22.31	24.27	28.14	31.96
	180														21.58	23.67	25.75	29.87	33.93
190																25.03	27.23	31.59	35.91
200																	28.71	33.32	37.88
	220																	36.77	41.83

续表 4-1-77

外径/mm		壁厚/mm															
系列 2	系列 3	(9)	10	(11)	12.5	(14)	16	(18)	20	(22)	25						
		单位长度理论质量①/(kg/m)															
	45	7.99	8.63	9.22	10.02												
48		8.66	9.37	10.04	10.94												
50		9.10	9.86	10.58	11.56												
	55	10.21	11.10	11.94	13.10	14.16											
60		11.32	12.33	13.29	14.64	15.88	17.36										
63		11.99	13.07	14.11	15.57	16.92	18.55										
70		13.54	14.80	16.01	17.73	19.33	21.31										
76		14.87	16.28	17.63	19.58	21.41	23.86										
80		15.76	17.26	18.72	20.81	22.79	25.25	27.52									
	90	17.98	19.73	21.43	23.89	26.24	29.20	31.96	34.53	36.89							
100		20.20	22.20	24.14	26.97	29.69	33.15	36.40	39.46	42.32	46.24						
	110	22.42	24.66	26.86	30.06	33.15	37.09	40.84	44.39	47.74	52.41						
120		24.64	27.13	29.57	33.14	36.60	41.04	45.28	49.32	53.17	58.57						
130		26.86	29.59	32.28	36.22	40.05	44.98	49.72	54.26	58.60	64.74						
	140	29.08	32.06	34.99	39.30	43.50	48.93	54.16	59.19	64.02	70.90						
150		31.30	34.53	37.71	42.39	46.96	52.87	58.60	64.12	69.45	77.07						
160		33.52	36.99	40.42	45.47	50.41	56.82	63.03	69.05	74.87	83.23						
170		35.73	39.46	43.13	48.55	53.86	60.77	67.47	73.98	80.30	89.40						
	180	37.95	41.92	45.85	51.64	57.31	64.71	71.91	78.92	85.72	95.56						
190		40.17	44.39	48.56	54.72	60.77	68.66	76.35	83.35	91.15	101.73						
200		42.39	46.86	51.27	57.80	64.22	72.60	80.79	88.78	96.57	107.89						
	220	46.83	51.79	56.70	63.97	71.12	80.50	89.67	98.65	107.43	120.23						

续表 4-1-77

外径/mm		壁厚/mm													
系列 2	系列 3	(5.5)	6	(7)	8	9	10	(11)	12.5	(14)	16	(18)	20	(22)	25
		单位长度理论质量[①]/(kg/m)													
	240			40.22	45.77	51.27	56.72	62.12	70.13	78.03	88.39	98.55	108.51	118.28	132.56
	260			43.68	49.72	55.71	61.65	67.55	76.30	34.93	96.28	107.43	118.38	129.13	144.89

注：括号内尺寸不推荐使用

① 理论质量按 $W=\pi\rho(D-S)S/1000$ 计算，W 为钢管理论质量，D 为钢管公称外径，S 为钢管公称壁厚，钢的密度 ρ 为 7.85 kg/dm^3

表 4-1-78　不锈钢管的外径和壁厚(GB/T 17395—2008)

外径/mm			壁厚/mm													
系列 1	系列 2	系列 3	0.5	0.6	0.7	0.8	0.9	1.0	1.2	1.4	1.5	1.6	2.0	2.2(2.3)	2.5(2.6)	2.8(2.9)
	6		√	√	√	√	√	√	√							
	7		√	√	√	√	√	√	√							
	8		√	√	√	√	√	√	√							
	9		√	√	√	√	√	√	√							
10(10.2)			√	√	√	√	√	√	√	√	√	√	√			
	12		√	√	√	√	√	√	√	√	√	√	√			
	12.7		√	√	√	√	√	√	√	√	√	√	√	√	√	√
13(13.5)			√	√	√	√	√	√	√	√	√	√	√	√	√	√
		14	√	√	√	√	√	√	√	√	√	√	√	√	√	√
	16		√	√	√	√	√	√	√	√	√	√	√	√	√	√
17(17.2)			√	√	√	√	√	√	√	√	√	√	√	√	√	√
		18	√	√	√	√	√	√	√	√	√	√	√	√	√	√
	19		√	√	√	√	√	√	√	√	√	√	√	√	√	√
	20		√	√	√	√	√	√	√	√	√	√	√	√	√	√
21(21.3)			√	√	√	√	√	√	√	√	√	√	√	√	√	√
		22	√	√	√	√	√	√	√	√	√	√	√	√	√	√
	24		√	√	√	√	√	√	√	√	√	√	√	√	√	√
	25		√	√	√	√	√	√	√	√	√	√	√	√	√	√
		25.4						√	√	√	√	√	√	√	√	√
27(26.9)								√	√	√	√	√	√	√	√	√
		30						√	√	√	√	√	√	√	√	√
	32(31.8)							√	√	√	√	√	√	√	√	√

续表 4-1-78

外径/mm			壁厚/mm											
系列 1	系列 2	系列 3	3.0	3.2	3.5(3.6)	4.0	4.5	5.0	5.5(5.6)	6.0	(6.3)6.5	7.0(7.1)	7.5	8.0
	6													
	7													
	8													
	9													
10(10.2)														
	12													
	12.7		√	√										
13(13.5)			√	√										
		14	√	√	√									
	16		√	√	√	√								
17(17.2)			√	√	√	√								
		18	√	√	√	√	√							
	19		√	√	√	√	√							
	20		√	√	√	√	√							
21(21.3)			√	√	√	√	√	√						
		22	√	√	√	√	√	√						
	24		√	√	√	√	√	√						
	25		√	√	√	√	√	√	√	√				
		25.4	√	√	√	√	√	√	√	√				
27(26.9)			√	√	√	√	√	√	√	√				
		30	√	√	√	√	√	√	√	√	√			
	32(31.8)		√	√	√	√	√	√	√	√	√			

续表 4-1-78

外径/mm			壁厚/mm														
系列 1	系列 2	系列 3	1.0	1.2	1.4	1.5	1.6	2.0	2.2(2.3)	2.5(2.6)	2.8(2.9)	3.0	3.2	3.5(3.6)	4.0	4.5	5.0
34(33.7)			√	√	√	√	√	√	√	√	√	√	√	√	√	√	√
		35	√	√	√	√	√	√	√	√	√	√	√	√	√	√	√
	38		√	√	√	√	√	√	√	√	√	√	√	√	√	√	√
	40		√	√	√	√	√	√	√	√	√	√	√	√	√	√	√
42(42.4)			√	√	√	√	√	√	√	√	√	√	√	√	√	√	√
		45(44.5)	√	√	√	√	√	√	√	√	√	√	√	√	√	√	√
48(48.3)			√	√	√	√	√	√	√	√	√	√	√	√	√	√	√
	51		√	√	√	√	√	√	√	√	√	√	√	√	√	√	√
		54					√	√	√	√	√	√	√	√	√	√	√
	57						√	√	√	√	√	√	√	√	√	√	√
60(60.3)							√	√	√	√	√	√	√	√	√	√	√
	64(63.5)						√	√	√	√	√	√	√	√	√	√	√
	68						√	√	√	√	√	√	√	√	√	√	√
	70						√	√	√	√	√	√	√	√	√	√	√
	73						√	√	√	√	√	√	√	√	√	√	√
76(96.1)							√	√	√	√	√	√	√	√	√	√	√
		83(82.5)					√	√	√	√	√	√	√	√	√	√	√
89(88.9)							√	√	√	√	√	√	√	√	√	√	√
	95						√	√	√	√	√	√	√	√	√	√	√
	102(101.6)						√	√	√	√	√	√	√	√	√	√	√
	108						√	√	√	√	√	√	√	√	√	√	√
114(114.3)							√	√	√	√	√	√	√	√	√	√	√

续表 4-1-78

外径/mm			壁厚/mm												
系列 1	系列 2	系列 3	5.5(5.6)	6.0	(6.3)6.5	7.0(7.1)	7.5	8.0	8.5	(8.8)9.0	9.5	10	11	12(12.5)	14(14.2)
34(33.7)			√	√	√										
		35	√	√	√										
	38		√	√	√										
	40		√	√	√										
42(42.4)			√	√	√	√	√								
		45(44.5)	√	√	√	√	√	√	√						
48(48.3)			√	√	√	√	√	√	√						
	51		√	√	√	√	√	√	√	√					
		54	√	√	√	√	√	√	√	√	√	√			
	57		√	√	√	√	√	√	√	√	√	√			
60(60.3)			√	√	√	√	√	√	√	√	√	√			
	64(63.5)		√	√	√	√	√	√	√	√	√	√			
	68		√	√	√	√	√	√	√	√	√	√	√	√	
	70		√	√	√	√	√	√	√	√	√	√	√	√	
	73		√	√	√	√	√	√	√	√	√	√	√	√	
76(76.1)			√	√	√	√	√	√	√	√	√	√	√	√	
		83(82.5)	√	√	√	√	√	√	√	√	√	√	√	√	√
89(88.9)			√	√	√	√	√	√	√	√	√	√	√	√	√
	95		√	√	√	√	√	√	√	√	√	√	√	√	√
	102(101.6)		√	√	√	√	√	√	√	√	√	√	√	√	√
	108		√	√	√	√	√	√	√	√	√	√	√	√	√
114(114.3)			√	√	√	√	√	√	√	√	√	√	√	√	√

续表 4-1-78

外径/mm			壁厚/mm												
系列 1	系列 2	系列 3	1.6	2.0	2.2(2.3)	2.5(2.6)	2.8(2.9)	3.0	3.2	3.5(3.6)	4.0	4.5	5.0	5.5(5.6)	6.0
	127		√	√	√	√	√	√	√	√	√	√	√	√	√
	133		√	√	√	√	√	√	√	√	√	√	√	√	√
140(139.7)			√	√	√	√	√	√	√	√	√	√	√	√	√
	146		√	√	√	√	√	√	√	√	√	√	√	√	√
	152		√	√	√	√	√	√	√	√	√	√	√	√	√
	159		√	√	√	√	√	√	√	√	√	√	√	√	√
168(168.3)			√	√	√	√	√	√	√	√	√	√	√	√	√
	180			√	√	√	√	√	√	√	√	√	√	√	√
	194			√	√	√	√	√	√	√	√	√	√	√	
219(219.1)				√	√	√	√	√	√	√	√	√	√	√	
	245			√	√	√	√	√	√	√	√	√	√	√	
273				√	√	√	√	√	√	√	√	√	√	√	
325(323.9)						√	√	√	√	√	√	√	√	√	
	351					√	√	√	√	√	√	√	√	√	
356(355.6)						√	√	√	√	√	√	√	√	√	
	377					√	√	√	√	√	√	√	√	√	
406(406.4)						√	√	√	√	√	√	√	√	√	√
	426								√	√	√	√	√	√	√

续表 4-1-78

外径/mm			壁厚/mm									
系列 1	系列 2	系列 3	(6.3)6.5	7.0(7.1)	7.5	8.0	8.5	(8.8)9.0	9.5	10	11	12(12.5)
	127		√	√	√	√	√	√	√	√	√	√
	133		√	√	√	√	√	√	√	√	√	√
140(139.7)			√	√	√	√	√	√	√	√	√	√
	146		√	√	√	√	√	√	√	√	√	√
	152		√	√	√	√	√	√	√	√	√	√
	159		√	√	√	√	√	√	√	√	√	√
168(168.3)			√	√	√	√	√	√	√	√	√	√
	180		√	√	√	√	√	√	√	√	√	√
	194		√	√	√	√	√	√	√	√	√	√
219(219.1)			√	√	√	√	√	√	√	√	√	√
	245		√	√	√	√	√	√	√	√	√	√
273			√	√	√	√	√	√	√	√	√	√
325(323.9)			√	√	√	√	√	√	√	√	√	√
	351		√	√	√	√	√	√	√	√	√	√
356(355.6)			√	√	√	√	√	√	√	√	√	√
	377		√	√	√	√	√	√	√	√	√	√
406(406.4)			√	√	√	√	√	√	√	√	√	√
	426		√	√	√	√	√	√	√	√	√	√

续表 4-1-78

外径/mm			壁厚/mm										
系列 1	系列 2	系列 3	14(14.2)	15	16	17(17.5)	18	20	22(22.2)	24	25	26	28
	127		√										
	133		√										
140(139.7)			√	√	√								
	146		√	√	√								
	152		√	√	√								
	159		√	√	√								
168(168.3)			√	√	√	√	√						
	180		√	√	√	√	√						
	194		√	√	√	√	√						
219(219.1)			√	√	√	√	√	√	√	√	√	√	√
	245		√	√	√	√	√	√	√	√	√	√	√
273			√	√	√	√	√	√	√	√	√	√	√
325(323.9)			√	√	√	√	√	√	√	√	√	√	√
	351		√	√	√	√	√	√	√	√	√	√	√
356(355.6)			√	√	√	√	√	√	√	√	√	√	√
	377		√	√	√	√	√	√	√	√	√	√	√
406(406.4)			√	√	√	√	√	√	√	√	√	√	√
	426		√	√	√	√	√	√					

注：1. 括号内尺寸为相应的英制单位。

2. "√"表示常用规格。

4.1.8.2 结构用无缝钢管(GB/T 8162—2008)

结构用无缝钢管分热轧(挤压、扩)钢管和冷拔(轧)钢管两类。钢管的尺寸规格应符合 GB/T 17395—2008 的规定，钢管通长长度为 3～12.5 m。

结构用无缝钢管主要用于机械结构和一般工程结构。

(1) 优质碳素结构钢、低合金高强度结构钢和牌号为 Q235、Q275 的钢管的牌号及力学性能(表 4-1-79)

(2) 合金钢钢管的牌号及力学性能(表 4-1-80)

表 4-1-79 优质碳素结构钢、低合金高强度结构钢和牌号为 Q235、Q275 的钢管的牌号及力学性能

牌号	质量等级	抗拉强度 R_m/MPa	下屈服强度 R_{eL}①/MPa 壁厚/mm ≤16	>16～30	>30	断后伸长率 A(%)	冲击试验 温度/℃	吸收能量 KV_2/J
			不小于					不小于
10	—	≥335	205	195	185	24	—	—
15	—	≥375	225	215	205	22	—	—
20	—	≥410	245	235	225	20	—	—
25	—	≥450	275	265	255	18	—	—
35	—	≥510	305	295	285	17	—	—
45	—	≥590	335	325	315	14	—	—
20Mn	—	≥450	275	265	255	20	—	—
25Mn	—	≥490	295	285	275	18	—	—
Q235	A	375～500	235	225	215	25	—	—
	B						+20	27
	C						0	
	D						−20	
Q275	A	415～540	275	265	255	22	—	—
	B						+20	27
	C						0	
	D						−20	
Q295	A	390～570	295	275	255	22	—	—
	B						+20	34
Q345	A	470～630	345	325	295	20	—	—
	B						+20	34
	C					21	0	
	D						−20	
	E						−40	27
Q390	A	490～650	390	370	350	18	—	—
	B						+20	34
	C					19	0	
	D						−20	
	E						−40	27
Q420	A	520～680	420	400	380	18	—	—
	B						+20	34
	C					19	0	
	D						−20	
	E						−40	27
Q460	C	550～720	460	440	420	17	0	34
	D						−20	
	E						−40	27

① 拉伸试验时，如不能测定屈服强度，可测定规定非比例延伸强度 $R_{P0.2}$ 代替 R_{eL}。

表 4-1-80 合金钢钢管的牌号及力学性能

牌号	推荐的热处理制度					拉伸性能			钢管退火或高温回火交货状态布氏硬度 HBW
	淬火(正火)			回火		抗拉强度 R_m/MPa	下屈服强度[6] R_{eL}/MPa	断后伸长率 A(%)	
	温度/℃		冷却剂	温度/℃	冷却剂				
	第一次	第二次				不小于			不大于
40Mn2	840	—	水、油	540	水、油	885	735	12	217
45Mn2	840	—	水、油	550	水、油	885	735	10	217
27SiMn	920	—	水	450	水、油	980	835	12	217
40MnB[2]	850	—	油	500	水、油	980	785	10	207
45MnB[2]	840	—	油	500	水、油	1 030	835	9	217
20Cr[3,5]	880	800	水、油	200	水、空	835	540	10	179
						785	490	10	179
30Cr	860	—	油	500	水、油	885	685	11	187
35Cr	860	—	油	500	水、油	930	735	11	207
40Cr	850	—	油	520	水、油	980	785	9	207
45Cr	840	—	油	520	水、油	1 030	835	9	217
50Cr	830	—	油	520	水、油	1 080	930	9	229
38CrSi	900	—	油	600	水、油	980	835	12	255
12CrMo	900	—	空	650	空	410	265	24	179
15CrMo	900	—	空	650	空	440	295	22	179
20CrMo[3,5]	880	—	水、油	500	水、油	885	685	11	197
						845	635	12	197
35CrMo	850	—	油	550	水、油	980	835	12	229
42CrMo	850	—	油	560	水、油	1 080	930	12	217
12CrMoV	970	—	空	750	空	440	225	22	241
12Cr1MoV	970	—	空	750	空	490	245	22	179
38CrMoAl[3]	940	—	水、油	640	水、油	980	835	12	229
						930	785	14	229
50CrVA	860	—	油	550	水、油	1 275	1 130	10	255
20CrMn	850	—	油	200	水、空	930	735	10	187
20CrMnSi[5]	880	—	油	480	水、油	785	635	12	207
30CrMnSi[3,5]	880	—	油	520	水、油	1 080	885	8	229
						980	835	10	229
35CrMnSiA[5]	880	—	油	230	水、空	1 620	—	9	229
20CrMnTi[4,5]	880	870	油	220	水、空	1 080	835	10	217
30CrMnTi[4,5]	880	850	油	200	水、空	1 470	—	9	229
12CrNi2	860	780	水、油	200	水、空	785	590	12	207
12CrNi3	860	780	油	200	水、空	930	685	11	217
12Cr2Ni4	860	780	油	200	水、空	1 080	835	10	269
40CrNiMoA	850	—	油	600	水、油	980	835	12	269
45CrNiMoVA	860	—	油	460	油	1 470	1 325	7	269

① 表中所列热处理温度允许调整范围：淬火±20 ℃，低温回火±30 ℃，高温回火±50 ℃。

② 含硼钢在淬火前可先正火，正火温度应不高于其淬火温度。

③ 按需方指定的一组数据交货；当需方未指定时，可按其中任一组数据交货。

④ 含铬锰钛钢第一次淬火可用正火代替。

⑤ 于 280～320 ℃等温淬火。

⑥ 拉伸试验时，如不能测定屈服强度，可测定规定非比例延伸强度 $R_{P0.2}$ 代替 R_{eL}。

4.1.8.3 结构用不锈钢无缝钢管(GB/T 14975—2012)

结构用不锈钢无缝钢管按产品加工方式分两类：热轧(挤、扩)钢管(WH)和冷拔(轧)钢管(WC)。

钢管按尺寸精度分为两级：普通级(PA)和高级(PC)。钢管通常长度为热轧(挤、扩)2～12 m、冷拔(轧)1～10.5 m。

结构用不锈钢无缝钢管适用于一般结构、机械结构。

(1) 结构用不锈钢热轧(挤、扩)无缝钢管的尺寸规格(表 4-1-81)

(2) 结构用不锈钢冷拔(轧)无缝钢管的尺寸规格(表 4-1-82)

表 4-1-81 结构用不锈钢热轧(挤、扩)无缝钢管的尺寸规格 (mm)

外径 \ 壁厚	4.5	5	6	7	8	9	10	11	12	13	14	15	16	17	18	19	20	22	24	25	26	28
68	√	√	√	√	√	√	√	√	√													
70	√	√	√	√	√	√	√	√	√													
73	√	√	√	√	√	√	√	√	√													
76	√	√	√	√	√	√	√	√	√													
80	√	√	√	√	√	√	√	√	√													
83	√	√	√	√	√	√	√	√	√													
89	√	√	√	√	√	√	√	√	√													
95	√	√	√	√	√	√	√	√	√	√	√											
102	√	√	√	√	√	√	√	√	√	√	√											
108	√	√	√	√	√	√	√	√	√	√	√											
114		√	√	√	√	√	√	√	√	√	√											
121		√	√	√	√	√	√	√	√	√	√											
127		√	√	√	√	√	√	√	√	√	√											
133		√	√	√	√	√	√	√	√	√	√											
140			√	√	√	√	√	√	√	√	√	√	√									
146			√	√	√	√	√	√	√	√	√	√	√									
152			√	√	√	√	√	√	√	√	√	√	√									
159			√	√	√	√	√	√	√	√	√	√	√									
168				√	√	√	√	√	√	√	√	√	√	√	√							
180					√	√	√	√	√	√	√	√	√	√	√							
194					√	√	√	√	√	√	√	√	√	√	√							
219					√	√	√	√	√	√	√	√	√	√	√	√	√	√	√	√	√	√
245							√	√	√	√	√	√	√	√	√	√	√	√	√	√	√	√
237									√	√	√	√	√	√	√	√	√	√	√	√	√	√
325									√	√	√	√	√	√	√	√	√	√	√	√		
351									√	√	√	√	√	√	√	√	√	√	√	√	√	
377									√	√	√	√	√	√	√	√	√	√	√			
426									√	√	√	√	√	√	√	√	√					

注：√表示热轧钢管规格。

表 4-1-82 结构用不锈钢冷拔(轧)无缝钢管的尺寸规格 (mm)

外径 \ 壁厚	1.0	1.2	1.4	1.5	1.6	2.0	2.2	2.5	2.8	3.0	3.2	3.5	4.0	4.5	5.0	5.5	6.0	6.5	7.0	7.5	8.0	8.5	9.0	9.5	10	11	12	13	14	15
10	√	√	√	√	√	√	√	√																						
11	√	√	√	√	√	√	√	√																						
12	√	√	√	√	√	√	√	√	√	√																				
13	√	√	√	√	√	√	√	√	√	√																				

续表 4-1-82 (mm)

壁厚 外径	1.0	1.2	1.4	1.5	1.6	2.0	2.2	2.5	2.8	3.0	3.2	3.5	4.0	4.5	5.0	5.5	6.0	6.5	7.0	7.5	8.0	8.5	9.0	9.5	10	11	12	13	14	15
14	√	√	√	√	√	√	√	√	√	√	√	√																		
15	√	√	√	√	√	√	√	√	√	√	√	√																		
16	√	√	√	√	√	√	√	√	√	√	√	√	√																	
17	√	√	√	√	√	√	√	√	√	√	√	√	√																	
18	√	√	√	√	√	√	√	√	√	√	√	√	√	√																
19	√	√	√	√	√	√	√	√	√	√	√	√	√	√																
20	√	√	√	√	√	√	√	√	√	√	√	√	√	√																
21	√	√	√	√	√	√	√	√	√	√	√	√	√	√	√															
22	√	√	√	√	√	√	√	√	√	√	√	√	√	√	√															
23	√	√	√	√	√	√	√	√	√	√	√	√	√	√	√															
24	√	√	√	√	√	√	√	√	√	√	√	√	√	√	√	√														
25	√	√	√	√	√	√	√	√	√	√	√	√	√	√	√	√	√													
27	√	√	√	√	√	√	√	√	√	√	√	√	√	√	√	√	√													
28	√	√	√	√	√	√	√	√	√	√	√	√	√	√	√	√	√	√												
30	√	√	√	√	√	√	√	√	√	√	√	√	√	√	√	√	√	√	√											
32	√	√	√	√	√	√	√	√	√	√	√	√	√	√	√	√	√	√	√											
34	√	√	√	√	√	√	√	√	√	√	√	√	√	√	√	√	√	√	√											
35	√	√	√	√	√	√	√	√	√	√	√	√	√	√	√	√	√	√	√											
36	√	√	√	√	√	√	√	√	√	√	√	√	√	√	√	√	√	√	√											
38	√	√	√	√	√	√	√	√	√	√	√	√	√	√	√	√	√	√	√											
40	√	√	√	√	√	√	√	√	√	√	√	√	√	√	√	√	√	√	√											
42	√	√	√	√	√	√	√	√	√	√	√	√	√	√	√	√	√	√	√	√										
45	√	√	√	√	√	√	√	√	√	√	√	√	√	√	√	√	√	√	√	√	√	√								
48	√	√	√	√	√	√	√	√	√	√	√	√	√	√	√	√	√	√	√	√	√	√								
50	√	√	√	√	√	√	√	√	√	√	√	√	√	√	√	√	√	√	√	√	√	√	√							
51	√	√	√	√	√	√	√	√	√	√	√	√	√	√	√	√	√	√	√	√	√	√	√							
53	√	√	√	√	√	√	√	√	√	√	√	√	√	√	√	√	√	√	√	√	√	√	√	√						
54	√	√	√	√	√	√	√	√	√	√	√	√	√	√	√	√	√	√	√	√	√	√	√	√	√					
56	√	√	√	√	√	√	√	√	√	√	√	√	√	√	√	√	√	√	√	√	√	√	√	√	√					
57	√	√	√	√	√	√	√	√	√	√	√	√	√	√	√	√	√	√	√	√	√	√	√	√	√					
60	√	√	√	√	√	√	√	√	√	√	√	√	√	√	√	√	√	√	√	√	√	√	√	√	√					
63				√	√	√	√	√	√	√	√	√	√	√	√	√	√	√	√	√	√	√	√	√	√					
65				√	√	√	√	√	√	√	√	√	√	√	√	√	√	√	√	√	√	√	√	√	√					
68				√	√	√	√	√	√	√	√	√	√	√	√	√	√	√	√	√	√	√	√	√	√	√	√			
70					√	√	√	√	√	√	√	√	√	√	√	√	√	√	√	√	√	√	√	√	√	√	√			
73								√	√	√	√	√	√	√	√	√	√	√	√	√	√	√	√	√	√	√	√			
75								√	√	√	√	√	√	√	√	√	√	√	√	√	√	√	√	√	√					
76								√	√	√	√	√	√	√	√	√	√	√	√	√	√	√	√	√	√	√	√			
80								√	√	√	√	√	√	√	√	√	√	√	√	√	√	√	√	√	√	√	√	√	√	√
83								√	√	√	√	√	√	√	√	√	√	√	√	√	√	√	√	√	√	√	√	√	√	√
85								√	√	√	√	√	√	√	√	√	√	√	√	√	√	√	√	√	√	√	√	√	√	√

续表 4-1-82 (mm)

壁厚 外径	1.0	1.2	1.4	1.5	1.6	2.0	2.2	2.5	2.8	3.0	3.2	3.5	4.0	4.5	5.0	5.5	6.0	6.5	7.0	7.5	8.0	8.5	9.0	9.5	10	11	12	13	14	15
89								√	√	√	√	√	√	√	√	√	√	√	√	√	√	√	√	√	√	√	√	√	√	√
90										√	√	√	√	√	√	√	√	√	√	√	√	√	√	√	√	√	√	√	√	√
95										√	√	√	√	√	√	√	√	√	√	√	√	√	√	√	√	√	√	√	√	√
100										√	√	√	√	√	√	√	√	√	√	√	√	√	√	√	√	√	√	√	√	√
102												√	√	√	√	√	√	√	√	√	√	√	√	√	√	√	√	√	√	√
108												√	√	√	√	√	√	√	√	√	√	√	√	√	√	√	√	√	√	√
114												√	√	√	√	√	√	√	√	√	√	√	√	√	√	√	√	√	√	√
127												√	√	√	√	√	√	√	√	√	√	√	√	√	√	√	√	√	√	√
133												√	√	√	√	√	√	√	√	√	√	√	√	√	√	√	√	√	√	√
140												√	√	√	√	√	√	√	√	√	√	√	√	√	√	√	√	√	√	√
146												√	√	√	√	√	√	√	√	√	√	√	√	√	√	√	√	√	√	√
159												√	√	√	√	√	√	√	√	√	√	√	√	√	√	√	√	√	√	√
140												√	√	√	√	√	√	√	√	√	√	√	√	√	√	√	√	√	√	√
146												√	√	√	√	√	√	√	√	√	√	√	√	√	√	√	√	√	√	√
159												√	√	√	√	√	√	√	√	√	√	√	√	√	√	√	√	√	√	√

注：√表示冷拔(轧)钢管规格。

(3) 结构用不锈钢无缝钢管的牌号推荐热处理制度及力学性能(表 4-1-83)

表 4-1-83 结构用不锈钢无缝钢管的牌号推荐热处理制度及力学性能

组织类型	序号	牌号	推荐热处理制度	力学性能			密度/(kg/dm³)
				R_m/MPa	$R_{P0.2}$/MPa	A(%)	
				不小于			
奥氏体	1	06Cr19Ni10	1 010～1 150 ℃,急冷	520	205	35	7.93
	2	12Cr18Ni9	1 010～1 150 ℃,急冷	520	205	35	7.90
	3	022Cr19Ni10	1 010～1 150 ℃,急冷	480	175	35	7.93
	4	06Cr18Ni11Ti	920～1 150 ℃,急冷	520	205	35	7.95
	5	06Cr18Ni1Nb	980～1 150 ℃,急冷	520	205	35	7.98
	6	06Cr17Ni12Mo2	1 010～1 150 ℃,急冷	520	205	35	7.98
	7	022Cr17Ni12Mo2	1 010～1 150 ℃,急冷	480	175	35	7.98
	8	06Cr17Ni12Mo2Ti	1 000～1 100 ℃,急冷	530	205	35	8.00
	9	1Cr18Ni12Mo2Ti	1 000～1 100 ℃,急冷	530	205	35	8.00
	10	0Cr18Ni12Mo3Ti	1 000～1 100 ℃,急冷	530	205	35	8.10
	11	1Cr18Ni12Mo3Ti	1 000～1 100 ℃,急冷	530	205	35	8.10
	12	1Cr18Ni9Ti	1 000～1 100 ℃,急冷	520	205	35	7.90
	13	06Cr19Ni13Mo3	1 010～1 150 ℃,急冷	520	205	35	7.98
	14	022Cr19Ni13Mo3	1 010～1 150 ℃,急冷	480	175	35	7.98
	15	022Cr19Ni10N	1 010～1 150 ℃,急冷	550	245	40	7.90
	16	06Cr19Ni10N	1 010～1 150 ℃,急冷	550	275	35	7.90
	17	022Cr17Ni12Mo2N	1 010～1 150 ℃,急冷	550	245	40	8.00
	18	016Cr17Ni12Mo2N	1 010～1 150 ℃,急冷	550	275	35	7.80
铁素体型	19	10Cr17	780～850 ℃,空冷或缓冷	410	245	20	7.70

续表 4-1-83

组织类型	序号	牌号	推荐热处理制度	力学性能			密度/(kg/dm³)
				R_m/MPa	$R_{P0.2}$/MPa	A(%)	
				不小于			
马氏体型	20	06Cr13	800～900 ℃ 缓冷或 750 ℃快冷	370	180	22	7.70
	21	12Cr13	800～900 ℃,缓冷	410	205	20	7.70
	22	20Cr13	800～900 ℃,缓冷	470	215	19	7.70
奥-铁双相型	23	022Cr18Ni5Mo3Si2N	920～1 150 ℃,急冷	590	390	20	7.98

注:热挤压管的抗拉强度允许降低 20 MPa。

4.1.8.4 不锈钢极薄壁无缝钢管(GB/T 3089—2008)

不锈钢极薄壁无缝钢管通常长度为 0.8～6 m。

产品主要用于化工、石油、轻工、食品、机械、仪表等工业制造耐酸容器、输送管道和仪器仪表的结构件与制品。

(1) 不锈钢极薄壁无缝钢管公称外径和公称壁厚(表 4-1-84)

(2) 不锈钢极薄壁无缝钢管的牌号及力学性能(表 4-1-85)

表 4-1-84 不锈钢极薄壁无缝钢管公称外径和公称壁厚 (mm)

公称外径×公称壁厚				
10.3×0.15	12.4×0.20	15.4×0.20	18.4×0.20	20.4×0.20
24.4×0.20	26.4×0.20	32.4×0.20	35.0×0.20	40.4×0.20
40.6×0.30	41.0×0.50	41.2×0.60	48.0×0.25	50.5×0.25
53.2×0.60	55.0×0.50	59.6×0.30	60.0×0.25	60.0×0.50
61.0×0.35	61.0×0.50	61.2×0.60	67.6×0.30	67.8×0.40
70.2×0.60	74.0×0.50	75.5×0.25	75.6×0.30	82.8×0.40
83.0×0.50	89.6×0.30	89.8×0.40	90.2×0.40	90.5×0.25
90.6×0.30	90.8×0.40	95.6×0.30	101.0×0.50	102.6×0.30
110.9×0.45	125.7×0.35	150.8×0.40	250.8×0.40	

表 4-1-85 不锈钢极薄壁无缝钢管的牌号及力学性能

牌号	抗拉强度 R_m/(N/mm²)	断后伸长率 A/%	牌号	抗拉强度 R_m/(N/mm²)	断后伸长率 A/%
	不小于			不小于	
06Cr19Ni10	520	35	06Cr17Ni12Mo2Ti	540	35
022Cr19Ni10	440	40	06Cr18Ni11Ti	520	40
022Cr17Ni12Mo2	480	40			

4.1.8.5 不锈钢小直径无缝钢管(GB/T 3090—2000)

奥氏体型不锈钢管按力学性能分类:

① 软态。经固溶处理后的钢管,其力学性能符合标准的规定,该状态钢管耐蚀性良好,便于加工。

② 冷硬状态。经相当程序冷变形加工的钢管,该状态的钢管力学性能较高。

③ 半冷硬状态。变形程序小于冷硬状态加工成的钢管,力学性能介于软态和冷硬状态之间,适合轻度加工成形。

钢管的通常长度为 0.5～4 m。产品主要用于机电、仪器仪表、医用计管等。

(1) 不锈钢小直径无缝钢管的外径和壁厚(表 4-1-86)

(2) 不锈钢小直径无缝钢管的牌号及力学性能(表 4-1-87)

表 4-1-86 不锈钢小直径无缝钢管的外径和壁厚 (mm)

外径	壁厚														
	0.10	0.15	0.20	0.25	0.30	0.35	0.40	0.45	0.50	0.55	0.60	0.70	0.80	0.90	1.00
0.30	√														
0.35	√														
0.40	√	√													
0.45	√	√													

续表 4-1-86 (mm)

外径	壁厚														
	0.10	0.15	0.20	0.25	0.30	0.35	0.40	0.45	0.50	0.55	0.60	0.70	0.80	0.90	1.00
0.50	√	√													
0.55	√	√													
0.60	√	√	√												
0.70	√	√	√	√											
0.80	√	√	√	√											
0.90	√	√	√	√	√										
1.00	√	√	√	√	√	√									
1.20	√	√	√	√	√	√	√	√							
1.60	√	√	√	√	√	√	√	√	√	√					
2.00	√	√	√	√	√	√	√	√	√	√	√	√			
2.20	√	√	√	√	√	√	√	√	√	√	√	√	√		
2.50	√	√	√	√	√	√	√	√	√	√	√	√	√	√	√
2.80	√	√	√	√	√	√	√	√	√	√	√	√	√	√	√
3.00	√	√	√	√	√	√	√	√	√	√	√	√	√	√	√
3.20	√	√	√	√	√	√	√	√	√	√	√	√	√	√	√
3.40	√	√	√	√	√	√	√	√	√	√	√	√	√	√	√
3.60	√	√	√	√	√	√	√	√	√	√	√	√	√	√	√
3.80	√	√	√	√	√	√	√	√	√	√	√	√	√	√	√
4.00	√	√	√	√	√	√	√	√	√	√	√	√	√	√	√
4.20	√	√	√	√	√	√	√	√	√	√	√	√	√	√	√
4.50	√	√	√	√	√	√	√	√	√	√	√	√	√	√	√
4.80	√	√	√	√	√	√	√	√	√	√	√	√	√	√	√
5.00		√	√	√	√	√	√	√	√	√	√	√	√	√	√
5.50		√	√	√	√	√	√	√	√	√	√	√	√	√	√
6.00		√	√	√	√	√	√	√							

表 4-1-87 不锈钢小直径无缝钢管的牌号及力学性能

牌号	推荐热处理制度	抗拉强度 R_m/MPa	断后伸长率 A(%)	密度/(kg/dm³)
		不小于		
06Cr19Ni10	1 010～1 150℃,急冷	520	35	7.93
022Cr19Ni10	1 010～1 150 ℃,急冷	480	35	7.93
06Cr18Ni11Ti	920～1 150 ℃,急冷	520	35	7.95
06Cr17Ni12Mo2	1 010～1 150 ℃,急冷	520	35	7.90
022Cr17Ni12Mo2	1 010～1 150 ℃,急冷	480	35	7.98

注：对于外径小于 3.2 mm,或壁厚小于 0.30 mm 的较小直径和较薄壁厚的钢管断后伸长率不小于 25%。

4.1.8.6 焊接钢管(GB/T 21835—2008)

焊接钢管尺寸和理论质量是圆形平端焊接钢管是制订各类用途的圆形平端焊接钢管标准时,选择公称尺寸和单位长度质量的依据。

焊接钢管分为普通焊接钢管、精密焊接钢管和不锈钢焊接钢管。

焊接钢管的外径分为三个系列:系列 1、系列 2 和系列 3。系列 1 是通用系列,属推荐选用系列;系列 2 是非通用系列;系列 3 是少数特殊、专用系列。

普通焊接钢管的外径分为系列 1、系列 2 和系列 3,精密焊接钢管的外径分为系列 2 和系列 3,不锈钢焊接钢管的外径分为系列 1、系列 2 和系列 3。

普通焊接钢管的壁厚分为系列 1 和系列 2。系列 1 是优先选用系列,系列 2 是非优先选用系列。

(1) 普通焊接钢管尺寸及单位长度理论质量(表 4-1-88)

(2) 精密焊接钢管尺寸及单位长度理论质量(表 4-1-89)

(3) 不锈钢焊接钢管尺寸及单位长度理论质量(表 4-1-90)

表 4-1-88　普通焊接钢管尺寸及单位长度理论质量

系列			壁厚/mm																		
系列 1			0.5	0.6	0.8	1.0	1.2	1.4		1.6		1.8		2.0		2.3		2.6		2.9	
系列 2									1.5		1.7		1.9		2.2		2.4		2.8		3.1
外径/mm			单位长度理论质量(kg/m)																		
系列 1	系列 2	系列 3																			
10.2			0.120	0.142	0.185	0.227	0.266	0.304	0.322	0.339	0.356	0.373	0.389	0.404	0.434	0.448	0.462	0.487	0.511	0.522	
	12		0.142	0.169	0.221	0.271	0.320	0.366	0.388	0.410	0.432	0.453	0.473	0.493	0.532	0.550	0.568	0.603	0.635	0.651	0.680
	12.7		0.150	0.179	0.235	0.289	0.340	0.390	0.414	0.438	0.461	0.484	0.506	0.528	0.570	0.590	0.610	0.648	0.684	0.701	0.734
13.5			0.160	0.191	0.251	0.308	0.364	0.418	0.444	0.470	0.495	0.519	0.544	0.567	0.613	0.635	0.657	0.699	0.739	0.758	0.795
		14	0.166	0.198	0.260	0.321	0.379	0.435	0.462	0.489	0.516	0.542	0.567	0.592	0.640	0.664	0.678	0.731	0.773	0.794	0.833
	16		0.191	0.228	0.300	0.370	0.438	0.504	0.536	0.568	0.600	0.630	0.661	0.691	0.749	0.777	0.805	0.859	0.911	0.937	0.986
17.2			0.206	0.246	0.324	0.400	0.474	0.546	0.581	0.616	0.650	0.684	0.717	0.750	0.814	0.845	0.876	0.936	0.994	1.02	1.08
		18	0.216	0.257	0.339	0.419	0.497	0.573	0.610	0.647	0.683	0.719	0.754	0.789	0.857	0.891	0.923	0.987	1.05	1.08	1.14
	19		0.228	0.272	0.359	0.444	0.527	0.608	0.647	0.687	0.725	0.764	0.801	0.838	0.911	0.947	0.983	1.05	1.12	1.15	1.22
	20		0.240	0.287	0.379	0.469	0.556	0.642	0.684	0.726	0.767	0.808	0.848	0.888	0.966	1.00	1.04	1.12	1.19	1.22	1.29
21.3			0.256	0.306	0.404	0.501	0.595	0.687	0.732	0.777	0.822	0.866	0.909	0.952	1.04	1.08	1.12	1.20	1.28	1.32	1.39
		22	0.265	0.317	0.418	0.518	0.616	0.711	0.758	0.805	0.851	0.897	0.942	0.986	1.07	1.12	1.16	1.24	1.33	1.37	1.44
	25		0.302	0.361	0.477	0.592	0.704	0.815	0.869	0.923	0.977	1.03	1.082	1.13	1.24	1.29	1.34	1.44	1.53	1.58	1.67
		25.4	0.307	0.367	0.485	0.602	0.716	0.829	0.884	0.939	0.994	1.05	1.10	1.15	1.26	1.31	1.36	1.46	1.56	1.61	1.70
26.9			0.326	0.389	0.515	0.639	0.761	0.880	0.940	0.998	1.06	1.11	1.17	1.23	1.34	1.40	1.45	1.56	1.66	1.72	1.82
		30	0.364	0.435	0.576	0.715	0.852	0.987	1.05	1.12	1.19	1.25	1.32	1.38	1.51	1.57	1.63	1.76	1.88	1.94	2.06
	31.8		0.386	0.462	0.612	0.760	0.906	1.05	1.12	1.19	1.26	1.33	1.40	1.47	1.61	1.67	1.74	1.87	2.00	2.07	2.19
	32		0.388	0.465	0.616	0.765	0.911	1.06	1.13	1.20	1.27	1.34	1.41	1.48	1.62	1.68	1.75	1.89	2.02	2.08	2.21
33.7			0.409	0.490	0.649	0.806	0.962	1.12	1.19	1.27	1.34	1.42	1.49	1.56	1.71	1.78	1.85	1.99	2.13	2.20	2.34
		35	0.425	0.509	0.675	0.838	1.00	1.16	1.24	1.32	1.40	1.47	1.55	1.63	1.78	1.85	1.93	2.08	2.22	2.30	2.44
	38		0.462	0.553	0.734	0.912	1.09	1.26	1.35	1.44	1.52	1.61	1.69	1.78	1.94	2.02	2.11	2.27	2.43	2.51	2.67
	40		0.487	0.583	0.773	0.962	1.15	1.33	1.42	1.52	1.61	1.70	1.79	1.87	2.05	2.14	2.23	2.40	2.57	2.65	2.82

续表 4-1-88

系列			壁厚/mm																	
系列 1			3.2		3.6		4.0		4.5		5.0		5.4		5.6		6.3		7.1	
系列 2				3.4		3.8		4.37		4.78		5.16		5.56		6.02		6.35		7.92
外径/mm			单位长度理论质量(kg/m)																	
系列 1	系列 2	系列 3																		
10.2																				
	12																			
	12.7																			
13.5																				
		14																		
	16		1.01	1.06	1.10	1.14														
17.2			1.10	1.16	1.21	1.26														
		18	1.17	1.22	1.28	1.33														
	19		1.25	1.31	1.37	1.42														
	20		1.33	1.39	1.46	1.52	1.58	1.68												
21.3			1.43	1.50	1.57	1.64	1.71	1.82	1.86	1.95										
		22	1.48	1.56	1.63	1.71	1.78	1.90	1.94	2.03										
	25		1.72	1.81	1.90	1.99	2.07	2.22	2.28	2.38	2.47									
		25.4	1.75	1.84	1.94	2.02	2.11	2.27	2.32	2.43	2.52									
26.9			1.87	1.97	2.07	2.16	2.26	2.43	2.49	2.61	2.70	2.77								
		30	2.11	2.23	2.34	2.46	2.56	2.76	2.83	2.97	3.08	3.16								
	31.8		2.26	2.38	2.50	2.62	2.74	2.96	3.03	3.19	3.30	3.39								
	32		2.27	2.40	2.52	2.64	2.76	2.98	3.05	3.21	3.33	3.42								
33.7			2.41	2.54	2.67	2.80	2.93	3.16	3.24	3.41	3.54	3.63								
		35	2.51	2.65	2.79	2.92	3.06	3.30	3.38	3.56	3.70	3.80								
	38		2.75	2.90	3.05	3.21	3.35	3.62	3.72	3.92	4.07	4.18								
	40		2.90	3.07	3.23	3.39	3.55	3.84	3.94	4.15	4.32	4.43								

续表 4-1-88

系列			壁厚/mm																	
系列 1			8.0		8.8		10		11		12.5		14.2		16		17.5		20	
系列 2				8.74		9.53		10.31		11.91		12.7		15.09		16.66		19.05		20.62
外径/mm			单位长度理论质量(kg/m)																	
系列 1	系列 2	系列 3																		
10.2																				
	12																			
	12.7																			
13.5																				
		14																		
	16																			
17.2																				
		18																		
	19																			
	20																			
21.3																				
		22																		
	25																			
		25.4																		
26.9																				
		30																		
	31.8																			
	32																			
33.7																				
		35																		
	38																			
	40																			

续表 4-1-88

系列			壁厚/mm																	
系列 1			22.2		25		28		30		32		36		40	45	50	55	60	65
系列 2				23.83		26.19		28.58		30.96		34.93		38.10						
外径/mm			单位长度理论质量(kg/m)																	
系列 1	系列 2	系列 3																		
10.2																				
	12																			
	12.7																			
13.5																				
		14																		
	16																			
17.2																				
		18																		
	19																			
	20																			
21.3																				
		22																		
	25																			
		25.4																		
26.9																				
		30																		
	31.8																			
	32																			
33.7																				
		35																		
	38																			
	40																			

续表 4-1-88

系列			壁厚/mm																		
系列 1			0.5	0.6	0.8	1.0	1.2	1.4		1.6		1.8		2.0		2.3		2.6		2.9	
系列 2									1.5		1.7		1.9		2.2		2.4		2.8		3.1
外径/mm			单位长度理论质量(kg/m)																		
系列 1	系列 2	系列 3																			
42.4			0.517	0.619	0.821	1.02	1.22	1.42	1.51	1.61	1.71	1.80	1.90	1.99	2.18	2.27	2.37	2.55	2.73	2.82	3.00
		44.5	0.543	0.650	0.862	1.07	1.28	1.49	1.59	1.69	1.79	1.90	2.00	2.10	2.29	2.39	2.49	2.69	2.88	2.98	3.17
48.3				0.706	0.937	1.17	1.39	1.62	1.73	1.84	1.95	2.06	2.17	2.28	2.50	2.61	2.72	2.93	3.14	3.25	3.46
	51			0.746	0.990	1.23	1.47	1.71	1.83	1.95	2.07	2.18	2.30	2.42	2.65	2.76	2.88	3.10	3.33	3.44	3.66
		54		0.79	1.05	1.31	1.56	1.82	1.94	2.07	2.19	2.32	2.44	2.56	2.81	2.93	3.05	3.30	3.54	3.65	3.89
	57			0.835	1.11	1.38	1.65	1.92	2.05	2.19	2.32	2.45	2.58	2.71	2.97	3.10	3.23	3.49	3.74	3.87	4.12
60.3				0.883	1.17	1.46	1.75	2.03	2.18	2.32	2.46	2.60	2.74	2.88	3.15	3.29	3.43	3.70	3.97	4.11	4.37
	63.5			0.931	1.24	1.54	1.84	2.14	2.29	2.44	2.59	2.74	2.89	3.03	3.33	3.47	3.62	3.90	4.19	4.33	4.62
	70				1.37	1.70	2.04	2.37	2.53	2.70	2.86	3.03	3.19	3.35	3.68	3.84	4.00	4.32	4.64	4.80	5.11
		73			1.42	1.78	2.12	2.47	2.64	2.82	2.99	3.16	3.33	3.50	3.84	4.01	4.18	4.51	4.85	5.01	5.34
76.1					1.49	1.85	2.22	2.58	2.76	2.94	3.12	3.30	3.48	3.65	4.01	4.19	4.36	4.71	5.06	5.24	5.58
		82.5			1.61	2.01	2.41	2.80	3.00	3.19	3.39	3.58	3.78	3.97	4.36	4.55	4.74	5.12	5.50	5.69	6.07
88.9					1.74	2.17	2.60	3.02	3.23	3.44	3.66	3.87	4.08	4.29	4.70	4.91	5.12	5.53	5.95	6.15	6.56
	101.6						2.97	3.46	3.70	3.95	4.19	4.43	4.67	4.91	5.39	5.63	5.87	6.35	6.82	7.06	7.53
		108					3.16	3.68	3.94	4.20	4.46	4.71	4.97	5.23	5.74	6.00	6.25	6.76	7.26	7.52	8.02
114.3							3.35	3.90	4.17	4.45	4.72	4.99	5.27	5.54	6.08	6.35	6.62	7.16	7.70	7.97	8.50
	127									4.95	5.25	5.56	5.86	6.17	6.77	7.07	7.37	7.98	8.58	8.88	9.47
	133									5.18	5.50	5.82	6.14	6.46	7.10	7.41	7.73	8.36	8.99	9.30	9.93
139.7										5.45	5.79	6.12	6.46	6.79	7.46	7.79	8.13	8.79	9.45	9.78	10.44
		141.3								5.51	5.85	6.19	6.53	6.87	7.55	7.88	8.22	8.89	9.56	9.90	10.57
		152.4								5.95	6.32	6.69	7.05	7.42	8.15	8.51	8.88	9.61	10.33	10.69	11.41
		159								6.21	6.59	6.98	7.36	7.74	8.51	8.89	9.27	10.03	10.79	11.16	11.92

续表 4-1-88

系列			壁厚/mm																	
系列 1			3.2		3.6		4.0		4.5		5.0		5.4		5.6		6.3		7.1	
系列 2				3.4		3.8		4.37		4.78		5.16		5.56		6.02		6.35		7.92
外径/mm			单位长度理论质量(kg/m)																	
系列 1	系列 2	系列 3																		
42.4			3.09	3.27	3.44	3.62	3.79	4.10	4.21	4.43	4.61	4.74	4.93	5.05	5.08	5.40				
		44.5	3.26	3.45	3.63	3.81	4.00	4.32	4.44	4.68	4.87	5.01	5.21	5.34	5.37	5.71				
18.3			3.56	3.76	3.97	4.17	4.37	4.73	4.86	5.13	5.34	5.49	5.71	5.86	5.90	6.28				
	51		3.77	3.99	4.21	4.42	4.64	5.03	5.16	5.45	5.67	5.83	6.07	6.23	6.27	6.68				
		54	4.01	4.24	4.47	4.70	4.93	5.35	5.49	5.80	6.04	6.22	6.47	6.64	6.68	7.12				
	57		4.25	4.49	4.74	4.99	5.23	5.67	5.83	6.16	6.41	6.60	6.87	7.05	7.10	7.57				
60.3			4.51	4.77	5.03	5.29	5.55	6.03	6.19	6.54	6.82	7.02	7.31	7.51	7.55	8.06				
	63.5		4.76	5.04	5.32	5.59	5.87	6.37	6.55	6.92	7.21	7.42	7.74	7.94	8.00	8.53				
	70		5.27	5.58	5.90	6.20	6.51	7.07	7.27	7.69	8.01	8.25	8.60	8.84	8.89	9.50	9.90	9.97		
		73	5.51	5.84	6.16	6.48	6.81	7.40	7.60	8.04	8.38	8.63	9.00	9.25	9.31	9.94	10.36	10.44		
76.1			5.75	6.10	6.44	6.78	7.11	7.73	7.95	8.41	8.77	9.03	9.42	9.67	9.74	10.40	10.84	10.92		
		82.5	6.26	6.63	7.00	7.38	7.74	8.42	8.66	9.16	9.56	9.84	10.27	10.55	10.62	11.35	11.84	11.93		
88.9			6.76	7.17	7.57	7.98	8.38	9.11	9.37	9.92	10.35	10.66	11.12	11.43	11.50	12.30	12.83	12.93		
	101.6		7.77	8.23	8.70	9.17	9.63	10.48	10.78	11.41	11.91	12.27	12.81	13.17	13.26	14.19	14.81	14.92		
		108	8.27	8.77	9.27	9.76	10.26	11.17	11.49	12.17	12.70	13.09	13.66	14.05	14.14	15.14	15.80	15.92		
114.3			8.77	9.30	9.83	10.36	10.88	11.85	12.19	12.91	13.48	13.89	14.50	14.91	15.01	16.08	16.78	16.91	18.77	20.78
	127		9.77	10.36	10.96	11.55	12.13	13.22	13.59	14.41	15.04	15.50	16.19	16.65	16.77	17.96	18.75	18.89	20.99	23.26
	133		10.24	10.87	11.49	12.11	12.73	13.86	14.26	15.11	15.78	16.27	16.99	17.47	17.59	18.85	19.69	19.83	22.04	24.43
139.7			10.77	11.43	12.08	12.74	13.39	14.58	15.00	15.90	16.61	17.12	17.89	18.39	18.52	19.85	20.73	20.88	23.22	25.74
		141.3	10.90	11.56	12.23	12.89	13.54	14.76	15.18	16.09	16.81	17.32	18.10	18.61	18.74	20.08	20.97	21.13	23.50	26.05
		152.4	11.77	12.49	13.21	13.93	14.64	15.95	16.41	17.40	18.18	18.74	19.58	20.13	20.27	21.73	22.70	22.87	25.44	28.22
		159	12.30	13.05	13.80	14.54	15.29	16.66	17.15	18.18	18.99	19.58	20.46	21.04	21.19	22.71	23.72	23.91	26.60	29.51

续表 4-1-88

系列			壁厚/mm																	
系列 1			8.0		8.8		10		11		12.5		14.2		16		17.5		20	
系列 2				8.74		9.53		10.31		11.91		12.7		15.09		16.66		19.05		20.62
外径/mm			单位长度理论质量(kg/m)																	
系列 1	系列 2	系列 3																		
42.4																				
		44.5																		
48.3																				
	51																			
		54																		
	57																			
60.3																				
	63.5																			
	70																			
		73																		
76.1																				
		82.5																		
88.9																				
	101.6																			
		108																		
114.3			20.97																	
	127		23.48																	
	133		24.66																	
139.7			25.98																	
		141.3	26.30																	
		152.4	28.49																	
		159	29.79	32.39																

续表 4-1-88

系列			壁厚/mm																	
系列 1			22.2		25		28		30		32		36		40	45	50	55	60	65
系列 2				23.83		26.19		28.58		30.96		34.93		38.10						
外径/mm			单位长度理论质量(kg/m)																	
系列 1	系列 2	系列 3																		
42.4																				
		44.5																		
48.3																				
	51																			
		54																		
	57																			
60.3																				
	63.5																			
	70																			
		73																		
76.1																				
		82.5																		
88.9																				
	101.6																			
		108																		
114.3																				
	127																			
	133																			
139.7																				
		141.3																		
		152.4																		
		159																		

续表 4-1-88

系列			壁厚/mm																		
系列 1			0.5	0.6	0.8	1.0	1.2	1.4		1.6		1.8		2.0		2.3		2.6		2.9	
系列 2									1.5		1.7		1.9		2.2		2.4		2.8		3.1
外径/mm			单位长度理论质量(kg/m)																		
系列 1	系列 2	系列 3																			
		165								6.45	6.85	7.24	7.64	8.04	8.83	9.23	9.62	10.41	11.20	11.59	12.38
168.3										6.58	6.98	7.39	7.80	8.20	9.01	9.42	9.82	10.62	11.43	11.83	12.63
		177.8										7.81	8.24	8.67	9.53	9.95	10.38	11.23	12.08	12.51	13.36
		190.7										8.39	8.85	9.31	10.23	10.69	11.15	12.06	12.97	13.43	14.34
		193.7										8.52	8.99	9.46	10.39	10.86	11.32	12.25	13.18	13.65	14.57
219.1												9.65	10.18	10.71	11.77	12.30	12.83	13.88	14.94	15.46	16.51
		244.5												11.96	13.15	13.73	14.33	15.51	16.69	17.28	18.46
273.1														13.37	14.70	15.36	16.02	17.34	18.66	19.32	20.64
323.9																		20.60	22.17	22.96	24.53
355.6																		22.63	24.36	25.22	26.95
406.4																		25.89	27.87	28.86	30.83
457																					
508																					
		559																			
610																					
		660																			
711																					
	762																				
813																					
		864																			
914																					
		965																			

续表 4-1-88

系列			壁厚/mm																	
系列 1			3.2		3.6		4.0		4.5		5.0		5.4		5.6		6.3		7.1	
系列 2				3.4		3.8		4.37		4.78		5.16		5.56		6.02		6.35		7.92
外径/mm			单位长度理论质量(kg/m)																	
系列 1	系列 2	系列 3																		
		165	12.77	13.55	14.33	15.11	15.88	17.31	17.81	18.89	19.73	20.34	21.25	21.86	22.01	23.60	24.66	24.84	27.65	30.68
168.3			13.03	13.83	14.62	15.42	16.21	17.67	18.18	19.28	20.14	20.76	21.69	22.31	22.47	24.09	25.17	25.36	28.23	31.33
		177.8	13.78	14.62	15.47	16.31	17.14	18.69	19.23	20.40	21.31	21.97	22.96	23.62	23.78	25.50	26.65	26.85	29.88	33.18
		190.7	14.80	15.70	16.61	17.52	18.42	20.08	20.66	21.92	22.90	23.61	24.68	25.39	25.56	27.42	28.65	28.87	32.15	35.70
		193.7	15.03	15.96	16.88	17.80	18.71	20.40	21.00	22.27	23.27	23.99	25.08	25.80	25.98	27.86	29.12	29.34	32.67	36.29
219.1			17.04	18.09	19.13	20.18	21.22	23.14	23.82	25.26	26.40	27.22	28.46	29.28	29.49	31.63	33.06	33.32	37.12	41.25
		244.5	19.04	20.22	21.39	22.56	23.72	25.88	26.63	28.26	29.53	30.46	31.84	32.76	32.99	35.41	37.01	37.29	41.57	46.21
273.1			21.30	22.61	23.93	25.24	26.55	28.96	29.81	31.63	33.06	34.10	35.65	36.68	36.94	39.65	41.45	41.77	46.58	51.79
323.9			25.31	26.87	28.44	30.00	31.56	34.44	35.45	37.62	39.32	40.56	42.42	43.65	43.96	47.19	49.34	49.73	55.47	61.72
355.6			27.81	29.53	31.25	32.97	34.68	37.85	38.96	41.36	43.23	44.59	46.64	48.00	48.34	51.90	54.27	54.69	61.02	67.91
406.4			31.82	33.79	35.76	37.73	39.70	43.33	44.60	47.34	49.50	51.06	53.40	54.96	55.35	59.44	62.16	62.65	69.92	77.83
457			35.81	38.03	40.25	42.47	44.69	48.78	50.23	53.31	55.73	57.50	60.14	61.90	62.34	66.95	70.02	70.57	78.78	87.71
508			39.84	42.31	44.78	47.25	49.72	54.28	55.88	59.32	62.02	63.99	66.93	68.89	69.38	74.53	77.95	78.56	87.71	97.68
		559	43.86	46.59	49.31	52.03	54.75	59.77	61.54	65.33	68.31	70.48	73.72	75.89	76.43	82.10	85.87	86.55	96.64	107.64
610			47.89	50.86	53.84	56.81	59.78	65.27	67.20	71.34	74.60	76.97	80.52	82.88	83.47	89.67	93.80	94.53	105.57	117.60
		660					64.71	70.66	72.75	77.24	80.77	83.33	87.17	89.74	90.38	97.09	101.56	102.36	114.32	127.36
711							69.74	76.15	78.41	83.25	87.06	89.82	93.97	96.73	97.42	104.66	109.49	110.35	123.25	137.32
	762						74.77	81.65	84.06	89.26	93.34	96.31	100.76	103.72	104.46	112.23	117.41	118.34	132.18	147.29
813							79.80	87.15	89.72	95.27	99.63	102.80	107.55	110.71	111.51	119.81	125.33	126.32	141.11	157.25
		864					84.84	92.64	95.38	101.29	105.92	109.29	114.34	117.71	118.55	127.38	133.26	134.31	150.04	167.21
914							89.76	98.03	100.93	107.18	112.09	115.65	121.00	124.56	125.45	134.80	141.03	142.14	158.80	176.97
		965					94.80	103.53	106.59	113.19	118.38	122.14	127.79	131.56	132.50	142.37	148.95	150.13	167.73	186.94

续表 4-1-88

系列			壁厚/mm																	
系列 1			8.0		8.8		10		11		12.5		14.2		16		17.5		20	
系列 2				8.74		9.53		10.31		11.91		12.70		15.09		16.66		19.05		20.62
外径/mm			单位长度理论质量(kg/m)																	
系列 1	系列 2	系列 3																		
		165	30.97	33.68																
168.3			31.63	34.39	34.61	37.31	39.04	40.17	42.67	45.93	48.03	48.73								
		177.8	33.50	36.44	36.68	39.55	41.38	42.59	45.25	48.72	50.96	51.71								
		190.7	36.05	39.22	39.48	42.58	44.56	45.87	48.75	52.51	54.93	55.75								
		193.7	36.64	39.87	40.13	43.28	45.30	46.63	49.56	53.40	55.86	56.69								
219.1			41.65	45.34	45.64	49.25	51.57	53.09	56.45	60.86	63.69	64.64	71.75							
		244.5	46.66	50.82	51.15	55.22	57.83	59.55	63.34	68.32	71.52	72.60	80.65							
273.1			52.30	56.98	57.36	61.95	64.88	66.82	71.10	76.72	80.33	81.56	90.67							
323.9			62.34	67.93	68.38	73.88	77.44	79.73	84.88	91.64	95.99	97.47	108.45	114.92	121.49	126.23	132.23			
355.6			68.58	74.76	75.26	81.33	85.23	87.79	93.48	100.95	105.77	107.40	119.56	126.72	134.00	139.26	145.92			
406.4			78.60	85.71	86.29	93.27	97.76	100.71	107.26	115.87	121.43	123.31	137.35	145.62	154.05	160.13	167.84	181.98	190.58	196.18
457			88.58	96.62	97.27	105.17	110.24	113.58	120.99	130.73	137.03	139.16	155.07	164.45	174.01	180.92	189.68	205.75	215.54	221.91
508			98.65	107.61	108.34	117.15	122.81	126.54	134.82	145.71	152.75	155.13	172.93	183.43	194.14	201.87	211.69	229.71	240.70	247.84
		559	108.71	118.60	119.41	129.14	135.39	139.51	148.66	160.69	168.47	171.10	190.79	202.41	214.26	222.83	233.70	253.67	265.85	273.78
610			118.77	129.60	130.47	141.12	147.97	152.48	162.49	175.67	184.19	187.07	208.65	221.39	234.38	243.78	255.71	277.63	291.01	299.71
		660	128.63	140.37	141.32	152.88	160.30	165.19	176.06	190.36	199.60	202.74	226.15	240.00	254.11	264.32	277.29	301.12	315.67	325.14
711			138.70	151.37	152.39	164.86	172.88	178.16	189.89	205.34	215.33	218.71	244.01	258.98	274.24	285.28	299.30	325.08	340.82	351.07
	762		148.76	162.36	163.46	176.85	185.45	191.12	203.73	220.32	231.05	234.68	261.87	277.96	294.36	306.23	321.31	349.04	365.98	377.01
813			158.82	173.35	174.53	188.83	198.03	204.09	217.56	235.29	246.77	250.65	279.73	296.94	314.48	327.18	343.32	373.00	391.13	402.94
		864	168.88	184.34	185.60	200.82	210.61	217.06	231.40	250.27	262.49	266.63	297.59	315.92	334.61	348.14	365.33	396.96	416.29	428.88
914			178.75	195.12	196.45	212.57	222.94	229.77	244.96	264.96	277.90	282.29	315.10	334.52	354.34	368.68	386.91	420.45	440.95	454.30
		965	188.81	206.11	207.52	224.56	235.52	242.74	258.80	279.94	293.63	298.26	332.96	353.50	374.46	389.64	408.92	444.41	466.10	480.24

续表 4-1-88

系列			壁厚/mm																	
系列 1			22.2		25		28		30		32		36		40	45	50	55	60	65
系列 2				23.83		26.19		28.58		30.96		34.93		38.1						
外径/mm			单位长度理论质量(kg/m)																	
系列 1	系列 2	系列 3																		
		165																		
168.3																				
		177.8																		
		190.7																		
		193.7																		
219.1																				
		244.5																		
273.1																				
323.9																				
355.6																				
406.4			210.34	224.83	235.15	245.57	261.29	266.30	278.48											
457			238.05	254.57	266.34	278.25	296.23	301.96	315.91											
508			265.97	283.54	297.79	311.19	331.45	337.91	353.65	364.23	375.64	407.51	419.05	441.52	461.66	513.82	564.75	614.44	662.90	710.12
		559	293.89	314.51	329.23	344.13	366.67	373.85	391.37	403.17	415.89	451.45	464.33	489.44	511.97	570.42	627.64	683.62	738.37	791.88
610			321.81	344.48	360.67	377.07	401.88	409.80	429.11	442.11	456.14	495.38	509.61	537.36	562.28	627.02	690.52	752.79	813.83	873.63
		660	349.19	373.87	391.50	409.37	436.41	445.04	466.10	480.28	495.60	538.45	554.00	584.34	611.61	682.51	752.18	820.61	887.81	953.78
711			377.11	403.84	422.94	442.31	471.63	480.99	503.83	519.22	535.85	582.38	599.27	632.26	661.91	739.11	815.06	889.79	963.28	1 035.54
	762		405.03	433.81	454.39	475.25	506.84	516.93	541.57	558.16	576.09	626.32	644.55	680.18	712.22	795.70	877.95	958.96	1 038.74	1 117.29
813			432.95	463.78	485.83	508.19	542.06	552.88	579.30	597.10	616.34	670.25	689.83	728.10	762.53	852.30	940.84	1 028.14	1 114.21	1 199.04
		864	460.87	493.75	517.27	541.13	577.28	588.83	617.03	636.04	656.59	714.18	735.11	776.02	812.84	908.90	1 003.72	1 097.31	1 189.67	1 280.22
914			488.25	523.14	548.10	573.42	611.80	624.07	654.02	674.22	696.05	757.25	779.50	823.00	862.17	964.39	1 065.38	1 165.13	1 263.66	1 360.94
		965	516.17	553.11	579.55	606.36	647.02	660.01	691.76	713.16	736.29	801.19	824.78	870.92	912.48	1 020.99	1 128.26	1 234.31	1 339.12	1 442.70

续表 4-1-88

系列			壁厚/mm																		
系列 1			0.5	0.6	0.8	1.0	1.2	1.4		1.6		1.8		2.0		2.3		2.6		2.9	
系列 2									1.5		1.7		1.9		2.2		2.4		2.8		3.1
外径/mm			单位长度理论质量(kg/m)																		
系列 1	系列 2	系列 3																			
1 016																					
1 067																					
1 118																					
	1 168																				
1 219																					
	1 321																				
1 422																					
	1 524																				
1 626																					
	1 727																				
1 829																					
	1 930																				
2 032																					
	2 134																				
2 235																					
	2 337																				
	2 438																				
2 540																					

续表 4-1-88

系列			壁厚/mm																	
系列 1			3.2		3.6		4.0		4.5		5.0		5.4		5.6		6.3		7.1	
系列 2				3.4		3.8		4.37		4.78		5.16		5.56		6.02		6.35		7.92
外径/mm			单位长度理论质量(kg/m)																	
系列 1	系列 2	系列 3																		
1 016							99.83	109.02	112.25	119.20	124.66	128.63	134.58	138.55	139.54	149.94	156.87	158.11	176.66	196.90
1 067											130.95	135.12	141.38	145.54	146.58	157.52	164.80	166.10	185.58	206.86
1 118											137.24	141.61	148.17	152.54	153.63	165.09	172.72	174.08	194.51	216.82
	1 168										143.41	147.98	154.83	159.39	160.53	172.51	180.49	181.91	203.27	226.59
1 219											149.70	154.47	161.62	166.38	167.58	180.08	188.41	189.90	212.20	236.55
	1 321														181.66	195.22	204.26	205.87	230.06	256.47
1 422															195.61	210.22	219.95	221.69	247.74	276.20
	1 524																235.80	237.66	265.60	296.12
1 626																	251.65	253.64	283.46	316.04
	1 727																		301.15	335.77
1 829																			319.01	355.69
	1 930																			
2 032																				
	2 134																			
2 235																				
	2 337																			
	2 438																			
2 540																				

续表 4-1-88

系列			壁厚/mm																	
系列 1			8.0		8.8		10		11		12.5		14.2		16		17.5		20	
系列 2				8.74		9.53		10.31		11.91		12.70		15.09		16.66		19.05		20.62
外径/mm			单位长度理论质量(kg/m)																	
系列 1	系列 2	系列 3																		
1 016			198.87	217.11	218.58	236.54	248.09	255.71	272.63	294.92	309.35	314.23	350.82	372.48	394.58	410.59	430.93	468.37	491.26	506.17
1 067			208.93	228.10	229.65	248.53	260.67	268.67	286.47	309.90	325.07	330.21	368.68	391.46	414.71	431.54	452.94	492.33	516.41	532.11
1 118			218.99	239.09	240.72	260.52	273.25	281.64	300.30	324.88	340.79	346.18	386.54	410.44	434.83	452.50	474.95	516.29	541.57	558.04
	1 168		228.86	249.87	251.57	272.27	285.58	294.35	313.87	339.56	356.20	361.84	404.05	429.05	454.56	473.04	496.53	539.78	566.23	583.47
1 219			238.92	260.86	262.64	284.25	298.16	307.32	327.70	354.54	371.93	377.81	421.91	448.03	474.68	493.99	518.54	563.74	591.38	609.40
	1 321		259.04	282.85	284.78	308.23	323.31	333.26	355.37	384.50	403.37	409.76	457.63	485.98	514.93	535.90	562.56	611.66	641.69	661.27
1 422			278.97	304.62	306.69	331.96	348.22	358.94	382.77	414.17	434.50	441.39	493.00	523.57	554.79	577.40	606.15	659.11	691.51	712.63
	1 524		299.09	326.60	328.83	355.94	373.38	384.87	410.44	444.13	465.95	473.34	528.72	561.53	595.03	619.31	650.17	707.03	741.82	764.50
1 626			319.22	348.59	350.97	379.91	398.53	410.81	438.11	474.09	497.39	505.29	564.44	599.49	635.28	661.21	694.19	754.95		
	1 727		339.14	370.36	372.89	403.65	423.44	436.49	465.51	503.75	528.53	536.92	599.81	637.07	675.13	702.71	737.78	802.40		
1 829			359.27	392.34	395.02	427.62	448.59	462.42	493.18	533.71	559.97	568.87	635.53	675.03	715.38	744.62	781.80	850.32		
	1 930		379.20	414.11	416.94	451.36	473.50	488.10	520.58	563.38	591.11	600.50	670.90	712.62	755.23	786.12	825.39	897.77		
2 032			399.32	436.10	439.08	475.33	498.66	514.04	548.25	593.34	622.55	632.45	706.62	750.58	795.48	828.02	869.41	945.69	992.38	1 022.83
	2 134				461.21	499.30	523.81	539.97	575.92	623.30	653.99	664.39	742.34	788.54	835.73	869.93	913.43	993.61	1 042.69	1 071.70
2 235					483.13	523.04	548.72	565.65	603.32	652.96	685.13	696.03	777.71	826.12	875.58	911.43	957.02	1 041.06	1 092.50	1 126.06
	2 337						573.87	591.58	630.99	682.92	716.57	727.97	813.43	864.08	915.93	953.34	1 001.04	1 088.98	1 142.81	1 177.93
	2 438						598.78	617.26	658.39	712.59	747.71	759.61	848.80	901.67	955.68	994.83	1 044.63	1 136.43	1 192.63	1 229.29
2 540							623.94	643.20	686.06	742.55	779.15	791.55	884.52	939.63	995.93	1 036.74	1 088.65	1 184.35	1 242.94	1 821.16

续表 4-1-88

系列			壁厚/mm																	
系列 1			22.2		25		28		30		32		36		40	45	50	55	60	65
系列 2				23.83		26.19		28.58		30.96		34.93		38.1						
外径/mm			单位长度理论质量(kg/m)																	
系列 1	系列 2	系列 3																		
1 016			544.09	583.08	610.99	639.30	682.24	695.96	729.49	752.10	776.54	845.12	870.06	918.84	962.78	1 077.58	1 191.15	1 303.48	1 414.58	1 524.45
1 067			572.01	613.05	642.43	672.24	717.45	731.91	767.22	791.04	816.79	889.05	915.34	966.76	1 013.09	1 134.18	1 254.04	1 372.66	1 490.05	1 606.20
1 118			599.93	643.03	673.88	705.18	752.67	767.85	804.95	829.98	857.04	932.98	960.61	1 014.68	1 063.40	1 190.78	1 316.92	1 441.83	1 565.51	1 687.96
	1 168		627.31	672.41	704.70	737.48	787.20	803.09	841.94	868.15	896.49	976.06	1 005.01	1 061.66	1 112.73	1 246.27	1 378.58	1 509.65	1 639.50	1 768.11
1 219			655.23	702.38	736.15	770.42	822.41	839.04	879.68	907.09	936.74	1 019.99	1 050.28	1 109.58	1 163.04	1 302.87	1 441.46	1 578.83	1 714.96	1 849.86
	1 321		711.07	762.33	799.03	836.30	892.84	910.93	955.14	984.97	1 017.24	1 107.85	1 140.84	1 205.42	1 263.66	1 416.06	1 567.24	1 717.18	1 865.89	2 013.36
1 422			766.37	821.68	861.30	901.53	962.59	982.12	1 029.86	1 062.09	1 096.94	1 194.86	1 230.51	1 300.32	1 363.29	1 528.15	1 691.78	1 854.17	2 015.34	2 175.27
	1 524		822.21	881.63	924.19	967.41	1 033.02	1 054.01	1 105.33	1 139.97	1 177.44	1 282.72	1 321.07	1 396.16	1 463.91	1 641.35	1 817.55	1 992.53	2 166.27	2 338.77
1 626			878.06	941.57	987.08	1 033.29	1 103.45	1 125.90	1 180.79	1 217.85	1 257.93	1 370.59	1 411.62	1 492.00	1 564.53	1 754.54	1 943.33	2 130.88	2 317.19	2 502.28
	1 727		933.35	1 000.92	1 049.35	1 098.53	1 173.20	1 197.09	1 255.52	1 294.96	1 337.64	1 457.59	1 501.29	1 586.90	1 644.16	1 866.63	2 067.87	2 267.87	2 466.64	2 664.18
1 829			989.20	1 060.87	1 112.23	1 164.41	1 243.63	1 268.98	1 330.98	1 372.84	1 418.13	1 545.46	1 591.85	1 682.74	1 764.78	1 979.83	2 193.64	2 406.22	2 617.57	2 827.69
	1 930		1 044.49	1 120.22	1 174.50	1 229.64	1 313.37	1 340.17	1 405.71	1 449.96	1 497.84	1 632.46	1 681.52	1 777.64	1 864.41	2 091.91	2 318.18	2 543.22	2 767.02	2 989.59
2 032			1 100.34	1 180.17	1 237.39	1 295.52	1 383.81	1 412.06	1 481.17	1 527.83	1 578.34	1 720.33	1 772.08	1 873.47	1 965.03	2 205.11	2 443.95	2 681.57	2 917.95	3 153.10
	2 134		1 156.18	1 240.11	1 300.28	1 361.40	1 454.24	1 483.95	1 556.63	1 605.71	1 658.83	1 808.19	1 862.63	1 969.31	2 065.65	2 318.30	2 569.72	2 819.92	3 068.88	3 316.60
2 235			1 211.48	1 299.47	1 362.55	1 426.64	1 523.98	1 555.14	1 631.36	1 682.83	1 738.54	1 895.20	1 952.30	2 064.21	2 165.28	2 430.39	2 694.27	2 956.91	3 218.33	3 478.50
	2 337		1 267.32	1 359.41	1 425.43	1 492.52	1 594.42	1 627.03	1 706.82	1 760.71	1 819.03	1 983.06	2 042.86	2 160.05	2 265.90	2 543.59	2 820.04	3 095.26	3 369.25	3 642.01
	2 438		1 322.61	1 418.77	1 487.70	1 557.75	1 664.16	1 698.22	1 781.55	1 837.82	1 898.74	2 070.07	2 132.53	2 254.95	2 365.53	2 656.17	2 944.58	3 232.26	3 518.70	3 803.91
2 540			1 378.46	1 478.71	1 550.59	1 623.63	1 734.59	1 770.11	1 857.01	1 915.70	1 979.23	2 157.93	2 223.09	2 350.79	2 466.15	2 768.87	3 070.36	3 370.61	3 669.63	3 967.42

注：理论质量按 $W=0.024\,661\,5(D-S)S$ 公式计算。

式中：W——单位长度质量(kg/m)；

D——钢管的公称外径(mm)；

S——钢管的公称壁厚(mm)。

表 4-1-89 精密焊接钢管尺寸及单位长度理论质量

外径/mm		壁厚/mm																							
		0.5	(0.8)	1.0	(1.2)	1.5	(1.8)	2.0	(2.2)	2.5	(2.8)	3.0	(3.5)	4.0	(4.5)	5.0	(5.5)	6.0	(7.0)	8.0	(9.0)	10.0	(11.0)	12.5	(14)
系列 2	系列 3	单位长度理论质量/(kg/m)																							
8		0.092	0.142	0.173	0.201	0.240	0.275	0.296	0.315																
10		0.117	0.182	0.222	0.260	0.314	0.364	0.395	0.423	0.462															
12		0.142	0.221	0.271	0.320	0.388	0.453	0.493	0.532	0.586	0.635	0.666													
	14	0.166	0.260	0.321	0.379	0.462	0.542	0.592	0.640	0.709	0.773	0.814	0.906												
16		0.191	0.300	0.370	0.438	0.536	0.630	0.691	0.749	0.832	0.911	0.962	1.08	1.18											
	18	0.216	0.309	0.419	0.497	0.610	0.719	0.789	0.857	0.956	1.05	1.11	1.25	1.38	1.50										
20		0.240	0.379	0.469	0.556	0.684	0.808	0.888	0.966	1.08	1.19	1.26	1.42	1.58	1.72										
	22	0.265	0.418	0.518	0.616	0.758	0.879	0.988	1.07	1.20	1.33	1.41	1.60	1.78	1.94	2.10									
25		0.302	0.477	0.592	0.704	0.869	1.03	1.13	1.24	1.39	1.53	1.63	1.86	2.07	2.28	2.47	2.64								
	28	0.339	0.517	0.666	0.793	0.980	1.16	1.28	1.40	1.57	1.74	1.85	2.11	2.37	2.61	2.84	3.05								
	30	0.364	0.576	0.715	0.852	1.05	1.25	1.38	1.51	1.70	1.88	2.00	2.29	2.56	2.83	3.08	3.32	3.55	3.97						
32		0.388	0.616	0.765	0.911	1.13	1.34	1.48	1.62	1.82	2.02	2.15	2.46	2.76	3.05	3.33	3.59	3.85	4.32	4.74					
	35	0.425	0.675	0.838	1.00	1.24	1.47	1.63	1.78	2.00	2.22	2.37	2.72	3.06	3.38	3.70	4.00	4.29	4.83	5.33					
38		0.462	0.704	0.912	1.09	1.35	1.61	1.78	1.94	2.19	2.43	2.59	2.98	3.35	3.72	4.07	4.41	4.74	5.35	5.92	6.44	6.91			
40		0.487	0.773	0.962	1.15	1.42	1.70	1.87	2.05	2.31	2.57	2.74	3.15	3.55	3.94	4.32	4.68	5.03	5.70	6.31	6.88	7.40			
	45		0.872	1.09	1.30	1.61	1.92	2.12	2.32	2.62	2.91	3.11	3.58	4.04	4.49	4.93	5.36	5.77	6.56	7.30	7.99	8.63			

续表 4-1-89

外径/mm		壁厚/mm																							
		0.5	(0.8)	1.0	(1.2)	1.5	(1.8)	2.0	(2.2)	2.5	(2.8)	3.0	(3.5)	4.0	(4.5)	5.0	(5.5)	6.0	(7.0)	8.0	(9.0)	10.0	(11.0)	12.5	(14)
系列2	系列3	单位长度理论质量/(kg/m)																							
50			0.971	1.21	1.44	1.79	2.14	2.37	2.59	2.93	3.26	3.48	4.01	4.54	5.05	5.55	6.04	6.51	7.42	8.29	9.10	9.86			
	55		1.07	1.33	1.59	1.98	2.36	2.61	2.86	3.24	3.60	3.85	4.45	5.03	5.60	6.17	6.71	7.25	8.29	9.27	10.21	11.10	11.94		
60			1.17	1.46	1.74	2.16	2.58	2.86	3.14	3.55	3.95	4.22	4.88	5.52	6.16	6.78	7.39	7.99	9.15	10.26	11.32	12.33	13.29		
70			1.35	1.70	2.04	2.53	3.03	3.35	3.68	4.16	4.64	4.96	5.74	6.51	7.27	8.01	8.75	9.47	10.88	12.23	13.54	14.80	16.01		
80			1.56	1.95	2.33	2.90	3.47	3.05	4.22	4.78	5.33	5.70	6.60	7.50	8.38	9.25	10.11	10.95	12.60	14.21	15.76	17.26	18.72		
	90				2.63	3.27	3.92	4.34	4.76	5.39	6.02	6.44	7.47	8.48	9.49	10.48	11.46	12.43	14.33	16.18	17.98	19.73	21.43		
100					2.92	3.64	4.36	4.83	5.31	6.01	6.71	7.18	8.33	9.47	10.60	11.71	12.82	13.91	16.05	18.15	20.20	22.20	24.14		
	110				3.22	4.01	4.80	5.33	5.85	6.63	7.40	7.92	9.19	10.46	11.71	12.95	14.17	15.39	17.78	20.12	22.42	24.66	26.86	30.06	
120							5.25	5.82	6.39	7.24	8.09	8.66	10.06	11.44	12.82	14.18	15.53	16.87	19.51	22.10	24.64	27.13	29.57	33.14	
	140						6.13	6.81	7.48	8.48	9.47	10.14	11.78	13.42	15.04	16.65	18.24	19.83	22.96	26.04	29.08	32.06	34.99	39.30	
160							7.02	7.79	8.56	9.71	10.86	11.62	13.51	15.39	17.26	19.11	20.96	22.79	26.41	29.99	33.51	36.99	40.42	45.47	
	180															21.58	23.67	25.75	29.87	33.93	37.95	41.92	45.85	51.64	
200																		28.71	33.32	37.88	42.39	46.86	51.27	57.80	
	220																		36.77	41.83	46.83	51.79	56.70	63.97	71.12
	240																		40.22	45.77	51.27	56.72	62.12	70.13	78.03
	260																		43.68	49.72	55.71	61.65	67.55	76.30	84.93

注：(1)(　　)内壁厚不推荐使用。

(2) 理论质量计算同普通焊接钢管。

表 4-1-90　不锈钢焊接钢管尺寸

外径/mm			壁厚/mm																										
系列 1	系列 2	系列 3	0.3	0.4	0.5	0.6	0.7	0.8	0.9	1.0	1.2	1.4	1.5	1.6	1.8	2.0	2.2(2.3)	2.5(2.6)	2.8(2.9)	3.0	3.2	3.5(3.6)	4.0	4.2	4.5(4.6)	4.8	5.0	5.5(5.6)	6.0
	8		√	√	√	√	√	√	√	√	√																		
		9.5	√	√	√	√	√	√	√	√	√																		
	10		√	√	√	√	√	√	√	√	√	√																	
10.2			√	√	√	√	√	√	√	√	√	√	√	√	√	√													
	12		√	√	√	√	√	√	√	√	√	√	√	√	√	√													
	12.7		√	√	√	√	√	√	√	√	√	√	√	√	√	√													
13.5					√	√	√	√	√	√	√	√	√	√	√	√	√	√	√	√									
		14			√	√	√	√	√	√	√	√	√	√	√	√	√	√	√	√	√	√							
		15			√	√	√	√	√	√	√	√	√	√	√	√	√	√	√	√	√	√							
	16				√	√	√	√	√	√	√	√	√	√	√	√	√	√	√	√	√	√							
17.2					√	√	√	√	√	√	√	√	√	√	√	√	√	√	√	√	√	√							
		18			√	√	√	√	√	√	√	√	√	√	√	√	√	√	√	√	√	√							
	19				√	√	√	√	√	√	√	√	√	√	√	√	√	√	√	√	√	√							
		19.5			√	√	√	√	√	√	√	√	√	√	√	√	√	√	√	√	√	√							
	20				√	√	√	√	√	√	√	√	√	√	√	√	√	√	√	√	√	√							
21.3					√	√	√	√	√	√	√	√	√	√	√	√	√	√	√	√	√	√	√	√					
		22			√	√	√	√	√	√	√	√	√	√	√	√	√	√	√	√	√	√	√	√					
	25				√	√	√	√	√	√	√	√	√	√	√	√	√	√	√	√	√	√	√	√					
		25.4			√	√	√	√	√	√	√	√	√	√	√	√	√	√	√	√	√	√	√	√					
26.9					√	√	√	√	√	√	√	√	√	√	√	√	√	√	√	√	√	√	√	√	√				
		28			√	√	√	√	√	√	√	√	√	√	√	√	√	√	√	√	√	√	√	√	√				
		30			√	√	√	√	√	√	√	√	√	√	√	√	√	√	√	√	√	√	√	√	√				
	31.8				√	√	√	√	√	√	√	√	√	√	√	√	√	√	√	√	√	√	√	√	√				
	32				√	√	√	√	√	√	√	√	√	√	√	√	√	√	√	√	√	√	√	√	√				
33.7								√	√	√	√	√	√	√	√	√	√	√	√	√	√	√	√	√	√	√	√		
		35						√	√	√	√	√	√	√	√	√	√	√	√	√	√	√	√	√	√	√	√		
		36						√	√	√	√	√	√	√	√	√	√	√	√	√	√	√	√	√	√	√	√		
	38							√	√	√	√	√	√	√	√	√	√	√	√	√	√	√	√	√	√	√	√		

续表 4-1-90

外径/mm			壁厚/mm																			
系列 1	系列 2	系列 3	6.5(6.3)	7.0(7.1)	7.5	8.0	8.5	9.0(8.8)	9.5	10	11	12(12.5)	14(14.2)	15	16	17(17.5)	18	20(22.2)	24	25	26	28
	8																					
		9.5																				
	10																					
10.2																						
	12																					
	12.7																					
13.5																						
		14																				
		15																				
	16																					
17.2																						
		18																				
	19																					
		19.5																				
	20																					
21.3																						
		22																				
	25																					
		25.4																				
26.9																						
		28																				
		30																				
	31.8																					
	32																					
33.7																						
		35																				
		36																				
	38																					

续表 4-1-90

外径/mm			壁厚/mm																										
系列 1	系列 2	系列 3	0.3	0.4	0.5	0.6	0.7	0.8	0.9	1.0	1.2	1.4	1.5	1.6	1.8	2.0	2.2(2.3)	2.5(2.6)	2.8(2.9)	3.0	3.2	3.5(3.6)	4.0	4.2	4.5(4.6)	4.8	5.0	5.5(5.6)	6.0
	40							√	√	√	√	√	√	√	√	√	√	√	√	√	√	√	√	√	√	√	√	√	
42.4								√	√	√	√	√	√	√	√	√	√	√	√	√	√	√	√	√	√	√	√	√	
		44.5						√	√	√	√	√	√	√	√	√	√	√	√	√	√	√	√	√	√	√	√	√	
48.3								√	√	√	√	√	√	√	√	√	√	√	√	√	√	√	√	√	√	√	√	√	
	50.8							√	√	√	√	√	√	√	√	√	√	√	√	√	√	√	√	√	√	√	√	√	
		54						√	√	√	√	√	√	√	√	√	√	√	√	√	√	√	√	√	√	√	√	√	√
	57							√	√	√	√	√	√	√	√	√	√	√	√	√	√	√	√	√	√	√	√	√	√
60.3								√	√	√	√	√	√	√	√	√	√	√	√	√	√	√	√	√	√	√	√	√	√
		63						√	√	√	√	√	√	√	√	√	√	√	√	√	√	√	√	√	√	√	√	√	√
	63.5							√	√	√	√	√	√	√	√	√	√	√	√	√	√	√	√	√	√	√	√	√	√
	70							√	√	√	√	√	√	√	√	√	√	√	√	√	√	√	√	√	√	√	√	√	√
76.1								√	√	√	√	√	√	√	√	√	√	√	√	√	√	√	√	√	√	√	√	√	√
		80									√	√	√	√	√	√	√	√	√	√	√	√	√	√	√	√	√	√	√
		82.5									√	√	√	√	√	√	√	√	√	√	√	√	√	√	√	√	√	√	√
88.9											√	√	√	√	√	√	√	√	√	√	√	√	√	√	√	√	√	√	√
	101.6										√	√	√	√	√	√	√	√	√	√	√	√	√	√	√	√	√	√	√
		102									√	√	√	√	√	√	√	√	√	√	√	√	√	√	√	√	√	√	√
		108												√	√	√	√	√	√	√	√	√	√	√	√	√	√	√	√
114.3														√	√	√	√	√	√	√	√	√	√	√	√	√	√	√	√
		125												√	√	√	√	√	√	√	√	√	√	√	√	√	√	√	√
		133												√	√	√	√	√	√	√	√	√	√	√	√	√	√	√	√
139.7														√	√	√	√	√	√	√	√	√	√	√	√	√	√	√	√
		141.3												√	√	√	√	√	√	√	√	√	√	√	√	√	√	√	√
		154												√	√	√	√	√	√	√	√	√	√	√	√	√	√	√	√
		159												√	√	√	√	√	√	√	√	√	√	√	√	√	√	√	√
168.3														√	√	√	√	√	√	√	√	√	√	√	√	√	√	√	√
		193.7												√	√	√	√	√	√	√	√	√	√	√	√	√	√	√	√
219.1														√	√	√	√	√	√	√	√	√	√	√	√	√	√	√	√
		250												√	√	√	√	√	√	√	√	√	√	√	√	√	√	√	√

续表 4-1-90

外径/mm			壁厚/mm																				
系列 1	系列 2	系列 3	6.5(6.3)	7.0(7.1)	7.5	8.0	8.5	9.0(8.8)	9.5	10	11	12(12.5)	14(14.2)	15	16	17(17.5)	18	20	22(22.2)	24	25	26	28
	40																						
42.4																							
		44.5																					
48.3																							
	50.8																						
		54																					
	57																						
60.3																							
		63																					
	63.5																						
	70																						
76.1																							
		80	√	√	√	√																	
		82.5	√	√	√	√																	
88.9			√	√	√	√																	
	101.6		√	√	√	√																	
		102	√	√	√	√																	
		108	√	√	√	√																	
114.3			√	√	√	√																	
		125	√	√	√	√	√	√	√	√													
		133	√	√	√	√	√	√	√	√													
139.7			√	√	√	√	√	√	√	√	√												
		141.3	√	√	√	√	√	√	√	√	√	√											
		154	√	√	√	√	√	√	√	√	√	√											
		159	√	√	√	√	√	√	√	√	√	√											
168.3			√	√	√	√	√	√	√	√	√	√											
		193.7	√	√	√	√	√	√	√	√	√	√											
219.1			√	√	√	√	√	√	√	√	√	√	√										
		250	√	√	√	√	√	√	√	√	√	√	√										

续表 4-1-90

外径/mm			壁厚/mm																							
系列 1	系列 2	系列 3	0.3	0.4	0.5	0.6	0.8	1.0	1.2	1.4	1.5	1.6	1.8	2.0	2.2(2.3)	2.5(2.6)	2.8(2.9)	3.0	3.2	3.5(3.6)	4.0	4.2	4.5(4.6)	4.8	5.0	5.5(5.6)	6.0
273.1														√	√	√	√	√	√	√	√	√	√	√	√	√	√
323.9																√	√	√	√	√	√	√	√	√	√	√	√
355.6																√	√	√	√	√	√	√	√	√	√	√	√
		377														√	√	√	√	√	√	√	√	√	√	√	√
		400														√	√	√	√	√	√	√	√	√	√	√	√
406.4																√	√	√	√	√	√	√	√	√	√	√	√
		426															√	√	√	√	√	√	√	√	√	√	√
		450															√	√	√	√	√	√	√	√	√	√	√
457																	√	√	√	√	√	√	√	√	√	√	√
		500															√	√	√	√	√	√	√	√	√	√	√
508																	√	√	√	√	√	√	√	√	√	√	√
		530															√	√	√	√	√	√	√	√	√	√	√
		550															√	√	√	√	√	√	√	√	√	√	√
		558.8															√	√	√	√	√	√	√	√	√	√	√
		600																	√	√	√	√	√	√	√	√	√
610																			√	√	√	√	√	√	√	√	√
		630																	√	√	√	√	√	√	√	√	√
		660																	√	√	√	√	√	√	√	√	√
711																			√	√	√	√	√	√	√	√	√
	762																		√	√	√	√	√	√	√	√	√
813																			√	√	√	√	√	√	√	√	√
		864																	√	√	√	√	√	√	√	√	√
914																			√	√	√	√	√	√	√	√	√
		965																	√	√	√	√	√	√	√	√	√
1 016																			√	√	√	√	√	√	√	√	√
1 067																			√	√	√	√	√	√	√	√	√
1 118																			√	√	√	√	√	√	√	√	√
	1 168																		√	√	√	√	√	√	√	√	√

续表 4-1-90

外径/mm			壁厚/mm																				
系列 1	系列 2	系列 3	6.5(6.3)	7.0(7.1)	7.5	8.0	8.5	9.0(8.8)	9.5	10	11	12(12.5)	14(14.2)	15	16	17(17.5)	18	20	22(22.2)	24	25	26	28
273.1			√	√	√	√	√	√	√	√	√	√	√										
323.9			√	√	√	√	√	√	√	√	√	√	√	√	√								
355.6			√	√	√	√	√	√	√	√	√	√	√	√	√								
		377	√	√	√	√	√	√	√	√	√	√	√	√	√								
		400	√	√	√	√	√	√	√	√	√	√	√	√	√	√	√	√					
406.4			√	√	√	√	√	√	√	√	√	√	√	√	√	√	√	√					
		426	√	√	√	√	√	√	√	√	√	√	√	√	√	√	√	√	√	√	√		
457			√	√	√	√	√	√	√	√	√	√	√	√	√	√	√	√	√	√	√		
		450	√	√	√	√	√	√	√	√	√	√	√	√	√	√	√	√	√	√	√	√	√
		500	√	√	√	√	√	√	√	√	√	√	√	√	√	√	√	√	√	√	√	√	√
508			√	√	√	√	√	√	√	√	√	√	√	√	√	√	√	√	√	√	√	√	√
		530	√	√	√	√	√	√	√	√	√	√	√	√	√	√	√	√	√	√	√	√	√
		550	√	√	√	√	√	√	√	√	√	√	√	√	√	√	√	√	√	√	√	√	√
		558.8	√	√	√	√	√	√	√	√	√	√	√	√	√	√	√	√	√	√	√	√	√
		600	√	√	√	√	√	√	√	√	√	√	√	√	√	√	√	√	√	√	√	√	√
610			√	√	√	√	√	√	√	√	√	√	√	√	√	√	√	√	√	√	√	√	√
		630	√	√	√	√	√	√	√	√	√	√	√	√	√	√	√	√	√	√	√	√	√
		660	√	√	√	√	√	√	√	√	√	√	√	√	√	√	√	√	√	√	√	√	√
711			√	√	√	√	√	√	√	√	√	√	√	√	√	√	√	√	√	√	√	√	√
	762		√	√	√	√	√	√	√	√	√	√	√	√	√	√	√	√	√	√	√	√	√
813			√	√	√	√	√	√	√	√	√	√	√	√	√	√	√	√	√	√	√	√	√
		864	√	√	√	√	√	√	√	√	√	√	√	√	√	√	√	√	√	√	√	√	√
914			√	√	√	√	√	√	√	√	√	√	√	√	√	√	√	√	√	√	√	√	√
		965	√	√	√	√	√	√	√	√	√	√	√	√	√	√	√	√	√	√	√	√	√
1 016			√	√	√	√	√	√	√	√	√	√	√	√	√	√	√	√	√	√	√	√	√
1 067			√	√	√	√	√	√	√	√	√	√	√	√	√	√	√	√	√	√	√	√	√
1 118			√	√	√	√	√	√	√	√	√	√	√	√	√	√	√	√	√	√	√	√	√
	1 168		√	√	√	√	√	√	√	√	√	√	√	√	√	√	√	√	√	√	√	√	√

续表 4-1-90

外径/mm			壁厚/mm																				
系列 1	系列 2	系列 3	0.3	0.4	0.5	0.6	0.8	1.0	1.2	1.4	1.5	1.6	1.8	2.0	2.2(2.3)	2.5(2.6)	2.8(2.9)	3.0	3.2	3.5(3.6)	4.0	4.2	4.5(4.6)	4.8	5.0	5.5(5.6)	6.0
1 219																			√	√	√	√	√	√	√	√	√
	1 321																		√	√	√	√	√	√	√	√	√
1 422																			√	√	√	√	√	√	√	√	√
	1 524																		√	√	√	√	√	√	√	√	√
1 626																			√	√	√	√	√	√	√	√	√
	1 727																		√	√	√	√	√	√	√	√	√
1 829																			√	√	√	√	√	√	√	√	√

外径/mm			壁厚/mm																				
系列 1	系列 2	系列 3	6.5(6.3)	7.0(7.1)	7.5	8.0	8.5	9.0(8.8)	9.5	10	11	12(12.5)	14(14.2)	15	16	17(17.5)	18	20	22(22.2)	24	25	26	28
1 219			√	√	√	√	√	√	√	√	√	√	√	√	√	√	√	√	√	√	√	√	√
	1 321		√	√	√	√	√	√	√	√	√	√	√	√	√	√	√	√	√	√	√	√	√
1 422			√	√	√	√	√	√	√	√	√	√	√	√	√	√	√	√	√	√	√	√	√
	1 524		√	√	√	√	√	√	√	√	√	√	√	√	√	√	√	√	√	√	√	√	√
1 626			√	√	√	√	√	√	√	√	√	√	√	√	√	√	√	√	√	√	√	√	√
	1 727		√	√	√	√	√	√	√	√	√	√	√	√	√	√	√	√	√	√	√	√	√
1 829			√	√	√	√	√	√	√	√	√	√	√	√	√	√	√	√	√	√	√	√	√

注：1. (　　)内尺寸表示由相应英制规格换算成的公制规格。

2. “√”表示常用规格。

3. 理论质量按 $W=\frac{\pi}{1\ 000}S(D-S)\rho$

式中：W——单位长度质量(kg/m)；

D——钢管公称外径(mm)；

S——钢管公称壁厚(mm)；

ρ——钢的密度(7.85 kg/dm^3)。

4.1.8.7 直缝电焊钢管(GB/T 13793—2008)

直缝电焊钢管按制造精度分为外径普通精度的钢管(PD. A)、外径较高精度的钢管(PD. B)、外径高精度的钢管(PD. C)、壁厚普通精度的钢管(PT. A)、壁厚较高精度的钢管(PT. B)、壁厚高精度的钢管(PT. C)、弯曲度为普通精度的钢管(PS. A)、弯曲度为较高精度的钢管(PS. B)和弯曲度为高精度的钢管(PS. C)。

钢的牌号和化学成分(熔炼分析)按 GB/T 699 中 08、10、15、20GB/T 700 中 Q195、Q215A、Q215B、Q235A、Q235B、Q235C 和 GB/T 1591 中 Q295A、Q295B、Q345A、Q345B、Q345C 的规定。

根据需方要求,经供需双方协商,可供应其他易焊接牌号钢管。

钢管尺寸规格应符合 GB/T 21835 的规定。钢管通常长度为外径≤30 mm 时为 4~5 m;外径>30 mm~70 mm 时为 4~8 m;外径>70 mm 时为 4~12 m。

直缝电焊钢管适用于各种结构件、零件和输送流体管道。

(1)直缝电焊钢管的尺寸规格(表 4-1-91)

表 4-1-91 直缝电焊钢管的尺寸规格

外径/mm	壁厚/mm															
	0.5	0.6	0.8	1.0	1.2	1.4	1.5	1.6	1.8	2.0	2.2	2.5	2.8	3.0	3.2	3.5
	理论质量/(kg/m)															
5	0.055	0.065	0.083	0.099												
8	0.092	0.109	0.142	0.173	0.201											
10	0.117	0.139	0.181	0.222	0.260											
12	0.142	0.169	0.221	0.271	0.320	0.366	0.388	0.410								
13		0.183	0.241	0.296	0.343	0.400	0.425	0.450								
14		0.198	0.260	0.321	0.379	0.435	0.462	0.489								
15		0.123	0.280	0.345	0.408	0.470	0.499	0.529								
16		0.228	0.300	0.370	0.438	0.504	0.536	0.568								
17		0.243	0.320	0.395	0.468	0.359	0.573	0.608								
18		0.257	0.339	0.419	0.497	0.573	0.610	0.647								
19		0.272	0.359	0.444	0.527	0.608	0.647	0.687								
20		0.287	0.379	0.469	0.556	0.642	0.684	0.726	0.808	0.888						
21			0.399	0.493	0.586	0.677	0.721	0.765	0.852	0.937						
22			0.418	0.518	0.616	0.711	0.758	0.805	0.897	0.986	1.074					
25			0.477	0.592	0.704	0.815	0.869	0.923	1.030	1.134	1.237	1.387				
28			0.537	0.666	0.793	0.918	0.980	1.041 2	1.163	1.282	1.400	1.572	1.740			
30			0.576	0.715	0.852	0.987	1.054	1.121	1.252	1.381	1.508	1.695	1.878	1.997		
32				0.764	0.911	1.065	1.128	1.199	1.341	1.480	1.617	1.181 9	2.016	2.145		
34				0.814	0.971	1.125	1.202	1.278	1.429	1.578	1.725	1.942	2.154	2.293		
37				0.888	1.059	1.229	1.313	1.397	1.562	1.726	1.888	2.127	2.361	2.515		
38				0.912	1.089	1.264	1.350	1.436	1.607	1.776	1.942	2.189	2.430	2.589	2.746	2.978
40				0.962	1.148	1.333	1.424	1.515	1.696	1.847	2.051	2.312	2.569	2.737	2.904	3.150
45				1.09	1.30	1.51	1.61	1.71	1.92	2.12	2.32	2.62	2.91	3.11	3.30	3.58
46					1.33	1.54	1.65	1.75	1.96	2.17	2.38	2.68	2.98	3.18	3.38	3.668
48					1.38	1.61	1.72	1.83	2.05	2.27	2.48	2.81	3.12	3.33	3.54	3.84
50					1.44	1.68	1.79	1.91	2.14	2.37	2.59	2.93	3.26	3.48	3.69	4.01

续表 4-1-91

外径/mm	壁厚/mm															
	0.5	0.6	0.8	1.0	1.2	1.4	1.5	1.6	1.8	2.0	2.2	2.5	2.8	3.0	3.2	3.5
	理论质量/(kg/m)															
51					1.47	1.71	1.83	1.95	2.18	2.42	2.65	2.99	3.33	3.55	3.77	4.10
53					1.53	1.78	1.90	2.03	2.27	2.52	2.76	3.11	3.47	3.70	3.93	4.27
54					1.56	1.82	1.94	2.07	2.32	2.56	2.81	3.17	3.54	3.77	4.01	4.36
60					1.74	2.02	2.16	2.30	2.58	2.86	3.14	3.54	3.95	4.22	4.48	4.88
63.5					1.84	2.14	2.29	2.44	2.74	3.03	3.33	3.76	4.19	4.48	4.76	5.18
65							2.35	2.50	2.81	3.11	3.41	3.85	4.29	4.59	4.88	5.31
70							2.37	2.70	3.03	3.35	3.68	4.16	4.64	4.96	5.27	5.74
76							2.76	2.94	3.29	3.65	4.00	4.53	5.05	5.40	5.74	6.26
80							2.90	3.09	3.47	3.85	4.22	4.78	5.33	5.70	6.06	6.60
83							3.01	3.21	3.60	3.99	4.38	4.96	5.54	5.92	6.30	6.86
89							3.24	3.45	3.87	4.29	4.71	5.33	5.95	6.36	6.77	7.38
95							3.46	3.69	4.14	4.59	5.03	5.70	6.37	6.81	7.24	7.90
101.6							3.70	3.95	4.43	4.91	5.39	6.11	6.82	7.29	7.76	8.47
102							3.72	3.96	4.45	4.93	5.41	6.13	6.85	7.32	7.80	8.50
108														7.77	8.72	9.02
114														8.21	8.74	9.54
114.3														8.23	8.77	9.56
121														8.73	9.30	10.14
127														9.17	9.77	10.66
133																11.18
139.3																11.72
140																11.78
152																12.82
159																
165.1																
168.3																
177.8																
180																
193.7																
203																
219.1																
244.5																
267																
273																

续表 4-1-91

外径/mm	壁厚/mm																
	3.8	4.0	4.2	4.5	4.8	5.0	5.4	5.6	6.0	6.5	7.0	8.0	9.0	10.0	11.0	12.0	12.7
	理论质量/(kg/m)																
108	9.76	10.26	10.75	11.49	12.22	12.70											
114	10.33	10.85	11.37	12.15	12.93	13.44	14.46	14.97									
114.3	10.35	10.88	11.40	12.18	12.96	13.48	14.50	15.01									
121	10.98	11.54	12.10	12.93	13.75	14.30	15.39	15.94									
127	11.51	12.13	12.72	13.59	14.46	15.04	16.19	16.76	17.90								
133	12.11	12.72	13.34	14.26	15.17	15.78	16.99	17.59	18.79								
139.3	12.70	13.35	13.99	14.96	15.92	16.56	17.83	18.46	19.72								
140	12.76	13.42	14.07	15.04	16.00	16.65	17.92	18.56	19.83								
152	13.80	14.60	15.31	16.37	17.42	18.13	19.52	20.22	21.60								
159		15.3	16.0	17.1	18.3	19.0	20.5	21.2	22.6	24.4	26.2						
165.1		15.9	16.7	17.8	19.0	19.7	21.3	22.0	23.5	25.4	27.3						
168.3		16.2	17.0	18.2	19.4	20.1	21.7	22.5	24.0	25.9	27.8						
177.8		17.1	18.0	19.2	20.5	21.3	23.0	23.8	25.4	27.5	29.5	33.5					
180		17.4	18.2	19.5	20.7	21.6	23.3	24.1	25.7	27.8	29.9	33.9					
193.7		18.7	19.6	21.0	22.4	23.3	25.1	26.0	27.8	30.0	32.2	36.6					
203				22.0	23.5	24.4	26.3	27.3	29.1	31.5	33.8	38.5					
219.1				23.8	25.4	26.4	28.5	29.5	31.5	34.1	36.6	41.6	46.6				
244.5				26.6	28.4	29.5	31.8	33.0	35.3	38.1	41.0	46.7	52.3				
267						32.3	34.8	36.1	38.6	41.8	44.9	51.1	57.3	63.4			
273						33.0	35.6	36.9	39.5	39.5	42.7	48.9	52.3	58.6	64.9		
298.5								40.4	43.3	46.8	50.3	57.3	54.3	71.1	78.0		
323.9								44.0	47.0	50.9	54.7	62.3	69.9	77.4	84.9		
325									47.2	51.1	54.9	62.5	70.1	77.7	85.2		
351									51.0	55.2	59.4	67.7	75.9	84.1	92.2		
355.6									51.7	56.0	60.2	68.6	76.9	85.2	93.5	101.7	
368									53.6	57.9	62.3	71.0	79.7	88.3	96.8	105.3	
377									54.9	59.4	63.9	72.8	81.7	90.5	99.28	108.0	
402									58.6	63.4	68.2	77.7	87.2	96.7	106.1	115.4	
406.4									59.2	64.1	68.9	78.6	88.2	97.8	107.3	116.7	123.3
419									61.1	66.1	71.1	81.1	91.0	100.9	110.7	120.4	127.2
426									62.1	67.2	72.3	82.5	92.5	102.6	112.6	122.5	129.4
457									66.7	72.2	77.7	88.5	99.4	110.2	121.0	131.7	139.1
478									69.8	75.6	81.3	92.7	104.1	115.4	126.7	131.7	145.7
480									70.1	75.9	81.6	93.1	104.5	115.9	127.2	138.5	146.3
508									74.3	80.4	85.5	98.6	110.7	122.8	134.8	146.8	155.1

(2)直缝电焊钢管的牌号及力学性能(表 4-1-92)

表 4-1-92 直缝电焊钢管的牌号及力学性能

(1)钢管的力学性能

牌号	下屈服强度 R_{eL} (N/mm²)	抗拉强度 R_m (N/mm²)	断后伸长率 A(%)	牌号	下屈服强度 R_{eL} (N/mm²)	抗拉强度 R_m (N/mm²)	断后伸长率 A(%)
	不小于				不小于		
08、10	195	315	22	Q215A、Q215B	215	335	22
15	215	355	20	Q235A、Q235B、Q235C	235	375	20
20	235	390	19	Q295A、Q295B	295	390	18
Q195	195	315	22	Q345A、Q345B、Q345C	345	470	18

(2)特殊要求的钢管力学性能

牌号	下屈服强度 R_{eL} (N/mm²)	抗拉强度 R_m (N/mm²)	断后伸长率 A(%)	牌号	下屈服强度 R_{eL} (N/mm²)	抗拉强度 R_m (N/mm²)	断后伸长率 A(%)
	不小于				不小于		
08、10	205	375	13	Q225A、Q215B	225	355	13
15	225	400	11	Q235A、Q235B、Q235C	245	390	9
20	245	440	9	Q295A、Q295B	—	—	—
Q195	205	335	14	Q345A、Q345B、Q345C	—	—	—

(3)焊缝抗拉强度

牌号	焊缝抗拉强度 R_m/(N/mm²)	牌号	焊缝抗拉强度 R_m/(N/mm²)
08、10	315	Q215A、Q215B	335
15	355	Q235A、Q235B、Q235C	375
20	390	Q295A、Q295B	390
Q195	315	Q345A、Q345B、Q345C	470

4.2 铸钢

4.2.1 铸钢的分类(表 4-2-1)

表 4-2-1 铸钢分类

按化学成分	铸造碳钢	低碳钢(C≤0.25%)
		中碳钢(C:0.25%~0.60%)
		高碳钢(C:0.60%~2.00%)
	铸造合金钢	低合金钢(合金元素总量≤5%)
		中合金钢(合金元素总量 5%~10%)
		高合金钢(合金元素总量≥10%)
按使用特性	工程与结构用铸钢	碳素结构钢 合金结构钢
	铸造特殊钢	不锈钢 耐热钢 耐磨钢 镍基合金 其他合金
	铸造工具钢	刀具钢 模具钢
	专业铸造用钢	

4.2.2 铸钢牌号表示方法(表 4-2-2)

表 4-2-2 铸钢牌号表示方法及示例(GB/T 5613—1995)

铸钢代号用“ZG”表示,铸钢牌号表示方法有两种: (1) 以强度表示铸钢的牌号 在牌号中“ZG”后面的两组数字表示力学性能,第一组数字表示该牌号铸钢的屈服强度最低值,第二组数字表示其抗拉强度最低值,两组数字间用“—”隔开	ZG 200-400 抗拉强度(MPa) 屈服强度(MPa) 铸钢代号

续表 4-2-2

（2）以化学成分表示铸钢的牌号　在牌号中"ZG"后面的第一组数字表示铸钢的碳的名义质量分数。平均碳含量大于1%的铸钢，在牌号中则不表示其名义含量。平均碳含量分数小于0.1%的铸钢，其第一位数字为"0"。只给出碳含量上限，未给出下限的铸钢，牌号中碳的名义含量用上限表示。 在碳的名义含量的后面排列各主要合金元素符号，每个元素符号后面用整数标出名义质量分数。 锰元素的平均含量（质量分数）小于0.9%时，在牌号中不标元素符号；平均含量（质量分数）为0.9%～1.4%时，只标出元素符号不标含量。其他合金元素平均含量（质量分数）为0.9%～1.4%时，在该元素符号后面标注数字1。 钼元素的平均含量小于（质量分数）0.15%，其他元素平均含量小于（质量分数）0.5%时，在牌号中不标元素符号；钼元素的平均含量（质量分数）大于0.15%，小于0.9(%)时，在牌号中只标出元素符号不标含量。 当钛、钒元素平均含量（质量分数）小于0.9%，铌、硼、氮、稀土等微量合金元素的平均含量（质量分数）小于0.5%时，在牌号中标注其元素符号，但不标含量。 当主要合金元素多于三种时，可以在牌号中只标注前两种或前三种元素的名义含量。 当牌号中须标两种以上主要合金元素时，各元素符号的标注顺序按它们名义含量的递减顺序排列。若两种元素名义含量相同，则按元素符号的字母顺序排列。	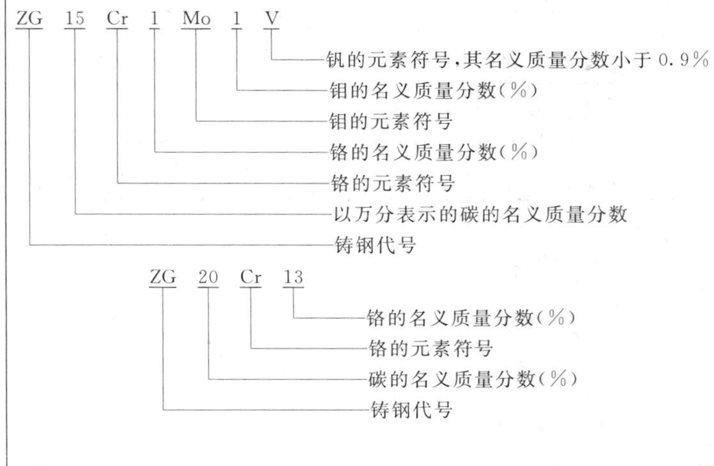

4.2.3 铸钢件

4.2.3.1 一般工程用铸造碳钢件（GB/T 11352—2009）

（1）一般工程用铸造碳钢件力学性能（表4-2-3）

表 4-2-3　一般工程用铸造碳钢件力学性能

牌　号	屈服强度 $R_{eH}/R_{P0.2}$/MPa ≥	抗拉强度 R_m/MPa ≥	伸长率 A_5/% ≥	根据合同选择		
				断面收缩率 Z/% ≥	冲击吸收功 A_{KV}/J ≥	冲击吸收功 A_{KU}/J ≥
ZG 200-400	200	400	25	40	30	47
ZG 230-450	230	450	22	32	25	35
ZG 270-500	270	500	18	25	22	27
ZG 310-570	310	570	15	21	15	24
ZG 340-640	340	640	10	18	10	16

注：1. 表中所列的各牌号性能，适应于厚度为100 mm以下的铸件。当铸件厚度超过100 mm时，表中规定的 R_{eH}($R_{P0.2}$)屈服强度仅供设计使用。

2. 表中冲击吸收功 A_{KU} 的试样缺口为2 mm。

（2）一般工程用铸造碳钢件的特性和应用（表4-2-4）

表 4-2-4　一般工程用铸造碳钢的特性和应用

牌　号	主　要　特　性	应　用　举　例
ZG200-400	低碳铸钢，韧性及塑性均好，但强度和硬度较低，低温冲击韧度大，脆性转变温度低，导磁、导电性能良好，焊接性好，但铸造性差	机座、电气吸盘、变速箱体等受力不大，但要求韧性的零件
ZG230-450		用于负荷不大、韧性较好的零件，如轴承盖、底板、阀体、机座、侧架、轧钢机架、箱体、犁柱、砧座等

续表 4-2-4

牌　号	主　要　特　性	应　用　举　例
ZG270-500	中碳铸钢，有一定的韧性及塑性，强度和硬度较高，可加工性良好，焊接性尚可，铸造性能比低碳钢好	应用广泛，用于制作飞轮、车辆车钩、水压机工作缸、机架、蒸汽锤气缸、轴承座、连杆、箱体、曲拐
ZG310-570		用于重负荷零件，如联轴器、大齿轮、缸体、气缸、机架、制动轮、轴及辊子
ZG340-640	高碳铸钢，具有高强度、高硬度及高耐磨性，塑性韧性低，铸造、焊接性均差，裂纹敏感性较大	起重运输机齿轮、联轴器、齿轮、车轮、棘轮、叉头

4.2.3.2 一般工程与结构低合金铸钢件(GB/T 14408—2014)

一般工程与结构低合金铸钢件的牌号及力学性能见表 4-2-5。

表 4-2-5　一般工程与结构低合金铸钢件的牌号及力学性能

牌　号	最　小　值					牌　号	最　小　值				
	屈服强度 $R_{P0.2}$/MPa	抗拉强度 R_m/MPa	延伸率 A_5/%	断面收缩率 Z/%	冲击吸收能量 A_{KV} J ≥		屈服强度 $R_{P0.2}$/MPa	抗拉强度 R_m/MPa	延伸率 A_5/%	断面收缩率 Z/%	冲击吸收能量 A_{KV} J ≥
ZGD270-480	270	480	18	38	25	ZGD650-830	650	830	10	25	18
ZGD290-510	290	510	16	35	25	ZGD730-910	730	910	8	22	15
ZGD345-570	345	570	14	35	20	ZGD840-1030	840	1 030	6	20	15
ZGD410-620	410	620	13	35	20	ZGD1030-1240	1 030	1 240	5	20	22
ZGD535-720	535	720	12	30	18	ZGD1240-1450	1 240	1 450	4	15	18

4.2.3.3 合金铸钢件(JB/T 6402—1992)

(1) 合金铸钢的牌号及力学性能(表 4-2-6)

表 4-2-6　合金铸钢的牌号及力学性能

牌　号	热处理	截面尺寸/mm	屈服点 σ_s 或屈服强度 $\sigma_{0.2}$/MPa	抗拉强度 σ_b/MPa	断后伸长率 δ (%)	断面收缩率 ψ (%)	冲击韧度 a_{KV}/(J/cm²)	硬度 HBW
ZG40Mn	正火＋回火	≤100	295	640	12	30	—	163
ZG40Mn2	正火＋回火 调质	≤100	395 685	590 835	20 13	55 45	 35	179 269～302
ZG50Mn2	正火＋回火	≤100	445	785	18	37	—	—
ZG20SiMn	正火＋回火 调质	≤100	295 300	510 500～650	14 24	30	39	156 150～190
ZG35SiMn	正火＋回火 调质	≤100	345 415	570 640	12 12	20 25	24 27	—
ZG35SiMnMo	正火＋回火 调质	≤100	395 490	640 690	12 12	20 25	24 27	—
ZG35CrMnSi	正火＋回火	≤100	345	690	14	30	—	217
ZG20MnMo	正火＋回火	≤100	295	490	16	—	39	156
ZG55CrMnMo	正火＋回火	≤100	不规定		—	—	—	—
ZG40Cr	正火＋回火	≤100	345	630	18	26	—	212
ZG34CrNiMo	调质	＜150 150～250 250～400	700 650 650	950～1 000 800～950 800～950	12 12 10	—	—	240～290 220～270 220～270
ZG20CrMo	调质	≤100	245	460	18	30	24	—
ZG35CrMo	调质	≤100	510	740～830	12	—	—	—

续表 4-2-6

牌号	热处理	截面尺寸/mm	屈服点 σ_s 或屈服强度 $\sigma_{0.2}$/MPa	抗拉强度 σ_b/MPa	断后伸长率 δ(%)	断面收缩率 ψ(%)	冲击韧度 a_{KV}/(J/cm²)	硬度 HBW
ZG42CrMo	调质	～30	540	740～830	12	—	—	220～260
		30～100	490	690～830	11			200～250
		100～150	450	690～830	10			200～250
		150～250	400	650～800	10			195～240
		250～400	350	650～800	8			195～240
ZG50CrMo	调质	≤100	520	740～880	11	—	—	220～260
ZG65Mn	正火＋回火	≤100	不规定		—	—	—	—

（2）合金铸钢的用途（表 4-2-7）

表 4-2-7 合金铸钢的用途

牌号	应用举例
ZG40Mn	用于承受摩擦和冲击的零件，如齿轮等
ZG40Mn2	用于承受摩擦的零件如齿轮等
ZG50Mn2	用于高强度零件，如齿轮、齿轮圈等
ZG20SiMn	焊接及流动性良好，作水压机工作缸、叶片、喷嘴体、阀、弯头等
ZG35SiMn	用于受摩擦的零件
ZG35SiMnMo	制造负荷较大的零件
ZG35CrMnSi	用于承受冲击、受磨损的零件，如齿轮、滚轮等
ZG20MnMo	用于受压容器如泵壳等
ZG55GrMnMo	有一定的高温硬度，用于锻模等
ZG40Cr	用于高强度齿轮
ZG34CrNiMo	用于特别高要求的零件，如锥齿轮、小齿轮、起重机车行走轮、轴等
ZG20CrMo	用于齿轮、锥齿轮及高压缸零件等
ZG35CrMo	用于齿轮、电炉支承轮轴套、齿圈等
ZG42CrMo	用于高负荷的零件、齿轮、锥齿轮等
ZG50CrMo	用于减速器零件齿轮、小齿轮等
ZG65Mn	用于球磨机衬板等

4.2.3.4 工程结构用中、高强度不锈钢铸件（GB/T 6967—2009）

（1）工程结构用中、高强度不锈钢、铸件牌号及力学性能（表 4-2-8）

表 4-2-8 工程结构用中、高强度不锈钢铸件牌号及力学性能

铸钢牌号		屈服强度 $R_{P0.2}$/MPa(≥)	抗拉强度 R_m/MPa(≥)	伸长率 A_5/%(≥)	断面收缩率 Z %(≥)	冲击吸收功 A_{KV}/J(≥)	布氏硬度 HBW
ZG15Cr13		345	540	18	40	—	163～229
ZG20Cr13		390	590	16	35	—	170～235
ZG15Cr13Ni1		450	590	16	35	20	170～241
ZG10Cr13Ni1Mo		450	620	16	35	27	170～241
ZG06Cr13Ni4Mo		550	750	15	35	50	221～294
ZG06Cr13Ni5Mo		550	750	15	35	50	221～294
ZG06Cr16Ni5Mo		550	750	15	35	50	221～294
ZG04Cr13Ni4Mo	HT1①	580	780	18	50	80	221～294
	HT2②	830	900	12	35	35	294～350
ZG04Cr13Ni5Mo	HT1①	580	780	18	50	80	221～294
	HT2②	830	900	12	35	35	294～350

注：① 回火温度应在 600 ℃～650 ℃。

② 回火温度应在 500 ℃～550 ℃。

(2) 工程结构用中、高强度不锈钢件的特性和应用(表 4-2-9)

表 4-2-9 工程结构用中、高强度不锈钢铸件的特征和应用

牌　号	特性和应用
ZG10Cr13	耐大气腐蚀性好,力学性能较好,可用于承受冲击载荷且韧性较高的零件,可耐有机酸水液、聚乙烯醇、碳酸氢钠、橡胶液,还可做水轮机转轮叶片、水压机阀
ZG20Cr13	
ZG10Cr13Ni1	
ZG10Cr13Ni1Mo	综合力学性能高,抗大气磨蚀、水中抗疲劳性能均好,钢的焊接性良好,焊后不必热处理,铸造性能尚好,耐泥砂磨损,可用于制作大型水轮机转轮(叶片)
ZG06Cr13Ni4Mo	
ZG06Cr13Ni6Mo	
ZG06Cr16Ni5Mo	

4.2.3.5 一般用途耐蚀钢铸件(GB/T 2100—2002)

一般用途耐蚀钢铸件热处理和室温力学性能见表 4-2-10。

表 4-2-10 一般用途耐蚀钢铸件热处理和室温力学性能

(1) 热处理

牌　号	工艺要求
ZG15Cr12	奥氏体化 950 ℃~1 050 ℃,空冷;650 ℃~750 ℃回火,空冷
ZG20Cr13	950 ℃退火,1 050 ℃油淬,750 ℃~800 ℃空冷
ZG10Cr12NiMo	奥氏体化 1 000 ℃~1 050 ℃,空冷;620 ℃~720 ℃回火,空冷或炉冷
ZG06Cr12Ni4(QT1)	奥氏体化 1 000 ℃~1 100 ℃,空冷;570 ℃~620 ℃回火,空冷或炉冷
ZG06Cr12Ni4(QT2)	奥氏体化 1 000 ℃~1 100 ℃,空冷;500 ℃~530 ℃回火,空冷或炉冷
ZG06Cr16Ni5Mo	奥氏体化 1 020 ℃~1 070 ℃,空冷;580 ℃~630 ℃回火,空冷或炉冷
ZG03Cr18Ni10	1 050 ℃固溶处理;淬火。随厚度增加,提高空冷速度
ZG03Cr18Ni10N	1 050 ℃固溶处理;淬火。随厚度增加,提高空冷速度
ZG07Cr19Ni9	1 050 ℃固溶处理;淬火。随厚度增加,提高空冷速度
ZG08Cr19Ni10Nb	1 050 ℃固溶处理;淬火。随厚度增加,提高空冷速度
ZG03Cr19Ni11Mo2	1 080 ℃固溶处理;淬火。随厚度增加,提高空冷速度
ZG03Cr19Ni11Mo2N	1 080 ℃固溶处理;淬火。随厚度增加,提高空冷速度
ZG07Cr19Ni11Mo2	1 080 ℃固溶处理;淬火。随厚度增加,提高空冷速度
ZG08Cr19Ni11Mo2Nb	1 080 ℃固溶处理;淬火。随厚度增加,提高空冷速度
ZG03Cr19Ni11Mo3	1 120 ℃固溶处理;淬火。随厚度增加,提高空冷速度
ZG03Cr19Ni11Mo3N	1 120 ℃固溶处理;淬火。随厚度增加,提高空冷速度
ZG07Cr19Ni11Mo3	1 120 ℃固溶处理;淬火。随厚度增加,提高空冷速度
ZG03Cr26Ni5Cu3Mo3N	1 120 ℃固溶处理;水淬。高温固溶处理之后,水淬之前,铸件可冷至 1 040 ℃~1 010 ℃,以防止复杂形状铸件的开裂
ZG03Cr26Ni5Mo3N	1 120 ℃固溶处理;水淬。高温固溶处理之后,水淬之前,铸件可冷至 1 040 ℃~1 010 ℃,以防止复杂形状铸件的开裂
ZG03Cr14Ni14Si4	1 050 ℃~1 100 ℃固溶;水淬

(2) 力学性能

牌　号	$\sigma_{p0.2}$/MPa min	σ_b/MPa min	δ/% min	A_{KV}/J min	最大厚度/ mm
ZG15Cr12	450	620	14	20	150
ZG20Cr13	440(σ_s)	610	16	58(A_{KU})	300
ZG10Cr12NiMo	440	590	15	27	300
ZG06Cr12Ni4(QT1)	550	750	15	45	300

续表 4-2-10

牌　　号	$\sigma_{p0.2}$/MPa min	σ_b/MPa min	δ/% min	A_{KV}/J min	最大厚度/mm
ZG06Cr12Ni4(QT2)	830	900	12	35	300
ZG06Cr16Ni5Mo	540	760	15	60	300
ZG03Cr18Ni10	180①	440	30	80	150
ZG03Cr18Ni10N	230①	510	30	80	150
ZG07Cr19Ni9	180①	440	30	60	150
ZG08Cr19Ni10Nb	180①	440	25	40	150
ZG03Cr19Ni11Mo2	180①	440	30	80	150
ZG03Cr19Ni11Mo2N	230①	510	30	80	150
ZG07Cr19Ni11Mo2	180①	440	30	60	150
ZG08Cr19Ni11Mo2Nb	180①	440	25	40	150
ZG03Cr19Ni11Mo3	180①	440	30	80	150
ZG03Cr19Ni11Mo3N	230①	510	30	80	150
ZG07Cr19Ni11Mo3	180①	440	30	60	150
ZG03Cr26Ni5Cu3Mo3N	450	650	18	50	150
ZG03Cr26Ni5Mo3N	450	650	18	50	150
ZG03Cr14Ni14Si4	245(σ_s)	490	$\delta_5=60$	270(A_{KV})	150

① $\sigma_{p1.0}$的最低值高于 25 MPa。

4.2.3.6 一般用途耐热钢和合金铸件(GB/T 8492—2014)

一般用途耐热钢和合金铸件牌号、室温力学性能和最高使用温度见表 4-2-11。

表 4-2-11 一般用途耐热钢和合金铸件牌号、室温力学性能和最高使用温度

牌　　号	屈服强度 $R_{P0.2}$/MPa 大于或等于	抗拉强度 R_m/MPa 大于或等于	断后伸长率 A/% 大于或等于	布氏硬度 HBW	最高使用温度①/℃
ZG30Cr7Si2					750
ZG40Cr13Si2				300②	850
ZG40Cr17Si2				300②	900
ZG40Cr24Si2				300②	1 050
ZG40Cr28Si2				320②	1 100
ZGCr29Si2				400②	1 100
ZG25Cr18Ni9Si2	230	450	15		900
ZG25Cr20Ni14Si2	230	450	10		900
ZG40Cr22Ni10Si2	230	450	8		950
ZG40Cr24Ni24Si2Nb1	220	400	4		1 050
ZG40Cr25Ni12Si2	220	450	6		1 050
ZG40Cr25Ni20Si2	220	450	6		1 100
ZG45Cr27Ni4Si2	250	400	3	400③	1 100
ZG45Cr20Co20Ni20Mo3W3	320	400	6		1 150
ZG10Ni31Cr20Nb1	170	440	20		1 000
ZG40Ni35Cr17Si2	220	420	6		980

续表 4-2-11

牌　　号	屈服强度 $R_{P0.2}$/MPa 大于或等于	抗拉强度 R_m/MPa 大于或等于	断后伸长率 A/% 大于或等于	布氏硬度 HBW	最高使用温度①/℃
ZG40Ni35Cr26Si2	220	440	6		1 050
ZG40Ni35Cr26Si2Nb1	220	440	4		1 050
ZG40Ni38Cr19Si2	220	420	6		1 050
ZG40Ni38Cr19Si2Nb1	220	420	4		1 100
ZNiCr28Fe17W5Si2C0.4	220	400	3		1 200
ZNiCr50Nb1C0.1	230	540	8		1 050
ZNiCr19Fe18Si1C0.5	220	440	5		1 100
ZNiFe18Cr15Si1C0.5	200	400	3		1 100
ZNiCr25Fe20Co15W5Si1C0.46	270	480	5		1 200
ZCoCr28Fe18C0.3	—④	—④	—④	—④	1 200

① 最高使用温度取决于实际使用条件，所列数据仅供用户参考，这些数据适用于氧化气氛，实际的合金成分对其也有影响。

② 退火态最大 HBW 硬度值，铸件也可以铸态提供，此时硬度限制就不适用。

③ 最大 HBW 值。

④ 由供需双方协商确定。

4.2.3.7　耐磨钢铸件(GB/T 26651—2011)

耐磨钢铸件主要用于冶金、电力、建筑、铁路、船舶、煤炭、化工和机械等行业。耐磨铸钢牌号及其铸件的力学性能见表 4-2-12。

表 4-2-12　耐磨铸钢牌号及其铸件的力学性能

牌　号	表面硬度/HRC	冲击吸收能量 K_{V2}/J	冲击吸收能量 K_{N2}/J	牌　号	表面硬度/HRC	冲击吸收能量 K_{V2}/J	冲击吸收能量 K_{N2}/J
ZG30Mn2Si	≥45	≥12	—	ZG45Cr2Mo	≥50	—	≥25
ZG30Mn2SiCr	≥45	≥12	—	ZG30Cr5Mo	≥42	≥12	—
ZG30CrMnSiMo	≥45	≥12	—	ZG40Cr5Mo	≥44	—	≥25
ZG30CrNiMo	≥45	≥12	—	ZG50Cr5Mo	≥46	—	≥15
ZG40CrNiMo	≥50	—	≥25	ZG60Cr5Mo	≥48	—	≥10
ZG42Cr2Si2MnMo	≥50	—	≥25				

注：1. 下标 V、N 分别代表 V 型缺口和无缺口试样。

2. 铸件断面深度 40%处的硬度应不低于表面硬度值的 92%。

4.2.3.8　焊接结构用铸钢件(GB/T 7659—2010)

焊接结构用铸钢件主要用于一般工程结构，要求焊接性好。其铸钢件牌号及力学性能见表 4-2-13。

表 4-2-13　焊接结构用铸钢件牌号及力学性能

牌　　号	拉伸性能			根据合同选择	
	上屈服强度 R_{eH} MPa(min)	抗拉强度 R_m MPa(min)	断后伸长率 A %(mm)	断面收缩率 Z %≥(min)	冲击吸收功 A_{KV2} J(min)
ZG200-400H	200	400	25	40	45
ZG230-450H	230	450	22	35	45
ZG270-480H	270	480	20	35	40
ZG300-500H	300	500	20	21	40
ZG340-550H	340	550	15	21	35

注：当无明显屈服时，测定规定非比例延伸强度 $R_{P0.2}$。

4.3 铸铁

4.3.1 铸铁的分类(表 4-3-1)

表 4-3-1 铸铁的分类

分类方法	分类名称	说明
按断口颜色	灰铸铁	这种铸铁中的碳大部分或全部以自由状态的片状石墨形式存在,其断口呈暗灰色,有一定的力学性能和良好的可加工性能,普遍应用于工业中
	白口铸铁	白口铸铁是组织中完全没有或几乎完全没有石墨的一种铁碳合金,其断口呈白亮色,硬而脆,不能进行切削加工,很少在工业上直接用来制作机械零件。由于其具有很高的表面硬度和耐磨性,又称激冷铸铁或冷硬铸铁
	麻口铸铁	麻口铸铁是介于白口铸铁和灰铸铁之间的一种铸铁,其断口呈灰白相间的麻点状,性能不好,极少应用
按化学成分	普通铸铁	是指不含任何合金元素的铸铁,如灰铸铁、可锻铸铁、球墨铸铁、蠕墨铸铁等
	合金铸铁	是在普通铸铁内加入一些合金元素,用以提高某些特殊性能而配制的一种高级铸铁。如各种耐蚀、耐热、耐磨的特殊性能铸铁
按生产方法和组织性能	普通灰铸铁	参见"灰铸铁"
	孕育铸铁	这是在灰铸铁基础上,采用"变质处理"而成,又称变质铸铁。其强度、塑性和韧性均比一般灰铸铁好得多,组织也较均匀。主要用于制造力学性能要求较高,而截面尺寸变化较大的大型铸件
	可锻铸铁	可锻铸铁是由一定成分的白口铸铁经石墨化退火而成,比灰铸铁具有较高的韧性,又称韧性铸铁。它并不可以锻造,常用来制造承受冲击载荷的铸件
	球墨铸铁	它是通过在浇铸前往铁液中加入一定量的球化剂和石墨化剂,以促进呈球状石墨结晶而获得的。它和钢相比,除塑性、韧性稍低外,其他性能均接近,是兼有钢和铸铁优点的优良材料,在机械工程上应用广泛
	特殊性能铸铁	这是一种有某些特性的铸铁,根据用途的不同,可分为耐磨铸铁、耐热铸铁、耐蚀铸铁等。大都属于合金铸铁,在机械制造上应用较广泛

4.3.2 铸铁牌号表示方法(表 4-3-2)

表 4-3-2 各种铸铁名称、代号及牌号表示方法实例(GB/T 5612—2008)

铸铁名称	代号	牌号表示方法实例
灰铸铁	HT	
灰铸铁	HT	QT 400-18 伸长率(%) 抗拉强度(MPa) 球墨铸铁代号
奥氏体灰铸铁	HTA	
冷硬灰铸铁	HTL	
耐磨灰铸铁	HTM	
耐热灰铸铁	HTR	
耐蚀灰铸铁	HTS	
球墨铸铁	QT	HTS Si 15 Cr 4 RE 稀土元素符号 铬的名义含量 铬的元素符号 硅的名义含量 硅的元素符号 耐蚀灰铸铁代号
球墨铸铁	QT	
奥氏体球墨铸铁	QTA	
冷硬球墨铸铁	QTL	
抗磨球墨铸铁	QTM	
耐热球墨铸铁	QTR	
耐蚀球墨铸铁	QTS	

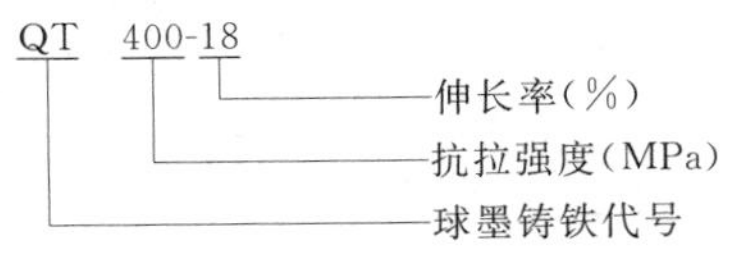

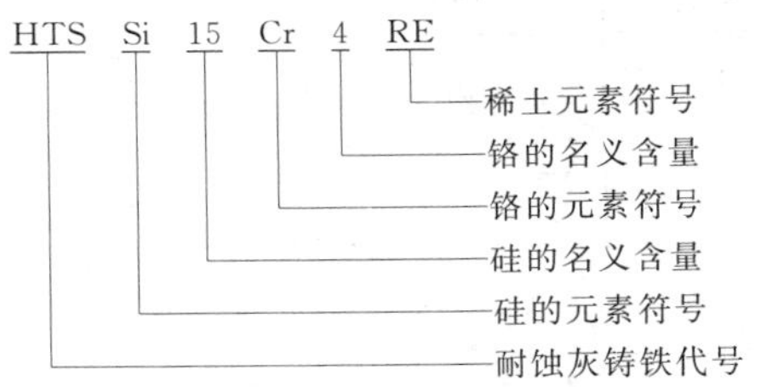

续表 4-3-2

铸铁名称	代　号	牌号表示方法实例
蠕墨铸铁	RuT	QTM Mn 8-300 8-300—抗拉强度(MPa) 8—锰的名义含量 Mn—锰的元素符号 QTM—抗磨球墨铸铁代号
可锻铸铁	KT	
白心可锻铸铁	KTB	
黑心可锻铸铁	KTH	
珠光体可锻铸铁	KTZ	
白口铸铁	BT	
抗磨白口铸铁	BTM	
耐热白口铸铁	BTR	
耐蚀白口铸铁	BTS	

4.3.3 铸铁件

4.3.3.1 灰铸铁件(GB/T 9439—2010)

(1) 灰铸铁件的牌号和力学性能(表 4-3-3)

表 4-3-3 灰铸铁的牌号和力学性能

牌号	铸件壁厚 mm		最小抗拉强度 R_m(强制性值)(min)		铸件本体预期抗拉强度 R_m(min) MPa
	>	≤	单铸试棒 MPa	附铸试棒或试块 MPa	
HT100	5	40	100	—	—
HT150	5	10	150	—	155
	10	20		—	130
	20	40		120	110
	40	80		110	95
	80	150		100	80
	150	300		90	—
HT200	5	10	200	—	205
	10	20		—	180
	20	40		170	155
	40	80		150	130
	80	150		140	115
	150	300		130	—
HT225	5	10	225	—	230
	10	20		—	200
	20	40		190	170
	40	80		170	150
	80	150		155	135
	150	300		145	—
HT250	5	10	250	—	250
	10	20		—	225
	20	40		210	195
	40	80		190	170
	80	150		170	155
	150	300		160	—

续表 4-3-3

牌号	铸件壁厚 mm		最小抗拉强度 R_m(强制性值)(min)		铸件本体预期抗拉强度 R_m(min) MPa
	>	≤	单铸试棒 MPa	附铸试棒或试块 MPa	
HT275	10	20	275	—	250
	20	40		230	220
	40	80		205	190
	80	150		190	175
	150	300		175	—
HT300	10	20	300	—	270
	20	40		250	240
	40	80		220	210
	80	150		210	195
	150	300		190	—
HT350	10	20	350	—	315
	20	40		290	280
	40	80		260	250
	80	150		230	225
	150	300		210	—

注：1. 当铸件壁厚超过 300 mm 时，其力学性能由供需双方确定。

2. 当某牌号的铁液浇注壁厚均匀、形状简单的铸件时，壁厚变化引起抗拉强度的变化，可从本表查出参考数据，当铸件壁厚不均匀，或有型芯时，此表只能给出不同壁厚处大致的抗拉强度值，铸件的设计应根据关键部位的实测值进行。

3. 表中斜体字数值表示指导值，其余抗拉强度值均为强制性值，铸件本体预期抗拉强度值不作为强制性值。

(2) 灰铸铁件的应用范围(表 4-3-4)

表 4-3-4　灰铸铁件的应用范围

牌　号	应用范围	
	工　作　条　件	用　途　举　例
HT100	1) 负荷极低 2) 变形很小	盖、外罩、油盘、手轮、手把、支架、座板、重锤等形状简单、不甚重要的零件。这些铸件通常不经试验即被采用，一般不须加工，或者只须经过简单的机械加工
HT150	1) 承受中等载荷的零件 2) 摩擦面间的单位面积压力不大于 490 kPa	1) 一般机械制造中的铸件，如：支柱、底座、齿轮箱、刀架、轴承座、轴承滑座、工作台，齿面不加工的齿轮和链轮，汽车拖拉机的进气管、排气管、液压泵进油管等 2) 薄壁(质量不大)零件，工作压力不大的管子配件以及壁厚≤30 mm 的耐磨轴套等 3) 圆周速度>6～12 m/s 的带轮以及其他符合左列工作条件的零件
HT200 HT225 HT250	1) 承受较大负荷的零件 2) 摩擦面间的单位面积压力大于490 kPa 者(大于 10 t 的大型铸件>1 470 kPa)或须经表面淬火的零件 3) 要求保持气密性或要求抗胀性以及韧性的零件	1) 一般机械制造中较为重要的铸件，如：气缸、齿轮、链轮、棘轮、衬套、金属切削机床床身、飞轮等 2) 汽车、拖拉机的气缸体、气缸盖、活塞、刹车毂、联轴器盘、飞轮、齿轮、离合器外壳、分离器本体、左右半轴壳 3) 承受 7 840 kPa 以下中等压力的液压缸、泵体、阀体等 4) 汽油机和柴油机的活塞环 5) 圆周速度>12～20 m/s 的带轮以及其他符合左列工作条件的零件
HT275 HT300 HT350	1) 承受高弯曲力及高拉力的零件 2) 摩擦面间的单位面积压力≥1 960 kPa 或需进行表面淬火的零件 3) 要求保持高度气密性的零件	1) 机械制造中重要的铸件，如：剪床、压力机、自动车床和其他重型机床的床身、机座、机架和大而厚的衬套、齿轮、凸轮；大型发动机的气缸体、缸套、气缸盖等 2) 高压的液压缸、泵体、阀体等 3) 圆周速度>20～25 m/s 的带轮以及符合左列工作条件的其他零件

(3) 灰铸铁的硬度等级和铸件硬度(表 4-3-5)

表 4-3-5 灰铸铁的硬度等级和铸件硬度

硬度等级	铸件主要壁厚/mm		铸件上的硬度范围 HBW	
	>	≤	min	max
H155	5	10	—	185
	10	20	—	170
	20	40	—	160
	40	**80**	—	**155**
H175	5	10	140	225
	10	20	125	205
	20	40	110	185
	40	**80**	**100**	**175**
H195	4	5	190	275
	5	10	170	260
	10	20	150	230
	20	40	125	210
	40	**80**	**120**	**195**
H215	5	10	200	275
	10	20	180	255
	20	40	160	235
	40	**80**	**145**	**215**
H235	10	20	200	275
	20	40	180	255
	40	**80**	**165**	**235**
H255	20	40	200	275
	40	**80**	**185**	**255**

注：1. 各硬度等级的硬度是指主要壁厚>40 mm 且壁厚<80 mm 的上限硬度值。硬度等级分类适用于以机械加工性能和以抗磨性能为主的铸件。对于主要壁厚 t>80 mm 的铸件，不按硬度进行分级。
2. 铸件本体硬度值应符合本表。
3. 黑体数字表示与该硬度等级所对应的主要壁厚的最大和最小硬度值。
4. 在供需双方商定的铸件某位置上，铸件硬度差可以控制在 40 HBW 硬度值范围内。

4.3.3.2 球墨铸铁件(GB/T 1348—2009)

(1) 球墨铸铁件的牌号及单铸试样的力学性能(表 4-3-6)

表 4-3-6 球墨铸铁件的牌号及单铸试样的力学性能

材料牌号	抗拉强度 R_m/MPa (min)	屈服强度 $R_{P0.2}$/MPa(min)	伸长率 A/% (min)	布氏硬度 HBW	主要基体组织
QT350-22L	350	220	22	≤160	铁素体
QT350-22R	350	220	22	≤160	铁素体
QT350-22	350	220	22	≤160	铁素体
QT400-18L	400	240	18	120～175	铁素体
QT400-18R	400	250	18	120～175	铁素体
QT400-18	400	250	18	120～175	铁素体
QT400-15	400	250	15	120～180	铁素体
QT450-10	450	310	10	160～210	铁素体
QT500-7	500	320	7	170～320	铁素体＋珠光体

续表 4-3-6

材料牌号	抗拉强度 R_m/MPa (min)	屈服强度 $R_{P0.2}$/MPa(min)	伸长率 A/% (min)	布氏硬度 HBW	主要基体组织
QT550-5	550	350	5	180～250	铁素体＋珠光体
QT600-3	600	370	3	190～270	珠光体＋铁素体
QT700-2	700	420	2	225～305	珠光体
QT800-2	800	480	2	245～335	珠光体或索氏体
QT900-2	900	600	2	280～360	回火马氏体或屈氏体＋索氏体

注：1. 字母“L”表示该牌号有低温(－20 ℃或－40 ℃)下的冲击性能要求；字母“R”表示该牌号有室温(23 ℃)下的冲击性能要求。

2. 伸长率是从原始标距 $L_0=5d$ 上测得的，d 是试样上原始标距处的直径。

(2) 球墨铸铁件的牌号及附铸试样的力学性能(表 4-3-7)

表 4-3-7 球墨铸铁件的牌号及附铸试样力学性能

材料牌号	铸件壁厚/mm	抗拉强度 R_m/MPa (min)	屈服强度 $R_{P0.2}$/MPa (min)	伸长率 A/% (min)	布氏硬度 HBW	主要基体组织
QT350-22AL	≤30	350	220	22	≤160	铁素体
	＞30～60	330	210	18		
	＞60～200	320	200	15		
QT350-22AR	≤30	350	220	22	≤160	铁素体
	＞30～60	330	220	18		
	＞60～200	320	210	15		
QT350-22A	≤30	350	220	22	≤160	铁素体
	＞30～60	330	210	18		
	＞60～200	320	200	15		
QT400-18AL	≤30	380	240	18	120～175	铁素体
	＞30～60	370	230	15		
	＞60～200	360	220	12		
QT400-18AR	≤30	400	250	18	120～175	铁素体
	＞30～60	390	250	15		
	＞60～200	370	240	12		
QT400-18A	≤30	400	250	18	120～175	铁素体
	＞30～60	390	250	15		
	＞60～200	370	240	12		
QT400-15A	≤30	400	250	15	120～180	铁素体
	＞30～60	390	250	14		
	＞60～200	370	240	11		
QT450-10A	≤30	450	310	10	160～210	铁素体
	＞30～60	420	280	9		
	＞60～200	390	260	8		
QT500-7A	≤30	500	320	7	170～230	铁素体＋珠光体
	＞30～60	450	300	7		
	＞60～200	420	290	5		

续表 4-3-7

材料牌号	铸件壁厚/mm	抗拉强度 R_m/MPa (min)	屈服强度 $R_{P0.2}$/MPa (min)	伸长率 A/% min	布氏硬度 HBW	主要基体组织
QT550-5A	≤30	550	350	5	180～250	铁素体＋珠光体
	＞30～60	520	330	4		
	＞60～200	500	320	3		
QT600-3A	≤30	600	370	3	190～270	珠光体＋铁素体
	＞30～60	600	360	2		
	＞60～200	550	340	1		
QT700-2A	≤30	700	420	2	225～305	珠光体
	＞30～60	700	400	2		
	＞60～200	650	380	1		
QT800-2A	≤30	800	480	2	245～335	珠光体或索氏体
	＞30～60	由供需双方商定				
	＞60～200					
QT900-2A	≤30	900	600	2	280～360	回火马氏体或索氏体＋屈氏体
	＞30～60	由供需双方商定				
	＞60～200					

注：1. 从附铸试样测得的力学性能并不能准确地反映铸件本体的力学性能，但与单铸试棒上测得的值相比更接近于铸件的实际性能值。

2. 伸长率在原始标距 $L_0=5d$ 上测得，d 是试样上原始标距处的直径。

（3）球墨铸铁件的特性和用途（表 4-3-8）

表 4-3-8　球墨铸铁件的特性和应用

牌　号	主　要　特　性	应　用　举　例
QT400—18 QT400—15	具有良好的焊接性和可加工性，常温时冲击韧度高，而且脆性转变温度低，同时低温韧性也很好	1. 农机具：重型机引五铧犁、轻型二铧犁、悬挂犁上的犁柱、犁托、犁侧板、牵引架、收割机及割草机上的导架、差速器壳、护刃器 2. 汽车、拖拉机、手扶拖拉机：牵引框、轮毂、驱动桥壳体、离合器壳、差速器壳、离合器拨叉、弹簧吊耳、汽车底盘悬挂件 3. 通用机械：1.6～6.4 MPa 阀门的阀体、阀盖、支架；压缩机上承受一定温度的高低压气缸、输气管 4. 其他：铁路垫板、电机机壳、齿轮箱、气轮壳
QT450—10	焊接性、可加工性均较好，塑性略低于 QT400—18，而强度与小能量冲击韧度优于 QT400—18	
QT500—7	具有中等强度与塑性，被切削性尚好	内燃机的机油泵齿轮，汽轮机中温气缸隔板、水轮机的阀门体、铁路机车车辆轴瓦、机器座架、传动轴、链轮、飞轮、电动机架、千斤顶座等
QT600—3	中高强度，低塑性，耐磨性较好	1. 内燃机：5～4 000 马力柴油机和汽油机的曲轴、部分轻型柴油机和汽油机的凸轮轴、气缸套、连杆、进排气门座 2. 农机具：脚踏脱粒机齿条、轻负荷齿轮、畜力犁铧 3. 机床：部分磨床、铣床、车床的主轴 4. 通用机械：空调机、气压机、冷冻机、制氧机及泵的曲轴、缸体、缸套 5. 冶金、矿山、起重机械：球磨机齿轴、矿车轮、桥式起重机大小车滚轮
QT700—2 QT800—2	有较高的强度、耐磨性，低韧性（或低塑性）	
QT900—2	有高的强度、耐磨性、较高的弯曲疲劳强度、接触疲劳强度和一定的韧性	1. 农机具：犁铧、耙片、低速农用轴承套圈 2. 汽车：曲线齿锥齿轮、转向节、传动轴 3. 拖拉机：减速齿轮 4. 内燃机：凸轮轴、曲轴

4.3.3.3　可锻铸铁件（GB/T 9440—2010）

（1）黑心可锻铸铁和珠光体可锻铸铁的牌号及力学性能（表 4-3-9）

（2）白心可锻铸铁的牌号及力学性能（表 4-3-10）

表 4-3-9　黑心可锻铸铁和珠光体可锻铸铁的牌号及力学性能

牌　号	试样直径 d[①②]/mm	抗拉强度 R_m/MPa　min	0.2%屈服强度 $R_{P0.2}$/MPa　min	伸长率 A/% min($L_0=3d$)	布氏硬度 HBW
KTH 275-05[③]	12 或 15	275	—	5	≤150
KTH 300-06[③]	12 或 15	300	—	6	
KTH 330-08	12 或 15	330	—	8	
KTH 350-10	12 或 15	350	200	10	
KTH 370-12	12 或 15	370	—	12	
KTZ 450-06	12 或 15	450	270	6	150～200
KTZ 500-05	12 或 15	500	300	5	165～215
KTZ 550-04	12 或 15	550	340	4	180～230
KTZ 600-03	12 或 15	600	390	3	195～245
KTZ 650-02[④,⑤]	12 或 15	650	430	2	210～260
KTZ 700-02	12 或 15	700	530	2	240～290
KTZ 800-01[④]	12 或 15	800	600	1	270～320

① 如果需方没有明确要求，供方可以任意选取两种试棒直径中的一种。

② 试样直径代表同样壁厚的铸件，如果铸件为薄壁件时，供需双方可以协商选取直径 6 mm 或者 9 mm 试样。

③ KTH 275-05 和 KTH 300-06 为专门用于保证压力密封性能，而不要求高强度或者高延展性的工作条件的。

④ 油淬加回火。

⑤ 空冷加回火。

表 4-3-10　白心可锻铸铁的牌号及力学性能

牌　号	试样直径 d/mm	抗拉强度 R_m/MPa　min	0.2%屈服强度 $R_{P0.2}$/MPa　min	伸长率 A/% min($L_0=3d$)	布氏硬度 HBW　max
KTB 350-04	6	270	—	10	230
	9	310	—	5	
	12	350	—	4	
	15	360	—	3	
KTB 360-12	6	280	—	16	200
	9	320	170	15	
	12	360	190	12	
	15	370	200	7	
KTB 400-05	6	300	—	12	220
	9	360	200	8	
	12	400	220	5	
	15	420	230	4	
KTB 450-07	6	330	—	12	220
	9	400	230	10	
	12	450	260	7	
	15	480	280	4	
KTB 550-04	6	—	—	—	250
	9	490	310	5	
	12	550	340	4	
	15	570	350	3	

注：1. 所有级别的白心可锻铸铁均可以焊接。

2. 对于小尺寸的试样，很难判断其屈服强度，屈服强度的检测方法和数值由供需双方在签订订单时商定。

（2）可锻铸铁件的特性和应用（表 4-3-11）

表 4-3-11　可锻铸铁件的特性和应用

类　型	牌　号	特　性　和　应　用
黑心可锻铸铁	KTH300-06	有一定的韧性和适度的强度，气密性好；用于承受低动载荷及静载荷、要求气密性好的工作零件，如管道配件（弯头、三通、管件）、中低压阀门等
	KTH330-08	有一定的韧性和强度，用于承受中等动载荷和静载荷的工作零件，如农机上的犁刀、犁柱、车轮壳，机床用的钩形扳手、螺纹扳手，铁道扣扳，输电线路上的线夹本体及压板等
	KTH350-10 KTH370-12	有较高的韧性和强度，用于承受较高的冲击、振动及扭转载荷下工作的零件，如汽车、拖拉机上的前后轮壳、差速器壳、转向节壳，农机上的犁刀、犁柱，船用电动机壳，瓷绝缘子铁帽等
珠光体可锻铸铁	KTZ450-06 KTZ550-04 KTZ650-02 KTZ700-02	韧性较低，但强度大、硬度高、耐磨性好，且可加工性良好；可代替低碳、中碳、低合金钢及有色合金制造承受较高的动、静载荷，在磨损条件下工作并要求有一定韧性的重要工作零件，如曲轴、连杆、齿轮、摇臂、凸轮轴、万向节头、活塞环、轴套、犁刀、耙片等
白心可锻铸铁	KTB350-04 KTB380-12 KTB400-05 KTB450-07	白心可锻铸铁的特性是： 1）薄壁铸件仍有较好的韧性 2）有非常优良的焊接性，可与钢钎焊 3）可加工性好，但工艺复杂、生产周期长、强度及耐磨性较差，适于铸造厚度在 15 mm 以下的薄壁铸件和焊接后不需进行热处理的铸件。在机械制造工业上很少应用这类铸铁

4.3.3.4　耐热铸铁件（GB/T 9437—2009）

（1）耐热铸铁的牌号及室温力学性能（表 4-3-12）

表 4-3-12　耐热铸铁的牌号及室温力学性能

铸铁牌号	最小抗拉强度 R_m/MPa	硬度/HBW	铸铁牌号	最小抗拉强度 R_m/MPa	硬度/HBW
HTRCr	200	189～288	QTRSi4Mo1	550	200～240
HTRCr2	150	207～288	QTRSi5	370	228～302
HTRCr16	340	400～450	QTRAl4Si4	250	285～341
HTRSi5	140	160～270	QTRAl5Si5	200	302～363
QTRSi4	420	143～187	QTRAl22	300	241～364
QTRSi4Mo	520	188～241			

注：允许用热处理方法达到上述性能。

（2）耐热铸铁的高温短时抗拉强度（表 4-3-13）

表 4-3-13　耐热铸铁的高温短时抗拉强度

铸铁牌号	在下列温度时的最小抗拉强度 R_m/MPa				
	500 ℃	600 ℃	700 ℃	800 ℃	900 ℃
HTRCr	225	144	—	—	—
HTRCr2	243	166	—	—	—
HTRCr16	—	—	—	141	88
HTRSi5	—	—	41	27	—
QTRSi4	—	—	75	35	—
QTRSi4Mo	—	—	101	46	—
QTRSi4Mo1	—	—	101	46	—
QTRSi5	—	—	67	30	—
QTRAl4Si4	—	—	—	82	32
QTRAl5Si5	—	—	—	167	75
QTRAl22	—	—	—	130	77

(3) 耐热铸铁的特性及应用(表 4-3-14)

表 4-3-14 耐热铸铁的特性和应用

铸铁牌号	主要特性	应用举例
HTRCr	在空气炉气中,耐热温度到 550 ℃。具有高的抗氧化性和体积稳定性	适用于急冷急热的,薄壁,细长件。用于炉条、高炉支梁式水箱、金属型、玻璃模等
HTRCr2	在空气炉气中,耐热温度到 600 ℃。具有高的抗氧化性和体积稳定性	适用于急冷急热的,薄壁,细长件。用于煤气炉内灰盆、矿山烧结车挡板等
HTRCr16	在空气炉气中耐热温度到 900 ℃。具有高的室温及高温强度,高的抗氧化性,但常温脆性较大。耐硝酸的腐蚀	可在室温及高温下作抗磨件使用。用于退火罐、煤粉烧嘴、炉栅、水泥焙烧炉零件、化工机械等零件
HTRSi5	在空气炉气中,耐热温度到 700 ℃。耐热性较好,承受机械和热冲击能力较差	用于炉条、煤粉烧嘴、锅炉用梳形定位析、换热器针状管、二硫化碳反应瓶等
QTRSi4	在空气炉气中耐热温度到 650 ℃。力学性能抗裂性较 RQTSi5 好	用于玻璃窑烟道闸门、玻璃引上机墙板、加热炉两端管架等
QTRSi4Mo	在空气炉气中耐热温度到 680 ℃。高温力学性能较好	用于内燃机排气岐管、罩式退火炉导向器、烧结机中后热筛板、加热炉吊梁等
QTRSi4Mo1	在空气炉气中耐热温度到 800 ℃。高温力学性能好	用于内燃机排气岐管、罩式退火炉导向器、烧结机中后热筛板、加热炉吊梁等
QTRSi5	在空气炉气中耐热温度到 800 ℃。常温及高温性能显著优于 RTSi5	用于煤粉烧嘴、炉条、辐射管、烟道闸门、加热炉中间管架等
QTRAl4Si4	在空气炉气中耐热温度到 900 ℃。耐热性良好	适用于高温轻载荷下工作的耐热件。用于烧结机篦条、炉用件等
QTRAl5Si5	在空气炉气中耐热温度到 1 050 ℃。耐热性良好	
QTRAl22	在空气炉气中耐热温度到 1 100 ℃。具有优良的抗氧化能力,较高的室温和高温强度,韧性好,抗高温硫蚀性好	适用于高温(1 100 ℃)、载荷较小、温度变化较缓的工件。用于锅炉用侧密封块、链式加热炉炉爪、黄铁矿焙烧炉零件等

4.3.3.5 抗磨白口铸铁件(GB/T 8263—2010)

抗磨白口铸铁件主要用于冶金、电力、建筑、船舶、煤炭、化工、机械等行业的抗磨损零部件。

(1) 抗磨白口铸铁件的牌号及硬度(表 4-3-15)

表 4-3-15 抗磨白口铸铁件的牌号及硬度

牌号	表面硬度					
	铸态或铸态去应力处理		硬化态或硬化态去应力处理		软化退火态	
	HRC	HBW	HRC	HBW	HRC	HBW
BTMNi4Cr2-DT	≥53	≥550	≥56	≥600	—	—
BTMNi4Cr2-GT	≥53	≥550	≥56	≥600	—	—
BTMCr9Ni5	≥50	≥500	≥56	≥600	—	—
BTMCr2	≥45	≥435	—	—	—	—
BTMCr8	≥46	≥450	≥56	≥600	≤41	≤400
BTMCr12-DT	—	—	≥50	≥500	≤41	≤400
BTMCr12-GT	≥46	≥450	≥58	≥650	≤41	≤400
BTMCr15	≥46	≥450	≥58	≥650	≤41	≤400
BTMCr20	≥46	≥450	≥58	≥650	≤41	≤400
BTMCr26	≥46	≥450	≥58	≥650	≤41	≤400

注:1. 洛氏硬度值(HRC)和布氏硬度值(HBW)之间没有精确的对应值,因此,这两种硬度值应独立使用。

2. 铸件断面深度 40%处的硬度应不低于表面硬度值的 92%。

（2）抗磨白口铸铁件热处理规范（表 4-3-16）

表 4-3-16　抗磨白口铸铁件热处理规范

牌号	软化退火处理	硬化处理	回火处理
BTMNi4Cr2-DT	—	430 ℃～170 ℃保温 4 h～6 h，出炉空冷或炉冷	在 250 ℃～300 ℃保温 8 h～16 h，出炉空冷或炉冷
BTMNi4Cr2-GT			
BTMCr9Ni5	—	800 ℃～850 ℃保温 6 h～16 h，出炉空冷或炉冷	
BTMCr8	920 ℃～960 ℃保温，缓冷至 700 ℃～750 ℃保温，缓冷至 600 ℃以下出炉空冷或炉冷	940 ℃～980 ℃保温，出炉后以合适的方式快速冷却	在 200 ℃～550 ℃保温，出炉空冷或炉冷
BTMCr12-DT		900 ℃～980 ℃保温，出炉后以合适的方式快速冷却	
BTMCr12-GT		900 ℃～980 ℃保温，出炉后以合适的方式快速冷却	
BTMCr15		920 ℃～1 000 ℃保温，出炉后以合适的方式快速冷却	
BTMCr20	960 ℃～1 060 ℃保温，缓冷至 700 ℃～750 ℃保温，缓冷至 600 ℃以下出炉空冷或炉冷	950 ℃～1 050 ℃保温，出炉后以合适的方式快速冷却	
BTMCr26		960 ℃～1 060 ℃保温，出炉后以合适的方式快速冷却	

注：1. 热处理规范中保温时间主要由铸件壁厚决定。

2. BTMCr2 经 200～650 ℃去应力处理。

4.3.3.6　高硅耐蚀铸铁件（GB/T 8491—2009）

（1）高硅耐蚀铸铁的牌号及力学性能（表 4-3-17）

表 4-3-17　高硅耐蚀铸铁的牌号及力学性能

牌号	最小抗弯强度 σ_{dB}/MPa	最小挠度 f/mm	牌号	最小抗弯强度 σ_{dB}/MPa	最小挠度 f/mm
HTSSi11Cu2CrR	190	0.80	HTSSi15Cr4MoR	118	0.66
HTSSi15R	118	0.66	HTSSi15Cr4R	118	0.66

注：高硅耐蚀铸铁的力学性能一般不作为验收依据。单铸试棒直径 30 mm，长度 330 mm。

（2）高硅耐蚀铸铁的特性和应用（表 4-3-18）

表 4-3-18　高硅耐蚀铸铁的特性和应用

牌号	性能和适用条件	应用举例
HTSSi11Cu2CrR	具有较好的力学性能，可以用一般的机械加工方法进行生产。在浓度大于或等于 10%的硫酸、浓度小于或等于 46%的硝酸或由上述两种介质组成的混合酸、浓度大于或等于 70%的硫酸加氯、苯、苯磺酸等介质中具有较稳定的耐蚀性能，但不允许有急剧的交变载荷、冲击载荷和温度突变	卧式离心机、潜水泵、阀门、旋塞、塔罐、冷却排水管、弯头等化工设备和零部件等
HTSSi15R	在氧化性酸（例如：各种温度和浓度的硝酸、硫酸、铬酸等）各种有机酸和一系列盐溶液介质中都有良好的耐蚀性，但在卤素的酸、盐溶液（如氢氟酸和氯化物等）和强碱溶液中不耐蚀。不允许有急剧的交变载荷、冲击载荷和温度突变	各种离心泵、阀类、旋塞、管道配件、塔罐、低压容器及各种非标准零部件等
HTSSi15Cr4R	具有优良的耐电化学腐蚀性能，并有改善抗氧化性条件的耐蚀性能。高硅铬铸铁中和铬可提高其钝化性和点蚀击穿电位，但不允许有急剧的交变载荷和温度突变	在外加电流的阴极保护系统中，大量用作辅助阳极铸件
HTSSi15Cr4MoR	适用于强氯化物的环境	

4.3.3.7 等温淬火球墨铸铁件(GB/T 24733—2009)

(1) 等温淬火球墨铸铁件的牌号及单铸或附铸试块力学性能(表 4-3-19)

表 4-3-19 等温淬火球墨铸铁件的牌号及单铸或附铸试块力学性能

牌号	铸件主要壁厚 t/mm	抗拉强度 R_m/MPa (min)	屈服强度 $R_{P0.2}$/MPa (min)	伸长率 A/% (min)
QTD 800-10 (QTD 800-10R)	$t \leqslant 30$	800	500	10
	$30 < t \leqslant 60$	750		6
	$60 < t \leqslant 100$	720		5
QTD 900-8	$t \leqslant 30$	900	600	8
	$30 < t \leqslant 60$	850		5
	$60 < t \leqslant 100$	820		4
QTD 1050-6	$t \leqslant 30$	1 050	700	6
	$30 < t \leqslant 60$	1 000		4
	$60 < t \leqslant 100$	970		3
QTD 1200-3	$t \leqslant 30$	1 200	850	3
	$30 < t \leqslant 60$	1 170		2
	$60 < t \leqslant 100$	1 140		1
QTD 1400-1	$t \leqslant 30$	1 400	1 100	1
	$30 < t \leqslant 60$	1 170	供需双方商定	
	$60 < t \leqslant 100$	1 140		

注：1. 由于铸件复杂程度和各部分壁厚不同，其性能是不均匀的。
2. 经过适当的热处理，屈服强度最小值可按本表规定，而随铸件壁厚增大，抗拉强度和伸长率会降低。
3. 字母 R 表示该牌号有室温(23 ℃)冲击性能值的要求。
4. 如需规定附铸试块型式，牌号后加标记“A”，例如 QTD 900-8A。
5. 材料牌号是按壁厚 $t \leqslant 30$ mm 厚试块测得的力学性能而确定的。

(2) 抗磨等温淬火球墨铸铁的牌号及力学性能(表 4-3-20)

表 4-3-20 抗磨等温淬火球墨铸铁的牌号及力学性能

材料牌号	布氏硬度/HBW min	抗拉强度 R_m/MPa (min)	屈服强度 $R_{P0.2}$/MPa (min)	伸长率 A/% (min)
QTD HBW400	400	1 400	1 100	1
QTD HBW450	450	1 600	1 300	—

注：1. 最大布氏硬度可由供需双方商定。
2. 400 HBW 和 450 HBW 如换算成洛氏硬度分别约为 43 HRC 和 48 HRC。
3. 牌号表示方式参照 ISO 17804:2005。

(3) 各牌号等温淬火球墨铸铁的应用(表 4-3-21)

表 4-3-21 各牌号等温淬火球墨铸铁的应用

材料牌号	性能特点	应用示例
QTD 800-10 (QTD 800-10R)	布氏硬度 250 HBW～310 HBW。具有优异的抗弯曲疲劳强度和较好的抗裂纹性能。机加工性能较好。抗拉强度和疲劳强度稍低于 QTD 900-8，但可成为等温淬火处理后需进一步机加工的 QTD 900-8 零件的代替牌号。动载性能超过同硬度的球墨铸铁齿轮	大功率船用发动机(8 000 kW)支承架、注塑机液压件、大型柴油机(10 缸)托架板、中型卡车悬挂件、恒速联轴器和柴油机曲轴(经圆角滚压)等。同硬度球铁齿轮的改进材料
QTD 900-8	布氏硬度 270 HBW～340 HBW。适用于要求较高韧性和抗弯曲疲劳强度以及机加工性能良好的承受中等应力的零件。具有较好的低温性能。等温淬火处理后进行喷丸、圆弧滚压或磨削，有良好的强化效果	柴油机曲轴(经圆角滚压)、真空泵传动齿轮、风镐缸体、机头、载重卡车后钢板弹簧支架、汽车牵引钩支承座、衬套、控制臂、转动轴轴颈支撑、转向节、建筑用夹具、下水道盖板等
QTD 1050-6	布氏硬度 310 HBW～380 HBW。适用于高强度高韧性和高弯曲疲劳强度以及机加工性能良好的承受中等应力的零件。低温性能为各牌号 ADI 中最好，等温淬火处理后进行喷丸、圆弧滚压或磨削有很好的强化效果，进行喷丸强化后超过淬火钢齿轮的动载性能，接触疲劳强度优于氮化钢齿轮	大马力柴油机曲轴(经圆角滚压)、柴油机正时齿轮、拖拉机、工程机械齿轮、拖拉机轮轴传动器轮毂、坦克履带板体等

续表 4-3-21

材料牌号	性能特点	应用示例
QTD 1200-3	布氏硬度 340 HBW～420 HBW。适用于要求高抗拉强度，较好疲劳强度，抗冲击强度和高耐磨性的零件	柴油机正时齿轮、链轮、铁路车辆销套等
QTD 1400-1	布氏硬度 380 HBW～480 HBW。适用于要求高强度、高接触疲劳强度和高耐磨性的零件。该牌号的齿轮接触疲劳强度和弯曲疲劳强度超过经火焰或感应淬火球墨铸铁齿轮的动载性能	凸轮轴、铁路货车斜楔、轻卡后桥螺旋伞齿轮、托辊、滚轮、冲剪机刀片等
QTD HBW400	布氏硬度大于 400 HBW。适用于要求高强度、抗磨、耐磨的零件	犁铧、斧、锹、铣头等工具，挖掘机斗齿、杂质泵体、施肥刀片等
QTD HBW450	布氏硬度大于 450 HBW。适用于要求高强度、抗磨、耐磨的零件	磨球、衬板、鄂板、锤头、锤片、挖掘机斗齿等

4.4 有色金属及其合金

4.4.1 有色金属基础

4.4.1.1 有色金属的分类(表 4-4-1)

表 4-4-1 有色金属的分类

分类名称		说　明
有色轻金属		指密度≤4.5 g/cm³ 的金属，包括铝、镁、钛、钾、钠、钙、锶、钡等。其特点是化学性质活泼，提取工艺复杂，开发较晚，常用于轻质材料，有时也用作金属热还原剂。其中铝和钛是两种最重要的金属。
有色重金属		指密度>4.5 g/cm³ 的金属，包括铜、铅、锌、镍、钴、锡、锑、汞、镉等。其特点是密度大，化学性质稳定，开发应用较早
重金属		包括金、银和铂族元素。其特点是密度大，化学性质稳定，在地壳中含量较少，开发和提取比较困难，价格昂贵。主要用于电子、航天、宇航、核能等现代工业。其中金、银在人类发展史上扮演重要角色
稀有金属	稀有轻金属	包括锂、铍、铷、铯，密度在 0.53～1.9 g/cm³ 之间，化学性质活泼
	稀有高熔点金属	包括钨、钼、钒、钽、铌、锆、铪等，熔点高(为 1 700～3 400 ℃)，硬度大，耐蚀性强
	分散金属	包括镓、铟、锗、铊等，由于这些元素在地壳中分布分散，故不能形成独立的矿物和矿产。产量低，产品纯度高，性能独特
	稀土金属	包括镧系金属及性质与之相近的钪和钇。这类金属原子结构相同，物理化学性质相近，几乎能与所有金属作用，但提纯比较困难
	稀有放射性金属	包括天然放射性元素(钋、镭、锕、铀等)和人造轴元素。这些元素在矿石中共存，具有强烈的放射性，是核能工业的主要原料
半金属		包括硅、硼、硒、碲、砷等，物理化学性质介于非金属和金属之间，是半导体器件的主要材料

4.4.1.2 有色金属及其合金的特点(表 4-4-2)

表 4-4-2 有色金属及其合金的特点

合金	主要特点
铝及其合金	密度小(2.7 g/cm³)，比强度大，导电，导热，无铁磁性，塑性大，易加工成材和铸造各种零件
铜及其合金	有优良的导电、导热性，有较好的耐蚀性，易加工成材和铸造程各种零件
镁及其合金	密度小(1.9 g/cm³)，比强度和比刚度大，能承受较大的冲击载荷，切削性能好，对有机酸、碱和液体燃料有较高的耐蚀性能
钛及钛合金	密度小(4.5 g/cm³)，比强度大，高、低温性能好，有优良的耐腐蚀性
锌及锌合金	力学性能高，熔点低，易于加工成材和压力铸造
镍及其合金	力学性能高，耐热性和耐蚀性能较好，具有一些特殊的电、磁、热膨胀等物理特性
锡、铅合金	熔点低，导热性好，耐磨，铅合金由于密度大(11 g/cm³)，故 X 和 γ 射线不易穿透
钼、钒、钽、铌及其合金	熔点高(1 700 ℃以上)，可以作结构材料。在 1 000 ℃以上。有较高的高温强度和硬度

4.4.1.3 有色金属、合金名称及其汉语拼音字母的代号(表 4-4-3)

表 4-4-3 有色金属、合金名称及其汉语拼音字母的代号

名称	采用汉字	采用符号	名称	采用汉字	采用符号
铜	铜	T	黄铜	黄	H
铝	铝	L	青铜	青	Q
镁	镁	M	白铜	白	B
镍	镍	N	钛及钛合金	钛	T

4.4.1.4 常用有色金属及其合金产品牌号的表示方法(表 4-4-4)

表 4-4-4 常用有色金属及其合金产品牌号的表示方法

有色金属及其合金	牌号举例		说 明
	名称	代号	
铝以及铝合金	纯铝 铝合金	1A99 2A50、3A21	1 A 9 9 ①②③④ 国标 GB/T 3190—1996 中规定： ① 表示铝及合金的组别，1 为纯铝，2 为以铜为主要合金元素的铝合金，3 则表示以锰为主要元素，4 对应硅，5 对应镁，6 对于镁和硅，7 对应锌，8 对应其他合金元素，9 为备用组 ② 若为字母，则表示原始纯铝或原始合金的改型情况，A 表示为原始铝或合金，B 表示已改型；若为数字，则表示合金元素或杂质极限含量的控制情况，0 表示其杂质极限含量无特殊限制，1～9 表示对一项或一项以上的单个杂质或合金元素极限含量进行特殊控制 ③、④最后两位数字仅用来识别同一组中不同合金或铝的纯度
铜以及铜合金	纯铜 黄铜 青铜 白铜	T1、T2-M、TU1、TUMn H62、HSn90-1 QSn4-3、QSn4-4-2.5 B25、BMn3-12	Q A1 10-3-1.5M ①② ③④④⑤ ① 为分类代号，T 为纯铜，TU 为无氧铜，TK 为真空铜，H 为黄铜，Q 为青铜，B 为白铜 ② 为主添加元素符号，纯铜、一般黄铜、白铜不标；三元以上的黄铜、白铜为第二主添加元素，青铜为第一主加元素 ③ 为主添加元素含量，百分之几，纯铜中为金属顺序号；黄铜中为铜含量(Zn 为余数)；白铜为 Ni 或 Ni+Co 的含量。青铜为第一主添加元素含量 ④ 为添加元素的量，百分之几，纯铜、一般黄铜、白铜无此数字；三元以上黄铜、白铜为第二添加合金元素含量；青铜为第二主添加元素含量 ⑤ 为状态代号
钛以及钛合金		TA1-M、TA4、TB2 TC1、TC4	TA 1- M ①②③ ① 为分类代号，A 表示 α 型钛合金；B 表示 β 钛合金；C 表示 α+β 钛合金 ② 为金属或合金的顺序号 ③ 为合金的状态号
镁合金		MB1 MB8-M	MB -8- M ① ② ③ ① 为分类代号，M 表示纯镁，MB 表示变形镁合金 ② 为金属或合金的顺序号 ③ 为合金的状态号

续表 4-4-4

有色金属及其合金	牌号举例 名称	牌号举例 代号	说明
镍以及镍合金		N4NY1 NSi0.19 NMn2-2-1 NCu28-2.5-1.5 NCr10	N Cu 28-2.5-1.5M ① ② ③ ④ ④ ⑤ ① 为分类代号，N 为纯镍或镍合金，NY 为阳极镍 ② 为主添加元素符号 ③ 为主添加元素含量或序号，百分之几，纯镍中为金属顺序号 ④ 为添加元素的量，百分之几 ⑤ 为状态代号
专用合金	焊料 轴承合金 硬质合金	HlCuZn64 HlSnPb39 ChSnSb8-4 ChPbSb2-0.2-0.15 YG6 YT5 YZ2	Hl Ag Cu 20-15 ① ② ③ ④ ⑤ ① 为分类代号，HI 焊料合金，I 为印刷合金，Ch 轴承合金、YG 钨钴合金、YT 钨钛合金、YZ 铸造碳化钨、F 金属粉末、FLP 喷铝粉、FLX 细铝粉、FLM 铝镁粉、FM 纯镁粉 ② 为第一基元素符号 ③ 为第二基元素符号 ④ 含量或等级数：合金中第二基元素含量，以百分之几表示；硬质合金中决定其特征的主元素成分；金属粉末中纯度等级 ⑤ 含量或规格：合金中其他添加元素含量，以百分之几表示；金属粉末的粒度规格

4.4.1.5 有色金属材料理论质量的计算（表 4-4-5）

表 4-4-5 有色金属材料理论质量的计算

名称	质量单位	计算公式	举 例
纯铜棒	kg/m	$W=0.00698\times d^2$ 式中 d—直径(mm)	直径 100 mm 的纯铜棒，每米质量$=0.00698\times 100^2=69.8$ kg
六角纯铜棒		$W=0.0077\times d^2$ 式中 d—对边距离(mm)	对边距离为 10 mm 的六角纯铜棒，每米质量$=0.0077\times 10^2=0.77$ kg
纯铜板		$W=8.89\times b$ 式中 b—厚(mm)	厚 5 mm 的纯铜板，每 m² 质量$=8.89\times 5=44.45$ kg
纯铜管		$W=0.02794\times S(D-S)$ 式中 D—外径(mm) S—壁厚(mm)	外径为 60 mm，厚 4 mm 的纯铜管，每米质量$=0.02794\times 4(60-4)=6.26$ kg
黄铜棒		$W=0.00668\times d^2$ 式中 d—直径(mm)	直径为 100 mm 的黄铜棒，每米质量$=0.00668\times 100^2=66.8$ kg
六角黄铜棒		$W=0.00736\times d^2$ 式中 d—外边距离(mm)	对边距离为 10 mm 的六角黄铜棒，每米质量$=0.00736\times 10^2=0.736$ kg
黄铜板		$W=8.5\times b$ 式中 b—厚(mm)	厚 5 mm 的黄铜板，每 1 m² 质量$=8.5\times 5=42.5$ kg
黄铜管		$W=0.0267\times S(D-S)$ 式中 D—外径(mm) S—壁厚(mm)	外径 60 mm、厚 4 mm 的黄铜管，每米质量$=0.0267\times 4(60-4)=5.98$ kg
铝棒		$W=0.0022\times d^2$ 式中 d—直径(mm)	直径为 10 mm 的铝棒，每米质量$=0.0022\times 10^2=0.22$ kg
铝板		$W=2.71\times b$ 式中 b—厚度(mm)	厚度为 10 mm 的铝板，每 1 m² 质量$=2.71\times 10=27.1$ kg

续表 4-4-5

名称	质量单位	计算公式	举　例
铝管	kg/m	$W=0.008\ 796\times S(D-S)$ 式中　D—外径(mm) S—壁厚(mm)	外径为 30 mm、壁厚为 5 mm 的铝管，每米质量＝0.008 796×5(30－5)＝1.1 kg
铅板		$W=11.37\times b$ 式中　b—厚(mm)	厚 5 mm 的铅板，每 1 m² 质量＝11.37×5＝56.85 kg
铅管		$W=0.355\times S(D-S)$ 式中　D—外径(mm) S—壁厚(mm)	外径 60 mm 厚 4 mm 的铅管，每米质量＝0.355×4(60－4)＝7.95 kg

4.4.2　铜及铜合金

4.4.2.1　加工铜及铜合金

（1）加工铜的牌号、代号及主要特性和应用举例（表 4-4-6）

表 4-4-6　加工铜的牌号、代号及主要特性和应用举例（GB/T 5231—2012）

组　别	牌　号	代号	产品种类	主　要　特　征	应用举例
纯铜	一号铜	T1	板、带、箔	有良好的导电、导热、耐蚀和可加工性，可以焊接和钎焊。含降低导电、导热性的杂质较少，微量的氧对导电、导热和加工等性能影响不大，但易引起“氢病”，不宜在高温（如＞370℃）还原性气氛中加工（退火、焊接等）和使用	用作导电、导热、耐蚀器材。如电线、电缆、导电螺钉、爆破用雷管、化工用蒸发器、贮藏器及各种管道等
	二号铜	T2	板、带、箔、管、棒、线		
	三号铜	T3	板、带、箔、管、棒、线	有较好的导电、导热、耐蚀和可加工性，可以焊接和钎焊；但含降低导电、导热性的杂质较多，含氧量更高，更易引起“氢病”，不能在高温还原性气氛中加工、使用	用作一般铜材，如电气开关、垫圈、垫片、铆钉、管嘴、油管及其他管道等
无氧铜	一号无氧铜	TU1	板、带、管、线、棒	纯度高，导电，导热性极好，无“氢病”或极少“氢病”；可加工性和焊接、耐蚀、耐寒性均好	主要用作电真空仪器仪表器件
	二号无氧铜	TU2			
磷脱氧铜	一号脱氧铜	TP1	板、带、管	焊接性能和冷弯性能好，一般无“氢病”倾向，可在还原性气氛中加工、使用，但不宜在氧化性气氛中加工、使用。TP1 的残留磷量比 TP2 少，故其导电、导热性较 TP2 高	主要以管材应用，也可以板、带或棒、线供应。用作汽油或气体输送管、排水管、冷凝管、水雷用管、冷凝器、蒸发器、热交换器、火车箱零件
	二号脱氧铜	TP2	板、带、管、棒、线		
银铜	0.1 银铜	TAg 0.1	板、管	铜中加入少量的银，可显著提高软化温度（再结晶温度）和蠕变强度，而很少降低铜的导电、导热性和塑性。实用的银铜其时效硬化的效果不显著，一般采用冷作硬化来提高强度。它具有很好的耐磨性、电接触性和耐蚀性，如制成电车线时，使用寿命比一般硬铜高 2～4 倍	用作耐热、导电器材。如电动机整流子片、发电机转子用导体、点焊电极、通信线、引线、导线、电子管材料等

（2）加工黄铜的牌号、代号及主要特性和应用举例（表 4-4-7）

（3）加工青铜的牌号、代号及主要特性和应用举例（表 4-4-8）

表 4-4-7　加工黄铜的牌号、代号及主要特性和应用举例（GB/T 5231—2012）

组别	牌　号	代号	主　要　特　征	应用举例
普通黄铜	96 黄铜	H96	强度比纯铜高（但在普通黄铜中，它是最低的），导热、导电性好，在大气和淡水中有高的耐蚀性，且有良好的塑性，易于冷、热压力加工，易于焊接、锻造和镀锡，无应力腐蚀破裂倾向	在一般机械制造中用作导管、冷凝管、散热器管、散热片、汽车散热器带以及导电零件等
	90 黄铜	H90	性能和 H96 相似，但强度较 H96 稍高，可镀金属及涂敷珐琅	供水及排水管、奖章、艺术品、散热器带以及双金属片

续表 4-4-7

组别	牌号	代号	主要特征	应用举例
普通黄铜	85 黄铜	H85	具有较高的强度,塑性好,能很好地承受冷、热压力加工,焊接和耐蚀性能也都良好	冷凝和散热用管、虹吸管、蛇形管、冷却设备制件
	80 黄铜	H80	性能和 H85 近似,但强度较高,塑性也较好,在大气、淡水及海水中有较高的耐蚀性	造纸网、薄壁管、皱纹管及房屋建筑用品
	70 黄铜	H70	有极为良好的塑性(是黄铜中最佳者)和较高的强度,可加工性能好,易焊接,对一般腐蚀非常安定,但易产生腐蚀开裂。H68 是普通黄铜中应用最为广泛的一个品种 H68A 中加有微量的砷(As),可防止黄铜脱锌,并提高黄铜的耐蚀性	复杂的冷冲件和深冲件,如散热器外壳、导管、波纹管、弹壳、垫片、雷管等
	68 黄铜	H68		
	68A 黄铜	H68A		
	65 黄铜	H65	性能介于 H68 和 H62 之间,价格比 H68 便宜,也有较高的强度和塑性,能良好地承受冷、热压力加工,有腐蚀破裂倾向	小五金、日用品、小弹簧、螺钉、铆钉和机器零件
	63 黄铜	H63	有良好的力学性能,热态下塑性良好,冷态下塑性也可以,可加工性好,易钎焊和焊接,耐蚀,但易产生腐蚀破裂,此外价格便宜,是应用广泛的一个普通黄铜品种	各种深拉深和弯折制造的受力零件,如销钉、铆钉、垫圈、螺母、导管、气压表弹簧、筛网、散热器零件等
	62 黄铜	H62		
	59 黄铜	H59	价格最便宜,强度、硬度高而塑性差,但在热态下仍能很好地承受压力加工,耐蚀性一般,其他性能和 H62 相近	一般机器零件、焊接件、热冲及热轧零件
铅黄铜	63-3 铅黄铜	HPb63-3	含铅高的铅黄铜,不能热态加工,可加工性能极为优良,且有高的减摩性能,其他性能和 HPb59-1 相似	主要用于要求可加工性极高的钟表结构零件及汽车拖拉机零件
	63-0.1 铅黄铜	HPb63-0.1	可加工性较 HPb63-3 低,其他性能和 HPb63-3 相同	用于一般机器结构零件
	62-0.8 铅黄铜	HPb62-0.8		
	61-1 铅黄铜	HPb61-1	有好的可加工性和较高的强度,其他性能同 HPb59-1	用于高强、高可加工性结构零件
	59-1 铅黄铜	HPb59-1	应用较广的铅黄铜,它的特点是可加工性好,有良好的力学性能,能承受冷、热压力加工,易钎焊和焊接,对一般腐蚀有良好的稳定性,但有腐蚀破裂倾向	适于以热冲压和切削加工制作的各种结构零件,如螺钉、垫圈、垫片、衬套、螺母、喷嘴等
锡黄铜	90-1 锡黄铜	HSn90-1	力学性能和工艺性能极近似于 H90 普通黄铜,但有高的耐蚀性和减摩性,目前只有这种锡黄铜可作为耐磨合金使用	汽车拖拉机弹性套管及其他耐蚀减摩零件
	70-1 锡黄铜	HSn70-1	典型的锡黄铜,在大气、蒸汽、油类和海水中有高的耐蚀性,且有良好的力学性能,可加工性尚可,易焊接和钎焊,在冷、热状态下压力加工性好,有腐蚀破裂倾向	海轮上的耐蚀零件(如冷凝器管),与海水、蒸汽、油类接触的导管,热工设备零件
	62-1 锡黄铜	HSn62-1	在海水中有高的耐蚀性,有良好的力学性能,冷加工时有冷脆性,只适于热压加工,可加工性好,易焊接和钎焊,但有腐蚀破裂倾向	用作与海水或汽油接触的船舶零件或其他零件
	60-1 锡黄铜	HSn60-1	性能与 HSn62-1 相似,主要产品为线材	船舶焊接结构用的焊条
铝黄铜	77-2 铝黄铜	HAl77-2	典型的铝黄铜,有高的强度和硬度,塑性良好,可在热态及冷态下进行压力加工,对海水及盐水有良好的耐蚀性,并耐冲击腐蚀,但有脱锌及腐蚀破裂倾向	船舶和海滨热电站中用作冷凝管以及其他耐蚀零件

续表 4-4-7

组别	牌号	代号	主要特征	应用举例
铝黄铜	67-2.5 铝黄铜	HAl67-2.5	在冷态热态下能良好地承受压力加工，耐磨性好，对海水的耐蚀性尚可，对腐蚀破裂敏感，钎焊和镀锡性能不好	海船抗蚀零件
	60-1-1 铝黄铜	HAl60-1-1	具有高的强度，在大气、淡水和海水中耐蚀性好，但对腐蚀破裂敏感，在热态下压力加工性好，冷态下可塑性低	要求耐蚀的结构零件，如齿轮、蜗轮、衬套、轴等
	59-3-2 铝黄铜	HAl59-3-2	具有高的强度，耐蚀性是所有黄铜中最好的，腐蚀破裂倾向不大，冷态下塑性低，热态下压力加工性好	发动机和船舶业及其他在常温下工作的高强度耐蚀件
	66-6-3-2 铝黄铜	HAl66-6-3-2	为耐磨合金，具有高的强度、硬度和耐磨性，耐蚀性也较好，但有腐蚀破裂倾向，塑性较差。为铸造黄铜的移植品种	重负荷下工作中固定螺钉的螺母及大型蜗杆；可作铝青铜 QAl10-4-4 的代用品
锰黄铜	58-2 锰黄铜	HMn58-2	在海水和过热蒸汽、氯化物中有高的耐蚀性，但有腐蚀破裂倾向；力学性能良好，导热导电性低，易于在热态下进行压力加工，冷态下压力加工性尚可，是应用较广的黄铜品种	腐蚀条件下工作的重要零件和弱电流工业用零件
	57-3-1 锰黄铜	HMn57-3-1	强度、硬度高，塑性低，只能在热态下进行压力加工；在大气、海水、过热蒸汽中的耐蚀性比一般黄铜好，但有腐蚀破裂倾向	耐腐蚀结构零件
	55-3-1 锰黄铜	HMn55-3-1	性能和 HMn57-3-1 接近，为铸造黄铜的移植品种	耐腐蚀结构零件
铁黄铜	59-1-1 铁黄铜	HFe59-1-1	具有高的强度、韧性，减摩性能良好，在大气、海水中的耐蚀性高，但有腐蚀破裂倾向，热态下塑性良好	制作在摩擦和受海水腐蚀条件下工作的结构零件
	58-1-1 铁黄铜	HFe58-1-1	强度、硬度高，可加工性好，但塑性下降，只能在热态下压力加工，耐蚀性尚好，有腐蚀破裂倾向	适于用热压和切削加工法制作的高强度耐蚀零件
硅黄铜	80-3 硅黄铜	HSi80-3	有良好的力学性能，耐蚀性高，无腐蚀破裂倾向，耐磨性亦可，在冷态、热态下压力加工性好，易焊接和钎焊，可加工性好，导热导电性是黄铜中最低的	船舶零件、蒸汽管和水管配件
镍黄铜	65-5 镍黄铜	HNi65-5	有高的耐蚀性和减摩性，良好的力学性能，在冷态和热态下压力加工性能极好，对脱锌和"季裂"比较稳定，导热导电性低，但因镍的价格较贵，故 HNi65-5 一般用的不多	压力表管、造纸网、船舶用冷凝管等，可作锡磷青铜和德银的代用品

表 4-4-8 加工青铜的牌号、代号及主要特性和应用举例（GB/T 5231—2012）

组别	牌号	代号	主要特征	应用举例
锡青铜	4-3 锡青铜	QSn4-3	为含锌的锡青铜，耐磨性和弹性高，抗磁性良好，能很好地承受热态或冷态压力加工；在硬态下，可加工性好，易焊接和钎焊，在大气、淡水和海水中耐蚀性好	制作弹簧（扁弹簧、圆弹簧）及其他弹性元件，化工设备上的耐蚀零件以及耐磨零件（如衬套、圆盘、轴承等）和抗磁零件、造纸工业用的刮刀
	4-4-2.5 锡青铜	QSn4-4-2.5	为添有锌、铅合金元素的锡青铜，有高的减摩性和良好的可加工性，易于焊接和钎焊，在大气、淡水中具有良好的耐蚀性，只能在冷态下进行压力加工，因含铅，热加工时易引起热脆	制作在摩擦条件下工作的轴承、卷边轴套、衬套、圆盘以及衬套的内垫等。QSn4-4-4 使用温度可达 300 ℃以下，是一种热强性较好的锡青铜
	4-4-4 锡青铜	QSn4-4-4		
	6.5-0.1 锡青铜	QSn6.5-0.1	含磷青铜，有高的强度、弹性、耐磨性和抗磁性，在热态和冷态下压力加工性良好，对电火花有较高的抗燃性，可焊接和钎焊，可加工性好，在大气和淡水中耐蚀	制作弹簧和导电性好的弹簧接触片，精密仪器中的耐磨零件和抗磁零件，如齿轮、电刷盒、振动片、接触器

续表 4-4-8

组别	牌号	代号	主要特征	应用举例
锡青铜	6.5-0.4 锡青铜	QSn6.5-0.4	含磷青铜，性能用途和 QSn6.5-0.1 相似，因含磷量较高，其抗疲劳强度较高，弹性和耐磨性较好，但在热加工时有热脆性，只能接受冷压力加工	除用作弹簧和耐磨零件外，主要用于造纸工业制作耐磨的铜网和单位负荷＜981 MPa、圆周速度＜3 m/s的条件下工作的零件
	7-0.2 锡青铜	QSn7-0.2	含磷青铜，强度高，弹性和耐磨性好，易焊接和钎焊，在大气、淡水和海水中耐蚀性好，可加工性良好，适于热压加工	制作中等载荷、中等滑动速度下承受摩擦的零件，如抗磨垫圈、轴承、轴套、蜗轮等，还可用作弹簧、簧片等
	4-0.3 锡青铜	QSn4-0.3	含磷青铜，有高的力学性能、耐蚀性和弹性，能很好地在冷态下承受压力加工，也可在热态下进行压力加工	主要制作压力计弹簧用的各种尺寸的管材
铝青铜	5 铝青铜	QAl5	为不含其他元素的铝青铜，有较高的强度、弹性和耐磨性，在大气、淡水、海水和某些酸中耐蚀性高，可电焊、气焊，不易钎焊，能很好地在冷态或热态下承受压力加工，不能淬火强化	制作弹簧和其他要求耐蚀的弹性元件，齿轮摩擦轮，蜗杆传动机构等，可作为 QSn6.5-0.4、QSn4-3 和 QSn4-4-4 的代用品
	7 铝青铜	QAl7	性能用途和 QAl5 相似，因含铝量稍高，其强度较高	
	9-2 铝青铜	QAl9-2	含锰的铝青铜，具有高的强度，在大气、淡水和海水中耐蚀性很好，可以电焊和气焊，不易钎焊，在热态和冷态下压力加工性均好	高强度耐蚀零件以及在 250 ℃以下蒸汽介质中工作的管配件和海轮上零件
	9-4 铝青铜	QAl9-4	含铁的铝青铜。有高的强度和减摩性，良好的耐蚀性，热态下压力加工性良好，可电焊和气焊，但钎焊性不好，可用作高锡耐磨青铜的代用品	制作在高负荷下工作的抗磨、耐蚀零件，如轴承、轴套、齿轮、蜗轮、阀座等，也用于制作双金属耐磨零件
	10-3-1.5 铝青铜	QAl10-3-1.5	为含有铁、锰元素的铝青铜，有高的强度和耐磨性，经淬火、回火后可提高硬度，有较好的高温耐蚀性和抗氧化性，在大气、淡水和海水中抗蚀性很好，可加工性尚可，可焊接，不易钎焊，热态下压力加工性良好	制作高温条件下工作的耐磨零件和各种标准件，如齿轮、轴承、衬套、圆盘、导向摇臂、飞轮、固定螺母等。可代替高锡青铜制作重要机件
	10-4-4 铝青铜	QAl10-4-4	为含有铁、镍元素的铝青铜，属于高强度耐热青铜，高温(400 ℃)下力学性能稳定，有良好的减摩性，在大气、淡水和海水中耐蚀性很好，热态下压力加工性良好，可热处理强化，可焊接，不易钎焊，可加工性尚好	高强度的耐磨零件和高温下(400 ℃)工作的零件，如轴衬、轴套、齿轮、球形座、螺母、法兰盘、滑座等以及其他各种重要的耐蚀耐磨零件
	11-6-6 铝青铜	QAl11-6-6	成分、性能和 QAl10-4-4 相近	高强度耐磨零件和 500 ℃下工作的高温抗蚀耐磨零件
铍青铜	2 铍青铜	QBe2	为含有少量镍的铍青铜，是力学、物理、化学综合性能良好的一种合金。经淬火调质后，具有高的强度、硬度、弹性、耐磨性、疲劳极限和耐热性；同时还具有高的导电性、导热性和耐寒性，无磁性，碰击时无火花，易于焊接和钎焊，在大气、淡水和海水中耐蚀性极好	制作各种精密仪表、仪器中的弹簧和弹性元件，各种耐磨零件以及在高速、高压和高温下工作的轴承、衬套，矿山和炼油厂用的冲击不生火花的工具以及各种深冲零件
	1.7 铍青铜	QBe1.7	为含有少量镍、钛的铍青铜，具有和 QBe2 相近的特性，但其优点是：弹性迟滞小、疲劳强度高，温度变化时弹性稳定，性能对时效温度变化的敏感性小，价格较低廉，而强度和硬度比 QBe2 降低甚少	制作各种重要用途的弹簧、精密仪表和弹性元件、敏感元件以及承受高变向载荷的弹性元件，可代替 QBe2 牌号的铍青铜
	1.9 铍青铜	QBe1.9		

续表 4-4-8

组别	牌号	代号	主要特征	应用举例
铍青铜	1.9-0.1 铍青铜	QBe1.9-0.1	为加有少量 Mg 的铍青铜。性能同 QBe1.9，但因加入微量 Mg，能细化晶粒，并提高强化相（γ_2 相）的弥散度和分布均匀性，从而大大提高合金的力学性能，提高合金时效后的弹性极限和力学性能的稳定性	同 QBe1.9
硅青铜	3-1 硅青铜	QSi3-1	为加有锰的硅青铜，有高的强度、弹性和耐磨性，塑性好，低温下仍不变脆；能良好地与青铜、钢和其他合金焊接，特别是钎焊性好；在大气、淡水和海水中的耐蚀性高，对于苛性钠及氯化物的作用也非常稳定；能很好地承受冷、热压力加工，不能热处理强化，通常在退火和加工硬化状态下使用，此时有高的屈服强度和弹性	用于制作在腐蚀介质中工作的各种零件、弹簧和弹簧零件，以及蜗轮、蜗杆、齿轮、轴套、制动销和杆类耐磨零件，也用于制作焊接结构中的零件，可代替重要的锡青铜，甚至铍青铜
	1-3 硅青铜	QSi1-3	为含有锰、镍元素的硅青铜，具有高的强度，相当好的耐磨性，能热处理强化，淬火回火后强度和硬度大大提高，在大气、淡水和海水中有较高的耐蚀性，焊接性和可加工性良好	用于制造在 300 ℃以下，润滑不良、单位压力不大的工作条件下的摩擦零件（如发动机排气和进气门的导向套）以及在腐蚀介质中工作的结构零件
	3.5-3-1.5 硅青铜	QSi3.5-3-1.5	为含有锌、锰、铁等元素的硅青铜，性能同 QSi3-1，但耐热性较好，棒材、线材存放时自行开裂的倾向性较小	主要用作在高温工作的轴套材料
锰青铜	1.5 锰青铜	QMn1.5	含锰量较 QMn5 低，与 QMn5 比较，强度、硬度较低，但塑性较高，其他性能相似，QMn2 的力学性能稍高于 QMn1.5	用作电子仪表零件，也可作为蒸汽锅炉管配件和接头等
	2 锰青铜	QMn2		
	5 锰青铜	QMn5	为含锰量较高的锰青铜，有较高的强度、硬度和良好的塑性，能很好地在热态及冷态下承受压力加工，有好的耐蚀性，并有高的热强性，400 ℃下还能保持其力学性能	用于制作蒸汽机零件和锅炉的各种管接头、蒸汽阀门等高温耐蚀零件
锆青铜	0.2 锆青铜	QZr0.2	有高的电导率，能冷、热态压力加工，时效后有高的硬度、强度和耐热性	作电阻焊接材料及高导电、高强度电极材料。如：工作温度 350 ℃以下的电动机换向器片、开关零件、导线、点焊电极等
	0.4 锆青铜	QZr0.4	强度及耐热性比 QZr0.2 更高，但导电率则比 QZr0.2 稍低	
铬青铜	0.5 铬青铜	QCr0.5	在常温及较高温度下（<400℃）具有较高的强度和硬度，导电性和导热性好，耐磨性和减摩性也很好，经时效硬化处理后，强度、硬度、导电性和导热性均显著提高；易于焊接和钎焊，在大气和淡水中具有良好的抗蚀性，高温抗氧化性好，能很好地在冷态和热态下承受压力加工；但其缺点是对缺口的敏感性较强，在缺口和尖角处造成应力集中，容易引起机械损伤，故不宜于作换向器片	用于制作工作温度 350 ℃以下的电焊机电极、电动机换向器片以及其他各种在高温下工作的、要求有高的强度、硬度、导电性和导热性的零件，还可以双金属的形式用于制动盘和圆盘
	0.5-0.2-0.1 铬青铜	QCr0.5-0.2-0.1	为加有少量镁、铝的铬青铜，与 QCr0.5 相比，不仅进一步提高了耐热性和耐蚀性，而且可改善缺口敏感性，其他性能和 QCr0.5 相似	用于制作点焊、滚焊机上的电极等

续表 4-4-8

组别	牌　号	代　号	主 要 特 征	应 用 举 例
铬青铜	0.6-0.4-0.05 铬青铜	QCr0.6-0.4-0.05	为加有少量锆、镁的铬青铜，与 QCr0.5 相比，可进一步提高合金的强度、硬度和耐热性，同时还有好的导电性	同 QCr0.5
镉青铜	1 镉青铜	QCd1	具有高的导电性和导热性，良好的耐磨性和减摩性，抗蚀性好，压力加工性能良好，镉青铜的时效硬化效果不显著，一般采用冷作硬化来提高强度	用作工作温度 250 ℃下的电动机换向器片、电车触线和电话用软线以及电焊机的电极和喷气技术中
镁青铜	0.8 镁青铜	QMg0.8	这是含镁量在 w_{Mg}0.7%～0.85%的铜合金。微量 Mg 降低铜的导电性较少，但对铜有脱氧作用，还能提高铜的高温抗氧化性。实际应用的铜-镁合金，其 Mg 含量一般 w_{Mg} 小于 1%，过高则压力加工性能急剧变坏。这类合金只能加工硬化，不能热处理强化	主要用作电缆线芯及其他导线材料

(4) 加工白铜的牌号、代号及主要特性和应用举例(表 4-4-9)

表 4-4-9 加工白铜的牌号、代号及主要特性和应用举例(GB/T 5231—2012)

组别	牌　号	代　号	主 要 特 征	应 用 举 例
普通白铜	0.6 白铜	B0.6	为电工铜镍合金，其特性是温差电动势小。最大工作温度为 100 ℃	用于制造特殊温差电偶(铂-铂铑热电偶)的补偿导线
	5 白铜	B5	为结构白铜，它的强度和耐蚀性都比铜高，无腐蚀破裂倾向	用作船舶耐蚀零件
	19 白铜	B19	为结构铜镍合金，有高的耐蚀性和良好的力学性能，在热态及冷态下压力加工性良好，在高温和低温下仍能保持高的强度和塑性，可加工性不好	用作在蒸汽、淡水和海水中工作的精密仪表零件、金属网和抗化学腐蚀的化工机械零件以及医疗器具、钱币
	25 白铜	B25	为结构铜镍合金，具有高的力学性能和耐蚀性，在热态及冷态下压力加工性良好，由于其含镍量较高，故其力学性能和耐蚀性均较 B5、B19 高	用作在蒸汽、海水中工作的抗蚀零件以及在高温高压下工作的金属管和冷凝管等
锰白铜	3-12 锰白铜	BMn3-12	为电工铜镍合金，俗称锰铜，特点是有高的电阻率和低的电阻温度系数，电阻长期稳定性高，对铜的热电动势小	广泛用于制造工作温度在 100 ℃以下的电阻仪器以及精密电工测量仪器
	40-1.5 锰白铜	BMn40-1.5	为电工铜镍合金，通常称为康铜，具有几乎不随温度而改变的高电阻率和高的热电动势，耐热性和抗蚀性好，且有高的力学性能和变形能力	是为制造热电偶(900 ℃以下)的良好材料，工作温度在 500 ℃以下的加热器(电炉的电阻丝)和变阻器
	43-0.5 锰白铜	BMn43-0.5	为电工铜镍合金，通常称为考铜，它的特点是，在电工铜镍合金中具有最大的温差电动势，并有高的电阻率和很低的电阻温度系数，耐热性和抗蚀性也比 BM40-1.5 好，同时具有高的力学性能和变形能力	在高温测量中，广泛采用考铜作补偿导线和热电偶的负极以及工作温度不超过 600 ℃的电热仪器
铁白铜	30-1-1 铁白铜	BFe30-1-1	为结构铜镍合金，有良好的力学性能，在海水、淡水和蒸汽中具有高的耐蚀性，但可加工性较差	用于海船制造业中制作高温、高压和高速条件下工作的冷凝器和恒温器的管材

续表 4-4-9

组别	牌　号	代　号	主　要　特　征	应　用　举　例
铁白铜	10-1-1 铁白铜	BFe10-1-1	为含镍较少的结构铁白铜，和 BFe30-1-1 相比，其强度、硬度较低，但塑性较高，耐蚀性相似	主要用于船舶业代替 BFe30-1-1 制作冷凝器及其他抗蚀零件
锌白铜	15-20 锌白铜	BZn15-20	为结构铜镍合金，因其外表具有美丽的银白色，俗称德银(本来是中国银)，这种合金具有高的强度和耐蚀性，可塑性好，在热态及冷态下均能很好地承受压力加工，可加工性不好，焊接性差，弹性优于 QSn6.5-0.1	用作潮湿条件下和强腐蚀介质中工作的仪表零件以及医疗器械、工业器皿、艺术品、电信工业零件、蒸汽配件和水道配件、日用品以及弹簧管和簧片等
	15-24-1.8 加铅锌白铜	BZn15-24-1.8	为加有铅的锌白铜结构合金，性能和 BZn15-20 相似，但它的可加工性较好，而且只能在冷态下进行压力加工	用于手表工业制作精细零件
	15-24-1.5 加铅锌白铜	BZn15-24-1.5		
铝白铜	13-3 铝白铜	BAl13-3	为结构铜镍合金，可以热处理，其特性是：除具有高的强度(是白铜中强度最高的)和耐蚀性外，还具有高的弹性和抗寒性，在低温(90 K)下力学性能不但不降低，反而有些提高，这是其他铜合金所没有的性能	用于制作高强度耐蚀零件
	6-1.5 铝白铜	BAl6-1.5	为结构铜镍合金，可以热处理强化，有较高的强度和良好的弹性	制作重要用途的扁弹簧

(5) 铜及铜合金力学性能(表 4-4-10)

表 4-4-10　铜及铜合金力学性能

组别	代　号	力学性能								
		抗拉强度 σ_b/MPa		屈服点 σ_s/MPa		断后伸长率 δ/%		断面收缩率 ψ/%	布氏硬度 HBW	
		软态	硬态	软态	硬态	软态	硬态	软态	软态	硬态
黄铜	H96	235	441		382	50	2			
	H90	255	471	118	392	45	4	80	53	130
	H85	275	539	98	441	45	4	85	54	126
	H80	314	628	118	510	52	5	70	53	145
	H70	314	647	88	510	55	3	70		150
	H68	314	647	88	510	55	3	70		150
	H62	324	588	108	490	49	3	66	56	164
	HPb74-3	343	637	102	510	50	4			
	HPb64-2	343	588	98	490	55	5	60		
	HPb60-1	363	657	127	549	45	4			
	HPb59-1	392	637	137	441	45	16		90	140
	HSn90-1	275	510	83	441	45	5			
	HSn70-1	343	686	98	588	60	4			
	HSn62-1	392	686	147	588	40	4			
	HSn60-1	373	549	147	412	40	10	46		
	HAl77-2	392	637			55	12	58	60	170

续表 4-4-10

组别	代号	力学性能								
		抗拉强度 σ_b/MPa		屈服点 σ_s/MPa		断后伸长率 δ/%		断面收缩率 ψ/%	布氏硬度 HBW	
		软态	硬态	软态	硬态	软态	硬态	软态	软态	硬态
黄铜	HAl60-1-1	411	736	196		45	8	30	95	180
	HAl59-3-2	373	637	294		50	15		75	155
	HMn58-2	392	686			40	10	50	85	175
	HMn57-3-1	539	686			25	3		115	175
	HFe59-1-1	411	686			50	10	55	88	160
	HSi80-3	294	588			58	4		60	180
	HNi65-5	392	686	167	588	65	4			
青铜	QSn4-3	343	539			40	4		60	160
	QSn4-4-2.5	294～343	539～637	127	275	35～45	2～4		69	160～180
	QSn4-4-4	304		127		46		34	62	
	QSn6.5-0.4	343～441	686～785	196～245	579～637	60～70	7.5～12		70～90	160～200
	QSn4-0.3	333	588		530	52	8		55～70	160～170
	QSn7-0.2	353		225		64		50	75	
	QAl5	373	785	157	490	65	4	70	60	200
	QAl7	412	981			70	3～10	75	70	154
	QAl9-2	392	588	294	490	25				160
	QAl9-4	588	539	216	343	40	5	33	110	160～200
	QAl10-3-1.5	598		186		32		55		
	QAl10-4-4	588	686			35	9	45	140～160	225
	QSi1-3									
	QSi3-1									
	QBe2	490	1 275～1 373	245～343	1 255	30～35	1～2		117	350
	QMn5	294	588		490	40	2		80	160
	QCd1.0	392	686			20	2			
白铜	B5									
	B10									
	B16									
	B19	343	539	98	510	35	4		70	120
	B30									
	BFe5-1	235～275	441～490			45～55	4～6		35～50	110～120
	BFe30-1-1	373	588	137	530	40～50	4		70	190
	BAl6-1.5	353	637	78		35～40	24		60～70	200
	BAl13-3	686	883～981			7	4		75	250～270
	BZn15-20	392	657	137	588	45	2.5		70	165
	BZn17-18-1.8	392	637			40	2			
	BMn3-12									
	BMn40-1.5									
	BMn43-0.5									

（6）铜及铜合金工艺性能（表 4-4-11）

表 4-4-11 铜及铜合金工艺性能

组别	代号	铸造温度/℃	热加工温度/℃	退火温度/℃	消除内应力退火温度/℃	线收缩率（%）	可加工性[①]（%）
纯铜	工业纯铜	1 150～1 230	800～950	500～700		2.1	18
黄铜	H96	1 160～1 200	775～850	540～600			20
	H90	1 160～1 200	850～950	650～720	200	2	20
	H85			650～720	180		
	H80	1 160～1 180	820～870	600～700	260	2	30
	H70	1 100～1 160	750～830	520～650	260	1.92	30
	H68	1 100～1 160	750～830	520～650	260	1.92	30
	H62	1 060～1 100	650～850	600～700	280	1.77	40
	HPb64-2	1 060～1 100		620～670		2.2	90
	HPb59-1	1 030～1 080	640～780	600～650	285	2.23	80
	HSn90-1			650～720	230		
	HSn70-1	1 150～1 180	650～750	560～580	320	1.71	30
	HSn62-1	1 060～1 100	700～750	550～650	360	1.78	40
	HSn60-1	1 060～1 110	760～800	550～650	290	1.78	40
	HAl77-2			600～650	320		
	HAl59-3-2			600～650	380		
	HMn58-2	1 040～1 080	680～730	600～650	250	1.45	22
	HFe59-1-1	1 040～1 080	680～730	600～650		2.14	25
	HSi80-3	950～1 000	750～850			1.7	
	HNi65-5				380		
青铜	QSn4-3	1 250～1 270		590～610		1.45	
	QSn4-4-4	1 250～1 300		590～610			90
	QSn6.5-0.1	1 200～1 300	750～770	600～650		1.45	20
	QSn6.5-0.4	1 200～1 300	750～770	600～650		1.45	20
	QSn7-0.2	1 200～1 300	728～780	600～650		1.5	16
	QAl5			600～700			
	QAl9-2	1 120～1 150	800～850	650～750		1.7	20
	QAl9-4	1 120～1 150	750～850	700～750		2.49	20
	QAl10-3-1.5	1 120～1 150	775～825	650～750		2.4	20
	QAl10-4-4	1 120～1 200	850～900	700～750		1.8	20
	QSi3-1	1 080～1 100	800～850	700～750	290	1.6	30
	QBe2	1 050～1 160	760～800				20
白铜	B5			650～800			
	B16			750～780			
	B19			650～800	250		
	B30			700～800			
	BFe5-1			650～750			
	BFe30-1-1			700～800			
	BAl6-1.5			600～700			
	BZn15-20			600～750	250		
	BMn3-12			720～860	300		
	BMn40-1.5			800～850			
	BMn43-0.5			800～850			

① 可加工性以 HPb63-3 为 100%。

4.4.2.2 铜及铜合金棒材

(1) 铜及铜合金拉制棒(GB/T 4423—2007)

1) 铜及铜合金拉制棒的牌号、状态及规格(表 4-4-12)

表 4-4-12 铜及铜合金拉制棒的牌号、状态及规格

牌号	状态	直径(或对边距离)/mm	
		圆形棒、方形棒、六角形棒	矩形棒
T2、T3、TP2、H96、TU1、TU2	Y(硬) M(软)	3～80	3～80
H90	Y(硬)	3～40	—
H80、H65	Y(硬) M(软)	3～40	—
H68	Y_2(半硬) M(软)	3～80 13～35	—
H62	Y_2(半硬)	3～80	3～80
HPb59-1	Y_2(半硬)	3～80	3～80
H63、HPb63-0.1	Y_2(半硬)	3～40	—
HPb63-3	Y(硬) Y_2(半硬)	3～30 3～60	3～80
HPb61-1	Y_2(半硬)	3～20	—
HFe59-1-1、HFe58-1-1、HSn62-1、HMn58-2	Y(硬)	4～60	—
QSn6.5-0.1、QSn6.5-0.4、QSn4-3、QSn4-0.3、QSi3-1、QAl9-2、QAl9-4、QAl10-3-1.5、QZr0.2、QZr0.4	Y(硬)	4～40	—
QSn7-0.2	Y(硬) T(特硬)	4～40	—
QCd1	Y(硬) M(软)	4～60	—
QCr0.5	Y(硬) M(软)	4～40	—
QSi1.8	Y(硬)	4～15	—
BZn15-20	Y(硬) M(软)	4～40	—
BZn15-24-1.5	T(特硬) Y(硬) M(软)	3～18	—
BFe30-1-1	Y(硬) M(软)	16～50	—
BMn40-1.5	Y(硬)	7～40	—

2) 圆形棒、方形棒和六角形棒材的力学性能(表 4-4-13)

表 4-4-13 圆形棒、方形棒和六角形棒材的力学性能

牌号	状态	直径、对边距/mm	抗拉强度 R_m/(N/mm²)	断后伸长率 A/%	布氏硬度 HBW
			≥		
T2 T3	Y	3～40	275	10	—
		40～60	245	12	—
		60～80	210	16	—
	M	3～80	200	40	—
TU1 TU2 TP2	Y	3～80	—	—	—
H96	Y	3～40	275	8	—
		40～60	245	10	—
		60～80	205	14	—
	M	3～80	200	40	—
H90	Y	3～40	330	—	—
H80	Y	3～40	390	—	—
	M	3～40	275	50	—
H68	Y_2	3～12	370	18	—
		12～40	315	30	—
		40～80	295	34	—
	M	13～35	295	50	—

续表 4-4-13

牌　号	状态	直径、对边距/mm	抗拉强度 R_m/(N/mm²)	断后伸长率 A/%	布氏硬度 HBW
			≥		
H65	Y	3～40	390	—	—
	M	3～40	295	44	—
H62	Y_2	3～40	370	18	—
		40～80	335	24	—
HPb61-1	Y_2	3～20	390	11	—
HPb59-1	Y_2	3～20	420	12	—
		20～40	390	14	—
		40～80	370	19	—
HPb63-0.1 H63	Y_2	3～20	370	18	—
		20～40	340	21	—
HPb63-3	Y	3～15	490	4	—
		15～20	450	9	—
		20～30	410	12	—
	Y_2	3～20	390	12	—
		20～60	360	16	—
HSn62-1	Y	4～40	390	17	—
		40～60	360	23	—
HMn58-2	Y	4～12	440	24	—
		12～40	410	24	—
		40～60	390	29	—
HFe58-1-1	Y	4～40	440	11	—
		40～60	390	13	—
HFe59-1-1	Y	4～12	490	17	—
		12～40	440	19	—
		40～60	410	22	—
QAl9-2	Y	4～40	540	16	—
QAl9-4	Y	4～40	580	13	—
QAl10-3-1.5	Y	4～40	630	8	—
QSi3-1	Y	4～12	490	13	—
		12～40	470	19	—
QSi1.8	Y	3～15	500	15	—
QSn6.5-0.1 QSn6.5-0.4	Y	3～12	470	13	—
		12～25	440	15	—
		25～40	410	18	—
QSn7-0.2	Y	4～40	440	19	130～200
	T	4～40	—	—	≥180
QSn4-0.3	Y	4～12	410	10	—
		12～25	390	13	—
		25～40	355	15	—

续表 4-4-13

牌　　号	状态	直径、对边距/mm	抗拉强度 R_m/(N/mm²)	断后伸长率 A/%	布氏硬度 HBW
			≥		
QSn4-3	Y	4～12	430	14	—
		12～25	370	21	—
		25～35	335	23	—
		35～40	315	23	—
QCd1	Y	4～60	370	5	≥100
	M	4～60	215	36	≤75
QCr0.5	Y	4～40	390	6	—
	M	4～40	230	40	—
QZr0.2 QZr0.4	Y	3～40	294	6	130①
BZn15-20	Y	4～12	440	6	—
		12～25	390	8	—
		25～40	345	13	—
	M	3～40	295	33	—
BZn15-24-1.5	T	3～18	590	3	—
	Y	3～18	440	5	—
	M	3～18	295	30	—
BFe30-1-1	Y	16～50	490	—	—
	M	16～50	345	25	—
BMn40-1.5	Y	7～20	540	6	—
		20～30	490	8	—
		30～40	440	11	—

注：直径或对边距离<10 mm 的棒材不做硬度试验。

① 此硬度值为经淬火处理及冷加工时效后的性能参考值。

3）矩形棒材的力学性能(表 4-4-14)

表 4-4-14　矩形棒材的力学性能

牌　号	状　态	高度/mm	抗拉强度 R_m/(N/mm²)	断后伸长率 A/%	牌　号	状　态	高度/mm	抗拉强度 R_m/(N/mm²)	断后伸长率 A/%
			≥					≥	
T2	M	3～80	196	36	HPb59-1	Y_2	5～20	390	12
	Y	3～80	245	9			20～80	375	18
H62	Y_2	3～20	335	17	HPb63-3	Y_2	3～20	380	14
		20～80	335	23			20～80	365	19

(2) 铜及铜合金挤制棒(YS/T 649—2007)

1）铜及铜合金挤制棒的牌号、状态及规格(表 4-4-15)

表 4-4-15　铜及铜合金挤制棒的牌号、状态及规格

牌　　号	状态	直径或长边对边距/mm		
		圆形棒	矩形棒	方形、六角形棒
T2、T3	挤制 (R)	30～300	20～120	20～120
TU1、TU2、TP2		16～300	—	16～120
H96、HFe58-1-1、HAl60-1-1		10～160	—	10～120
H80、H68、H59		16～120	—	16～120
H62、HPb59-1		10～220	5～50	10～120
HSn70-1、HAl77-2		10～160	—	10～120
HMn55-3-1、HMn57-3-1、HAl66-6-3-2、HAl67-2.5		10～160	—	10～120
QAl9-2		10～200	—	30～60
QAl9-4、QAl10-3-1.5、QAl10-4-4、QAl10-5-5		10～200	—	—
QAl11-6-6、HSi80-3、HNi56-3		10～160	—	—
QSi1-3		20～100	—	—
QSi3-1		20～160	—	—
QSi3.5-3-1.5、BFe10-1-1、BFe30-1-1、BAl13-3、BMn40-1.5		40～120	—	—
QCd1		20～120	—	—
QSn4-0.3		60～180	—	—
QSn4-3、QSn7-0.2		40～180	—	40～120
QSn6.5-0.1、QSn6.5-0.4		40～180	—	30～120
QCr0.5		18～160	—	—
BZn15-20		25～120	—	—

2）铜及铜合金挤制棒的力学性能（表 4-4-16）

表 4-4-16　铜及铜合金挤制棒的力学性能

牌　号	直径(对边距)/mm	抗拉强度 R_m/(N/mm²)	断后伸长率 A/%	布氏硬度 HBW	牌　号	直径(对边距)/mm	抗拉强度 R_m/(N/mm²)	断后伸长率 A/%	布氏硬度 HBW
T2、T3、TU1、TU2、TP2	≤120	≥186	≥40	—	HAl66-6-3-2	≤75	≥735	≥8	—
H96	≤80	≥196	≥35	—	HAl67-2.5	≤75	≥395	≥17	—
H80	≤120	≥275	≥45	—	HAl77-2	≤75	≥245	≥45	—
H68	≤80	≥295	≥45	—	HNi56-3	≤75	≥440	≥28	—
H62	≤160	≥295	≥35	—	HSi80-3	≤75	≥295	≥28	—
H59	≤120	≥295	≥30	—	QAl9-2	≤45	≥490	≥18	110～190
HPb59-1	≤160	≥340	≥17	—		>45～160	≥470	≥24	—
HSn62-1	≤120	≥365	≥22	—	QAl9-4	≤120	≥540	≥17	110～190
HSn70-1	≤75	≥245	≥45	—		>120	≥450	≥13	
HMn58-2	≤120	≥395	≥29	—	QAl10-3-1.5	≤16	≥610	≥9	130～190
HMn55-3-1	≤75	≥490	≥17	—		>16	≥590	≥13	
HMn57-3-1	≤70	≥490	≥16	—	QAl10-4-4 QAl10-5-5	≤29	≥690	≥5	170～260
HFe58-1-1	≤120	≥295	≥22	—		>29～120	≥635	≥6	
HFe59-1-1	≤120	≥430	≥31	—		>120	≥590	≥6	
HAl60-1-1	≤120	≥440	≥20	—	QAl11-6-6	≤28	≥690	≥4	—

续表 4-4-16

牌　号	直径(对边距)/mm	抗拉强度 R_m/(N/mm²)	断后伸长率 A/%	布氏硬度 HBW	牌　号	直径(对边距)/mm	抗拉强度 R_m/(N/mm²)	断后伸长率 A/%	布氏硬度 HBW
QAl11-6-6	28～50	≥635	≥5	—	QSn7-0.2	40～120	≥355	≥64	≥70
QSi1-3	≤80	≥490	≥11	—	QCd1	20～120	≤196	≥38	≤75
QSi3-1	≤100	≥345	≥23	—	QCr0.5	20～160	≥230	≥35	—
QSi3.5-3-1.5	40～120	≥380	≥35	—	BZn15-20	≤80	≥295	≥33	—
QSn4-0.3	60～120	≥280	≥30	—	BFe10-1-1	≤80	≥280	≥30	—
QSn4-3	40～120	≥275	≥30	—	BFe30-1-1	≤80	≥345	≥28	—
QSn6.5-0.1、QSn6.5-0.4	≤40	≥355	≥55	—	BAl13-3	≤80	≥685	≥7	—
	>40～100	≥345	≥60	—					
	>100	≥315	≥64	—	BMn40-1.5	≤80	≥345	≥28	—

注：1. 直径>50 mm 的 QAl10-3-1.5 棒材，当断后伸长率 A≥16%时，其抗拉强度可≥540 N/mm²。

2. 棒材的室温纵向力学性能应符合表中的规定。需方有要求并在合同中注明时，可选择布氏硬度试验。当选择硬度试验时，则不进行拉伸试验。

(3) 铜及铜合金铸棒(YS/T 759—2011)

1) 铜及铜合金铸棒的牌号、状态及规格(表 4-4-17)

表 4-4-17　铜及铜合金铸棒的牌号、状态及规格

牌　　号	状态	直径/mm	长度/mm	牌　　号	状态	直径/mm	长度/mm
ZT2	铸造(M0)	6～200	500～4 000	ZQSn6.5-0.1	铸造(M0)	6～200	500～4 000
ZHMn59-2-2				ZQSn10-2			
ZHPb60-1.5-0.5				ZQBi3-10(C89325)、ZQBi5-6(C89320)			
ZHSi75-3、ZHSi62-0.6、ZHBi62-2-1				ZQPb15-8			
ZQSn4-4-2.5、ZQSn4-4-4、ZQSn5-5-5							

2) 铜及铜合金铸棒的力学性能(表 4-4-18)

表 4-4-18　铜及铜合金铸棒的力学性能

牌　　号	抗拉强度 R_m/(N/mm²)	规定非比例延伸强度 $R_{P0.2}$/(N/mm²)	断后伸长率 A/%	布氏硬度/HBW	牌　　号	抗拉强度 R_m/(N/mm²)	规定非比例延伸强度 $R_{P0.2}$/(N/mm²)	断后伸长率 A/%	布氏硬度/HBW
ZT2	供实测值				ZQSn4-4-4	供实测值			
ZHMn59-2-2	≥220	—	≥8	≥58	ZQSn5-5-5	≥250	≥100	≥13	≥64
ZHPb60-1.5-0.5	≥200	—	≥10	≥65	ZQSn6.5-0.1	≥200	≥120	≥35	≥75
ZHSi75-3	≥450	—	≥15	≥105	ZQSn10-2	≥270	≥140	≥7	≥80
ZHSi62-0.6	≥350	—	≥20	≥95	ZQBi3-10(C89325)	≥207	≥83	≥15	≥50
ZHBi62-2-1	≥330	—	≥15	≥85	ZQBi5-6(C89320)	≥241	≥124	≥15	≥50
ZQSn4-4-2.5	供实测值				ZQPb15-8	≥140	—	≥10	—

4.4.2.3　铜及铜合金板、带材

(1) 一般用途的加工铜及铜合金板材(GB/T 17793—2010)

一般用途的加工铜及铜合金板材的牌号、状态及规格见表 4-4-19。

表 4-4-19 一般用途的加工铜及铜合金板材的牌号、状态及规格

牌号	状态	规格/mm		
		厚度	宽度	长度
T2、T3、TP1、TP2、TU1、TU2、H96、H90、H85、H80、H70、H68、H65、H63、H62、H59、HPb59-1、HPb60-2、HSn62-1、HMn58-2	热轧	4.0~60.0	≤3 000	≤6 000
	冷轧	0.20~12.00		
HMn55-3-1、HMn57-3-1 HAl60-1-1、HAl67-2.5 HAl66-6-3-2、HNi65-5	热轧	4.0~40.0	≤1 000	≤2 000
QSn6.5-0.1、QSn6.5-0.4、QSn4-3、QSn4-0.3、QSn7-0.2、QSn8-0.3	热轧	9.0~50.0	≤600	≤2 000
	冷轧	0.20~12.00		
QAl5、QAl7、QAl9-2、QAl9-4	冷轧	0.40~12.00	≤1 000	≤2 000
QCd1	冷轧	0.50~10.00	200~300	800~1 500
QCr0.5、QCr0.5-0.2-0.1	冷轧	0.50~15.00	100~600	≥300
QMn1.5、QMn5	冷轧	0.50~5.00	100~600	≤1 500
QSi3-1	冷轧	0.50~10.00	100~1 000	≥500
QSn4-4-2.5、QSn4-4-4	冷轧	0.80~5.00	200~600	800~2 000
B5、B19、BFe10-1-1、BFe30-1-1、BZn15-20、BZn18-17	热轧	7.0~60.0	≤2 000	≤4 000
	冷轧	0.50~10.00	≤600	≤1 500
BAl6-1.5、BAl13-3	冷轧	0.50~12.00	≤600	≤1 500
BMn3-12、BMn40-1.5	冷轧	0.50~10.00	100~600	800~1 500

(2) 铜及铜合金板材(GB/T 2040—2008)

1) 铜及铜合金板材的牌号、状态及规格(表 4-4-20)

表 4-4-20 铜及铜合金板材的牌号、状态及规格

牌号	状态	规格/mm		
		厚度	宽度	长度
T2、T3、TP1 TP2、TU1、TU2	R	4~60	≤3 000	≤6 000
	M、Y_4、Y_2、Y、T	0.2~12	≤3 000	≤6 000
H96、H80	M、Y	0.2~10	≤3 000	≤6 000
H90、H85	M、Y_2、Y			
H65	M、Y_1、Y_2 Y、T、TY			
H70、H68	R	4~60		
	M、Y_4、Y_2 Y、T、TY	0.2~10		
H63、H62	R	4~60		
	M、Y_2 Y、T	0.2~10		
H59	R	4~60		
	M、Y	0.2~10		
HPb59-1	R	4~60		
	M、Y_2、Y	0.2~10		
HPb60-2	Y、T	0.5~10		
HMn58-2	M、Y_2、Y	0.2~10		
HSn62-1	R	4~60		
	M、Y_2、Y	0.2~10		

牌号	状态	规格/mm		
		厚度	宽度	长度
HMn55-3-1 HMn57-3-1 HAl60-1-1 HAl67-2.5 HAl66-6-3-2 HNi65-5	R	4~40	≤1 000	≤2 000
QSn6.5-0.1	R	9~50	≤600	≤2 000
	M、Y_4、Y_2 Y、T、TY	0.2~12		
QSn6.5-0.4 QSn4-3 QSn4-0.3 QSn7-0.2	M、Y、T	0.2~12	≤600	≤2 000
QSn8-0.3	M、Y_4、Y_2 Y、T	0.2~5	≤600	≤2 000
BAl6-1.5	Y	0.5~12	≤600	≤1 500
BAl13-3	CYS			
BZn15-20	M、Y_2、Y、T	0.5~10	≤600	≤1 500
BZn18-17	M、Y_2、Y	0.5~5	≤600	≤1 500
B5、B19 BFe10-1-1 BFe30-1-1	R	7~60	≤2 000	≤4 000
	M、Y	0.5~10	≤600	≤1 500

续表 4-4-20

牌　号	状　态	规　格/mm		
		厚度	宽度	长度
QAl5	M、Y	0.4～12	≤1 000	≤2 000
QAl7	Y_2、Y			
QAl9-2	M、Y			
QAl9-4	Y			
QCd1	Y	0.5～10	200～300	800～1 500
QCr0.5 QCr0.5-0.2-0.1	Y	0.5～15	100～600	≥300

牌　号	状　态	规　格/mm		
		厚度	宽度	长度
QMn1.5	M	0.5～5	100～600	≤1 500
QMn5	M、Y			
QSi3-1	M、Y、T	0.5～10	100～1 000	≥500
QSn4-4-2.5 QSn4-4-4	M、Y_3、Y_2、Y	0.8～5	200～600	800～2 000
BMn40-1.5	M、Y	0.5～10	100～600	800～1 500
BMn3-12	M			

2）铜及铜合金板材的力学性能（表 4-4-21）

表 4-4-21　铜及铜合金板材的力学性能

牌　号	状　态	拉伸试验			硬度试验		
		厚度/mm	抗拉强度 R_m/(N/mm²)	断后伸长率 $A_{11.3}$/%	厚度/mm	维氏硬度 HV	洛氏硬度 HRB
T2、T3 TP1、TP2 TU1、TU2	R	4～14	≥195	≥30	—	—	—
	M	0.3～10	≥205	≥30	≥0.3	≤70	—
	Y_1		215～275	≥25		60～90	—
	Y_2		245～345	≥8		80～110	—
	Y		295～380	—		90～120	—
	T		≥350	—		≥110	—
H96	M	0.3～10	≥215	≥30	—	—	—
	Y		≥320	≥3			
H90	M	0.3～10	≥245	≥35	—	—	—
	Y_2		330～440	≥5			
	Y		≥390	≥3			
H85	M	0.3～10	≥260	≥35	≥0.3	≤85	—
	Y_2		305～380	≥15		80～115	
	Y		≥350	≥3		≥105	
H80	M	0.3～10	≥265	≥50	—	—	—
	Y		≥390	≥3			
H70、H68	R	4～14	≥290	≥40	—	—	—
H70 H68 H65	M	0.3～10	≥290	≥40	≥0.3	≤90	—
	Y_1		325～410	≥35		85～115	—
	Y_2		355～440	≥25		100～130	—
	Y		410～540	≥10		120～160	—
	T		520～620	≥3		150～190	—
	TY		≥570	—		≥180	
H63 H62	R	4～14	≥290	≥30	—	—	—
	M	0.3～10	≥290	≥35	≥0.3	≤95	—
	Y_2		350～470	≥20		90～130	—
	Y		410～630	≥10		125～165	—
	T		≥585	≥2.5		≥155	—
H59	R	4～14	≥290	≥25	—	—	—
	M	0.3～10	≥290	≥10	≥0.3	—	—
	Y		≥410	≥5		≥130	—

续表 4-4-21

牌号	状态	拉伸试验			硬度试验		
		厚度/mm	抗拉强度 R_m/(N/mm²)	断后伸长率 $A_{11.3}$/%	厚度/mm	维氏硬度 HV	洛氏硬度 HRB
HPb59-1	R	4～14	≥370	≥18	—	—	—
	M	0.3～10	≥340	≥25	—	—	—
	Y_2		390～490	≥12			
	Y		≥440	≥5			
HPb60-2	Y	—	—	—	0.5～2.5	165～190	—
					2.6～10	—	75～92
	T	—	—	—	0.5～1.0	≥180	—
HMn58-2	M	0.3～10	≥380	≥30	—	—	—
	Y_2		440～610	≥25			
	Y		≥585	≥3			
HSn62-1	R	4～14	≥340	≥20	—	—	—
	M	0.3～10	≥295	≥35	—	—	—
	Y_2		350～400	≥15			
	Y		≥390	≥5			
HMn57-3-1	R	4～8	≥440	≥10	—	—	—
HMn55-3-1	R	4～15	≥490	≥15	—	—	—
HAl60-1-1	R	4～15	≥440	≥15	—	—	—
HAl67-2.5	R	4～15	≥390	≥15	—	—	—
HAl66-6-3-2	R	4～8	≥685	≥3	—	—	—
HNi65-5	R	4～15	≥290	≥35	—	—	—
QAl5	M	0.4～12	≥275	≥33	—	—	—
	Y		≥585	≥2.5			
QAl7	Y_2	0.4～12	585～740	≥10	—	—	—
	Y		≥635	≥5			
QAl9-2	M	0.4～12	≥440	≥18	—	—	—
	Y		≥585	≥5			
QAl9-4	Y	0.4～12	≥585	—	—	—	—
QSn6.5-0.1	R	9～14	≥290	≥38	—	—	—
	M	0.2～12	≥315	≥40	≥0.2	≤120	—
	Y_4	0.2～12	390～510	≥35		110～155	—
	Y_2	0.2～12	490～610	≥8	≥0.2	150～190	—
	Y	0.2～3	590～690	≥5		180～230	—
		>3～12	540～690	≥5		180～230	
	T	0.2～5	635～720	≥1		200～240	—
	TY		≥690	—		≥210	
QSn6.5-0.4 QSn7-0.2	M	0.2～12	≥295	≥40	—	—	—
	Y		540～690	≥8			
	T		≥665	≥2			
QSn4-3 QSn4-0.3	M	0.2～12	≥290	≥40	—	—	—
	Y		540～690	≥3			
	T		≥635	≥2			

续表 4-4-21

牌号	状态	拉伸试验			硬度试验		
		厚度/mm	抗拉强度 R_m/(N/mm^2)	断后伸长率 $A_{11.3}$/%	厚度/mm	维氏硬度 HV	洛氏硬度 HRB
QSn8-0.3	M	0.2～5	≥345	≥40	≥0.2	≤120	—
	Y_4		390～510	≥35		100～160	—
	Y_2		490～610	≥20		150～205	—
	Y		590～705	≥5		180～235	—
	T		≥685	—		≥210	—
QCd1	Y	0.5～10	≥390	—	—	—	—
QCr0.5 QCr0.5-0.2-0.1	Y	—	—	—	0.5～15	≥110	
QMn1.5	M	0.5～5	≥205	≥30	—	—	—
QMn5	M	0.5～5	≥290	≥30	—	—	—
	Y		≥440	≥3			
QSi3-1	M	0.5～10	≥340	≥40	—	—	—
	Y		585～735	≥3			
	T		≥685	≥1			
QSn4-4-2.5 QSn4-4-4	M	0.8～5	≥290	≥35	≥0.8	—	—
	Y_3		390～490	≥10			65～85
	Y_2		420～510	≥9			70～90
	Y		≥510	≥5			—
BZn15-20	M	0.5～10	≥340	≥35	—	—	—
	Y_2		440～570	≥5			
	Y		540～690	≥1.5			
	T		≥640	≥1			
BZn18-17	M	0.5～5	≥375	≥20	≥0.5	—	—
	Y_2		440～570	≥5		120～180	
	Y		≥540	≥3		≥150	
B5	R	7～14	≥215	≥20	—	—	—
	M	0.5～10	≥215	≥30	—	—	—
	Y		≥370	≥10			
B19	R	7～14	≥295	≥20	—	—	—
	M	0.5～10	≥290	≥25	—	—	—
	Y		≥390	≥3			
BFe10-1-1	R	7～14	≥275	≥20	—	—	—
	M	0.5～10	≥275	≥28	—	—	—
	Y		≥370	≥3			
BFe30-1-1	R	7～14	≥345	≥15	—	—	—
	M	0.5～10	≥370	≥20	—	—	—
	Y		≥530	≥3			
BAl6-1.5	Y	0.5～12	≥535	≥3	—	—	—
BAl13-3	CYS		≥635	≥5	—	—	—
BMn40-1.5	M	0.5～10	390～590	实测	—	—	—
	Y		≥590	实测			
BMn3-12	M	0.5～10	≥350	≥25	—	—	—

(3) 一般用途加工铜及铜合金带材(GB/T 17793—2010)

一般用途加工铜及铜合金带材的牌号及规格(表 4-4-22)

表 4-4-22 一般用途加工铜及铜合金带材的牌号及规格

牌号	厚度/mm	宽度/mm	牌号	厚度/mm	宽度/mm
T2、T3、TU1、TU2、TP1、TP2、H96、H90、H85、H80、H70、H68、H65、H63、H62、H59	＞0.15～＜0.5	≤600	QSn8-0.3	＞0.15～2.6	≤610
	0.5～3	≤1 200	QSn4-4-4、QSn4-4-2.5	0.8～1.2	≤200
HPb59-1、HSn62-1、HMn58-2	＞0.15～0.2	≤300	QCd1、QMn1.5、QMn5、QSi3-1	＞0.15～1.2	≤300
	＞0.2～2	≤550	BZn18-17	＞0.15～1.2	≤610
QAl5、QAl7、QAl9-2、QAl9-4	＞0.15～1.2	≤300	B5、B19、BZn15-20、BFe10-1-1、BFe30-1-1、BMn40-1.5、BMn3-12、BAl13-3、BAl6-1.5	＞0.15～1.2	≤400
QSn7-0.2、QSn6.5-0.4、QSn6.5-0.1、QSn4-3、QSn4-0.3	＞0.15～2	≤610			

(4) 铜及铜合金带材(GB/T 2059—2008)

1) 铜及铜合金带材的牌号、状态及规格(表 4-4-23)

表 4-4-23 铜及铜合金带材的牌号、状态及规格

牌号	状态	厚度/mm	宽度/mm
T2、T3、TU1、TU2 TP1、TP2	软(M)、1/4 硬(Y_4) 半硬(Y_2)、硬(Y)、特硬(T)	＞0.15～＜0.50	≤600
		0.50～3.0	≤1 200
H96、H80、H59	软(M)、硬(Y)	＞0.15～＜0.50	≤600
		0.50～3.0	≤1 200
H85、H90	软(M)、半硬(Y_2)、硬(Y)	＞0.15～＜0.50	≤600
		0.50～3.0	≤1 200
H70、H68、H65	软(M)、1/4 硬(Y_4)、半硬(Y_2) 硬(Y)、特硬(T)、弹硬(TY)	＞0.15～＜0.50	≤600
		0.50～3.0	≤1 200
H63、H62	软(M)、半硬(Y_2) 硬(Y)、特硬(T)	＞0.15～＜0.50	≤600
		0.50～3.0	≤1 200
HPb59-1、HMn58-2	软(M)、半硬(Y_2)、硬(Y)	＞0.15～0.20	≤300
		＞0.20～2.0	≤550
HPb59-1	特硬(T)	0.32～1.5	≤200
HSn62-1	硬(Y)	＞0.15～0.20	≤300
		＞0.20～2.0	≤550
QAl5	软(M)、硬(Y)	＞0.15～1.2	≤300
QAl7	半硬(Y_2)、硬(Y)		
QAl9-2	软(M)、硬(Y)、特硬(T)		
QAl9-4	硬(Y)		
QSn6.5-0.1	软(M)、1/4 硬(Y_4)、半硬(Y_2) 硬(Y)、特硬(T)、弹硬(TY)	＞0.15～2.0	≤610
QSn7-0.2、QSn6.5-0.4 QSn4-3、QSn4-0.3	软(M)、硬(Y)、特硬(T)	＞0.15～2.0	≤610
QSn8-0.3	软(M)、1/4 硬(Y_4)、半硬(Y_2)、 硬(Y)、特硬(T)	＞0.15～2.6	≤610
QSn4-4-4、QSn4-4-2.5	软(M)、1/3 硬(Y_3)、半硬(Y_2) 硬(Y)	0.80～1.2	≤200
QCd1	硬(Y)	＞0.15～1.2	≤300
QMn1.5	软(M)	＞0.15～1.2	
QMn5	软(M)、硬(Y)		

续表 4-4-23

牌　　号	状　　态	厚度/mm	宽度/mm
QSi3-1	软(M)、硬(Y)、特硬(T)	>0.15~1.2	≤300
BZn18-17	软(M)、半硬(Y_2)、硬(Y)	>0.15~1.2	≤610
BZn15-20	软(M)、半硬(Y_2)、硬(Y)、特硬(T)	>0.15~1.2	≤400
B5、B19、 BFe10-1-1、BFe30-1-1 BMn40-1.5、BMn3-12	软(M)、硬(Y)		
BAl13-3	淬火+冷加工+人工时效(CYS)	>0.15~1.2	≤300
BAl6-1.5	硬(Y)		

2）铜及铜合金带材的室温力学性能(表 4-4-24)

表 4-4-24　铜及铜合金带材的室温力学性能

牌　号	状态	拉伸试验			硬度试验	
		厚度/mm	抗拉强度 R_m/(N/mm²)	断后伸长率 $A_{11.3}$/%	维氏硬度 HV	洛氏硬度 HRB
T2、T3 TU1、TU2 TP1、TP2	M	≥0.2	≥195	≥30	≤70	—
	Y_4		215~275	≥25	60~90	
	Y_2		245~345	≥8	80~110	
	Y		295~380	≥3	90~120	
	T		≥350	—	≥110	
H96	M	≥0.2	≥215	≥30	—	—
	Y		≥320	≥3		
H90	M	≥0.2	≥245	≥35	—	—
	Y_2		330~440	≥5		
	Y		≥390	≥3		
H85	M	≥0.2	≥260	≥40	≤85	—
	Y_2		305~380	≥15	80~115	
	Y		≥350	—	≥105	
H80	M	≥0.2	≥265	≥50	—	—
	Y		≥390	≥3		
H70 H68 H65	M	≥0.2	≥290	≥40	≤90	—
	Y_4		325~410	≥35	85~115	
	Y_2		≥355~460	≥25	100~130	
	Y		410~540	≥13	120~160	
	T		520~620	≥4	150~190	
	TY		≥570	—	≥180	
H63、H62	M	≥0.2	≥290	≥35	≤95	—
	Y_2		350~470	≥20	90~130	
	Y		410~630	≥10	125~165	
	T		≥585	≥2.5	≥155	
H59	M	≥0.2	≥290	≥10	—	—
	Y		≥410	≥5	≥130	

续表 4-4-24

牌号	状态	拉伸试验			硬度试验	
		厚度/mm	抗拉强度 R_m/(N/mm²)	断后伸长率 $A_{11.3}$/%	维氏硬度 HV	洛氏硬度 HRB
HPb59-1	M	≥0.2	≥340	≥25	—	—
	Y_2		390～490	≥12		
	Y		≥440	≥5		
	T	≥0.32	≥590	≥3		
HMn58-2	M	≥0.2	≥380	≥30	—	—
	Y_2		440～610	≥25		
	Y		≥585	≥3		
HSn62-1	Y	≥0.2	390	≥5	—	—
QAl5	M	≥0.2	≥275	≥33	—	—
	Y		≥585	≥2.5		
QAl7	Y_2	≥0.2	585～740	≥10	—	—
	Y		≥635	≥5		
QAl9-2	M	≥0.2	≥440	≥18	—	—
	Y		≥585	≥5		
	T		≥880	—		
QAl9-4	Y	≥0.2	≥635	—	—	—
QSn4-3 QSn4-0.3	M	>0.15	≥290	≥40	—	—
	Y		540～690	≥3		
	T		≥635	≥2		
QSn6.5-0.1	M	>0.15	≥315	≥40	≤120	—
	Y_4		390～510	≥35	110～155	
	Y_2		490～610	≥10	150～190	
	Y		590～690	≥8	180～230	
	T		635～720	≥5	200～240	
	TY		≥690	—	≥210	
QSn7-0.2 QSn6.5-0.4	M	>0.15	≥295	≥40	—	—
	Y		540～690	≥8		
	T		≥665	≥2		
QSn8-0.3	M	≥0.2	≥345	≥45	≤120	—
	Y_4		390～510	≥40	100～160	
	Y_2		490～610	≥30	150～205	
	Y		590～705	≥12	180～235	
	T		≥685	≥5	≥210	
QSn4-4-4 QSn4-4-2.5	M	≥0.8	≥290	≥35	—	—
	Y_3		390～490	≥10	—	65～85
	Y_2		420～510	≥9	—	70～90
	Y		≥490	≥5	—	—
QCd1	Y	≥0.2	≥390	—	—	—
QMn1.5	M	≥0.2	≥205	≥30	—	—

续表 4-4-24

牌　号	状态	拉　伸　试　验			硬　度　试　验	
		厚度/mm	抗拉强度 R_m/(N/mm²)	断后伸长率 $A_{11.3}$/%	维氏硬度 HV	洛氏硬度 HRB
QMn5	M	≥0.2	≥290	≥30	—	—
	Y	≥0.2	≥440	≥3	—	—
QSi3-1	M	≥0.15	≥370	≥45	—	—
	Y	≥0.15	635～785	≥5		
	T	≥0.15	735	≥2		
BZn15-20	M	≥0.2	≥340	≥35	—	—
	Y_2		440～570	≥5		
	Y		540～690	≥1.5		
	T		≥640	≥1		
BZn18-17	M	≥0.2	≥375	≥20	—	—
	Y_2		440～570	≥5	120～180	
	Y		≥540	≥3	≥150	
B5	M	≥0.2	≥215	≥32	—	—
	Y		≥370	≥10		
B19	M	≥0.2	≥290	≥25	—	—
	Y		≥390	≥3		
BFe10-1-1	M	≥0.2	≥275	≥28	—	—
	Y		≥370	≥3		
BFe30-1-1	M	≥0.2	≥370	≥23	—	—
	Y		≥540	≥3		
BMn3-12	M	≥0.2	≥350	≥25	—	—
BMn40-1.5	M	≥0.2	390～590	实测数据	—	—
	Y		≥635			
BAl13-3	CYS	≥0.2	供实测值		—	—
BAl6-1.5	Y		≥600	≥5	—	—

注：1. 厚度超出规定范围的带材，其性能由供需双方商定。

2. 拉伸试验、硬度试验任选其一，未作特别说明时，提供拉伸试验。

4.4.2.4 铜及铜合金管材

(1) 铜及铜合金无缝管材(GB/T 16866—2006)

铜及铜合金无缝管材为铜及铜合金挤制无缝圆形管材和拉制无缝圆形、矩(方)形管材，供一般工业用。

1) 挤制铜及铜合金圆形管的尺寸规格(表 4-4-25)

2) 拉制铜及铜合金圆形管的尺寸规格(表 4-4-26)

3) 拉制矩(方)形管材的尺寸规格(表 4-4-27)

表 4-4-25　挤制铜及铜合金圆形管尺寸规格　(mm)

公称外径	公　称　壁　厚																										
	1.5	2.0	2.5	3.0	3.5	4.0	4.5	5.0	6.0	7.5	9.0	10.0	12.5	15.0	17.5	20.0	22.5	25.0	27.5	30.0	32.5	35.0	37.5	40.0	42.5	45.0	50.0
20,21,22	√	√	√	√		√																					
23,24,25,26	√	√	√	√	√	√																					
27,28,29			√	√	√	√	√	√	√																		
30,32			√	√	√	√	√	√	√																		
34,35,36			√	√	√	√	√	√	√																		

续表 4-4-25 (mm)

公称外径	公称壁厚																										
	1.5	2.0	2.5	3.0	3.5	4.0	4.5	5.0	6.0	7.5	9.0	10.0	12.5	15.0	17.5	20.0	22.5	25.0	27.5	30.0	32.5	35.0	37.5	40.0	42.5	45.0	50.0
38,40,42,44			√	√	√	√	√	√	√	√	√	√															
45,46,48			√	√	√	√	√	√	√	√	√	√															
50,52,54,55			√	√	√	√	√	√	√	√	√	√	√	√	√												
56,58,60						√	√	√	√	√	√	√	√	√	√												
62,64,65,68,70						√	√	√	√	√	√	√	√	√	√	√											
72,74,75,78,80						√	√	√	√	√	√	√	√	√	√	√	√	√									
85,90										√		√	√	√	√	√	√	√	√	√							
95,100										√		√	√	√	√	√	√	√	√	√							
105,110												√	√	√	√	√	√	√	√	√							
115,120												√	√	√	√	√	√	√	√	√	√	√	√				
125,130												√	√	√	√	√	√	√	√	√	√	√					
135,140												√	√	√	√	√	√	√	√	√	√	√	√				
145,150												√	√	√	√	√	√	√	√	√	√	√					
155,160												√	√	√	√	√	√	√	√	√	√	√	√	√	√		
165,170												√	√	√	√	√	√	√	√	√	√	√	√	√	√		
175,180												√	√	√	√	√	√	√	√	√	√	√	√	√	√		
185,190,195,200												√	√	√	√	√	√	√	√	√	√	√	√	√	√	√	
210,220												√	√	√	√	√	√	√	√	√	√	√	√	√	√	√	
230,240,250												√	√	√		√		√	√	√	√	√	√	√	√	√	√
260,280												√	√	√		√		√		√							
290,300																√		√		√							

注："√"表示推荐规格，需要其他规格的产品应由供需双方商定。

表 4-4-26 拉制铜及铜合金圆形管尺寸规格 (mm)

公称外径	公称壁厚																									
	0.2	0.3	0.4	0.5	0.6	0.75	1.0	1.25	1.5	2.0	2.5	3.0	3.5	4.0	4.5	5.0	6.0	7.0	8.0	9.0	10.0	11.0	12.0	13.0	14.0	15.0
3,4	√	√	√	√	√	√	√	√																		
5,6,7	√	√	√	√	√	√	√	√	√																	
8,9,10,11,12,13,14,15	√	√	√	√	√	√	√	√	√	√	√	√														
16,17,18,19,20		√	√	√	√	√	√	√	√	√	√	√	√	√	√											
21,22,23,24,25,26,27,28,29,30			√	√	√	√	√	√	√	√	√	√	√	√	√	√										
31,32,33,34,35,36,37,38,39,40			√	√	√	√	√	√	√	√	√	√	√	√	√	√										
42,44,45,46,48,49,50						√	√	√	√	√	√	√	√	√	√	√	√									
52,54,55,56,58,60						√	√	√	√	√	√	√	√	√	√	√	√	√	√							
62,64,65,66,68,70							√	√	√	√	√	√	√	√	√	√	√	√	√	√	√	√				
72,74,75,76,78,80										√	√	√	√	√	√	√	√	√	√	√	√	√	√	√		
82,84,85,86,88,90,92,94,96,100										√	√	√	√	√	√	√	√	√	√	√	√	√	√	√	√	√
105,110,115,120,125,130,135,140,145,150										√	√	√	√	√	√	√	√	√	√	√	√	√	√	√	√	√

续表 4-4-26 (mm)

公称外径	公称壁厚																									
	0.2	0.3	0.4	0.5	0.6	0.75	1.0	1.25	1.5	2.0	2.5	3.0	3.5	4.0	4.5	5.0	6.0	7.0	8.0	9.0	10.0	11.0	12.0	13.0	14.0	15.0
155, 160, 165, 170, 175, 180, 185, 190, 195, 200												√	√	√	√	√	√	√	√	√	√	√	√	√	√	√
210, 220, 230, 240, 250												√	√	√	√	√	√	√	√	√	√	√	√	√	√	√
260, 270, 280, 290, 300, 310, 320, 330, 340, 350, 360														√	√	√										

注："√"表示推荐规格，需要其他规格的产品应由供需双方商定。

表 4-4-27 拉制矩(方)形管材的尺寸规格 (mm)

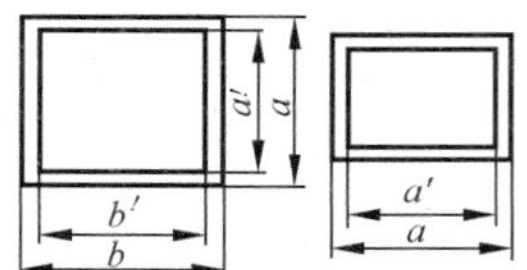

尺寸 a 和 b	允许偏差(±)，不大于		壁厚	尺寸 a 和 b	允许偏差(±)，不大于		壁厚
	普通级	高精级			普通级	高精级	
≤3.0	0.12	0.08	0.4～7.0	>25～50	0.25	0.15	0.4～7.0
>3.0～16	0.15	0.10		>50～100	0.35	0.20	
>16～25	0.18	0.12					

注：1. 当两平行外表面间距的允许偏差要求全为正或全为负时，其允许偏差为表中对应数值的 2 倍。

2. 公称尺寸 a 对应的公差也适用 a'，公称尺寸 b 对应的公差也适用 b'。

(2) 铜及铜合金拉制管(GB/T 1527—2006)

铜及铜合金拉制管为一般用途的圆形、矩(方)形铜及铜合金拉制管材。

1) 铜及铜合金拉制管的牌号、状态和尺寸规格(表 4-4-28)

表 4-4-28 铜及铜合金拉制管的牌号、状态和尺寸规格

牌号	状态	规格/mm			
		圆形		矩(方)形	
		外径	壁厚	对边距	壁厚
T2、T3、TU1、TU2、TP1、TP2	软(M)、轻软(M_2) 硬(Y)、特硬(T)	3～360	0.5～15	3～100	1～10
	半硬(Y_2)	3～100			
H96、H90	软(M)、轻软(M_2) 半硬(Y_2)、硬(Y)	3～200	0.2～10		0.2～7
H85、H80、H85A					
H70、H68、H59、HPb59-1 HSn62-1、HSn70-1、H70A、H68A		3～100			
H65、H63、H62、HPb66-0.5、H65A		3～200			
HPb63-0.1	半硬(Y_2)	18～31	6.5～13	—	—
	1/3 硬(Y_3)	8～31	3.0～13		
BZn15-20	硬(Y)、半硬(Y_2)、 软(M)	4～40	0.5～8	—	—
BFe10-1-1	硬(Y)、半硬(Y_2)、 软(M)	8～160			
BFe30-1-1	半硬(Y_2)、软(M)	8～80			

注：1. 外径≤100 mm 的圆形直管，供应长度为 1 000～7 000 mm；其他规格的圆形直管供应长度为 500～6 000 mm。

2. 矩(方)形直管的供应长度为 1 000～5 000 mm。

3. 外径≤30 mm、壁厚<3 mm 的圆形管材和圆周长≤100 mm 或圆周长与壁厚之比≤15 的矩(方)形管材，可供应长度≥6 000 mm的盘管。

2）纯铜管的力学性能（表 4-4-29）

表 4-4-29 纯铜管的力学性能

牌　　号	状态	壁厚/mm	拉伸试验		硬度试验	
			抗拉强度 R_m/MPa 不小于	伸长率 A(%) 不小于	维氏硬度[2] HV	布氏硬度[3] HBW
T2、T3、TU1、TU2、TP1、TP2	软(M)	所有	200	40	40～65	35～60
	轻软(M_2)	所有	220	40	45～75	40～70
	半硬(Y_2)	所有	250	20	70～100	65～95
	硬(Y)	≤6	290	—	95～120	90～115
		＞6～10	265	—	75～110	70～105
		＞10～15	250	—	70～100	65～95
	特硬[1](T)	所有	360	—	≥110	≥150

① 特硬(T)状态的抗拉强度仅适用于壁厚≤3 mm 的管材；壁厚＞3 mm 的管材，其性能由供需双方协商确定。

② 维氏硬度试验负荷由供需双方协商确定。软(M)状态的维氏硬度试验仅适用于壁厚≥1 mm 的管材。

③ 布氏硬度试验仅适用于壁厚≥3 mm 的管材。

3）黄铜、白铜管的力学性能（表 4-4-30）

表 4-4-30 黄铜、白铜管的力学性能

牌号	状态	拉伸试验		硬度试验		牌号	状态	拉伸试验		硬度试验	
		抗拉强度 R_m/MPa 不小于	伸长率 A(%) 不小于	维氏硬度[1] HV	布氏硬度[2] HBW			抗拉强度 R_m/MPa 不小于	伸长率 A(%) 不小于	维氏硬度[1] HV	布氏硬度[2] HBW
H96	M	205	42	45～70	40～65	H63、H62	M_2	360	25	75～110	70～105
	M_2	220	35	50～75	45～70		Y_2	370	18	85～120	80～115
	Y_2	260	18	75～105	70～100		Y	440	—	≥115	≥110
	Y	320		≥95	≥90	H59、HPb59-1	M	340	35	75～105	70～100
H90	M	220	42	45～75	40～70		M_2	370	20	85～115	80～110
	M_2	240	35	50～80	45～75		Y_2	410	15	100～130	95～125
	Y_2	300	18	75～105	70～100		Y	470	—	≥125	≥120
	Y	360	—	≥100	≥95	HSn70-1	M	295	40	60～90	55～85
H85、H85A	M	240	43	45～75	40～70		M_2	320	35	70～100	65～95
	M_2	260	35	50～80	45～75		Y_2	370	20	85～110	80～105
	Y_2	310	18	80～110	75～105		Y	455	—	≥110	≥105
	Y	370	—	≥105	≥100	HSn62-1	M	295	35	60～90	55～85
H80	M	240	43	45～75	40～70		M_2	335	30	75～105	70～100
	M_2	260	40	55～85	50～80		Y_2	370	20	85～110	80～105
	Y_2	320	25	85～120	80～115		Y	455	—	≥110	≥105
	Y	390	—	≥115	≥110	HPb63-0.1	半硬(Y_2)	353	20	—	110～165
H70、H68、H70A、H68A	M	280	43	55～85	50～80		1/3 硬(Y_3)	—	—	—	70～125
	M_2	350	25	85～120	80～115	BZn15-20	软(M)	295	35	—	—
	Y_2	370	18	95～125	90～120		半硬(Y_2)	390	20	—	—
	Y	420	—	≥115	≥110		硬(Y)	490	8	—	—
H65、HPb66-0.5、H65A	M	290	43	55～85	50～80	BFe10-1-1	软(M)	290	30	75～110	70～105
	M_2	360	25	80～115	75～110		半硬(Y_2)	310	12	105	100
	Y_2	370	18	90～120	85～115		硬(Y)	480	8	150	145
	Y	430	—	≥110	≥105	BFe30-1-1	软(M)	370	35	135	130
H63、H62	M	300	43	60～90	55～85		半硬(Y_2)	480	12	85～120	80～115

① 维氏硬度试验负荷由供需双方协商确定。软(M)状态的维氏硬度试验仅适用于壁厚≥0.5 mm 的管材。

② 布氏硬度试验仅适用于壁厚≥3 mm 的管材。

(3) 铜及铜合金挤制管(YS/T 662—2007)

1) 铜及铜合金挤制管的牌号、状态和尺寸规格(表 4-4-31)

2) 铜及铜合金挤制管的力学性能(表 4-4-32)

表 4-4-31 铜及铜合金挤制管的牌号、状态和尺寸规格

牌号	状态	规格/mm		
		外径	壁厚	长度
TU1、TU2、T2、T3、TP1、TP2	挤制(R)	30～300	5～65	300～6 000
H96、H62、HPb59-1、HFe59-1-1		20～300	1.5～42.5	
H80、H65、H68、HSn62-1、HSi80-3、HMn58-2、HMn57-3-1		60～220	7.5～30	
QA19-2、QA19-4、QAl10-3-1.5、QAl10-4-4		20～250	3～50	500～6 000
QSi3.5-3-1.5		80～200	10～30	
QCr0.5		100～220	17.5～37.5	500～3 000
BFe10-1-1		70～250	10～25	300～3 000
BFe30-1-1		80～120	10～25	

表 4-4-32 铜及铜合金挤制管的力学性能

牌号	壁厚/mm	抗拉强度 R_m/(N/mm²)	断后伸长率 A(%)	布氏硬度 HBW	牌号	壁厚/mm	抗拉强度 R_m/(N/mm²)	断后伸长率 A(%)	布氏硬度 HBW
T2、T3、TU1、TU2、TP1、TP2	≤65	≥185	≥42	—	HMn58-2	≤30	≥395	≥29	—
					HMn57-3-1	≤30	≥490	≥16	—
					QAl19-2	≤50	≥470	≥16	—
H96	≤42.5	≥185	≥42	—	QAl19-4	≤50	≥450	≥17	—
H80	≤30	≥275	≥40	—	QAl10-3-1.5	<16	≥590	≥14	140～200
H68	≤30	≥295	≥45	—		≥16	≥540	≥15	135～200
H65、H62	≤42.5	≥295	≥43	—	QAl10-4-4	≤50	≥635	≥6	170～230
HPb59-1	≤42.5	≥390	≥24	—	QSi3.5-3-1.5	≤30	≥360	≥35	—
HFe59-1-1	≤42.5	≥430	≥31	—	QCr0.5	≤37.5	≥220	≥35	—
HSn62-1	≤30	≥320	≥25	—	BFe10-1-1	≤25	≥280	≥28	—
HSi80-3	≤30	≥295	≥28	—	BFe30-1-1	≤25	≥345	≥25	—

4.4.2.5 铸造铜合金(GB/T 1176—2013)

(1) 铸造铜合金的牌号及主要特性和应用举例(表 4-4-33)

(2) 铸造铜合金的力学性能(表 4-4-34)

表 4-4-33 铸造铜合金的牌号及主要特性和应用举例

合金名称	合金牌号	主要特性	应用举例
3-8-6-1 锡青铜	ZCuSn3Zn8Pb6Ni1	耐磨性较好,易加工,铸造性能好,气密性较好,耐腐蚀,可在流动海水中工作	在各种液体燃料以及海水、淡水和蒸汽(<225 ℃)中工作的零件,压力不大于 2.5 MPa 的阀门和管配件
3-11-4 锡青铜	ZCuSn3Zn11Pb4	铸造性能好,易加工,耐腐蚀	海水、淡水、蒸汽中,压力不大于 2.5 MPa 的管配件
5-5-5 锡青铜	ZCuSn5Pb5Zn5	耐磨性和耐蚀性好,易加工,铸造性能和气密性较好	在较重载荷、中等滑动速度下工作的耐磨、耐蚀零件,如轴瓦、衬套、缸套、活塞、离合器、泵件压盖、蜗轮等

续表 4-4-33

合金名称	合金牌号	主 要 特 性	应 用 举 例
10-1 锡青铜	ZCuSn10P1	硬度高，耐磨性极好，不易产生咬死现象，有较好的铸造性能和可加工性，在大气和淡水中有良好的耐蚀性	可用于重载荷（20 MPa 以下）和高滑动速度（8 m/s）下工作的耐磨零件，如连杆、衬套、轴瓦、齿轮、蜗轮等
10-5 锡青铜	ZCuSn10Pb5	耐腐蚀，特别对稀硫酸、盐酸和脂肪酸的耐蚀性高	结构材料，耐蚀、耐酸的配件以及破碎机衬套、轴瓦
10-2 锡青铜	ZCuSn10Zn2	耐蚀性、耐磨性和可加工性好，铸造性能好，铸件致密性较高，气密性较好	在中等及较重载荷和小滑动速度下工作的重要管配件，以及阀、旋塞、泵体、齿轮、叶轮和蜗轮等
10-10 铅青铜	ZCuPb10Sn10	润滑性能、耐磨性和耐蚀性能好，适合用作双金属铸造材料	表面压力高、又存在侧压力的滑动轴承，如轧辊、车辆轴承、负荷峰值 60 MPa 的受冲击的零件，以及最高峰值达 100 MPa 的内燃机双金属轴瓦，以及活塞销套、摩擦片等
15-8 铅青铜	ZCuPb15Sn8	在缺乏润滑剂和用水质润滑剂条件下，滑动性和自润滑性能好，易切削，铸造性能差，对稀硫酸耐蚀性能好	表面压力高，又有侧压力的轴承，可用来制造冷轧机的铜冷却管，耐冲击载荷达 50 MPa 的零件，内燃机的双金属轴承，主要用于最大载荷达 70 MPa的活塞销套，耐酸配件
17-4-4 铅青铜	ZCuPb17Sn4Zn4	耐磨性和自润滑性能好，易切削，铸造性能差	一般耐磨件，高滑动速度的轴承等
20-5 铅青铜	ZCuPb20Sn5	有较高的滑动性能，在缺乏润滑介质和以水为介质时有特别好的自润滑性能，适用于双金属铸造材料，耐硫酸腐蚀，易切削，铸造性能差	高滑动速度的轴承及破碎机、水泵、冷轧机轴承，载荷达 40 MPa 的零件，抗腐蚀零件，双金属轴承，载荷达 70 MPa 的活塞销套
30 铅青铜	ZCuPb30	有良好的自润滑性，易切削，铸造性能差，易产生密度偏析	要求高滑动速度的双金属轴瓦、减摩零件等
8-13-3 铝青铜	ZCuAl8Mn13Fe3	具有很高的强度和硬度，良好的耐磨性能和铸造性能，合金致密性高，耐蚀性好，作为耐磨件工作温度不大于 400 ℃，可以焊接，不易钎焊	适用于制造重型机械用轴套，以及要求强度高、耐磨、耐压零件，如衬套、法兰、阀体、泵体等
8-13-3-2 铝青铜	ZCuAl8Mn13Fe3Ni2	有很高的力学性能，在大气、淡水和海水中均有良好的耐蚀性，腐蚀疲劳强度高，铸造性能好，合金组织致密，气密性好，可以焊接，不易钎焊	要求强度高、耐腐蚀的重要铸件，如船舶螺旋桨、高压阀体、泵体，以及耐压、耐磨零件，如蜗轮、齿轮、法兰、衬套等
9-2 铝青铜	ZCuAl9Mn2	有高的力学性能，在大气、淡水和海水中耐蚀性好，铸造性能好，组织致密，气密性高，耐磨性好，可以焊接，不易钎焊	耐蚀、耐磨零件、形状简单的大型铸件，如衬套、齿轮、蜗轮，以及在 250 ℃以下工作的管配件和要求气密性高的铸件，如增压器内气封
9-4-4-2 铝青铜	ZCuAl9Fe4Ni4Mn2	有很高的力学性能，在大气、淡水、海水中均有优良的耐蚀性，腐蚀疲劳强度高，耐磨性良好，在 400 ℃以下具有耐热性，可以热处理，焊接性能好，不易钎焊，铸造性能尚好	要求强度高、耐蚀性好的重要铸件，是制造船舶螺旋桨的主要材料之一，也可用作耐磨和 400 ℃以下工作的零件，如轴承、齿轮、蜗轮、螺母、法兰、阀体、导向套管
10-3 铝青铜	ZCuAl10Fe3	具有高的力学性能，耐磨性和耐蚀性能好，可以焊接，不易钎焊，大型铸件自 700 ℃空冷可以防止变脆	要求强度高、耐磨、耐蚀的重型铸件，如轴套、螺母、蜗轮以及 250 ℃以下工作的管配件

续表 4-4-33

合金名称	合金牌号	主 要 特 性	应 用 举 例
10-3-2 铝青铜	ZCuAl10Fe3Mn2	具有高的力学性能和耐磨性，可热处理，高温下耐蚀性和抗氧化性能好，在大气、淡水和海水中耐蚀性好，可以焊接，不易钎焊，大型铸件自 700 ℃空冷可以防止变脆	要求强度高、耐磨、耐蚀的零件，如齿轮、轴承、衬套、管嘴，以及耐热管配件等
38 黄铜	ZCuZn38	具有优良的铸造性能和较高的力学性能，可加工性好，可以焊接，耐蚀性较好，有应力腐蚀开裂倾向	一般结构件和耐蚀零件，如法兰、阀座、支架、手柄和螺母等
25-6-3-3 铝黄铜	ZCuZn25Al6FeMn3	有很高的力学性能，铸造性能良好，耐蚀性较好，有应力腐蚀开裂倾向，可以焊接	适用高强度耐磨零件，如桥梁支承板、螺母、螺杆、耐磨板、滑块和蜗轮等
26-4-3-3 铝黄铜	ZCuZn26Al4Fe3Mn3	有很高的力学性能，铸造性能良好，在空气、淡水和海水中耐蚀性较好，可以焊接	要求强度高、耐蚀零件
31-2 铝黄铜	ZCuZn31Al2	铸造性能良好，在空气、淡水、海水中耐蚀性较好，易切削，可以焊接	适于压力铸造，如电动机、仪表等压铸件及造船和机械制造业的耐蚀件
35-2-2-1 铝黄铜	ZCuZn35Al2Mn2Fe1	具有高的力学性能和良好的铸造性能，在大气、淡水、海水中有较好的耐蚀性，可加工性好，可以焊接	管路配件和要求不高的耐磨件
38-2-2 锰黄铜	ZCuZn38Mn2Pb2	有较高的力学性能和耐蚀性，耐磨性较好，可加工性良好	一般用途的结构件，船舶、仪表等使用的外形简单的铸件，如套筒、衬套、轴瓦、滑块等
40-2 锰黄铜	ZCuZn40Mn2	有较高的力学性能和耐蚀性，铸造性能好，受热时组织稳定	在空气、淡水、海水、蒸汽(300 ℃以下)和各种液体燃料中工作的零件和阀体、阀杆、泵管接头，以及需要浇注巴氏合金和镀锡零件等
40-3-1 锰黄铜	ZCuZn40Mn3Fe1	有高的力学性能，良好的铸造性能和可加工性，在空气、淡水、海水中耐蚀性较好，有应力腐蚀开裂倾向	耐海水腐蚀的零件，以及 300 ℃以下工作的管配件，制造船舶螺旋桨等大型铸件
33-2 铅黄铜	ZCuZn33Pb2	结构材料，给水温度为 90 ℃时抗氧化性能好，电导率约为 10～14 mS/m	煤气和给水设备的壳体，机械制造业、电子技术、精密仪器和光学仪器的部分构件和配件
40-2 铅黄铜	ZCuZn40Pb2	有好的铸造性能和耐磨性，可加工性能好，耐蚀性较好，在海水中有应力腐蚀开裂倾向	一般用途的耐磨、耐蚀零件，如轴套、齿轮等
16-4 硅黄铜	ZCuZn16Si4	具有较高的力学性能和良好的耐蚀性，铸造性能好，流动性高，铸件组织致密，气密性好	接触海水工作的管配件以及水泵、叶轮、旋塞和在空气、淡水、油、燃料，以及工作压力在 4.5 MPa 和 250 ℃以下蒸汽中工作的铸件

注：铸造有色金属牌号由“Z”和基体金属的化学元素符号、主要合金化学元素符号(其中混合稀土元素符号统一用 RE 表示)以及表明合金化元素名义百分含量的数字组成。(摘自 GB/T 8063—1994)。

表 4-4-34 铸造铜及铜合金室温力学性能

合金牌号	铸造方法	室温力学性能，不低于			
		抗拉强度 R_m/MPa	屈服强度 $R_{P0.2}$/MPa	伸长率 A/%	布氏硬度 HBW
ZCu99	S	150	40	40	40
ZCuSn3Zn8Pb6Ni1	S	175		8	60
	J	215		10	70
ZCuSn3Zn11Pb4	S、R	175		8	60
	J	215		10	60

续表 4-4-34

合金牌号	铸造方法	室温力学性能,不低于			
		抗拉强度 R_m/MPa	屈服强度 $R_{P0.2}$/MPa	伸长率 A/%	布氏硬度 HBW
ZCuSn5Pb5Zn5	S、J、R	200	90	13	60*
	Li、La	250	100	13	65*
ZCuSn10P1	S、R	220	130	3	80*
	J	310	170	2	90*
	Li	330	170	4	90*
	La	360	170	6	90*
ZCuSn10Pb5	S	195		10	70
	J	245		10	70
ZCuSn10Zn2	S	240	120	12	70*
	J	245	140	6	80*
	Li、La	270	140	7	80*
ZCuPb9Sn5	La	230	110	11	60
ZCuPb10Sn10	S	180	80	7	65*
	J	220	140	5	70*
	Li、La	220	110	6	70*
ZCuPb15Sn8	S	170	80	5	60*
	J	200	100	6	65*
	Li、La	220	100	8	65*
ZCuPb17Sn4Zn4	S	150		5	55
	J	175		7	60*
ZCuPb20Sn5	S	150	60	5	45*
	J	150	70	6	55*
	La	180	80	7	55*
ZCuPb30	J				25
ZCuAl8Mn13Fe3	S	600	270	15	160
	J	650	280	10	170
ZCuAl8Mn13Fe3Ni2	S	645	280	20	160
	J	670	310	18	170
ZCuAl8Mn14Fe3Ni2	S	735	280	15	170
ZCuAl9Mn2	S、R	390	150	20	85
	J	440	160	20	95
ZCuAl8Be1Co1	S	647	280	15	160
ZCuAl9Fe4Ni4Mn2	S	630	250	16	160
ZCuAl10Fe4Ni4	S	539	200	5	155
	J	588	235	5	166

续表 4-4-34

合金牌号	铸造方法	室温力学性能,不低于			
		抗拉强度 R_m/MPa	屈服强度 $R_{P0.2}$/MPa	伸长率 A/%	布氏硬度 HBW
ZCuAl10Fe3	S	490	180	13	100*
	J	540	200	15	110*
	Li、La	540	200	15	110*
ZCuAl10Fe3Mn2	S、R	490		15	110
	J	540		20	120
ZCuZn38	S	295	95	30	60
	J	295	95	30	70
ZCuZn21Al5Fe2Mn2	S	608	275	15	160
ZCuZn25Al6Fe3Mn3	S	725	380	10	160*
	J	740	400	7	170*
	Li、La	740	400	7	170*
ZCuZn26Al4Fe3Mn3	S	600	300	18	120*
	J	600	300	18	130*
	Li、La	600	300	18	130*
ZCuZn31Al2	S、R	295		12	80
	J	390		15	90
ZCuZn35Al2Mn2Fe2	S	450	170	20	100*
	J	475	200	18	110*
	Li、La	475	200	18	110*
ZCuZn38Mn2Pb2	S	245		10	70
	J	345		18	80
ZCuZn40Mn2	S、R	345		20	80
	J	390		25	90
ZCuZn40Mn3Fe1	S、R	440		18	100
	J	490		15	110
ZCuZn33Pb2	S	180	70	12	50*
ZCuZn40Pb2	S、R	220	95	15	80*
	J	280	120	20	90*
ZCuZn16Si4	S、R	345	180	15	90
	J	390		20	100
ZCuNi10Fe1Mn1	S、J、Li、La	310	170	20	100
ZCuNi30Fe1Mn1	S、J、Li、La	415	220	20	140

注:"*"符号的数据为参考值。

4.4.2.6 压铸铜合金(GB/T 15116—1994)

压铸铜合金的牌号、力学性能及应用见表 4-4-35。

表 4-4-35 压铸铜合金的牌号力学性能及应用

牌 号	与 JB 3071—1982 旧牌号对照（代号）	力学性能 ≥			特性及应用
		抗拉强度 σ_b/MPa	伸长率 δ_5(%)	布氏硬度（HBS）5/250/30	
YZCuZn40Pb	YZCuZn40Pb1（Y591）	300	6	85	塑性好，耐磨性高，优良的切削性及耐蚀性，但强度不高。适于制作一般用途的耐磨、耐蚀零件，如轴套、齿轮等
YZCuZn16Si4	YZCuZn17Si3（Y803）	345	25	85	塑性、耐蚀性均好、高强度、铸造性能优良；切削性和耐磨性能一般。适于制造普通腐蚀介质中工作的管配件、阀体、盖以及各种形状较复杂的铸件
YZCuZn30Al3	YZCuZn30Al3（Y672）	400	15	110	高强度、高耐磨性，铸造性能好，耐大气腐蚀好，耐其他介质一般，切削性能不好。适于制造在空气中工作的各种耐蚀件
YZCuZn35Al2Mn2Fe	—	475	3	130	力学性能好，铸造性好。在大气、海水、淡水中有较好的耐蚀性。适于制作管路配件和一般要求的耐磨件

4.4.2.7 铸造轴承合金（GB/T 1174—1992）

铸造轴承合金，主要用于制造锡基、铅基双金属滑动轴承以及铜基、铝基合金整体滑动轴承。

（1）铸造轴承合金的牌号、铸造方法和力学性能（表 4-4-36）

表 4-4-36 铸造轴承合金的牌号、铸造方法和力学性能

牌 号	铸造方法	力学性能 ≥		
		抗拉强度 σ_b/MPa	断后伸长率 δ_5 %	布氏硬度 HBW
锡基				
ZSnSb12Pb10Cu4	J	—	—	29
ZSnSb12Cu6Cd1				34
ZSnSb11Cu6				27
ZSnSb8Cu4				24
ZSnSb4Cu4				20
铅基				
ZPbSb16Sn16Cu2	J	—	—	30
ZPbSb15Sn5Cu3Cd2				32
ZPbSb15Sn10				24
ZPbSb15Sn5				20
ZPbSb10Sn6				18
铜基				
ZCuSn5Pb5Zn5	S、J	200	13	60[①]
	Li	250		65[①]
ZCuSn10P1	S	200	3	80[①]
	J	310	2	90[①]
ZCuSn10P1	Li	330	4	90[①]
ZCuPb10Sn10	S	180	7	65
	J	220	5	70
	Li	220	6	70
ZCuPb15Sn8	S	170	5	60[①]
	J	200	6	65[①]
	Li	220	8	
ZCuPb20Sn5	S	150	5	45[①]
	J		6	55[①]
ZCuPb30	J	—	—	25[①]
ZCuAl10Fe3	S	490	13	100[①]
	J、Li	540	15	110[①]
铝基				
ZAlSn6Cu1Ni1	S	110	10	35[①]
	J	130	15	40[①]

① 为参考值。

(2) 铸造轴承合金的特性及应用(表 4-4-37)

表 4-4-37 铸造轴承合金的特性及应用

组别	合金代号	主 要 特 征	用 途 举 例
锡基轴承合金	ZSnSb12Pb10Cu4	为含锡量最低的锡基轴承合金,其特点是:性软而韧、耐压、硬度较高,因含铅,浇注性能较其他锡基轴承合金差,热强性也较低,但价格比其他锡基轴承合金较低	适于浇注一般中速、中等载荷发动机的主轴承,但不适用于高温部分
	ZSnSb11Cu6	这是机械工业中应用较广的一种锡基轴承合金。其组成成分的特点是:锡含量较低,铜、锑含量较高。其性能特点是:有一定的韧性、硬度适中(27HB)、抗压强度较高、可塑性好,所以它的减摩性和抗磨性均较好,其冲击韧度虽比ZSnSb8Cu4、ZSnSb4Cu4锡基轴承合金差,但比铅基轴承合金高。此外,还有优良的导热性和耐蚀性、流动性能好,膨胀系数比其他巴氏合金都小。缺点是:疲劳强度较低,故不能用于浇铸层很薄和承受较大振动载荷的轴承。此外,工作温度不能高于 110 ℃,使用寿命较短	适于浇注重载、高速、工作温度低于110 ℃的重要轴承,如:2000(735,5W)以上的高速蒸汽机、500(735.5W)的涡轮压缩机和涡轮泵、1200(735.5W)以上的快速行程柴油机、750 kW 以上的电动机、500 kW 以上发电机,高转速的机床主轴的轴承和轴瓦
	ZSnSb8Cu4	除韧性比 ZSnSb11Cu6 较好,强度及硬度比 ZSnSb11Cu6 较低之外,其他性能与 ZSnSb11Cu6 近似,但因含锡量高,价格较 ZSnSb11Cu6 更贵	适于浇注工作温度在 100 ℃以下的一般负荷压力大的大型机器轴承及轴衬、高速高载荷汽车发动机薄壁双金属轴承
	ZSnSb4Cu4	这种合金的韧度是巴氏合金中最高的,强度及硬度比ZSnSb11Cu6 略低,其他性能与 ZSnSb11Cu6 近似,但价格也最贵	用于要求韧性较大和浇注层厚度较薄的重载高速轴承,如:内燃机、涡轮机、特别是航空和汽车发动机的高速轴承及轴衬
铅基轴承合金	ZPbSb16Sn16Cu2	这种合金和 ZSnSb11Cu6 相比,它的摩擦系数较大,硬度相同,抗压强度较高,在耐磨性和使用寿命方面也不低,尤其是价格便宜得多;但其缺点是冲击韧度低,在室温下是比较脆的。当轴承经受冲击负荷的作用时,易形成裂缝和剥落;当轴承经受静负荷的作用时,工作情况比较好	适用于工作温度<120 ℃的条件下承受无显著冲击载荷、重载高速的轴承,如:汽车拖拉机的曲柄轴承和 1200(735.5W)以内的蒸汽或水力涡轮机、750 kW 以内的电动机、500 kW 以内的发电机、500(735.5W)以内的压缩机以及轧钢机等轴承
	ZPbSb15Sn5Cu3Cd2	这种合金的含锡量比 ZPbSb16Sn16Cu2 约低 2/3,但因加有 Cd(镉)和 As(砷),它们之间的性能却无多大差别。它是 ZPbSb16Sn16Cu2 很好的代用材料	用以代替 ZPbSb16Sn16Cu2 浇注汽车拖拉机发动机的轴承,以及船舶机械,100～250 kW 电动机、抽水机、球磨机和金属切削机床齿轮箱轴承
	ZPbSb15Sn10	这种合金的冲韧韧度比 ZPbSb16Sn16Cu2 高,它的摩擦系数虽然较大,但因其具有良好的磨合性和可塑性,所以仍然得到广泛的应用。合金经热处理(退火)后,塑性、韧性、强度和减摩性能均大大提高,而硬度则有所下降,故一般在浇注后均进行热处理,以改善其性能	用于浇注承受中等压力、中速和冲击负荷机械的轴承,如汽车、拖拉机发动机的曲轴轴承和连杆轴承。此外,也适用于高温轴承
	ZPbSb15Sn5	这是一种性能较好的铅基低锡轴承合金,和锡基轴承合金 ZSnSb11Cu6 相比,耐压强度相同,塑性和热导率较差,在高温高压和中等冲击负荷的情况下,它的使用性能比锡基轴承合金差;但在温度不超过 80～100 ℃和冲击载荷较低的条件下,这种合金完全可以适用,其使用寿命并不低于锡基轴承合金 ZSnSb11Cu6	可用于低速、轻压力条件下工作的机械轴承。一般多用于浇铸矿山水泵轴承,也可用于汽轮机、中等功率电动机、拖拉机发动机。空压机等轴承和轴衬
	ZPbSb10Sn6	这种合金是锡基轴承合金 ZSnSb4Cu4 理想的代用材料,其主要特点是:(1)强度与弹性模量的比值 σ_b/E 较大,抗疲劳剥落的能力较强;(2)由于铅的弹性模量较小,硬度较低,因而具有较好的顺应性和嵌藏性;(3)铅有自然润滑性能,并有较好的油膜吸附能力,故有较好的抗咬合性能;(4)铅和钢的摩擦系数较小,硬度低,对轴颈的磨损小;(5)软硬适中,韧性好,装配时容易刮削加工,使用中容易磨合;(6)原材料成本低廉,制造工艺简单,浇铸质量容易保证。缺点是耐蚀性和合金本身的耐磨性不如锡基轴承合金	可代替 ZSnSb4Cu4 用于浇注工作层厚度不大于 0.5 mm、工作温度不超过 120 ℃的条件下,承受中等负荷或高速低负荷的机械轴承。如:汽车汽油发动机、高速转子发动机、空压机、制冷机、高压油泵等主机轴承,也可用于金属切削机床、通风机、真空泵、离心泵,燃汽泵、水力透平机和一般农机上的轴承

注:铅基轴承合金 ZAlSn6Cu1Ni1 适于高速重载荷的轴承。铜基轴承合金的应用可参见加工铜合金相应牌号(见表 3.2-9)和铸造铜合金相应牌号(见表 3.2-11)。

4.4.3 铝及铝合金

4.4.3.1 铝及铝合金的新旧牌号对照(表 4-4-38)

表 4-4-38 铝及铝合金的新旧牌号对照表

新牌号	旧 牌 号	新牌号	旧 牌 号	新牌号	旧 牌 号	新牌号	旧 牌 号
1A99	原 LG5	2A20	曾用 LY20	4043A		6B02	原 LD2-1
1A97	原 LG4	2A21	曾用 214	4047		6A51	曾用 651
1A95		2A25	曾用 225	4047A		6101	
1A93	原 LG3	2A49	曾用 149	5A01	曾用 2101、LF15	6101A	
1A90	原 LG2	2A50	原 LD5	5A02	原 LF2	6005	
1A85	原 LG1	2B50	原 LD6	5A03	原 LF3	6005A	
1080		2A70	原 LD7	5A05	原 LF5	6351	
1080A		2B70	曾用 LD7-1	5B05	原 LF10	6060	
1070		2A80	原 LD8	5A06	原 LF6	6061	原 LD30
1070A	代 L1	2A90	原 LD9	5B06	原 LF14	6063	原 LD31
1370		2004		5A12	原 LF12	6063A	
1060	代 L2	2011		5A13	原 LF13	6070	原 LD2-2
1050		2014		5A30	曾用 2103、LF16	6181	
1050A	代 L3	2014A		5A33	原 LF33	6082	
1A50	原 LB3	2214		5A41	原 LT41	7A01	原 LB1
1350		2017		5A43	原 LF43	7A03	原 LC3
1145		2017A		5A66	原 LT66	7A04	原 LC4
1035	代 L4	2117		5005		7A05	曾用 705
1A30	原 L4-1	2218		5019		7A09	原 LC9
1100	原 L5-1	2618		5050		7A10	原 LC10
1200	代 L5	2219	曾用 LY19、147	5251		7A15	曾用 LC15、157
1235		2024		5052		7A19	曾用 919、LC19
2A01	原 LY1	2124		5154		7A31	曾用 183-1
2A02	原 LY2	3A21	原 LF21	5154A		7A33	曾用 LB733
2A04	原 LY4	3003		5454		7A52	曾用 LC52、5210
2A06	原 LY6	3103		5554		7003	原 LC12
2A10	原 LY10	3004		5754		7005	
2A11	原 LY11	3005		5056	原 LF5-1	7020	
2B11	原 LY8	3105		5356		7022	
2A12	原 LY12	4A01	原 LT1	5456		7050	
2B12	原 LY9	4A11	原 LD11	5082		7075	
2A13	原 LY13	4A13	原 LT13	5182		7475	
2A14	原 LD10	4A17	原 LT17	5083	原 LF4	8A06	原 L6
2A16	原 LY16	4004		5183		8011	曾用 LT98
2B16	曾用 LY16-1	4032		5086		8090	
2A17	原 LY17	4043		6A20	原 LD2		

注：1. “原”是指化学成分与新牌号等同，且都符合 GB/T 3190—1996 规定的旧牌号。
2. “代”是指与新牌号的化学成分相近似，且符合 GB/T 3190—1996 规定的旧牌号。
3. “曾用”是指已经鉴定，工业生产时曾经用过的牌号，但没有收入 GB/T 3190—1996 中。

4.4.3.2 变形铝合金(GB/T 3190—2008)

(1) 常用变形铝合金的牌号、主要特性和应用(表4-4-39)

表4-4-39 常用变形铝合金的牌号、主要特性和应用

组别	牌号		产品种类	主要特性	应用举例
	新牌号	旧牌号			
工业纯铝	1060 1050A	L2 L3	板、箔、管、线	这是一组工业纯铝,它们的共同特性是:具有高的可塑性、耐蚀性、导电性和导热性,但强度低,热处理不能强化,可加工性能不好;可气焊、原子氢焊和电阻焊,易承受各种压力加工和拉深、弯曲	用于不承受载荷,但要求具有某种特性——如高的可塑性、良好的焊接性、高的耐蚀性或高的导电、导热性的结构元件,如铝箔用于制作垫片及电容器,其他半成品用于制作电子管隔离罩、电线保护套管、电缆电线线芯、飞机通风系统零件等
	1035 8A06	L4 L6	棒、板、箔、管、线、型		
防锈铝	3A21	LF21	板、箔、管、棒、型、线	为Al-Mn系合金,是应用最广的一种防锈铝,这种合金的强度不高(仅稍高于工业纯铝),不能热处理强化,故常采用冷加工方法来提高它的力学性能;在退火状态下有高的塑性,在半冷作硬化时塑性尚好,冷作硬化时塑性低,耐蚀性好,焊接性良好,可加工性不良	用于要求高的可塑性和良好的焊接性、在液体或气体介质中工作的低载荷零件,如油箱、汽油或润滑油导管、各种液体容器和其他用深拉深制作的小负荷零件;线材用作铆钉
	5A02	LF2	板、箔、管、棒、型、线、锻件	为Al-Mg系防锈铝,与3A21相比,5A02强度较高,特别是具有较高的疲劳强度;塑性与耐蚀性高,在这方面与3A21相似;热处理不能强化,用电阻焊和原子氢焊焊接性良好,氩弧焊时有形成结晶裂纹的倾向;合金在冷作硬化和半冷作硬化状态下可加工性较好,退火状态下可加工性不良,可抛光	用于焊接在液体中工作的容器和构件(如油箱、汽油和滑油导管)以及其他中等载荷的零件、车辆船舶的内部装饰件等;线材用作焊条和制作铆钉
	5A03	LF3	板、棒、型、管	为Al-Mg系防锈铝,合金的性能与5A02相似,但因含镁量比5A02稍高,且加入了少量的硅,故其焊接性比5A02好,合金用气焊、氩弧焊、点焊和滚焊的焊接性能都很好,其他性能两者无大差别	用作在液体下工作的中等强度的焊接件,冷冲压的零件和骨架等
	5A05	LF5	板、棒、管	为铝镁系防锈铝(5B05的含镁量稍高于5A05),强度与5A03相当,热处理不能强化;退火状态塑性高,半冷作硬化时塑性中等;用氢原子焊、点焊、气焊、氩弧焊时焊接性尚好;抗腐蚀性高,可加工性在退火状态低劣,半冷作硬化时可加工性尚好,制造铆钉,需进行阳极化处理	5A05用于制作在液体中工作的焊接零件、管道和容器,以及其他零件 5B05用作铆接铝合金和镁合金结构铆钉,铆钉在退火状态下铆入结构
	5B05	LF10	线材		
	5A06	LF6	板、棒、管、型、锻件及模锻件	为铝镁系防锈铝,合金具有较高的强度和腐蚀稳定性,在退火和挤压状态下塑性尚好,用氩弧焊的焊缝气密性和焊缝塑性尚可,气焊和点焊其焊接接头强度为基体强度的90%～95%;可加工性良好	用于焊接容器、受力零件、飞机蒙皮及骨架零件
硬铝	2A01	LY1	线材	为低合金、低强度硬铝,这是铆接铝合金结构用的主要铆钉材料,这种合金的特点是α-固溶体的过饱和程度较低,不溶性的第二相较少,故在淬火和自然时效后的强度较低,但具有很高的塑性和良好的工艺性能(热态下塑性高,冷态下塑性尚好),焊接性与2A11相同;可加工性尚可,耐蚀性不高;铆钉在淬火和时效后进行铆接,在铆接过程中不受热处理后的时间限制	这种合金广泛用作铆钉材料,用于中等强度和工作温度不超过100 ℃的结构用铆钉,因耐蚀性低,铆钉铆入结构时应在硫酸中经过阳极氧化处理,再用重铬酸钾填充氧化膜
	2A02	LY2	棒、带、冲压叶片	这是硬铝中强度较高的一种合金,其特点是:常温时有高的强度,同时也有较高的热强性,属于耐热硬铝。合金在热变形时塑性高,在挤压半成品中,有形成粗晶环的倾向,可热处理强化,在淬火及人工时效状态下使用。与2A70、2A80耐热锻铝相比,腐蚀稳定性较好,但有应力腐蚀破裂倾向,焊接性比2A70略好,可加工性良好	用于工作温度为200～300 ℃的涡轮喷气发动机轴向压缩机叶片及其他在高温下工作、而合金性能又能满足结构要求的模锻件,一般用作主要承力结构材料

续表 4-4-39

组别	牌号		产品种类	主要特性	应用举例
	新牌号	旧牌号			
硬铝	2A04	LY4	线材	铆钉用合金。具有较高的抗剪强度和耐热性能，压力加工性能和切削性能以及耐蚀性均与2A12相同，在150～250 ℃内形成晶间腐蚀倾向较2A12小；可热处理强化，在退火和刚淬火状态下塑性尚好，铆钉应在刚淬火状态下进行铆接（2～6 h内，按铆钉直径大小而定）	用于结构工作温度为125～250 ℃的铆钉
	2B11	LY8	线材	铆钉用合金，具有中等抗剪强度，在退火、刚淬火和热态下塑性尚好，可以热处理强化，铆钉必须在淬火后2 h内铆接	用于中等强度的铆钉
	2B12	LY9	线材	铆钉用合金，抗剪强度和2A04相当，其他性能和2B11相似，但铆钉必须在淬火后20 min内铆接，故工艺困难，因而应用范围受到限制	用于强度要求较高的铆钉
	2A10	LY10	线材	铆钉用合金，具有较高的抗剪强度，在退火、刚淬火、时效和热态下均具有足够的铆接铆钉所需的可塑性；用经淬火和时效处理过的铆钉铆接，铆接过程不受热处理后的时间限制，这是它比2B12、2A11和2A12合金优越之处。焊接性与2A11相同，铆钉的腐蚀稳定性与2A01、2A11相同；由于耐蚀性不高，铆钉铆入结构时，须在硫酸中经过阳极氧化处理，再用重铬酸钾填充氧化膜	用于制造要求较高强度的铆钉，但加热超过100 ℃时产生晶间腐蚀倾向，故工作温度不宜超过100 ℃，可代替2A11、2A12、2B12和2A01等牌号的合金制造铆钉
	2A11	LY11	板、棒、管、型、锻件	这是应用最早的一种硬铝，一般称为标准硬铝，它具有中等强度，在退火、刚淬火和热态下的可塑性尚好，可热处理强化，在淬火和自然时效状态下使用；点焊焊接性良好，用2A11作焊料进行气焊及氩弧焊时有裂纹倾向；包铝板材有良好的腐蚀稳定性，不包铝的则抗蚀性不高，在加热超过100 ℃有产生晶间腐蚀倾向。表面阳极化和涂装能可靠地保护挤压与锻造零件免于腐蚀。可加工性在淬火时效状态下尚好，在退火状态时不良	用于各种中等强度的零件和构件，冲压的连接部件，空气螺旋桨叶片，局部镦粗的零件，如螺栓、铆钉等。铆钉应在淬火后2 h内铆入结构
	2A12	LY12	板、棒、管、型、箔、线材	这是一种高强度硬铝，可进行热处理强化，在退火和刚淬火状态下塑性中等，点焊焊接性良好，用气焊和氩弧焊时有形成晶间裂纹的倾向；合金在淬火和冷作硬化后其可加工性尚好，退火后可加工性低；抗蚀性不高，常采用阳极氧化处理与涂装方法或表面加包铝层以提高其抗腐蚀能力	用于制作各种高负荷的零件和构件（但不包括冲压件和锻件），如飞机上的骨架零件、蒙皮、隔框、翼肋、翼梁、铆钉等150 ℃以下工作的零件。在制作特高负荷零件时有用7A04取代的趋势
	2A06	LY6	板材	高强度硬铝，压力加工性能和可加工性与2A12相同，在退火和刚淬火状态下塑性尚好。合金可以进行淬火与时效处理，一般腐蚀稳定性与2A12相同，加热至150～250 ℃时，形成晶间腐蚀的倾向较2A12为小，点焊焊接性与2A12、2A16相同，氩弧焊较2A12为好，但比2A16差	可作为150～250 ℃工作的结构板材之用，但对淬火自然时效后冷作硬化的板材，在200 ℃长期（>100 h）加热的情况下，不宜采用
	2A16	LY16	板、棒、型材及锻件	这是一种耐热硬铝，其特点是：在常温下强度并不太高，而在高温下却有较高的蠕变强度（与2A02相当），合金在热态下有较高的塑性，无挤压效应，可热处理强化，点焊、滚焊和氩弧焊焊接性能良好，形成裂纹的倾向并不显著，焊缝气密性尚好。焊缝腐蚀稳定性较低，包铝板材的腐蚀稳定性尚好，挤压半成品的抗蚀性不高，为防止腐蚀，应采用阳极氧化处理或涂装保护；可加工性尚好	用于在250～350 ℃下工作的零件，如轴向压缩机叶片、圆盘，板材用作常温和高温下工作的焊接件，如容器、气密仓等

续表 4-4-39

组别	牌号		产品种类	主要特性	应用举例
	新牌号	旧牌号			
硬铝	2A17	LY17	板、棒、锻件	成分和2A16相似，只是加入了少量的镁。两者性能大致相同，所不同的是：2A17在室温下的强度和高温(225 ℃)下的持久强度超过了2A16(只是在300 ℃下才低于2A16)。此外，2A17的可焊性不好，不能焊接	用于20～300 ℃下要求高强度的锻件和冲压件
锻铝	6A02	LD2	板、棒、管、型、锻件	这是工业上应用较为广泛的一种锻铝，特点是具有中等强度(但低于其他锻铝)。在退火状态下可塑性高，在淬火和自然时效后可塑性尚好，在热态下可塑性很高，易于锻造、冲压。在淬火和自然时效状态下其抗蚀性能与3A21、5A02一样良好，人工时效状态的合金具有晶间腐蚀倾向。$w_{Cu}<0.1\%$的合金在人工时效状态下的耐蚀性高。合金易于点焊和原子氢焊，气焊尚好。其可加工性在退火状态下不好，在淬火时效后尚可	用于制造要求有高塑性和高耐蚀性、且承受中等载荷的零件、形状复杂的锻件和模锻件，如气冷式发动机曲轴箱，直升飞机桨叶
	2A50	LD5	棒、锻件	高强度锻铝。在热态下具有高的可塑性，易于锻造、冲压；可以热处理强化，在淬火及人工时效后的强度与硬铝相似；工艺性能较好，但有挤压效应，故纵向和横向性能有所差别；耐蚀性较好，但有晶间腐蚀倾向；切削性能良好，电阻焊、点焊和缝焊性能良好，电弧焊和气焊性能不好	用于制造形状复杂和中等强度的锻件和冲压件
	2B50	LD6	锻件	高强度锻铝。成分、性能与2A50接近，可互相通用，但在热态下的可塑性比2A50高	制作复杂形状的锻件和模锻件，如压气机叶轮和风扇叶轮等
	2A70	LD7	棒、板、锻件和模锻件	耐热锻铝。成分和2A80基本相同，但还加入了微量的钛，故其组织比2A80细化；因含硅量较少，其热强性也比2A80较高；可热处理强化，工艺性能比2A80稍好，热态下具有高的可塑性；由于合金不含锰、铬，因而无挤压效应；电阻焊、点焊和缝焊性能良好，电弧焊和气焊性能差，合金的耐蚀性尚可，可加工性尚好	用于制造内燃机活塞和在高温下工作的复杂锻件，如压气机叶轮、鼓风机叶轮等，板材可用作高温下工作的结构材料，用途比2A80更为广泛
	2A80	LD8	棒、锻件和模锻件	耐热锻铝。热态下可塑性稍低，可进行热处理强化，高温强度高，无挤压效应；焊接性能与2A70相同，耐蚀性尚好，但有应力腐蚀倾向，可加工性尚可	用于制作内燃机活塞，压气机叶片、叶轮、圆盘以及其他高温下工作的发动机零件
	2A90	LD9	棒、锻件和模锻件	这是应用较早的一种耐热锻铝，有较好的热强性，在热态下可塑性尚可，可热处理强化，耐蚀性、焊接性和可加工性与2A70接近	用途和2A70、2A80相同，目前它已被热强性很高而且热态下塑性很好的2A70及2A80所取代
	2A14	LD10	棒、锻件和模锻件	从2A14的成分和性能来看，它可属于硬铝合金，又可属于2A50锻铝合金；它与2A50不同之处，在于含铜量较高，故强度较高，热强性较好，但在热态下的塑性不如2A50好，合金具有良好的可加工性，电阻焊、点焊和缝焊性能良好，电弧焊和气焊性能差；可热处理强化，有挤压效应，因此，纵向横向性能有所差别；耐蚀性不高，在人工时效状态时有晶间腐蚀倾向和应力腐蚀破裂倾向	用于承受高负荷和形状简单的锻件和模锻件。由于热压加工困难，限制了这种合金的应用
超硬铝	7A03	LC3	线材	超硬铝铆钉合金。在淬火和人工时效时的塑性，足以使铆钉铆入；可以热处理强化，常温时抗剪强度较高，耐蚀性尚好，可加工性尚可。铆接铆钉不受热处理后时间的限制	用作受力结构的铆钉。当工作温度在125 ℃以下时，可作为2A10铆钉合金的代用品

续表 4-4-39

组别	牌号		产品种类	主要特性	应用举例
	新牌号	旧牌号			
超硬铝	7A04	LC4	板、棒、管、型、锻件	这是一种最常用的超硬铝，系高强度合金，在退火和刚淬火状态下可塑性中等，可热处理强化，通常在淬火人工时效状态下使用，这时得到的强度比一般硬铝高得多，但塑性较低；截面不太厚的挤压半成品和包铝板有良好的耐蚀性，合金具有应力集中的倾向，所有转接部分应圆滑过渡，减少偏心率等。点焊焊接性良好，气焊不良，热处理后的可加工性良好，退火状态下的可加工性较低	制作承力构件和高载荷零件，如飞机上的大梁、桁条、加强框、蒙皮、翼肋、接头、起落架零件等。通常多用以取代 2A12
	7A09	LC9	棒、板、管、型	高强度铝合金。在退火和刚淬火状态下的塑性稍低于同样状态的 2A12，稍优于 7A04。在淬火和人工时效后的塑性显著下降。合金板材的静疲劳、缺口敏感、应力腐蚀性能稍优于 7A04，棒材与 7A04 相当	制造飞机蒙皮等结构件和主要受力零件
特殊铝	4A01	LT1	线材	这是一种硅质量分数为 5%的低合金化的二元铝硅合金，其强度不高，但耐蚀性很高；压力加工性良好	制作焊条和焊棒，用于焊接铝合金制件

（2）变形铝合金的室温力学性能（表 4-4-40）

表 4-4-40 变形铝合金的室温力学性能

组别	合金牌号	半成品种类	试样状态（旧）	抗拉强度/MPa	屈服强度/MPa	抗剪强度/MPa	布氏硬度 HBW	伸长率（%）	断面收缩率（%）	疲劳强度/MPa
纯铝	工业纯铝		HX8(Y)	147	98		32	6	60	41～62
			O(M)	78	29	54	25	35	80	34
防锈铝	3A21	板材	HX8(Y)	216	177	108	55	5	50	69
			HX4(Y2)	167	127	98	40	10	55	64
			O(M)	127	49	78	30	23	70	49
	5A02	棒材	HX8(Y)	314	226	147	45	5		137
			HX4(Y2)	245	206	123	60	6		123
			O(M)	186	78			23	64	118
			H112(R)	177				21		
	5A03	板材	HX4(Y2)	265	226		75	8		127
			O(M)	231	118		58	22		113
			H112(R)	226	142			14.5		
	5A05	板材	O(M)	299	177		65	20		137
			H112(R)	304	167			18		
		锻件	HX6(Y1)	265	226	216	100	10		152
			O(M)	231	118	177	65	20		137
	5B05	丝材	O(M)	265	147	186	70	23		
	5A06	板材	HX4(Y2)	441	338			13		
			O(M)	333	167		70	20		127
		锻件	HX8(Y)	373	275			6		
			O(M)	333	167	206		20	25	127
硬铝	2A01	丝材	T4(CZ)	294	167	196	70	24	50	83
			O(M)	157	59		38	24		
	2A02	带材	T6(CS)	490	324			13	21	

续表 4-4-40

组别	合金牌号	半成品种类	试样状态(旧)	抗拉强度/MPa	屈服强度/MPa	抗剪强度/MPa	布氏硬度HBW	伸长率(%)	断面收缩率(%)	疲劳强度/MPa
硬铝	2A04	丝材	T4(CZ)	451	275	284	115	23	42	
	2A10	丝材	T4(CZ)	392		255		20		
	2A11	锻材	O(M)	177				20		
			T4(CZ)	402	245		115	15	30	123
	2A12		O(M)	177				21		
			T4(CZ)	510	373	294	130	12		137
			T6(CS)	461	422			6		
	2A06	包铝	T4(CZ)	431	294			20		
		板材	HX4(Y2)	530	431			10		
	2A16	板材		392	294			10		
		挤压件	T6(CS)	392	245	265	100	12	35	127
		锻件	T6(CS)	422		255		17.5		103
超硬铝	7A03	丝材	T6(CS)	500	431	314	150	15	45	
	7A04	薄型材	O(M)	216	98					
		型材厚度<10 mm	T6(CS)	549	520					
		型材厚度>20 mm	T6(CS)	588	539	234				
		<2.5 mm包铝板	T6(CS)	500	431		150	8	12	
锻铝	6A02		O(M)	118		78	30	30	65	
			T4(CZ)	216	118	162	65	22	50	
			T6(CS)	324	275	206	95	16	20	
	2A50	模锻件	T6(CS)	412	294		105	13		
	2B50		T6(CS)	402	314	255			40	
	2A70	8 mm挤压棒材	T6(CS)	407	270			13	25.5	
		<5 kg锻件	T6(CS)	392				18		
	2A80	挤压带材25 mm×125 mm	T4(CZ)	390	320			9.5		
	2A14	小型模锻件	T6(CS)	471	373	284	135	10	25	

(3)铝及铝合金热处理工艺参数(表 4-4-41)

表 4-4-41 铝及铝合金热处理工艺参数

牌号	退火[①]		淬火温度/℃	时效	
	温度/℃	时间/h		温度/℃	时间/h
1060、1050A、1035、8A06	350～500	壁厚小于 6 mm,热透即可,壁厚大于 6 mm,保温 30 min	—	—	—
3A21	350～500		—	—	—
5A02、5A03	350～420		—	—	—
5A05、5A06	310～335		—	—	—

续表 4-4-41

牌号	退火① 温度/℃	退火① 时间/h	淬火温度/℃	时效 温度/℃	时效 时间/h
2A01	370～450	2～3	495～505	室温	96
2A02			495～505	165～175	16
2A06	380～430		500～510	室温或 125～135	120 或 12～14
2A10	370～450		515～520	70～80	24
2A11	390～450		500～510	室温	96
2A12	390～450		495～503	室温或 185～195	96 或 6～12
2A16	390～450		530～540	160～170	16
2A17	390～450		520～530	180～190	16
7A03	350～370	2～3	460～470	分级时效 1 级 115～125	3～4
				2 级 160～170	3～5
				120～140	12～24
7A04	390～430		465～480	分级时效 1 级 115～125	3
				2 级 155～165	3
				135～145	16
7A05	390～430		465～475	分级时效 1 级 95～105	4～5
				2 级 155～165	8～9
6A20	380～430	2～3	515～530	150～165 或室温	6～15 或 96
2A50、2B50	350～400		505～520	150～165 或室温	6～15 或 96
2A70	350～480		525～540	185～195 或稳定化处理 240	8～12 或 1～3
2A80	350～480		525～535	165～180 或稳定化处理 240	8～14 或 1～3
2A90	350～480		510～520	165～175 或稳定化处理 225	6～16 或 3～10
2A14	390～410		495～505	150～165 或室温	5～15 或 96

① 不能热处理强化的铝及铝合金，不受冷却速度限制，可直接在空气或水中冷却；能热处理强化的铝合金，以 30 ℃/h 的冷却速度，冷却到 250 ℃以下出炉，在空气中继续冷却。

4.4.3.3 一般工业用铝及铝合金拉制棒(YS/T 624—2007)

(1) 一般工业用铝及铝合金拉制棒的牌号、状态及规格(4-4-42)

表 4-4-42 一般工业用铝及铝合金拉制棒的牌号、状态及规格

牌号	状态	规格/mm 圆棒直径	矩形棒 方棒边长	扁棒 厚度	扁棒 宽度
1060、1100	O、F、H18	5.00～100.00	5.00～50.00	5.00～40.00	5.00～60.00
2024	O、F、T4、T351				
2014	O、F、T4、T6、T351、T651				
3003、5052	O、F、H14、H18				
7075	O、F、T6、T651				
6061	F、T6				

注：棒材牌号及化学成分应符合 GB/T 3190。

(2) 一般工业用铝及铝合金棒材室温纵向力学性能(表 4-4-43)

表 4-4-43 一般工业用铝及铝合金棒材室温纵向力学性能

牌号	状态	直径或厚度 mm	抗拉强度 R_m/(N/mm²) ≥	规定非比例延伸强度 $R_{P0.2}$/(N/mm²) ≥	断后伸长度/% $A_{5.65}$ ≥	断后伸长度/% $A_{50\ mm}$ ≥
1060	O	≤100	55	15	22	25
	H18	≤10	110	90	—	—
	F	≤100	—	—	—	—

续表 4-4-43

牌号	状态	直径或厚度 mm	抗拉强度 R_m/(N/mm²)	规定非比例延伸强度 $R_{P0.2}$/(N/mm²)	断后伸长度/% $A_{5.65}$	断后伸长度/% $A_{50\ mm}$
			≥			
1100	O	≤30	75～105	20	22	25
	H18	≤10	150	—	—	—
	F	≤100	—	—	—	—
2014	O	≤100	≤240	—	10	12
	T4、T351	≤100	380	220	12	16
	T6、T651	≤100	450	380	7	8
	F	≤100	—	—	—	—
2024	O	≤100	≤240	—	14	16
	T4	≤12.5	425	310	—	10
	T4、T351	>12.5～100	425	290	9	—
	F	≤100	—	—	—	—
3003	O	≤50	95～130	35	22	25
	H14	≤10	140	—	—	—
	H18	≤10	185	—	—	—
	F	≤100	—	—	—	—
5052	O	≤50	170～220	65	22	25
	H14	≤30	235	180	5	—
	H18	≤10	265	220	2	—
	F	≤100	—	—	—	—
6061	T6	≤100	290	240	9	10
	F	≤100	—	—	—	—
7075	O	≤100	≤275	—	9	10
	T6、T651	≤100	530	455	6	7
	F	≤100	—	—	—	—

注：合金或状态或尺寸超出表中规定的范围时，其力学性能附实测结果或供需双方协商。

4.4.3.4 一般工业用铝及铝合金板、带材(GB/T 3880.1～3—2006)

(1) 产品分类　铝及铝合金划分为A、B两类见表4-4-44。

表 4-4-44　铝及铝合金划分为A、B两类

牌号系列	铝或铝合金类别 A	铝或铝合金类别 B
1×××	所有	—
2×××	—	所有
3×××	Mn的最大规定值不大于1.8%，Mg的最大规定值不大于1.8%，Mn的最大规定值与Mg的最大规定值之和不大于2.3%	A类外的其他合金
4×××	Si的最大规定值不大于2%	A类外的其他合金
5×××	Mg的最大规定值不大于1.8%，Mn的最大规定值不大于1.8%，Mg的最大规定值与Mn的最大规定值之和不大于2.3%	A类外的其他合金
6×××	—	所有
7×××	—	所有
8×××	不可热处理强化的合金	可热处理强化的合金

(2) 铝及铝合金板、带材的牌号、状态及厚度规格(表 4-4-45)

表 4-4-45 铝及铝合金板、带材的牌号、状态及厚度规格

牌号	类别	状 态	板材厚度/mm	带材厚度/mm
1A97、1A93、1A90、1A85	A	F	>4.50～150.0	—
		H112	>4.50～80.00	—
1235	A	H12、H22	>0.20～4.50	>0.20～4.50
		H14、H24	>0.20～3.00	>0.20～3.00
		H16、H26	>0.20～4.00	>0.20～4.00
		H18	>0.20～3.00	>0.20～3.00
1070	A	F	>4.50～150.00	>2.50～8.00
		H112	>4.50～75.00	—
		O	>0.20～50.00	>0.20～6.00
		H12、H22、H14、H24	>0.20～6.00	>0.20～6.00
		H16、H26	>0.20～4.00	>0.20～4.00
		H18	>0.20～3.00	>0.20～3.00
1060	A	F	>4.50～150.00	>2.50～8.00
		H112	>4.50～80.00	—
		O	>0.20～80.00	>0.20～6.00
		H12、H22	>0.50～6.00	>0.50～6.00
		H14、H24	>0.20～6.00	>0.20～6.00
		H16、H26	>0.20～4.00	>0.20～4.00
		H18	>0.20～3.00	>0.20～3.00
1050、1050A	A	F	>4.50～150.00	>2.50～8.00
		H112	>4.50～75.00	—
		O	>0.20～50.00	>0.20～6.00
		H12、H22、H14、H24	>0.20～6.00	>0.20～6.00
		H16、H26	>0.20～4.00	>0.20～4.00
		H18	>0.20～3.00	>0.20～3.00
1145	A	F	>4.50～150.00	>2.50～8.00
		H112	>4.50～25.00	—
		O	>0.20～10.00	>0.20～6.00
		H12、H22、H14、H24、H16、H26、H28	>0.20～4.50	>0.20～4.50
1100	A	F	>4.50～150.00	>2.50～8.00
		H112	>6.00～80.00	—
		O	>0.20～80.00	>0.20～6.00
		H12、H22	>0.20～6.00	>0.20～6.00
		H14、H24、H16、H26	>0.20～4.00	>0.20～4.00
		H18	>0.20～3.00	>0.20～3.00
1200	A	F	>4.50～150.00	>2.50～8.00
		H112	>6.00～80.00	—
		O	>0.20～50.00	>0.20～6.00
		H111	>0.20～50.00	—
		H12、H22、H14、H24	>0.20～6.00	>0.20～6.00

续表 4-4-45

牌号	类别	状　态	板材厚度/mm	带材厚度/mm
1200	A	H16、H26	>0.20~4.00	>0.20~4.00
		H18	>0.20~3.00	>0.20~3.00
2017	B	F	>4.50~150.00	—
		H112	>4.50~80.00	—
		O	>0.50~25.00	>0.50~6.00
		T3、T4	>0.50~6.00	—
2A11	B	F	>4.50~150.00	—
		H112	>4.50~80.00	—
		O	>0.50~10.00	>0.50~6.00
		T3、T4	>0.50~10.00	—
2014	B	F	>4.50~150.00	—
		O	>0.50~25.00	—
		T6、T4	>0.50~12.50	—
		T3	>0.50~6.00	—
2024	B	F	>4.50~150.00	—
		O	>0.50~45.00	>0.50~6.00
		T3	>0.50~12.50	—
		T3(工艺包铝)	>4.00~12.50	—
		T4	>0.50~6.00	—
3003	A	F	>4.50~150.00	>2.50~8.00
		H112	>6.00~80.00	—
		O	>0.20~50.00	>0.20~6.00
		H12、H22、H14、H24	>0.20~6.00	>0.20~6.00
		H16、H26、H18	>0.20~4.00	>0.20~4.00
		H28	>0.20~3.00	>0.20~3.00
3004、3104	A	F	>6.30~80.00	>2.50~8.00
		H112	>6.00~80.00	—
		O	>0.20~50.00	>0.20~6.00
		H111	>0.20~50.00	—
		H12、H22、H32、H14	>0.20~6.00	>0.20~6.00
		H24、H34、H16、H26、H36、H18	>0.20~3.00	>0.20~3.00
		H28、H38	>0.20~1.50	>0.20~1.50
3005	A	O、H111、H12、H22、H14	>0.20~6.00	>0.20~6.00
		H111	>0.20~6.00	—
		H16	>0.20~4.00	>0.20~4.00
		H24、H26、H18、H28	>0.20~3.00	>0.20~3.00
3105	A	O、H12、H22、H14、H24、H16、H26、H18	>0.20~3.00	>0.20~3.00
		H111	>0.20~3.00	—
		H28	>0.20~1.50	>0.20~1.50
3102	A	H18	>0.20~3.00	>0.20~3.00

续表 4-4-45

牌号	类别	状态	板材厚度/mm	带材厚度/mm
5182	B	O	>0.20～3.00	>0.20～3.00
		H111	>0.20～3.00	—
		H19	>0.20～1.50	>0.20～1.50
5A03	B	F	>4.50～150.00	—
		H112	>4.50～50.00	—
		O、H14、H24、H34	>0.50～4.50	>0.50～4.50
5A05、5A06	B	F	>4.50～150.00	—
		O	>0.50～4.50	>0.50～4.50
		H112	>4.50～50.00	—
5082	B	F	>4.50～150.00	—
		H18、H38、H19、H39	>0.20～0.50	>0.20～0.50
5005	A	F	>4.50～150.00	>2.50～8.00
		H112	>6.00～80.00	—
		O	>0.20～50.00	>0.20～6.00
		H111	>0.20～50.00	—
		H12、H22、H32、H14、H24、H34	>0.20～6.00	>0.20～6.00
		H16、H26、H36	>0.20～4.00	>0.20～4.00
		H18、H28、H38	>0.20～3.00	>0.20～3.00
5052	B	F	>4.50～150.00	>2.50～8.00
		H112	>6.00～80.00	—
		O	>0.20～50.00	>0.20～6.00
		H111	>0.20～50.00	—
		H12、H22、H32、H14、H24、H34	>0.20～6.00	>0.20～6.00
		H16、H26、H36	>0.20～4.00	>0.20～4.00
		H18、H38	>0.20～3.00	>0.20～3.00
5086	B	F	>4.50～150.00	—
		H112	>6.00～50.00	—
		O/H111	>0.20～80.00	—
		H12、H22、H32、H14、H24、H34	>0.20～6.00	—
		H16、H26、H36	>0.20～4.00	—
		H18	>0.20～3.00	—
5083	B	F	>4.50～150.00	—
		H112	>6.00～50.00	—
		O	>0.20～80.00	>0.50～4.00
		H111	>0.20～80.00	—
		H12、H14、H24、H34	>0.20～6.00	—
		H22、H32	>0.20～6.00	>0.50～4.00
		H16、H26、H36	>0.20～4.00	—
6061	B	F	>4.50～150.00	>2.50～8.00
		O	>0.40～40.00	>0.40～6.00
		T4、T6	>0.40～12.50	—

续表 4-4-45

牌号	类别	状态	板材厚度/mm	带材厚度/mm
6063	B	O	>0.50~20.00	—
		T4、T6	0.50~10.00	—
6A02	B	F	>4.50~150.00	—
		H112	>4.50~80.00	—
		O、T4、T6	>0.50~10.00	—
6082	B	F	>4.50~150.0	—
		O	0.40~25.00	—
		T4、T6	0.40~12.50	—
7075	B	F	>6.00~100.00	—
		O(正常包铝)	>0.50~25.00	—
		O(不包铝或工艺包铝)	>0.50~50.00	—
		T6	>0.50~6.00	—
8A06	A	F	>4.50~150.00	>2.50~8.00
		H112	>4.50~80.00	—
		O	0.20~10.00	—
		H14、H24、H18	>0.20~4.50	—
8011A	A	O	>0.20~3.00	>0.20~3.00
		H111	>0.20~3.00	—
		H14、H24、H18	>0.20~3.00	>0.20~3.00

(3) 铝及铝合金板、带材的宽度和长度(内径)(表 4-4-46)

表 4-4-46 铝及铝合金板、带材的宽度和长度(内径)

板、带材厚度	板材的宽度和长度		带材的宽度和内径	
	板材的宽度	板材的长度	带材的宽度	带材的内径
>0.20~0.50	500~1 660	1 000~4 000	1 660	ϕ75、ϕ150、ϕ200、ϕ300、ϕ405、ϕ505、ϕ610、ϕ650、ϕ750
>0.50~0.80	500~2 000	1 000~10 000	2 000	
>0.80~1.20	500~2 200	1 000~10 000	2 200	
>1.20~8.00	500~2 400	1 000~10 000	2 400	
>1.20~150.00	500~2 400	1 000~10 000		—

4.4.3.5 铝及铝合金管材的尺寸和规格(GB/T 4436—2012)

(1) 热挤压圆管的尺寸和规格(表 4-4-47)

(2) 冷拉、轧圆管的尺寸和规格(表 4-4-48)

表 4-4-47 热挤压圆管的尺寸和规格

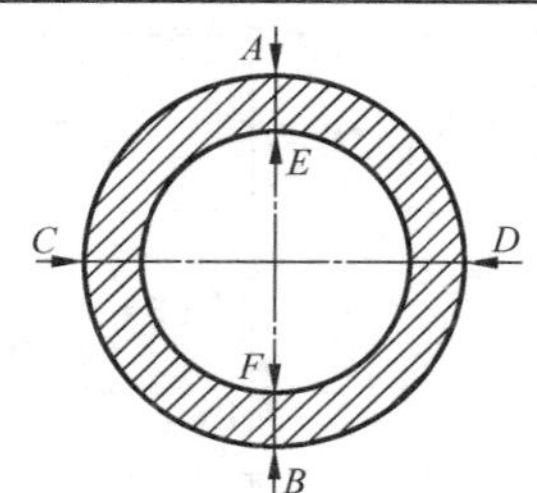

外径/mm	壁厚/mm	外径/mm	壁厚/mm
25	5.0	34、36、38	5.0、6.0、7.0、7.5、8.0、9.0、10.0
28	5.0、6.0	40、42	5.0、6.0、7.0、7.5、8.0、9.0、10.0、12.5
30、32	5.0、6.0、7.0、7.5、8.0	45、48、50、52、55、58	5.0、6.0、7.0、7.5、8.0、9.0、10.0、12.5、15.0

续表 4-4-47

外径/mm	壁厚/mm	外径/mm	壁厚/mm
60、62	5.0,6.0,7.0,7.5,8.0,9.0,10.0,12.5,15.0,17.5	120、125、130	7.5,10.0,12.5,15.0,17.5,20.0,22.5,25.0,27.5,30.0,32.5
65、70	5.0,6.0,7.0,7.5,8.0,9.0,10.0,12.5,15.0,17.5,20.0	135、140、145	10.0,12.5,15.0,17.5,20.0,22.5,25.0,27.5,30.0,32.5
75、80	5.0,6.0,7.0,7.5,8.0,9.0,10.0,12.5,15.0,17.5,20.0,22.5	150、155	10.0,12.5,15.0,17.5,20.0,22.5,25.0,27.5,30.0,32.5,35.0
85、90	5.0,7.5,10.0,12.5,15.0,17.5,20.0,22.5,25.0	160、165、170、175、180、185、190、195、200	10.0,12.5,15.0,17.5,20.0,22.5,25.0,27.5,30.0,32.5,35,37.0,40.0
95	5.0,7.5,10.0,12.5,15.0,17.5,20.0,22.5,25.0,27.5	205、210、215、220、225、230、235、240、245、250、260、270、280、290、300、310、320、330、340、350、360、370、380、390、400	15.0,17.5,20.0,22.5,25.0,27.5,30.0,32.5,35.0,37.5,40.0,42.5,45.0,47.0,50.0
100	5.0,7.5,10.0,12.5,15.0,17.5,20.0,22.5,25.0,27.5,30.0		
105、110、115	5.0,7.5,10.0,12.5,15.0,17.5,20.0,22.5,25.0,27.5,30.0		

表 4-4-48 冷拉、轧圆管的尺寸和规格

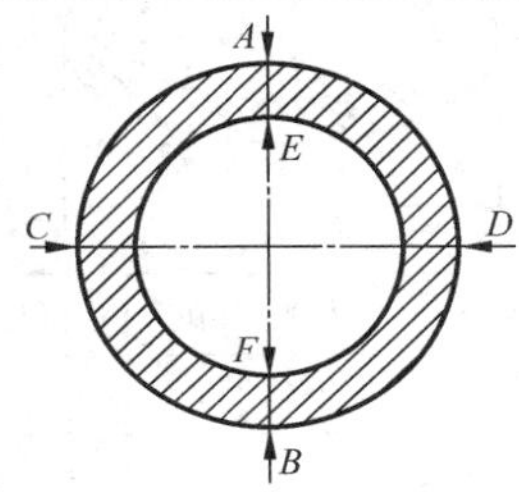

外径/mm	壁厚/mm	外径/mm	壁厚/mm
6	0.5,0.75,1.0	26、28、30、32、34、35、36、38、40、42	0.75,1.0,1.5,2.0,2.5,3.0,3.5,4.0,5.0
8	0.5,0.75,1.0,1.5,2.0	45、48、50、52、55、58、60	0.75,1.0,1.5,2.0,2.5,3.0,3.5,4.0,4.5,5.0
10	0.5,0.75,1.0,1.5,2.0,2.5	65、70、75	1.5,2.0,2.5,3.0,3.5,4.0,4.5,5.0
12、14、15	0.5,0.75,1.0,1.5,2.0,2.5,3.0	80、85、90、95	2.0,2.5,3.0,3.5,4.0,4.5,5.0
16、18	0.5,0.75,1.0,1.5,2.0,2.5,3.0,3.5	100、105、110	2.5,3.0,3.5,4.0,4.5,5.0
20	0.5,0.75,1.0,1.5,2.0,2.5,3.0,3.5	115	3.0,3.5,4.0,4.5,5.0
22、24、25	0.5,0.75,1.0,1.5,2.0,2.5,3.0,3.5,4.0,4.5,5.0	120	3.5,4.0,4.5,5.0

(3) 冷拉正方形管的尺寸和规格(表 4-4-49)

表 4-4-49 冷拉正方形管的尺寸和规格

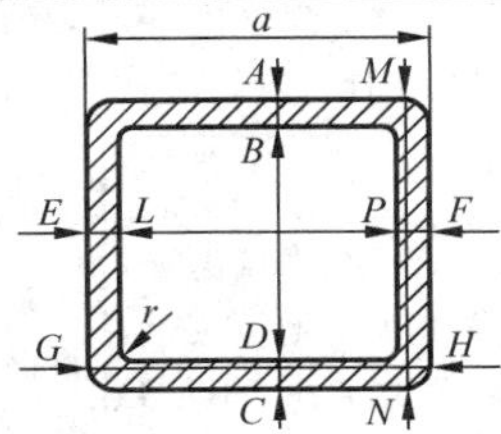

公称边长 a/mm	壁厚/mm	公称边长 a/mm	壁厚/mm	公称边长 a/mm	壁厚/mm
10、12	1.0,1.5	22、25	1.5,2.0,2.5,3.0	42、45、50	1.5,2.0,2.5,3.0,4.5,5.0
14、16	1.0,1.5,2.0	28、32、36、40	1.5,2.0,2.5,3.0,4.5		
18、20	1.0,1.5,2.0,2.5			55、60、65、70	2.5,3.0,4.5,5.0

(4) 冷拉矩形管的尺寸和规格(表 4-4-50)

(5) 冷拉椭圆形管的尺寸和规格(表 4-4-51)

表 4-4-50 冷拉矩形管的尺寸和规格

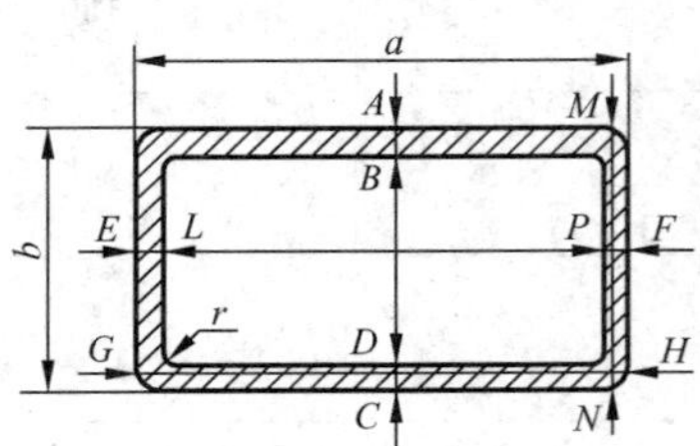

公称边长/mm($a\times b$)	壁厚/mm	公称边长/mm($a\times b$)	壁厚/mm
14×10、16×12、18×10	1.0,1.5,2.0	32×25、36×20、36×28	1.0,1.5,2.0,2.5,3.0,4.5,5.0
18×14、20×12、22×14	1.0,1.5,2.0,2.5	40×25、40×30、45×30、50×30、55×40	1.5,2.0,2.5,3.0,4.5,5.0
25×15、28×16	1.0,1.5,2.0,2.5,3.0		
28×22、32×18	1.0,1.5,2.0	60×40、70×50	2.5,3.0,4.5,5.0

表 4-4-51 冷拉椭圆形管的尺寸和规格

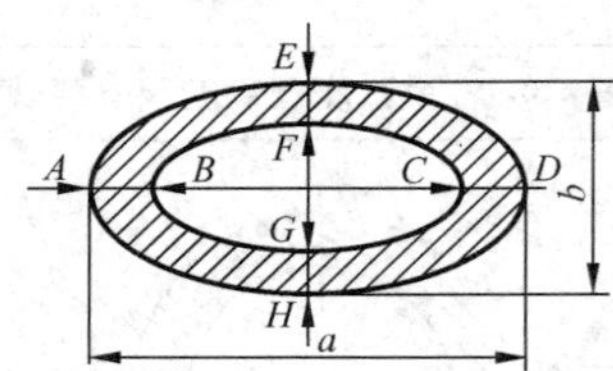

长轴 a/mm	短轴 b/mm	壁厚/mm	长轴 a/mm	短轴 b/mm	壁厚/mm	长轴 a/mm	短轴 b/mm	壁厚/mm
27.0	11.5	1.0	60.5	25.5	1.5	87.5	37.0	2.0
33.5	14.5	1.0	60.5	25.5	2.0	87.5	40.0	2.5
40.5	17.0	1.0	67.5	28.5	1.5	94.5	40.0	2.5
40.5	17.0	1.5	67.5	28.5	2.0	101.0	43.0	2.5
47.0	20.0	1.0	74.0	31.5	1.5	108.0	45.5	2.5
47.0	20.0	1.5	74.0	31.5	2.0	114.5	48.5	2.5
54.0	23.0	1.5	81.0	34.0	2.0			
54.0	23.0	2.0	81.0	34.0	2.5			

4.4.3.6 铸造铝合金(GB/T 1173—2013)

(1) 铸造铝合金的主要特性和应用举例(表 4-4-52)

表 4-4-52 铸造铝合金的主要特性和应用举例

代 号	主 要 特 性	应 用 举 例
ZL101	铸造性能良好、无热裂倾向、线收缩小、气密性高,但稍有产生气孔和缩孔倾向、耐蚀性高,与 ZL102 相近、可热处理强化,具有自然时效能力、强度、塑性高、焊接性好、可加工性一般	适于铸造形状复杂、中等载荷零件,或要求高气密性,高耐蚀性,高焊接性,且环境温度不超过 200 ℃的零件,如水泵、传动装置、壳体、水泵壳体,仪器仪表壳体等
ZL101A	杂质含量较 ZL101 低,力学性能较 ZL101 要好	
ZL102	铸造性能好、密度小、耐蚀性高,可承受大气、海水、二氧化碳、浓硝酸、氨、硫、过氧化氢的腐蚀作用。随铸件壁厚的增加,强度降低程度低、不可热处理强化、焊接性能好,可加工性、耐热性差、成品应在变质处理下使用	适于铸造形状复杂、低载荷的薄壁零件及耐腐蚀和气密性高、工作温度≤200 ℃的零件,如船舶零件仪表壳体、机器盖等
ZL104	铸造性能良好,无热裂倾向,气密性好,线收缩小,但易形成针孔、室温力学性能良好,可热处理强化,耐蚀性能好、可加工性及焊接性一般、铸件需经变质处理	适于铸造形状复杂、薄壁、耐蚀及承受较高静载荷和冲击载荷、工作温度小于 200 ℃的零件,如气缸体盖,水冷或发动机曲轴箱等

续表 4-4-52

代　号	主　要　特　性	应　用　举　例
ZL105	铸造性能良好、气密性良好、热裂倾向小、可热处理强化、强度较高、塑性、韧性较低、可加工性良好、焊接性好，但耐蚀性一般	适于铸造形状复杂、承受较高静载荷及要求焊接性好，气密性高及工作温度在225 ℃以下的零件，在航空工业中应用也很广泛，如气缸体、气缸头、气缸盖及曲轴箱等
ZL105A	特性与ZL105相近，但力学性能优于ZL105	
ZL106	铸造性能良好、气密性高、无热裂倾向、线收缩小、产生缩松及气孔倾向小，可热处理强化，高温、室温力学性能良好，耐蚀性良好，焊接和可加工性也较好	适于铸造形状复杂、承受高静载荷的零件及要求气密性高，工作温度≤225 ℃的零件，如泵体、发动机汽缸头等
ZL107	铸造流动性及热裂倾向较ZL101、ZL102、ZL104要差，可热处理强化，力学性能较ZL104要好，可加工性好，但耐蚀性不高，需变质处理	用于铸造形状复杂，承受高负荷的零件，如机架、柴油发动机、化油器零件及电气设备的外壳等
ZL108	是一种常用的主要的活塞铝合金，其密度小，热胀系数低，耐热性能好，铸造性能好，无热裂倾向、气密性高、线收缩小，但有较大的吸气倾向，可热处理强化，高温、室温力学性能均较高，其可加工性较差，且需变质处理	主要用于铸造汽车、拖拉机发动机活塞和其他在250 ℃以下高温中工作的零件
ZL109	性能与ZL108相近，也是一种常用的活塞铝合金，价格比ZL108高	和ZL108可互用
ZL110	铸造性能和焊补性能良好，耐蚀性中等，强度高，高温性能好	可用于活塞和其他工作温度较高的零件
ZL111	铸造性能优良、无热裂倾向、线收缩小，气密性高，在铸态及热处理后力学性能优良、高温力学性能也很高，其可加工性、焊接性均较好，可热处理强化，耐蚀性较差	适于铸造形状复杂、要求高载荷、高气密性的大型铸件及高压气体、液体中工作的零件，如转子发动机缸体、缸盖、大型水泵的叶轮等重要铸件
ZL114A	成分及性能均与ZL101A相近，但其强度较ZL101A要高	适用于铸造形状复杂、强度高的铸件，但其热处理工艺要求严格，使应用受到限制
ZL115	铸造性能、耐蚀性优良，且强度及塑性也较好，且不需变质处理，与ZL111、ZL114A一样是一种高强度铝-硅合金	主要用于铸造形状复杂高强度及耐蚀的铸件
ZL116	铸造性能好、铸件致密，气密性能，合金力学性能好，耐蚀性高，也是铝-硅系合金中高强度铸铝之一，其价格较高	用于制造承受高液压的油泵壳体、发动机附件，及外形复杂、高强度、高耐蚀的零件
ZL201	铸造性能不佳、线收缩大、气密性低、易形成热裂及缩孔、经热处理强化后，合金具有很高的强度和耐热性、其塑性和韧性也很好，焊接性和可加工性良好，但耐蚀性差	适用于高温(175～300 ℃)或室温下承受高载荷，形状简单的零件，也可用于低温(0～－70 ℃)承受高负载零件，如支架等，是一种用途较广的高强铝合金
ZL201A	成分、性能同ZL201，杂质小，力学性能优于ZL201	
ZL203	铸造性能差，有形成热裂和缩松的倾向，气密性尚可，经热处理后有较好的强度和塑性，可加工性和焊接性良好，耐蚀性差，耐热性差，不需变质处理	需要切削加工、形状简单、中等载荷或冲击载荷的零件，如支架、曲轴箱、飞轮盖等
ZL204A ZL205A	属于高强度耐热合金，其中ZL205A耐热性优于ZL204A	作为受力结构件广泛应用于航空、航天工业中
ZL207A	属铝-稀土金属合金，其耐热性优良，铸造性能良好，气密性高，不易产生热裂和疏松，但室温力学性能差，成分复杂需严格控制	可用于铸造形状复杂、受力不大，在高温(≤400 ℃)下工作的零件
ZL301	系铝镁二元合金、铸件可热处理强化，淬火后，其强度高，且塑性、韧性良好，但在长期使用时有自然时效倾向，塑性下降，且有应力腐蚀倾向，耐蚀性高，是铸铝中耐蚀性最优的，可加工性良好。铸造性能差，易产生显微疏松，耐热性、焊接性较差，且熔铸工艺复杂	用于制造承受高静载荷冲击载荷及要求耐蚀工作环境温度≤200 ℃的铸件，如雷达座、飞机起落架等，还可以用来生产装饰件
ZL303	具有耐蚀性高，与ZL301相近，铸造性能、吸气形成缩孔的倾向、热裂倾向等均比ZL301好，收缩率大，气密性一般，铸件不能热处理强化，高温性能较ZL301好，切割性比ZL301好，且焊接性较ZL301明显改善，生产工艺简单	适于制造工作温度低于200 ℃，承受中等载荷的船舶，航空、内燃机等零件，及其他一些装饰件

续表 4-4-52

代 号	主 要 特 性	应 用 举 例
ZL305	系 ZL301 改进型合金，针对 ZL301 的缺陷，添加了 Be、Ti、Zn 等元素使合金自然时效稳定性和抗应力腐蚀能力均提高，且铸造氧化性降低，其他均类似于 ZL301	适用于工作温度低于 100 ℃的工作环境，其他用途同 ZL301 相同
ZL401	俗称锌硅铝明，其铸造性能良好，产生缩孔及热裂倾向小，线收缩率小，但有较大吸气倾向，铸件有自然时效能力，可加工性及焊接性良好，但需经变质处理，耐蚀性一般，耐热性低，密度大	用于制造工作温度≤200 ℃形状复杂、承受高静载荷的零件，多用于汽车零件、医药机械、仪器仪表零件及日用品方面
ZL402	铸造性能尚好，经时效处理后可获得较高力学性能，适于 −70 ℃至 150 ℃温度范围内工作，抗应力腐蚀性及耐蚀性较好，可加工性良好，焊接性一般，密度大	用于高静载荷、冲击载荷而不便热处理的零件及要求耐蚀和尺寸稳定的工作情况，如高速整铸叶轮、空压机活塞、精密机械、仪器、仪表等方面

(2) 铸造铝合金的力学性能(表 4-4-53)

表 4-4-53 铸造铝合金的力学性能

合金种类	合金牌号	合金代号	铸造方法	合金状态	力学性能 ≥		
					抗拉强度 R_m/MPa	伸长率 A/%	布氏硬度 HBW
Al-Si 合金	ZAlSi7Mg	ZL101	S、J、R、K	F	155	2	50
			S、J、R、K	T2	135	2	45
			JB	T4	185	4	50
			S、R、K	T4	175	4	50
			J、JB	T5	205	2	60
			S、R、K	T5	195	2	60
			SB、RB、KB	T5	195	2	60
			SB、RB、KB	T6	225	1	70
			SB、RB、KB	T7	195	2	60
			SB、RB、KB	T8	155	3	55
	ZAlSi7MgA	ZL101A	S、R、K	T4	195	5	60
			J、JB	T4	225	5	60
			S、R、K	T5	235	4	70
			SB、RB、KB	T5	235	4	70
			J、JB	T5	265	4	70
			SB、RB、KB	T6	275	2	80
			J、JB	T6	295	3	80
	ZAlSi12	ZL102	SB、JB、RB、KB	F	145	4	50
			J	F	155	2	50
			SB、JB、RB、KB	T2	135	4	50
			J	T2	145	3	50
	ZAlSi9Mg	ZL104	S、R、J、K	F	150	2	50
			J	T1	200	1.5	65
			SB、RB、KB	T6	230	2	70
			J、JB	T6	240	2	70
	ZAlSi5Cu1Mg	ZL105	S、J、R、K	T1	155	0.5	65

续表 4-4-53

合金种类	合金牌号	合金代号	铸造方法	合金状态	力学性能 ≥		
					抗拉强度 R_m/MPa	伸长率 A/%	布氏硬度 HBW
Al-Si 合金	ZAlSi5Cu1Mg	ZL105	S、R、K	T5	215	1	70
			J	T5	235	0.5	70
			S、R、K	T6	225	0.5	70
			S、J、R、K	T7	175	1	65
	ZAlSi5Cu1MgA	ZL105A	SB、R、K	T5	275	1	80
			J、JB	T5	295	2	80
	ZAlSi8Cu1Mg	ZL106	SB	F	175	1	70
			JB	T1	195	1.5	70
			SB	T5	235	2	60
			JB	T5	255	2	70
			SB	T6	245	1	80
			JB	T6	265	2	70
			SB	T7	225	2	60
			JB	T7	245	2	60
	ZAlSi7Cu4	ZL107	SB	F	165	2	65
			SB	T6	245	2	90
			J	F	195	2	70
			J	T6	275	2.5	100
	ZAlSi12Cu2Mg1	ZL108	J	T1	195	—	85
			J	T6	255	—	90
	ZAlSi12Cu1Mg1Ni1	ZL109	J	T1	195	0.5	90
			J	T6	245	—	100
	ZAlSi5Cu6Mg	ZL110	S	F	125	—	80
			J	F	155	—	80
			S	T1	145	—	80
			J	T1	165	—	90
	ZAlSi9Cu2Mg	ZL111	J	F	205	1.5	80
			SB	T6	255	1.5	90
			J、JB	T6	315	2	100
	ZAlSi7Mg1A	ZL114A	SB	T5	290	2	85
			J、JB	T5	310	3	90
	ZAlSi5Zn1Mg	ZL115	S	T4	225	4	70
			J	T4	275	6	80
			S	T5	275	3.5	95
			J	T5	315	5	100
	ZAlSi8MgBe	ZL116	S	T4	255	4	70
			J	T4	275	6	80

续表 4-4-53

合金种类	合金牌号	合金代号	铸造方法	合金状态	力学性能 ≥		
					抗拉强度 R_m/MPa	伸长率 A/%	布氏硬度 HBW
Al-Si 合金	ZAlSi8MgBe	ZL116	S	T5	295	2	85
			J	T5	335	4	90
	ZAlSi7Cu2Mg	ZL118	SB、RB	T6	290	1	90
			JB	T6	305	2.5	105
Al-Cu 合金	ZAlCu5Mg	ZL201	S、J、R、K	T4	295	8	70
			S、J、R、K	T5	335	4	90
			S	T7	315	2	80
	ZAlCu5MgA	ZL201A	S、J、R、K	T5	390	8	100
	ZAlCu10	ZL202	S、J	F	104	—	50
			S、J	T6	163	—	100
	ZAlCu4	ZL203	S、R、K	T4	195	6	60
			J	T4	205	6	60
			S、R、K	T5	215	3	70
			J	T5	225	3	70
	ZAlCu5MnCdA	ZL204A	S	T5	440	4	100
	ZAlCu5MnCdVA	ZL205A	S	T5	440	7	100
			S	T6	470	3	120
			S	T7	460	2	110
	ZAlR5Cu3Si2	ZL207	S	T1	165	—	75
			J	T1	175	—	75
Al-Mg 合金	ZAlMg10	ZL301	S、J、R	T4	280	9	60
	ZAlMg5Si	ZL303	S、J、R、K	F	143	1	55
	ZAlMg8Zn1	ZL305	S	T4	290	8	90
Al-Zn 合金	ZAlZn11Si7	ZL401	S、R、K	T1	195	2	80
			J	T1	245	1.5	90
	ZAlZn6Mg	ZL402	J	T1	235	4	70
			S	T1	220	4	65

注：1. 合金铸造方法、变质处理符号表示意义：

S—砂型铸造；J—金属型铸造；R—熔模铸造；K—壳型铸造；B—变质处理。

2. 合金状态代号表示意义：

F—铸态；T1—人工时效；T2—退火；T4—固溶处理加自然时效；T5—固溶处理加不完全人工时效；T6—固溶处理加完全人工时效；T7—固溶处理加稳定化处理；T8—固溶处理加软化处理。

(3) 铸造铝合金热处理工艺规范(表 4-4-54)

表 4-4-54 铸造铝合金热处理工艺规范(GB/T 1173—2013)

合金牌号	合金代号	合金状态	固溶处理			时效处理		
			温度/℃	时间/h	冷却介质及温度/℃	温度/℃	时间/h	冷却介质
ZAlSi7MgA	ZL101A	T4	535±5	6～12	水 60～100	室温	≥24	—
		T5	535±5	6～12	水 60～100	室温	≥8	空气
						再 155±5	2～12	空气

续表 4-4-54

合金牌号	合金代号	合金状态	固熔处理			时效处理		
			温度/℃	时间/h	冷却介质及温度/℃	温度/℃	时间/h	冷却介质
ZAlSi7MgA	ZL101A	T6	535±5	6～12	水 60～100	室温	≥8	空气
						再 180±5	3～8	空气
ZAlSi5Cu1MgA	ZL105A	T5	525±5	4～6	水 60～100	160±5	3～5	空气
		T7	525±5	4～6	水 60～100	225±5	3～5	空气
ZAlSi7Mg1A	ZL114A	T5	535±6	10～14	水 60～100	室温	≥8	空气
						再 160±5	4～8	空气
ZAlSi5Zn1Mg	ZL115	T4	540±5	10～12	水 60～100	150±5	3～5	空气
		T5	540±5	10～12	水 60～100			
ZAlSi8MgBe	ZL116	T4	535±5	10～14	水 60～100	室温	≥24	—
		T5	535±5	10～14	水 60～100	175±5	6	空气
ZAlSi7Cu2Mg	ZL118	T6	490±5	4～6	水 50～100	室温	≥8	空气
			再 510±5	6～8		160±5	7～9	空气
			再 520±5	8～10				
ZAlCu5MnA	ZL201A	T5	535±5	7～9	水 60～100	室温	≥24	—
			再 545±5	7～9	水 60～100	160±5	6～9	—
ZAlCu5MnCdA	ZL204A	T5	530±5	9	—	—	—	—
			再 540±5	9	水 20～60	175±5	3～5	—
ZAlCu5MnCdVA	ZL205A	T5	538±5	10～18	水 20～60	155±5	8～10	—
		T6	538±5	10～18		175±5	4～5	—
		T7	538±5	10～18		190±5	2～4	—
ZAlRE5Cu3Si2	ZL207	T1	—	—	—	200±5	5～10	—
ZAlMg8Zn1	ZL305	T4	435±5	8～10	水 80～100	室温	≥24	—
			再 490±5	6～8				

注：固溶处理时，装炉温度一般在 300 ℃以下，升温(升至固溶温度)速度以 100 ℃/h 为宜。固溶处理中如需阶段保温，在两个阶段间不允许停留冷却，需直接升至第二阶段温度。固溶处理后，淬火转移时间控制在 8～30 s(视合金与零件种类而定)，淬火介质水温由生产厂根据合金及零件种类自定，时效完毕，冷却介质为室温空气。

4.4.3.7 压铸铝合金(GB/T 15115—2009)

(1) 压铸铝合金的牌号及化学成分(表 4-4-55)

表 4-4-55 压铸铝合金的牌号及化学成分

序号	合金牌号	合金代号	化学成分/%										
			Si	Cu	Mn	Mg	Fe	Ni	Ti	Zn	Pb	Sn	Al
1	YZAlSi10Mg	YL101	9.0～10.0	≤0.6	≤0.35	0.45～0.65	≤1.0	≤0.50	—	≤0.40	≤0.10	≤0.15	余量
2	YZAlSi12	YL102	10.0～13.0	≤1.0	≤0.35	≤0.10	≤1.0	≤0.50	—	≤0.40	≤0.10	≤0.15	余量
3	YZAlSi10	YL104	8.0～10.5	≤0.3	0.2～0.5	0.30～0.50	0.5～0.8	≤0.10	—	≤0.30	≤0.05	≤0.01	余量
4	YZAlSi9Cu4	YL112	7.5～9.5	3.0～4.0	≤0.50	≤0.10	≤1.0	≤0.50	—	≤2.90	≤0.10	≤0.15	余量
5	YZAlSi11Cu3	YL113	9.5～11.5	2.0～3.0	≤0.50	≤0.10	≤1.0	≤0.30	—	≤2.90	≤0.10	—	余量

续表 4-4-55

序号	合金牌号	合金代号	化学成分/%										
			Si	Cu	Mn	Mg	Fe	Ni	Ti	Zn	Pb	Sn	Al
6	YZAlSi17Cu5Mg	YL117	16.0～18.0	4.0～5.0	≤0.50	0.50～0.70	≤1.0	≤0.10	≤0.20	≤1.40	≤0.10	—	余量
7	YZAlMg5Si1	YL302	≤0.35	≤0.25	≤0.35	7.60～8.60	≤1.1	≤0.15	—	≤0.15	≤0.10	≤0.15	余量

注：1. 除有范围的元素和铁为必检元素外，其余元素在有要求时抽检。

2. 压铸铝合金牌号是由铝及主要合金元素的化学符号组成。主要合金元素后面跟有表示其名义含量的数字（名义含量为该元素平均含量的修约化整值）。在合金牌号前面冠以字母“YZ”（“Y”及“Z”分别为“压”和“铸”两字汉语拼音的第一个字母）表示为压铸合金。

3. 合金代号中，“YL”（“Y”及“L”分别为“压”和“铝”两字汉语拼音的第一个字母）表示压铸铝合金，YL 后第一个数字 1、2、3、4 分别表示 Al-Si、Al-Cu、Al-Mg、Al-Sn 系列合金，代表合金的代号。YL 后第二、三两个数字为顺序号。

4. 包装应保证在运输和存放过程中防止潮湿。

（2）压铸铝合金特点及应用举例（表 4-4-56）

表 4-4-56　压铸铝合金特点及应用举例

合金系	牌号	代号	合金特点	应用举例
Al-Si 系	YZAlSi12	YL102	共晶铝硅合金。具有较好的抗热裂性能和很好的气密性，以及很好的流动性，不能热处理强化，抗拉强度低	用于承受低负荷、形状复杂的薄壁铸件，如各种仪壳体、汽车机匣、牙科设备、活塞等
Al-Si-Mg 系	YZAlSi10Mg	YL101	亚共晶铝硅合金。较好的抗腐蚀性能，较高的冲击韧性和屈服强度，但铸造性能稍差	汽车车轮罩、摩托车曲轴箱、自行车车轮、船外机螺旋桨等
	YZAlSi10	YL104		
Al-Si-Cu 系	YZAlSi9Cu4	YL112	具有好的铸造性能和力学性能，很好的流动性、气密性和抗热裂性，较好的力学性能、切削加工性、抛光性和铸造性能	常用作齿轮箱、空冷气缸头、发报机机座、割草机罩子、气动刹车、汽车发动机零件，摩托车缓冲器、发动机零件及箱体，农机具用箱体、缸盖和缸体，3C 产品壳体，电动工具、缝纫机零件 渔具、煤气用具、电梯零件等。YL112 的典型用途为带轮、活塞和气缸头等
	YZAlSi11Cu3	YL113	过共晶铝硅合金。具有特别好的流动性、中等的气密性和好的抗热裂性，特别是具有高的耐磨性和低的热膨胀系数	主要用于发动机机体、刹车块、带轮、泵和其他要求耐磨的零件
	YZAlSi17Cu5Mg	YL117		
Al-Mg 系	YZAlMg5Si1	YL302	耐蚀性能强，冲击韧性高，伸长率差，铸造性能差	汽车变速器的油泵壳体，摩托车的衬垫和车架的联结器，农机具的连杆、船外机螺旋桨、钓鱼杆及其卷线筒等零件

4.5　粉末冶金材料

4.5.1　粉末冶金材料的分类及应用举例（表 4-5-1）

表 4-5-1　粉末冶金材料的分类及应用举例

类别		主要性能要求	应用举例
机械零件材料	减摩材料	承载能力（pv 值）高，摩擦因数低，耐磨且不伤对偶。需要时，可满足自润滑、低噪声、耐高温等工况要求	铁、铜基含油轴承，含高石墨及二硫化钼的铁、铜基轴承，金属塑料制品，铜铅双金属制品
	结构材料	硬度、强度及韧性。需要时，可满足耐磨、耐腐蚀、密封及导磁等工况要求	钢、铁、铜、不锈钢基的受力件，如齿轮、汽车及电冰箱压缩机零件

续表 4-5-1

类别		主要性能要求	应用举例
机械零件材料	多孔材料	可控孔隙的大小、形态、分布及孔隙度。需要时，可满足耐热、耐腐蚀、导电、灭菌、催化等功能要求	铁、铜、镍、不锈钢、银、钛、铂、碳化钨基的过滤、减振、消声、防火、催化、电极、热交换及人造骨等制品
	密封材料	静密封材料质软，易与接触对偶贴紧，本身不渗漏；动密封材料耐磨，本身不渗漏	多孔铁浸沥青的管道密封垫，热力管通上热胀冷缩球形补偿器的密封件，泵用的硬质合金或精细陶瓷密封环
	摩擦材料	摩擦因数高且稳定，耐短时高温，导热性好，高的能量负荷(摩滑功与摩滑功率的乘积)，耐磨，抗卡且不伤对偶	铁基、铜基、半金属及碳基的离合器片及制动带(片)
工具材料	刀具材料	硬度、高温硬度、强度、韧性、抗切屑粘附性及耐磨性	硬质合金，粉末高速钢，氮化硅、氧化锆等精细陶瓷，硬质合金与金刚石复合材料
	模具及凿岩工具材料	硬度、强度、韧性及耐磨性	高钴(w_{Co}=15%～25%)硬质合金，钢结硬质合金
	金刚石工具材料	金属胎体的硬度、强度，与金刚石的粘接强度及金刚石本身的强度	砂轮修整工具，石材加工工具，玻璃加工工具，珩磨工具，拉丝模，切削工具
高温材料	难熔金属及其化合物基合金材料	热强性、冲击韧度及硬度	钨、钼、钽、铌、锆、钛及其碳化物、硼化物、硅化物、氮化物基的高温材料
	弥散强化材料	热强性、抗蠕变能力	铝、铜、银、镍、铬、铁与氧化铝、氧化钇、氧化锆、氧化钍弥散相组成的抗晶粒长大的材料
	精细陶瓷材料	热强性、高温硬度、硬度、耐磨性、抗氧化性及韧性	氮化硅、碳化硅、氮化铝、氧化铝、氧化锆及 SiAlON 等高温结构、耐磨材料，刀具及模具材料
电工材料	触头材料	电导率、耐电弧性	铜-钨、银-钨、铜-石墨等
	集电材料	电导率、减摩性及耐电弧性	铜-石墨、银-石墨、铜-碳纤维电刷，铁(或铜)-铅-石墨电气火车受电弓滑板及电车滑块
	电热材料	电阻率、耐高温性能	钨、钼、硅化钼、碳化硅、氮化硅等发热元件、灯丝、极板
磁性材料	软磁材料	磁导率、磁感应强度、矫顽力	纯铁、铁硅、铁铝硅、铁铜磷钼、铁镍等磁极铁芯
	硬磁材料	磁能积	铁氧体、铝镍钴、钐钴、钕铁硼、钍锰等磁极

4.5.2 粉末冶金铁基结构材料

(1) 粉末冶金铁基结构材料分类、牌号、性能及应用(表 4-5-2)

(2) 标记示例说明(GB/T 4309—2009)

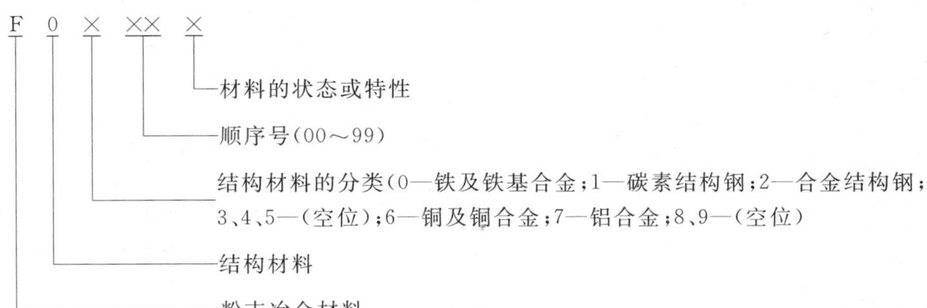

例："F00××T"表示烧结铁或铁基合金结构材料，相对密度>82.5%～87.5%

"F02××T"表示烧结合金结构钢，相对密度>82.5%～87.5%

"F06××U"表示烧结铜或铜合金结构材料，相对密度>87.5%～92.5%

表 4-5-2　粉末冶金铁基结构材料分类、牌号、性能及应用（GB/T 14667.1—1993）

类别	牌号	密度/(g/cm³) ≥	化学成分(质量分数)(%) Fe	$C_{化合}$	Cu	Mo	其他	力学性能 σ_b/MPa ≥	δ(%) ≥	α_K/(J/cm²) ≥	$\sigma_{0.2}$/MPa ≥	$\sigma_{0.1}$/MPa ≥	E/MPa ≥	σ_{bc}/MPa ≥	表观硬度 HBW	主要特点与应用举例
烧结铁	F0001J	6.4	余量	≤0.1	—	—	≤1.5	100	3.0	4.9	68.6	49	78 400	78.4	40	塑性、韧性、焊接性与导磁性较好，适于制造受力极低、要求翻铆或焊接以及要求导磁的零件，如垫片、尺框、接铁、磁筒、极靴等
	F0002J	6.8		≤0.1	—	—	≤1.5	150	5.0	9.8	98	78.4	88 200	98	50	
	F0003J	7.2		≤0.1	—	—	≤1.5	200	7.0	19.6	137.2	98	98 000	117.6	60	
烧结碳钢	F0101J	6.2	余量	>0.1～0.4	—	—	≤1.5	100	1.5	4.9	68.6	49	78 400	98	50	塑性、韧性、焊接性较好，可进行渗碳淬火处理，适于制造受力较小，要求翻铆或焊接零件以及要求渗碳淬火零件，如端盖、滑块、底座等
	F0102J	6.4		>0.1～0.4	—	—	≤1.5	150	2.0	9.8	98	78.4	83 300	117.6	60	
	F0103J	6.8		>0.1～0.4	—	—	≤1.5	200	3.0	14.7	137.2	98	88 200	147	70	
	F0111J	6.2	余量	>0.4～0.7	—	—	≤1.5	150	1.0	4.9	98	78.4	83 300	117.6	60	强度较高，可进行热处理，适于制造轻负荷结构零件和要求热处理的零件，如隔套、接头、调节螺母、传动小齿轮、油泵转子等
	F0112J	6.4		>0.4～0.7	—	—	≤1.5	200	1.5	4.9	137.2	98	88 200	147	70	
	F0113J	6.8		>0.4～0.7	—	—	≤1.5	250	2.0	9.8	176.4	137.2	98 000	196	80	
	F0121J	6.2	余量	>0.7～1.0	—	—	≤1.5	200	0.5	2.94	137.2	98	88 200	147	70	强度与硬度较高，耐磨性较好，可进行热处理，适于制造一般结构零件和耐磨零件，如推力垫、挡套等
	F0122J	6.4		>0.7～1.0	—	—	≤1.5	250	0.5	4.9	176.4	137.2	93 100	196	80	
	F0123J	6.8		>0.7～1.0	—	—	≤1.5	300	1.0	4.9	215.6	171.4	102 900	245	90	
烧结铜钢	F0201J	6.2	余量	0.5～0.8	2～4	—	≤1.5	250	0.5	2.94	196	137.2	93 100	196	90	强度与硬度高，耐磨性好，抗大气氧化性较好，可进行热处理，适于制造受力较大或耐磨的零件，如链轮，齿轮、推杆体、锁紧螺母、摆线转子等
	F0202J	6.4		0.5～0.8	2～4	—	≤1.5	350	0.5	4.9	245	171.4	107 800	294	100	
	F0203J	6.8		0.5～0.8	2～4	—	≤1.5	500	0.5	4.9	343	245	122 500	392	110	
烧结铜钼钢	F0211J	6.4	余量	0.4～0.7	2～4	0.5～1.0	≤1.5	400	0.5	4.9	294	196	112 700	343	120	强度与硬度高，耐磨性好，渗透性好，热稳定性好，高温回火脆性低，适于制造受力高、要求耐磨或要求调质处理零件，如滚子、螺母、活塞环、锁紧块、齿轮等
	F0212J	6.8		0.4～0.7	2～4	0.5～1.0	≤1.5	550	0.5	4.9	392	294	127 400	441	130	

4.5.3 粉末冶金摩擦材料

（1）铁基干式摩擦材料组成、牌号、性能及主要适用范围（表 4-5-3）

（2）铜基干式摩擦材料组成、牌号、性能及主要适用范围（表 4-5-4）

（3）铜基湿式摩擦材料组成、牌号、性能及主要适用范围（表 4-5-5）

表 4-5-3 铁基干式摩擦材料组成、牌号、性能及主要适用范围（JB/T 3063—1996）

牌号	化学成分（质量分数）（%）											平均动摩擦因数 μ_d	静摩擦因数 μ_s	磨损率/（cm³/J）	密度/（g/cm³）	表观硬度 HBW	横向断裂强度/MPa	主要适用范围
	铁	铜	锡	铅	石墨	二氧化硅	三氧化二铝	二硫化钼	碳化硅	铸石	其他							
F1001G	65～75	2～5	—	2～10	10～15	0.5～3	—	2～4	—	—	0～3	>0.25	>0.45	$<5.0\times10^{-7}$	4.2～5.3	30～60	<50	载货汽车和矿山重型车辆的制动带
F1002G	73	10	—	8	6	—	3	—	—	—	—				5.0～5.6	40～70		拖拉机、工程机械等干式离合器片和制动片
F1003G	69	1.5	1	8	16	1	—	—	—	—	3.5				4.8～5.5	35～55		工程机械干式离合器如挖掘机、起重机等
F1004G	65～70	—	3～5	2～4	13～17	—	—	3～5	3～4	3～5	—				4.7～5.2	60～90		合金钢为对偶的飞机制动片
F1005G	65～70	1～5	2～4	2～4	—	4～6	—	—	—	—	—	>0.35			5.0～5.5	40～60		重型淬火起重机、缆索起重吊等

注：本表产品适于制造离合器和制动器之用。

表 4-5-4 铜基干式摩擦材料组成、牌号、性能及主要适用范围（JB/T 3063—1996）

牌号	化学成分（质量分数）（%）									平均动摩擦因数 μ_d	静摩擦因数 μ_s	磨损率/（cm³/J）	密度/（g/cm³）	表观硬度 HBW	横向断裂强度/MPa	主要适用范围
	铅	铁	锡	锌	铜	石墨	二氧化硅	硫酸钡	其他							
F1106G	68	8	5	—	—	10	4	5	—	>0.15	>0.45	$<3.0\times10^{-7}$	5.5～6.5	25～50	>40	干式离合及制动器

续表 4-5-4

<table>
<tr><th rowspan="2">牌号</th><th colspan="9">化学成分(质量分数)(%)</th><th rowspan="2">平均动摩擦因数 μ_d</th><th rowspan="2">静摩擦因数 μ_s</th><th rowspan="2">磨损率/(cm³/J)</th><th rowspan="2">密度/(g/cm³)</th><th rowspan="2">表观硬度 HBW</th><th rowspan="2">横向断裂强度/MPa</th><th rowspan="2">主要适用范围</th></tr>
<tr><th>铅</th><th>铁</th><th>锡</th><th>锌</th><th>铜</th><th>石墨</th><th>二氧化硅</th><th>硫酸钡</th><th>其他</th></tr>
<tr><td>F1107G</td><td>64</td><td>8</td><td>7</td><td>—</td><td>8</td><td>8</td><td>5</td><td>—</td><td>—</td><td>>0.20</td><td><0.45</td><td rowspan="4"><3.0×10⁻⁷</td><td>5.5~6.2</td><td>20~50</td><td>>40</td><td>拖拉机、压力机及工程机械等干式离合器</td></tr>
<tr><td>F1108G</td><td>72</td><td>5</td><td>10</td><td>—</td><td>3</td><td>2</td><td>8</td><td>—</td><td>—</td><td rowspan="2">>0.20</td><td rowspan="2">>0.45</td><td>5.5~6.2</td><td>25~55</td><td rowspan="3">>60</td><td>DLM₂ 型、DLM₄ 型等系列机床、动力头的干式电磁离合器和制动器</td></tr>
<tr><td>F1109G</td><td>63~67</td><td>9~10</td><td>7~9</td><td>—</td><td>3~5</td><td>7~9</td><td>2~5</td><td>—</td><td>3</td><td>5.5~6.5</td><td>20~50</td><td>喷撒工艺，用于 DLMK 型系列机床、动力头的干式电磁离合器和制动器</td></tr>
<tr><td>F1110G</td><td>70~80</td><td></td><td>6~8</td><td>3.5~5</td><td>2~3</td><td>3~4</td><td>3~5</td><td>—</td><td>2</td><td>>0.25</td><td>>0.40</td><td>6.0~6.8</td><td>35~65</td><td>锻压机床、剪切机、工程机械干式离合器</td></tr>
</table>

表 4-5-5 铜基湿式摩擦材料组成、牌号、性能及主要适用范围(JB/T 3063—1996)

<table>
<tr><th rowspan="2">牌号</th><th colspan="8">化学成分(质量分数)(%)</th><th rowspan="2">平均动摩擦因数 μ_d</th><th rowspan="2">静摩擦因数 μ_s</th><th rowspan="2">磨损率/(cm³/J)</th><th rowspan="2">能量负荷许用值/cm</th><th rowspan="2">密度/(g/cm³)</th><th rowspan="2">表观硬度 HBW</th><th rowspan="2">横向断裂强度/MPa</th><th rowspan="2">主要适用范围</th></tr>
<tr><th>铜</th><th>铁</th><th>锡</th><th>锌</th><th>铅</th><th>石墨</th><th>二氧化硅</th><th>其他</th></tr>
<tr><td>F1111S</td><td>69</td><td>6</td><td>8</td><td></td><td>8</td><td>6</td><td>3</td><td></td><td rowspan="3">0.04~0.05</td><td rowspan="8">0.12~0.17</td><td rowspan="4"><2.0×10⁻⁸</td><td rowspan="7">8 500</td><td>5.8~6.4</td><td>20~50</td><td>>60</td><td>船用齿轮箱系列离合器、拖拉机主离合器、载货汽车及工程机械等湿式离合器</td></tr>
<tr><td>F1112S</td><td>75</td><td>8</td><td>3</td><td></td><td>5</td><td>5</td><td>4</td><td></td><td>5.5~6.4</td><td>30~60</td><td>>50</td><td>中等负荷(载货汽车、工程机械)的液力变速器离合器</td></tr>
<tr><td>F1113S</td><td>73</td><td>8</td><td>8.5</td><td></td><td>4</td><td>4</td><td>2.5</td><td></td><td>5.8~6.4</td><td>20~50</td><td rowspan="2">>80</td><td>飞溅离合器</td></tr>
<tr><td>F1114S</td><td>72~76</td><td>3~6</td><td>7~10</td><td></td><td>5~7</td><td>6~8</td><td>1~2</td><td></td><td>0.03~0.05</td><td>≥6.7</td><td>≥40</td><td>转向离合器</td></tr>
<tr><td>F1115S</td><td>67~71</td><td>7~9</td><td>7~9</td><td></td><td>9~11</td><td>5~7</td><td></td><td></td><td rowspan="4">0.05~0.08</td><td rowspan="4"><2.5×10⁻⁸</td><td rowspan="2">5.0~6.2</td><td rowspan="2">20~50</td><td rowspan="2">>60</td><td>喷撒工艺，用于调速离合器</td></tr>
<tr><td>F1116S</td><td>63~67</td><td>9~10</td><td>7~9</td><td></td><td>3~5</td><td>7~9</td><td>2~5</td><td>3</td><td>喷撒工艺，用于船用齿轮箱系列离合器、拖拉机主离合器、载货汽车及工程机械等湿式离合器</td></tr>
<tr><td>F1117S</td><td>70~75</td><td>4~7</td><td>3~5</td><td></td><td>2~5</td><td>5~8</td><td>2~3</td><td></td><td>5.5~6.5</td><td>40~60</td><td rowspan="2">>30</td><td>重负荷液力机械变速器离合器</td></tr>
<tr><td>F1118S</td><td>68~74</td><td></td><td>2~4</td><td>4.5~7.5</td><td>2~4</td><td>13.5~16.5</td><td>2~4</td><td></td><td>32 000</td><td>4.7~5.2</td><td>14~20</td><td>工程机械高负荷传动件，如主离合器、动力换档变速器等</td></tr>
</table>

(4) 标记示例说明

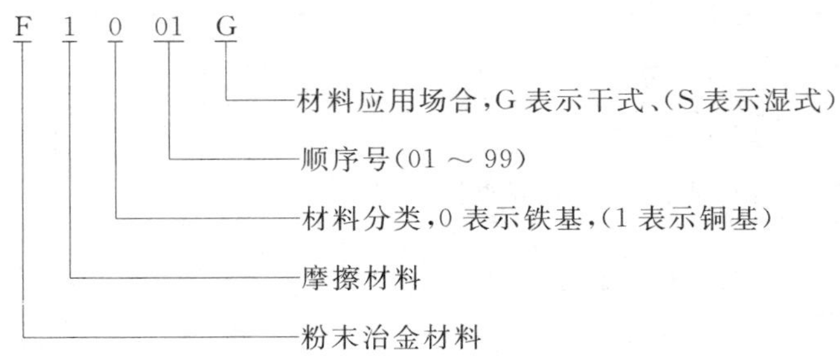

4.6 非金属材料

4.6.1 工程塑料及其制品

4.6.1.1 常用工程塑料的性能特点及应用(表4-6-1)

4.6.1.2 工程塑料棒材

(1) 聚四氟乙烯棒材 聚四氟乙烯适用于在各种腐蚀性介质中工作的衬垫、密封件和润滑材料以及在各种频率下的电绝缘零件,分为SFB-1(直径≤16 mm)和SFB-2(直径≥18 mm)两类,其尺寸规格见表4-6-2。

表4-6-1 常用工程塑料的性能特点及应用

名 称	特 性	应 用 举 例
硬质聚氯乙烯(PVC)	强度较高,化学稳定性及介电性能优良,耐油性和抗老化性也较好,易熔接及粘合,价格较低。缺点是使用温度低(在60℃以下),线胀系数大,成形加工性不良	制品有管、棒、板、焊条及管件,除作日常生活用品外,主要用作耐磨蚀的结构材料或设备衬里材料(代替非铁金属、不锈钢、橡胶)及电气绝缘材料
软质聚氯乙烯(PVC)	抗拉强度、抗弯强度及冲击韧度均较硬质聚氯乙烯低,但破裂伸长率较高。质柔软、耐摩擦、挠曲,弹性良好(像橡胶),吸水性低,易加工成形,有良好的耐寒性和电气性能,化学稳定性强,能制各种鲜艳而透明的制品。缺点是使用温度低,在－15～＋55 ℃	通常制成管、棒、薄板、薄膜、耐寒管、耐酸碱软管等半成品,供作绝缘包皮、套管,耐腐蚀材料、包装材料和日常生活用品
低压聚乙烯(HDPE)	具有优良的介电性能、耐冲击、耐水性好,化学稳定性高,使用温度可达80～100 ℃,摩擦性能和耐寒性好。缺点是强度不高,质较软,成形收缩率大	用作一般电缆的包皮,耐腐蚀的管道、阀、泵的结构零件,亦可喷涂于金属表面,作为耐磨、减磨及防腐蚀涂层
高压聚乙烯(LDPE)		吹塑薄膜用作农业育秧、工业包装等
有机玻璃(PMMA)	有极好的透光性,可透过92%以上的太阳光,紫外线光达73.5%;强度较高,有一定耐热耐寒性,耐腐蚀、绝缘性能良好,尺寸稳定,易于成形,质较脆,易溶于有机溶剂中,表面硬度不够,易擦毛	可作要求有一定强度的透明结构零件
聚丙烯(PP)	是最轻的塑料之一,其屈服、拉伸和压缩强度和硬度均优于低压聚乙烯,有很突出的刚性,高温(90 ℃)抗应力松弛性能良好,耐热性能较好,可在100 ℃以上使用,如无外力150 ℃也不变形,除浓硫酸、浓硝酸外,在许多介质中很稳定,低相对分子质量的脂肪烃、芳香烃、氯化烃,对它有软化和溶胀作用,几乎不吸水,高频电性能不好,成形容易,但收缩率大,低温呈脆性,耐磨性不高	作一般结构零件,作耐腐蚀化工设备和受热的电气绝缘零件
聚苯乙烯(PS)	有较好的韧性和一定的冲击韧度,透明度优良,化学稳定性、耐水、耐油性能较好,且易于成形	作透明零件,如汽车用各种灯罩和电气零件等
改性聚苯乙烯(203A)	有较高的强性和抗冲击韧度;耐酸、耐碱性能好,不耐有机溶剂,电气性能优良,透光性好,着色性佳,并易成形	作一般结构零件和透明结构零件以及仪表零件、油浸式多点切换开关、电池外壳等
丙烯腈、丁二烯、苯乙烯(ABS)	具有良好的综合性能,即高的冲击韧度和良好的力学性能,优良的耐热、耐油性能和化学稳定性,尺寸稳定、易机械加工,表面还可镀金属,电性能良好	作一般结构或耐磨受力传动零件和耐腐蚀设备,用ABS制成泡沫夹层板可做小轿车车身

续表 4-6-1

名　称	特　性	应用举例
聚　砜 (PSU)	有很高的力学性能、绝缘性能及化学稳定性，并且在－100～＋150 ℃以下能长期使用，在高温下能保持常温下所具有的各种力学性能和硬度，蠕变值很小，用F-4填充后，可作摩擦零件	适于高温下工作的耐磨受力传动零件，如汽车分速器盖、齿轮以及电绝缘零件等
尼龙66 (PA66)	疲劳强度和刚性较高，耐热性较好，摩擦因数低，耐磨性好，但吸湿性大，尺寸稳定性不够	适用于中等载荷、使用温度≤100～120 ℃、无润滑或少润滑条件下工作的耐磨受力传动零件
尼龙6 (PA6)	疲劳强度、刚性、耐热性稍不及尼龙66，但弹性好，有较好的消振、降低噪声能力。其余同尼龙66	在轻载荷、中等温度（最高80～100 ℃）、无润滑或少润滑、要求噪声低的条件下工作的耐磨受力传动零件
尼龙610 (PA610)	强度、刚性、耐热性略低于尼龙66，但吸湿性较小，耐磨性好	同尼龙6，宜作要求比较精密的齿轮，用于湿度波动较大的条件下工作的零件
尼龙1010 (PA1010)	强度、刚性、耐热性均与尼龙6和610相似，吸湿性低于尼龙610，成形工艺性较好，耐磨性亦好	轻载荷、温度不高、湿度变化较大的条件下无润滑或少润滑的情况下工作的零件
单体浇铸尼龙 (MC尼龙)	强度、耐疲劳性、耐热性、刚性均优于尼龙6及尼龙66，吸湿性低于尼龙6及尼龙66，耐磨性好，能直接在模具中聚合成形，宜浇铸大型零件	在较高载荷，较高的使用温度(最高使用温度小于120 ℃)无润滑或少润滑的条件下工作的零件
聚甲醛 (POM)	抗拉强度、冲击韧度、刚性、疲劳强度、抗蠕变性能都很高，尺寸稳定性好，吸水性小，摩擦因数小，有很好的耐化学药品能力，性能不亚于尼龙，但价格较低，缺点是加热易分解，成形比尼龙困难	可用作轴承、齿轮、凸轮、阀门、管道螺母、泵叶轮、车身底盘的小部件、汽车仪表板、化油器、箱体、容器、杆件以及喷雾器的各种代铜零件
聚碳酸酯 (PC)	具有突出的冲击强度和抗蠕变性能，有很高的耐热性，耐寒性也很好，脆化温度达－100 ℃，抗弯抗拉强度与尼龙等相当，并有较高的断后伸长率和弹性模量，但疲劳强度小于尼龙66，吸水性较低，收缩率小，尺寸稳定性好，耐磨性与尼龙相当，并有一定的抗腐蚀能力。缺点是成形条件要求较高	可用作各种齿轮、蜗轮、齿条、凸轮、轴承、心轴、滑轮、传送链、螺母、垫圈、泵叶轮、灯罩、容器、外壳、盖板等
氯化聚醚 (CPE)	具有独特的耐高蚀性能，仅次于聚四氟乙烯，可与聚三氟乙烯相比，能耐各种酸碱和有机溶剂，在高温下不耐浓硝酸，浓双氧水和湿氯气等，可在120 ℃下长期使用，强度、刚性比尼龙、聚甲醛等低，耐磨性略优于尼龙，吸水性小，成品收缩率小，尺寸稳定，成品精度高，可用火焰喷镀法涂于金属表面	作耐腐蚀设备与零件，作为在腐蚀介质中使用的低速或高速、低速、低载荷的精密耐磨受力传动零件
聚酚氧	具有良好的力学性能，高的刚性、硬度和韧性。冲击韧度可与聚碳酸酯相比，抗蠕变性能与大多数热塑性塑料相比属于优等，吸水性小，尺寸稳定，成形精度高，一般推荐的最高使用温度为77 ℃	适用于精密的、形状复杂的耐磨受力传动零件，仪表、计算机等零件
线型聚酯 (聚对苯二甲酸乙二醇酯) (PETP)	具有很高的力学性能，抗拉强度超过聚甲醛，抗蠕变性能、刚性和硬度都胜过多种工程塑料，吸水性小，线胀系数小，尺寸稳定性高，热力学性能很差，耐磨性同于聚甲醛和尼龙，增强的线型聚酯其性能相当于热固性塑料	作耐磨受力传动零件，特别是与有机溶剂接触的上述零件，增强的聚酯可以代替玻纤填充的酚醛、环氧等热固性塑料
聚苯醚 (PPO)	在高温下有良好的力学性能，特别是抗拉强度和蠕变性极好，有较高的耐热性(长期使用温度为－127～＋120 ℃)，成形收缩率低，尺寸稳定性强，耐高浓度的无机酸、有机酸、盐的水溶液、碱及水蒸气，但溶于氯化烃和芳香烃中，在丙酮、苯甲醇、石油中龟裂和膨胀	适于作在高温工作下的耐磨受力传动零件，和耐腐蚀的化工设备与零件，如泵叶轮、阀门、管道等，还可以代替不锈钢作外科医疗器械

续表 4-6-1

名　　称	特　　性	应用举例
聚四氟乙烯 (PTFE、F-4)	具有优异的化学稳定性，与强酸、强碱或强氧化剂均不起作用，有很高的耐热性，耐寒性，使用温度自－180～250 ℃，摩擦因数很低，是极好的自润滑材料。缺点是力学性能较低，刚性差有冷流动性，热导率低，热膨胀大，耐磨性不高(可加入填充剂适当改善)，需采用预压烧结的方法，成形加工费用较高	主要用作耐化学腐蚀、耐高温的密封元件，如填料、衬垫、涨圈、阀座、阀片，也用作输送腐蚀介质的高温管道，耐腐蚀衬里，容器以及轴承、导轨、无油润滑活塞环、密封圈等。其分散液可以作涂层及浸渍多孔制品
填充聚四氟乙烯 (PTFE)	用玻璃纤维粉末、二硫化钼、石墨、氧化镉、硫化钨、青铜粉、铅粉等填充的聚四氟乙烯，在承载能力、刚性、pv 极限值等方面都有不同的提高	用于高温或腐蚀性介质中工作的摩擦零件如活塞环等
聚三氟氯乙烯 (PCTFE、F-3)	耐热性、电性能和化学稳定性仅次于 F-4，在 180 ℃的酸、碱和盐的溶液中亦不溶胀或侵蚀，强度、抗蠕变性能、硬度都比 F-4 好些，长期使用温度为－195～＋190 ℃之间，但要求长期保持弹性时，则最高使用温度为 120 ℃，涂层与金属有一定的附着力，其表面坚韧、耐磨、有较高的强度	作耐腐蚀的设备与零件，悬浮液涂于金属表面可作防腐、电绝缘防潮等涂层
聚全氟乙丙烯 (FEP、F-46)	力学、电性能和化学稳定性基本与 F-4 相同，但突出的优点是冲击强度高，即使带缺口的试样也冲不断，能在－85 ℃～＋205 ℃温度范围内长期使用	同 F-4，用于制作要求大批量生产或外形复杂的零件，并用注射成形代替F-4的冷压烧结成形
酚醛塑料 (PF)	力学性能很高，刚性大，冷流性小，耐热性很高(100 ℃以上)，在水润滑下摩擦因数极低(0.01～0.03)，pv 值很高，有良好的电性能和抵抗酸碱侵蚀的能力，不易因温度和湿度的变化而变形，成形简便，价格低廉。缺点是性质较脆、色调有限，耐光性差，耐电弧性较小，不耐强氧化性酸的腐蚀	常用的为层压酚醛塑料和粉末状压塑料，有板材、管材及棒材等。可用作农用潜水电泵的密封件和轴承、轴瓦、带轮、齿轮、制动装置和离合装置的零件、摩擦轮及电器绝缘零件等
聚酰亚胺 (PI)	能耐高温、高强度，可在 260 ℃温度下长期使用，耐磨性能好，且在高温和真空下稳定，挥发物少，电性能、耐辐射性能好，不溶于有机溶剂和不受酸的侵蚀，但在强碱、沸水、蒸汽持续作用下会破坏，主要缺点是质脆，对缺口敏感，不宜在室外长期使用	适用于高温、高真空条件下作减摩、自润滑零件，高温电动机、电器零件
环氧树脂塑料 (EP)	具有较高的强度，良好的化学稳定性和电绝缘性能，成形收缩率小，成形简便	制造金属拉深模、压形模、铸造模，各种结构零件以及用来修补金属零件及铸件

(2) 尼龙棒材　尼龙 1010 具有减摩、耐磨、自润滑、耐油和耐弱酸等优点。尼龙 1010 棒材主要用于加工制作成螺母、轴套、垫圈、齿轮、密封圈等机械零件，以代替铜和其他金属材料制件。其尺寸规格见表 4-6-3。

4.6.1.3　工程塑料管材

(1) 聚四氟乙烯管材　聚四氟乙烯管材用于制作绝缘及输送腐蚀流体的导管，其尺寸规格见表 4-6-4。

(2) 尼龙管材　尼龙管材主要用于机床输油管路(代替铜管)，也可输送弱酸、弱碱及一般腐蚀性介质。可用管件连接，也可用粘接剂粘接。使用温度为－60 ℃～80 ℃，使用压力为 9.8～14.7 MPa。其尺寸规格见表 4-6-5。

表 4-6-2　聚四氟乙烯棒材尺寸规格

分　类	公称直径/mm	直径偏差/mm	长度/mm	长度偏差/mm
SFB-1	1、2、3	$^{+0.4}_{0}$	≥100	±5
	4、5、6、7、8、9、10、11、12、13、14、15、16	±0.5		
SFB-2	18、20、22、24、26、28、30、32、34、36、38、40	$^{+1.0}_{-0.5}$	≥100	±5
	42、44、46、48、50	$^{+1.5}_{-0.5}$		
	55、60、65、70、75、80、85、90、95、100	$^{+3.0}_{-0.5}$		
	110、120、130、140、150、160、170、180、190、200	$^{+6.0}_{-0.5}$		
	220、240、260、280、300、350、400、450	$^{+10.0}_{-0.5}$		

表 4-6-3 尼龙(1010)棒材规格尺寸 (单位:mm)

<table>
<tr><th>棒材公称直径</th><th>允许偏差</th><th>棒材公称直径</th><th>允许偏差</th></tr>
<tr><td>10</td><td>$^{+1.0}_{0}$</td><td>60</td><td rowspan="2">$^{+3.0}_{0}$</td></tr>
<tr><td>12</td><td rowspan="2">$^{+1.5}_{0}$</td><td>70</td></tr>
<tr><td>15</td><td>80</td><td rowspan="3">$^{+4.0}_{0}$</td></tr>
<tr><td>20</td><td rowspan="2">$^{+2.0}_{0}$</td><td>90</td></tr>
<tr><td>25</td><td>100</td></tr>
<tr><td>30</td><td rowspan="3">$^{+3.0}_{0}$</td><td>120</td><td rowspan="3">$^{+5.0}_{0}$</td></tr>
<tr><td>40</td><td>140</td></tr>
<tr><td>50</td><td>160</td></tr>
</table>

表 4-6-4 聚四氟乙烯管材尺寸规格 (单位:mm)

<table>
<tr><th>牌 号</th><th>内 径</th><th>内径偏差</th><th>壁 厚</th><th>壁厚偏差</th><th>长 度</th></tr>
<tr><td rowspan="5">SFG-1</td><td>0.5、0.6、0.7、
0.8、0.9、1.0</td><td>±0.1</td><td>0.2
0.3</td><td>±0.06
±0.08</td><td rowspan="10">≥200</td></tr>
<tr><td>1.2、1.4、1.6、
1.8、2.0、2.2、
2.4、2.6、2.8</td><td>±0.2</td><td>0.2
0.3
0.4</td><td>±0.06
±0.08
±0.10</td></tr>
<tr><td>3.0、3.2、3.4、
3.6、3.8、4.0</td><td>±0.3</td><td>0.2
0.3
0.4
0.5</td><td>±0.06
±0.08
±0.10
±0.16</td></tr>
<tr><td>2.0</td><td>±0.2</td><td rowspan="2">1.0</td><td rowspan="7">±0.30</td></tr>
<tr><td>3.0、4.0</td><td>±0.3</td></tr>
<tr><td rowspan="5">SFC-2</td><td>5.0、6.0
7.0、8.0</td><td>±0.5</td><td>0.5
1.0
1.5
2.0</td></tr>
<tr><td>9.0
10.0
11.0
12.0</td><td>±0.5</td><td>1.0
1.5
2.0</td></tr>
<tr><td>13.0、14.0
15.0、16.0
17.0、18.0
19.0、20.0</td><td>±1.0</td><td>1.5
2.0</td></tr>
<tr><td rowspan="2">25.0、30.0</td><td>±1.0</td><td>1.5
2.0</td></tr>
<tr><td>±1.5</td><td>2.5</td></tr>
</table>

表 4-6-5 尼龙管材尺寸规格 (单位:mm)

<table>
<tr><th rowspan="2">外径×壁厚</th><th colspan="2">偏 差</th><th rowspan="2">长度</th><th rowspan="2">外径×壁厚</th><th colspan="2">偏 差</th><th rowspan="2">长度</th></tr>
<tr><th>外径</th><th>壁厚</th><th>外径</th><th>壁厚</th></tr>
<tr><td>4×1
6×1
8×1</td><td>±0.10</td><td>±0.10</td><td rowspan="3">协议</td><td>12×1</td><td>±0.10</td><td>±0.10</td><td rowspan="3">协议</td></tr>
<tr><td>8×2
9×2</td><td>±0.5</td><td>±0.15</td><td rowspan="2">12×2
14×2
16×2
18×2
20×2</td><td rowspan="2">±0.15</td><td rowspan="2">±0.15</td></tr>
<tr><td>10×1</td><td>±0.10</td><td>±0.10</td></tr>
</table>

4.6.2 橡胶、石棉及其制品

4.6.2.1 常用橡胶的特性及用途(表 4-6-6)

表 4-6-6 常用橡胶的特性及用途

类型与代号	主 要 特 性	用 途
天然橡胶(NR)	为异戊二烯聚合物,其回弹性、拉伸强度、断后伸长率、耐磨、耐撕裂和压缩永久变形均优于大多数合成橡胶,但不耐油,耐天候、臭氧、氧的性能较差	使用温度为 −60~100 ℃,适于制作轮胎、减振零件、缓冲绳和密封零件
丁苯橡胶(SBR)	为丁二烯和苯乙烯共聚物,有良好耐寒、耐磨性,价格低,但不耐油、抗老化性能较差	使用温度为 −60~120 ℃,适于制作轮胎和密封零件
丁二烯橡胶(BR)	为丁二烯聚合物,耐寒、耐磨和回弹性较好,也不耐油、不耐老化	使用温度为 −70~100 ℃,适于制作轮胎、密封零件、减振件、胶带和胶管
氯丁橡胶(CR)	为氯丁二烯聚合物,拉伸强度、断后伸长率、回弹性优良,耐天候、耐臭氧老化;耐油性仅次于丁腈橡胶,但不耐合成双酯润滑油及磷酸酯液压油,与金属和织物粘接性良好	使用温度为 −35~130 ℃,适于制作密封圈及其他密封型材、胶管、涂层、电线绝缘层、胶布及配制胶粘剂等
丁腈橡胶(NBR)	为丁二烯与丙烯腈共聚物,耐油、耐热、耐磨性好,不耐天候、臭氧老化,也不耐磷酸酯液压油	使用温度为 −55~130 ℃,适于制作各种耐油密封零件、膜片、胶管和油箱
乙丙橡胶(EPM)(EPDM)	EPM 为乙烯、丙烯共聚物,EPDM 为再加二烯类烯烃共聚物,耐天候、臭氧老化,耐蒸汽、磷酸酯液压油、酸、碱以及火箭燃料和氧化剂;电绝缘性能优良,但不耐石油基油类	使用温度为 −60~150 ℃,适于作磷酸酯液压油系统密封件、胶管及飞机门窗密封型材、胶布和电线绝缘层
丁基橡胶(IIR)	为异丁烯和异戊二烯共聚物,耐天候、臭氧老化,耐磷酸酯液压油,耐酸碱、火箭燃料及氧化剂,介电性能和绝缘性能优良,透气性极小,但不耐石油基油类	使用温度为 −60~150 ℃,适于制作轮胎内胎、门窗密封条、磷酸酯液压油系统的密封件,胶管、电线和绝缘层
氯磺化聚乙烯橡胶(CSM)	耐天候及臭氧老化,耐油性随含氯量增大而增加,耐酸、碱	使用温度为 −50~150 ℃,适于制作胶布、电缆套管、垫圈、防腐涂层及软油箱外壁
聚氨酯橡胶(AU、EU)	为聚氨基甲酸酯,AU 为聚酯型、EU 为聚醚型,具有优良的拉伸强度、撕裂强度和耐磨性,耐油、耐臭氧与原子辐射,但不宜与酯、酮、磷酸酯液压油、浓酸、碱、蒸汽等接触	使用温度为 −60~80 ℃,适于制作各种形状密封圈、能量吸收装置、冲孔模板、振动阻尼装置、柔性联接、防磨涂层、摩擦动力传动装置、胶辊等
硅橡胶(MQ、MVQ、MPQ、MPVQ)	为聚硅氧烷,具有优良的耐热、耐寒、耐老化性能,绝缘电阻和介电特性优异,导热性好,但强度与抗撕裂性较差,不耐油,价格较贵	使用温度为 −70~280 ℃,适于制作密封圈和型材、氧气波纹管、膜片、减振器、绝缘材料、隔热海绵胶板
氟硅橡胶(MFQ)	为含有氟代烷基的聚硅氧烷,耐油、耐化学品、耐热、耐寒、耐老化性优良,但强度和撕裂性较低,价格偏高	使用温度为 −65~250 ℃,适于制作燃油、双酯润滑油、液压油系统的密封圈、膜片
氟橡胶(FPM)	具有突出的耐热、耐油、耐酸、耐碱性能,老化性能与电绝缘性能亦很优良,难燃,透气性小,但低温性能较差,价格昂贵	使用温度为 −40~250 ℃(短时可达 300 ℃),适于制作各种耐热、耐油的密封件、胶管、胶布和油箱等
聚硫橡胶(PSR)	为多硫烷烃聚合物,耐油性好,耐天候老化,透气性小,电绝缘性良好	使用温度为 −50~100 ℃(短时可达 130 ℃),常用作燃油系统的密封零件,胶管和膜片,液态胶通常作配制密封剂用
氯醇橡胶(CO、ECO)	为环氧氯丙烷均聚物(CO),或环氧氯丙烷与环氧乙烷的共聚物(ECO),具有耐油、耐臭氧性能,耐热性比丁腈橡胶好,透气性小	适于制作密封垫圈和膜片

4.6.2.2 橡胶、石棉制品

(1) 工业用橡胶板(GB/T 5574—1994) 工业用橡胶板按耐油性能分A类、B类和C类三种。

A类橡胶板的工作介质为水和空气,工作温度范围一般为－30～50 ℃,用于制作机器衬垫、各种密封或缓冲用胶垫、胶圈以及室内外、轮船、飞机等铺地面材料。

B类、C类橡胶板的工作介质为汽油、煤油、全损耗系统用油、柴油及其他矿物油类,工作温度范围为－30～50 ℃,用于制作机器衬垫,各种密封或缓冲用胶圈、衬垫等。

工业用橡胶板的尺寸规格见表4-6-7。

(2) 压缩空气用橡胶软管尺寸规格(表4-6-8)

(3) 石棉橡胶板的牌号、规格及性能(表4-6-9)

(4) 耐油石棉橡胶板牌号、规格及适用条件(表4-6-10)

(5) 常用盘根的品种及规格(表4-6-11)

表4-6-7 工业用橡胶板尺寸规格

厚度/mm	公称尺寸	0.5	1.0	1.5	2.0	2.5	3.0	4.0	5.0	6.0	8.0	10
	偏差	±0.1	±0.2	±0.3			±0.4	±0.5		±0.6	±0.8	±1.0
理论重量/kg·m^{-2}		0.75	1.5	2.25	3.0	3.75	4.5	6.0	7.5	9.0	12	15
厚度/mm	公称尺寸	12	14	16	18	20	22	25	30	40	50	
	偏差	±1.2	±1.4	±1.5								
理论重量/kg·m^{-2}		18	21	24	27	30	33	37.5	45	60	75	

注:工业橡胶板宽度为0.5～2.0 m。

表4-6-8 压缩空气用橡胶软管尺寸规格(GB/T 1186—2007)

<table>
<tr><th colspan="4">内径/mm</th><th colspan="4">最大工作压力/MPa</th></tr>
<tr><th colspan="2">1型</th><th colspan="2">2型,3型</th><th colspan="4">胶管型号</th></tr>
<tr><th>公称内径</th><th>公差</th><th>公称内径</th><th>公差</th><th>1型</th><th>1型c级
2型c级
3型c级</th><th>2型d级</th><th>2型c级
3型c级</th></tr>
<tr><td>5</td><td>±0.5</td><td rowspan="2">12.5
16
20</td><td rowspan="2">±0.75</td><td rowspan="6">a级—0.6
b级—0.8</td><td rowspan="6">1.0</td><td rowspan="6">1.6</td><td rowspan="6">2.5</td></tr>
<tr><td rowspan="2">6.3
8
12.5
16
20</td><td rowspan="2">±0.75</td></tr>
<tr><td>25
31.5</td><td>±1.25</td></tr>
<tr><td>25
31.5</td><td>±1.25</td><td rowspan="2">40
50
63*</td><td rowspan="2">±1.5</td></tr>
<tr><td rowspan="2">40
50</td><td rowspan="2">±1.5</td></tr>
<tr><td>80*
100*</td><td>±2</td></tr>
</table>

注:1. 本标准适用于工作温度在－20～＋45 ℃,工作压力在2.5 MPa以下的工业用压缩空气。

2. 表中标"*"的数值适用于2型c、d级;3型c级软胶管。

表4-6-9 石棉橡胶板的牌号、规格及性能(GB/T 3985—2008)

牌号	表面颜色	适用条件	性能					
			σ_b/MPa ≥	密度/(g/cm^2)	压缩率(%)	回弹率(%) ≥	应力松弛率(%) ≤	蒸汽密封性
XB510	墨绿色	510 ℃,压力7 MPa	21.0	1.6～2.0	7～17	45	50	在500～510 ℃,压力13～14 MPa,保持30 min,无击穿
XB450	紫色	450 ℃,压力6 MPa	18.0	1.6～2.0	7～17	45	50	在440～450 ℃,压力11～12 MPa,保持30 min,无击穿

续表 4-6-9

牌号	表面颜色	适用条件	性能					
			σ_b/MPa ≥	密度/(g/cm^2)	压缩率(%)	回弹率(%) ≥	应力松弛率(%) ≤	蒸汽密封性
XB400	紫色	400 ℃,压力 5 MPa	15.0	1.6～2.0	7～7	45	50	在 390～400 ℃,压力 8～9 MPa,保持 30 min,无击穿
XB350	红色	350 ℃,压力 4 MPa	12.0	1.6～2.0	7～17	40	50	温度为 340 ℃～350 ℃,压力为 7～8 MPa,保持 30 min,无击穿
XB300		300 ℃,压力 3 MPa	9.0					温度为 290～300 ℃,压力为 4～5 MPa,保持 30 min,无击穿
XB200	灰色	200 ℃,压力 1.5 MPa	6.0	1.6～2.0	7～17	35	50	温度为 190～200 ℃,压力为 2～3 MPa,保持 30 min,无击穿
XB150		150 ℃,压力 0.8 MPa	5.0					温度为 140～150 ℃,压力为 1.5～2 MPa,保持 30 min,无击穿

注:1. 本标准适用于最高温度 510 ℃,最高压力 7 MPa 下的水、水蒸气等介质的设备、管道法兰连接用密封衬垫材料。

2. 根据需要石棉橡胶板表面可涂石墨。

3. 石棉橡胶板厚度系列:0.5 mm、0.6 mm、0.8 mm、1.0 mm、1.5 mm、2.0 mm、2.5 mm、3.0 mm、>3.0 mm。

4. 石棉橡胶板宽度为 0.5 m、0.62 m、1.2 m、1.26 m、1.5 m。长度为 0.5 m、0.62 m、1.0 m、1.26 m、1.35 m、1.5 m、4.0 m。

表 4-6-10 耐油石棉橡胶板牌号、规格及适用条件(GB/T 539—2008)

标记	表面颜色	适用条件	适用范围	厚度/mm	宽,长/m
NY150	灰白	最高温度 150 ℃ 最大压力 1.5 MPa	作炼油设备,管道及汽车、拖拉机、柴油机的输油管道接合处的密封	0.4,0.5,0.6,0.8,0.9,1.2,1.5,2.0,2.5,3.0	宽:0.55,0.62,1.2,1.26,1.5 长:0.55,0.62,1.0,1.26,1.35,1.5
NY250	浅蓝色	最高温度 250 ℃ 最大压力 2.5 MPa	作炼油设备及管道法兰连接处的密封		
NY300	绿色	最高温度 300 ℃	作航空燃油、石油基润滑油及冷气系统的密封		
NY400	石墨色	最高温度 400 ℃ 最大压力 4 MPa	作热油、石油裂化、煤蒸馏设备及管道法兰连接处的密封		

注:本标准适用于油类、冷气系统等设备、管道法兰连接用密封衬垫材料。

表 4-6-11 常用盘根的品种及规格

名称	牌号	规格(直径或方形边长)/mm	密度/(g/cm^3) ≥	应用		
				适用最大压力/MPa	适用最高温度/℃	应用举例
油浸石棉盘根(JC/T 88—1996)	YS 350	3,4,5,6,8,10,13,16,19,22,25,28,32,35,38,42,45,50	0.9(夹金属丝者为 1.1)	4.5	350	用于回转轴、往复活塞或阀门杆上做密封材料、介质为蒸汽、空气、工业用水、重质石油等
	YS 250				250	
橡胶石棉盘根(JC/T 67—1996)	XS 550	3,4,5,6,8,10,13,16,19,22,25,28,32,35,38,42,45,50	0.9	8	550	用于蒸汽机、往复泵的活塞和阀门杆上做密封材料
	XS 450			6	450	

续表 4-6-11

名称	牌号	规格(直径或方形边长)/mm	密度/(g/cm³) ≥	应用		
				适用最大压力/MPa	适用最高温度/℃	应用举例
橡胶石棉盘根(JC/T 67—1996)	XS 350	3,4,5,6,8,10,13,16,19,22,25,28,32,35,38,42,45,50	0.9	4.5	350	用于蒸汽机、往复泵的活塞和阀门杆上作密封材料
	XS 350			4.5	250	
油浸棉、麻盘根(JC 332—1996)	—	3,4,5,6,8,10,13,16	0.9	12	120	用于管道、阀门、旋转轴、活塞杆作密封材料,介质为河水、自来水、地下水、海水等
聚四氟乙烯石棉盘根(JC 341—1996)	—	3,4,5,6,8,10,13,19,22,25	1.1	12	250	用于管道阀门,活塞杆上作防腐、密封材料,温度为－100～250 ℃

注:油浸石棉盘根分为方形(F)、圆形(Y)、圆形扭制(N)三种产品,Y形的尺寸从5～50 mm。

4.7 常用金属材料热处理工艺

4.7.1 热处理工艺分类及代号(表 4-7-1、表 4-7-2)

表 4-7-1 热处理工艺分类及代号(GB/T 12603—2005)

工艺总称	代号	工艺类型	代号	工艺名称	代号
热处理	5	整体热处理	1	退火	1
				正火	2
				淬火	3
				淬火和回火	4
				调质	5
				稳定化处理	6
				固溶处理;水韧处理	7
				固溶处理＋时效	8
		表面热处理	2	表面淬火和回火	1
				物理气相沉积	2
				化学气相沉积	3
				等离子体增强化学气相沉积	4
				离子注入	5
		化学热处理	3	渗碳	1
				碳氮共渗	2
				渗氮	3
				氮碳共渗	4
				渗其他非金属	5
				渗金属	6
				多元共渗	7

加热方式及代号

加热方式	可控气氛(气体)	真空	盐浴(液体)	感应	火焰	激光	电子束	等离子体	固体装箱	流态床	电接触
代号	01	02	03	04	05	06	07	08	09	10	11

续表 4-7-1

退火工艺及代号									
退火工艺	去应力退火	均匀化退火	再结晶退火	石墨化退火	脱氢处理	球化退火	等温退火	完全退火	不完全退火
代号	St	H	R	G	D	Sp	I	F	P

淬火冷却介质和冷却方法及代号													
冷却介质和方法	空气	油	水	盐水	有机聚合物水溶液	热浴	加压淬火	双介质淬火	分级淬火	等温淬火	形变淬火	气冷淬火	冷处理
代号	A	O	W	B	Po	H	Pr	I	M	At	Af	G	C

表 4-7-2　常用热处理工艺代号（GB/T 12603—2005）

工艺名称	代　号	工艺名称	代　号	工艺名称	代　号
热处理	500	水冷淬火	513-W	可控气氛渗碳	531-01
感应热处理	500-04	盐水淬火	513-B	真空渗碳	531-02
火焰热处理	500-05	盐浴淬火	513-H	盐浴渗碳	531-03
整体热处理	510	盐浴加热淬火	513-03	碳氮共渗	532
退火	511	淬火和回火	514	渗氮	533
去应力退火	511-St	调质	515	液体渗氮	533-03
球化退火	511-Sp	表面热处理	520	气体渗氮	533-01
等温退火	511-1	表面淬火和回火	521	氮碳共渗	534
正火	512	感应淬火和回火	521-04	渗硼	535(B)
淬火	513	火焰淬火和回火	521-05	固体渗硼	535-09(B)
空冷淬火	513-A	渗碳	531	液体渗硼	535-03(B)
油冷淬火	513-O	固体渗碳	531-09	渗硫	535(S)

4.7.2　热处理工艺

4.7.2.1　钢件的整体热处理　钢的整体热处理是对钢制零件的穿透加热方式进行退火、正火、淬火、回火等热处理工艺。

(1) 退火。退火是将工件加热到一定温度，保持一定时间，然后缓慢冷却下来的热处理工艺。

钢的退火工艺通常作为铸造、锻造、轧、焊加工之后，冷加工、热处理之前的一种中间预备热处理工序。其目的在于使材料的成分均匀化、细化组织，消除应力，降低硬度，提高塑性，改善可加工性。

钢的常用退火工艺的分类及应用见表 4-7-3。

表 4-7-3　钢的常用退火工艺的分类及应用

类　别	工艺特点	应用范围
均匀化退火	将工件加热至 Ac_3 +（150～200）℃，长时间保温后缓慢冷却	使钢材成分均匀，用于消除铸钢及锻轧件等的成分偏析
完全退火	将工件加热至 Ac_3 +（30～50）℃，保温后缓慢冷却	使钢材组织均匀，硬度降低，用于铸、焊件及中碳钢和中碳合金钢锻轧件等
不完全退火	将工件加热至 Ac_1 +（40～60）℃，保温后缓慢冷却	使钢材组织均匀，硬度降低，用于中、高碳钢和低合金钢锻轧件等
等温退火	加热至 Ac_3 +（30～50）℃（亚共析钢），保温一定时间，随炉冷至稍低于 Ac_1 的温度，进行等温转变，然后空冷	使钢材组织均匀，硬度降低，防止产生白点；用于中碳合金钢和某些高合金钢的重型铸锻件及冲压体等（组织与硬度比完全退火更为均匀）
锻后余热等温退火	锻坯从停锻温度（一般为 1 000～1 100 ℃）快冷至 Ac_1 以下的一定温度（一般为 650 ℃），保温一定时间后炉冷至 350 ℃左右，然后出炉空冷	低碳低合金结构钢锻件毛坯采用锻后等温退火处理，可获得均匀、稳定的硬度和组织，提高锻坯的可加工性，降低刀具消耗，也为最后的热处理作好组织上的准备，此外该工艺也有显著的节能效果
球化退火	在稍高和稍低于 Ac_1 温度间交替加热及冷却，或在稍低于 Ac_1 温度保温，然后慢冷	使钢材碳化物球状化，降低硬度，提高塑性，用于工模具、轴承钢件及结构钢冷挤压件等
再结晶退火	加热至 Ac_1 −（50～150）℃，保温后空冷	用于经加工硬化的钢件降低硬度，提高塑性，以利加工继续进行，因此，再结晶退火是冷作加工后钢的中间退火

续表 4-7-3

类　别	工艺特点	应用范围
去应力退火	加热至 $Ac_1-(100\sim200)$℃，保温后空冷或炉冷至 200～300 ℃，再出炉空冷。对一些精密零件可采用较低的退火温度，减少本工序变形并消除退火前所存在的残余应力	用于消除铸件、锻件、焊接件、热轧件、冷拉件、以及切削、冷冲压过程中所产生的内应力，对于严格要求减少变形的重要零件在淬火或渗氮前常增加去应力退火

注：Ac_1 钢加热，开始形成奥氏体的温度；Ac_3 亚共析钢加热时，所有铁素体均转变为奥氏体的温度(下同)。

(2) 正火

将工件加热奥氏体化后在空气中冷却的热处理工艺称为正火。

钢件正火一般加热至 Ac_3 或 Ac_{cm}[⊖]$+(40\sim60)$℃，保温一定时间，达到完全奥氏体化和均匀化，然后在自然流通的空气中均匀冷却，大件正火也可采用风冷、喷雾冷却等以获得正火均匀的效果。

钢件正火的目的在于调整钢件的硬度、细化组织及消除网状碳化物，并为淬火做好组织准备。正火的主要应用如下：

1) 用于含碳量(质量分数)低于 0.25%的低碳钢工件，使之得到量多且细小的珠光体组织，提高硬度，从而改善其可加工性。

2) 消除共析钢中的网状碳化物，为球化退火作准备。

3) 作为中碳钢及合金结构钢淬火前的预备热处理，以减少淬火缺陷。

4) 作为要求不高的普通结构件的最终热处理。

5) 用于淬火返修件消除残余应力和细化组织，以防重淬时产生变形与开裂。

(3) 淬火

钢的淬火工艺是通过加热和快速冷却的方法使零件在一定的截面部位上获得马氏体或下贝氏体，回火后达到要求的力学性能。一般将工件加热至 $Ac_3+(20\sim30)$℃(亚共析钢)或加热至 $Ac_1+(20\sim30)$℃(过共析钢)，保温一定时间后在水、油等介质中快速冷却，最终使工件获得要求的淬火组织。

钢件淬火的目的在于提高硬度和耐磨性。淬火后经中温或高温回火，也可获得良好的综合力学性能。

钢的常用淬火工艺的分类及应用见表 4-7-4。

表 4-7-4　钢的常用淬火工艺的分类及应用

类　别	工艺特点	应用范围
单液淬火	将工件加热至淬火温度后，浸入一种淬火介质中，直到工件冷至室温为止。该工艺适合于一般工件的大量流水生产方式，可根据材料特性和工件有效尺寸，选择不同冷却特性的淬火介质	适用于形状规则的工件，工序简单，质量也较易保证
双液淬火	将加热到奥氏体化的工件先淬入快冷的第一介质(水或盐水)中，冷却至接近马氏体转变温度时，将工件迅速转入低温缓冷的第二种介质(如油)中	主要适用于碳钢和合金钢制成的零件，由于马氏体转变在较为缓和的冷却条件下进行，可减少变形并防止产生裂纹
分级淬火	将加热到奥氏体化后的工件淬入温度为马氏体转变温度附近的淬火介质中，停留一定时间，使零件表面和心部分别以不同速度达到淬火介质温度，待表里温度趋于一致时再取出空冷	分级淬火法能显著地减小变形和开裂，适合于形状复杂、有效厚度小于 20 mm 的碳素钢、合金钢零件和工具。渗碳齿轮采用分级淬火，可大大减少齿轮的热处理变形
等温淬火	将加热到奥氏体化温度后的工件淬火温度稍高于马氏体转变温度(贝氏体转变区)的盐浴或碱浴中，保温足够的时间，使其发生贝氏体转变后在空气中冷却	1) 由于变形很小，很适合于处理如冷冲模、轴承、精密齿轮等精密结构零件 2) 组织结构均匀，内应力很小，产生显微和超显微裂纹的可能性小 3) 由于受等温槽冷却速度的限制，工件尺寸不宜过大

⊖ Ac_{cm}过共析钢加热时，所有渗碳体和碳化物完全溶入奥氏体的温度。

(4) 回火

工件淬硬后再加热到 Ac_1 点以下某一温度，保温一定时间，然后冷却至室温的热处理工艺，称为回火。

钢淬火后重新加热回火的目的是获得所要求的力学性能，消除淬火残余应力，提高其塑性和韧性，以及保证零件尺寸的稳定性。回火工艺通常要在淬火后立即进行。

在实际生产中，根据零件不同的性能要求，钢的常用回火工艺的分类及应用见表 4-7-5。

表 4-7-5 钢的常用回火工艺的分类及应用

类别	工艺特点	应用范围
低温回火	回火温度为 150～250 ℃	降低脆性和内应力的同时，保持钢在淬火后的高硬度和耐磨性，主要用于各种工具、模具、滚动轴承以及渗碳或表面淬火的零件
中温回火	回火温度为 350～500 ℃	在保持一定韧性的条件下提高弹性和屈服强度，主要用于各种弹簧、锻模、冲击工具和某些要求高强度的零件
高温回火	回火温度为 500～650 ℃，回火后获得索氏体组织，一般习惯将淬火后经高温回火称为调质处理	可获得强度、塑性、韧性都较好的综合力学性能。广泛用于各种较为重要的结构零件，特别是在交变负荷下工作的连杆、螺栓、齿轮及轴等，不但可作为这些重要零件的最终热处理，而且还常可作为某些精密零件(如丝杠等)的预备热处理，以减小最终热处理中的变形，并为获得较好的最终性能提供组织基础

(5) 冷处理

冷处理应在工件淬火冷却到室温后，立即进行，以免在室温停留时间过长引起奥氏体稳定化。冷处理温度一般到 −60～80 ℃，待工件截面冷却至温度均匀一致后，取出空冷。

钢的冷处理目的在于提高工件硬度、抗拉强度和稳定工件尺寸，主要适用于合金钢制成的精密刀具、量具和精密零件，如量块、量规、铰刀、样板、高精度的齿轮等，还可使磁钢更好地保持磁性。

4.7.2.2 钢的表面热处理

仅对工件表层进行热处理以改变其组织和性能的工艺称为表面热处理。它不仅可以提高零件的表面硬度及耐磨性，而且与经过适当预备热处理的心部组织相配合，从而获得高的疲劳强度和韧性。

钢的表面热处理工艺的分类及应用见表 4-7-6。

表 4-7-6 钢的表面热处理工艺的分类及应用

类别	工艺特点	应用范围
感应淬火	将工件的整体或局部置入感应器中，由于高频电流的集肤效应，使零件相应部位由表面向内加热、升温，使表层一定深度组织转变成奥氏体，然后再迅速淬硬的工艺。根据零件材料的特性选择淬火冷却介质。感应淬火件变形小，节能，成本低，生产率高	较大地提高零件的扭转和弯曲疲劳强度及表面的耐磨性。汽车拖拉机零件采用感应淬火的范围很广，如曲轴、凸轮轴、半轴、球销等
火焰淬火	用氧乙炔或氧-煤气的混合气体燃烧的火焰，喷射到零件表面上快速加热，达到淬火温度后立即喷水，或用其他淬火介质进行冷却，从而在表层获得较高硬度而同时保留心部的韧性和塑性	适用于单件或小批生产的大型零件和需要局部淬火的工具或零件，如大型轴类与大模数齿轮等。常用钢材为中碳钢，如 35、45 钢及中碳合金钢(合金元素总质量分数＜3%)，如 40Cr、65Mn 等，还可用于灰铸铁件、合金铸铁件。火焰淬火的淬层厚度一般为 2～5 mm
电解液淬火	将工件需淬硬的端部浸入电解淬火液中，零件接阴极，电解液接阳极。通电后由于阴极效应而将零件浸入液中的部分表面加热，到达温度之后断电，零件立即被周围的电解液冷却而淬硬	提高淬火表面的硬度，增加耐磨性。因淬硬层很薄，所以变形很小。但由于极间形成高温电弧，造成组织过热、晶粒粗大。采用电解液淬火的典型零件是发动机气阀端的表面淬火
激光淬火	以高能量激光作为热源快速加热并自身冷却淬硬的工艺，对形状复杂的零件进行局部激光扫描淬火，可精确选择淬硬区范围。该工艺生产率高、变形小，一般在激光淬火之后可省略冷加工	提高零件的耐磨性和疲劳性能。典型激光淬火件如滚珠轴承环、缸套或缸体内孔等

4.7.2.3 钢的化学热处理

将工件放在具有一定活性介质的热处理炉中加热、保温，使一种或几种元素渗入工件的表层，以改变其化学成分、组织和性能的热处理工艺，称为化学热处理。

钢的化学热处理工艺的分类及应用见表4-7-7。

表4-7-7 钢的化学热处理工艺的分类及应用

类别	工艺特点	应用范围
渗碳	将低碳或中碳钢工件放入渗碳介质中加热及保温，使工件表面层增碳，经渗碳的工件必须进行淬火和低温回火，使工件表面渗层获得回火马氏体组织，当渗碳件的某些部位不允许高硬度时，则可在渗碳前采取防渗措施，即对防渗部位进行镀铜或敷以防渗涂料，并根据需要在淬火后进行局部退火软化处理	增加钢件表面硬度，提高其耐磨性和疲劳强度，并同时保持心部原材料所具有的韧性。适用于中小型零件和大型重负荷、受冲击、要求耐磨的零件，如齿轮、轴等
渗氮	向工件表面渗入氮原子，形成渗氮层的过程。为了保证工件心部获得必要的力学性能，需要在渗氮前进行调质处理，使心部获得索氏体组织；同时为了减少在渗氮中变形，在切削加工后一般需要进行去应力退火。渗氮分气体渗氮和液体渗氮，目前广泛应用气体渗氮。按用途还分为强化渗氮和耐蚀渗氮。当工件只需局部渗氮，可将不需要渗氮的部位预先镀锡（用于结构钢工件），或镀镍（用于不锈钢工件），或采用涂料法，或进行磷化处理	提高为表面硬度、耐磨性和疲劳强度（可实现这两个目的的强化渗氮）以及耐蚀能力（抗蚀渗氮）。强化渗氮用钢通常是用含有Al、Cr、Mo等合金元素的钢，如38CrMoAlA（目前专门用于渗氮的钢种），其他如40Cr、35CrMo、42CrMo、50CrV、12Cr2Ni4A等钢种也可用于渗氮，用Cr-Al-Mo钢渗氮得到的硬度比Cr-Mo-V钢渗氮的高，但其韧性不如后者。耐蚀渗氮常用材料是碳钢和铸铁。渗氮层厚度根据渗氮工艺性和使用性能，一般不超过0.5～0.7 mm 渗氮广泛用于各种高速传动精密齿轮、高精度机床主轴，如镗杆、磨床主轴；在变向负荷工作条件下要求很高疲劳强度的零件，如高速柴油机轴及要求变形很小和在一定抗热、耐磨工作条件下耐磨的零件，如发动机的气缸、阀门等
离子渗氮	是利用稀薄的含氮气体的辉光放电现象进行的。气体电离后所产生的氮、氢正离子在电场作用下向零件移动，以很大速度冲击零件表面，氮被零件吸附，并向内扩散形成氮化层。渗氮前应经过消除切削加工引起的残余应力的人工时效，时效温度低于调质回火温度，高于渗氮温度	基本适用于所有的钢铁材料，但含有Al、Cr、Ti、Ho、V等合金元素的合金钢离子渗氮后的钢材表面，比碳钢离子渗氮后表面的硬度高 多用于精密零件及一些要求耐磨但用其他处理方法又难于达到高的表面硬度的零件，如不锈钢材料
碳氮共渗	在一定温度下同时将碳氮渗入工件的表层奥氏体中，并以渗碳为主的工艺。防渗部位可采用镀铜或敷以防渗涂料法	提高工件的表面硬度、耐磨性、疲劳强度和耐蚀性。目前碳氮共渗已广泛应用于汽车、拖拉机变速器齿轮等
氮碳共渗	铁基合金钢铁工件表层同时渗入氮和碳并以渗氮为主的工艺，亦称为软氮化	提高工件的表面硬度、耐磨性、耐蚀性和疲劳性能，其效果与渗氮相近
渗硼	在一定温度下将硼原子渗入工件表层的工艺	可极大地提高钢的表面硬度、耐磨性、热硬性，提高零件的疲劳强度和耐酸碱腐蚀性
渗硫	使硫渗入已硬化工件表层的工艺	可提高零件的抗擦伤能力

4.7.3 常用金属材料热处理工艺参数

4.7.3.1 优质碳素结构钢常规热处理工艺参数（表4-7-8）

表4-7-8 优质碳素结构钢常规热处理工艺参数

牌号	退火			正火			淬火			回火							
										不同温度回火后的硬度值HRC							
	温度/℃	冷却方式	硬度HBW	温度/℃	冷却方式	硬度HBW	温度/℃	冷却方式	硬度HRC	150 ℃	200 ℃	300 ℃	400 ℃	500 ℃	550 ℃	600 ℃	650 ℃
08	900～930	炉冷	—	920～940	空冷	≤137	—	—	—	—	—	—	—	—	—	—	—
10	900～930	炉冷	≤137	900～950	空冷	≤143	—	—	—	—	—	—	—	—	—	—	—

续表 4-7-8

牌号	退火			正火			淬火			回火							
	温度/℃	冷却方式	硬度HBW	温度/℃	冷却方式	硬度HBW	温度/℃	冷却方式	硬度HRC	不同温度回火后的硬度值 HRC							
										150 ℃	200 ℃	300 ℃	400 ℃	500 ℃	550 ℃	600 ℃	650 ℃
15	880～960	炉冷	≤143	900～950	空冷	≤143	—	—	—	—	—	—	—	—	—	—	—
20	800～900	炉冷	≤156	920～950	空冷	≤156	870～900	水或盐水	≥140 HBW	170 HBW	165 HBW	158 HBW	152 HBW	150 HBW	147 HBW	144 HBW	—
25	860～880	炉冷	—	870～910	空冷	≤170	860	水或盐水	≥380 HBW	380 HBW	370 HBW	310 HBW	270 HBW	235 HBW	225 HBW	<200 HBW	—
30	850～900	炉冷	—	850～900	空冷	≤179	860	水或盐水	≥44	43	42	40	30	20	18	—	—
35	850～880	炉冷	≤187	850～870	空冷	≤187	860	水或盐水	≥50	49	48	43	35	26	22	20	—
40	840～870	炉冷	≤187	840～860	空冷	≤207	840	水	≥55	55	53	48	42	34	29	23	20
45	800～840	炉冷	≤197	850～870	空冷	≤217	840	水或油	≥59	58	55	50	41	33	26	22	—
50	820～840	炉冷	≤229	820～870	空冷	≤229	830	水或油	≥59	58	55	50	41	33	26	22	—
55	770～810	炉冷	≤229	810～860	空冷	≤255	820	水或油	≥63	63	56	50	45	34	30	24	21
60	800～820	炉冷	≤229	800～820	空冷	≤255	820	水或油	≥63	63	56	50	45	34	30	24	21
65	680～700	炉冷	≤229	820～860	空冷	≤255	800	水或油	≥63	63	58	50	45	37	32	28	24
70	780～820	炉冷	≤229	800～840	空冷	≤269	800	水或油	≥63	63	58	50	45	37	32	28	24
75	780～800	炉冷	≤229	800～840	空冷	≤285	800	水或油	≥55	55	53	50	45	35	—	—	—
80	780～800	炉冷	≤229	800～840	空冷	≤285	800	水或油	≥63	63	61	52	47	39	32	28	24
85	780～800	炉冷	≤255	800～840	空冷	≤302	780～820	油	≥63	63	61	52	47	39	32	28	24
15Mn	—	—	—	880～920	空冷	≤163	—	—	—	—	—	—	—	—	—	—	—

续表 4-7-8

牌号	退火			正火			淬火			回火							
	温度/℃	冷却方式	硬度HBW	温度/℃	冷却方式	硬度HBW	温度/℃	冷却方式	硬度HRC	不同温度回火后的硬度值HRC							
										150 ℃	200 ℃	300 ℃	400 ℃	500 ℃	550 ℃	600 ℃	650 ℃
20Mn	900	炉冷	≤179	900~950	空冷	≤197	—	—	—	—	—	—	—	—	—	—	—
25Mn	—	—	—	870~920	空冷	≤207	—	—	—	—	—	—	—	—	—	—	—
30Mn	890~900	炉冷	≤187	900~950	空冷	≤217	850~900	水	49~53	—	—	—	—	—	—	—	—
35Mn	830~880	炉冷	≤197	850~900	空冷	≤229	850~880	油或水	50~55	—	—	—	—	—	—	—	—
40Mn	820~860	炉冷	≤207	850~900	空冷	≤229	800~850	油或水	53~58	—	—	—	—	—	—	—	—
45Mn	820~850	炉冷	≤217	830~860	空冷	≤241	810~840	油或水	54~60	—	—	—	—	—	—	—	—
50Mn	800~840	炉冷	≤217	840~870	空冷	≤255	780~840	油或水	54~60	—	—	—	—	—	—	—	—
60Mn	820~840	炉冷	≤229	820~840	空冷	≤269	810	油	57~64	61	58	54	47	39	34	29	25
65Mn	775~800	炉冷	≤229	830~850	空冷	≤269	810	油	57~64	61	58	54	47	39	34	29	25
70Mn	—	—	—	—	—	—	780~800	油	≥62	>62	62	55	46	37	—	—	—

4.7.3.2 合金结构钢常规热处理工艺参数(表 4-7-9)

表 4-7-9 合金结构钢常规热处理工艺参数

牌号	退火			正火			淬火			回火							
	温度/℃	冷却方式	硬度HBW	温度/℃	冷却方式	硬度HBW	温度/℃	淬火介质	硬度HRC	不同温度回火后的硬度值HRC							
										150 ℃	200 ℃	300 ℃	400 ℃	500 ℃	550 ℃	600 ℃	650 ℃
20Mn2	850~880	炉冷	≤187	870~900	空冷	—	860~880	水	>40	—	—	—	—	—	—	—	—
30Mn2	830~860	炉冷	≤207	840~880	空冷	—	820~850	油	≥49	48	47	45	36	26	24	18	11
35Mn2	830~880	炉冷	≤207	840~880	空冷	≤241	820~850	油	≥57	57	56	48	38	34	23	17	15
40Mn2	820~850	炉冷	≤217	830~870	空冷	—	810~850	油	≥58	58	56	48	41	33	29	25	23

续表 4-7-9

牌号	退火			正火			淬火			回火							
	温度/℃	冷却方式	硬度HBW	温度/℃	冷却方式	硬度HBW	温度/℃	淬火介质	硬度HRC	不同温度回火后的硬度值HRC							
										150 ℃	200 ℃	300 ℃	400 ℃	500 ℃	550 ℃	600 ℃	650 ℃
45Mn2	810～840	炉冷	≤217	820～860	空冷	187～241	810～850	油	≥58	58	56	48	43	35	31	27	19
50Mn2	810～840	炉冷	≤229	820～860	空冷	206～241	810～840	油	≥58	58	56	49	44	35	31	27	20
20MnV	670～700	炉冷	≤187	880～900	空冷	≤207	880	油	—	—	—	—	—	—	—	—	—
27SiMn	850～870	炉冷	≤217	930	空冷	≤229	900～920	油	≥52	52	50	45	42	33	28	24	20
35SiMn	850～870	炉冷	≤229	880～920	空冷	—	880～900	油	≥55	55	53	49	40	31	27	23	20
42SiMn	830～850	炉冷	≤229	860～890	空冷	≤244	840～900	油	≥55	55	50	47	45	35	30	27	22
20SiMn2MoV	710±20	炉冷	≤269	920～950	空冷	—	890～920	油或水	≥45	—	—	—	—	—	—	—	—
25SiMn2MoV	680～700	堆冷	≤255	920～950	空冷	—	880～910	油或水	≥46	—	200～250 ℃ ≥45		—	—	—	—	—
37SiMn2MoV	870	炉冷	269	880～900	空冷	—	850～870	油或水	56	—	—	—	—	44	40	33	24
40B	840～870	炉冷	≤207	850～900	空冷	—	840～860	盐水或油	—	—	—	48	40	30	28	25	22
45B	780～800	炉冷	≤217	840～890	空冷	—	840～870	盐水或油	—	—	—	50	42	37	34	31	29
50B	800～820	炉冷	≤207	880～950	空冷	HRC ≥20	840～860	油	52～58	56	55	48	41	31	28	25	20
40MnB	820～860	炉冷	≤207	860～920	空冷	≤229	820～860	油	≥55	55	54	48	38	31	29	28	27
45MnB	820～910	炉冷	≤217	840～900	空冷	≤229	840～860	油	≥55	54	52	44	38	34	31	26	23
20Mn2B	—	—	—	880～900	空冷	≤183	860～880	油	≥46	46	45	41	40	38	35	31	22
20MnMoB	680	炉冷	≤207	900～950	空冷	≤217	—	—	—	—	—	—	—	—	—	—	—

续表 4-7-9

牌号	退火			正火			淬火			回火							
	温度/℃	冷却方式	硬度HBW	温度/℃	冷却方式	硬度HBW	温度/℃	淬火介质	硬度HRC	不同温度回火后的硬度值 HRC							
										150 ℃	200 ℃	300 ℃	400 ℃	500 ℃	550 ℃	600 ℃	650 ℃
15MnVB	780	炉冷	≤207	920～970	空冷	149～179	860～880	油	38～42	38	36	34	30	27	25	24	—
20MnVB	700±10	<600 ℃空冷	≤207	880～900	空冷	≤217	860～880	油	—	—	—	—	—	—	—	—	—
40MnVB	830～900	炉冷	≤207	860～900	空冷	≤229	840～880	油或水	>55	54	52	45	35	31	30	27	22
20MnTiB	—	—	—	900～920	空冷	143～149	860～890	油	≥47	47	47	46	42	40	39	38	—
25MnTiBRE	670～690	炉冷	≤229	920～960	空冷	≤217	840～870	油	≥43	—	—	—	—	—	—	—	—
15Cr 15CrA	860～890	炉冷	≤179	870～900	空冷	≤197	870	水	>35	35	34	32	28	24	19	14	—
20Cr	860～890	炉冷	≤179	870～900	空冷	≤197	860～880	油、水	>28	28	26	25	24	22	20	18	15
30Cr	830～850	炉冷	≤187	850～870	空冷	—	840～860	油	>50	50	48	45	35	25	21	14	—
35Cr	830～850	炉冷	≤207	850～870	空冷	—	860	油	48～56	—	—	—	—	—	—	—	—
40Cr	825～845	炉冷	≤207	850～870	空冷	≤250	830～860	油	>55	55	53	51	43	34	32	28	24
45Cr	840～850	炉冷	≤217	830～850	空冷	≤320	820～850	油	>55	55	53	49	45	33	31	29	21
50Cr	840～850	炉冷	≤217	830～850	空冷	≤320	820～840	油	>56	56	55	54	52	40	37	28	18
38CrSi	860～880	炉冷	≤225	900～920	空冷	≤350	880～920	油或水	57～60	57	56	54	48	40	37	35	29
12CrMo	—	—	—	900～930	空冷	—	900～940	油	—	—	—	—	—	—	—	—	—
15CrMo	600～650	空冷	—	910～940	空冷	—	910～940	油	—	—	—	—	—	—	—	—	—
20CrMo	850～860	炉冷	≤197	880～920	空冷	—	860～880	水或油	≥33	33	32	28	28	23	20	18	16

续表 4-7-9

牌号	退火			正火			淬火			回火							
	温度/℃	冷却方式	硬度HBW	温度/℃	冷却方式	硬度HBW	温度/℃	淬火介质	硬度HRC	不同温度回火后的硬度值 HRC							
										150 ℃	200 ℃	300 ℃	400 ℃	500 ℃	550 ℃	600 ℃	650 ℃
30CrMo 30CrMoA	830~850	炉冷	≤229	870~900	空冷	≤400	850~880	水或油	>52	52	51	49	44	36	32	27	25
35CrMo	820~840	炉冷	≤229	830~880	空冷	241~286	850	油	>55	55	53	51	43	34	32	28	24
42CrMo	820~840	炉冷	≤241	850~900	空冷	—	840	油	>55	55	54	53	46	40	38	35	31
20CrMoV	960~980	炉冷	≤156	960~980	空冷	—	900~940	油	—	—	—	—	—	—	—	—	—
35CrMoV	870~900	炉冷	≤229	880~920	空冷	—	880	油	>50	50	49	47	43	39	37	33	25
12Cr1MoV	960~980	炉冷	≤156	910~960	—	—	960~980	水冷后油冷	>47	—	—	—	—	—	—	—	—
25Cr2MoVA	—	—	—	980~1 000	空冷	—	910~930	油	—	—	—	—	—	41	40	37	32
25Cr2Mo1VA	—	—	—	1 030~1 050	空冷	—	1 040	空气	—	—	—	—	—	—	—	—	—
38CrMoAl	840~870	炉冷	≤229	930~970	空冷	—	940	油	>56	56	55	51	45	39	35	31	28
40CrV	830~850	炉冷	≤241	850~880	空冷	—	850~880	油	≥56	56	54	50	45	35	30	28	25
50CrVA	810~870	炉冷	≤254	850~880	空冷	≈288	830~860	油	>58	57	56	54	46	40	35	33	29
15CrMn	850~870	炉冷	≤179	870~900	空冷	—	—	油	44	—	—	—	—	—	—	—	—
20CrMn	850~870	炉冷	≤187	870~900	空冷	≤350	850~920	油或水淬油冷	≥45	—	—	—	—	—	—	—	—
40CrMn	820~840	炉冷	≤229	850~870	空冷	—	820~840	油	52~60	—	—	—	—	—	34	28	—
20CrMnSi	860~870	炉冷	≤207	880~920	空冷	—	880~910	油或水	≥44	44	43	44	40	35	31	27	20
25CrMnSi	840~860	炉冷	≤217	860~880	空冷	—	850~870	油	—	—	—	—	—	—	—	—	—

续表 4-7-9

牌号	退火			正火			淬火			回火							
										不同温度回火后的硬度值 HRC							
	温度/℃	冷却方式	硬度 HBW	温度/℃	冷却方式	硬度 HBW	温度/℃	淬火介质	硬度 HRC	150 ℃	200 ℃	300 ℃	400 ℃	500 ℃	550 ℃	600 ℃	650 ℃
30CrMnSi 30CrMnSiA	840~860	炉冷	≤217	880~900	空冷	—	860~880	油	≥55	55	54	49	44	38	34	30	27
35CrMnSiA	840~860	炉冷	≤229	890~910	空冷	≤218	860~890	油	≥55	54	53	45	42	40	35	32	28
20CrMnMo	850~870	炉冷	≤217	880~930	空冷	190~228	350	油	>46	45	44	43	35	—	—	—	—
40CrMnMo	820~850	炉冷	≤241	850~880	空冷	≤321	840~860	油	>57	57	55	50	45	41	37	33	30
20CrMnTi	680~720	炉冷至600 ℃空冷	≤217	950~970	空冷	156~207	880	油	42~46	43	41	40	39	35	30	25	17
30CrMnTi	—	—	—	950~970	空冷	150~216	880	油	>50	49	48	46	44	37	32	26	23
20CrNi	860~890	炉冷	≤197	880~930	空冷	≤197	855~885	油	>43	43	42	40	26	16	13	10	8
40CrNi	820~850	炉冷	≤207	840~860	空冷	≤250	820~840	油	>53	53	50	47	42	33	29	26	23
45CrNi	840~850	炉冷	≤217	850~880	空冷	≤229	820	油	>55	55	52	48	38	35	30	25	—
50CrNi	820~850	炉冷至600 ℃空冷	≤207	870~900	空冷	—	820~840	油	57~59	—	—	—	—	—	—	—	—
12CrNi2	840~880	炉冷	≤207	880~940	空冷	≤207	850~870	油	>33	33	32	30	28	23	20	18	12
12CrNi3	870~900	炉冷	≤217	885~940	空冷	—	860	油	>43	43	42	41	39	31	28	24	20
20CrNi3	840~860	炉冷	≤217	860~890	空冷	—	820~860	油	>48	48	47	42	38	34	30	25	—
30CrNi3	810~830	炉冷	≤241	840~860	空冷	—	820~840	油	>52	52	50	45	42	35	29	26	22
37CrNi3	790~820	炉冷	≤179~241	840~860	空冷	—	830~860	油	>53	53	51	47	42	36	33	30	25

续表 4-7-9

牌号	退火			正火			淬火			回火							
										不同温度回火后的硬度值 HRC							
	温度/℃	冷却方式	硬度HBW	温度/℃	冷却方式	硬度HBW	温度/℃	淬火介质	硬度HRC	150 ℃	200 ℃	300 ℃	400 ℃	500 ℃	550 ℃	600 ℃	650 ℃
12Cr2Ni4	650～680	炉冷	≤269	890～940	空冷	187～255	760～800	油	>46	46	45	41	38	35	33	30	—
20Cr2Ni4	650～670	炉冷	≤229	860～900	空冷	—	840～860	油	—	—	—	—	—	—	—	—	—
20CrNiMo	660	炉冷	≤197	900	空冷	—	—	—	—	—	—	—	—	—	—	—	—
40CrNiMoA	840～880	炉冷	≤269	860～920	空冷	—	840～860	油	>55	55	54	49	44	38	34	30	27
45CrNiMoVA	840～860	炉冷	HRC 20～23	870～890	空冷	HRC 23～33	860～880	油	55～58	—	55	53	51	45	43	38	32
18Cr2Ni4WA	—	—	—	900～980	空冷	≤415	850	油	>46	42	41	40	39	37	28	24	22
25Cr2Ni4WA	—	—	—	900～950	空冷	≤415	850	油	>49	48	47	42	39	34	31	27	25

4.7.3.3 弹簧钢常规热处理工艺参数(表 4-7-10)

表 4-7-10 弹簧钢常规热处理工艺参数

牌号	退火			正火			淬火			回火										
										不同温度回火后的硬度值 HRC								常用回火温度范围/℃	淬火介质	硬度HRC
	温度/℃	冷却方式	硬度HBW	温度/℃	冷却方式	硬度HBW	温度/℃	淬火介质	硬度HRC	150 ℃	200 ℃	300 ℃	400 ℃	500 ℃	550 ℃	600 ℃	650 ℃			
65	680～700	炉冷	≤210	820～860	空冷	—	800	水	62～63	63	58	50	45	37	32	28	24	320～420	水	35～48
70	780～820	炉冷	≤225	800～840	空冷	≤275	800	水	62～63	63	58	50	45	37	32	28	24	380～400	水	45～50
85	780～800	炉冷	≤229	800～840	空冷	—	780～820	油	62～63	63	61	52	47	39	32	28	24	375～400	水	40～49
65Mn	780～840	炉冷	≤228	820～860	空冷	≤269	780～840	油	57～64	61	58	54	47	39	34	29	25	350～530	空气	36～50

续表 4-7-10

牌号	退火			正火			淬火			回火										
	温度/℃	冷却方式	硬度HBW	温度/℃	冷却方式	硬度HBW	温度/℃	淬火介质	硬度HRC	不同温度回火后的硬度值 HRC								常用回火温度范围/℃	淬火介质	硬度HRC
										150 ℃	200 ℃	300 ℃	400 ℃	500 ℃	550 ℃	600 ℃	650 ℃			
55Si2Mn	750	炉冷	—	830～860	空冷	—	850～880	油	60～63	60	56	57	51	40	37	—	—	400～520	空气	40～50
55Si2MnB	—	—	—	—	—	—	870	油	≥60	60	59	58	52	45	40	38	35	460	空气	47～50
55SiMnVB	800～840	炉冷	—	840～880	空冷	—	840～880	油	>60	60	59	55	47	40	34	30	—	400～500	水	40～50
60Si2Mn 60Si2MnA	750	炉冷	≤222	830～860	空冷	≤302	870	油	>61	61	60	56	51	43	38	33	29	430～480	水、空气	45～50
60Si2CrA	—	—	—	850～870	空冷	—	850～860	油	62～66	—	—	—	—	—	—	—	—	450～480	水	45～50
60Si2CrVA	—	—	—	—	—	—	850～860	油	62～66	—	—	—	—	—	—	—	—	450～480	水	45～50
55CrMnA	800～820	炉冷	≈272	800～840	空冷	≈493	840～860	油	62～66	60	58	55	50	42	31	—	—	400～500	水	42～50
60CrMnA	—	—	—	—	—	—	830～860	油	—	—	—	—	—	—	—	—	—	—	—	—
60CrMnMoA	—	—	—	820～840	空冷	—	860	油	—	—	—	59～63	47～52	—	30～38	—	24～29	—	—	—
50CrVA	810～870	炉冷	—	850～880	空冷	≈288	860	油	56～62	56	55	51	45	39	35	31	28	370～400 400～450	水	45～50 HBW≤415
60CrMnBA	—	—	—	—	—	—	830～860	油	—	—	—	—	—	—	—	—	—	—	—	—
30W4Cr2VA	740～780	炉冷	—	—	—	—	1 050～1 100	油	52～58	—	—	—	—	—	—	—	—	520～540 600～670	空气或水	43～47 —

4.7.3.4 碳素工具钢常规热处理工艺参数(表 4-7-11)

表 4-7-11 碳素工具钢常规热处理工艺参数

牌号	普通退火			等温退火				球化退火				正火			淬火			回火								
	温度/℃	冷却方式	硬度HBW	加热温度/℃	等温温度/℃	冷却方式	硬度HBW	加热温度/℃	球化温度/℃	冷却方式	硬度HBW	温度/℃	冷却方式	硬度HBW	温度/℃	淬火介质	硬度HBW	不同温度回火后的硬度值 HRC							常用回火温度范围/℃	硬度HRC
																		150 ℃	200 ℃	300 ℃	400 ℃	500 ℃	550 ℃	600 ℃		
T7	750~760	炉冷	≤187	760~780	660~680	空冷	≤187	730~750	600~700	空冷	≤187	800~820	空冷	229~280	820	水→油	62~64	63	60	54	43	35	31	27	200~250	55~60
T8	750~760	炉冷	≤187	760~780	660~680	空冷	≤187	730~750	600~700	空冷	≤187	800~820	空冷	229~280	800	水→油	62~64	64	60	55	45	35	31	27	150~240	55~60
T8Mn	690~710	炉冷	≤189	760~780	600~680	空冷	≤187	730~750	600~700	空冷	≤187	800~820	空冷	229~280	800	水→油	62~64	64	60	55	45	35	31	27	180~270	55~60
T9	750~760	炉冷	≤192	760~780	660~680	空冷	≤187	730~750	600~700	空冷	≤187	800~820	空冷	229~280	800	水→油	63~65	64	62	56	46	37	33	27	180~270	55~60
T10	760~780	炉冷	≤197	750~770	620~660	空冷	≤197	730~750	600~700	空冷	≤197	820~840	空冷	225~310	790	水→油	62~64	64	62	56	46	37	33	27	200~250	62~64
T11	750~770	炉冷	≤207	740~760	640~680	空冷	≤207	730~750	680~700	空冷	≤207	820~840	空冷	225~310	780	水→油	62~64	64	62	57	47	38	33	28	200~250	62~64
T12	760~780	炉冷	≤207	740~760	640~680	空冷	≤207	730~750	680~700	空冷	≤207	820~840	空冷	225~310	780	水→油	62~64	64	62	57	47	38	33	28	200~250	58~62
T13	760~780	炉冷	≤207	750~770	620~680	空冷	≤207	730~750	680~700	空冷	≤217	810~830	空冷	179~217	780	水→油	62~66	65	62	58	47	38	33	28	150~270	60~64

4.7.3.5 合金工具钢常规热处理工艺参数(表 4-7-12)

表 4-7-12 合金工具钢常规热处理工艺参数

牌号	退火							正火			淬火			回火									
	普通退火			等温退火										不同温度回火后的硬度值 HRC								常用回火温度范围/℃	硬度 HRC
	加热温度/℃	冷却方式	硬度 HBW	加热温度/℃	等温温度/℃	冷却方式	硬度 HBW	温度/℃	冷却方式	硬度 HBW	温度/℃	淬火介质	硬度 HRC	150 ℃	200 ℃	300 ℃	400 ℃	500 ℃	550 ℃	600 ℃	650 ℃		
9SiCr	790~810	炉冷	197~241	790~810	700~720	空冷	207~241	900~920	空冷	321~415	860~880	油	62~65	65	63	59	54	48	44	40	36	180~200 200~220	60~62 58~62
8MnSi	740±10	炉冷	≤229	—	—	—	—	—	—	—	800~820	油	>60	—	60~64	60~63	—	—	—	—	—	100~200 200~300	60~64 60~63
Cr06	750~770	炉冷	187~241	750~790	680~700	空冷	187~241	980~1 000	空冷	—	780~800 800~820	油 水	62~65	63	60	55	50	40	—	—	—	150~200	60~62
Cr2	700~790	炉冷	187~229	770~790	680~700	空冷	187~229	930~950	空冷	302~388	830~850	油	62~65	61	60	55	50	41	36	31	28	150~170 180~220	60~62 56~60
9Cr2	800~820	炉冷	179~217	800~820	670~680	空冷	179~217	—	—	—	820~850	油	61~63	61	60	55	50	41	36	31	28	160~180	59~61
W	750~770	炉冷	187~229	780~800	650~680	空冷	≤229	—	—	—	800~820	水	62~64	61	58	52	44	—	—	—	—	150~180	59~61
4CrW2Si	800~820	炉冷	179~217	—	—	—	—	—	—	—	860~900	油	53~56	55	53	51	49	42	38	33	—	200~250 430~470	53~58 45~50
5CrW2Si	800~820	炉冷	207~255	—	—	—	—	—	—	—	860~900	油	≥55	58	56	52	48	42	38	34	—	200~250 430~470	53~58 45~50

续表 4-7-12

牌号	退火							正火			淬火			回火									
	普通退火			等温退火										不同温度回火后的硬度值 HRC								常用回火温度范围/℃	硬度HRC
	加热温度/℃	冷却方式	硬度HBW	加热温度/℃	等温温度/℃	冷却方式	硬度HBW	温度/℃	冷却方式	硬度HBW	温度/℃	淬火介质	硬度HRC	150 ℃	200 ℃	300 ℃	400 ℃	500 ℃	550 ℃	600 ℃	650 ℃		
6CrW2Si	800～820	炉冷	229～285	—	—	—	—	—	—	—	860～900	油	≥57	59	58	53	48	42	38	35	31	200～250 430～470	53～58 45～50
Cr12	860±10	炉冷	207～255	830～850	720～740	空冷	≤269	—	—	—	950～980	油	61～64	63	61	57	55	53	49	44	39	180～200 320～350	60～62 57～58
Cr12Mo1V1	870～900	炉冷	217～255	—	—	—	—	—	—	—	980～1 020	油或空气	>62	—	—	—	—	—	—	—	—	200～530	—
Cr12MoV	850～870	炉冷	207～255	850～870	730±10	空冷	207～255	—	—	—	1 020～1 040	油	62～63	63	62	59	57	55	53	47	40	200～275 400～425	57～59 55～57
Cr5Mo1V	840～870	炉冷	202～229	840～870	760	空冷	—	—	—	—	920～980	油 空气	>62	64	63	58	57	56	55	50	—	175～530	—
9Mn2V	750～770	炉冷	≤229	760～780	680～700	空冷	≤229	—	—	—	780～820	油	≥62	60	59	55	48	40	36	32	27	150～200	60～62
CrWMn	770～790	炉冷	207～255	790±10	720±10	空冷	207～255	970～990	空冷	388～514	820～840	油	63～65	64	62	58	53	47	43	39	35	160～200	61～62
9CrWMn	760～790	炉冷	190～230	780～800	670～720	空冷	197～243	—	—	—	820～840	油	64～66	62	60	58	52	45	40	35	—	170～230	60～62
Cr4W2MoV	860±10	炉冷	≤269	860±10	760±10	空冷	≤209	—	—	—	960～980	油或空气	≥62	65	63	61	59	58	55	—	—	280～300	60～62

续表 4-7-12

牌号	退火							正火			淬火			回火									
	普通退火			等温退火										不同温度回火后的硬度值 HRC								常用回火温度范围/℃	硬度 HRC
	加热温度/℃	冷却方式	硬度 HBW	加热温度/℃	等温温度/℃	冷却方式	硬度 HBW	温度/℃	冷却方式	硬度 HBW	温度/℃	淬火介质	硬度 HRC	150 ℃	200 ℃	300 ℃	400 ℃	500 ℃	550 ℃	600 ℃	650 ℃		
6Cr4W3Mo2VNb	—	—	—	860±10	740±10	空冷	≤209	—	—	—	1 080～1 180	油	≥61	—	61	58	59	60	61	56	—	540～580	≥56
6W6Mo5Cr4V	850～860	炉冷	197～229	850～860	740～750	空冷	197～229	—	—	—	1 180～1 200	硝盐或油	60～63	—	—	—	—	61	62	59	—	500～580	58～63
5CrMnMo	760～780	炉冷	197～241	850～870	680	空冷	197～243	—	—	—	830～860	油	53～58	58	57	52	47	41	37	34	30	490～510 520～540	41～47 38～41
5CrNiMo	740～760	炉冷	197～241	760～780	680	空冷	197～243	—	—	—	830～860	油	53～59	59	58	53	48	43	38	35	31	490～510 520～540 560～580	14～47 38～42 34～37
3Cr2W8V	840～860	炉冷	207～255	830～850	710～740	空冷	207～255	—	—	—	1 050～1 100	油或硝盐	49～52	52	51	50	49	47	48	45	40	600～620	40～48
5Cr4Mo3SiMnVAl	—	—	—	—	—	—	—	—	—	—	1 090～1 120	油	>60	—	—	—	—	—	—	—	—	580～620	50～54
3Cr3Mo3W2V	—	—	—	870	730	空冷	≤253	—	—	—	1 060～1 130	油	52～56	—	—	—	—	—	—	—	—	680 640	39～41 52～54
5Cr4W6Mo2V	—	—	—	850～870	720～740	空冷	≤255	—	—	—	1 100～1 150	油	57～62	—	58	—	57	58	58	58	52.5	450～670	50～62

续表 4-7-12

牌号	退火							正火			淬火			回火									
	普通退火			等温退火										不同温度回火后的硬度值 HRC								常用回火温度范围/℃	硬度 HRC
	加热温度/℃	冷却方式	硬度 HBW	加热温度/℃	等温温度/℃	冷却方式	硬度 HBW	温度/℃	冷却方式	硬度 HBW	温度/℃	淬火介质	硬度 HRC	150 ℃	200 ℃	300 ℃	400 ℃	500 ℃	550 ℃	600 ℃	650 ℃		
8Cr3	790~810	炉冷	205~255	—	—	—	—	—	—	—	820~850 850~880	油 油	60~63 ≥55	62	60	58	55	50	43	39	—	480~520	41~46
4CrMnSiMoV	—	—	—	870~890	280~320 640~660	空冷	≤241	—	—	—	870±10	油	56~58	—	—	—	50	47	45	43	38	520~660	37~49
4Cr3Mo3SiV	870~900	炉冷	192~229	—	—	—	—	—	—	—	1 010~1 040	空气或油	52~59	—	—	—	—	—	—	—	—	540~650	—
4Cr5MoSiV	860~890	炉冷	≤229	—	—	—	—	—	—	—	1 000~1 030	空气或油	53~55	—	—	—	—	—	—	—	—	530~560	47~49
4Cr5MoSiVl	860~890	炉冷	≤229	—	—	—	—	—	—	—	1 020~1 050	空气或油	56~58	55	52	51	51	52	53	45	35	560~580	47~49
4Cr5W2VSi	870±10	炉冷	≤229	—	—	—	—	—	—	—	1 060~1 080	空气或油	56~58	57	56	56	56	57	55	52	43	580~620	48~53
3Cr2Mo	760~790	炉冷	150~180	—	—	—	—	—	—	—	810~870	油	—	—	—	—	—	—	—	—	—	150~260	—
7Mn15Cr2Al3V2WMo	高温退火 (880±10)℃ 炉冷 28~30HRC			固溶处理 1 150~1 180 ℃ 水冷 20~22HRC				时效处理 650~700 ℃ 空冷 48~48.5 HRC			气体氮碳共渗 560~570 ℃ 950~1 100 HV 68~70 HRC 渗氮层深度 0.03~0.04 mm			—	—	—	—	—	—	—	—	—	—

4.7.3.6 高速工具钢常规热处理工艺参数(表 4-7-13)

表 4-7-13 高速工具钢淬火和回火工艺参数

钢号	淬火预热 温度/℃	淬火预热 时间/(s/mm)	淬火加热 介质	淬火加热 温度/℃	淬火加热 时间/(s/mm)	淬火介质	回火制度	淬火、回火后硬度 HRC
W18Cr4V	850	24	中性盐浴	1 260～1 300	12～15	油	560 ℃,3 次,每次 1 h,空冷	≥62
				1 200～1 240④	15～20			
W6Mo5Cr4V2	850	24		1 200～1 220①	12～15		560 ℃回火 3 次,每次 1 h,空冷	≥62
				1 230②				≥63
				1 240③				≥64
				1 150～1 200④	20			≥60
W14Cr4VMnRE	850	24		1 230～1 260	12～15	油	同上	≥63
9W18Cr4V	850	24		1 260～1 280	12～15	油	570～590 ℃,回火 4 次,每次 1 h,空冷	≥63
W12Cr4V4Mo	850	24		1 240～1 250① 1 260② 1 270～1 280③	12～15	油	550～570 ℃,回火 3 次,每次 1 h,空冷	≥62
W6Mo5Cr4V2Al	850	24		1 220～1 240	12～15	油	550～570 ℃,回火 4 次,每次 1 h,空冷	≥65
W10Mo4Cr4V3Al	860～880	24		1 230～1 250	20	油	540～560 ℃,回火 4 次,每次 1 h,空冷	≥66
W6Mo5Cr4V5SiNbAl	850	24		1 220～1 240	12～15	油	500～530 ℃,回火 3 次,每次 1 h,空冷 或 560 ℃回火 3 次,每次 1 h,空冷	≥65
W12Mo3Cr4V3Co5Si	850	24		1 210～1 240	12～15	油	560 ℃回火 4 次,每次 1 h,空冷	≥66
W2Mo9Cr4V2	800～850	24		1 180～1 210② 1 210～1 230③	12～15	油	550～580 ℃回火 3 次,每次 1 h,空冷	≥65
W6Mo5Cr4V3	850	24		1 200～1 230	12～15	油	550～570 ℃回火 3 次,每次 1 h,空冷	≥64
W6Mo5Cr4V2Co5	800～850	24		1 210～1 230	12～15	油	550 ℃回火 3 次,每次 1 h,空冷	≥64
W6Mo3Cr4V5Co5	800～850	24		1 210～1 230	12～15	油	540～560 ℃回火 3 次,每次 1 h,空冷	≥64
W12Cr4V5Co5 (JIS SKH10)	800～850	24		1 220～1 245	12～15	油	530～550 ℃回火 3 次,每次 1 h,空冷	≥65
W2Mo9Cr4VCo8	850	24		1 180～1 200② 1 200～1 220③	12～15	油	550～570 ℃回火 4 次,每次 1 h,空冷	≥66

续表 4-7-13

钢号	淬火预热		淬火加热			淬火介质	回火制度	淬火、回火后硬度 HRC
	温度/℃	时间/(s/mm)	介质	温度/℃	时间/(s/mm)			
W10Mo4Cr4V3Co10 (JIS SKHS7)	800～850	24	中性盐浴	1 200～1 230② 1 230～1 250③	12～15	油	550～570 ℃回火 3 次，每次 1 h，空冷	≥66
W12Mo3Cr4V3N	850	24		1 220～1 280 (通常采用 1 260～1 280)	15～20	油	550～570 ℃回火 4 次，每次 1 h，空冷	≥65
W18Cr4V4SiNbAl	850	24		1 230～1 250	12～15	油	530～560 ℃回火 4 次，每次 1 h，空冷	≥65
FW12Cr4V5Co5	850	24		1 230～1 260	12～15	油	520～540 ℃回火 3～4 次，每次 2 h，空冷	≥65
FW10Mo5Cr4V2Co12	850	24		1 170～1 190	12～15	油	500～530 ℃回火 3～4 次，每次 2 h 空冷	≥66

① 高强薄刃刀具淬火温度。
② 复杂刀具淬火温度。
③ 简单刀具淬火温度。
④ 冷作模具淬火温度。

4.7.3.7 轴承钢常规热处理工艺参数(表 4-7-14)

表 4-7-14 轴承钢常规热处理工艺参数

(1)铬、无铬和高碳铬不锈轴承钢

牌号	普通退火			等温退火				淬火			回火								
											不同温度回火后的硬度值 HRC							常用回火温度范围/℃	硬度 HRC
	温度/℃	冷却方式	硬度 HBW	加热温度/℃	等温温度/℃	冷却方式	硬度 HBW	温度/℃	淬火介质	硬度 HRC	150 ℃	200 ℃	300 ℃	400 ℃	500 ℃	550 ℃	600 ℃		
GCr9	790～810	炉冷	179～207	790～810	710～720	空冷	270～390	815～830	油	≥63	62	61	56	48	37	33	30	150～170	62～66
GCr9SiMn	780～800	炉冷	179～207	—	—	空冷	270～390	815～835	油	≥65	65	61	58	50	—	—	—	150～160	>62
GCr15	790～810	炉冷	179～207	790～810	710～720	空冷	270～390	835～850	油	≥63	64	61	55	49	41	36	31	150～170	61～65
GCr15SiMn	790～810	炉冷	179～207	790～810	710～720	空冷	270～390	820～840	油	≥64	64	61	58	50	—	—	—	150～180	>62

续表 4-7-14

(1)铬、无铬和高碳铬不锈轴承钢

牌号	普通退火			等温退火				淬火			回火								
											不同温度回火后的硬度值 HRC							常用回火温度范围/℃	硬度 HRC
	温度/℃	冷却方式	硬度 HBW	加热温度/℃	等温温度/℃	冷却方式	硬度 HBW	温度/℃	淬火介质	硬度 HRC	150 ℃	200 ℃	300 ℃	400 ℃	500 ℃	550 ℃	600 ℃		
G8Cr15	退火:770～790 ℃2～6 h,以 20 ℃/h 冷至 720～750 ℃1～2 h,再以 20 ℃/h 冷至 650 ℃ 出炉空冷 HBW197～207						—	830～850	油	>63	63	61	57	—	—	—	—	150～160	61～64
GSiMnV (RE)	770±10	炉冷	≤217	—	—	空冷	HRC ≈32	780～820	油	≥63	63	60	59	52	—	—	—	150～170	62～63
GSiMnMoV (RE)	760～800	炉冷	179～217	—	—	空冷	HRC ≈35	780～820	油	≥63	63	60	58	50	—	—	—	60～180	62～64
GMnMoV (RE)	760～790	炉冷	≤217	—	—	—	—	780～810	油	≥63	63	60	56	50	—	—	—	150～170	62～63
GSiMn (RE)	软化退火:760 ℃ 4～5 h,以 20 ℃/h 冷至低于 650 ℃ 空冷 HBW≤217			球化退火:加热温度(765±15)℃,球化温度为(715±10)℃,空冷 HBW 为 181～207			—	790	油	—	—	—	—	—	—	—	—	150～170	61～64
9Cr18	850～870	炉冷	≤255	850～870	730～750	空冷	≤255	1 050～1 100	油	>59	60	58	57	55	—	—	—	150～160	58～62
9Cr18Mo	退火:850～870 ℃ 4～6 h,30 ℃/h 冷至 600 ℃,空冷 HBW≤255			再结晶退火 730～750 ℃空冷			—	1 050～1 100	油	>59	58	58	56	54	—	—	—	150～160	≥58

(2)渗碳轴承钢

牌号	普通退火			正火			渗碳热处理						
	温度/℃	冷却方式	硬度 HBW	温度/℃	冷却方式	硬度 HBW	渗碳温度/℃	一次淬火温度/℃	二次淬火温度/℃	直接淬火温度/℃	冷却剂	回火温度/℃	硬度 HRC
G20CrMo	850～860	炉冷	≤197	880～900	空冷	167～215	920～940	—	—	840	油	160～180	表≥56 心≥30

续表 4-7-14

(2)渗碳轴承钢													
牌　号	普通退火			正　火			渗碳热处理						
	温度/℃	冷却方式	硬度HBW	温度/℃	冷却方式	硬度HBW	渗碳温度/℃	一次淬火温度/℃	二次淬火温度/℃	直接淬火温度/℃	冷却剂	回火温度/℃	硬度HRC
G20CrNiMo	660	炉冷	≤197	920～980	空冷	—	930	880±20	790±20	820～840	油	150～180	表≥56 心≥30
G20CrNi2Mo	—	—	—	920±20	空冷	—	930	880±20	800±20	—	油	150～200	表≥56 心≥30
G10CrNi3Mo	—	—	—	—	—	—	930	880±20	790±20	—	油	150～200	表≥56 心≥30
G20Cr2Ni4	800～900	炉冷	≤269	890～920	空冷	—	930～950	870～890	790～810	—	油	160～180	表≥58 心≥28
G20Cr2Mn2Mo	600 ℃ 4～6 h,空冷至 280～300 ℃,再加热至 640～660 ℃ 2～6 h 空冷,HBW≤269			910～930	空冷	—	920～950	870～890	810～830	—	油	160～180	表≥58 心≥30

机械加工工艺标准及应用

5.1 工艺技术基础

5.1.1 机械制造常用名词术语

5.1.1.1 机械制造工艺基本术语(GB/T 4863—2008)

(1) 一般术语(表 5-1-1～表 5-1-7)

表 5-1-1 基本概念

术语	定义
工艺	使各种原材料、半成品成为产品的方法和过程
机械制造工艺	各种机械的制造方法和过程的总称
典型工艺	根据零件的结构和工艺特性进行分类、分组,对同组零件制订的统一加工方法和过程
产品结构工艺	所设计的产品在能满足使用要求的前提下,制造、维修的可行性和经济性
零件结构工艺	所设计的零件在能满足使用要求的前提下,制造的可行性和经济性
工艺性分析	在产品技术设计阶段,工艺人员对产品结构工艺性进行分析和评价的过程
工艺性审查	在产品工作图设计阶段,工艺人员对产品和零件结构工艺性进行全面审查并提出意见或建议的过程
可加工性	在一定生产条件下,材料加工的难易程度
生产过程	将原材料转变为成品的全过程
工艺过程	改变生产对象的形状、尺寸、相对位置和性质等,使其成为成品或半成品的过程
工艺文件	指导工人操作和用于生产、工艺管理等的各种技术文件
工艺方案	根据产品设计要求、生产类型和企业的生产能力,提出工艺技术准备工作具体任务和措施的指导性文件
工艺路线	产品和零部件在生产过程中,由毛坯准备到成品包装入库,经过企业各有关部门或工序的先后顺序
工艺规程	规定产品或零部件制造工艺过程和操作方法等的工艺文件
工艺设计	编制各种工艺文件和设计工艺装备等的过程
工艺要素	与工艺过程有关的主要因素
工艺规范	对工艺过程中有关技术要求所作的一系列统一规定
工艺参数	为了达到预期的技术指标,工艺过程中所需选用或控制的有关量
工艺准备	产品投产前所进行的一系列工艺工作的总称。其主要内容包括对产品图样进行工艺性分析和审查;拟订工艺方案;编制各种工艺文件;设计制造和调整工艺装备;设计合理的生产组织形式等
工艺试验	为考查工艺方法、工艺参数的可行性或材料的可加工性等而进行的试验
工艺验证	通过试生产,检验工艺设计的合理性
工艺管理	科学地计划、组织和控制各项工艺工作的全过程
工艺设备	完成工艺过程的主要生产装置,如各种机床、加热炉、电镀槽等
工艺装备	产品制造过程中所用的各种工具的总称,包括刀具、夹具、模具、量具、检具、辅具、钳工工具和工位器具等
工艺系统	在机械加工中由机床、刀具、夹具和工件所组成的统一体
工艺纪律	在生产过程中,有关人员应遵守的工艺秩序

续表 5-1-1

术　语	定　义
成组技术	将企业的多种产品、部件和零件，按一定的相似性准则，分类编组，并以这些组为基础，组织生产的各个环节，从而实现多品种中小批量生产的产品设计、制造和管理的合理化
自动化生产	以机械的动作代替人工操作，自动地完成各种作业的生产过程
数控加工	根据被加工零件图样和工艺要求，编制成以数码表示的程序输入到机床的数控装置或控制计算机中，以控制工件和工具的相对运动，使之加工出合格零件的方法
适应控制	按照事先给定的评价指标自动改变加工系统的参数，使之达到最佳工作状态的控制
工艺过程优化	根据一个（或几个）判据，对工艺过程及有关参数进行最佳方案的选择
工艺数据库	储存于计算机的外存储器中以供用户共享的工艺数据集合
生产纲领	企业在计划期内应当生产的产品产量和进度计划
生产类型	企业（或车间、工段、班组、工作地）生产专业化程度的分类。一般分为大量生产、成批生产和单件生产三种类型
生产批量	一次投入或产出的同一产品（或零件）的数量
生产周期	生产某一产品或零件时，从原材料投入到出产品一个循环所经过的日历时间
生产节拍	流水生产中，相继完成两件制品之间的时间间隔

表 5-1-2　生产对象

术　语	定　义
原材料	投入生产过程以创造新产品的物质
主要材料	构成产品实体的材料
辅助材料	在生产中起辅助作用而不构成产品实体的材料
毛坯	根据零件（或产品）所要求的形状、工艺尺寸等而制成的供进一步加工用的生产对象
锻件	金属材料经过锻造变形而得到的工件或毛坯
铸件	将熔融金属浇入铸型，凝固后所得到的工件或毛坯
焊接件	用焊接的方法制成的工件或毛坯
冲压件	用冲压的方法制成的工件或毛坯
工件	加工过程中的生产对象
工艺关键件	技术要求高，工艺难度大的零、部件
外协件	由本企业提供设计图样资料、委托其他企业完成部分或全部制造工序的零部件
试件	为试验材料的力学、物理、化学性能、金相组织或可加工性等而专门制做的样件
工艺用件	为工艺需要而特制的辅助件
在制品	在一个企业的生产过程中，正在进行加工、装配或待进一步加工装配或待检查验收的制品
半成品	在一个企业的生产过程中，已完成一个或几个生产阶段，经检验合格入库尚待继续加工或装配的制品
制成品	已完成所有处理和生产的最终物料
合格品	通过检验质量特性符合标准要求的制品
不合格品	通过检验质量特性不符合标准要求的制品
废品	不能修复又不能降级使用的不合格品

表 5-1-3　工艺方法

术　语	定　义
铸造	将熔融金属浇注、压射或吸入铸型型腔中，待其凝固后而得到一定形状和性能铸件的方法
锻造	在加工设备及工（模）具的作用下，使金属坯料或铸锭产生局部或全部的塑性变形，以获得一定几何形状、尺寸和质量的锻件的加工方法
热处理	将固态金属或合金在一定介质中加热、保温和冷却，以改变其整体或表面组织，从而获得所需要性能的加工方法

续表 5-1-3

术 语	定 义
表面处理	改变工件表面层的机械、物理或化学性能的加工方法
表面涂覆	用规定的异己材料，在工件表面上形成涂层的方法
粉末冶金	将金属粉末(或与非金屑粉末的混合物)压制成形和烧结等形成各种制品的方法
注射成形	将粉末或粒状塑料，加热熔化至流动状态，然后以一定的压力和较高的速度注射到模具内，以形成各种制品的方法
机械加工	利用机械力对各种工件进行的加工方法
压力加工	使毛坯材料产生塑性变形或分离而无切削的加工方法
切削加工	利用切削工具从工件上切除多余材料的加工方法
车削	工件旋转作主运动，车刀作进给运动的切削加工方法
铣削	铣刀旋转作主运动，工件或铣刀作进给运动的切削加工方法
刨削	用刨刀对工件作水平相对直线往复运动的切削加工方法
钻削	用钻头或扩孔钻在工件上加工孔的方法
铰削	用铰刀从工件孔壁上切除微量金属层，以提高其尺寸精度和表面粗糙度的方法
锪削	用锪钻或锪刀刮平孔的端面或切出沉孔的方法
镗削	镗刀旋转作主运动，工件或镗刀作进给运动的切削加工方法
插削	用插刀对工件作垂直相对直线往复运动的切削加工方法
拉削	用拉刀加工工件内、外表面的方法
推削	用推刀加工工件内表面的方法
铲削	切出有关带齿工具的切削齿背以获得后面和后角的加工方法
刮削	用刮刀刮除工件表面薄层的加工方法
磨削	用磨具以较高的线速度对工件表面进行加工的方法
研磨	用研磨工具和研磨剂，从工件上研去一层极薄表面层的精加工方法
珩磨	利用珩磨工具对工件表面施加一定压力，珩磨工具同时作相对旋转和直线往复运动，切除工件上极小余量的精加工方法
超精加工	用细粒度的磨具对工件施加很小的压力，并作往复振动和慢速纵向进给运动，以实现微量磨削的一种光整加工方法
抛光	利用机械、化学或电化学的作用，使工件获得光亮、平整表面的加工方法
挤压	用挤压工具以一定的压力作用于金属坯料或工件，使其产生塑性变形，从而将坯料成形或挤光工件表面的加工方法
滚压	用滚压工具对金属坯料或工件施加压力，使其产生塑性变形，从而将坯料成形或滚光工件表面的加工方法
喷丸	用小直径的弹丸，在压缩空气或离心力的作用下，高速喷射工件，进行表面强化和清理的加工方法
喷砂	用高速运行的砂粒喷射工件，进行表面清理、除锈或使其表面粗化的加工方法
冷作	在基本不改变材料断面特征的情况下，将金属板材、型材等加工成各种制品的方法
冲压	使板料经分离或成形而得到制件的加工方法
铆接	借助铆钉形成的不可拆连接
粘接	借助粘结剂形成的连接
钳加工	一般在钳台上以手工工具为主，对工件进行的各种加工方法
电加工	直接利用电能对工件进行加工的方法
电火花加工	在一定的介质中，通过工具电极之间的脉冲放电的电蚀作用，对工件进行加工的方法

续表 5-1-3

术　语	定　　义
电解加工	利用金属工件在电解液中所产生的阳极溶解作用，而进行加工的方法
电子束加工	在真空条件下，利用电子枪中产生的电子经加速、聚焦，形成高能量大密度的细电子束以轰击工件被加工部位，使该部位的材料熔化和蒸发，从而进行加工，或利用电子束照射引起的化学变化而进行加工的方法
离子束加工	利用离子源产生的离子，在真空中经加速聚焦而形成高速高能的束状离子流，从而对工件进行加工的方法
等离子加工	利用高温高速的等离子流使工件的局部金属熔化和蒸发，从而对工件进行加工的方法
电铸	利用金属电解沉积，复制金属制品的加工方法
激光加工	利用功率密度极高的激光束照射工件的被加工部位，使其材料瞬间熔化或蒸发，并在冲击波作用下，将熔融物质喷射出去，从而对工件进行穿孔、蚀刻、切割；或采用较小能量密度，使加工区域材料熔融粘合，对工件进行焊接
超声波加工	利用产生超声振动的工具，带动工件和工具间的磨料悬浮液，冲击和抛磨工件的被加工部位，使其局部材料破坏而成粉末，以进行穿孔、切割和研磨等
高速高能成形	利用化学能源、电能源或机械能源瞬时释放的高能量，使材料成形为所需零件的加工方法
装配	按规定的技术要求，将零件或部件进行配合和连接，使之成为半成品或成品的工艺过程

表 5-1-4　工艺要素

术　语	定　　义
工序	一个或一组工人，在一个工作地对同一个或同时对几个工件所连续完成的那一部分工艺过程
安装	工件（或装配单元）经一次装夹后所完成的那一部分工序
工步	在加工表面（或装配时的连接表面）和加工（或装配）工具不变的情况下，所连续完成的那一部分工序
辅助工步	由人和（或）设备连续完成的一部分工序，该部分工序不改变工件的形状、尺寸和表面粗糙度，但它是完成工步所必须的。如更换刀具等
工作行程	刀具以加工进给速度相对工件所完成一次进给运动的工步部分
空行程	刀具以非加工进给速度相对工件所完成一次进给运动的工步部分
工位	为了完成一定的工序部分，一次装夹工件后，工件（或装配单元）与夹具或设备的可动部分一起相对刀具或设备的固定部分所占据的每一个位置
基准	用来确定生产对象上几何要素间的几何关系所依据的那些点、线、面
设计基准	设计图样上所采用的基准
工艺基准	在工艺过程中所采用的基准
工序基准	在工序图上用来确定本工序所加工表面加工后的尺寸、形状和位置的基准
定位基准	在加工中用作定位的基准
测量基准	测量时所采用的基准
装配基准	装配时用来确定零件或部件在产品中的相对位置所采用的基准
辅助基准	为满足工艺需要，在工件上专门设计的定位面
工艺孔	为满足工艺（加工、测量、装配）的需要而在工件上增设的孔
工艺凸台	为满足工艺的需要而在工件上增设的凸台
工艺尺寸	根据加工的需要，在工艺附图或工艺规程中所给出的尺寸
工序尺寸	某工序加工应达到的尺寸
尺寸链	互相联系且按一定顺序排列的封闭尺寸组合
工艺尺寸链	在加工过程中的各有关工艺尺寸所组成的尺寸链
加工总余量	毛坯尺寸与零件图的设计尺寸之差
工序余量	相邻两工序的工艺尺寸之差
切入量	为完成切入过程所必须附加的加工长度

续表 5-1-4

术　语	定　　义
切出量	为完成切出过程所必须附加的加工长度
工艺留量	为工艺需要而增加的工件(或毛坯)的尺寸量
切削用量	在切削加工过程中的切削速度、进给量和切削深度的总称
切削速度	在进行切削加工时，刀具切削刃上的某一点相对于待加工表面在主运动方向上的瞬时速度
主轴转速	机床主轴在单位时间内的转数
往复次数	在作直线往复切削运动的机床上，刀具或工件在单位时间内连续完成切削运动的次数
背吃刀量	一般指工件已加工表面和待加工表面的垂直距离
进给量	工件或刀具每转或往复一次或刀具每转过一齿时，工件与刀具在进给运动方向上的相对位移
进给速度	单位时间内工件与刀具在进给运动方向上的相对位移
切削力	切削加工时，工件材料抵抗刀具切削所产生的阻力
切削功率	切削加工时，为克服切削力所消耗的功率
切削热	在切削加工中，由于被切削材料层的变形、分离及刀具和被切削材料间的摩擦而产生的热量
切削温度	切削过程中切削区域的温度
切削液	为了提高切削加工效果而使用的液体
产量定额	在一定生产条件下，规定每个工人在单位时间内应完成的合格品数量
时间定额	在一定生产条件下，规定生产一件产品或完成一道工序所需消耗的时间
作业时间	直接用于制造产品或零、部件所消耗的时间。可分为基本时间和辅助时间两部分
基本时间	直接改变生产对象的尺寸、形状、相对位置、表面状态或材料性质等工艺过程所消耗的时间
辅助时间	为实现工艺过程所必须进行的各种辅助动作所消耗的时间
布置工作地时间	为使加工正常进行，工人照管工作地(如更换刀具、润滑机床、清理切屑、收拾工具等)所消耗的时间
休息与生理需要时间	工人在工作班内为恢复体力和满足生理上的需要所消耗的时间
准备与终结时间	工人为了生产一批产品或零、部件，进行准备和结束工作所消耗的时间
材料消耗工艺定额	在一定生产条件下，生产单位产品或零件所需消耗的材料总重量
材料工艺性消耗	产品或零件在制造过程中，由于工艺需要而损耗的材料。如铸件的浇注系统、冒口，锻件的烧损量，棒料等的锯口、切口等
材料利用率	产品或零件的净重占其材料消耗工艺定额的百分比
设备负荷率	设备的实际工作时间占其台时基数的百分比
加工误差	零件加工后的实际几何参数(尺寸、形状和位置)对理想几何参数的偏离程度
加工精度	零件加工后的实际几何参数(尺寸、形状和位置)与理想几何参数的符合程度
加工经济精度	在日常加工条件下(采用符合质量标准的设备、工艺装备和标准技术等级的工人，不延长加工时间)所能保证的加工精度
表面粗糙度	加工表面上具有的较小间距和峰谷所组成的微观几何形状特性，一般由所采用的加工方法和(或)其他因素形成
工序能力	工序处于稳定状态时，加工误差正常波动的幅度，通常用 6 倍的质量特性值分布的标准偏差表示
工序能力系数	工序能力满足加工精度要求的程度

表 5-1-5　工艺文件

术　语	定　　义
工艺路线表	描述产品或零、部件工艺路线的一种工艺文件
车间分工明细	按产品各车间应加工(或装配)的零、部件一览表
工艺过程卡片	以工序为单位简要说明产品或零、部件的加工(或装配)过程的一种工艺文件
工艺卡片	按产品或零、部件的某一工艺阶段编制的一种工艺文件。它以工序为单元，详细说明产品(或零部件)在某一工艺阶段中的工序号、工序名称、工序内容、工艺参数、操作要求以及采用的设备和工艺装备等

续表 5-1-5

术　语	定　　义
工序卡片	在工艺过程卡片或工艺卡片的基础上，按每道工序所编制的一种工艺文件。一般具有工序简图。并详细说明该工序的每个工步的加工(或装配)内容、工艺参数，操作要求以及所用设备和工艺装备等
典型工艺过程卡片	具有相似结构工艺特征的一组零、部件所能通用的工艺过程卡片
典型工艺卡片	具有工艺结构和工艺特征的一组零、部件所通用的工艺卡片
典型工序卡片	具有相似结构和工艺特征的一组零、部件所能通用的工序卡片
调整卡片	对自动、半自动机床或某些齿轮加工机床等进行调整用的一种工艺文件
工艺守则	某一专业工种所通用的一种基本操作规程
工艺附图	附在工艺规程上用以说明产品或零、部件加工或装配的简图或图表
毛坯图	供制造毛坯用的，表明毛坯材料、形状、尺寸和技术要求的图样
装配系统图	表明产品零、部件间相互装配关系及装配流程的示意图
专用工艺装备设计任务书	由工艺人员根据工艺要求，对专用工艺装备设计提出的一种提示性文件，作为工装设计人员进行工装设计的依据
专用设备设计任务书	由主管工艺人员根据工艺要求，对专用设备的设计提出的一种提示性文件，作为设计专用设备的依据
组合夹具组装任务书	由工艺人员根据工艺需要，对组合夹具的组装提出的一种提示性文件，作为组装夹具的依据
工艺关键件明细表	填写产品中所有工艺关键件的图号、名称和关键内容等的一种工艺文件
外协件明细表	填写产品中所有外协件的图号、名称和加工内容等的一种工艺文件
专用工艺装备明细表	填写产品在生产过程中所需要的全部专用工艺装备的编号、名称、使用零(部)件图号等的一种工艺文件
外购工具明细表	填写产品在生产过程所需购买的全部刀具、量具等的名称、规格和精度，使用零(部)件图号等的一种工艺文件
企业标准工具明细表	填写产品在生产过程中所需的全部本企业标准工具的名称、规格与精度、使用零(部)件图号等的一种工艺文件
组合夹具明细表	填写产品在生产过程所需的全部组合夹具的编号、名称、使用零(部)件图号等的一种工艺文件
工位器具明细表	填写产品在生产过程中所需的全部工位器具的编号、名称、使用零(部)件图号等的一种工艺文件
材料消耗工艺定额明细表	填写产品每个零件在制造过程中所需消耗的各种材料的名称、牌号、规格、质量等的一种工艺文件
材料消耗工艺定额汇总表	将“材料消耗工艺定额明细表”中的各种材料按单台产品汇总填列的一种工艺文件
工艺装备验证书	记载对工艺装备验证结果的一种工艺文件
工艺试验报告	说明对新的工艺方案或工艺方法的试验过程，并对试验结果进行分析和提出处理意见的一种工艺文件
工艺总结	新产品经过试生产后，工艺人员对工艺准备阶段的工作和工艺工装的试用情况进行记述，并提出处理意见的一种工艺文件
工艺文件目录	产品所有工艺文件的清单
工艺文件更改通知单	更改工艺文件的联系单和凭证
临时脱离工艺通知单	由于客观条件限制，暂时不能按原定工艺规程加工或装配，在规定的时间或批量内允许改变工艺路线或工艺方法的联系单和凭证

表 5-1-6　工艺装备与工件装夹

术　语	定　　义
专用工艺装备	专为某一产品所用的工艺装备
通用工艺装备	能为几种产品所共用的工艺装备
标准工艺装备	已纳入标准的工艺装备
夹具	用以装夹工件(和引导刀具)的装置

续表 5-1-6

术　语	定　　义
模具	用以限定生产对象的形状和尺寸的装置
刀具	能从工件上切除多余材料或切断材料的带刃工具
计量器具	用以直接或间接测出被测对象量值的工具、仪器、仪表等
辅具	用以连接刀具与机床的工具
钳工工具	各种钳工作业所用的工具的总称
工位器具	在工作地或仓库中用以存放生产对象或工具用的各种装置
装夹	将工件在机床上或夹具中定位、夹紧的过程
定位	确定工件在机床上或夹具中占有正确位置的过程
夹紧	工件定位后将其固定，使其在加工过程中保持定位位置不变的操作
找正	用工具（或仪表）根据工件上有关基准，找出工件在划线、加工或装配时的正确位置的过程
对刀	调整刀具切削刃相对工件或夹具的正确位置的过程

表 5-1-7　其他术语

术　语	定　　义
粗加工	从坯料上切除较多余量，所能达到的精度和表面粗糙度都比较低的加工过程
半精加工	在粗加工和精加工之间所进行的切削加工过程
精加工	从工件上切除较少余量，所得精度和表面粗糙度都比较高的加工过程
光整加工	精加工后，从工件上不切除或切除极薄金属层，用以提高工件表面粗糙度或强化其表面的加工过程
超精密加工	按照超稳定、超微量切除等原则，实现加工尺寸误差和形状误差在 0.1 μm 以下的加工技术
试切法	通过试切—测量—调整—再试切，反复进行到被加工尺寸达到要求为止的加工方法
调整法	先调整好刀具和工件在机床上的相对位置，并在一批零件的加工过程中保持这个位置不变，以保证工件被加工尺寸的方法
定尺寸刀具法	用刀具的相应尺寸来保证工件被加工部位尺寸的方法
展成法（滚切法）	利用工件和刀具作展成切削运动进行加工的方法
仿形法	刀具按照仿形装置进给对工件进行加工的方法
成形法	利用成形刀具对工件进行加工的方法
配作	以已加工件为基准，加工与其相配的另一工件，或将两个（或两个以上）工件组合在一起进行加工的方法

（2）典型表面加工术语（表 5-1-8）

表 5-1-8　典型表面加工术语

术　语	定　　义
（1）孔加工	
钻孔	用钻头在实体材料上加工孔的方法
扩孔	用扩孔工具扩大工件孔径的加工方法
铰孔	见表 2-3“工艺方法”中铰削术语
锪孔	用锪削方法加工平底或锥形沉孔
镗孔	用镗削方法扩大工件的孔
车孔	用车削方法扩大工件的孔或加工空心工件的内表面
铣孔	用铣削方法加工工件的孔
拉孔	用拉削方法加工工件的孔
推孔	用推削方法加工工件的孔
插孔	用插削方法加工工件的孔
磨孔	用磨削方法加工工件的孔

续表 5-1-8

术　语	定　　义
(1) 孔加工	
珩孔	用珩磨方法加工工件的孔
研孔	用研磨方法加工工件的孔
刮孔	用刮削方法加工工件的孔
挤孔	用挤压方法加工工件的孔
滚压孔	用滚压方法加工工件的孔
冲孔	用冲模在工件或板料上冲切孔的方法
激光打孔	用激光加工原理加工工件的孔
电火花打孔	用电火花加工原理加工工件的孔
超声波打孔	用超声波加工原理加工工件的孔
电子束打孔	用电子束加工原理加工工件的孔
(2) 外圆加工	
车外圆	用车削方法加工工件的外圆表面
磨外圆	用磨削方法加工工件的外圆表面
珩磨外圆	用珩磨方法加工工件的外圆表面
研磨外圆	用研磨方法加工工件的外圆表面
抛光外圆	用抛光方法加工工件的外圆表面
滚压外圆	用滚压方法加工工件的外圆表面
(3) 平面加工	
车平面	用车削方法加工工件的平面
铣平面	用铣削方法加工工件的平面
刨平面	用刨削方法加工工件的平面
磨平面	用磨削方法加工工件的平面
珩平面	用珩磨方法加工工件的平面
刮平面	用刮削方法加工工件的平面
拉平面	用拉削方法加工工件的平面
锪平面	用锪削方法将工件的孔口周围切削成垂直于孔的平面
研平面	用研磨的方法加工工件平面
抛光平面	用抛光方法加工工件的平面
(4) 槽加工	
车槽	用车削方法加工工件的槽
铣槽	用铣削方法加工工件的槽或键槽
刨槽	用刨削方法加工工件的槽
插槽	用插削方法加工工件的槽或键槽
拉槽	用拉削方法加工工件的槽或键槽
推槽	用推削方法加工工件的槽
镗槽	用镗削方法加工工件的槽
磨槽	用磨削方法加工工件的槽
研槽	用研磨方法加工工件的槽
滚槽	用滚压工具,对工件上的槽进行光整或强化加工的方法
刮槽	用刮削方法加工工件的槽

续表 5-1-8

术语	定义
	(5) 螺纹加工
车螺纹	用螺纹车刀切出工件的螺纹
梳螺纹	用螺纹梳刀切出工件的螺纹
铣螺纹	用螺纹铣刀切出工件的螺纹
旋风铣螺纹	用旋风铣头切出工件的螺纹
滚压螺纹	用一副螺纹滚轮，滚轧出工件的螺纹
搓螺纹	用一对螺纹模板(搓丝板)轧制出工件的螺纹
拉螺纹	用拉削丝锥加工工件的内螺纹
攻螺纹	用丝锥加工工件的内螺纹
套螺纹	用板牙或螺纹切头加工工件的螺纹
磨螺纹	用单线或多线砂轮磨削工件的螺纹
珩螺纹	用珩磨工具珩磨工件的螺纹
研螺纹	用螺纹研磨工具研磨工件的螺纹
	(6) 齿面加工
铣齿	用铣刀或铣刀盘按成形法或展成法加工齿轮或齿条等的齿面
刨齿	用刨齿刀加工直齿圆柱齿轮、锥齿轮或齿条等的齿面
插齿	用插齿刀按展成法或成形法加工内、外齿轮或齿条等的齿面
滚齿	用齿轮滚刀按展成法加工齿轮、蜗轮等的齿面
剃齿	用剃齿刀对齿轮或蜗轮等的齿面进行精加工
珩齿	用珩磨轮对齿轮或蜗轮等的齿面进行精加工
磨齿	用砂轮按展成法或成形法磨削齿轮或齿条等的齿面
拉齿	用拉刀或拉刀盘加工内、外齿轮等的齿面
研齿	用具有齿形的研轮与被研齿轮或一对被研齿轮对滚研磨，以进行齿面的加工
轧齿	用具有齿形的轧轮或齿条作为工具，轧制出齿轮的齿形
挤齿	用挤轮与齿轮按无侧隙啮合的方式对滚，以精加工齿轮的齿面
冲齿轮	用冲模冲制齿轮
铸齿轮	用铸造方法获得齿轮
	(7) 成形面加工
车成形面	用成形车刀、车刀按成形法或仿形法等车削工件的成形面
铣成形面	用成形铣刀、铣刀按成形法或仿形法等铣削工件的成形面
刨成形面	用成形刨刀、刨刀按成形法或仿形法等刨削工件的成形面
磨成形面	用成形砂轮、砂轮按成形法或仿形法等磨削工件的成形面
抛光成形面	用抛光方法加工工件的成形面
电加工成形面	用电火花成形、电解成形等方法加工工件的成形面
	(8) 其他
滚花	用滚花工具在工件表面上滚压出花纹的加工
倒角	把工件的棱角切削成一定斜面的加工
倒圆角	把工件的棱角切削成圆弧面的加工
钻中心孔	用中心孔钻在工件的端面加工定位孔
磨中心孔	用锥形砂轮磨削工件的中心孔
研中心孔	用研磨方法精加工工件的中心孔
挤压中心孔	用硬质合金多棱顶尖，挤光工件的中心孔
切断	把坯料或工件切成两段(或数段)的加工方法

(3) 冷作、钳工及装配常用术语(表 5-1-9～表 5-1-11)

表 5-1-9 冷作术语

术 语	定 义
排料(排样)	在板料或条料上合理安排每个坯件下料位置的过程
放样	根据构件图样,用 1∶1 的比例(或一定的比例)在放样台(或平台)上画出其所需图形的过程
展开	将构件的各个表面依次摊开在一个平面的过程
号料	根据图样,或利用样板、样杆等直接在材料上划出构件形状和加工界线的过程
切割	把板材或型材等切成所需形状和尺寸的坯料或工件的过程
剪切	通过两剪刃的相对运动,切断材料的加工方法
弯形	将坯料弯成所需形状的加工方法
压弯	用模具或压弯设备将坯料弯成所需形状的加工方法
拉弯	坯料在受拉状态下沿模具弯曲成形的方法
滚弯	通过旋转辊轴使坯料弯曲成形的方法
热弯	将坯料在热状态下弯曲成形的方法
弯管	将管材弯曲成形的方法
热成形	使坯料或工件在热状态下成形的方法
胀形	板料或空心坯料在双向拉应力作用下,使其产生塑性变形取得所需制件的成形方法
扩口	将管件或空心制件的端部径向尺寸扩大的加工方法
缩口	将管件或空心制件的端部加压,使其径向尺寸缩小的加工方法
缩颈	将管件或空心制件局部加压,使其径向尺寸缩小的加工方法
咬缝(锁接)	将薄板的边缘相互折转扣合压紧的连接方法
胀接	利用管子和管板变形来达到紧固和密封的连接方法
放边	使工件单边延伸变薄而弯曲成形的方法
收边	使工件单边起皱收缩而弯曲成形的方法
拔缘	利用放边和收边使板料边缘弯曲的方法
拱曲	将板料周围起皱收边,而中间打薄锤放,使之成为半球形或其他所需形状的加工方法
扭曲	将坯料的一部分与另一部分相对扭转一定角度的加工方法
拼接	将坯料以小拼整的方法
卷边	将工件边缘卷成圆弧的加工方法
折边	将工件边缘压扁成叠边或压扁成一定几何形状的加工方法
翻边	将板件边缘或管件(或空心制件)的口部进行折边或翻扩的加工方法
刨边	对板件的边缘进行的刨削加工
修边	对板件的边缘进行修整加工的方法
反变形(预变形)	在焊接前,用外力把制件按预计变形相反的方向强制变形,以补偿加工后制件变形的方法
矫正(校形)	消除材料或制件的弯曲、翘曲、凸凹不平等缺陷的加工方法
校直	消除材料或制件弯曲的加工方法
校平	消除板材或平板制件的翘曲、局部凸凹不平等的加工方法

表 5-1-10 钳工术语

术 语	定 义
划线	在毛坯或工件上,用划线工具划出待加工部位的轮廓线或作为基准的点、线
打样冲眼	在毛坯或工件划线后,在中心线或辅助线上用样冲打出冲点的方法
锯削	用锯对材料或工件进行切断或切槽等的加工方法
錾削	用手锤打击錾子对金属工件进行切削加工的方法
锉削	用锉刀对工件进行切削加工的方法

续表 5-1-10

术　语	定　义
堵孔	按工艺要求堵住工件上某些工艺孔
配键	以键槽为基准,修锉与其配合的键
配重	在产品或零、部件的某一位置上增加重物,使其由不平衡达到平衡的方法
去重	去掉产品或零、部件上某一部分质量使其由不平衡达到平衡的方法
刮研	用刮刀从工件表面刮去较高点,再用标准检具(或与其相配的件)涂色检验的反复加工过程
配研	两个相配合的零件,在其结合表面加研磨剂使其相互研磨,以达到良好接触的过程
标记	在毛坯或工件上做出规定的号
去毛刺	清除工件已加工部位周围所形成的刺状物或飞边
倒钝锐边	除去工件上尖锐棱角的过程
砂光	用砂布或砂纸磨光工件表面的过程
除锈	将工件表面上的锈蚀除去的过程
清洗	用清洗剂清除产品或工件上的油污、灰尘等脏物的过程

表 5-1-11　装配与试验术语

术　语	定　义
配套	将待装配产品的所有零、部件配备齐全
部装	把零件装配成部件的过程
总装	把零件和部件装配成最终产品的过程
调整装配法	在装配时用改变产品中可调整零件的相对位置或选用合适的调整件,以达到装配精度的方法
修配装配法	在装配时修去指定零件上预留的修配量,以达到装配精度的方法
互换装配法	在装配时各配合零件不经修理、选择或调整,即可达到装配精度的方法
分组装配法	在成批或大量生产中,将产品各配合副的零件按实测尺寸分组,装配时按组进行互换装配,以达到装配精度的方法
压装	将具有过盈量配合的两个零件压到配合位置的装配过程
热装	具有过盈量配合的两个零件,装配时先将包容件加热胀大,再将被包容件装入到配合位置的过程
冷装	具有过盈量配合的两个零件,装配时先将被包容件用冷却剂冷却,使其尺寸收缩,再装入包容件使其达到配合位置的过程
试装	为保证产品总装质量而进行的各联接部位的局部试验性装配
吊装	对大型零、部件,借助于起吊装置进行的装配
装配尺寸链	各有关装配尺寸所组成的尺寸链
预载	对某些产品或零、部件在使用前所需预加的载荷
静平衡试验	调整产品或零、部件使其达到静态平衡的过程
动平衡试验	对旋转的零、部件,在动平衡试验机上进行试验和调整,使其达到动平衡的过程
试车	机器装配后,按设计要求进行的运转试验
空运转试验	机器或其部件装配后,不加负荷所进行的运转试验
负荷试验	机器或其部件装配后,加上额定负荷所进行的试验
超负荷试验	按照技术要求,对机器进行超出额定负荷范围的运转试验
型式试验	根据新产品试制鉴定大纲或设计要求,对新产品样机的各项质量指标所进行的全面试验或检验
性能试验	为测定产品或其部件的性能参数而进行的各种试验
寿命试验	按照规定的使用条件(或模拟其使用条件)和要求,对产品或其零、部件的寿命指标所进行的试验
破坏性试验	按规定的条件和要求,对产品或其零、部件进行直到破坏为止的试验
温度试验	在规定的温度条件下,对产品或其零、部件进行的试验
压力试验	在规定的压力条件下,对产品或其零、部件进行的试验

续表 5-1-11

术　语	定　　义
噪声试验	按规定的条件和要求，对产品所产生的噪声大小进行测定的试验
电器试验	将机器的电气部分安装后，按电气系统性能要求所进行的试验
渗漏试验	在规定压力下，观测产品或其零、部件对试验液体的渗漏情况
气密性试验	在规定的压力下，测定产品或其零、部件气密性程度的试验
油封	在产品装配和清洗后，用防锈剂等将其指定部位（或全部）加以保护的措施
漆封	对产品中不准随意拆卸或调整的部位，在产品装调合格后，用漆加封的措施
铅封	产品装调合格后，用铅将其指定部位封住的措施
启封	将封装的零、部件或产品打开的过程

5.1.1.2　热处理工艺术语（表 5-1-12）

表 5-1-12　热处理术语（GB/T 7232—2012）

术　语	定　　义
	(1) 基本术语
热处理	将固态金属或合金、采用适当的方式进行加热，保温和冷却，以获得所需要的组织结构与性能的工艺
心部	热处理工件内部的组织和（或）成分未发生变化的部分
整体热处理	对工件整体进行穿透加热的热处理工艺
化学热处理	将金属或合金工件置于一定温度的活性介质中保温，使一种或几种元素渗入它的表层以改变其化学成分、组织和性能的热处理工艺
化合物层	用化学热处理方法形成的整个渗层的最外面一层，此层包括一种或多种渗入元素与基底金属元素形成的化合物
扩散层	工件经化学热处理后，渗入的元素全部保持在固溶体内，或者有一部分在基体上析出的那一层
表面热处理	仅对工件表层进行热处理，以改变其组织和性能的工艺
局部热处理	仅对工件的某一部位或某几个部位进行热处理的工艺
预备热处理	为达到工件最终热处理的要求而需要对预备组织所进行的预先热处理
真空热处理	在低于一个大气压的环境中进行加热的热处理工艺
光亮热处理	工件在加热过程中基本不氧化，使表面保持光亮的热处理工艺
磁场热处理	在磁场中进行热处理的工艺
可控气氛热处理（控制气氛热处理）	在炉气成分可控制的炉内进行的热处理，在防止工件表面发生化学反应的可控气氛或单一惰性气体的炉内进行的热处理，也可称为保护气氛热处理
电解液热处理	在液体电解质溶液中，在作为阴极的工件和阳极之间施加直流电压，使液体电解而通电加热并随后直接在电解液中冷却工件的热处理工艺
离子轰击热处理（辉光放电热处理）（等离子热处理）	在低于一个大气压的特定气氛中利用工件（阴极）和阳极之间产生的辉光放电进行热处理的工艺
流态床热处理	在悬浮于气流中形成流态化的固体粒子介质中进行加热或冷却热处理的工艺
稳定化处理	稳定组织，消除残余应力，以使工件形状和尺寸变化保持在规定范围内，而进行的任何一种热处理工艺
形变热处理（热机械处理）	将塑性变形和热处理有机结合以提高材料力学性能的复合工艺
	(2) 加热类
热处理工艺周期	工件或加热炉在热处理时温度随时间的变化过程
加热制度（加热规范）	热处理过程中加热阶段所规定的时间—温度参数
预热	热处理时为了减少畸变、防止开裂，在加热到最终温度之前先进行一次或数次低于最终温度，且逐步增温的预先加热
升温时间	工件加热到预定的处理温度的时间
加热速度	金属材料或工件加热时，在给定温度区间内温度随时间的平均增加率

续表 5-1-12

术　语	定　　义
(2) 加热类	
穿透加热	工件整体达到均匀温度的加热方法
表面加热	仅使工件表面达到所要求温度的加热
控制加热	按预定制度进行的加热
差温加热	有目的地在工件中产生温度梯度的加热
局部加热	仅对工件某一或某些部分进行的加热
纵向移动加热(扫描加热)	工件或热源沿工件纵向作连续的相对移动对工件进行的加热
旋转加热	工件或热源进行旋转时对工件的加热
冲击加热	利用重复的、短促的能量进行极快加热
感应加热	利用电磁感应在工件内产生涡流而将工件加热
保温	工件在规定温度下,恒温保持一定时间的操作
有效厚度	工件各部位的壁厚不同时,如按某处壁厚确定加热时间可保证热处理质量,则该处的壁厚即称为工件的有效厚度
奥氏体化	将钢铁加热至 Ac_3 或 Ac_1 点以上以获得完全或部分奥氏体组织的操作称为奥氏体化。如无特殊说明,则指获得完全奥氏体
可控气氛(控制气氛)	成分可控制在预定范围内的炉中气体混合物。采用可控气氛的目的是为了有效地进行渗碳、碳氮共渗等化学热处理以及防止钢件加热时的氧化、脱碳
吸热式气氛	在吸热型发生器内通过不完全燃烧反应形成的气氛
放热式气氛	将燃料气(天然气、甲烷、丙烷等)按一定比例与空气混合后,经放热反应而制成的气氛
保护气氛	在给定温度下能保护被加热金属及合金不发生氧化或脱碳的气氛
中性气氛	在给定温度下不与被加热金属及其合金表面起化学反应的气氛
氧化气氛	在给定温度下与被加热金属及其合金表面发生氧化反应的气氛
还原气氛	在给定条件下可以使氧化物还原的气氛
(3) 冷却类	
冷却制度	热处理过程中冷却阶段所规定的时间—温度参数
冷却速度	工件热处理时在冷却曲线的一定区间或在一定的温度时,温度随时间的下降率
空冷	工件加热后在静止空气中冷却
风冷	工件加热后在快速空气流中冷却
油冷	工件加热后在油中冷却
水冷	工件加热后在水中冷却
喷液冷却	以适当的液态介质的喷流对已被加热的工件进行的冷却
炉冷	工件在热处理炉中加热完毕后,切断炉子的能源使工件随炉子一同冷却
控制冷却	被加热了的工件按照预定的冷却制度进行的冷却
(4) 退火类	
退火	将金属或合金加热到适当温度,保持一定时间然后缓慢冷却的热处理工艺
再结晶退火	经冷形变后的金属加热到再结晶温度以上、保持适当时间,使形变晶粒重新结晶为均匀的等轴晶粒,以消除形变强化和残余应力的退火工艺
等温退火	钢件或毛坯加热到高于 Ac_3(或 Ac_1)温度、保持适当时间后,较快地冷却到珠光体温度区间的某一温度并等温保持使奥氏体转变为珠光体型组织,然后在空气中冷却的退火工艺
球化退火	使钢中碳化物球状化而进行的退火工艺
预防白点退火(消除白点退火)(去氢退火)	为了防止钢在热形变加工后从高温冷却下来时由于溶解在钢中的氢析出而导致形成内部发裂出白点起见,在热形变加工完结后直接进行的退火,主要目的是使氢析出并扩散到工件外面

续表 5-1-12

术　语	定　　义
(4) 退火类	
光亮退火	金属材料或工件,在保护气氛或真空中进行退火以防止氧化、保持表面光亮的退火工艺
中间退火	为了消除形变强化、改善塑性、便于下道工序继续进行而采用的工序间的退火
均匀化退火(扩散退火)	为了减少金属铸锭、铸件或锻坯的化学成分的偏析和组织的不均匀性,将其加热到高温,长时间保持,然后进行缓慢冷却以达到化学成分和组织均匀化为目的的退火工艺
稳定化退火	使微细的显微组成物沉淀或球化的退火工艺
可锻化退火(黑心可锻化退火)	将一定成分的白口铸铁中的碳化物分解成团絮状石墨的退火工艺
去应力退火	为了去除由于塑性形变加工。焊接等而造成的以及铸件内存在的残余应力而进行的退火
完全退火	将铁碳合金完全奥氏体化,随之缓慢冷却以获得接近平衡状态组织的退火工艺
不完全退火	将铁碳合金加热到 $Ac_1 \sim Ac_3$ 之间温度,达到不完全奥氏体化,随之缓慢冷却的退火工艺
装箱退火	将工件装在有保护介质的密封容器中进行的退火。其目的是使表面氧化程度最低
真空退火	在低于一个大气压的环境中进行退火的工艺
晶粒细化处理	目的在于减小铁基合金晶粒尺寸或改善晶粒组织均匀性的热处理,过程包括短时间奥氏体化,随之以适当的速率冷却
正火	将钢材或钢件加热到 Ac_3(或 Ac_{cm})以上 30～50 ℃,保温适当的时间后,在静止的空气中冷却的热处理工艺。把钢件加热到 Ac_3 以上 100～150 ℃的正火则称为高温正火
(5) 淬火类	
淬火	将钢件加热到 Ac_3 或 Ac_1 点以上某一温度,保持一定时间,然后以适当速度冷却获得马氏体和(或)贝氏体组织的热处理工艺
局部淬火	仅对零件需要硬化的局部进行加热淬火冷却的淬火工艺
表面淬火	仅对工件表层进行淬火的工艺。一般包括感应淬火、火焰淬火等
光亮淬火(光洁淬火)	工件在可控气氛或真空中加热,然后在光亮淬火油中淬火冷却以获得具有光亮金属表面的淬火工艺。工件在盐浴中加热,在碱浴中淬火冷却能获得光亮金属表面的淬火工艺,也称为光亮淬火
水冷淬火	将合金加热到相变点以上某一温度,保温适当时间,随之在水中急冷
油冷淬火	将合金加热到相变点以上某一温度,保温适当时间,随之在油中急冷
空冷淬火	将合金加热到相变点以上某一温度,保温适当时间,随之在空气中冷却
双介质淬火(断续淬火)(控时淬火)(双液淬火)	将钢件奥氏体化后,先浸入一种冷却能力强的介质,在钢件还未到达该淬火介质温度之前即取出,马上浸入另一种冷却能力弱的介质中冷却,如先水后油、先水后空气等
模压淬火	钢件加热奥氏体化后,置于特定夹具中夹紧,随之淬火冷却的方法。这种方法可以减小零件的淬火冷却畸变
喷液淬火	钢材或钢件奥氏体化后,在喷射的液体流中淬火冷却的方法
喷雾淬火	钢材或钢件奥氏体化后,在将水和空气混合喷射的雾(气溶胶)中冷却
风冷淬火	钢材或钢件奥氏体化后,用压缩空气进行冷却
铅浴淬火	钢材或钢件在加热奥氏体化后,在融熔铅浴中冷却
盐浴淬火	钢材或钢件加热奥氏体化后,浸入熔盐浴中快冷
盐水淬火	钢材或钢件加热奥氏体化后,浸入盐水中快冷
透淬	淬硬工件横截面上的硬度无显著差别的淬火
欠速淬火	钢材或钢件加热奥氏体化,随之以低于马氏体临界冷却速度淬火冷却,形成除马氏体外,还有一种或多种奥氏体转变产物
贝氏体等温淬火	钢材或钢件加热奥氏体化,随之快冷到贝氏体转变温度区间(260～400 ℃)等温保持,使奥氏体转变为贝氏体的淬火工艺。有时也称为等温淬火

续表 5-1-12

术　语	定　　义
	(5) 淬火类
马氏体分级淬火	钢材奥氏体化，随之浸入温度稍高或稍低于钢的上马氏点的液态介质(盐浴或碱浴)中，保持适当时间，待钢件的内、外层都达到介质温度后取出空冷，以获得马氏组织的淬火工艺。有时也称为分级淬火
亚温淬火(临界区淬火)	亚共析钢从 $Ac_1 \sim Ac_3$ 温度区间进行淬火冷却，以获得马氏体及铁素体组织的淬火工艺
自冷淬火	工件局部加热后经奥氏体化，部分热量被迅速传至未加热部分的体积中而淬火冷却的淬火工艺
冲击淬火	输入高能量以极大的加热速度使钢件表层加热至奥氏体状态，停止加热后，在极短时间内热量被传入内部而淬火冷却的工艺
电子束淬火	以电子束作为热源以极快速度加热工件并自冷硬化的淬火工艺
激光淬火	以高能量激光作为能源以极快速度加热工件并自冷硬化的淬火工艺
火焰淬火	应用氧—乙炔(或其他可燃气)火焰对零件表面进行加热随之淬火冷却的工艺
感应加热淬火(感应淬火)	利用感应电流通过工件所产生的热效应，使工件表面、局部或整体加热并进行快速冷却的淬火工艺
接触电阻加热淬火(电接触淬火)	借助与工件接触的电极(高导电材料的滚轮)通电后，因接触电阻而加热工件表面随之快速冷却的淬火工艺
电解液淬火(电解液火)	将工件欲淬硬的部分浸入电解液中，零件接阴极，电解液槽接阳极，通电后由于阴极效应而将工件表面加热，到温后断电，工件表面则被电解液冷却硬化的淬火工艺
形变余热淬火	热加工成形后，在高温即进行淬冷的淬火工艺。常用的为锻热淬火，即将锻件从锻造温度锻打到淬火温度，停锻，直接淬火冷却
深冷处理	钢件淬火冷却到室温后继续在 0 ℃以下的介质中冷却的热处理工艺。也称为冷处理
淬硬性(硬化能力)	钢在理想条件下进行淬火硬化所能达到的最高硬度的能力
淬透性	在规定条件下决定钢材淬硬深度和硬度分布的特性
淬硬层	钢件从奥氏体状态急冷硬化的表面层，一般以淬硬有效深度来定义
有效淬硬深度(淬硬深度)	从淬硬的工件表面量至规定硬度值处的垂直距离
	(6) 回火类
回火	钢件淬硬后，再加热到 Ac_1 点以下的某一温度，保温一定时间，然后冷却到室温的热处理工艺
真空回火	钢件在预先抽到低于一个大气压的炉中进行充惰性气体的回火
加压回火	淬硬件进行回火的同时施加压力以校正淬火冷却畸变
自热回火(自回火)	利用局部或表层被淬硬的工件内部的余热使淬硬部分回火的工艺
自发回火(自发回火效应)(自回火)	形成马氏体的快冷进程中因 Ms 点高而自发地发生回火的现象。例如，低碳钢在淬火冷却时就有这一现象发生
低温回火	淬火钢件在 250 ℃以下回火
中温回火	淬火钢件在 250～500 ℃之间的回火
高温回火	淬火钢件在高于 500 ℃的回火
多次回火	对淬火钢件在同一温度进行二次或多次的完全重复的回火
耐回火性(抗回火性)(回火抗力)(回火稳定性)	淬火钢件在回火时抵抗软化的能力
调质	钢件淬火及高温回火的复合热处理工艺
	(7) 固溶热处理类
固溶热处理	将合金加热至高温单相区恒温保持，使过剩相充分溶解到固溶体中后快速冷却以得到过饱和固溶体的工艺
水韧处理	为了改善某些奥氏体钢的组织以提高韧性，将钢件加热到高温使过剩相溶解，然后水冷的热处理工艺。例如：高锰(Mn13)钢加热到 1 000～1 100 ℃后水冷，可消除沿晶界或滑移面析出的碳化物，获得均匀的、单一的奥氏体，从而得到高的韧性和耐磨性

续表 5-1-12

术 语	定 义
(7) 固溶热处理类	
沉淀硬化(析出硬化)(析出强化)	在金属的过饱和固溶体中形成溶质原于偏聚区和(或)由之脱溶出微粒弥散分布于基体中而导致硬化
时效	合金经固溶热处理或冷塑性形变后,在室温放置或稍高于室温保持时,其性能随时间而变化的现象
形变时效	金属在塑性变形后出现的时效现象
时效处理	合金工件经固溶热处理后,在室温或稍高于室温保温以达到沉淀硬化目的的处理
自然时效处理	合金工件经固溶热处理后在室温进行的时效处理
人工时效处理	合金工件经固溶热处理后在室温以上的温度进行的时效处理
分级时效处理	合金工件经固溶热处理后进行二次或多次增高温度加热,每次加热后都冷到室温的人工时效处理
过时效处理	合金工件经固溶热处理后,用比能获得最佳力学性能高得多的温度或长得多的时间进行的时效处理
马氏体时效处理	含碳极低的铁基合金马氏体的脱溶硬化处理
天然稳定化处理(天然时效)	将铸铁件在露天长期(数月乃至数年)放置,使铸造应力缓慢松弛,从而使铸件尺寸稳定的处理
回归	经固溶热处理的合金时效硬化后,在稍高于时效(低于固溶热处理)温度进行短时间加热而引起的性能复原的现象
(8) 热处理缺陷类	
氧化	金属加热时,介质中的氧、二氧化碳和水等与金属反应生成氧化物的过程
脱碳	加热时由于气体介质和钢铁表层碳的作用,使表层含碳量降低的现象
炭黑	热处理时,附着到钢件、炉壁、夹具等表面上形成的无定形碳
淬火冷却开裂	淬火冷却时淬火应力过大超过断裂强度 S_k 时在工件上形成裂纹的现象
淬火冷却畸变(淬火变形)	工件的原始尺寸或形状于淬火冷却时发生人们所不希望的变化
尺寸畸变(尺寸变形)(体积变形)	工件在热处理时,由于新形成组织(或相)与原始组织(或相)的比容不同而引起人们所不希望的尺寸变化
形状畸变(翘曲变形)(形状变形)	工件在热处理时所发生的人们不希望的形状变化
淬火冷却应力	工件淬火冷却时,由于不同部位的温度差异及组织转变的不同时性所引起的应力
热应力	工件在加热和(或)冷却时,由于不同部位存在着温度差别而导致热胀和(或)冷缩的不一致所引起的应力
相变应力(组织应力)	热处理过程中,由于工件各部位相转变的不同时性所引起的应力
残余应力(残余内应力)(内应力)	工件在没有外力作用、各部位也没有温度差的情况下而存留在工件内的应力
软点	钢材或钢件淬火硬化后表面硬度偏低的局部小区域
过烧	金属或合金的加热温度达到其固相线附近时晶界氧化和开始部分熔化的现象
过热	金属或合金在热处理加热时,由于温度过高,晶粒长的很大,以致性能显著降低的现象
偏析	合金中合金元素、夹杂物或气孔等分布不均匀的现象
冷却(低温脆性)	在低温(一般指 100 ℃以下),钢的冲击韧度随温度的降低而急剧下降的现象
蓝脆	钢在 200～300 ℃(表面氧化膜呈蓝色)时抗拉强度及硬度比常温的高,塑性及韧度比常温的低的现象
热脆(红脆)	有些合金在接近熔点的温度受到应力或形变时沿晶界开裂的现象
氢脆	金属或合金因吸收氢而引起的韧度降低现象
白点	白点是钢中因氢的析出而引起的一种缺陷。在纵向断口上,它呈现接近圆形或椭圆形的银白色斑点;在侵蚀后的宏观磨片上呈现发裂
σ 相脆性	高铬合金钢因析出 σ 相而引起的脆化现象
回火脆性	淬火钢的某些温度区间回火或从回火温度缓慢冷却通过该温度区间的脆化现象。回火脆性可分为第一类回火脆性和第二类回火脆性

续表 5-1-12

术　语	定　　义
(8) 热处理缺陷类	
第一类回火脆性(不可逆回火脆性)(低温回火脆性)	钢淬火后在 300 ℃左右回火时所产生的回火脆性。第一类回火脆性可用更高温度的回火提高韧度;以后再次在 300 ℃左右温度回火则不再重复出现
第二类回火脆性(可逆回火脆性)(高温回火脆性)	含有铬、锰、铬、镍等元素的合金钢淬火后,在脆化温度(400～550 ℃)区回火,或经更高温度回火后缓慢冷却通过脆化温度区所产生的脆性。这种脆性可通过高于脆化温度的再次回火后快冷来消除,消除后如再次在脆化温度区回火,或更高温度回火后缓慢冷却通过脆化温度区,则重复出现
(9) 渗碳类	
渗碳	为了增加钢件表层的含碳量和一定的碳浓度梯度,将钢件在渗碳介质中加热并保温使碳原子渗入表层的化学热处理工艺
固体渗碳	将工件放在填充粒状渗碳剂的密封箱中进行渗碳的工艺
膏剂渗碳	工件表面以膏状渗碳剂涂覆进行渗碳的工艺
盐浴渗碳(液体渗碳)	在熔融盐浴渗碳剂中进行渗碳的工艺
气体渗碳	工件在气体渗碳剂中进行渗碳的工艺
滴注式渗碳(滴液式渗碳)	将苯、醇、煤油等液体渗碳剂直接滴入炉内裂解进行气体渗碳的工艺
离子渗碳(辉光放电渗碳)	在低于一个大气压的渗碳气氛中,利用工件(阴极)和阳极之间产生的辉光放电进行渗碳的工艺
流态床渗碳	在悬浮于气流中形成流态化的固体颗粒渗碳介质中进行渗碳的工艺
电解渗碳	在作为阴极的被处理件和在熔盐浴中的石墨阳极之间通以电流进行渗碳的工艺
真空渗碳	在低于一个大气压的条件下进行气体渗碳的工艺
高温渗碳	在 950 ℃以上进行渗碳的工艺
局部渗碳	仅对工件表面某一部分或某些区域进行的渗碳
复碳	由于热处理或其他工序引起钢件表面脱碳后,为恢复初始碳含量而进行的渗碳处理
碳势(碳位)	碳势是指表征含碳气氛在一定温度下改变钢件表面含碳量能力的参数。通常可用低碳钢箔在含碳气氛中的平衡含碳量来表示
渗碳层	渗碳件中含碳量高于原材料的表层
渗碳层深度	由渗碳工件表面向内至规定碳浓度处的垂直距离
有效渗碳硬化层深度	渗碳淬火后的工件由其表面测定到规定硬度(通常为 550 HV_1)处的垂直距离
(10) 渗氮类	
渗氮(氮化)	在一定温度下(一般在 Ac_1 温度下),使活性氮原子渗入工件表面的化学热处理工艺
液体渗氮	在熔盐渗氮剂中进行渗氮的工艺
气体渗氮	在气体介质中进行渗氮的工艺
离子渗氮(离子氮化)	在低于一个大气压的渗氮气氛中,利用工件(阴极)和阳极之间产生的辉光放电进行渗氮的工艺
一段渗氮	在一个温度下进行渗氮的工艺
多段渗氮(多段氮化)	将渗氮过程分在两个或三个温度阶段保温渗氮的工艺
退氮(脱氮)	从渗氮件表层去除过剩的氮进行的化学热处理工艺
氮化物	氮与金属元素形成的化合物。渗氮时常见的氮化物有 γ-Fe_4N、ε-$Fe_{2\text{-}3}N$、ζ-Fe_2N 等
氮势	表征含氮介质在给定温度对工件渗氮或退氮到某一给定表面氮含量的能力的参数
渗氮层深度	从渗氮件表面沿垂直方向测至与基体组织有明显的分界处为止的距离

5.1.2　产品结构工艺性

5.1.2.1　产品结构工艺性审查(JB/T 9169.3—1998)

(1) 产品结构工艺性审查内容和程序

1) 基本要求

① 所有新设计的产品和改进设计的产品,在设计过程中均应进行结构工艺性审查。

② 企业对外来产品图样,在首次生产前也需进行结构工艺性审查。

2) 产品结构工艺性审查的任务　进行产品结构工艺性审查,是使新设计的产品在满足使用功能的前提下应符合一定的工艺性指标要求,以便在现有生产条件下能用比较经济、合理的方法将其制造出来,并要便于使用和维修。

3）工艺分类、评定产品结构工艺性应考虑的主要因素和工艺性的评价形式

① 工艺性分类

a. 生产工艺性。产品结构的生产工艺性是指其制造的难易程度与经济性。

b. 使用工艺性。产品结构的使用工艺性是指其在使用过程中维护保养和修理的难易程度与经济性。

② 评定产品结构工艺性应考虑的主要因素

a. 产品的种类及复杂程度。

b. 产品的产量或生产类型。

c. 现有的生产条件。

③ 工艺性的评价形式

a. 定性评价。根据经验概括地对产品结构工艺性给以评价。

b. 定量评价。根据工艺性主要指标数值进行评价。

4）产品结构工艺性主要指标项目

① 产品制造劳动量。

② 单位产品材料用量。

③ 材料利用系数（K_m）

$$K_m=\frac{\text{产品净重}}{\text{该产品的材料消耗工艺定额}}$$

④ 产品结构装配性系数（K_a）

$$K_a=\frac{\text{产品各独立部件中的零件数之和}}{\text{产品的零件总数}}$$

⑤ 产品的工艺成本。

⑥ 产品的维修劳动量。

⑦ 加工精度系数（K_{ac}）

$$K_{ac}=\frac{\text{产品（或零件）图样中标注有公差要求的尺寸数}}{\text{产品（或零件）的尺寸总数}}$$

⑧ 表面粗糙度系数（K_r）

$$K_r=\frac{\text{产品（或零件）图样中标注有粗糙度要求的表面数}}{\text{产品（或零件）的表面总数}}$$

⑨ 结构继承性系数（K_s）

$$K_s=\frac{\text{产品中借用件数+通用件数}}{\text{产品零件总数}}$$

⑩ 结构标准化系数（K_{st}）

$$K_{st}=\frac{\text{产品中标准件数}}{\text{产品零件总数}}$$

⑪ 结构要素统一化系数（K_e）

$$K_e=\frac{\text{产品中各零件所用同一结构要素数}}{\text{该结构要素的尺寸规格数}}$$

5）产品结构工艺性审查内容　为了保证所设计的产品具有良好的工艺性，在产品设计的各个阶段均应进行工艺性审查。

① 初步设计阶段的审查

a. 从制造观点分析结构方案的合理性。

b. 分析结构的继承性。

c. 分析结构的标准化与系列化程度。

d. 分析产品各组成部分是否便于装配、调整和维修。

e. 分析主要材料选用是否合理。

f. 主要件在本企业或外协加工的可能性。

② 技术设计阶段的审查

a. 分析产品各组成部件进行平行装配和检查的可行性。

b. 分析总装配的可行性。

c. 分析装配时避免切削加工或减少切削加工的可行性。

d. 分析高精度复杂零件在本企业加工的可行性。

e. 分析主要参数的可检查性和主要装配精度的合理性。

f. 特殊零件外协加工的可行性。

③ 工作图设计阶段的审查

a. 各部件是否具有装配基准，是否便于装拆。

b. 各大部件拆成平行装配的小部件的可行性。

c. 审查零件的铸造、锻造、冲压、焊接、热处理、切削加工和装配等的工艺性。

6）产品结构工艺性审查的方式和程序

① 初步设计和技术设计阶段的工艺性审查(或分析)一般采用会审方式进行。对结构复杂的重要产品，主管工艺师应从制定设计方案开始就经常参加有关研究该产品设计工作的各种会议和有关活动，以便随时对其结构工艺性提出意见和建议。

② 对产品工作图样的工艺性审查应由产品主管工艺师和各专业工艺师(员)分头进行。

a. 进行工艺性审查的产品图样应为原图(铅笔图)并需有设计、审核人员签字。

b. 审查者在审查时对发现的工艺性问题应填写“产品结构工艺性审查记录”(见 JB/T 9165.3—1998)。

c. 全套产品图样审查完后，对无大修改意见的，审查者应在“工艺”栏内签字，对有较大修改意见的，暂不签字，把产品设计图样和工艺性审查记录一起交设计部门。

d. 设计者根据工艺性审查记录上的意见和建议进行修改设计，修改后对工艺未签字的图样再返回到工艺部门复查签字。

e. 若设计员与工艺员意见不一致，由双方协商解决。若协商中仍有较大分歧意见，由厂技术负责人进行协调或裁决。

(2) 零件结构工艺性基本要求

1）零件结构的铸造工艺性

① 铸件的壁厚应合适、均匀，不得有突然变化。

② 铸件圆角要合理，并不得有尖角。

③ 铸件的结构要尽量简化，并要有合理的起模斜度，以减少分型面、型芯，便于起模。

④ 加强肋的厚度和分布要合理，以避免冷却时铸件变形或产生裂纹。

⑤ 铸件的选材要合理。

2）零件结构的锻造工艺性

① 结构应力求简单对称。

② 模锻件应有合理的锻造斜度和圆角半径。

③ 材料应具有可锻性。

3）零件结构的冲压工艺性

① 结构应力求简单对称。

② 外形和内孔应尽量避免尖角。

③ 圆角半径大小应利于成形。

④ 选材应符合工艺要求。

4）零件结构的焊接工艺性

① 焊接件所用的材料应具有焊接性。

② 焊缝的布置应有利于减小焊接应力及变形。

③ 焊接接头的形式、位置和尺寸应能满足焊接质量的要求。

④ 焊接件的技术要求要合理。

5）零件结构的热处理工艺性

① 对热处理的技术要求要合理。

② 热处理零件应尽量避免尖角、锐边、不通孔。

③ 截面要尽量均匀、对称。

④ 零件材料应与所要求的物理、力学性能相适应。

6）零件结构的切削加工工艺性

① 尺寸公差、形位公差和表面粗糙度的要求应经济、合理。

② 各加工表面几何形状应尽量简单。

③ 有相互位置要求的表面应能尽量在一次装夹中加工。

④ 零件应有合理的工艺基准并尽量与设计基准一致。

⑤ 零件的结构应便于装夹、加工和检查。

⑥ 零件的结构要素应尽可能统一，并使其能尽量使用普通设备和标准刀具进行加工。

⑦ 零件的结构应尽量便于多件同时加工。

7）装配工艺性

① 应尽量避免装配时采用复杂工艺装备。

② 在质量大于 20 kg 的装配单元或其组成部分的结构中，应具有吊装的结构要素。

③ 在装配时应避免有关组成部分的中间拆卸和再装配。

④ 各组成部分的连接方法应尽量保证能用最少的工具快速装拆。

⑤ 各种连接结构形式应便于装配工作的机械化和自动化。

5.1.2.2 零件结构的切削加工工艺性

（1）工件便于在机床或夹具上装夹的图例（表 5-1-13）

表 5-1-13 工件便于在机床或夹具上装夹的图例

图例		说明
改进前	改进后	
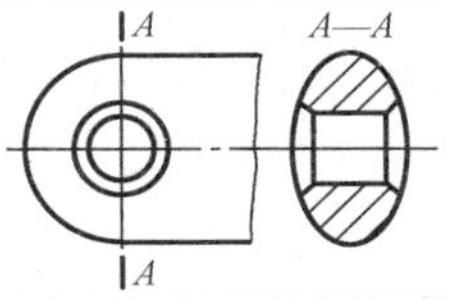 A A—A A	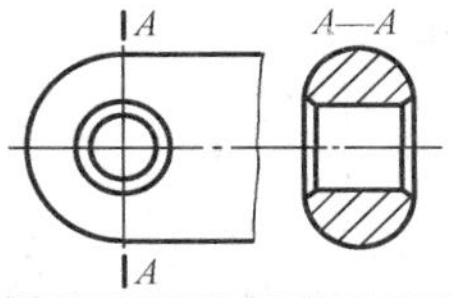 A A—A A	将圆弧面改成平面，便于装夹和钻孔
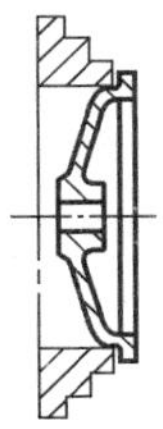	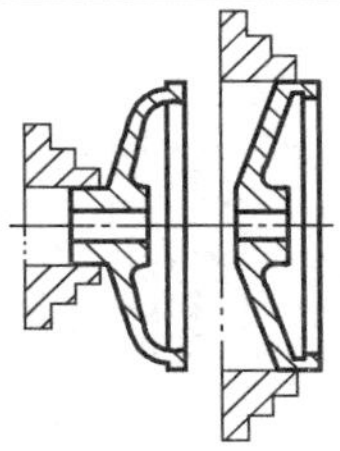	改进后的圆柱面，易于定位夹紧
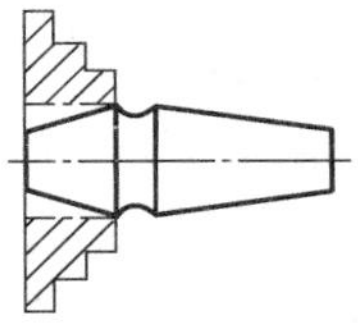	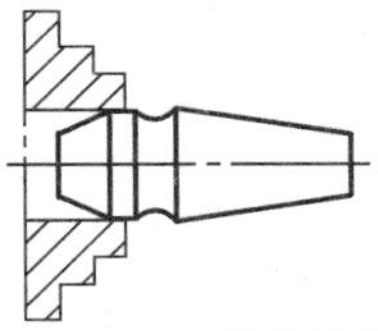	
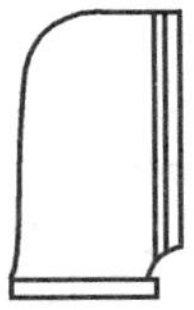	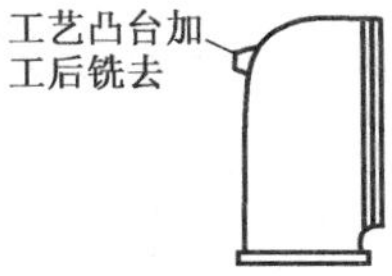 工艺凸台加工后铣去	改进后增加工艺凸台易定位夹紧
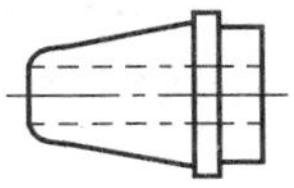	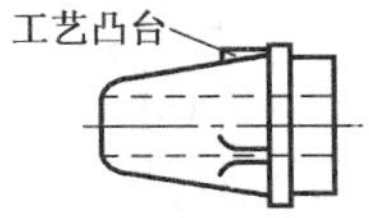 工艺凸台	
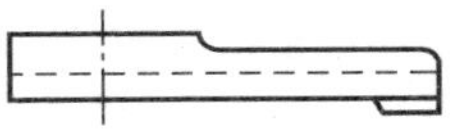	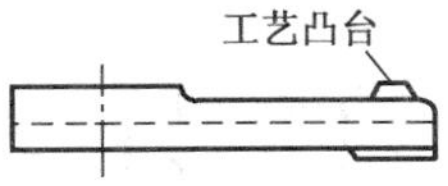 工艺凸台	
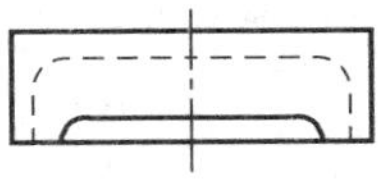	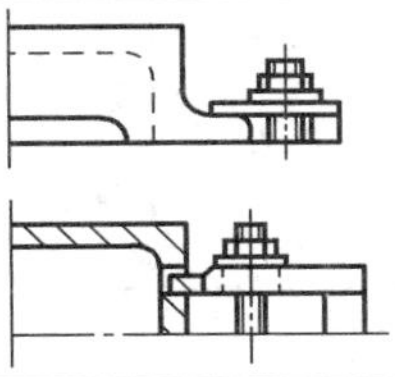	增加夹紧边缘或夹紧孔
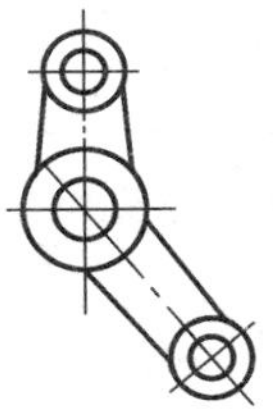	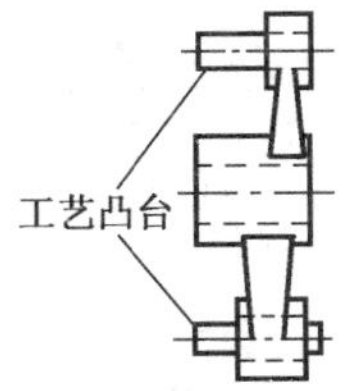 工艺凸台	改进后不仅使三端面处于同一平面上，而且还设计了两个工艺凸台，其直径分别小于被加工孔，孔钻通时，凸台脱落
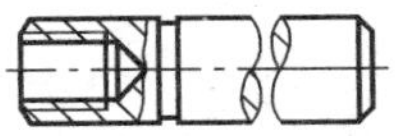	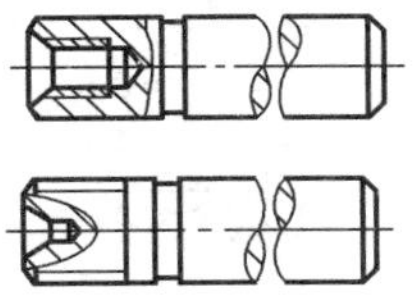	为便于用顶尖支承加工，改进后增加 60°内锥面或改为外螺纹

(2) 减少装夹次数图例(表 5-1-14)

表 5-1-14 减少装夹次数图例

图例		说明
改进前	改进后	
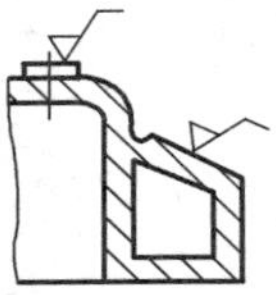	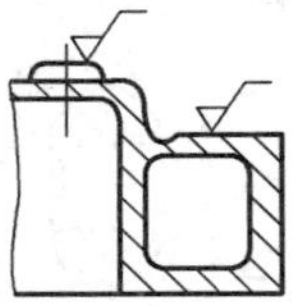	避免倾斜的加工面和孔,可减少装夹次数并利于加工
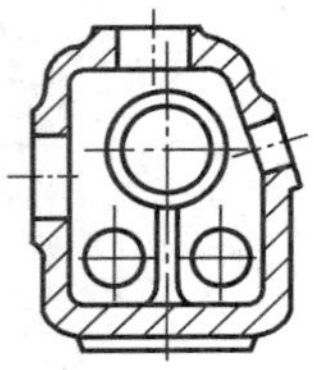	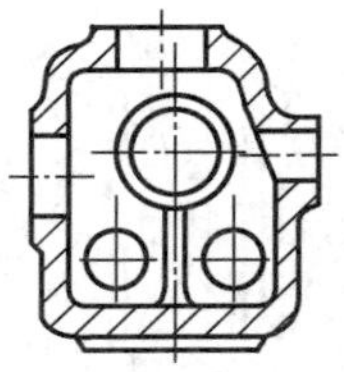	避免倾斜的加工面和孔,可减少装夹次数并利于加工
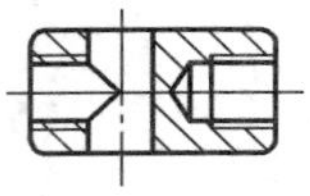	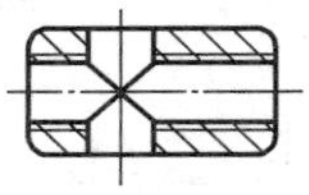	改为通孔可减少装夹次数,保证孔的同轴度要求
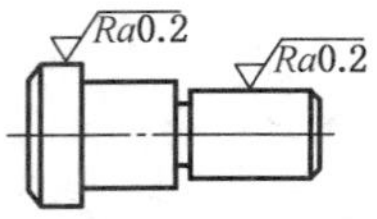 Ra0.2 Ra0.2	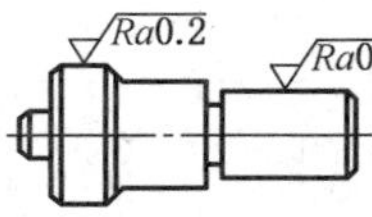 Ra0.2 Ra0.2	改进前需两次装夹磨削,改进后只需一次装夹即可磨削完成
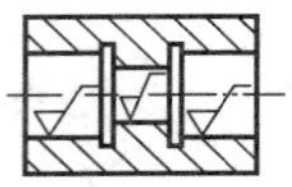	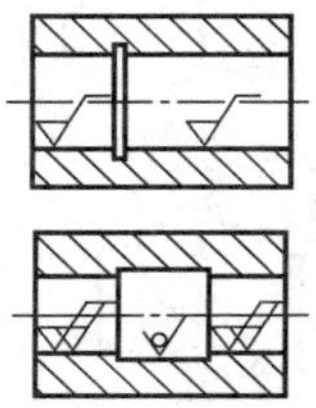	原设计需从两端进行加工,改进后只需一次装夹
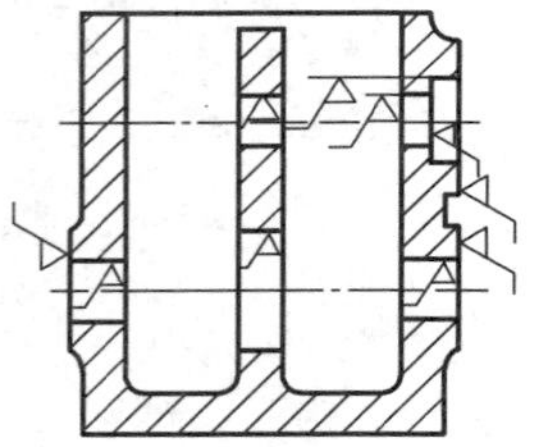	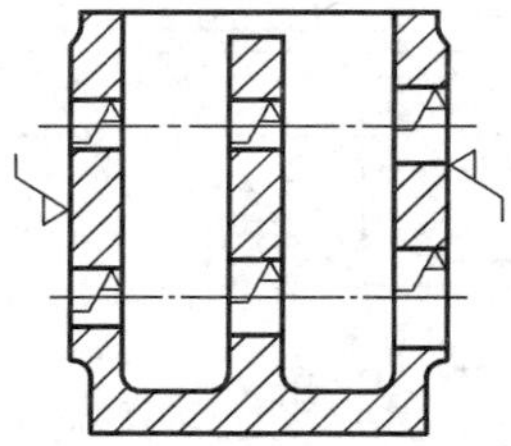	改进后无台阶顺次缩小孔径在一次装夹中同时或依次加工全部同轴孔

(3) 减少刀具调整与走刀次数图例(表 5-1-15)

表 5-1-15 减少刀具的调整与走刀次数图例

图例		说明
改进前	改进后	
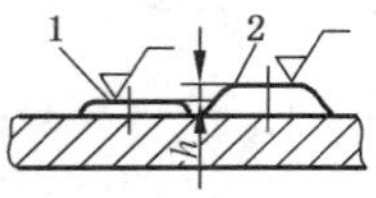 1 2	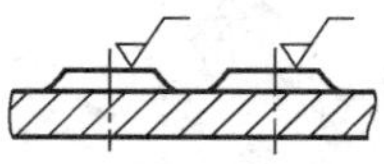	被加工表面(1、2 面)尽量设计在同一平面上,可以一次走刀加工,缩短调整时间,保证加工面的相对位置精度
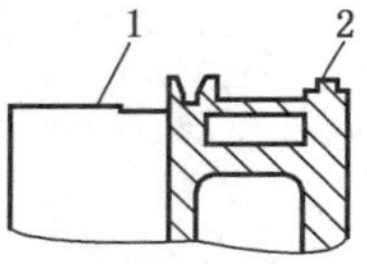 1 2	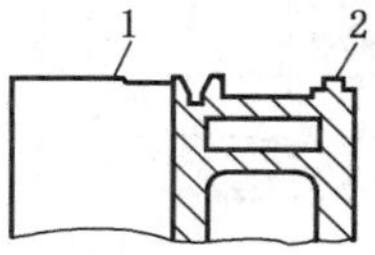 1 2	

续表 5-1-15

图例		说明
改进前	改进后	
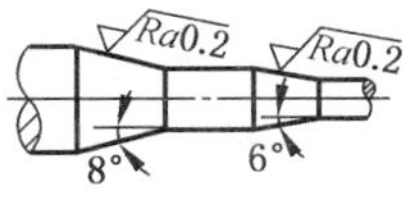 Ra0.2 Ra0.2 8° 6°	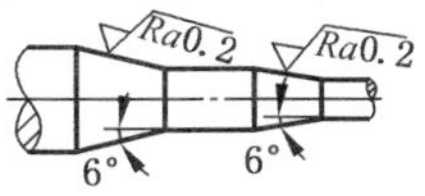 Ra0.2 Ra0.2 6° 6°	锥度相同只需作一次调整
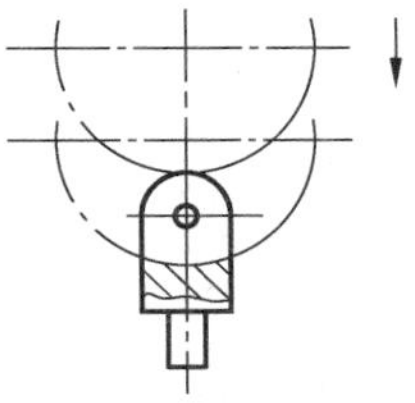	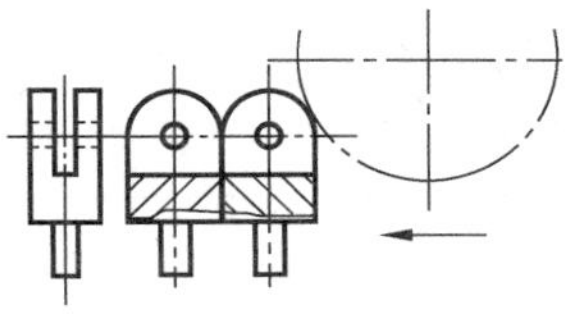	底部为圆弧形，只能单件垂直进刀加工，改成平面，可多件同时加工
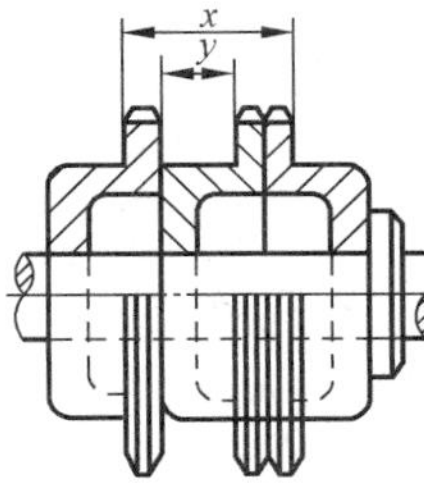 x y	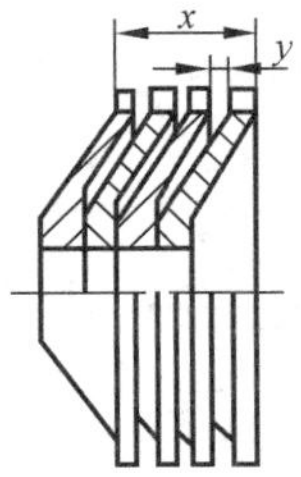 x y	改进后的结构可多件合并加工
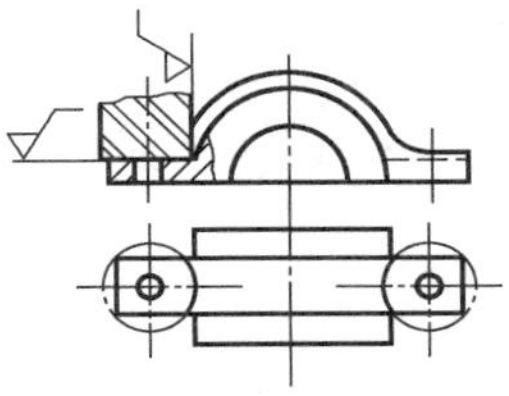	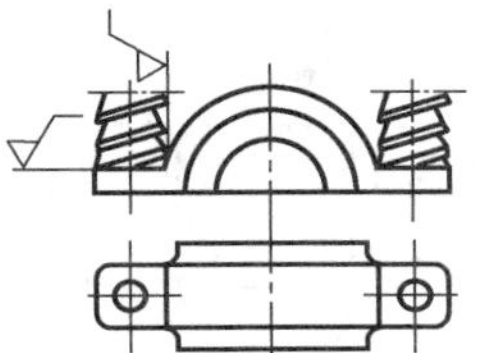	原设计安装螺母的平面必须逐个加工，改进后可多件合并加工

(4) 采用标准刀具减少刀具种类图例(表 5-1-16)

表 5-1-16 采用标准刀具减少刀具种类图例

图例		说明
改进前	改进后	
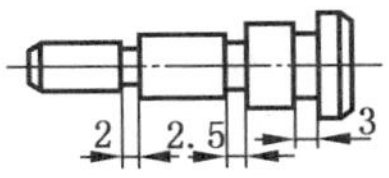 2 2.5 3	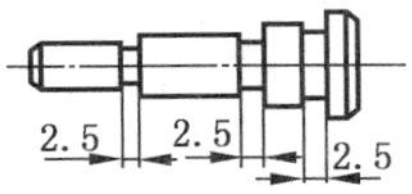 2.5 2.5 2.5	轴的退刀槽或键槽的形状与宽度尽量一致
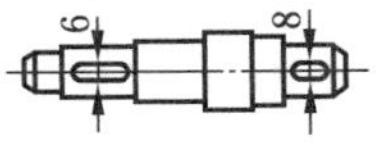 6 8	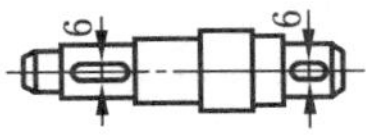 6 6	
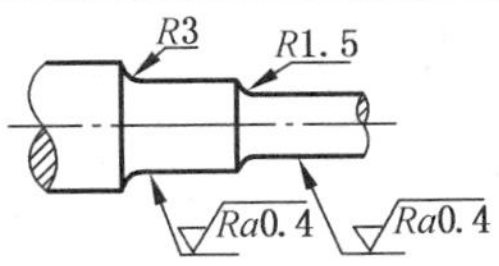 R3 R1.5 Ra0.4 Ra0.4	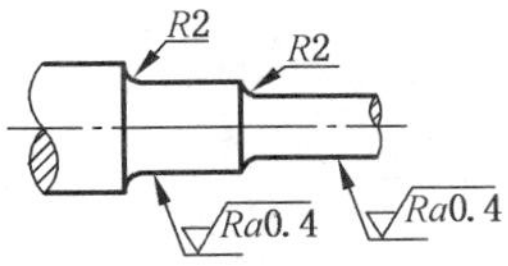 R2 R2 Ra0.4 Ra0.4	磨削或精车时，轴上的过渡圆角应尽量一致
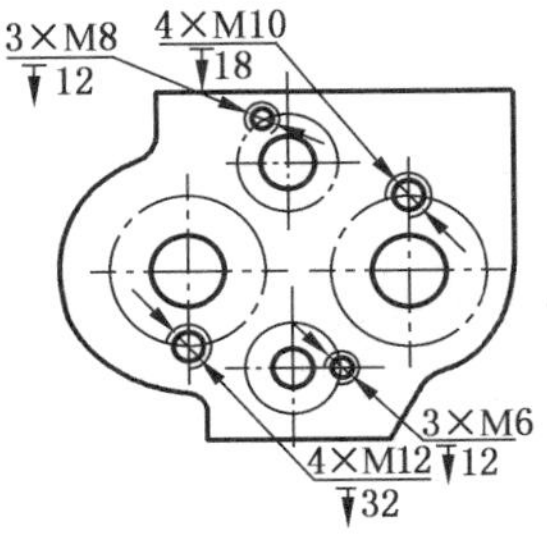 3×M8 ↧12 4×M10 ↧18 3×M6 ↧12 4×M12 ↧32	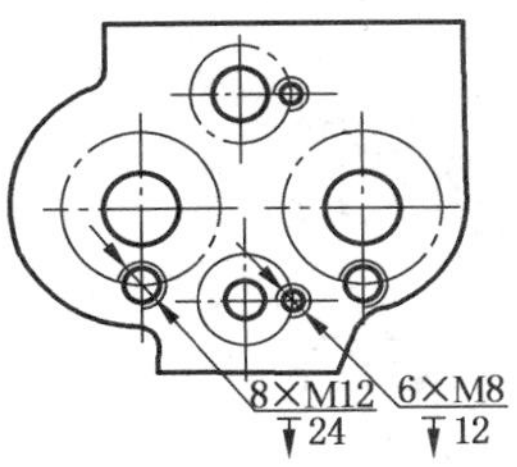 8×M12 ↧24 6×M8 ↧12	箱体上的螺孔应尽量一致或减少种类

续表 5-1-16

图例		说明
改进前	改进后	
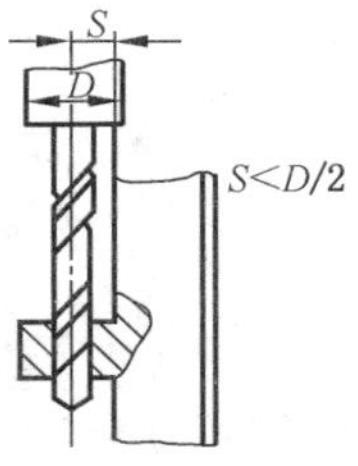	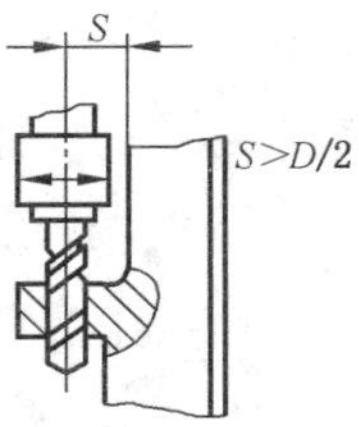	尽量不采用接长杆钻头等非标准刀具

（5）减少切削加工难度图例（表 5-1-17）

表 5-1-17　减少切削加工难度图例

图例		说明
改进前	改进后	
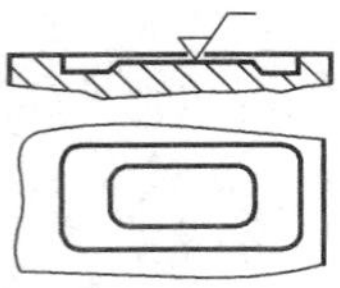	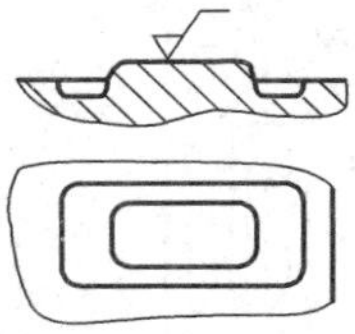	避免把加工平面布置在低凹处
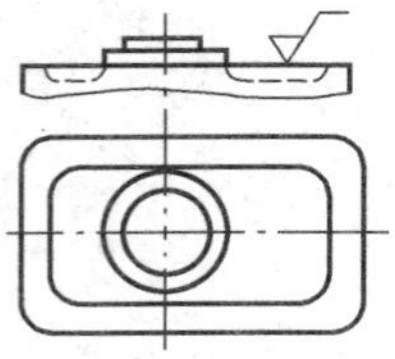	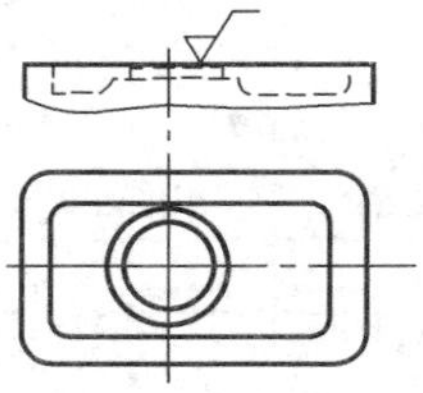	避免在加工平面中间设计凸台
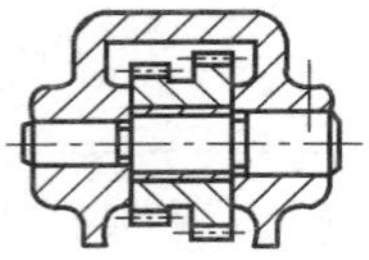	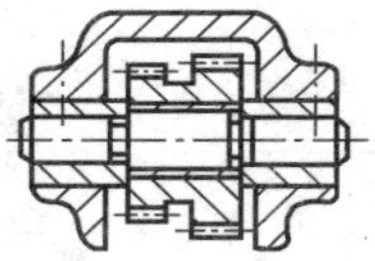	合理应用组合结构，用外表面加工取代内端面加工
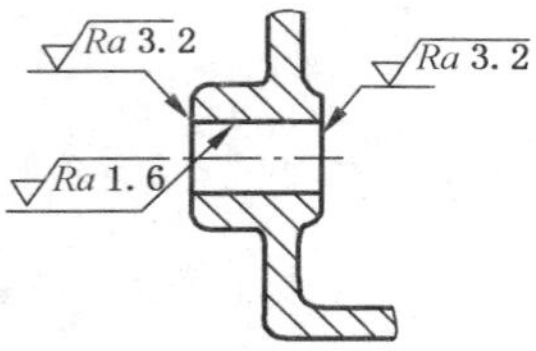	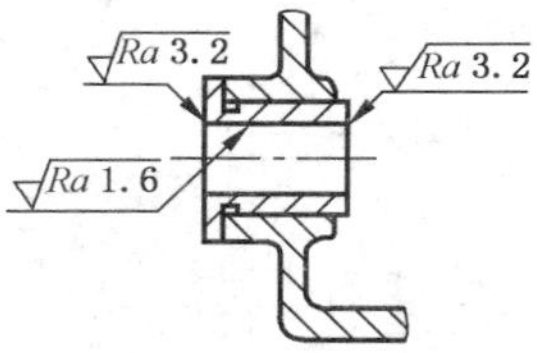	
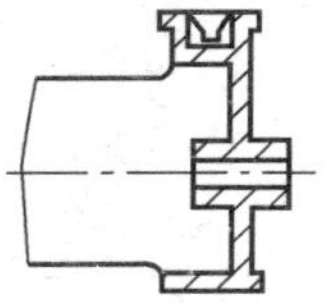	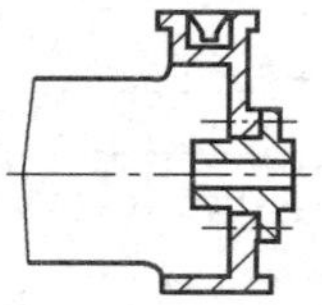	
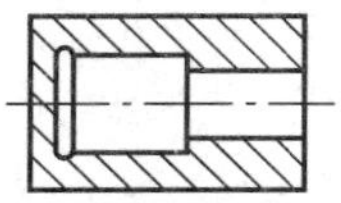	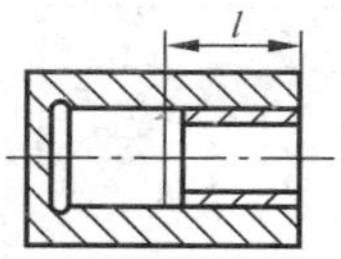	
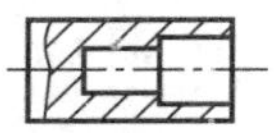	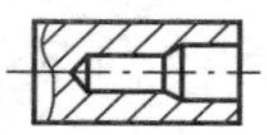	避免平底孔的加工

续表 5-1-17

图例		说明
改进前	改进后	
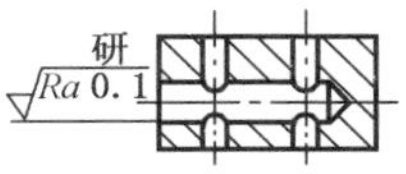 研 Ra 0.1	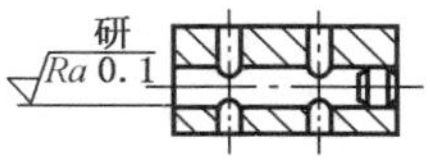 研 Ra 0.1	研磨孔易贯通
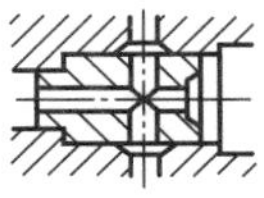	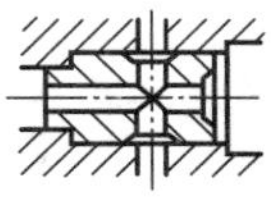	外表面沟槽加工比内沟槽加工方便，容易保证加工精度
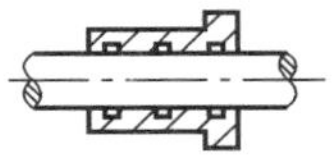	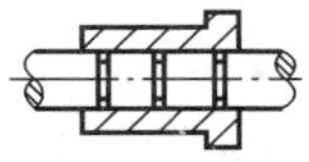	
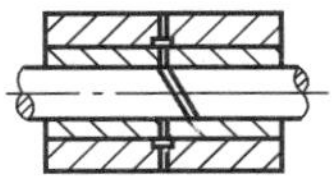	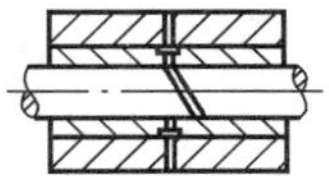	
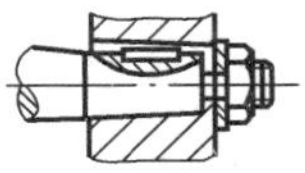	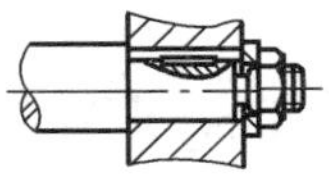	精度要求不太高，不受重载处宜用圆柱配合
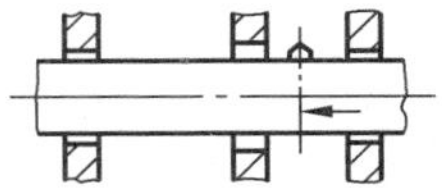	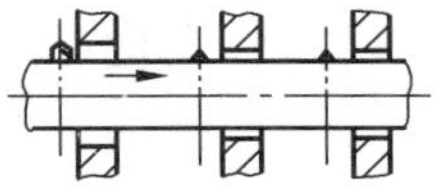	内大外小的同轴孔不易加工
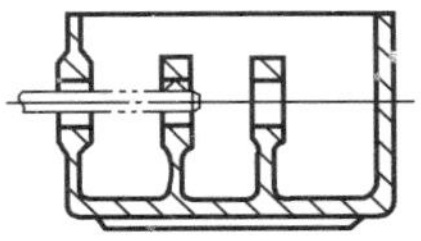	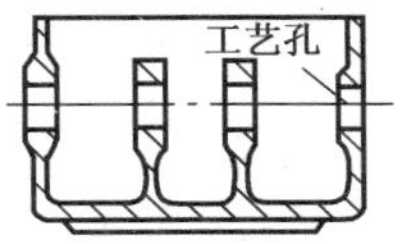 工艺孔	改进后可采用前后双导向支承加工，保证加工质量
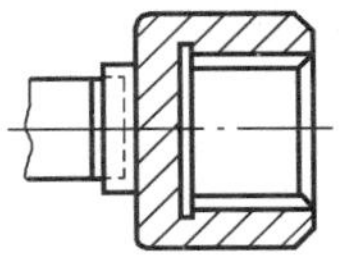	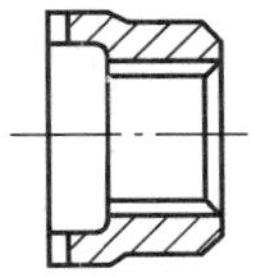	花键孔宜贯通，易加工
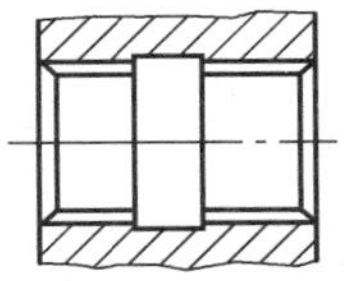	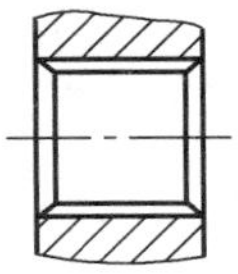	花键孔宜连接，易加工
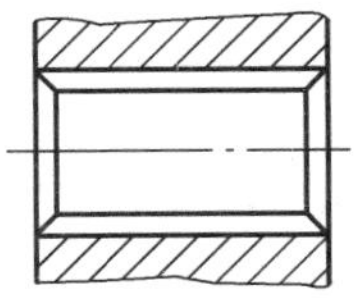	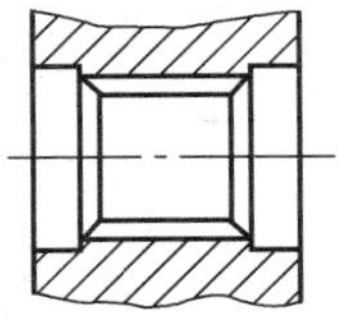	花键孔不宜过长，易加工
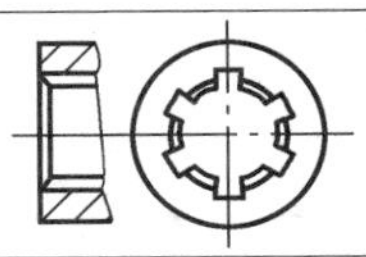	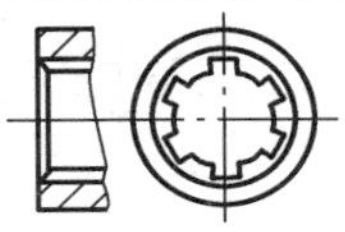	花键孔端部倒棱应超过底圆面
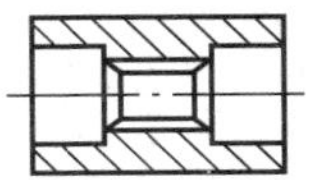	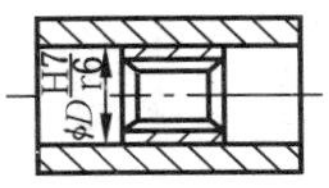 $\phi D\frac{H7}{f6}$	改进前，加工花键孔很困难；改进后，用管材和拉削后的中间体组合而成

续表 5-1-17

<table>
<tr><th colspan="2">图　　例</th><th rowspan="2">说　　明</th></tr>
<tr><th>改进前</th><th>改进后</th></tr>
<tr><td>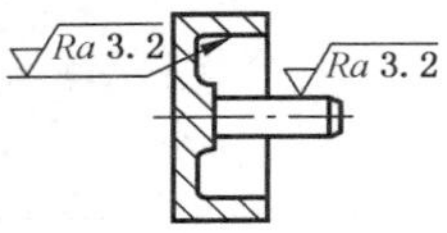</td><td>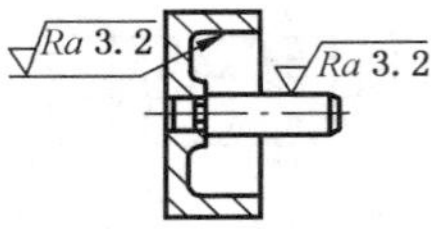</td><td>复杂型面改为组合件，加工方便</td></tr>
<tr><td>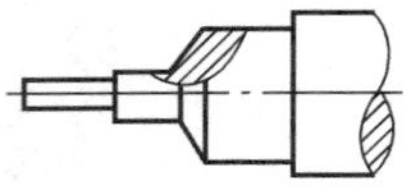</td><td>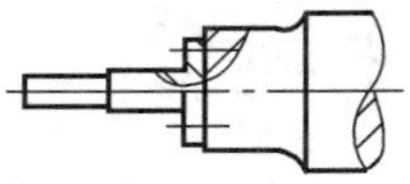</td><td>细小轴端的加工比较困难，材料损耗大，改为装配式后，省料，便于加工</td></tr>
<tr><td>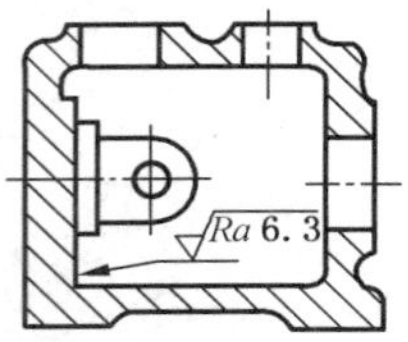</td><td>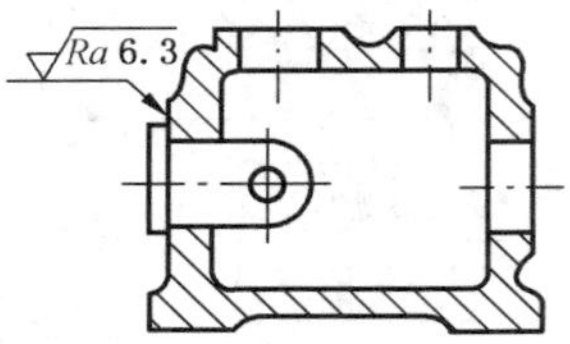</td><td>在箱体内的轴承，应改箱内装配为箱外装配，避免箱体内表面的加工</td></tr>
<tr><td>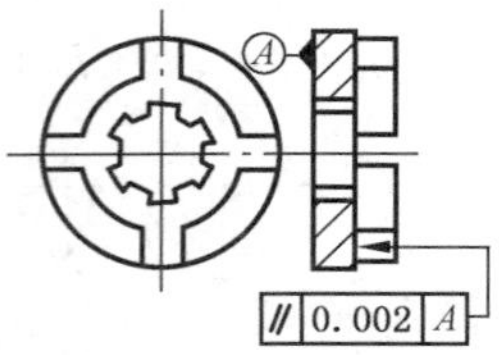</td><td>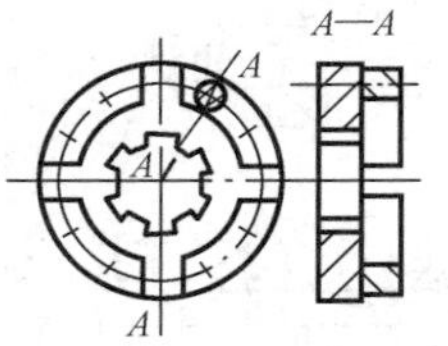</td><td>合理应用组合结构，改进后槽底与底面的平行度要求易保证</td></tr>
</table>

(6) 减少加工量图例（表 5-1-18）

表 5-1-18　减少加工量图例

<table>
<tr><th colspan="2">图　　例</th><th rowspan="2">说　　明</th></tr>
<tr><th>改进前</th><th>改进后</th></tr>
<tr><td>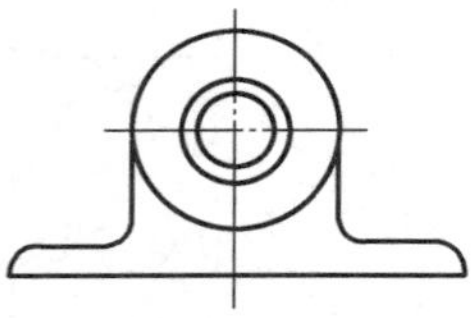</td><td>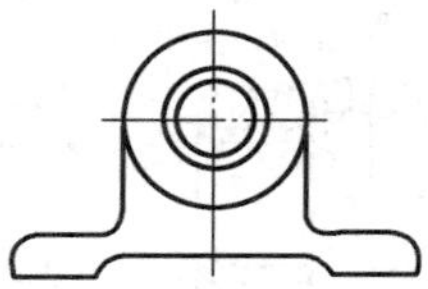</td><td>将整个支承面改成台阶支承面，减少了加工面积</td></tr>
<tr><td>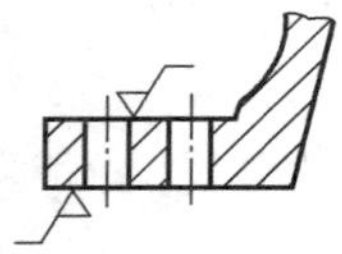</td><td>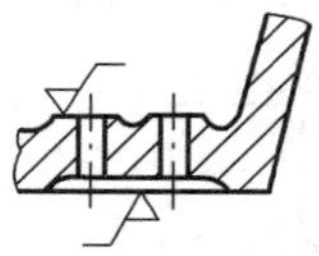</td><td>铸出凸台，以减少切去金属的体积</td></tr>
<tr><td>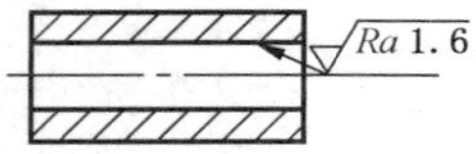</td><td>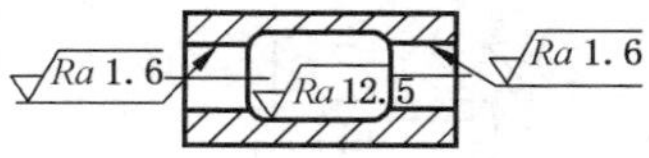</td><td>将中间部位多粗车一些，以减少精车的长度</td></tr>
<tr><td>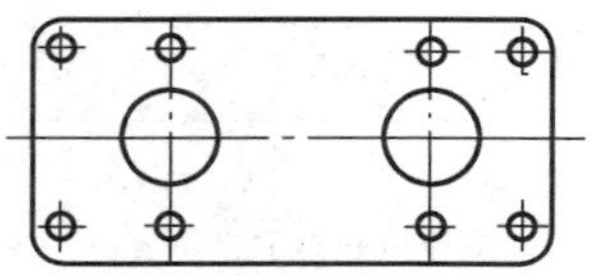</td><td>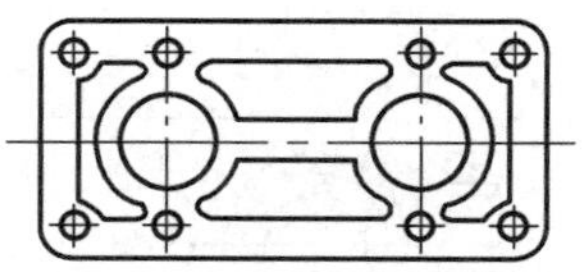</td><td>减少大面积的铣、刨、磨削加工面</td></tr>
<tr><td>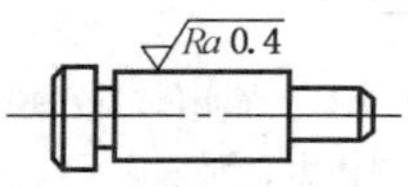</td><td>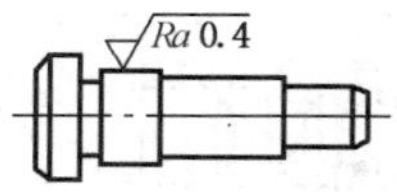</td><td>若轴上仅一部分直径有较高的精度要求，应将轴设计成阶梯状，以减少磨削加工量</td></tr>
</table>

续表 5-1-18

图例 改进前	图例 改进后	说明
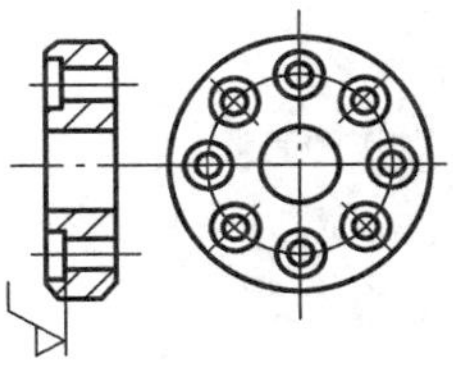	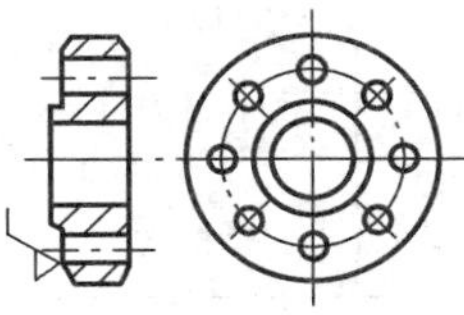	将孔的锪平面改为端面车削，可减少加工表面
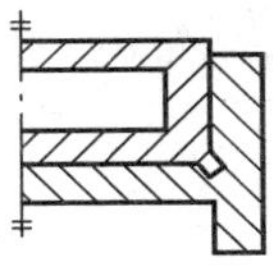	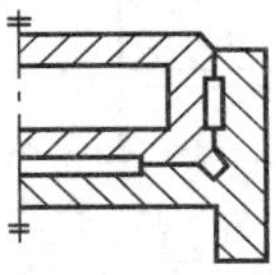	接触面改为环形带后，减少加工面

(7) 加工时便于进刀、退刀和测量的图例(表 5-1-19)

表 5-1-19 加工时便于进刀、退刀和测量的图例

图例 改进前	图例 改进后	说明
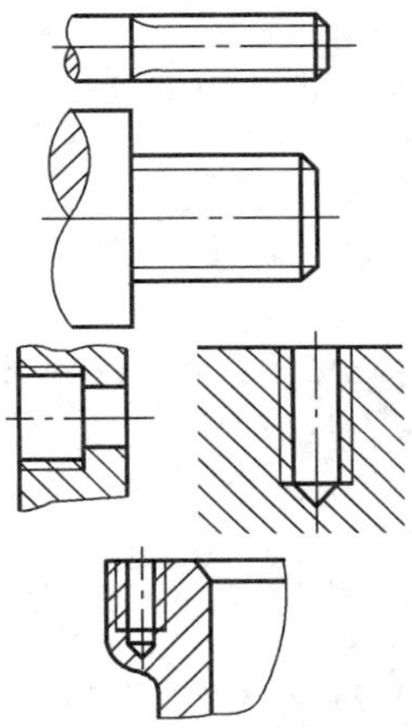	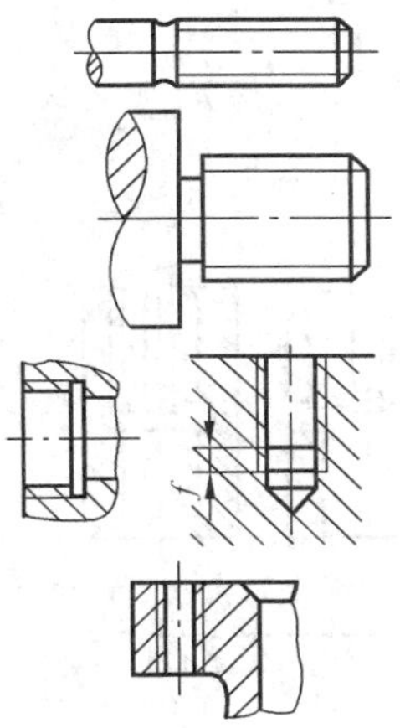	加工螺纹时，应留有退刀槽或开通，不通的螺孔应具有退刀槽或螺纹尾扣段，最好改成开通
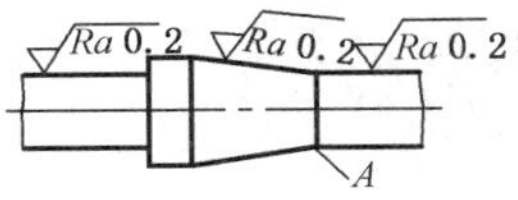 Ra 0.2 Ra 0.2 Ra 0.2 A	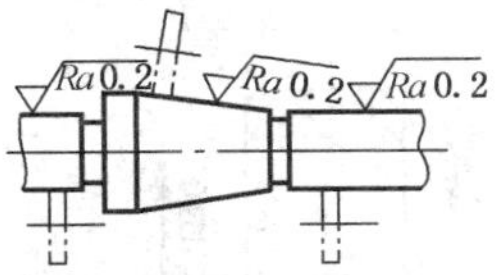 Ra 0.2 Ra 0.2 Ra 0.2	磨削时各表面间的过渡部位，应设计出越程槽，应保证砂轮自由退出和加工的空间
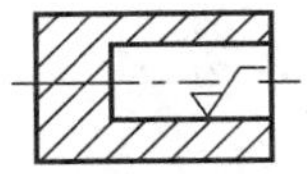	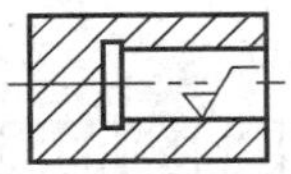	
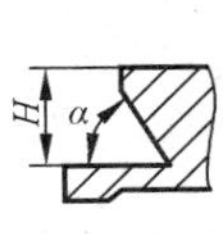 H α	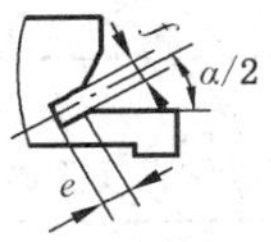 f α/2 e	
	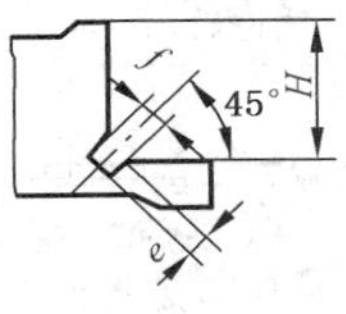 f 45° H e	

续表 5-1-19

图例		说明
改进前	改进后	
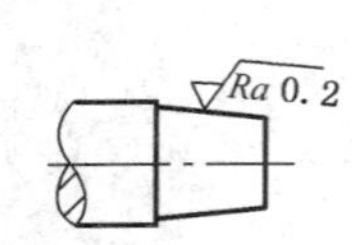	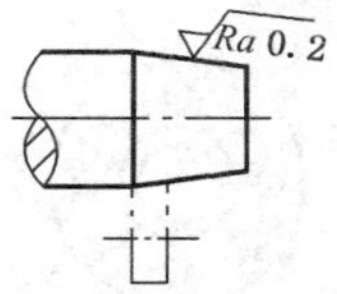	改进后便于加工和测量
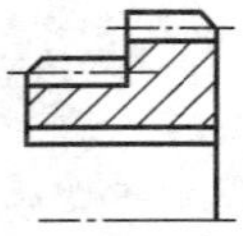	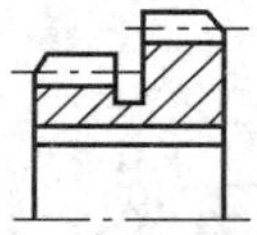	加工多联齿轮时，应留有空刀
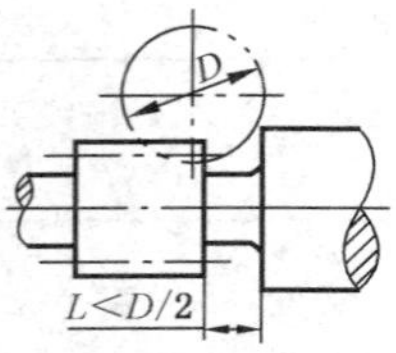	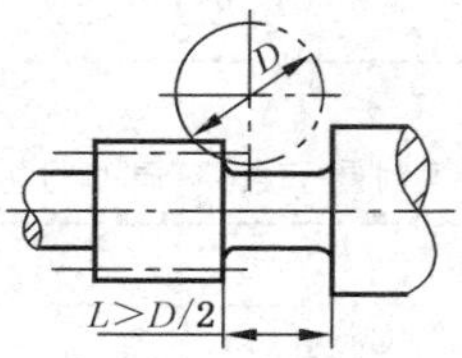	退刀槽长度 L 应大于铣刀的半径 $D/2$
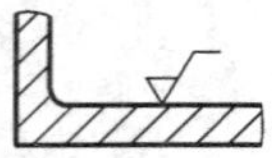	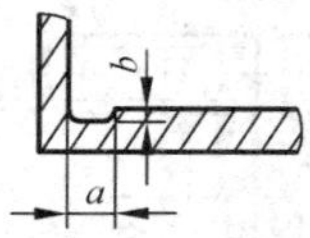	刨削时，在平面的前端必须留有让刀部位
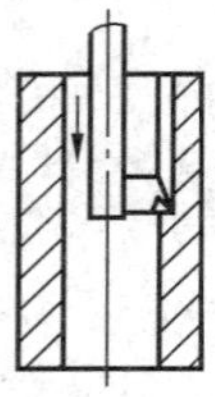	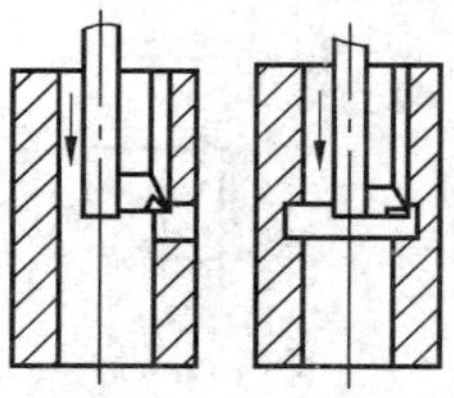	在套筒上插削键槽时，应在键槽前端设置一孔或车出空刀环槽，以利让刀
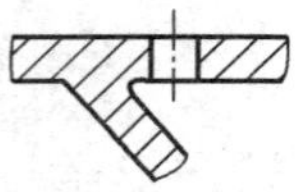	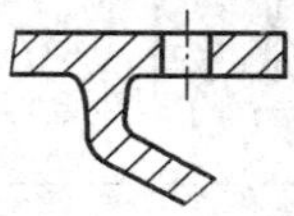	留有较大的空间，以保证钻削顺利
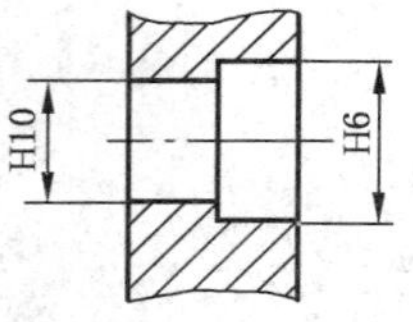	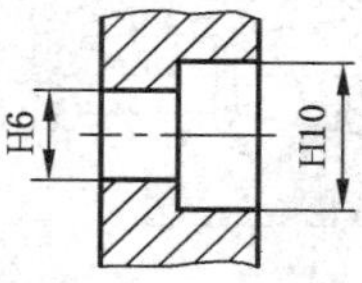	将加工精度要求高的孔设计成开通的，便于加工与测量
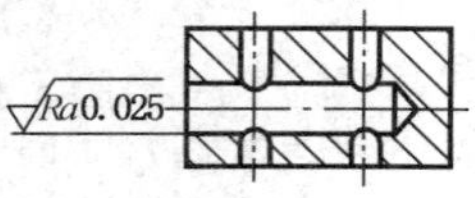	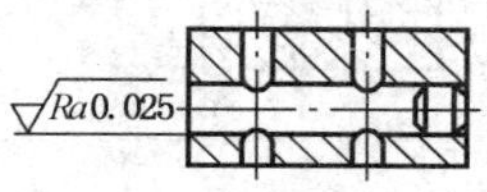	

(8) 保证零件在加工时刚度的图例（表 5-1-20）

表 5-1-20　保证零件在加工时刚度的图例

图例		说明
改进前	改进后	
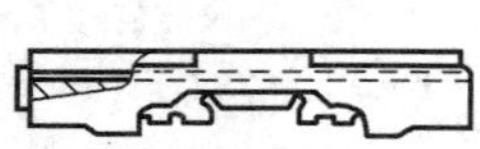	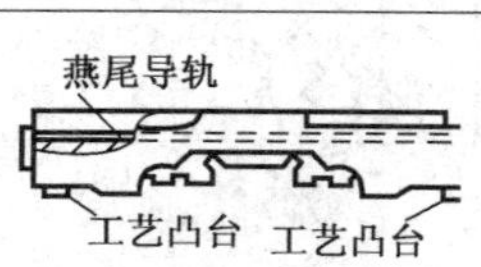	增设支承用工艺凸台，提高工艺系统刚度、装夹方便

续表 5-1-20

图例		说明
改进前	改进后	
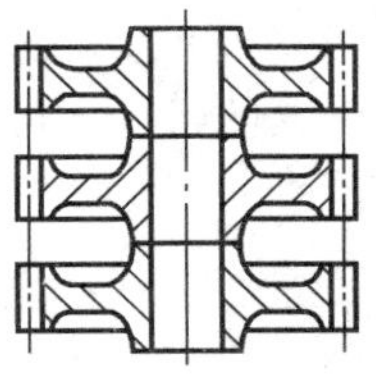	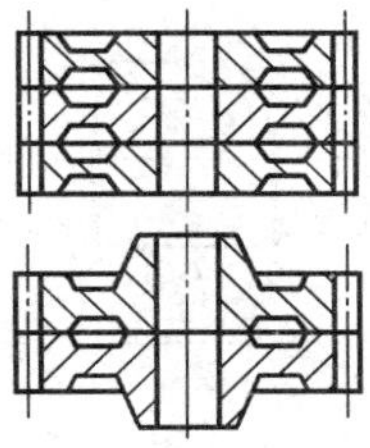	改进后的结构可提高加工时的刚度
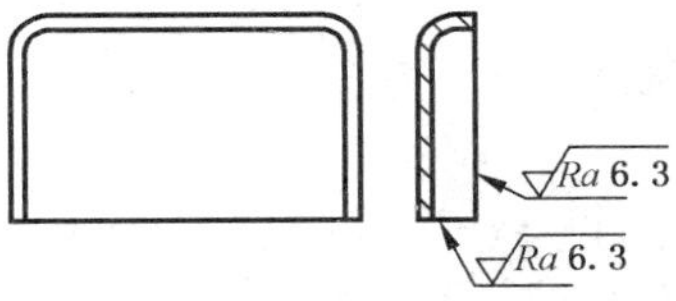 Ra 6.3 Ra 6.3	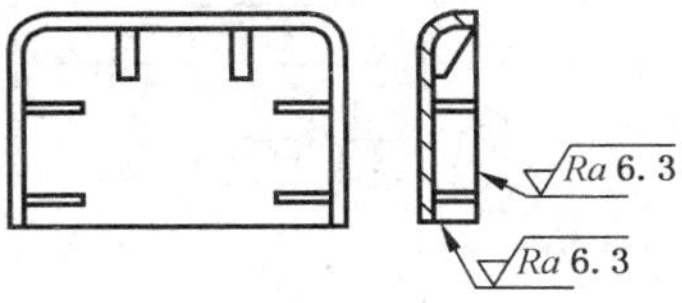 Ra 6.3 Ra 6.3	对较大面积的薄壁、悬臂零件应合理增设加强肋，提高工件刚度
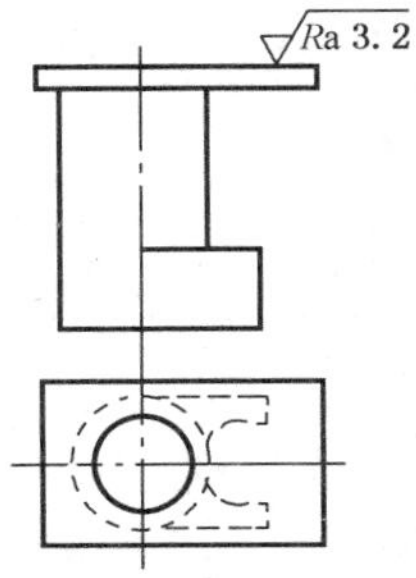 Ra 3.2	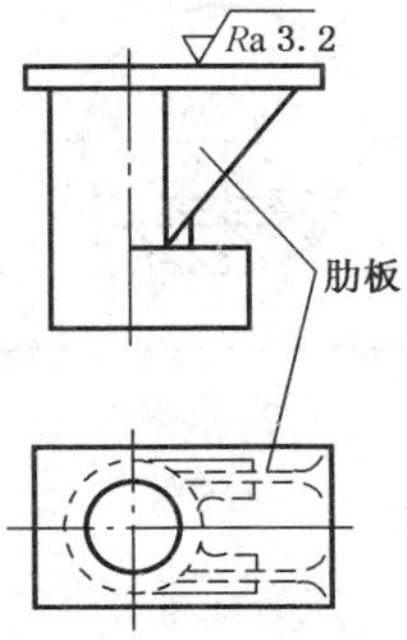 Ra 3.2 肋板	

(9) 有利于改善刀具切削条件与提高刀具寿命的图例(表 5-1-21)

表 5-1-21 有利于改善刀具切削条件与提高刀具寿命的图例

图例		说明
改进前	改进后	
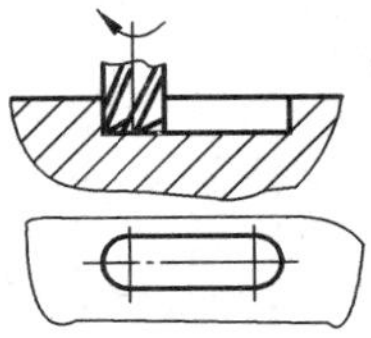	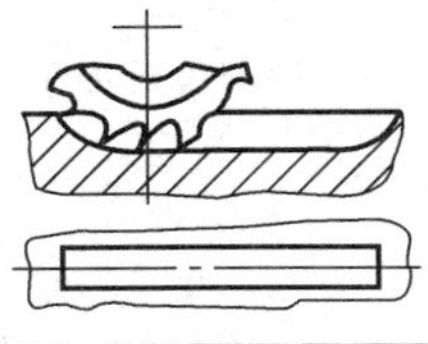	避免用端铣方法加工封闭槽，以改善切削条件
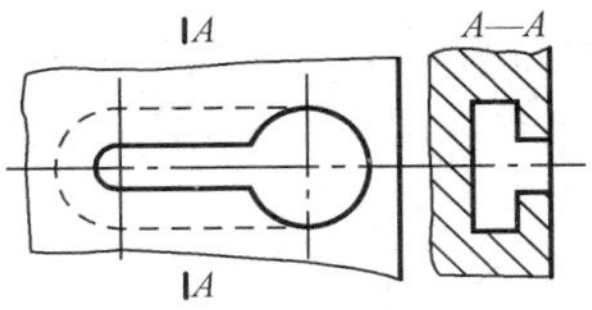 A A—A A	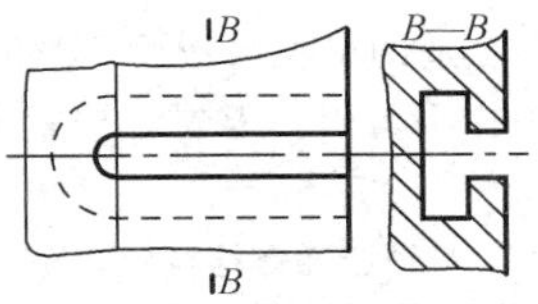 B B—B B	避免封闭的凹窝和不穿透的槽
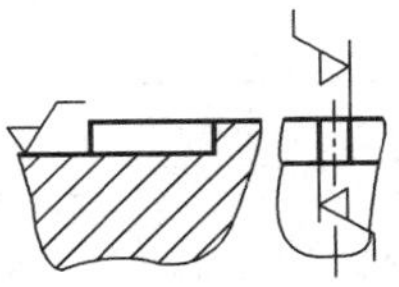	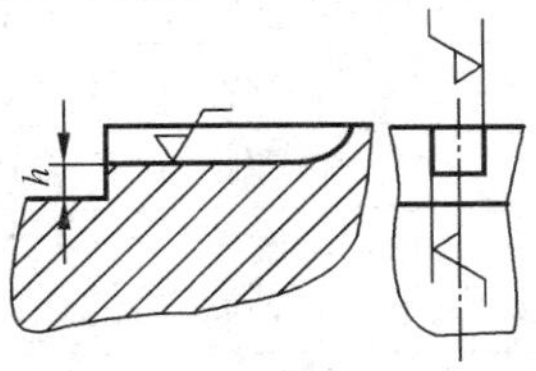 h	沟槽表面不要与其他加工表面重合
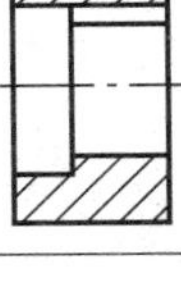	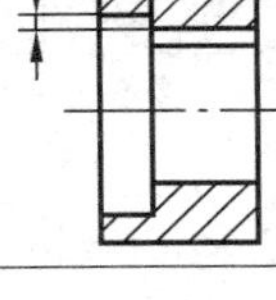 h	

续表 5-1-21

图例		说明
改进前	改进后	
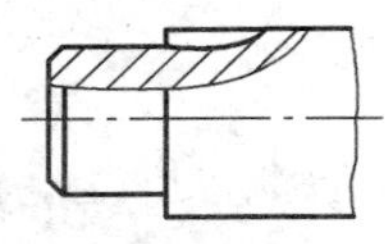	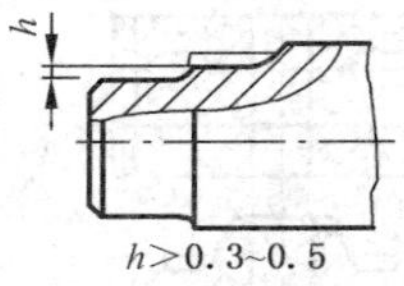 $h>0.3\sim0.5$	沟槽表面不要与其他加工表面重合
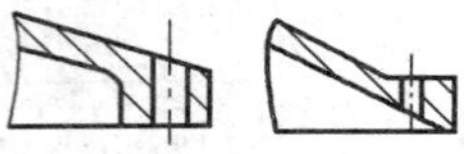	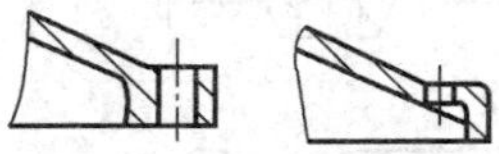	避免在斜面上钻孔，避免钻头单刃切削以防止刀具损坏和造成加工误差
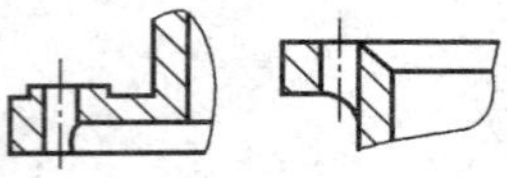	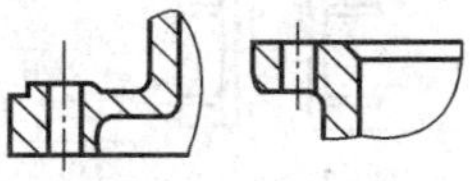	
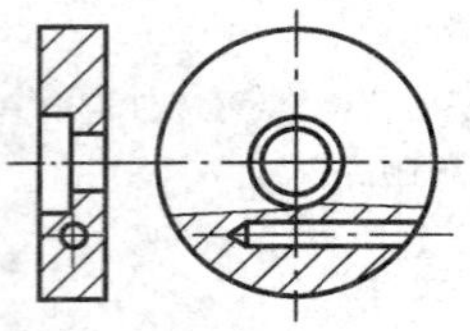	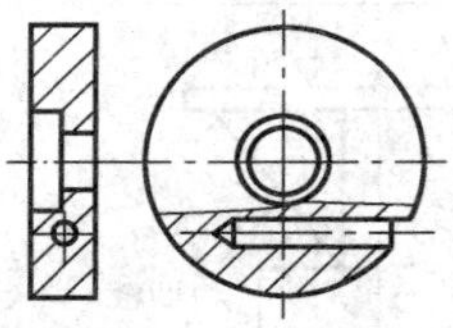	

5.1.2.3 零部件的装配工艺性

(1) *装配通用技术要求(JB/T 5994—1992)*

1) 基本要求

① 产品必须严格按照设计、工艺要求及本标准和与产品有关的标准规定进行装配。

② 装配环境必须清洁。高精度产品装配的环境温度、湿度、降尘量、照明、防振等必须符合有关规定。

③ 产品零部件(包括外购、外协件)必须具有检验合格证方能进行装配。

④ 零件在装配前必须清理和清洗干净，不得有毛刺、飞边、氧化皮、锈蚀、切屑、砂粒、灰尘和油污等，并应符合相应清洁度要求。

⑤ 除有特殊要求外，在装配前零件的尖角和锐边必须倒钝。

⑥ 配作表面必须按有关规定进行加工，加工后应清理干净。

⑦ 用修配法装配的零件，修整后的主要配合尺寸必须符合设计要求或工艺规定。

⑧ 装配过程中零件不得磕碰、划伤和锈蚀。

⑨ 涂装后未干的零、部件不得进行装配。

2) 连接方法的要求

① 螺钉、螺栓连接。

a. 螺钉、螺栓和螺母紧固时严禁打击或使用不合适的旋具与扳手。紧固后螺钉槽、螺母和螺钉、螺栓头部不得损伤。

b. 有规定拧紧力矩要求的紧固件，应采用力矩扳手紧固。未规定拧紧力矩的螺栓，其拧紧力矩可参考普通螺栓拧紧力矩的规定，见表 5-1-22。

表 5-1-22 普通螺栓拧紧力矩

螺栓强度级	螺栓公称直径/mm														
	6	8	10	12	14	16	18	20	22	24	27	30	36	42	48
	拧紧力矩/N·m														
4.6	4～5	10～12	20～25	35～44	54～69	88～108	118～147	167～206	225～284	294～370	441～519	529～666	882～1 078	1 372～1 666	2 058～2 450
5.6	5～7	12～15	25～31	44～54	69～88	108～137	147～186	206～265	284～343	370～441	539～686	666～833	1 098～1 372	1 705～2 736	2 334～2 548
6.6	6～8	14～18	29～39	49～64	83～98	127～157	176～216	245～314	343～431	441～539	637～784	784～980	1 323～1 677	1 960～2 548	3 087～3 822

续表 5-1-22

螺栓强度级	螺栓公称直径/mm														
	6	8	10	12	14	16	18	20	22	24	27	30	36	42	48
	拧紧力矩/N·m														
8.8	9～12	22～29	44～58	76～102	121～162	189～252	260～347	369～492	502～669	638～850	933～1 244	1 267～1 689	2 214～2 952	3 540～4 721	5 311～7 081
10.9	13～14	29～35	64～76	108～127	176～206	274～323	372～441	529～637	725～862	921～1 098	1 372～1 617	1 666～1 960	2 744～3 283	4 263～5 096	6 468～7 742
12.9	15～20	37～50	74～88	128～171	204～273	319～425	489～565	622～830	847～1 129	1 096～1 435	1 574～2 099	2 138～2 850	3 736～4 981	5 974～7 966	8 962～11 949

c. 同一零件用多个螺钉或螺栓紧固时，各螺钉（螺栓）需顺时针、交错、对称逐步拧紧，如有定位销，应从靠近定位销的螺钉或螺栓开始，见图 5-1-1。

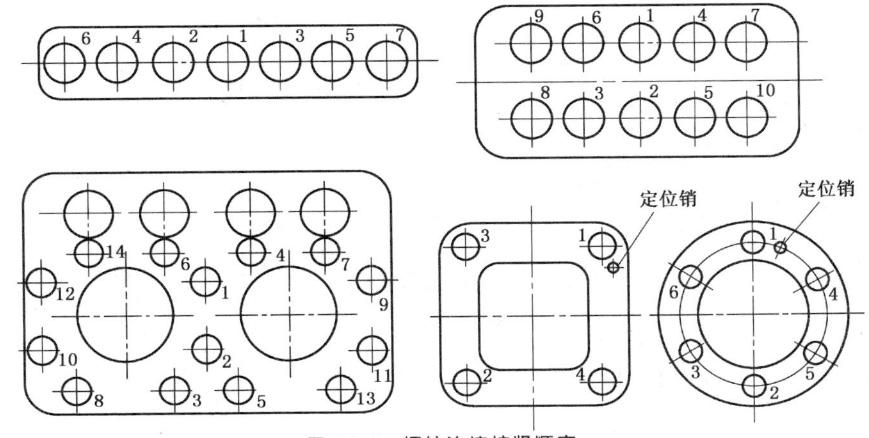

图 5-1-1 螺纹连接拧紧顺序

② 销连接。

a. 重要的圆锥销装配时应与孔进行涂色检查，其接触长度不应小于工作长度的 60%，并应分布在接合面的两侧。

b. 定位销的端面一般应略突出零件表面。带螺尾的锥销装入相关零件后，其大端应沉入孔内。

c. 开口销装入相关零件后，其尾部应分开 60°～90°。

③ 键连接。

a. 平键与固定键的键槽两侧面应均匀接触，其配合面间不得有间隙。

b. 钩头键、楔形键装配后，其接触面积应不小于工作面积的 70%，而且不接触部分不得集中于一段。外露部分应为斜面长度的 10%～15%。

c. 间隙配合的键（或花键）装配后，相对运动的件沿着轴向移动时，不得有松紧不匀现象。

④ 过盈连接。

过盈连接一般有压装、热装、冷装、液压套合、爆炸压合等。各种方法的工艺特点及适用范围见表 5-1-23，装配时可根据具体情况选用。

表 5-1-23 过盈连接装配方法的工艺特点及适用范围

装配方法		主要设备和工具	工艺特点	适用范围
压装	冲击压入	锤子或用重物冲击	简便，但导向性不易控制，易出现歪斜	适用于配合面要求较低或其长度较短，过渡配合的连接件，如销、键、短轴等，多用于单件生产
	工具压入	螺旋式、杠杆式、气动式压入工具	导向性比冲击压入好，生产率较高	适用于不宜用压力机压入的小尺寸连接件，如小型轮圈、轮毂、齿轮、套筒、连杆、衬套和一般要求的滚动轴承等。多用于小批生产
	压力机压入	齿条式、螺旋式、杠杆式、气动式压力机和液压机	压力范围由 10～10 000 kN，配合夹具可提高导向性	适用于中型和大型连接件，如车轮、飞轮、齿圈、轮毂、连杆衬套、滚动轴承等。易于实现压合过程自动化，成批生产中广泛采用

续表 5-1-23

装配方法		主要设备和工具	工 艺 特 点	适 用 范 围
压装	液压垫压入	液压垫(一般用厚 2～3 mm的钢板制成空心,注入压力液体)	压力常在 10 000 kN 以上	用于压入行程短的大型、重型连接件,多用于单件或小批生产以代替大型压力机
热装	火焰加热	喷灯、氧乙炔、丙烷加热器、炭炉	加热温度低于 350 ℃,丙烷(加其他气体燃料)。加热器热量集中,加热温度易于控制,操作简便	适用于局部受热和热胀尺寸要求严格控制的中型和大型连接件,如汽轮机、鼓风机、透平压缩机的叶轮、组合式曲轴的曲柄等
	介质加热	沸水槽,蒸汽加热槽,热油槽	沸水槽加热温度(80～100)℃,蒸汽加热槽可达 120 ℃,热油槽加热可达(90～320)℃,均可使连接件除油干净,热胀均匀	适用于过盈量较小的连接件,如滚动轴承、液体静压轴承、连杆衬套、齿轮。对忌油连接件,如氧压缩机上的连接件,需用沸水槽或蒸汽加热槽加热
	电阻加热和辐射加热	电阻炉,红外线辐射加热箱	加热温度可达 400 ℃以上,热胀均匀,表面洁净,加热温度易于自动控制	适用于小型和中型连接件,大型连接件需专用设备,成批生产中广泛应用
	感应加热	感应加热器	加热温度可达 400 ℃以上,加热时间短,调节温度方便,热效率高	适用于采用特重型和重型过盈配合的中型和大型连接件,如汽轮机叶轮、大型压榨机部件等
冷装	干冰冷缩	干冰冷缩装置(或以酒精、丙酮、汽油为介质)	可冷至－78 ℃,操作简便	适用于过盈量小的小型连接件和薄壁衬套等
	低温箱冷缩	各种类型低温箱	可冷至(－40～－140)℃,冷缩均匀,表面洁净,冷缩温度易于自动控制,生产率高	适用于配合面精度较高的连接件,在热态下工作的薄壁套筒件,如发动机气门座圈等
	液氮冷缩	移动式或固定式液氮槽	可冷至－195 ℃,冷缩时间短,生产率高	适用于过盈量较大的连接件,如发动机主、副连杆衬套等。在过盈连接装配自动化中常采用
	液氧冷缩	移动式或固定式液氧槽	可冷至－180 ℃,冷缩时间短,生产率高	
液压套合		高压油泵,扩压器或高压油枪,高压密封件,接头等	油压常达 150 000～200 000 MPa,操作工艺要求严格,套合后拆卸方便	适用于过盈量较大的大、中型连接件,如大型连轴器,化工机械和轧钢设备部件;特别适用于套合定位要求严格的部件,如大型凸轮轴的凸轮与轴的套合
爆炸压合		炸药,安全设施	在空旷地进行,注意安全	用于中型和大型连接件,如高压容器的薄衬套等

a. 压装

a) 压装时不得损伤零件。

b) 压入过程应平稳,被压入件应准确到位。

c) 压装的轴或套引入端应有适当导锥,但导锥长度不得大于配合长度的 15%,导向斜角一般不应大于 10°。

d) 将实心轴压入不通孔时,应在适当部位有排气孔或槽。

e) 压装零件的配合表面除有特殊要求外,在压装时应涂以清洁的润滑剂。

f) 用压力机压入时,压入前应根据零件的材料和配合尺寸计算所需的压入力,压力机的压力一般应为所需压入力的 3～3.5倍。压入力的计算方法见表 5-1-24。

表 5-1-24 压装时压入力的计算公式

压入力计算	压入力 p 的计算公式: $$p = p_{fmax}\pi d_f L_f \mu \quad (1)$$ 式中 p——压入力(N); p_{fmax}——结合表面承受的最大单位压力(N/mm²); d_f——结合直径(mm); L_f——结合长度(mm); μ——结合表面摩擦因数

续表 5-1-24

压入力计算

材　　料	摩擦系数 μ	
	无　润　滑	有　润　滑
钢-钢	0.07～0.16	0.05～0.13
钢-铸钢	0.11	0.07
钢-结构钢	0.10	0.08
钢-优质结构钢	0.11	0.07
钢-青铜	0.15～0.20	0.03～0.06
钢-铸铁	0.12～0.15	0.05～0.10
铸铁-铸铁	0.15～0.25	0.05～0.10

最大单位压力的计算

1）最大单位压力 p_{fmax} 的计算公式：

$$p_{fmax}=\frac{\delta_{max}}{d_1\left(\frac{C_a}{E_a}+\frac{C_i}{E_i}\right)} \quad (2)$$

式中　δ_{max}——最大过盈量(mm)；

C_a、C_i——系数，见式(3)、式(4)；

E_a、E_i——分别为包容件和被包容件的材料弹性模量(N/mm²)。

2）系数 C_a、C_i 的计算：

$$C_a=\frac{d_a^2+d_f^2}{d_a^2-d_f^2}+\upsilon \quad (3)$$

$$C_i=\frac{d_f^2+d_i^2}{d_f^2-d_i^2}-\upsilon \quad (4)$$

式中　d_a、d_i——分别为包容件外径和被包容件内径(实心轴 $d_i=0$)(mm)；

υ——泊松比。

材　　料	弹性模量 E/MPa	泊松比 υ	线膨系数 $\alpha/10^{-6}$℃$^{-1}$	
			加　热	冷　却
碳钢、低合金钢、合金结构钢	200 000～235 000	0.30～0.31	11	−8.5
灰铸铁 HT150、HT200	70 000～80 000	0.24～0.25	11	−9
灰铸铁 HT250、HT300	105 000～130 000	0.24～0.26	10	−8
可锻铸铁	90 000～100 000	0.25		
非合金球墨铸铁	160 000～180 000	0.28～0.29		
青铜	85 000	0.35	17	−15
黄铜	80 000	0.36～0.37	18	−16
铝合金	69 000	0.32～0.36	21	−20
镁铝合金	40 000	0.25～0.30	25.5	−25

b. 热装。

a）热装时的最小间隙应按表 5-1-25 规定。

表 5-1-25　热装时最小间隙　(mm)

结合直径 d	～3	>3～6	>6～10	>10～18	>18～30	>30～50	>50～80
最小间隙	0.003	0.006	0.010	0.018	0.030	0.050	0.059
结合直径 d	>80～120	>120～180	>180～250	>250～315	>315～400	>400～500	—
最小间隙	0.069	0.079	0.090	0.101	0.111	0.123	—

b）零件加热温度应根据零件的材料、结合直径、过盈量和热装的最小间隙等确定，确定方法见表 5-1-26。

c）加热方式参照表 5-1-23 热装一项。

d）用油温加热时，被加热零件必须全部浸没在油中，加热温度应低于油的闪点 20～30 ℃。

e）零件加热到预定温度后，应取出立即装配，并应一次装到预定位置，中间不得停顿。

f）热装后一般应让其自然冷却，不应骤冷。

c. 冷装。

a）冷装时的冷却温度应控制合适，可用下式进行计算：

$$t_c = \frac{e_{it}}{\alpha d_f}$$

式中 t_c——冷却温度(℃)；

e_{it}——被包容件外径的冷缩量，等于过盈量与冷装时的最小间隙之和(mm)；

α——材料的线胀系数($^{-1}$℃)；

d_f——结合直径(mm)。

b）冷装时的最小间隙与热装时的最小间隙相同，可按表 5-1-25 选取。

c）冷装时常用的冷却方式参照表 5-1-23 冷装一项。

表 5-1-26　热装时加热温度计算图

加热温度计算图	1）热装时包容件的加热温度可根据其材料、结合直径、所需的内径热胀量由下图求得 2）包容件内径的热胀量等于最大过盈量加热装时的最小间隙量 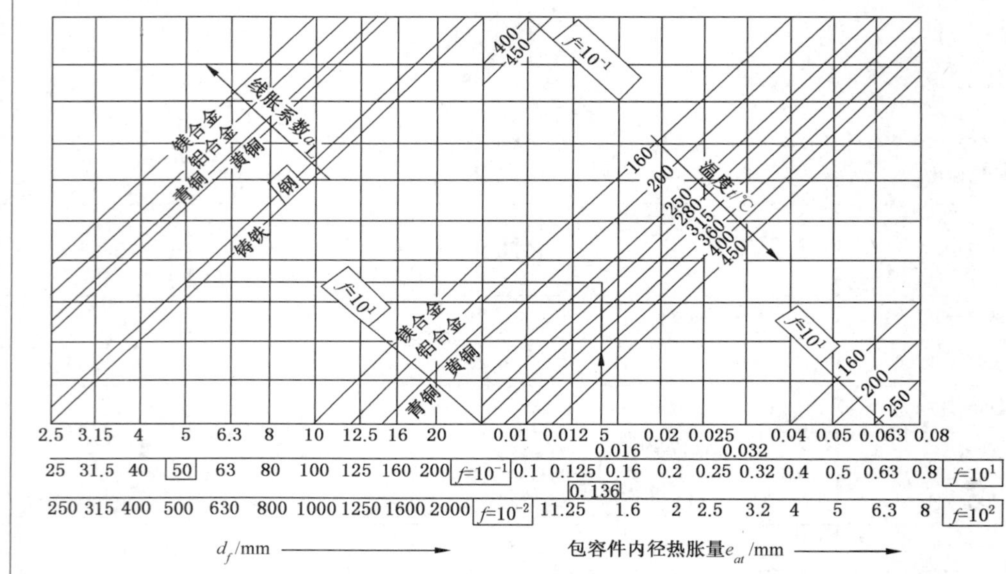 3）计算结果应乘以图表中与所用各参数数列相对应的以 10 为底的幂
应用举例	已知包容件为钢件，其结合直径 $d_f=50$ mm，最大过盈量 $\delta_{max}=0.086$ mm，求热装时的加热温度 解：根据本标准表 5-1-25 可查得当 $d_f=50$ mm 时，热装最小间隙量为 0.05 mm，则包容件的内径热胀量 $e_{at}=\delta_{max}+0.05$ mm$=0.086+0.05$ mm$=0.136$ mm。由包容件为钢件，$d_f=50$ mm 和 $e_{at}=0.136$ mm 就可以从图中求出加热温度为 250 ℃，求出的结构应乘以图中与所用各参数数列相对的以 10 为底的幂，在本例中所用 $d=50$ mm，该数列对应的 $f=10^{-1}$，$e_{at}=0.136$ mm，其数列对应的 $f=10^1$，故加热温度 $t=250\times10^{-1}\times10^1$℃$=250$ ℃

d）零件的冷却时间按下式计算：

$$t = a\delta + 6$$

式中 t——零件的冷却所需要的时间(min)；

δ——被冷却零件的最大半径或壁厚(mm)；

a——与零件材料和冷却介质有关的综合系数(表 5-1-27)。

表 5-1-27 与零件材料和冷却介质有关的综合系数 (min/mm)

零件材料		钢	铸铁	黄铜	青铜
冷却介质	液态氮	1.2	1.3	0.8	0.9
	液态氧	1.4	1.5	1.0	1.1

e) 冷透零件取出后应立即装入包容件。对于零件表面有厚霜者，不得装配，应重新冷却。

⑤ 铆接。

a. 铆钉的材料与规格尺寸必须符合设计要求。铆钉孔的加工应符合有关标准规定。

b. 铆接时不得损坏被铆接零件的表面，也不得使被铆接的零件变形。

c. 除有特殊要求外，一般铆接后不得出现松动现象，铆钉的头部必须与被铆接零件紧密接触，并应光滑圆整。

⑥ 粘接。

a. 粘结剂必须符合设计或工艺要求。

b. 被粘接的表面必须做好预处理，符合粘接工艺要求。

c. 通过预处理的零件应立即进行粘接。

d. 粘接时粘结剂应涂得均匀，相粘接的零件应注意定位。

e. 固化时温度、压力、时间等必须严格按工艺规定。

f. 粘接后应清除多余的粘结剂。

3）典型部件的装配要求

① 滚动轴承的装配。

a. 轴承在装配前必须是清洁的。

b. 对于油脂润滑的轴承，装配后一般应注入约二分之一空腔符合规定的润滑脂。

c. 用压入法装配时，应用专门压具或在过盈配合环上垫以棒或套（图 5-1-2）不得通过滚动体和保持架传递压力或打击力。

d. 轴承内圈端面一般应靠紧轴肩，其最大间隙，对圆锥滚子轴承和向心推力轴承应不大于 0.05 mm，其他轴承应不大于 0.1 mm。

e. 轴承外圈装配后，其定位端轴承盖与垫圈和外圈的接触应均匀。

f. 轴承外圈与开式轴承座及轴承盖的半圆孔均应接触良好，用涂色法检验时，与轴承座在对称于中心线的 120°范围内应均匀接触；与轴承盖在对称于中心线 90°范围内应均匀接触。在上述范围内，用 0.03 mm 的塞尺检查时，不得塞入外环宽度的 1/3。

g. 热装轴承时，加热温度一般应不高于 120 ℃；冷装时，冷却温度应不低于－80 ℃。

h. 装配可拆卸的轴承时，必须按内外圈和对位标记安装，不得装反或与别的轴承内外圈混装。

i. 可调头装配的轴承，在装配时应将有编号的一端向外，以便识别。

j. 在轴的两边装配径向间隙不可调的向心轴承，并且轴向位移是以两端端盖限定时，只能一端轴承紧靠端盖，另一端必须留有轴向间隙 C（图 5-1-3）。C 值的大小按下式计算：

$$C = \alpha_1 \Delta t L + 0.15$$

式中 C——轴承外圈端面与端盖间的轴向间隙（mm）；

L——两轴承中心距（mm）；

α_1——轴的材料线胀系数，见表 5-1-24（加热）；

Δt——轴最高工作温度与环境温度之差（℃）；

0.15——轴热胀后应剩余的间隙（mm）。

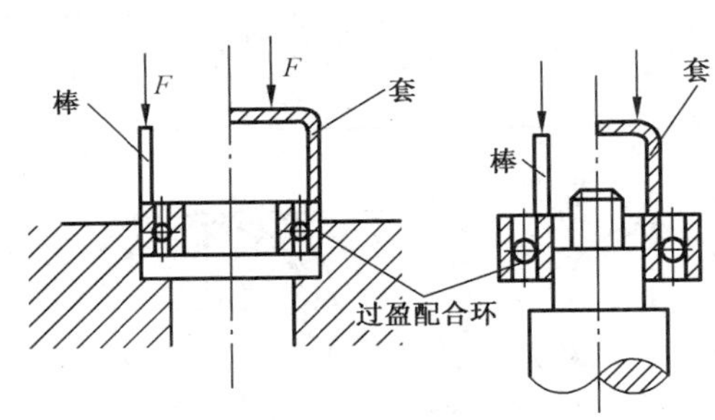

图 5-1-2 用压入法装配轴承要点

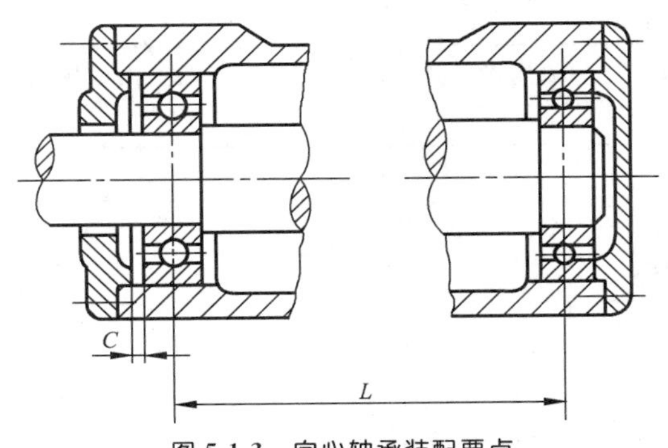

图 5-1-3 向心轴承装配要点

k. 滚动轴承装配时轴向游隙值（表 5-1-28）

表 5-1-28　滚动轴承装配时轴向游隙值　(mm)

1）角接触球轴承、圆锥滚子轴承、双联角接触球轴承

轴承内径	轴向游隙					
	角接触球轴承		圆锥滚子轴承		双联角接触球轴承	
	轻系列	中及重系列	轻系列	轻宽中及中宽系列	轻系列	中及重系列
≤30	0.02～0.06	0.03～0.09	0.03～0.10	0.04～0.11	0.03～0.08	0.05～0.11
>30～50	0.03～0.09	0.04～0.10	0.04～0.11	0.05～0.13	0.04～0.10	0.06～0.12
>50～80	0.04～0.10	0.05～0.12	0.05～0.13	0.06～0.15	0.05～0.12	0.07～0.14
>80～120	0.05～0.12	0.06～0.15	0.06～0.15	0.07～0.18	0.06～0.15	0.10～0.18
>120～150	0.06～0.15	0.07～0.18	0.07～0.18	0.08～0.20	—	—
>150～180	0.07～0.18	0.08～0.20	0.09～0.20	0.10～0.22	—	—
>180～200	0.09～0.20	0.10～0.22	0.12～0.22	0.14～0.24	—	—
>200～250	—	—	0.18～0.30	0.18～0.30	—	—

2）双列圆锥滚子轴承

轴承内径	轴向游隙	
	一般情况	内圈比外圈温度高 25 ℃～30 ℃
≤80	0.10～0.20	0.30～0.40
>80～180	0.15～0.25	0.40～0.50
>180～225	0.20～0.30	0.50～0.60
>225～315	0.30～0.40	0.70～0.80
>315～560	0.40～0.50	0.90～1.00

3）四列圆锥滚子轴承

轴承内径	轴向游隙	轴承内径	轴向游隙
>120～180	0.15～0.25	>500～630	0.30～0.40
>180～315	0.20～0.30	>630～800	0.35～0.45
>315～400	0.25～0.35	>800～1 000	0.35～0.45
>400～500	0.30～0.40	>1 000～1 250	0.40～0.50

l. 滚动轴承装好后，用手转动应灵活、平稳。

② 滑动轴承的装配

a. 剖分式滑动轴承的装配

a）上下轴瓦应与轴颈（或工艺轴）配加工，以达到设计规定的配合间隙、接触面积、孔与端面的垂直度和前后轴承的同轴度要求。

b）刮削滑动轴承轴瓦孔的刮研接触点数，若设计未规定，不应低于表 5-1-29 的要求。

表 5-1-29　轴瓦刮研接触点数

轴承直径/mm	机床或精密机械主轴轴承			锻压设备、通用机械动力机械的轴承		冶金设备和建筑工程机械的轴承	
	高精度	精密	普通	重要	一般	重要	一般
	每 25 mm×25 mm 内的刮研接触点数						
≤120	20	16	12	12	8	8	5
>120	16	12	10	8	6	5～6	2～3

c）上下轴瓦接触角 α 以外的部分需加工出油楔，油楔尺寸 C_1 若设计未规定，应符合表 5-1-30 的要求。

表 5-1-30　油楔尺寸

	油楔最大值 C_1
稀油润滑	$C_1 \approx C$
油脂润滑	距瓦两端面 10～15 mm 范围内，$C_1 \approx C$
	中间部位 $C_1 \approx 2C$

注：C 值为轴瓦的最大配合间隙。

d）轴瓦外径与轴承座孔的接触应良好，若设计未规定接触指标的要求，则装配时应达到表 5-1-31 的要求。

表 5-1-31 轴瓦外径与轴承座孔的接触要求

项目		接触要求	
		上瓦	下瓦
接触角 α	稀油润滑	130°	150°
	油脂润滑	120°	140°
α 角内接触率		60%	70%
瓦侧间隙 b/mm		$D \leqslant 200$ mm 时，0.05 mm 塞尺不准塞入	
		$D > 200$ mm 时，0.10 mm 塞尺不准塞入	

e）上下轴瓦的接合面要紧密接触，用 0.05 mm 的塞尺从外侧检查时，任何部位塞入深度均不得大于接合面宽度的 1/3。

f）上下轴瓦应按加工时的配对标记装配，不得装错。

g）瓦口垫片应平整，其宽度应小于瓦口面宽度 1～2 mm，长度方向应小于瓦口面长度。垫片不得与轴颈接触，一般应与轴颈保持 1～2 mm 的间隙。

h）当用定位销固定轴瓦时，应保证瓦口面、端面与相关轴承孔的开合面、端面保持平齐。固定销打入后不得有松动现象，且销的端面应低于轴瓦内孔表面 1～2 mm。

i）球面自位轴承的轴承体与球面座装配时，应涂色检查它们的配合表面接触情况，一般接触面积应大于 70%，并应均匀接触。

b. 整体圆柱滑动轴承装配。

a）固定式圆柱滑动轴承装配时可根据过盈量的大小，采用压装或冷装，装入后内径必须符合设计要求。

b）轴套装入后，固定轴承用的锥端紧定螺钉或固定销端头应埋入轴承内。

c）轴装入轴套后应转动自如。

c. 整体圆锥滑动轴承装配。装配圆锥滑动轴承时，应涂色检查锥孔与主轴颈的接触情况，一般接触长度应大于 70%，并应靠近大端。

③ 齿轮与齿轮箱的装配。

a. 装配齿轮时，齿轮孔与轴的配合必须符合设计要求；齿轮基准端面与轴肩（或定位套端面）应贴合，并应保证齿轮基准端面与轴线的垂直度要求。

b. 相啮合的圆柱齿轮副的轴向错位应符合如下规定：

a）当齿宽 $b \leqslant 100$ mm 时，错位 $\Delta B \leqslant 0.05B$；

b）当齿宽 $b > 100$ mm 时，错位 $\Delta B \leqslant 5$ mm。

c. 齿轮装配后，齿面的接触斑点和侧隙，应符合 GB/T 10095 和 GB/T 11365 的规定。齿轮齿条副和蜗杆副装配后的接触斑点与侧隙应分别符合 GB/T 10096 和 GB/T 10089 的规定。

d. 装配锥齿轮时，应按加工配对编号装配。

e. 齿轮箱的变速机构换挡应灵活自如，且不应有脱挡或松动现象。

f. 齿轮箱体与盖的结合面应接触良好，在自由状态下，用 0.15 mm 塞尺检查不应塞入，在紧固后，用 0.05 mm 的塞尺检查，一般不应塞入，局部塞入不应超过结合面宽的 1/3。

g. 齿轮箱装配后，用手转动时应灵活平稳。

h. 齿轮箱装配后的清洁度应符合 JB/T 7929 的规定。

i. 齿轮箱装配后应按设计和工艺规定进行空载试验。试验时不应有冲击，噪声、温升和渗漏不得超过有关标准规定。

④ 链轮、链条的装配。

a. 链轮与轴的配合必须符合设计要求。空套链轮应在轴上转动灵活。

b. 主动链轮与从动链轮的轮齿几何中心平面应重合，其偏移量不得超过设计要求。若设计未规定，一般应小于或等于两轮中心距的千分之二。

c. 链条与链轮啮合时，工作边必须拉紧，并应保证啮合平稳。

d. 链条非工作边的下垂度应符合设计要求。若设计未规定，应按两链轮中心距的 1%～5% 调整。

⑤ 制动器的装配

a. 制动带与制动板铆合后，铆钉头应埋入制动带厚度的 1/3 左右，不得产生铆裂现象。制动带和制动板必须贴紧，局部间隙应符合以下要求：

a）当制动轮直径小于 500 mm 时，局部间隙不得大于 0.3 mm。

b）当制动轮直径等于或大于 500 mm 时，局部间隙不得大于 0.5 mm。

b. 带式制动器在自由状态时，制动带与制动轮之间的间隙装配时应调到 1～2 mm 范围内。蹄式制动器在自由状态时，制动衬面与制动鼓的间隙应调整到 0.25～0.5 mm 范围内。

⑥ 联轴器的装配。

a. 装配联轴器时，轴端面应埋入半联轴器内 1～2 mm，联轴器相对两端面间的间隙应符合设计要求。

b. 联轴器相对两轴的径向偏移量和角向偏量必须小于相应联轴器标准中规定的许用补偿量。其径向许用补偿量 Δy 和角向许用补偿量 $\Delta \alpha$ 见表 5-1-32。

⑦ 液压系统的装配。

a. 液压系统的管路在装配前必须除锈、清洗，在装配和存放时应注意防尘、防锈。

b. 各种管子不得有凸痕、皱折、压扁、破裂等现象，管路弯曲处应圆滑。软管不得有扭转现象。

c. 管路的排列要整齐，并要便于液压系统的调整和维修。

d. 注入液压系统的液压油应符合设计和工艺要求。

e. 装配液压系统时必须注意密封，为防止渗漏，装配时允许使用密封填料或密封胶，但应防止进入系统中。

f. 液压系统装好后，应按有关标准和要求进行运转试验。

g. 有关液压系统和液压元件的其他要求应分别符合 GB/T 3766—2001 和 GB/T 7935—2005 的规定。

表 5-1-32 联轴器许用补偿量

齿轮联轴器

型号	Δy	Δα
CL1	0.4	≤30′
CL2	0.65	
CL3	0.8	
CL4	1.0	
CL5	1.25	
CL6	1.35	
CL7	1.6	
CL8	1.8	
CL9	1.9	
CL10	2.1	
CL11	2.4	
CL12	3.0	
CL13	3.2	
CL14	3.5	
CL15	4.5	
CL16	4.6	
CL17	5.4	
CL18	6.1	
CL19	6.3	

梅花形弹性联轴器

型号	Δy	Δα
ML1 MLZ1 MLS1 MLL1	0.5	2.5°
ML2～ML4 MLZ2～MLZ4 MLS2～MLS4 MLL2～MLL4	0.8	
ML5～ML7 MLZ5～MLZ7 MLS5～MLS7 MLL5～MLL7	1.0	1.5°
ML8 MLZ8 MLS8 MLL8		
ML9～ML10 MLZ9～MLZ10 MLS9～MLS10 MLL9～MLL10	1.5	1°
ML11～ML13 MLZ11～MLZ13 MLS11～MLS13 MLL11～MLL13	1.6	

弹性柱销齿式联轴器

型号	Δy	Δα
ZL1～ZL3 ZLD1～ZLD3	0.3	30′
ZL4～ZL7 ZLD4～ZLD7	0.4	
ZL8～ZL13 ZLD8～ZLD13	0.6	
ZL14～ZL21	1.0	
ZL22～ZL23	1.5	
ZLZ1～ZLZ3	0.15	
ZLZ4～ZLZ6	0.2	1°
ZLZ7～ZLZ8		1°30′
ZLZ9～ZLZ15	0.3	2°
ZLZ16～ZLZ19	0.3	2°30′
ZLZ20～ZLZ23	0.75	
ZLL1～ZLL2	0.15	30′
ZLL3～ZLL7	0.2	
ZLL8～ZLL9	0.3	

弹性套柱销联轴器			弹性柱销联轴器			扰性爪联轴器			滑块联轴器		
型号	Δy	Δα	型号	Δy	Δα	型号	Δy	Δα	型号	Δy	Δα
TL1～TL4	0.2	1°30′	HL1～HL5 HLL1～HLL7	0.15	—	NZ1～NZ6	0.2	40′	HL	0.1	—
TL5 TLL1 TL6～TL7 TLL2～TLL3	0.3										

续表 5-1-32

<table>
<tr><th colspan="3">弹性套柱销联轴器</th><th colspan="3">弹性柱销联轴器</th><th colspan="3">扰性爪联轴器</th><th colspan="3">滑块联轴器</th></tr>
<tr><th>型号</th><th>Δy</th><th>Δa</th><th>型号</th><th>Δy</th><th>Δa</th><th>型号</th><th>Δy</th><th>Δa</th><th>型号</th><th>Δy</th><th>Δa</th></tr>
<tr><td>TL5
TLL1
TL6～TL7
TLL2～TLL3</td><td>0.3</td><td rowspan="2">1°</td><td rowspan="2">HL6～HL9
HLL8～HLL13</td><td rowspan="2">0.2</td><td rowspan="7">≤30′</td><td colspan="3">板弹性联轴器</td><td colspan="3" rowspan="7">—</td></tr>
<tr><td>TL8～TL10
TLL4～TLL6</td><td>0.4</td><td>型号</td><td>Δy</td><td>Δa</td></tr>
<tr><td rowspan="2">TL11～TL12
TLL7～TLL8</td><td rowspan="2">0.5</td><td rowspan="5">0°30′</td><td rowspan="5">HL10～HL14
HLL14
HLL15</td><td rowspan="5">0.25</td><td>T1～T2</td><td>0.1</td><td rowspan="5">40′</td></tr>
<tr><td>T3</td><td>0.15</td></tr>
<tr><td rowspan="3">TL13
TL19</td><td rowspan="3">0.6</td><td>T4～T5</td><td>0.2</td></tr>
<tr><td>T6</td><td>0.25</td></tr>
<tr><td>T7</td><td>0.3</td></tr>
</table>

⑧ 气动系统的装配应符合 GB/T 7932—2003 的规定。

⑨ 密封件的装配。

a. 装配密封件时，对石棉绳和毡垫应先浸透油；对油封和密封圈，装配前应先将油封唇部和密封圈表面涂上润滑油脂（需干装配的除外）。

b. 油封的装配方向应使介质工作压力把密封唇部压紧在轴上（图 5-1-4），不得装反。如油封用于防尘时，则应使唇部背向轴承。

c. 若轴端有键槽、螺钉孔、台阶等时，为防止油封或密封圈损坏，装配时可采用装配导向套（图 5-1-5）。

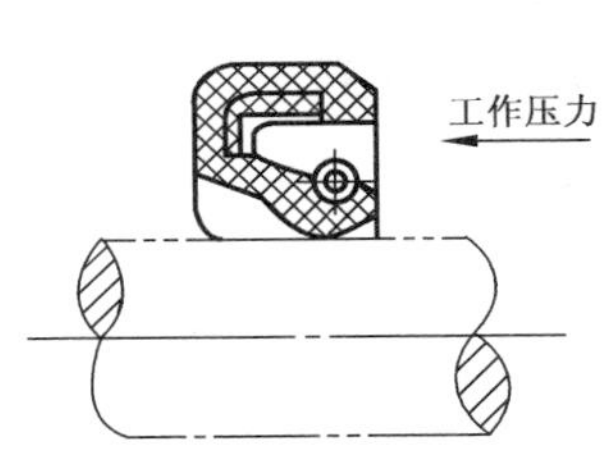

图 5-1-4 油封的装配方向

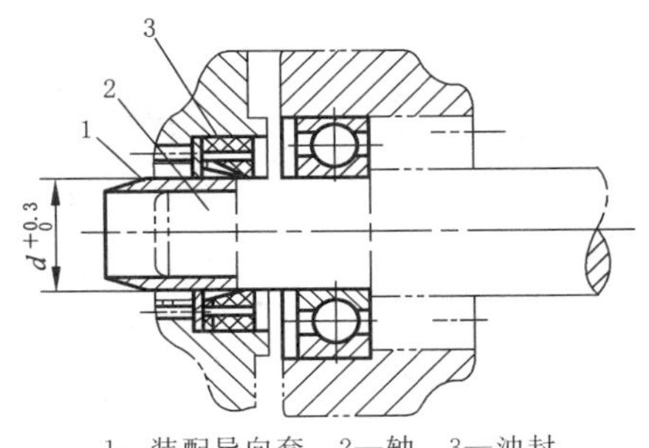

1—装配导向套 2—轴 3—油封

图 5-1-5 采用装配导向套装配

d. 装配密封件时必须使其与轴或孔壁贴紧，以防渗漏。

e. 装配端面密封件时，必须使动静环具有一定的浮动性。但动、静环与相配零件间不得发生连续的相对转动，以防渗漏。

⑩ 电气系统装配。

a. 电气元件在装配前应进行测试、检查，不合格者不能进行装配。

b. 应严格按照电气装配图样要求进行布线和连接。

c. 所有导线的绝缘层必须完好无损，导线剥头处的细铜丝必须拧紧，需要时应搪锡。

d. 焊点必须牢固，不得有脱焊或虚焊现象。焊点应光滑、均匀。

e. 电气系统装配的其他要求可参照 GB 5226.1—2008 等的规定。

4）平衡

① 有不平衡力矩要求的零部件，装配时应进行静平衡或动平衡试验。

② 对回转零部件的不平衡质量可用下述方法进行校正：

a. 用补焊、喷镀、粘接、铆接、螺纹连接等加工配质量（配重）。

b. 用钻削、磨削、铣削、锉削等去除质量（去重）。

c. 在平衡槽中改变平衡块的数量或位置。

③ 用加配质量的方法校正时，必须固定牢靠，以防在工作过程中松动或飞出。

④ 用去除质量的方法校正时，注意不得影响零件的刚度、强度和外观。

⑤ 对于组合式回转体，经总体平衡后，不得再任意移动或调换零件。

⑥ 刚性转子和挠性转子的平衡要求应符合 GB/T 9239—2006、GB/T 6557—2009 等的规定。

5）总装

① 产品入库前必须进行总装，在总装时，对随机附件也应进行试装，并要保证设计要求。

② 对于需到使用现场才能进行总装的大型或成套设备，在出厂前也应进行试装，试装时必须保证所有连接或配合部位均符合设计要求。

③ 产品总装后均应按产品标准和有关技术文件的规定进行试验和检验。

④ 试验、检验合格后，应排除试验用油、水、气等，并清除所有脏污，保证产品的清洁度要求。并应采取相应防锈措施。

(2) 一般装配对零部件结构工艺性的要求

1）组成单独部件或装配单元（表 5-1-33）

表 5-1-33　组成单独部件或装配单元

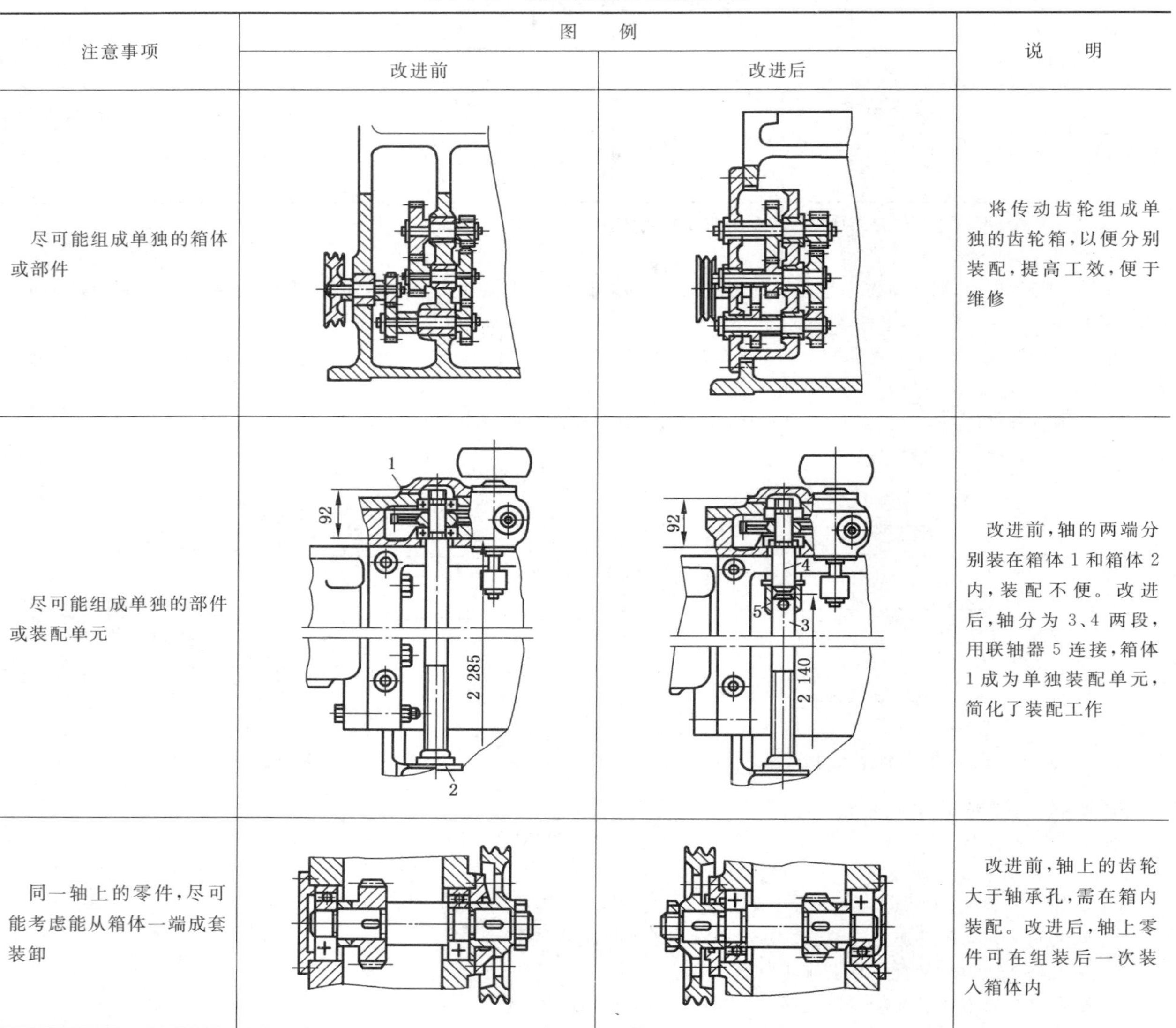

注意事项	图例		说　明
	改进前	改进后	
尽可能组成单独的箱体或部件			将传动齿轮组成单独的齿轮箱，以便分别装配，提高工效，便于维修
尽可能组成单独的部件或装配单元			改进前，轴的两端分别装在箱体 1 和箱体 2 内，装配不便。改进后，轴分为 3、4 两段，用联轴器 5 连接，箱体 1 成为单独装配单元，简化了装配工作
同一轴上的零件，尽可能考虑能从箱体一端成套装卸			改进前，轴上的齿轮大于轴承孔，需在箱内装配。改进后，轴上零件可在组装后一次装入箱体内

2）应具有合理的装配基面（表 5-1-34）

表 5-1-34　应具有合理的装配基面

注意事项	图例		说　明
	改进前	改进后	
具有装配位置精度要求的零件应有定位基面			有同轴度要求的两个零件在连接时应有装配定位基面

续表 5-1-34

注意事项	图例		说明
	改进前	改进后	
零件装配位置不应是游动的，而应有定位基面	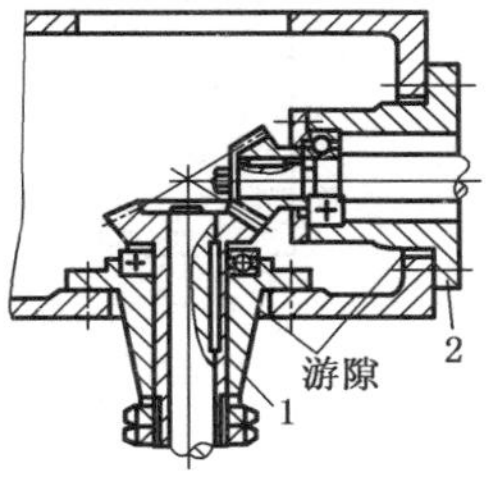 游隙 1 2	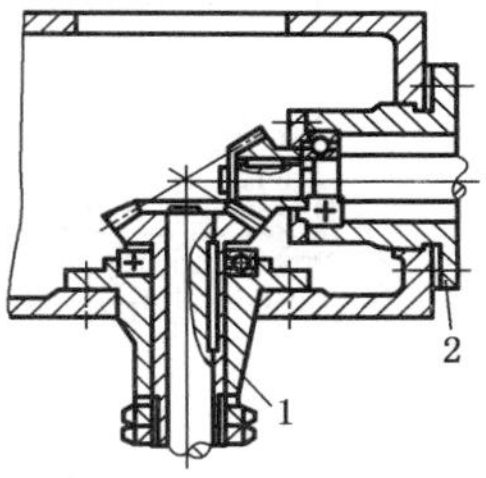 1 2	改进前，支架 1 和 2 都是套在无定位面的箱体孔内，调整装配锥齿轮，需用专用夹具。改进后，作出支架定位基面后，可使装配调整简化
避免用螺纹定位	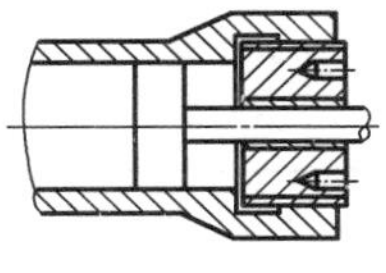	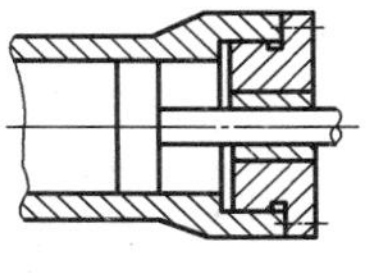	改进前由于有螺纹间隙，不能保证端盖孔与液压缸的同轴度，须改用圆柱配合面定位
互相有定位要求的零件，应按同一基准来定位	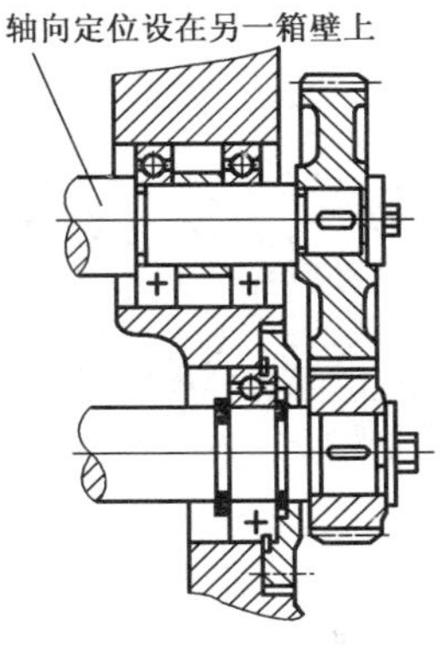 轴向定位设在另一箱壁上	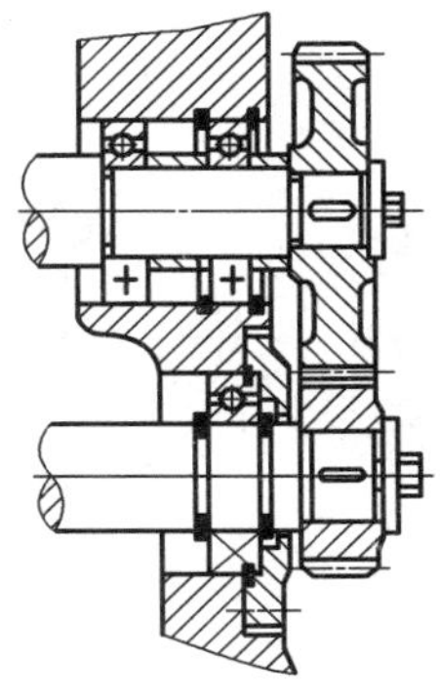	交换齿轮两根轴不在同一箱体壁上作轴向定位，当孔和轴加工误差较大时，齿轮装配相对偏差加大，应改在同一壁上，作轴向固定

3）考虑装配的方便性（表 5-1-35）

表 5-1-35 考虑装配的方便性

注意事项	图例		说明
	改进前	改进后	
考虑装配时能方便地找正和定位	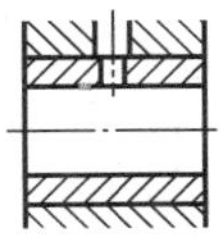		为便于装配时找正油孔，作出环形槽
	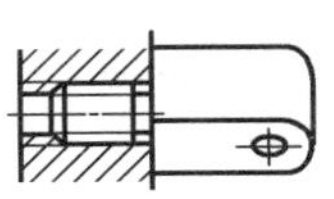	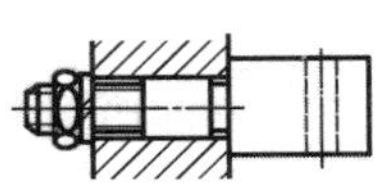	有方向性的零件应采用适应方向要求的结构，改进后的图例可调整孔的位置
轴上几个有配合的台阶表面，避免同时入孔装配	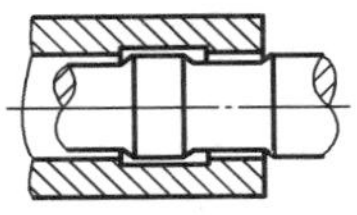	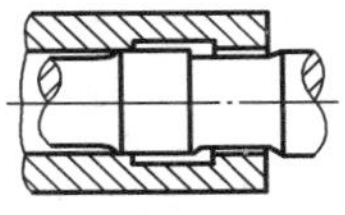	轴上几个台阶同时装配，找正不方便，且易损坏配合面。改进后可改善工艺性
轴与套相配部分较长时，应作退刀槽	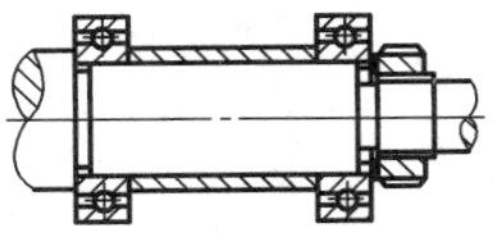	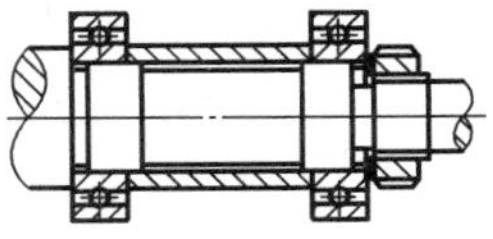	避免装配接触面过长

续表 5-1-35

注意事项	图例		说明
	改进前	改进后	
尽可能把紧固件布置在易于装拆的部位	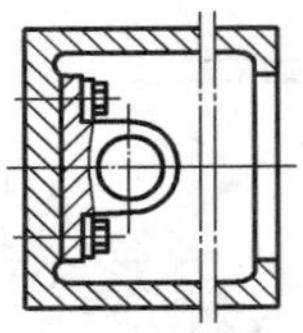	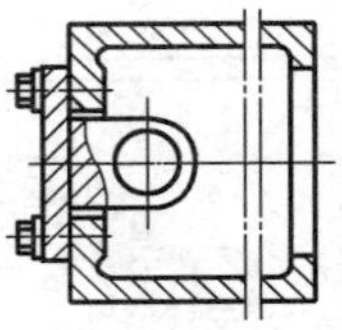	改进前轴承架需专用工具装拆，改进后，比较简便
应考虑电气、润滑、冷却等部分安装、布线和接管的要求			在床身、立柱、箱体、罩、盖等设计中，应综合考虑电气、润滑、冷却及其他附属装置的布线要求，例如作出凸台、孔、龛及在铸件中敷设钢管等

4）考虑拆卸的方便性（表 5-1-36）

表 5-1-36　考虑拆卸的方便性

注意事项	图例		说明
	改进前	改进后	
在轴、法兰、压盖堵头及其他零件的端面，应有必要的工艺螺孔	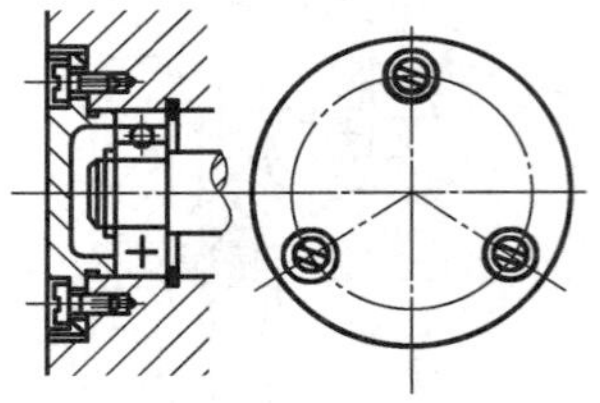	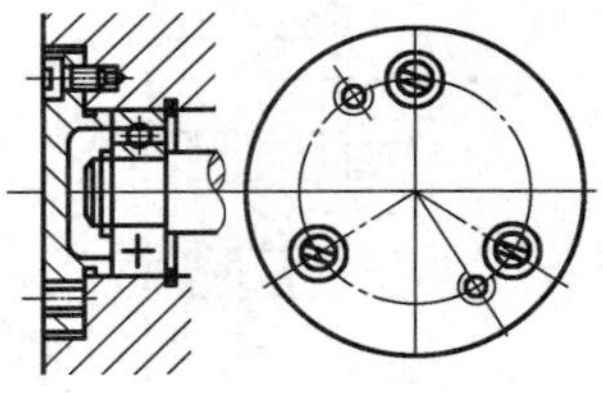	避免使用非正常拆卸方法，易损坏零件
作出适当的拆卸窗口、孔槽	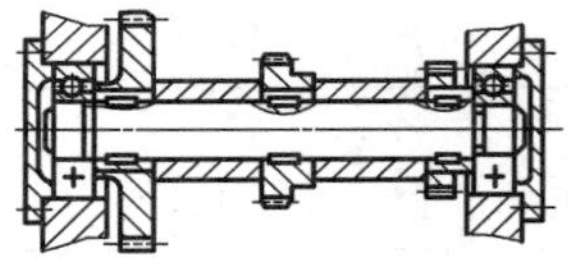	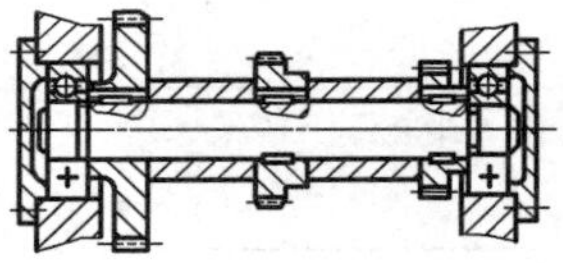	在隔套上作出键槽，便于安装，拆时不需将键拆下
当调整维修个别零件时，避免拆卸全部零件	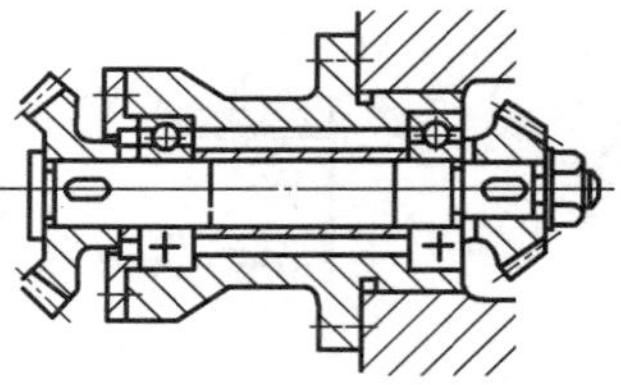	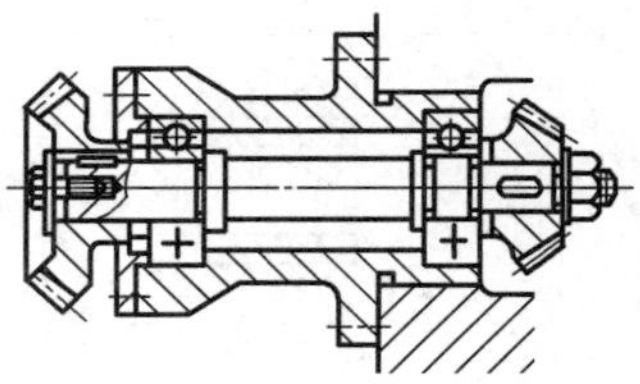	改进前在拆卸左边调整垫圈时，几乎需拆下轴上全部零件

5）考虑装配的零部件之间结构的合理性（表 5-1-37）

表 5-1-37　考虑装配的零部件之间结构的合理性

注意事项	图例		说明
	改进前	改进后	
轴和毂的配合在锥形轴头上必须留有一充分伸出部分 a，不许在锥形部分之外加轴肩	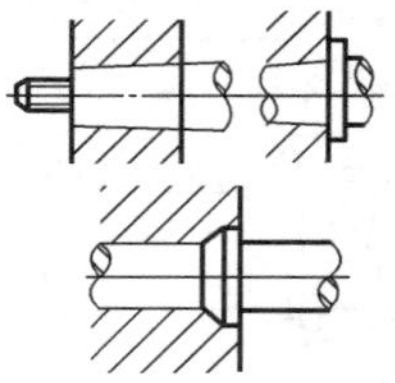	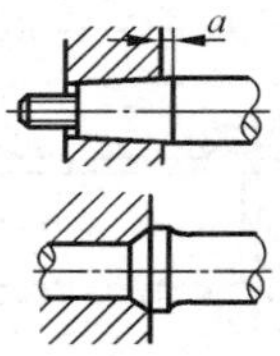 a	使轴和轴毂能保证紧密配合

续表 5-1-37

注意事项	图例		说明
	改进前	改进后	
圆形的铸件加工面必须与不加工处留有充分的间隙 a	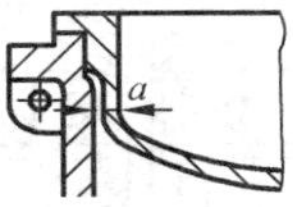	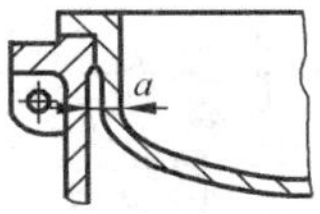	防止铸件圆度有误差，两件相互干涉
定位销的孔应尽可能钻通	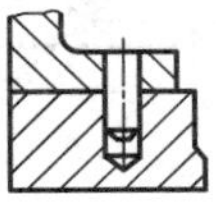	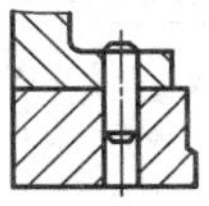	销子容易取出
螺纹端部应倒角	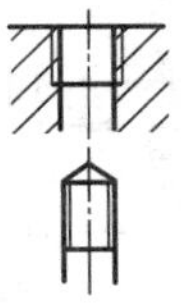	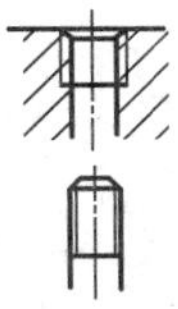	避免装配时将螺纹端部损坏

6）避免装配时的切削加工（表 5-1-38）

表 5-1-38　避免装配时的切削加工

注意事项	图例		说明
	改进前	改进后	
避免装配时的切削加工	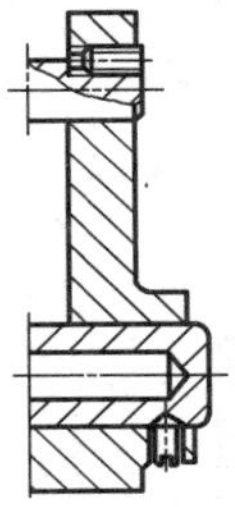	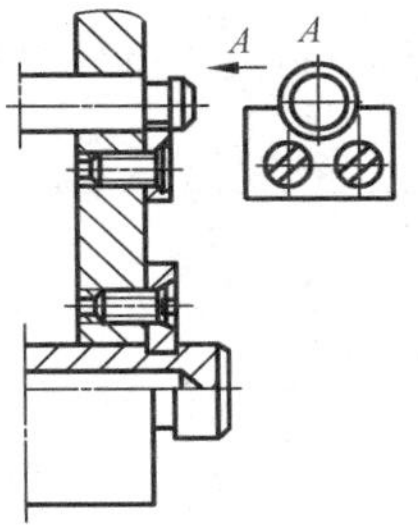 A　A	改进前，轴套装上后需钻孔、攻螺纹。改进后的结构则避免了装配时的切削加工
避免装配时的加工	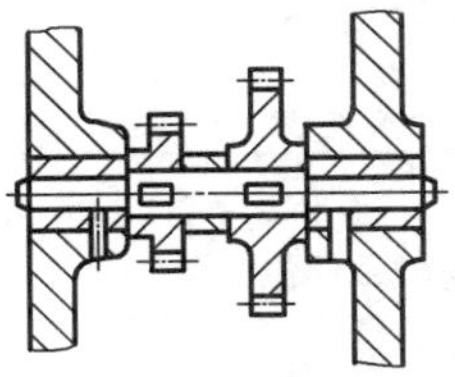	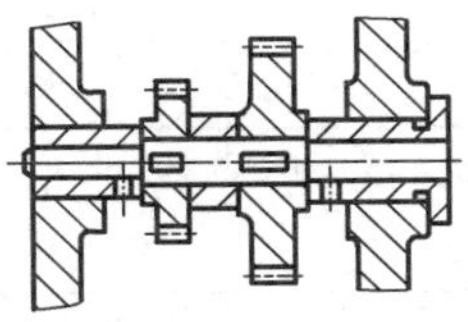	改进前，轴套上油孔需在装配后与箱体一起配钻。改进后，油孔改在轴套上，装配前预先钻出
	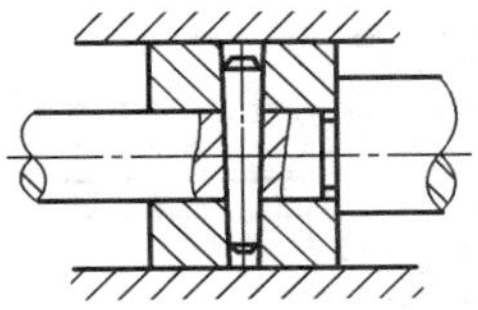	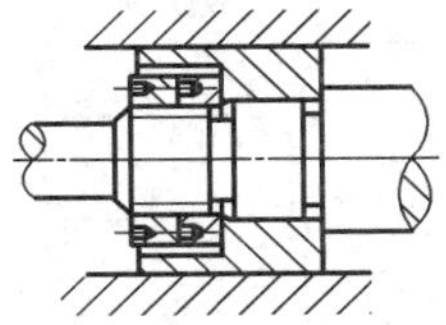	将活塞上配钻销孔的销钉连接改为螺纹连接
	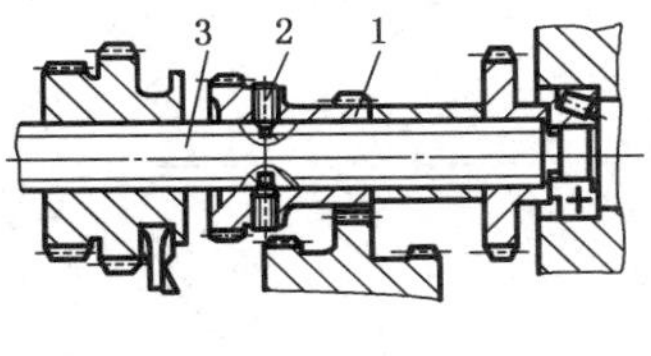 3　2　1	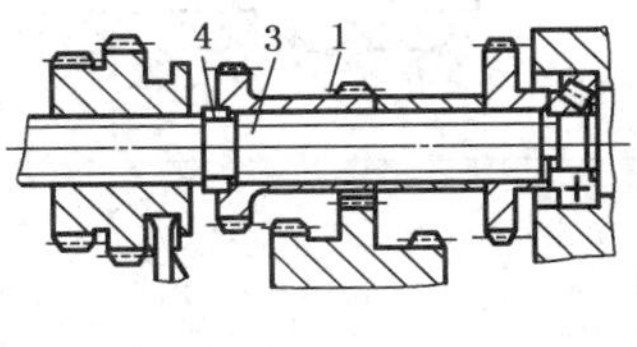 4　3　1	改进前，齿轮 1 上两定位螺钉 2 在花键轴 3 上的定位孔需在装配时钻出，改进后花键轴上增加一沉割槽，用两只半圆隔套 4 实现齿轮 1 的轴向定位，避免了装配时的机加工配作

7）选择合理的调整补偿环（表 5-1-39）

表 5-1-39　选择合理的调整补偿环

注意事项	图例		说明
	改进前	改进后	
在零件的相对位置需要调整的部位，应设置调整补偿环，以补偿尺寸链误差，简化装配工作	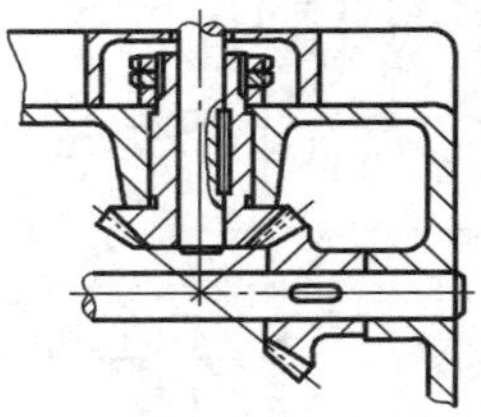	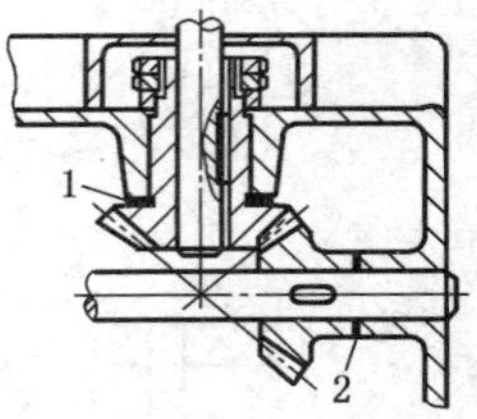 1 2	改进前锥齿轮的啮合要靠反复修配支承面来调整；改进后可靠修磨调整垫 1 和 2 的厚度来调整
	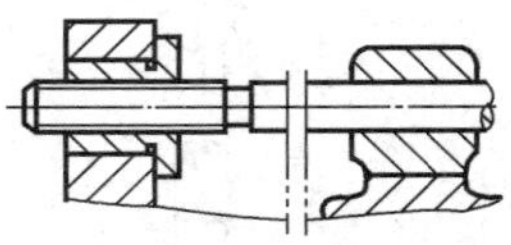	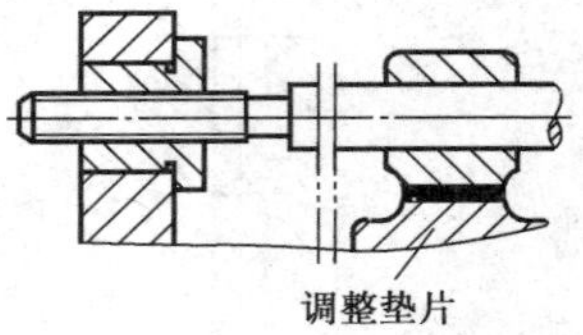 调整垫片	用调整垫片来调整丝杠支承与螺母的同轴度
调整补偿环应考虑测量方便	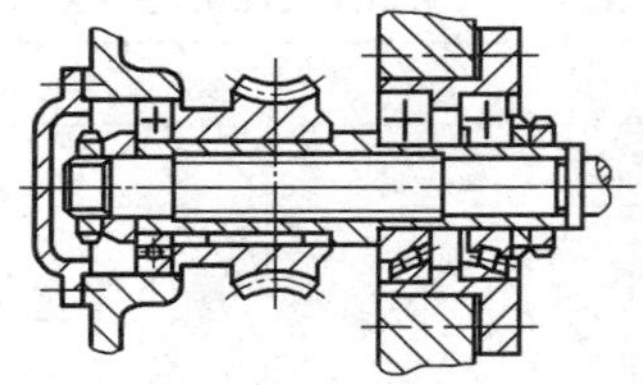		调整垫尽可能布置在易于拆卸的部位
调整补偿环应考虑调整方便	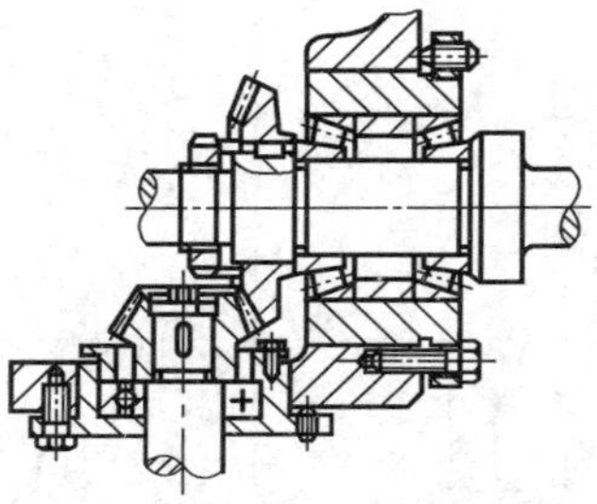		精度要求不太高的部位，采用调整螺钉代替调整垫，可省去修磨垫片，并避免孔的端面加工

8）减少修整外形的工作量（表 5-1-40）

表 5-1-40　减少修整外观的工作量

注意事项	图例		说明
	改进前	改进后	
部件接合处，可适当采用装饰性凸边	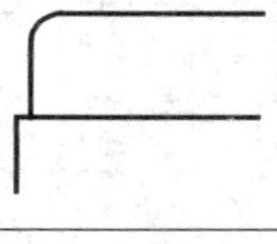	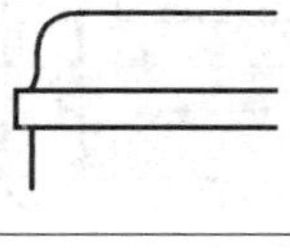	装饰性凸边可掩盖外形不吻合误差、减少加工和整修外形的工作量
铸件外形结合面的圆滑过渡处，应避免作为分型面	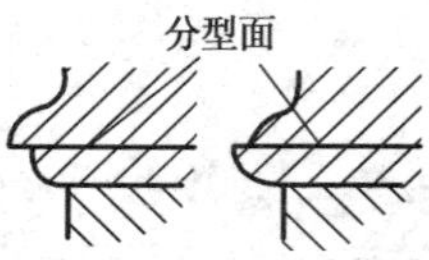 分型面	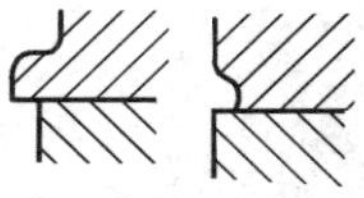	在圆滑过渡处作分型面，当砂箱偏移时，就需要修整外观
零件上的装饰性肋条应避免直接对缝连接	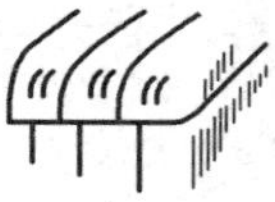	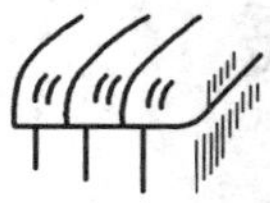	装饰性肋条直接对缝很难对准，反而影响外观整齐

续表 5-1-40

注意事项	图例		说明
	改进前	改进后	
不允许一个罩(或盖)同时与两个箱体或部件相连			同时与两件相连时，需要加工两个平面，装配时也不易找正对准，外观不整齐
在冲压的罩、盖、门上适当布置凸条			在冲压的零件上适当布置凸条，可增加零件刚性，并具有较好的外观
零件的轮廓表面，尽可能具有简单的外形，并圆滑地过渡			床身、箱体、外罩、盖、小门等零件，尽可能具有简单外形，便于制造装配，并可使外形很好地吻合

5.1.2.4 零件结构的热处理工艺性

(1) 防止热处理零件开裂的结构要求(表 5-1-41)

表 5-1-41 防止热处理零件开裂的结构要求

注意事项	图例		说明
	改进前	改进后	
避免孔距离边缘太近，以减少热处理开裂			避免危险尺寸或太薄的边缘。当零件要求必须是薄边时，应在热处理后成形(加工去多余部分)
			改变冲模螺孔的数量和位置，减少淬裂倾向
	≥1.5d	≥1.5d	结构允许时，孔距离边缘应不小于 1.5d
避免孔距离边缘太近，减少热处理开裂	$48^{+0.50}_{+0.17}$　$48^{+0.50}_{+0.17}$　86.5　$64^{+0.5}_{0}$　$75^{0}_{-0.4}$　40		原设计尺寸为 $64^{+0.5}_{0}$，角上易出现裂纹，现改为 $60^{+0.5}_{0}$，增加了壁厚，大为减少了淬裂倾向
避免结构尺寸厚薄悬殊，以减少变形或开裂			加开工艺孔使零件截面较均匀

续表 5-1-41

注意事项	图例		说明
	改进前	改进后	
避免结构尺寸厚薄悬殊，以减少变形或开裂	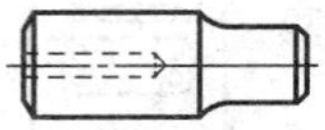	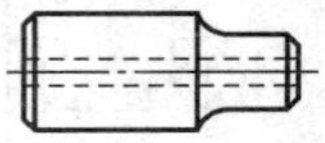	变不通孔为通孔
避免尖角、棱角	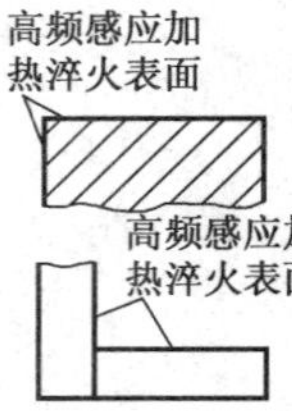 高频感应加热淬火表面 高频感应加热淬火表面	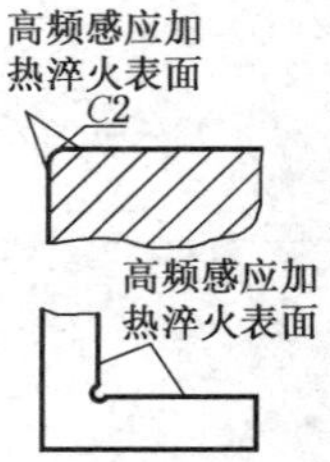 高频感应加热淬火表面 C2 高频感应加热淬火表面	两平面交角处应有较大的圆角或倒角，并有 5～8 mm 不能淬硬
	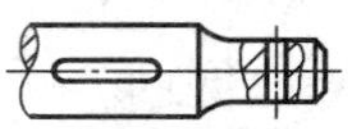	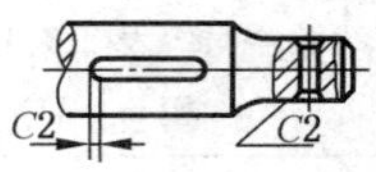 C2 C2	为避免锐边尖角在热处理时熔化或过热，在槽或孔的边上应有 2～3 mm的倒角（与轴线平行的键槽可不倒角）
避免断面突变，增大过渡圆角减少开裂	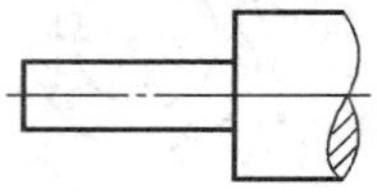	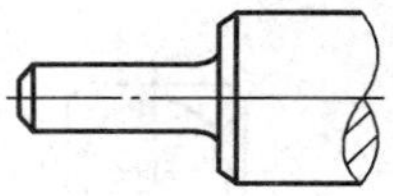	断面过渡处应有较大的圆弧半径
		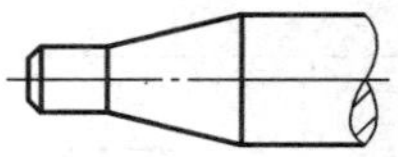	结构允许时可设计成过渡圆锥
	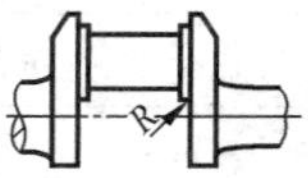 R	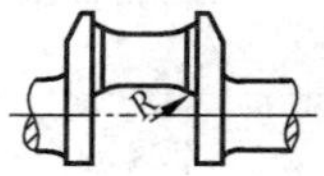 R	增大曲轴轴颈的圆角，且必须规定淬硬要包括圆角部分，否则曲轴的疲劳强度显著降低
防止螺纹脆裂	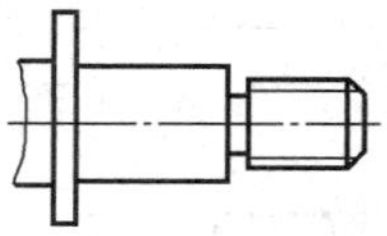	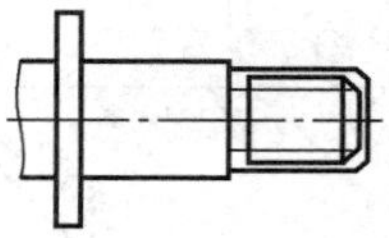	螺纹在淬火前已车好，则在淬火时用石棉泥、铁丝包扎防护，或用耐火泥调水玻璃防护

（2）防止热处理零件变形及硬度不均的结构要求（表 5-1-42）

表 5-1-42　防止热处理零件变形及硬度不均的结构要求

结构要求	图例		说明
	改进前	改进后	
零件形状应力求对称以减小变形	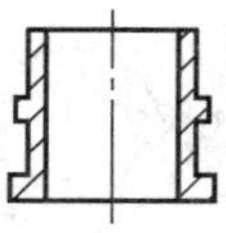	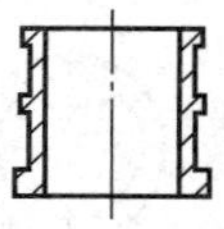	一端有凸缘的薄壁套类零件渗氮后变形成喇叭口，在另一端增加凸缘后变形大为减小

续表 5-1-42

结构要求	图例		说明
	改进前	改进后	
零件形状应力求对称以减小变形	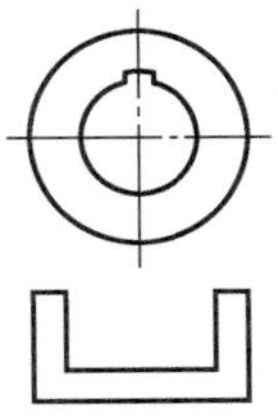	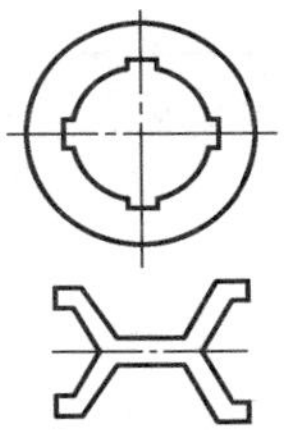	几何形状在允许条件下，力求对称。如图例为 T611A 机床渗氮摩擦片和坐标镗床精密刻线尺
零件应具有足够的刚度	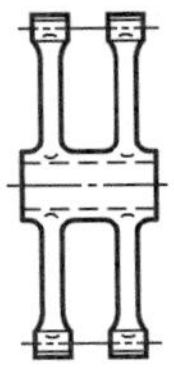	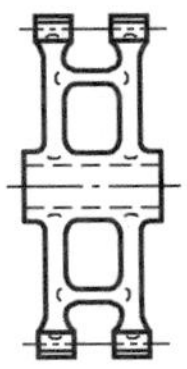	该杠杆为铸件，杆臂较长，铸造及热处理时均易变形。加上横梁后，增加了刚度，变形减小
采用封闭结构	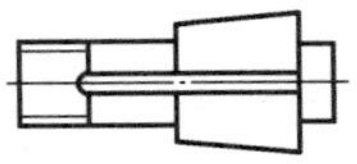	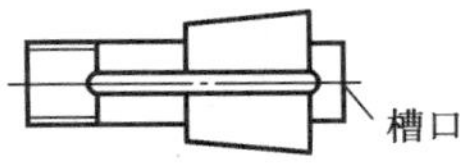 槽口	弹簧夹头都采用封闭结构，淬火、回火后再切开槽口
对易变形开裂的零件应改选合适的材料	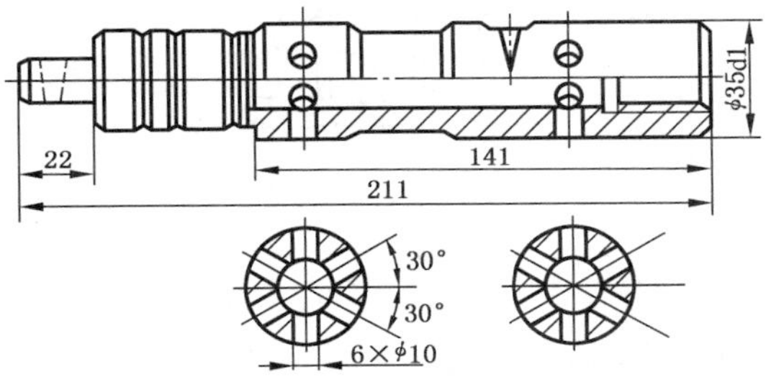 22 141 211 ϕ35d1 30° 30° 6×ϕ10		原设计用 45 钢水淬后，6×ϕ10 处易开裂，整个工件弯曲变形，且不易校直。改用 40Cr 钢制造油淬，减小了变形、开裂倾向
	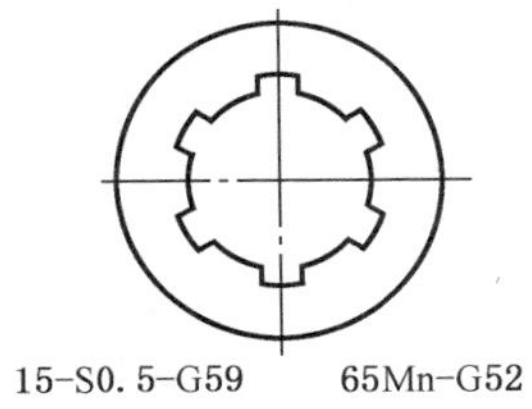 15-S0.5-G59	65Mn-G52	摩擦片原用 15 钢，渗碳淬火时须有专用夹具，合格率较低，改用 65Mn 钢感应加热油淬，夹紧回火，避免了变形超差
	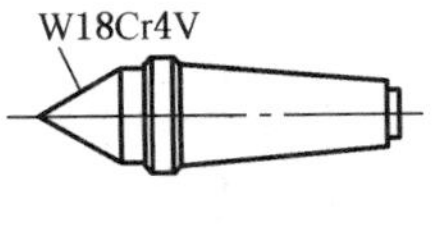 W18Cr4V	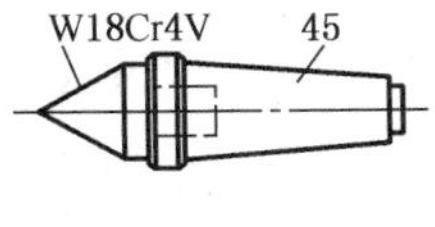 W18Cr4V 45	此件两部分工作条件不同，设计成组合结构，即提高工艺性，又节约高合金钢材料
合理调整加工工序，改善热处理工艺性，保证了质量	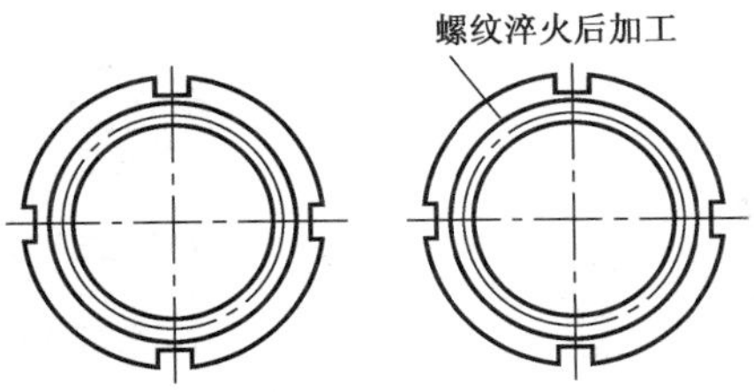	螺纹淬火后加工	锁紧螺母，要求槽口部分 35～40 HRC，全部加工后淬火，内螺纹产生变形。应在槽口局部高频淬火后再车内螺纹

续表 5-1-42

注意事项	图例		说明
	改进前	改进后	
合理调整加工工序，改善热处理工艺性，保证了质量	配件 渗碳层 20Cr-S-G59	渗碳后开切口 渗碳层 两件一起下料	改进前，有配作孔的一面去掉渗碳层，形成碳层不对称，淬火后必然翘曲；改为两件一起下料，渗碳后开切口，淬火后再切成单件
	淬硬 淬硬 端面油沟 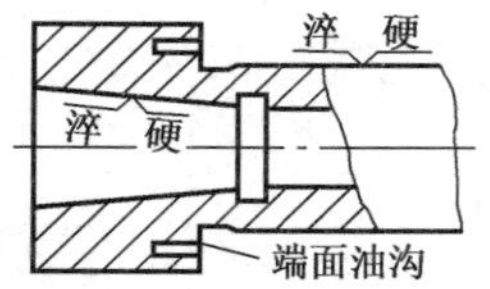		龙门铣床主轴的端面油沟先车出来，淬火时易开裂。改成整体淬火，外圆局部高频退火后再加工油沟
	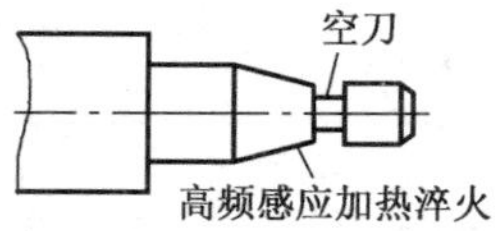 空刀 高频感应加热淬火		紧靠小直径处较深的空刀应淬火后车出
适当调整零件热处理前的加工余量，既满足热处理工艺性，又保证质量	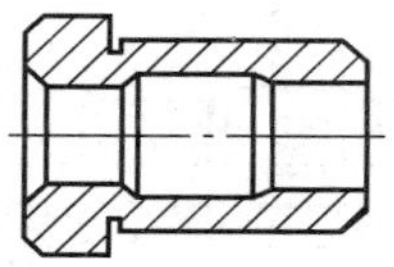		渗碳淬火后，缩孔达 0.15～0.20 mm，按常规留磨量淬火，变形后磨量超差。改为预先只留 0.1～0.15 mm 磨量，淬火后磨量正合乎要求
适当调整零件热处理前的加工余量，既满足热处理工艺性，又保证质量	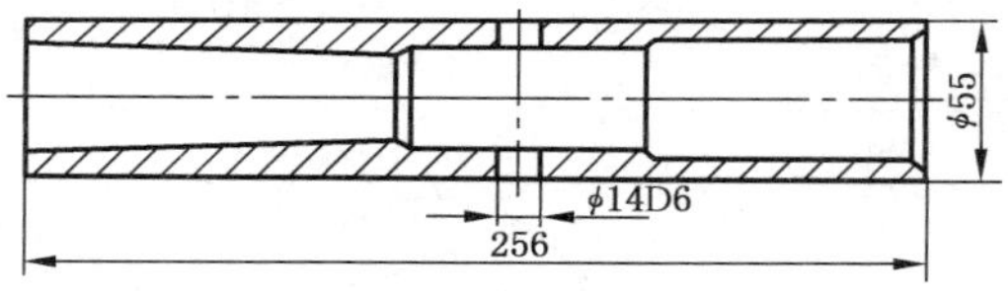 $\phi55$ $\phi14D6$ 256		尾架顶尖套，精度要求不高。淬火后 $\phi14D6$ 孔径向缩小，使配件装不下去。在淬火前将 $\phi14D6$ 孔加工成 $\phi14^{+0.08}_{+0.12}$，解决了问题
	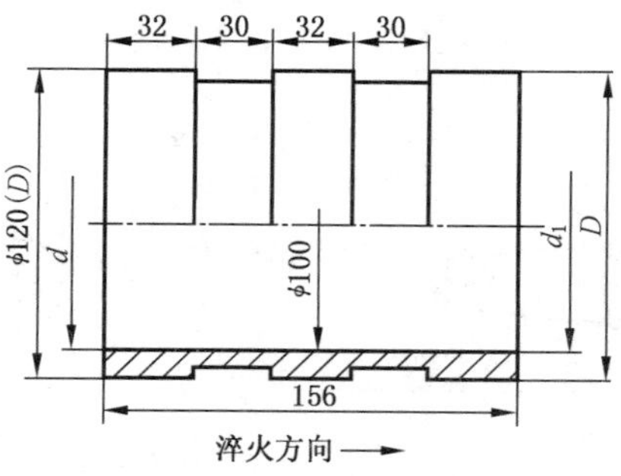 32 30 32 30 $\phi120(D)$ d $\phi100$ d_1 D 156 淬火方向		衬套，45 钢，要求硬度 50～55 HRC。按常规留磨量，淬火后外径余量有余，内径余量不足而报废。将磨量改为内径预留 0.70～0.80 mm，外径预留 0.20～0.30 mm，以适应淬火后胀大。实际上磨削余量并没有增加
避免不通孔、死角	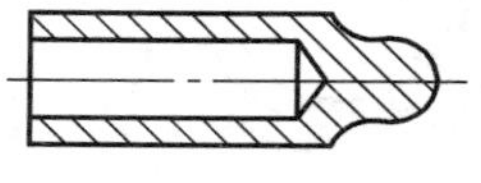	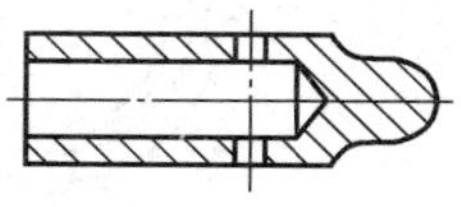	不通孔和死角使淬火时气泡不易逸出，造成硬度不均，应设计工艺排气孔

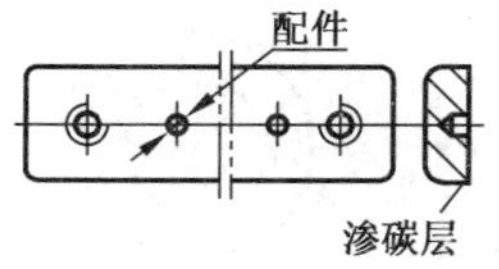

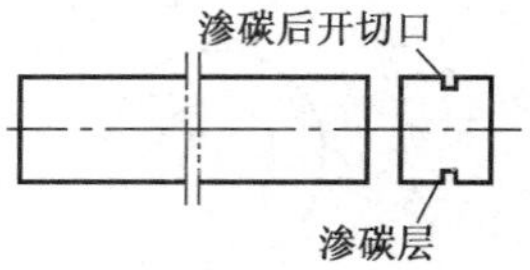

(3) 热处理齿轮零件的结构要求(表 5-1-43)

表 5-1-43　热处理齿轮零件的结构要求

图例	说明	图例	说明
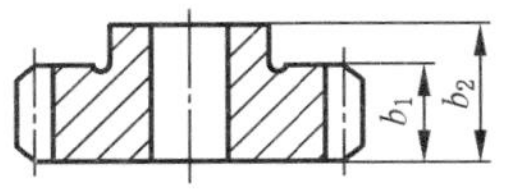	b_1 和 b_2 要相当，b_1、b_2 相差越大，则变形越大		齿部淬火后，再加工出 6 个孔
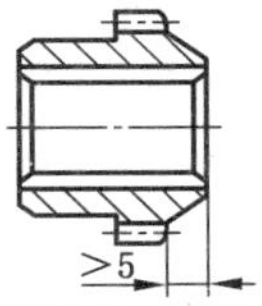	齿部和端面均要求淬火时，端面与齿部距离应不小于 5 mm		锥齿轮，高频淬火时箭头所指处应大于 2 mm，否则易过热
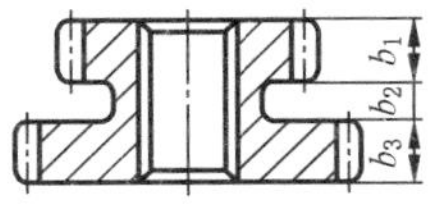	二联或三联齿轮高频淬火，齿部两端面间距离 $b_2 \geqslant$ 8 mm，b_1 和 b_3 要相近	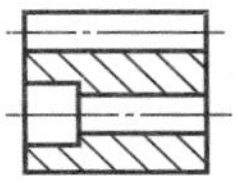 20Cr-S-G59 或 40Cr-D500	平齿条避免采用高频淬火，应采用渗碳或渗氮
	内外齿均需高频淬火，两齿根圆间的距离应不大于 10 mm	G48	圆断面齿条，当齿顶平面到圆柱表面的距离小于 10 mm 时，可采用高频感应加热淬火。当该距离大于 10 mm 时，最好采用渗氮处理，离子渗氮更好
	25 mm 深的槽必须在淬火后挖出，否则当齿部淬火时，节圆直径变成锥形		
	渗碳齿轮加开工艺孔，增厚 t，以减小变形		

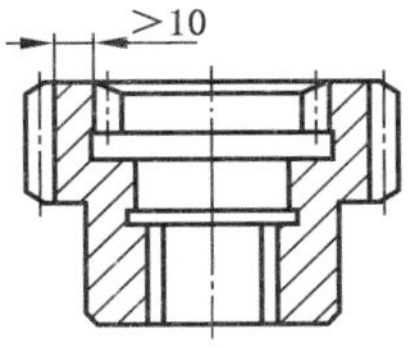

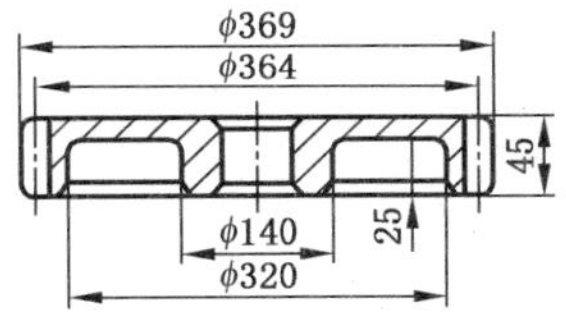

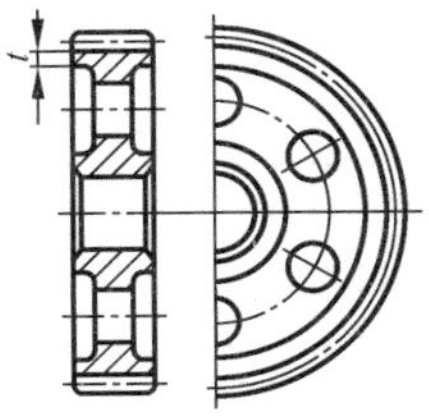

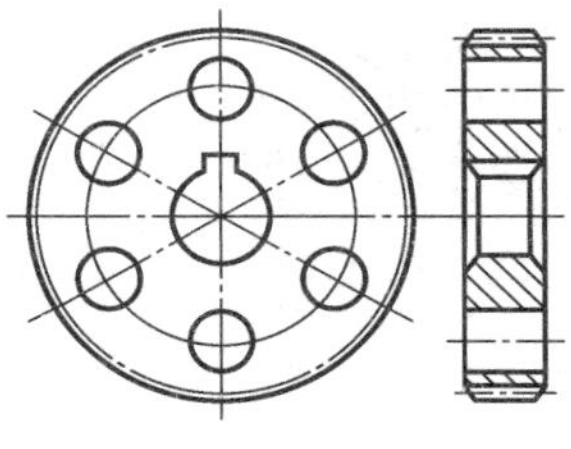

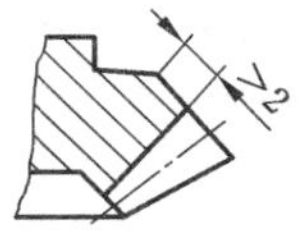

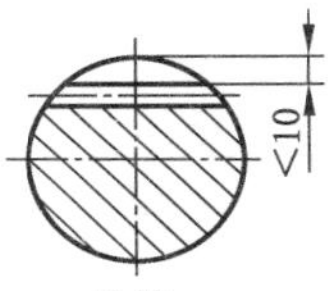

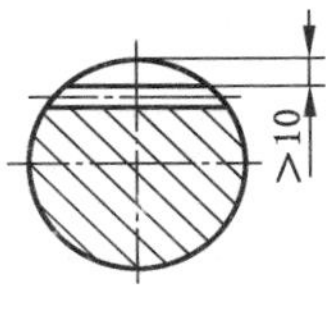

5.1.3　常用零件结构要素

5.1.3.1　中心孔

(1) 60°中心孔(GB/T 145—2001)

60°中心孔分 A 型、B 型、C 型和 R 型四种类型(表 5-1-44～表 5-1-47)

表 5-1-44　A 型中心孔结构和尺寸　(mm)

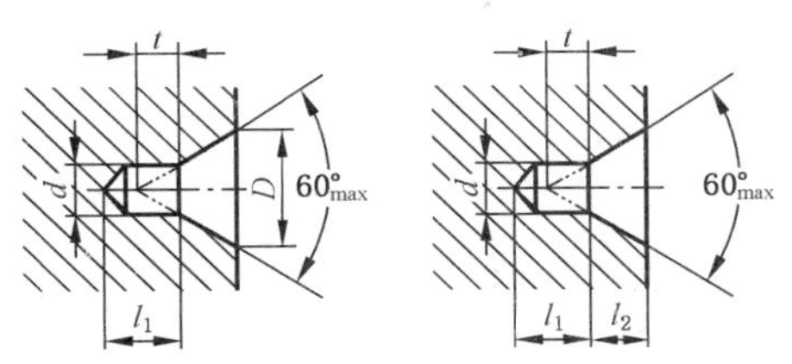

续表 5-1-44 mm

d	D	l_2	t	d	D	l_2	t
			参考尺寸				参考尺寸
(0.50)	1.06	0.48	0.5	2.50	5.30	2.42	2.2
(0.63)	1.32	0.60	0.6	3.15	6.70	3.07	2.8
(0.80)	1.70	0.78	0.7	4.00	8.50	3.90	3.5
1.00	2.12	0.97	0.9	(5.00)	10.60	4.85	4.4
(1.25)	2.65	1.21	1.1	6.30	13.20	5.98	5.5
1.60	3.35	1.52	1.4	(8.00)	17.00	7.79	7.0
2.00	4.25	1.95	1.8	10.00	21.20	9.70	8.7

注：1. 尺寸 l_1 取决于中心钻的长度 l_1，即使中心钻重磨后再使用，此值也不应小于 t 值。

2. 表中同时列出了 D 和 l_2 尺寸，制造厂可任选其中一个尺寸。

3. 括号内的尺寸尽量不采用。

表 5-1-45 B 型中心孔结构和尺寸 (mm)

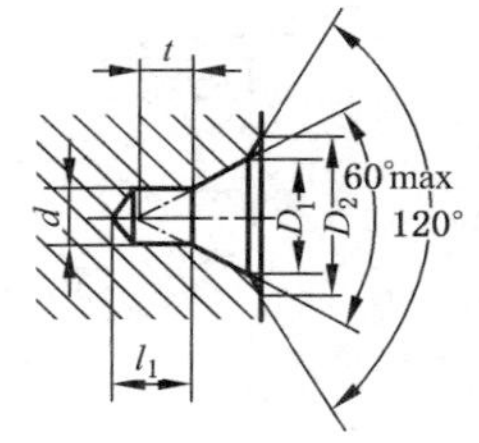

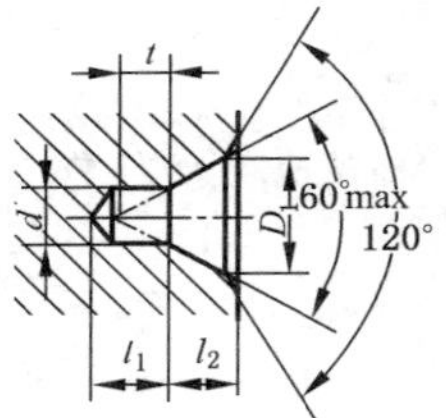

d	D_1	D_2	l_2	t	d	D_1	D_2	l_2	t
				参考尺寸					参考尺寸
1.00	2.12	3.15	1.27	0.9	4.00	8.50	12.50	5.05	3.5
(1.25)	2.65	4.00	1.60	1.1	(5.00)	10.60	16.00	6.41	4.4
1.60	3.35	5.00	1.99	1.4	6.30	13.20	18.00	7.36	5.5
2.00	4.25	6.30	2.54	1.8	(8.00)	17.00	22.40	9.36	7.0
2.50	5.30	8.00	3.20	2.2	10.00	21.20	28.00	11.66	8.7
3.15	6.70	10.00	4.03	2.8					

注：1. 尺寸 l_1 取决于中心钻的长度 l_1，即使中心钻重磨后再使用，此值也不应小于 t 值。

2. 表中同时列出了 D_2 和 l_2 尺寸，制造厂可任选其中一个尺寸。

3. 括号内的尺寸尽量不采用。

表 5-1-46 C 型中心孔结构和尺寸 (mm)

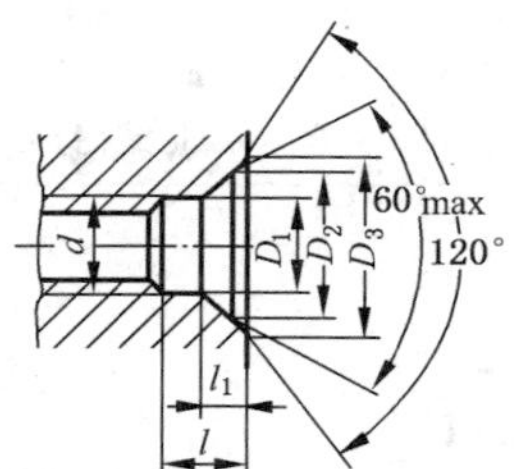

d	D_1	D_2	D_3	l	l_1	d	D_1	D_2	D_3	l	l_1
					参考尺寸						参考尺寸
M3	3.2	5.3	5.8	2.6	1.8	M5	5.3	8.1	8.8	4.0	2.4
M4	4.3	6.7	7.4	3.2	2.1	M6	6.4	9.6	10.5	5.0	2.8

续表 5-1-46 (mm)

d	D_1	D_2	D_3	l	l_1 参考尺寸	d	D_1	D_2	D_3	l	l_1 参考尺寸
M8	8.4	12.2	13.2	6.0	3.3	M16	17.0	23.0	25.3	12.0	5.2
M10	10.5	14.9	16.3	7.5	3.8	M20	21.0	28.4	31.3	15.0	6.4
M12	13.0	18.1	19.8	9.5	4.4	M24	26.0	34.2	38.0	18.0	8.0

表 5-1-47 R 型中心孔结构和尺寸 (mm)

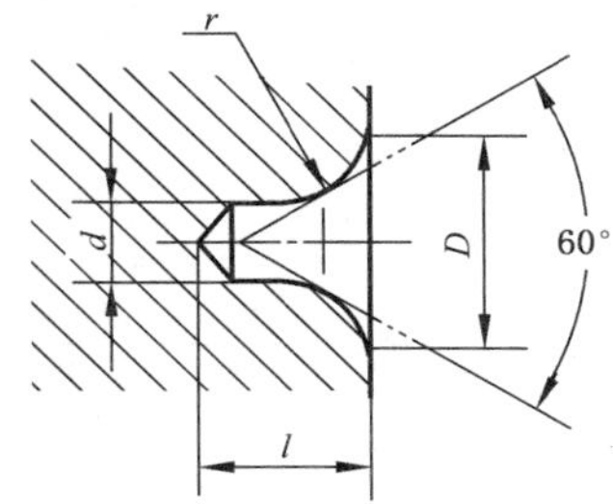

d	D	l_{min}	r max	r min	d	D	l_{min}	r max	r min
1.00	2.12	2.3	3.15	2.50	4.00	8.50	8.9	12.50	10.00
(1.25)	2.65	2.8	4.00	3.15	(5.00)	10.60	11.2	16.00	12.50
1.60	3.35	3.5	5.00	4.00	6.30	13.20	14.0	20.00	16.00
2.00	4.25	4.4	6.30	5.00	(8.00)	17.00	17.9	25.00	20.00
2.50	5.30	5.5	8.00	6.30	10.00	21.20	22.5	31.50	25.00
3.15	6.70	7.0	10.00	8.00					

注：括号内的尺寸尽量不采用。

(2) 75°、90°中心孔(表 5-1-48)

表 5-1-48 75°、90°中心孔 (mm)

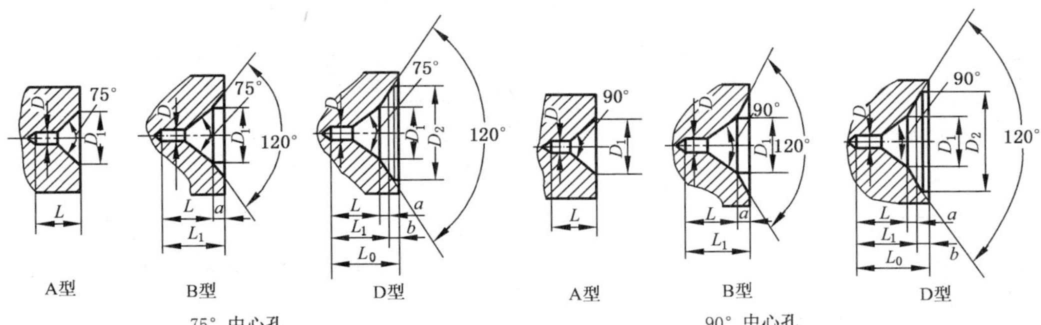

D	D_{1max} 75°	D_{1max} 90°	D_{2min} 75°	D_{2min} 90°	L_0 75°	L_0 90°	$L_1\approx$ 75°	$L_1\approx$ 90°	L 75°	L 90°	$a\approx$ 75°	$a\approx$ 90°
3	9		18		12		8		7		1	
4	12		24		16		11		10		1.2	
6	18		34		23		16		14		1.8	
8	24		44		29		21		19		2	
12	36		60		41		31		28		2.5	
20	60	80	85	100	63	61	53	53	50	50	3	3
30	90	120	125	150	87	94	74	84	70	80	4	4
40	120	160	160	200	113	115	100	105	95	100	5	5
45	135	180	175	220	136	128	121	116	115	110	6	6
50	150	200	200	250	163	138	148	126	140	120	8	8

5.1.3.2 各类槽

(1) 退刀槽

① 外圆退刀槽及相配件的倒角和倒圆见表 5-1-49～表 5-1-52。

表 5-1-49 退刀槽的各部尺寸 (mm)

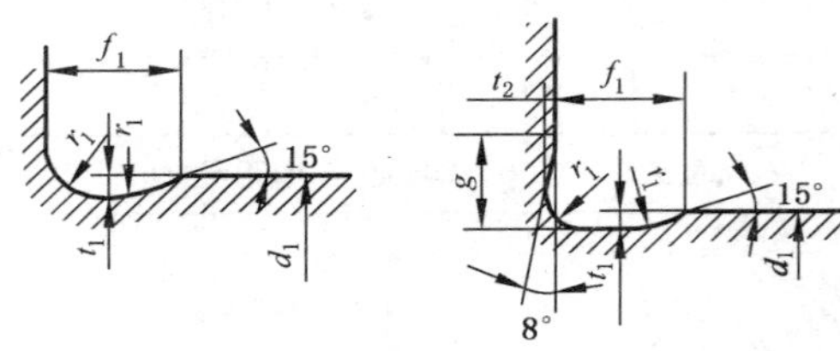

A型 B型

r_1	t_1 +0.1	f_1	g ≈	t_2 −0.05	推荐的配合直径 d_1	
					用在一般载荷	用在交变载荷
0.6	0.2	2	1.4	0.1	～18	—
	0.3	2.5	2.1	0.5	>18～80	
1	0.4	4	3.2	0.3	>80	
	0.2	2.5	1.8	0.1	—	>18～50
1.6	0.3	4	3.1	0.2		>50～80
2.5	0.4	5	4.8	0.3		>80～125
4	0.5	7	6.4	0.3		125

注：A 型轴的配合面需磨削，轴肩不磨削。
B 型轴的配合面及轴肩皆需磨削。

表 5-1-50 相配件的倒角和倒圆 (mm)

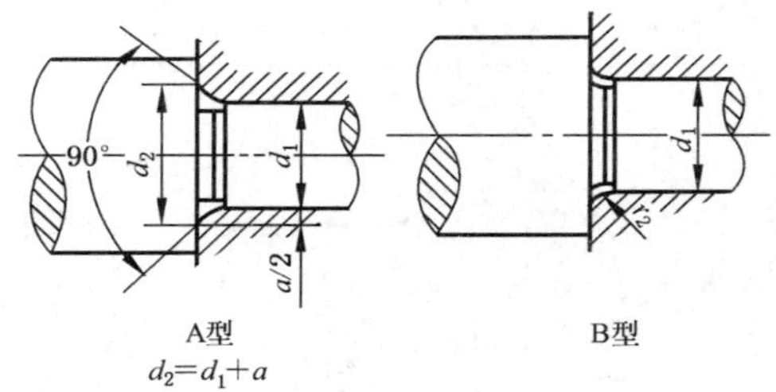

A型 $d_2=d_1+a$ B型

退刀槽尺寸	倒角最小值 a_{min}		倒圆最小值 r_{2min}	
$r_1 \times t_1$	A 型	B 型	A 型	B 型
0.6×0.2	0.8	0.2	1	0.3
0.6×0.3	0.6	0	0.8	0
1×0.2	1.6	0.8	2	1
1×0.4	1.2	0	1.5	0
1.6×0.3	2.6	1.1	3.2	1.4
2.5×0.4	4.2	1.9	5.2	2.4
4×0.5	7	4.0	8.8	5

注：A 型轴的配合表面需磨削，轴肩不磨削。
B 型轴的配合表面和轴肩皆需磨削。

表 5-1-51　C、D、E 型退刀槽及相配件的各部尺寸　（mm）

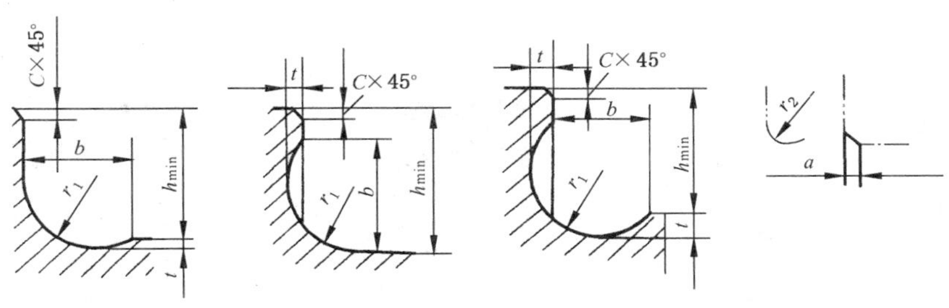

C型　D型　E型　C、D、E型的相配件

轴						相配件（孔）			
h min	r_1	t	b		C max	a	偏差	r_2	偏差
			C、D 型	E 型					
2.5	1.0	0.25	1.6	1.4	0.2	1	+0.6	1.2	+0.6
4	1.6	0.25	2.4	2.2	0.2	1.6	+0.6	2.0	+0.6
6	2.5	0.25	3.6	3.4	0.2	2.5	+1.0	3.2	+1.0
10	4.0	0.4	5.7	5.3	0.4	4.0	+1.0	5.0	+1.0
16	6.0	0.4	8.1	7.7	0.4	6.0	+1.6	8.0	+1.6
25	10.0	0.6	13.4	12.8	0.4	10.0	+1.6	12.5	+1.6
40	16.0	0.6	20.3	19.7	0.6	16.0	+2.5	20.0	+2.5
60	25.0	1.0	32.1	31.1	0.6	25.0	+2.5	32.0	+2.5

注：适用于对受载无特殊要求的磨削件。C 型（轴的配合表面需磨削，轴肩不磨削），D 型与 C 型相反，E 型均需磨削。

表 5-1-52　F 型退刀槽的各部尺寸　（mm）

F型	轴					
	h min	r_1	t_1	t_2	b	C max
	4	1.0	0.4	0.25	1.2	0.2
	5	1.6	0.6	0.4	2.0	
	8	2.5	1.0	0.6	3.2	
	12.5	4.0	1.6	1.0	5.0	0.4
	20	6.0	2.5	1.6	8.0	
	30	10.0	4.0	2.5	12.5	

注：$r_1 = 10$ mm 不适用于光整。

② 公称直径相同具有不同配合的退刀槽见表 5-1-53。

③ 带槽孔的退刀槽见表 5-1-54。

表 5-1-53　公称直径相同具有不同配合的退刀槽　（mm）

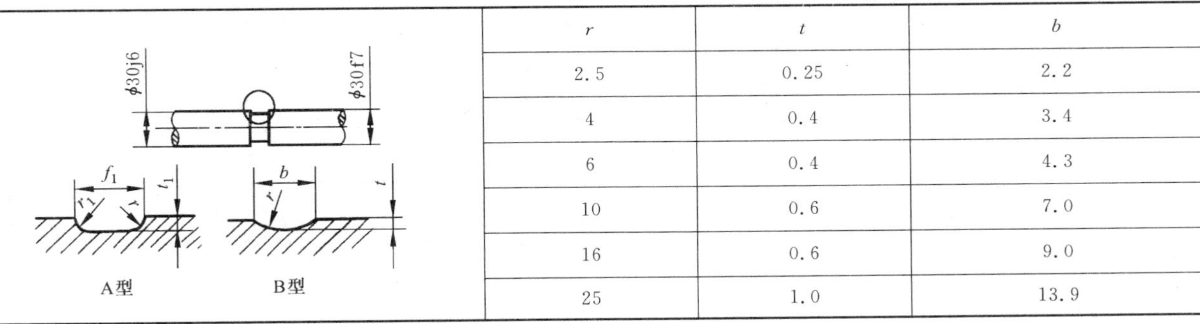

A型　B型

r	t	b
2.5	0.25	2.2
4	0.4	3.4
6	0.4	4.3
10	0.6	7.0
16	0.6	9.0
25	1.0	13.9

注：1. A 型退刀槽长度 f_1 包括在公差带较小的一段长度内；各部尺寸根据直径 d_1 的大小按表 2-49 选取。

2. B 型退刀槽各部尺寸按本表选取。

表 5-1-54 带槽孔的退刀槽

图示	说明
d_2, t_2	退刀槽直径 d_2 可按选用的平键或楔键而定 退刀槽的深度 t_2 一般为 20 mm，如因结构上的原因 t_2 的最小值不得小于 10 mm 退刀槽的表面粗糙度一般选用 $Ra3.2\ \mu m$，根据需要也可选用 $Ra1.6\ \mu m$，$Ra0.8\ \mu m$，$Ra0.4\ \mu m$

（2）砂轮越程槽（GB/T 6403.5—2008）（表 5-1-55～表 5-1-58）

表 5-1-55 磨回转面及端面砂轮越程槽 （mm）

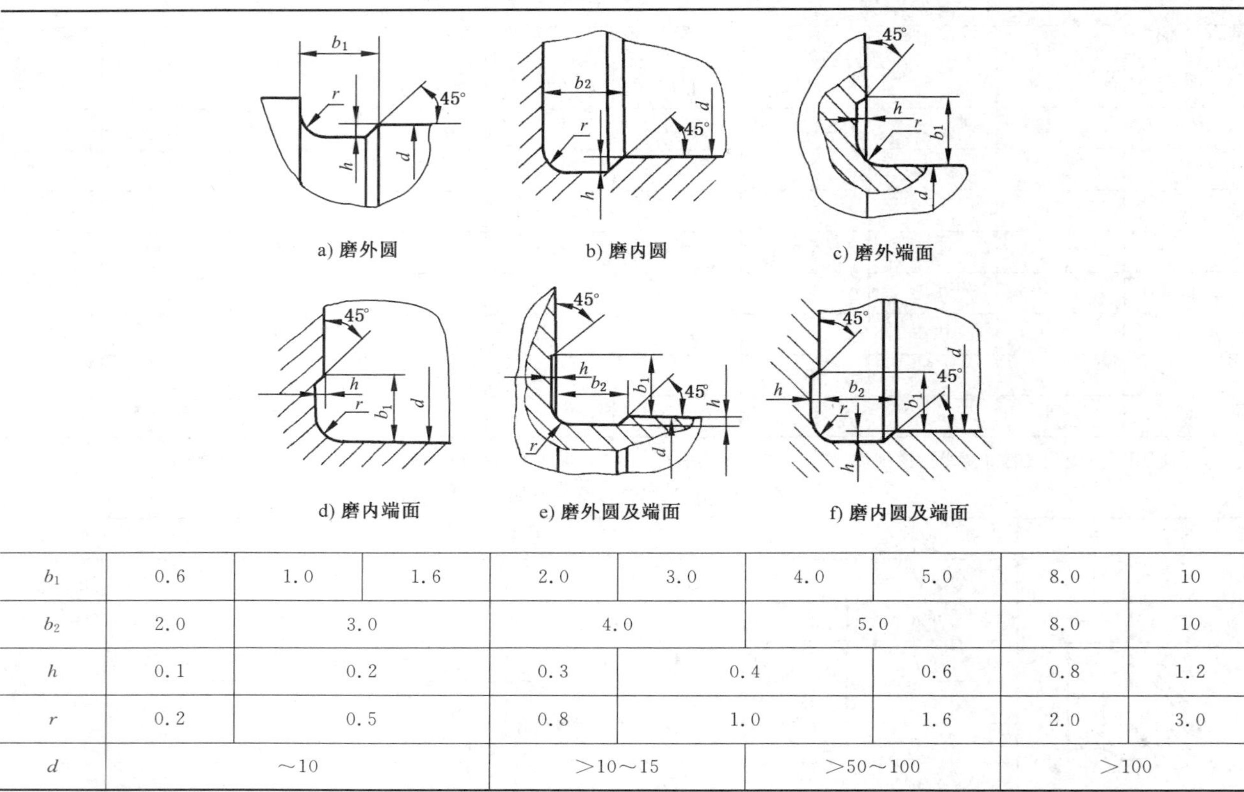

a) 磨外圆　b) 磨内圆　c) 磨外端面

d) 磨内端面　e) 磨外圆及端面　f) 磨内圆及端面

b_1	0.6	1.0	1.6	2.0	3.0	4.0	5.0	8.0	10
b_2	2.0	3.0		4.0		5.0		8.0	10
h	0.1	0.2		0.3	0.4		0.6	0.8	1.2
r	0.2	0.5		0.8	1.0		1.6	2.0	3.0
d	～10			>10～15		>50～100		>100	

注：1. 越程槽内两直线相交处，不允许产生尖角。

2. 越程槽深度 h 与圆弧半径 r，要满足 $r<3h$。

3. 磨削具有数个直径的工件时，可使用同一规格的越程槽。

4. 直径 d 值大的零件，允许选择小规格的砂轮越程槽。

5. 砂轮越程槽的尺寸公差和表面粗糙度根据该零件的结构、性能确定。

表 5-1-56 磨平面、磨 V 形面砂轮越程槽 （mm）

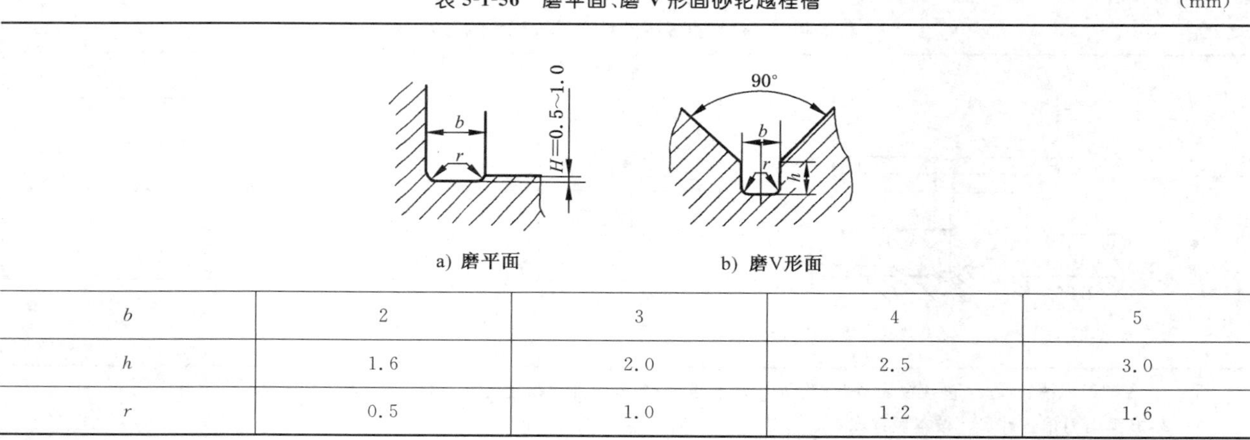

a) 磨平面　b) 磨V形面

b	2	3	4	5
h	1.6	2.0	2.5	3.0
r	0.5	1.0	1.2	1.6

表 5-1-57　磨燕尾导轨面砂轮越程槽　(mm)

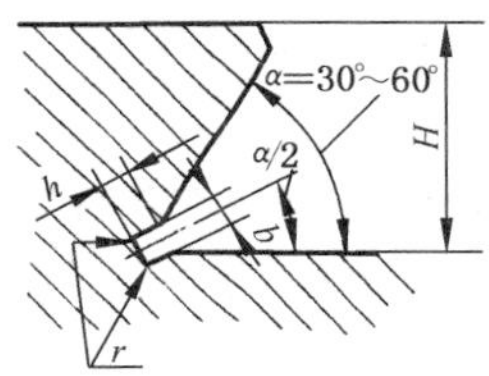

H	≤5	6	8	10	12	16	20	25	32	40	50	63	80
b h	1	2		3			4			5			6
r	0.5	0.5		1.0			1.6			1.6			2.0

表 5-1-58　磨矩形导轨面砂轮越程槽　(mm)

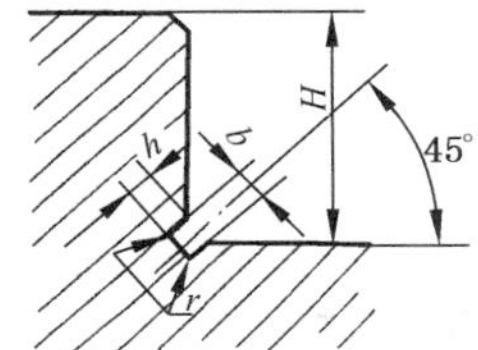

H	8	10	12	16	20	25	32	40	50	63	80	100
b	2				3				5		8	
h	1.6				2.0				3.0		5.0	
r	0.5				1.0				1.6		2.0	

(3) 润滑槽(GB/T 6403.2—2008)(表 5-1-59、表 5-1-60)

表 5-1-59　滑动轴承上用的润滑槽形式和尺寸　(mm)

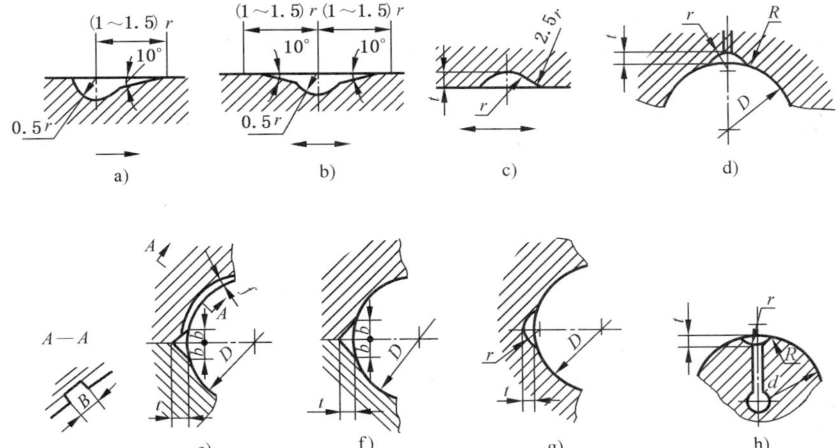

a)、b) 用于推力轴承上　c) 用于轴端面上　d)、e)、f)、g) 用于轴瓦、轴套　h) 用于轴上推力轴承

注：图下箭头说明运动为单向或双向。

直径 D	直径 d	t	r	R	B	f	b
≤50		0.8	1.0	1.0	—	—	—
		1.0	1.6	1.6	—	—	—
		1.6	3.0	6.0	5.0	1.6	4.0
>50~120		2.0	4.0	10	8.0	2.0	6.0
		2.5	5.0	16	10	2.0	8.0
>50~120		3.0	6.0	20	12	2.5	10
>120		4.0	8.0	25	16	3.0	12
		5.0	10	32	20	3.0	16
		6.0	12	40	25	4.0	20

表 5-1-60 平面上用的润滑槽形式和尺寸 (mm)

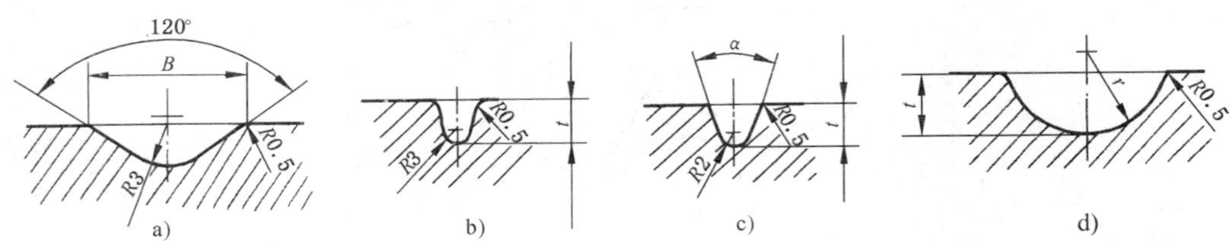

B	4、6	10、12	16	导轨润滑槽尺寸			
α	15°	30°	45°	t	1.0	1.6	2.0
t	3	4	5	r	1.6	2.5	4.0

注：GB/T 6403.2—2008 标准中未注明尺寸的棱边，按小于 0.5 mm 倒圆。

(4) T 形槽(GB/T 158—1996)(表 5-1-61～表 5-1-64)

表 5-1-61 T 形槽及螺栓头部尺寸 (mm)

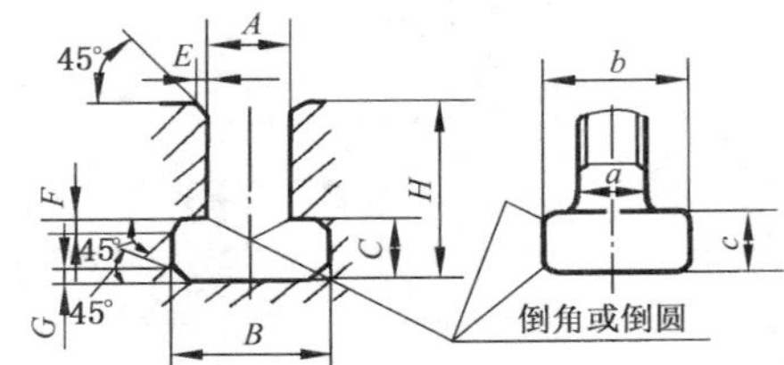

T 形槽												螺栓头部		
A			B		C		H		E	F	G	a	b	c
基本尺寸	极限偏差 基准槽	极限偏差 固定槽	最小尺寸	最大尺寸	最小尺寸	最大尺寸	最小尺寸	最大尺寸	最大尺寸	最大尺寸	最大尺寸	最大尺寸	最大尺寸	最大尺寸
5	$^{+0.018}_{0}$	$^{+0.12}_{0}$	10	11	3	3.5	8	10	1	0.6	1	4	9	2.5
6			11	12.5	5	6	11	13				5	10	4
8	$^{+0.020}_{0}$	$^{+0.15}_{0}$	14.5	16	7	8	15	18				6	13	6
10			16	18	7	8	17	21				8	15	6
12	$^{+0.027}_{0}$	$^{+0.18}_{0}$	19	21	8	9	20	25				10	18	7
14			23	25	9	11	23	28	1.6		1.6	12	22	8
18			30	32	12	11	30	36		1		16	28	10
22	$^{+0.033}_{0}$	$^{+0.21}_{0}$	37	40	16	18	38	45			2.5	20	34	14
28			46	50	20	22	48	56				24	43	18
36	$^{+0.039}_{0}$	$^{+0.25}_{0}$	56	60	25	28	61	71	2.5			30	53	23
42			68	72	32	35	74	85		1.6	4	36	64	28
48			80	85	36	40	84	95		2	6	42	75	32
54	$^{+0.046}_{0}$	$^{+0.30}_{0}$	90	95	40	44	94	106				48	85	36

注：T 形槽宽度 A 的极限偏差，按 GB/T 1801—2009《极限与配合 公差带和配合的选择》选择。对于基准槽为 H8，对于固定槽为 H12。T 形槽宽度 A 的两侧面的表面粗糙度，基准槽为 Ra2.8 μm，固定槽为 Ra6.3 μm，其余为 Ra12.5 μm。

表 5-1-62 T 形槽间距尺寸 (mm)

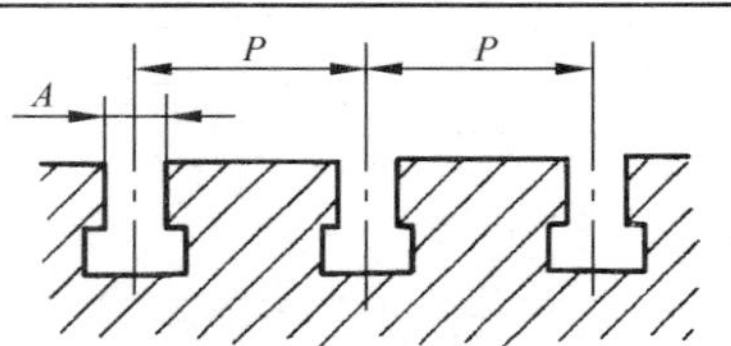

续表 5-1-62 (mm)

T形槽宽度 A	T形槽间距 P	T形槽宽度 A	T形槽间距 P	T形槽宽度 A	T形槽间距 P	T形槽宽度 A	T形槽间距 P
5	20	12	50	22	100	42	200
	25		63		125		250
	32		80		160		320
6	25	14	63	28	125	48	250
	32		80		160		320
	40		100		200		400
8	32	18	80	36	160	54	320
	40		100		200		400
	50		125		250		500
10	40						
	50						
	63						

注：T形槽直接铸出时，其尺寸偏差自行决定。相对于每个T形槽宽度，表中给出了3个间距，制造厂应根据工作台尺寸及使用需要条件选择T形槽间距。特殊情况需采用其他尺寸的间距时，则应符合下列原则：

1）采用数值大于或小于表中所列T形槽间距 P 的尺寸范围时，应从优先数系R10系列的数值中选取。

2）采用数值在表中所列T形槽间距 P 的尺寸范围内，则应从优先数系R20系列的数值中选取。

表 5-1-63 T形槽的间距尺寸 P 的极限偏差 (mm)

T形槽间距 P	极限偏差		T形槽间距 P	极限偏差	
	基准槽	固定槽		基准槽	固定槽
20 25	±0.1	±0.2	125 160 200 250	±0.2	±0.5
32 40 50 63 80 100	±0.15	±0.3	320 400 500	±0.3	±0.8

注：T形槽的排列，一般应对称分布。当槽数为奇数时，应以中间T形槽为基准槽；当槽数为偶数时，基准槽必须明显标出。

表 5-1-64 T形槽不通端形式尺寸 (mm)

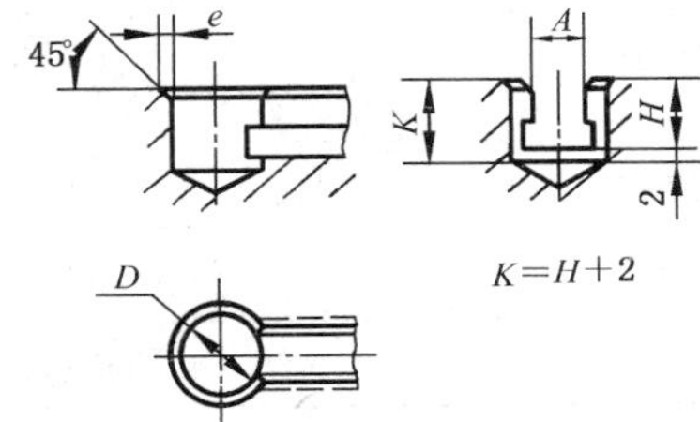

T形槽槽宽 A		5	6	8	10	12	14	18	22	28	36	42	48	54
K		12	15	20	23	27	30	38	47	58	73	87	97	108
D	基本尺寸	15	16	20	22	28	32	42	50	62	76	92	108	122
	极限偏差	+1 0		+1.5 0					+2 0					
e		0.5		1				1.5		2				

注：基准槽 H 为8，固定槽 H 为12。

（5）燕尾槽（表 5-1-65）

表 5-1-65 燕尾槽 （mm）

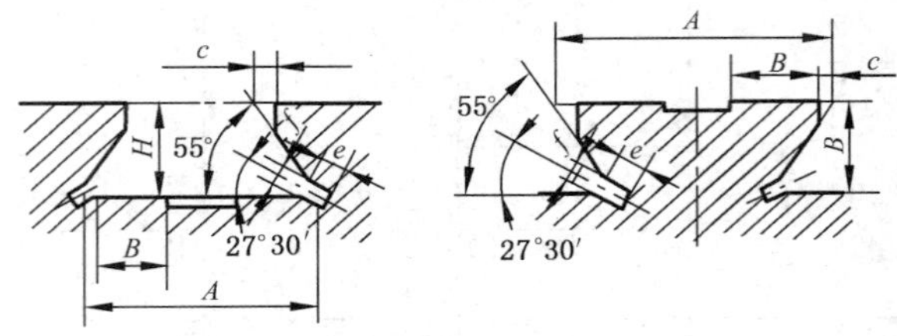

A	40～65	50～70	60～90	80～125	100～160	125～200	160～250	200～320	250～400	320～500
B	12	16	20	25	32	40	50	65	80	100
c	1.5～5									
e	1.5		2.0				2.5			
f	2		3				4			
H	8	10	12	16	20	25	32	40	50	65

注：1. A(mm)的系列为：40，45，50，55，60，65，70，80，90，100，110，125，140，160，180，200，225，250，280，320，360，400，450，500。

2. c 为推荐值。

5.1.3.3 零件倒圆与倒角（GB/T 6403.4—2008）（表 5-1-66～表 5-1-68）

表 5-1-66 倒圆倒角尺寸 R、C 系列值 （mm）

a)　b)　c)　d)

R、C	0.1	0.2	0.3	0.4	0.5	0.6	0.8	1.0	1.2	1.6	2.0	2.5	3.0
	4.0	5.0	6.0	8.0	10	12	16	20	25	32	40	50	

注：α 一般采用 45°，也可采用 30°或 60°。倒角半径、倒角的尺寸标注，不适用于有特殊要求的情况下使用。

表 5-1-67 内角倒角、外角倒圆时 C 的最大值 C_{max} 与 R_1 的关系 （mm）

a)　b)　c)　d)

R_1	0.1	0.2	0.3	0.4	0.5	0.6	0.8	1.0	1.2	1.6	2.0
C_{max}	—	0.1	0.1	0.2	0.2	0.3	0.4	0.5	0.6	0.8	1.0
R_1	2.5	3.0	4.0	5.0	6.0	8.0	10	12	16	20	25
C_{max}	1.2	1.6	2.0	2.5	3.0	4.0	5.0	6.0	8.0	10	12

注：四种装配方式中，R_1、C_1 的偏差为正；R、C 的偏差为负。

表 5-1-68 与直径 φ 相应的倒角 C、倒圆 R 的推荐值 （mm）

φ	～3	＞3～6	＞6～10	＞10～18	＞18～30	＞30～50
C 或 R	0.2	0.4	0.6	0.8	1.0	1.6
φ	＞50～80	＞80～120	＞120～180	＞180～250	＞250～320	＞320～400
C 或 R	2.0	2.5	3.0	4.0	5.0	6.0
φ	＞400～500	＞500～630	＞630～800	＞800～1 000	＞1 000～1 250	＞1 250～1 600
C 或 R	8.0	10	12	16	20	25

5.1.3.4 球面半径(表 5-1-69)

5.1.3.5 螺纹零件

(1) 紧固件外螺纹零件末端(GB/T 2—2001)

① 紧固件公称长度以内的末端形式见图 5-1-6。

② 紧固件公称长度以外的末端形式见图 5-1-7。

表 5-1-69 球面半径(GB/T 6403.1—2008) (mm)

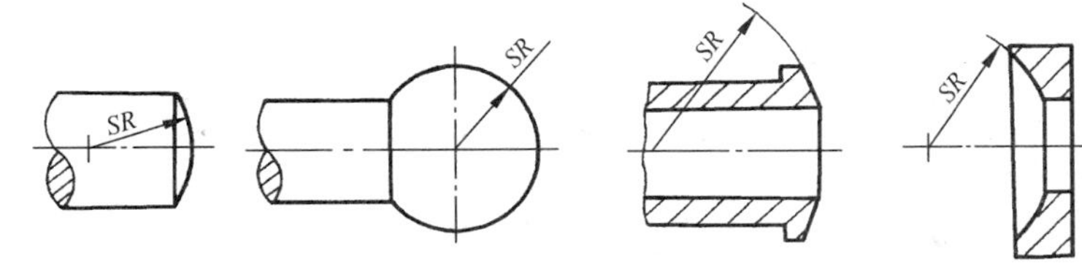

系列	Ⅰ	0.2	0.4	0.6	1.0	1.6	2.5	4.0	6.0	10	16	20
	Ⅱ	0.3	0.5	0.8	1.2	2.0	3.0	5.0	8.0	12	18	22
	Ⅰ	25	32	40	50	63	80	100	125	160	200	250
	Ⅱ	28	36	45	56	71	90	110	140	180	220	280
	Ⅰ	320	400	500	630	800	1 000	1 250	1 600	2 000	2 500	3 200
	Ⅱ	360	450	560	710	900	1 100	1 400	1 800	2 200	2 800	

注：优先选用表中第Ⅰ系列。

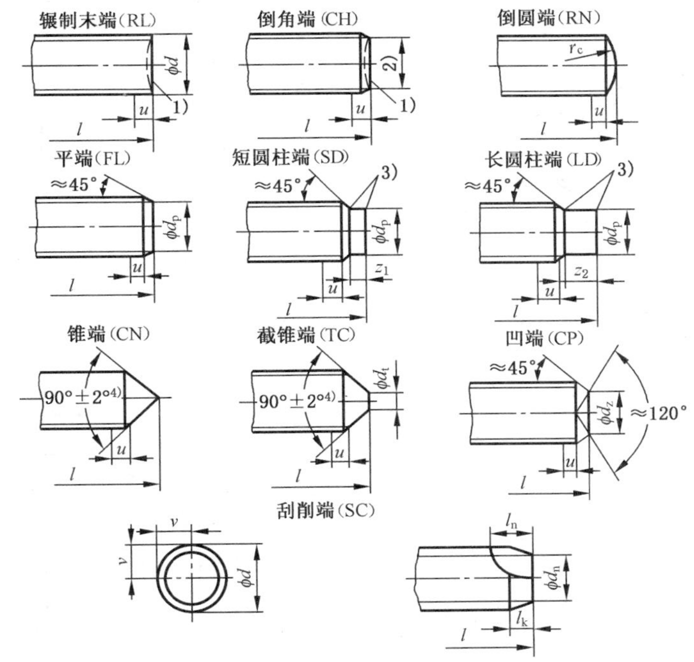

图 5-1-6 紧固件公称长度以内的末端形式

注：1. $r_e \approx 1.4d$；$u = 0.5d \pm 0.5$ mm；$d_n = d - 1.6P$；$l_n \leqslant 5P$；$l_k \leqslant 3P$；$l_n - l_k \geqslant 2P$；P——螺距。

2. l 为紧固件的公称长度。

3. 不完整螺纹的长度 $u \leqslant 2P$。

4. 对 FL、SD、LD 和 CP 型末端，45°仅指螺纹小径以下的末端部分。

5. 图中 1)端面可以是凹面；2) 处直径小于或等于螺纹小径；3) 处需倒圆；4) 处的角度对短螺钉为 120°±2°，并按产品标准的规定，如 GB/T 78—2007。

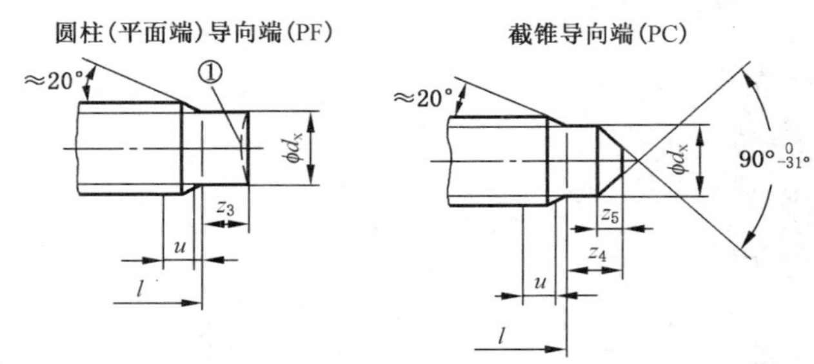

图 5-1-7　紧固件公称长度以外的末端型式

注：1. 不完整螺纹的长度 $u \leqslant 2P$；P——螺距。

2. 20°仅指螺纹小径以下的末端部分。端面可以是凹面。

① 端面可以是凹面。

(2) 普通螺纹收尾、肩距、退刀槽和倒角尺寸(表 5-1-70)

表 5-1-70　普通螺纹收尾、肩距、退刀槽和倒角尺寸(GB/T 3—1997)　(mm)

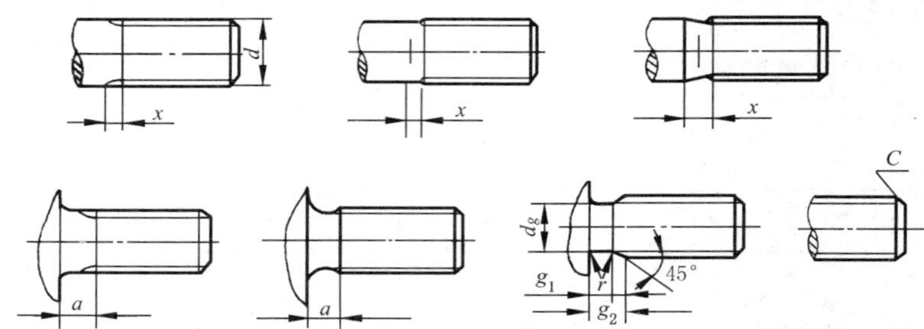

螺距 P	粗牙螺纹外径 d	螺纹收尾 x_{max}		肩距 a_{max}			退刀槽				倒角 C
		一般	短的	一般	长的	短的	g_{2max}	g_{1min}	$r\approx$	d_g	
0.2	—	0.5	0.25	0.6	0.8	0.4	—	—	—	—	0.2
0.25	1;1.2	0.6	0.3	0.75	1	0.5	0.75	0.4	0.12	$d-0.4$	
0.3	1.4	0.75	0.4	0.9	1.2	0.6	0.9	0.6	0.16	$d-0.5$	0.3
0.35	1.6;1.8	0.9	0.45	1.05	1.4	0.7	1.05	0.6		$d-0.6$	
0.4	2	1	0.5	1.2	1.6	0.8	1.2		0.2	$d-0.7$	0.4
0.45	2.2;2.5	1.1	0.6	1.35	1.8	0.9	1.35	0.7		$d-0.7$	
0.5	3	1.25	0.7	1.5	2	1	1.5	0.8		$d-0.8$	0.5
0.6	3.5	1.5	0.75	1.8	2.4	1.2	1.8	0.9	0.4	$d-1$	
0.7	4	1.75	0.9	2.1	2.8	1.4	2.1	1.1		$d-1.1$	0.6
0.75	4.5	1.9	1	2.25	3	1.5	2.25	1.2		$d-1.2$	
0.8	5	2	1	2.4	3.2	1.6	2.4	1.3		$d-1.3$	0.8
1	6;7	2.5	1.25	3	4	2	3	1.6	0.6	$d-1.6$	1
1.25	8	3.2	1.6	4	5	2.5	3.75	2		$d-2$	1.2
1.5	10	3.8	1.9	4.5	6	3	4.5	2.5	0.8	$d-2.3$	1.5
1.75	12	4.3	2.2	5.3	7	3.5	5.25	3	1	$d-2.6$	2
2	14;16	5	2.5	6	8	4	6	3.4	1	$d-3$	2
2.5	18;20;22	6.3	3.2	7.5	10	5	7.5	4.4	1.2	$d-3.6$	2.5
3	24;27	7.5	3.8	9	12	6	9	5.2	1.6	$d-4.4$	
3.5	30;33	9	4.5	10.5	14	7	10.5	6.2		$d-5$	3
4	36;39	10	5	12	16	8	12	7	2	$d-5.7$	
4.5	42;45	11	5.5	13.5	18	9	13.5	8	2.5	$d-6.4$	4
5	48;52	12.5	6.3	15	20	10	15	9		$d-7$	

续表 5-1-70 (mm)

螺距 P	粗牙螺纹外径 d	螺纹收尾 x_{max}		肩距 a_{max}			退刀槽				倒角 C
		一般	短的	一般	长的	短的	g_{2max}	g_{1min}	$r\approx$	d_g	
5.5	56;60	11	7	15.5	22	11	17.5	11	3.2	$d-7.7$	5
6	64;68	15	7.5	18	24	12	18			$d-8.3$	

注：1. 外螺纹倒角和退刀槽过渡角一般按 45°，也可按 60°或 30°。当螺纹按 60°或 30°倒角时，倒角深度应大于或等于牙型高度。

2. 肩距 a 是螺纹收尾 x 加螺纹空白的总长。设计时应优先考虑一般肩距尺寸。短的肩距只在结构需要时采用。产品等级为 B 或 C 级的螺纹紧固件可采用长肩距。

3. 细牙螺纹按本表螺距 P 选用。

(3) 普通内螺纹收尾、肩距、退刀槽和倒角尺寸(表 5-1-71)

表 5-1-71 普通内螺纹的收尾、肩距、退刀槽和倒角尺寸(GB/T 3—1997) (mm)

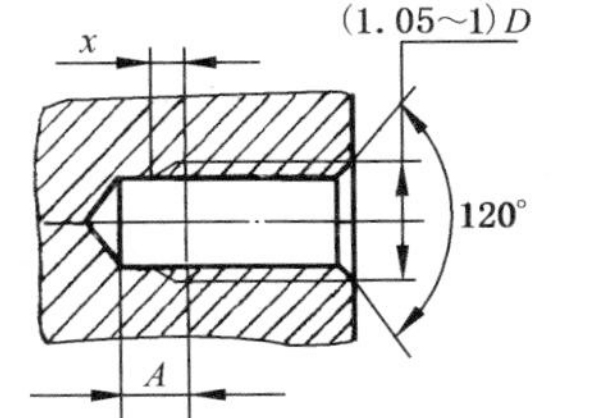

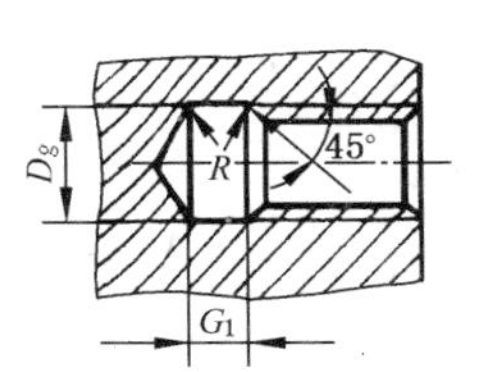

螺距 P	粗牙螺纹大径 D	螺纹收尾 x_{max}		肩距 A		退刀槽			
						G_1		$R\approx$	D_g
		一般	短的	一般	长的	一般	短的		
0.2	—	0.8	0.4	1.2	1.6				$d+0.3$
0.25	1,1.2	1	0.5	1.5	2				
0.3	1.4	1.2	0.6	1.8	2.4				
0.35	1.6,1.8	1.4	0.7	2.2	2.8				
0.4	2	1.6	0.8	2.5	3.2				
0.45	2.2,2.5	1.8	0.9	2.8	3.6				
0.5	3	2	1	3	4	2	1	0.2	
0.6	3.5	2.4	1.2	3.2	4.8	2.4	1.2	0.3	
0.7	4	2.8	1.4	3.5	5.6	2.8	1.4	0.4	
0.75	4.5	3	1.5	3.8	6	3	1.5	0.4	
0.8	5	3.2	1.6	4	6.4	3.2	1.6	0.4	
1	6;7	4	2	5	8	4	2	0.5	$d+0.5$
1.25	8	5	2.5	6	10	5	2.5	0.6	
1.5	10	6	3	7	12	6	3	0.8	
1.75	12	7	3.5	9	14	7	3.5	0.9	
2	14,16	8	4	10	16	8	4	1	
2.5	18,20,22	10	5	12	18	10	5	1.2	
3	24,27	12	6	14	22	12	6	1.5	
3.5	30,33	14	7	16	24	14	7	1.8	
4	36,39	16	8	18	26	16	8	2	
4.5	42,45	18	9	21	29	18	9	2.2	
5	48,52	20	10	23	32	20	10	2.5	
5.5	56,60	22	11	25	35	22	11	2.8	
6	64,68	24	12	28	38	24	12	3	

注：1. 内螺纹倒角一般是 120°倒角，也可以是 90°倒角。端面倒角直径为(1.05～1)D。

2. 肩距 A 是螺纹收尾 x 加螺纹空白的总长。

3. 应优先采用一般长度的收尾和肩距；短的退刀槽只在结构需要时采用；产品等级为 B 或 C 级的螺纹紧固件可采用长肩距。

4. 细牙螺纹按本表螺距 P 选用。

（4）普通螺纹的内、外螺纹余留长度、钻孔余留深度和螺栓突出螺母的末端长度（表 5-1-72）

表 5-1-72　普通螺纹的内、外螺纹余留长度、钻孔余留深度和螺栓突出螺母的末端长度　（mm）

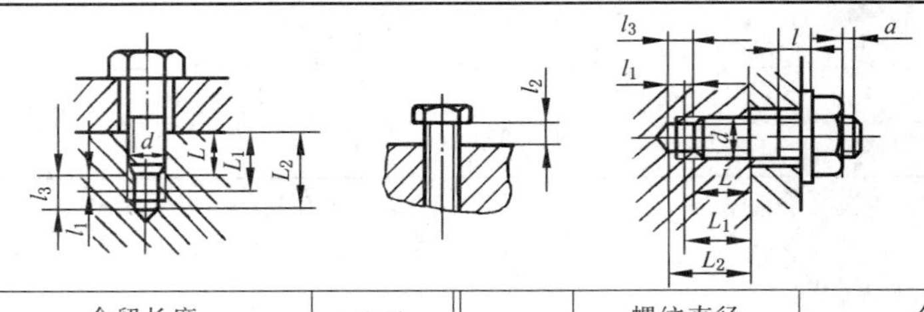

螺距	螺纹直径		余留长度			末端长度
	粗牙	细牙	内螺纹	外螺纹	钻孔	
P	d		l_1	$l=l_2$	l_3	a
0.5	3		1	2	3	0.5～1.5
		5				
0.7	4		1.5	2.5	4	1～2
0.75		6			5	
0.8	5					
1	6		2	3.5	6	1.5～2.5
		8				
		10				
		14				
		16				
		18				
1.25	8	12	2.5	4	8	
1.5	10		3	4.5	9	2～3
		14				
		16				
		18				
		20				
		22				
		24				
		27				
		30				
		33				
1.75	12		3.5	5.5	11	
2	14		4	6	12	2.5～4
	16					
		24				
		27				
		30				
		33				
		36				
		39				

螺距	螺纹直径		余留长度			末端长度
	粗牙	细牙	内螺纹	外螺纹	钻孔	
P	d		l_1	$l=l_2$	l_3	a
2		45	4	6	12	2.5～4
		48				
		52				
2.5	18		5	7	15	
	20					
	22					
3	24		6	8	18	3～5
	27					
		36				
		39				
3		42	6	8	18	3～5
		45				
		48				
		56				
		60				
		64				
		72				
		76				
3.5	30		7	9	21	
4	36		8	10	24	4～7
		56				
		60				
		64				
		68				
		72				
		76				
4.5	42		9	11	27	
5	48		10	13	30	6～10
5.5	56		11	16	33	
6	64		12	18	36	
	72					
	76					

注：1. 拧入深度 L 由设计者决定。
2. 钻孔深度 $L_2=L+l_3$。
3. 螺孔深度 $L_1=L+l_1$（不包括螺尾）。

（5）紧固件用通孔和沉孔（表 5-1-73～表 5-1-77）

表 5-1-73 螺栓和螺钉用通孔（GB/T 5277—1985） （mm）

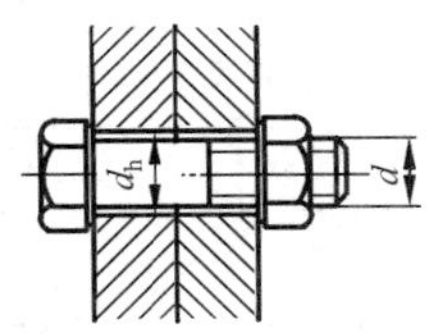

螺纹规格 d	通孔 d_h 系列 精装配	中等装配	粗装配
M1.6	1.7	1.8	2
M1.8	2	2.1	2.2
M2	2.2	2.4	2.6
M2.5	2.7	2.9	3.1
M3	3.2	3.4	3.6
M3.5	3.7	3.9	4.2
M4	4.3	4.5	4.8
M4.5	4.8	5	5.3
M5	5.3	5.5	5.8
M6	6.4	6.6	7
M7	7.4	7.6	8
M8	8.4	9	10
M10	10.5	11	12
M12	13	13.5	14.5
M14	15	15.5	16.5
M16	17	17.5	18.5
M18	19	20	21
M20	21	22	24
M22	23	24	26
M24	25	26	28
M27	28	30	32
M30	31	33	35
M33	34	36	38
M36	37	39	42
M39	40	42	45
M42	43	45	48
M45	46	48	52
M48	50	52	56
M52	54	56	62
M56	58	62	66
M60	62	66	70
M64	66	70	74
M68	70	74	78
M72	74	78	82

表 5-1-74 铆钉用通孔（GB/T 152.1—1988） （mm）

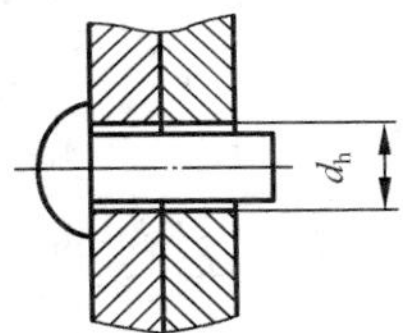

铆钉公称直径 d	0.6	0.7	0.8	1	1.2	1.4	1.6	2	2.5	3	3.5	4	5	6	8
d_h 精装配	0.7	0.8	0.9	1.1	1.3	1.5	1.7	2.1	2.6	3.1	3.6	4.1	5.2	6.2	8.2

铆钉公称直径 d		10	12	14	16	18	20	22	24	27	30	36
d_h	精装配	10.3	12.4	14.5	16.5	—	—	—	—	—	—	—
	粗装配	11	13	15	17	19	21.5	23.5	25.5	28.5	32	38

表 5-1-75 沉头紧固件用沉孔（GB/T 152.2—1988） （mm）

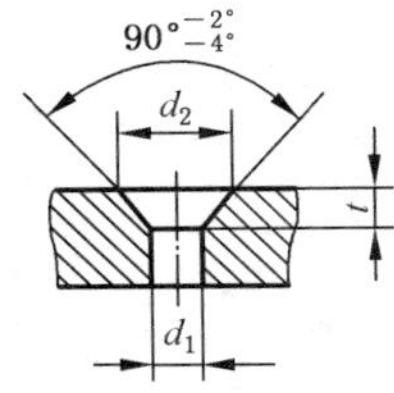

（1）沉头螺钉及半沉头螺钉用沉孔

螺纹规格	M1.6	M2	M2.5	M3	M3.5	M4	M5	M6	M8	M10	M12	M14	M16	M20
d_2 H13	3.7	4.5	5.6	6.4	8.4	9.6	10.6	12.8	17.6	20.3	24.4	28.4	32.4	40.4
$t\approx$	1	1.2	1.5	1.6	2.4	2.7	2.7	3.3	4.6	5.0	6.0	7.0	8.0	10.0
d_1 H13	1.8	2.4	2.9	3.4	3.9	4.5	5.5	6.6	9	11	13.5	15.5	17.5	22

续表 5-1-75 (mm)

(2) 沉头自攻螺钉及半沉头自攻螺钉用沉孔

螺钉规格	ST2.2	ST2.9	ST3.5	ST4.2	ST4.8	ST5.5	ST6.3	ST8	ST9.5
d_2 H12	4.4	6.3	8.2	9.4	10.4	11.5	12.6	17.3	20
$t\approx$	1.1	1.7	2.4	2.6	2.8	3.0	3.2	4.6	5.2
d_1 H12	2.4	3.1	3.7	4.5	5.1	5.8	6.7	8.4	10

(3) 沉头木螺钉及半沉头木螺钉用沉孔

公称规格	1.6	2	2.5	3	3.5	4	4.5	5	5.5	6	7	8	10
d_2 H13	3.7	4.5	5.4	6.6	7.7	8.6	10.1	11.2	12.1	13.2	15.3	17.3	21.9
$t\approx$	1.0	1.2	1.4	1.7	2.0	2.2	2.7	3.0	3.2	3.5	4.0	4.5	5.8
d_1 H13	1.8	2.4	2.9	3.4	3.9	4.5	5.0	5.5	6.0	6.6	7.6	9.0	11.0

表 5-1-76 圆柱头用沉孔(GB/T 152.3—1988) (mm)

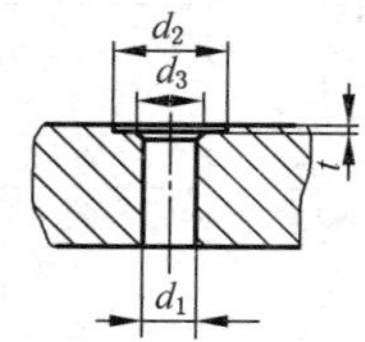

(1) 内六角圆柱头螺钉用沉孔

螺纹规格	M1.6	M2	M2.5	M3	M4	M5	M6	M8	M10	M12	M14	M16	M20	M24	M30	M36
d_2	3.3	4.3	5.0	6.0	8.0	10.0	11.0	15.0	18.0	20.0	24.0	26.0	33.0	40.0	48.0	57.0
t	1.8	2.3	2.9	3.4	4.6	5.7	6.8	9.0	11.0	13.0	15.0	17.5	21.5	25.5	32.0	38.0
d_3	—	—	—	—	—	—	—	—	—	16	18	20	24	28	36	42
d_1	1.8	2.4	2.9	3.4	4.5	5.5	6.6	9.0	11.0	13.5	15.5	17.5	22.0	26.0	33.0	39.0

(2) 内六角花形圆柱头螺钉及开槽圆柱头螺钉用沉孔

螺纹规格	M4	M5	M6	M8	M10	M12	M14	M16	M20
d_2 H13	8	10	11	15	18	20	24	26	33
tH13	3.2	4.0	4.7	6.0	7.0	8.0	9.0	10.5	12.5
d_3	—	—	—	—	—	16	18	20	24
d_1 H13	4.5	5.5	6.6	9.0	11.0	13.5	15.5	17.5	22.0

表 5-1-77 六角头螺栓和六角螺母用沉孔(GB/T 152.4—1988) (mm)

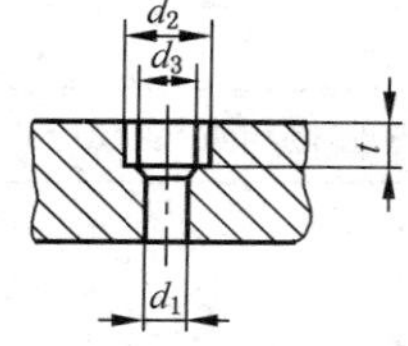

螺纹规格	M1.6	M2	M2.5	M3	M4	M5	M6	M8	M10	M12	M14	M16	M18	M20
d_2 H15	5	6	8	9	10	11	13	18	22	26	30	33	36	40
d_3	—	—	—	—	—	—	—	—	—	16	18	20	22	24
d_1 H13	1.8	2.4	2.9	3.4	4.5	5.5	6.6	9.0	11.0	13.5	15.5	17.5	20.0	22.0
螺纹规格	M22	M24	M27	M30	M33	M36	M39	M42	M45	M48	M52	M56	M60	M64
d_2 H15	43	48	53	61	66	71	76	82	89	98	107	112	118	125
d_3	26	28	33	36	39	42	45	48	51	56	60	68	72	76
d_1 H13	24	26	30	33	36	39	42	45	48	52	56	62	66	70

注：对尺寸 t，只要能制出与通孔轴线垂直的圆平面即可。

（6）梯形螺纹的收尾、退刀槽和倒角尺寸（表 5-1-78）

表 5-1-78 梯形螺纹的收尾、退刀槽和倒角尺寸 （mm）

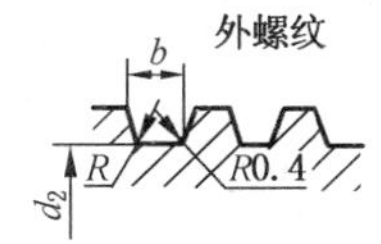

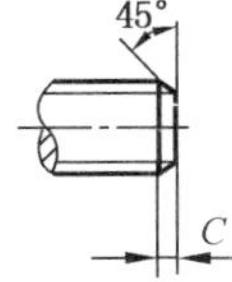

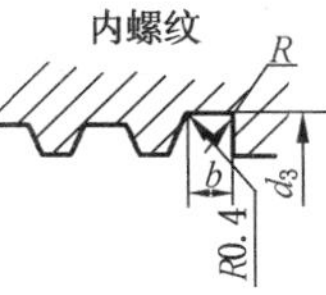

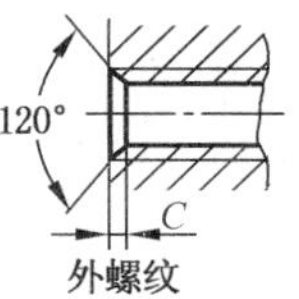

螺距（或导程）P	b	d_2	d_3	R	C	螺距（或导程）P	b	d_2	d_3	R	C
2	2.5	$d-3$	$d+1$	1	1.5	12	15	$d-14$	$d+2$	3	6
3	4	$d-4$			2	16	20	$d-19.2$	$d+3.2$	4	9
4	5	$d-5.1$	$d+1.1$	1.5	2.5	20	24	$d-23.5$	$d+3.5$	5	11
5	6.5	$d-6.6$	$d+1.6$		3	24	30	$d-27.5$			13
6	7.5	$d-7.8$	$d+1.8$	2	3.5	32	40	$d-36$	$d+4$	6	17
8	10	$d-9.8$		2.5	4.5	40	50	$d-44$			21
10	12.5	$d-12$	$d+2$	3	5.5						

注：表中 d 为螺纹公称直径。

（7）米制锥螺纹的结构要素（表 5-1-79、表 5-1-80）

表 5-1-79 米制锥螺纹的螺纹收尾、肩距、退刀槽和倒角尺寸（GB/T 3—1997） （mm）

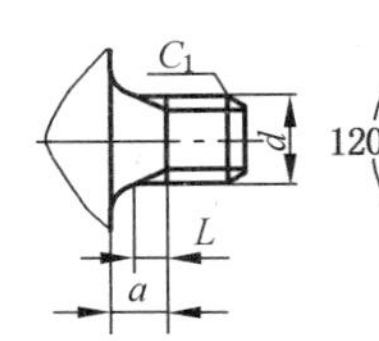

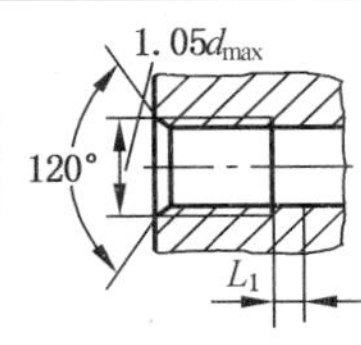

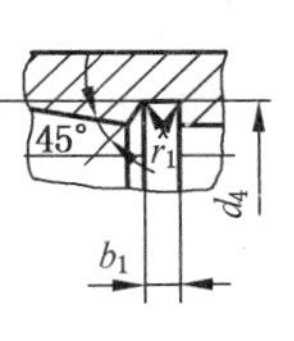

螺纹代号	螺距 P	外螺纹			内螺纹			
		螺纹收尾 L	肩距 a	倒角 C	螺纹收尾 L_1	退刀槽 b_1	退刀槽 r_1	退刀槽 d_4
MC6	1	2	3	1	3	3	0.5	6.5
MC8								8.5
MC10								10.5
MC14	1.5	3	4.5		4.5	4.5	1	14.5
MC18								18.5
MC22								22.5
MC27	2	4	6	1.5	6	6		27.5
MC33	2	4	6	1.5	6	6	1	33.5
MC42								42.5
MC48								48.5
MC60								60.5
MC76								77.5
MC90	3	6	8		9	9	1.5	91.5

注：1. 外螺纹倒角和螺纹退刀槽过渡角一般按 45°，也可按 60°或 30°。当按 60°或 30°倒角时，倒角深度约等于螺纹深度。

2. 内螺纹倒角一般是 120°锥角，也可以是 90°锥角。

3. d 为基面上螺纹外径（对内螺纹即螺孔端面的螺纹外径）。

表 5-1-80 米制锥螺纹接头尾端尺寸 （mm）

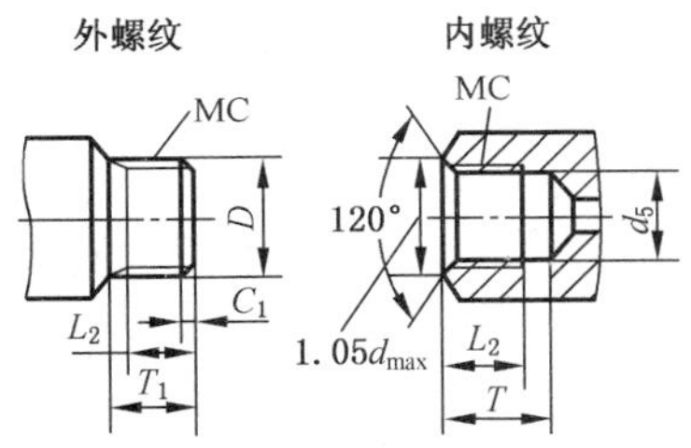

续表 5-1-80 (mm)

螺纹代号	D	L_2	T_1	T	d_5 Ⅰ	d_5 Ⅱ	C	螺纹代号	D	L_2	T_1	T	d_5 Ⅰ	d_5 Ⅱ	C
MC6	6.18	7.5	10.5	12	4	4.5	1	MC27	27.37	15	21	23	23	24	1.5
MC8	8.18				6	6.5		MC33	33.37				29	30	
MC10	10.18				8	8.5	1.5	MC42	42.37	16	22	24	38	39	
MC14	14.28	11.5	16	18	11	11.8		MC48	48.37				44	45	
MC18	18.28				15	15.7		MC60	60.37	18	24	26	56	57	
MC22	22.28				19	19.7									

注：Ⅰ——铰锥孔前的底孔直径，用于高压接头；Ⅱ——钻孔后攻螺纹用的底孔直径。d——基面上螺纹外径。

(8) 圆柱管螺纹的收尾、退刀槽和倒角尺寸(表 5-1-81)

表 5-1-81 圆柱管螺纹收尾、退刀槽和倒角尺寸 (mm)

外螺纹 收尾	外螺纹 退刀槽	内螺纹 收尾	内螺纹 退刀槽	倒角
L, α	b=2, b, d_2, R; b>3, b, d_2, R, r, 45°	L_1	b_1=2, b_1, d_3; b_1≥3, R_1, d_3, 45°, r_1, b_1	C, d, 45°, 120°, 1.05d_{max}

螺纹代号	每英寸牙数 n	外螺纹 L≤(α=25°时)	外螺纹 b	外螺纹 d_2	外螺纹 R	外螺纹 r	内螺纹 L_1≤	内螺纹 b_1	内螺纹 d_3	内螺纹 R_1	内螺纹 r_1	C
G1/8	28	1.5	2	8	0.5	—	2	2	10	0.5	—	0.6
G1/4	19	2	3	11			3	3	13.5			1
G3/8				14					17			
G1/2	14	2.5	4	18	1		4	4	21.5	1	0.5	
G5/8				20					23.5			
G3/4				23.5					27			
G1	11	3.5	5	29.5	1.5	0.5	5	6	34	1.5	1	1.5
G1¼				38					42.5			
G1½				44					48.5			
G1¾				50					54.5			
G2				56					60.5			
G2¼				62			6	8	66.5	2		
G2½				71					76			
G2¾				78					82.5			
G3				84			8	10	88.5	3		
G3½				96					101			
G4				109					114			
G5				134.5					139.5			
G6				160					165			

注：1. 外螺纹的螺尾角 $\alpha=25°$ 的螺尾数值系列为基本的。内螺纹的螺尾角不予规定，以螺尾长度 L_1 与螺纹牙型高度来确定。
2. 对辗制和铣制的螺尾角不予规定，而螺尾长度 L 不超过表中对 $\alpha=25°$ 时所规定的数值。
3. 螺纹倒角的宽度系指在切制螺纹前的数值。
4. 在必要情况下，b(或 b_1)的退刀槽宽度两种形式可以采用本标准规定的其他退刀槽宽度，但不得小于 1.2 倍螺距和不大于 3 倍螺距。
5. 在结构有特殊要求时，允许不按本标准规定的退刀槽直径 d_2 与 d_3。

5.1.4 各种生产类型的主要工艺特点

根据产品和生产纲领的大小及其工作地专业化程度的不同，企业的生产类型可分为大量生产、成批生产和单件生产三种。

各种生产类型的主要工艺特点见表5-1-82。

表5-1-82 各种生产类型的主要工艺特点

特征性质	单件生产	成批生产	大量生产
1. 生产方式特点	事先不能决定是否重复生产	周期性地批量生产	按一定节拍长期不变地生产某一、两种零件
2. 零件的互换性	一般采用试配方法，很少具有互换性	大部分有互换性，少数采用试配法	具有完全互换性，高精度配合件用分组选配法
3. 毛坯制造方法及加工余量	木模手工造型，自由锻，精度低，余量大	部分用金属模、模锻，精度和加工余量中等	广泛采用金属模和机器造型、模锻及其他高生产率方法，精度高，余量小
4. 设备及其布置方式	通用机床按种类和规格以“机群式”布置	采用部分通用机床和部分高生产率专用设备，按零件类别布置	广泛采用专用机床及自动机床并按流水线布置
5. 夹具	多用标准附件，必要时用组合夹具，很少用专用夹具，靠划线及试切法达到精度	广泛采用专用夹具，部分用划线法达到精度	广泛采用高生产率夹具，靠调整法达到精度
6. 刀具及量具	通用刀具及量具	较多用专用刀具及量具	广泛采用高生产率刀具及量具
7. 工艺文件	只要求有工艺过程卡片	要求有工艺卡片，关键工序有工序卡片	要求有详细完善的工艺文件，如工序卡片、调整卡片等
8. 工艺定额	靠经验统计分析法制订	重要复杂零件用实际测定法制订	运用技术计算和实际测定法制订
9. 对工人的技术要求	需要技术熟练的工人	需要技术较熟练的工人	对工人技术水平要求较低，但对调整工技术要求高
10. 生产率	低	中	高
11. 成本	高	中	低
12. 发展趋势	复杂零件采用加工中心	采用成组技术、数控机床或柔性制造系统	采用计算机控制的自动化制造系统

5.1.5 零件表面加工方法的选择

零件表面的加工，应根据这些表面的加工要求和零件的结构特点及材料性质等因素来选用相应的加工方法。

在选择某一表面的加工方法时，一般总是首先选定它的最终加工方法，然后再逐一选定各有关前导工序的加工方法。

(1) 加工方法选择的原则

1) 所选加工方法应考虑每种加工方法的经济加工精度㊀并要与加工表面的精度要求及表面粗糙度要求相适应。

2) 所选加工方法能确保加工面的几何形状精度、表面相互位置精度的要求。

3) 所选加工方法要与零件材料的可加工性相适应。例如，淬火钢、耐热钢等硬度高的材料则应采用磨削方法加工。

4) 所选加工方法要与生产类型相适应，大批量生产时，应采用高效的机床设备和先进的加工方法。在单件小批生产中，多采用通用机床和常规加工方法。

5) 所选加工方法要与企业现有设备条件和工人技术水平相适应。

(2) 各类表面的加工方案及适用范围

1) 外圆表面加工方案见表5-1-83。

㊀ 经济加工精度是指在正常加工条件下(采用符合质量标准的设备、工艺装备和标准技术等级的工人、不延长加工时间)所能保证的加工精度。

表 5-1-83　外圆表面加工方案

序号	加　工　方　案	经济加工精度的公差等级(IT)	加工表面粗糙度 Ra/μm	适用范围
1	粗车	11～12	50～12.5	适用于淬火钢以外的各种金属
2	粗车—半精车	8～10	6.3～3.2	
3	粗车—半精车—精车	6～7	1.6～0.8	
4	粗车—半精车—精车—滚压(或抛光)	5～6	0.2～0.025	
5	粗车—半精车—磨削	6～7	0.8～0.4	主要用于淬火钢，也可用于未淬火钢，但不宜加工非铁金属
6	粗车—半精车—粗磨—精磨	5～6	0.4～0.1	
7	粗车—半精车—粗磨—精磨—超精加工(或轮式超精磨)	5～6	0.1～0.012	
8	粗车—半精车—精车—金刚石车	5～6	0.4～0.025	主要用于要求较高的非铁金属的加工
9	粗车—半精车—粗磨—精磨—超精磨(或镜面磨)	5 级以上	<0.025	极高精度的钢或铸铁的外圆加工
10	粗车—半精车—粗磨—精磨—研磨	5 级以上	<0.1	

2）孔加工方案见表 5-1-84。

3）平面加工方案见表 5-1-85。

表 5-1-84　孔加工方案

序号	加　工　方　案	经济加工精度的公差等级(IT)	加工表面粗糙度 Ra/μm	适用范围
1	钻	11～12	12.5	加工未淬火钢及铸铁的实心毛坯，也可用于加工非铁金属(但表面粗糙度值稍高)，孔径<20 mm
2	钻—铰	8～9	3.2～1.6	
3	钻—粗铰—精铰	7～8	1.6～0.8	
4	钻—扩	11	12.5～6.3	加工未淬火钢及铸铁的实心毛坯，也可用于加工非铁金属(但表面粗糙度值稍高)，但孔径>20 mm
5	钻—扩—铰	8～9	3.2～1.6	
6	钻—扩—粗铰—精铰	7	1.6～0.8	
7	钻—扩—机铰—手铰	6～7	0.4～0.1	
8	钻—(扩)—拉(或推)	7～9	1.6～0.1	大批大量生产中小零件的通孔
9	粗镗(或扩孔)	11～12	12.5～6.3	除淬火钢外各种材料，毛坯有铸出孔或锻出孔
10	粗镗(粗扩)—半精镗(精扩)	9～10	3.2～1.6	
11	粗镗(粗扩)—半精镗(精扩)—精镗(铰)	7～8	1.6～0.8	
12	粗镗(扩)—半精镗(精扩)—精镗—浮动镗刀块精镗	6～7	0.8～0.4	
13	粗镗(扩)—半精镗—磨孔	7～8	0.8～0.2	主要用于加工淬火钢，也可用于不淬火钢，但不宜用于非铁金属
14	粗镗(扩)—半精镗—粗磨—精磨	6～7	0.2～0.1	
15	粗镗—半精镗—精镗—金钢镗	6～7	0.4～0.05	主要用于精度要求较高的非铁金属加工
16	钻—(扩)—粗铰—精铰—珩磨 钻—(扩)—拉—珩磨 粗镗—半精镗—精镗—珩磨	6～7	0.2～0.025	精度要求很高的孔
17	以研磨代替上述方案中的珩磨	5～6	<0.1	
18	钻(或粗镗)—扩(半精镗)—精镗—金刚镗—脉冲滚挤	6～7	0.1	成批大量生产的非铁金属零件中的小孔，铸铁箱体上的孔

表 5-1-85 平面加工方案

序号	加工方案	经济加工精度的公差等级(IT)	加工表面粗糙度 $Ra/\mu m$	适用范围
1	粗车—半精车	8～9	6.3～3.2	端面
2	粗车—半精车—精车	6～7	1.6～0.8	
3	粗车—半精车—磨削	7～9	0.8～0.2	
4	粗刨(或粗铣)—精刨(或精铣)	7～9	6.3～1.6	一般不淬硬的平面(端铣的表面粗糙度值较低)
5	粗刨(或粗铣)—精刨(或精洗)—刮研	5～6	0.8～0.1	精度要求较高的不淬硬平面 批量较大时宜采用宽刃精刨方案
6	粗刨(或粗铣)—精刨(或精铣)—宽刃精刨	6～7	0.8～0.2	
7	粗刨(或粗铣)—精刨(或精铣)—磨削	6～7	0.8～0.2	精度要求较高的淬硬平面或不淬硬平面
8	粗刨(或粗铣)—精刨(或精铣)—粗磨—精磨	5～6	0.4～0.25	
9	粗铣—拉	6～9	0.8～0.2	大量生产,较小的平面
10	粗铣—精铣—磨削—研磨	5 级以上	<0.1	高精度平面

5.1.6 常用毛坯的制造方法及主要特点

机械零件的制造包括毛坯成形和切削加工两个阶段,正确选择毛坯的类型和制造方法对于机械制造有着重要意义。机械零件常用的毛坯包括铸件、锻件、轧制型材、挤压件、冲压件、焊接件、粉末冶金件和注射件等。

常用毛坯的制造方法及其主要特点见表 5-1-86。

表 5-1-86 常用毛坯的制造方法及其主要特点

比较内容 \ 毛坯类型	铸件	锻件	冲压件	焊接件	轧材
成形特点	液态下成形	固态下塑性变形	同锻件	永久性连接	同锻件
对原材料工艺性能要求	流动性好,收缩率低	塑性好,变形抗力小	同锻件	强度高,塑性好,液态下化学稳定性好	同锻件
常用材料	灰铸铁、球墨铸铁、中碳钢及铝合金、铜合金等	中碳钢及合金结构钢	低碳钢及有色金属薄板	低碳钢、低合金钢、不锈钢及铝合金等	低、中碳钢,合金结构钢,铝合金、铜合金等
金属组织特征	晶粒粗大、疏松、杂质无方向性	晶粒细小、致密	拉深加工后沿拉深方向形成新的流线组织,其他工序加工后原组织基本不变	焊缝区为铸造组织,熔合区和过热区有粗大晶粒	同锻件
力学性能	灰铸铁件力学性能差,球墨铸铁、可锻铸铁及锻钢件较好	比相同成分的铸钢件好	变形部分的强度、硬度提高,结构刚度好	接头的力学性能可达到或接近母材	同锻件
结构特征	形状一般不受限制,可以相当复杂	形状一般较铸件简单	结构轻巧,形状可以较复杂	尺寸、形状一般不受限制,结构较轻	形状简单,横向尺寸变化小
零件材料利用率	高	低	较高	较高	较低
生产周期	长	自由锻短,模锻长	长	较短	短
生产成本	较低	较高	批量越大,成本越低	较高	低
主要适用范围	灰铸铁件用于受力不大或承压为主的零件,或要求有减振、耐磨性能的零件;其他铁碳合金铸件用于承受重载或复杂载荷的零件;机架、箱体等形状复杂的零件	用于对力学性能,尤其是强度和韧性,要求较高的传动零件和工具、模具	用于以薄板成形的各种零件	主要用于制造各种金属结构,部分用于制造零件毛坯	形状简单的零件
应用举例	机架、床身、底座、工作台、导轨、变速箱、泵体、阀体、带轮、轴承座、曲轴、齿轮等	机床主轴、传动轴、曲轴、连杆、齿轮、凸轮、螺栓、弹簧、锻模、冲模等	汽车车身覆盖件、电器及仪器、仪表壳及零件、油箱、水箱、各种薄金属件	锅炉、压力容器、化工容器、管道、厂房构架、吊车构架、桥梁、车身、船体、飞机构件、重型机械的机架、立柱、工作台等	光轴、丝杠、螺栓、螺母、销子等

5.1.7 各种零件的最终热处理与表面保护工艺的合理搭配

热处理和表面保护工艺是材料改性处理的主要方法，在设计工艺方案时往往将这两类工艺综合比较，全面考虑，使其相互配合，合理搭配。其最终目的是满足对零件整体及表面性能的设计要求。

各种零件的最终热处理与表面保护工艺的合理搭配见表 5-1-87。

表 5-1-87 各种零件的最终热处理与表面保护工艺的合理搭配

零件材料	最终热处理及表面保护工艺	性能特点及适用范围	典型零件
灰铸铁件	时效＋涂装	在大气环境下有一定保护作用	壳体、箱体
	时效＋磷化		
	时效＋热浸镀(锌)	有较好的抗大气腐蚀性能	管接头
	时效＋电镀	改善摩擦副的摩擦学性能	缸套、活塞环
	时效＋表面淬火	提高耐磨性	机床导轨
	时效＋等离子喷焊(铜)	提高耐磨性	低压阀门
可锻铸铁件	石墨化退火＋涂装	在大气环境下有一定保护作用	壳体
	石墨化退火＋热浸镀	有较好的抗大气腐蚀性能	电路金具
球墨铸铁件	退火＋涂装	塑性韧度高，在大气环境下有一定保护作用	壳体、管体
	退火＋等离子喷焊	塑性韧度高，喷焊表面耐磨性好	中压阀门
	正火	强度、硬度较高，有一定塑韧性	轴类、连杆
	正火＋表面淬火	强度及表面硬度高，耐磨性好	曲轴、凸轮轴
	正火＋电镀	改善摩擦副的摩擦学性能	缸套、活塞环
	正火＋渗氮	疲劳强度及耐磨性好	齿轮
	等温淬火	具有良好的综合力学性能	齿轮、磨球
铸钢、锻钢件	正火＋涂装	具有一般力学性能和保护作用，用于大气环境下的非受力件	壳体
	正火＋表面淬火	形成内韧外硬的组织，具有良好的耐磨性和疲劳强度，多用于中碳钢	机床主轴、轧辊
	调质(＋涂装)	是中碳钢、中碳合金钢件最常用的热处理工艺，具有良好的综合力学性能	汽车半轴、汽轮机转子
	调质＋表面淬火	心部综合力学性能高，耐磨性好	机床齿轮
	调质＋深冷处理＋时效	马氏体转变完全，减少工件在使用中变形，硬度和疲劳强度高	丝杠、量具
	淬火＋中温回火	与调质相比，具有较高的强度与屈强比	弹簧、轴
	淬火 淬火＋低温回火	用于低碳钢，具有低碳马氏体组织及较好的综合力学性能	高强度螺栓、链片、轴
	淬火＋低温回火 淬火＋低温回火＋氧化	用于高碳钢、高碳合金钢，具有高的硬度、强度、耐磨性	刀具、量具、轴承
	渗碳 碳氮共渗	用于低碳合金钢，具有高的疲劳强度、耐磨性和抗冲击性能	汽车、拖拉机传动齿轮
	渗氮	用于中碳渗氮钢，处理温度低，变形小，具有高的疲劳强度、耐磨性并改善耐蚀性	丝杠、镗杆
	氮碳共渗		
	渗硫	减摩、抗咬合性能优良，但通常只能作为已硬化工件的后续处理工艺	渗碳齿轮、已淬火回火的刀具
	硫氮碳共渗	减摩、抗咬合性能优良，变形很小，抗疲劳与耐磨性良好且在非酸性介质中耐蚀，适用于因粘着磨损、非重载疲劳断裂而失效的钢铁工件	曲轴、缸套、气门、刀具与多种模具

续表 5-1-87

零件材料	最终热处理及表面保护工艺	性能特点及适用范围	典型零件
铸钢、锻钢件	渗碳＋渗硫	疲劳强度高，表面耐磨、减摩、耐蚀性好	高速齿轮
	渗硼	硬度很高（1 500～3 000 HV），耐腐蚀，抗磨粒磨损性能好	牙轮钻、模具、泵内衬
	渗入碳化物形成元素		
	正火（调质）＋热喷涂	提高耐磨、耐蚀性及其他特种性能（抗擦伤性、耐冷热疲劳性等）	轧辊、模具、阀门（密封面）
	正火（调质）＋堆焊		
	正火（调质）＋物理气相沉积	提高耐磨、耐蚀性，可获得超硬覆盖层	高速钢刀具、表壳
	正火（调质）＋电镀	形成装饰性或功能性多种镀层	液压支架、炮筒
	正火（调质）＋化学镀	形成超硬、耐磨、耐蚀镀层	印刷辊筒、纺织机零件
	正火（调质）＋热浸镀	有较好的抗大气腐蚀性	紧固件
	正火（调质）＋化学转化膜	获得耐蚀或减摩层	紧固件
	固溶处理（＋涂装）	不锈钢、高锰钢等铸锻件	阀门、履带板
	固溶处理＋时效	沉淀硬化钢铸、锻件	叶片、导叶
钢型材	预处理＋涂装	在大气环境下有一定保护及装饰作用	一般钢构件
	预处理＋电镀	形成装饰性或功能性多种镀层	汽车、自行车零件
	预处理＋热喷涂＋涂装	形成有长效重防蚀功能的复合覆层	恶劣环境下的户外钢结构
	预处理＋化学转化膜	提高耐蚀、耐磨性	
	预处理＋物理气相沉积	获得超硬覆盖层，提高耐磨、耐蚀性	
铝合金	预处理＋化学转化膜	提高耐蚀、耐磨性，可形成多种美观色彩，多用于铝型材	铝合金门窗
	淬火，时效	具有较好的综合力学性能，用于铝铸锻件	活塞
	淬火，时效＋硬阳极氧化	形成高硬度的表面膜，具有较高的耐磨性和疲劳强度。用于承载较大的铝合金铸锻件	齿圈
高分子材料	电镀	外观好，有一定防蚀性能	汽车、家电装饰件

注：消除内应力退火等预备热处理工艺未列在本表内。

5.1.8 切削加工件通用技术条件（JB/T 8828—2001）

5.1.8.1 一般要求

1）所有经过切削加工的零件必须符合产品图样、工艺规程和本标准的要求。

2）零件的加工面不允许有锈蚀和影响性能、寿命和外观的磕、碰、划伤等缺陷。

3）除有特殊要求外，加工后的零件不允许有尖棱、尖角和毛刺。

① 零件图样中未注明倒角高度尺寸时，应按表 5-1-88 的规定进行倒角。

表 5-1-88 零件未注明倒角时规定的倒角尺寸 (mm)

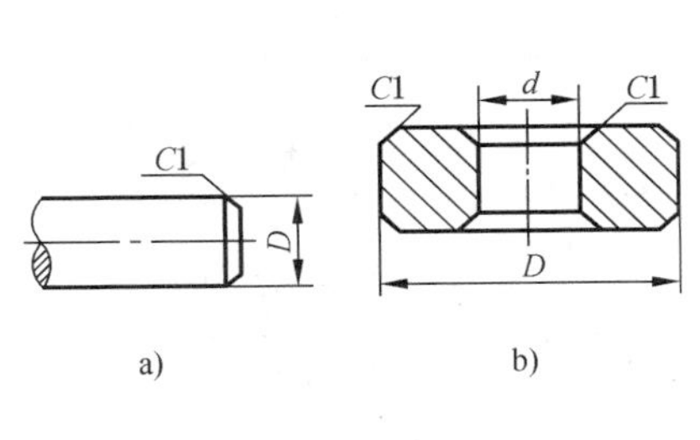

$D(d)$	C
≤5	0.2
5～30	0.5
30～100	1
100～250	2
250～500	3
500～1 000	4
＞1 000	5

② 零件图样中未注明倒圆半径、又无清根要求时，按表 5-1-89 规定倒圆。

表 5-1-89　零件未注明倒圆时规定的倒圆尺寸　（mm）

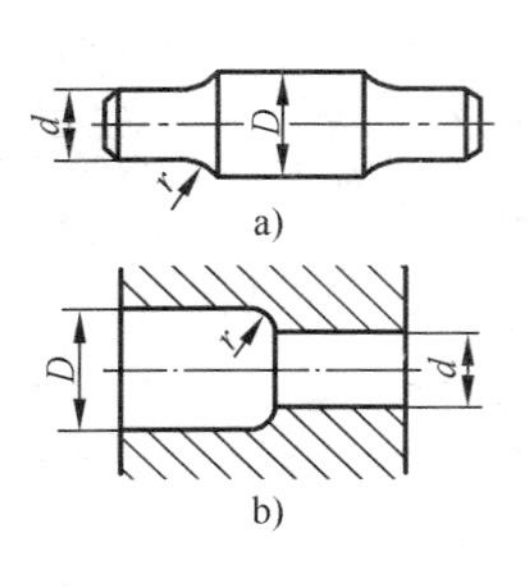

$D-d$	D	r
≤4	3～10	0.4
4～12	10～30	1
12～30	30～80	2
30～80	80～260	4
80～140	260～630	8
140～200	630～1 000	12
＞200	＞1 000	20

注：1. D 值用于不通孔和外端面倒圆。
2. 非圆柱面的倒圆可参照本表。

4）滚压精加工的表面，滚压后不得有脱皮现象。

5）经过热处理的工件，精加工时不得产生烧伤、裂纹等缺陷。

6）精加工后的配合面、摩擦面和定位面等工件表面上不允许打印标记。

7）采用一般公差的尺寸在图样上可不单独注出其公差，而是在图样上、技术要求或技术文件（如企业标准）中作出总的说明，表示方法按 GB/T 1804—2000 和 GB/T 1184—1996 规定，例如，GB/T 1804—m，GB/T 1184—1996。

5.1.8.2　线性尺寸的一般公差

1）线性尺寸（不包括倒圆半径和倒角高度）的极限偏差按 GB/T 1804—2000 中 f 级和 m 级选取，其数值见表 5-1-90。

表 5-1-90　线性尺寸的极限偏差数值　（mm）

等级	尺寸分段							
	0.5～3	＞3～6	＞6～30	＞30～120	＞120～400	＞400～1 000	＞1 000～2 000	＞2 000～4 000
f（精密级）	±0.05	±0.05	±0.1	±0.15	±0.2	±0.3	±0.5	—
m（中等级）	±0.1	±0.1	±0.2	±0.3	±0.5	±0.8	±1.2	±2

2）倒角高度和倒圆半径按 GB/T 6403.4 的规定选取，其尺寸的极限偏差数值按 GB/T 1804—2000 中 f 级和 m 级选取，见表 5-1-91。

表 5-1-91　倒圆半径与倒角高度尺寸的极限偏差数值　（mm）

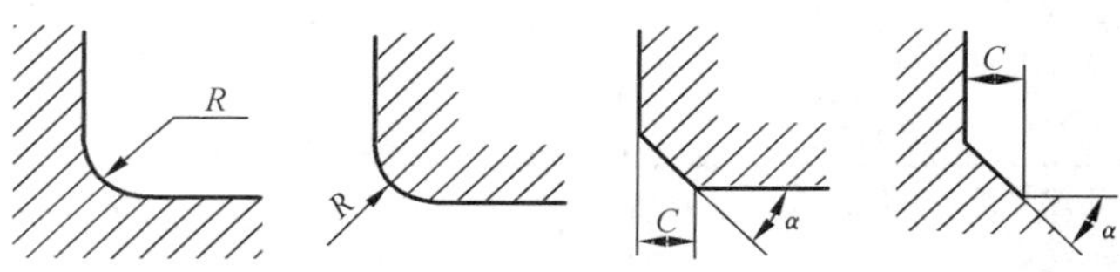

等级	尺寸分段			
	0.5～3	＞3～6	＞6～30	＞30
f（精密级）	±0.2	±0.5	±1	±2
m（中等级）	±0.4	±1	±2	±4

5.1.8.3　角度尺寸的一般公差

角度尺寸的极限偏差按 GB/T 1804—2000 中 m 级和 c 级选取，其数值见表 5-1-92。

表 5-1-92　角度尺寸的极限偏差数值

等级	长度/mm				
	≤10	＞10～50	＞50～120	＞120～400	＞400
m（中等级）	±1°	±30′	±20′	±10′	±5′
c（粗糙级）	±1°30′	±1°	±30′	±15′	±10′

注：长度值按短边长度确定。若为圆锥角，当锥度为 1∶3～1∶500 的圆锥，按圆锥长度确定；当锥度大于 1∶3 的圆锥，按其素线长度确定。

5.1.8.4　形状和位置公差的一般公差

1）形状公差的一般公差

① 直线度与平面度：图样上直线度和平面度的未注公差值按 GB/T 1184—1996 中 H 级或 K 级选用，其数值见表 5-1-93。

表 5-1-93　直线度和平面度的未注公差值

直线度与平面度的公差等级	被测要素尺寸 L/mm					
	≤10	>10～30	>30～100	>100～300	>300～1 000	>1 000～3 000
	公差值/mm					
H	0.02	0.05	0.1	0.2	0.3	0.4
K	0.05	0.1	0.2	0.4	0.6	0.8

注：被测要素尺寸 L，对直线度公差值系指被测要素的长度尺寸；对平面度公差值系指被测表面轮廓的较长一侧或圆表面的直径。

② 圆度：图样上圆度的未注公差值等于直径公差值，但不应大于 GB/T 1184—1996 中的径向圆跳动值，其值见表 5-1-94。

表 5-1-94　圆跳动的未注公差值　(mm)

等　级	径向圆跳动公差值
H	0.1
K	0.2

2）位置公差的一般公差

① 平行度：平行度的未注公差值等于给出的尺寸公差值，或直线度和平面度未注公差中的相应公差值取较大者。应取两要素中的较长者作为基准，若两要素的长度相等，则可选任一要素为基准。

② 对称度：

a）图样上对称度的未注公差值(键槽除外)按 GB/T 1184—1996 中 K 级选用，其数值见表 5-1-95 对称度应取两要素中较长者作为基准，较短者作为被测要素；若两要素长度相等，则可任选一要素作为基准。

表 5-1-95　对称度的未注公差值　(mm)

等　级	基本长度范围			
	≤100	>100～300	>300～1 000	>1 000～3 000
K	0.6		0.8	1.0

b）图样上键槽对称度的未注公差值见表 5-1-96。

表 5-1-96　键槽对称度的未注公差值　(mm)

键　宽　b	对称度公差值	键　宽　b	对称度公差值
2～3	0.020	>18～30	0.050
>3～6	0.025	>30～50	0.060
>6～10	0.030	>50～100	0.080
>10～18	0.040		

③ 垂直度：图样上垂直度的未注公差值按 GB/T 1184—1996 的规定选取，其数值见表 5-1-97 取形成直角的两边中较长的一边作为基准，较短的一边作为被测要素；若两边的长度相等，则可取其中的任意一边作为基准。

表 5-1-97　垂直度的未注公差值　(mm)

等　级	基本长度范围			
	≤100	>100～300	>300～1 000	>1 000～3 000
H	0.2	0.3	0.4	0.5

④ 同轴度：同轴度未注公差在 GB/T 1184—1996 未作规定。在极限状况下，同轴度的未注公差值可以与 GB/T 1184—1996 中规定的径向圆跳动的未注公差值相等(表 5-1-94)。应选两要素中的较长者为基准，若两要素长度相等，则可任选一要素为基准。

⑤ 圆跳动：圆跳动(径向、端面和斜向)的未注公差值见表 5-1-94。

对于圆跳动的未注公差值，应以设计或工艺给出的支承面作为基准，否则应取两要素中较长的一个作为基准；若两要素长度相等，则可任选一要素为基准。

⑥ 中心距的极限偏差：当图样上未注明中心距的极限偏差时，按表 5-1-98 的规定。螺栓和螺钉尺寸按 GB/T 5277 选取。

表 5-1-98　任意两螺钉、螺栓孔中心距的极限偏差　(单位：mm)

螺钉或螺栓规格	M2～M6	M8～M10	M12～M18	M20～M24	M27～M30	M36～M42	M48	M56～M72	≥M80
任意两螺钉孔中心距极限偏差	±0.12	±0.25	±0.30	±0.50	±0.60	±0.75	±1.00	±1.25	±1.50
任意两螺栓孔中心距极限偏差	±0.25	±0.50	±0.75	±1.00	±1.25	±1.50	±2.00	±2.50	±3.00

5.1.8.5 螺纹

1）加工的螺纹表面不允许有黑皮、刮牙和毛刺等缺陷。

2）普通螺纹的收尾、肩距、退刀槽和倒角尺寸应按 GB/T 3 的相应规定。

5.1.8.6 中心孔

零件图样中未注明中心孔的零件，加工中又需要中心孔时，在不影响使用和外观的情况下，加工后中心孔可以保留。中心孔的形式和尺寸根据需要按 GB/T 145 的规定选取。

5.1.9 机械加工定位、夹紧符号[㊀]（JB/T 5061—2006）

5.1.9.1 符号的类型

（1）定位支承符号（表 5-1-99）

表 5-1-99 定位支承符号

定位支承类型	符号			
	独立定位		联合定位	
	标注在视图轮廓线上	标注在视图正面[①]	标注在视图轮廓线上	标注在视图正面[①]
固定式				
活动式				

① 视图正面是指观察着面对的投影面。

（2）辅助支承符号（表 5-1-100）

表 5-1-100 辅助支承符号

独立支承		联合支承	
标注在视图轮廓线上	标注在视图正面	标注在视图轮廓线上	标注在视图正面

（3）夹紧符号（表 5-1-101）

表 5-1-101 夹紧符号

夹紧动力源类型	符号			
	独立夹紧		联合夹紧	
	标注在视图轮廓线上	标注在视图正面	标注在视图轮廓线上	标注在视图正面
手动夹紧				
液压夹紧	Y	Y	Y	Y
气动夹紧	Q	Q	Q	Q
电磁夹紧	D	D	D	D

㊀ 本标准适用于机械制造行业设计产品零部件机械加工工艺规程和编制工艺装备设计任务书时使用。

（4）常用装置符号（表 5-1-102）

表 5-1-102　常用装置符号

序号	符号	名称	简　图
1		固定顶尖	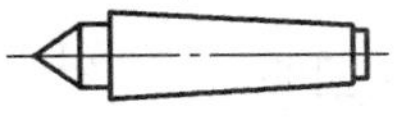
2		内顶尖	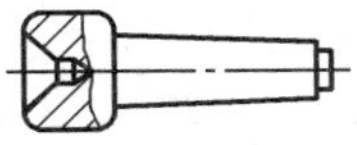
3		回转顶尖	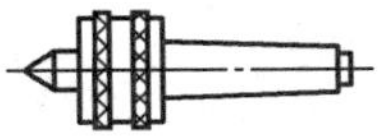
4		外拨顶尖	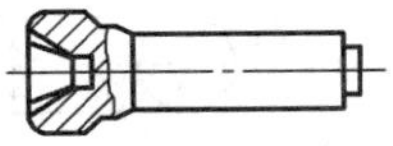
5		内拨顶尖	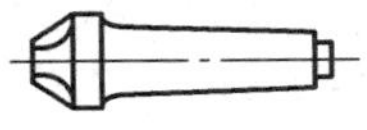
6		浮动顶尖	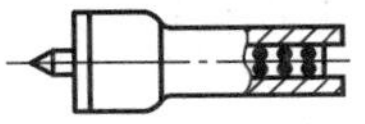
7		伞形顶尖	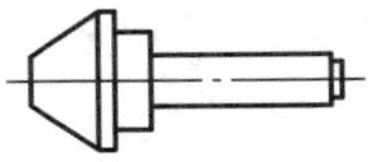
8		圆柱心轴	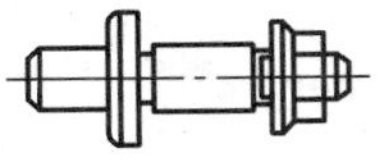
9		锥度心轴	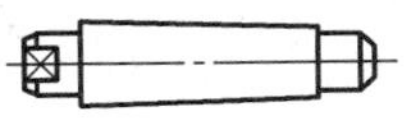
10		螺纹心轴	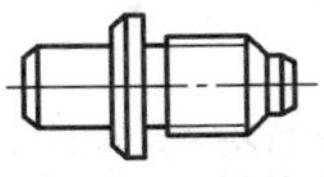 （花键心轴也用此符号）
11		弹性心轴	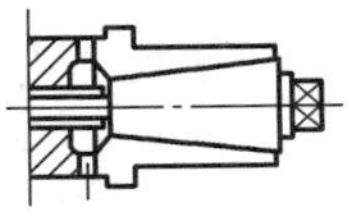 （包括塑料心轴）
		弹簧夹头	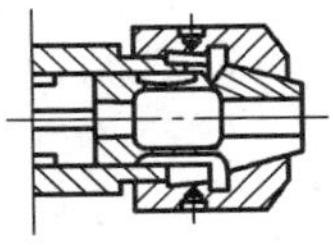
12		三爪角自定心卡盘	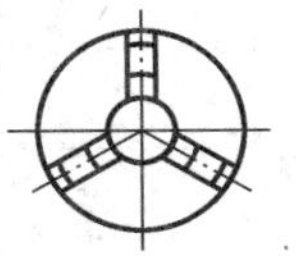
13		四爪单动卡盘	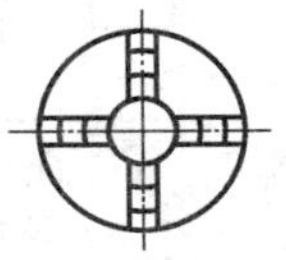
14		中心架	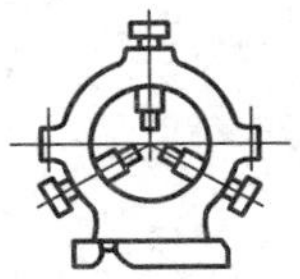
15		跟刀架	
16		圆柱衬套	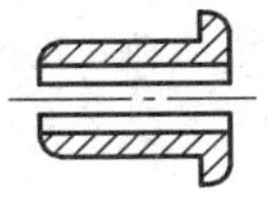
17		螺纹衬套	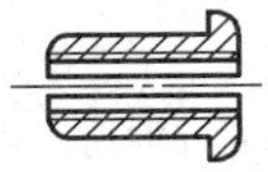
18		止口盘	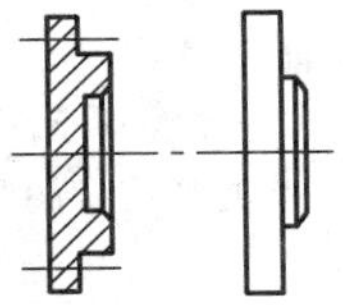
19		拨杆	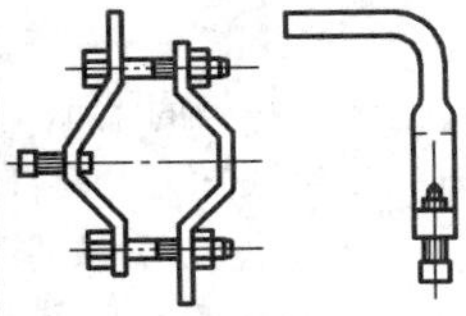
20		垫铁	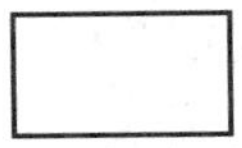
21		压板	
22		角铁	
23		可调支承	

续表 5-1-102

序号	符号	名称	简　图	序号	符号	名称	简　图
24		平口钳		26		V 形块	
25		中心堵		27		软爪	

5.1.9.2　各类符号的画法

(1) 定位支承符号与辅助支承符号的画法

1) 定位支承符号与辅助支承符号的尺寸按图 5-1-8 的规定

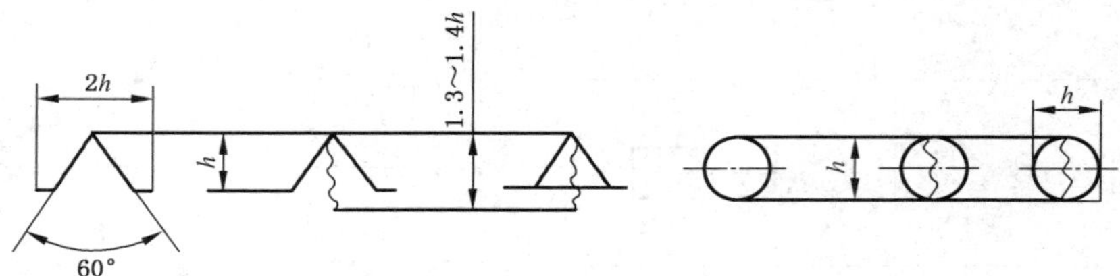

图 5-1-8　定位支承符号与辅助支承符号的尺寸规定

2) 联合定位与辅助支承符号的基本图形尺寸应符合图 5-1-8 的规定，基本符号间的连线长度可根据工序图中的位置确定。连线允许画成折线，如表 5-1-103 中的序号 29 所示。

3) 活动式定位支承符号和辅助支承符号内的波纹形状不作具体规定。

4) 定位支承符号与辅助支承符号的线条按 GB 4457. 4 中规定的型线宽度 $d/2$，符号高度 h 应是工艺图中数字高度的 1～1.5 倍。

5) 定位支承符号与辅助支承符号允许标注在视图轮廓的延长线上，或投影面的引出线上，如表 5-1-103 中的序号 19、29。

6) 未剖切的中心孔引出线应由轴线与端面的交点开始，如表 5-1-103 中序号 1、2 所示。

7) 在工件的一个定位面上布置两个以上的定位点，且对每个点的位置无特定要求时，允许用定位符号右边加数字的方法进行表示，不必将每个定位点的符号都画出，符号右边数字的高度应与符号的高度 h 一致。标注示例见表 5-1-103。

(2) 夹紧符号画法

1) 夹紧符号的尺寸应根据工艺图的大小与位置确定。

2) 夹紧符号线条按 GB 4457. 4 中规定的型线宽度 $d/2$。

3) 联动夹紧符号的连线长度应根据工艺图中的位置确定，允许连线画成折线，如表 5-1-103 中序号 28 所示。

(3) 装置符号的画法

装置符号的大小应根据工艺图中的位置确定，其线条宽度按 GB 4457.4 中规定的型线宽度 $d/2$。

5.1.9.3　定位、夹紧符号及装置符号的使用

1) 定位符号、夹紧符号和装置符号可单独使用，也可联合使用。

2) 当仅用符号表示不明确时，可用文字补充说明。

5.1.9.4　定位、夹紧符号和装置符号的标注示例(表 5-1-103)

表 5-1-103　定位、夹紧符号与装置符号综合标注示例

序号	说　明	定位、夹紧符号标注示意图	装置符号标注或与定位、夹紧符号联合标注示意图
1	床头固定顶尖、床尾固定顶尖定位，拨杆夹紧		

续表 5-1-103

序号	说　明	定位、夹紧符号标注示意图	装置符号标注或与定位、夹紧符号联合标注示意图
2	床头固定顶尖、床尾浮动顶尖定位，拨杆夹紧	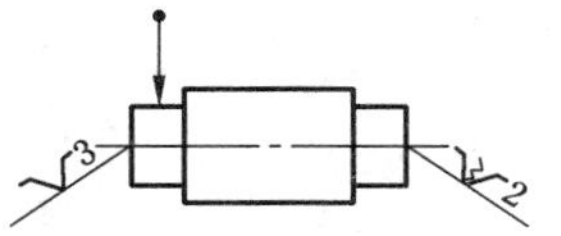	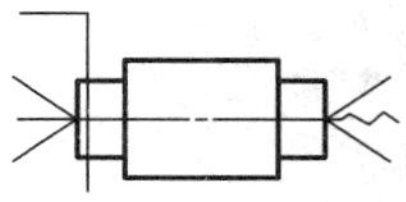
3	床头内拨顶尖、床尾回转顶尖定位夹紧	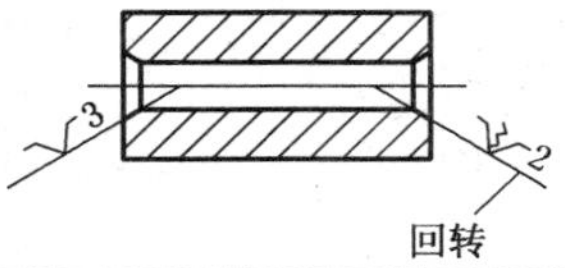 回转	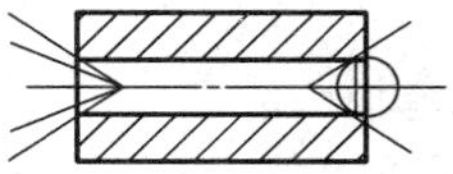
4	床头外拨顶尖、床尾回转顶尖定位夹紧	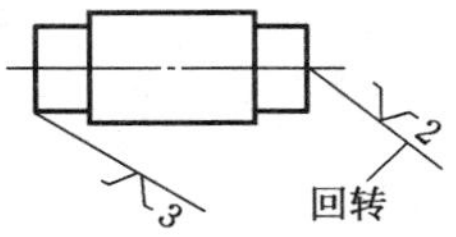 回转	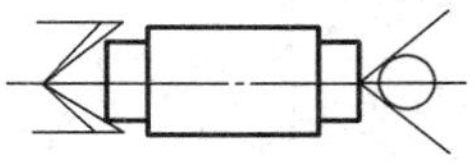
5	床头弹簧夹头定位夹紧，夹头内带有轴向定位，床尾内顶尖定位	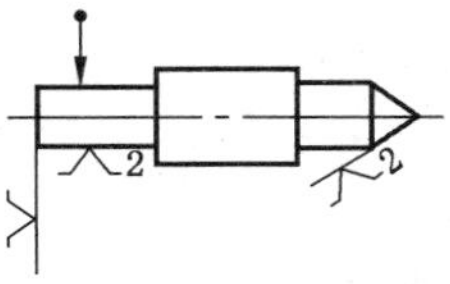	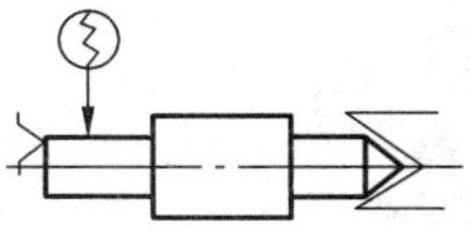
6	弹簧夹头定位夹紧	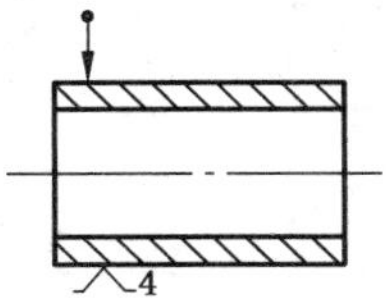	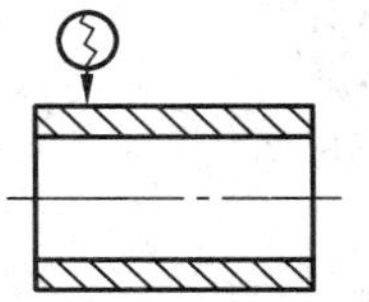
7	液压弹簧夹头定位夹紧，夹头内带有轴向定位	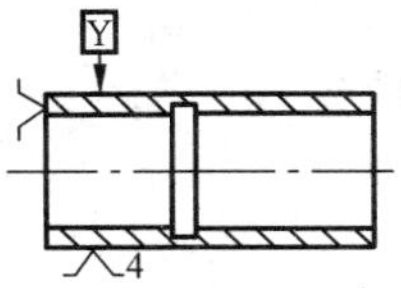 Y	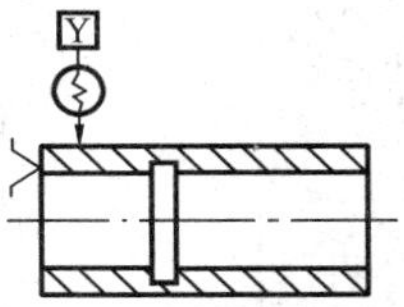 Y
8	弹性心轴定位夹紧	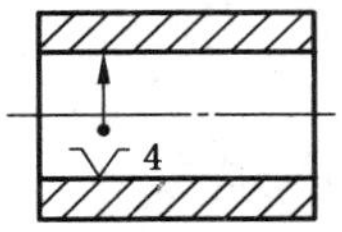	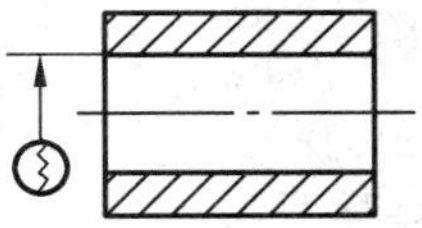
9	气动弹性心轴定位夹紧，带端面定位	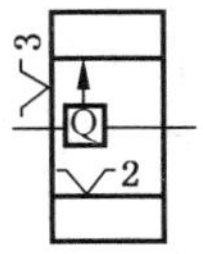 Q	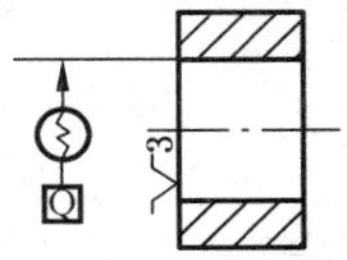 Q
10	锥度心轴定位夹紧	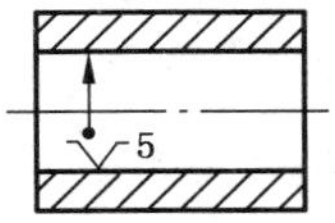	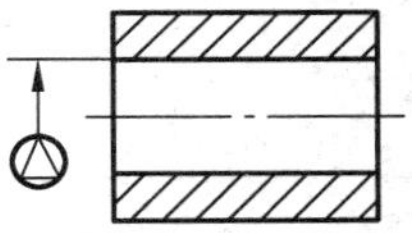
11	圆柱心轴定位夹紧，带端面定位	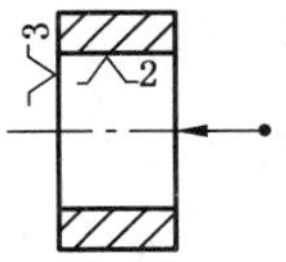	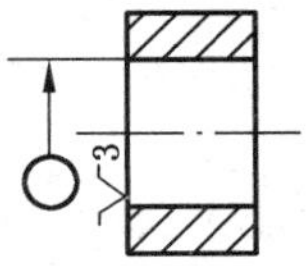
12	三爪自定心卡盘定位夹紧	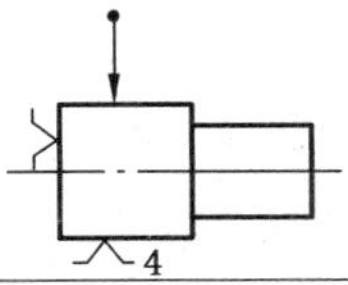	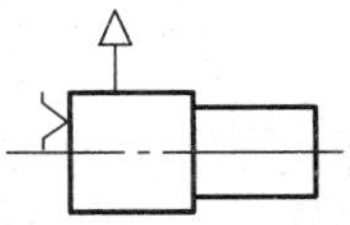

续表 5-1-103

序号	说　明	定位、夹紧符号标注示意图	装置符号标注或与定位、夹紧符号联合标注示意图
13	液压三爪自定心卡盘定位夹紧，带端面定位	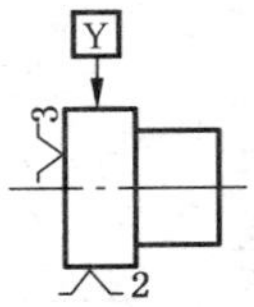	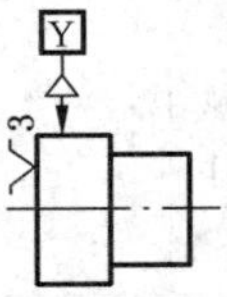
14	四爪单动卡盘定位夹紧，带轴向定位	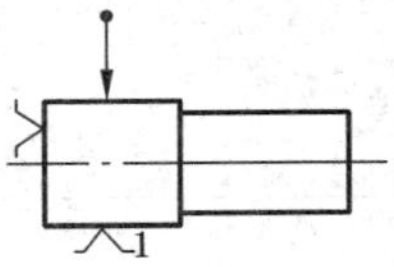	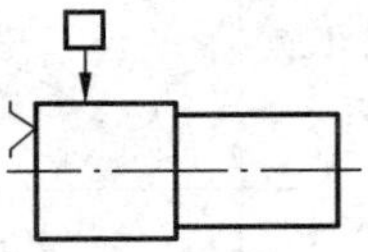
15	四爪单动卡盘定位夹紧，带端面定位	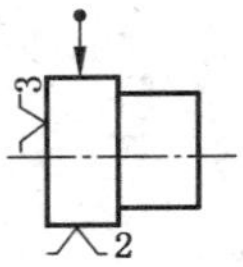	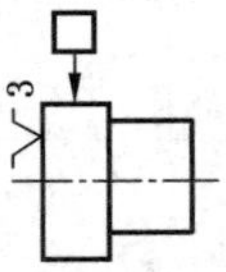
16	床头固定顶尖，床尾浮动顶尖定位，中部有跟刀架辅助支承，拔杆夹紧（细长轴类零件）	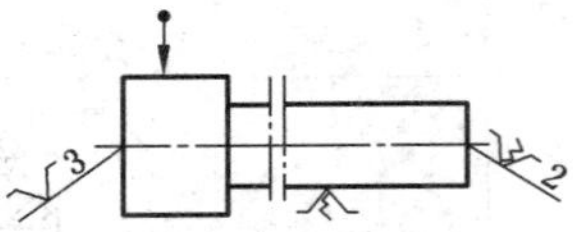	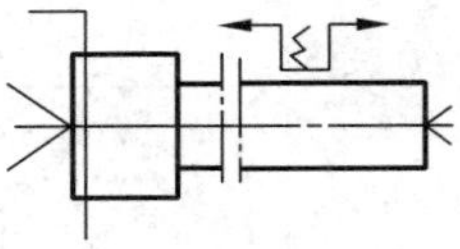
17	床头三爪自定心卡盘带轴向定位夹紧，床尾中心架支承定位	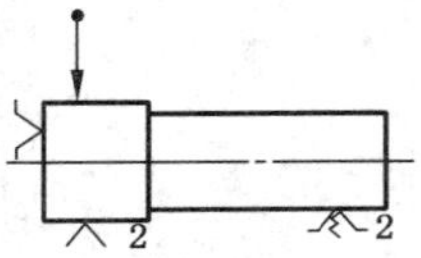	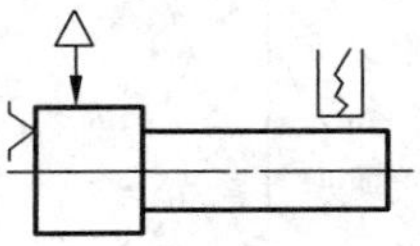
18	止口盘定位螺栓压板夹紧	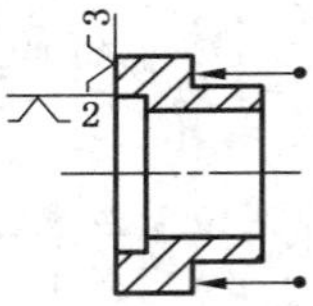	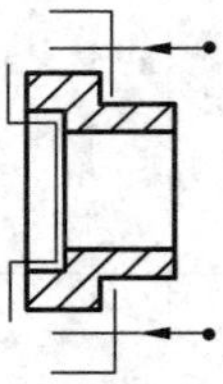
19	止口盘定位气动压板联动夹紧	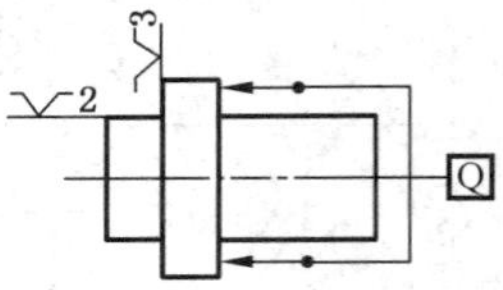	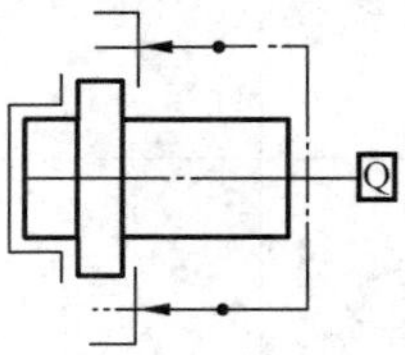
20	螺纹心轴定位夹紧	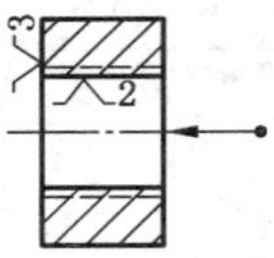	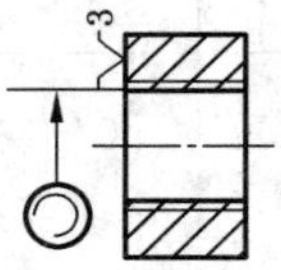
21	圆柱衬套带有轴向定位，外用三爪自定心卡盘夹紧	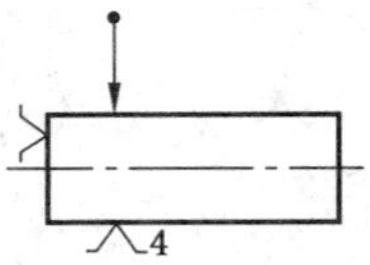	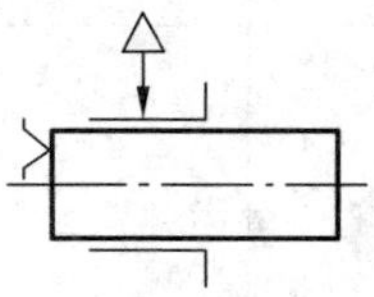

续表 5-1-103

序号	说　明	定位、夹紧符号标注示意图	装置符号标注或与定位、夹紧符号联合标注示意图
22	螺纹衬套定位，外用三爪自定心卡盘夹紧	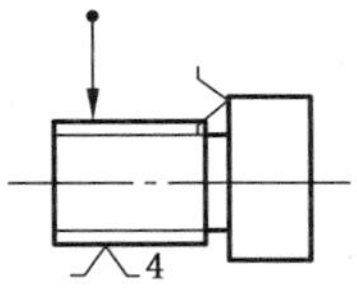 4	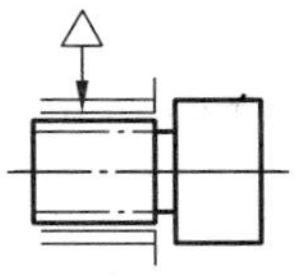
23	平口钳定位夹紧	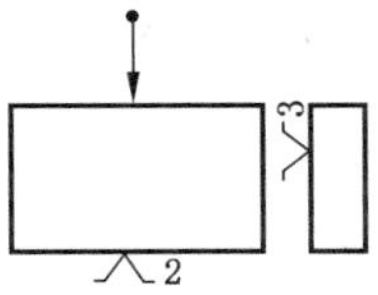 3 2	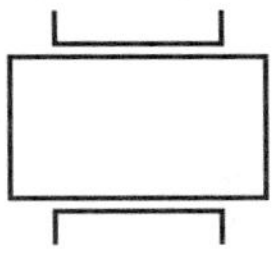
24	电磁盘定位夹紧	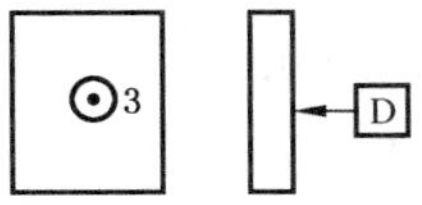 3 D	
25	软爪三爪自定心卡盘定位卡紧	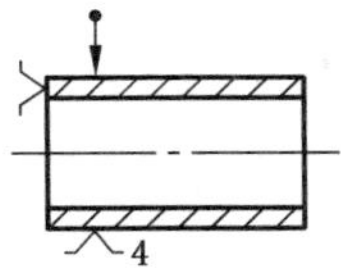 4	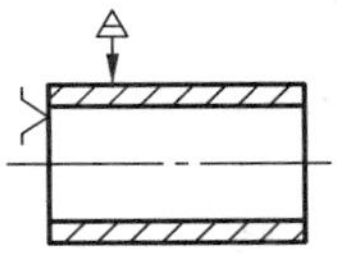
26	床头伞形顶尖，床尾伞形顶尖定位，拔杆夹紧	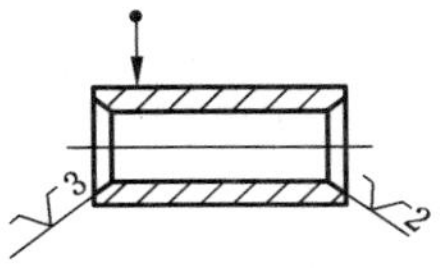 3 2	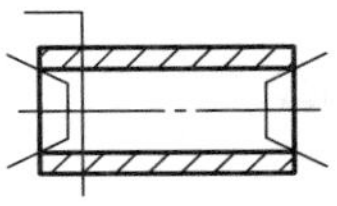
27	床头中心堵，床尾中心堵定位，拔杆夹紧	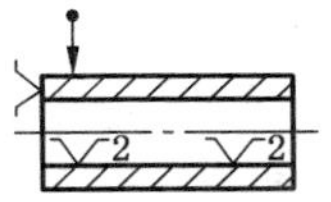 2　2	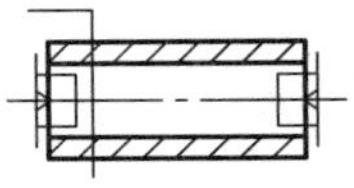
28	角铁、V形块及可调支承定位，下部加辅助可调支承，压板联动夹紧	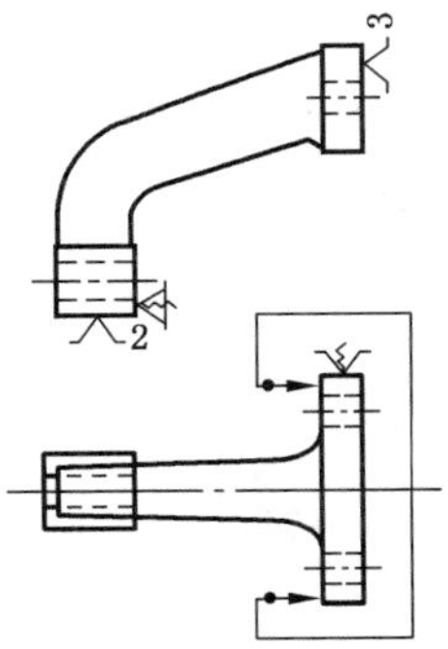 3 2	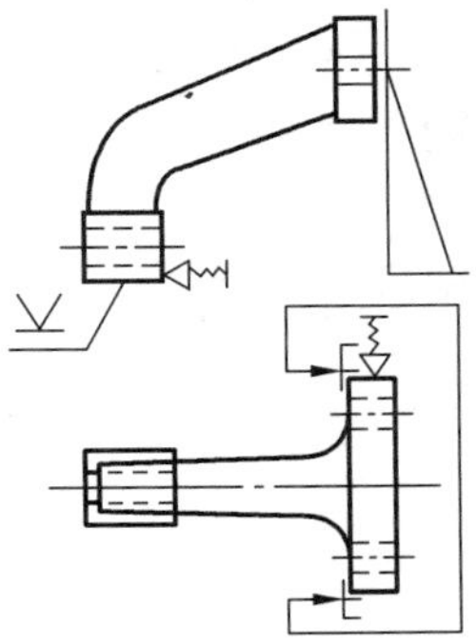
29	一端固定V形块，下平面垫铁定位，另一端可调V形块定位夹紧	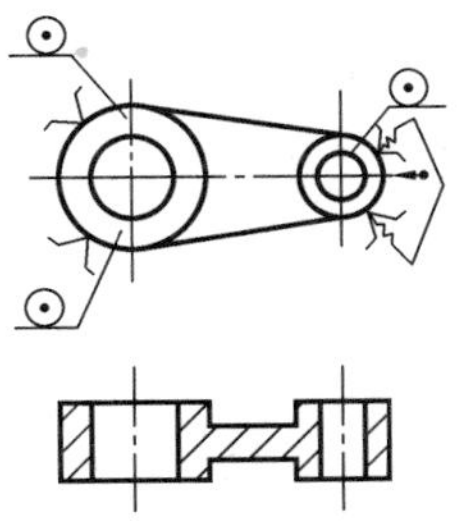	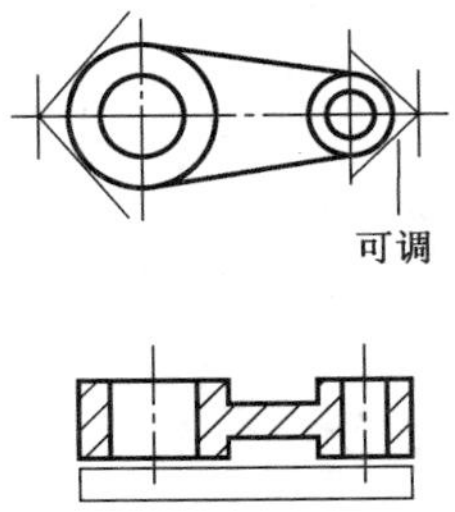 可调

5.2 工艺设计工作

工艺设计:编制各种工艺文件和设计工艺装备等的过程。

5.2.1 工艺文件格式及填写规则

5.2.1.1 工艺文件编号方法(JB/T 9166—1998)

(1) 基本要求

1) 凡正式工艺文件都必须具有独立的编号。同一编号只能授予一份工艺文件(一份工艺文件是指能单独使用的最小单位工艺文件,如某个零件的铸造工艺卡片、机械加工工艺过程卡片、机械加工工序卡片等均为能单独使用的最小单位工艺文件)。

2) 当同一文件由数页组成时,每页都应填写同一编号。

3) 引证和借用某一工艺文件时应注明其编号。

4) 工艺文件的编号应按 JB/T 9165.2—1998 和 JB/T 9165.3—1998 中规定的位置填写。

(2) 编号的组成

1) 工艺文件编号的组成推荐以下两种形式,各企业可以根据自己的情况任选一种。

① 由工艺文件特征号和登记顺序号两部分组成,两部分之间用一字线隔开。

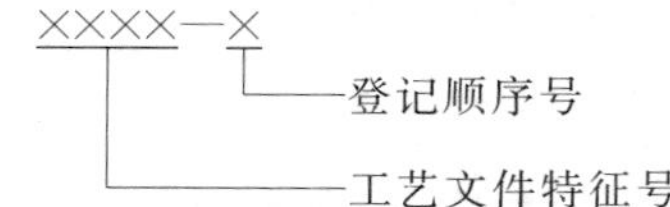

② 由产品代号(型号)加工艺文件特征号加登记顺序号组成,各部分之间用一字线隔开。

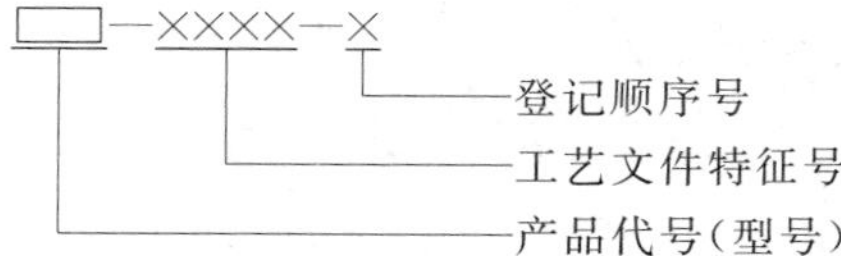

2) 工艺文件特征号包括工艺文件类型代号和工艺方法代号两部分,每一部分均由两位数字组成。

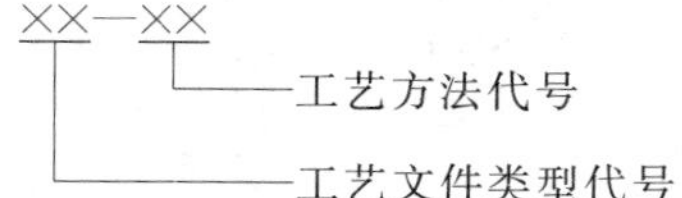

3) 登记顺序号在每一文件特征号内一般由 1 开始连续递增,位数多少根据需要决定。

(3) 代号编制规则和登记方法

1) 工艺文件类型代号按表 5-2-1 规定。

2) 工艺方法代号按表 5-2-2 规定。

3) 登记顺序号由各企业的工艺标准部门统一给定。

表 5-2-1 工艺文件类型代号

工艺文件类型代号	工艺文件类型名称	工艺文件类型代号	工艺文件类型名称
01	工艺文件目录	19	
02	工艺方案	20	工艺规程
03		21	工艺过程卡片
04		22	工艺卡片
05		23	工序卡片
06		24	计算—调整卡片
07		25	检验卡片
08		26	
09	工艺路线表	27	
10	车间分工明细表	28	
11		29	工艺守则
12		30	工序质量管理文件
13		31	工序质量分析表
14		32	操作指导卡片(作业指导书)
15		33	控制图
16		34	
17		35	
18		36	

续表 5-2-1

工艺文件类型代号	工艺文件类型名称	工艺文件类型代号	工艺文件类型名称
37		59	
38		60	工艺装备明细表
39		61	专用工艺装备明细表
40	( )零件明细表	62	外购工具明细表
41	工艺关键件明细表	63	厂标准(通用)工具明细表
42	外协件明细表	64	组合夹具明细表
43	外制件明细表	65	
44	配作件明细表	66	
45		67	
46		68	
47		69	工位器具明细表
48		70	(待发展)
49	配套件明细表	80	(待发展)
50	消耗定额表	90	其他
51	材料消耗工艺定额明细表	91	工艺装备设计任务书
52	材料消耗工艺定额汇总表	92	专用工艺装备使用说明书
53		93	工艺装备验证书
54		94	
55		95	
56		96	工艺试验报告
57		97	工艺总结
58		98	
		99	

表 5-2-2 工艺方法代号

工艺方法代号	工艺方法名称	工艺方法代号	工艺方法名称	工艺方法代号	工艺方法名称
00	未规定	31	电弧焊与电渣焊	61	感应热处理
01	下料	32	电阻焊	62	高频热处理
02		33		63	
03		34		64	
04		35		65	化学热处理
05		36	摩擦焊	66	
06		37	气焊与气割	67	
07		38	钎焊	68	
08		39		69	工具热处理
09		40	机械加工	70	表面处理
10	铸造	41	单轴自动车床加工	71	电镀
11	砂型铸造	42	多轴自动车床加工	72	金属喷漆
12	压力铸造	43	齿轮机床加工	73	磷化
13	熔模铸造	44	自动线加工	74	发蓝
14	金属模铸造	45	数控机床加工	75	
15		46		76	喷丸强化
16		47	光学加工	77	
17		48	典型加工	78	涂装
18	木模制造	49	成组加工	79	清洗
19	砂、泥芯制造	50	电加工	80	(待发展)
20	锻压	51	电火花加工	90	冷作、装配、包装
21	锻造	52	电解加工	91	冷作
22	热冲压	53	线切割加工	92	装配
23	冷冲压	54	激光加工	93	
24	旋压成形	55	超声波加工	94	
25		56	电子束加工	95	电气安装
26	粉末冶金	57	离子束加工	96	
27	塑料零件注射	58		97	包装
28	塑料零件压制	59		98	
29		60	热处理	99	
30	焊接				

4）工艺文件编号时需要登记，登记用表格式见表 5-2-3。

5）不同特征号的工艺文件不能登记在同一张登记表中。

6）经多处修改后重新描晒的工艺文件在其原编号后加 A、B、C 等，以示区别。

（4）工艺文件编号示例[㊀]

表 5-2-3 工艺文件编号登记表格式

1）			特征号	2）
			共 页	第 页
登记顺序号	申请编号者		日 期	使用产品
	单 位	姓 名		
3）	4）	5）	6）	7）

（图框尺寸：210，148，35，5，5，5）

注：工艺文件编号登记表各栏内容的填写：

1）编号的工艺文件名称。

2）文件的特征号。

3）具有该特征号文件的登记顺序。

4）申请编号者的单位代号和名称。

5）申请编号者的姓名。

6）登记日期。

7）使用该编号文件的产品代号（型号）。

8）表内各栏尺寸未限定，各企业在使用时可以自行确定。

1）不带产品代号（型号）的编号。

工艺方案：0200—5

砂型铸造工艺卡片：2211—15

机械加工工艺关键件明细表：3140—112

锻件材料消耗工艺定额明细表：5121—9700

机械加工专用工艺装备明细表：6140—8201

2）带产品代号（型号）的编号。

CA6140 卧式车床工艺方案：CA6140—0200—5

X6132 万能铣床工艺路线表：X6132—1000—20

2V—6/8 型空压机机械加工工序卡片：2V—6/8—2340—135

2XZ—8 直联旋片式真空泵工艺总结：2XZ—8—9700—8526

5.2.1.2 工艺文件的完整性（JB/T 9165.1—1998）

（1）基本要求

1）工艺文件是指导工人操作和用于生产、工艺管理的主要依据，要做到正确、完整、统一、清晰。

2）工艺文件的种类和内容应根据产品的生产性质、生产类型和产品的复杂程度，有所区别。

3）产品的生产性质是指样机试制、小批量试制和正式批量生产。样机试制主要是验证产品设计结构，对工艺文件不要求完整，各企业可根据具体情况而定；小批试制主要是验证工艺，所以小批试制的工艺文件基本上应与正式批量生产的

㊀ 示例中的登记顺序号均为假定。

工艺文件相同，不同的是后者通过小批试制过程验证后的修改补充，更加完善。

4）生产类型是企业（或车间、工段、班组、工作地）生产专业化程度的分类。生产类型的划分方法参见表 5-2-4。

表 5-2-4 生产类型划分

按工作地所担负的工序数划分	
生产类型	工作地每月负担的工序数/个
单件生产	不作规定
小批生产	>20～40
中批生产	>10～20
大批生产	>1～10
大量生产	1

按生产产品的年产量划分	
生产类型	年产量①/台
单件生产	1～10
小批生产	>10～150
中批生产	>150～500
大批生产	>500～5 000
大量生产	>5 000

① 表中生产类型的年产量应根据各企业产品具体情况而定。

5）产品的复杂程度由产品结构、精度和结构工艺性而定。一般可分为简单产品和复杂产品。复杂程度由各企业自定。

6）按生产类型和产品复杂程度不同，对常用的工艺文件完整性作了规定（表 5-2-5）。使用时，各企业可根据各自工艺条件和产品需要，允许有所增减。

表 5-2-5 工艺文件完整性表

序号	产品生产类型 / 工艺文件适用范围 / 工艺文件名称	单件和小批生产		中批生产		大批和大量生产	
		简单产品	复杂产品	简单产品	复杂产品	简单产品	复杂产品
1	产品结构工艺性审查记录	△	△	△	△	△	△
2	工艺方案	—	△	△	△	△	△
3	产品零部件工艺路线表	+	△	△	△	△	△
4	木模工艺卡片	+	+	+	+	+	+
5	砂型铸造工艺卡片	+	+	+	△	△	△
6	熔模铸造工艺卡片	—	+	+	+	△	△
7	压力铸造工艺卡片	—	—	+	+	△	△
8	锻造工艺卡片	+	△	△	△	△	△
9	冷冲压工艺卡片	+	+	+	△	△	△
10	焊接工艺卡片	+	+	+	△	△	△
11	机械加工工艺过程卡片	△	△	△	△	+	+
12	典型零件工艺过程卡片	+	+	+	+	+	+
13	标准零件工艺过程卡片	△	△	△	△	△	△
14	成组加工工艺卡片	+	+	+	+	+	+
15	机械加工工序卡片	—	+	+	△	△	△
16	单轴自动车床调整卡片	—	—	△	△	△	△
17	多轴自动车床调整卡片	—	—	△	△	△	△
18	数控加工程序卡片	+	+	△	△	△	△
19	弧齿锥齿轮加工机床调整卡片	△	△	△	△	△	△

续表 5-2-5

序号	工艺文件名称 \ 工艺文件适用范围 \ 产品生产类型	单件和小批生产		中批生产		大批和大量生产	
		简单产品	复杂产品	简单产品	复杂产品	简单产品	复杂产品
20	热处理工艺卡片	△	△	△	△	△	△
21	感应热处理工艺卡片	△	△	△	△	△	△
22	工具热处理工艺卡片	△	△	△	△	△	△
23	化学热处理工艺卡片	△	△	△	△	△	△
24	表面处理工艺卡片	+	+	+	+	+	+
25	电镀工艺卡片	+	+	△	△	△	△
26	光学零件加工工艺卡片	+	△	△	△	△	△
27	塑料零件注射工艺卡片	—	—	△	△	△	△
28	塑料零件压制工艺卡片	—	—	△	△	△	△
29	粉末冶金零件工艺卡片	—	—	△	△	△	△
30	装配工艺过程卡片	+	△	△	△	△	△
31	装配工序卡片	—	—	—	△	△	△
32	电气装配工艺卡片	+	△	△	△	△	△
33	涂装工艺卡片	+	△	△	△	△	△
34	操作指导卡片	+	+	+	+	+	+
35	检验卡片	+	+	+	+	△	△
36	工艺附图	+	+	+	+	+	+
37	工艺守则	○	○	○	○	○	○
38	工艺关键件明细表	+	△	+	△	+	△
39	工序质量分析表	+	+	+	+	+	+
40	工序质量控制图	+	+	+	+	+	+
41	产品质量控制点明细表	+	+	+	+	+	+
42	零(部)件质量控制明细表	+	+	+	+	+	+
43	外协件明细表	△	△	△	△	△	△
44	配作件明细表	+	+	+	+	+	+
45	(　)零件明细表	+	+	+	+	+	+
46	外购工具明细表	△	△	△	△	△	△
47	组合夹具明细表	△	△	+	+	+	+
48	企业标准工具明细表	+	+	△	△	△	△
49	专用工艺装备明细表	△	△	△	△	△	△
50	工位器具明细表	+	+	+	+	△	△
51	专用工艺装备图样及设计文件	△	△	△	△	△	△
52	材料消耗工艺定额明细表	△	△	△	△	△	△
53	材料消耗工艺定额汇总表	+	△	△	△	△	△
54	工艺文件标准化审查记录	+	+	+	+	+	+
55	工艺验证书	+	+	△	△	△	△
56	工艺总结	—	△	△	△	△	△
57	产品工艺文件目录	△	△	△	△	△	△

注：△—必须具备；+—酌情自定；○—可代替或补充相应的工艺卡片(与生产类型无关)。

(2) 常用工艺文件

1) 产品结构工艺性审查记录。记录产品结构工艺性审查情况的一种工艺文件。

2) 工艺方案。根据产品设计要求、生产类型和企业的生产能力,提出工艺技术准备工作具体任务和措施的指导性文件。

3) 产品零、部件工艺线路表。产品全部零(部)件(设计部门提出的外购件除外)在生产过程中所经过部门(科室、车间、工段、小组或工程)的工艺流程.供工艺部门、生产计划调度部门使用。

4) 木模工艺卡片。

5) 砂型铸造工艺卡片。

6) 熔模铸造工艺卡片。

7) 压力铸造工艺卡片。

8) 锻造工艺卡片。用于模锻及自由锻加工。

9) 冲压工艺卡片。用于零件的冲压加工。

10) 焊接工艺卡片。用于对复杂零(部)件进行电、气焊接。

11) 机械加工工艺过程卡片。

12) 典型零件工艺过程卡片。用于制造具有加工特性一致的一组零件。

13) 标准零件工艺过程卡片。用于制造标准相同、规格不同的标准零件。

14) 成组加工工艺卡片。依据成组技术而设计的零件加工工艺卡片。

15) 机械加工工序卡片。

16) 单轴自动车床调整卡片。用于单轴转塔自动或纵切自动车床的加工、调整和凸轮设计。

17) 多轴自动车床调整卡片。用于多轴自动车床的加工、调整和凸轮设计。

18) 数控加工程序卡片。用于编制数控机床加工程序和调整机床。

19) 弧齿锥齿轮加工机床调整卡片。

20) 热处理工艺卡片。

21) 感应热处理工艺卡片。

22) 工具热处理工艺卡片。主要用于工具行业,其他行业的工具车间可参照采用。

23) 表面处理工艺卡片。用于零件的氧化、钝化、磷化等。

24) 化学热处理工艺卡片。

25) 电镀工艺卡片。

26) 光学零件加工工艺卡片。用于指导光学玻璃零件加工的工艺卡片。

27) 塑料零件注射工艺卡片。用于热塑性及热固性塑料零件的注射成型及加工。

28) 塑料零件压制工艺卡片。用于热固性零件的压制成型及加工。

29) 粉末冶金零件工艺卡片。

30) 装配工艺过程卡片。

31) 装配工序卡片。

32) 电气装配工艺卡片。用于产品的电器安装与调试。

33) 涂装工艺卡片。

34) 操作指导卡片(作业指导书)。指导工序质量控制点上的工人生产操作的文件.

35) 检验卡片。根据产品标准、图样、技术要求和工艺规范,对产品及其零、部件的质量特征的检测内容、要求、手段作出规定的指导性文件。

36) 工艺附图。与工艺规程配合使用,以说明产品或零、部件加工或装配的简图或图表应用。

37) 工艺守则。某一专业工种所通用的一种基本操作规捏。

38) 工艺关键件明细表。填写产品中所有技术要求严、工艺难度大的工艺关键件的图号、名称和关键内容等的一种工艺文件。

39) 工序质量分析表。用于分析工序质量控制点的每个特性值——操作者、设备、工装、材料、方法、环境等因素对质量的影响程度,以使加工质量处于良好的控制状态的一种工艺文件。

40) 工序质量控制图。用于对工序质量控制点按质量波动因素进行分析、控制的图表。

41) 产品质量控制点明细表。填写产品中所有设置质量控制点的零件图号、名称及控制点名称等的一种工艺文件。

42) 零、部件质量控制点明细表。填写某一零(部)件的所有质量控制点、名称、控制项目、控制标准、技术要求等的一种工艺文件。

43) 外协件明细表。填写产品中所有外协件的图号、名称和加工内容等的一种工艺文件。

44) 配作件明细表。填写产品中所有需配作或合作的零、部件的图号、名称和加工内容等的一种工艺文件。

45) ( )零件明细表。当该产品不采用零(部)件工艺路线表或此表表达不够时,需编制按车间或按工种划分的( )

零件明细表，起指导组织生产的作用。例如：涂装、热处理、光学零件加工、表面处理等零件明细表。

46）外购工具明细表。填写产品在生产过程中所需购买的全部刀具、量具等的名称、规格与精度等的一种工艺文件。

47）组合夹具明细表。填写产品在生产过程中所需的全部组合夹具的编号、名称等的一种工艺文件。

48）企业标准工具明细表。填写产品在生产过程中所需的全部本企业标准工具的名称、规格、精度等的一种工艺文件。

49）专用工艺装备明细表。填写产品在生产过程中所需的全部专用工装的编号、名称等的一种工艺文件。

50）工位器具明细表。填写产品在生产过程中所需的全部工位器具的编号、名称等的一种工艺文件。

51）专用工艺装备设计文件。专用工装应具备完整的设计文件.包括专用工装设计任务书、装配图、零件图、零件明细表、使用说明书(简单的专用工装可在装配图中说明)。

52）材料消耗工艺定额明细表。填写产品每个零件在制造过程中所需消耗的各种材料的名称、牌号、规格、重量等的一种工艺文件。

53）材料消耗工艺定额汇总表。将“材料消耗工艺定额明细表”中的各种材料按单台产品汇总填列的一种工艺文件。

54）工艺文件标准化审查记录。对设计的工艺文件，依据各项有关标准进行审查的记录文件。

55）工艺验证书。记载工艺验证结果的一种工艺文件。

56）工艺总结。新产品经过试生产后，工艺人员对工艺准备阶段的工作和工艺、工装的试用情况进行记述，并提出处理意见的一种工艺文件。

57）工艺文件目录。产品所有工艺文件的清单。

5.2.1.3 工艺规程格式(JB/T 9165.2—1998)

(1) 对工艺规程填写的基本要求

1）填写内容应简要、明确。

2）文字要正确，应采用国家正式公布推行的简化字。字体应端正，笔划清楚，排列整齐。

3）格式中所用的术语、符号和计量单位等，应按有关标准填写。

4）“设备”栏一般填写设备的型号或名称，必要时还应填写设备编号。

5）“工艺装备”栏填写各工序(或工步)所使用的夹具、模具、辅具和刀具、量具。其中属专用的，按专用工艺装备的编号(名称)填写；属标准的，填写名称、规格和精度，有编号的也可填写编号。

6）“工序内容”栏内，对一些难以用文字说明的工序或工步内容，应绘制示意图。

7）对工序或工步示意图的要求：

① 根据零件加工或装配情况可画(　)向视图、剖视图、局部视图。允许不按比例绘制。

② 加工面用粗实线表示，非加工面用细实线表示。

③ 应标明定位基面、加工部位、精度要求、表面粗糙度、测量基准等。

④ 定位和夹紧符号按 JB/T 5061—2006 的规定选用。

(2) 工艺规格格式的名称、编号及填写说明

1）锻造工艺卡片(格式 6)(表 5-2-6)

2）焊接工艺卡片(格式 7)(表 5-2-7)

3）冷冲压工艺卡片(格式 8)(表 5-2-8)

4）机械加工工艺过程卡片(格式 9)(表 5-2-9)

5）机械加工工序卡片(格式 10)(表 5-2-10)

6）标准零件或典型零件工艺过程卡片(格式 11)(表 5-2-11)

7）热处理工艺卡片(格式 14)(表 5-2-12)

8）装配工艺过程卡片(格式 23)(表 5-2-13)

9）装配工序卡片(格式 24)(表 5-2-14)

10）机械加工工序操作指导卡片(格式 27、27a)(表 5-2-15、表 5-2-16)

11）检验卡片(格式 28)(表 5-2-17)

12）工艺附图(格式 29)(表 5-2-18)

13）工艺守则(格式 30)(表 5-2-19)

表 5-2-6　锻造工艺卡片(格式 6)

锻造工艺卡片	产品型号		零件图号			
	产品名称		零件名称		共　页	第　页

简图:	材料牌号	(2)
	材料规格	(3)
	毛坯长度	(4)
	毛坯重量/kg	(5)
(1)	毛坯可制锻件数	(6)
	每锻件可制件数	(7)
207	每台件数	(8)
	锻件重量/kg	(9)
	毛坯（连皮）重量/kg	(10)
	切头（芯料）重量/kg	(11)
	火耗重量/kg	(12) 25
	锻造火次	(13)

	工序号	工　序　内　容	设 备	工　艺　装　备	锻造温度℃		冷却方法	工 时	备 注
描　图					始 锻	终 锻			
	8	100	25	55	12	12	15	15	(22)
描　校	(14)	(15)	(16)	(17)	(18)	(19)	(20)	(21)	
底图号									
装订号									

											设计（日期）	审核（日期）	标准化（日期）	会签（日期）	
	日 期	处 数	更改文件号	签 字	日 期	标 记	处 数	更改文件号	签 字	日 期					

21×8(=168)　8

注：锻件工艺卡片各空格的填写内容:(1) 绘制锻造后应达到尺寸的锻件简图和锻造过程中的毛坯变形简图。(2) 按产品图样要求填写。(3) 所用原材料的规格。(4) 毛坯料的长度。(5) 锻前毛坯重量=空格(8)+(9)+(10)+(11)。(6) 每一毛坯可制锻件数。(7) 每个锻件可制产品件数。(8) 每台件数,按产品图样要求填写。(9) 按锻件图计算出的重量。(10) 模锻时切去的毛边或连皮重量。(11) 锻后切去的余料头或芯料重量。(12) 各次加热烧损量的总和。(13) 每个锻件所需要的锻造火次。(14) 工序号。(15) 各工序的操作内容和主要技术要求。(16)、(17) 各工序所使用的设备和工艺装备,分别按工艺规程填写的基本要求填写。(18)、(19) 分别填写始锻温度和终锻温度。(20) 锻造后的冷却方法。(21) 可根据需要填写。(22) 填写本工序时间定额。

表 5-2-7 焊接工艺卡片(格式 7)

	焊接工艺卡片	产品型号		零件图号			
		产品名称		零件名称		共　页	第　页

简　图：

(17)

88

主要组成件				
序　号	图　号	名　称	材　料	件　数
(1)	(2)	(3)	(4)	(5)
10	26	20	26	14

	工序号	工序内容	设　备	工艺装备	电压或气压	电流或焊嘴号	焊条、焊丝、电极 型号	焊条、焊丝、电极 直径	焊　剂	其他规范	工　时
	(6)	(7)	(8)	(9)	(10)	(11)	(12)	(13)	(14)	(15)	(16)
描　图											
描　校											
底图号											
	8		20	24	15	15	15	15	15	45	10
装订号											

21×8(=168)

8

											设计（日期）	审核（日期）	标准化（日期）	会签（日期）	
	标　记	处　数	更改文件号	签　字	日　期	标　记	处　数	更改文件号	签　字	日　期					

注：焊接工艺卡片各空格的填写内容：(1) 序号用阿拉伯数字 1、2、3……填写。(2)～(5) 分别填写焊接的零(部)件图号、名称，材料牌号和件数，按设计要求填写。(6) 工序号。(7) 每工序的焊接操作内容和主要技术要求。(8)、(9) 设备和工艺装备分别按工艺规程填写的基本要求填写。(10)～(16) 根据实际需要填写。(17) 编制焊接简图。

表 5-2-8　冷冲压工艺卡片(格式 8)

	冷冲压工艺卡片	产品型号		零件图号			
		产品名称		零件名称		共　页	第　页

材料牌号及规格	材料技术要求	毛坯尺寸	每毛坯可制件数	毛坯重量	辅助材料	
(1)	(2)	(3)	(4)	(5)	(6)	8 / 8
48	45	45	45	30		

	工序号	工序名称	工　序　内　容	加　工　简　图	设 备	工艺装备	工 时	
	(7)	(8)	(9)	(10)	(11)	(12)	(13)	8
								17×8(=136)
描　图								
描　校								
底图号	8	10	80	80	25	50		
装订号								

标 记	处 数	更改文件号	签 字	日 期	标 记	处 数	更改文件号	签 字	日 期	设计（日期）	审核（日期）	标准化（日期）	会签（日期）	

注：冷冲压工艺卡片各空格的填写内容：(1) 按产品图样要求填写。(2) 对材料的技术要求可根据设计或工艺的要求填写。(3) 冲压一个或多个零件的毛坯裁料尺寸，即长×宽。(4) 每一毛坯可制件数。(5) 每个毛坯的重量。(6) 冲压过程中所用的润滑剂等辅助材料。(7) 工序号。(8) 各工序名称。(9) 各工序的冲压内容和要求。(10) 对需多次拉伸或弯曲成型的零件需画出每个工序或工步的变形简图，并要注明弯曲部位、定位基准和要达到的尺寸要求等。(11)、(12) 设备和工艺装备分别按工艺规程填写的基本要求填写。(13) 填写本工序时间定额。

表 5-2-9　机械加工工艺过程卡片(格式 9)

25		机械加工工艺过程卡片			产品型号		零件图号						
					产品名称		零件名称			共　页		第　页	
材料牌号		(1) 30	毛坯种类 15	(2) 30	毛坯外形尺寸 25	(3) 30	每毛坯可制件数 25	(4) 10	每台件数	(5) 10	备 注 10	(6) 20	

工序号	工序名称	工　序　内　容	车 间	工 段	设 备	工　艺　装　备	工时 准 终	工时 单 件
(7)	(8)	(9)	(10)	(11)	(12)	(13)	(14)	(15)
8	10		8		20	75	10	10

行高：16；8；18×8(=144)

描 图									
描 校									
底图号									
装订号									

										设计（日期）	审核（日期）	标准化（日期）	会签（日期）
标 记	处 数	更改文件号	签 字	日 期	标 记	处 数	更改文件号	签 字	日 期				

注：机械加工工艺过程卡片各空格的填写内容：(1) 材料牌号按产品图样要求填写。(2) 毛坯种类填写铸件、锻件、条钢、板钢等。(3) 进入加工前的毛坯外形尺寸。(4) 每一毛坯可制零件数。(5) 每台件数按产品图样要求填写。(6) 备注可根据需要填写。(7) 工序号。(8) 各工序名称。(9) 各工序和工步、加工内容和主要技术要求，工序中的外协序也要填写，但只写工序名称和主要技术要求，如热处理的硬度和变形要求、电镀层的厚度等，产品图样标有配作、配钻时，或根据工艺需要装配时配做、配钻时，应在配作前的最后工序另起一行注明，如："××孔与××件装配时配钻"，"××部位与××件装配后加工"等。(10)、(11) 分别填写加工车间和工段的代号或简称。(12) 设备按工艺规程填写的基本要求填写。(13) 工艺装备按工艺规程填写的基本要求填写。(14)、(15) 分别填写准备与终结时间和单位时间定额。

表 5-2-10　机械加工工序卡片(格式 10)

	机械加工工序卡片	产品型号		零件图号			
		产品名称		零件名称		共　页	第　页

车　间	工序号	工序名称	材料牌号
25(1)	15(2)	25(3)	30(4)
毛坯种类	毛坯外形尺寸	每毛坯可制件数	每台件数
(5)	30(6)	20(7)	20(8)
设备名称	设备型号	设备编号	同时加工件数
(9)	(10)	(11)	(12)
夹具编号	夹具名称	切削液	
(13)	(14)	(15)	
工位器具编号	工位器具名称	工序工时 准终	工序工时 单件
45(16)	30(17)	(18)	(19)

工步号		工步内容	工艺设备	主轴转速 /(r/min)	切削速度 /(m/min)	进给量 /(mm/r)	切削深度 /mm	进给次数	工步工时 机动	工步工时 辅助
		16								
(20)		8　(21)	(22)	(23)	(24)	(25)	(26)	(27)	(28)	(29)
8			90	7×10(=70)						
		9×8(=72)		10						
描图										
描校										
底图号										
装订号										

标记	处数	更改文件号	签字	日期	标记	处数	更改文件号	签字	日期	设计日期	审核（日期）	标准化（日期）	会签（日期）	

注：机械加工工序卡片各空格的填写内容：(1) 执行该工序的车间名称或代号。(2)～(8) 按格式 9 中的相应项目填写。(9)～(11) 该工序所用的设备，按工艺规程填写的基本要求填写。(12) 在机床上同时加工的件数。(13)、(14) 该工序需使用的各种夹具名称和编号。(15) 该工序需使用的各种工位器具的名称和编号。(16)、(17) 机床所用切削液的名称和牌号。(18)、(19) 工序工时的准终、单件时间。(20) 工步号。(21) 各工步的名称、加工内容和主要技术要求。(22) 各工步所需用的模具、辅具、刀具、量具，可按上述工艺规程填写的基本要求填写。(23)～(27) 切削规范，一般工序可不填，重要工序可根据需要填写。(28)、(29) 分别填写本工序机动时间和辅助时间定额。

表 5-2-11　标准零件或典型零件工艺过程卡片(格式 11)

40			“标准零件或典型零件”工艺过程卡片				20	34	20	34	40
							典型件代号		标准件代号		(文件编号) 20
							典型件名称		标准件名称		共 页 / 第 页

零件图号或规格	材料 牌号	材料 规格尺寸	毛坯种类	每毛坯可制件数	备注	工时定额 工序/单件	(8)	(9)	(10)	(11)	(12)	(13)	(14)	(15)	(16)	(17)	零件图号或规格	材料 牌号	材料 规格尺寸	毛坯种类	每毛坯可制件数	备注	工时定额 工序/单件
(1)	(2)	(3)	(4)	(5)	(6)	(7)	(18)	(19)	(20)	(21)	(22)	(23)	(24)	(25)	(26)	(27)							
	12	12	10	9	9	11	10×5(=50)									5							

工序号	工序名称	工序内容	工艺装备 图号或规格 / 设备								
				(28)	(29)	(30)	(31)	(32)	(33)	(34)	(35)
(36)	(37)	(38)	(39)	(40)	(41)	(42)	(43)	(44)	(45)	(46)	(47)
7	10	8; 13×8(=104)	15	24	8×24(=192)						

描图	
描校	
底图号	
装订号	

										设计（日期）	审核（日期）	标准化（日期）	会签（日期）
标记	处数	更改文件号	签字	日期	标记	处数	更改文件号	签字	日期				

注：标准零件或典型零件工艺过程卡片各空格的填写内容：(1) 用于典型零件时填写零件图号，用于标准件时填写标准件的规格。(2) 材料牌号，按产品图样要求填写。(3) 毛坯材料的规格和长度，也可不填。(4) 毛坯种类填写铸件、锻件、条钢、板钢等。(5) 每一毛坯可加工同一零件的数量。(6) 备用格。(7) 单件定额时间，等于各序定额时间总和。(8)～(17) 填写空格(37)中的相应各序的简称，如车、铣、磨……(18)～(27) 各序的定额时间，与空格(1)的零件图号或规格一致。(28)～(35) 填写内容同(1)。(36) 工序号。(37) 各工序的名称。(38) 各工序加工内容和主要要求。(39) 各工序使用的设备。(40)～(47) 各工序需使用的工艺装备，按工艺规程填写的基本要求填写。

表 5-2-12 热处理工艺卡片(格式 14)

	热处理工艺卡片	产品型号		零件图号			
		产品名称		零件名称		共 页	第 页

(18) 10×8(=80)	材料牌号	(1)	零件重量	(2)
	工艺路线	(3)		
	技术要求		检验方法	
	硬化层深度	(4)	(11)	
	硬度	(5)	(12)	
	金相组织	(6)	(13)	
	机械性能	(7)	(14)	
		(8)	(15)	
	允许变形量	(9)	(16)	
	32	32(10)	64 (17)	

工序号	工序内容	设备	装炉方式及工装编号	装炉温度/℃	加热温度/℃	升温时间/min	保温时间/min	冷却 介质	冷却 温度/℃	冷却 时间/s	工时/min
(19)	(20)	(21)	(22)	(23)	(24)	(25)	(26)	(27)	(28)	(29)	(30)
										12	
8		15	35	7×12(=84)							10

11×8(=88)　8

描图
描校
底图号
装订号

										设计(日期)	审核(日期)	标准化(日期)	会签(日期)
标记	处数	更改文件号	签字	日期	标记	处数	更改文件号	签字	日期				

注:热处理工艺卡片各空格的填写内容:(1)、(2) 按产品图样要求填写。(3) 热处理整个过程各工序工艺路线及进、出单位。(4)～(10) 按设计要求和工艺要求填写。(11)～(17) 分别填写检验每一参数所用的仪器和抽检比率,也可填写使用工艺守则的编号。(18) 绘制热处理零件的简图并标明热处理部位及有效尺寸。(19) 工序号。(20) 热处理各工序的名称和操作内容。(21) 按工艺规程填写的基本要求填写。(22) 填写"立放"、"堆放"、"挂放"等及所使用的工装。(23) 编号装炉时的炉温。(24)～(29) 根据实际需要填写。(30) 填写本工序时间定额。

表 5-2-13 装配工艺过程卡片(格式 23)

	装配工艺过程卡片		产品型号		零件图号		
			产品名称		零件名称	共 页	第 页
	工序号	工序名称	工序内容	装配部门	设备及工艺装备	辅助材料	工时定额/min
	(1)	(2)	(3)	(4)	(5)	(6)	(7)
	8	12	8; 19×8(=152)	12	60	40	10
描图							
描校							
底图号							
装订号							

										设计(日期)	审核(日期)	标准化(日期)	会签(日期)	
标记	处数	更改文件号	签字	日期	标记	处数	更改文件号	签字	日期					

注：装配工艺过程卡片各空格的填写内容：(1) 工序号。(2) 工序名称。(3) 各工序装配内容和主要内容。(4) 装配的车间、工段或班组。(5) 各工序所使用的设备和工艺装备。(6) 各工序所需使用的辅助材料。(7) 填写本工序所需时间定额。

表 5-2-14 装配工序卡片(格式 24)

10	10	20	装配工序卡片					产品型号		零件图号			
								产品名称		零件名称		共 页	第 页
工序号	(1)	工 序 名 称	8	(2)	车 间	(3)	工 段	(4)	设 备	(5)	工 序 工 时	(6)	
简 图				60	10	20	10	20	10	40	25		
(7)													

	工步号	16	工 步 内 容	工 艺 装 备	辅 助 材 料	工时定额/min
	(8)	8	(9)	(10)	(11)	(12)
描 图						
	8			50	50	10
描 校		8×8 (=64)				
底图号						
装订号						

											设计(日期)	审核(日期)	标准化(日期)	会签(日期)	
	标 记	处 数	更改文件号	签 字	日 期	标 记	处 数	更改文件号	签 字	日 期					

注：装配工序卡片各空格的填写内容:(1) 工序号。(2) 装配工序的名称。(3) 执行本工序的车间名称或代号。(4) 执行本工序的工段名称或代号。(5) 本工序所使用的设备的型号、名称。(6) 填写工序工时。(7) 绘制装配简图或装配系统图。(8) 工步号。(9) 各工步名称、操作内容和主要技术要求。(10) 各工步所需使用的工艺装备，按工艺规程填写的基本要求填写。(11) 各工步所使用的辅助材料。(12) 填写本工序所需时间定额。

表 5-2-15 机械加工工序操作指导卡片(格式 27)

40		机械加工工序操作指导卡片				产品型号		零件图号			
						产品名称		零件名称		共 页	第 页
工序编号	(1)	设备编号	(3)	夹具编号	(5)	准备时间	(7)	单件工时	(9)	切削液	(11)
工序名称	(2)	设备名称	25(4)	夹具名称	(6)	换刀时间	(8)	班产定额	(10)	20(31)	(31)
20	25	20	25	20	25	20	24	20	24	20	

115 (12)	工艺规程 (13)

	操作规范			工序质量控制内容													
				代号	检查项目	精度范围	测量工具		检查频次与控制手段								重要度
							名称	编号	首检		自检		互检		巡检		
	序号	项目	内容														
描图	(14)	(15)	(16)	(17)	(18)	(19)	(20)	(21)	(22)	(23)	(24)	(25)	(26)	(27)	(28)	(29)	(30)
描校				8	20				7								
底图号	8	16			4×20(=80)				8×7(=56)								
装订号																	

										设计(日期)	审核(日期)	标准化(日期)	会签(日期)	
标记	处数	更改文件号	签字	日期	标记	处数	更改文件号	签字	日期					

17　21×8(=168)　8

注：机械加工工序操作指导卡片各空格的填写内容：(1)～(4) 按工艺规程填写。(5)、(6) 按所需工艺装备编号和名称填写。(7)、(8) 分别填写准备终结工时和换刀工时。(9)、(10) 分别填写工序工时和班产件数。(11) 填写切削液的牌号和名称。(12) 按工艺要求绘制工序简图。(13) 填写加工部位、方法、精度等内容。(14) 按工序操作顺序号填写。(15) 按机床夹具、操作要领、注意事项和测量工具填写。(16) 按空格(15)分别填写具体工作内容。(17) 按检查项目代号和顺序号填写。(18) 按工艺要求和表面粗糙度填写。(19) 按尺寸公差及表面粗糙度等级填写。(20)、(21) 按测量工具的编号和名称填写。(22)、(24)、(26)、(28) 按不同记录、检测记录卡、波动图、控制图分别填写。(23)、(25)、(27)、(29) 按全数检验、N 件检一件、日检 N 件或月检 N 件分别填写。(30) 按关键、重要、一般分别填写。(31) 自定。

表 5-2-16　机械加工工序操作指导卡片(格式 27a)

机械加工工序操作指导卡片								产品型号			零件图号			共 页	第 页
								产品名称			零件名称				
车间工段	(1)	工序号	(2)	工序名称	(3)	材料编号	(4)	(5)	设备编号	(6)	切削液	(7)	准终工时	(8)	单件工时	(9)	班产定额	(10)

简图:	工步号	工步内容	质量控制内容		检验频次			重要度	控制手段	切削速度	进给量	切削速度	进给次数	工艺装备	工时	
			项目	精度	自检	首检	巡检								机动	辅助
	(11)	(12)	(13)	(14)	(15)	(16)	(17)	(18)	(19)	(20)	(21)	(22)	(23)	(24)		
	8	80	20	20	7	7	7	7	7	10	10	10	10		9	9

描图											
描校											
底图号											
装订号								设计(日期)	审核(日期)	标准化(日期)	会签(日期)
	标记	处数	更改文件号	签字	日期	标记	处数	更改文件号	签字	日期	

尺寸:25;60(20、25、20);15、25、15、20、25、55、20、20、20、25、20、20、20、15、20;5;2×18(=168);210;8;5

机械加工工序操作指导卡片(格式 27a)各空格的填写内容:(1) 填写该工序执行车间、工段的名称或代号。(2)、(3) 填写该工序代号和名称。(4) 工件的材料牌号。(5)、(6) 按 38 页工艺规程填写的基本要求填写设备名称。(7) 按工艺要求,分别填写有关切削液名称及牌号。(8)～(10) 按工时定额填写。(11) 按操作工步顺序填写。(12) 填写有关加工内容及对机床、工装、操作的要领,注意事项等。(13) 按轴径、孔径、形位公差、表面粗糙度等要求填写。(14) 按空格(13)要求,填写精度、公差数值。(15)～(17) 按全数检验、N 件检一件、日检 N 件或月检 N 件分别填写。(18) 按"关键、重要、一般"的重要度等级填写。(19) 按不同记录、检测记录卡、波动图、控制图分别填写。(20)～(23) 按有关工艺规定填写。(24) 填写使用的刀具、量具等工装名称。

表 5-2-17　检验卡片(格式 28)

	检验卡片			产品型号		零件图号		
				产品名称		零件名称		共　页 第　页
工序号	工序名称	车　间	检验项目	技术要求		检验手段	检验方案	检验操作要求
30　(1)	(2)	(3)	(4)	(5)		(6)	(7)	(8)
简图:								
30×3(=90)			40	25		25	25	

描图													
描校													
底图号													
装订号													
											设计(日期)	审核(日期)	标准化(日期)	会签(日期)
	标记	处数	更改文件号	签字	日期	标记	处数	更改文件号	签字	日期				

注:检验卡片各空格的填写内容:(1)、(2) 该工序号,工序名称,按工艺规程填写。(3) 按执行该工序的车间名称填写。(4) 指该工序被检项目,如轴径、孔径、形位公差、表面粗糙度等。(5) 指该工序被检验项目的尺寸公差及工艺要求的数值。(6) 执行该工序检验所需的检验设备、工装等。(7) 执行该工序检验的方法,指抽检或是频次检验。(8) 填写检查操作要求。

表 5-2-18　工艺附图(格式 29)

工 艺 附 图	产品型号		零件图号			
	产品名称		零件名称		共　页	第　页

工序号

描　图
描　校
底图号
装订号

									设计（日期）	审核（日期）	标准化（日期）	会签（日期）	
标 记	处 数	更改文件号	签 字	日 期	标 记	处 数	更改文件号	签 字	日 期				

注：当各种卡片的简图位置不够用时，可用工艺附图。

表 5-2-19　工艺守则(格式 30)

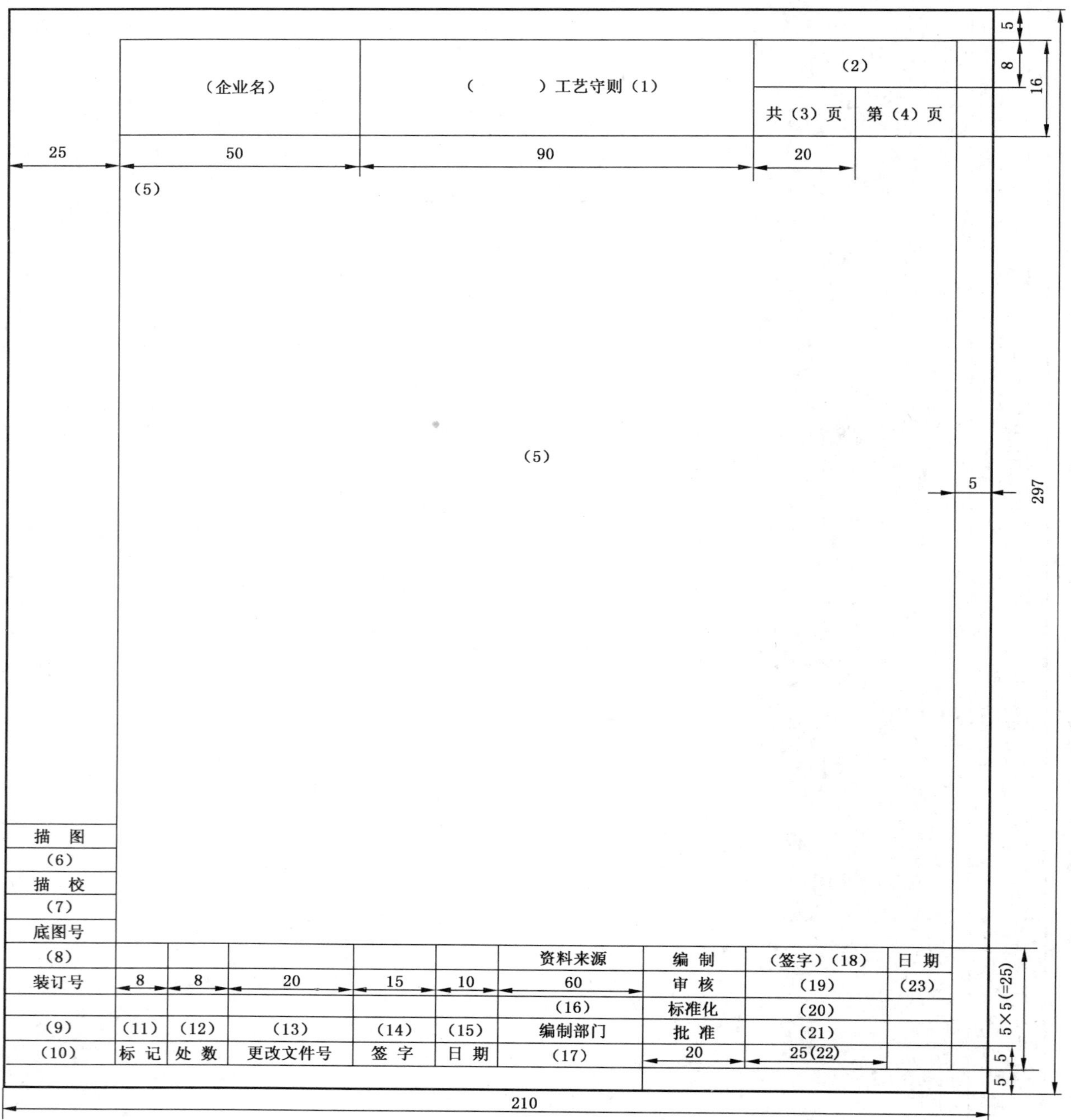

注：工艺守则各空格的填写内容：(1) 工艺守则的类别，如"热处理"、"电镀"、"焊接"等。(2) 按 JB/T 9166 填写工艺守则的编号。(3)、(4) 该守则的总页数和顺序页数。(5) 工艺守则的具体内容。(6)～(15) 按要求填写内容。(16) 编制该守则的参考技术资料。(17) 编制该守则的部门。(18)～(22) 责任者签字。(23) 各责任者签字后填写日期。

5.2.2 工艺方案、路线、规程及定额等

5.2.2.1 工艺方案设计(摘自JB/T 9169.4—1998)

(1) 工艺方案的设计原则

1) 产品工艺方案是指导产品工艺准备工作的依据,除单件、小批生产的简单产品外,都应具有工艺方案。

2) 设计工艺方案应在保证产品质量的同时,充分考虑生产周期、成本和环境保护。

3) 根据本企业能力,积极采用国内外先进工艺技术和装备,以不断提高企业的工艺水平。

(2) 工艺方案的设计依据

1) 产品图样及有关技术文件。

2) 产品生产大纲。

3) 产品的生产性质和生产类型。

4) 本企业现有生产条件。

5) 国内外同类产品的工艺技术情报。

6) 有关技术政策。

7) 企业有关技术领导对该产品工艺工作的要求及有关科室和车间的意见。

(3) 工艺方案的分类

1) 新产品样机试制工艺方案。新产品样机试制(包括产品定型,下同)工艺方案应在评价产品结构工艺性的基础上,提出样机试制所需的各项工艺技术准备工作。

2) 新产品小批试制工艺方案。新产品小批试制工艺方案应在总结样机试制工作的基础上,提出批试前所需的各项工艺技术准备工作。

3) 批量生产工艺方案。批量生产工艺方案应在总结小批试制情况的基础上,提出批量投产前需进一步改进、完善工艺、工装和生产组织措施的意见和建议。

4) 老产品改进工艺方案。老产品改进工艺方案主要是提出老产品改进设计后的工艺组织措施。

(4) 工艺方案的内容

1) 新产品样机试制工艺方案的内容

① 对产品结构工艺性的评价和对工艺工作量的大体估计。

② 提出自制件和外协件的初步划分意见。

③ 提出必须的特殊设备的购置或设计、改装意见。

④ 必备的专用工艺装备设计、制造意见。

⑤ 关键零(部)件的工艺规程设计意见。

⑥ 有关新材料、新工艺的试验意见。

⑦ 主要材料和工时的估算。

2) 新产品小批试制工艺方案的内容

① 对样机试制阶段工艺工作的小结。

② 对自制件和外协件的调整意见。

③ 自制件的工艺路线调整意见。

④ 提出应设计的全部工艺文件及要求。

⑤ 提出主要铸、锻件毛坯的工艺方法。

⑥ 对专用工艺装备的设计意见。

⑦ 对专用设备的设计或购置意见。

⑧ 对特殊毛坯或原材料的要求。

⑨ 对工艺、工装的验证要求。

⑩ 对有关工艺关键件的制造周期或生产节拍的安排意见。

⑪ 根据产品复杂程度和技术要求所需的其他内容。

3) 批量生产工艺方案的主要内容

① 对小批试制阶段工艺、工装验证情况的小结。

② 工艺关键件质量攻关措施意见和关键工序质量控制点设置的意见。

③ 工艺文件和工艺装备的进一步修改、完善意见。

④ 专用设备或生产自动线的设计制造意见。

⑤ 有关新材料、新工艺的采用意见。

⑥ 对生产节拍的安排和投产方式的建议。

⑦ 装配方案和车间平面布置的调整意见。

4) 老产品改进工艺方案的内容

老产品改进工艺方案的内容可参照新产品的有关工艺方案办理。

(5) 工艺方案的设计及其审批程序

1) 产品工艺方案应由产品主管工艺人员根据本标准规定的各项资料，提出几种方案。

2) 组织讨论确定最佳方案，并经工艺部门主管审核。

3) 审核后送交总工艺师或总工程师批准。

4) 编号、描晒、存档。

5.2.2.2 工艺路线设计

(1) 加工方法的选择

1) 根据零件上主要表面的技术要求，先选定该表面的最终加工方法，依次再推出前面一系列工序的加工方法、顺序和次数。主要表面加工方法确定后，再选定其他次要表面的加工方法和顺序。

2) 选择加工方法时尽量考虑应用工厂现有生产设备，挖掘企业现有设备能力，减少设备投资。

3) 对于关键件及有特殊技术要求的表面，在现有加工方法不能充分保证加工质量时，应积极采用先进的加工方法予以保证。

4) 对于材料性质不同的零件，应采用与之相适应的加工方法进行加工。

5) 产品生产类型不同，所选用的加工方法亦不一样，所以加工方法要与生产类型相匹配，保持良好的经济性。

(2) 加工阶段的划分

1) 粗加工阶段：这阶段的主要目的是去除工件表面大部分余量，取得较高的生产率，精度要求不高。

2) 半精加工阶段：这阶段的主要目的是使工件上各次要表面达到技术要求，为工件主要表面的精加工作好准备，使主要表面消除粗加工时留下的误差，并达到一定的精度。这阶段一般在热处理以前进行。

3) 精加工阶段：这阶段的主要目的是使主要表面达到图样规定的技术要求。在这个阶段中，工件加工精度要求较高。

4) 光整加工阶段：这阶段的主要目的是实现加工高精度、低表面粗糙度值要求的加工表面。

(3) 加工工序的划分

1) 工序集中

零件的加工集中在少数几道工序中完成，而每道工序加工的内容却较多。工序集中的特点：

① 工序数目少，缩短了工艺路线，生产周期短，简化了生产计划和组织工作。

② 设备数量减少，可以相应地减少操作工人和生产面积。

③ 工件装夹次数减少，它不仅缩短了辅助工时，而且，一次装夹加工较多表面，使基准不变，减少了多次安装误差，易于保证加工表面间的位置精度。

④ 有利于使用多刀、多轴、多工位、高效率的专用设备和工艺设备，提高生产率。但由于专用设备、工艺装备和生产技术准备周期长和投资大，且调整维修困难，需要技术熟练的高级技术工人进行维修调整，因而限制了产品更新换代的速度。

2) 工序分散

将零件的加工分得细，所需工序数目多，而每道工序所包含的加工内容却很少。工序分散的特点：

① 工序数目多，工艺路线长，生产周期长，在制品占用量大。

② 采用的设备数量多，所需操作工人多、生产面积占用大。

③ 所需设备和工艺装备比较简单，便于调整维修使用，不需专门的高技术调整工人。

④ 生产技术准备工作量少，容易适应产品更新换代。

(4) 机械加工顺序的安排

1) 按照先粗后精的原则，把零件的加工过程划分阶段。

2) 优先加工精度准的原则，保证以后各工序定位准确、安装误差小，容易保证加工质量。

3) 按照先主后次的原则，先安排零件主要表面的加工，后安排次要表面的加工。这是由于次要表面加工工作量较小，而且它们往往又和主要表面有位置精度要求。

为了保证加工精度的要求，有些零件的某些表面的最后精加工，还须安排在部件装配之后，或在产品总装配过程中进行。

(5) 热处理工序的安排

为了提高零件材料的力学性能和表面质量，改善金属材料的切削加工性及消除内应力，安排工序时，应把热处理工序安排在恰当位置，切勿遗漏而造成损失。常用热处理工序有退火、正火、淬火、调质处理、渗碳淬火等。其他热处理方法还有氮化，碳氮共渗及时效等。

(6) 辅助工序的安排

检验工序的安排有以下几种情况：

1) 粗加工阶段之后。

2) 关键工序加工前和加工后。

3）零件跨车间转序时。

4）特种性能（探伤、密封性等）检验之前。

5）零件全部加工结束之后。

除检验工序外，还要考虑去毛刺、清洗、涂装、防锈等辅助工序。辅助工序在生产中不是可有可无的，辅助工序依据需要安排后，将和其他工序同等重要，必须严格执行。

5.2.2.3 工艺规程设计（JB/T 9169.5—1998）

（1）工艺规程的类型

1）专用工艺规程

针对每一个产品和零件所设计的工艺规程。

2）通用工艺规程

① 典型工艺规程。为一组结构相似的零、部件所设计的通用工艺规程。

② 成组工艺规程。按成组技术原理将零件分类成组，针对每一组零件所设计的通用工艺规程。

3）标准工艺规程

已纳入标准的工艺规程。

（2）工艺规程的文件形式及其使用范围

1）工艺过程卡片：主要用于单件、小批生产的产品。

2）工艺卡片：用于各种批量生产的产品。

3）工序卡片：主要用于大批量生产的产品和单件、小批生产中的关键工序。

4）操作指导卡片（作业指导书）：用于建立工序质量控制点的工序。

5）工艺守则：某一专业应共同遵守的通用操作要求。

6）检验卡片：用于关键工序检查。

7）调整卡片：用于自动与半自动机床和弧齿锥齿轮机床加工。

8）毛坯图：用于铸、锻件等毛坯的制造。

9）工艺附图：根据需要与工艺或工序卡片配合使用。

10）装配系统图：用于复杂产片的装配，与装配工艺过程卡片或装配工序卡片配合使用。

（3）设计工艺规程的基本要求

1）工艺规程是直接指导现场生产操作的重要技术文件，应做到正确、完整、统一、清晰。

2）在充分利用本企业现有生产条件的基础上，尽可能采用国内外先进工艺技术和经验。

3）在保证产品质量的前提下，能尽量提高生产率和降低消耗。

4）设计工艺规程必须考虑安全和工业卫生措施。

5）结构特征和工艺特征相近的零件应尽量设计典型工艺规程。

6）各专业工艺规程在设计过程中应协调一致，不得相互矛盾。

7）工艺规程的幅面、格式与填写方法按 JB/T 9165.2 的规定。

8）工艺规程中所用的术语、符号、代号要符号相应标准的规定。

9）工艺规程中的计量单位应全部使用法定计量单位。

10）工艺规程的编号应按 JB/T 9166 的规定。

（4）设计工艺规程的主要依据

1）产品图样及技术条件。

2）产品工艺方案。

3）产品零部件工艺路线表或车间分工明细表。

4）产品生产纲领。

5）本企业的生产条件。

6）有关工艺标准。

7）有关设备和工艺装备资料。

8）国内外同类产品的有关工艺资料。

（5）工艺规程的设计程序

1）专用工艺规程设计

① 熟悉设计工艺规程所需的资料。

② 选择毛坯形式及其制造方法。

a. 选择毛坯的类型：

a）铸件。

b）锻件。

c）压制件。

d）冲压件。

e）焊接件。

f）型材、板材等。

b. 确定毛坯的制造方法。

③ 设计工艺过程。

④ 设计程序：

a. 确定工序中各工步的加工内容和顺序。

b. 选择或计算有关工艺参数。

c. 选择设备或工艺装备。

⑤ 提出外购工具明细表、专用工艺装备明细表、企业标准（通用）工具明细表、工位器具明细表和专用工艺装备设计任务书等。

⑥ 编制工艺定额，见 JB/T 9169.6。

2）典型工艺规程设计

① 熟悉设计工艺规程所需的资料。

② 将产品零件分组。

③ 确定每组零（部）件中的代表件。

④ 分析每组零（部）件的生产批量。

⑤ 根据每组零（部）件的生产批量，设计其代表件的工艺规程。

（以下程序同专用工艺规程设计）。

3）成组工艺规程设计

① 熟悉设计成组工艺规程的资料。

② 将产品零件按成组技术零件分类编码标准进行分类、编组，并给以代码。

③ 确定具有同一代码零件组的复合件。

④ 分析每一代码零件组的生产批量。

⑤ 设计各代码组复合件的工艺过程。

⑥ 设计各复合件的成组工序。

（以下程序同专用工艺规程设计）。

（6）工艺规程的审批程序

1）审核

① 工艺规程的审核一般可由产品主管工艺师或工艺组长进行，关键工艺规程可由工艺科（处）长审核。

② 主要审核内容：

a. 工序安排和工艺要求是否合理。

b. 选用设备和工艺装备是否合理。

2）标准化审查

标准化审查见 JB/T 9169.7。

3）会签

① 工艺规程经审核和标准化审查后，应送交有关生产车间会签。

② 主要会签内容：

a. 根据本车间的生产能力，审查工艺规程中安排的加工或装配内容在本车间能否实现。

b. 工艺规程中选用的设备和工艺装备是否合理。

4）批准

经会签后的成套工艺规程，一般由工艺科（处）长批准，成批生产产品和单件生产关键产品的工艺规程，应由总工艺师或总工程师批准。

5.2.2.4 工艺定额编制（JB/T 9169.6—1998）

（1）材料消耗工艺定额的编制

1）材料消耗工艺定额编制范围

构成产品的主要材料和产品生产过程中所需的辅助材料，均应编制消耗工艺定额。

2）编制材料消耗定额的前提

编制材料消耗工艺定额应在保证产品质量及工艺要求的前提下，充分考虑经济合理地使用材料，最大限度地提高材料利用率，降低材料消耗。

3）编制材料消耗工艺定额的依据

① 产品零件明细表和产品图样。

② 零件工艺规程。

③ 有关材料标准、手册和下料标准。

4）材料消耗工艺定额的编制方法

① 技术计算法。根据产品零件结构和工艺要求，用理论计算的方法求出零件的净重和制造过程中的工艺性损耗。

② 实际测定法。用实际称量的方法确定每个零件的材料消耗工艺定额。

③ 经验统计分析法。根据类似零件材料实际消耗统计资料，经过分析对比，确定零件的材料消耗工艺定额。

5）用技术计算法编制产品主要材料消耗工艺定额的程序

① 型材、管料和板材机械加工件和锻件材料消耗工艺定额的编制：

a. 根据产品零件明细表或产品图样中的零件净重或工艺规程中的毛坯尺寸计算零件的毛坯重量。

b. 确定各类零件单件材料消耗工艺定额的方法：

a）选料法。根据材料目录中给定的材料范围及企业历年进料尺寸的规律，结合具体产品情况，选定一个最经济合理的材料尺寸，然后根据零件毛坯和下料切口尺寸，在选定尺寸的材料上排列，将最后剩余的残料（不能再利用的）分摊到零件的材料消耗工艺定额中，即得出：

$$\text{零件材料消耗工艺定额}=\text{毛坯重}+\text{下料切口重}+\frac{\text{残料重}}{\text{每料件数}}$$

这种方法适用于成批生产的产品。

b）下料利用率法。先按材料规格，定出组距，经过综合套裁下料的实际测定，分别求出各种材料规格组距的下料利用率，然后用下料利用率计算零件消耗工艺定额。具体计算方法如下：

$$\text{下料利用率}=\frac{\text{一批零件毛坯重量之和}}{\text{获得该批毛坯的材料消耗总量}}\times 100\%$$

$$\text{零件材料消耗工艺定额}=\frac{\text{零件毛坯重量}}{\text{下料利用率}}$$

c）下料残料率法。先按材料规格定出组距，经过下料综合套裁的实际测定，分别求出各种材料规格组距的下料残料率，然后用下料残料率计算零件材料消耗工艺定额。具体计算方法如下：

$$\text{下料残料率}=\frac{\text{获得一批零件毛坯后剩下的残料重量之和}}{\text{获得该批零件毛坯所消耗的材料总重量}}\times 100\%$$

$$\text{零件材料消耗工艺定额}=\frac{\text{零件毛坯重量}+\text{一个下料切口重量}}{1-\text{下料残料率}}$$

d）材料综合利用率法。当同一规格的某种材料可用一种产品的多种零件或用于多种产品的零件上时，可采用更广泛的套裁，在这种情况下利用综合利用率法计算零件材料消耗工艺定额较合理，具体计算方法如下：

$$\text{材料综合利用率}=\frac{\text{一批零件净重之和}}{\text{该批零件消耗材料总重量}}\times 100\%$$

$$\text{零件材料消耗工艺定额}=\frac{\text{零件净量}}{\text{材料综合利用率}}$$

c. 计算零件材料利用率（K）：

$$K=\frac{\text{零件净重}}{\text{零件材料消耗工艺定额}}\times 100\%$$

d. 填写产品材料消耗工艺定额明细表。

e. 汇总单台产品各个品种、规格的材料消耗工艺定额。

f. 计算单台产品材料利用率。

g. 填写单台产品材料消耗工艺定额汇总表。

h. 审核、批准。

② 铸件材料消耗工艺定额和每吨合格铸件所需金属炉料消耗工艺定额的编制：

a. 铸件材料消耗工艺定额编制：

a）计算铸件毛重。

b）计算浇、冒口系统重。

c）计算金属切削率：

$$\text{铸件金属切削率}=\frac{\text{铸件毛重}-\text{净重}}{\text{毛重}}\times 100\%。$$

d）填写铸件材料消耗工艺定额明细表。

e）审核、批准。

b. 每吨合格铸件金属炉料消耗工艺定额编制：

a）确定金属炉料技术经济指标项目及计算公式

$$铸件成品率=\frac{成品铸件重量}{金属炉料重量}\times 100\%$$

$$可用收率=\frac{回炉料重量}{金属炉料重量}\times 100\%$$

$$不可回收率=\frac{金属炉料重量-成品铸件重量-回炉料重量}{金属炉料重量}\times 100\%$$

$$炉耗率=\frac{金属炉料重量-金属液重量}{金属炉料重量}\times 100\%$$

$$金属液收得率=\frac{金属液重量}{金属炉料重量}\times 100\%$$

$$金属炉料与焦炭比=\frac{金属炉料重量}{焦炭重量}$$

b）确定每吨合格铸件所需某种金属炉料消耗工艺定额：

$$某种金属炉料消耗工艺定额=\frac{配料比}{铸件成品率}$$

c）填写金属炉料消耗工艺定额明细表。

a）审核、批准。

6）材料消耗工艺定额的修改

材料消耗工艺定额经批准实施后.一般不得随意修改，若由于产品设计、工艺改变或材料质量等方面的原因，确需改变材料消耗工艺定额时，应由工艺部门填写工艺文件更改通知单，经有关部门会签和批准后方可修改。

(2) 劳动定额的制定

1）劳动定额的制定范围

凡能计算考核工作量的工种和岗位均应制定劳动定额。

2）劳动定额的形式

① 时间定额（工时定额）的组成。

a. 单件时间（用 T_p 表示）由以下几部分组成：

a）作业时间（用 T_B 表示）：直接用于制造产品或零、部件所消耗的时间。它又分为基本时间和辅助时间两部分，其中茎本时间（用 T_b 表示）是直接用于改变生产对象的尺寸、形状、相对位置、表面状态或材料性质等工艺过程所消耗的时间，而抽助时间（用 T_a 表示）是为实现上述工艺过程必须进行各种辅助动作所消耗的时间。

b）布置工作地时间（用 T_s 表示）：为使加工正常进行，工人照管工作地（如润滑机床、清理切屑、收拾工具等）所需消耗的时间，一般按作业时间的 2%～7%计算。

c）休息与生理需要时间（用 T_r 表示）：工人在工作班内为恢复体力和满足生理上的需要所消耗的时间，一般按作业时间的 2%～4%计算。

若用公式表示，则

$$T_p=T_B+T_s+T_r=T_b+T_a+T_s+T_r$$

b. 准备与终结时间（简称准终时间，用 T_e 表示）。工人为了生产一批产品或零、部件，进行准备和结束工作所需消耗的时间。若每批件数为 n，则分摊到每个零件上的准终时间就是 T_e/n。

c. 单件计算时间（用 T_c 表示）。

a）在成批生产中：

$$T_c=T_p+T_e/n=T_b+T_a+T_s+T_r+T_e/n$$

b）在大量生产中，由于 n 的数值大，$T_e/n\approx 0$，即可忽略不计，所以：

$$T_c=T_p=T_b+T_a+T_s+T_r$$

② 产量定额。单位时间内完成的合格品数量。

3）制定劳动定额的基本要求

制定劳动定额应报据企业的生产技术条件，使大多数职工经过努力都可达到，部分先进职工可以超过，少数职工经过努力可以达到或接近平均先进水平。

4）制定劳动定额的主要依据

① 产品图样和工艺规程。

② 生产类型。

③ 企业的生产技术水平。

④ 定额标准或有关资料。

5）劳动定额的制定方法

① 经验估计法。由定额员、工艺人员和工人相结合，通过总结过去的经验并参考有关的技术资料，直接估计出劳动工时定额。

② 统计分析法。对企业过去一段时期内，生产类似零件(或产品)所实际消耗的工时原始记录，进行统计分析，并结合当前具体生产条件，确定该零件(或产品)的劳动定额。

③ 类推比较法。以同类产品的零件或工序的劳动定额为依据，经过对比分析，推算出该零件或工序的劳动定额。

④ 技术测定法。通过对实际操作时间的测定和分析，确定劳动定额。

6) 劳动定额的修定

① 随着企业生产技术条件的不断改善，劳动定额应定期进行修定，以保持定额的平均先进水平。

② 在批量生产中，发生下列情况之一时，应及时修改劳动定额。

a. 产品设计结构修改。

b. 工艺方法修改。

c. 原材料或毛坯改变。

d. 设备或工艺装备改变。

e. 生产组织形式改变。

f. 生产条件改变等。

5.2.2.5 工艺文件标准化审查(JB/T 9169.7—1998)

(1) 工艺文件标准化审查的基本任务

1) 保证工艺标准和相关标准的贯彻。

2) 保证工艺文件的完整、统一。

3) 提高工艺文件的通用性。

(2) 审查对象

工艺文件标准化审查主要应审查产品工艺规程和工艺装备设计图样。

(3) 审查的依据

1) 有关国家标准和行业标准。

2) 企业标准和有关规定。

(4) 审查内容

1) 工艺规程审查。

① 文件格式和幅面是否符合标准规定。

② 文件中所用的术语、符号、代号和计量单位是否符合相应标准，文字是否规范。

③ 所选用的标准工艺装备是否符合标准。

④ 毛坯材料规格是否符合标准。

⑤ 工艺尺寸、工序公差和表面粗糙度等是否符合标准。

⑥ 工艺规程中的有关要求是否符合安全和环保标准。

2) 专用工艺装备图样审查。

① 图样的幅面、格式是否符合有关标准的规定。

② 图样中所用的术语、符号、代号和计量单位是否符合相应标准的规定，文字是否规范。

③ 标题栏、明细栏的填写是否符合标准。

④ 图样的绘制和尺寸标注是否符合机械制图国家标准的规定。

⑤ 有关尺寸、尺寸公差、形位公差和表面粗糙度是否符合相应标准。

⑥ 选用的零件结构要素是否符合有关标准。

⑦ 选用的材料、标准件等是否符合有关标准。

⑧ 是否正确选用了标准件、通用件和借用件。

(5) 审查程序

1) 工艺文件的标准化审查应由专职或兼职工艺标准化员进行。

2) 工艺文件须由“设计”、“审核”(专用工艺装备图样还需“工艺”)签字后，才能进行标准化审查。

3) 标准化人员在审查过程中发现问题要做出适当标记和记录，审查合格后签字，对有问题的文件要连同审查记录一起返给原设计人员，经修改合格后再交标准化员签字。

4) 对审查中有争议的问题，要协商解决。

5.2.2.6 工艺验证(JB/T 9169.9—1998)

(1) 工艺验证的范围

凡需批量生产的新产品，在样机试制鉴定后批量生产前，均需通过小批试制进行工艺验证。

(2) 工艺验证的基本任务

通过小批试生产考核工艺文件和工艺装备的合理性和适应性，以保证今后批量生产中产品质量稳定、成本低廉，并符合安全和环境保护要求。

(3) 主要验证内容

1) 工艺关键件的工艺路线和工艺要求是否合理、可行。

2) 所选用的设备和工艺装备是否能满足工艺要求。

3) 检验手段是否满足要求。

4) 装配路线和装配方法能否保证产品精度。

5) 劳动安全和污染情况。

(4) 验证程序

1) 制定验证实施计划。验证实施计划的内容应包括:主要验证项目;验证的技术;组织措施;时间安排;费用预算等。

2) 验证前的准备。验证前各有关部门应按验证实施计划做好以下各项准备工作。

① 生产部门负责下达验证计划。

② 工艺部门负责提供验证所需的工艺文件和有关资料。

③ 工具部门提供所需的全部工艺装备。

④ 供应部门和生产部门应准备好全部材料和毛坯。

⑤ 检验部门应做好检查准备。

⑥ 生产车间应做好试生产准备。

3) 实施验证。

① 验证时必须严格按工艺文件要求进行试生产。

② 验证过程中,有关工艺和工装设计人员必须经常到生产现场进行跟踪考察,发现问题及时进行解决,并要详细记录问题发生的原因和解决措施。

③ 验证过程中,工艺人员应认真听取生产操作者的合理化意见,对有助于改进工艺、工装的建议要积极采纳。

4) 验证总结与鉴定。

① 验证总结。小批试制结束后,工艺部门应写出工艺验证总结,其内容包括:

a) 产品型号和名称。

b) 验证前生产工艺准备工作情况。

c) 试生产数量及时间。

d) 验证情况分析,包括与国内外同类产品工艺水平对比分析。

e) 验证结论。

f) 对今后批量生产的意见和建议。

② 验证鉴定:

a) 一般产品由企业主要技术负责人主持召开由各有关科(室)和车间参加的工艺验证鉴定会,根据工艺验证总结和各有关方面的意见,确定该产品工艺验证是否合格,能否马上进行批量生产。参加鉴定会的各有关方面负责人应在《工艺验证书》的会签栏内签字。《工艺验证书》格式见 JB/T 9165. 3。

b) 对纳入上级主管部门验证计划的重要产品,在通过企业鉴定后,还需报请上级主管部门,由下达验证的主管部门组织验收。验收合格后发给《产品小批试制鉴定证书》,其格式按《机械工业产品小批试制管理试行办法》中的规定。

5. 2. 2. 7 工艺文件的修改(JB/T 9169. 8—1998)

(1) 工艺文件修改的一般原则

1) 工艺文件需要修改时,一般应由工艺部门下达工艺文件更改通知单,凭更改通知单修改。

2) 在修改某一工艺文件时,与其相关的文件必须同时修改,以保证修改后的文件正确、统一。

3) 工艺文件修改通知单下达后,需要修改的文件应在规定日期内修改完毕。

4) 工艺文件临时修改。由于临时性的设备、工艺装备或材料等问题需变更工艺时,应坡写"临时脱离工艺通知单",经有关部门会签和批准后生效,但不能修改正式工艺文件。

(2) 工艺文件修改的程序

1) 填写工艺文件更改通知单,其格式应符合 JB/T 9165.3 的规定。

2) 工艺文件更改通知单应经有关部门会签并经审核和批准后才能下发。

3) 按批准的工艺文件更改通知单要求进行修改。

(3) 修改方法

1) 修改时不得涂改,应将更改部分用细实线划去,使划去部分仍能看清,然后在附近填写更改后的内容。

2) 在更改部位附近标注本次修改所用的标记,标记符号应按更改通知单中的规定。

3) 修改时必须在被修改文件表尾的更改栏内填写本次更改用的标记、更改处数、更改通知单的编号日期和修改人签字。

4) 在下列情况下,工艺文件修改后需重新描晒:

① 经多次修改,文件已模糊不清。

② 虽初次修改,但修改内容较多,修改后文件已不清晰。

5) 重新描的底图更改栏应按以下规定填写:

① “标记”栏填写重描前本次更改所用的标记。

② “处数”栏填写“重描”字样。

③ “更改文件号,栏填写重描前本次更改通知单编号。

④ “签字”和“日期”栏由负责复核的工艺人员签上姓名和日期。

6) 换发新描晒的工艺文件时,旧工艺文件必须收回存档备查,而且新旧文件应加区分标记,严禁新旧两种文件混用。

5.2.3 工艺规程设计一般程序

5.2.3.1 零件图样分析

零件图是制订工艺规程的主要资料,在制订工艺规程时,必须首先分析零件图和部分装配图,了解产品的用途,性能及工作条件,熟悉该零件在产品中的功能,找出主要加工表面和主要技术要求。

零件的技术要求分析包括:

1) 零件材料、性能及热处理要求。

2) 加工表面尺寸精度。

3) 主要加工表面形状精度和主要加工表面之间的相互位置精度。

4) 加工表面的粗糙度及表面质量方面的需求。

5) 其他要求:如毛坯、倒角、倒圆、去毛刺等。

5.2.3.2 定位基准选择

工件在加工时,用以确定工件对机床及刀具相对位置的表面,称为定位基准。最初工序中所用定位基准,是毛坯上未经加工的表面,称为粗基准。在其后各工序加工中所用定位基准是已加工的表面,称为精基准。

(1) 粗基准选择原则

1) 选用的粗基准应便于定位、装夹和加工,并使夹具结构简单。

2) 如果必须首先保证工件加工面与不加工面之间的位置精度要求,则应以该不加工面为粗基准。

3) 为保证某重要表面的粗加工余量小而均匀,应选该表面为粗基准。

4) 为使毛坯上多个表面的加工余量相对较为均匀,应选能使其余毛坯面至所选粗基准的位置误差得到均分的这种毛坯面为粗基准。

5) 粗基准面应平整,没有浇口、冒口或飞边等缺陷,以便定位可靠。

6) 粗基准一般只能使用一次(尤其主要定位基准),以免产生较大的位置误差。

(2) 精基准选择原则

1) 所选定位基准应便于定位、装夹和加工,要有足够的定位精度。

2) 遵循基准统一原则,当工件以某一组精基准定位,可以比较方便地加工其余多数表面时,应在这些表面的加工各工序中,采用这同一组基准来定位的方法。这样,减少工装设计和制造,避免基准转换误差,提高生产率。

3) 遵循基准重合原则,表面最后精加工需保证位置精度时,应选用设计基准为定位基准的方法,称为基准重合原则。在用基准统一原则定位,而不能保证其位置精度的那些表面的精加工时,必须采用基准重合原则。

4) 自为基准原则,当有的表面精加工工序要求余量小而均匀时,可利用被加工表面本身作为定位基准的方法,称为自为基准原则。此时的位置精度要求由先行工序保证。

5.2.3.3 零件表面加工方法的选择

零件表面的加工,应根据这些表面的加工要求和零件的结构特点及材料性质等因素选用相应的加工方法。

在选择某一表面的加工方法时,一般总是首先选定它的最终加工方法,然后再逐一选定各有关前导工序的加工方法。

5.2.3.4 加工顺序的安排

(1) 加工阶段的划分

按加工性质和作用的不同,工艺过程一般可划分为三个加工阶段:

1) 粗加工阶段。主要是切除各加工表面上的大部分余量,所用精基准的粗加工则在本阶段的最初工序中完成。

2) 半精加工阶段。为各主要表面的精加工做好准备(达到一定精度要求并留有精加工余量),并完成一些次要表面的加工。

3) 精加工阶段。使各主要表面达到规定的质量要求。

此外,某些精密零件加工时还有精整(超精磨、镜面磨、研磨和超精加工等)或光整(滚压、抛光等)加工阶段。

下列情况可以不划分加工阶段,加工质量要求不高或虽然加工质量要求较高,但毛坯刚性好、精度高的零件,就可以不划分加工阶段,特别是用加工中心加工时,对于加工要求不太高的大型、重型工件,在一次装夹中完成粗加工和精加工,也往往不划分加工阶段。

划分加工阶段的作用有以下几点:

1) 避免毛坯内应力重新分布而影响获得的加工精度。

2）避免粗加工时较大的夹紧力和切削力所引起的弹性变形和热变形对精加工的影响。

3）粗、精加工阶段分开，可较及时地发现毛坯的缺陷，避免不必要的损失。

4）可以合理使用机床，使精密机床能较长期地保持其精度。

5）适应加工过程中安排热处理的需要。

（2）工序的合理组合

确定加工方法以后，就要按生产类型、零件的结构特点、技术要求和机床设备等具体生产条件确定工艺过程的工序数。确定工序数有两种基本原则可供选择。

1）工序分散原则

工序多，工艺过程长，每个工序所包含的加工内容很少，极端情况下每个工序只有一个工步，所使用的工艺设备与装备比较简单，易于调整和掌握，有利于选用合理的切削用量，减少基本时间，设备数量多，生产面积大。

2）工序集中原则

零件的各个表面的加工集中在少数几个工序内完成，每个工序的内容和工步都较多，有利于采用高效的数控机床，生产计划和生产组织工作得到简化，生产面积和操作工人数量减少，工件装夹次数减少，辅助时间缩短，加工表面间的位置精度易于保证，设备、工装投资大，调整、维护复杂，生产准备工作量大。

批量小时往往采用在通用机床上工序集中的原则，批最大时即可按工序分散原则组织流水线生产，也可利用高生产率的通用设备按工序集中原则组织生产。

（3）加工顺序的安排

零件加工顺序的安排原则见表 5-2-20

表 5-2-20　工序安排原则

工序类别	工　　序	安　排　原　则
机械加工		1）对于形状复杂、尺寸较大的毛坯或尺寸偏差较大的毛坯，应首先安排划线工序，为精基准加工提供找正基准 2）按“先基面后其他”的顺序，首先加工精基准面 3）在重要表面加工前应对精基准进行修正 4）按“先主后次、先粗后精”的顺序，对精度要求较高的各主要表面进行粗加工、半精加工和精加工 5）对于与主要表面有位置精度要求的次要表面应安排在主要表面加工之后加工 6）对于易出现废品的工序，精加工和光整加工可适当提前，一般情况主要表面的精加工和光整加工应放在最后阶段进行
热处理	退火与正火	属于毛坯预备性热处理，应安排在机械加工之前进行
	时　　效	为了消除残余应力，对于尺寸大、结构复杂的铸件，需在粗加工前、后各安排一次时效处理；对于一般铸件在铸造后或粗加工后安排一次时效处理；对于精度要求高的铸件，在半精加工前、后各安排一次时效处理；对于精度高、刚度差的零件，在粗车、粗磨、半精磨后各需安排一次时效处理
	淬　　火	淬火后工件硬度提高且易变形，应安排在精加工阶段的磨削加工前进行
	渗　　碳	渗碳易产生变形，应安排在精加工前进行，为控制渗碳层厚度，渗碳前需要安排精加工
	渗　　氮	一般安排在工艺过程的后部、该表面的最终加工之前。渗氮处理前应调质
辅助工序	中间检验	一般安排在粗加工全部结束之后，精加工之前；送往外车间加工的前后（特别是热处理前后）；花费工时较多和重要工序的前后
	特种检验	荧光检验、磁力检测主要用于表面质量的检验，通常安排在精加工阶段。荧光检验如用于检查毛坯的裂纹，则安排在加工前
	表面处理	电镀、涂层、发蓝、氧化、阳极化等表面处理工序一般安排在工艺过程的最后进行

5.2.3.5 工序尺寸的确定

（1）确定工序尺寸的方法

1）对外圆和内孔等简单加工的情况，工序尺寸可由后续加工的工序尺寸加上（对被包容面）或减去（对包容面）公称工序余量而求得，工序公差按所用加工方法的经济加工公差等级选定。

2）当工件上的位置尺寸精度或技术要求在工艺过程中是由两个甚至更多的工序所间接保证时，需通过尺寸链计算，来确定有关工序尺寸、公差及技术要求。

3）对于同一位置尺寸方向有较多尺寸，加工时定位基准又需多次转换的工件（如轴类、套筒类等），由于工序尺寸相互联系的关系较复杂（如某些设计尺寸作为封闭环被间接保证，加工余量有误差累积），就需要从整个工艺过程的角度用工艺尺寸链作综合计算，以求出各工序尺寸、公差及技术要求。

（2）工艺尺寸链的计算参数与计算公式（摘自 GB/T 5847—2004）

1）尺寸链的计算参数见表 5-2-21。

2）尺寸链的计算公式见表 5-2-22。

表 5-2-21 尺寸链的计算参数

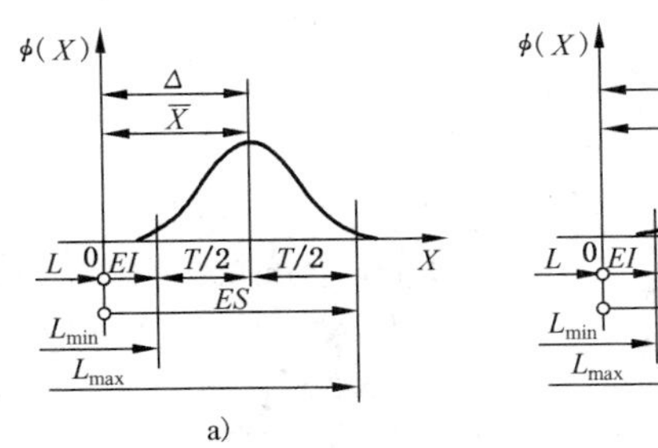

a) b)

序号	符号	含义	序号	符号	含义
1	L	基本尺寸	11	m	组成环环数
2	L_{max}	最大极限尺寸	12	ξ	传递系数
3	L_{min}	最小极限尺寸	13	k	相对分布系数
4	ES	上偏差	14	e	相对不对称系数
5	EI	下偏差	15	T_{av}	平均公差
6	X	实际偏差	16	T_L	极值公差
7	T	公差	17	T_S	统计公差
8	Δ	中间偏差	18	T_Q	平方公差
9	$\bar{X}$	平均偏差	19	T_E	当量公差
10	$\phi(X)$	概率密度函数			

表 5-2-22 尺寸链的计算公式

序号	计算内容		计算公式	说明
1	封闭环基本尺寸		$L_0=\sum_{i=1}^{m}\xi_i L_i$	下标“0”表示封闭环，“i”表示组成环及其序号。下同
2	封闭环中间偏差		$\Delta_0=\sum_{i=1}^{m}\xi_i\left(\Delta_i+e_i\dfrac{T_i}{2}\right)$	当 $e_i=0$ 时，$\Delta_0=\sum_{i=1}^{m}\xi_i\Delta_i$
3	封闭环公差	极值公差	$T_{0L}=\sum_{i=1}^{m}\lvert\xi_i\rvert T_i$	在给定各组成环公差的情况下，按此计算的封闭环公差 T_{0L}，其公差值最大
		统计公差	$T_{0S}=\dfrac{1}{k_0}\sqrt{\sum_{i=1}^{m}\xi_i^2k_i^2T_i^2}$	当 $k_0=k_i=1$ 时，得平方公差 $T_{0Q}=\sqrt{\sum_{i=1}^{m}\xi_i^2T_i^2}$，在给定各组成环公差的情况下，按此计算的封闭环平方公差 T_{0Q}，其公差最小 使 $k_0=1$，$k_i=k$ 时，得当量公差 $T_{0E}=k\sqrt{\sum_{i=1}^{m}\xi_i^2T_i^2}$，它是统计公差 T_{0S} 的近似值。其中 $T_{0L}>T_{0S}>T_{0Q}$

续表 5-2-22

序号	计算内容		计算公式	说明
4	封闭环极限偏差		$ES_0=\Delta_0+\frac{1}{2}T_0$ $EI_0=\Delta_0-\frac{1}{2}T_0$	
5	封闭环极限尺寸		$L_{0\max}=L_0+ES_0$ $L_{0\min}=L_0+EI_0$	
6	组成环平均公差	极限公差	$T_{av,L}=\dfrac{T_0}{\sum\limits_{i=1}^{m}\lvert\xi_i\rvert}$	对于直线尺寸链$\lvert\xi_i\rvert=1$，则$T_{av,L}=\dfrac{T_0}{m}$。在给定封闭环公差的情况下，按此计算的组成环平均公差$T_{av,L}$，其公差值最小
		统计公差	$T_{av,S}=\dfrac{k_0T_0}{\sqrt{\sum\limits_{i=1}^{m}\xi_i^2k^2}}$	当$k_0=k_i=1$时，得组成环平均平方公差$T_{av,Q}=\dfrac{T_0}{\sqrt{\sum\limits_{i=1}^{m}\xi_i^2}}$；直线尺寸链$\lvert\xi_i\rvert=1$，则$T_{av,Q}=\dfrac{T_0}{\sqrt{m}}$在给定封闭环公差的情况下，按此计算的组成平均平方公差$T_{av,Q}$，其公差值最大 使$k_0=1, k_i=k$时，得组成环平均当量公差$T_{av,E}=\dfrac{T_0}{k\sqrt{\sum\limits_{i=1}^{m}\xi_i^2}}$；直线尺寸链$\lvert\xi_i\rvert=1$，则 $T_{av,E}=\dfrac{T_0}{k\sqrt{m}}$ 它是统计公差$T_{av,S}$的近似值。其中$T_{av,L}<T_{av,S}<T_{av,Q}$
7	组成环极限偏差		$ES_i=\Delta_i+\frac{1}{2}T_i$ $EI_i=\Delta_i-\frac{1}{2}T_i$	
8	组成环极限尺寸		$L_{i\max}=L_i+ES_i$ $L_{i\min}=L_i+EI_i$	

注：1. 各组成环在其公差带内按正态分布时，封闭环亦必按正态分布；各组成环具有各自不同分布时，只要组成环数不太小($m\geqslant5$)，各组成环分布范围相差又不太大时，封闭环也趋近正态分布。因此，通常取$e_0=0$，$k_0=1$。

2. 当组成环环数较小($m<5$)，各组成环又不按正态分布，这时封闭环亦不同于正态分布；计算时没有参考的统计数据，可取$e_0=0$，$k_0=1.1\sim1.3$。

(3) 工艺尺寸链的基本类型与工序尺寸的计算

1) 工艺尺寸换算

① 基准不重合时工艺尺寸的换算。如表 5-2-23 所示零件是一个有孔中心距要求的轴承座，加工轴孔时有三种不同的方案。当基准不重合时，需进行工艺尺寸换算。

表 5-2-23 基准不重合时工艺尺寸换算

加工方案	以底面 B 为基准，一次装夹，先镗 C，再以 C 为基准调整对刀，镗孔 D	以底面 B 为基准，在两台机床上分别镗两孔	上、下表面 A、B 加工后，先以底面 B 为基准加工孔 C，再以表面 A 为基准加工孔 D
简图	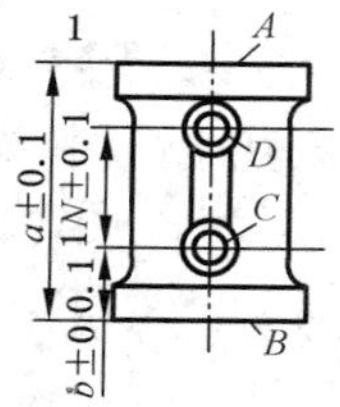 1, A, D, C, B, $a\pm0.1$, $N\pm0.1$, $b\pm0.1$	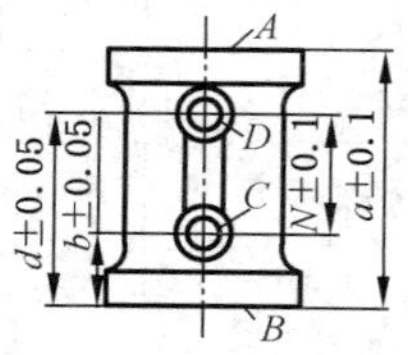 A, D, C, B, $d\pm0.05$, $b\pm0.05$, $N\pm0.1$, $a\pm0.1$	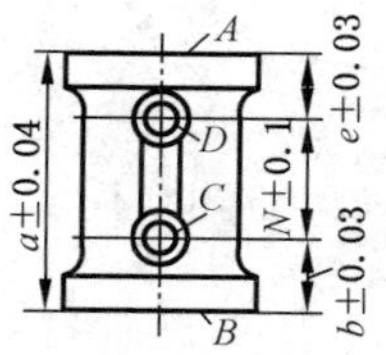 A, D, C, B, $a\pm0.04$, $N\pm0.1$, $e\pm0.03$, $b\pm0.03$

续表 5-2-23

工艺尺寸换算		$T_{0L}=\sum_{i=1}^{2}T_i=T_b+T_d=\pm0.1$ mm 设 $T_b=T_d=T_{av,L}$ $T_{av,L}=\frac{T_{0L}}{2}=\pm0.05$ mm 加工 C 孔的工艺尺寸：$b\pm0.05$ mm 加工 D 孔的工艺尺寸：$d\pm0.05$ mm	$T_{0L}=\sum_{i=1}^{3}T_i=T_a+T_b+T_e=\pm0.1$ mm 设 $T_a=\pm0.04$ mm，则 $T_b=T_e=\pm0.03$ mm A、B 面距离尺寸：$a\pm0.04$ mm 加工 C 孔的工艺尺寸：$b\pm0.03$ mm 加工 D 孔的工艺尺寸：$e\pm0.03$ mm
说明	工序尺寸与设计尺寸完全相符，不进行工艺尺寸换算	尺寸 d 在原设计图上没有，需通过工艺尺寸换算求得。由于两次装夹分别加工，为了保证孔中心距尺寸精度，需压缩原设计尺寸的公差	需计算新的工艺尺寸 e，并且根据孔中心距的公差重新确定 a、b、e 的公差

② 走刀次序与走刀方式不同时工艺尺寸的换算。如加工阶梯轴时，虽然基准不变，加工方法相同，但由于走刀次序和走刀方式不同，也要进行工艺尺寸换算（表 5-2-24）。

表 5-2-24 走刀次序与走刀方式不同时的工艺尺寸换算

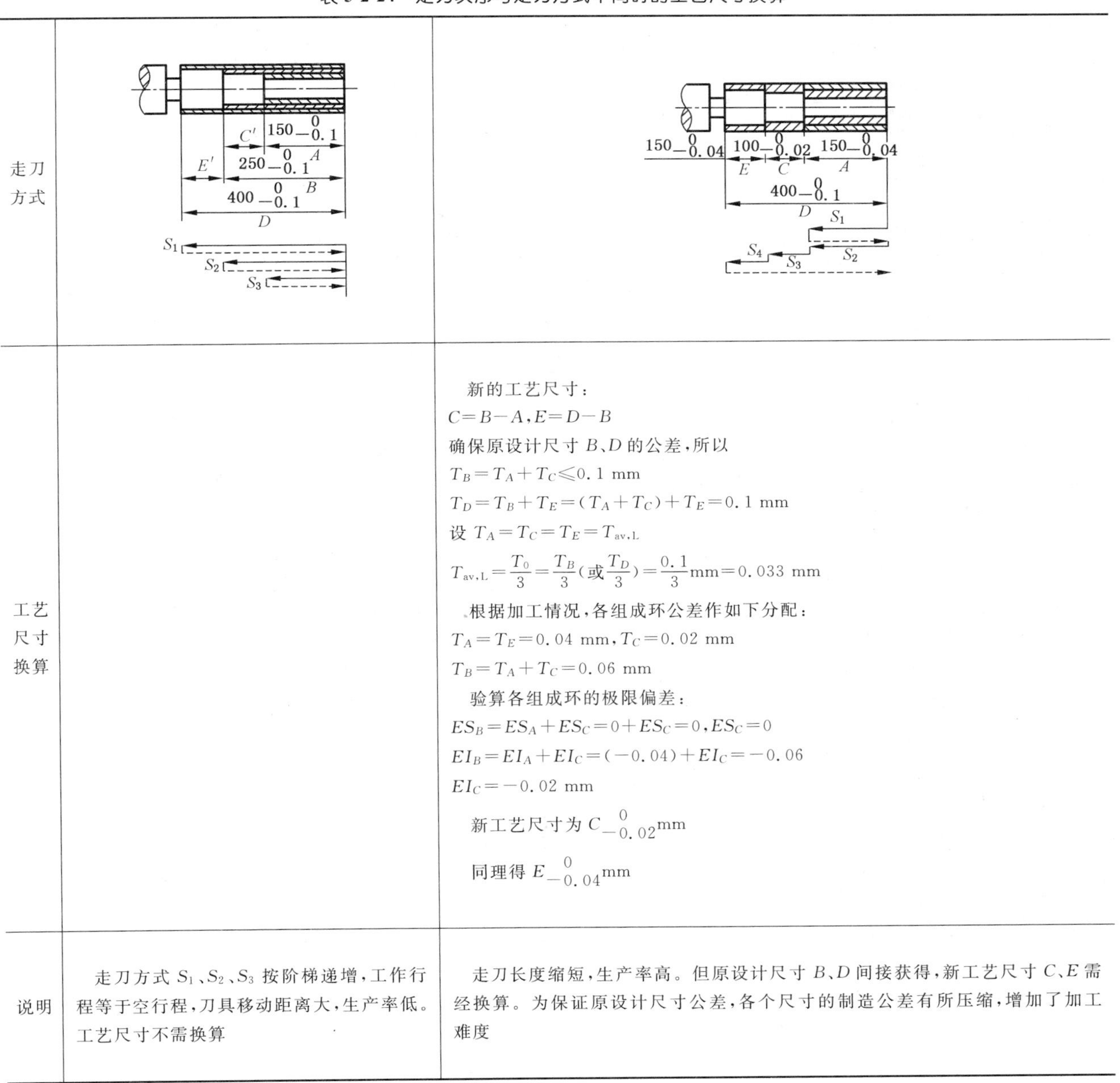

走刀方式	（图）	（图）
工艺尺寸换算		新的工艺尺寸： $C=B-A$，$E=D-B$ 确保原设计尺寸 B、D 的公差，所以 $T_B=T_A+T_C\leqslant0.1$ mm $T_D=T_B+T_E=(T_A+T_C)+T_E=0.1$ mm 设 $T_A=T_C=T_E=T_{av,L}$ $T_{av,L}=\frac{T_0}{3}=\frac{T_B}{3}(或\frac{T_D}{3})=\frac{0.1}{3}mm=0.033$ mm 根据加工情况，各组成环公差作如下分配： $T_A=T_E=0.04$ mm，$T_C=0.02$ mm $T_B=T_A+T_C=0.06$ mm 验算各组成环的极限偏差： $ES_B=ES_A+ES_C=0+ES_C=0$，$ES_C=0$ $EI_B=EI_A+EI_C=(-0.04)+EI_C=-0.06$ $EI_C=-0.02$ mm 新工艺尺寸为 $C_{-0.02}^{\ \ 0}$mm 同理得 $E_{-0.04}^{\ \ 0}$mm
说明	走刀方式 S_1、S_2、S_3 按阶梯递增，工作行程等于空行程，刀具移动距离大，生产率低。工艺尺寸不需换算	走刀长度缩短，生产率高。但原设计尺寸 B、D 间接获得，新工艺尺寸 C、E 需经换算。为保证原设计尺寸公差，各个尺寸的制造公差有所压缩，增加了加工难度

③ 定程控制尺寸精度所要求的工艺尺寸换算。由于工件装夹方式不同，或者应用刀具和走刀定程方式不同，应根据加工条件进行工艺尺寸换算（表 5-2-25）。

表 5-2-25　定程控制尺寸精度所要求的工艺尺寸换算

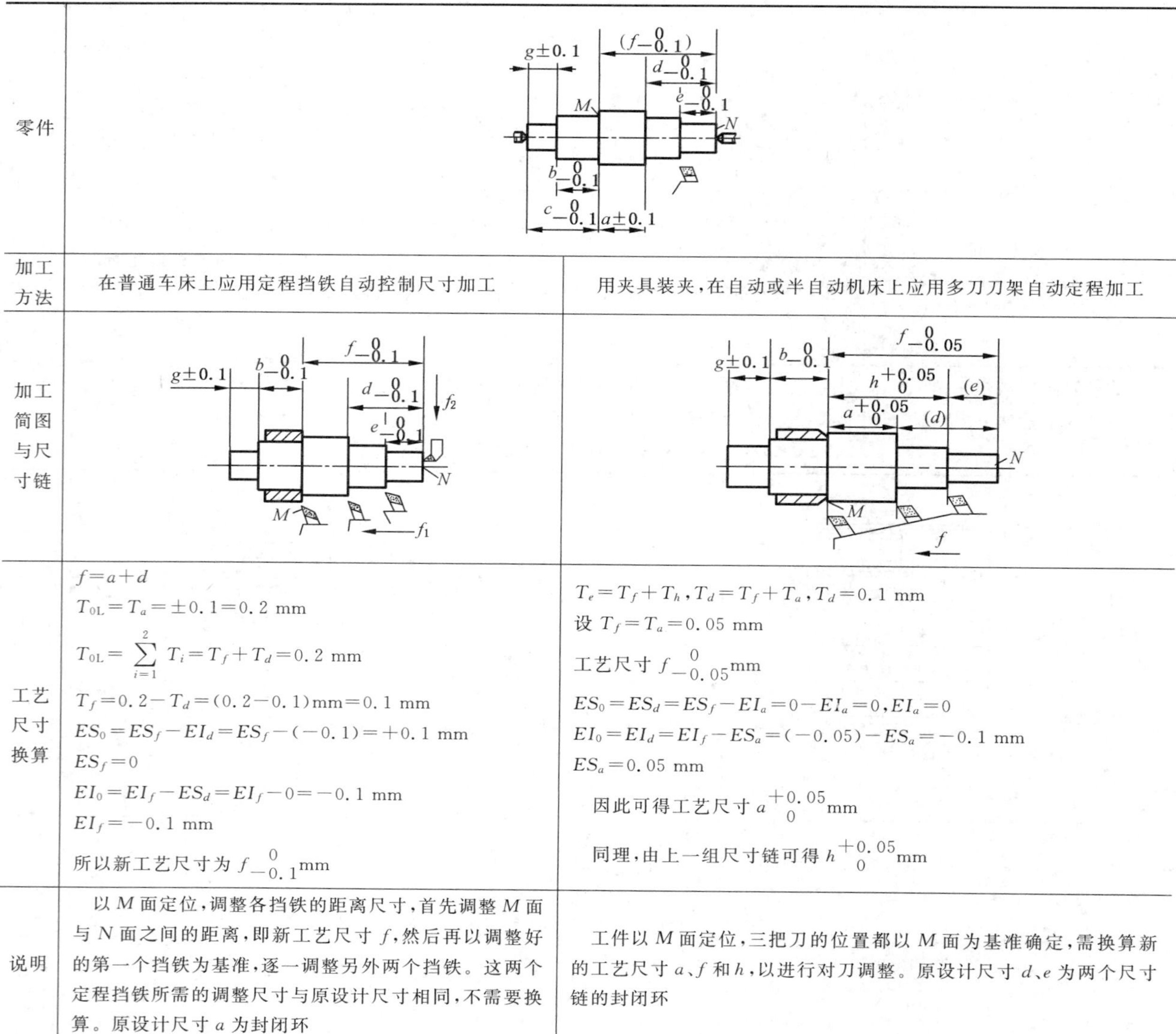

零件	（零件图）	
加工方法	在普通车床上应用定程挡铁自动控制尺寸加工	用夹具装夹，在自动或半自动机床上应用多刀刀架自动定程加工
加工简图与尺寸链	（简图）	（简图）
工艺尺寸换算	$f=a+d$ $T_{0L}=T_a=\pm0.1=0.2$ mm $T_{0L}=\sum_{i=1}^{2}T_i=T_f+T_d=0.2$ mm $T_f=0.2-T_d=(0.2-0.1)\text{mm}=0.1$ mm $ES_0=ES_f-EI_d=ES_f-(-0.1)=+0.1$ mm $ES_f=0$ $EI_0=EI_f-ES_d=EI_f-0=-0.1$ mm $EI_f=-0.1$ mm 所以新工艺尺寸为 $f_{-0.1}^{\ 0}$mm	$T_e=T_f+T_h$，$T_d=T_f+T_a$，$T_d=0.1$ mm 设 $T_f=T_a=0.05$ mm 工艺尺寸 $f_{-0.05}^{\ 0}$mm $ES_0=ES_d=ES_f-EI_a=0-EI_a=0$，$EI_a=0$ $EI_0=EI_d=EI_f-ES_a=(-0.05)-ES_a=-0.1$ mm $ES_a=0.05$ mm 因此可得工艺尺寸 $a_{\ 0}^{+0.05}$mm 同理，由上一组尺寸链可得 $h_{\ 0}^{+0.05}$mm
说明	以 M 面定位，调整各挡铁的距离尺寸，首先调整 M 面与 N 面之间的距离，即新工艺尺寸 f，然后再以调整好的第一个挡铁为基准，逐一调整另外两个挡铁。这两个定程挡铁所需的调整尺寸与原设计尺寸相同，不需要换算。原设计尺寸 a 为封闭环	工件以 M 面定位，三把刀的位置都以 M 面为基准确定，需换算新的工艺尺寸 a、f 和 h，以进行对刀调整。原设计尺寸 d、e 为两个尺寸链的封闭环

2）同一表面需要经过多次加工时工序尺寸的计算

加工精度要求较高、表面粗糙度参数值要求较小的工件表面，通常都要经过多次加工。这时各次加工的工序尺寸计算比较简单，不必列出工艺尺寸链，只需先确定各次加工的加工余量便可直接计算（对于平面加工，只有当各次加工时的基准不转换的情况下才可直接计算）。

如加工某一钢质零件上的内孔，其设计尺寸为 $\phi72.5_{\ 0}^{+0.03}$mm，表面粗糙度 Ra 为 0.2 μm。现经过扩孔、粗镗、半精镗、精镗、精磨五次加工，计算各次加工的工序尺寸及公差。

查表确定各工序的基本余量为：

精磨	0.7 mm	精镗	1.3 mm
半精镗	2.5 mm	粗镗	4.0 mm
扩孔	5.0 mm	总余量	13.5 mm

各工序的工序尺寸为：

精磨后	由零件图知 $\phi72.5$ mm
粗镗后	$(72.5-0.7)\text{mm}=\phi71.8$ mm
半精镗后	$(71.8-1.3)\text{mm}=\phi70.5$ mm
粗镗后	$(70.5-2.5)\text{mm}=\phi68$ mm
扩孔后	$(68-4)\text{mm}=\phi64$ mm

毛坯孔　　(64－5)mm＝ϕ59 mm

各工序的公差按加工方法的经济精度确定，并标注为：

精磨　　由零件图知$\phi 72.5^{+0.03}_{0}$mm

精镗　　按 IT7 级　$\phi 71.8^{+0.045}_{0}$mm

半精镗　　按 IT10 级　$\phi 70.5^{+0.12}_{0}$mm

粗镗　　按 IT11 级　$\phi 68^{+0.19}_{0}$mm

扩孔　　按 IT13 级　$\phi 64.8^{+0.46}_{0}$mm

毛坯　　$\phi 59^{+1}_{-2}$mm

根据计算结果可作出加工余量、工序尺寸及其公差分布图，见图 5-2-1。

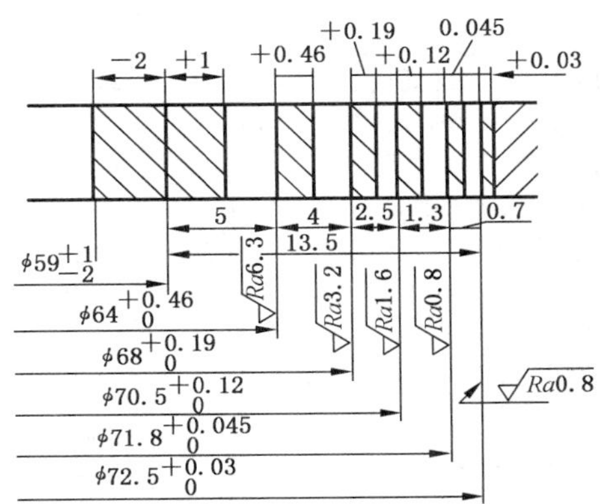

图 5-2-1　孔的加工余量、工序尺寸及公差分布图

3) 其他类型工艺尺寸的计算(表 5-2-26)。

表 5-2-26　其他类型工艺尺寸的计算

尺寸链类型及说明	图　　例	工艺尺寸计算
1) 多尺寸保证时工艺尺寸的计算 当一次切削同时获得几个尺寸时，基准面最终一次加工只能直接保证一个设计尺寸，另一些设计尺寸为间接获得尺寸。因此，宜选取精度要求较高的设计尺寸作为直接获得尺寸，精度要求不高的设计尺寸作为封闭环 图中阶梯轴，安装轴承的 ϕ30 mm±0.007 mm 轴颈，要在最后进行磨削加工，同时修磨轴肩，保证轴承的轴向定位。当磨削轴肩以后，可以得到三个尺寸：$25^{\ 0}_{-0.08}$mm、$20^{\ 0}_{-0.15}$mm 和 $80^{\ 0}_{-0.2}$mm。其中 $25^{\ 0}_{-0.08}$mm 是直接测量控制达到的，而 $20^{\ 0}_{-0.15}$mm 和 $80^{\ 0}_{-0.2}$mm 均为间接获得尺寸	$\phi 30 \pm 0.007$ $25^{\ 0}_{-0.08}$ $20^{\ 0}_{-0.15}$　$80^{\ 0}_{-0.2}$ $20^{\ 0}_{-0.15}$　$25^{\ 0}_{-0.03}$ L_0　0.2　L_3 $20.2^{-0.03}_{-0.09}$　A_0　$24.8^{\ 0}_{-0.06}$ L_1　L_2 0.2　$78.8^{-0.03}_{-0.14}$ A_0　L_5 $80^{\ 0}_{-0.2}$ L_4	封闭环 $L_0=20^{\ 0}_{-0.15}$mm，$T_0=0.15$ mm $T_{av,L}=\frac{0.15}{3}$mm$=0.05$ mm 按平均公差确定工序尺寸公差，并压缩原设计尺寸公差，设 $L_3=25^{\ 0}_{-0.03}$mm，$L_2=24.8^{\ 0}_{-0.06}$mm，$T_1=0.06$ mm 磨削余量 $A_0=(25-24.8)$mm$=0.2$ mm $T_A=T_3+T_2=(0.03+0.06)$mm$=0.09$ mm $ES_A=ES_3-EI_2=[0-(-0.06)]mm=+0.06$ mm $EI_A=EI_3-ES_2=[(-0.03)-0]mm=-0.03$ mm $A_0=0.2^{+0.06}_{-0.03}$mm $T_0=T_A+T_1=(0.09+0.06)$mm$=0.15$ mm $ES_0=ES_1-EI_A=ES_1-(-0.03)=0$ $ES_1=-0.03$ mm $EI_0=EI_1-ES_A=EI_1-0.06=-0.15$ mm $EI_1=-0.09$ mm L_1 的基本尺寸$=L_0+A_0=(20+0.2)$mm$=20.2$ mm 因此 $L_1=20.2^{-0.03}_{-0.09}$mm 即间接获得的设计尺寸 $20^{\ 0}_{-0.15}$mm，由精车轴肩尺寸 80 mm 后间接获得尺寸$20.2^{-0.03}_{-0.09}$mm来保证 同理，应用下一个尺寸链可求得工序尺寸 L_5
2) 自由加工工序的工艺尺寸计算 对于靠火花磨削、研磨、珩磨、抛光、超精加工等以加工表面本身为基准的加工，其加工余量需在工艺过程中直接控制，即加工余量在工艺尺寸链中是组成环，而加工所得工序尺寸却是封闭环 如图所示齿轮轴的有关工序为：精车 D 面，以 D 面为基准精车 B 面，保持工序尺寸 L_1，以 B 面为基准精车 C 面，保持工序尺寸 L_2；热处理；以余量 $A=(0.2\pm0.05)$mm 靠磨 B 面，达到图样要求。求工序尺寸 L_1 和 L_2 由于在靠磨 B 面的工序中，出现两个间接获得的尺寸，因此必须将并联尺寸链分解成两个单一的尺寸链解算	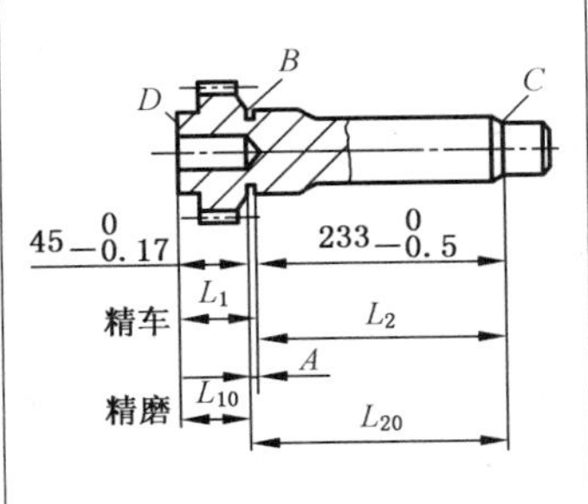 	$L_{10}=45^{\ 0}_{-0.17}$mm，$T_{10}=0.17$ mm $A=(0.2\pm0.05)$mm，$T_A=0.1$ mm， $L_1=L_{10}+A=45.2$ mm $T_{av,L}=\frac{0.17}{2}$mm$=0.085$ mm $T_1=T_{10}-T_A=(0.17-0.1)mm=0.07$ mm $ES_{10}=ES_1-EI_A=ES_1-(-0.05)=0$ $ES_1=-0.05$ mm $EI_{10}=EI_1-ES_A=EI_1-(+0.05)=-0.17$ mm $EI_1=-0.12$ mm 因此工序尺寸 $L_1=45.2^{-0.05}_{-0.12}$mm 同理，可求得 $L_2=232.8^{-0.05}_{-0.45}$mm

续表 5-2-26

尺寸链类型及说明	图　例	工艺尺寸计算
3）表面处理工序工艺尺寸计算 ① 渗入类表面处理工序工艺尺寸计算。对于渗碳、渗氮、氰化等工序工艺尺寸链计算要解决的问题是，在最终加工前使渗入层达到一定深度，然后进行最终加工，要求在加工后能保证获得图样上规定的渗入层深度。此时，图样上所规定的渗入层深度，被间接保证，是尺寸链的封闭环 如图所示直径为 $120^{+0.04}_{0}$mm 的孔，需进行渗氮处理，渗氮层深度要求为 $0.3^{+0.2}_{0}$mm。其有关工艺路线为精车、渗氮、磨孔。如渗氮后磨孔的加工余量为 0.3 mm（双边），则渗氮前孔的尺寸 D_1 应为 ϕ119.7 mm，终加工前的渗氮层深度为 t_1，则 D_1、D_2、t_1 及 t 组成一个尺寸链，t 为封闭环。D_1、D_2 及 A_0 组成另一个尺寸链，A_0 为封闭环	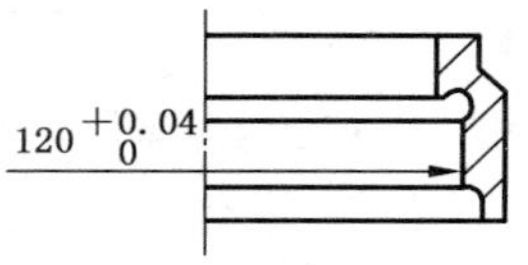 a) 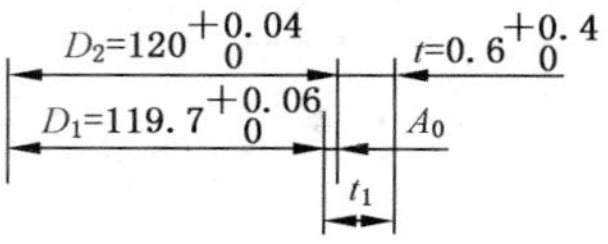 b)	A_0（双边）=0.3 mm $D_1=D_2-A_0=(120-0.3)$ mm $=119.7$ mm，$R_1=59.85$ mm 以下按半径和单边余量计算 $t_1=t+A_0=(0.3+0.15)$mm$=0.45$ mm $T_{0L}=T_t=0.2$ mm 精车工序公差 $T_1=0.03$ mm 精车孔尺寸 $R_1=59.85^{+0.03}_{0}$mm $T_{t1}=T_t-T_1=(0.2-0.03)mm=0.17$ mm 确定余量偏差： $T_A=T_2+T_1=(0.02+0.03)$mm$=0.05$ mm $ES_A=ES_2-EI_1=(0.02-0)$mm$=0.02$ mm $EI_A=EI_2-ES_1=(0-0.03)$mm$=-0.03$ mm $A_0=0.15^{+0.02}_{-0.03}$mm 根据另一组尺寸链： $ES_t=ES_{t1}-EI_{A0}=ES_{t1}-(-0.03)=+0.2$ mm $ES_{t1}=+0.17$ mm $EI_t=EI_{t1}-ES_A=EI_{t1}-(+0.02)=0$ $EI_{t1}=+0.02$ mm 工艺尺寸 $t_1=0.45^{+0.17}_{+0.02}$mm
② 镀层类表面处理工序的工艺尺寸计算。对于镀铬、镀锌、镀铜、镀镉等工序，生产中常有两种情况，一种是零件表面镀层后无需加工，另一种是零件表面镀层后尚需加工。对镀层后无需加工的情况，当生产批量较大时，可通过控制电镀工艺条件，直接保证电镀层厚度，此时电镀层厚度为组成环；当单件、小批生产或镀后表面尺寸精度要求特别高时，电镀表面的最终尺寸精度通过电镀过程中不断测量来直接控制，此时电镀层厚度为封闭环。对零件镀后表面有较高的表面质量要求，需在镀后对其进行精加工，则镀前、镀后的工序尺寸和公差对镀层厚度有影响，故镀层厚度为封闭环 图中零件，使电镀层厚度控制在一定的公差范围内 $\phi30^{0}_{-0.05}$mm 是间接形成的，是尺寸链的封闭环。需确定电镀前的预加工尺寸与公差。图中尺寸链为无减环尺寸链	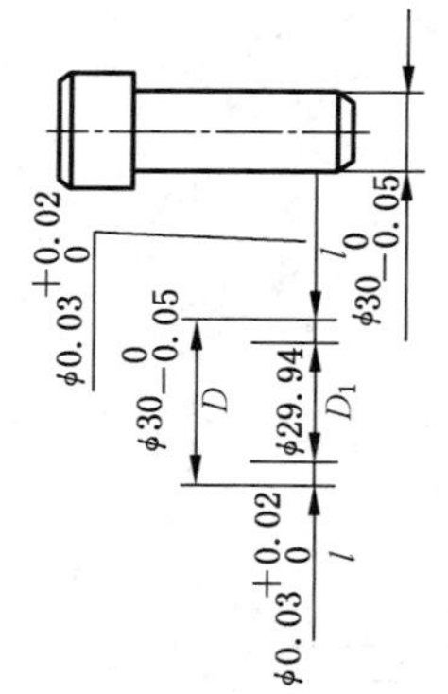	$D_1=D-2t=(30-0.06)$mm$=29.94$ mm $ES_D=ES_{D1}+2ES_t=ES_{D1}+2(+0.02)=0$ $ES_{D1}=-0.04$ mm $EI_D=EI_{D1}+2EI_t=EI_{D1}+2(0)=-0.05$ mm $EI_{D1}=-0.05$ mm 因此 $D_1=29.94^{-0.04}_{-0.05}$ $=29.9^{0}_{-0.01}$mm

续表 5-2-26

尺寸链类型及说明	图　例	工艺尺寸计算
4）中间工序尺寸计算 在零件的机械加工过程中，凡与前后工序尺寸有关的工序尺寸属于中间工序尺寸。 图中所示零件的加工过程为：镗孔至 $\phi 39.6^{+0.1}_{0}$mm；插键槽，工序基准为镗孔后的下母线，工序尺寸为 B；热处理；磨内孔至 $\phi 40^{+0.05}_{0}$mm，同时保证设计尺寸 $43.6^{+0.34}_{0}$mm 尺寸链图中，尺寸 $19.8^{+0.05}_{0}$mm 是前工序镗孔所得到的半径尺寸，尺寸 $20^{+0.025}_{0}$mm是在后工序磨孔直接得到的尺寸，尺寸 B 是本工序加工中直接得到的尺寸，均为组成环。尺寸 $43.6^{+0.34}_{0}$mm则是将在磨孔工序中间接得到的尺寸，由上述三个尺寸共同形成，故为封闭环	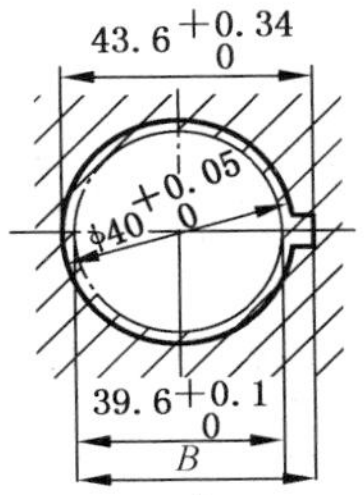 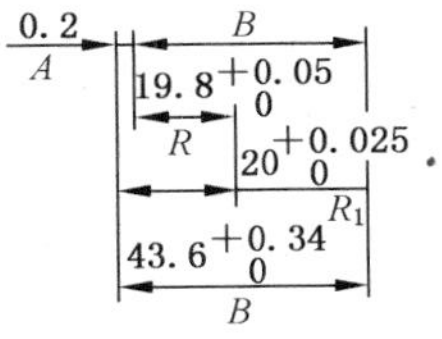 $43.6^{+0.34}_{0}$　$\phi 40^{+0.05}_{0}$　$39.6^{+0.1}_{0}$　B a) 0.2 A　B　$19.8^{+0.05}_{0}$　R　$20^{+0.025}_{0}$　R_1　$43.6^{+0.34}_{0}$　B b)	$L_0=B_1=43.6$ mm， $T_0=T_{B1}=0.34$ mm $T_{av,L}=\frac{0.34}{3}\approx 0.113$ mm $R_1=20$ mm，$T_{R1}=0.025$ mm A(单边余量)$=0.2$ mm $T_A=T_{R1}+T_R=(0.025+0.05)mm=0.075$ mm $ES_A=ES_{R1}-EI_R=(0.025-0)mm=0.025$ mm $EI_A=EI_{R1}-ES_R=(0-0.05)mm=-0.05$ mm $A=0.2^{+0.025}_{-0.050}$mm $B=B_1-A=(43.6-0.2)$mm$=43.4$ mm $T_B=T_{B1}-T_{R1}-T_R=(0.34-0.025-0.05)mm=$ 0.265 mm $ES_{B1}=ES_B+ES_A=ES_B+(+0.025)=0.34$ mm $ES_B=0.315$ mm $EI_{B1}=EI_B+EI_A=EI_B+(-0.05)=0$ $EI_B=+0.05$ mm $B=43.4^{+0.315}_{+0.050}=43.45^{+0.265}_{0}$mm
5）精加工余量校核 当多次加工某一表面时，由于采用的工艺基准可能不相同，因此本工序余量的变动量不仅与本工序的公差及前一工序的公差有关，而且还与其他工序的公差有关。以本工序的加工余量为封闭环的工艺尺寸链中，如果组成环数目较多，由于误差累积的原因，有可能使本工序的余量过大或过小。特别是精加工余量过小可能造成废品，应进行余量校核 图中小轴加工过程为：车端面 1；车肩面 2(保证其间尺寸 $49.5^{+0.3}_{0}$mm)；车端面 3(保证总长 $80^{\ 0}_{-0.2}$mm)；打顶尖孔；热处理；磨肩面 2(以端面 3 定位，保证尺寸 $30^{\ 0}_{-0.14}$mm)。应校核磨肩面 2 的余量 尺寸链的封闭环为肩面磨削余量。计算结果余量最小值为零，说明有的零件肩面无余量可磨。为解决这个问题，在保持设计要求尺寸及公差不变的情况下，减小 B_2 的公差。可通过给定一最小余量值，计算 B_2 的最大值	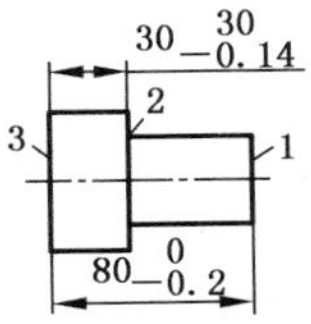 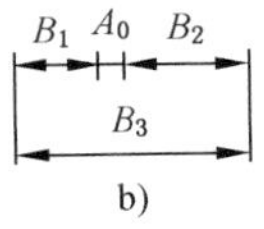 $30^{\ 0}_{-0.14}$　3　2　1　$80^{\ 0}_{-0.2}$ a) B_1　A_0　B_2　B_3 b)	$A_0=B_3-B_1-B_2=(80-30-49.5)mm=0.5$ mm $ES_{A0}=ES_{B3}-EI_{B1}-EI_{B2}=[0-(-0.14)-0]$mm $=+0.14$ mm $EI_{A0}=EI_{B3}-ES_{B1}-ES_{B2}=[-0.2-0-(+0.3)]$mm $=-0.5$ mm $A_{0max}=A_0+ES_{A0}=[0.5+(+0.14)]mm=0.64$ mm (余量太大，不经济) $A_{0min}=A_0+EI_{A0}=[0.5+(-0.5)]mm=0$ 取 $A_{0min}=0.1$ mm，$A_{0max}=0.54$ mm 则 $B_2=49.5^{+0.2}_{+0.1}$mm$=49.6^{+0.1}_{0}$mm

5.2.3.6 加工余量的确定

(1) 基本术语

1) 加工总余量(毛坯余量)。毛坯尺寸与零件图设计尺寸之差。

2) 基本余量。设计时给定的余量。

3) 工序间加工余量(工序余量)。相邻两工序尺寸之差。

4) 工序余量公差。本工序的最大余量与最小余量之代数差的绝对值,等于本工序的公差与上工序公差之和。

5) 单面加工余量。加工前后半径之差,平面余量为单面余量。

6) 双面加工余量。加工前后直径之差。

(2) 影响加工余量的因素(表 5-2-27)。

(3) 最大余量、最小余量及余量公差的计算(表 5-2-28)。

(4) 用分析计算法确定最小余量(表 5-2-29)。

(5) 工序尺寸,毛坯尺寸及总余量的计算(表 5-2-30)。

表 5-2-27 影响加工余量的因素

影响因素	说　　明
加工前(或毛坯)的表面质量(表面缺陷层深度 H 和表面粗糙度)	1) 铸件的冷硬、气孔和夹渣层,锻件和热处理件的氧化皮、脱碳层、表面裂纹等表面缺陷层,以及切削加工后的残余应力层 2) 前工序加工后的表面粗糙度
前工序的尺寸公差 T_a	1) 前工序加工后的尺寸误差和形状误差,其总和不超过前工序的尺寸公差 T_a 2) 当加工一批零件时,若不考虑其他误差,本工序的加工余量不应小于 T_a
前工序的形状与位置公差(如直线度、同轴度、垂直度公差等)ρ_a	1) 前工序加工后产生的形状与位置误差,二者之和一般小于前工序的形状与位置公差 2) 当不考虑其他误差的存在,本工序的加工余量不应小于 ρ_a 3) 当存在两种以上形状与位置误差时,其总误差为各误差的向量和
本工序加工时的安装误差 ε_b	安装误差等于定位误差和夹紧误差的向量和

表 5-2-28 最大余量、最小余量及余量公差的计算

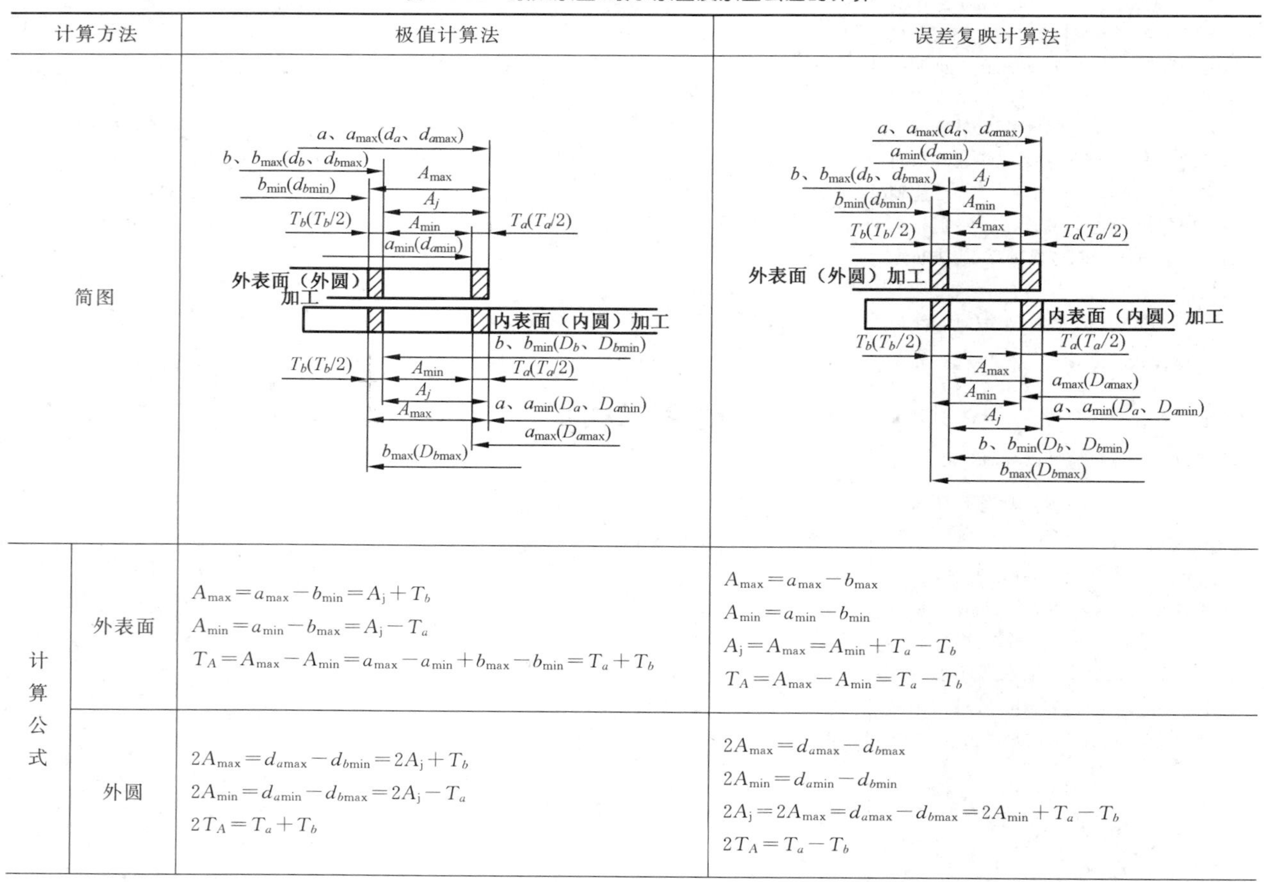

计算方法		极值计算法	误差复映计算法
简图		(见图)	(见图)
计算公式	外表面	$A_{max}=a_{max}-b_{min}=A_j+T_b$ $A_{min}=a_{min}-b_{max}=A_j-T_a$ $T_A=A_{max}-A_{min}=a_{max}-a_{min}+b_{max}-b_{min}=T_a+T_b$	$A_{max}=a_{max}-b_{max}$ $A_{min}=a_{min}-b_{min}$ $A_j=A_{max}=A_{min}+T_a-T_b$ $T_A=A_{max}-A_{min}=T_a-T_b$
	外圆	$2A_{max}=d_{amax}-d_{bmin}=2A_j+T_b$ $2A_{min}=d_{amin}-d_{bmax}=2A_j-T_a$ $2T_A=T_a+T_b$	$2A_{max}=d_{amax}-d_{bmax}$ $2A_{min}=d_{amin}-d_{bmin}$ $2A_j=2A_{max}=d_{amax}-d_{bmax}=2A_{min}+T_a-T_b$ $2T_A=T_a-T_b$

续表 5-2-28

计算方法		极值计算法	误差复映计算法
计算公式	内表面	$A_{max}=b_{max}-a_{min}=A_j+T_b$ $A_{min}=b_{min}-a_{max}=A_j-T_a$ $T_A=A_{max}-A_{min}=b_{max}-b_{min}+a_{max}-a_{min}=T_a+T_b$	$A_{max}=b_{min}-a_{min}$ $A_{min}=b_{max}-a_{max}$ $A_j=A_{max}=A_{min}+T_a-T_b$ $T_A=A_{max}-A_{min}=T_a-T_b$
	内圆	$2A_{max}=D_{bmax}-D_{amin}=2A_j+T_b$ $2A_{min}=D_{bmin}-D_{amax}=2A_j-T_a$ $2T_A=T_a+T_b$	$2A_{max}=D_{bmin}-D_{amin}$ $2A_{min}=D_{bmax}-D_{amax}$ $2A_j=2A_{max}=D_{bmin}-D_{amin}=2A_{min}+T_a-T_b$ $2T_A=T_a-T_b$
代号意义		a、d_a、D_a—前工序基本尺寸；b、d_b、D_b—本工序基本尺寸；a_{max}、d_{amax}、D_{amax}—前工序最大极限尺寸；b_{max}、d_{bmax}、D_{bmax}—本工序最大极限尺寸；a_{min}、d_{amin}、D_{amin}—前工序最小极限尺寸；b_{min}、d_{bmin}、D_{bmin}—本工序最小极限尺寸；T_a、T_b—前工序、本工序尺寸公差；A_j—基本余量；A_{max}—本工序最大单面余量；A_{min}—本工序最小单面余量；T_A—余量公差	

注：1. 工序尺寸的公差，对于外表面，最大极限尺寸就是基本尺寸；对于内表面，最小极限尺寸就是基本尺寸。
2. 由于各工序（工步）尺寸有公差，所以加工余量有最大余量、最小余量之分，余量的变动范围亦称余量公差。

表 5-2-29 用分析计算法确定最小余量

加工类型	平面加工	回转表面加工
计算公式	$A_{min}=R_{za}+H_a+\sqrt{\rho_a^2+\varepsilon_b^2}$	$2A_{min}=2(R_{za}+H_a)+2\sqrt{\rho_a^2+\varepsilon_b^2}$
计算最小余量的特殊情况	1）试切法加工平面时，不考虑 ε_b 2）以被加工孔作为定位基准加工时，不考虑 ρ_a 3）用拉刀及浮动铰刀、浮动镗刀加工孔时，不考虑 ρ_a 和 ε_b 4）研磨、超精加工时，不考虑 H_a、ρ_a、ε_b 5）抛光时，仅考虑 R_{za} 6）经热处理后，还应考虑变形和扩张量	
符号意义	R_{za}—前工序表面粗糙度数值；H_a—前工序表面缺陷层深度；ρ_a—前工序表面形状和位置误差；ε_b—本工序工件装夹误差，包括定位误差和夹紧误差	

表 5-2-30 工序尺寸、毛坯尺寸及总余量的计算

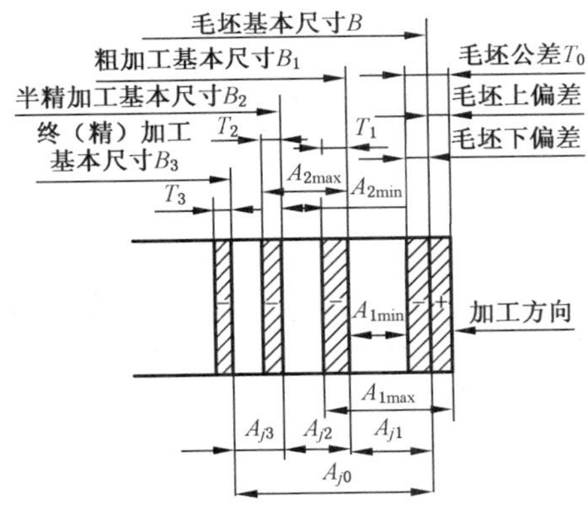

A_{j0}—毛坯基本余量

A_{j1}、A_{j2}、A_{j3}—粗加工、半精加工、精加工的基本余量，对于极值计算法 $A_j=A_{min}+T_a$，对于误差复映计算法 $A_j=A_{min}+T_a-T_b$，A_{min}可由查表法或分析计算法确定

T_1、T_2—粗加工、半精加工的工序尺寸公差，T_0—毛坯公差

T_3—精加工（终加工）尺寸公差，由零件图规定

续表 5-2-30

工序尺寸	计算公式	公差
终加工（精加工）B_3	B_3，由零件图规定	T_3，由零件图规定
半精加工 B_2	$B_2=B_3+A_{j3}$	T_2
粗加工 B_1	$B_1=B_2+A_{j2}=B_3+A_{j3}+A_{j2}$	T_1
毛坯 B_0	$B_0=B_1+A_{j1}=B_3+A_{j3}+A_{j2}+A_{j1}$	T_0
加工总余量 A_{j0}	$A_{j0}=A_{j1}+A_{j2}+A_{j3}$	

注：1. 计算每一工序（工步）的尺寸时，可根据表图由最终尺寸逐步向前推算，便可得到每一工序的工序尺寸，最后得到毛坯的尺寸。

2. 毛坯尺寸的偏差一般是双向的。第一道工序的基本余量是毛坯的基本尺寸与第一道工序的基本尺寸之差，不是最大余量。对于外表面加工，第一道工序的最大余量是其基本余量与毛坯尺寸上偏差之和；对于内表面加工，是其基本余量与毛坯尺寸下偏差绝对值之和。

5.2.3.7 工艺装备的选择

(1) 机床的选择

1）机床的加工尺寸范围应与加工零件要求的尺寸相适应。

2）机床的工作精度应与工序要求的精度相适应。

3）机床的选择还应与零件的生产类型相适应。

(2) 夹具的选择

在单件小批量生产中，应选用通用夹具和组合夹具，在大批量生产中，应根据工序加工要求设计制造专用工装。

提出专用工艺装备明细表及专用工艺装备设计任务书。

(3) 刀具的选择

主要依据加工表面的尺寸、工件材料、所要求的加工精度，表面粗糙度及选定的加工方法等选择刀具。一般应采用标准刀具，必要时采用组合刀具及专用刀具。

提出外购工具明细表及企业标准（通用）工具明细表。

(4) 量具的选择

主要依据生产类型和零件加工所要的精度等选择量具。一般在单件、小批量生产时，采用通用量具量仪。在大批量生产中采用各种量规、量仪和专用量具等。

(5) 工位器具

提出工位器具明细表。

5.2.3.8 切削用量的选择

选择切削用量，就是在已经选择好刀具材料和刀具几何角度的基础上，确定背吃刀量 a_p、进给量 f 和切削速度 v。选择切削用量的原则有以下几点：

(1) 在保证加工质量，降低成本和提高生产率的前提下，使 a_p、f 和 v 的乘积最大。当 a_p、f 和 v 的乘积最大时，工序的切削工时最少。切削工时 t_m 的计算公式如下：

$$t_m=\frac{lA}{nfa_p}=\frac{lA\pi d}{1\,000vfa_p}$$

式中 l——每次进给的行程长度（mm）；

n——转速（r/min）；

A——每边加工总余量（mm）；

d——工件直径（mm）。

(2) 提高切削用量要受到工艺装备（机床、刀具）与技术要求（加工精度、表面质量）的限制。所以，粗加工时，一般是先按刀具寿命的限制确定切削用量，之后再考虑整个工艺系统的刚性是否允许，加以调整。精加工时，则主要依据零件表面粗糙度和加工精度确定切削用量。

(3) 根据切削用量与刀具寿命的关系可知，影响刀具寿命最小的是 a_p，其次是 f，最大是 v。这是因为 v 对切削温度的影响最大。温度升高，刀具磨损加快，寿命明显下降。所以，确定切削用量次序应是首先尽量选择较大的 a_p，其次按工艺装备与技术条件的允许选择最大的 f，最后再根据刀具寿命的允许确定 v，这样可在保证一定刀具寿命的前提下，使 a_p、f 和 v 的乘积最大。

5.2.3.9 材料消耗工艺定额的编制

材料消耗工艺定额的编制见本章 2.2.4.1（JB/T 9169.6—1998）。

5.2.3.10 劳动定额的制定

劳动定额的制定见本章 2.2.4.2（JB/T 9169.6—1998）。

5.3 工艺装备设计工作

工艺装备：产品制造过程中所用的各种工具的总称，包括刀具、夹具、模具、量具、检具、辅具、钳工工具和工位器具等。

5.3.1 工艺装备设计基础

5.3.1.1 工艺装备编号方法(JB/T 9164—1998)

(1) 基本要求

1) 企业的自制工艺装备都应具有独立的编号。

2) 工艺装备编号可采用数字编号方法和字母与数字混合编号方法两种，推荐优先采用数字编号方法。

(2) 工艺装备编号的构成

1) 数字编号方法由工装的类、组、分组代号及设计顺序号两部分组成，中间以一字线分开。

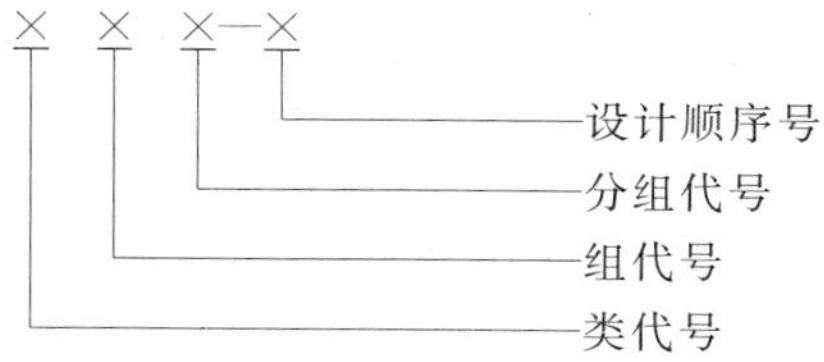

例如：外圆车刀的编号

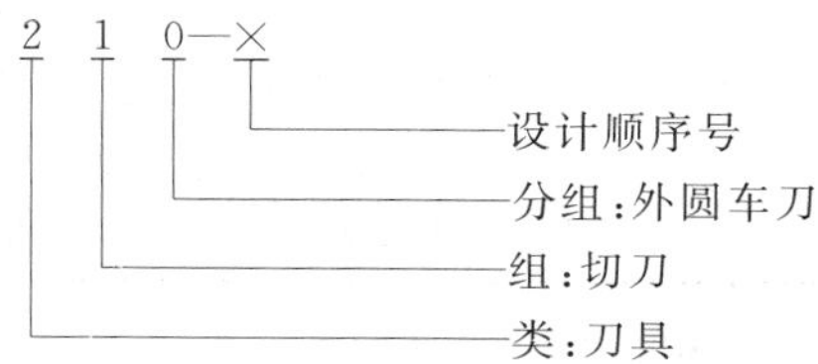

2) 字母和数字混合编号方法，由工装的类、组、分组代号及设计顺序号两部分组成，中间以一字线分开。

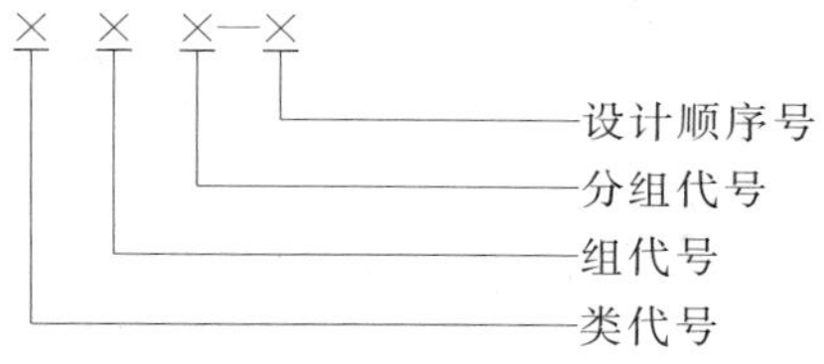

例如：外圆车刀的编号

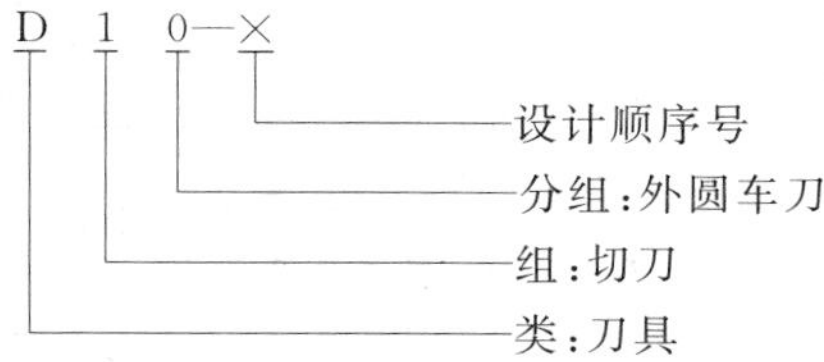

3) 必要时企业可在工装编号中加入下列内容：

① 对每个分组再分型，型的代号由企业自行规定。

② 在工装编号的首部加入产品代号和其他代号(如企业代号)。

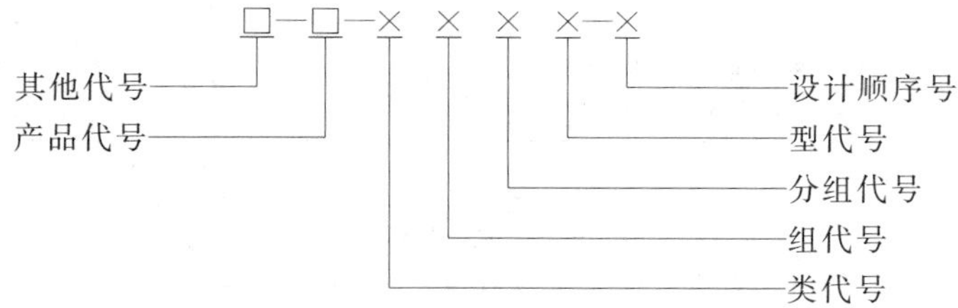

4) 若企业自制工装不多，可以只划分类、组，不再划分分组。

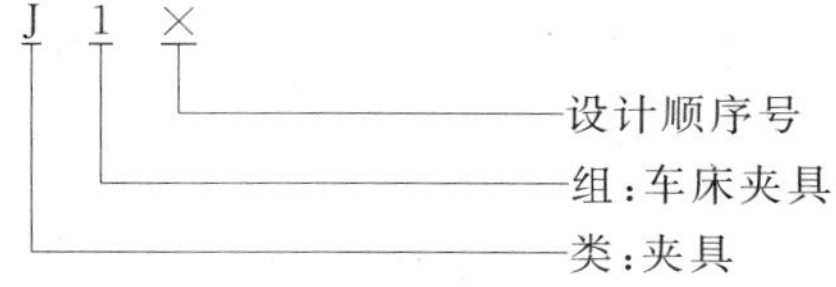

5) 自制通用工艺装备可在类代号前加字母“T”。

6) 工装做较大修改时，可在设计顺序号后加字母 A、B、C 等，以示区别。

(3) 工艺装备的类、组和分组的划分及代号

1) 工艺装备类的划分及代号(表 5-3-1)

表 5-3-1 工艺装备类的划分及代号

类			说明
数字代号	字母代号	名称	
0	R	热加工用工装	铸造、热压力加工、热处理、焊接、粉末冶金、非金属热加工用的工装
1	C	冷压加工用工装	板料冲压、冷镦、冷挤、拉丝等冷压加工用的工装
2	D	刀具(用于切削加工)	金属切削机床用刀具,包括光整加工用工具和电加工用工具
3			
4			
5			
6	F	辅具	用于连接机床与刀具的各种工具
7	J	夹具(用于切削加工)	在金属切削机床或机械上,用于安装、定位和夹紧被加工工件的工具
8	L	计量器具	加工和装配中测量尺寸、形状和位置的量具、夹具和各种检验测试装置
9	Q	其他工装	工位器具,起重运输装置,表面处理,制造弹簧用工装,电加工专用工装及钳工和装配工具非金属加工用工装等

2) 工艺装备组的划分及代号(类代号以数字表示为例)(表 5-3-2)

表 5-3-2 工艺装备的类、组及代号

类＼组	0	1	2	3	4	5	6	7	8	9
0 热加工用工装	00 铸造用工装	01 热压力加工用工装	02 热处理用工装	03 焊接用工装	04 粉末冶金用工装	05 非金属热加工用工装	06	07	08	09 其他
1 冷压加工用工装	10 板料冲压用工装	11 冷镦、冷挤、拉丝等用工装	12	13	14	15	16	17	18	19 其他
2 刀具(用于切削加工)	20	21 切刀	22 铣刀	23 孔加工刀具	24 拉刀和推刀	25 齿形加工刀具	26 螺纹加工刀具	27 光整加工工具	28	29 其他
3	30	31	32	33	34	35	36	37	38	39
4	40	41	42	43	44	45	46	47	48	49
5	50	51	52	53	54	55	56	57	58	59
6 辅具	60	61 车床辅具	62 铣床和齿轮加工机床辅具	63 刨床、插床辅具	64 磨床辅具	65 钻床、镗床铺具	66 拉床、花键机床辅具	67	68	69 其他
7 夹具(用于切削加工)	70 夹具装置	71 车床、螺纹机床、圆磨机床用夹具	72 齿轮加工机床用夹具	73 钻床、镗床用夹具	74 铣、刨、插、平面磨床用夹具	75 花键机床、拉床用夹具	76	77	78	79 其他
8 计量器具	80	81 光滑极限量规	82 螺纹量规	83 位置、综合和成形量具	84 样板、样件	85	86 检验夹具和装置	87 检验仪器和测试装置	88	89 其他
9 其他工装	90 工位器具	91 起重运输装置	92 钳工和装配工具	93 非金属加工用工具	94 表面处理用工具	95 制造弹簧用的工装	96	97 电工专用工装	98	99 其他

3) 工艺装备(简称工装)分组的划分及代号(类代号以数字表示为例)

① 热加工用工装的类、组、分组及代号见表 5-3-3。

表 5-3-3 热加工用工装的类、组、分组及代号

类、组 \ 分组	0	1	2	3	4	5	6	7	8	9
00 铸造用工装	000 砂型铸造用工装	001 金属型铸造用工装	002 压力铸造用工装	003 离心铸造用工装	004 熔模铸造用工装	005 其他铸造方法用工装	006 铸件清理校正用工装	007 铸造用手工工具和量具	008	009 其他
01 热压力加工用工装	010 模锻锤用锻模	011 摩擦压力机用锻模	012 曲轴压力机用锻模	013 平锻机用锻模	014	015 自由锻锤用锻模	016 锻造用的整形模、冲切模	017 锻造用手工工具和量具	018	019 其他
02 热处理用工装	020 热处理用夹具	021 热处理用感应器	022	023	024	025	026	027 热处理用手工工具及其他装置	028	029 其他
03 焊接用工装	030 焊接用夹具	031 焊接用焊枪、焊钳、切割器及其附件	032 焊接用电极	033	034	035	036	037 钎焊工具及焊接用手工具	038	039 其他
04 粉末冶金用工装	040 硬质合金用压模	041 粉末冶金用模具	042	043	044	045	046	047	048	049 其他
05 非金属热加工用工装	050 橡胶用模具	051 塑料用模具	052 玻璃用模具	053	054	055	056	057	058	059 其他
06	060	061	062	063	064	065	066	067	068	069
07	070	071	072	073	074	075	076	077	078	079
08	080	081	082	083	084	085	086	087	088	089
09 其他	090	091	092	093	094	095	096	097	098	099

② 冷压力加工用工装的类、组、分组及代号见表 5-3-4。

表 5-3-4 冷压力加工用工装的类、组、分组及代号

类、组 \ 分组	0	1	2	3	4	5	6	7	8	9
10 板料冲压工装	100 冲裁模	101 弯曲成形冲模	102 拉深成形冲模	103 成形模	104 复合冲模	105 连续冲模	106 非金属用冲模	107 板料冲压用工具	108	109 其他
11 冷镦、冷挤、拉丝等用工装	110 冷镦模具和夹具	111 冷挤压模具和夹具	112 拉丝模具和夹具	113	114	115	116	117	118	119
12	120	121	122	123	124	125	126	127	128	129
13	130	131	132	133	134	135	136	137	138	139
14	140	141	142	143	144	145	146	147	148	149
15	150	151	152	153	154	155	156	157	158	159
16	160	161	162	163	164	165	166	167	168	169
17	170	171	172	173	174	175	176	177	178	179
18	180	181	182	183	184	185	186	187	188	189
19 其他	190 钣金工具	191 冷压加工用量具	192 压印工具	193	194	195	196	197	198	199

③ 刀具(用于机械加工)的类、组、分组及代号见表 5-3-5。

表 5-3-5 刀具(用于机械加工)的类、组、分组及代号

类、组 \ 分组	0	1	2	3	4	5	6	7	8	9
20	200	201	202	203	204	205	206	207	208	209
21 切刀	210 外圆车刀	211 镗孔车刀	212 成形车刀	213 其他车刀	214 刨刀	215 插刀	216	217	218	219 其他
22 铣刀	220 圆柱形铣刀	221 盘铣刀和面铣刀	222 立铣刀	223	224 片铣刀	225 槽铣刀	226 成形铣刀	227	228 角度铣刀	229 其他
23 孔加工刀具	230 钻头	231 扩孔钻	232 锪钻	233 镗刀	234 铰刀	235 深孔刀具	236 组合刀具	237	238	239 其他
24 拉刀和推刀	240 圆孔拉刀	241 平面拉刀	242 键槽拉刀	243 花键拉刀	244 特形拉刀	245 推刀	246	247	248	249 其他
25 齿形加工刀具	250 铣齿刀	251 滚刀	252 剃齿刀	253 插齿刀	254 刨齿刀	255 其他齿形加工刀具	256	257	258	259 其他
26 螺纹加工刀具	260 丝锥	261	262	263	264	265 滚丝轮	266 板牙	267 搓丝板	268 螺纹梳刀	269 其他
27 光整加工用工具	270	271	272 研磨工具	273	274 珩磨工具	275 磨头	276	277 压光工具	278 抛光工具	279 其他
28	280	281	282	283	284	285	286	287	288	289
29 其他	290 滚压轮	291 刻字工具	292 电加工用工具	293	294	295	296	297	289	299

④ 辅助工具(用于机械加工)的类、组、分组及代号见表 5-3-6。

表 5-3-6 辅助刀具(用于机械加工)的类、组、分组及代号

类、组 \ 分组	0	1	2	3	4	5	6	7	8	9
60	600	601	602	603	604	605	606	607	608	609
61 车床辅具	610	611 普通车床辅具	612 立式车床辅具	613 六角车床辅具	614 半自动车床辅具	615 自动车床辅具	616	617	618	619 其他
62 铣床和齿轮加工机床辅具	620	621 立式铣床辅具	622 卧式铣床辅具	623 龙门铣床辅具	624 万能铣床辅具	625 滚齿、铣齿机床辅具	626 插齿、刨齿机床辅具	627 剃、珩齿、研齿、磨齿机床辅具	628	629
63 刨床、插床辅具	630	631 牛头刨床辅具	632 龙门刨床辅具	633 插床辅具	634	635	636	637	638	639 其他
64 磨床辅具	640	641 内圆磨床辅具	624 外圆磨床辅具	643 无心磨床辅具	644 平面磨床辅具	645 工具磨床辅具	646 万能磨床辅具	647	648	649 其他
65 钻床、镗床辅具	650	651 立式钻床辅具	652 摇臂钻床辅具	653 立式镗床辅具	654 卧式镗床辅具	655 深孔加工机床辅具	656	657	658	659 其他
66 拉床、花键机床辅具	660	661 拉床辅具	662	663 花键机床辅具	664 花键磨床辅具	665	666	667	668	669 其他
67 其他机床辅具	670	671 螺纹机床辅具	672 研磨机床辅具	673 抛光机床辅具	674 电加工机床辅具	675	676	677	678	679 其他
68	680	681	682	683	684	685	686	687	688	689
69	690	691	692	693	694	695	696	697	698	699

⑤ 夹具(用于机械加工)的类、组、分组及代号见表 5-3-7。

表 5-3-7　夹具(用于机械加工)的类、组、分组及代号

类、组＼分组	0	1	2	3	4	5	6	7	8	9
70 夹具装置	700 夹紧装置	701 定位装置	702 气液压装置	703 回转装置	704 靠模装置	705	706	707	708	709 其他
71 车床、螺纹机床、圆磨机床用夹具	710	711 卧式车床用夹具	712 立式车床用夹具	713 转塔车床用夹具	714 半自动车床和自动车床用夹具	715	716 螺纹机床用夹具	717 内、外圆磨床用夹具	718	719 其他
72 齿轮加工机床用夹具	720	721 滚齿、铣齿机用夹具	722 刨齿机用夹具	723 插齿机用夹具	724 剃、珩齿、磨齿、研齿机用夹具	725	726	727	728	729 其他
73 钻床、镗床用夹具	730	731 立式钻床用夹具	732 摇臂机床用夹具	733 立式镗床用夹具	734 卧式镗床用夹具	735 深孔加工机床用夹具	736	737	738	739 其他
74 铣、刨、插、平面磨床用夹具	740	741 立式、卧式铣床用夹具	742 万能铣、龙门铣床用夹具	743 牛头刨床用夹具	744 龙门刨床用夹具	745 插床用夹具	746 平面磨床用夹具	747	748	749 其他
75 花键机床、拉床用夹具	750	751 花键铣床用夹具	752 花键机床用夹具	753 拉床用夹具	754	755	756	757	758	759 其他
76 其他机床用夹具	760	761 研磨机床用夹具	762 抛光磨床用夹具	763 电加工机床用夹具	764 刻字机用夹具	765	766	767	768	769 其他
77	770	771	772	773	774	775	776	777	778	779
78	780	781	782	783	784	785	786	787	788	789
79	790	791	792	793	794	795	796	797	798	799

⑥ 计量器具的类、组、分组及代号见表 5-3-8。

表 5-3-8　计量器具的类、组、分组及代号

类、组＼分组	0	1	2	3	4	5	6	7	8	9
80	800	801	802	803	804	805	806	807	808	809
81 光滑极限量规	810 长高、高度、深度量规	811 孔用塞规	812 轴用卡规	813 气动测量用塞规	814 气动测量用卡规	815	816 槽用量规	817	818	819 其他
82 螺纹量规	820	821	822 螺纹塞规	823	824 螺纹环规	825 校对量规	826	827	828	829 其他
83 位置、综合和成形量规	830 槽、键位置量规	831 花键用量规	832 圆锥量规	833	834 位置量规	835	836 气动测量用综合量规及成形量规	837 角度量规	838 成形量规	839 其他
84 样板、样件	840	841 对刀样板及对刀装置	842 螺纹样板	843 齿形样板	844 锥度和角度样板	845	846 样件	847	848	849 其他
85	850	851	852	853	854	855	856	857	858	859
86 检验夹具和装置	860 检验夹具	861 自动测量装置	862	863	864	865	866	867	868	869 其他
87 检验仪器和试验台	870	871 检验仪器	872	873 耐压试验台	874 密封性试验台	875 物理性能试验台	876	877	878	879 其他
88	880	881	882	883	884	885	886	887	888	889
89 其他	890 V 形铁	891 平尺、卡尺	892 方箱	893 平板	894 对表件	895	896 量仪附件支架、拉线工具	897	898	899 其他

⑦ 其他工装的类、组、分组及代号见表 5-3-9。

表 5-3-9　其他工装的类、组、分组及代号

类、组 \ 分组	0	1	2	3	4	5	6	7	8	9
90 工位器具	900 零件箱	901 托盘	902 零件架	903 工作台	904 容器	905 柜	906 盒	907	908	909 其他
91 起重运输装置	910 手推车	911 吊钩	912 悬挂装置	913	914	915	916	917	918	919 其他
92 钳工和装置工具	920 铆接工具	921 粘结工具、压合工具和夹具	922 调整、装配、拆卸用工具和夹具	923 装配用手工具	924	925 钳工工具	926	9274	928	929 其他
93 非金属加工用工具	930 木材加工用工具	931 橡胶加工用工具	932 玻璃加工用工具	933 塑料加工用工具	934	935	936	937	938	939 其他
94 表面处理用工具	940 洗涤工具	941 涂漆工具	942 电镀工具	943 发蓝工具（发黑）	944 喷砂工具	945 喷丸工具	946 阳极氧化工具	947	947	949 其他
95 制造弹簧用工具	950	951 缠绕工具	952 弯曲、压缩工具	953 弹簧检验工具	954 弹簧装配工具	955	956	957	958	959 其他
96	960	961	962	963	964	965	966	967	968	969
97 电工专用工具	970 绕线工装	971 嵌线工具	972 电线成形工具	973	974	975	976	977	978	979 其他
98	980	981	982	983	984	985	986	987	988	989
99 其他	990	991	992	993	994	995	996	997	998	999

（4）工艺装备编号登记表（表 5-3-10）

表 5-3-10　工艺装备编号登记表

(1)		工装编号登记表		工装类、组、分组名称		(2)		工装类、组、分组代号	(3)
序号	工装编号	工装名称	使用对象		工序	使用车间	设计者	登记日期	备注
			图号	名称					
	(4)	(5)	(6)	(7)	(8)	(9)	(10)	(11)	(12)

注：1. 登记表各栏填写内容：

（1）企业名称（可印出）。

（2）在本表上登记的工装类、组与分组名称。

（3）在本表上登记的工装类、组与分组代号。

（4）由（3）中的代号加设计顺序号后构成。

（5）编号的工装详细名称，如 45°外圆车刀、滚齿心轴等。

（6）使用该工装的零件图号。

（7）使用该工装的零件名称。

（8）使用该工装的工序名称。

（9）使用该工装的分厂、车间或工段的名称或代号。

（10）该工装的设计者（签字）。

（11）登记该工装编号的日期。

（12）根据需要填写。

2. 表格尺寸由各企业自定。

5.3.1.2 专用工艺装备设计图样及设计文件格式(JB/T 9165.4—1998)

(1) 专用工艺装备设计任务书(格式 1)(表 5-3-11)

表 5-3-11 专用工艺装备设计任务书(格式 1)

装订号	底图号	描校	描图

(企业名称)	专用工艺装备设计 任务书	产品型号	(1)	零件图号	(3)	每台件数	(5)
		产品名称	(2)	零件名称	(4)	生产批量	(6)
40	50	20	25	15	25	15	

工序简图和技术要求				
(20)	工装编号	(7)	使用车间	(11)
	工装名称	(8)	使用设备	(12)
	制造数量	(9)	适用其他产品	
	工装等级	(10) 30	(13)	
	工序号	工序内容		
	15 (14)		(15) 15	
	旧工序编号	(16)	库存数量	(17)
110	设计理由		旧工装处理意见	
	(18)		(19)	

编制(日期)	(21)	审核(日期)	(22)	批准(日期)	(23)	设计(日期)	(24)	(25)	(26)
16	24	16	24	16		16	24	16	24

尺寸:25;5;10×8(=80);8;148;210

注:1. 空格填写内容:(1)～(4)按设计文件填写使用该工装的产品型号、名称和零件的图号、名称。(5)、(6)分别填写使用该工装的零件在每台产品中的数量和生产批量。(7)工装编号。(8)工装名称。(9)提出第一次制造数量。(10)工装复杂程度等级(按企业标准填写)。(11)该工装在哪个车间使用。(12)该工装在何设备上使用,一般只填设备型号的名称,如工艺有特殊要求时,填写设备型号和本厂设备编号。(13)该工装还适用于哪个产品,只写产品型号及件号。(14)工序号表明该工装在此工序中使用。(15)工序内容,表明使用该工装在此工序中需加工的内容。(16)旧工装编号。(17)旧工装库存数量。(18)工装的设计原因。(19)工艺人员提出对旧工装的处理意见。(20)绘制工序简图,说明定位基准和装夹方法。(21)～(24)责任者签字并注明日期。(25)、(26)根据需要自定。

2. 可根据需要复印成软硬多页的复写形式。

(2) 专用工艺装备装配图样标题栏、附加栏及代号栏(格式 2)(表 5-3-12)

表 5-3-12 专用工艺装备装配图样标题栏、附加栏及代号栏(格式 2)

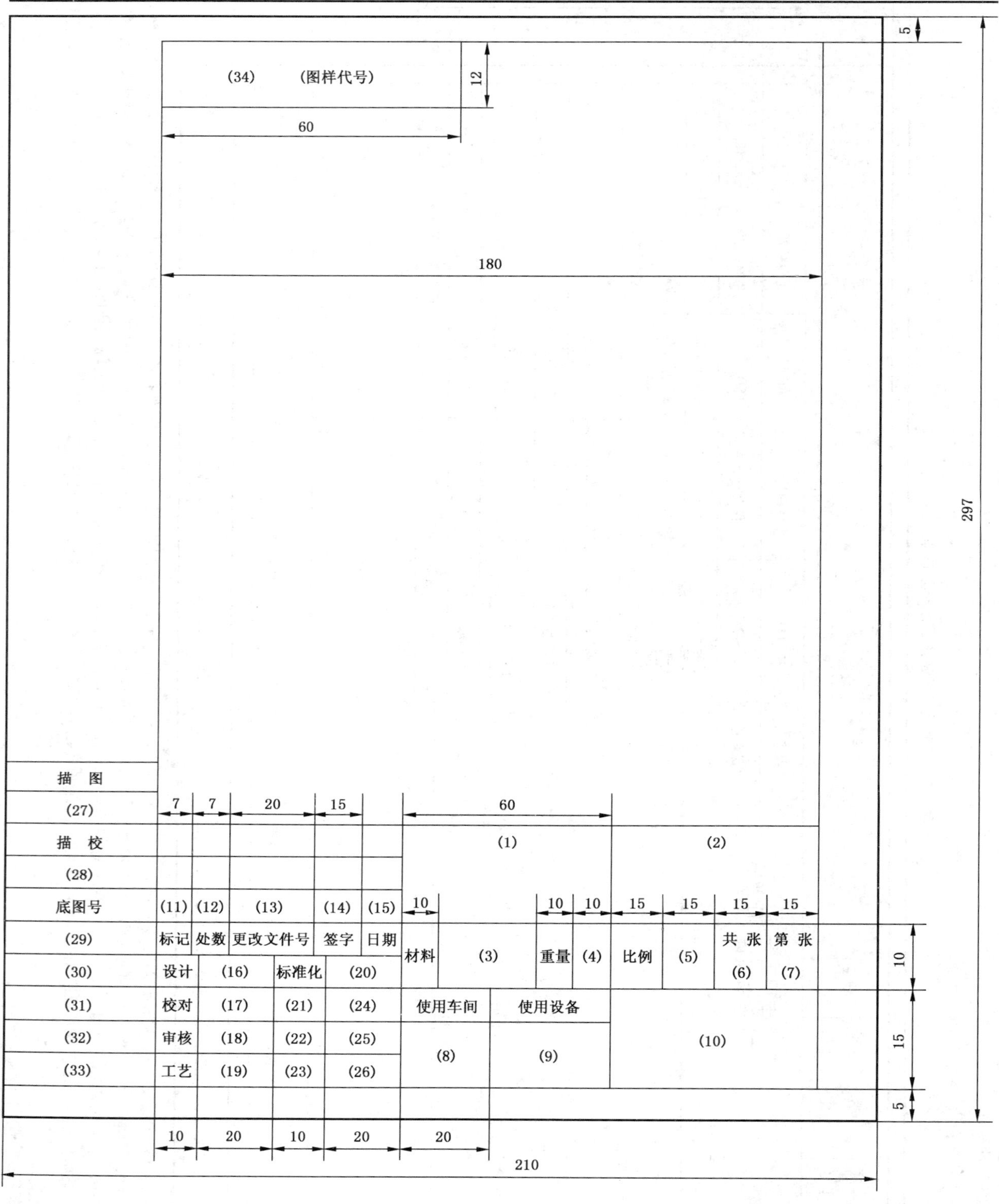

注:空格填写内容:(1)工装名称。(2)为分数形式:分子为工装编号,分母为使用对象。(3)填写材料牌号(工装只有一个零件时)。(4)重量(工装只有一个零件时)。(5)填写图样的比例。(6)用数字按顺序填写。(7)用数字填写同一个编号工装的图样张数。(8)使用该工装车间的名称。(9)使用该工装的设备。(10)填写企业名称。(11)更改标记的符号。(12)用阿拉伯数字填写同一种标记符号的数量。(13)工艺文件更改通知单编号。(14)更改人员签字。(15)更改人员签字日期。(16)～(23)各职能人员签字及日期。(24)～(26)为备用栏,由各企业自定。(27)描图员签字。(28)描校者签字。(29)底图号。(30)～(33)根据需要自定。(34)填写专用工装装配图样代号。

(3) 专用工艺装备零件明细栏(格式 3)(表 5-3-13)

表 5-3-13　专用工艺装备零件明细栏(格式 3)

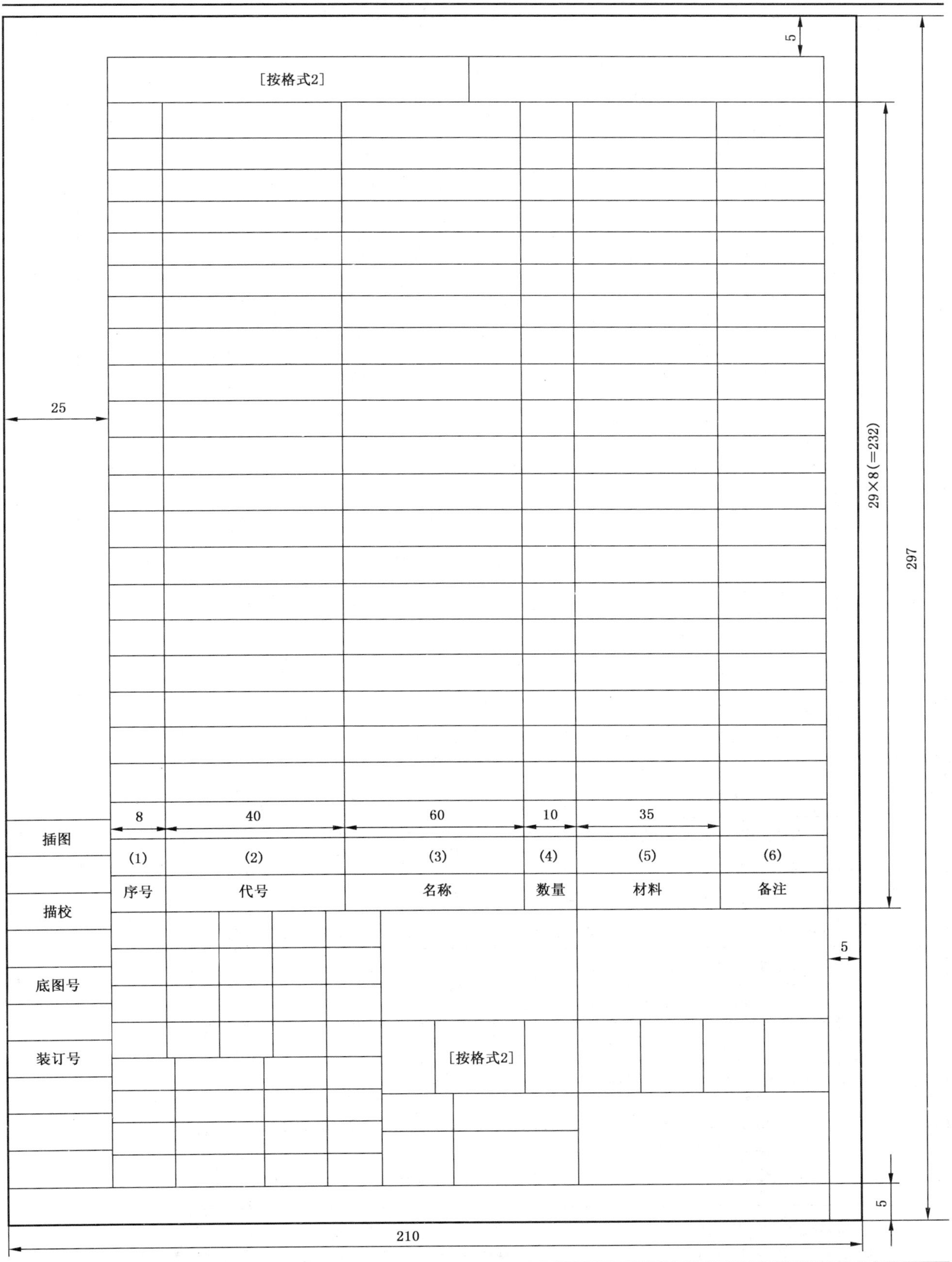

注：空格填写内容：(1)零件顺序。(2)工装零件代号。(3)零件名称。(4)零件数量。(5)材料牌号。(6)备用。

(4) 专用工艺装备零件图样标题栏(格式 4)(表 5-3-14)

表 5-3-14　专用工艺装备零件图样标题栏(格式 4)

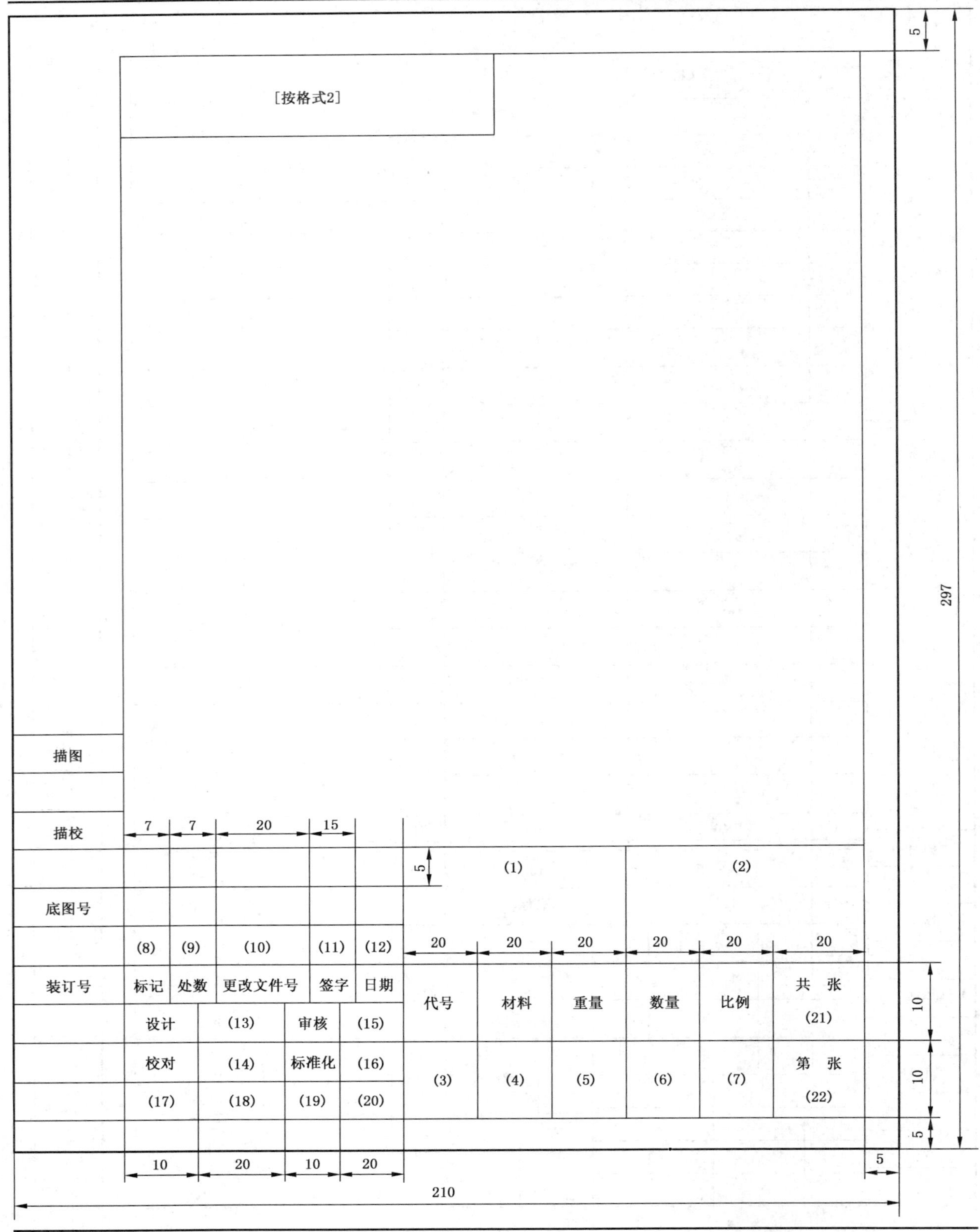

注：空格填写内容：(1)工装零件名称。(2)工装编号。(3)零件代号。(4)零件材料牌号。(5)零件重量。(6)同一代号零件数量。(7)图样比例。(8)更改标记符号。(9)用阿拉伯数字填写同种标记符号的数量。(10)工艺文件更改通知单编号。(11)更改人员签字。(12)更改人员签字日期。(13)～(16)各职能人员签字。(17)～(20)备用栏，各企业自定。(21)、(22)用阿拉伯数字分别填写每个零件图样的总张数和顺序数。

（5）专用工艺装备零件明细表（格式 5）（表 5-3-15）

表 5-3-15 专用工艺装备零件明细表（格式 5）

序号	代号	名称	数量	材料	备注
(23)	(24)	(25)	(26)	(27)	(28)
8	40	60	10	35	
		180		8	

5

描图			5			(1)	60
描校							(2)
	(7)	(8)	(9)	(10)	(11)		30
底图号	标记	处数	更改文件号	签字	日期	60	共 页 (4) / 第 页 (5)
装订号	设计	(12)	标准化	(16)			
	校对	(13)	(20)	(17)		专用工艺装备零件明细表 (6)	(3)
	审核	(14)	(21)	(18)			
	工艺	(15)	(22)	(19)			
25	10	20	10	20			

10 15 5 5

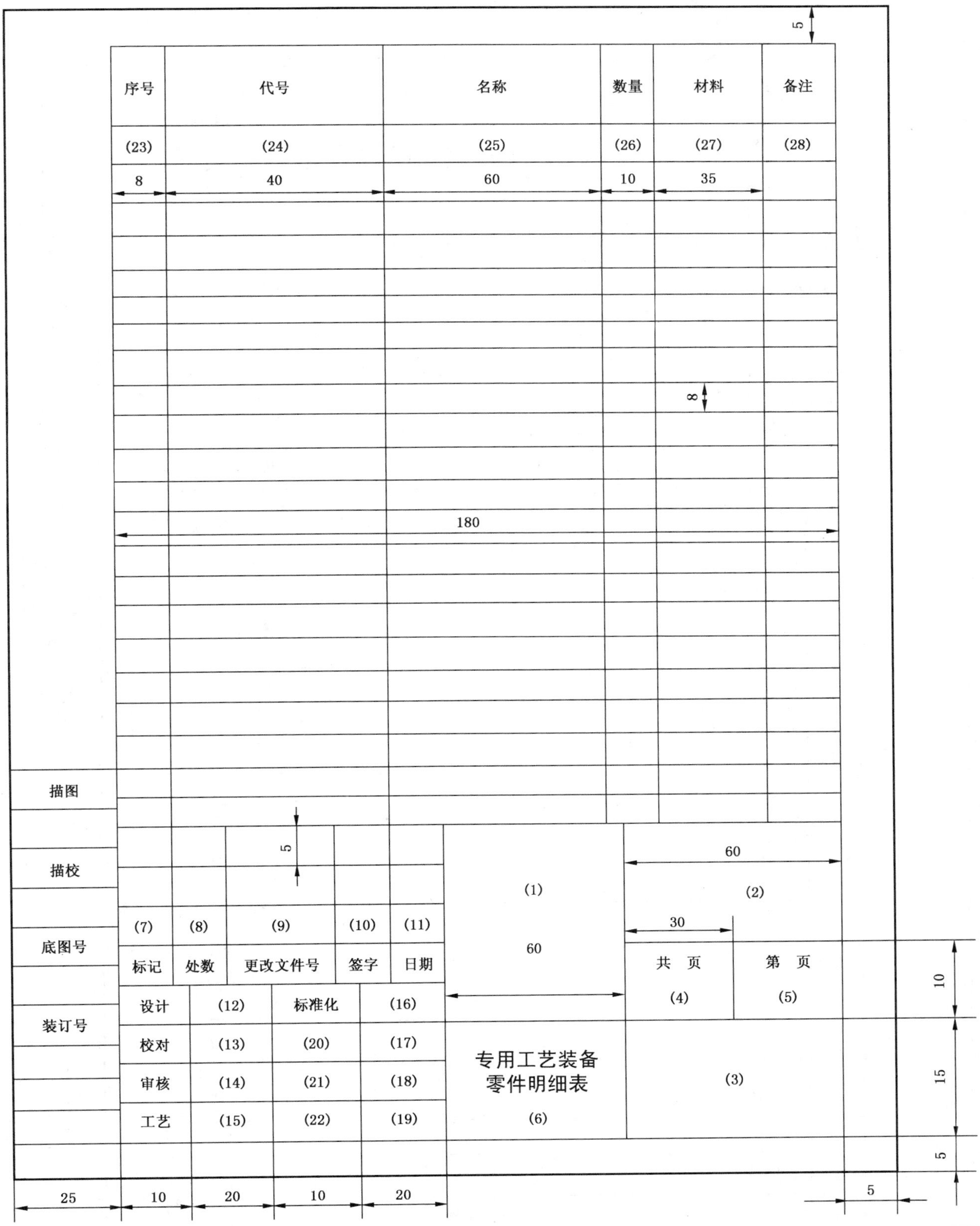

注：空格填写内容：(1)专用工装名称。(2)以分数形式填写：分子为工装编号，分母为使用的对象。(3)填写企业名称。(4)、(5)同一套专用工艺装备零件明细表的总页数和顺序数。(6)填写“专用工艺装备零件明细表”。(7)～(22)按格式 2 的(11)～(26)说明填写。(23)零件顺序号。(24)工装零件代号。(25)零件名称。(26)同一代号零件数量。(27)材料的牌号。(28)备用。

(6) 专用工艺装备验证书(格式 6)(表 5-3-16)

表 5-3-16 专用工艺装备验证书(格式 6)

<table>
<tr><td colspan="3" rowspan="2">(企业名称)</td><td colspan="2" rowspan="2">工艺装备验证书</td><td colspan="2">(文件编号)</td></tr>
<tr><td>共 页</td><td>第 页</td></tr>
<tr><td colspan="2">产品型号</td><td colspan="2">(1)</td><td>产品名称</td><td colspan="2">(2)</td></tr>
<tr><td colspan="2">零件图号</td><td colspan="2">(3)</td><td>零件名称</td><td colspan="2">(4)</td></tr>
<tr><td colspan="2">工装编号</td><td colspan="2">(5)</td><td>工装名称</td><td colspan="2">(6)</td></tr>
<tr><td colspan="2">使用单位</td><td colspan="2">(7)</td><td>使用设备</td><td colspan="2">(8)</td></tr>
<tr><td colspan="2">工序号</td><td colspan="2">(9)</td><td>工序名称</td><td colspan="2">(10)</td></tr>
<tr><td>验证记录</td><td colspan="6">(11)</td></tr>
<tr><td>修改意见</td><td colspan="6">(12)</td></tr>
<tr><td>结论</td><td colspan="6">(13)</td></tr>
<tr><td rowspan="3">会签</td><td>(14)</td><td>(15)</td><td>(16)</td><td>(17)</td><td>(18)</td><td>(19)</td></tr>
<tr><td></td><td></td><td></td><td></td><td></td><td></td></tr>
<tr><td></td><td></td><td></td><td></td><td></td><td></td></tr>
</table>

15 40 35

5 8 7×8(=56) 210

44 20 44

60 40 8 10 5

8 20 20 20 20 20 5

148

注：空格填写内容：(1)～(4)一律按产品图样的规定填写。(5)～(10)与工装设计任务书的内容一致。(11)按规定的验证项目逐项填写验证后的实际精度或验证简图。(12)填写验证后的返修内容与意见。(13)验证后填写合格、基本合格、不合格、报废的验证结论。(14)～(19)验证组织者与参加者的单位和签字，并注明日期。

（7）专用工艺装备使用说明书

专用工艺装备使用说明书的格式同 JB/T 9165.3 附录 B 中（格式 B）工艺文件用纸。

5.3.1.3 定位、夹紧符号应用及对应的夹具结构示例[㊀]（表 5-3-17）

表 5-3-17 定位、夹紧符号应用及对应的夹具结构示例

序号	说明	定位、夹紧符号应用示例	夹具结构示例
1	安装在 V 形夹具体内的销轴（铣槽）	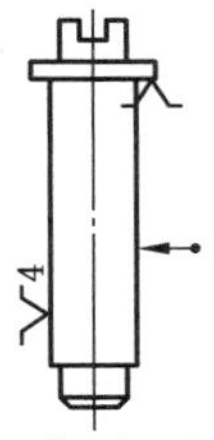 （三件同加工）	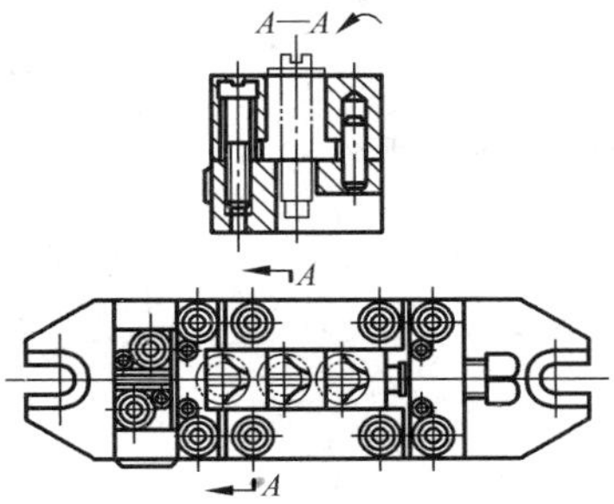 A—A
2	安装在铣齿底座上的齿轮（齿形加工）	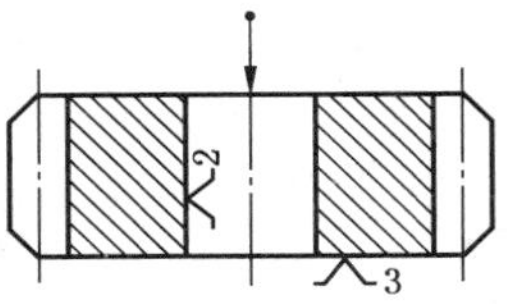	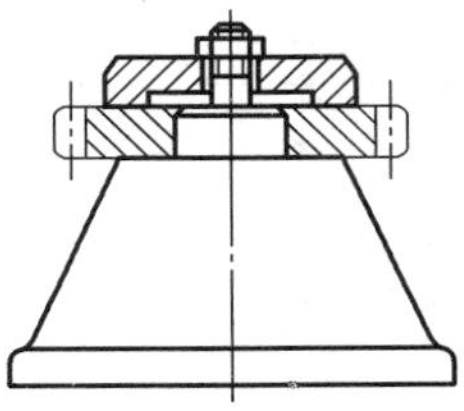
3	安装在一圆柱销和一菱形销夹具上的箱体（箱体镗孔）	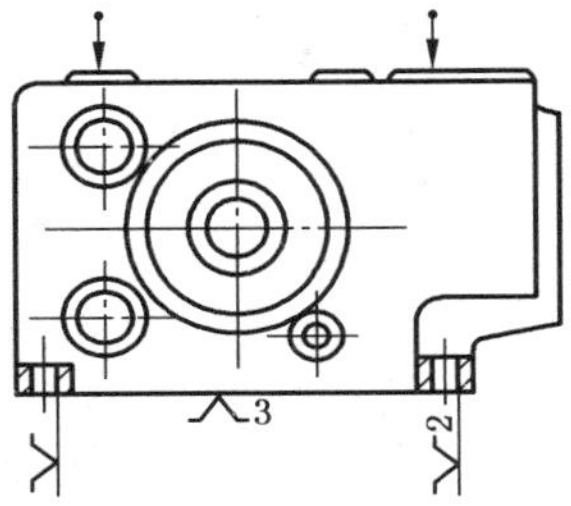	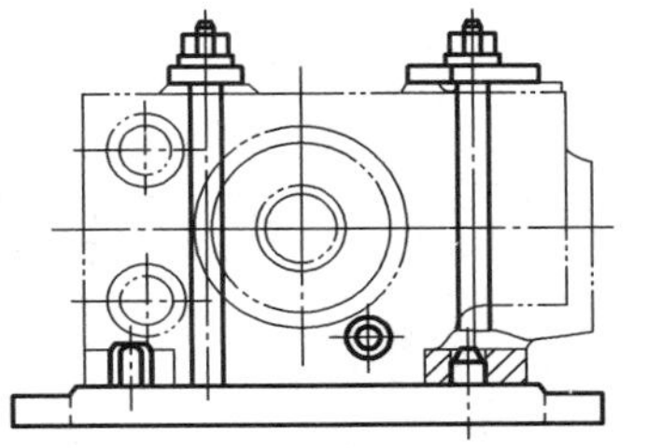
4	安装在三面定位夹具上的箱体（箱体镗孔）	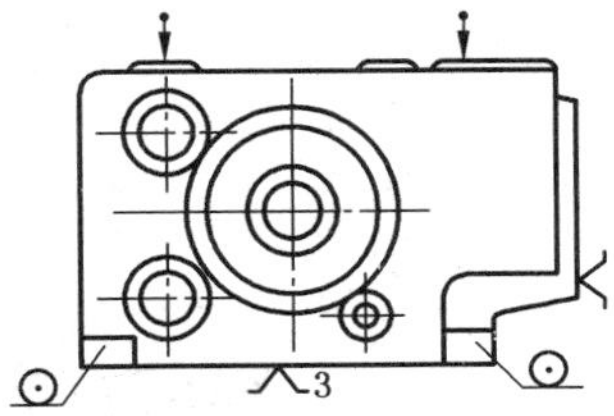	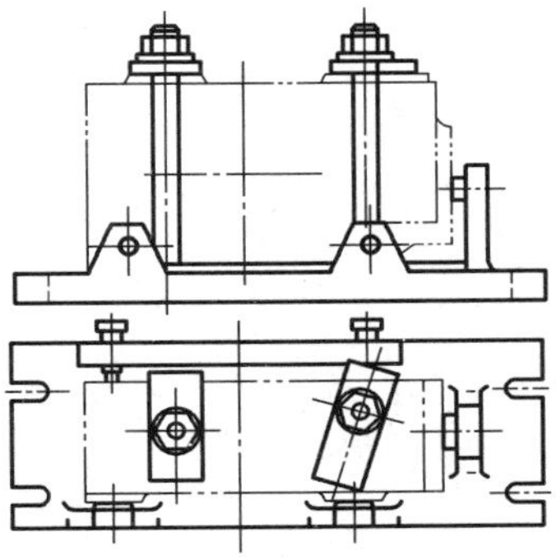
5	安装在钻模上的支架（钻孔）	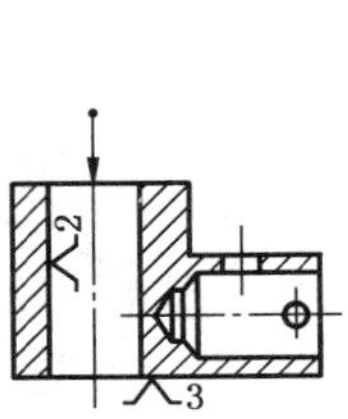	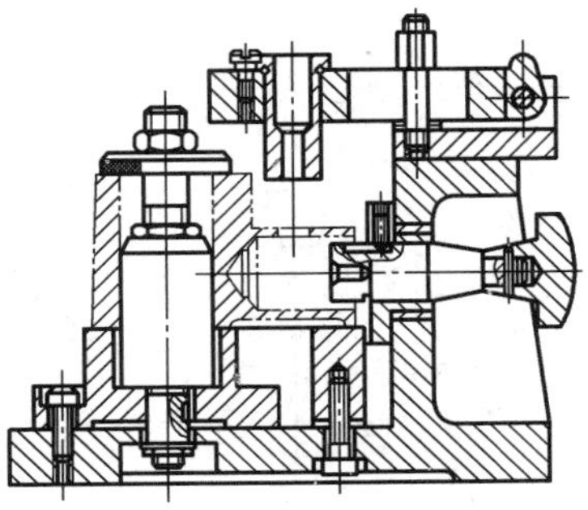

㊀ 机械加工定位、夹紧符号、各类符号的画法及装置符号的使用见本章 5.1.9。

续表 5-3-17

序号	说　明	定位、夹紧符号应用示例	夹具结构示例
6	安装在专用曲轴夹具上的曲轴（铣曲轴侧面）	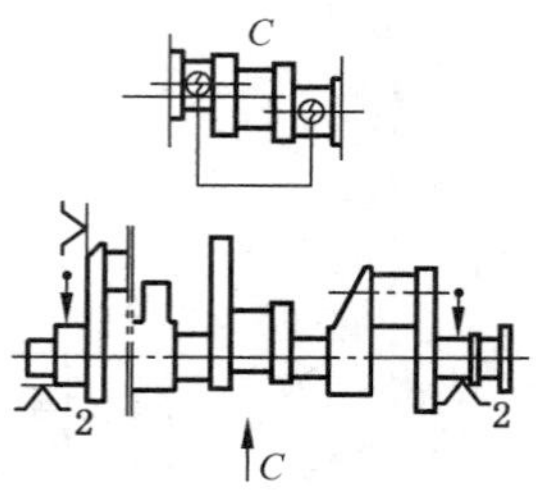	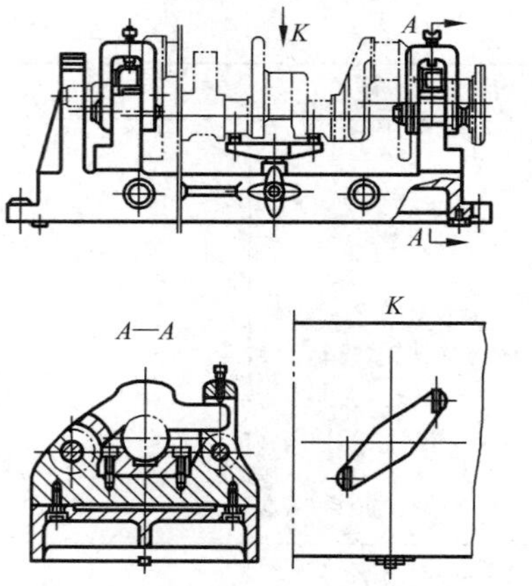
7	安装在联动夹紧夹具上的垫块（加工端面）	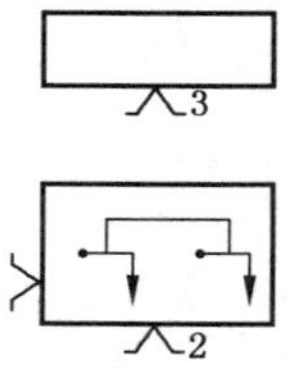	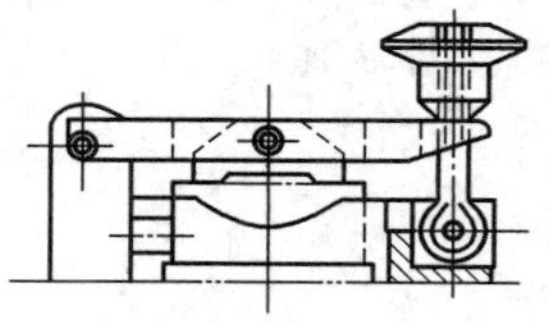
8	安装在联动夹紧夹具上的多件短轴（加工端面）	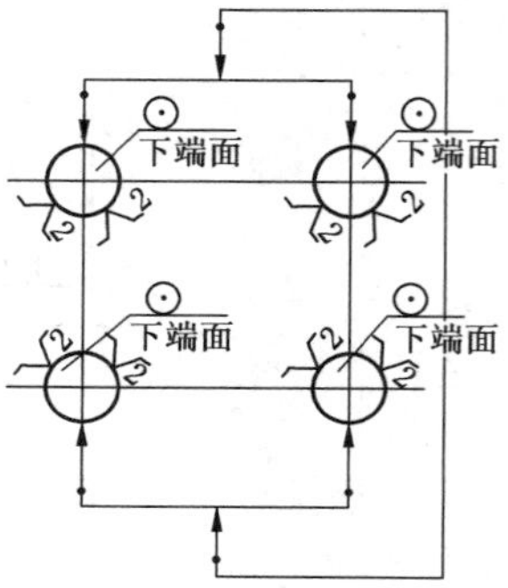	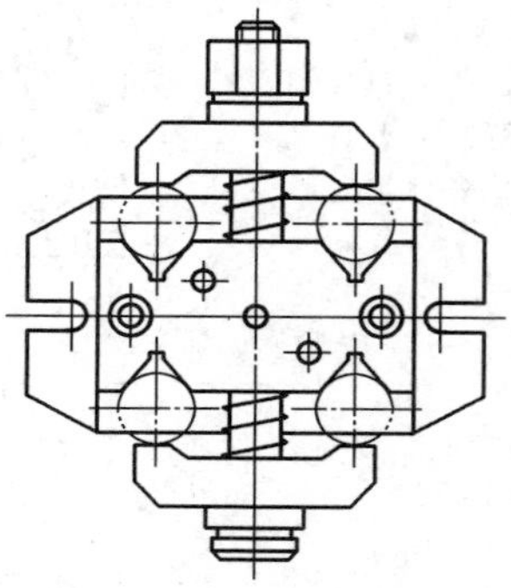
9	安装在液压杠杆平紧夹具上的垫块（加工侧面）	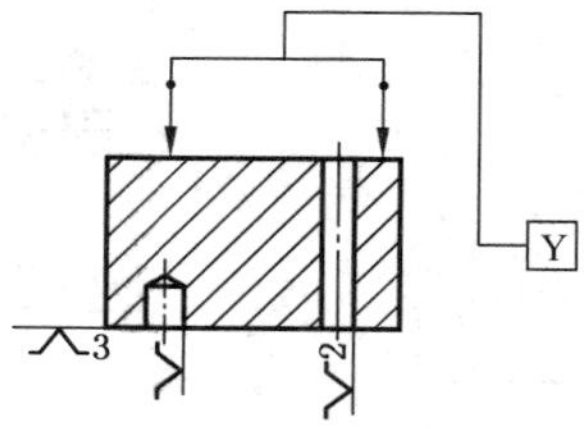	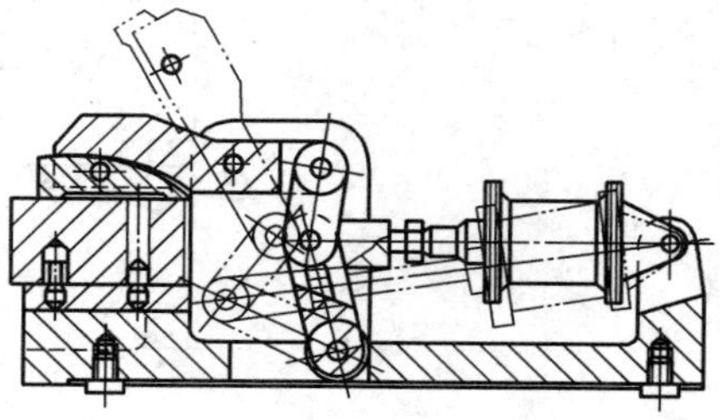
10	安装在气动铰链杠杆夹紧夹具上的圆盘（加工上平面）	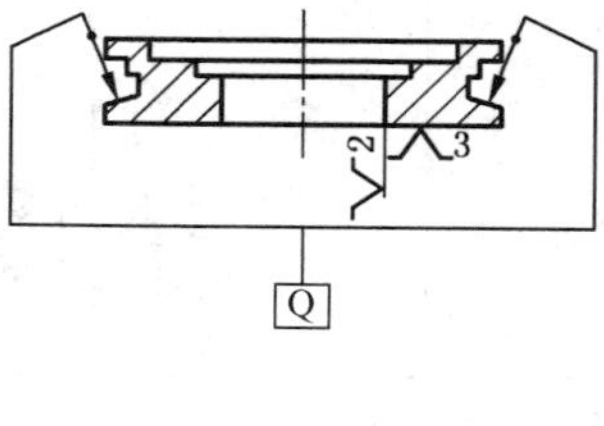	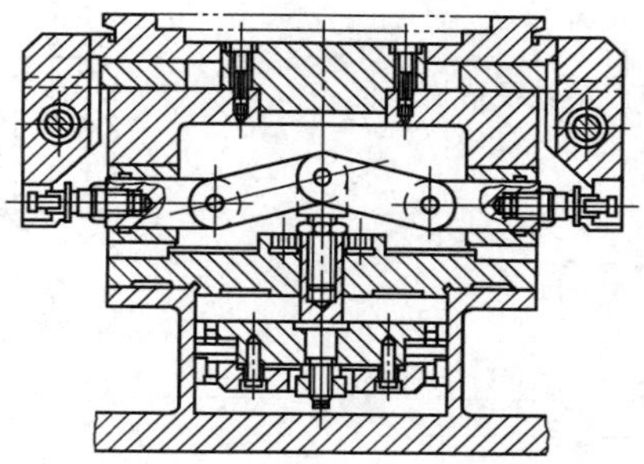

5.3.2 工艺装备设计规则

5.3.2.1 工艺装备设计及管理术语(JB/T 9167.1—1998)

(1) 工艺装备(简称工装)

产品制造过程中所用的各种工具总体,包括刀具、夹具、模具、量具、检具、辅具、钳工工具和工位器具等。

(2) 工艺设备(简称设备)

完成工艺过程的主要生产装置,如各种机床、加热炉、电度槽等。

(3) 通用工艺装备

能为几种产品所共用的工艺装备。

(4) 标准工艺装备

已纳入标准的工艺装备。

(5) 专用工艺装备

专为某一产品所用的工艺装备。

(6) 成组工艺装备

根据成组技术的原理,专对一组或一族相似零件进行设计的,由基础部分和可换调整部分组成的、用于成组加工的工艺装备。

(7) 可调工艺装备

通过调整或更换工装零、部件,以适用于几种产品零、部件加工的工艺装备。

(8) 组合工艺装备

由可以循环使用的标准零、部件(必要时可配用部分专用件)组装成易于连接和拆卸的工装。

(9) 跨产品借用工艺装备

被同品种不同型号的产品借用的专用工艺装备。

(10) 组合夹具

由可以循环使用的标准夹具元件、合件配套组成;根据工艺要求能组装成容易连接和拆卸的夹具。

(11) 专用工艺装备设计任务书

由工艺人员根据工艺要求,对专用工艺装备设计提出的一种指示性文件,作为工装设计人员进行工装设计的依据。

(12) 工艺装备验证

工装制造完毕后,通过试验、检验、试用,考核其合理性的过程。

(13) 工艺装备验证书

记载新工艺装备验证结果的一种工艺文件。

(14) 工装通用系数

工装通用的产品零、部件种数与工装种数的比值。

(15) 工装利用率

实际使用的工装种数与为保证产品生产大纲所必需的工装设计种数的比值。

(16) 工装负荷率

在产品生产计划期内,工装实际工作时间与总的有效时间的比值。

(17) 工装计算消耗费用

按工装设计、制造定额计算的成本费用。

(18) 工装额定消耗费用

在产品的试制阶段和正式生产阶段所规定的工装设计、制造费用。

(19) 专用工装系数

产品专用工装种数与产品专用件种数的比值。

(20) 工装复杂系数

表示工装复杂程度的数值,以其成本、件数、精度以及保证产品尺寸要求的计算尺寸数目和总体尺寸等诸因素来确定。

(21) 工装复杂等级

表示工装复杂程度的级别,以便对工装进行技术经济评价,完善工装设计、制造、使用过程的管理。一般可依据复杂系数划分为A、B、C、…级。

5.3.2.2 工艺装备设计选择规则(JB/T 9167.2—1998)

(1) 工装设计选择基本规则

1) 工装设计选择的一般规则

① 生产纲领、生产类型及生产组织结构。

② 产品通用化程度及其产品寿命周期。

③ 工艺方案的特点。
④ 专业化分工的可能性。
⑤ 标准工装的应用程度。
⑥ 现有设备负荷的均衡情况。
⑦ 成组技术的应用。
⑧ 安全技术要求。
2）工装设计选择的经济原则
在保证产品质量的条件下，用完成工艺过程所需工装的费用作为选择分析的基础。
① 选择不同工装方案进行比较。
② 产品数量和生产周期。
③ 提高产品质量和效率的程度。
④ 工装的制造费用及其使用维护费用。
3）确定工装复杂系数
以便对其进行技术经济评价；完善工装的设计、制造、使用过程的管理。
4）分析工装选择后的效益
主要用计算消耗费用与额定消耗费用之间的比较，进行评价，并纳入企业考核的技术指标。
(2) 工装设计的选择程序
1）调研分析
① 产品结构特点、精度要求。
② 产品生产计划、生产组织形式和工艺条件。
③ 工艺工序分类情况。
④ 对工装的基本要求。
⑤ 采用典型工装结构的可行性。
⑥ 选择符合要求的用于设计和制造工装的基本计算资料。
⑦ 有关工装的合理化建议纳入工艺的可能性。
2）确定采用最佳工装系统
① 标准工装。
② 通用工装。
③ 组合工装。
④ 可调工装。
⑤ 成组工装。
⑥ 专用工装。
3）根据工艺工序的分类，考虑工装的合理负荷，确定其总工作量
4）根据以下因素确定工装的结构原则
① 毛坯类型。
② 材料特点。
③ 结构特点和精度。
④ 定位基准。
⑤ 设备型号。
⑥ 生产批量。
⑦ 生产条件。
5）编制工装设计任务书(按 JB/T 9167.3)
(3) 工装设计选择需用的技术文件
1）本标准。
2）工装标准。
3）工装手册、样本及使用说明书。
4）典型工装结构。
5）专用工装明细表及图册。
(4) 工装设计选择的技术经济指标
1）专用工装标准化系数。
2）工装通用系数。
3）工装利用率。

4）工装负荷率。

5）工装成本。

6）工装复杂系数（表 5-3-18）

表 5-3-18 专用工装复杂系数的计算及等级的划分

复杂系数 K 的计算公式

$$K=\frac{C}{T_bC_n}+\frac{N_j}{N_{jb}}+\frac{G_b}{G}+\frac{N_c}{N_{cb}}+\frac{L}{L_b}$$

式中 C—— 工装设计、制造、维护费用
N_j—— 工装专用件件数
G—— 工装最高精度等级
N_c—— 保证产品尺寸要求的工装计算尺寸数目
L—— 工装最大尺寸
C_n—— 企业工装设计、制造、费用维护费的平均值（元 /h）
T_b—— 企业日工时
N_{jb}—— 企业工装专用件件数的平均值
G_b—— 企业工装精度等级的平均值
N_{cb}—— 企业工装计算尺寸数目的平均值
L_b—— 企业工装最大尺寸的平均值

项　目	示　例	计算及等级划分		
复杂系数的计算	一铣床夹具，有 5 个专用件；最高精度等级为 6 级，保证产品尺寸要求的有 x、y、z 三个尺寸；最大底座尺寸为 500 mm；计算成本为 400 元（即 $C=400$ 元；$N_j=5$ 件；$G=6$ 级，$N_c=3$ 个；$L=500$ mm），求夹具复杂系数 K？	设：$C_n=5$ 元 /h；$T_b=8$ h；$N_{jb}=3$ 件；$G_b=7$ 级；$N_{cb}=3$ 个；$L_b=100$ mm。依上式代入各值，则 $K=\frac{400}{8\times5}+\frac{5}{3}+\frac{7}{6}+\frac{3}{3}+\frac{500}{100}=18.84$ 取 $K=19$，即该夹具的复杂系数为 19		
复杂系数的应用	某厂具有每日完成设计、制造相当于 100 个复杂系数的工具的能力，试算 500 种自然套[①]新产品工装的设计与制造周期和月成本？	设：一个自然套工装折合 2.5 个标准套，一个标准套为 5 个复杂系数；一个复杂系数成本为 8 元 1）将 500 个自然套换算成标准套： 2.5×500＝1 250（标准套） 2）再换算成标准套的复杂系数： 5×1250＝6 250（个系数） 3）计算设计与制造周期： 已知：每日完成 100 个复杂系数 则：（6 250/100）天＝62.5 天 设：每月有效工作日为 25 天 则：（62.5/25）月＝2.5 月 即设计、制造周期 2.5 月 4）计算每月设计、制造成本： 8（一个系数成本）×100（日完成系数）×25（月工作日）＝2 000 元 即设计、制造月成本为 2 000 元		
工装复杂等级的划分	复杂等级	A	B	C
	复杂系数	＞120	80～120	＜80

① 自然套：以组装好的一套组合夹具作为计套单位，见 JB/T 3624《组合夹具　基本术语》。

7）工装系数。

8）工装验证结论。

（5）工装设计经济效果的评价

1）评价原则

① 在保证产品质量、提高生产效率、降低成本、加速生产周期和增加经济效率的基础上，对工装系统的选择、设计、制造和使用的各个环节进行综合评价。

② 工装设计经济效果的评价必须结合现实的经济管理和核算制度。

③ 评价方法力求简便适用。

2）评价作用

① 优化工装设计选择方案。

② 提高工装设计水平。

③ 保证最佳经济效果。

④ 缩短工装准备周期。

3）评价依据

① 工装设计定额。

② 工装制造定额。

③ 工装维修定额。

④ 原材料成本标准。

⑤ 工装管理费标准。

⑥ 工装费用摊销的财务管理规定。

4）评价指标

① 工装年度计划费用投资总额。

② 预期的经济效果总和。

③ 工装选择、设计、制造核算期内的节约额。

5）评价内容

① 工装设计费用的节约。

② 材料费的节约。

③ 提高产品质量的节约。

④ 提高生产效率的节约。

⑤ 标准化的节约。

⑥ 制造费的节约。

⑦ 管理费的节约。

⑧ 最佳工装方案的评定：

$$\text{工装投资回收期}=\frac{\text{投资增加额}}{\text{降低成本节约额}}\rightarrow \min(\text{最小})。$$

(6) 选择工装设计时的经济评价方法(表 5-3-19)

(7) 工装经济效果评价方法(表 5-3-20)

(8) 专用工装设计定额示例(表 5-3-21)

表 5-3-19 选择工装设计时的经济评价方法

项　目	计算公式	公式符号注解
单项工艺装备的负荷系数 K_h	$K_h=\frac{tN_{dc}}{T}$	t—完成工艺工序的时间 N_{dc}—单项工装每月执行工序的重复次数 T—工装每月的有效工作时间总额
专用工装的工艺工序费用	在分析周期内，专用工装的工艺工序费用等于专用工装的成本	
在分析周期内，可调夹具工艺工序的费用 C_k	$C_k=C_h+C_zN+\frac{C_g}{n}$	C_h—更换部分的制造成本 C_z—调整费 N—投入生产的数量 C_g—固定部分的折旧费 n—工装的工序数量
在分析的周期内，组合工装工艺工序的费用 C_z	$C_z=C_aN+C_W$	C_a—组装的成本 N—投入生产的数量 C_W—维护费
在分析的周期内，成组工装工艺工序的费用 C_c	$C_c=C_h+\frac{C_a+C_g}{N_c}$	C_h—可调换件的成本 C_a—组装的成本 C_g—固定部分的折旧费 N_c—成组零件种数
在分析的周期内，通用工装工艺工序费用 C_t	$C_t=\frac{C_g}{n}$	C_g—折旧费 n—使用工装的工序数量

表 5-3-20　工装经济效果评价方法

<table>
<tr><th>项　目</th><th colspan="3">内　　容</th></tr>
<tr><td>工装经济分析时的几个指标</td><td colspan="3">(1) 产品试制阶段工装费用成本占试制产品成本的10%～15%，产品正式生产阶段工装费用成本占产品成本的5%以下
(2) 外购工装、自制通用工装、专用工装三者年消耗费用的比例关系一般应是2：1：3
(3) 在库存储备合理的情况下，工装的投资额即是当年的消耗量
(4) 费用摊销方法。计算成本一般按每年度均摊进行预算。在实际核算时可按下列方法摊销：
1) 专用工装按产品一次摊入成本
2) 外购工装采用"5：5"摊销，即发出库时摊入成本50%，报废时再摊入50%
3) 自制通用工装，其中一部分是外购工装"5：5"摊销，另一部分是按专用工装一次摊入，组合夹具也是一次摊入</td></tr>
<tr><td>缩短工装投资回收期的途径</td><td colspan="3">(1) 尽量减少专用工资，改变其与标准工装之间的比例
(2) 提高工装的使用寿命
(3) 提高工装的质量和加工效率，降低产品成本</td></tr>
<tr><td rowspan="6">计算工装年耗费用</td><td>费用项目</td><td>计算公式</td><td>公式符号注释</td></tr>
<tr><td>专用工装的年耗费用 F</td><td>$F=\left(\frac{1+K_s}{T_s}+K_W\right)C_a$</td><td>$K_s$—设计成本系数(工装设计和调整费用与制造费用之比)，一般取0.5
K_W—维修成本系数(工装维修管理费用与制造费用之比)，一般取0.2～0.3
T_s—使用寿命。以年为单位，一般3～5年，当转产时工装即报废
C_a—工装制造费用</td></tr>
<tr><td>组合夹具的年耗费用 F_h</td><td>$F_h=C_1+C_2/N_z+C_3P$
$C_2=A_1C_4+A_2C_5+Z(1+H)$
$C_3=Z_ht(1+H_o)$
$N_z=Pn$</td><td>C_1—组合夹具的专用件成本
C_2—夹具零部件和辅助设备的折旧费加上工装设计费
A_1—夹具零部件折旧率
C_4—夹具零部件预计成本
A_2—辅助设备折旧率
C_5—辅助设备预计成本
Z—工装设计者的年工资额
H—工装设计的管理成本系数
C_3—每套工装一次装配、调整费与管理费
Z_h—组装工人1 h工资额
t—组装调整时间(h)
H_o—管理成本系数
N_z—年组装数量
P—年组装批次
n—平均每批组装的数量</td></tr>
<tr><td>组合工装的年耗费用 F_z</td><td>$F_z=\left(\frac{K_s}{T_s}+K_g+K_W\right)C_{az}$</td><td>$K_s$—设计成本系数(设计费与制造费之比)
K_g—折旧系数
K_W—维护、管理成本系数
T_s—使用寿命(年)
C_{az}—制造和装配成本</td></tr>
<tr><td>可调工装年耗费用 F_k</td><td>$F_k=\left(\frac{K_g+K_w}{M}\right)C_{ag}+\left(\frac{1+K_s}{T_s}+K_{us}\right)C_{ak}$</td><td>$K_g$—折旧系数
K_w—维护管理成本系数
M—套工装的可调装置数量
C_{ag}—套工装的固定部分制造成本
K_s—设计成本系数
T_s—使用寿命(年)
C_{ak}—可调部分制造成本
K_{us}—可调部分维修成本系数</td></tr>
<tr><td>通用工装的年耗费用 F_t</td><td>$F_t=\left(\frac{1}{T_s}+K_W\right)C$</td><td>$T_s$—使用寿命(年)
K_W—维修、管理成本系数(一般取0.1)
C—通用工装成本</td></tr>
</table>

表 5-3-21　专用工装设计定额示例

类别	工装种类	工时定额/h			备　注
		每套	每张	每孔	
1	定位轴、套、垫、销等	2～3			—
	偏心套、靠模板、心轴、刀杆	4～6			包括总图
	车、铣、刨、磨、镗、平衡工具	10～20			
	专用件多于 10 件以上的工具		3～4		
2	一般钻模	3～4			
	墙板钻模　80 孔以下			0.5	不包括非钻孔
	墙板钻模　81 孔以上			0.4	
3	丝锥、铰刀、钻头、铣刀等	8～16			用哑图①，为原工时的 1/2
	成形铣刀、齿轮刀具	20～32			
4	光滑量规	4～6			
	标准量规	8			
	螺纹量规	12			
5	圆弧、齿形样板	3～6			
	划线号孔样板　20 孔以上			0.3～0.4	不包括定位孔
	划线号孔样板　19 孔以下		2～3		—
6	简单冲压模	8～12			—
	复合模、连续模、精冲模		3～4		包括总图在内
7	装配工具、焊接工具		2～3		
8	检测工具		3～4		
9	工位器具		3～4		

注：1. 有总图的工装，带标准件时每种另加 0.3 h。
2. 审核工时为设计工时的 1/5。
3. 标准化审核工时为设计工时的 1/9。
4. 凡属结构、图形视差错误，一律由设计者返工（不计工时）。
5. 如遇图形较复杂是，可乘以 1.2～1.5 的系数。
6. 通用工装可参照本表执行，如果是表格图，则每种规格或每个计算尺寸另加 0.2～1 h。
7. 编制一种工装标准，其定额为 16～48 h，需调研时可另加。

① 哑图是指只有图形而无设计尺寸的图样。设计时只需填入尺寸，以节省设计时间。

5.3.2.3　工艺装备设计任务书的编制规则(JB/T 9167.3—1998)

（1）编制工艺装备任务书的依据

1）工艺方案。

2）工艺装备设计选择规则(JB/T 9167.2)

3）工艺规程。

4）产品图样。

5）工厂设备手册。

6）生产技术条件。

7）有关技术资料和标准。

（2）工艺装备任务书的编制

1）编制工装任务书时要贯彻国家各项技术经济政策，采用国家标准和专业标准，遵守本企业内制订的有关各项标准，使设计的工装能最大限度地提高标准化、通用化、系列化水平。

2）工装任务书的格式应按 JB/T 9165.4 的规定，填写示例见表 5-3-22。

表 5-3-22 工艺装备设计任务书填写示例　　文件编号:9140—15

<table>
<tr><td rowspan="2">(厂名)</td><td rowspan="2">专用工艺装备设计任务书</td><td>产品型号</td><td>CW6163B</td><td>零件图号</td><td>16C06099</td><td>每台件数</td><td>2</td></tr>
<tr><td>产品名称</td><td>卧式车床</td><td>零件名称</td><td>拨叉</td><td>生产批量</td><td>10</td></tr>
<tr><td colspan="3" rowspan="10">//0.03
12d11
Ra3.2
⊥0.05 A
12H7
35
A
工序简图</td><td>工装编号</td><td colspan="2">7534—0021</td><td>使用车间</td><td>5</td></tr>
<tr><td>工装名称</td><td colspan="2">铣床夹具</td><td>使用设备</td><td>X6132</td></tr>
<tr><td>制造数量</td><td colspan="2">1</td><td>适用其他产品</td><td></td></tr>
<tr><td>工装等级</td><td colspan="2">B</td><td></td><td></td></tr>
<tr><td>工序号</td><td colspan="4">工序内容</td></tr>
<tr><td>7</td><td colspan="4">精铣 12d11 两面 $\sqrt{Ra3.2}$ 至尺寸达技术要求</td></tr>
<tr><td>旧工装编号</td><td colspan="2"></td><td>库存数量</td><td></td></tr>
<tr><td colspan="3">设计理由</td><td colspan="2">旧工装处理意见</td></tr>
<tr><td colspan="5">①保证 $\sqrt{Ra3.2}$ 两面与孔垂直度
②保证 $\sqrt{Ra3.2}$ 两面的平行度</td></tr>
<tr><td colspan="5"></td></tr>
<tr><td>编制
(日期)</td><td>××(日)
/(月)</td><td>审核
(日期)</td><td>××(日)
/(月)</td><td>批准
(日期)</td><td>××(日)
/(月)</td><td>设计
(日期)</td><td>××(日)
/(月)</td></tr>
</table>

3) 工装任务书应由工艺人员(包括车间、检查部门等)填写。

4) 编制工装任务书时必须绘制工序简图。在工序简图中应:

① 标注定位基准,尽量考虑其与设计基准、测量基准的统一。

② 标明夹紧力的作用点和方向。

③ 定位夹紧符号的标注应符合 JB/T 5061 的规定。

④ 加工部位用粗实线表示清楚。

⑤ 写明加工精度、表面粗糙度等技术要求。

⑥ 冲压模具,应给出排料简图等。

⑦ 有关其他特殊要求。

⑧ 配套使用工装。

5) 配套工装的设计任务书,应说明相互装配件以及关联件的件号、配合精度、装配要求和示意图。

6) 改制工装应明确填写旧工装编号及其库存数量,并写明对旧工装处理意见。

7) 工装的编号按 JB/T 9164 的规定。

8) 工装任务书应根据企业标准注明工装等级或验证类别。

9) 工装任务书的简图、字迹、符号等必须清晰、工整。

10) 工装任务书的编号按 JB/T 9166 的规定。

(3) 工艺装备任务书的审批、修改和存档

1) 工装任务书必须经过审核和有关负责人批准后方能生效。对重大、关键工装的任务书,必须经过主管工艺师审核、车间会签、总工艺师批准方可投入设计。

2) 凡经批准实施后的工装任务书需要修改时,工艺人员需填写工艺文件更改通知单,经批准后方可修改。

3) 凡经实施的工装任务书需要报废时,由工艺人员填写工艺文件更改通知单,经批准后由计划人员废除旧工装任务书,并另下新工装任务书的编制计划。

4) 工艺文件更改通知单的格式应参照 JB/T 9165.3 的规定。

5) 工装任务书经审查批准后由工艺主管部门统一归档存查。

5.3.2.4 工艺装备设计程序(JB/T 9167.4—1998)

(1) 工艺装备设计依据

1) 工装设计任务书。

2) 工艺规程。

3) 产品图样和技术条件等。

4) 有关国家标准、行业标准和企业标准。

5) 国内外典型工装图样和有关资料。

6）工厂设备手册。

7）生产技术条件。

（2）工艺装备设计原则

1）工装设计必须满足工艺要求，结构性能可靠，使用安全，操作方便，有利于实现优质、高产、低耗，改善劳动条件，提高工装标准化、通用化、系列化水平。

2）工装设计要深入现场，联系实际。对重大、关键工装确定设计方案时，应广泛征求意见，并经会审批准后方可进行设计。

3）工装设计必须保证图样清晰、完整、正确、统一。

4）对精密、重大、特殊的工装应附有使用说明书和设计计算书。

（3）工艺装备设计程序（图 5-3-1）

1）接受工装设计任务书后，应对其进行分析、研究并提出修改意见。

2）熟悉被加工件图样：

① 被加工件在产品中的作用，被加工件的结构特点、主要精度和技术条件。

② 被加工件的材料、毛坯种类、重量和外形尺寸等。

3）熟悉被加工件的工艺方案、工艺规程：

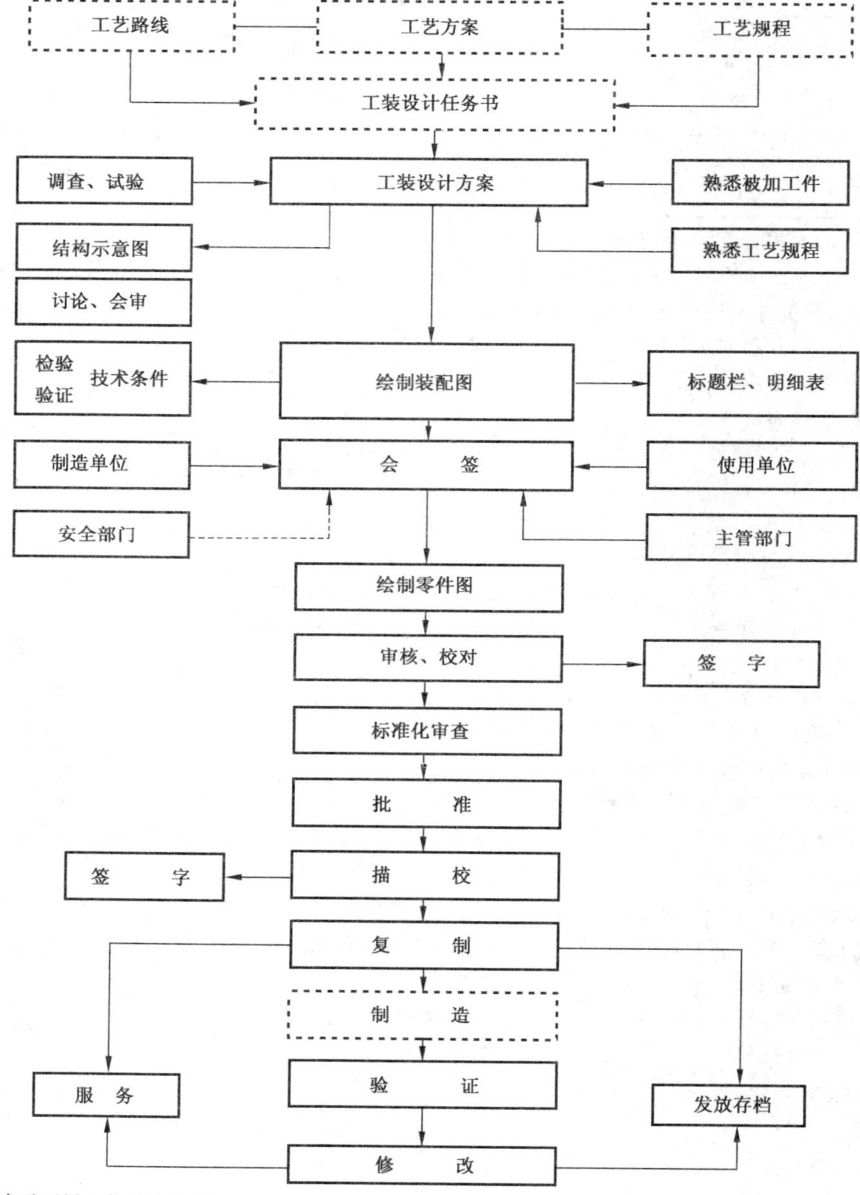

注：1. 虚线框图表示不属工装设计工作。

2. 虚线箭头表示可酌情选用。

3. 会签也可酌情安排在标准化审核后进行。

图 5-3-1　工艺装备设计程序图

① 熟悉被加工件的工艺路线。

② 熟悉设备的型号、规格、主要参数和完好状态等。

③ 熟悉被加工件的热处理情况。

4）核对工装任务书。

5）收集企业内外有关资料，并进行必要的工艺实验；同时征求有关人员意见，根据需要组织调研。

6）确定设计方案：

① 提出借用工装的建议和对下场工装的利用。

② 绘制方案结构示意图，对已确定的基础件的几何尺寸进行必要的刚度、强度、夹紧力的计算。

③ 对复杂工装需绘制联系尺寸和刀具布置图。

④ 选择定位元件、夹紧元件或机构。定位基准的选择应考虑与设计基准、测量基准的统一。

⑤ 对工装轮廓尺寸、总重量、承载能力以及设备规格进行校核。

⑥ 对设计方案进行全面分析讨论、会审，确定总体设计。

7）绘制装配图：

① 工装图样应符合 JB/T 9165.4 的规定和机械制图、技术制图标准的有关规定。

② 绘出被加工零件的外形轮廓、定位、夹紧部位及加工部位和余量。

③ 装配图上应注明定位面（点）、夹紧面（点）、主要活动件的装配尺寸、配合代号以及外形（长、宽、高）尺寸。

④ 注明被加工件在工装中的相关尺寸和主要参数，以及工装总重等。

⑤ 需要时应绘出夹紧、装拆活动部位的轨迹。

⑥ 标明工装编号打印位置。

⑦ 注明总装检验尺寸和验证技术要求。

⑧ 填写标题栏和零件明细表。

⑨ 进行审核、会签。

8）绘制零件图。

9）审核：

① 装配图样、零件图样和有关资料均需审核。

② 送审的图样和资料必须齐全、完整。

③ 对送审的图样按规定进行全面审核，并签字。

10）标准化审查。

11）批准。

12）描后校对及有关人员签字。

13）凡需要修改的工装图样，需经设计员本人或服务人员填写工艺文件修改通知单，经批准后送蓝图发放单位进行更改，并修改底图。

5.3.2.5 工艺装备验证的规则（JB/T 9167.5—1998）

(1) 工艺装备验证的目的

1）保证被制造产品零、部件符合设计质量要求。

2）保证工装满足工艺要求。

3）验证工装的可靠性、合理性和安全性，以保证产品生产的顺利进行。

(2) 工艺装备验证的范围

凡属下列情况之一者均需验证：

1）首次设计制造的工装。

2）经重大修改设计的工装。

3）复制的大型、复杂、精密工装。

(3) 工艺装备验证的依据

1）产品零、部件图样及技术要求。

2）工艺规程。

3）工装设计任务书、工装图样、工装制造工艺、通用技术条件及工装使用说明书。

(4) 工艺装备验证的类别

1）按场地分：固定场地验证和现场验证。

① 固定场地验证是指按图样和工艺要求事先准备产品零、部件，然后在固定的设备上进行模拟验证。一般适用于各种模具的验证。固定场地验证可在工装制造部门进行。

② 现场验证是指工装在使用现场进行试验加工。现场验证必须在工装使用车间进行。现场验证分为两种情况：

a）按产品零、部件图样和工艺要求预先进行试验加工。

b）工装验证与工艺验证同时进行。

2）按工装复杂程度分：重点验证、一般验证和简单验证。

① 重点验证用于大型、复杂、精密工装和关键工装的验证。重点验证工装验证合格后，方可纳入工艺规程和有关工艺文件。

② 一般验证用于一般复杂程度的工装。一般验证的工装可在工装验证之前纳入工艺规程和有关工艺文件。

③ 简单验证用于简单工装。在工装设计和制造的经验与技术条件均能保证工艺要求的情况下，一般可以不用产品零、部件作为实物进行单独验证，可通过生产中首件检查等方法进行简单验证。

(5) 工艺装备验证的内容

1）工装与设备的关系：工装的总体尺寸，总重量，连接部位，结构尺寸，精度，装夹位置，装卸，操作方便，使用安全等。

2）工装与被加工件关系：工装的精度，装夹定位状况，影响被加工件质量的因素等。

3）工装与工艺的关系：测试基准，加工余量，切削用量等。

(6) 工艺装备验证的程序

验证计划——→验证准备——→验证过程——→验证判断——→验证处理——→验证结论（验证结论返回验证计划）

1）验证计划

① 编制工装验证计划的依据：

a）工艺文件中有关工装验证的要求。

b）工装制造完工情况。

c）产品零件生产进度。

d）生产计划内工装验证计划。

② 工装验证计划由生产部门确定并组织落实。

2）验证准备

① 工艺部门提供验证用工艺文件及其有关资料，提出验证所需用的材料及其定额。

② 生产部门负责验证计划的下达。

③ 供应部门或生产部门负责验证用料计划的准备。

④ 工装制造部门负责需验证工装的准备以及工具的准备。

⑤ 验证单位负责领取验证用料和验证设备，安排操作人员。

⑥ 检验单位负责验证工装检查的准备。

3）验证过程

① 验证由生产部门负责组织、协调、落实。

② 验证所需的费用一次摊人工装成本。

③ 验证所耗均不纳入考核企业的各项经济指标。

4）验证判断

① 被验证的工装在工艺工序中按事先规定的试用次数使用后，判断其可靠性、安全性和使用是否方便等。

② 产品零、部件按规定的件数验证，判断其合格率。

5）验证处理

① 验证合格的工装，由检验员填写"工装验证书"，经参加单位会签后入库。

② 验证不合格的工装，由检验员填写"工装验证书"经会签后返修，并需注明"返修后验证"或"返修后不验证"字样。

③ 工装验证书见表 5-3-16。

(7) 工艺装备验证的结论

1）验证合格：完全符合产品设计、工艺文件的要求，工装可以投产使用。

2）验证基本合格：工装虽然不完全符合产品设计、工艺文件要求，但不影响使用或待改进，仍允许投产使用。

3）验证不合格：工装需返修，再经验证合格后方可投产使用。

4）验证报废：因工装设计或制造问题不能保证产品质量，工装不得投产使用。

(8) 工艺装备的修改

1）设计不合理，工装设计人员接到"工装验证书"后修改设计。

2）制造不合格。工装制造部门接到“工装验证书”后返修或复制。

5.4 工艺管理及工艺纪律工作

工艺管理：科学地计划、组织和控制各项工艺工作的全过程。

工艺纪律：在生产过程中，有关人员应遵守的工艺秩序。

5.4.1 工艺管理总则（JB/T 9169.1～2—1998）

5.4.1.1 工艺管理的基本任务

1）工艺工作是机械制造业的基础工作，贯穿于企业生产的全过程。是实现产品设计、保证产品质量、发展生产、降低消耗、提高生产效率的重要手段。为了更好地发挥工艺工作的作用、增强企业应变能力、企业必须加强工艺管理。

2）工艺管理的基本任务是在一定生产条件下，应用现代管理科学理论，对各项工艺工作进行计划、组织和控制，使之按一定的原则、程序和方法协调有效地进行。

5.4.1.2 工艺工作的主要内容

（1）编制工艺发展规划

1）编制工艺发展规划的原则与要求：

① 为了提高企业的工艺水平，适应产品发展需要，各企业都要结合本企业的情况编制工艺发展规划，并应纳人企业总体发展规划。

② 编制工艺发展规划应贯彻远近结合、先进与适应结合、技术与经济结合的方针。

③ 编制工艺发展规划必须有相应的配套措施和实施计划。

2）工艺发展规划的种类：

① 工艺技术措施规划，如新工艺、新装备研究开发规划，技术攻关规划等。

② 工艺组织措施规划，如工艺路线调整规划，工艺技术改造规划等。

3）工艺发展规划的编制程序：

工艺发展规划由企业的技术总负责人组织有关部门参加，且以工艺部门为主进行编制。编制完成后需经归口部门协调和企业领导批准。

（2）工艺试验研究与开发（JB/T 9169.12）

（3）产品生产工艺准备

1）新产品开发和老产品改进工艺调研及改进产品的工艺考察，见 JB/T 9169.2。

2）分析与审查产品结构工艺性见 JB/T 9169.3。

3）设计工艺方案见 JB/T 9169.4。

4）设计工艺路线见 JB/T 9169.2。

5）设计工艺规程和其他有关工艺文件见 JB/T 9169.5。

6）编制工艺定额见 JB/T 9169.6。

7）设计制造专用工艺装备见 JB/T 9167。

8）进行工艺验证见 JB/T 9169.9。

9）进行工艺总结见 JB/T 9169.2。

10）进行工艺整顿见 JB/T 9169.2。

（4）生艺现场工艺管理见 JB/T 9169.10

（5）工艺纪律管理见 JB/T 9169.11

（6）工艺情报管理见 JB/T 9169.13

（7）开展工艺标准化见 JB/T 9169.14

（8）制定各种工艺管理制度

明确各类工艺人员的职责与权限。

5.4.1.3 产品工艺工作程序和内容

产品工艺工作应由新产品技术开发阶段的设计调研开始，直到产品包装入库结束，贯穿于产品生产的全过程。

（1）产品工艺工作程序（图 5-4-1）

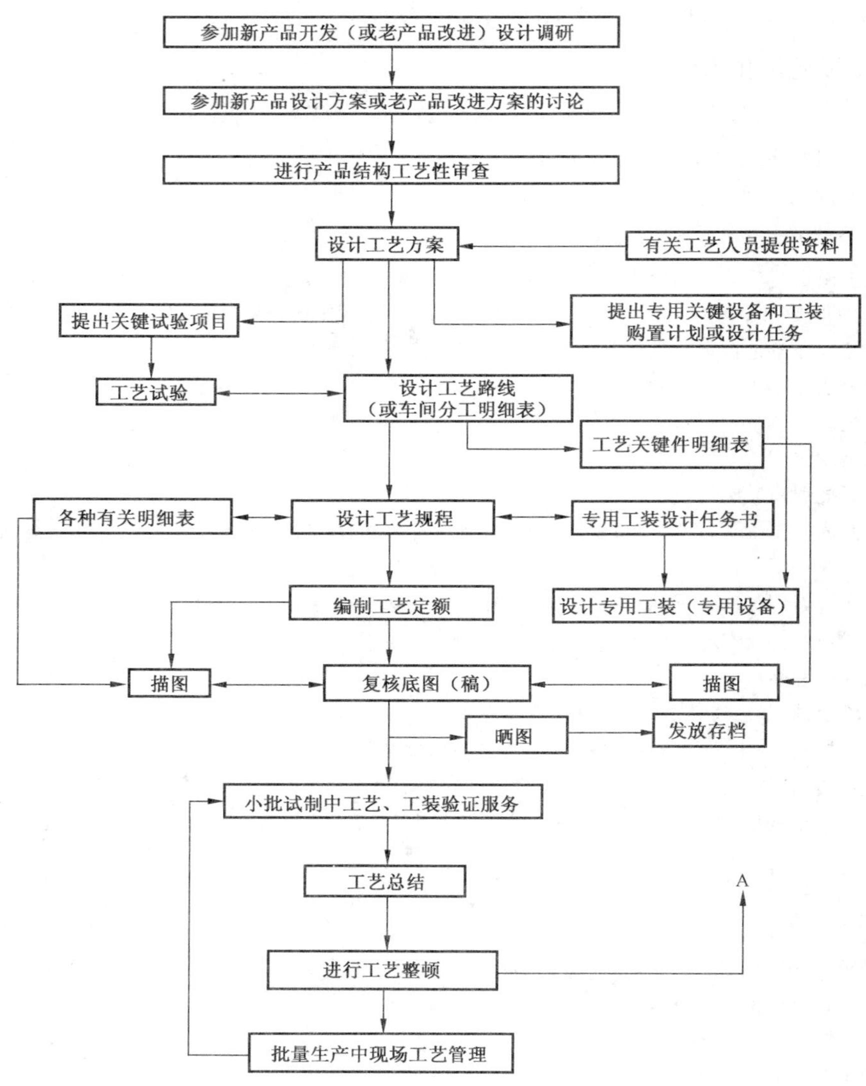

A—可根据需要反馈到设计工艺方案、设计工艺路线、设计工艺规程或(和)设计专用工装。

图 5-4-1　产品工艺工作的程序

(2) 各程序段的主要工作内容（表 5-4-1）

表 5-4-1　各程序段的主要工作内容

工作程序	主要工作内容
参加新产品开发(或老产品改进)设计调研,包括引进产品(或技术)的出国考察	1) 了解用户(或市场)对该产品的使用要求 2) 了解该产品的使用条件 3) 了解国内外同类产品或类似产品的工艺水平 4) 收集有关工艺标准和资料
参加新产品设计方案或老产品改进方案的讨论	从制造观点分析结构方案的合理性、可行性
进行产品结构工艺性审查	见 JB/T 9169.3—1998
设计工艺方案	见 JB/T 9169.4—1998
设计工艺路线	编制工艺路线表(或车间分工明细表)、工艺关键明细表、外协件明细表,必要时需提出铸件明细表、锻件明细表等
设计工艺规程	根据工艺方案要求,设计各专业工种的工艺规程和其他有关工艺文件,详见 JB/T 9169.5—1998
设计专用工艺装备	按专用工装设计任务书的要求,设计出全部专用工艺装备(JB/T 9167.1～5—1998)

续表 5-4-1

工作程序	主要工作内容
编制工艺定额	1）计算各种材料消耗工艺定额，编制材料消耗工艺定额明细表和汇总表（JB/T 9169.6—1998） 2）计算劳动消耗工艺定额（即工时定额） 注：根据各企业的实际情况，工时定额也可由劳动部门制定
复核各种工艺文件底图（稿）	核对各种工艺文件底图（稿）有无描错之处
工艺装备与工艺规程验证	1）参加专用工艺装备验证，详见 JB/T 9167.1～5—1998 2）做好小批试制中工艺验证服务工作
进行工艺总结	1）总结工艺准备阶段工艺 2）总结工艺、工装在小批试制中验证情况 3）对下一步改进工艺、工装的意见和对批量生产的建议
进行工艺整顿	根据小批试制工艺验证的结果和工艺总结，修改有关工艺规程和工艺装备
批量生产中现场工艺管理	详见 JB/T 9169.10—1998

5.4.1.4 工艺技术管理的组织机构及人员配备

（1）工艺技术管理的组织机构（表 5-4-2）

表 5-4-2 工艺技术管理的组织机构

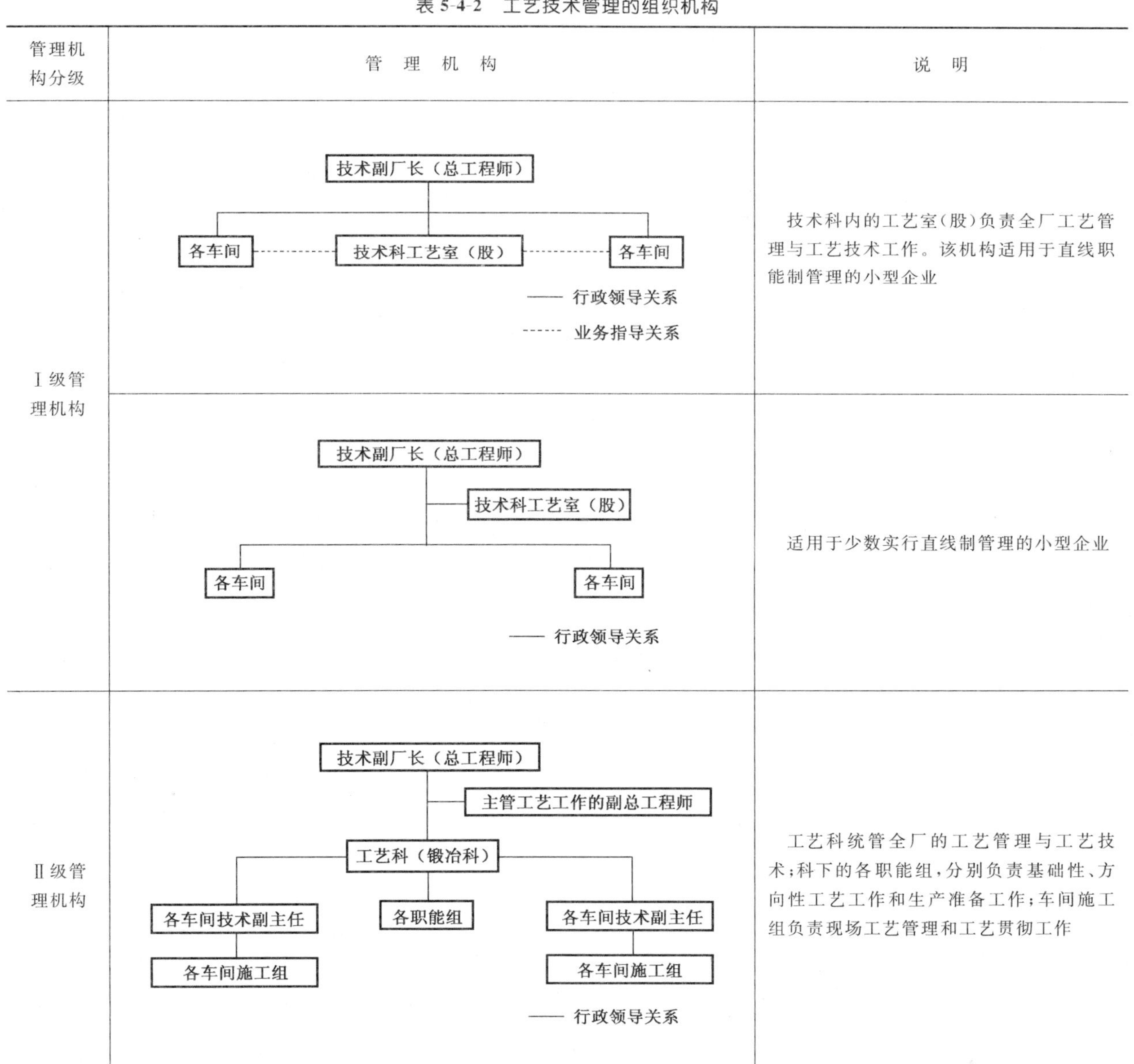

管理机构分级	管理机构	说明
Ⅰ级管理机构	技术副厂长（总工程师） 各车间 技术科工艺室（股） 各车间 —— 行政领导关系 ------ 业务指导关系	技术科内的工艺室（股）负责全厂工艺管理与工艺技术工作。该机构适用于直线职能制管理的小型企业
	技术副厂长（总工程师） 技术科工艺室（股） 各车间 各车间 —— 行政领导关系	适用于少数实行直线制管理的小型企业
Ⅱ级管理机构	技术副厂长（总工程师） 主管工艺工作的副总工程师 工艺科（锻冶科） 各车间技术副主任 各职能组 各车间技术副主任 各车间施工组 各车间施工组 —— 行政领导关系	工艺科统管全厂的工艺管理与工艺技术；科下的各职能组，分别负责基础性、方向性工艺工作和生产准备工作；车间施工组负责现场工艺管理和工艺贯彻工作

续表 5-4-2

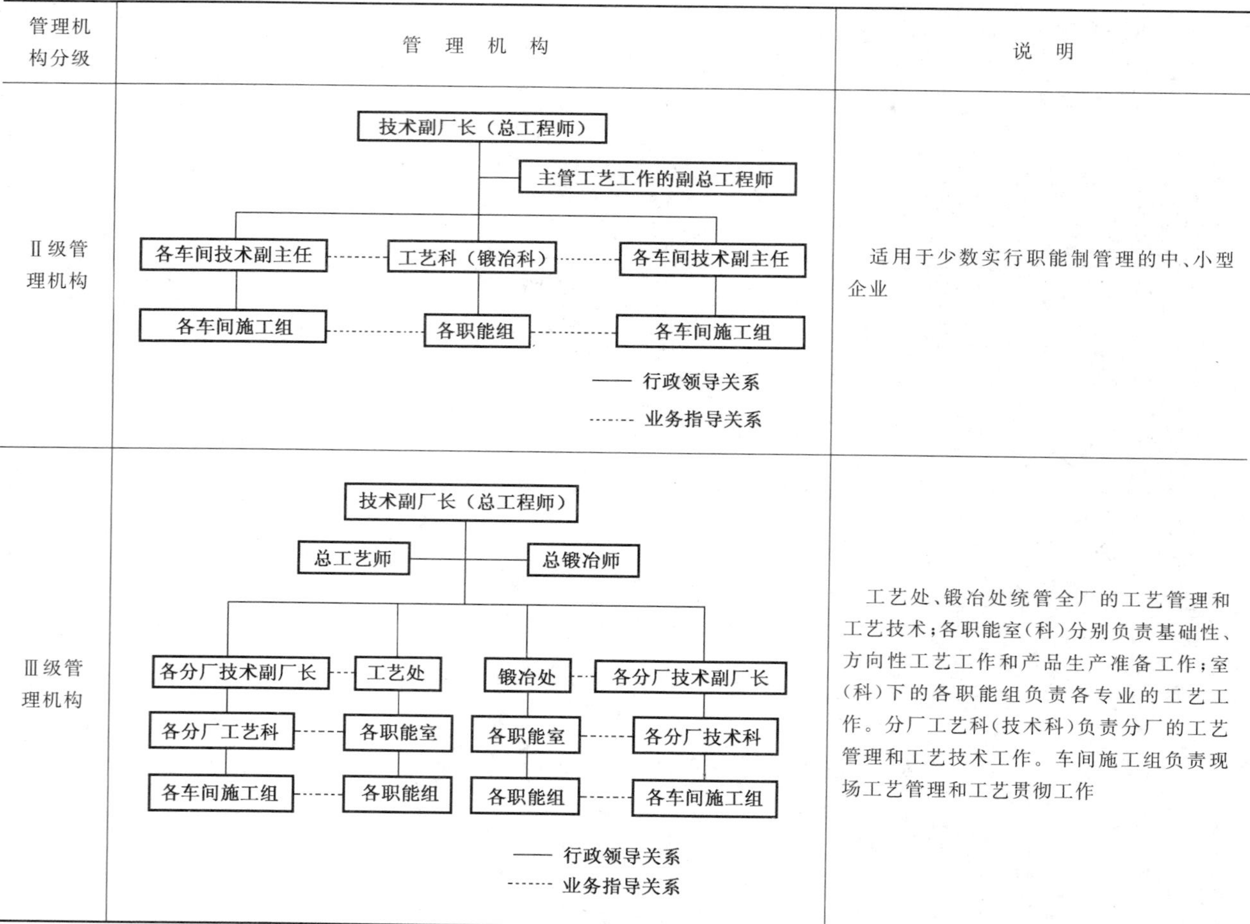

管理机构分级	管理机构	说明
Ⅱ级管理机构	技术副厂长（总工程师） 主管工艺工作的副总工程师 各车间技术副主任　工艺科（锻冶科）　各车间技术副主任 各车间施工组　各职能组　各车间施工组 —— 行政领导关系 ------ 业务指导关系	适用于少数实行职能制管理的中、小型企业
Ⅲ级管理机构	技术副厂长（总工程师） 总工艺师　总锻冶师 各分厂技术副厂长　工艺处　锻冶处　各分厂技术副厂长 各分厂工艺科　各职能室　各职能室　各分厂技术科 各车间施工组　各职能组　各职能组　各车间施工组 —— 行政领导关系 ------ 业务指导关系	工艺处、锻冶处统管全厂的工艺管理和工艺技术；各职能室（科）分别负责基础性、方向性工艺工作和产品生产准备工作；室（科）下的各职能组负责各专业的工艺工作。分厂工艺科（技术科）负责分厂的工艺管理和工艺技术工作。车间施工组负责现场工艺管理和工艺贯彻工作

（2）工艺人员的配备

1）工艺人员的构成（表 5-4-3）

表 5-4-3　工艺人员的构成

各级负责人	各类专业人员
总工艺师、总锻冶师、正副处长、正副科长、正副室主任、正副组长、分厂技术副厂长、车间技术副主任、工段技术副段长、施工组正副组长等	工艺规划员、工艺标准化员、工艺情报员、工艺研究员、工艺试验员、主任工艺员（师）、装配工艺员、电气工艺员、机械加工工艺员、数控编程员、铸造工艺员、金属熔炼工艺员、型砂工艺员、压力加工工艺员、焊接工艺员、热处理工艺员、表面处理工艺员、涂装工艺员、工程塑料工艺员、夹具设计员、刀具设计员、模具设计员、专机设计员、计算机软件开发员、计算机操作员。材料定额员、工时定额员、物理试验员、化学试验员、金相试验员、力学性能试验员、无损检测人员、计划调度员（工艺）、质量管理员（工艺）、生产准备员、施工员等

2）工艺人员的配备原则（表 5-4-4）

表 5-4-4　工艺人员的配备原则

配备原则	说明
按工艺机构的定岗、定员编制，注意工艺人员配备的成套性	1）应注意工艺管理和工艺技术的岗位成套，从事基础性工作、方向性工作、技术准备工作与施工工作岗位的成套 2）既注意上岗人员的数量成套，又要注意人员的素质成套
合理确定工艺人员的数量以及工艺人员与设计人员的比例①	1）一般情况下，工艺人员的数量应占企业职工总数的 3%以上 2）一般情况下，工艺人员与设计人员的比例按工艺工作量是设计工作量的 4～5 倍考虑
在技术素质上，要考虑技术职务（职称）的高、中、初三个层次的构成、配备	工艺管理岗位和工艺技术岗位都应制订岗位职责、岗位技能、岗位权限，不同技术职务（职称）的人员按档次上岗，以使他们的水平得到充分的发挥

续表 5-4-4

配备原则	说　　明
企业主导产品的主任工艺员(师)应由素质高的工艺人员担任	产品主任工艺员(师)是产品工艺工作的技术核心,起着纵横协调与统一的重要作用
注意工人出身的工艺人员的培养与选拔	从工艺工作实践性强的特点出发,应注意从实践经验丰富、经过专业培训并具有高中以上文化水平的工人中培养与选拔工艺人员到工艺工作岗位上

① 工艺人员的数量与配比应根据企业的实际情况确定,应能满足技术开发和产品发展的需要。

5.4.1.5 工艺管理责任制

(1) 工艺管理的责任(表 5-4-5)

表 5-4-5 工艺管理的责任

工艺职能	涉及部门	活动类别
1) 工艺调研	设计、工艺	市场调研
2) 工艺发展规划 3) 工艺试验与研究 4) 工艺情报与工艺标准 5) 分析与审查产品结构工艺性	工艺、总师办、有关车间、设计	开发设计
6) 设计工艺方案 7) 设计工艺路线 8) 设计工艺规程 9) 设计、制造工艺装备 10) 制订材料消耗工艺定额 11) 制订工时消耗工艺定额(有的企业工时定额由劳动部门制订) 12) 制订管理性工艺文件	工艺、工具、计量、检验及有关车间	生产技术准备
13) 工艺装备明细表 14) 材料消耗工艺定额明细表 15) 主要辅料消耗工艺定额明细表 16) 油漆消耗工艺定额明细表	工具、设备、供应、工艺	采购
17) 定人、定机、定工种 18) 按图样、工艺和标准进行生产 19) 进行工艺验证 20) 进行工艺装备验证 21) 现场工艺过程管理 22) 执行工艺纪律 23) 均衡生产 24) 进行工艺总结	生产车间、生产调度、劳动人事、工艺、质量管理、设备、工具、计量	生产制造
25) 按图样、工艺、标准检验 26) 监督生产现场的工艺纪律 27) 新产品样品试制鉴定 28) 新产品小批试制鉴定	技术检验、质量管理、总工程师、设计、工艺、有关部门	检验
29) 向用户提供工艺参数	工艺	销售
30) 用户访问、市场研究、对新产品提供最佳工艺决策	工艺、设计、销售	服务

(2) 各类人员及部门的岗位责任制

1) 厂级领导岗位责任(表 5-4-6)

表 5-4-6 厂级领导岗位责任

各类人员	责　　任
厂长	1) 加深工艺意识及工艺质量意识 2) 正确处理工艺管理与企业的各项管理的关系,并负责统一与协调 3) 负责建立健全、统一企业工艺管理体系

续表 5-4-6

各类人员	责　任
厂长	4）负责设立厂一级的工艺管理部门 5）审批企业技术发展规划、工艺发展规划、技术改造规划、重大工艺技术装备的引进及基建项目 6）对企业贯彻执行国家及上级主管部门的工艺技术政策、法规负责
技术副厂长（总工程师）	1）领导工艺管理工作，包括：建立健全以总工程师为首的工艺管理和工艺技术责任制；建立健全工艺技术范围内的各项工作制度；建立工艺技术方面的工作程序 2）组织领导工艺调查，制订中、长期工艺发展规划，提高本企业的工艺水平 3）领导新产品开发工作 4）领导工艺科研工作 5）审批合理化建议、技术革新与推广计划 6）组织领导重大技术关键和薄弱环节的工艺攻关工作 7）负责组织领导工艺技术与装备的引进与消化吸收，保证产品技术改进和新产品开发同步配套 8）建立健全工艺标准、工艺情报的专职机构，积极采用、贯彻国家标准，并积极采用国际标准和国外先进标准 9）负责生产技术准备工作 10）审批各类工艺技术文件、工艺规划与工艺制度 11）负责工艺技术档案与工艺技术保密工作 12）审批工厂总平面图布置及工艺布局 13）负责组织领导工艺人员的技术培训、考核、晋升工作 14）完成厂长交给的其他工艺性工作
总工艺师（总锻冶师）	1）负责组织工艺管理工作：组织制订、审查、签署工艺管理制度、工艺责任制、各项工作制度和工艺工作程序 2）组织制订工艺发展规划 3）负责组织新产品开发工作：对新产品开发的有关人选提出建议；组织新、老产品工艺方案和关键零部件工艺方案的讨论 4）具体组织工艺科研工作的实施，及时解决和协调工艺科研过程中出现的技术问题，确保工艺科研工作顺利完成 5）编制或审查重大工艺技术改造项目的可行性分析报告 6）组织领导新技术、新工艺、新材料、新装备的推广应用 7）组织审查工厂总平面布置图、分厂（车间）平面布置图 8）组织工艺标准、工装标准的贯彻与实施。对工艺文件的标准化、工艺要素的标准化、工艺装备的标准化负责。审查工艺标准的先进性、科学性和可行性 9）负责组织和协调生产过程中发生的工艺技术问题 10）负责组织工艺信息的反馈工作 11）完成总工程师布署的其他工作

2）工艺部门岗位责任（表 5-4-7）

表 5-4-7　工艺部门岗位责任

项　目	内　容
制订工艺管理制度	1）制订有效的工艺管理制度，并认真贯彻执行 2）按质量管理思想建立工艺工作程序 3）制订工艺部门各类人员的工作标准 4）制订企业工艺纪律检查、考核细则
负责工艺管理工作	1）组织有关部门贯彻执行工艺规程和工艺守则 2）组织工艺验证工作 3）参加工艺装备（包括工位器具）的验证工作 4）组织工艺总结工作 5）组织工艺整顿工作 6）组织工艺工作中的质量管理活动，加强工序质量控制 7）负责经验证、鉴定合格后的新工艺、新技术、新材料、新装备纳入工艺文件的工作 8）参加工艺纪律检查工作 9）对工艺文件的正确性、完整性、统一性负责 10）对工艺装备设计的结构合理性、安全性、可靠性、经济性负责

续表 5-4-7

项 目	内 容
制订工艺发展规划	1）依据企业产品发展规划，制订企业中、长期工艺技术发展规划 2）根据企业发展规划，制订、修订企业工艺技术能力改造规划 3）制订为扩大生产能力或改进工艺流程的工艺路线调整规划 4）制订基础件攻关规划 5）制订技术关键攻关规划 6）制订采用新技术、新工艺、新材料、新装备的四新规划 7）为提高企业工艺素质加速工艺技术发展，提高工艺管理水平制订工艺发展规划 8）制订采用国际标准、国外先进标准而采取的工艺措施规划 9）根据新产品投产、老产品改进及产品质量创优、贯标等工作，制订企业年度工艺技术措施计划 10）根据企业近期在生产中所暴露的工艺薄弱环节，制订年度工艺技术措施改造计划，积极采用先进工艺及工艺装备，充实检测装备 11）总厂平面布置、分厂（车间）平面布置或调整的总体规划 12）对规划、计划制订与修订的及时性、正确性、可靠性、先进性、可行性负责 13）参加技术部门制订、修订企业的有关技术发展规划和计划工作，承担分工部分的工作内容，并认真组织实施
组织工艺技术的试验研究和开发工作	1）根据企业产品开发和工艺技术发展的需要，负责制订工艺试验研究计划 2）负责本企业主导产品的工艺技术现状及合理与先进程度的分析研究，并确定开展工艺试验研究的课题和方法 3）根据企业技术引进的规划，负责制订工艺试验研究规划。做好工艺技术与装备的引进、消化、吸收、创新工作 4）负责解决本企业工艺技术薄弱环节的工艺试验研究工作 5）负责新工艺、新材料、新技术、新装备的试验研究和推广使用。加强工艺材料的开发和研究工作 6）要加强基础工艺，负责典型工艺、成组技术与计算机辅助工艺设计的研究、推广工作 7）负责工艺试验研究课题（或规划）的实施总结，并组织鉴定 8）负责将工艺试验研究成果纳入有关工艺文件，做好存档及保密工作
产品工艺工作	1）参加新产品开发、调研和老产品改进的用户访问，以及产品开发过程中各阶段的评价 2）组织实施新产品试制（包括老产品改进）及定型产品的工艺工作，其中包括：结构工艺性审查；设计并审定工艺方案及工艺路线方案；设计工艺规程和其他有关工艺文件；组织编制材料消耗工艺定额和劳动消耗工艺定额 3）负责设计专用工艺装备，对其结构合理性、安全性、可靠性、经济性负责 4）负责组织重要工艺装备及专机的方案讨论工作，对设计专机的适用性负责
负责对生产过程进行工艺技术服务	1）及时组织实施工艺文件的指令性修改 2）及时处理工艺文件在实施过程中发现的问题 3）负责解答与工艺技术有关的咨询 4）负责组织工艺攻关和工艺技术改造工作 5）支持合理化建议和技术革新工作，并将其成果纳入有关工艺文件 6）参加工艺纪律的检查与考核工作
组织制订工艺标准。对逐步实现工艺文件的标准化、工艺要素的标准化、工艺典型化、工艺装备的标准化负责。对工艺标准的先进性、科学性、可靠性负责	
负责工艺情报的收集、加工和传递	
负责保证有关指标的兑现	1）产品工艺准备工作进度 2）材料利用率的有关指标 3）工时利用率的有关指标 4）工艺文件的正确率、完整率、统一率的有关指标 5）工艺文件的贯彻率的有关指标 6）工艺部门分担的其他指标
有组织、有计划、有目的的培养和提高工艺人员的素质	
负责完成总工程师或总工艺师（总锻冶师）临时交办的工艺工作任务	

3）工艺人员岗位责任（表 5-4-8）

表 5-4-8　工艺人员岗位责任

各类人员	责　　任
主任工艺员（主管工艺员）	1）参加主管产品的技术任务书的讨论，新产品的开发调研和用户访问工作。了解国内外同类产品的制造技术 2）负责组织专业工艺人员对所管产品的方案设计阶段、技术设计阶段，工作图设计阶段的方案评价及工艺性审查并会签 3）制订工艺方案，对工艺方案的科学性、经济性、正确性、可行性负责 4）指导主管产品工艺文件的设计，并负责制订管理性工艺文件 5）负责审查主管产品的工艺装备设计订货任务书 6）负责审查主管产品的工艺文件。对主管产品工艺文件的正确、完整、统一负责。编制工艺文件目录 7）在新产品投产前，协助分厂（车间）技术厂长（主任）组织好技术交底工作 8）协助并参加分厂（车间）组织专业工艺人员、工艺装备设计人员、施工员等对主管产品进行工艺验证和工艺装备的验证工作 9）负责新产品试制或小批试制的工艺总结，提出改进工艺、工艺装备或整顿意见 10）经常深入车间，做好生产现场技术服务工作。对影响产品质量的薄弱环节进行调查研究，查明原因并提出解决措施 11）协调冷、热加工工序之间的工艺要求，协调科内、外业务工作 12）参加工艺攻关和工艺技术改造工作 13）参加主管产品的质量检验工作和质量会议以及引进活动 14）参加工艺纪律检查工作，掌握主管产品的工艺贯彻情况 15）负责主管产品工艺文件的修改工作。对修改后工艺文件的正确、完整、统一性负责
专业工艺员	1）负责分管产品零、部件的工艺性审查（审查内容同主任工艺员部分） 2）参加新产品工艺方案的制订工作，对分管的主要件、关键件工艺规程的设计提出意见 3）按专业分工负责分管产品的冷加工工艺、装配工艺、热加工工艺等工艺规程的设计和有关管理性工艺文件的设计。确保工艺文件的正确、完整、统一 4）提出所负责零部件的工艺装备设计订货任务书，会签工艺装备图样 5）协助主任工艺员做好新产品投产前的技术交底工作，向有关人员详细介绍保证零部件质量的工艺措施 6）指导生产工人严格贯彻工艺规程。对已经实施并验证的生产工人的合理化建议应纳入有关工艺文件 7）负责对分管产品的零部件进行工艺验证和工艺装备的验证工作 8）参加分管产品的工序质量审核和产品质量审核工作，对质量审核中提出的工艺问题要积极采取措施妥善解决 9）不断采用新材料、新工艺、新技术、新装备，积极参加工艺试验研究，不断提高工艺水平 10）深入车间做好现场的服务工作，及时处理生产中出现的技术问题，保证生产顺利进行 11）审批材料规格和材料的代用 12）参加工艺攻关和工艺技术改造工作。工艺攻关成果要纳入有关工艺文件 13）参加工艺纪律检查工作，掌握分管产品零部件的工艺贯彻情况 14）负责主管产品工艺文件的修改工作，对修改后的工艺文件的正确、完整、统一性负责
工艺装备设计员	1）工艺装备设计要严格贯彻国家标准、行业标准和企业标准，设计思想要符合工艺装备设计订货任务书中提出的技术要求 2）积极采用现代夹具设计技术，严格按照设计程序进行设计。对设计工艺装备的结构合理性、安全性、可靠性、经济性负责，并规定合理的检定周期和磨损极限 3）对重大工艺装备、复杂工艺装备要提出详细设计方案，进行方案审查并经总工艺师或主管科长批准后方可进行设计 4）对重大工艺装备、复杂工艺装备要编制使用说明书，以指导工人操作 5）参加工艺装备验证工作，对工艺装备验证中出现的问题要及时解决 6）经常深入生产现场，做好技术服务工作。指导工人正确使用工艺装备

续表 5-4-8

各类人员	责　　任
工艺装备设计员	7）掌握国内、外工艺装备设计动态和本行业工艺装备发展情报。积极参加技术开发的研究工作，参加必要的工艺攻关，不断推广和应用新技术、新工艺、新材料，提高工装设计水平 8）负责工装图样的修改工作，保证修改后的工装图样正确、完整、统一
施工员	1）在主任工艺员组织下参加分管产品的结构工艺性审查，结合本车间的工艺能力，提出意见或建议 2）参加产品工艺方案的试验，对工艺方案所涉及的与已有关内容提出意见或建议 3）会签有关工艺文件、工艺规程、工艺装备设计图样等。对主要零部件和总装配的工艺规程进行会审 4）会同有关人员组织新产品（或老产品改进）投产前的设计、工艺的技术交底工作 5）负责熟悉分管产品的技术标准、设计图样、工艺规程，并按上述要求指导工人操作，严格贯彻执行 6）对生产中发生的技术、质量问题的处理及时性负责，对涉及有关部门的问题及时进行反馈 7）参加工艺验证，工艺装备验证，负责撰写新产品的试制施工总结，参加新产品鉴定 8）参加工序质量控制工作，经常检查工序质量控制点，使特性值处于受控状态。当出现问题时及时分析原因，采取措施，并参加工序质量审核 9）负责因毛坯、设备、工艺装备、生产能力平衡等因素影响工艺贯彻时，按制度办理临时脱离工艺手续 10）负责对不良品提出处理意见，按制度办理回用手续 11）负责对生产中贯彻工艺的信息和质量信息及时向有关部门进行反馈 12）参加新工艺、新材料、新装备、新技术的试验工作和技术革新、技术攻关活动，并对其成果建议技术部门纳入有关技术文件 13）参加工艺纪律检查和现场工艺管理 14）完成上级领导交办的临时任务

4）有关职能部门岗位责任（表 5-4-9）

表 5-4-9　有关职能部门岗位责任

部　　门	责　　任
设计部门	1）对所提供的产品设计图样和技术文件的正确、完整、统一性负责 2）负责组织工艺部门参加产品设计、方案设计、工作图设计的讨论和产品设计结构工艺性的审查工作。对工艺部门提出的意见要责成主管设计人员认真研究，对产品工艺性严重不足之处应改变设计，对工艺性较差的应改进设计 3）对产品设计的标准化、通用化、系列化水平负责
总工程师办公室	1）组织工艺部门编制工艺发展规划、技术改造规划并进行管理。对年度工艺技术措施计划和工艺组织措施计划负责组织实施 2）组织新产品开发的各个阶段的评审鉴定工作 3）组织新产品样机试制与小批试制的鉴定工作 4）负责提出工艺技术和工艺管理的重点任务 5）负责科研、攻关、技术革新、合理化建议的综合管理工作 6）完成总工程师或总工艺师（总锻冶师）交办的临时工艺工作任务
质量管理部门	1）认真贯彻执行国家和上级有关加强工艺管理、严格工艺纪律的方针、政策和指示，推动工艺工作 2）负责组织检查工艺纪律贯彻情况，对各部门执行情况作出评价 3）负责组织整理和综合分析厂内外工艺质量信息，并向工艺部门反馈及进行监督 4）参与工序质量控制点的建立和组织产品质量、工序质量的审核工作 5）负责工序质量控制点采取的控制方式的咨询 6）负责产品质量保证体系的建立

续表 5-4-9

部　　门	责　　任
技术检验部门	1）负责生产现场工艺纪律的监督 2）负责按图样、按工艺、按标准检验产品质量、零部件质量 3）参加工艺纪律的检查工作 4）负责将生产现场出现的工艺质量信息反馈至工艺部门，对工艺质量问题提出建议或修改意见 5）有组织、有计划地培养技术检验人员，不断提高他们的检测技能
计量部门	1）按工艺要求负责配置计量器具 2）编制计量器具周期检定、校正和维修规范 3）负责计量器具、专用工艺装备的周期检定、返还检定工作，保证量值传递准确、可靠。对周检制度实施不力而造成的质量事故负责 4）负责建立工艺装备，特别是质量控制点的工艺装备的检测档案 5）计量检定人员必须经过严格考核，凭操作证操作。对因计量人员未进行业务培训和考核发证而出现的质量事故负责 6）加强技术培训，不断提高计量检定人员的技术水平
工具部门	1）负责依据工艺装备图样，按计划保质、保量、保品种、保规格的完成工艺装备的制造 2）编制工艺装备检查、维修计划 3）外购的工、量、刃具应满足工艺要求。购入后必须经专职检验人员或计量检定人员检验合格后才能办理入库手续 4）工具部门对因由其外购和提供的工艺装备及外购工具质量问题而造成的质量和其他事故负责 5）对工艺装备及外购工具进行管理，对管理不善造成的质量和其他事故负责
设备部门	1）编制设备“点检卡”和设备检查维修规范 2）保证设备经常处于完好状态，对因设备不完好而造成的质量事故负责 3）保证经大修后的设备质量达到标准规定，对大修后设备不符合有关标准的规定而造成的质量事故负责 4）负责对生产工人进行正确使用设备和做好日常维护保养的教育，经常监督、检查各车间生产设备的使用情况
生产部门	1）根据企业的具体情况合理地选择生产过程的组织形式 2）按产品零部件工艺规程合理地规定投产期。加强毛坯、零件和组件在各个工艺阶段的进度管理 3）经常了解和掌握各种物资储备、采购情况。对因备料不足或不及时而影响均衡生产负有一定的责任 4）按工艺要求组织均衡生产，使品种、质量、数量和期限均达到要求，对于因均衡生产不力而造成的质量事故负责 5）按工艺要求组织供应外协作件，对外协件不符合工艺要求负责
企业管理部门	1）负责组织工艺部门各项管理制度、工作标准、工作程序的制订与修订工作 2）负责建立和协调工艺管理体系中各部门的工艺职能 3）将“加强工艺管理，严格工艺纪律，提高工艺水平”有关内容纳入工厂方针目标管理
生产技术准备部门	1）根据企业的长远规划与年度生产大纲，负责编制及下达年度、季度、月生产技术准备计划，保证合理的工艺技术准备周期 2）根据工艺要求负责组织好产前生产技术准备，确保生产的正常进行 3）负责制订工艺文件的发放单位和发放份数的有关文件
技术档案部门	1）负责工艺文件、工艺装备、工艺标准、工艺情报、自制设备等工艺资料的归档、管理工作 2）负责工艺文件的发放工作 3）负责工艺文件、工艺装备、工艺标准、工艺情报、自制设备等工艺资料的复制工作 4）负责工艺文件的保密工作
劳动部门	1）按生产需要配备各类生产人员，保证定人、定机、定工种 2）负责制订劳动工艺定额（也可在工艺部门制订）。各工种、工序定额注意保持相对平衡。工艺规程发生变化时要及时修订劳动定额。保持定额的合理性、现实性和先进性

续表 5-4-9

部　　门	责　　任
各生产车间(分厂)	1）做好生产前的工艺技术准备工作。新产品投产前应组织对工艺文件的消化和交底工作 2）根据工艺流程合理地组织生产 3）认真执行“三按”、“三检”、“三定”，严肃工艺纪律，按质、按量、按期完成生产任务 4）负责组织车间验证工艺和工艺装备，对生产中出现的工艺、工艺装备问题应提出改进的建议 5）认真做好工序质量控制点的管理工作。要分析或测定工序能力，当工序能力不足时，应及时采取措施加以调整，并参加工序质量、产品质量审核工作 6）根据生产关键和薄弱环节组织攻关和技术革新，并确保规划的实现。对实现的项目要及时申请组织鉴定，对鉴定后的项目要及时采用和推广 7）加强设备的保养与维修，使车间设备经常处于完好状态

5.4.2 生产现场工艺管理(JB/T 9169.10—1998)

5.4.2.1 生产现场工艺管理的主要任务及内容

(1) 生产现场工艺管理的基本任务

1）确保产品质量。

2）提高劳动生产率。

3）节约材料和能源消耗。

4）改善劳动条件和文明生产。

(2) 生产现场工艺管理的基本要求

1）生产现场工艺管理应在传统管理方法的基础上，积极采用现代化的组织、管理方法。

2）必须强化质量意识。

3）在生产现场工艺管理中，工艺、生产、质量管理、检验、计量、设备、工具和车间等各有关部门都应有机地配合，以保证生产现场的物流和信息流的顺利畅通。

(3) 生产现场工艺管理的主要内容

1）科学地分析产品零、部件的工艺流程，合理地规定投产批次和期量。

2）做好毛坯、原材料、辅助材料和工艺装备的及时供应，并要符合工艺文件要求。

3）指导和监督工艺规程的正确实施。

4）进行工序质量控制。

① 确定工序质量控制点：

a）对产品精度、性能、安全、寿命等有重要影响的项目和部位。

b）工艺上有特殊要求，或对下道工序有较大影响的部位。

c）质量信息反馈中发现不合格品较多的项目或部位。

② 工序质量控制点的管理内容：

a）分析或测定工序能力，当工序能力不足时应及时采取措施加以调整。

工序能力指数的计算与判定按 JB/T 3736.7 的规定。

b）编制《工序质量表》和《操作指导卡片(作业指导书)》，其格式按 JB/T 9165.3 和 JB/T 9165.2 的规定。

c）编制设备“点检卡”和设备检查维修规范(由设备部门负责)。

d）编制工艺装备检查维修规范(由工具部门负责)。

e）编制计量器具周期检查卡片和量仪校正、维修规范(由计量部门负责)。

f）根据需要设置工序控制图，常用控制图的形式见 GB 4091.1 ~4091.9 。

g)做好工序质量的信息反馈及处理。

5）建立现场施工技术档案，做好各种数据的记录和管理。

6）不断总结工艺过程中的各种合理化建议和先进经验，并及时加以实施和推广。

7）搞好文明生产和现场定置管理：

① 生产现场必须符合工艺要求，并要做到清洁、整齐、物归其位、道路畅通。

② 保证产品的清洁度要求。

8）搞好现场工艺纪律管理，具体要求见 JB/T 9169.11。

9）做好外协件的质量控制。

① 外协件的选点应保证工艺要求。

② 重要的外协件在加工过程中应进行技术监督。

③ 外协件在进厂前一定要认真进行检查，不合格不能验收。

5.4.2.2 生产现场定置管理方法及考核

(1) 有关术语

1) 定置

凡物品都应根据需要科学地确定其固定位置。

2) 定置率

已定置的物品和应定置物品之比率。

3) 定置图

在定置管理中用于表明物品与场地关系的布置图。

4) 整理

在定置管理过程中清除与生产计划无关的物品。

5) 整顿

在定置管理中将物品按人、物和场地之间的关系科学地进行安置，并建立必要的存放信息，以便于随时取用。

6) 清扫

清除已定置物品周围的脏物和废弃物，保证生产环境的整洁。

(2) 定置管理的原则

通过工艺路线分析和方法研究，对生产现场中人与物的结合状态加以改善，使之尽可能处于紧密结合状态，以清除或减少人的无效劳动和避免生产中的不安全因素，从而达到提高生产效率和产品质量的目的。

(3) 定置管理的目标

1) 建立文明生产秩序，稳定和提高产品质量。

2) 创造良好的生产环境，清除事故隐患，提高生产效率。

3) 控制生产现场的物流量，减少积压浪费，加快生产资金流转。

4) 建立物流信息，严格期量标准，实现均衡生产。

5) 有效地利用生产面积，增加生产能力。

(4) 定置管理方法

1) 分析产品工艺路线及批量。

2) 分析工序操作。

3) 分析生产现场人、物与场地之间的结合状态(表 5-4-10)划分定置区域。

4) 设计定置图。

5) 整理、整顿、清扫。

6) 采用工位器具。

7) 建立责任制及标准。

8) 建立定置管理信息系统。

(5) 定置管理的考核

1) 定置管理应按定置率进行考核。

$$定置律=\frac{已定置的物品数}{应定置的物品数}\times 100\%$$

2) 定置管理考核细则由各企业自定。

表 5-4-10 生产现场人、物与场地之间的结合状态

代号	结合状态名称与含义	标　　志	颜色
A	紧密结合状态 正待加工或刚加工完的工件	ϕa	果绿色
B	松弛结合状态 暂存放于生产现场不能马上进行加工或转运到下工序的工件	R=a/2 a	浅红色
C	相对固定状态 非加工对象，如设备、工艺装备、生产中所用的辅助材料等	a	桔黄色

续表 5-4-10

代号	结合状态名称与含义	标　　志	颜色
D	废弃状态 各种废弃物品，如废料、废品、铁屑、垃圾及与生产无关的物品	(边长为 a 的正方形内画对角交叉线)	乳白色

注：尺寸由各单位自定。

5.4.3　工艺纪律管理(JB/T 9169. 11—1998)

5.4.3.1　基本要求

严格工艺纪律是加强工艺管理的重要内容，是建立企业正常生产秩序、确保产品质量、安全生产、降低消耗、提高效益的保证。企业各级领导和有关人员都应严格执行工艺纪律。

5.4.3.2　工艺纪律的主要内容

(1) 企业领导及职能部门的工艺纪律

1) 企业要有健全、统一、有效的工艺管理体系和完整、有效的工艺管理制度及各类人员岗位责任制。

2) 工艺文件必须做到正确、完整(JB/T 9165.1)、统一、清晰。

3) 生产安排必须以工艺文件为依据，并要做到均衡生产。

4) 凡投入生产的材料、毛坯和外购件、外协件必须符合设计和工艺要求。

5) 设备必须确保正常运转、安全、可靠。

6) 所有工艺装备应经常保持良好的技术状态，计量器具应坚持周期检定，以保证量值正确、统一。

7) 要有专业培训制度，做到工人初次上岗前必须经过专业培训。做到定人、定机、定工种。

(2) 生产现场工艺纪律

1) 操作者要认真做好生产前的准备工作，生产中必须严格按设计图样、工艺规程和有关标准的要求进行加工、装配。对有关时间、温度、压力、真空度、电流、电压、材料配方等工艺参数，除严格按规定执行外，还应做好记录，以便存档备查。

2) 精密、大型、稀有设备的操作者和焊工、锅炉工、电工及无损检测人员等必须经过严格考核，合格后发给操作证，凭操作证操作。

3) 新工艺、新技术、新材料和新装备必须经验证、鉴定合格后纳入工艺文件方可正式使用。

4) 生产现场应做好定置管理和文明生产。

5.4.3.3　工艺纪律的考核

1) 各企业都应有严格的工艺纪律检查、考核制度与办法。

2) 全厂性的工艺纪律应有厂长和总工程师(或总工艺师)组织工艺、质量管理、检验、生产等有关职能部门进行检查评定；生产现场的工艺纪律应有检查部门负责日常监督；车间、工段领导负责进行定期检查考核。

3) 工艺纪律主要考核内容：

① 工艺管理机构、职能落实和人员的配备。

② 工艺管理制度是否完备。

③ 技术文件的正确率、完整率与统一率。

④ 工艺文件的贯彻率。

⑤ 设备和工艺装备的完好率。

⑥ 计量器具的周期检定率。

⑦ 生产的均衡率。

⑧ 定人、定机、定工种的符合率。

⑨ 定置管理和文明生产情况。

4) 工艺纪律考核细则由各企业自定。

5.4.4　工艺试验研究与开发(JB/T 9169.12—1998)

5.4.4.1　基本要求

1) 工艺试验研究与开发是提高企业工艺水平的主要途径，是加速新产品开发、稳定提高产品质量、降低消耗、提高效益的基础，各企业都应根据本企业的条件积极开展工艺试验研究与开发。

2) 为了搞好工艺试验研究，企业应给工艺部门配备相应的技术力量，提供必要的试验研究条件。

3) 企业在进行工艺研究与开发中应积极与大专院校和科研院所合作，充分利用企业外部技术力量。与此同时，还应积极采用他们已有的成果。

5.4.4.2　工艺试验研究范围

1) 工艺发展规划中的研究开发项目。

2）生产工艺准备中新技术、新工艺、新材料、新装备的试验研究。

3）为解决现场生产中重大产品质量问题或有关技术问题而需进行的攻关性试验研究。

4）消化引进项目的验证性试验研究。

5.4.4.3 立项原则

1）根据工艺发展规划的要求。

2）有针对性的解决现场生产中突出的质量问题和生产能力薄弱环节。

3）项目完成后要有明显的技术、经济效益或社会效益。

4）根据本企业的能力。

5.4.4.4 试验研究程序

1）确定试验研究课题。

2）规划课题费用。

3）确定课题参加人员。

4）编写试验研究课题任务书。

试验研究课题任务书应包括以下内容：

① 项目名称。

② 试验研究目的。

③ 主要工作内容。

④ 预期的技术、经济效果。

⑤ 本项目的国内外状况。

⑥ 准备工作情况、现有条件和将要采取的措施。

⑦ 完成时间。

⑧ 经费概算。

⑨ 项目负责人和主要参加人员。

⑩ 审批意见。

5）进行调研。

6）编制试验研究实施方案。实施方案应包括以下内容：

① 试验目标。

② 试验方法和步骤。

③ 技术组织措施和安全措施。

④ 所需的仪器、仪表和设备目次。

⑤ 人员分工及进度计划。

7）组织实施。

8）阶段检查。

① 主管部门和有关领导要及时了解和解决实施中存在的问题。

② 在试验过程中，发现技术经济上不可取的项目应及时停止，并申报撤销该项目，以免造成更大浪费。

9）编写试验研究总结报告。试验研究总结报告应包括以下主要内容：

① 课题名称和项目编号。

② 目的及要求。

③ 试验条件。

④ 实际试验程序。

⑤ 试验结果分析，包括与国内外资料对比，使用价值与经济效果等。

⑥ 结论，包括对今后推广使用的意见和建议。

⑦ 附录，包括全部有用试验数据。

10）组织鉴定。

11）立卷存档。

课题成果经过鉴定后，应将全部有关试验研究资料编号存档。

5.4.4.5 研究成果的使用与推广

1）经过鉴定的研究成果需经过一段试用验证期，然后再纳入工艺文件正式使用。

2）对全行业有指导意义的研究成果，应在全行业内加以推广，以提高全行业的水平。

5.4.5 工艺情报（JB/T 9169.13—1998）

5.4.5.1 基本要求

工艺情报是进行工艺研究与开发、提高企业工艺水平的重要手段，各企业都应重视和加强工艺情报工作。

5.4.5.2 工艺情报的主要内容

1）国内外新技术、新工艺、新材料、新装备的研究与使用情况；

2）有关新的工艺标准、手册、图册。

3）有关的先进工艺规程或规范。

4）有关工艺研究报告、论文和革新成果。

5）其他有参考价值的资料和信息。

5.4.5.3 工艺情报的收集

工艺情报可以由专职工艺情报人员和各专业人员通过以下途径进行收集：

1）查阅资料。

2）进行调研。

3）专业情报网。

4）出国学习或考察等。

5.4.5.4 工艺情报的加工

工艺情报收集后，应由专人进行认真分析、整理、分类、编号，对国外原文资料应组织翻译与校审后再进行分类、编号。编号要便于计算机存储与检索。

5.4.5.5 工艺情报的管理

1）工艺情报加工完毕后，应送资料部门统一登记保管。专业人员需用时应按规定手续由资料室提取。

2）资料室应有完备的保管、借阅制度。

3）有条件的企业应尽可能采用计算机管理。

4）为了充分发挥工艺情报资料作用，资料应不断更新，并将新资料目次经常通报各有关工艺专业部门。

5）加强工艺情报交流。企业内部各工艺专业之间和厂际同行业间都应加强工业情报交流，互通信息，以促进工艺水平不断提高。

5.4.6 工艺标准化(JB/T 9169. 14—1998)

5.4.6.1 基本要求

工艺标准化是加强工艺科学管理、提高工艺技术水平、缩短生产工艺准备周期的重要手段，各企业都应重视工艺标准化工作。有条件的企业都应设置工艺标准化机构或专职工艺标准化员。

5.4.6.2 工艺标准化主要范围

1）工艺术语、符号、代号标准化。

2）工艺文件标准化。

3）工艺要素与工艺参数标准化。

4）工艺操作方法的典型化与标准化。

5）工艺装备标准化。

6）工艺管理标准化。

5.4.6.3 工艺标准的主要类型

1）工艺基础标准：

① 工艺术语标准；

② 工艺符号、代号标准；

③ 工艺分类、编码标准；

④ 工艺文件标准；

⑤ 工艺余量标准。

2）专业工艺技术标准：

① 工艺材料标准；

② 工艺技术条件与工艺参数标准；

③ 工艺操作方法标准；

④ 工艺试验与检测标准。

3）工艺装备标准：

① 切削与磨削工具标准；

② 夹具标准；

③ 模具标准；

④ 辅具标准；

⑤ 钳工与手工工具标准；

⑥ 计量器具标准。

4）工艺管理标准。

5.4.6.4 工艺标准的制订

1）根据工艺灵活多变的特点，工艺标准除少数通用性强的可制订为国家标准或行业标准外，多数应结合企业特点制订为企业标准。

2）企业应重点制订的工艺标准

① 制订工艺操作方法标准，如典型工艺、工艺守则、标准工艺等，以缩短新产品工艺设计时间，提高工艺水平。

② 制订工序间加工余量标准，以提高材料利用率，减少加工劳动量。

③ 制订工艺装备标准，以减少专用工装，提高专用工装中标准化系数。

④ 制订工艺管理标准，使工艺管理科学化、规范化。

⑤ 有引进项目或与国外有合作项目的企业，要积极引进和转化国外企业有关工艺标准或规范，以提高企业工艺水平。

3）工艺标准的制订程序。

① 合理选题。选题时应考虑该标准的适用范围，贯彻实施后可能给企业带来的技术、经济效益，制订的条件是否具备等。

② 收集、消化与本标准有关的资料。

③ 编写标准草案。在编写草案时，除应根据本企业条件积极采用国内外有关先进标准外，还应将本企业比较成熟的先进工艺、先进技术及好的管理方法纳入标准。

④ 征求意见。标准草案完成后，应发到有关科（室）、车间（分厂）广泛征求意见，对一些有争议的问题应进行充分协商，尽量达到统一。

⑤ 修改定稿。标准草案征求意见后，应根据各方面意见进行综合分析，对标准草案进行修改。对征求意见中分歧意见较大的标准草案，修改后应由总工程师或总工艺师组织审查会，审查定稿。一般意见分歧不大的，修改后经有关部门会签后即可定稿。

⑥ 批准发布。经审查或会签后的标准报批稿，需经总工程师或技术副厂长批准，并经企业标准化主管部门登记、编号后予以正式发布。

5.4.6.5 工艺标准的贯彻

1）企业在贯彻工艺方面的国家标准和行业标准时，首先应结合企业的具体条件，将其转化为企业标准，但在转化时水平不应降低。

2）企业工艺标准，包括由国家标准、行业标准或国外标准转化的和本企业自己制订的，都要强制执行。

3）标准贯彻前，工艺部门要规定具体贯彻措施，在贯彻中要进行督促和检查。

5.4.7 管理用工艺文件格式的名称、编号和填写说明（JB/T 9165.3—1998）

按工艺文件完整性（JB/T 9165.1）的要求，规定了以下管理用工艺文件格式。

5.4.7.1 文件的幅面及表头、表尾、附加栏（格式 1）（表 5-4-11）

5.4.7.2 工艺文件目录（格式 2）（表 5-4-12）

5.4.7.3 产品结构工艺性审查记录和工艺文件标准化审查记录（格式 3）（表 5-4-13）

5.4.7.4 产品零（部）件工艺路线表（格式 4）（表 5-4-14）

5.4.7.5 工艺关键件明细表（格式 5）（表 5-4-15）

5.4.7.6 工序质量分析表（格式 6）（表 5-4-16）

5.4.7.7 产品质量控制点明细表（格式 7）（表 5-4-17）

5.4.7.8 零部件质量控制点明细表（格式 8）（表 5-4-18）

5.4.7.9 外协件明细表（格式 9）（表 5-4-19）

5.4.7.10 配作件明细表（格式 10）（表 5-4-20）

5.4.7.11 （ ）零件明细表（格式 11）（表 5-4-21）

5.4.7.12 （外购、企业标准）工具明细表（格式 12）（表 5-4-22）

5.4.7.13 （专用工艺装备、组合夹具）明细表（格式 13）（表 5-4-23）

5.4.7.14 专用工艺装备明细表（格式 13a）（表 5-4-24）

5.4.7.15 工位器具明细表（格式 14）（表 5-4-25）

5.4.7.16 （ ）材料消耗工艺定额明细表（格式 15）（表 5-4-26）

5.4.7.17 单位产品材料消耗工艺定额汇总表（格式 16）（表 5-4-27）

5.4.7.18 工艺验证书（格式 17）（表 5-4-28）

表 5-4-11　文件的幅面及表头、表尾、附加栏(格式 1)

(1)	(2)	产品型号	(3)	(25)
		产品名称	(4)	共 (6) 页　第 (5) 页

描　图
(17)
描　校
(18)
(19)
(19)
底图号
(20)
装订号
(21)

									编制 (日期)	审核 (日期)	(22)	(23)	(24)
(7)	(8)	(9)	(10)	(11)	(7)	(8)	(9)	(10)	(11)	(12)	(13)	(14)	(15)	(16)
标记	处数	更改文件号	签字	日期	标记	处数	更改文件号	签字	日期					

尺寸：25、50、25、45、40、5；5、8.5、8.5；210；10×7(=70)；7；15；5；8、8、20、15、15、5×27(=135)、27；297

注：(1) 填写企业名称。(2) 填写文件名称。(3)、(4) 按设计文件填写产品的型号名称。(5) 用阿拉伯数字填写顺序号，如 1，2，3 等。(6) 填写同一种文件的总页数。(7) 填写更改部位使用的标记，如 ⓐ，ⓑ，ⓒ等。(8) 同一次更改的处数。(9) 通知单的编号。(10) 更改人员签字。(11) 更改日期。(12)、(13) 分别为编制与审核人员签字处并填写签字日期。(14)～(16) 根据(22)～(24)的要求填写。(17)、(18) 描图、描校人员签字。(19) 备用，可根据需要填写整顿标记等。(20) 填写底图编号。(21) 装订成册的顺序号。(22)～(24) 可印刷会签、审定、标准化等有关人员签字及日期。(25) 按 JB/T 9166 填写文件编号。

表 5-4-12　工艺文件目录(格式 2)

	工艺文件目录				产品型号				
					产品名称			共　页	第　页
序号	文件编号	文件名称	页数	备注	序号	文件编号	文件名称	页数	备注
(1)	(2)	(3)	(4)		(1)	(2)	(3)	(4)	
8	20	75	10	20	8	20	75	10	

19×8(=152)

8

标记	处数	更改文件号	签字	日期	标记	处数	更改文件号	签字	日期	编制（日期）	审核（日期）			

描　图
描　校
底图号
装订号

注：(1) 用阿拉伯数字填写顺序号，如 1，2，3 等。
(2) 工艺文件编号。
(3) 工艺文件名称的全称，如产品零(部)件工艺路线表，机械加工工艺过程卡片等。
(4) 该类工艺文件的总页数。

表 5-4-13　产品结构工艺性审查记录和工艺文件标准化审查记录(格式 3)

(企业名称)		(产品结构工艺性、工艺文件标准化)审查记录				(1)	
					共页	第页	
产品型号	(2)	图样张数	(4)	起止日期	月　日至　月　日(6)		
产品名称	(3)	文件页数	(5)	(7)	(7)		
问题部位	存在问题		修改意见			处理情况	
(8)	(9)		(10)			(11)	
产品工艺	(12)	审核	(13)	产品设计	(14)	(15)	(15)

左侧装订栏：描图、描校、底图号、装订号

尺寸标注：40；20；60；25；15；40；25；30；50；30；5；210；297；5；8.5；8.5；11；11；8；5；5；20；25；20；25；20；25；20

注:(1) 按 JB/T 9166 填写文件编号。

(2)、(3) 按产品图样的规定填写。

(4)、(5) 分别填写产品图样张数和工艺文件页数。

(6) 审查期限。

(7) 自定。

(8) 问题在图样或工艺文件中的位置。

(9) 图样或工艺文件中存在的问题。

(10) 审查人员提出的修改意见。

(11) 产品或工艺设计人员处理情况的记录。

(12)～(15) 工艺、审核、设计等人员的签字及日期。

表 5-4-14　产品零(部)件工艺路线表(格式 4)

	产品零（部）件工艺路线表			产品型号				
				产品名称		共　页		第　页
序号	零（部）件图号	零（部）件名称	材料	每台件数	(1)	8	(3)	(3)
				(9)	(2)			备注
(5)	(6)	(7)	(8)	(10)	(4)			
8	25	25	20	5	35×5(=175)			

描　图															
描　校															
底图号											编制（日期）	审核（日期）			
装订号	标记	处数	更改文件号	签字	日期	标记	处数	更改文件号	签字	日期					

18×8(=144)

8

注：(1) 生产部门名称。如一车间、铸造车间。

(2) 填写各生产部门所包括的工段、班组或工种的名称。如大件工段、刻度组；冲压、电镀、油漆等(可根据本厂情况印刷在空格内)。

(3) 外协件(可根据本厂情况印刷在空格内)。

(4) 按零(部)件工艺过程的先后顺序，在该工种下面的空格中用阿拉伯数字填写。如遇一个生产部门的同一工种两次或两次以上出现时，可在下面的空格中填写。

(5) 用阿拉伯数字填写顺序号，如 1,2,3 等。

(6)～(8) 按设计文件分别填写零(部)件的图号、名称和材料的牌号。

(9) 考虑零件的借用范围，在填写时，产品型号相同填写规格；产品型号不同填写型号。无借用产品时不填，格数不够时可增加。

(10) 每台产品所需该零件的数量。

说明：1. 本表中的空格(1)或空格(2)不够用时，幅面允许向翻开方向按二分之一的倍数加长，表头也相应加长，但只加长文件名称栏，表尾相应地向右位移。

2. 空格(9)、空格(10)可根据本厂产品情况增减。

表 5-4-15 工艺关键件明细表(格式 5)

	工艺关键件明细表						产品型号			
							产品名称		共 页	第 页
序号	零件图号	零件名称	材料	每台件数			关键内容			备注
				(6)						
(2)	(3)	(4)	(5)	(7)			(1)			
8	30	30	20	3×6 (=18)			136			

6

19×8 (=152)

8

描图												
描校												
底图号											编制（日期）	审核（日期）
装订号	标记	处数	更改文件号	签字	日期	标记	处数	更改文件号	签字	日期		

注：(1) 主管工艺人员填写工艺的关键内容

(2) 用阿拉伯数字填写顺序号，如 1，2，3 等。

(3)～(5) 按设计文件填写零件的图号、名称和材料牌号。

(6) 考虑零件的借用范围，在填写时，产品型号相同时填写规格；型号不同时填写型号。无借用产品时不填，格数不够时可增加。

(7) 每台产品所需零件的数量。

说明：空格(6)、空格(7)可根据本厂产品情况增减。

表 5-4-16　工序质量分析表(格式 6)

工序质量分析表				产品型号			
				产品名称		共　页	第　页
车　间	(1)	班　组	(2)	零件图号	(3)	零件名称	(4)
25	42	25	42	25	42	25	

工序号	工序名称及内容	设备和工装名称或编号	控制点：质量项目	控制点：重要度	控制点：检验：自检	控制点：检验：首检	控制点：检验：巡检	控制点：检验：抽检	质量问题原因分析	检验：项目及方法	检验：精度要求	检验：频次	规范：编号	规范：名称	责任者：操作者	责任者：职能者	责任者：检验员	备注
									(14)									
(5)	(6)	(7)	(8)	(9)	(10)	(11)	(12)	(13)	(15)	(16)	(17)	(18)	(19)	(20)	(21)	(22)	(23)	(24)
7	20	15	20	7	5×7 (=35)					20	10	10	5×7 (=35)					15

描图													
描校													
底图号											编制（日期）	审核（日期）	
装订号													
	标记	处数	更改文件号	签字	日期	标记	处数	更改文件号	签字	日期			

注：(1)、(2)按执行车间、班组填写。
(3)、(4)按工艺规程填写。
(5)、(6)按工艺规程及操作要求填写。
(7) 按用设备和工装名称或编号填写。
(8) 按工序质量控制内容项目填写。
(9) 按关键、重要或一般填写。
(10)～(13)按检验性质及执行标记填写。
(14) 按质量原因、影响因素分层次展开填写。
(15) 按质量影响因素、机床、工装、量具、材料分别填写。
(16)、(17)按质量影响原因的检查项目、方法及数值公差分别填写。
(18) 按全数检验、日检 N 件、月检 N 件或几件检一件填写。
(19)、(20)按操作指导卡片和设备检修规程、量具等工装检修规程名称与编号填写。
(21)～(23)按责任者执行标记填写。
(24)按有关要求与规定填写。

表 5-4-17 产品质量控制点明细表(格式 7)

产品质量控制点明细表			产品型号		
			产品名称		共 页 第 页
序 号	零部件图号	零部件名称	质量控制点内容	负责单位	备 注
(1)	(2)	(3)	(4)	(5)	(6)
15	30	30	135	30	

21×8 (=168)

8

描 图
描 校
底图号
装订号

										编制（日期）	审查（日期）			
标 记	处 数	更改文件号	签 字	日 期	标 记	处 数	更改文件号	签 字	日 期					

注：(1) 按零件排列次序号填写。

(2)、(3) 按产品图样、工艺规程要求填写。

(4) 按质量控制点主要内容填写。

(5) 按执行责任单位填写。

(6) 按工艺及附加要求填写。

表 5-4-18 零件质量控制点明细表(格式 8)

	零件质量控制点明细表	产品型号		零件图号		
		产品名称		零件名称		共 页 第 页

序 号	控制点名称	控制项目	技术要求	控制标准	备 注
(1)	(2)	(3)	(4)	(5)	(6)
15	40	65	65	65	

25；21×8（=168）；8

描 图
描 校
底图号
装订号

										编制（日期）	审核（日期）			
标 记	处 数	更改文件号	签 字	日 期	标 记	处 数	更改文件号	签 字	日 期					

注：(1) 按控制点排列序号填写。
(2) 按工艺要求控制点主项名称填写。
(3) 按尺寸、形状与位置、表面粗糙度要求填写。
(4) 按尺寸公差、形位公差及工艺特殊要求数值填写。
(5) 按工艺内控要求填写。
(6) 按关键、重要或一般要求填写。

表 5-4-19　外协件明细表(格式 9)

	外协件明细表		产品型号			
			产品名称		共　页	第　页

序 号	零件图号	零件名称	材 料	每台件数 (8)			协作内容及技术要求	专用工艺装备	备 注
(3)	(4)	(5)	(6)	(7)			(1)	(2)	
8	30	30	25	3×6 (=18)（每格 6）			106	30	

19×8 (=152)

描 图														
描 校														
底图号											编制（日期）	审核（日期）		
装订号	标 记	处 数	更改文件号	签 字	日 期	标 记	处 数	更改文件号	签 字	日 期				

注：(1) 外协件的协作内容及技术要求。

(2) 外协零件需要本厂准备的专用工艺装备(不填写外制、外协单位自制的工艺装备)。

(3) 用阿拉伯数字填写顺序号，如 1，2，3 等。

(4)～(7)按设计文件填写零件的图号、名称、材料牌号和每台件数。

(8) 考虑零件借用范围，在填写时，型号相同时填写规格；型号不同时填写型号。无借用产品时不填，格数不够时可增加。

说明：1. 空格(7)、空格(8) 可根据本厂产品情况增减。

2. 外协件明细表，在填写时可把不用的名称划掉。

表 5-4-20　配作件明细表(格式 10)

	配作件明细表						产品型号					
							产品名称			共　页		第　页
序 号	主　件			部 门	配　件			配作内容及技术要求	使用标准件			备　注
	零件图号	零件名称	每台件数		零件图号	零件名称	每台件数		规格、代号	名 称	件 数	
(1)	(2)	(3)	(4)	(5)	(6)	(7)	(12)	(8)	(9)	(10)	(11)	
8	25	25	8	12	25	25	8	62	20	20	8	

19×8（=152）

8

描图													
描校													
底图号											编制（日期）	审核（日期）	
装订号	标 记	处 数	更改文件号	签 字	日 期	标 记	处 数	更改文件号	签 字	日 期			

注：(1) 用阿拉伯数字填写顺序号，如 1，2，3 等。
(2)～(4) 按设计文件填写先做零件的图号、名称和每台件数。
(5) 车间、工段等。
(6)、(7)、(12) 按设计文件填写配件零件的图号、名称和每台件数。
(8) 配作内容及技术要求。
(9)～(11) 使用标准件的型号、规格和名称。

表 5-4-21 （ ）零件明细表(格式 11)

<table>
<tr><td colspan="2" rowspan="2"></td><td colspan="3" rowspan="2">[（1）]零件明细表</td><td>产品型号</td><td></td><td colspan="2"></td></tr>
<tr><td>产品名称</td><td></td><td>共 页</td><td>第 页</td></tr>
<tr><td rowspan="2">序 号</td><td rowspan="2">零件图号</td><td rowspan="2">零件名称</td><td rowspan="2">材 料</td><td colspan="3">每台件数</td><td colspan="3" rowspan="2">工序内容或技术要求</td><td rowspan="2">备 注</td></tr>
<tr><td>（8）</td><td></td><td></td></tr>
<tr><td>（3）</td><td>（4）</td><td>（5）</td><td>（6）</td><td>（7）</td><td></td><td></td><td colspan="3">（2）</td><td></td></tr>
<tr><td></td><td></td><td></td><td></td><td>6</td><td></td><td></td><td colspan="3"></td><td></td></tr>
<tr><td>8</td><td>35</td><td>30</td><td>20</td><td colspan="3">3×6（=18）</td><td colspan="3">122</td><td>19×8（=152）
8</td></tr>
</table>

描 图														
描 校														
底图号											编制（日期）	审核（日期）		
装订号	标 记	处 数	更改文件号	签 字	日 期	标 记	处 数	更改文件号	签 字	日 期				

注：(1) 工种的名称或某类零件的名称，如“铸造”、“锻造”、“油漆”、“电镀”、“热处理”、“塑料”、“光学”等。

(2) 根据某零件的情况填写工序内容或技术要求。

(3) 用阿拉伯数字填写顺序号，如 1，2，3 等。

(4)～(7) 按设计文件填写零件的图号、名称、材料牌号和每台件数。

(8) 考虑零件的借用范围，在填写时，型号相同时填写规格；型号不同时填写型号。无借用产品时不填，格数不够时可增加。

表 5-4-22 （外购、企业标准）工具明细表(格式 12)

	（外购、企业标准）工具明细表				产品型号				
					产品名称			共 页	第 页
序号	名 称	规格与精度	使用零（部）件图号	备 注	序号	名 称	规格与精度	使用零（部）件图号	备 注
(1)	(2)	(3)	(4)	(5)					
8	35	42	30	18	8	35	42	30	19×8（=152） 8

左侧栏：描图　描校　底图号　装订号

标记	处数	更改文件号	签字	日期	标记	处数	更改文件号	签字	日期	编制（日期）	审核（日期）			

注：(1) 顺序号，用 1，2，3 等。
(2) 按样本分类填写标准工具的名称，或填写企业标准工具名称。
(3) 按样本填写标准工具的规格与精度，如铰刀 ϕ25H7，ϕ30H9 等，或填写企业标准工具的规格与精度。
(4) 本企业用量不多的标准工具，填主要使用零件的图号，一般用量较多的工具，不填使用零件的图号。
(5) 用企业标准工具明细表时，可以写编号。

表 5-4-23 （专用工艺装备、组合夹具）明细表（格式 13）

	（专用工艺装备、组合夹具）明细表				产品型号					
					产品名称				共 页	第 页
序号	编号	名称	使用零（部）件图号	备注	序号	编号	名称	使用零（部）件图号	备注	
（1）	（2）	（3）	（4）	（5）						
8	30	30	40	20	8	30	30	40	19×8（=152）	
									8	

描图	
描校	
底图号	
装订号	

标记	处数	更改文件号	签字	日期	标记	处数	更改文件号	签字	日期	编制（日期）	审核（日期）			

注：（1）顺序号，用 1，2，3 等。
（2）按工装编号类别和顺序填写。
（3）工装的名称。
（4）工装用于零（部）件的图号和名称。
（5）自定。

表 5-4-24 专用工艺装备明细表(格式 13a)

专用工艺装备明细表						产品型号					共 页	第 页
						产品名称						
序号	零(部)件图号	零(部)件名称	(1) 编号	(1) 名称	使用部门	(1) 编号	(1) 名称	使用部门	(1) 编号	(1) 名称	使用部门	
(4)	(5)	(6)	(2)	(3)		(2)	(3)		(2)	(3)		
8	30	25	30	25	13	30	25	13	30	25		

19×8(=152)；8

描图	
描校	
底图号	
装订号	

标记	处数	更改文件号	签字	日期	标记	处数	更改文件号	签字	日期	编制(日期)	审核(日期)			

注：(1) 根据本厂情况印刷工艺装备类别，如刀具、量具、夹具、模具、辅助夹具等，空格内可印刷一类，也可几类合印刷在一个空格内。

(2) 填写工装编号，并按工装编号的顺序，由小至大填写。

(3) 填写工装名称全称。

(4) 填写顺序号 1,2,3 等。

(5)、(6) 只填写使用专用工艺装备的零(部)件的图号和名称。

说明：专用工艺装备明细表有格式 13 和格式 13a 两种，可根据本厂情况选用一种。

表 5-4-25　工位器具明细表(格式 14)

	工位器具明细表				产品型号		
					产品名称		共　页　第　页
序号	编 号	名 称	每个器具可装件数	使用零（部）件图　号	周转路线		备 注
(1)	(2)	(3)	(4)	(5)	(6)		
8	30	30	20	45	8		19×8（=152）；8

描图											
描校											
底图号										编制（日期）	审核（日期）
装订号	标 记	处 数	更改文件号	签 字	日 期	标 记	处 数	更改文件号	签 字	日 期	

注：(1) 顺序号，用 1，2，3 等。
(2) 按本单位的编号填写。
(3) 工位器具的名称。
(4) 每个工位器具能容纳的零(部)件或产品的数量。
(5) 工位器具所装零(部)件的图号。
(6) 按工艺路线表填写该工位器具随零(部)件所经过的车间、工段(班、组)的名称。

表 5-4-26 ( )材料消耗工艺定额明细表(格式 15)

(1) 材料消耗工艺定额明细表	产品型号	(2)	计量单位	(4)	(6)	
	产品名称	(3)			共 页	第 页

描图												
描校												
底图号											编制 (日期)	审核 (日期)
装订号	标 记	处 数	更改文件号	签 字	日 期	标 记	处 数	更改文件号	签 字	日 期		

尺寸：25、50、20、34、12、12、40(20)；297；210；5、8.5、8.5、5、5

注：(1) 根据需要填写不同的材料类别,如“板材”、“管材”、“铸件”、“锻件”、“木材”、“油漆”等。
(2)、(3) 按设计文件填写产品的型号、名称。
(4) 该表所使用的计量单位,如 kg 等。
(5) 表的具体内容按“机电产品材料消耗工艺定额制定方法”中的有关规定。
(6) 按 JB/T 9166 填写文件编号。

表 5-4-27 单位产品材料消耗工艺定额汇总表(格式 16)

(企业名称) 50	单位产品材料消耗工艺定额汇总表	产品型号		产品质量 kg	(4)	(9)	
		产品名称				共 页	第 页

序号	材料			单位产品 kg			材料利用率%	备注	序号	材料			单位产品 kg			材料利用率%	备注
	名称	牌号	规格	净重	毛重	定额				名称	牌号	规格	净重	毛重	定额		
(1)	(2)	(3)	(4)	(5)	(6)	(7)	(8)										
8	20	15	15	12	12	12	15										

尺寸：20、34、17、17、40；8.5、8.5；133.5；19×8(=152)；8

描图	
描校	
底图号	
装订号	

标记	处数	更改文件号	签字	日期	标记	处数	更改文件号	签字	日期	编制(日期)	审核(日期)			

注:(1) 顺序号,用1,2,3等。

(2)~(7) 将"( )材料消耗工艺定额明细表"中的相同材料名称、牌号、规格、净重、毛重、定额等,按规格由小到大汇总填列并按每类材料结出小计、合计、共计、总计。

(8) 材料利用率=空格 (5)/(7)。

(9) 按 JB/T 9166 填写文件编号。

说明:1. 材料排列次序按材料目录的次序规定填列,铸件按牌标号填列。

2. 本表应把随机应带的附件、备件的材料消耗定额包括在内。如果出口与内销所带的附件、备件项目不同,则须分别编制,并注明。

表 5-4-28 工艺验证书

企业名称 40	工艺验证书		（文件编号） 35	
			共 页	第 页
产品型号	（1）	产品名称	（2）	
零件图号	（3）	零件名称	（4）	

验证记录	（5）					
修改意见	（6）					
结论建议	（7）					
签字	（8）	（9）	（10）	（11）	（12）	（13）

尺寸：15、8、20、20、20、20、20、5；总宽 148；高 5、8、4×8（=32）、60、64、8、10、5；总高 210

注：（1）～（4）按产品图样的规定填写。

（5）根据 JB/T 9167.5 的要求和规定的验证项目填写验证时的实际情况。

（6）填写验证后工艺、工装需要修改的内容和意见。

（7）验证后结论和对批量生产的建议。

（8）～（13）验证组织者与参加者的单位和签字，并注明日期。

5.4.7.19 工艺文件更改通知单

工艺文件更改通知单的格式有两种：

1）用于更改单件（格式 A1）（表 5-4-29）

2）用于更改多件（格式 A2）（表 5-4-30）

格式 A1、格式 A2 均印成软纸的复写形式，复写分数可根据各厂情况自定。

5.4.7.20 封面和文件用纸

（1）封面格式种类

1）用于横式装订工艺文件（格式 B1）（表 5-4-31）

2）用于竖式装订工艺文件（格式 B2）（表 5-4-32）

（2）工艺文件用纸（格式 B3）（表 5-4-33）

表 5-4-29　工艺文件更改通知单(格式 A1)

工艺文件更改通知单

（企业名称）　　　　年　月　日　　　　编号

产品型号	产品名称	零（部）件图号	零（部）件名称	文件名称及编号	更改标记及处数	更改实施日期	共　页
(1)	(2)	(3)	(4)	(5)	(6)	26 (7)	第　页
更改原因 15	(8)	制品处理 15	(9)				
更改前：(10) 85			更改后：(11) 85			发往部门 (12)	
						同时更改资料 (13)	

会签	生产科	(14)	(15)	(16)	编　制	审　核	(17)	批　准
	(18)	(19)	(20)	(21)	(22)	(23)	(24)	(25)

尺寸：7×26 (=182)；25；6；12；148；8×5 (=40)；6×5 (=30)；5；24；8×24 (=192)；210

注：(1)～(4) 产品的型号、名称、零部件图号、名称均按被更改的文件填写。
(5) 被更改文件的名称及编号。
(6) 更改标记及更改处数同格式 1 的空格 (8)、空格 (9)。
(7) 更改后实施日期。
(8) 更改理由。
(9) 更改前的制品处理意见。
(10) 更改前的文件内容或简图。
(11) 更改后的文件内容或简图。
(12) 更改通知单发往的部门。
(13) 需同时更改的资料名称。
(14)～(16) 会签部门的名称。
(17) 备用。
(18)～(25) 各职能人员签名。

表 5-4-30　工艺文件更改通知单(格式 A2)

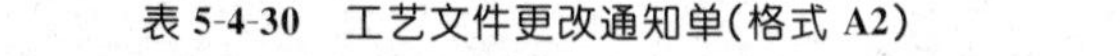

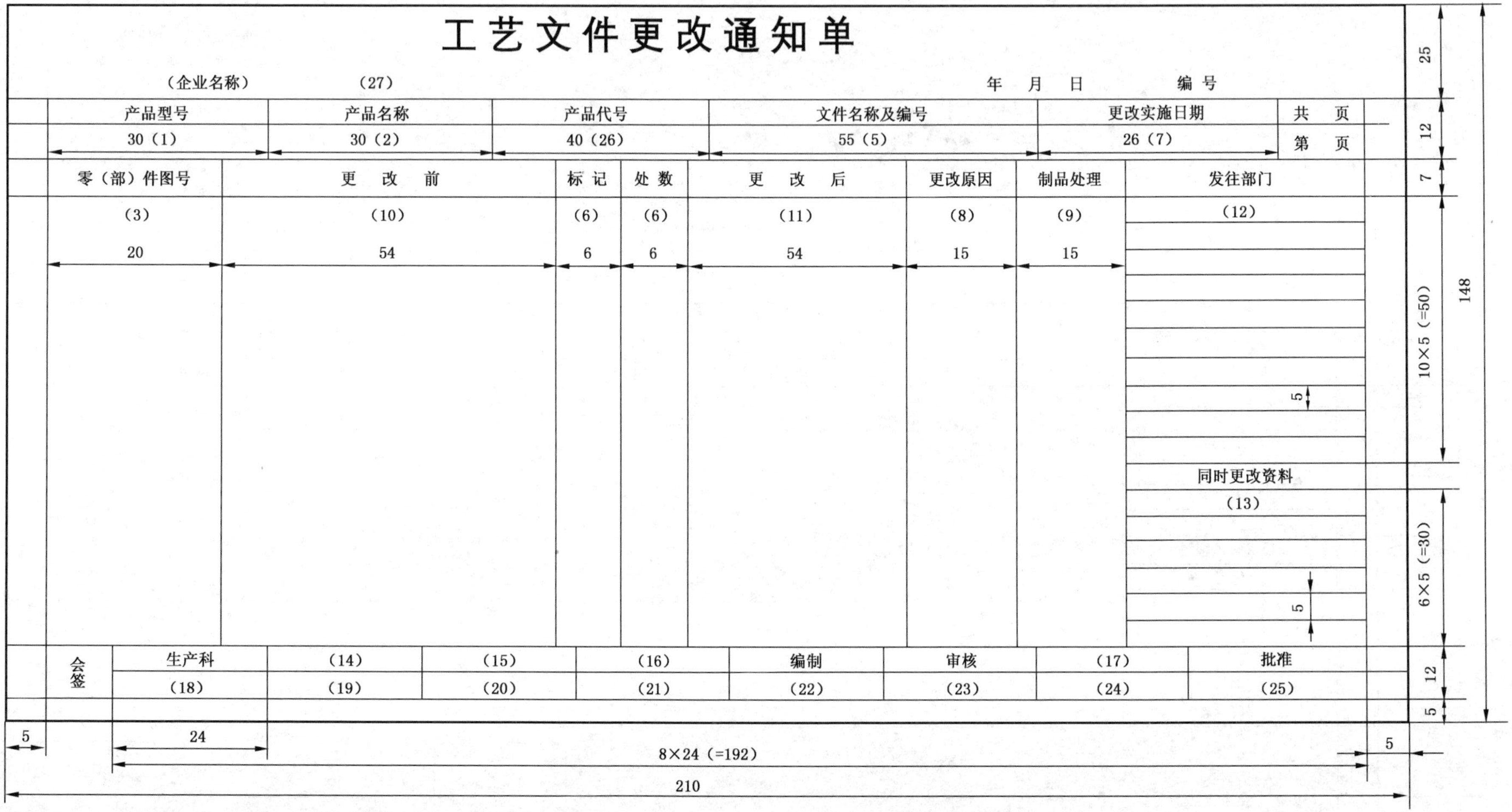

工艺文件更改通知单

（企业名称）　　（27）　　　　　年　月　日　　　编 号

产品型号	产品名称	产品代号	文件名称及编号	更改实施日期	共　页
30（1）	30（2）	40（26）	55（5）	26（7）	第　页

零（部）件图号	更　改　前	标 记	处 数	更　改　后	更改原因	制品处理	发往部门
（3）	（10）	（6）	（6）	（11）	（8）	（9）	（12）
20	54	6	6	54	15	15	10×5（=50）；5
							同时更改资料
							（13）
							6×5（=30）；5

会签	生产科	（14）	（15）	（16）	编制	审核	（17）	批准
	（18）	（19）	（20）	（21）	（22）	（23）	（24）	（25）

尺寸：25；12；7；10×5（=50）；6×5（=30）；12；5；148；5；24；8×24（=192）；5；210

注：(1)～(3) 产品的型号、名称、零部件图号、名称均按被更改的文件填写。
(5) 被更改文件的名称及编号。
(6) 更改标记及更改处数同格式 1 的空格 (8)、空格 (9)。
(7) 更改后实施日期。
(8) 更改理由。
(9) 更改前的制品处理意见。
(10) 更改前的文件内容或简图。
(11) 更改后的文件内容或简图。
(12) 更改通知单发往的部门。
(13) 需同时更改的资料名称。
(14)～(16) 会签部门的名称。
(17) 备用。
(18)～(25) 各职能人员签名。
(26) 产品代号。
(27) 专业工种。

表 5-4-31 封面格式(格式 B1)

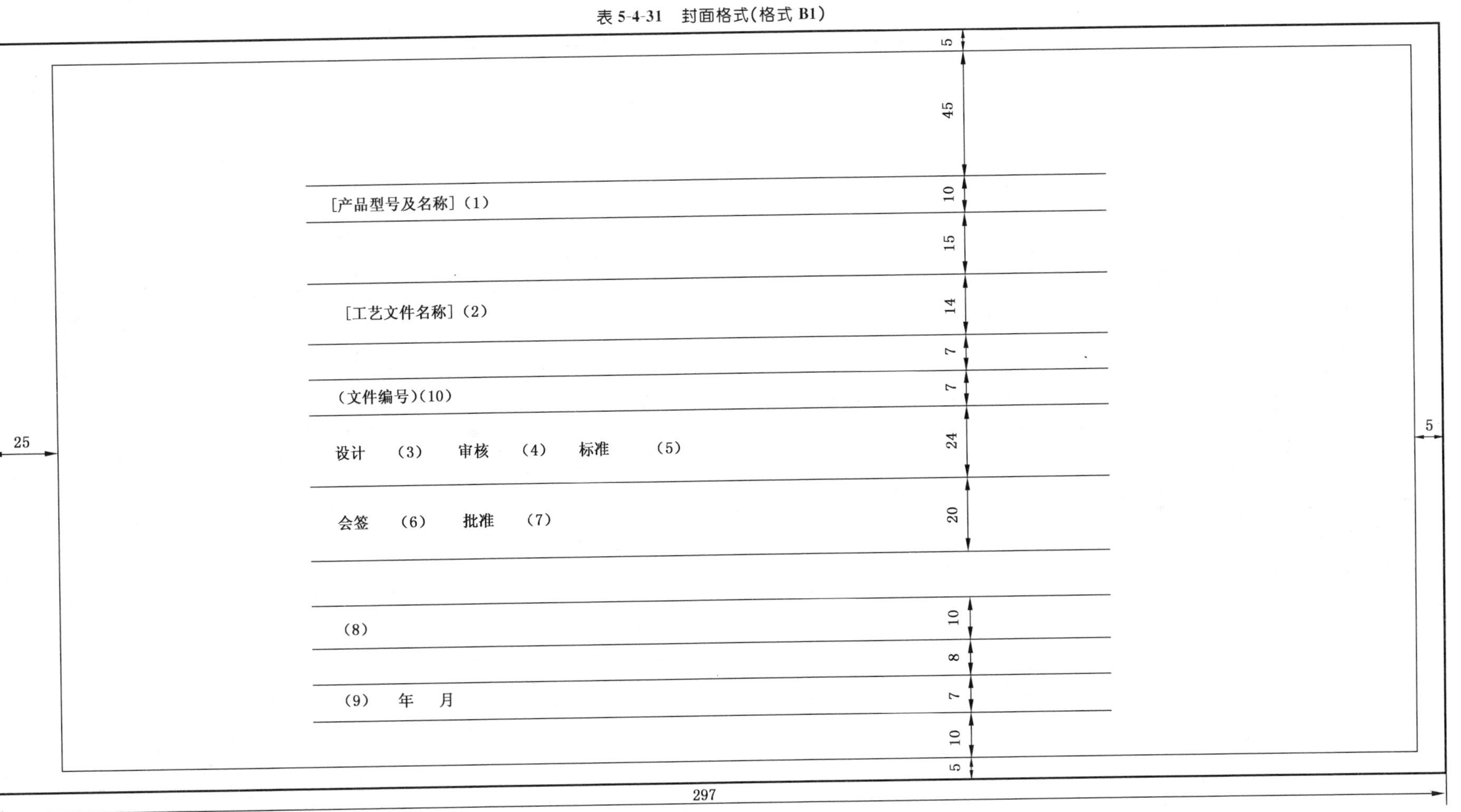

注：(1) 用仿宋体或正楷填写产品的型号及名称。

(2) 填写工艺文件名称。

(3)～(7) 各职能人员和单位领导签名。

(8) 填写企业名称，需要时可在其后填写使用该文件的车间名称。

(9) 填写该文件的批准日期。

(10) 按 JB/T 9166 填写文件编号。

表 5-4-32 封面格式（格式 B2）

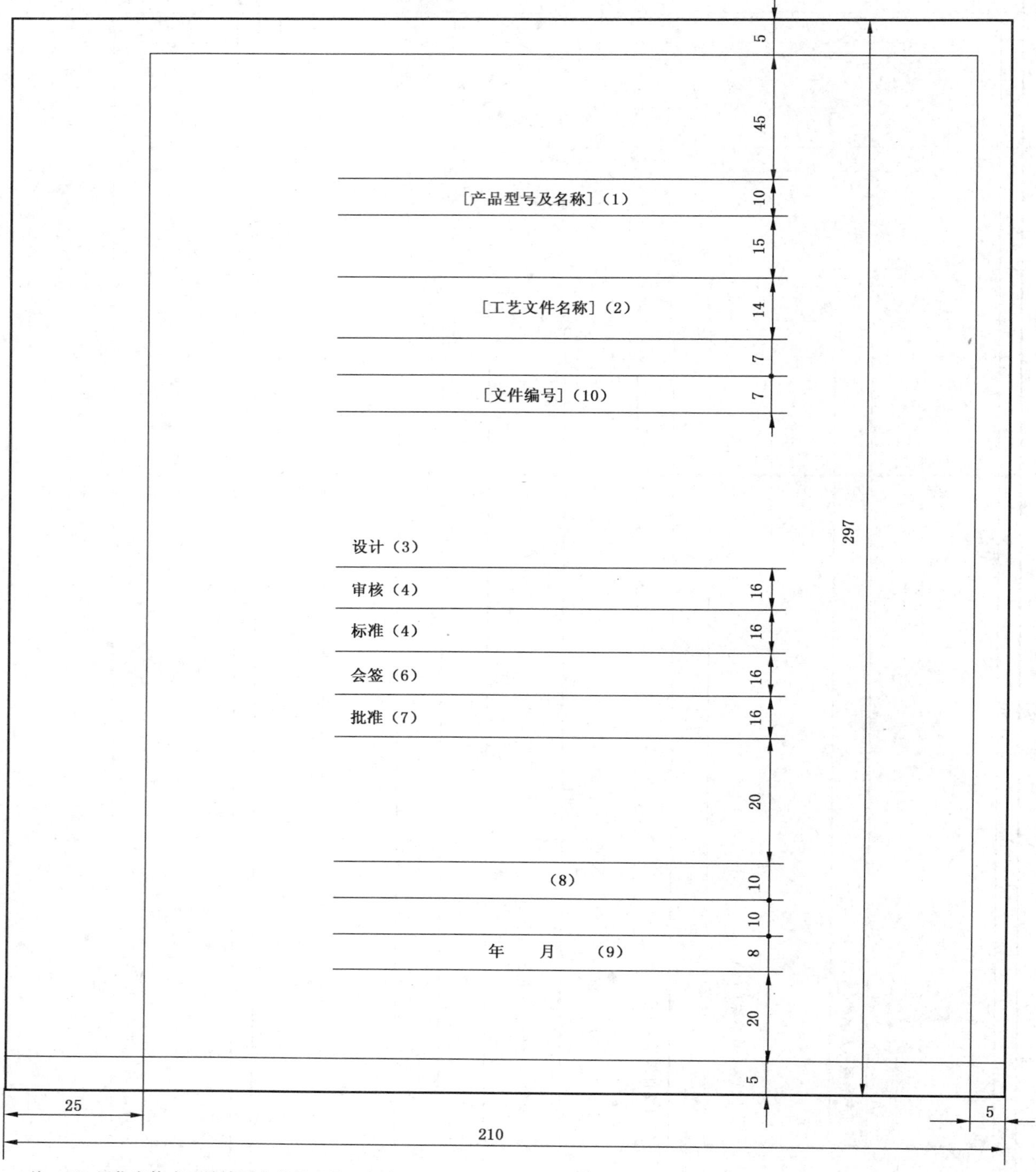

注：(1) 用仿宋体或正楷填写产品的型号及名称。

(2) 填写工艺文件名称。

(3)～(7) 各职能人员和单位领导签名。

(8) 填写企业名称，需要时可在其后填写使用该文件的车间名称。

(9) 填写该文件的批准日期。

(10) 按 JB/T 9166 填写文件编号。

表 5-4-33 工艺文件用纸（格式 B3）

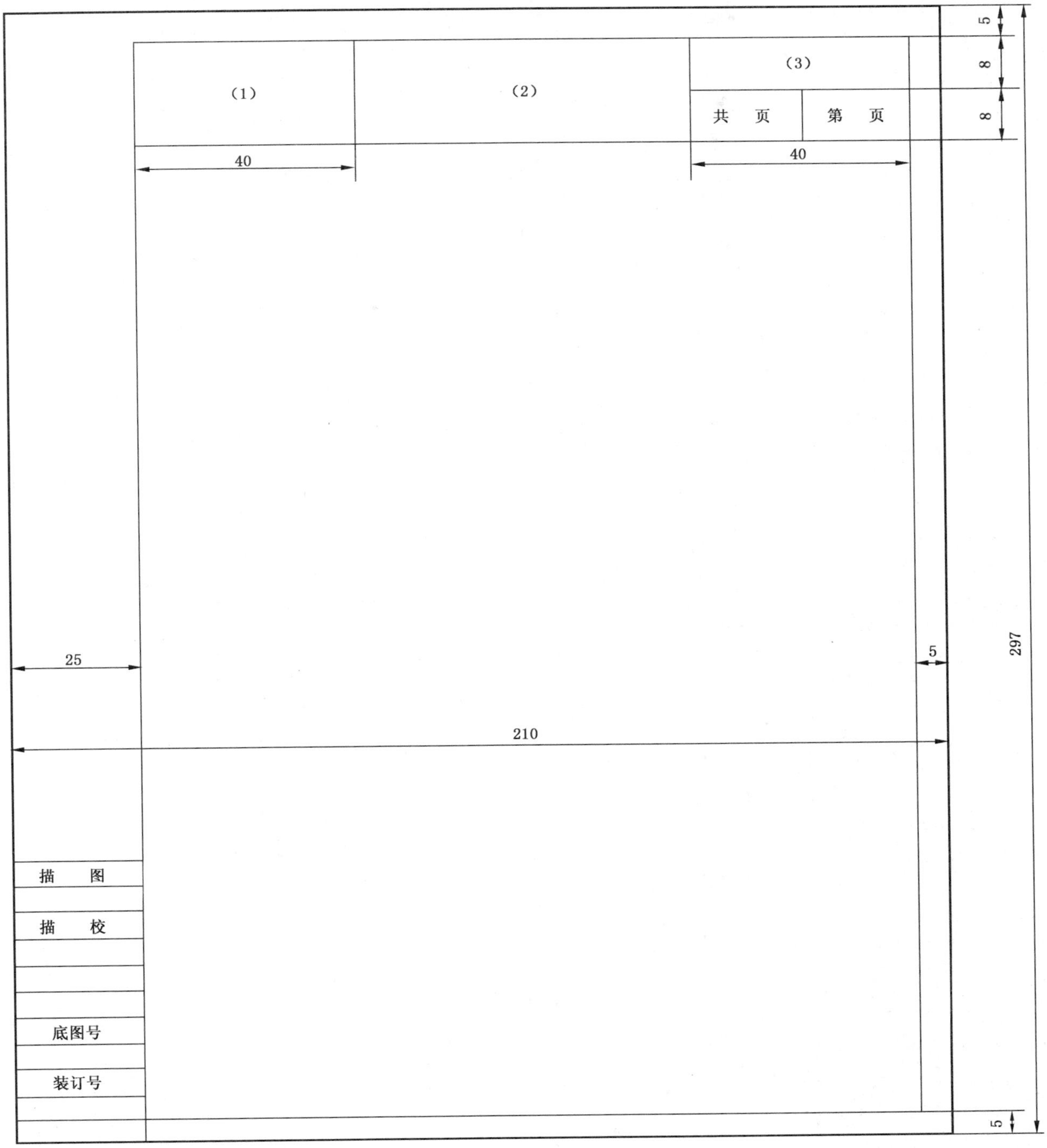

(1)	(2)	(3)	
		共 页	第 页

40　40　25　5　210　297　5　8　8　5

描 图
描 校
底图号
装订号

注：(1) 填写企业名称。
(2) 填写产品型号、名称及文件名称。
(3) 按 JB/T 9166 填写文件编号。